HANDBUCH DER KÄLTETECHNIK

UNTER MITARBEIT
ZAHLREICHER FACHLEUTE

HERAUSGEGEBEN VON
RUDOLF PLANK
KARLSRUHE

VIERTER BAND

DIE KÄLTEMITTEL

SPRINGER-VERLAG BERLIN HEIDELBERG GMBH

1956

DIE KÄLTEMITTEL

BEARBEITET VON

J. KUPRIANOFF
PROFESSOR DR.-ING., DIREKTOR DER
BUNDESFORSCHUNGSANSTALT
FÜR LEBENSMITTELFRISCHHALTUNG
KARLSRUHE

R. PLANK
DR.-ING., DR. PHIL. NAT. H. C.
EMER. PROFESSOR AN DER
TECHNISCHEN HOCHSCHULE
KARLSRUHE

H. STEINLE
DR. RER. NAT.
WISS. MITARBEITER DER ROBERT BOSCH GMBH.
STUTTGART

MIT 145 ABBILDUNGEN, 24 DAMPFTABELLEN
SOWIE 19 DIAGRAMMEN IN EINER TASCHE

SPRINGER-VERLAG BERLIN HEIDELBERG GMBH
1956

Additional material to this book can be downloaded from http://extras.springer.com.

ISBN 978-3-642-86287-8   ISBN 978-3-642-86286-1 (eBook)
DOI 10.1007/978-3-642-86286-1

ALLE RECHTE,
INSBESONDERE DAS DER ÜBERSETZUNG IN FREMDE SPRACHEN, VORBEHALTEN.
OHNE AUSDRÜCKLICHE GENEHMIGUNG DES VERLAGES IST ES AUCH NICHT
GESTATTET, DIESES BUCH ODER TEILE DARAUS AUF PHOTOMECHANISCHEM WEGE
(PHOTOKOPIE, MIKROKOPIE) ZU VERVIELFÄLTIGEN.
© BY SPRINGER-VERLAG BERLIN HEIDELBERG 1956
URSPRÜNGLICH ERSCHIENEN BEI SPRINGER-VERLAG OHG., BERLIN/GÖTTINGEN/HEIDELBERG 1956
SOFTCOVER REPRINT OF THE HARDCOVER 1ST EDITION 1956

Vorwort zum vierten Band.

Im Gegensatz zu den Dampfkraftmaschinen, in denen als Arbeitsmittel fast ausschließlich von Wasserdampf Gebrauch gemacht wird, verwendet man als Arbeitsmittel in Kältemaschinen zahlreiche Stoffe und bezeichnet sie als *Kältemittel* (engl. „refrigerant", franz. „agent frigorifique"). Zu ihnen gehört auch der völlig ungiftige, nicht brennbare und chemisch stabile Wasserdampf, dem aber wegen der Lage des Erstarrungspunktes und der Dampfdruckkurve nur eine verhältnismäßig geringe Bedeutung zukommt.

In diesem Band sind die wichtigsten thermischen, physikalischen, chemischen, physiologischen, betriebstechnischen und wirtschaftlichen Eigenschaften der zahlreichen bisher vorgeschlagenen Kältemittel zusammengefaßt, deren Kenntnis für den Konstrukteur und Betriebsingenieur von grundlegender Bedeutung ist.

Die richtige Wahl des Kältemittels, an das sehr verschiedenartige Anforderungen gestellt werden, hat in der Geschichte der Kältetechnik schon oft den Gang der Entwicklung entscheidend beeinflußt, sowohl in bezug auf den wirtschaftlichen Erfolg eines bestimmten Kältemaschinensystems als auch hinsichtlich der Ausbreitung neuer Anwendungsgebiete für tiefe Temperaturen. Als Beispiele mögen erwähnt werden: die Vormachtstellung der Kaltdampfmaschine nach dem Ersatz des Äthyläthers durch Ammoniak (um 1875), die Verbreitung der Schiffskältemaschinen nach Einführung von Kohlendioxyd (nach 1880), die ersten Erfolge der Kleinkältemaschinen im Haushalt und Gewerbe durch die Verwendung von Schwefeldioxyd und Methylchlorid (um 1920), die freie Bahn für den Turbokompressor nach Einführung der hochmolekularen Niederdruckkältemittel wie Dichloräthylen und Dichloräthan (nach 1920) und der Siegeszug der Klimatechnik nach der Bereitstellung der Fluor-Chlor-Derivate der Kohlenwasserstoffe (1930). Zahlreiche andere Kältemittel haben die Entwicklung der Tieftemperaturtechnik, der chemischen Industrie und der Ölindustrie gefördert.

Im ersten Teil werden zunächst die genannten Eigenschaften in großen Zügen behandelt und an geeigneten Beispielen erläutert. Dabei wurde auf die chemischen Eigenschaften, wie das Verhalten der Kältemittel gegenüber Werkstoffen, Schmierölen und Verunreinigungen besonders ausführlich eingegangen, weil diese Fragen bisher noch nicht zusammenfassend behandelt worden sind, obwohl man in den Fachzeitschriften viele vereinzelte Angaben findet.

Der zweite Teil befaßt sich dann mit den einzelnen Kältemitteln; dabei wurde den wichtigsten und heute noch im Gebrauch befindlichen Kältemitteln, deren Eigenschaften genauer untersucht sind, natürlich ein breiterer Platz eingeräumt als solchen, die nur für Spezialzwecke verwendet werden oder nur noch historisches Interesse haben. Aber es sollten auch diese nicht unerwähnt bleiben, um den Fortschritt besser übersehen zu können und ein vollständiges Bild der fachlichen Bemühungen zu geben. Schließlich wurden auch noch einige Kältemittel aufgenommen, die zwar noch keine praktische Bedeutung erlangt haben, aber im Hinblick auf ihre Eigenschaften doch in der Zukunft eine Rolle spielen könnten.

Die Einführung der Halogenderivate der Kohlenwasserstoffe hat der Kältetechnik in den letzten 25 Jahren qualitativ und quantitativ neue ungeahnte Möglichkeiten eröffnet, die noch keineswegs erschöpft sein dürften. Für die Darstellung, Prüfung und Verwendung dieser Stoffe war eine verständnisvolle Zusammenarbeit von Chemikern, Physikern, Ingenieuren, Physiologen und Vertretern der Wirtschaft erforderlich, ohne die auch auf anderen Gebieten der Kältetechnik kein Fortschritt möglich ist.

Bei der Bearbeitung dieses Bandes haben die drei Verfasser so eng zusammengearbeitet, daß sich jeder für den gesamten Inhalt verantwortlich fühlt, wenn auch die Kompetenz der Verfasser in den einzelnen Abschnitten verschieden groß ist. Das chemische Verhalten der Kältemittel wurde daher primär von STEINLE bearbeitet, während die Bearbeitung des physikalischen Verhaltens vorwiegend den beiden anderen Verfassern oblag.

Dem Verlag sei dafür gedankt, daß er auf Sonderwünsche stets verständnisvoll eingegangen ist und den Verfassern in der Zahl der Abbildungen und bei der Wiedergabe der großen Diagramme keine Beschränkungen auferlegte.

Karlsruhe, im Juni 1956

R. Plank.

Inhaltsverzeichnis.

	Seite
Verzeichnis der Dampftabellen	XI
Verzeichnis der Diagramme	XI

Erster Teil.
Die allgemeinen Eigenschaften der Kältemittel.

I. Die an die Kältemittel zu stellenden allgemeinen Anforderungen . 1
  1. Chemische Eigenschaften 2
    α) Stabilität S. 2. — β) Inaktivität S. 2. — γ) Brennbarkeit und Explosionsgefahr S. 2.
  2. Physikalische Eigenschaften 2
    α) Dampfdruckkurve S. 2. — β) Verdampfungswärme und spezifische Wärme S. 2. — γ) Viskosität S. 2. — δ) Wärmeleitzahl S. 3. — ε) Oberflächenspannung S. 3. — ζ) Öllöslichkeit bzw. Mischbarkeit mit Ölen S. 3. — η) Wasserlöslichkeit S. 3. — ϑ) Elektrischer Widerstand. S. 3.
  3. Physiologische Eigenschaften 3
    α) Giftigkeit S. 3. — β) Geruch S. 3. — γ) Einfluß auf das Kühlgut S. 4.
  4. Wirtschaftliche Forderungen 4
    α) Preis S. 4. — β) Verfügbarkeit S. 4. — γ) Spezifische Kälteleistung S. 4.
II. Herstellung und Transport von Kältemitteln 5
  1. Herstellung. 5
  2. Transport und Lagerung 6
III. Thermische und kalorische Eigenschaften von Kältemitteln 10
  1. Einführung 10
  2. Die thermische Zustandsgleichung 12
  3. Der Dampfdruck 15
    a) Das Gleichgewicht flüssig-dampfförmig 15
      α) Die Dampfdruckgleichung S. 15. — β) Die Bedeutung der normalen Siedetemperatur S. 17. — γ) Die Bedeutung der logarithmischen Ableitung $\frac{d \ln P}{d \ln T}$ S. 19. — δ) Der Siedeverzug S. 20. — ε) Dampfdrücke der Lösungen von Kältemitteln und Schmierölen S. 21.
    b) Die Gleichgewichte fest-flüssig und fest-dampfförmig 24
  4. Der kritische Zustand 28
    a) Die kritische Temperatur 28
    b) Der kritische Druck 31
    c) Das kritische Volum 32
  5. Das spezifische Volum und das spezifische Gewicht 33
    a) Im Zustand des gesättigten Dampfes 33
    b) Im Flüssigkeitszustand 34
    c) Im festen Zustand 35
  6. Die spezifischen Wärmen 36
    a) Gase und Dämpfe 36
      α) Die spezifischen Wärmen bei konstantem Druck und bei konstantem Volum S. 36. — β) Die spezifischen Wärmen auf den Grenzkurven und der Verlauf der Grenzkurven S. 37.
    b) Flüssigkeiten 40
    c) Lösungen 43
    d) Feste Körper 43
    e) Der Exponent der Adiabate 44
  7. Die latenten Wärmen 49
    a) Die Verdampfungswärme 49
    b) Die Schmelzwärme 51
    c) Die Sublimationswärme 51
  8. Die Enthalpien 52
  9. Die Entropien 55

Inhaltsverzeichnis.

Seite

IV. **Physikalische Eigenschaften von Kältemitteln** 55
  1. Die Viskosität 56
    a) Dynamische und kinematische Viskosität. Definition und Einheiten . . . 56
    b) Die Abhängigkeit der dynamischen Viskosität von der Temperatur und vom Druck 58
      α) Gase S. 58. — β) Reine Flüssigkeiten S. 64. — γ) Lösungen S. 65.
  2. Die Wärmeleitzahl 70
    a) Definition und Einheiten 70
    b) Gase 71
    c) Reine Flüssigkeiten 73
    d) Lösungen 74
    e) Feste Körper 75
    f) Temperaturleitzahl und PRANDTLsche Kennzahl 75
  3. Die Oberflächenspannung 76
  4. Elektrische Eigenschaften 79
    a) Durchschlagsfestigkeit 79
    b) Dielektrizitätskonstante 81
      α) Gase S. 82. — β) Flüssigkeiten S. 84.
    c) Elektrische Leitzahl und spezifischer elektrischer Widerstand 85

V. **Kältetechnische Eigenschaften** 87
  1. Kreisprozesse und Gütegrade 87
    a) Kaltluftmaschinen 88
    b) Kaltdampfmaschinen 89
    c) Strahlkältemaschinen 91
    d) Absorptionskältemaschinen 92
  2. Die volumetrische Kälteleistung 92
  3. Vergleich der Kältemittel 96

VI. **Chemische Eigenschaften** 100
  1. Allgemeines 100
  2. Verunreinigungen und ihre Auswirkung 100
    a) Wasser 101
    b) Mineralsäuren 109
    c) Rückstand. Siedepunkt 110
    d) Fremdgase 112
    e) Anforderungen an Kältemittel 113
  3. Verhalten gegen Trockenmittel 113
    a) Chemische Trockenmittel 115
      α) Reaktionsbindung S. 115. — β) Kristallwasserbindung S. 118.
    b) Adsorptive Trockenmittel 120
    c) Wasserlösende Flüssigkeiten 125
  4. Verhalten gegen Werkstoffe 128
    a) Metallische Werkstoffe 128
    b) Nichtmetallische Werkstoffe 133
      α) Löslichkeit, Ausscheidung und Reaktion von Extraktstoffen S. 134. — β) Eigenschaftsänderungen, Härte, Volum S. 137. — γ) Kunststoffe im Kältemittel-Kreislauf S. 145.
  5. Verhalten gegen Schmiermittel 149
    a) Aussehen, Farbe 152
    b) Spezifisches Gewicht 153
    c) Flammpunkt, Verdampfbarkeit 153
    d) Neutralisationszahl 154
    e) Verseifungszahl 154
    f) Aschegehalt, Verkokung 155
    g) Wassergehalt 155
    h) „F12-Unlösliches" (Paraffin) 157
    i) Kältefließfähigkeit, Stockpunkt, Fließpunkt 160
    k) Viskosität 162
    l) Raffinationsgrad 164
      α) Ölharzgehalt, Schwefelgehalt S. 164. — β) Aromatengehalt, Anilinpunkt S. 165. — γ) Hartasphalt S. 165.
    m) Chemisches Verhalten der Öle, Alterung 165
      α) Kältemittelbeständigkeit der Öle S. 166.
        1. Schwefeldioxyd-Beständigkeit S. 166. — 2. F12-Beständigkeit S. 167. — 3. Beständigkeit der Öle gegenüber weiteren Kältemitteln S. 168.
      β) Sauerstoff-Beständigkeit S. 169. — γ) Korrosionswirkung der Öle S. 170. —

Inhaltsverzeichnis.

δ) Kupferplattierung S. 171.
1. Einfluß der Öleigenschaften S. 173. — 2. Einfluß der Kältemittel S. 175. — 3. Einfluß von Verunreinigungen S. 176. — 4. Einfluß der Temperatur S. 176. — 5. Zusätze gegen Kupferplattierung S. 177. — 6. Versuche in Kältemaschinen S. 178. — 7. Der Reaktionsablauf bei der Kupferplattierung S. 179.

    n) Löslichkeit 181
    o) Trocknen und Entgasen der Öle 183
    p) Anforderungen an Kältemaschinen-Öle 184
  6. Zersetzung 186
  7. Brennbarkeit, Explosionsgrenzen 186
VII. Physiologische Eigenschaften 190
  1. Giftigkeit 191
  2. Warnfähigkeit und Paniksicherheit 196
  3. Einwirkung der Kältemittel auf das Kühlgut 199
VIII. Verhalten der Kältemittel im Betrieb 199
  1. Prüfdrücke 201
  2. Reinigen der Kältemittel 202
    a) Trocknen 202
    b) Entfernen von Säuren 204
    c) Entfernen des Rückstandes 204
    d) Trennen von Fremdgasen 204
  3. Überhitzung, Zersetzung, Entlüften im Betrieb 205
IX. Untersuchungsmethoden 208
  1. Bestimmung des Siedebereichs 210
  2. Bestimmung des Wassergehaltes 210
    a) Gravimetrische Methode 210
    b) Titrimetrische Methode 213
    c) Elektrolytische Methode 216
    d) Optische Methode 219
    e) Weitere Methoden 220
  3. Bestimmung der Mineralsäuren 222
  4. Bestimmung des Rückstandes 225
  5. Bestimmung des Fremdgases 225
  6. Verhalten gegen Schmiermittel 228
    a) Löslichkeit 228
    b) Ausscheidungen 229
    c) Chemische Reaktionen 230
    d) Kupferplattierung 232
  7. Verhalten gegen Werkstoffe 233
    a) Metallische Werkstoffe 233
    b) Nichtmetallische Werkstoffe 234

Zweiter Teil.
Die Eigenschaften der einzelnen Kältemittel.

Einführung 237
A. Luft 237
B. Wasser 244
C. Ammoniak (NH_3) 248
D. Kohlendioxyd (CO_2) 263
E. Schwefeldioxyd (SO_2) 273
F. Methan und fluorfreie Methanderivate 291
  1. Methan (CH_4) 291
  2. Methylchlorid (CH_3Cl) 292
  3. Methylbromid (CH_3Br) 306
  4. Methylenchlorid (Dichlormethan) (CH_2Cl_2) 312
G. Fluorhaltige Methanderivate 317
  1. Allgemeines 317
  2. Monofluortrichlormethan, F 11 ($CFCl_3$) 323
  3. Difluordichlormethan, F 12 (CF_2Cl_2) 327
  4. Trifluormonochlormethan, F 13 (CF_3Cl) 359

Inhaltsverzeichnis.

	Seite
5. Tetrafluormethan, F 14 (CF_4)	363
6. Monofluordichlormethan, F 21 ($CHFCl_2$)	364
7. Difluormonochlormethan, F 22 (CHF_2Cl)	368
8. Trifluormethan (Fluoroform), F 23 (CHF_3)	380
9. Trifluormonobrommethan, F 13 B 1 (CF_3Br)	382

H. Äthan und fluorfreie Äthanderivate 384
   1. Äthan (C_2H_6) 384
   2. Äthylchlorid (C_2H_5Cl) 390
   3. Äthylbromid (C_2H_5Br) 393

J. Fluorhaltige Äthanderivate 393
   1. Allgemeines 393
   2. Trifluortrichloräthan, F 113 ($C_2F_3Cl_3$) 395
   3. Tetrafluordichloräthan, F 114 ($C_2F_4Cl_2$) 399
      a) Das symmetrische Isomer 399
      b) Das unsymmetrische Isomer 402
   4. Pentafluormonochloräthan, F 115 (C_2F_5Cl) 403
   5. Trifluormonochloräthan, F 133 (CH_2Cl-CF_3) 404
   6. Difluormonochloräthan, F 142 (CH_3-CF_2Cl) 404
   7. Trifluoräthan, F 143 (CH_3-CF_3) 407
   8. Difluoräthan, F 152 (CH_3-CHF_2) 408

K. Propan und Propanderivate 409
   1. Propan (C_3H_8) 409
   2. Fluorchlorderivate des Propans 414
   3. Hexafluordichlorpropan, F 216 ($C_3F_6Cl_2$) 415

L. Butan und Butanderivate 416
   1. Isobutan (C_4H_{10}) 416
   2. Fluorchlorderivate des Butans 418
   3. Perfluorbutan (C_4F_{10}) 418

M. Äthylen und Äthylenderivate 419
   1. Äthylen (C_2H_4) 419
   2. Halogenderivate des Äthylens 423
   3. Vinylchlorid (C_2H_3Cl) 424
   4. Vinylbromid (C_2H_3Br) 424
   5. Dichloräthylen ($C_2H_2Cl_2$) 42
   6. Trichloräthylen (C_2HCl_3) 428
   7. Difluoräthylen ($C_2H_2F_2$) 429
   8. Difluormonochloräthylen (C_2HF_2Cl) 430

N. Propylen (C_3H_6) 431

O. Cyclische Kohlenwasserstoffe und deren Halogenide 432
   1. Cyclopropan (Trimethylen) 432
   2. Cyclobutan und Oktafluorcyclobutan (C_4F_8) 432

P. Äther 435
   1. Dimethyläther (C_2H_6O) 436
   2. Diäthyläther ($C_4H_{10}O$) 438

Q. Aliphatische Amine 439
   1. Methylamin (CH_3NH_2) 440
   2. Dimethylamin [$(CH_3)_2NH$] 441
   3. Äthylamin ($C_2H_5NH_2$) 441

R. Methylformiat (H·$COOCH_3$) 442

S. Verschiedene anorganische Stoffe 445
   1. Stickoxydul (N_2O) 445
   2. Schwefelfluoride 448
      a) Thionylfluorid (SOF_2) 448
      b) Sulfurylfluorid (SO_2F_2) 448
      c) Schwefelhexafluorid (SF_6) 448
   3. Bortrichlorid (BCl_3) 448

T. Kältemittelgemische 449
   1. Gemische mit veränderlicher Verdampfungstemperatur . . 450
   2. Azeotrope Gemische 450

U. Einige weitere Kältemittel aus der Patentliteratur 452

Namenverzeichnis 475

Sachverzeichnis 483

Verzeichnis der Dampftabellen.

		Seite
1	Ammoniak (NH_3) ($t = -75$ bis $+70°$ C)	453
1a	Ammoniak (NH_3) ($t = 50$ bis $132,4°$ C)	455
2	Kohlendioxyd (CO_2) (flüssig — dampfförmig)	456
2a	Kohlendioxyd (CO_2) (fest — dampfförmig)	456
3	Schwefeldioxyd (SO_2)	457
4	Methylchlorid (CH_3Cl)	458
5	Methylenchlorid (Dichlormethan) (CH_2Cl_2)	459
6	F 11 ($CFCl_3$)	460
7	F 12 (CF_2Cl_2)	461
8	F 13 (CF_3Cl)	464
9	F 21 ($CHFCl_2$)	465
10	F 22 (CHF_2Cl)	466
11	Äthan (C_2H_6)	467
12	Äthylchlorid (C_2H_5Cl)	468
13	F 113 ($CFCl_2\text{-}CF_2Cl$)	468
14	F 114 ($CF_2Cl\text{-}CF_2Cl$)	469
15	F 133 ($CH_2Cl\text{-}CF_3$)	470
16	F 142 ($CH_3\text{-}CF_2Cl$)	470
17	Propan (C_3H_8)	471
18	F 216 ($C_3F_6Cl_2$)	471
19	Perfluorbutan (n-C_4F_{10})	472
20	Oktafluorcyclobutan (C_4F_8)	472
21	Dimethyläther ($CH_3\text{-}O\text{-}CH_3$)	473
22	Methylamin ($CH_3 \cdot NH_2$)	473
23	Äthylamin ($C_2H_5 \cdot NH_2$)	474
24	Methylformiat ($H \cdot COOCH_3$)	474

Verzeichnis der Diagramme
die sich am Schluß des Buches in einer Tasche befinden.

1. Pv, p-Diagramm für Luft.
2. Mollier-i, s-Diagramm für Luft.
3. Mollier-i, s-Diagramm für Wasserdampf im Niederdruckgebiet.
4. Mollier-i, $\lg p$-Diagramm für Ammoniak (NH_3).
5. Mollier-i, p-Diagramm für Kohlendioxyd (CO_2).
6. Mollier-i, $\lg p$-Diagramm für Schwefeldioxyd (SO_2).
7. Mollier-i, $\lg p$-Diagramm für Methylchlorid (CH_3Cl).
8. Mollier-i, $\lg p$-Diagramm für Monofluortrichlormethan ($CFCl_3$, F 11).
9. Mollier-i, $\lg p$-Diagramm für Difluordichlormethan (CF_2Cl_2, F 12).
10. Mollier-i, $\lg p$-Diagramm für Trifluormonochlormethan (CF_3Cl, F 13).
11. Mollier-i, $\lg p$-Diagramm für Monofluordichlormethan ($CHFCl_2$, F 21).
12. Mollier-i, $\lg p$-Diagramm für Difluormonochlormethan (CHF_2Cl, F 22).
13. Mollier-i, $\lg p$-Diagramm für Äthan (C_2H_6).
14. Mollier-i, $\lg p$-Diagramm für Tetrafluordichloräthan ($CF_2Cl\text{-}CF_2Cl$, F 114).
15. Mollier-i, $\lg p$-Diagramm für Propan (C_3H_8).
16. Mollier-i, $\lg p$-Diagramm für Oktafluorcyclobutan (C_4F_8, FC 318).
17. Mollier-i, $\lg p$-Diagramm für Dimethyläther ($CH_3\text{-}O\text{-}CH_3$).
18. Mollier-i, $\lg p$-Diagramm für Stickoxydul (N_2O).
19. Dampfdrucke verschiedener Kältemittel im $\lg p$, $1/T$-Diagramm.

Erster Teil.

Die allgemeinen Eigenschaften der Kältemittel.

I. Die an die Kältemittel zu stellenden allgemeinen Anforderungen.

Die Arbeitsstoffe, die in Kältemaschinen zum Zwecke der Kälteerzeugung in der Regel einen geschlossenen Kreisprozeß durchlaufen, bezeichnet man als *Kältemittel* (englisch: refrigerant, französisch: fluide frigorigène). Dabei wird in den einzelnen Zustandsänderungen dem Kältemittel teils Wärme zugeführt oder entzogen, teils wird Arbeit verbraucht oder gelegentlich auch geleistet. Nur bei Drosselvorgängen treten weder Wärmemengen noch Arbeitsbeträge in Erscheinung.

Während man in Dampfmaschinen fast nur Wasserdampf als Arbeitsstoff verwendet, hat man in Kältemaschinen seit den ersten Anfängen ihrer Entwicklung die verschiedensten Stoffe als Kältemittel benutzt, wobei sich einzelne unter ihnen für bestimmte Maschinenarten und Anwendungsgebiete als besonders geeignet erwiesen haben. Man kann sogar sagen, daß nicht selten erst die Bereitstellung eines geeigneten Kältemittels die Entwicklung eines neuen Anwendungsgebietes der Kältetechnik auf breiter Grundlage ermöglicht hat.

Daß man in Kältemaschinen nur in beschränktem Maße von dem in Dampfmaschinen so gut bewährten Wasser als Arbeitsstoff Gebrauch machen konnte, liegt auf der Hand. Der Arbeitsstoff kann natürlich nur im flüssigen oder dampfförmigen Zustand in der Maschine umlaufen, und Wasser geht bei 0°C in den festen Zustand über. In der Kältetechnik werden aber meist Temperaturen unter 0° verlangt; eine wesentliche Ausnahme bilden eigentlich nur die Klimaanlagen. Wasser hat bei tiefen Temperaturen auch nur noch einen sehr geringen Dampfdruck und dementsprechend ein sehr großes spezifisches Volum. Man braucht also sehr große Saugpumpen (Kompressoren, Verdichter), um die gewaltigen Dampfvolume, die sich schon bei kleinen Kälteleistungen ergeben, zu fördern, und um in der Maschine ein hohes Vakuum aufrechtzuerhalten. Daher sah man sich von vornherein genötigt, nach solchen leichtsiedenden Flüssigkeiten Umschau zu halten, die einen möglichst tiefen Erstarrungspunkt und einen höheren Dampfdruck als Wasser besitzen. So wurde bei den ersten Kaltdampfmaschinen von Diäthyläther (C_2H_5-O-C_2H_5) Gebrauch gemacht. Sehr bald mußte man jedoch erkennen, daß diesem Stoff wegen seiner leichten Entzündbarkeit und der anästhesierenden Wirkung, die seine Dämpfe beim Einatmen ausüben, erhebliche Nachteile anhaften. Man kann sagen, daß die Verwendung des Äthyläthers die Entwicklung der Kaltdampfmaschinen stark gehemmt hat und anderen weit weniger wirtschaftlichen Kältemaschinensystemen den Weg ebnete. Allerdings bewertet man heute die gleichzeitige Entwicklung mehrerer Systeme der Kälteerzeugung nicht als Nachteil, da jedes dieser Systeme gewisse spezifische Vorteile besitzt.

Wenn auch heute noch die Bemühungen fortgesetzt werden, bestgeeignete Kältemittel für die verschiedenen Bauarten und die vielseitigen Anwendungsgebiete zu finden, so liegt das daran, daß an ein ideales Kältemittel sehr weitgehende Anforderungen gestellt werden, die hier in großen Zügen aufgezählt werden sollen. Diese Anforderungen erstrecken sich auf ganz bestimmte chemische, physikalische, physiologische und wirtschaftliche Eigenschaften, die kaum bei einem Stoff zugleich anzutreffen sind, so daß letzten Endes Kompromisse geschlossen werden müssen.

1. Chemische Eigenschaften.

α) *Stabilität.* Die Kältemittel müssen im gesamten in Frage kommenden Druck- und Temperaturbereich chemisch stabil sein, dürfen also nicht zerfallen (dissoziieren) und nicht polymerisieren.

β) *Inaktivität.* Die Kältemittel müssen sich chemisch möglichst inert verhalten, dürfen also mit den verwendeten metallischen und nichtmetallischen Baustoffen, mit den Schmierölen, dem Luftsauerstoff und dem Wasserdampf keinerlei Verbindungen eingehen.

γ) *Brennbarkeit und Explosionsgefahr.* Die Kältemittel sollen nicht brennbar sein und mit Luft keine explosiven Gemische bilden.

2. Physikalische Eigenschaften.

α) *Lage der Dampfdruckkurve.* Bei den im Kältemaschinenprozeß auftretenden Sättigungstemperaturen (im Verdampfer und im Kondensator) sollen die entsprechenden Dampfdrücke weder sehr tief noch sehr hoch sein. Hohes Vakuum hat große Ansaugvolume und entsprechend große Kompressorabmessungen zur Folge, wobei infolge Abdichtungsschwierigkeiten auch der Eintritt feuchter atmosphärischer Luft in den Kreislauf gefördert wird. Sehr hohe Drücke ergeben zwar kleine Abmessungen des Kompressors, erfordern aber große Wandstärken und erhöhen die durch Undichtigkeiten hervorgerufenen Kältemittelverluste. Bei gegebenen Verflüssigungs- und Verdampfungstemperaturen soll für Kolbenkompressoren das entsprechende Druck*verhältnis* möglichst niedrig sein, um mit einer möglichst geringen Stufenzahl auszukommen. Bei Turbokompressoren soll dagegen die Druck*differenz* möglichst klein sein. Die kritische Temperatur des Kältemittels soll genügend hoch, seine Erstarrungstemperatur genügend tief liegen.

β) *Verdampfungswärme und spezifische Wärme.* Die Größen der Verdampfungswärme r und der spezifischen Wärme c_{fl} der Flüssigkeit sind für die Beurteilung eines Kältemittels nicht von ausschlaggebender Bedeutung. Auch Kältemittel mit kleiner Verdampfungswärme (wie z. B. die Freone und alle hochmolekularen Stoffe) können für den Kältemaschinenprozeß durchaus geeignet sein. Eine hohe Verdampfungswärme ist nur dann erwünscht, wenn das flüssige Kältemittel eine sehr hohe spezifische Wärme besitzt (z. B. H_2O, NH_3), weil der Verlust durch das Drosselorgan mit wachsendem Wert des Verhältnisses c_{fl}/r zunimmt. Die spezifische Wärme im Gaszustand beeinflußt den Kälteprozeß nur insofern, als davon der Exponent der Adiabate abhängt (vgl. S. 44), der die Kompressionsendtemperatur beeinflußt. Der Exponent der Adiabate sinkt mit wachsender Atomzahl im Molekül des Kältemittels. Niedrige Kompressionsendtemperaturen ergeben eine bessere Annäherung an den idealen CARNOT-Prozeß und verringern die Gefahr der Kältemittelzersetzung und des chemischen Angriffs der Baustoffe und Schmieröle durch das Kältemittel.

γ) *Viskosität.* Ein niedriger Wert der dynamischen Viskosität (vgl. S. 56) ist sowohl im flüssigen als auch im gasförmigen Zustand des Kältemittels erwünscht, weil dadurch der Druckverlust bei der Strömung in Leitungen und durch Ventile herabgesetzt wird.

δ) *Wärmeleitzahl.* Eine hohe Wärmeleitzahl der Flüssigkeit (vgl. S. 73) verbessert den Wärmeübergang bei der Verflüssigung und Verdampfung und ist daher durchaus erwünscht.

ε) *Oberflächenspannung.* Eine geringe Oberflächenspannung (vgl. S. 76) und damit verbunden eine gute Benetzbarkeit der Oberflächen fördert den Wärmeübergang bei der Verdampfung. Andererseits setzt eine geringe Oberflächenspannung von Kältemitteln, die sich im Schmieröl gut lösen, dessen Oberflächenspannung stark herab, wodurch sich die Fähigkeit des Schmieröls verringert, feine Gußporen gegen die in Gußkörpern herrschenden Drücke abzudichten. Eine hohe Oberflächenspannung begünstigt die Tropfenkondensation, die bekanntlich in Verflüssigern höhere Wärmeübergangszahlen ergibt als die Filmkondensation.

ζ) *Öllöslichkeit bzw. Mischbarkeit mit Ölen.* In allen Kompressionskältemaschinen mit Zylinderschmierung bieten Kältemittel, die sich mit dem Schmieröl nicht mischen, insofern Vorteile, als das Öl in einem Ölabscheider hinter dem Zylinder größtenteils vom Kältemittel getrennt und in den Kompressor zurückgeleitet werden kann. Die Trennung erfolgt um so leichter, je größer die Unterschiede im spezifischen Gewicht sind. Durch die Mischbarkeit von Ölen und Kältemitteln wird die Viskosität der Öle herabgesetzt, der Dampfdruck des Kältemittels erniedrigt und das Entweichen von Kältemitteln durch poröse Stellen erleichtert. Das Öl wird im ganzen Kreislauf mitgeführt, es verschlechtert die Wärmeübertragung und beeinträchtigt die vollständige Verdampfung des Kältemittels im Verdampfer. Dafür wird die Fließfähigkeit des Öls durch die Vermischung mit dem Kältemittel verbessert und seine Rückführung aus dem Verdampfer in das Kurbelgehäuse des Kompressors erleichtert. Bei jeder Inbetriebsetzung tritt ein Aufschäumen des Kältemittel-Öl-Gemisches im Kurbelgehäuse auf, das zu Flüssigkeitsschlägen im Kompressor führen kann.

η) *Wasserlöslichkeit.* Da sich geringe Wassermengen in der Füllung einer Kältemaschine nicht vermeiden lassen, ist eine gewisse Löslichkeit des Wassers im Kältemittel erwünscht. Freies Wasser erstarrt bei den' tieferen Verdampfungstemperaturen, und dadurch können leicht Verstopfungen — besonders im Drosselorgan — eintreten. Die Kältemittel dürfen im Temperaturbereich der Kältemaschine mit dem Wasser weder feste Hydrate noch Säuren oder Laugen bilden, welche die Baustoffe und das Schmieröl angreifen.

ϑ) *Elektrischer Widerstand.* Kältemittel, die in hermetisch gekapselten Kältemaschinen verwendet werden und dort mit stromführenden Teilen in Berührung kommen, sollen einen möglichst hohen elektrischen Widerstand im flüssigen und gasförmigen Zustand besitzen.

3. Physiologische Eigenschaften.

α) *Giftigkeit.* Die Kältemittel sollen auch in geringen Konzentrationen in der Atemluft nicht giftig sein und die Atmungsorgane nicht reizen. Sie sollen auch in Gegenwart offener Flammen oder elektrischer Funken keine Atmungsgifte oder Reizstoffe bilden. In sehr hohen Konzentrationen führen auch ungiftige Kältemittel zur Erstickung infolge Sauerstoffmangels.

β) *Geruch.* Ein wahrnehmbarer Geruch ist besonders bei den gesundheitsschädlichen Kältemitteln (z. B. NH_3, SO_2) erwünscht, da er warnend wirkt und Undichtigkeiten anzeigt. Geruchfreie oder gerucharme giftige Kältemittel (z. B. CH_3Cl) erhalten daher oft einen Zusatz eines harmlosen Riechstoffs. Andererseits kann ein deutlich wahrnehmbarer Geruch, besonders wenn dadurch die

Atmungsorgane gereizt werden, auch unterhalb der Giftwirkungsschwelle in dichtbesetzten Räumen eine Panikwirkung hervorrufen.

γ) *Einfluß auf das Kühlgut.* Lebensmittel und andere Kühlgüter, z. B. Blumen, Tabak, Gewebe sollen bei dem durch Undichtigkeiten verursachten Ausströmen von Kältemitteln in den Kaltlagerraum in keiner Weise geschädigt oder gar unbrauchbar gemacht werden.

4. Wirtschaftliche Forderungen.

α) *Preis.* Innerhalb gewisser Grenzen spielt der Preis des Kältemittels — besonders bei kleinen Anlagen (z. B. in Haushaltkühlschränken) — keine entscheidende Rolle. In Großkälteanlagen, besonders in solchen mit direkter Verdampfung, können aber die Kosten der Kältemittelfüllung recht erheblich werden. Ein niedriger Preis ist daher stets erwünscht trotz hoher Anforderungen an den Reinheitsgrad. Die kältetechnischen Apparate (Wärmeaustauscher und Flüssigkeitssammler) wird man stets so gestalten, daß die Füllung der Anlage nicht unnötig groß wird. Je kleiner das spezifische Gewicht des flüssigen Kältemittels ist, um so geringer ist das Gewicht der notwendigen Füllung bei gleichem Inhalt der Apparate.

β) *Verfügbarkeit.* Von einem Kältemittel kann erst dann industriell Gebrauch gemacht werden, wenn es vom Handel so vertrieben wird, daß es an allen wichtigen Kälteverwendungsplätzen der Erde greifbar und leicht transportabel ist. Die für den Transport benutzten Behälter müssen die notwendige Sicherheit gegen Unfälle bieten.

γ) *Spezifische Kälteleistung.* Die spezifische Kälteleistung ist die erzeugte Kältemenge in kcal je aufgewendete Kilowattstunde. Bei gegebenem Kälteprozeß und gegebenen Arbeitsbedingungen ist ein Kältemittel um so wirtschaftlicher, je höher seine spezifische Kälteleistung ist.

Für die Beurteilung eines Kältemittels bedient man sich noch mancher anderen Eigenschaften, die eine Kombination der bisher erwähnten darstellen. So hängt die *volumetrische Kälteleistung* q_0, das ist die Kälteleistung je Kubikmeter Ansaugevolum des Kompressors, vom Molekulargewicht, der Lage der Dampfdruckkurve, der Verdampfungswärme und der spezifischen Wärme der Flüssigkeit für das betrachtete Kältemittel ab. Die Größe der volumetrischen Kälteleistung ist für die Abmessungen des Kompressors maßgebend (vgl. S. 92). Eine andere kombinierte Eigenschaft ist die *Wärmeübergangszahl* in Wärmeaustauschapparaten; sie hängt vom spezifischen Gewicht, von der Viskosität, Wärmeleitzahl, Oberflächenspannung und Verdampfungswärme des Kältemittels ab und beeinflußt die notwendige Oberfläche der Wärmeaustauscher.

Ein ideales Kältemittel, das alle erwähnten Forderungen erfüllt, ist bisher nicht gefunden worden und wird wahrscheinlich auch in Zukunft nicht zu finden sein. Man wird sich daher von Fall zu Fall damit begnügen müssen, die jeweils wichtigsten Anforderungen erfüllt zu sehen und sich mit den nicht erfüllbaren, so gut es geht, abzufinden. So wird z. B. im Großkältemaschinenbau Ammoniak im größten Umfang verwendet, obwohl es ein giftiges Kältemittel ist und sowohl Kupfer als auch Kupferlegierungen chemisch stark angreift. Seine thermischen Eigenschaften sind aber ausgezeichnet. Man sieht daher beim Bau von Ammoniakanlagen von der Verwendung von Kupfer gänzlich ab und vermeidet Ammoniak grundsätzlich bei Klimaanlagen in Wohn- und Aufenthaltsräumen. Auch in Haushaltkühlschränken benutzt man es nicht, weil bei solchen Kleinanlagen die umlaufende Kältemittelmenge bei Ammoniak infolge seiner hohen Verdampfungswärme so klein wird, daß die Regelung der Kälteleistung Schwierigkeiten bereitet.

II. Herstellung und Transport von Kältemitteln.

1. Herstellung.

Erst in neuerer Zeit ist die Erzeugung von Kältemitteln ein Sonderzweig der chemischen Industrie geworden, insbesondere seit es sich um Stoffe handelt, deren Herstellung in erster Linie für die Verwendung als Kältemittel aufgenommen wurde. Meist dienten als Kältemittel Substanzen, die in größerem Umfang als Zwischenprodukte oder Fertigerzeugnisse von der chemischen Industrie für andere Zwecke hergestellt wurden und die gleichzeitig auf Grund ihrer Eigenschaften auch als Kältemittel in Frage kamen. Daneben gibt es aber auch Stoffe, die ursprünglich als Kältemittel aufkamen, dann aber verschiedenen anderen Zwecken zugeführt wurden und schließlich ihre Bedeutung als Kältemittel eingebüßt haben. Die sich rasch entwickelnde Kälteindustrie hatte hierbei mit Rücksicht auf die besonderen Anforderungen an die Reinheit der Kältemittel häufig keinen leichten Stand. Die chemische Industrie hat vielfach infolge Änderung des seitherigen oder Einführung eines neuen Herstellungsverfahrens entweder ohne jede Verständigung das neue Produkt an alle Bedarfsträger geliefert oder die Lieferung als Kältemittel mit den speziellen Reinheitsgraden abgelehnt. Dies hätte besondere Reinigungsanlagen für den relativ geringen Bedarf der Kälteindustrie und eine von dem allgemeinen Herstellungsprozeß getrennte Verarbeitung erforderlich gemacht.

Die Prüfverfahren waren häufig recht kostspielig oder mußten erst neu geschaffen werden, um die neuen, für die Verwendung als Kältemittel festgelegten Grenzgehalte der Verunreinigungen überhaupt analytisch erfassen zu können. Wenn aber ein Herstellungswerk die erforderliche Reinheit nicht einhielt, so hatte der Hersteller der Kältemaschinen die Folgen zu tragen. Als ein typisches Beispiel sei hier das Schwefeldioxyd genannt, für dessen Reinheit als Kältemittel lange Zeit jegliche Garantie abgelehnt wurde; es wird in sehr großem Umfange als Zwischenprodukt, z. B. bei der Herstellung von Schwefelsäure, erzeugt, wobei es auf die Wasserfreiheit sowie auf den Schwefelsäure- und Schwefeltrioxydgehalt nicht ankommt.

Ebenso sind einige niedere Kohlenwasserstoffe, z. B. Äthan, Propan und Isobutan, nur nebenher als Kältemittel verwendet worden. Diese niederen Glieder aus der Reihe der Paraffine sind entweder Nebenprodukte der Erdölindustrie oder Zwischenprodukte der Kohlechemie und werden teilweise als Leucht- und Heizgas verwendet. Auch dafür sind natürlich die an Kältemittel zu stellenden Reinheitsanforderungen ohne Bedeutung.

Ammoniak wird als Kältemittel ausschließlich für Großkälteanlagen in großem Umfang verwendet, wobei einerseits keine zu hohen Anforderungen an die Reinheit gestellt werden, andererseits aber die Hersteller den Wünschen der Kälteindustrie bald entgegenkamen.

Auf Grund des steigenden und daher auch für die chemische Industrie sich immer mehr lohnenden Verbrauchs der Kälteindustrie sind schließlich in den meisten Ländern — allen anderen voran in den USA — bestimmte Reinheitsgrade für die Kältemittel üblich geworden, die sich auf Grund von langjährigen Erfahrungen an Kältemaschinen und Anlagen als notwendig und für Hersteller und Verbraucher als tragbar erwiesen haben. Teilweise (z. B. für Difluordichlormethan) konnten die erforderlichen Reinheitsgrade von Kältemitteln mit Hilfe der neuen und verbesserten Prüfmethoden schon im Laboratorium festgelegt werden, um Störungen im Kältemittelkreislauf durch Korrosionen oder Verstopfungen, z. B. durch Wasser, auszuschließen. Die Kältemittelhersteller berücksichtigen nun die Reinheitsanforderungen in den von ihnen angewendeten Herstellungsverfahren, auf die bei der Besprechung der einzelnen Kältemittel im zweiten Teil dieses Bandes näher eingegangen wird. Heute sind Garantien für die Reinheit von Kältemitteln seitens der Kältemittelhersteller allgemein üblich; die hierbei angewendete peinliche Sorgfalt geht oft so weit, daß von zahlreichen Werken nicht nur jede Fertigungscharge, sondern die Füllung jedes größeren Behälters vor der Ablieferung auf bestimmte Verunreinigungen untersucht wird und die Ergebnisse dem Bezieher mitgeteilt werden.

Wohl die ersten Stoffe, die in ihrer Herstellung auf die Erfordernisse der Kälteindustrie von vornherein abgestimmt und speziell als Kältemittel entwickelt wurden, waren die um 1930 in den USA eingeführten Fluorchlorderivate der niederen aliphatischen Kohlenwasserstoffe. Sie sind in den USA unter der Handelsmarke ,,Freon" der Kinetic Chemicals Inc., in Deutschland als ,,Frigen" der Farbwerke Hoechst und in Großbritannien unter der Bezeichnung ,,Arcton", der Imperial Chemical Industries im Handel[1]. Im folgenden soll stets die gebräuchliche Abkürzung ,,F" mit der Nummer angewendet werden, deren Bedeutung im zweiten Teil dieses Bandes (S. 318) erklärt wird. Neben ihrer Verwendung als Kältemittel haben diese Stoffe schon eine vielseitige Anwendung gefunden. Sie werden z. B. zum Zerstäuben vieler Flüssigkeiten und Lösungen wie Lacken, Insektenbekämpfungsmitteln, Desinfektionsmitteln, Parfüms, Formtrennmitteln und ähnlichen verwendet. Auch als Lösungsmittel für Lacke mit besonders hohen Zündtemperaturen werden einige hochsiedende Fluorchlorderivate bereits benutzt.

2. Transport und Lagerung.

Die Kältemittel werden allgemein gasförmig gewonnen und müssen für Transport- und Vorratszwecke verflüssigt werden. Dazu dienen Anlagen, die dem Hochdruckteil der Kompressionskältemaschinen entsprechen und aus einem Kompressor mit anschließendem Kondensator und Flüssigkeitssammler bestehen. Größte Sorgfalt ist hierbei auf die Ölabscheidung zu legen, da das zu liefernde Kältemittel ölfrei sein muß. Die Speicherung erfolgt in großen Behältern, die an den Kondensator angeschlossen sind und vielfach nach Art sehr großer Flüssigkeitskühler gebaut sind.

Das Kältemittel kommt in der Regel in flüssiger Form zum Versand an den Verbraucher. Hierzu dienen Stahlflaschen und Behälter verschiedenster Größen sowie gelegentlich auch Kesselwagen, in die das Kältemittel im Herstellungswerk eingefüllt wird. Nach Entnahme des Kältemittels kehren die leeren Behälter an den Hersteller zum erneuten Füllen zurück.

Für Stahlflaschen sind Inhalte von 10 bis 100 l üblich; die Druckbehälter gehen bis zu etwa 1000 l und die Kesselwagen haben üblicherweise 5 t Fassungsvermögen in drei miteinander in Verbindung stehenden Stahlbehältern. Die Flaschen und Behälter sind für jedes Kältemittel einheitlich mit dem gleichen Ventil ausgestattet. Die Stahlflaschen besitzen nur ein Ventil, die Großbehälter je eines zur Entnahme im gasförmigen und im flüssigen Zustand.

Abb. 1 zeigt die Konstruktion und Funktion eines Ventils für Stahlflaschen und Behälter für F 12. Das Ventil schließt nur in den Endstellungen a und b nach außen sicher dicht ab.

Stellung a: Die Ventilspindel 1 wird durch das Handrad 2 bis zum deutlichen Anschlag nach unten gedreht; dadurch wird der Metallkonus 3 dicht schließend auf den Sitz 4 gedrückt. Jede Gewaltanwendung ist dabei zu vermeiden, damit der Konus 3 und der Sitz 4 nicht deformiert werden.

---

[1] Weitere Bezeichnungen s. S. 317.

Stellung b: In dieser Stellung wird der Ansatzring 6 der Ventilspindel 1 durch den Vierkant 12 gegen die Fiberdichtung 7 gedrückt, wodurch die Ventilspindel 1 nach außen abgedichtet wird.

In den Stellungen zwischen a und b drückt nur die Feder 13 den Ansatzring 6 gegen die Fiberdichtung 7. Ist nach längerem Gebrauch die Fiberdichtung 7 abgenützt, so kann die Kraft der Feder 13 für die Abdichtung nicht mehr ausreichend sein, und das Ventil wird längs der Ventilspindel 1 undicht. Sollte sich durch unsachgemäße Behandlung des Ventils die Spindelführung 8 gelockert haben, so kann die dort eingetretene Undichtigkeit durch Nachziehen an dem Sechskant 9 leicht behoben werden. Dadurch wird die Fiberdichtung 7 fest auf die darunterliegende, aus dem Ventilgehäuse 10 ausgedrehte Auflagefläche 11 gepreßt.

Derartige Ventile können also nur dann mit Sicherheit nach außen dicht schließen, wenn sie entweder ganz geöffnet oder ganz geschlossen sind. Sie sind infolgedessen als Regelorgane nicht geeignet. Grundsätzlich dürfen die Stahlflaschen immer nur mit demjenigen Kältemittel gefüllt werden, dessen Bezeichnung sie tragen. Verschiedene Maßnahmen dienen dazu, Verwechslungen von Kältemitteln bzw. von Stahlflaschen möglichst zu vermeiden. Diese Maßnahmen sind aber in den verschiedenen Ländern keineswegs einheitlich. Neben der Farbkennzeichnung sind für die Ventilanschlußstutzen der Flaschen für verschiedene Kältemittel und Gase in den meisten Ländern durch Verordnungen oder Normen besondere Ausführungen vorgeschrieben. In Deutschland gelten die Druckgasverordnung und DIN 477, nach denen an den Anschlußstutzen für brennbare Gase Linksgewinde, für alle anderen Gase Rechtsgewinde anzuwenden sind. Tab. 1 gibt die in Deutschland gültigen Vorschriften für Stahlflaschen zum Transport verdichteter und verflüssigter Gase wieder.

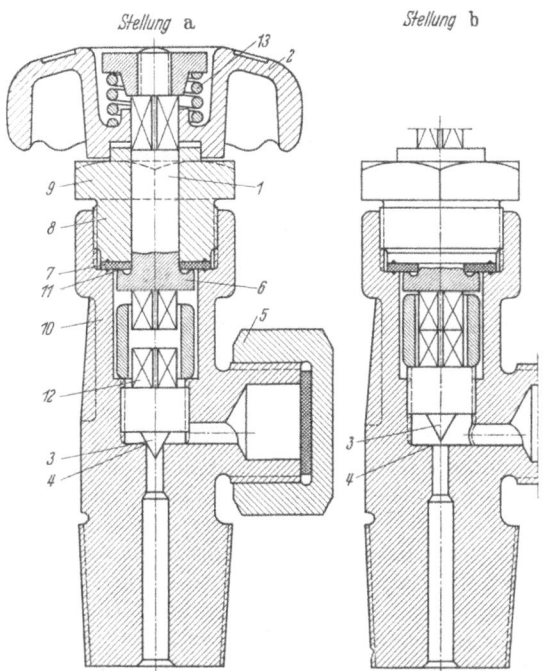

Abb. 1. Ventil der Stahlflaschen und Behälter für F 12.
1 Ventilspindel; *2* Handrad; *3* Metallkonus; *4* Ventilsitz; *5* Verschlußmutter; *6* Ansatzring; *7* Fiberdichtung; *8* Spindelführung; *9* Sechskant; *10* Ventilgehäuse; *11* Auflagefläche; *12* Vierkant; *13* Feder.

Aus Sicherheitsgründen sind für die Flaschen Druckproben vorgeschrieben, die in bestimmten Zeitabständen bei den im Verkehr befindlichen Flaschen wiederholt werden müssen. In Deutschland gelten die ebenfalls in Tab. 1 wiedergegebenen Prüfdrücke nach der Druckgasverordnung[1]. Die Prüfung ist als Wasserdruckprobe vorgeschrieben, wobei der Druck stoßfrei gesteigert werden muß. Der Druckgasverordnung unterliegen alle Kältemittelbehälter mit mehr als

---

[1] Polizeiverordnung über die ortsbeweglichen, geschlossenen Behälter für verdichtete und unter Druck gelöste Gase; Berlin: Carl Heymanns Verlag 1936.

Tabelle 1. *In Deutschland gültige Vorschriften für Stahlflaschen zum Transport verdichteter und verflüssigter Gase.*

Kältemittel bzw. Gase	Prüfdruck in atü	Maximale zulässige Füllung in l Fassungsraum je kg	in kg je l Fassungsraum	Maximaler Fülldruck für Gase in atü	Gewinde der Ventilanschlüsse nach DIN 477			
					Gang	Außen-⌀ mm	Innen-⌀ mm	Gangzahl auf 1"
Kohlendioxyd	190	1,34	0,75	—	rechts	21,80	19,48	14
Stickoxydul	180	1,34	0,75	—	rechts	16,465	14,951	19
Äthan	95	3,3	0,3	—	links	21,80	19,48	14
Ammoniak	30	1,86	0,54	—	rechts	21,80	19,48	14
Propan	25	2,35	0,43	—	links	21,80	19,48	14
Methylchlorid	16	1,25	0,80	—	links	21,80	19,48	14
Methylamin	16	1,70	0,59	—	links	21,80	19,48	14
Difluordichlormethan	14	0,89	1,12	—	rechts	21,80	19,48	14
Schwefeldioxyd ...	12	0,80	1,25	—	rechts	22,643	20,588	14
Äthylamin	12	1,70	0,59	—	links	21,80	19,48	14
Isobutan und n-Butan	12	2,05	0,49	—	links	21,80	19,48	14
Methan	50% mehr als der Fülldruck	—	—	200	links	21,80	19,48	14
Wasserstoff		—	—	200	links	21,80	19,48	14
Sauerstoff		—	—	200	rechts	26,174	24,119	14
Stickstoff		—	—	200	rechts	24,32	22,00	14

220 cm³ Inhalt. Als Baustoff für die Behälter ist normalerweise Flußstahl zu verwenden.

In den USA werden die Kältemittelflaschen und größere Kältemittebehälter mit Schmelzsicherungen in Form von Schraubstopfen versehen, die — um bei Feuer Explosionen zu vermeiden — z. B. bei 75°C schmelzen und den Inhalt des Behälters ins Freie entströmen lassen. Auch Schmelzplomben sind vielfach bei Flaschen gebräuchlich. Für niedrig schmelzende Stopfen werden je nach dem gewünschten Schmelzpunkt verschiedene Legierungen verwendet. Druckflaschen mit Schmelzstopfen, welche dem Feuer ausgesetzt waren, dürfen nur dann wieder verwendet werden, wenn sie erneut überprüft sind. Die Flaschen sollen mit einer Nummer gekennzeichnet sein und den Namen des Eigentümers sowie eine Inhaltsangabe nach Art und zulässiger Füllmenge enthalten, die sich aus dem Füllvolum je kg Kältemittel nach Tab. 1 ergibt. Das Füllen der Flaschen soll stets nur nach Gewicht erfolgen, um Überfüllung und die Gefahr des Aufreißens zu verhindern. Überfüllte Flaschen sind sofort bis zum höchstzulässigen Füllgewicht zu entleeren, wobei die Brennbarkeit und eventuelle Giftigkeit der Stoffe zu berücksichtigen sind.

Undichtigkeiten an den Druckflaschen sind nach den für die einzelnen Kältemittel üblichen Methoden festzustellen (s. Bd. VI dieses Handbuches), wobei die Vorschriften bezüglich Brennbarkeit zu beachten sind. Allgemein üblich ist das Abpinseln mit einer Seifenlösung.

Die Druckflaschen mit den verflüssigten Kältemitteln sind in gedeckten, gut ventilierten und trockenen Räumen zu lagern, um ein Rosten der Flaschen von außen her zu vermeiden. Die Lagertemperatur soll 40°C nicht überschreiten. Aus diesem Grunde ist auch die Einwirkung von strahlender Wärme, z. B. durch Öfen oder die Sonne, zu vermeiden. Wichtig ist auch, die Flaschen gegen Umfallen und Abrollen zu schützen. Die Flaschen müssen deshalb einen Rollschutz haben.

Der Reinhaltung des Flaschenparks muß sowohl vom Hersteller der Kältemittel als auch vom Verbraucher besondere Aufmerksamkeit gewidmet werden, um zu vermeiden, daß das aus der Gewinnungsanlage kommende reine Kältemittel durch verschmutzte Flaschen verunreinigt wird. Beim Eindringen von

Fremdstoffen, z. B. Wasser oder Öl, ist stets das Abfüllwerk und gegebenenfalls der Eigentümer der Flaschen zu verständigen. Beim Umfüllen des Kältemittels soll möglichst eine Vorlage, eventuell mit Rückschlagventil vor der Flasche, verwendet werden. Will man ganz sicher gehen, so muß die Stahlflasche vor jedem neuen Füllen sorgfältig gereinigt, getrocknet und evakuiert werden. Die Prüfung des eingefüllten Kältemittels in jedem Behälter vor der Ablieferung gibt die Sicherheit, daß auch bei der Flaschenreinigung keine Unterlassung vorgekommen ist. WALKER[1] schlägt zur Prüfung der Reinheit von Kältemittelflaschen vor, die Behälter nach dem Evakuieren mit einer kleinen Menge flüssigen Kältemittels zu füllen, kräftig zu schütteln und dann je nach Art des verwendeten Kältemittels eine Rückstands- und Wasserbestimmung durchzuführen (vgl. S. 208).

Die Kältemittelbehälter werden zweckmäßig in der Weise gereinigt, daß man zunächst den Druck abläßt, das Ventil sowie eine etwa vorhandene Schmelzsicherung entfernt und sie durch eine Einschraubdichtung ersetzt. Der restliche Kältemitteldampf wird bei giftigen oder durch Geruch und Reizwirkung belästigenden Kältemitteln mit Preßluft ausgeblasen. Sind die Flaschen innen stärker verölt, so empfiehlt sich das Spülen mit Trichloräthylen, Tetrachlorkohlenstoff oder Benzin. An den Wänden haftender Schmutz oder Rost, der unlöslich ist, wird durch Rollen der Flaschen mit Stahlkugeln oder Gliederketten und Seifenlösung mechanisch entfernt.

Anschließend wird gründlich mit Wasser gespült, wobei die Anwendung von siedend heißem Wasser empfohlen wird. Schließlich wird mit Wasserdampf so lange ausgeblasen, bis die Flasche stark erwärmt ist. Dabei ist die Flasche mit der Ventilöffnung nach unten zu stellen, um das Kondenswasser auslaufen zu lassen. Dann wird durch Spülen mit heißer trockener Luft oder im Ofen bei 110 bis 125° C im Vakuum in 2 bis 3 Stunden getrocknet; zur Beschleunigung des Trockenprozesses empfiehlt es sich, das Vakuum alle halbe Stunden mit trockenem Gas zu brechen. Im warmen Zustand werden die Flaschen durch Einschrauben des Ventils und Einsetzen der Schmelzsicherung oder Eingießen einer Schmelzplombe verschlossen. Zum Schluß wird vor dem Einfüllen des Kältemittels unter 50 Torr evakuiert. Säuren dürfen zum Reinigen von Druckflaschen nicht verwendet werden, da sie die Wandstärken durch Korrosion schwächen und vielfach bevorzugt an einzelnen Stellen angreifen.

Die Lagerung und der Transport von Trockeneis (fester CO_2) wird in großem Maßstab durchgeführt[2]. Die Blöcke werden in handelsübliche Stücke von etwa $25 \times 25 \times 25$ cm³ zersägt, verpackt und in isolierten Behältern oder Räumen gelagert. Es gibt Lager von vielen hundert Tonnen Fassungsvermögen. Für den Versand werden die zersägten Blöcke in Ölpapier oder starkes Packpapier verpackt und in Schachteln von mehreren Lagen Wellpappe untergebracht. Größere Sendungen werden in gut isolierten Versandkisten, in isolierten Containern, Lastautos oder Spezial-Eisenbahnwagen versandt[3].

Tiefsiedende verflüssigte Gase, z. B. flüssiger Sauerstoff, werden in offenen isolierten Behältern gelagert und transportiert[4]. Zu jeder Anlage für die Erzeugung von flüssigem Sauerstoff gehört heute ein Standtank, der eine 50stündige Produktion fassen kann. Davon verdampfen etwa 10% durch Wärmeeinfall von außen; die Verdampfungsprodukte werden in Gasometern gesammelt und mit

---

[1] WALKER, W. O.: Ansul Chemicals Co. Research Report.
[2] Vgl. J. KUPRIANOFF: Die feste Kohlensäure, 2. Aufl. S. 62—69. Stuttgart: Ferd. Enke Verlag 1953.
[3] KING, C. W.: Ice & Refrig. Bd. 84 (1933) S. 343; SCHRÖDER: Die Bundesbahn Bd. 27 (1953) S. 85.
[4] Vgl. z. B. H. EHMS: Kältetechnik Bd. 8 (1956) S. 49.

Kompressoren in Stahlflaschen gedrückt. Standtanks werden mit einem Fassungsvermögen von 500 bis 50000 l flüssigem Sauerstoff gebaut. Die Transporttanks sind von gleicher Bauart, nur schwächer isoliert mit Rücksicht auf die relativ kurze Transportzeit. Es gibt Ausführungen für den Autotransport (500 bis 10000 l), den Eisenbahntransport (10000 bis 27000 l) und den Flugzeugtransport (1100 l). In USA werden noch größere Einheiten gebaut. Die während der Fahrt gebildeten Dämpfe müssen ins Freie entweichen und sind als Verlust zu buchen. Für weitere Einzelheiten vgl. Bd. VIII dieses Handbuches.

Neben Sauerstoff werden auch andere Gase, z. B. Äthylen und Chlor, in drucklosen isolierten Behältern gelagert und befördert[1].

III. Thermische und kalorische Eigenschaften von Kältemitteln.

1. Einführung.

Die Eignung eines Stoffes als Kältemittel hängt wesentlich von seinen thermischen und kalorischen Eigenschaften ab. Unter den *thermischen Eigenschaften* versteht man alle Zusammenhänge, die zwischen den fundamentalen Zustandsgrößen — das sind der Druck P [kg/m²] oder p [kg/cm²], die Temperatur T in Graden Kelvin [°K] oder t in Graden Celsius [°C], und das Volum V [m³] oder v [m³/kg] — bestehen. Hierzu gehört vor allem die thermische Zustandsgleichung, die in den Formen

$$P = f(v, T) \quad \text{oder} \quad v = \varphi(P, T) \tag{1}$$

geschrieben werden kann. Eine solche Zustandsgleichung umfaßt im allgemeinen nur das Verhalten des Stoffes im gas- bzw. dampfförmigen Zustand bis zur Kondensationsgrenze; es ist aber auch versucht worden, Zustandsgleichungen aufzustellen, die das Gebiet der Flüssigkeiten und das überkritische Gebiet umfassen. Vielfach genügt es, die Gültigkeitsgrenzen einer Zustandsgleichung auf bestimmte Bereiche der technischen Anwendung zu beschränken, dafür aber innerhalb dieser engeren Grenzen eine hohe Genauigkeit anzustreben.

Für den Bereich nasser Dämpfe, in dem die siedende Flüssigkeit und der Dampf miteinander im thermischen Gleichgewicht stehen, gelten einerseits die Dampfdruckgleichung

$$P = \psi(T) \tag{2}$$

und andererseits gewisse Gesetzmäßigkeiten für die spezifischen Volume v' der siedenden Flüssigkeit und v'' des trocken gesättigten Dampfes, bzw. für deren reziproke Werte, also die spezifischen Gewichte γ' und γ'' [kg/m³].

Zu den thermischen Eigenschaften gehören als spezielle Werte auch T_s und v_s beim normalen Siedepunkt, also beim Druck von einer physikalischen Atmosphäre (760 Torr) sowie P_k, T_k und v_k im kritischen Punkt.

Für den Fall, daß auch das Verhalten des Stoffes im festen Zustand interessiert, muß neben der Dampfdruckkurve Gl. (2) auch der Verlauf der Schmelzkurve (festflüssig) und der Sublimationskurve (fest-dampfförmig) in Betracht gezogen werden, wobei die normale Erstarrungstemperatur T_f und der Tripelpunkt (P_{tr}, T_{tr}) miterfaßt werden. Ebenso wichtig ist dann die Kenntnis des spezifischen Volums v_f oder des spezifischen Gewichts γ_f im festen Zustand. Das ist z. B. bei Kohlendioxyd der Fall, das im festen Zustand (als Trockeneis) kältetechnisch bedeutsam ist.

---

[1] PRAHL, K.: Chemie-Ing.-Technik Bd. 28 (1956) Nr. 1 S. 56.

Einführung.

Zu den thermischen Eigenschaften gehören natürlich auch die Ableitungen der fundamentalen Zustandsgrößen $\left(\frac{\partial v}{\partial T}\right)_P$, $\left(\frac{\partial P}{\partial T}\right)_v$ und $\left(\frac{\partial v}{\partial P}\right)_T$, zwischen denen der Zusammenhang

$$\left(\frac{\partial v}{\partial T}\right)_P \left(\frac{\partial T}{\partial P}\right)_v \left(\frac{\partial P}{\partial v}\right)_T = -1 \tag{3}$$

besteht. Dabei sind:

$$\left.\begin{aligned}\alpha &= \frac{1}{v_0}\left(\frac{\partial v}{\partial T}\right)_P \quad \text{der thermische Ausdehnungskoeffizient,} \\ \beta &= \frac{1}{P_0}\left(\frac{\partial P}{\partial T}\right)_v \quad \text{der Spannungskoeffizient,} \\ \text{und} \quad \chi &= \frac{1}{v_0}\left(\frac{\partial v}{\partial P}\right)_T \quad \text{der Kompressibilitätskoeffizient,}\end{aligned}\right\} \tag{3a}$$

wenn v_0 auf $0°$C bezogen wird (vgl. Bd. II, Abschn. A II, dieses Handbuches).

Zu den *kalorischen Eigenschaften* gehören alle Größen, in welche die Energie (in Gestalt von Wärme) für sich allein oder neben den fundamentalen thermischen Größen eingeht. Man bezieht die kalorischen Größen auch häufig auf die Gewichtseinheit [kg], wie das auch schon beim spezifischen Volum v der Fall war. Zu den kalorischen Eigenschaften gehören danach:

die innere Energie U [kcal] oder u [kcal/kg],
die Enthalpie $I = U + APV$ [kcal] oder $i = u + APv$ [kcal/kg],
die Entropie $S \left[\frac{\text{kcal}}{°\text{K}}\right]$ oder $s \left[\frac{\text{kcal}}{\text{kg °K}}\right]$,
die spezifischen Wärmen $c \left[\frac{\text{kcal}}{\text{kg °C}}\right]$,
die latenten Wärmen, z. B. die Verdampfungswärme $r \left[\frac{\text{kcal}}{\text{kg}}\right]$

und die Ableitungen dieser Größen.

Neben den in den Gln. (3a) enthaltenen Ableitungen der fundamentalen Größen hat man es häufig auch mit solchen partiellen Ableitungen dieser Größen zu tun, bei denen eine kalorische Größe konstant gehalten wird; als Beispiele nennen wir die elementaren Abkühlungen bei der Drosselung $\left(\frac{\partial T}{\partial P}\right)_i$ oder bei der adiabatischen Expansion $\left(\frac{\partial T}{\partial P}\right)_s$, die bei den Verfahren der Gasverflüssigung eine wichtige Rolle spielen (vgl. Bd. II, Abschn. B IX, und Bd. VIII dieses Handbuches).

Bei den spezifischen Wärmen unterscheidet man bekanntlich zwischen c_p (bei konstantem Druck) und c_v (bei konstantem Volum); gelegentlich wird auch von der spezifischen Wärme c_n auf der Polytrope $Pv^n = $ konst Gebrauch gemacht. Ferner spielen die spezifischen Wärmen c'_x und c''_x auf der linken und rechten Grenzkurve eine Rolle (vgl. Bd. II, Abschn. A VI, A VII 5 und B III 3, dieses Handbuches).

Zwischen den thermischen und kalorischen Größen besteht ein enger Zusammenhang dergestalt, daß man bei gegebener thermischer Zustandsgleichung (1) und mit einem Grenzwert der spezifischen Wärme die Abhängigkeit von u, i, s, c_p und c_v von den fundamentalen Zustandsgrößen berechnen kann. In der Technik gelten in der Regel P und T als die unabhängigen Veränderlichen, so daß man die thermische Zustandsgleichung in der Form $v = \varphi(P, T)$ aus Meßwerten zu gewinnen pflegt. Aus allgemeinen thermodynamischen Zusammenhängen (vgl. Bd. II, Abschn. B V 3, dieses Handbuches) lassen sich dann die Enthalpie, die Entropie und die spezifische Wärme berechnen. Die so erhaltenen Beziehungen

$$\left.\begin{array}{l} i = f_i(P, T), \\ s = f_s(P, T), \\ c_p = f_c(P, T) \end{array}\right\} \quad (4)$$

bezeichnet man als kalorische Zustandsgleichungen. In diese Gleichungen geht der Grenzwert c_{p_0} der spezifischen Wärme im idealen Gaszustand ($P \to 0$) ein, der aus Versuchen ermittelt werden muß und der im allgemeinen eine Funktion der Temperatur ist.

Neben den strengen thermodynamischen Zusammenhängen zwischen den thermischen und kalorischen Größen besteht noch eine große Zahl empirischer Regeln, die jedoch nur eine beschränkte Gültigkeit und Genauigkeit haben. In den folgenden Abschnitten wird darauf näher eingegangen werden. Bei Stoffen, für die nur wenige Meßwerte vorliegen, ermöglichen solche Regeln häufig, sich ein vorläufiges Bild über das allgemeine Verhalten in Gestalt einer angenäherten Dampftabelle oder eines thermodynamischen Diagramms zu bilden.

2. Die thermische Zustandsgleichung.

Bei niedrigen Drücken und in genügender Entfernung von der Kondensationsgrenze befolgen gasförmige Körper die Gesetze der idealen Gase, nach denen die Gln. (1) die einfachen Formen

$$P = \frac{RT}{v} \quad \text{oder} \quad v = \frac{RT}{P} \quad (5)$$

erhalten. Darin ist $R = 848/\mu$ die für jedes Gas individuelle Gaskonstante, die dem Molekulargewicht μ umgekehrt proportional ist. Strenggenommen sind die Gln. (5) nie genau erfüllt; die Abweichungen sind aber oft so klein, daß sie in technischen Berechnungen vernachlässigt werden können. So verhalten sich z. B. Luft, Stickstoff, Sauerstoff, Wasserstoff auch noch bei Drücken von einigen Atmosphären und bei Temperaturen bis herab zu $-100°$ C wie ideale Gase. Wasserdampf, wie er in gesättigter Luft selbst bei tropischen Temperaturen vorkommt, kann wie ein ideales Gas behandelt werden. Bei 100° und 1 Atm ist aber sein Volum schon um rd. 2% kleiner als man nach Gl. (5) erhält. Bei hoch molekularen Gasen sind die Abweichungen bei gleichen reduzierten Werten von Druck und Temperatur[1] noch größer, und in den Gln. (5) müssen dann Korrekturglieder angebracht werden.

In der Technik wird vorwiegend von Zustandsgleichungen von der Gestalt $v = \varphi(P, T)$ Gebrauch gemacht, in denen also der Druck und die Temperatur als unabhängige Veränderliche auftreten und die eine einfache Berechnung des Volums ermöglichen. Die Zustandsgleichung von nichtidealen Gasen (Dämpfen) hat im allgemeinen die Form

$$v = \frac{RT}{P} - \Phi(P, T), \quad (6)$$

und das Korrekturglied $\Phi(P, T) = v_{ideal} - v$ ist um so größer, je höher der Druck und je tiefer die Temperatur ist. Für mäßige Drücke, etwa bis zu einem Zehntel des kritischen Druckes, kann man den Einfluß des Druckes auf das Korrekturglied noch praktisch vernachlässigen. Die Zustandsgleichung lautet dann

$$v = \frac{RT}{P} - \frac{C}{T^n}, \quad (6\,\mathrm{a})$$

---

[1] Unter reduzierten Werten versteht man die Größen $\pi = p/p_k$ und $\vartheta = T/T_k$.

wobei C und n individuelle Konstanten sind, die man den Versuchswerten von v anpassen muß. Man findet im allgemeinen, daß der Exponent n um so größer wird, je höheratomig das Gasmolekül ist[1]. Für Wasserdampf berechnete MOLLIER $n = 10/3$. Etwas genauere Werte von v erhält man nach Gl. (6a), wenn man die Konstante C durch eine Druckfunktion von der Form $C_1 + C_2 P$ ersetzt, die also zwei empirische Konstanten enthält.

Für weitere Druckbereiche muß die Zahl der Korrekturglieder erhöht werden, und die Zustandsgleichung erhält die Form

$$v = \frac{RT}{P} - \Phi_1(T) - \Phi_2(T, P) - \Phi_3(T, P) - \cdots, \qquad (6\,\text{b})$$

wobei die in den Funktionen $\Phi_2, \Phi_3, \ldots$ auftretenden Potenzen des Druckes um so höher werden, je mehr Korrekturglieder eingeführt werden müssen. Gelegentlich werden noch kompliziertere Zustandsgleichungen verwendet (vgl. Bd. II, Abschn. B VIII 2, S. 183, dieses Handbuches).

Beispiele für solche Zustandsgleichungen findet man in großer Zahl im zweiten Teil dieses Bandes, z. B. Gl. (144) für CO_2 oder Gl. (243) für Äthan.

Für *Wasserdampf* gilt bis in die Nähe des kritischen Gebietes

$$v = \frac{47{,}06\,T}{P} - \frac{0{,}9172}{(T/100)^{2{,}82}} - \left[\frac{1{,}3088 \cdot 10^{-4}}{(T/100)^{14}} + \frac{4{,}379 \cdot 10^7}{(T/100)^{31{,}6}}\right] P^2.$$

Gleichungen von der Form (6), die im Volum vom ersten Grade sind, können grundsätzlich das kritische Gebiet nicht erfassen, denn im kritischen Punkt müssen mindestens 3 Wurzeln von v zusammenfallen; die Zustandsgleichung muß also in v mindestens vom dritten Grade sein. Dafür eignen sich dann besser Gleichungen von der Form

$$P = \frac{RT}{v} - \Psi(v, T), \qquad (7)$$

bei denen also Volum und Temperatur als unabhängige Veränderliche auftreten. Bei den kleinen spezifischen Volum, wie sie in der Nähe des kritischen Punktes anzutreffen sind, ist es außerdem notwendig, im ersten Glied auf der rechten Seite von Gl. (7) v durch $(v - b)$ zu ersetzen, wobei das sogenannte Kovolum b ein Maß für das Eigenvolum der Moleküle ist; es entspricht etwa dem Flüssigkeitsvolum in weiter Entfernung vom kritischen Punkt. Nur im einfachsten Fall kann man b als konstant betrachten; im allgemeinen wird es noch von v und T abhängen.

Eine Zustandsgleichung von der Form (7) hat zuerst VAN DER WAALS vorgeschlagen. Sie lautet

$$P = \frac{RT}{v-b} - \frac{a}{v^2}, \qquad (7\,\text{a})$$

wobei er annahm, daß a und b Konstanten sind. Diese Gleichung, die in v dritten Grades ist, gibt zwar das allgemeine Verhalten realer Gase in weiten Bereichen qualitativ richtig wieder, doch ist die zahlenmäßige Übereinstimmung mit Meßwerten unbefriedigend. Man hat vielfach versucht, durch Einführung temperatur- und volumabhängiger Werte von a und b und durch Erhöhung des Grades der Gleichung in v eine bessere quantitative Übereinstimmung zu erreichen. Obwohl dabei wesentliche Fortschritte erzielt wurden (vgl. Bd. II, Abschn. B VII, S. 168, dieses Handbuches), so kann das Problem doch noch nicht als vollständig gelöst gelten.

---

[1] Als Richtlinie mag gelten $n = \dfrac{1}{\varkappa - 1}$, wobei $\varkappa = c_p/c_v$ ist. Vgl. R. MOLLIER: Neue Tabellen und Diagramme für Wasserdampf, 1. Aufl. Berlin: Springer 1906.

Eine Zustandsgleichung, die sich besonders für das kritische Gebiet eignet, wurde von PLANK angegeben[1]. Sie lautet

$$P = \frac{RT}{v-b} - \frac{A_2}{(v-b)^2} + \frac{A_3}{(v-b)^3} - \frac{A_4}{(v-b)^4} + \frac{A_5}{(v-b)^5} \cdots \qquad (7b)$$

Darin lassen sich die Konstanten A_2 bis A_5 durch die kritischen Daten P_k und v_k ausdrücken. Es wird

$$A_2 = 10\, P_k (v_k - b)^2; \qquad A_3 = 10\, P_k (v_k - b)^3,$$
$$A_4 = 5\, P_k (v_k - b)^4; \qquad A_5 = P_k (v_k - b)^5.$$

Die Konstante b (das Kovolum) ist frei wählbar. Mit $b = v_k/4$ wird $\sigma = \dfrac{RT_k}{P_k v_k}$ = 3,75, was für normale Stoffe mit der Erfahrung bestens übereinstimmt (s. S. 32).

Gl. (7b) wurde neuerdings von MARTIN und HOU[2] neu entdeckt und als Zustandsgleichung für F12 verwendet (vgl. S. 328), wobei A_2 bis A_5 als Temperaturfunktionen berechnet wurden. Die Gleichung kann bis zur 1,5fachen kritischen Dichte verwendet werden.

Da man es verhältnismäßig selten mit dem kritischen Gebiet zu tun hat — in der Kältetechnik tritt es, abgesehen vom Gebiet tiefster Temperaturen, nur bei den Kältemitteln CO_2, N_2O, C_2H_4, C_2H_6 und CF_3Cl auf —, genügt in den meisten Fällen eine Zustandsgleichung, die zwar bis an die Nähe des kritischen Gebietes heranreicht, es aber doch nicht umfaßt. Sehr gute Ergebnisse bis zu Dichten von 5 g-Mol/l (Fehler kleiner als 1 Promille) liefert die von BEATTIE und BRIDGEMAN vorgeschlagene Gleichung[3]

$$P = \frac{RT(1-\varepsilon)}{v^2}(v+B) - \frac{A}{v^2} \qquad (8)$$

mit $\quad A = A_0\left(1 - \dfrac{a}{v}\right), \quad B = B_0\left(1 - \dfrac{b}{v}\right) \quad$ und $\quad \varepsilon = \dfrac{c}{vT^3}.$

Drückt man v in Litern je g-Mol, T in °K und P in physikalischen Atmosphären aus, dann hat die Gaskonstante für alle Gase den Wert $R = 0{,}08206$. Die Werte der Konstanten A_0, a, B_0, b und c sind im Teil II für mehrere Stoffe angegeben[4].

Beschränkt man sich auf das Gebiet mittlerer Dichten, so kann man in Gl. (8) $c = 0$ und also auch $\varepsilon = 0$ setzen. Die Gleichung kann nach Potenzen von $1/v$ entwickelt werden:

$$P = \frac{RT}{v} - \frac{C_1 - C_2 T}{v^2} + \frac{C_3 - C_4 T}{v^3}. \qquad (8a)$$

Dabei ist
$$C_1 = A_0, \quad C_2 = RB_0, \quad C_3 = A_0 a, \quad C_4 = RB_0 b.$$

Im Teil II sind die Werte von C_1 bis C_4 für einige Freone angegeben.

Mit einigen Vernachlässigungen läßt sich diese Gleichung in eine solche vom Typ (6b) umformen, wobei dann v wieder als Funktion von P und T erscheint. In erster Annäherung erhält man:

$$v = \frac{RT}{P} + \frac{\beta}{RT} + \frac{\gamma P}{(RT)^2}. \qquad (8b)$$

---

[1] PLANK, R.: Forsch. Ing.-Wes. Bd. 7 (1936) S. 161. — Ber. VII. Intern. Kältekongr., den Haag 1936, Bd. 1 S. 223. Vgl. Bd. II, S. 172, dieses Handbuchs.
[2] MARTIN, J. J., u. Y. C. HOU: J. Amer. Inst. chem. Engng. Bd. 1 (1955) Nr. 2.
[3] BEATTIE, J. A., u. O. C. BRIDGEMAN: J. Amer. chem. Soc. Bd. 49 (1927) S. 1665; Bd. 50 (1928) S. 3133. — Proc. Amer. Acad. Arts Sci. Bd. 63 (1928) S. 229. — Nach J. H. KEENAN: Thermodynamics, S. 356, New York: John Wiley & Sons 1941, kann Gl. (8) bis $v > 2 v_k$ benutzt werden.
[4] Für viele Stoffe findet man diese Konstanten im Buch von TAYLOR u. GLASSTONE: Treatise on Physical Chemistry Bd. II, 3. Aufl., auf S. 206, New York: Van Nostrand 1951. — SU und CHANG entwickelten eine allgemeine Methode zur Abschätzung dieser Konstanten: J. Amer. chem. Soc. Bd. 60 (1946) S. 1000.

Eine zweite Annäherung liefert[1]

$$v = \frac{RT}{P} + \frac{\beta}{RT} + \left[\frac{\gamma}{(RT)^2} - \frac{\beta^2}{(RT)^3}\right]P - \left[\frac{3\beta\gamma}{(RT)^4} - \frac{2\beta^3}{(RT)^5}\right]P^2 \ldots \qquad (8c)$$

In den Gl. (8b) und (8c) ist $\beta = -C_1 + C_2 T$ und $\gamma = C_3 - C_4 T$.

Die Gl. (8c) gibt die Versuchswerte bei H_2, N_2 und O_2 bis zum Druck von 100 ata, bei CH_4 bis etwa 50 ata, bei C_2H_4 und CO_2 bis etwa 25 ata sehr genau wieder.

3. Der Dampfdruck.

a) Das Gleichgewicht flüssig–dampfförmig. α) *Die Dampfdruckgleichung.* Für die Beurteilung der Eignung eines Stoffes als Kältemittel ist die Lage der Dampfdruckkurve von wesentlicher Bedeutung. Im Bereiche der gewünschten Verdampfungstemperaturen und der von den Außenbedingungen abhängigen Kondensationstemperaturen sind sehr niedrige und sehr hohe Drücke nach Möglichkeit zu vermeiden. Der Verdampferdruck soll sich nach Möglichkeit von dem Atmosphärendruck nicht weit entfernen. Bei Unterdrücken besteht bei allen nicht hermetisch gekapselten Kältemaschinen die Gefahr des Eindringens feuchter Außenluft in den Kältemittelkreislauf, wodurch die Kälteleistung herabgesetzt und der Energieverbrauch erhöht wird; außerdem tritt die Gefahr von Korrosionen ein, da der Luftsauerstoff und der Wasserdampf Verbindungen mit dem Kältemittel und dem Schmieröl eingehen können. Mit sinkendem Verdampferdruck wächst das spezifische Volum eines Kältemittels stark an, was eine Zunahme der Abmessungen des Kompressors zur Folge hat. Trotzdem lassen sich Unterdrücke im Verdampfer oft nicht vermeiden, besonders bei Anlagen mit Turbokompressoren, bei denen große Ansaugevolume Bedingung für die Ausführbarkeit sind. In solchen Fällen muß für regelmäßige oder dauernde Entlüftung gesorgt werden. Sehr niedrige Verdampfungs- und Kondensationsdrücke ergeben sich besonders bei der Verwendung von Wasser als Kältemittel, z. B. in Dampfstrahl-Kältemaschinen und in manchen Absorptions-Kältemaschinen.

Das Kältemittel soll aber auch keinen übermäßig hohen Kondensatordruck aufweisen, da sonst die Anlage aus Festigkeitsgründen zu schwer gebaut werden muß und auch die Gefahr von Kältemittelverlusten durch undichte Stellen, z. B. an der Stopfbüchse oder bei Flanschverbindungen, wächst. Diese Gefahr ist bei Kältemitteln, die gesundheitsschädlich oder brennbar sind, besonders zu beachten.

Die Dampfdruckkurve muß außerdem so liegen, daß der Erstarrungspunkt und der kritische Punkt möglichst weit außerhalb des Arbeitsbereichs der Kältemaschine bleiben.

Die verschiedenen Bauarten von Kältemaschinen (mit hin- und hergehendem Kolben, mit Roll- oder Drehkolben, Turbokompressoren, Strahlapparate) stellen an die Lage der Dampfdruckkurve des verwendeten Kältemittels besondere Anforderungen.

In nicht sehr weiten Druck- und Temperaturbereichen läßt sich die Dampfdruckkurve durch die einfache Gleichung

$$\ln p = a - \frac{b}{T} \qquad (9)$$

darstellen, in der a und b Konstanten sind, die den Versuchswerten anzupassen sind. Trägt man in einem Diagramm $\ln p$ über $-1/T$ auf, so erhält man eine gerade Linie. Die ganze Dampfdruckkurve kann so aus zwei sorgfältig gemessenen Wertepaaren von Druck und Temperatur erhalten werden.

---

[1] Vgl. Bd. II, S. 186, dieses Handbuches.

Für die genaue Darstellung der Dampfdruckkurve in weiten Bereichen braucht man auf der rechten Seite von Gl. (9) mehr Glieder. Die Gleichung lautet dann

$$\ln p = a - \frac{b}{T} + c \ln T + d T + e T^2 + \ldots \tag{10}$$

Es sind noch verschiedene andere Dampfdruckgleichungen vorgeschlagen worden; auch gibt es eine Reihe von empirischen Ansätzen, mit deren Hilfe man die Dampfdruckkurve eines beliebigen Stoffes berechnen kann, wenn diese Kurve für einen bestimmten Stoff bekannt ist (vgl. Bd. II, Abschn. B II 1 und 2, dieses Handbuches).

Die Neigung der durch Gl. (9) dargestellten Geraden in Abb. 2 ist durchaus nicht bei allen Stoffen gleich. Die hier herrschenden Gesetzmäßigkeiten erkennt man am besten an Hand der CLAUSIUS-CLAPEYRONschen Gleichung

$$r = A T (v'' - v') \frac{dP}{dT}, \tag{11}$$

die angenähert in der Form

$$r = A R T^2 \frac{d \ln P}{d T} \tag{11a}$$

geschrieben werden kann, wenn man v' gegen v'' vernachlässigt und für den trocken gesättigten Dampf die Gültigkeit des idealen Gasgesetzes $v'' = \frac{R T}{P}$ annimmt. In den Gln. (11) und (11a) ist $A = 1/427$ [kcal/mkg] das mechanische Wärmeäquivalent. Gl. (11a) kann auch in der Form

$$r = - A R \frac{d \ln P}{d (1/T)} \tag{11b}$$

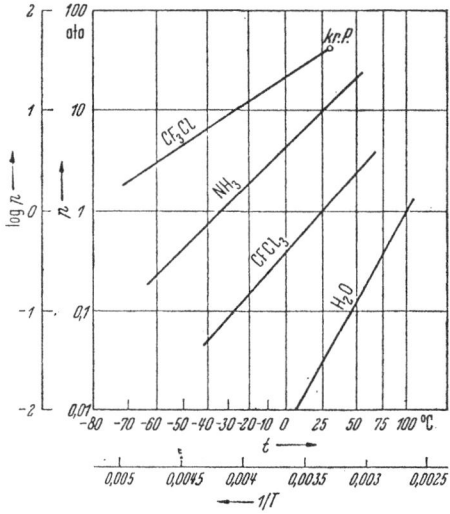

Abb. 2. Vergleichende Lage der Dampfdruckkurven verschiedener Stoffe im lg p, $1/T$-Diagramm.

geschrieben werden; mit $\frac{848}{427} \approx 2$ erhält man daher für die Neigung der Dampfdruckkurve im $\ln P$, $1/T$-Diagramm

$$- \frac{d \ln P}{d (1/T)} = \frac{\mu r}{2}. \tag{12}$$

Nun ist aber nach der TROUTONschen Regel beim normalen Siedepunkt T_s

$$\left(\frac{\mu r}{T} \right)_s = C, \tag{13}$$

wobei die TROUTONsche Konstante C für normale, nicht assoziierende Stoffe den Wert von etwa 21 hat.

Für Wasser ist $C = 26$, für Ammoniak $C = 23,2$; für Stoffe mit sehr tiefer Siedetemperatur ist C viel kleiner, so für Stickstoff 17,6, für Wasserstoff 12,2 und für Helium sogar nur 5,1.

Aus den Gln. (12) und (13) findet man für Dampfdruckkurven, die der Gl. (9) genügen:

$$- \frac{d \ln P}{d (1/T)} = \frac{C}{2} T_s. \tag{14}$$

Bei normalen Stoffen verläuft also die Gerade im lg P, $1/T$-Diagramm um so steiler, je höher die Siedetemperatur ist. In Abb. 2 sind solche Dampfdruckgeraden für vier Stoffe eingetragen, deren normale Siedepunkte folgende Werte haben:

Wasser H_2O . . . . Siedepunkt $+100{,}00°\,C$
Monofluortrichlormethan $CFCl_3$ . . . . „ $+\ 23{,}65°\,C$
Ammoniak NH_3 . . . . „ $-\ 33{,}35°\,C$
Trifluormonochlormethan CF_3Cl . . . . „ $-\ 81{,}5°\ C$

Man erkennt deutlich, daß die Gerade für H_2O am steilsten und für CF_3Cl am flachsten verläuft. Die Dampfdruckkurven verschiedener Kältemittel sind im Diagramm 18 zu finden.

Aus Gl. (9) erhält man noch durch Differenzieren

$$-\frac{d\ln P}{d(1/T)} = b, \qquad (15)$$

so daß die Konstante b nach Gl. (12) ein Maß für die molare Verdampfungswärme (beim Siedepunkt) ist und nach Gl. (14) auch ein Maß für die Siedetemperatur. Es wird

$$b = \frac{C}{2} T_s. \qquad (15a)$$

β) *Die Bedeutung der normalen Siedetemperatur.* Der normale Siedepunkt T_s, dessen Wert man für zahlreiche Stoffe in Tab. 2 auf S. 26 findet, hat offenbar für die Lage der Dampfdruckkurve eine besondere Bedeutung, was noch durch die folgenden Zusammenhänge klargelegt werden soll:

Gl. (11) kann unter Wahrung voller Exaktheit geschrieben werden

$$r = A\,T\,v_{id}\,\frac{(v''-v')}{v_{id}}\,\frac{dP}{dT} = \frac{A}{\varphi}\,\frac{R\,T^2}{P}\,\frac{dP}{dT}, \qquad (11c)$$

wenn $v_{id} = \dfrac{RT}{P}$ das Volum im idealen Gaszustand und $\varphi = \dfrac{v_{id}}{v''-v'}$ bedeuten. Daraus folgt

$$\mu\,r = -\frac{2}{\varphi}\,\frac{d\ln P}{d(1/T)}$$

oder mit Gl. (15)

$$\mu\,r = \frac{2\,b}{\varphi}.$$

Beim normalen Siedepunkt ist daher die TROUTONsche Konstante

$$C = \frac{\mu\,r_s}{T_s} = \frac{2\,b}{\varphi_s\,T_s}$$

und daher

$$b = \frac{C}{2}\,\varphi_s\,T_s. \qquad (15b)$$

Diese Gleichung ist etwas genauer als Gl. (15a), denn es sind dabei keine Vernachlässigungen gemacht; allerdings ist φ_s (bei $p=1$ Atm) nicht wesentlich von 1 verschieden.

Nun folgt aus Gl. (9), wenn man sie auf den normalen Siedepunkt anwendet, $a = b/T_s$, und daher wird

$$\ln p = b\left(\frac{1}{T_s} - \frac{1}{T}\right) = b\,\frac{(T-T_s)}{T\,T_s}.$$

Setzt man in diese Gleichung den Wert von b nach Gl. (15b) ein, so wird

$$\ln p = \frac{C}{2}\,\varphi_s\left(1 - \frac{T_s}{T}\right). \qquad (15c)$$

Für einen Vergleichsstoff, dessen Dampfdruckkurve bekannt ist und für den alle Größen mit dem Zeichen * versehen werden mögen, gilt dann

$$\ln p_* = \frac{C_*}{2} \varphi_{s*} \left(1 - \frac{T_{s*}}{T_*}\right).$$

Bei gleichen Werten $\frac{T_s}{T} = \frac{T_{s*}}{T_*}$ erhält man also (auch mit dekadischen Logarithmen):

$$\lg p = \frac{C}{C_*} \frac{\varphi_s}{\varphi_{s*}} \lg p_*. \tag{15d}$$

Kennt man also für einen neuen Stoff nur den Siedepunkt T_s, die Verdampfungswärme r_s und das Volum v_s'', so kann man den Dampfdruck p für jede gewünschte Temperatur T berechnen. Dazu ermittelt man zuerst den Wert $T_* = \frac{T_{s*}}{T_s} \cdot T$ und dann den zugehörigen Wert p_*, wonach man p aus Gl. (15d) finden kann, weil C und φ_s als bekannt vorausgesetzt sind. In der Regel wird $\varphi_s/\varphi_{s*} \approx 1$, so daß dieses Verhältnis in erster Annäherung vernachlässigt werden kann; auf jeden Fall genügt aber eine angenäherte Kenntnis des Wertes von v_s''.

Die Regel (15d) ist jedenfalls genauer als die empirischen Regeln von DÜHRING[1], RAMSAY und YOUNG[2] und anderen.

Die Brauchbarkeit der Gl. (15d) soll durch zwei *Beispiele* nachgewiesen werden, wobei wir als Vergleichskörper das Kältemittel F12 (CF_2Cl_2) wählen, dessen thermodynamische Eigenschaften genau bekannt sind. Wir wollen daraus einige Werte des Dampfdruckes von F22 (CHF_2Cl) berechnen, für das $\mu = 86,48$, $T_s = 232,3\,°K$, $r_s = 55,97$ kcal/kg und $v_s'' = 0,2122$ m³/kg ist. Für den Vergleichskörper ist $\mu_* = 120,92$, $T_{s*} = 243,3$, $r_{s*} = 39,92$ und $v_{s*}'' = 0,1600$. Das Flüssigkeitsvolum kann für beide Stoffe mit $v' = 0,0007$ m³/kg angenommen werden.

Die TROUTONschen Konstanten sind dann

$$C = \frac{86,48 \cdot 55,97}{232,3} = 20,88 \text{ und } C_* = \frac{120,92 \cdot 39,92}{243,3} = 19,8,$$

die Idealvolume beim normalen Siedepunkt

$$v_{id} = \frac{848}{86,48} \cdot \frac{232,3}{1,033 \cdot 10^4} = 0,2208 \text{ und } v_{id*} = \frac{848}{120,92} \cdot \frac{243,3}{1,033 \cdot 10^4} = 0,1653$$

und die Korrekturglieder

$$\varphi_s = \frac{0,2208}{0,2122 - 0,0007} = 1,043 \text{ und } \varphi_{s*} = \frac{0,1653}{0,1600 - 0,0007} = 1,037.$$

Nun soll der Dampfdruck von F22 bei $t = -10°C$ ($T = 263,1\,°K$) berechnet werden. Es wird $\frac{T_s}{T} = \frac{232,3}{263,1} = 0,884$, daher ist $T_* = \frac{T_{s*}}{0,884} = 275,4°K$ ($t_* = 2,3°C$). Der zugehörige Druck von F12 ist $p_* = 3,391$ ata und $\lg p_* = 0,5303$. Daher wird nach Gl. (15d)

$$\lg p = \frac{20,88}{19,8} \cdot \frac{1,043}{1,037} \cdot 0,5303 = 0,560$$

und daraus

$$p = 3,63 \text{ ata}$$

in voller Übereinstimmung mit dem Meßwert[3].

---

[1] DÜHRING: Neue Grundgesetze zur rationellen Physik u. Chemie, S. 70. Leipzig 1878. — Wied. Ann. Bd. 11 (1880) S. 163; Bd. 52 (1894) S. 556.
[2] RAMSAY u. YOUNG: Phil. Mag. (5) Bd. 10 (1885) S. 530; Bd. 21 (1886) S. 33; Bd. 22 (1886) S. 37. — Z. phys. Chem. Bd. 1 (1887) S. 250.
[3] Vgl. Kältemaschinen-Regeln, 4. Aufl., S. 36. Karlsruhe: C. F. Müller 1950.

Sucht man den Dampfdruck von F 22 bei $t = + 30°$ C ($T = 303{,}1°$ K), dann wird $\frac{T_s}{T} = \frac{232{,}3}{303{,}1} = 0{,}7665$ und $T_* = \frac{243{,}3}{0{,}7665} = 317{,}1°$K ($t = 44{,}0°$C). Dafür wird $p_* = 10{,}76$ ata, und aus Gl. (11 d) findet man $p = 12{,}28$. Der Erfahrungswert ist 12,26 ata[1].

BADYLKES benutzte Gl. (15d), um aus der Dampfdruckkurve von F12 diejenige von F142 ($CH_3 \cdot CF_2Cl$) zu berechnen, dessen normaler Siedepunkt bei $t_s = -9{,}21°$ C liegt und den er als Arbeitsmittel für Wärmepumpen besonders geeignet hält[2]. Er findet dafür $\frac{C\,\varphi_s}{C_*\,\varphi_{s_*}} = 1{,}03664$ und folgende Dampfdruckwerte für F 142:

$t°$C	-50	-30	0	$+10$
p ata gemessen[3]	0,139	0,409	1,479	2,119
p ata berechnet	0,139	0,408	1,469	2,102

γ) *Die Bedeutung der logarithmischen Ableitung* $\frac{d \ln P}{d \ln T}$. Eine besondere Rolle spielt die dimensionslose Größe[4]

$$\alpha = \frac{T}{P} \frac{dP}{dT} = \frac{d \ln P}{d \ln T} \tag{16}$$

deren physikalische Bedeutung aus Gl. (11) zu erkennen ist: es ist

$$\alpha = \frac{r}{A\,P\,(v'' - v')} = \frac{r}{\psi}, \tag{17}$$

wenn die äußere Verdampfungswärme mit ψ bezeichnet wird. Im kritischen Punkt hat α bei normalen Stoffen Werte von $\alpha_k = 6{,}5$ bis 7,0. Für assoziierte Stoffe, wie Wasser, erhält man Werte bis 8,0. Beim normalen Siedepunkt findet man für normale Stoffe Werte von $\alpha_s = 10$ bis 11. Nach PLANK und RIEDEL[5] wird im kritischen Punkt oder in dessen unmittelbarer Nähe

$$\left(\frac{d\alpha}{dT}\right)_k = 0. \tag{18}$$

Dieses Kriterium bedeutet eine wichtige Aussage über den Verlauf der Dampfdruckkurven am kritischen Punkt; so erhält man aus (16) und (18)

$$\left(\frac{d^2 P}{dT^2}\right)_k = \alpha_k (\alpha_k - 1) \frac{P_k}{T_k^2}. \tag{19}$$

Durch Gl. (18) ist auch ein Zusammenhang zwischen den Koeffizienten in der Dampfdruckgleichung (10) hergestellt, deren Zahl sich dadurch um einen vermindert. PLANK hat ferner gezeigt[6], daß sich der Dampfdruck zahlreicher Stoffe in der näheren Umgebung des kritischen Punktes durch die einfache Gleichung

$$P = A\,T^m$$

oder

$$\ln P = A_1 + m \ln T \tag{20}$$

darstellen läßt, woraus $\alpha = \frac{d \ln P}{d \ln T} = m = $ const folgt; das Kriterium (18) ist danach nicht nur im kritischen Punkt, sondern auch in dessen unmittelbarer

---
[1] Vgl. Kältemaschinen-Regeln, 4. Aufl., S. 36. Karlsruhe: C. F. Müller 1950.
[2] BADYLKES, I.: Cholodilnaja Technika (russ.) Bd. 30 (1953) Nr. 2 S. 62. — Vgl. auch „Arbeitsmittel für Kältemaschinen", Moskau: Pischtschepromisdat 1952.
[3] RIEDEL, L.: Z. ges. Kälteind. Bd. 48 (1941) S. 105.
[4] Diese Größe ist nicht zu verwechseln mit dem thermischen Ausdehnungskoeffizienten (s. S. 11), der auch mit α bezeichnet wurde.
[5] PLANK, R., u. L. RIEDEL: Ing.-Arch. Bd. 16 (1948) S. 255.
[6] PLANK, R.: Chemie-Ing.-Technik Bd. 22 (1950) S. 433.

Umgebung erfüllt, und die Konstante m hat den Wert α_k, dessen Größe oben angegeben wurde.

Aus den Gln. (12) und (13) erhält man noch beim normalen Siedepunkt

$$\left(\frac{\mu r}{T}\right)_s = 2\left(\frac{d\ln P}{d\ln T}\right)_s = 2\alpha_s = C \tag{21}$$

in guter Übereinstimmung mit der Erfahrung.

Wie bereits erwähnt, findet man in Bd. II, Abschn. B II 2, dieses Handbuches, eine Reihe anderer Dampfdruckgleichungen, die sich für verschiedene Stoffe als geeignet erwiesen haben. Ergänzend sei hier nur noch bemerkt, daß neuerdings BAEHR[1] eine Gleichung mit nur zwei empirischen Konstanten angegeben hat, die den Bereich vom normalen Siedepunkt bis zum kritischen Punkt sehr genau wiederzugeben vermag. Diese Gleichung schreibt sich am einfachsten, wenn man von den reduzierten Werten $\vartheta = T/T_k$ und $\pi = P/P_k$ Gebrauch macht. BAEHR fand, daß die in Gl. (16) definierte Größe α als Funktion der Temperatur durch die Gleichung

$$\alpha(\vartheta) = \frac{\vartheta}{\pi}\frac{d\pi}{d\vartheta} = \alpha_k + C(1-\vartheta)^2 \tag{22}$$

dargestellt werden kann, in der α_k und C individuelle Konstanten sind. Integriert man diese Gleichung zwischen dem kritischen Punkt ($\vartheta = 1$) und einem beliebigen Punkt der Dampfdruckkurve, so erhält man

$$\ln\pi = \alpha_k \ln\vartheta - C\left(2\vartheta - \frac{\vartheta^2}{2} - \ln\vartheta - \frac{3}{2}\right). \tag{23}$$

Die Funktion $f(\vartheta) = 2\vartheta - \frac{\vartheta^2}{2} - \ln\vartheta - \frac{3}{2}$ wird für $\vartheta > 0{,}9$ verschwindend klein, so daß Gl. (23) dann auf Gl. (20) führt; für kleinere Werte von ϑ sind die Werte $f(\vartheta)$ in der zitierten Arbeit auf 6 Stellen genau tabellarisch ausgerechnet.

Der Gültigkeitsbereich der Gl. (23) erstreckt sich vom normalen Siedepunkt bis zum kritischen Punkt; für Temperaturen unterhalb T_s versagt die Gleichung. Wichtig ist, daß man über die beiden in Gl. (23) eingehenden Konstanten ungefähre Angaben machen kann: über die Werte von α_k für verschiedene Stoffe wurde schon oben berichtet, für den Wert von C gilt nach BAEHR

$$C \approx 8{,}1\,\alpha_k - 27{,}7 \tag{24}$$

oder mit dekadischen Logarithmen in Gl. (23)

$$C \approx 3{,}5\,\alpha_k - 12{,}0 . \tag{24a}$$

Praktisch bestimmt man zunächst aus einigen Meßwerten in der Nähe des kritischen Punktes den Wert $\alpha_k = \frac{\log\pi}{\log\vartheta}$ und dann aus weiteren Meßwerten bei tieferen Temperaturen den Wert von C in Anlehnung an Gl. (24a).

δ) *Der Siedeverzug.* Man kann vielfach beobachten, daß eine Flüssigkeit beim Erhitzen unter einem bestimmten Druck nicht bei der erwarteten Temperatur, die durch die Dampfdruckkurve festgelegt ist, zu sieden beginnt; es bedarf oft wesentlicher Überhitzungen, um den Siedevorgang einzuleiten, der dann sehr stürmisch einsetzt, wobei die Temperatur auf den Sättigungswert zurückzukehren strebt. Man bezeichnet diese Erscheinung als Siedeverzug. Es handelt sich hier um metastabile Zustände (vgl. Bd. II. dieses Handbuches S. 106). Der Siedeverzug tritt besonders bei Flüssigkeiten auf, die keinerlei gelöste Gase enthalten, die von einer Ölschicht bedeckt sind und die in sehr glatten Gefäßen aus Glas

---
[1] BAEHR, H. D.: Chemie-Ing.-Technik Bd. 25 (1953) S. 717.

oder Porzellan zum Sieden gebracht werden sollen. Es ist gelungen, Wasser unter Atmosphärendruck bis 200° C zu erhitzen, bevor es zu sieden begann[1].

In Verdampfern von Kältemaschinen tritt oft ein starker und sehr störend empfundener Siedeverzug ein. Er verringert die Kälteleistung der Maschine, erhöht den Energiebedarf und behindert die geregelte Ölrückführung aus dem Verdampfer in das Kurbelgehäuse; das schlagartige Einsetzen der Verdampfung kann auch zu Flüssigkeitsschlägen im Kompressor führen. In überfluteten SO_2-Verdampfern, in denen Gemische von SO_2 und Öl vorliegen, sind in Kupferbehältern Überhitzungen bis 15° beobachtet worden[2]. Auch bei Methylchlorid- und F 12-Gemischen mit Öl treten in Verdampfern Siedeverzüge auf. Auf den Siedeverzug muß besonders bei der Durchführung von Messungen der Dampfdruckkurve geachtet werden. Der Siedeverzug kann auf verschiedene Weise unterbunden werden: durch Einleiten eines Luft- oder Dampfstromes in die Flüssigkeit[3], durch Eintauchen poröser Körper mit adhärierenden Luftschichten (Holzfasern, Karborundum)[4] oder durch Beschallung mit Ultraschall (20 kHz mit einer Intensität von etwa 2 W/cm²)*.

ε) Dampfdrücke der Lösungen von Kältemitteln und Schmierölen. Verschiedene Kältemittel sind in den als Schmieröle verwendeten Mineralölen löslich und vermögen auch ihrerseits die Mineralöle zu lösen. Einige Kältemittel, z. B. SO_2, haben in dem für Kältemaschinen in Betracht kommenden Bereich eine beschränkte, temperaturabhängige Löslichkeit, andere, z. B. CF_2Cl_2, sind mit Mineralölen in jedem Verhältnis mischbar. Schließlich gibt es Kältemittel, wie CHF_2Cl, die in gewissen Temperaturbereichen vollständig mischbar sind, in anderen Bereichen jedoch Mischungslücken aufweisen.

Wir setzen als bekannt voraus, daß der Dampfdruck über einer Lösung niedriger ist als über dem reinen Lösungsmittel. Im übrigen verweisen wir auf Bd. II dieses Handbuches, S. 295ff. Als Lösungsmittel gelte im folgenden das Kältemittel; wir nehmen an, daß der Dampf über der Kältemittel-Öllösung nur aus dem Kältemittel besteht und sein Druck durch die Anwesenheit des Öls in der Lösung gegenüber dem Dampfdruck des reinen Kältemittels von gleicher Temperatur erniedrigt ist. Die Annahme, daß die Dampfphase gar keine Öldämpfe enthält, trifft natürlich nicht genau zu, die Überlegungen werden aber dadurch erheblich vereinfacht. Eine Vorstellung von dem begangenen Fehler vermittelt die Tatsache, daß z. B. der Dampfdruck von CF_2Cl_2 bei gleicher Temperatur um 3 Zehnerpotenzen größer ist als von den in Kältemaschinen verwendeten Mineralölen. Für die hier zu behandelnden Lösungen gelten dann die gleichen Gesetze wie etwa für die Lösungen von Salzen in Wasser. Wie dort, so können auch hier positive oder negative Lösungswärmen in Erscheinung treten.

Zunächst soll aber von solchen Lösungswärmen (die hier erfahrungsgemäß keine hohen Beträge erreichen) abgesehen werden. Wir setzen für den Dampf-

---

[1] KREBS: Pogg. Ann. Bd. 136 (1843) S. 148. — GERLACH: Z. anal. Chem. Bd. 26 (1887) S. 413. — DONNY: Ann. Chim. Phys. (3) Bd. 16 (1846) S. 167. — A. HEIDRICH: Über die Verdampfung des Wassers bei Siedeverzug. Diss. T. H. Aachen 1931.

[2] PHILIPP, L. A., u. B. E. TIFFANY: Refrig. Engng. Bd. 25 (1933) S. 140. — E. HAIDLEN: Z. ges. Kälteind. Bd. 44 (1937) S. 183 u. 206.

[3] Bei Durchlaufverdampfern (Rohrverdampfern), bei denen der im Drosselorgan gebildete Dampfteil durch die ganze Verdampferschlange strömen muß, wird kein Siedeverzug beobachtet.

[4] PHILIPP, L. A., u. B. E. TIFFANY: Refrig. Engng. Bd. 20 (1933) S. 140. — E. HAIDLEN: Z. ges. Kälteind. Bd. 44 (1937) S. 183 u. 206.

* BAMBACH, G.: Das Verhalten von Mineralöl-F12-Gemischen in Kältemaschinen. Abh. Dt. Kältetechn. Ver. Nr. 9, 1955.

druck p_L über einer Lösung die Gültigkeit des RAOULTschen Gesetzes voraus:

$$p_L = p_K (1 - \xi_M), \qquad (25)$$

wobei p_K den Dampfdruck des reinen Kältemittels und ξ_M den Molanteil des Öls in der Lösung bedeutet. Das Verhältnis p_L/p_K bezeichnet man in der physikalischen Chemie als die Aktivität a.

Nach Gl. (25) ist die relative Dampfdruckerniedrigung $\dfrac{p_K - p_L}{p_K}$ gleich dem Molanteil ξ_M des gelösten Stoffes. Eine Lösung, für die das Gesetz nach Gl. (25) im ganzen Bereich von ξ_M (von 0 bis 1) gilt, bezeichnet man als ideale Lösung.

Rechnet man mit Gewichtsanteilen ξ des Öles im Gemisch an Stelle von Molanteilen ξ_M, so geht der lineare Zusammenhang in Gl. (25) verloren. Mit den Molekulargewichten μ_K für das Kältemittel und $\mu_Ö$ für das Öl wird

$$\xi = \frac{\xi_M}{\dfrac{\mu_K}{\mu_Ö}(1 - \xi_M) + \xi_M}.$$

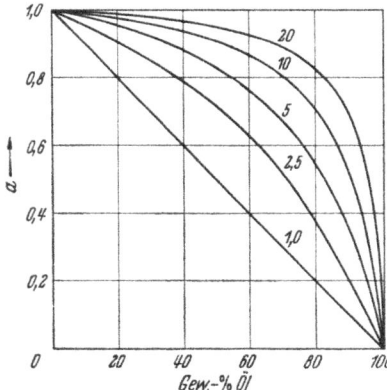

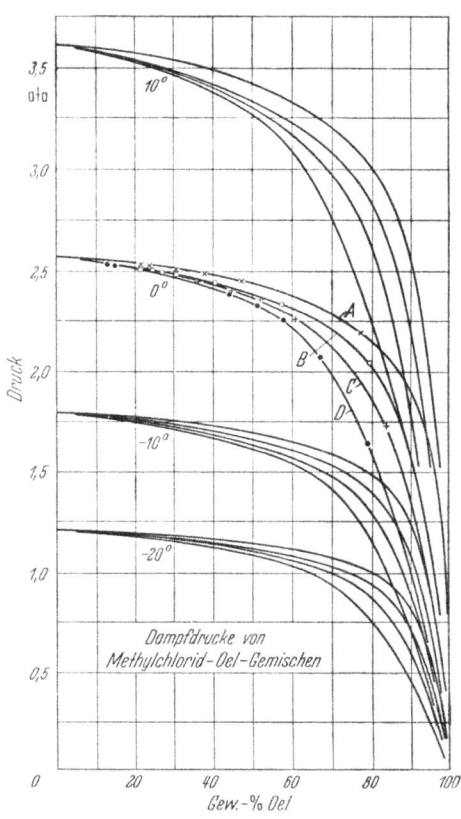

Abb. 3. Abhängigkeit der Aktivität $a = p_L/p_K$ von dem Gewichtsanteil des Öles bei idealen Lösungen, wenn sich die Molekulargewichte verhalten wie 1:1,0; 1:2,5; 1:5; 1:10 und 1:20.

Abb. 4. Dampfdrücke von Methylchlorid-Ölgemischen für vier verschiedene Öle (A, B, C, D) in Abhängigkeit von dem Gewichtsanteil des Öles.

Der lineare Zusammenhang bleibt also nur im Sonderfall $\mu_K = \mu_Ö$ erhalten, weil dann $\xi = \xi_M$ wird. Je verschiedener die Molekulargewichte sind, desto stärker weichen die Werte $p_L/p_K = f(\xi)$ von der geradlinigen Diagonalen mit dem Parameter $\mu_Ö/\mu_K = 1$ in Abb. 3 ab. In diesem Bild sind bei den verschiedenen Kurven die entsprechenden Verhältnisse der Molekulargewichte $\mu_Ö/\mu_K$ vermerkt. Wie man sieht, ist bei gleichem Gewichtsanteil Öl die Dampfdruckerniedrigung um so geringer, je höher das Molekulargewicht des Öls und je niedriger das Molekulargewicht des Kältemittels ist. So zeigt F 12 eine etwa doppelt so starke Dampfdruckerniedrigung wie Methylchlorid. Da erfahrungsgemäß die Viskosität von Ölen gleicher Herkunft mit deren mittlerem Molekulargewicht wächst, verursachen hochviskose Öle geringere Dampfdruckerniedrigungen als weniger viskose.

PERLICK hat die Dampfdrücke von Methylchlorid-Öl-Gemischen für verschiedene Öle A, B, C und D gemessen, deren kinematische Viskosität bei 50° C in der genannten Reihenfolge 74, 52, 35 und 11 Centistok betrug; bei diesen Versuchen hat er die Temperatur von -20 bis $+10°$ C verändert[1]. Die Ergebnisse sind in Abb. 4 wiedergegeben. Wie man sieht, ist die Dampfdruckerniedrigung bei kleinen Ölgehalten besonders bei dem zähen Öl A und bei tiefen Temperaturen nicht erheblich. Bei F 12 dagegen und einem Öl von geringer Viskosität (150 Saybolt-Sekunden entsprechend 32 cSt bei 38° oder 20 cSt bei 50° C) findet man wesentlich größere Dampfdruckerniedrigungen, wie aus Abb. 5 zu ersehen ist[2].

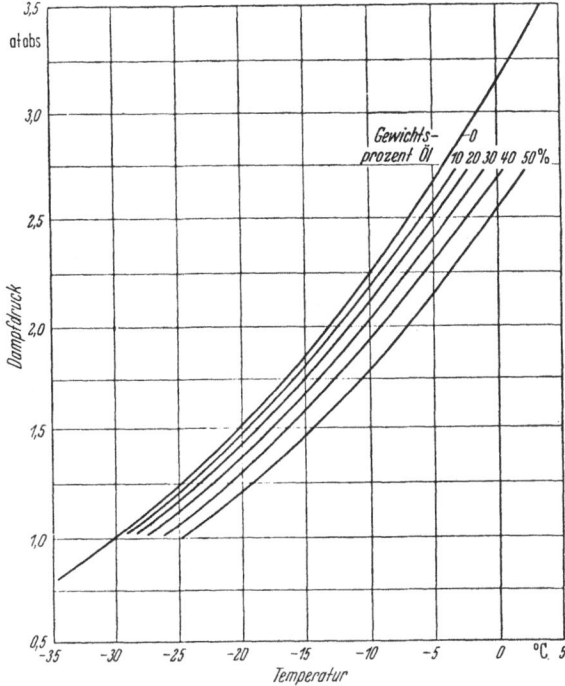

Abb. 5. Dampfdruckkurven von reinem F 12 und von F 12-Öl-Gemischen bei einem Öl von 150 SAYBOLT-Sekunden (Kinetic Chemicals Inc.).

BAMBACH[3] hat die Dampfdrücke von F 12 in Gemischen mit einem paraffinbasischen Pale-Oil gemessen, dessen kinematische Zähigkeit bei 50° C 32,9 cSt und bei 20° C 129,5 cSt bei einem spezifischen Gewicht von 0,911 kg/l betrug. Er fand die in Abb. 6 dargestellten Dampfdruckkurven für Freongehalte ξ von 5 bis 100 Gewichtsprozenten in der Mischung; dabei ist in üblicher Weise der Logarithmus des Dampfdrucks über der reziproken absoluten Temperatur $\left(\frac{1}{T}\right)$ aufgetragen, und man erhält fast gerade Linien.

PERLICK hatte angenommen, daß beim Mischen von flüssigem Methylchlorid mit Ölen keine Lösungswärme auftritt. Diese Annahme bedarf noch einer Prüfung.

---

[1] PERLICK, A.: Z. ges. Kälteind. Bd. 43 (1936) S. 32. — Vgl. auch E.W. McGOVERN: Du Pont Artic Service News Bd. 1 Nr. 5, Dez. 1935, und Refrig. Engng. Bd. 31 (1936) S. 20.
[2] Nach Angaben der Kinetic Chemicals Inc. Wilmington, Del. — Vgl. auch O. C. RUTLEDGE: Refrig. Engng. Bd. 35 (1938) S. 31.
[3] Vgl. Fußnote * auf S. 21.

BAMBACH hat beim Mischen von F 12 mit einem paraffinbasischen Pale-Oil geringe Lösungswärmen festgestellt, die je nach der Temperatur und der Zusammensetzung positive oder negative Werte annahmen[1]. In Abb. 7 ist die integrale Lösungswärme $^i\varLambda$ in kcal/kg Gemisch über dem Freongehalt ξ in der Mischung für Temperaturen von -30 bis $+120°$ C dargestellt.

BAMBACH hat auch die Volumänderung $\varDelta v$ bei der Mischung von F 12 mit dem genannten Öl gemessen und gefunden, daß bei Temperaturen unter $0°$

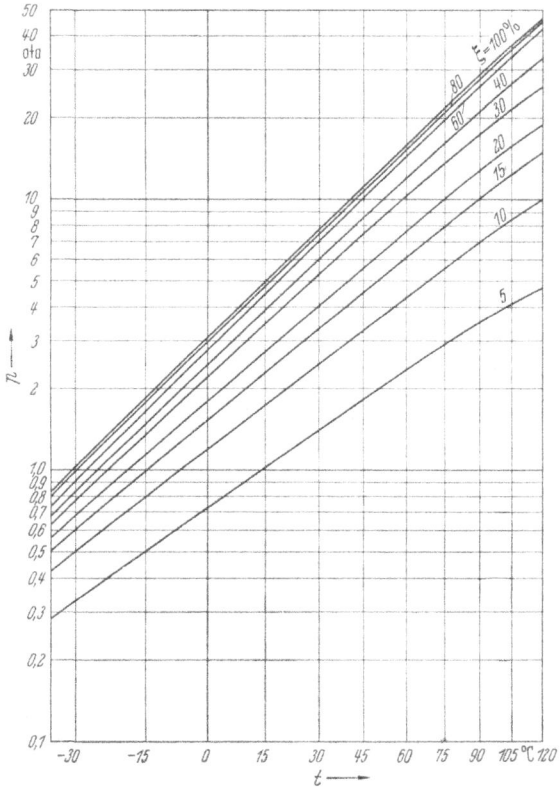

Abb. 6. Dampfdrücke von Gemischen von F 12 mit einem paraffinbasischen Pale-Oil für F 12-Gehalte von 5 bis 100 Gew.-% (nach BAMBACH).

kleine relative Zunahmen des Volums $\varDelta v/v$ (bis 2%) eintreten; bei höheren Temperaturen verwandeln sie sich in immer stärkere Volumkontraktionen, die mit wachsendem Freongehalt zuerst zunehmen und nach Überschreitung einer maximalen Kontraktion wieder abnehmen. Der größte gemessene Wert der Volumänderung (bei $+105°$ und rd. 50% Freon) beträgt immerhin $-11,5\%$.

Die Untersuchungen BAMBACHs gipfeln in der Aufstellung eines i,ξ-Diagramms für F 12-Öl-Gemische mit eingezeichneten Scharen von Isobaren (von 0,25 bis 20 ata) und Isothermen (von -45 bis $+115°$ C).

b) Die Gleichgewichte fest–flüssig und fest–dampfförmig. Neben der Dampfdruckkurve, die das Gleichgewicht flüssig–dampfförmig kennzeichnet, gibt es noch Gleichgewichtskurven für die Koexistenz von fester und flüssiger Phase

---

[1] Wenn beim Vermischen die Temperatur steigt, so daß zur Konstanthaltung der Temperatur Wärme abzuführen ist, dann sei die Lösungswärme negativ, im anderen Falle positiv. Vgl. Bd. II, S. 286, dieses Handb.

(Schmelzen, Erstarren) und für die Koexistenz von fester und dampfförmiger Phase (Sublimation). Der Dampfdruck über der festen Phase, der sich ebenfalls durch Gleichungen von der Form (9) und (10) darstellen läßt, nimmt mit sinken-

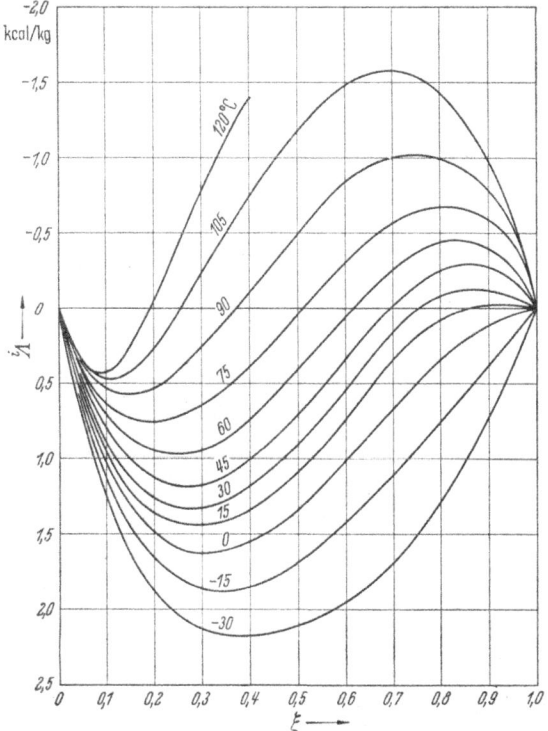

Abb. 7. Integrale Lösungswärme von F 12 und einem paraffinbasischen Öl in Abhängigkeit vom F 12-Gehalt bei verschiedenen Temperaturen (nach BAMBACH).

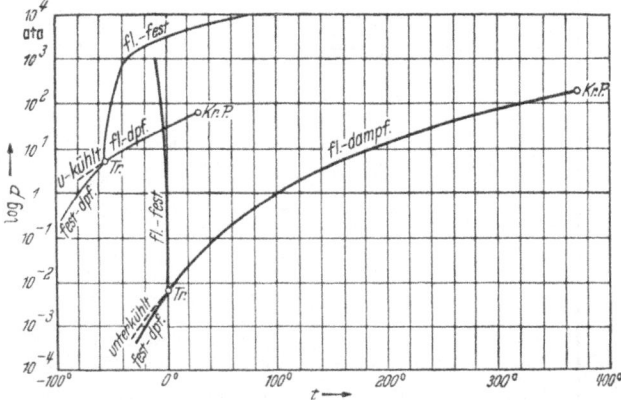

Abb. 8. Lage der Gleichgewichtskurven und Tripelpunkte für H_2O (rechts unten) und CO_2 (links oben).

der Temperatur stets ab und ist bei gleicher Temperatur immer niedriger als über der flüssigen Phase. Die Abhängigkeit der Schmelz- oder Erstarrungstemperatur vom Druck ist aber nicht bei allen Stoffen gleich. In der Regel wächst sie mit wachsendem Druck; Wasser bildet jedoch eine seltene Ausnahme, denn bei ihm sinkt sie mit wachsendem Druck. Abb. 8 zeigt die drei Gleichgewichts-

Tabelle 2. Kritische Daten für verschiedene Stoffe

Stoff		Molekular-gewicht μ	Normaler Siedepunkt °C t_s	Kritische Temperatur t_K °C	Kritische Temperatur T_K °K	Kritischer Druck p_k kg/cm²	Kritisches spez. Volum v_k l/kg	Kritisches spez. Gewicht γ_k kg/l
Helium	Edelgase	4,003	−268,93	−267,9	5,3	2,34	14,43	0,0693
Neon		20,18	−246,1	−228,7	44,5	27,8	2,07	0,484
Argon		39,94	−185,9	−122,4	150,8	49,6	1,883	0,531
Krypton		83,7	−153,2	−63,8	209,4	56,1	1,101	0,908
Xenon		131,3	−108,8	−16,6	289,7	59,9	0,905	1,105
Chlor	Gasförm. Elemente	70,91	−33,95	144	—	78,6	1,745	0,573
Wasserstoff		2,016	−252,78	−239,9	33,3	13,23	32,3	0,0310
Stickstoff		28,02	−195,81	−147	126,2	34,6	3,22	0,311
Sauerstoff		32,00	−182,97	−118,8	154,4	51,8	2,4	0,41
Ozon		48,00	−112	−5	268	69	1,862	0,537
Methan	Gesättigte Kohlenwasserst.	16,04	−161,7	−82,1	191,1	47,3	6,17	0,162
Äthan		36,07	−88,6	32,1	305,5	49,8	4,69	0,213
Propan		44,09	−42,6	96,8	370,0	43,4	4,55	0,220
n-Butan		58,12	+0,6	152,0	425,2	38,7	4,39	0,228
Isobutan		58,12	−10,2	134,9	408,1	37,2	4,52	0,221
n-Pentan		72,15	−36,2	196,6	469,8	34,4	4,31	0,232
Äthylen	Kohlen-wasser-stoffe	28,05	−103,9	9,5	282,7	51,7	4,41	0,227
Propylen		42,08	−47,0	91,8	365,0	47,1	4,29	0,233
Azetylen		26,04	−83,8	36	309	63,6	4,33	0,231
Benzol	Arom. Kohlen-wasserst.	78,11	80,12	289	562	50,2	3,33	0,300
Toluol		92,13	110,8	320,8	594,0	43,0	3,4	0,29
o-Xylol		106,16	144	358,4	631,6	38,1	3,47	0,288
Methylalkohol	Alkohole	32,04	64,7	240,0	513,2	81,1	3,68	0,272
Äthylalkohol		46,07	78,3	243	516	65,1	3,62	0,276
n-Propylalkohol		60,09	97,2	264	537	51,9	3,66	0,273
Isopropylalkohol		60,09	82,0	235,6	508,8	55	3,65	0,274
n-Butylalkohol		74,12	117	288	561	51	—	—

Kritische Daten.

Äther	Dimethyläther	40,07	—		126,9	400,1	55	3,69	0,271
	Methyläthyläther	60,09	24,8		154,7	437,9	44,8	3,68	0,272
	Diäthyläther	74,12	34,6		194	467	36,8	3,79	0,264
Ester	Methylformiat	60,05	31,8		214,0	487,2	61,2	2,87	0,349
Stickstoffverb.	Ammoniak	17,03	33,35		132,4	405,6	115,2		0,235
	Methylamin	31,06	6,5		156,9	430,1	76,0	4,26	
	Dimethylamin	45,08	7		164,5	437,7	54,1		
	Trimethylamin	59,11	2,9		160,1	433,3	41,5	4,29	0,233
	Äthylamin	45,08	16,6		183	456	57,3	4,1	0,244
Anorg. Fluoride	Bortrifluorid	67,82	100,4	—	12,3	260,9	50,8		0,752
	Schwefelhexafluorid	146,06	63,8	—	45,5	318,7	38,3	1,330	
Aliphatische Halogenide	Methylfluorid	34,03	78	—	44,6	317,8	59,9	3,32	0,301
	Methylchlorid	50,49	23,7	—	143,0	416,2	68,1	2,83	0,353
	Methylbromid	94,95	3,2	+	194	467	(70,0)	(1,75)	
	Dichlormethan	84,94	40		235	508	60,9	(1,96)	
	Äthylfluorid	48,06	32		102,2	375,4	48,1	3,02	0,331
	Äthylchlorid	64,52	13,1		187,2	460,4	53,7	1,97	0,507
	Äthylbromid	108,98	38,4		230,7	503,9	63,5	1,905	0,525
	CHF$_2$Cl (F 22)	86,48	40,8	—	96,0	369,2	50,1	1,916	0,522
	CHFCl$_2$ (F 21)	102,93	8,9		178,5	451,7	52,7	1,72	0,58
	CF$_3$Cl (F 13)	104,47	81,5	—	28,8	302,0	40	1,79	0,557
	CF$_2$Cl$_2$ (F 12)	120,92	29,8	—	112,0	385,2	42,0	1,805	0,554
	CFCl$_3$ (F 11)	137,38	23,65		198,0	471,2	44,6	—	
	C$_2$F$_4$Cl$_2$ (F 114)	170,93	4,1		145,7	418,9	33,4	1,736	
	C$_2$F$_3$Cl$_3$ (F 113)	187,39	47,6	+	214,1	487,3	34,8		0,576
Oxyde	Kohlendioxyd	44,01	78,5	—	31,0	304,2	75,2	2,14	0,468
	Kohlenmonoxyd	28,01	191,5	—	140	133	35,6	3,32	0,301
	Stickoxydul	44,02	88,5	—	36,5	309,7	74,1	2,19	0,457
	Schwefeldioxyd	64,06	10,0		157,5	430,7	80,4	1,908	0,524
	Wasser	18,016	100,00		374,1	647,3	225,4	3,1	0,32

kurven für CO_2 (links oben) und für H_2O. Den Schnittpunkt der drei Kurven, in dem alle drei Phasen miteinander im Gleichgewicht sind, bezeichnet man als *Tripelpunkt*. Er liegt bei Wasser in unmittelbarer Nähe des Erstarrungspunktes.

4. Der kritische Zustand[1].

Für die Berechnung der kritischen Fundamentalgrößen P_k, T_k und v_k wurden mehrere empirische Regeln angegeben, die eine Abschätzung dieser Werte und häufig sogar eine recht genaue Berechnung gestatten. Die kritischen Werte einiger kältetechnisch wichtiger Stoffe sind in Tab. 2 eingetragen.

a) Die kritische Temperatur. α) MEISSNER und REDDING[2] haben aus dem Studium der Veränderung der kritischen Temperatur in homologen Reihen die folgenden Beziehungen abgeleitet:

Für Stoffe, die unterhalb $T_s = 235°$ K sieden, ist

$$T_k = 1{,}70\, T_s - 2. \tag{26}$$

Für Stoffe, die Halogene oder Schwefel enthalten und die oberhalb $T_s = 235°K$ sieden, ist

$$T_k = 1{,}41\, T_s + 66 - 11 F, \tag{26a}$$

worin F die Anzahl Fluoratome bedeutet.

Für aromatische Kohlenwasserstoffe und Naphthene ist

$$T_k = 1{,}41\, T_s + 66 - a\,(0{,}383\, T_s - 93), \tag{26b}$$

worin a das Verhältnis der nichtzyklischen Kohlenstoffatome zu den zyklischen bedeutet.

Für sonstige Verbindungen ist

$$T_k = 1{,}027\, T_s + 159. \tag{26c}$$

Die Genauigkeit dieser Gleichungen beträgt etwa 5%; die Gruppeneinteilung erscheint ziemlich willkürlich.

β) Die kritische Temperatur wurde mit dem *Parachor* [P] (s. S. 78] in Verbindung gebracht. Man versteht darunter die Größe

$$[P] = \frac{\mu\, \sigma^{1/4}}{\gamma' - \gamma''}, \tag{27}$$

in der σ die Oberflächenspannung und γ' bzw. γ'' die spezifischen Gewichte von Flüssigkeit bzw. Dampf auf den Grenzkurven sind (s. S. 33). Der Parachor hat nach SUGDEN die Eigenschaft, in genügender Entfernung vom kritischen Punkt von der Temperatur unabhängig zu sein[3]. LEWIS fand[4]

$$T_k = A\,[P] + B, \tag{28}$$

wobei A und B für verschiedene Stoffgruppen verschiedene konstante Werte annehmen.

HERZOG[5] schlug Beziehungen der Gestalt

$$T_k/T_s = a - b \log [P] \tag{28a}$$

---

[1] In diesem Abschnitt wurde von der Abhandlung „The Critical Properties of Elements and Compounds" von K. A. KOBE und R. E. LYNN jr.: Chem. Rev. Bd. 52 Nr. 1, Febr. 1953, S. 117 bis 236, Gebrauch gemacht.

[2] MEISSNER, H. P., u. E. M. REDDING: Industr. Engng. Chem. Bd. 34 (1942) S. 521.

[3] SUGDEN, S.: J. chem. Soc. Bd. 125 (1925) S. 1177 sowie das Buch „The Parachor and Valency". London: G. Routledge & Sons 1930. — S. A. MUMFORD u. J. W. C. PHILLIPS: J. chem. Soc. Bd. 131 (1929) S. 2112.

[4] LEWIS, D. T.: J. chem. Soc. Part 1 (1938) S. 261.

[5] HERZOG, R.: Industr. Engng. Chem. Bd. 36 (1944) S. 997.

vor, in der a und b Konstanten sind, die für verschiedene homologe Reihen verschiedene Werte haben. Die größten Abweichungen von dieser Gleichung sollen etwa 5% betragen.

Der Parachor setzt sich bei einfachen Atomverbindungen additiv aus den Atomparachoren zusammen. Je nach der Bindungsart sind noch Bindungsinkremente hinzuzufügen. Für einfache Atombindungen (Kovalenzen) ist das Inkrement gleich null[1].

γ) MEISSNER[2] fand außerdem einen Zusammenhang der kritischen Temperatur mit der Molrefraktion [R], die wie folgt definiert ist:

$$[R] = \left(\frac{n^2-1}{n^2+2}\right)\frac{\mu}{\gamma_{fl}}, \qquad (29)$$

worin n der Brechungsindex ist. Die Größe [R] ist von der Temperatur, dem Druck und dem Aggregatzustand des Stoffes nur wenig abhängig; der Wert von [R] wird in der Regel für die Natrium-D-Linie (Wellenlänge 5890 Å) angegeben und mit $[R_D]$ bezeichnet[3]. MEISSNER hat nun folgenden Zusammenhang gefunden:

$$T_k = 20{,}2\, T_s^{0,60} - 143 - 1{,}2\,[P] + 10{,}4\,[R_D] \qquad (30)$$

δ) WATSON[4] schlug für nichtpolare Stoffe die Beziehung vor

$$T_k = \frac{T_e}{0{,}283\left(\frac{\mu}{\gamma_s'}\right)^{0,18}}, \qquad (31)$$

in der T_e diejenige Temperatur bedeutet, bei welcher der Dampf das Volum von 22,4 m³ je Mol einnimmt. Für die Berechnung von T_e gibt WATSON die transzendente Gleichung an

$$\lg T_e = 9{,}8\,\frac{T_e}{T_s} - 4{,}2$$

und dazu ein Diagramm, das T_e bei gegebenem T_s abzugreifen gestattet. Bei H_2 und He versagt Gl. (31).

ε) Genauer als die bisher angegebenen Berechnungsmethoden ist ein additives Verfahren, das die kritische Temperatur aus Atom- und Gruppenwerten zu ermitteln gestattet. Es wurde fast gleichzeitig von THOMAS[5] und RIEDEL[6] bekanntgegeben und beruht auf der Feststellung, daß das Verhältnis $\vartheta_s = T_s/T_k$ in homologen Reihen stets gleichmäßig ansteigt und sich auch bei anderen Substitutionen stets um etwa gleiche Beträge ändert. Aus gemessenen Werten von T_s und T_k läßt sich daher ein System von Atom- und Gruppenwerten (Substitutionsinkrementen) aufstellen, durch das die Vorausberechnung von ϑ_s allein aus der chemischen Struktur eines Stoffes ermöglicht wird.

In der Reihe der gesättigten Kohlenwasserstoffe findet RIEDEL für Methan (CH_4) den Basiswert $\vartheta_s = 0{,}590$ und für die höheren Glieder der homologen Reihe, die durch Hinzutreten von je einer CH_2-Gruppe entstehen, ein Inkrement $\Delta\vartheta_s = 0{,}016$. Er faßt diese beiden Werte als Summen der entsprechenden Atomwerte auf, so daß man mit einem Grundwert A erhält:

$$A + C + 4H = 0{,}590 \quad \text{und} \quad C + 2H = 0{,}016.$$

---

[1] Zahlenwerte für Atomparachore und Bindungsinkremente findet man im Taschenbuch für Chemiker und Physiker von J. D'ANS u. E. LAX, S. 1014. Berlin: Springer 1943.
[2] MEISSNER, H. P.: Chem. Eng. Progress Bd. 45 (1949) S. 149.
[3] Werte von [R] findet man im Taschenbuch für Chemiker und Physiker von J. D. D'ANS u. E. LAX, S. 700. Berlin: Springer 1943.
[4] WATSON, K. M.: Industr. Engng. Chem. Bd. 23 (1931) S. 360.
[5] THOMAS, L. H.: J. chem. Soc. 1949, S. 3411.
[6] RIEDEL, L.: Chemie-Ing.-Technik, Bd. 24 (1952) S. 353.

Setzt man den Atomwert für den leichten Wasserstoff willkürlich H = 0, so ergibt sich in normalen Ketten der Wert C = 0,016, und für den Grundwert findet man $A = 0{,}574$. Man erhält so für Äthan $\vartheta_s = 0{,}606$ (0,604), für Propan $\vartheta_s = 0{,}622$ (0,624), für n-Butan $\vartheta_s = 0{,}638$ (0,641), für n-Pentan $\vartheta_s = 0{,}654$ (0,657) usw., wobei die besten Meßwerte in Klammern beigefügt sind. Man kann daher T_k aus gegebenen Werten von T_s berechnen.

Bei verzweigten Paraffinen muß der Bindungszustand der C-Atome berücksichtigt werden; für die einen einfachen Verzweigungspunkt bildenden Kohlenstoffatome wird C = 0,013 statt 0,016, so daß die ϑ_s-Werte für Isobutan, Isopentan usw. um 0,003 kleiner werden als für n-Butan, n-Pentan usw. Für die einen doppelten Verzweigungspunkt bildenden Kohlenstoffatome wird C = 0,003. Einem doppeltgebundenen Kohlenstoffatom kommt der Atomwert C = 0,0145 zu, man erhält daher z. B. für Äthylen $\vartheta_s = 0{,}574 + 2 \cdot 0{,}0145 = 0{,}603$ (0,600).

Für die Halogenderivate der gesättigten Kohlenwasserstoffe werden folgende Atomwerte benutzt: Fluor = 0,015, Chlor = 0,013, Brom = 0,010. Es kommt bei den für die Kältetechnik so wichtigen Fluor-Chlorderivaten aber noch darauf an, wie viele dieser schweren Atome an das C-Atom gebunden sind, denn davon hängt, wie bei den Verzweigungspunkten, der C-Wert ab. Man kann sich z. B. die Chlorderivate so vorstellen:

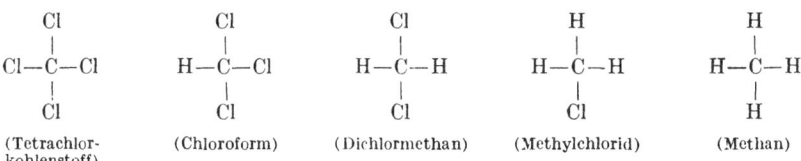

Sind die vier Valenzen des Kohlenstoffatoms immer noch mit zwei oder drei leichten Wasserstoffatomen abgesättigt, so bleibt es, wie beim Methan, beim Wert C = 0,016. Hängt am C nur ein Wasserstoffatom und sind daneben drei schwerere Atome daran gebunden (F, Cl, Br), so wird C = 0,013; und sind schließlich alle vier H durch Halogene ersetzt, so ist C = 0,003. So findet man z. B.:

für Methylchlorid $\vartheta_s = 0{,}574 + 0{,}016 + 0{,}013 = 0{,}603$ (0,600),
für Chloroform $\vartheta_s = 0{,}574 + 0{,}013 + 3 \cdot 0{,}013 = 0{,}626$ (0,624),
für Tetrachlorkohlenstoff $\vartheta_s = 0{,}574 + 0{,}003 + 4 \cdot 0{,}013 = 0{,}629$ (0,629).

Bei den höheren Homologen wirkt die C–C-Verbindung wie die eines schweren Atoms; so findet man:

```
        H  H                           Cl Cl
        |  |                           |  |
      H–C––C–H                       Cl–C––C–Cl
        |  |                           |  |
       Cl  H                           F  F
    (Äthylchlorid)                (Difluortetrachloräthan)
  2 C = 0,016 + 0,016            2 C = 0,003 + 0,003
```

Daher wird
für Äthylchlorid $\vartheta_s = 0{,}574 + 2 \cdot 0{,}016 + 0{,}013 = 0{,}619$ (0,620),
für Difluortetrachloräthan $\vartheta_s = 0{,}574 + 2 \cdot 0{,}003 + 2 \cdot 0{,}015 + 4 \cdot 0{,}013 = 0{,}662$ (0,664).

Bei Isomeren kommt es aber auf die Verteilung der Wasserstoff- und Halogenatome auf die beiden Kohlenstoffatome an. So ergeben sich für die beiden Isomeren des Dichloräthans folgende C-Werte:

$$\begin{array}{c} \text{H}\text{H} \\ || \\ \text{H}-\text{C}-\text{C}-\text{H} \\ || \\ \text{Cl}\text{Cl} \end{array} \qquad \begin{array}{c} \text{Cl}\text{H} \\ || \\ \text{H}-\text{C}-\text{C}-\text{H} \\ || \\ \text{Cl}\text{H} \end{array}$$

$2\,C = 0{,}016 + 0{,}016 \qquad\qquad 2\,C = 0{,}013 + 0{,}016$

und für die Isomeren des Difluormonochloräthans:

$$\begin{array}{c} \text{F}\text{H} \\ || \\ \text{H}-\text{C}-\text{C}-\text{H} \\ || \\ \text{F}\text{Cl} \end{array} \qquad \begin{array}{c} \text{F}\text{H} \\ || \\ \text{Cl}-\text{C}-\text{C}-\text{H} \\ || \\ \text{F}\text{H} \end{array}$$

$2\,C = 0{,}013 + 0{,}016 \qquad\qquad 2\,C = 0{,}003 + 0{,}016$

b) Der kritische Druck. α) MEISSNER und REDDING[1] setzten

$$p_k = 20{,}8\, T_k/(v_k - 8)\,. \tag{32}$$

In dieser Gleichung ist v_k in l/Mol einzusetzen, und p_k wird in Atm erhalten. Da hierbei p_k mit dem meist recht unsicheren v_k gekoppelt ist, dürfte die Genauigkeit nur gering sein.

β) HERZOG[2] teilte die Stoffe in verschiedene Gruppen ein, wie er es auch bei der Berechnung der kritischen Temperatur nach Gl. (28a) getan hatte, und fand

$$\lg p_k = a' - b' \lg [\text{P}], \tag{33}$$

wobei [P] wieder der Parachor ist, während a' und b' Konstanten sind, deren Werte von der betrachteten Gruppe abhängen.

γ) MEISSNER[3] setzte

$$p_k = \frac{60{,}3\, T_k}{(15\,[\text{P}] + 9 - 4{,}34\,[\text{R}_\text{D}])^{1{,}226}}, \tag{34}$$

wobei die gleichen Bezeichnungen benutzt sind wie in Gl. (30).

δ) RIEDEL[4] hat für die Berechnung von p_k ein Verfahren angegeben, bei dem von der empirischen Tatsache der Additivität der zusammengesetzten Größe $\varphi = 100 \sqrt{\mu/p_k}$, und, wie bei seiner Berechnung der kritischen Temperatur (s. S. 29) von Substitutionsinkrementen Gebrauch gemacht wird. In beliebigen homologen Reihen wächst die Größe φ beim Übergang zum nächsten Glied stets um den gleichen Betrag an und verhält sich auch gegenüber anderen Substitutionen weitgehend additiv. Bei diesem Verfahren zeigt sich eine überraschend gute Übereinstimmung zwischen den gemessenen und berechneten Werten von p_k, abgesehen von einzelnen Fällen, in denen die Abweichungen möglicherweise auf Ungenauigkeiten in den Meßwerten zurückzuführen sind. Es wird dabei für φ ein Grundwert $A = 33$ angenommen und mit folgenden Inkrementen gerechnet, wobei p_k in Atm erhalten wird:

Atom:	H	C	F	Cl	Br*	O	N	S
Inkrement:	0	23	23	32	62	18	14	27

---

[1] Vgl. Fußnote 2 auf S. 28.   [2] Vgl. Fußnote 5 auf S. 28.
[3] Vgl. Fußnote 2 auf S. 29.   [4] RIEDEL, L.: Z. Elektrochem. Bd. 53 (1949) S. 222.

* Das in der Originalarbeit angegebene Inkrement 54 für Brom wurde von RIEDEL in einer privaten Mitteilung auf 62 erhöht.

Für Doppelbindungen ist das Inkrement -6, es sind also 6 Punkte abzuziehen. Auf diese Weise erhält man z. B. für

Methan (CH_4): $\varphi = 33 + 23 = 56$,
Äthan (C_2H_6): $\varphi = 33 + 2 \cdot 23 = 79$,
Äthylen (C_2H_4): $\varphi = 33 + 2 \cdot 23 - 6 = 73$,
Methylchlorid (CH_3Cl): $\varphi = 33 + 23 + 32 = 88$,
F 11 $(CFCl_3)$: $\varphi = 33 + 23 + 23 + 3 \cdot 32 = 175$.

So findet man z. B. für CH_3Cl

$$p_k = \frac{\mu}{(\varphi/100)^2} = \frac{50{,}49}{(0{,}88)^2} = 65{,}2 \text{ Atm} = 67{,}4 \text{ ata},$$

gegenüber einem Meßwert von 68,1 ata.

c) Das kritische Volum. Die Meßwerte für das kritische Volum sind im allgemeinen viel weniger genau als für den kritischen Druck oder die kritische Temperatur. Da sich empirische Formeln nur auf Meßwerte stützen können, kommt auch ihnen kein hoher Genauigkeitsgrad zu.

α) MEISSNER und REDDING[1] setzen für alle Stoffe mit Ausnahme von Wasser

$$v_k = (0{,}377 \, [P] + 11)^{1{,}25}, \tag{35}$$

worin $[P]$ den Parachor bedeutet und v_k in l/Mol erhalten wird.

β) HERZOG[2] hat zwei Gleichungen angegeben:

$$v_k = \frac{c_1 [P]}{p_k^{0{,}25}} \tag{36}$$

und

$$v_k = \frac{c_2 [P]^{1{,}2}}{T_k^{0{,}3}}, \tag{37}$$

wobei c_1 und c_2 Konstanten sind, die von Gruppe zu Gruppe verschiedene Werte haben.

γ) MEISSNER[3] fand auch für v_k eine Abhängigkeit vom Parachor und der Molrefraktion, wie in Gl. (30) für T_k und in Gl. (34) für p_k. Er setzte

$$v_k = 0{,}55 \, (1{,}5 \, [P] + 9 - 4{,}34 \, [R_D])^{1{,}155}. \tag{38}$$

δ) Da alle bisher genannten Berechnungswege nur wenig genau sind, macht man häufig von der „geraden Mittellinie" nach CAILLETET und MATHIAS Gebrauch [vgl. Gl. (43)], die man zu diesem Zweck bis zur kritischen Temperatur verlängert. Kennt man T_k und P_k, so kann man für normale Stoffe v_k angenähert auch aus dem kritischen Koeffizienten $\sigma = \dfrac{R \, T_k}{P_k \, v_k}$ ermitteln, da sich dieser bekanntlich nur in den Grenzen von 3,6 bis 3,8 verändert. Für tief siedende und assoziierte Stoffe ist dieser Weg nicht gangbar.

ε) RIEDEL fand bestätigt, daß sich auch das kritische Molvolum aus einem System von Atom- und Bindungsinkrementen additiv berechnen läßt. Er gibt in einer umfangreichen Tabelle einen Vergleich zwischen den gemessenen und den additiv berechneten Werten des kritischen Molvolums[4], wobei sich eine befriedigende Übereinstimmung zeigt, wenn man einigen wenigen Stoffen bestimmte „Ausgangswerte" erteilt. Der Ausgangswert für das kritische Molvolum μv_k [l/Mol] für Methan ist 99, für Äthan 148, für Propan 195. Beim Ersatz eines H-Atoms durch ein Halogenatom sind den Ausgangswerten z. B. folgende Substitutions-

---
[1] Vgl. Fußnote 2 auf S. 28.   [2] Vgl. Fußnote 5 auf S. 28.
[3] Vgl. Fußnote 2 auf S. 29.
[4] RIEDEL, L.: Chemie-Ing.-Technik Bd. 26 (1954) S. 259.

inkremente zuzusetzen: für Fluor $+14$, für Chlor $+44$, für Brom $+67$. Daher wird z. B. für CH_3Cl $\mu v_k = 99 + 44 = 143\ l/Mol$ oder $v_k = 2{,}83\ l/kg$ in bester Übereinstimmung mit dem gemessenen Wert.

In neueren Untersuchungen gibt RIEDEL[1] noch andere Rechenverfahren und ein graphisches Verfahren zur Bestimmung der kritischen Daten bekannt.

5. Das spezifische Volum und das spezifische Gewicht.

a) Im Zustand des gesättigten Dampfes. Das spezifische Volum v [m³/kg] und das spezifische Gewicht $\gamma = \frac{1}{v}$ [kg/m³] hängen im gas- und dampfförmigen Zustand sehr stark vom Druck P [kg/m²] und der Temperatur T ab. Den funktionalen Zusammenhang zwischen P, v und T liefert die thermische Zustandsgleichung, die in verschiedenen Formen bereits auf S. 12 behandelt wurde. Für Wertepaare von P und T, die der Dampfdruckkurve entsprechen, muß die Zustandsgleichung das spezifische Volum des trocken gesättigten Dampfes v'' liefern. Diese v''-Werte und damit auch die γ''-Werte hängen also nur noch von der Temperatur (oder nur vom Druck) des gesättigten Dampfes ab. Eine Zustandsgleichung, die bis zum kritischen Punkt gilt, muß für $T = T_k$ und $P = P_k$ auf richtige Werte von v_k bzw. γ_k führen. Außerdem müssen im kritischen Punkt folgende Bedingungen erfüllt sein:

$$\left(\frac{dv''}{dT}\right)_k = -\infty, \quad \left(\frac{d\gamma''}{dT}\right)_k = +\infty. \tag{39}$$

Es wurden für $\gamma'' = f(T)$ verschiedene empirische Ansätze vorgeschlagen, die, wenn sie bis zum kritischen Punkt gelten sollen, für $T = T_k$ nicht nur $\gamma = \gamma_k$ liefern, sondern auch den Bedingungen (39) genügen müssen. Eine diesen Anforderungen entsprechende Formel haben CAILLETET und MATHIAS angegeben und deren Brauchbarkeit an mehreren Stoffen, darunter CO_2, C_2H_4 und N_2O geprüft. Die Formel lautet

$$\gamma'' = a - bt - c\sqrt{t_k - t}, \tag{40}$$

wobei a und b so zu wählen sind, daß $a - bt_k = \gamma_k$ wird. Statt der Quadratwurzel auf der rechten Seite wird von anderen Autoren die dritte Wurzel gesetzt.

Weitere Regeln für die Berechnung von γ'' findet man im folgenden Abschnitt im Zusammenhang mit den Werten von γ' für die siedende Flüssigkeit.

Für die Berechnung von v'' kann auch noch von der CLAUSIUS-CLAPEYRONschen Gleichung (11) Gebrauch gemacht werden, wenn genaue Meßwerte für die Verdampfungswärme r und für die Dampfdruckkurve $P = f(T)$ vorliegen. Außerdem muß v' bekannt sein, wenn man es nicht (in genügender Entfernung vom kritischen Punkt) gegenüber v'' vernachlässigen kann.

BADYLKES[2] hat eine Regel angegeben, nach der sich v''-Werte eines neuen Stoffes berechnen lassen, wenn die v''_*-Werte eines Vergleichsstoffes bekannt sind. Die Regel lautet:

$$v'' = \frac{\mu_*}{\mu} \frac{T_s}{T_{s*}} \frac{\varphi_{s*}}{\varphi_s} v''_*, \tag{41}$$

wobei φ die gleiche Bedeutung hat wie in Gl. (11c) und auf den normalen Siedepunkt zu beziehen ist. BADYLKES prüfte die Zuverlässigkeit der Gl. (41) an Hand von v''-Werten für F 142 ($CH_3 \cdot CF_2Cl$), die er mit den bekannten Werten für

---

[1] RIEDEL, L.: Chemie-Ing.-Technik Bd. 27 (1955) S. 475 und Bd. 28 (1956) S. 419.
[2] BADYLKES, I.: Vgl. die Fußnote 2 auf S. 19.

F 12 verglich. Er fand für diese zwei Stoffe aus Gl. (41)
$$v'' = 1{,}28238\, v''_*,$$
woraus sich folgende Werte für F 142 ergeben:

t [°C]	$=-20$	0	$+30$
v'' [m³/kg] gemessen[1]	$= 0{,}317$	0,148	0,0573
v'' [m³/kg] berechnet	$= 0{,}316$	0,148	0,058

b) Im Flüssigkeitszustand. In genügender Entfernung vom kritischen Punkt sind Flüssigkeiten nur sehr wenig kompressibel; daher hängt ihr spezifisches Volum bei gegebener Temperatur kaum davon ab, ob sie sich im Siedezustand befinden oder bei gleicher Temperatur unter höherem Druck stehen. Die Werte, die dem Siedezustand entsprechen (auf der linken Grenzkurve), bezeichnet man mit v' bzw. γ'.

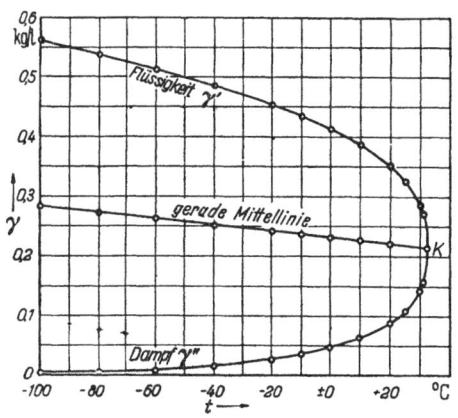

Abb. 9. Das Gesetz der geraden Mittellinie von CAILLETET und MATHIAS am Beispiel von Äthan.

Für γ' wurden ähnliche Ansätze vorgeschlagen wie für γ'' in Gl. (40). So fanden LOWRY und ERICSON für Kohlendioxyd[2]:
$$\gamma' = \gamma_k + b(t_k - t) + c \sqrt[3]{t_k - t}, \quad (42)$$
wobei $\gamma_k = 0{,}4683$ kg/l, $b = 0{,}001442$ und $c = 0{,}1318$ gesetzt wurde. Nach Gl. (42) wird im kritischen Punkt ordnungsgemäß
$$\gamma' = \gamma_k \text{ und } \left(\frac{d\gamma'}{dt}\right)_k = -\infty.$$

In sehr vielen Fällen hat sich das Gesetz der „*geraden Mittellinie*" bewährt, das von CAILLETET und MATHIAS stammt[3] und folgendermaßen lautet:
$$\frac{\gamma' + \gamma''}{2} = \gamma_k + b(t_k - t). \quad (43)$$

Trägt man die Meßwerte von γ' und γ'' über der Temperatur auf, wie das in Abb. 9 für Äthan geschehen ist, so erhält man eine parabelförmige Kurve, deren „Mittellinie", d. h. der geometrische Ort der Punkte von $(\gamma' + \gamma'')/2$, praktisch eine schwach geneigte Gerade darstellt, die durch den kritischen Punkt gehen muß. Wie schon früher betont wurde, kann man dadurch die kritische Dichte γ_k aus dem gemessenen Wert von t_k recht genau ermitteln[4]. Für Äthan ist z. B. $\gamma_k = 0{,}213$ kg/l, $t_k = 32{,}1°$ C und $b = 0{,}000508$.

Eine zweite Regel für den Zusammenhang von γ' und γ'' wurde von YOUNG[5] und VAN LAAR[6] aufgestellt; sie gilt bis nahe an den kritischen Punkt und lautet:
$$\gamma' - \gamma'' = C \sqrt[3]{t_k - t}. \quad (44)$$

---

[1] RIEDEL, L.: Z. ges. Kälteind. Bd. 48 (1941) S. 105.
[2] LOWRY u. ERICSON: J. Amer. chem. Soc. Bd. 49 (1927) S. 2729.
[3] CAILLETET, L., u. E. MATHIAS: C. r. Bd. 104 (1897) S. 1563. — J. Phys. (2) Bd. 5 (1886) S. 549. — E. MATHIAS: J. Phys. Bd. 1 (1892) S. 53; Bd. 2 (1893) S. 5 u. 224.
[4] Für manche Stoffe wurde eine leichte Krümmung der Mittellinie in der Nähe des kritischen Punktes gefunden.
[5] YOUNG, S.: Phil. Mag. (5) Bd. 50 (1900) S. 291.
[6] VAN LAAR, J. J.: Die Zustandsgleichung von Gasen und Flüssigkeiten, S. 342. Leipzig: L. Voss. 1924.

Aus (43) und (44) kann man γ' und γ'' berechnen. Es wird:

$$\left.\begin{aligned}\gamma' &= \gamma_k + b\,(t_k - t) + \frac{C}{2}\sqrt[3]{t_k - t}, \\ \gamma'' &= \gamma_k + b\,(t_k - t) - \frac{C}{2}\sqrt[3]{t_k - t}.\end{aligned}\right\} \quad (44\text{a})$$

Pfaff[1] setzte allgemeiner

$$\gamma' - \gamma'' = C\,(1 - T/T_k)^m$$

und fand, daß m für verschiedene Stoffe Werte von 0,3 bis 0,33 erhält.

Riedel fand[2], daß die reduzierte Wichte γ'/γ_k nicht einfach eine Funktion der reduzierten Temperatur $\vartheta = T/T_k$ ist, wie es das Gesetz der korrespondierenden Zustände erwarten ließe, sondern auch noch von dem kritischen Wert α_k abhängt, der durch Gl. (16) definiert war. Es ist

$$\gamma'/\gamma_k = 1 + 0{,}85\,(1 - \vartheta) + [1{,}93 + 0{,}2\,(\alpha_k - 7)]\,(1 - \vartheta)^{1/3} \quad (44\text{b})$$

wobei die Zahl 7 etwa dem Normalwert von α_k entspricht. Ein Vergleich dieser Gleichung mit Gl. (44a) zeigt, daß in dieser die Konstante C offenbar von α_k abhängt. Für den absoluten Nullpunkt $\vartheta = 0$ wird nach Gl. 44b mit $\gamma' = \gamma_0$

$$\gamma_0/\gamma_k = 3{,}78 + 0{,}2\,(\alpha_k - 7) \quad (44\text{c})$$

Dividiert man Gl. (44b) durch Gl. (44c), dann erhält man γ'/γ_0 als Funktion von ϑ und α_k. Es zeigt sich nun, daß γ'/γ_0 für $\vartheta < 0{,}8$ praktisch von α_k unabhängig ist und daß die Abweichungen von γ'/γ_0 von dem für $\alpha_k = 7$ erhaltenen Wert erst für $\vartheta > 0{,}95$ den Betrag von 1% überschreiten. Riedel gibt eine Tabelle für γ'/γ_0 als Funktion von ϑ und für $\vartheta > 0{,}8$ auch noch als Funktion von α_k. Ist für einen beliebigen Stoff ein einziger Wert von γ' bei einer Temperatur ϑ bekannt, dann kann aus der genannten Tabelle γ_0 gefunden werden; mit diesem Wert läßt sich dann aus derselben Tabelle γ' für jede beliebige Temperatur ablesen.

c) Im festen Zustand. Die Kenntnis des spezifischen Volums im festen Zustand wird in der Kältetechnik nur selten benötigt, da die Kältemittel in der Regel im flüssigen oder dampfförmigen Zustand auftreten. Eine Ausnahme bilden im wesentlichen nur Wasser und Kohlendioxyd. Wassereis spielt für Kühlzwecke eine sehr große Rolle. Festes Kohlendioxyd (Trockeneis) ist erst seit den zwanziger Jahren unseres Jahrhunderts wirtschaftlich bedeutungsvoll geworden[3].

Die Clausius-Clapeyronsche Gleichung

$$r_f = A\,T\,(v' - v_f)\left(\frac{dP}{dT}\right)_f \quad (45)$$

gilt auch für den Schmelzvorgang, wenn r_f die (stets positive) Schmelzwärme und v_f das spezifische Volum der festen Phase bedeutet. Je nachdem, ob nun die Schmelztemperatur mit wachsendem Druck zunimmt $\left[\left(\frac{dP}{dT}\right)_f > 0\right]$ oder ob sie mit wachsendem Druck sinkt $\left[\left(\frac{dP}{dT}\right)_f < 0\right]$, wird v' größer oder kleiner als v_f. Der erstgenannte Fall ist der normale; beim Schmelzen tritt dann eine Volumzunahme ein. Für Kohlendioxyd findet man z. B. am Tripelpunkt ($p_{tr} = 5{,}28$ ata, $t_{tr} = -56{,}6°$ C), $v_f = 0{,}661$ und $v' = 0{,}849\, l/\text{kg}$, also $v' - v_f = 0{,}188\, l/\text{kg}$. In der Nähe des Tripelpunktes muß der Druck um etwa 52 ata erhöht werden, um die

---

[1] Pfaff, P.: Forsch. Ing.-Wes. Bd. 11 (1940) S. 125.
[2] Riedel, L.: Chemie-Ing.-Technik Bd. 26 (1954) S. 259.
[3] Vgl. J. Kuprianoff: Die feste Kohlensäure. Stuttgart: F. Enke, 2. Aufl. 1953.

Thermische und kalorische Eigenschaften von Kältemitteln.

Tabelle 3. *Spezifische Wärme* c_{p_0} *in*

Temperatur °C	H_2	N_2	O_2	Luft	H_2O	CO_2	N_2O
−100	3,13	0,248	0,218	0,239	0,438	0,170	—
−50	3,30	0,248	0,218	0,239	0,440	0,182	—
0	3,40	0,248	0,219	0,240	0,443	0,196	0,213
+100	3,45	0,250	0,223	0,242	0,450	0,220	0,228

Schmelztemperatur um 1° zu heben; für 1000 ata liegt der Schmelzpunkt bereits bei −37,3° C und für 10000 ata erreicht er +75,4° C, liegt also dann weit über der kritischen Temperatur ($t_{kr} = 31{,}0°$ C).

Der zweite Fall, der recht selten beobachtet wurde, tritt bei Wasser ein. Beim normalen Schmelzpunkt ($t = 0°$ C) ist $v_f = 1{,}099$ und $v' = 1{,}000$ l/kg, also $v' - v_f = -0{,}099$ l/kg; dabei ist $\left(\frac{dp}{dT}\right)_f = -138{,}5$ ata/°C; unter einem Druck von 590 ata schmilzt das Eis bei −5° und unter 1910 ata bei −20° C.

6. Die spezifischen Wärmen.

a) Gase und Dämpfe. α) *Die spezifischen Wärmen bei konstantem Druck und bei konstantem Volum.* Bei Gasen und Dämpfen unterscheidet man im wesentlichen zwischen der spezifischen Wärme c_p bei konstantem Druck und der spezifischen Wärme c_v bei konstantem Volum. Da in kältetechnischen Prozessen Zustandsänderungen bei konstantem Volum kaum vorkommen, ist c_p wesentlich wichtiger als c_v. Beide Größen werden in Kilokalorien je kg und je Grad gemessen. Gelegentlich wird aber auch mit der Molwärme μc gerechnet. Wichtig ist ferner der Exponent $\varkappa$ der Adiabate, der für ideale Gase den Wert $\varkappa = c_p/c_v$ hat. Außerdem gilt für ideale Gase die Gleichung $c_p - c_v = AR = 1{,}986/\mu$, wobei $A = 1/427$ das mechanische Wärmeäquivalent und $R = 848/\mu$ die Gaskonstante ist.

Die Grenzwerte der spezifischen Wärmen im idealen Gaszustand (bei unendlicher Verdünnung) sollen im folgenden mit c_{p_0} und c_{v_0} bezeichnet werden. Diese Werte hängen von der Temperatur ab, und zwar um so stärker, je mehr Atome im Molekül enthalten sind. Die spezifischen Wärmen einatomiger Gase, zu denen die Edelgase (He, Ar, Ne u. a.) gehören, sind temperaturunabhängig. Bei den zweiatomigen Gasen (N_2, O_2, Luft) kann in den kältetechnisch interessierenden Temperaturgrenzen die Veränderlichkeit der spezifischen Wärme praktisch vernachlässigt werden. Eine Ausnahme bildet Wasserstoff H_2, bei welchem der „normale" Wert $c_p \approx 7/\mu$ erst bei etwa 200° C erreicht wird[1]. Bei mehratomigen Gasen ist die Temperaturabhängigkeit aber stets zu berücksichtigen, wie man sich aus den in Tab. 3 angegebenen Werten überzeugen kann.

Oft macht man von der *mittleren* spezifischen Wärme c_m in einem bestimmten Temperaturbereich zwischen t_1 und t_2 Gebrauch. Sie ist wie folgt definiert:

$$\left| c_m \right|_{t_1}^{t_2} = \frac{1}{t_2 - t_1} \int_{t_1}^{t_2} c\, dt. \tag{46}$$

Solange die Abweichungen der Gase vom idealen Gaszustand gering sind, bleibt die spezifische Wärme unabhängig vom Druck. Bei größeren Abweichungen, wie sie bei der Annäherung an die Kondensationsgrenze auftreten (wobei dann das Gas als überhitzter Dampf bezeichnet wird), nimmt aber die spezifische Wärme c_p mit wachsendem Druck stark zu und erreicht im kritischen Punkt

---

[1] Eine Begründung dieses Verhaltens findet man in diesem Handbuch, Bd. II, S. 22 u. 254.

kcal/kg °C im idealen Gaszustand[1].

SO_2	NH_3	CH_4	C_2H_6	CH_3Cl	$CFCl_3$ (F 11)	CF_2Cl_2 (F 12)	CHF_2Cl (F 22)
—	0,470	—	—	—	—	0,085	0,117
0,140	0,480	0,506	0,353	0,170	0,116	0,101	0,130
0,145	0,491	0,516	0,393	0,184	0,131	0,114	0,143
0,159	0,527	0,586	0,490	0,220	0,149	0,137	0,156

den Wert ∞. Es ist dann also $c_p = f(P, T)$, und zwar gilt die Gleichung

$$c_p = c_{p_0} - AT \int \left(\frac{\partial^2 v}{\partial T^2}\right)_P dP. \qquad (47)^2$$

Für die Veränderlichkeit von c_v gilt ferner

$$c_v = c_{v_0} + AT \int \left(\frac{\partial^2 P}{\partial T^2}\right)_v dv. \qquad (48)^2$$

Die Differentialquotienten $\frac{\partial^2 v}{\partial T^2}$ bzw. $\frac{\partial^2 P}{\partial T^2}$ sind aus der thermischen Zustandsgleichung (6) bzw. (7) zu ermitteln. An die Stelle der für ideale Gase geltenden Beziehung $c_{p_0} - c_{v_0} = AR$ tritt nun die Gleichung

$$c_p - c_v = AT \left(\frac{\partial P}{\partial T}\right)_v \left(\frac{\partial v}{\partial T}\right)_P = -AT \frac{(\partial v/\partial T)_P^2}{(\partial v/\partial P)_T} \qquad (49)$$

oder

$$c_p - c_v = -AT \frac{(\partial P/\partial T)_v^2}{(\partial P/\partial v)_T}. \qquad (49\,\mathrm{a})$$

Welche dieser Formen benutzt wird, hängt davon ab, ob die thermische Zustandsgleichung in der Gestalt $v = \psi(P, T)$ oder $P = \chi(v, T)$ gegeben ist.

Die Veränderlichkeit von c_p mit dem Druck ist wesentlich größer als diejenige von c_v. Für Ammoniak ergeben sich z. B. nach den Messungen des U.S. Bureau of Standards die in Tab. 4 enthaltenen Werte von c_p, aus denen die starke Zunahme mit wachsendem Druck zu erkennen ist.

β) *Die spezifischen Wärmen auf den Grenzkurven und der Verlauf der Grenzkurven.* Die allgemeine Definition der spezifischen Wärme lautet bekanntlich

$$c = \frac{dQ}{dT}, \qquad (50)$$

wobei Q die je kg des Körpers zugeführte Wärmemenge in kcal bedeutet; diese ist aber abhängig von der Zustandsänderung, die der Körper durchläuft. Bisher wurden Zustandsänderungen bei konstantem Druck oder konstantem Volum betrachtet. Daneben interessieren aber an den Grenzen des Sättigungsgebietes auch solche Zustandsänderungen, die genau längs der Grenzkurven verlaufen. Die rechte Grenzkurve bezieht sich dabei auf trocken gesättigte Dämpfe. Wir wollen hier aber auch die linke Grenzkurve einbeziehen, die für siedende Flüssigkeiten gilt; die spezifische Wärme nichtsiedender Flüssigkeiten soll erst im nächsten Abschnitt behandelt werden.

---

[1] Nach E. JUSTI: Spezifische Wärme, Enthalpie, Entropie usw. Berlin: Springer 1943. Vgl. auch J. D'ANS u. E. LAX: Taschenbuch für Chemiker und Physiker, S. 1061. Berlin: Springer 1943.

[2] Vgl. Bd. II dieses Handbuches, S. 153, Gl. (186), und S. 154, Gl. (192).

Tabelle 4. *Spezifische Wärme c_p von Ammoniak in kcal/kg °C nach Messungen des U.S. Bureau of Standards.*

p (Atm)	0	1	2	4	6	8	10	12	14	16	18	20
Sättigungstemperatur (°C)	—	−33,35	−18,57	−1,54	+9,67	+18,27	+25,34	+31,40	+36,74	+41,52	+45,88	+49,89
bei Sättigungstemperatur												
$t = -30$ °C	—	0,5593	0,5935	0,6457	0,6877	0,7242	0,7575	0,7890	0,8199	0,8513	0,8839	0,9186
−20	0,4829	0,5513	—	—	—	—	—	—	—	—	—	—
−10	0,4856	0,5344	0,5704	—	—	—	—	—	—	—	—	—
0	0,4885	0,5247	0,5532	0,6392	—	—	—	—	—	—	—	—
+20	0,4917	0,5194	0,5364	0,5848	0,6438	0,7142	—	—	—	—	—	—
40	0,4985	0,5161	0,5315	0,5619	0,5970	0,6371	0,6826	0,7346	0,7946	—	—	—
60	0,5058	0,5181	0,5322	0,5529	0,5759	0,6012	0,6290	0,6595	0,6932	0,7310	0,7741	0,8244
80	0,5137	0,5227	0,5359	0,5510	0,5671	0,5844	0,6029	0,6227	0,6438	0,6667	0,6916	0,7192
100	0,5220	0,5288	0,5414	0,5528	0,5648	0,5774	0,5905	0,6043	0,6188	0,6341	0,6502	0,6674
120	0,5306	0,5359	0,5481	0,5570	0,5662	0,5758	0,5856	0,5958	0,6064	0,6173	0,6286	0,6404
150	0,5394	0,5437	—	—	—	—	—	—	—	—	—	—
	0,5532	0,5563	0,5595	0,5660	0,5725	0,5792	0,5860	0,5930	0,6001	0,6073	0,6147	0,6223

Thermische und kalorische Eigenschaften von Kältemitteln.

Für viele Stoffe von nicht zu hohem Molekulargewicht und nicht zu hoher Anzahl von Atomen im Molekül ist der Charakter der Grenzkurven im Temperatur-Entropie-Diagramm in Abb. 10 wiedergegeben. Die beiden Grenzkurven gehen im kritischen Punkt K stetig ineinander über. In diesem Maximalpunkt besitzt die Kurve eine horizontale Tangente.

Aus Gl. (50) findet man mit $dQ = Tds$ für die spezifische Wärme

$$c = T\frac{ds}{dT}. \tag{50 a}$$

Verfolgt man Zustandsänderungen längs der Grenzkurven, so ist für die

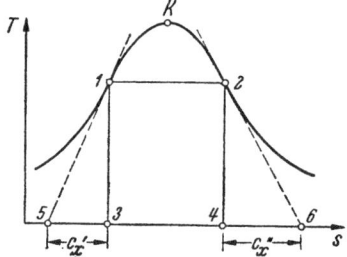

Abb. 10. Normaler Verlauf der Grenzkurven im Temperatur-Entropie-Diagramm.

linke Grenzkurve der spezifische Dampfgehalt dauernd $x = 0$. Die spezifische Wärme bei einer Zustandsänderung längs dieser Grenzkurve ist dementsprechend

$$c_x' = T\left(\frac{ds'}{dT}\right), \tag{51}$$

wenn wir mit s' die Entropie auf der linken Grenzkurve bezeichnen. Ebenso gilt für die rechte Grenzkurve ($x = 1$)

$$c_x'' = T\left(\frac{ds''}{dT}\right). \tag{51 a}$$

Aus Gl. (50a) ist zu ersehen, daß die spezifische Wärme graphisch als Subtangente der betreffenden Zustandsänderung im T,s-Diagramm erhalten wird, woraus sich die Konstruktion von c_x' und c_x'' in Abb. 10 ergibt. Dabei sind die Linien *1—5* und *2—6* Tangenten an die Grenzkurven. Wie man sieht, ist bei diesem Verlauf der Grenzkurven c'_x stets positiv und c''_x stets negativ. Man erkennt auch, daß c'_x für eine gegebene Temperatur um so größer ist, je flacher die linke Grenzkurve bei dem betreffenden Stoff verläuft.

In genügender Entfernung vom kritischen Punkt K unterscheidet sich der Wert von c'_x praktisch kaum von der gewöhnlichen spezifischen Wärme c der Flüssigkeit bei konstantem Druck, die man im Siedezustand an der linken Grenzkurve auch mit c'_p bezeichnet. Das hängt damit zusammen, daß in diesen Bereichen die Flüssigkeitsisobaren praktisch mit der linken Grenzkurve zusammenfallen. Bei Annäherung an den kritischen Punkt werden c'_p und c'_x positiv unendlich.

Für flüssiges Wasser ($\mu = 18$) und flüssiges Ammoniak ($\mu = 17$) hat die spezifische Wärme besonders hohe Werte, daher verläuft die linke Grenzkurve bei diesen Stoffen besonders flach. Da diese Stoffe außerdem eine hohe Verdampfungswärme r besitzen, so ist der Abstand *1—2* der Grenzkurven relativ groß, denn die Fläche *1—2—4—3* stellt die Verdampfungswärme dar.

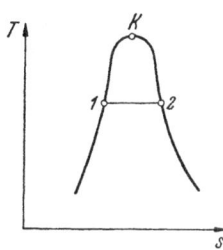 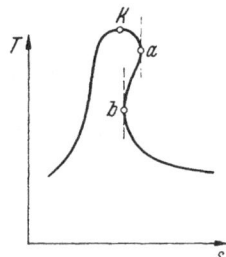

Abb. 11. Verlauf der Grenzkurven im T, s-Diagramm bei Stoffen mit höherem Molekulargewicht.

Abb. 12. Verlauf der Grenzkurven im T, s-Diagramm bei vielatomigen Stoffen von hohem Molekulargewicht.

Für Stoffe mit höherem Molekulargewicht und kleiner spezifischer Wärme der Flüssigkeit, z. B. SO_2, CO_2 oder CH_3Cl ergibt sich ein Verlauf der Grenzkurven nach Abb. 11. Die linke Grenzkurve verläuft steiler und beide Grenzkurven rücken näher aneinander. Vielatomige Stoffe, wie z. B. die Freone F 113 ($C_2F_3Cl_3$) und F 142 ($C_2H_3F_2Cl$) und auch höhere Kohlenwasserstoffe zeigen einen Verlauf der Grenzkurven nach Abb. 12. Die rechte Grenzkurve hat in den Punkten a und b vertikale Tangenten; in diesen Punkten wird $c''_x = 0$. Dazwischen besitzt es positive Werte, während es in allen anderen Gebieten negativ ist.

Zwischen den spezifischen Wärmen c'_x und c''_x und der Verdampfungswärme r besteht folgender thermodynamischer Zusammenhang[1]:

$$c''_x - c'_x = \frac{dr}{dT} - \frac{r}{T}. \tag{52}$$

Von dieser Beziehung kann Gebrauch gemacht werden, um den Verlauf der Grenzkurven im T, s-Diagramm zu kontrollieren.

Werte von c'_x bzw. c''_x kann man auch rechnerisch aus den entsprechenden Werten von c'_p bzw. c''_p erhalten, wenn man Gl. (49) in verallgemeinerter Form wie folgt schreibt:

$$c_p - c_x = AT \left(\frac{\partial v}{\partial T}\right)_P \left(\frac{\partial P}{\partial T}\right)_x \tag{49 b}$$

und beachtet, daß $\left(\frac{\partial P}{\partial T}\right)_x = \frac{dP}{dT}$, also gleich dem Differentialquotienten der Dampfdruckkurve ist. Gl. (49 b) kann sowohl auf die linke als auch auf die rechte Grenzkurve angewandt werden.

---

[1] Vgl. Bd. II dieses Handbuches, S. 128, Gl. (139).

b) Flüssigkeiten. Während man bei Gasen und auch bei festen Körpern eine auf kinetischer Grundlage beruhende Theorie der spezifischen Wärme besitzt, weil man für diese Aggregatzustände einfache idealisierte Modelle angeben kann, ist das bei Flüssigkeiten bisher noch nicht der Fall. Die Flüssigkeiten nehmen eine Zwischenstellung zwischen einem festen Körper und einem Gas ein, und es ist noch nicht gelungen, dafür ein passendes Modell anzugeben. Man ist daher im allgemeinen darauf angewiesen, die spezifische Wärme c_{fl} von Flüssigkeiten und deren Temperaturabhängigkeit durch Messungen zu bestimmen.

Es sollen hier zuerst reine Flüssigkeiten behandelt werden; auf Lösungen werden wir anschließend kurz eingehen.

Zunächst ist festzustellen, daß man grundsätzlich auch bei Flüssigkeiten zwischen c_p und c_v unterscheiden muß. Gl. (49) behält auch hier ihre Gültigkeit; sie kann mit Hilfe der Gln. (3a) auch in der Form

$$c_p - c_v = \frac{A T v \alpha^2}{\chi} \tag{53}$$

geschrieben werden. Das Verhältnis $\frac{c_p}{c_v}$, wie es sich auch aus Messungen der Schallgeschwindigkeit berechnen läßt, erreicht z. B. bei 20° C für Methylalkohol den Wert 1,24 und für n-Hexan 1,31. Besonders hohe Werte von c_p/c_v hat man bei verflüssigten Gasen gefunden[1], wie Tab. 5 zeigt:

Tabelle 5. *Werte von c_p und c_v für verflüssigte Gase [kcal/kg °C].*

Stoff	T° K	c_p beobachtet	c_v beobachtet	c_p/c_v
Kohlendioxyd	223,2	0,432	0,234	1,84
	253,2	0,480	0,259	1,85
	273,2	0,546	0,272	2,01
	293,2	0,752	0,289	2,60
Äthan	110,0	0,420	0,254	1,65
	160,0	0,475	0,259	1,83
	200,0	0,511	0,261	1,96
	240,0	0,532	0,264	2,02
	270,0	0,568	0,268	2,12

Praktisch hat man es aber bei nichtsiedenden Flüssigkeiten fast immer mit Vorgängen bei konstantem Druck zu tun, und die spezifische Wärme der Flüssigkeit soll in allen diesen Fällen einfach mit c_{fl} bezeichnet werden[2].

In unmittelbarer Nähe des Schmelzpunktes bestehen in der Regel keine großen Unterschiede zwischen den spezifischen Wärmen im flüssigen und festen Zustand. Eine Ausnahme bilden jedoch Wasser, dessen spezifische Wärme im flüssigen Zustand doppelt so groß ist wie im festen, und Ammoniak, für das am Schmelzpunkt $c_{fl} = 1{,}08$ und $c_{fest} = 0{,}72$ ist. Sehr groß ist der Unterschied auch bei H_2, geringer bei O_2, N_2, Ar und CH_4; stets ist dabei $c_{fl} > c_{fest}$.

In Tab. 6 sind die Werte der spezifischen Wärme für einige Flüssigkeiten angegeben. Wie man sieht, besitzen Wasser und Ammoniak ungewöhnlich hohe c_{fl}-Werte.

Mit wachsender Temperatur nimmt die spezifische Wärme der Flüssigkeiten zu; eine Ausnahme bildet nur Wasser, das bei 34° C ein Minimum von c_{fl} aufweist. Aus Tab. 7 ist die Änderung der spezifischen Wärme einiger Flüssigkeiten mit der

---
[1] EUCKEN, A., u. HAUCK: Z. phys. Chem. Bd. 134 (1928) S. 161.
[2] Die spezifische Wärme c'_x siedender Flüssigkeit längs der linken Grenzkurve wurde auf S. 37 behandelt.

Die spezifischen Wärmen.

Tabelle 6. *Spezifische Wärme c_{fl} von Flüssigkeiten.*

Stoff	Temperatur °C	Spezifische Wärme kcal/kg °C
Äthan	−50	0,60
Äthylalkohol	20	0,59
Äthylamin	20	0,69
Äthylchlorid	0	0,43
Ammoniak	0	1,11
Diäthyläther	20	0,56
Dimethyläther	0	0,57
Dichlormethan	0	0,27
F 11 ($CFCl_3$)	0	0,20
F 12 (CF_2Cl_2)	0	0,22
F 13 (CF_3Cl)	0	0,28
F 22 (CHF_2Cl)	0	0,29
F 113 ($C_2F_3Cl_3$)	0	0,22
F 114 ($C_2F_4Cl_2$)	0	0,195
Glyzerin	0	0,50
Kohlendioxyd	0	0,60
Methylalkohol	20	0,60
Methylamin	15	0,77
Methylchlorid	0	0,37
Methylformiat	20	0,52
n-Pentan	20	0,52
Propan	−50	0,52
Schwefeldioxyd	0	0,32
Trichloräthylen	20	0,23
Wasser	0 bis 100	1,00

Tabelle 7. *Temperaturabhängigkeit der spezifischen Wärme c_{fl} von Flüssigkeiten*[1].

Äthylakohol		Ammoniak[2]		Diäthyläther	
$t°$ C	c_{fl}	$t°$ C	c_{fl}	$t°$ C	c_{fl}
18	0,577	−60	1,056	−113,9	0,475
30	0,603	−30	1,087	−79,9	0,502
50	0,669	0	1,118	−35,4	0,522
70	0,753	+30	1,149	−18,0	0,532
		+50	1,170		

Methylalkohol		n-Pentan		Wasser bei $p = 1$ ata	
$t°$ C	c_{fl}	$t°$ C	c_{fl}	$t°$ C	c_{fl}
−119,2	0,441	−123,3	0,465	0	1,0060
−88,1	0,520	−87,7	0,473	20	0,9986
−51,5	0,533	−42,0	0,494	40	0,9977
−16,9	0,552	+1,6	0,528	60	1,0008
+0,4	0,571	18	0,540	80	1,0045
12,0	0,584				
18,8	0,596				

Temperatur zu ersehen. Ein stärkeres Anwachsen mit zunehmender Temperatur ist nur bei Annäherung an den kritischen Punkt zu beobachten. Der Einfluß des Druckes auf die spezifische Wärme von Flüssigkeiten ist in weiter Entfernung vom kritischen Zustand gering; sie nimmt mit wachsendem Druck ab. Werte für H_2O sind in Tab. 8 enthalten.

---

[1] Nach J. D'Ans u. E. Lax: Taschenbuch für Chemiker und Physiker, S. 1043. Berlin: Springer 1943.

[2] Nach C. Dieterici ist für NH_3 $c_{fl} = 1,118 + 0,00208\,t$, vgl. Z. ges. Kälteind. Bd. 11 (1904) S. 21 u. 47.

Tabelle 8.
Spezifische Wärme von flüssigem Wasser bei verschiedenen Drücken und Temperaturen[1].

Druck ata	1	5	10	20	40	60	100	200	300
t = 0° C	1,0060	1,006	1,005	1,005	1,004	1,004	1,002	0,998	0,994
60	1,0008	1,000	0,999	0,998	0,996	0,994	0,992	0,986	0,980
100	1,010	1,009	1,008	1,007	1,005	1,003	1,000	0,993	0,986
200	—	—	—	1,079	1,072	1,069	1,064	1,050	1,037
300	—	—	—	—	—	—	1,35	1,266	1,223

Man hat auch versucht, Regeln für die Berechnung der spezifischen Wärme von Flüssigkeiten aufzustellen, von denen Gebrauch gemacht werden kann, wenn Meßwerte fehlen. So kann man z. B. die Faustregel anwenden, nach der die Molwärme μc_{fl} der Flüssigkeit bei gegebener Temperatur um etwa 10 kcal größer ist als die Molwärme des dampf- oder gasförmigen Stoffes μc_{p_0} bei gleicher Temperatur. Ferner zeigte DUCLAUX[2], daß die Molwärme von organischen Flüssigkeiten bei 20° C weitgehend additiv ist in dem Sinne, daß der Ersatz eines an ein C-Atom gebundenen H-Atoms durch ein anderes Atom oder Radikal, oder z. B. die Einführung einer Doppelbindung an Stelle einer einfachen die Molwärme stets um denselben Betrag ändert. DUCLAUX leitete aus dem seinerzeit vorhandenen Zahlenmaterial ein System von Inkrementen für die verschiedenen Substitutionen ab, mit dem sich die von ihm betrachteten Molwärmen von 111 Flüssigkeiten mit einem mittleren Fehler von nur 2,4% berechnen ließen. Diese Arbeit ist aber merkwürdigerweise kaum beachtet worden.

Seither ist die spezifische Wärme zahlreicher Flüssigkeiten in Abhängigkeit von der Temperatur sehr zuverlässig gemessen worden und RIEDEL hat das gesamte vorliegende Zahlenmaterial im Sinne von DUCLAUX neu bearbeitet[3]. Sein neues System von Inkrementen, aus dem in Tab. 8a eine Auswahl getroffen

Tabelle 8a.
Inkrementetafel zur additiven Berechnung der Molwärme von Flüssigkeiten (nach L. RIEDEL).

Stoff	−100°	−60°	−20°	+20°	60°	100°	140°
CH_4-Basis	11,5	11,8	12,1	12,5	13,0	13,5	14,1
CH_3 statt H an C . . .	5,5	5,9	6,3	6,7	7,3	7,8	8,2
F statt H an C	—	2,2	2,5	2,9	3,3	—	—
Cl statt H an C . . .	—	5,0	5,0	5,0	5,0	5,0	5,0
Br statt H an C	—	6,7	6,4	6,0	5,4	5,0	—
C—O—C statt C—CH_2—C*	1,0	1,0	1,0	1,0	1,0	1,0	1,0
NH_3-Basis	—	—	18,5	19,5	20,5	21,5	22,5
CH_3 statt H an N . . .	—	—	5,5	5,5	5,5	5,5	5,5
NH_2 statt H an C . . .	—	—	11,9	12,5	13,0	13,5	13,9

wurde, enthält einige Änderungen der Werte von DUCLAUX auf Grund neuerer Messungen und es wurden neue Inkremente für weitere Substitutionen bestimmt; schließlich wurde das System für verschiedene Temperaturen zwischen −100 und +140° C angegeben. Der Vergleich der so berechneten Molwärmen mit den Meßwerten ergab für 245 Stoffe in 80% aller Fälle Abweichungen von weniger

---

[1] Nach WE. KOCH: Forsch. Ing.-Wes. Bd. 3 (1932) S. 1 und Bd. 5 (1934) S. 138.
[2] DUCLAUX, M. J.: J. Phys. [5] Bd. 4 (1914) S. 472.
[3] Die Ergebnisse wurden von L. RIEDEL auf der Sitzung des Ausschusses für Wärmeforschung des VDI in Dresden am 13. Oktober 1941 vorgetragen. Eine Veröffentlichung ist noch nicht erfolgt.
* Hierher gehören die Äther, z. B. der Übergang von CH_3—CH_2—CH_3 (Propan) zu CH_3—O—CH_3 (Methyläther).

als 3%; nur in 6% aller Fälle überstieg die Abweichung 5%. Nur schlecht in das Schema fügen sich die aliphatischen Halogenverbindungen (die kältetechnisch allerdings besonders interessieren) sowie die Stickstoffverbindungen. Eindeutig nicht additiv verhalten sich die Alkohole und Phenole, offenbar wegen der Assoziationserscheinungen.

c) Lösungen. Besteht eine Lösung aus G_1 kg Lösungsmittel und G_2 kg gelöstem Stoff, dann wird ihre Zusammensetzung meist durch den Gewichtsanteil ξ des gelösten Stoffes im Gemisch gekennzeichnet; dieser Gewichtsanteil ist wie folgt definiert:

$$\xi = \frac{G_2}{G_1 + G_2}. \tag{54}$$

Der Gewichtsanteil des Lösungsmittels ist dann

$$1 - \xi = \frac{G_1}{G_1 + G_2}. \tag{54a}$$

Mit 100 multipliziert, stellen diese beiden Größen Gewichtsprozente der Anteile in der Lösung dar.

Ist c_1 die spezifische Wärme des Lösungsmittels und c_2 die des gelösten Stoffes, so könnte man erwarten, daß die spezifische Wärme c_{12} der Lösung sich nach der Mischungsregel aus der Gleichung

$$c_{12} = (1 - \xi)c_1 + \xi c_2 \tag{55}$$

berechnen läßt. Indessen gilt dieser einfache Zusammenhang nur für den Fall, daß zwischen den Molekülen der Bestandteile keine Wechselwirkungen bestehen. Im allgemeinen sind aber solche Wechselwirkungen vorhanden und treten durch Lösungswärmen in Erscheinung. Ist $^i\!\varLambda$ die von der Temperatur und der Zusammensetzung abhängige *integrale Lösungswärme* (vgl. Bd. II, S. 286, dieses Handbuches), dann muß Gl. (55) ersetzt werden durch

$$c_{12} = (1 - \xi)c_1 + \xi c_2 + \left(\frac{\partial\, ^i\!\varLambda}{\partial t}\right)_\xi. \tag{55a}$$

Die einfache Mischungsregel gilt also nur, wenn die integrale Lösungswärme sehr klein oder temperaturunabhängig ist. Das Zusatzglied in Gl. (55a) kann sowohl positiv als auch negativ sein. Da c_1 und c_2 auch temperaturabhängig sind, ist allgemein $c_{12} = f(t, \xi)$.

Für wässerige Lösungen von Nichtelektrolyten ist Gl. (55) im allgemeinen angenähert erfüllt. Bei konstanter Temperatur besteht also ein linearer Zusammenhang zwischen c_{12} und ξ. Diese Gesetzmäßigkeit ist z. B. für Lösungen von Äthylenglykol und Wasser bei 20° C recht genau erfüllt[1]. Wässerige Lösungen von Elektrolyten zeigen dagegen deutliche Abweichungen vom linearen Verlauf, so z. B. für Lösungen von Kalziumchlorid in Wasser[1].

d) Feste Körper. Auch bei festen Köpern müßte man grundsätzlich zwischen c_p und c_v unterscheiden, da Gl. (49) allgemeine Gültigkeit besitzt. Experimentell werden jedoch immer nur c_p-Werte bestimmt, da die Messung von c_v sehr große Schwierigkeiten bereiten würde. Man kann aber c_v-Werte fester Körper nach Gl. (53) berechnen, wenn der Ausdehnungskoeffizient α und der Kompressibilitätskoeffizient χ bekannt sind. Für das Verhältnis c_p/c_v findet man bei festen Körpern viel kleinere Werte als bei Flüssigkeiten. Bei tiefen Temperaturen kann der Unterschied zwischen c_p und c_v praktisch vernachlässigt

---

[1] Die Werte von c_{12} können den „Kältemaschinen-Regeln", 4. Aufl., entnommen werden. Karlsruhe: C. F. Müller 1950.

werden; bei hohen Temperaturen erreicht er Werte von 0,2 bis 0,4 kcal je Grad und Mol. Angenähert gilt die Beziehung

$$\frac{c_p}{c_v} = 1 + 0{,}0214 \frac{T}{T_f} c_p,$$

in der T_f die Schmelztemperatur bedeutet. Man stellt ferner fest, daß c_p dem Produkt αT_f angenähert proportional ist.

Für die Größe der spezifischen Wärme fester Körper, die wir im folgenden einfach mit c_f bezeichnen wollen, bestehen einige angenäherte empirische Regeln: so haben DULONG und PETIT gefunden, daß für feste Elemente das Produkt aus Atomgewicht und spezifischer Wärme (die sog. Atomwärme) nahezu konstant ist; nach neueren Messungen von c_f hat diese Konstante den Mittelwert 6,2. Bei Zimmertemperatur weichen einige Elemente (z. B. Bor und Kohlenstoff) erheblich von der DULONG-PETITschen Regel ab; es zeigt sich aber, daß sich die Atomwärme auch dieser Elemente bei sehr hohen Temperaturen dem Wert 6,2 nähert.

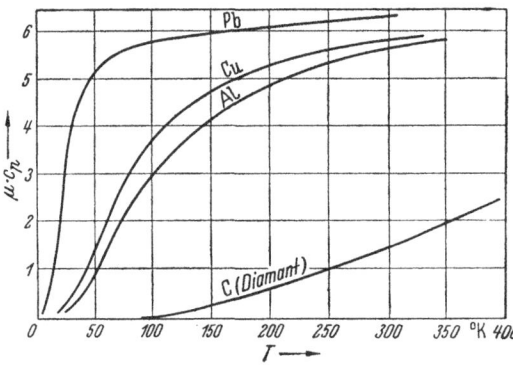

Abb. 13. Molare spezifische Wärme einiger fester Körper als Funktion der Temperatur.

Abb. 13 zeigt den Verlauf von μc_f für einige feste Körper als Funktion der Temperatur. Man ersieht daraus, daß c_f bei tiefen Temperaturen sehr stark abfällt und sich mit Annäherung an den absoluten Nullpunkt dem Wert Null nähert. Dieses Verhalten wird auch durch das NERNSTsche Wärmetheorem vorgeschrieben. Eine exakte Theorie der Molwärme fester Körper auf kinetischer und quantentheoretischer Grundlage hat DEBYE entwickelt[1]. Sie führt bei einatomigen festen Körpern (Metallen) für hohe Temperaturen auf den DULONG-PETITschen Grenzwert, während sich bei den tiefsten Temperaturen eine Proportionalität von c_f mit der dritten Potenz der absoluten Temperatur ergibt. Oft ist der Verlauf von $c_f = f(T)$ bei tiefen Temperaturen nicht so glatt wie in Abb. 13; so zeigt z. B. fester Wasserstoff unterhalb 10° K einen stark ausgeprägten Buckel im Verlauf von c_f, nach dessen Überschreitung dann aber das DEBYEsche T^3-Gesetz gilt. Ähnliche Anomalien und sogar Sprünge in der spezifischen Wärme hat man bei vielen Körpern festgestellt.

Kältemittel werden im festen Zustand nur selten gebraucht. Wichtig sind nur festes Wasser (Eis) und festes Kohlendioxyd (Trockeneis). Die spezifische Wärme von Eis beträgt bei 0° C 0,505 kcal/kg °C und sinkt bei -100° C auf den Wert 0,325. Für die spezifische Wärme von festem CO_2 zwischen dem Tripelpunkt ($-56{,}6$° C) und -110° C gilt nach MAASS und BARNES die Gleichung (152)

$$c_f = 0{,}400 - 0{,}00283\, T + 0{,}0000125\, T^2.$$

Bei $t = -78{,}9$° C, entsprechend einem Druck von 1 ata, wird $c_f = 0{,}318$.

e) Der Exponent der Adiabate. Die Isothermen und Adiabaten (Isentropen) von Gasen und Dämpfen verlaufen im P,v-Diagramm wie verallgemeinerte

---

[1] DEBYE, P.: Ann. Phys. Bd. 39 (1912) S. 789. Einen plausiblen Überblick der theoretischen Zusammenhänge findet man z. B. bei K. SCHÄFER: Physikalische Chemie, S. 103. Berlin/Göttingen/Heidelberg: Springer 1951.

Hyperbeln und können durch die Ansätze
$$Pv^{\varkappa_T} = \text{const} \tag{56}$$
bzw.
$$Pv^{\varkappa_s} = \text{const} \tag{56a}$$
dargestellt werden, in denen $\varkappa_T$ und $\varkappa_s$ als die Exponenten der Isothermen ($T = \text{const}$) bzw. der Adiabate ($s = \text{const}$) bezeichnet werden. Durch Differentiation der Gln. (56) und (56a) findet man
$$\varkappa_T = -\frac{v}{P\left(\frac{\partial v}{\partial P}\right)_T} = -\frac{v}{P}\left(\frac{\partial P}{\partial v}\right)_T \tag{57}$$
und
$$\varkappa_s = -\frac{v}{P\left(\frac{\partial v}{\partial P}\right)_s} = -\frac{v}{P}\left(\frac{\partial P}{\partial v}\right)_s \tag{57a}$$

Ist die Zustandsgleichung gegeben (vgl. S. 12), so kann man $\varkappa_T$ nach Gl. (57) sofort berechnen. Für ideale Gase, die der Zustandsgleichung $v = \frac{RT}{P}$ folgen, erhält man $\varkappa_T = 1$, und die Isothermen sind daher gleichseitige Hyperbeln $Pv = \text{const}$.

Die Gesetze idealer Gase sind um so genauer erfüllt, je niedriger der Druck ist. Wir wollen die Grenzwerte der spezifischen Wärmen c_p und c_v für $p \to 0$ mit c_{p_0} und c_{v_0} bezeichnen und deren Verhältnis mit $\varkappa_0 = c_{p_0}/c_{v_0}$. Dann erhält man bekanntlich für den Exponenten der Adiabaten idealer Gase den Wert $\varkappa_s = \varkappa_0 = c_{p_0}/c_{v_0}$. Für reale Gase darf aber keinesfalls $\varkappa_s = c_p/c_v$ gesetzt werden[1], und auch $\varkappa_T$ ist durchaus von 1 verschieden.

Für $\left(\frac{\partial v}{\partial P}\right)_s$ in Gl. (57a) findet man nach den Gesetzen der Differentialrechnung
$$\left(\frac{\partial v}{\partial P}\right)_s = \left(\frac{\partial v}{\partial P}\right)_T + \left(\frac{\partial v}{\partial T}\right)_P\left(\frac{\partial T}{\partial P}\right)_s. \tag{58}$$

Dabei ist (vgl. Bd. II, S. 203, dieses Handbuchs) die elementare Abkühlung auf der Adiabate
$$\left(\frac{\partial T}{\partial P}\right)_s = \frac{A}{c_p}T\left(\frac{\partial v}{\partial T}\right)_P.$$

Eingesetzt in Gl. (58) wird daher
$$\left(\frac{\partial v}{\partial P}\right)_s = \left(\frac{\partial v}{\partial P}\right)_T + \frac{A}{c_p}T\left(\frac{\partial v}{\partial T}\right)_P^2. \tag{59}$$

Mit Gl. (49) erhält Gl. (59) die Form
$$\left(\frac{\partial v}{\partial P}\right)_s = \left(\frac{\partial v}{\partial P}\right)_T - \frac{(c_p - c_v)}{c_p}\left(\frac{\partial v}{\partial P}\right)_T = \frac{c_v}{c_p}\left(\frac{\partial v}{\partial P}\right)_T.$$

Setzt man diesen Ausdruck in Gl. (57a) ein, so wird
$$\varkappa_s = -\frac{v}{P}\frac{c_p/c_v}{\left(\frac{\partial v}{\partial P}\right)_T} = \varkappa_T \frac{c_p}{c_v}. \tag{60}$$

Für ideale Gase wird also, wie erwartet, mit $\varkappa_T = 1$ einfach $\varkappa_s = c_{p_0}/c_{v_0}$. Für reale Gase wird $\varkappa_T < 1$, dagegen $\frac{c_p}{c_v} > \frac{c_{p_0}}{c_{v_0}}$*. Daher könnte $\varkappa_s$ größer oder kleiner

---
[1] Diesen Fehler findet man häufig, z. B. in M. Hirsch: Die Kältemaschine, 2. Aufl., S. 405, Abb. 286. Berlin: Springer 1932.

* Das erkennt man schon daraus, daß im kritischen Punkt $c_p = \infty$ wird, während c_v endlich bleibt.

als $\varkappa_0$ werden, je nachdem, ob $\varkappa_T$ mit wachsendem Druck und sinkender Temperatur langsamer oder schneller abnimmt als c_p/c_v zunimmt.

Nach Division der Gl. (49a) durch c_v erhält man

$$\frac{c_p}{c_v} = 1 - \frac{AT}{c_v} \frac{(\partial P/\partial T)_v^2}{(\partial P/\partial v)_T}. \tag{61}$$

Mit den Gln. (57) und (61) wird daher

$$\varkappa_s = \varkappa_T \frac{c_p}{c_v} = -\frac{v}{P}\left(\frac{\partial P}{\partial v}\right)_T + \frac{AT}{c_v}\frac{v}{P}\left(\frac{\partial P}{\partial T}\right)_v^2. \tag{62}$$

$\varkappa_s$ läßt sich also berechnen, wenn die Zustandsgleichung und c_v gegeben sind.

Die größten Abweichungen vom Gesetz idealer Gase ergeben sich im kritischen Punkt. Für diesen wird

$$\left[\left(\frac{\partial P}{\partial v}\right)_T\right]_k = 0, \quad \text{also auch } (\varkappa_T)_k = 0 \quad \text{und} \quad \left[\left(\frac{\partial P}{\partial T}\right)_v\right]_k = \left[\left(\frac{dP}{dT}\right)_{sätt}\right]_k,$$

also gleich dem Differentialquotienten der Dampfdruckkurve. Daher ist

$$(\varkappa_s)_k = \frac{A}{(c_v)_k} \frac{T_k v_k}{P_k}\left(\frac{dP}{dT}\right)_k^2.$$

Mit $\alpha = \dfrac{T}{P}\dfrac{dP}{dT}$ (vgl. Bd. II, S. 123, dieses Handbuches) wird

$$(\varkappa_s)_k = \frac{AR}{(c_v)_k} \frac{P_k v_k}{R T_k} \alpha_k^2. \tag{63}$$

Für einen Stoff, welcher der VAN DER WAALSschen Zustandsgleichung (7a) genügt, ist $\alpha_k = 4$, $\dfrac{RT_k}{P_k v_k} = \dfrac{8}{3}$ und $(c_v)_k = c_{v_0}{}^*$, daher $\dfrac{AR}{(c_v)_k} = \dfrac{c_{p_0} - c_{v_0}}{c_{v_0}} = \varkappa_0 - 1$; dann ist nach Gl. (63)

$$(\varkappa_s)_k = \frac{3}{8} \cdot 16 (\varkappa_0 - 1) = 6 (\varkappa_0 - 1).$$

Man erhält daher

für einatomige Gase mit $\varkappa_0 = 5/3$ $(\varkappa_s)_k = 4$
für zweiatomige Gase mit $\varkappa_0 = 1{,}4$ $(\varkappa_s)_k = 2{,}4$
für mehratomige Gase mit $\varkappa_0 = 1{,}3$ $(\varkappa_s)_k = 1{,}8$
$\varkappa_0 = 1{,}2$ $(\varkappa_s)_k = 1{,}2$
$\varkappa_0 = 1{,}1$ $(\varkappa_s)_k = 0{,}6$

Diese Werte von $\varkappa_s$ sind quantitativ sicherlich sehr ungenau. Es ist aber zu beachten, daß die gröbsten Fehler der VAN DER WAALSschen Zustandsgleichung sich in Gl. (63) wenigstens teilweise kompensieren; denn sowohl α_k^2 im Zähler als auch $(c_v)_k$ im Nenner haben viel zu kleine Werte. Für normale Stoffe ist $\alpha_k = 6$ bis 7, und von c_v ist bekannt, daß es in unmittelbarer Nähe des kritischen Punktes ein steiles Maximum besitzt und daher im kritischen Punkt ein Vielfaches von c_{v_0} erreichen muß.

Bei allen anderen Zustandsgleichungen kann man wohl im Rahmen ihrer Gültigkeit von Gl. (62) Gebrauch machen[1]. Dagegen läßt sich die einfachere Gl. (63) praktisch kaum verwerten, weil einigermaßen zuverlässige Werte von $(c_v)_k$ für keinen Stoff vorliegen und offenbar wegen des steilen Anstiegs von c_v unmittelbar am kritischen Punkt auch sehr schwer zu gewinnen sind[2]. Berech-

---
* Vgl. Bd. II, Abschn. B VI 1, dieses Handbuches.

[1] Mit $c_v = c_{v_0} + AT \int \left(\dfrac{\partial^2 P}{\partial T^2}\right)_v dv$, s. Gl. (48).

[2] Vgl. z. B. für CO_2: A. MICHELS u. J. STRIJLAND: Physica Bd. 16 (1950) S. 813, u. Bd. 18 (1952) S. 613.

nungen von $(c_v)_k$ aus (p, v, T)-Messungen oder aus der Schallgeschwindigkeit sind ebenfalls sehr unzuverlässig[1]. Man muß sich daher zunächst damit begnügen, die Veränderlichkeit von $\varkappa_s$ für gesättigte und überhitzte Dämpfe in einiger Entfernung vom kritischen Punkt zu verfolgen.

Betrachtet man z. B. Wasserdampf bei mäßigen Drücken bis zu 20 ata, so kann man von der CALLENDAR-MOLLIERschen Zustandsgleichung Gebrauch machen, welche lautet[2]:

$$v = \frac{RT}{P} - C\left(\frac{273}{T}\right)^n = \frac{RT}{P} - \mathfrak{v}. \tag{64}$$

Dabei ist im Korrekturglied $C = 0{,}075$ und $n = 10/3$. Mit der Gaskonstanten $R = 848/\mu = 47{,}1$ wird v in m³/kg erhalten.

Aus Gl. (47) erhält man mit Gl. (64)

$$c_p = c_{p_0} + n(n+1) A \frac{\mathfrak{v} P}{T}. \tag{65}$$

Darin setzt CALLENDAR für c_{p_0} im genannten Bereich den konstanten Wert $c_{p_0} = 0{,}477 = (n+1)AR$.

Aus Gl. (64) folgt

$$\left(\frac{\partial v}{\partial T}\right)_P = \frac{R}{P} + \frac{n\mathfrak{v}}{T} \quad \text{und} \quad \left(\frac{\partial P}{\partial T}\right)_v = \frac{R}{v+\mathfrak{v}}\left(1 + \frac{n\mathfrak{v}}{v+\mathfrak{v}}\right).$$

Setzt man diese Ausdrücke in Gl. (49) ein, so erhält man nach einfacher Umformung

$$c_p - c_v = AR\left(1 + \frac{n}{R}\frac{\mathfrak{v} P}{T}\right)^2, \tag{66}$$

woraus man schon erkennt, daß $c_p - c_v$ um so größer wird, je höher der Druck und je tiefer die Temperatur ist (Annäherung an die Sättigung). Aus Gl. (66) findet man ferner mit Gl. (65)

$$\frac{c_p - c_v}{c_p} = 1 - \frac{c_v}{c_p} = \frac{AR\left(1 + \frac{n}{R}\frac{\mathfrak{v} P}{T}\right)^2}{c_{p_0} + n(n+1) A \frac{\mathfrak{v} P}{T}}$$

und daraus mit $c_{p_0} - AR = c_{v_0}$, und nach einigen Umformungen

$$\frac{c_p}{c_v} = \frac{c_{p_0} + n(n+1) A \frac{\mathfrak{v} P}{T}}{c_{v_0} + n(n-1) A \frac{\mathfrak{v} P}{T} - \frac{n^2}{R} A \left(\frac{\mathfrak{v} P}{T}\right)^2}. \tag{67}$$

Aus der Zustandsgleichung (64) erhält man ferner $\left(\frac{\partial v}{\partial P}\right)_T = -\frac{RT}{P^2}$ und damit nach Gl. (57)

$$\varkappa_T = \frac{vP}{RT} = 1 - \frac{1}{R}\frac{\mathfrak{v} P}{T}. \tag{57b}$$

In den Gln. (66), (67) und (57b) kommt als Zustandsgröße nur der Ausdruck $z = \frac{\mathfrak{v} P}{T}$ vor. Mit dieser Abkürzung erhält man nun

$$\varkappa_s = \varkappa_T \frac{c_p}{c_v} = \frac{[c_{p_0} + n(n+1) A z]\left(1 - \frac{z}{R}\right)}{c_{v_0} + n(n-1) A z - \frac{n^2}{R} A z^2}.$$

---

[1] SCHNEIDER, W. G., u. A. CHYNOWELL: J. Chem. Phys. Bd. 19 (1951) S. 1607. — C. F. CURTISS, C. A. BOYD u. H. B. PALMER: J. Chem. Phys. Bd. 19 (1951) S. 820.

[2] MOLLIER, R.: Neue Tabellen und Diagramme für Wasserdampf, 1. Aufl. Berlin: Springer 1906.

Mit der getroffenen Annahme $c_{p_0} = (n+1) \, A R$ und daher $c_{v_0} = n \, A R$ gelangt man zu dem überraschend einfachen Ergebnis

$$\varkappa_s = \frac{n+1}{n} = 1{,}3 = \text{const},$$

worauf schon MOLLIER hingewiesen hat. Diese Konstanz von $\varkappa_s$ gilt natürlich nur für den beschränkten Druck- und Temperaturbereich der Zustandsgleichung (64) und hängt auch mit der angenommenen, aber nicht genau zutreffenden Konstanz von c_{p_0} zusammen.

Will man weitere Bereiche für Wasserdampf erfassen, so muß man c_{p_0} als temperaturveränderlich betrachten und von einer viel genaueren Zustands-

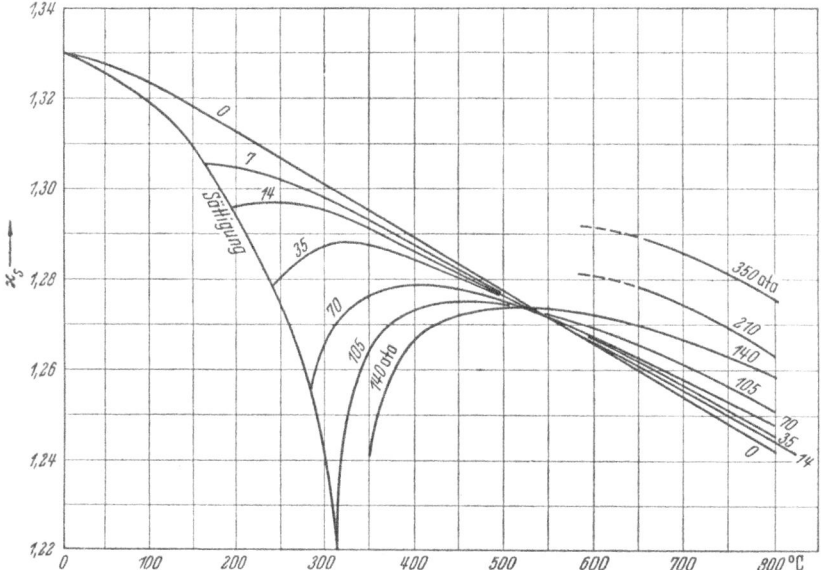

Abb. 14. Der Exponent $\varkappa_s$ der Adiabate von Wasserdampf als Funktion von Druck und Temperatur.

gleichung Gebrauch machen. KEENAN und KEYES haben solche Berechnungen durchgeführt und Wasserdampftafeln von sehr hoher Genauigkeit aufgestellt[1], in denen man auch ein Diagramm für den Verlauf von $\varkappa_s$ als Funktion von Druck und Temperatur findet. In Abb. 14 sind diese Werte etwas anders dargestellt. Man erkennt, daß der funktionale Zusammenhang sehr verwickelt ist, findet aber bestätigt, daß $\varkappa_s$ im Bereich bis zu 20 ata und für mäßige Überhitzungen nicht wesentlich von dem CALLENDARschen Mittelwert 1,3 abweicht. Erst bei hohen Drücken fällt $\varkappa_s$ auf der Sättigungskurve immer stärker ab, so daß man bei diesem dreiatomigen Gas (mit $\varkappa_0 = 1{,}33$ bei 0° C) beim kritischen Punkt einen sehr viel kleineren Wert erwarten muß, als nach VAN DER WAALS berechnet wurde. In Abb. 14 ist auch der Verlauf von $\varkappa_0 = f(t)$ für $p \to 0$ eingetragen. Die Isobaren von $\varkappa_s$ überschneiden sich: bei tieferen Temperaturen erhält man um so höhere Werte von $\varkappa_s$, je niedriger der Druck ist; bei hohen Temperaturen kehrt sich der Druckeinfluß um.

---

[1] KEENAN, J. H., u. F. G. KEYES: Thermodynamic properties of Steam. New York: John Wiley & Sons 1936.

Um noch das Verhalten von $\varkappa_s$ für ein hochmolekulares Kältemittel darzustellen, sollen hier die Berechnungen von LANDSBERG und SEIBALD wiedergegeben werden, die für F22 (CHF_2Cl) durchgeführt wurden[1]. Für diesen Stoff ist $\mu = 86{,}48$ und $\varkappa_0 = 1{,}20$ bei 0° C. Gestützt auf die von den Kinetic Chemicals im Jahre 1945 herausgegebenen Dampftafeln für F22 entwickelten die Verfasser zunächst eine Gleichung für c_p, wobei für c_{p_0} eine lineare Zunahme mit der Temperatur angenommen wurde [s. Gl. (239a)]. Aus dieser Gleichung wurde dann mit Hilfe der thermodynamischen Beziehung $\left(\frac{\partial c_p}{\partial P}\right)_T = -AT\left(\frac{\partial^2 v}{\partial T^2}\right)_P$ eine Zustandsgleichung abgeleitet, die ihrerseits die Berechnung von c_v nach Gl. (48) und von $\varkappa_T$ und $\varkappa_s$ nach den Gln. (57) und (57a) ermöglichte[2]. Das Ergebnis

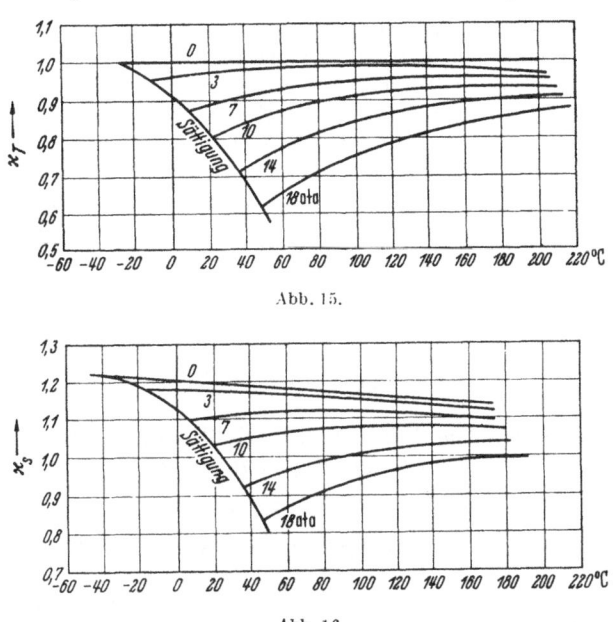

Abb. 15.

Abb. 16.

Abb. 15 und 16. Verlauf der Exponenten der Isotherme $\varkappa_T$ und der Adiabate $\varkappa_s$ von F22 als Funktion von Druck und Temperatur.

dieser Berechnungen ist in den Abb. 15 und 16 dargestellt. Auch hier nimmt $\varkappa_s$, wie bei Wasserdampf, auf der Sättigungskurve mit wachsender Temperatur immer stärker ab. Man möchte an eine so starke Abnahme einige Zweifel knüpfen, wenn man bedenkt, daß der kritische Punkt erst bei $t_k = 96°$ C ($p_k = 50{,}3$ ata) erreicht wird.

Über Werte des adiabaten Exponenten $\varkappa_s$ im Naßdampfgebiet von Wasserdampf vgl. Bd. II, S. 141 dieses Handbuches, Abb. 64a.

7. Die latenten Wärmen.

a) Die Verdampfungswärme. Für die Berechnung der Verdampfungswärme r bedient man sich der CLAUSIUS-CLAPEYRONschen Gleichung (11), vorausgesetzt, daß der Verlauf der Dampfdruckkurve und die Werte von v' und v'' bekannt sind. Dieser Weg ist der sicherste, da Gl. (11) uneingeschränkt und vollkommen

---

[1] LANDSBERG, R., u. S. SEIBALD: Bull. Res. Counc., Israel Bd. 3, Nr. 4, S. 414, März 1954.

[2] Die genauen Zusammenhänge findet man auf Seite 370 bei dem Abschnitt über F 22.

exakt gilt. Daneben gibt es eine Reihe empirischer Regeln, von denen diejenige von TROUTON schon auf S. 16, Gl. (13), erwähnt wurde. Diese Regel wurde von verschiedenen Autoren abgewandelt in dem Wunsch, ihr einen weiteren Geltungsbereich zu verschaffen; man findet diese Vorschläge in Bd. II dieses Handbuches auf S. 131.

Für den praktischen Gebrauch eignet sich besonders die von THIESEN[1] vorgeschlagene Formel

$$r = a(T_k - T)^n, \qquad (68)$$

die im kritischen Punkt nicht nur auf den Wert $r = 0$ führt, sondern für $n < 1$ auch der thermodynamischen Forderung genügt, wonach dort $\left(\frac{dr}{dT}\right)_k = -\infty$ werden muß. THIESEN schlug für den Exponenten den Wert $n = 1/3$ vor, doch nimmt dieser bei verschiedenen Stoffen etwas verschiedene Werte an. Zur Berechnung von r in weiten Temperaturbereichen braucht man daher außer T_k noch zwei Meßwerte von r, aus denen die Konstanten a und n ermittelt werden können. Für eine genauere Darstellung wurde empfohlen, die Größe a temperaturabhängig anzunehmen.

Die THIESENsche Formel läßt sich auch in der Form schreiben

$$r = a_1\left(1 - \frac{T}{T_k}\right)^n, \qquad (68a)$$

wobei $a_1 = a T_k^n$ ist. PLANK[2] findet eine noch bessere Übereinstimmung mit dem Ansatz

$$r = a_2\left[1 - \left(\frac{T}{T_k}\right)^2\right]^n, \qquad (68b)$$

der die thermodynamischen Forderungen erfüllt und außerdem ein Maximum bei $T = 0$ ergibt. In engeren Grenzen genügt der parabolische Ansatz

$$r = r_0 - m t - n t^2, \qquad (68c)$$

dessen Konstanten aus drei Versuchswerten berechnet werden können.

Neben Gl. (68) wird auch von den Formen

$$r = a\sqrt{T_k - T} - b(T_k - T) \qquad (69)$$

und nach MATHIAS

$$r^2 = a(T_k - T) - b(T_k - T)^2 \qquad (69a)$$

Gebrauch gemacht. Gl. (69) gibt nach OSBORNE und VAN DUSEN[3] die Verdampfungswärme von NH_3 zwischen -45 und $+52°$ sehr genau wieder; dabei ist $T_k = 133,0°$ C, $a = 32,938$ und $b = 0,5890$. Auch die Verdampfungswärme von CF_2Cl_2 wird nach BUFFINGTON und GILKEY[4] durch diese Gleichung richtig wiedergegeben.

Neben Gl. (11) gibt es noch eine zweite exakte Formel, in welche die Verdampfungswärme eingeht (vgl. Bd. II, S. 129, dieses Handbuches). Sie lautet:

$$c_p'' - c_p' = \frac{dr}{dT} - \frac{r}{T} + \frac{r}{v'' - v'}\left[\left(\frac{\partial v}{\partial T}\right)_P'' - \left(\frac{\partial v}{\partial T}\right)_P'\right]. \qquad (70)$$

Darin bedeuten c_p' und c_p'' die spezifischen Wärmen der siedenden Flüssigkeit und des trocken gesättigten Dampfes bei konstantem Druck. Mit gewissen Ver-

---

[1] THIESEN, M.: Verh. dtsch. phys. Ges. Berlin Bd. 16 (1897) S. 80.
[2] PLANK, R.: Z. techn. Phys. Bd. 3 (1922) S. 1.
[3] OSBORNE, N. S., u. M. S. VAN DUSEN: Sci. Pap. Bur. Stand. Bd. 14 (1917/18) S. 439. — J. Amer. chem. Soc. Bd. 40 (1918) S. 14.
[4] BUFFINGTON, R. M., u. GILKEY: Circular Nr. 12, Amer. Soc. Refrig. Engng. 1931.

nachlässigungen erhält man die sehr einfache Näherungsgleichung

$$\frac{dr}{dT} = c_p'' - c_p', \tag{70a}$$

die jedoch nur bei niedrigen Drücken gilt, wo der Dampf sich wie ein ideales Gas verhält. Aus der Kenntnis der spezifischen Wärmen läßt sich dann die Änderung der Verdampfungswärme mit der Temperatur berechnen. Da c_p'' stets kleiner ist als c_p', nimmt die Verdampfungswärme mit zunehmender Temperatur ab.

Die Verdampfungswärme r setzt sich zusammen aus einem inneren Anteil ϱ und einem äußeren Anteil $\psi = AP(v'' - v')$. Der letztere kann aus der Zustandsgleichung berechnet werden, da man in der Regel v' gegen v'' vernachlässigen kann. Für den Teil $\varrho = r - \psi$ gibt es auch mehrere empirische Regeln, die genügend genau sind. So setzte DIETERICI[1]

$$\varrho = c\,R\,T \ln\frac{v''}{v'}, \tag{71}$$

und MILLS[2] empfiehlt

$$\varrho = C\left(\sqrt[3]{\gamma'} - \sqrt[3]{\gamma''}\right), \tag{72}$$

wobei c und C Konstanten sind.

b) Die Schmelzwärme. In Gl. (45) war schon zum Ausdruck gebracht, daß die CLAUSIUS-CLAPEYRONsche Gleichung auch für den Schmelzvorgang gültig ist. Es läßt sich also daraus die Schmelzwärme r_f berechnen, wenn die übrigen Größen bekannt sind. Für die Gleichgewichtskurve fest–flüssig ist $\left(\frac{dP}{dT}\right)_f$ nur für wenige Stoffe in weiten Grenzen bekannt. Für das kältetechnisch am meisten interessierende Kohlendioxyd liegen Meßwerte vor, die vom Tripelpunkt bis zu 12000 at reichen[3].

Für den Schmelzvorgang gilt aber auch Gl. (70a), die hier lautet

$$\frac{dr_f}{dT} = c_{fl} - c_f. \tag{73}$$

Da die spezifische Wärme der Flüssigkeit in der Regel größer ist als die des Kristalls, nimmt die Schmelzwärme mit wachsender Temperatur zu. Beim Kohlendioxyd folgt daraus eine Zunahme von r_f mit wachsendem Druck, die auch von BRIDGMAN festgestellt wurde. Bei Wasser dagegen muß r_f mit wachsendem Druck abnehmen[4].

c) Die Sublimationswärme. Die Sublimationswärme r_{sb} ist die Summe aus der Schmelzwärme r_f und der Verdampfungswärme r:

$$r_{sb} = r_f + r.$$

Auch für den Sublimationsvorgang gilt die CLAUSIUS-CLAPEYRONsche Gleichung in der Form

$$r_{sb} = A\,T\,(v'' - v_f)\left(\frac{dP}{dT}\right)_{sb}, \tag{74}$$

wobei $\left(\frac{dP}{dT}\right)_{sb}$ aus der Gleichgewichtskurve fest–dampfförmig zu ermitteln ist. Die weitaus meisten festen Körper besitzen nur einen sehr geringen Dampfdruck.

---

[1] DIETERICI, C.: Ann. Phys. Leipzig (4) Bd. 25 (1908) S. 569.
[2] MILLS, J. E.: J. phys. Chem. 1902—1909, vgl. S. YOUNG: Dublin Proc. Nr. 31 (Juni 1910) S. 374.
[3] BRIDGMAN, P. W.: Phys. Rev. Bd. 3 (1914) S. 127. — TAMMANN, G.: Wied. Ann. Bd. 68 (1899) S. 572.
[4] Für Wasser beträgt r_f bei 0° C 79,4 kcal/kg, bei $-2,8$° C 77,71, bei $-4,995$° C 76,60 und bei $-6,28$° C 75,94 kcal/kg (vgl. LANDOLT-BÖRNSTEINs Tabellenwerk, 5. Aufl. Bd. II S. 1471. Berlin: Springer 1923).

Es gibt jedoch Ausnahmen, wie CO_2 oder SF_6, bei denen der Schmelzpunkt bei einer höheren Temperatur liegt als der normale Siedepunkt, so daß der Dampfdruck am Schmelzpunkt 1 Atm wesentlich überschreitet. Bei N_2O liegt der Schmelzpunkt nur etwa 2° C unterhalb des normalen Siedepunktes, so daß erstarrendes Stickoxydul am Tripelpunkt noch einen Dampfdruck besitzt, der 0,90 ata beträgt.

Analog zu den Gln. (70a) und (73) gilt für die Temperaturabhängigkeit der Sublimationswärme die Beziehung

$$\frac{d r_{sb}}{d T} = c_p'' - c_f, \tag{75}$$

die annähernd richtige Werte liefert, wenn man den Dampf über der festen Phase als ideales Gas betrachtet und daher für c_p'' den Wert c_{p_0} im idealen Gaszustand setzt. Die Werte von c_{p_0} und c_f liegen oft nahe beieinander, so daß die Sublimationswärme nur schwach temperaturabhängig wird. Für Wasser ist z. B. bei 0° C $c_{p_0} = 0,46$ und $c_f = 0,50$ kcal/kg °C.

Für CO_2 ist nach Lewis und Randall[1]

$$c_{p_0} = 0,1591 + 0,0001614\, T - 0,000000423\, T^2, \tag{76}$$

während Maass und Barnes für festes CO_2 fanden[2]:

$$c_f = 0,400 - 0,00283\, T + 0,0000125\, T^2. \tag{77}$$

Bei $t = -100°$ C ($T = 173,1°$ K) wird $c_{p_0} = 0,174$ und $c_f = 0,284$, also $c_{p_0} - c_f = -0,110$. Die Sublimationswärme muß also bei $-100°$ C um 0,11 kcal zunehmen, wenn die Temperatur um 1° sinkt, was auch tatsächlich der Fall ist. Für weitere Bereiche findet man aus (75) bis (77):

$$\frac{d r_{sb}}{d T} = -0,2409 + 0,0029914\, T - 0,000012923\, T^2$$

und nach der Integration

$$r_{sb} = r_0 - 0,2409\, T + 0,0014957\, T^2 - 0,00000431\, T^3. \tag{78}$$

Nach Eucken und Donath[3] ist bei $T = 130°$ K $r_{sb} = 144,0$ kcal/kg. Mit diesem Wert findet man $r_0 = 158,96$. Die nach Gl. (78) berechneten Werte stimmen bei Temperaturen, die unterhalb des normalen Siedepunktes ($t_s = -78,5°$ C) liegen, gut mit den Versuchswerten überein (vgl. die Werte von r_{sb} in der Dampftabelle 2a).

Über *Lösungswärmen* von Gemischen vgl. Bd. II, Abschn. C IV 1, dieses Handbuches.

8. Die Enthalpien.

Für die Aufstellung von Mollier-Diagrammen, in denen die Enthalpie i als eine der Koordinaten auftritt (i,s-, i,p-, i,T-Diagramme) und die in der Kältetechnik ausgiebig benutzt werden, ist die genaue Kenntnis von Enthalpiewerten als Funktion von Druck und Temperatur erforderlich. Diese Werte lassen sich für den Dampfzustand bis zur rechten Grenzkurve aus der thermischen Zustandsgleichung berechnen. Man geht dabei von der Differentialgleichung aus[1]

$$\left(\frac{\partial i}{\partial p}\right)_T = -A T \left(\frac{\partial v}{\partial T}\right)_p + A v = -A T^2 \left(\frac{\partial (v/T)}{\partial T}\right)_p. \tag{79}$$

---

[1] Lewis u. Randall: J. Am. chem. Soc. Bd. 34 (1912) S. 1128.
[2] Maass u. Barnes: Proc. roy. Soc., Lond. Ser. A Bd. 111 (1926) S. 224.
[3] Eucken u. Donath: Z. phys. Chem. Bd. 124 (1926) S. 194.

Die Enthalpien.

Hat die Zustandsgleichung die Gestalt der Gl. (6)

$$v = \frac{RT}{P} - \Phi(P, T),$$

so kann man statt Gl. (79) auch schreiben

$$\left(\frac{\partial i}{\partial P}\right)_T = A T \left(\frac{\partial \Phi}{\partial T}\right)_P - A \Phi = A T^2 \left(\frac{\partial (\Phi/T)}{\partial T}\right)_P, \tag{79a}$$

woraus man sieht, daß für die Berechnung der Enthalpie des Dampfes nur das Korrekturglied Φ in der Zustandsgleichung wesentlich ist. Durch Integration der Gl. (79) erhält man unter Beachtung der Grenzbedingung für das ideale Gas[1]:

$$i = \int c_{p_0} dT - A T^2 \int \left(\frac{\partial (v/T)}{\partial T}\right)_P dP + \text{konst}. \tag{80}$$

Dabei ist bei der Integration im zweiten Term auf der rechten Seite die Temperatur konstant zu halten.

Als Beispiel nennen wir die auf S. 264 erwähnte Zustandsgleichung für Kohlendioxyd (gültig unterhalb 40 ata)

$$v = \frac{19{,}273\, T}{P} - \frac{0{,}0825 + 1{,}225 \cdot 10^{-7}\, P}{(T/100)^{10/3}}. \tag{81}$$

Aus Gl. (80) erhält man

$$i = \int c_{p_0} dT - \frac{8{,}3724\, p\, (1 + 0{,}007424\, p)}{(T/100)^{10/3}} + \text{konst}, \tag{81a}$$

wobei zwischen $t = -100$ und $+150°$ gesetzt werden kann[2] $c_{p_0} = 0{,}1965 + 0{,}00023\, t$. In der Gl. (81a) ist P (kg/m²) durch p (kg/cm²) ersetzt. Der Wert der Integrationskonstanten hängt von dem gewählten Nullpunkt der Enthalpie ab. Um bei tiefen Temperaturen und im festen Zustand negative Werte zu vermeiden, setzt man in der Kältetechnik für das siedende flüssige Kältemittel bei 0° C

$$i'_0 = 100{,}00 \text{ kcal/kg}.$$

Kennt man die Verdampfungswärme bei 0°, die für CO_2 den Wert $r_0 = 56{,}13$ kcal/kg hat, so erhält man für die Enthalpie von trocken gesättigtem Dampf bei 0° C und dem zugehörigen Sättigungsdruck $p = 35{,}54$ ata den Wert $i''_0 = i'_0 + r_0 = 156{,}13$ kcal/kg. Setzt man diese Werte von T, p und i''_0 in Gl. (81a) ein, so erhält man für die Konstante den Wert 169,34. Der endgültige Ausdruck für die Enthalpie des Dampfes wird dann

$$i = 169{,}34 + (0{,}1965 + 0{,}000115\, t)\, t - \frac{8{,}3724\, p\, (1 + 0{,}007424\, p)}{(T/100)^{10/3}}.$$

Mit dieser Gleichung und der Dampfdruckkurve können alle i''-Werte auf der rechten Grenzkurve ermittelt werden. Kennt man ferner die Verdampfungswärme r als Funktion der Temperatur, so kann man auch die i'-Werte auf der linken Grenzkurve aus der Gleichung

$$i' = i'' - r \tag{82}$$

berechnen.

Wenn die spezifische Wärme der Flüssigkeit c_{fl} als Funktion der Temperatur aus Meßwerten bekannt ist, hat man jetzt eine gute Kontrollmöglichkeit: nach

---
[1] Vgl. Bd. II, S. 152, dieses Handbuches.
[2] Für genauere Werte von c_{p_0} siehe E. JUSTI: Spezifische Wärme, Enthalpie, Entropie usw. Berlin: Springer 1938.

den beiden Hauptsätzen der Thermodynamik gilt für die linke Grenzkurve
$$T\,ds' = di' - A\,v'\,dP$$
oder
$$c_x' = T\frac{ds'}{dT} = \frac{di'}{dT} - A\,v'\frac{dP}{dT}. \tag{83}$$

Hierin ist $\frac{dP}{dT}$ der Differentialquotient der Dampfdruckkurve. Nach Gl. (49b) wird ferner
$$c_p' = c_x' + A\,T\left(\frac{\partial v'}{\partial T}\right)_P\frac{dP}{dT},$$
und daher mit Gl. (83)
$$c_p' = \frac{di'}{dT} + A\left[T\left(\frac{\partial v'}{\partial T}\right)_P - v'\right]\frac{dP}{dT}, \tag{84}$$
wofür man mit Gl. (79) auch schreiben kann
$$c_p' = \frac{di'}{dT} - \left(\frac{\partial i'}{\partial P}\right)_T\frac{dP}{dT}. \tag{84a}$$

Der Ausdruck in der eckigen Klammer in Gl. (84) ist in genügender Entfernung vom kritischen Zustand eine sehr kleine Größe, die man in erster Annäherung vernachlässigen kann; ist aber $v' = f(T)$ bekannt, so macht auch dessen Berücksichtigung keine Schwierigkeiten. Daher läßt sich $c_p' \approx c_{fl}$ mit Hilfe der Gl. (82) aus den i''- und r-Werten für verschiedene Temperaturen berechnen und mit den Meßwerten vergleichen. Diese Kontrolle sollte stets durchgeführt werden.

Kennt man die Sublimationswärme r_{sb} als Funktion der Temperatur, so kann man auch die Enthalpie i_f des festen Körpers im Zustand der Sublimation berechnen. Es wird
$$i_f = i'' - r_{sb}, \tag{88}$$
wobei i'' die Enthalpie des Dampfes ist, der mit dem jeweiligen festen Körper im Gleichgewicht steht. Für die spezifische Wärme im festen Zustand gilt dann nach Gl. (84) angenähert
$$c_f = \frac{\Delta i_f}{\Delta T},$$
und die so berechneten Werte können mit Meßwerten verglichen werden. Man gewinnt damit wieder eine Kontrolle für den thermodynamischen Rechnungsgang.

Ist die Zustandsgleichung nicht in der Form $v = \varphi(P, T)$ gegeben, sondern in der Gestalt der Gl. (7) $P = f(v, T)$, sind also v und T die unabhängigen Veränderlichen, so ist es einfacher, zuerst die innere Energie u des Dampfes zu bestimmen und daraus die Enthalpie nach der Definitionsgleichung $i = u + A P v$ zu berechnen. Daher gilt hier die zu Gl. (79) analoge Beziehung
$$\left(\frac{\partial u}{\partial v}\right)_T = A\,T\left(\frac{\partial P}{\partial T}\right)_v - A\,P = A\,T^2\left(\frac{\partial (P/T)}{\partial T}\right)_v, \tag{85}$$
aus der man die der Gl. (80) entsprechende Gleichung erhält
$$u = \int c_{v_0}\,dT + A\,T^2\int\left(\frac{\partial (P/T)}{\partial T}\right)_v dv + \text{konst.} \tag{86}$$

Mit der Zustandsgleichung (8) von Beattie und Bridgeman erhält man z. B. nach Gl. (86):
$$u = \int c_{v_0}\,dT + \frac{A_0}{v}\left(\frac{a}{2v} - 1\right) - \frac{3\,R\,c}{v\,T^2}\left(1 + \frac{B_0}{2v} - \frac{B_0 b}{3 v^2}\right) + \text{konst} \tag{87}$$

In diesem Ausdruck entfällt im Bereich mittlerer Dichten der dritte Term auf der rechten Seite, weil dann die Konstante $c = 0$ gesetzt werden kann.

9. Die Entropien.

Für die Berechnung der Entropie eines Dampfes, dessen thermische Zustandsgleichung in der Form $v = \varphi(P, T)$ gegeben ist, geht man von der Differentialgleichung aus[1]

$$\left(\frac{\partial s}{\partial P}\right)_T = -A\left(\frac{\partial v}{\partial T}\right)_P, \qquad (89)$$

durch deren Integration man unter Beachtung der Grenzbedingung für das ideale Gas erhält

$$s = \int c_{p_0} \frac{dT}{T} - A \int \left(\frac{\partial v}{\partial T}\right)_P dP + \text{konst.} \qquad (90)$$

Bei der Durchführung der Integration muß die Temperatur im zweiten Term auf der rechten Seite konstant gehalten werden.

Wählen wir als Beispiel wieder die Zustandsgleichung (81) für Kohlendioxyd, so finden wir nach Gl. (90):

$$s = 0{,}59100 + 0{,}307888 \lg T + 0{,}00023\, T - 0{,}1039478 \lg p -$$
$$- \frac{0{,}0644028\, p\,(1 + 0{,}007424\, p)}{(T/100)^{13;3}}. \qquad (91)$$

Die Konstante in Gl. (90) wurde dabei in der Weise ermittelt, daß die Entropie s_0' der siedenden Flüssigkeit bei 0° C (und dem zugehörigen Sättigungsdruck von $p = 35{,}54$ ata) gleich 1,00000 kcal/kg °K gesetzt wurde. Mit $r_0 = 56{,}13$ kcal/kg wird dann

$$s_0'' = s_0' + r_0/T = 1{,}20553.$$

Nach Gl. (91) lassen sich nun s''-Werte im Bereich der Gültigkeit der Zustandsgleichung (81) berechnen. Daraus erhält man ferner die Entropien der siedenden Flüssigkeit aus der Gleichung $s' = s'' - r/T$ und die Entropien im festen Zustand aus der Gleichung $s_f = s'' - r_{sb}/T$.

Ist die Zustandsgleichung in der Form $P = f(v, T)$ gegeben, so tritt an die Stelle der Gl. (89) die Beziehung

$$\left(\frac{\partial s}{\partial v}\right)_T = A\left(\frac{\partial P}{\partial T}\right)_v, \qquad (92)$$

durch deren Integration man erhält

$$s = \int c_{v_0} \frac{dT}{T} + A \int \left(\frac{\partial P}{\partial T}\right)_v dv + \text{konst.} \qquad (93)$$

Wählt man als Beispiel wieder die Zustandsgleichung (8) von BEATTIE und BRIDGEMAN, so erhält man nach Gl. (93)

$$s = \int c_{v_0} \frac{dT}{T} + R \ln v - \frac{R B_0}{v}\left(1 - \frac{b}{2v}\right) - \frac{2Rc}{vT^3}\left(1 + \frac{B_0}{2v} - \frac{B_0 b}{3v^2}\right) + \text{konst.} \qquad (94)$$

Für den Bereich mittlerer Dichten kann wieder die Konstante $c = 0$ gesetzt werden, wodurch der vorletzte Term auf der rechten Seite der Gleichung fortfällt.

IV. Physikalische Eigenschaften von Kältemitteln.

Neben den thermischen und kalorischen Eigenschaften, die das thermodynamische Verhalten der Kältemittel in den Kältemaschinen bestimmen, sind für die Beurteilung der Eignung von Kältemitteln noch zahlreiche physikalische, chemische und physiologische Eigenschaften von wesentlicher Bedeutung. Es sollen hier zunächst einige physikalische Eigenschaften besprochen werden.

---

[1] Vgl. Bd. II, S. 512, dieses Handbuches.

1. Die Viskosität.

a) Dynamische und kinematische Viskosität. Definition und Einheiten. Die Viskosität beeinflußt den Strömungswiderstand bzw. den Druckabfall bei der Strömung von Gasen und Flüssigkeiten durch Leitungen, Kanäle, Krümmer, Absperr- und Regelvorrichtungen u. dgl. Sie ist aber auch bei den Vorgängen der Wärmeübertragung mit oder ohne Aggregatzustandsänderung der beteiligten Stoffe von wesentlichem Einfluß. Die *dynamische Viskosität* η ist definiert durch die Reibungskraft R [kg] bzw. die Schubspannung $\tau = R/F$ [kg/m²] in der Grenzfläche F zweier Flüssigkeitsschichten, deren Geschwindigkeit w_x [m/sek] in der x-Richtung sich in dem dazu senkrechten Abstand dy [m] um den Betrag dw_x unterscheidet. Nach NEWTON gilt dann der Ansatz

$$R = -\eta F \frac{\partial w_x}{\partial y}. \tag{95}$$

Die dynamische Viskosität η hat danach im technischen Maßsystem die Dimension $\left[\frac{\text{kg} \cdot \text{sek}}{\text{m}^2}\right]$; vielfach wird aber auch mit $\left[\frac{\text{g} \cdot \text{sek}}{\text{cm}^2}\right]$ gerechnet. In der Physik rechnet man nicht mit dem Kilogramm Gewicht, sondern mit dem Kilogramm Masse oder Gramm Masse. Die Viskosität hat dann die Dimension $\left[\frac{g_{\text{Masse}}}{\text{cm} \cdot \text{sek}}\right]$. Als Einheit der Viskosität gilt in der Physik 1 Poise (abgekürzt 1 P). Es ist

$$1\,\text{P} = 1\,\frac{g_{\text{Masse}}}{\text{cm} \cdot \text{sek}} = 0{,}0102\,\frac{\text{kg} \cdot \text{sek}}{\text{m}^2} = 0{,}00102\,\frac{\text{g} \cdot \text{sek}}{\text{cm}^2}.$$

Die physikalische Einheit Poise ist also rd. hundertmal kleiner als die technische $\frac{\text{kg} \cdot \text{sek}}{\text{m}^2}$, daher ist der Zahlenwert der Viskosität in Poise rd. hundertmal größer als in $\frac{\text{kg} \cdot \text{sek}}{\text{m}^2}$. Genauer ist

$$\eta\,(\text{in Poise}) = 98{,}1\,\eta\,\left(\text{in}\,\frac{\text{kg} \cdot \text{sek}}{\text{m}^2}\right).$$

Der hundertste Teil von 1 Poise ist 1 Zentipoise (cP). Folgende Werte mögen die dynamische Viskosität einiger Stoffe veranschaulichen:

Wasserstoff von 0 °C $\eta = 0{,}00836\,\text{cP} = 0{,}852 \cdot 10^{-6}\,\frac{\text{kg} \cdot \text{sek}}{\text{m}^2}$,

Luft von 0 °C $\eta = 0{,}0172\,\text{cP} = 1{,}753 \cdot 10^{-6}\,\frac{\text{kg} \cdot \text{sek}}{\text{m}^2}$,

F 12 Gas von 0 °C $\eta = 0{,}0118\,\text{cP} = 1{,}202 \cdot 10^{-6}\,\frac{\text{kg} \cdot \text{sek}}{\text{m}^2}$,

Wasser von 20 °C $\eta = 1{,}01\,\text{cP} = 103 \cdot 10^{-6}\,\frac{\text{kg} \cdot \text{sek}}{\text{m}^2}$,

Rüböl von 20 °C $\eta = 1\,\text{P}$,

Rizinusöl von 20 °C $\eta = 10\,\text{P}$.

In der anglo-amerikanischen technischen Literatur wird die dynamische Viskosität in $\frac{\text{lb} \cdot \text{sec}}{\text{sq} \cdot \text{ft}}$ oder $\frac{\text{lb} \cdot \text{sec}}{\text{sq} \cdot \text{in}}$ angegeben. Tab. 9 enthält die Umrechnungszahlen der verschiedenen Viskositätseinheiten ineinander.

Den reziproken Wert der dynamischen Viskosität

$$q = \frac{1}{\eta}$$

Tabelle 9. *Dynamische Viskosität in verschiedenen Einheiten.*

	Poise	$\frac{kg \cdot sek}{m^2}$	$\frac{lb \cdot sec}{sq \cdot ft}$	$\frac{lb \cdot sec}{sq \cdot in.}$
1 Poise $\left(1\frac{g_{Masse}}{cm \cdot sek}\right)$	1	0,0102	0,002088	$0,0145 \cdot 10^{-3}$
$1\frac{kg \cdot sek}{m^2}$	98,1	1	0,2048	$1,423 \cdot 10^{-3}$
$1\frac{lb \cdot sec}{sq \cdot ft}$	478,8	4,881	1	$6,944 \cdot 10^{-3}$
$1\frac{lb \cdot sec}{sq \cdot in}$	68950	702,9	144	1

bezeichnet man als *Fluidität*. Auf die Zweckmäßigkeit der Einführung dieses Begriffs hat besonders BINGHAM hingewiesen[1].

Über den Zusammenhang der dynamischen Viskosität von Gasen mit der Wärmeleitzahl s. S. 72.

Neben der dynamischen Viskosität spielt auch die *kinematische Viskosität* eine große Rolle. Man bezeichnet sie mit ν und versteht darunter das Verhältnis der dynamischen Viskosität η zur Dichte $\varrho = \gamma/g$. Es ist also

$$\nu = \frac{\eta}{\varrho} = \frac{\eta g}{\gamma}.$$

Die physikalische Einheit der kinematischen Viskosität ist 1 Stok (abgekürzt 1 St) $= 1 \frac{cm^2}{sek}$. Der hundertste Teil von 1 Stok ist 1 Zentistok (cSt).

In der Technik rechnet man mit $\frac{m^2}{sek}$ oder $\frac{m^2}{h}$. In der anglo-amerikanischen Literatur wird mit $\frac{sq \cdot ft}{sec}$ gerechnet. Tab. 10 enthält die Umrechnungszahlen.

Tabelle 10. *Kinematische Viskosität in verschiedenen Einheiten.*

	Stok	$\frac{m^2}{sek}$	$\frac{m^2}{h}$	$\frac{sq \cdot ft}{sec}$
1 Stok $\left(1\frac{cm^2}{sek}\right)$	1	0,0001	0,36	0,001076
$1\frac{m^2}{sek}$	10000	1	3600	10,76
$1\frac{m^2}{h}$	2,777	$2,777 \cdot 10^{-4}$	1	$29,9 \cdot 10^{-4}$
$1\frac{sq \cdot ft}{sec}$	929,0	0,09290	334,45	1

Es soll die kinematische Viskosität einiger Stoffe in m²/sek angegeben werden.

Wasser bei 20° C $\nu = 1,01 \cdot 10^{-6}$,
Äthylalkohol ,, 20° C $\nu = 1,52 \cdot 10^{-6}$,
Glyzerin ,, 20° C $\nu = 971 \cdot 10^{-6}$,
Luft ,, 0° C $\nu = 13,3$
Wasserstoff ,, 0° C $\nu = 95,5$ } bei 760 Torr.
Wasserdampf ,, 100° C $\nu = 21,27$

---

[1] BINGHAM, E. C.: Z. phys. Chem. Bd. 66 (1909) S. 238. — S. a. E. v. AUBEL: C. R. Bd. 173 (1921) S. 384.

Physikalische Eigenschaften von Kältemitteln.

Tabelle 11. *Umrechnung[1] der kinematischen Viskosität v [cSt]*

v (cSt)	E	S	R	v (cSt)	E	S	R
1	1,000	—	—	12	2,02	65,9	58,0
2	1,119	34,1	—	14	2,22	73,5	64,5
3	1,217	35,9	—	16	2,43	81,2	71,2
4	1,307	39,0	35,0	18	2,64	89,3	78,1
5	1,393	42,2	37,6	20	2,87	97,6	85,0
6	1,479	45,4	40,2	25	3,46	119,1	103,2
7	1,564	48,6	43,0	30	4,07	141,0	123
8	1,651	51,9	45,8	35	4,70	163,3	143
9	1,740	55,3	48,7	40	5,33	185,9	163
10	1,831	58,8	51,8	45	5,98	208,6	183
				50	6,62	231,2	203

In der Technik, besonders in der Ölindustrie, benutzt man für die Viskosität an Stelle der absoluten Masse verschiedene praktische Einheiten, die mit ganz bestimmten Apparaten ermittelt werden [ENGLER-Grade (E), SAYBOLT-Sekunden (S), REDWOOD-Sekunden (R)]. Es besteht keine Proportionalität zwischen diesen konventionellen und den absoluten Viskositätswerten. Aus den ENGLER-Graden E berechnet sich die kinematische Viskosität v in m²/sek nach der Formel

$$10^6 v = 7{,}32\,E - 6{,}31/E. \tag{96}$$

In Tab. 11 findet man einander entsprechende Werte von v in cSt, E, S und R.

b) Die Abhängigkeit der dynamischen Viskosität von der Temperatur und vom Druck. α) *Gase.* Die Viskosität der Gase im idealen Gaszustand ($p \to 0$, $v \to \infty$) soll mit η_0 bezeichnet werden. Aus den Vorstellungen der kinetischen Gastheorie kann man schließen, daß η_0 mit wachsender Temperatur zunimmt. MAXWELL setzte

$$\eta_0 = A\,T^n. \tag{97}$$

Bezeichnet man die Viskosität im idealen Gaszustand bei $t = 0°$ C mit η_{00}, so erhält Gl. (97) die Form

$$\eta_0 = \eta_{00}\left(\frac{T}{273}\right)^n. \tag{97a}$$

In dieser Gleichung sind η_{00} und n für jedes Gas individuelle Konstanten. In der *Hütte* findet man folgende Zahlenwerte[2]:

	Luft	O_2	N_2	H_2	H_2O	NH_3	CO_2
$10^6 \eta_{00}$ (kg · sek/m²)	1,753	1,965	1,683	0,852	0,922	0,93	1,425
n	0,76	0,702	0,694	0,67	1,09	1,05	0,866

Sie gelten im Temperaturbereich von −20 bis zu einigen Hundert Grad C. Eine andere vielgebrauchte Formel stammt von SUTHERLAND[3]. Sie lautet

$$\eta_0 = B\frac{\sqrt{T}}{1 + C/T}. \tag{98}$$

---
[1] Nach J. D'ANS u. E. LAX: Taschenbuch für Chemiker und Physiker, S. 1496. Berlin: Springer 1943.
[2] 27. Aufl., Bd. I S. 458. Berlin: W. Ernst & Sohn 1948.
[3] SUTHERLAND, W.: Phil. Mag. (5) Bd. 36 (1893) S. 507.

in ENGLER-Grade (E), SAYBOLT[1]- und REDWOOD-*Sekunden* (S bzw. R).

ν (cSt)	E	S	R	ν (cSt)	E	S	R
60	7,93	277,0	244	250	32,9	1151,5	1012
70	9,23	322,7	284	300	39,4	1381,5	1215
80	10,54	368,6	325	350	46,1	1611,5	1417
90	11,86	414,5	365	400	52,6	1841,0	1620
100	13,17	460,4	405	450	59,2	2072	1821
120	15,80	552,4	486	500	65,8	2301	2024
140	18,43	644,4	567	600	78,9	2761	2429
160	21,06	736,4	648	700	92,1	3222	2834
180	23,69	828,6	729	800	105,3	3682	3239
200	26,3	920,8	810	900	118,4	4142	3644
				1000	131,6	6404	4049

Die Werte der Konstanten B und C sind in Tab. 12 für einige kältetechnisch wichtige Gase enthalten; dabei wird η_0 in Poise erhalten.

Tabelle 12. *Konstanten*[2] *der* SUTHERLAND*schen Gleichung* (98).

Gasart	$B \cdot 10^7$	C	Gasart	$B \cdot 10^7$	C
Ammoniak	180,1	626	Methylenchlorid	140,3	425
Diäthyläther	93,6	325	Propan	101,9	341
Kohlendioxyd	165,5	274	Sauerstoff	174,7	138
Luft	150,3	123,6	Schwefeldioxyd	178,4	416
Methan	108,2	198	Stickoxydul	165,5	274
Methylchlorid	151,2	441	Wasserdampf (1 ata)	182,3	673

TRAUTZ[3] setzte

$$\eta_0 = \eta_{0k} \frac{\vartheta^2 - m_\infty}{\left[\frac{1}{2}(1+\vartheta 3/2)\right]^{\frac{4}{3}(1-m_\infty)}}. \qquad (99)$$

Darin ist η_{0k} die Viskosität bei der kritischen Temperatur (nicht im kritischen Punkt!), $\vartheta = T/T_k$, und m_∞ ist der Wert, den der doppeltlogarithmische Differentialquotient $m = \frac{d\ln\eta_0}{d\ln T}$ für $T \to \infty$ annimmt. TRAUTZ hat für m_∞ die in Tab. 13 enthaltenen Werte angegeben.

Tabelle 13. *Werte des Exponenten* m_∞ *in Gl.* (99) *nach* TRAUTZ.

Gasart	m_∞	Gasart	m_∞	Gasart	m_∞	Gasart	m_∞
C_2H_6	0,500	CO_2	0,526	CO	0,591	H_2	0,667
C_3H_8	0,500	N_2O	0,526	CH_4	0,588	HCl	0,777
SO_2	0,516	O_2	0,555	Ar	0,602	NH_3	0,888
C_2H_4	0,517	N_2	0,571	He	0,660	H_2O	1

In dieser Tabelle fällt auf, daß in zwei Fällen Gase von gleichem Molekulargewicht den gleichen Wert von m_∞ haben (einerseits CO_2 und N_2O, andererseits N_2 und CO).

Für Wasserdampf mit $m_\infty = 1$ ist η_0 der absoluten Temperatur proportional. In den Gln. (97) und (97a) wird dann auch $n = 1$.

---
[1] SAYBOLT-Sekunden bezogen auf 100° F = 38° C.
[2] Nach dem Handbuch der Exp. Phys. Bd. 4, 4. Teil, Zähigkeitsmessungen von S. ERK, S. 529. Leipzig: Akad. Verl.-Ges. 1932.
[3] TRAUTZ, M.: Ann. Phys. 5. Folge, Bd. 11 (1931) S. 190.

In Abb. 17 ist die dynamische Viskosität und in Abb. 18 die kinematische Viskosität (bei 760 Torr) einiger Gase im idealen Gaszustand im Bereich tiefer Temperaturen dargestellt[1].

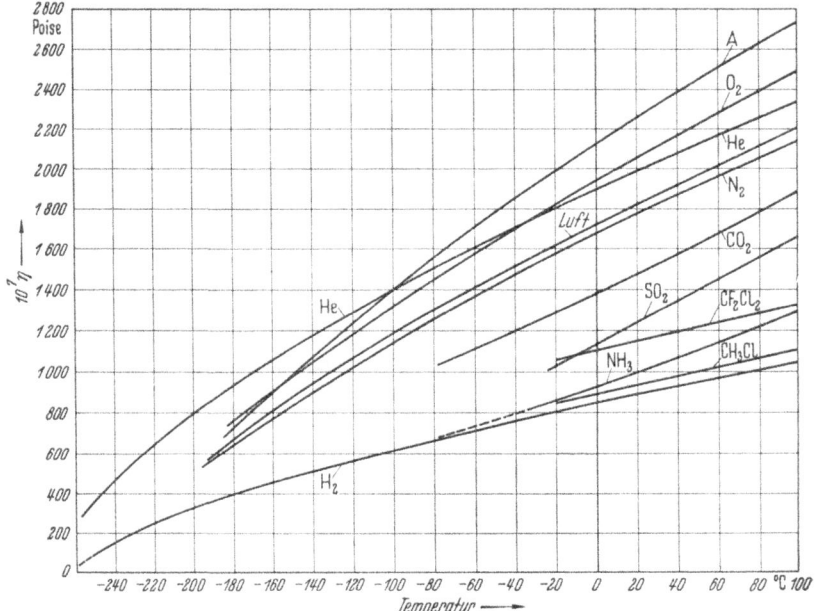

Abb. 17. Dynamische Viskosität η von Gasen in Abhängigkeit von der Temperatur (1 Atm).

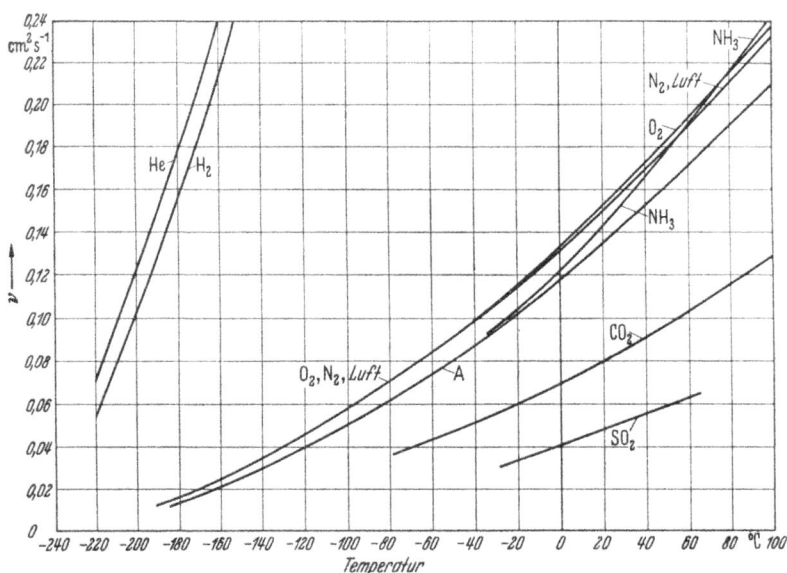

Abb. 18. Kinematische Viskosität ν von Gasen in Abhängigkeit von der Temperatur (1 Atm).

BENNING und MARKWOOD haben die Viskosität mehrerer Freone und von Methylchlorid bei $p \leq 1$ Atm. im Temperaturbereich von -30 bis etwa $+80°$ C

---

[1] Nach S. ERK: Handbuch der Exp. Phys., vgl. Fußnote 2 auf S. 59. Die Werte für CF_2Cl_2 und CH_3Cl sind hinzugefügt.

gemessen[1]. Sie konnten ihre Messungen durch die Formel

$$\eta_0 \cdot 10^4 = A \sqrt{T} - B \tag{100}$$

ausdrücken. Dabei erhält man η_0 in cP, wenn man für A und B folgende Zahlenwerte einsetzt:

Gasart	$CFCl_3$	CF_2Cl_2	$CHFCl_2$	CHF_2Cl	$C_2F_3Cl_3$	CH_3Cl
A	10,59	9,63	10,04	12,23	8,08	10,82
B	73,70	41,10	59,25	82,10	36,60	79,00

Ein sehr allgemeines Verfahren für die Berechnung der Viskosität η_0 nicht polarer Gase wurde in neuerer Zeit von BROMLEY und WILKE angegeben[2]. Die Gleichung lautet:

$$\eta_0 = 0{,}0026693 \left[\frac{1}{r_0^2}\sqrt{\frac{\mu\varepsilon}{k}}\right] f\left(\frac{kT}{\varepsilon}\right). \tag{101}$$

Darin bedeuten:

r_0 eine charakteristische Molekülabmessung in Ångström-Einheiten (1 Å $= 10^{-8}$ cm),
μ das Molgewicht,
ε eine gaskinetische Energiegröße,
k die BOLTZMANN-Konstante.

Die Größe ε/k hat die Dimension einer Temperatur. Gl. (101) liefert η_0 in cP.

Tab. 14 enthält Werte von ε/k in °K und $\frac{1}{r_0^2}\sqrt{\frac{\mu\varepsilon}{k}}$ für verschiedene Gase. Für andere Gase kann angenähert gesetzt werden

$$\varepsilon/k \approx 0{,}75\, T_{kr} \quad \text{und} \quad r_0 \approx 0{,}833\, (v_{kr})^{1/3},$$

wobei v_{kr} das kritische Molvolum bedeutet.

Werte der Funktion $f\left(\frac{kT}{\varepsilon}\right)$ sind in Tab. 15 enthalten[3].

Will man z. B. die Viskosität von Luft bei $t = 0°$ C ermitteln, so findet man aus Tab. 14 $\varepsilon/k = 97$ und $\frac{1}{r_0}\sqrt{\frac{\mu\varepsilon}{k}} = 4{,}054$. Mit $\frac{kT}{\varepsilon} = \frac{273}{97} = 2{,}81$ findet man dann aus Tab. 15 $f\left(\frac{kT}{\varepsilon}\right) = 1{,}5905$. Also ist nach Gl. (101)

$$\eta_0 = 0{,}0026693 \cdot 4{,}054 \cdot 1{,}5905 = 0{,}0172 \text{ cP}.$$

Tabelle 14. *Werte von ε/k und $\frac{1}{r_0^2}\sqrt{\frac{\mu\varepsilon}{k}}$ in Gl. (101).*

Gasart	ε/k	$\frac{1}{r_0^2}\sqrt{\frac{\mu\varepsilon}{k}}$	Gasart	ε/k	$\frac{1}{r_0^2}\sqrt{\frac{\mu\varepsilon}{k}}$
Äthan	230	4,261	Methylalkohol	507	9,920
Äthylalkohol	391	6,762	Methylchlorid	855	18,24
Äthylen	205	4,234	Methylenchlorid	406	8,199
Argon	124	6,024	n-Pentan	345	4,741
iso-Butan	313	4,887	Propan	254	4,132
n-Butan	410	6,183	Sauerstoff	113,2	5,107
Helium	6,03	0,6739	Schwefeldioxyd	252	6,906
Kohlendioxyd	190	5,726	Stickoxydul	220	6,546
Luft	97	4,054	Wasserstoff	33,3	0,9301
Methan	136,5	3,105			

---

[1] BENNING, A. F., u. W. H. MARKWOOD jr.: Refrig. Engng. Bd. 37, April 1939, S. 243.
[2] BROMLEY, L. A., u. C. R. WILKE: Industr. Engng. Chem. Bd. 43 (1951), S. 1641.
[3] Die theoretischen Grundlagen für diese Ansätze findet man bei J. D. HIRSCHFELDER, R. B. BIRD u. E. L. SPOTZ: J. chem. Phys. Bd. 16 (1948) S. 968 und L. A. BROMLEY: Declassified Atomic Energy Commission, Report 525 (Nov. 1949).

Physikalische Eigenschaften von Kältemitteln.

Tabelle 15. *Werte der Funktion* $f\left(\dfrac{kT}{\varepsilon}\right)$.

$\dfrac{kT}{\varepsilon}$	0,00	0,01	0,02	0,03	0,04	0,05	0,06	0,07	0,08	0,09
0,3	0,1969	0,2025	0,2081	0,2138	0,2195	0,2252	0,2309	0,2366	0,2424	0,2482
0,4	0,2450	0,2598	0,2657	0,2716	0,2775	0,2834	0,2893	0,2953	0,3013	0,3073
0,5	0,3134	0,3195	0,3256	0,3317	0,3378	0,3440	0,3502	0,3564	0,3626	0,3688
0,6	0,3751	0,3814	0,3877	0,3940	0,4003	0,4066	0,4129	0,4192	0,4256	0,4320
0,7	0,4384	0,4448	0,4512	0,4576	0,4640	0,4704	0,4768	0,4832	0,4897	0,4961
0,8	0,5025	0,5089	0,5153	0,5218	0,5282	0,5346	0,5410	0,5474	0,5538	0,5602
0,9	0,5666	0,5730	0,5794	0,5858	0,5922	0,5985	0,6049	0,6112	0,6176	0,6239
1,0	0,6302	0,6365	0,6428	0,6491	0,6554	0,6616	0,6679	0,6741	0,6804	0,6866
1,1	0,6928	0,6990	0,7052	0,7114	0,7176	0,7237	0,7299	0,7360	0,7422	0,7483
1,2	0,7544	0,7605	0,7666	0,7727	0,7788	0,7849	0,7910	0,7970	0,8031	0,8091
1,3	0,8151	0,8211	0,8270	0,8330	0,8390	0,8449	0,8508	0,8567	0,8626	0,8685
1,4	0,8744	0,8803	0,8861	0,8920	0,8978	0,9036	0,9094	0,9152	0,9210	0,9268
1,5	0,9325	0,9383	0,9440	0,9497	0,9554	0,9611	0,9668	0,9724	0,9781	0,9837
1,6	0,9894	0,9950	1,0006	1,0062	1,0118	1,0174	1,0230	1,0286	1,0342	1,0397
1,7	1,0453	1,0509	1,0564	1,0619	1,0674	1,0729	1,0783	1,0837	1,0892	1,0946
1,8	1,0999	1,1052	1,1105	1,1158	1,1211	1,1264	1,1317	1,1370	1,1423	1,1476
1,9	1,1529	1,1582	1,1634	1,1686	1,1738	1,1790	1,1842	1,1894	1,1945	1,1997
2,0	1,2048	1,2099	1,2150	1,2201	1,2252	1,2303	1,2354	1,2405	1,2456	1,2507
2,1	1,2558	1,2608	1,2658	1,2708	1,2758	1,2808	1,2858	1,2908	1,2958	1,3008
2,2	1,3057	1,3106	1,3155	1,3204	1,3253	1,3302	1,3351	1,3400	1,3449	1,3498
2,3	1,3547	1,3596	1,3644	1,3692	1,3740	1,3788	1,3836	1,3884	1,3932	1,3980
2,4	1,4028	1,4076	1,4124	1,4172	1,4219	1,4266	1,4313	1,4360	1,4407	1,4454
2,5	1,4501	1,4548	1,4594	1,4640	1,4686	1,4732	1,4778	1,4824	1,4870	1,4916
2,6	1,4962	1,5008	1,5054	1,5100	1,5146	1,5192	1,5237	1,5282	1,5327	1,5372
2,7	1,5417	1,5462	1,5507	1,5552	1,5597	1,5641	1,5685	1,5729	1,5773	1,5817
2,8	1,5861	1,5905	1,5949	1,5993	1,6037	1,6081	1,6125	1,6169	1,6212	1,6255
2,9	1,6298	1,6341	1,6384	1,6427	1,6470	1,6513	1,6556	1,6599	1,6642	1,6685
3,0	1,6728	1,6771	1,6814	1,6857	1,6900	1,6943	1,6986	1,7028	1,7070	1,7112
3,1	1,7154	1,7196	1,7238	1,7280	1,7322	1,7364	1,7406	1,7448	1,7490	1,7532
3,2	1,7573	1,7614	1,7655	1,7696	1,7737	1,7778	1,7819	1,7860	1,7901	1,7942
3,3	1,7983	1,8024	1,8065	1,8106	1,8147	1,8188	1,8228	1,8268	1,8308	1,8348
3,4	1,8388	1,8429	1,8469	1,8509	1,8549	1,8589	1,8629	1,8669	1,8709	1,8749
3,5	1,8789	1,8829	1,8869	1,8909	1,8949	1,8989	1,9029	1,9068	1,9108	1,9147
3,6	1,9186	1,9225	1,9264	1,9303	1,9342	1,9381	1,9420	1,9459	1,9498	1,9537
3,7	1,9576	1,9615	1,9654	1,9693	1,9732	1,9771	1,9810	1,9848	1,9886	1,9924
3,8	1,9962	2,0001	2,0039	2,0077	2,0115	2,0153	2,0191	2,0229	2,0267	2,0305
3,9	2,0343	2,0381	2,0419	2,0457	2,0495	2,0533	2,0571	2,0608	2,0645	2,0682
4,0	2,0719	2,0757	2,0794	2,0831	2,0868	2,0905	2,0942	2,0979	2,1016	2,1053
4,1	2,1090	2,1127	2,1164	2,1201	2,1238	2,1275	2,1312	2,1349	2,1385	2,1421
4,2	2,1457	2,1494	2,1531	2,1567	2,1604	2,1640	2,1676	2,1712	2,1748	2,1784
4,3	2,1820	2,1856	2,1892	2,1928	2,1964	2,2000	2,2036	2,2072	2,2108	2,2144
4,4	2,2180	2,2216	2,2252	2,2288	2,2324	2,2360	2,2396	2,2431	2,2466	2,2501
4,5	2,2536	2,2572	2,2607	2,2643	2,2678	2,2713	2,2748	2,2783	2,2818	2,2853
4,6	2,2888	2,2923	2,2958	2,2993	2,3028	2,3063	2,3098	2,3133	2,3168	2,3203
4,7	2,3237	2,3272	2,3307	2,3342	2,3376	2,3411	2,3446	2,3481	2,3515	2,3549
4,8	2,3583	2,3618	2,3653	2,3687	2,3722	2,3756	2,3790	2,3824	2,3858	2,3892
4,9	2,3926	2,3960	2,3994	2,4028	2,4062	2,4096	2,4130	2,4163	2,4197	2,4231
5,0	2,4264	2,4298	2,4332	2,4365	2,4399	2,4432	2,4466	2,4499	2,4532	2,4565

$\dfrac{kT}{\varepsilon}$	0,0	0,1	0,2	0,3	0,4	0,5	0,6	0,7	0,8	0,9
5,0	2,426	2,460	2,493	2,526	2,559	2,591	2,623	2,655	2,687	2,719
6,0	2,751	2,782	2,813	2,844	2,874	2,904	2,934	2,964	2,994	3,024
7,0	3,053	3,082	3,111	3,140	3,169	3,197	3,225	3,253	3,281	3,309
8,0	3,337	3,365	3,392	3,419	3,446	3,473	3,500	3,527	3,554	3,581
9,0	3,607	3,634	3,660	3,686	3,712	3,738	3,764	3,790	3,816	3,841
10,0	3,866	3,892	3,917	3,943	3,968	3,993	4,018	4,043	4,068	4,093

Für $10 < \dfrac{kT}{\varepsilon} < 400$ gilt $f\left(\dfrac{kT}{\varepsilon}\right) = 0{,}878 \left(\dfrac{kT}{\varepsilon}\right)^{0{,}645}$.

Man erhält

für $\dfrac{kT}{\varepsilon} =$	10	20	30	40	50	60	70	80	90	100	200	300
$f\left(\dfrac{kT}{\varepsilon}\right) =$	3,866	6,063	7,880	9,488	10,958	12,324	13,615	14,839	16,010	17,137	26,80	34,81

Ist η_{01} bei T_1 bekannt, so berechnet sich η_{02} bei T_2 aus der Gleichung

$$\eta_{02} = \eta_{01} \frac{f\left(\dfrac{kT_2}{\varepsilon}\right)}{f\left(\dfrac{kT_1}{\varepsilon}\right)},$$

so daß man nur den Wert ε/k zu kennen braucht.

Gl. (101) gibt auch für polare Gase angenähert richtige Werte. Bei H_2O beträgt z. B. der Fehler etwa 6%.

Solange sich die Gase bei tiefen Drücken ideal verhalten, ist ihre dynamische Viskosität unabhängig vom Druck. Für höhere Drücke nimmt aber die Viskosität mit wachsendem Druck stark zu.

UYESHARA und WATSON[1] haben Berechnungen über den Einfluß des Druckes und der Temperatur auf die Viskosität auf Grund des Gesetzes der korrespondierenden Zustände durchgeführt. BROMLEY und WILKE[2] haben die Berechnungen von UYESHARA und WATSON graphisch dargestellt, indem sie das Verhältnis der Viskosität η beim Druck P zur Viskosität η_0 bei 1 Atm über der reduzierten Temperatur T/T_k für verschiedene Werte des Parameters P/P_k aufgetragen haben. Abb. 19 stellt einen Ausschnitt aus diesem Diagramm dar. Ein ähnliches Diagramm für engere Druck- und Temperaturbereiche war schon früher von COMINGS und EGLY bekanntgegeben[3].

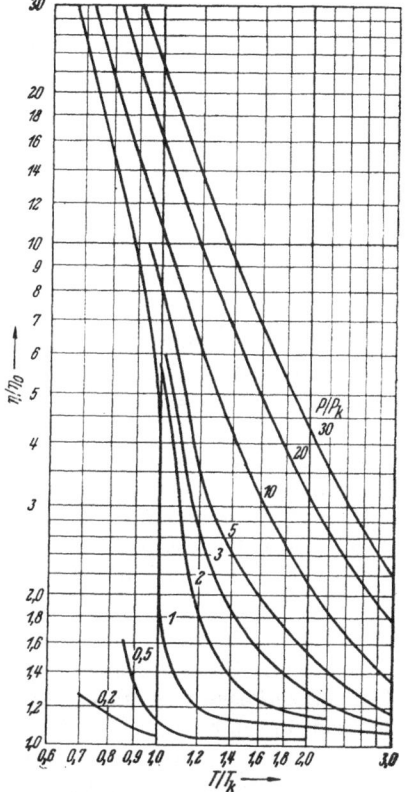

Abb. 19. Verhältnis η/η_0 der Viskositäten bei P Atm und 1 Atm als Funktion der reduzierten Temperatur T/T_K bei verschiedenen reduzierten Drücken P/P_K.

Die Viskosität läßt sich auch in ähnlicher Weise wie der Druck P durch eine „Zustandsgleichung" als Funktion der Temperatur T und des spezifischen Volums v darstellen[4]. Man setzt

$$\eta = \eta_0\left(1 + \frac{A_1}{v} + \frac{A_2}{v^2} + \cdots\right), \tag{102}$$

wobei η_0 wieder der temperaturabhängige Grenzwert der Viskosität im idealen Gaszustand ist. $A_1, A_2, \ldots$ sind individuelle Stoffkonstanten. Für Wasserdampf

---

[1] UYESHARA, O. A., u. K. M. WATSON: Natl. Petroleum News Bd. 36 (1944) S. 764.
[2] Vgl. Fußnote 2 auf S. 61.
[3] COMINGS, E. W., u. R. S. EGLY: Industr. Engng. Chem. Bd. 32 (1940) S. 714.
[4] JÄGER, G.: Wiener Ber. Bd. 108, Abt. 2a (1899), S. 447. PLANK, R.: Forsch. Ing.-Wes. Bd. 4 (1933) Nr. 1 S. 1.

findet man z. B. eine gute Übereinstimmung der Messungen von SPEIERER[1] mit dem Ansatz

$$\eta = \eta_0 \left(1 + \frac{0,0175}{v} + \frac{0,0025}{v^2}\right), \qquad (102\,\text{a})$$

wobei man im Meßbereich von 100 bis 350° C setzen kann

$$10^8\,\eta_0 = 125,9 + 0,38\,(t - 100) \text{ in kg} \cdot \text{sek/m}^2;$$

v ist in m³/kg einzusetzen.

Die von PHILLIPS gemessenen Viskositätswerte von CO_2* im Bereich von 20 bis 110 ata lassen sich bei $t = 20$, 30 und 40° C durch die Gleichung

$$\eta = \eta_0 \left(1 + \frac{1,75}{v} - \frac{3,32}{v^2} + \frac{9,65}{v^3}\right) \qquad (102\,\text{b})$$

wiedergeben[2], wobei v in l/kg eingesetzt und η in kg · sek/m² erhalten wird. Gl. (102 b) gibt sowohl die Viskosität des Dampfes als auch der Flüssigkeit richtig wieder und gilt auch für den kritischen Punkt. Für η_0 gelten folgende Werte:

$$t = \quad 20° \qquad 30° \qquad 40°\,\text{C}$$
$$10^8\,\eta_0 = 148,7 \quad 153,4 \quad 158,1 \text{ kg} \cdot \text{sek/m}^2.$$

Tabellen für die Viskosität verschiedener Kältemittel (NH_3, CO_2, SO_2, CH_3Cl) in den kältetechnisch wichtigen Druck- und Temperaturbereichen, umfassend das Dampf- und Flüssigkeitsgebiet, findet man im Taschenbuch für Chemiker und Physiker von J. D'ANS und E. LAX[3].

β) *Reine Flüssigkeiten.* Während die Viskosität von Gasen mit der Temperatur zunimmt, findet man bei Flüssigkeiten das entgegengesetzte Verhalten: die Viskosität nimmt mit wachsender Temperatur sehr schnell ab. Für Wasser ist z. B. bei 0° C $\eta = 1,789$ cP und bei 100° C $\eta = 0,282$ cP.

Es sind viele empirische Formeln für die Funktion $\eta = f(t)$ empfohlen worden[4]. Am besten scheint sich der Ansatz

$$\eta = \frac{c}{(a + t)^n} \qquad (103)$$

zu bewähren, worin a, c und n Konstanten sind. Für Alkohole, deren Viskositäts-Temperaturkurve sehr stark gekrümmt ist, versagt jedoch diese Formel wie auch die meisten anderen.

BENNING und MARKWOOD[5] benutzen Gl. (103), um ihre Meßwerte von *siedenden* flüssigen Freonen und Methylchlorid darzustellen. Die Konstanten haben dabei folgende Werte, wobei η in cP erhalten wird (Tab. 16):

Tabelle 16. *Werte der Konstanten zu Gl. (103).*

Flüssigkeit	$CFCl_3$	CF_2Cl_2	$CHFCl_2$	CHF_2Cl	$C_2F_3Cl_3$	CH_3Cl
c	55,44	2,349	21,43	1,593	6154	5,773
a	91,25	75,38	102,0	78,79	118,7	120,3
n	1,0252	0,4805	0,8548	0,4137	1,8401	0,6399
η in cP bei $-40°$ C	0,980	0,423	0,629	0,351	—	0,349
bei $+60°$ C	0,323	0,222	0,277	0,207	0,442	0,208

Rechnet man nicht mit der Viskosität, sondern mit der Fluidität $\varphi = 1/\eta$, so kann man auch dafür empirische Gleichungen für die Temperaturabhängigkeit

---

[1] SPEIERER, H.: VDI-Forsch.-Heft 273. Berlin 1925.
* PHILLIPS, P.: Proc. roy. Soc., Lond. Bd. 87 (1912) S. 48.
[2] PLANK, R.: Vgl. Fußnote 4 auf S. 63.   [3] S. 1098, Berlin: Springer 1943.
[4] Vgl. S. ERK: Handbuch der Exp. Phys. S. 541 ff., vgl. Fußnote 2 auf S. 59.
[5] Vgl. Fußnote 1 auf S. 61.

angeben. BINGHAM[1] schlug den Ansatz mit 4 Konstanten vor:

$$T = A\varphi + C - \frac{B}{\varphi - D}, \qquad (104)$$

wobei in vielen Fällen $D = 0$ wird; für Alkohole hat aber D einen endlichen Wert. Diese Gleichung gibt die Viskositätsmessungen von THORPE und RODGER[2] an 87 Flüssigkeiten im Temperaturbereich von 0 bis 140° sehr genau wieder.

Für hochviskose Flüssigkeiten, z. B. Schmieröle, bedient man sich vielfach der von WALTHER und UBBELOHDE vorgeschlagenen Formel für die kinematische Viskosität[3]

$$\lg\lg(\nu + a) = b + c\lg t \qquad (105)$$

mit drei empirischen Konstanten. Eine bessere Übereinstimmung liefert in einem weiten Temperaturbereich die Formel von UMSTÄTTER[4]

$$\operatorname{Ar sinh} \ln \frac{\eta}{\eta_{t=0}} = A + B\lg t \qquad (105\,\mathrm{a})$$

in der A und B empirische Konstanten sind. In einem entsprechend eingeteilten Funktionspapier liefert obige Gleichung für $\eta = f(t)$ gerade Linien.

Ein Einfluß des Druckes auf die Viskosität von Flüssigkeiten macht sich erst bei sehr hohen Drücken und in der Nähe des kritischen Zustands bemerkbar. Die Viskosität nimmt mit wachsendem Druck zu; eine Ausnahme bildet nur Wasser bei Temperaturen von 0° bis 20° C, wobei die Viskosität bei Drücken von 1 bis 1000 ata zuerst abnimmt und erst bei noch höheren Drücken wieder ansteigt. In der Kältetechnik hat man es mit so hohen Drücken nicht zu tun, so daß der Druckeinfluß bei unseren Überlegungen vernachlässigt werden kann. Von Bedeutung wird er dagegen bei der Schmiermittelreibung. KIESSKALT[5] fand aus eigenen und älteren Versuchen den empirischen Ansatz

$$\eta_p = \eta_{p=1\,\mathrm{ata}}\, a^p,$$

wobei p in ata einzusetzen ist und a ein von der Temperatur abhängiger Stoffwert ist, der nur wenig über 1 liegt.

Bei Annäherung an das kritische Gebiet macht man am besten von Ansätzen nach Gl. (102) Gebrauch, stellt also die Viskosität als Funktion der Temperatur und des spezifischen Volums dar.

γ) *Lösungen.* Die Viskosität von Lösungen und Gemischen ändert sich in der verschiedenartigsten Weise mit der Zusammensetzung. Eine brauchbare Theorie konnte für diese Veränderlichkeit noch nicht aufgestellt werden. Bei konstanter Temperatur erhält man beim Auftragen der Viskosität über der Zusammensetzung Kurven von sehr verschiedenem Charakter. Die Kurven können konkav oder konvex verlaufen, Maxima, Minima oder Wendepunkte aufweisen. Gemische von Wasser mit Methyl- oder Äthylalkohol ergeben bei mittleren Konzentrationen Maximalwerte von η, die um so höher sind, je tiefer die Temperatur ist. Bei 0° C ist für Wasser $\eta = 1{,}79$ cP, für Äthylalkohol $\eta = 1{,}78$ cP; für ein Gemisch mit 40% Alkohol in der Lösung ist aber $\eta = 7{,}14$ cP. Bei wässerigen Lösungen von Glykol bzw. Glyzerin nimmt die Viskosität mit dem Gehalt an diesen Stoffen dauernd zu. Tabellen für die Viskosität wässeriger Salzlösungen als Funktion des Salzgehalts und der Temperatur findet man in den „Kältemaschinenregeln"[6].

---

[1] BINGHAM, E. C.: Vgl. Fußnote 1 auf S. 57.
[2] THORPE, T. E., u. J. W. RODGER: Phil. Trans. roy. Soc. Bd. 185 (1894) S. 397 und Bd. 189 (1897) S. 90.
[3] UBBELOHDE, L.: Zur Viskosimetrie, Verl. Mineralölforschg. 1935.
[4] UMSTÄTTER, H.: Arch. techn. Messen V 9122—6; Lieferung 178 (1950).
[5] KIESSKALT, S.: Forsch. Ing.-Wes. Beih. Nr. 291 (1927).
[6] 5. Aufl., Karlsruhe: C. F. Müller 1956.

Die Formel von GRUNBERG und NISSAN[1]

$$\lg \eta = \xi_M \lg \eta_1 + (1 - \xi_M) \lg \eta_2 + \xi_M (1 - \xi_M) C,$$

in der η_1 und η_2 die Viskositäten der reinen Komponenten, ξ_M die Molkonzentration und C eine Konstante bedeuten, eignet sich nur für Gemische von Flüssigkeiten von angenähert gleicher Viskosität und ähnlicher Molekülstruktur. Für Gemische von Kältemitteln und Schmierölen eignet sich besser der für kolloide Suspensionen geltende Ansatz von EINSTEIN[2] mit den Erweiterungen von KUHN[3], GUTH[4] sowie EURICH, BÜRGEL und MARGARETHA[5].

$$\eta = \eta_{KM}(1 + a\mathfrak{v} + b\mathfrak{v}^2). \tag{106}$$

Darin sind η_{KM} die Viskosität des reinen Kältemittels, $\mathfrak{v}$ die Volumkonzentration des Öls, a und b Konstanten. Für ein Gemisch von F12 mit einem paraffin-

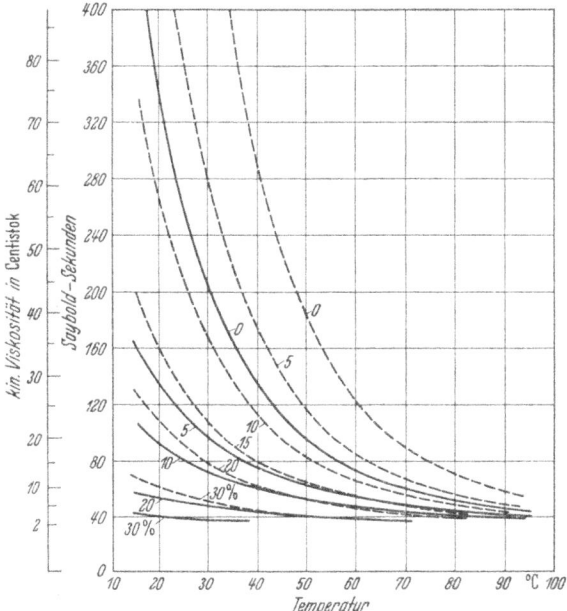

Abb. 20. Kinematische Viskosität von zwei Ölen in reinem Zustand und gemischt mit 5 bis 30 Gew.-% F12 als Funktion der Temperatur.
————— Öl von 150 SAYBOLT-Sekunden; — — — Öl von 325 SAYBOLT-Sekunden.

basischen Pale Oil fand BAMBACH[6] $a = 5,8$ und $b = 21$, gültig bis 20% Öl im Gemisch.

Aus der letzten Formel ist schon zu erkennen, daß die Viskosität von Ölen durch die darin gelösten Kältemittel herabgesetzt wird. Da manche Kältemittel (z. B. Methylchlorid und die Freone) sich in sehr hohem Maße im Schmieröl auflösen, so kann dadurch eine sehr erhebliche Abnahme der Viskosität eintreten. In Abb. 20 ist die Temperaturabhängigkeit der Viskosität von zwei

---

[1] GRUNBERG, L., u. A. H. NISSAN: Nature Bd. 164 (1949) S. 799.
[2] EINSTEIN, A.: Ann. Phys. Bd. 19 (1906) S. 289 und Bd. 31 (1911) S. 591.
[3] KUHN, W.: Z. phys. Chem. Abt. A. Bd. 161 (1932) S. 1 und 427.
[4] GUTH, O., HOLD u. R. SIMHA: Kolloid-Z. Bd. 74 (1936) S. 266.
[5] EURICH, BÜRGEL, MARGARETHA: Kolloid-Z. Bd. 74 (1936) S. 276 u. Bd. 75 (1936) S. 20.
[6] BAMBACH, G.: Dissertation T. H. Karlsruhe 1954 und Abh. d. Deutschen Kältetechn. Ver. Heft 9, 1955. Karlsruhe: C. F. Müller.

verschiedenen Ölen in reinem Zustand und nach Aufnahme von 5 bis 30 Gew.-% F12 in 100-%-Lösung dargestellt[1]. Die ausgezogenen Kurven beziehen sich auf ein Öl mit einer Viskosität von 150 SAYBOLT-Sekunden bei 38° C (100° F), die gestrichelten Kurven auf ein Öl von 325 SAYBOLT-Sekunden. Die prozentuale Abnahme der Viskosität für einen bestimmten Freongehalt ist um so größer, je tiefer die Temperatur.

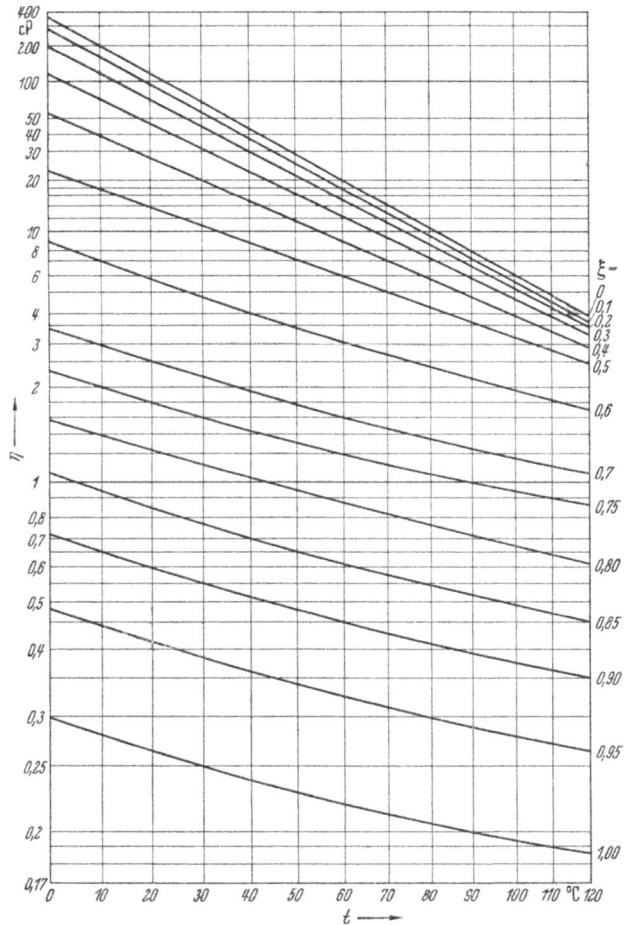

Abb. 21. Dynamische Viskosität von F12-Öl-Gemischen als Funktion der Temperatur bei verschiedenen Gewichtsanteilen von F12.

BAMBACH hat umfangreiche Messungen der Viskosität von Mischungen von F12 mit einem paraffinbasischen Pale-Oil durchgeführt[2]. In Abb. 21 ist die dynamische Viskosität η in cP über der Temperatur mit dem Gewichtsanteil ξ

---

[1] Vgl. Lubrication Bd. 21 (1935) Nr. 8 S. 87, herausgegeben von der Texas Company, New York; gekürzt in Refrig. Engng. Bd. 30 (1935) S. 201.

[2] BAMBACH, G.: Dissertation T. H. Karlsruhe 1954 und Abh. d. Deutschen Kältetechn. Ver. Heft 9, 1955. Karlsruhe: C. F. Müller.

des Freons in der Mischung als Parameter aufgetragen. Dabei wurde von der Gl. (105) Gebrauch gemacht und das Funktionspapier entsprechend eingeteilt. Bei genauer Gültigkeit der Formel müßten sich dann gerade Linien ergeben; der Verlauf ist aber nur bei hohen Ölgehalten und entsprechend hohen Viskositätswerten linear. In Abb. 22 ist η über ξ für verschiedene Temperaturen aufgetragen. Es fällt auf, daß die Viskosität des reinen Öls bei Zugabe von F 12 zunächst nur wenig abnimmt, woraus man schließen kann, daß die Bindungskräfte zwischen den Ölmolekülen bei weitem überwiegen. Bei kleinen Ölgehalten

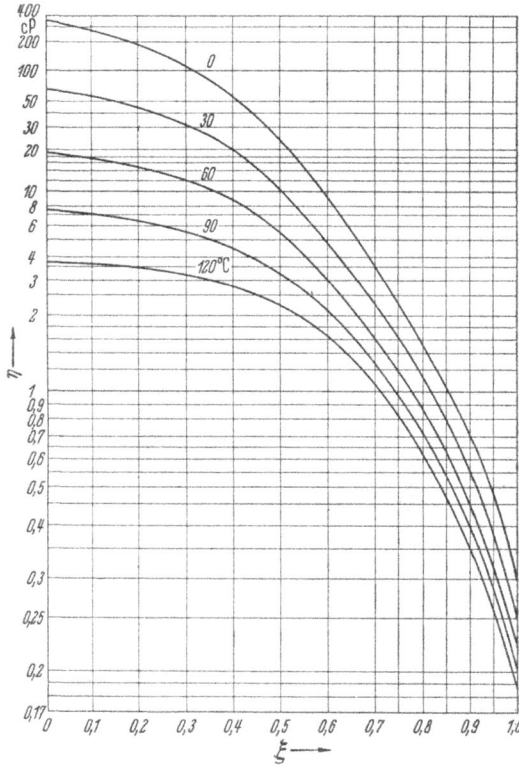

Abb. 22. Dynamische Viskosität von F 12-Öl-Gemischen als Funktion des Gewichtsanteils von F 12 bei verschiedenen Temperaturen.

ergaben die Versuchswerte eine gute Übereinstimmung mit den nach Gl. (106) berechneten Werten.

Für Vorgänge bei konstantem Druck, wie sie sich z. B. in Verdampfern von Kältemaschinen abspielen, ist zu beachten, daß sich die Viskosität des Freon-Öl-Gemisches sowohl durch den sich im Laufe der Verdampfung ändernden Sättigungsgehalt an Freon als auch sekundär durch ansteigende Temperatur verändert. Trägt man in Abb. 23 den Verlauf der Viskosität im Sättigungszustand über der Temperatur für verschiedene konstant gehaltene Drücke auf, so findet man, daß die Viskosität mit steigender Temperatur zunächst stark zunimmt, da die Abnahme des Freongehalts den Einfluß der Temperaturerhöhung übertrifft. Erst nach Überschreitung eines Maximums vermag der Restgehalt an Kältemittel den Viskositätsverlauf des jetzt im wesentlichen aus Öl bestehenden

Gemisches nicht mehr nennenswert zu beeinflussen, so daß die Viskosität mit wachsender Temperatur in ähnlicher Weise abfällt wie bei reinem Öl.

Für die Kältetechnik sind u. a. noch Gemische von Glyzerin bzw. von Äthylenglykol mit Wasser von Bedeutung. Für diese Gemische ist die Abhängigkeit der Viskosität von der Konzentration und der Temperatur in den Tab. 17 und 18 wiedergegeben.

Wegen weiterer Eigenschaften von Glyzerin-Wassergemischen vgl. Tab. 45.

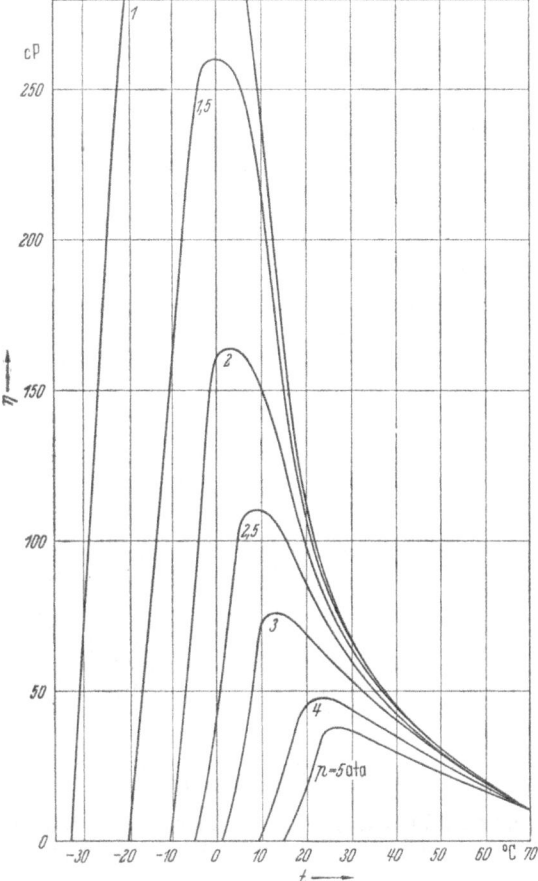

Abb. 23. Dynamische Viskosität von F12-Öl-Gemischen im Sättigungszustand als Funktion der Temperatur bei verschiedenen Drücken.

Wässerige Glyzerinlösungen werden gelegentlich für die Schmierung von CO_2-Kompressoren verwendet (s. S. 149 u. 271).

Wässerige Glykollösungen werden als Kälteübertragungsmittel benützt[1].

Gemische von Wasser und Ammoniak, die in Absorptionskältemaschinen Verwendung finden, werden im Bd. VII dieses Handbuches behandelt.

---

[1] Vgl. R. PLANK: Amerikanische Kältetechnik, 3. Bericht, S. 12. Düsseldorf: Dt. Ingen.-Verlag 1950. Dort sind auch Werte der spezifischen Wärme und der Wärmeleitzahl dieser Lösungen angegeben.

Tabelle 17. *Viskosität von Glyzerin-Wasser-Gemischen*[1]

Gew.-% Glyzerin	Spezifisches Gewicht bei 25° C kg/l	Viskosität in cP bei		
		20° C	25° C	30° C
0,0	0,997	1,005	0,893	0,802
5,0	1,009	1,143	1,010	0,900
10,0	1,021	1,311	1,153	1,024
15,0	1,033	1,517	1,331	1,174
20,0	1,045	1,769	1,542	1,360
25,0	1,058	2,095	1,810	1,590
30,0	1,071	2,501	2,157	1,876
35,0	1,084	3,040	2,600	2,249
40,0	1,097	3,750	3,181	2,731
45,0	1,111	4,715	3,967	3,380
50,0	1,124	6,050	5,041	4,247
55,0	1,138	7,997	6,582	5,494
60,0	1,151	10,96	8,823	7,312
65,0	1,165	15,54	12,36	10,02
70,0	1,179	22,94	17,96	14,32
75,0	1,192	36,46	27,73	21,68
80,0	1,206	62,0	45,86	34,92
85,0	1,219	112,9	81,5	60,05
90,0	1,232	234,6	163,6	115,3
95,0	1,245	545	366	248,8
97,5	1,252	885	571	387,4
100,0	1,258	1499	945	624

Tabelle 18. *Viskosität von Äthylenglykol-Wasser-Gemischen.*

Gew.-% Glykol	Gefrierpunkt ° C	Viskosität in cP bei						
		−30° C	−20° C	−10° C	0° C	10° C	20° C	30° C
0	0	—	—	—	1,79	1,31	1,00	0,80
10	− 3,7	—	—	—	2,37	1,72	1,28	0,96
20	− 8,9	—	—	(4,75)	3,20	2,33	1,70	1,25
30	−16,0	—	—	6,64	4,36	3,05	2,23	1,64
40	−25,5	—	15,3	9,08	5,76	4,00	2,90	2,12
50	−37,2	46,8	22,3	13,15	8,07	5,35	3,85	2,80
60	−51,0	70,0	33,0	18,08	11,17	7,20	5,25	3,60

2. Die Wärmeleitzahl.

a) Definition und Einheiten. Neben der Viskosität spielt die Wärmeleitzahl λ eine wichtige Rolle bei allen Vorgängen der Wärmeübertragung. Sie geht in die Kennzahlen von NUSSELT $Nu = \frac{\alpha d}{\lambda}$, von PÉCLET $Pe = \frac{w d}{a}$ und von PRANDTL $Pr = \frac{v}{a}$ ein, in denen α die Wärmeübergangszahl, w die Strömungsgeschwindigkeit, d eine charakteristische Länge, $a = \lambda/c\gamma$ die Temperaturleitzahl und v die kinematische Viskosität bedeuten; sie ist auch beim Kondensationsvorgang von entscheidendem Einfluß. Die Kenntnis der Wärmeleitzahl von Kältemitteln im flüssigen und dampfförmigen Zustand sowie von Luft, Wasser und Solen ist daher eine wichtige Voraussetzung für die Berechnung von Wärmeaustauschern. In Absorptionsmaschinen hat man es außerdem mit Gemischen zu tun, so daß auch für diese die Wärmeleitzahl bekannt sein muß.

---

[1] Nach J. D'ANS u. E. LAX: Taschenbuch für Chemiker und Physiker, S. 1103. Berlin: Springer 1943.

Die Wärmeleitzahl.

Die Wärmeleitzahl λ ist durch den BIOT-FOURIERschen Ansatz für den stationären eindimensionalen Wärmefluß in einer ebenen homogenen Wand definiert:

$$Q = -\lambda F \frac{dt}{dx} = \frac{\lambda}{\delta} F \Delta t.$$

in welchem Q den Wärmestrom, F die Oberfläche, x die zur Fläche F senkrechte Richtung des Wärmestroms, δ die Wandstärke und Δt die Temperaturdifferenz zweier Punkte im Abstand δ bedeuten.

Im physikalischen Maßsystem hat λ die Dimension $\frac{cal}{cm \cdot sek \cdot °C}$, im technischen Maßsystem $\frac{kcal}{m \cdot h \cdot °C}$. Es ist $1 \frac{cal}{cm \cdot sek \cdot °C} = 360 \frac{kcal}{m \cdot h \cdot °C}$ und daher $\lambda_{techn} = 360 \lambda_{phys}$.

Vielfach wird der Wärmestrom auch in Watt gemessen. Da $1 \frac{cal}{sek} = 4{,}184$ W entspricht, so ist $1 \frac{cal}{cm \cdot sek \cdot °C} = 4{,}184 \frac{W}{cm \cdot °C}$ und $1 \frac{kcal}{m \cdot h \cdot °C} = 0{,}01163 \frac{W}{cm \cdot °C}$.

In britischen Einheiten mißt man die Wärmeleitzahl in $\frac{Btu}{ft \cdot hr \cdot °F}$ oder, wenn die Fläche in Quadratfuß und die Wandstärke in Zoll gemessen wird, in $\frac{Btu \cdot inch}{sq \cdot ft \cdot hr \cdot °F}$. Es ist

$$1 \frac{Btu}{ft \cdot hr \cdot °F} = \frac{1}{12} \frac{Btu \cdot inch}{sq \cdot ft \cdot hr \cdot °F} = 0{,}00413 \frac{cal}{cm \cdot sek \cdot °C} = 1{,}488 \frac{kcal}{m \cdot h \cdot °C}$$
$$= 0{,}0173 \frac{W}{cm \cdot °C}.$$

Findet man daher in der anglo-amerikanischen Literatur Zahlenwerte der Wärmeleitzahl, die in $\frac{Btu}{ft \cdot hr \cdot °F}$ ausgedrückt sind, so muß man diese Zahlen multiplizieren

mit 1,488, um den Zahlenwert in $\frac{kcal}{m \cdot h \cdot °C}$ zu erhalten,

mit 0,00413, um den Zahlenwert in $\frac{cal}{cm \cdot sek \cdot °C}$ zu erhalten,

mit 0,0173, um den Zahlenwert in $\frac{W}{cm \cdot °C}$ zu erhalten,

mit 12, um den Zahlenwert in $\frac{Btu \cdot inch}{sq \cdot ft \cdot hr \cdot °F}$ zu erhalten.

b) Gase. Eine Wärmeleitzahl kann in Gasen (und Flüssigkeiten) nur gemessen werden, wenn darin keinerlei Konvektionsströme vorhanden sind. Die Wärmeleitzahl bezieht sich daher stets auf das „ruhende" Gas. Gase sind ganz allgemein schlechte Wärmeleiter. Bei 0° C und Atmosphärendruck findet man für verschiedene Gase die in Tab. 19 enthaltenen Werte.

Tabelle 19. *Wärmeleitzahlen von Gasen in $\frac{kcal}{m h °C}$ bei 0° C und 1 Atm.*

Gasart	λ	Gasart	λ
Ammoniak	0,0187	Sauerstoff	0,0209
Argon	0,0140	Stickoxydul	0,0129
F 12	0,0083	Stickstoff	0,0205
Helium	0,1235	Schwefeldioxyd	0,0072
Kohlendioxyd	0,0122	Wasserstoff	0,1510
Krypton	0,0076	Xenon	0,0043
Luft	0,0207		
		Wasserdampf bei 100°	0,0216

Nach der kinetischen Gastheorie erhält man für ideale Gase einen einfachen Zusammenhang zwischen der Wärmeleitzahl, der dynamischen Viskosität η_0 und der spezifischen Wärme c_v[1]. Mißt man in physikalischen Einheiten η_0 in $\frac{g_{Masse}}{cm \cdot sek}$ und c_v in $\frac{cal}{g_{Masse} \cdot °C}$, so ist

$$\lambda = K c_v \eta_0, \qquad (107)$$

und man erhält λ in $\frac{cal}{cm \cdot sek \cdot °C}$.

Mißt man dagegen in technischen Einheiten η_0 in $\frac{kg \cdot sek}{m^2}$ und c_v in $\frac{kcal}{kg \cdot °C}$, so ist

$$\lambda = K g c_v \eta_0, \qquad (107a)$$

wobei die Erdbeschleunigung $g = 9{,}81$ m/sek^2 ist. Man erhält dann zunächst λ in $\frac{kcal}{m \cdot sek \cdot °C}$ und muß den erhaltenen Zahlenwert noch mit 3600 multiplizieren, um λ in $\frac{kcal}{m \cdot h \cdot °C}$ zu erhalten. Der dimensionslose Proportionalitätsfaktor K hat in den Gln. (107) und (107a) den gleichen Zahlenwert. Dieser Zahlenwert ist jedoch durchaus nicht für alle Gase konstant; er hängt vielmehr von der Molwärme μc_v der Gase ab. Eine genaue theoretische Berechnung von K ist bisher nur für einatomige Gase durchgeführt worden, und es ergab sich dafür der Wert $K = 2{,}5$[*]. EUCKEN hat mit gewissen vereinfachenden Annahmen diese Berechnung auf mehratomige Gase ausgedehnt und fand dafür[2]

$$K = \frac{4{,}47}{\mu c_v} + 1. \qquad (108)$$

Für einatomige Gase erhält man daraus mit $\mu c_v = 2{,}98$ wieder den obigen Wert $K = 2{,}5$. Für zweiatomige Gase wird mit $\mu c_v = 4{,}96$ $K = 1{,}9$, für dreiatomige Gase $K \approx 1{,}75$, und für sehr hochatomige Gase nähert sich K dem unteren Grenzwert 1,0.

Mit $\varkappa = c_p/c_v$ und $\mu c_p - \mu c_v = 1{,}986$ wird $\mu c_v = \frac{1{,}986}{\varkappa - 1}$.

Daher kann man an Stelle von Gl. (108) auch schreiben

$$K = \frac{4{,}47}{1{,}986}(\varkappa - 1) + 1 = 2{,}25 \varkappa - 1{,}25. \qquad (108a)$$

Eine Prüfung der K-Werte nach Gl. (108) hat EUCKEN an Hand eines umfangreichen Versuchsmaterials durchgeführt und gefunden, daß diese Werte sowohl etwas zu klein als auch etwas zu groß ausfallen können. Bei unpolaren Molekeln, also solchen, die kein elektrisches Dipolmoment besitzen (z. B. Edelgase, H_2, N_2, O_2, Luft, CO_2, CH_4, C_2H_4, C_2H_6, C_3H_8, C_4H_{10}, CCl_4, CF_4 u. a.), ist der Wert von K nach Gl. (108) um 2 bis 3% zu erhöhen. Beim Vorhandensein eines Dipolmomentes ist dagegen K um so mehr zu erniedrigen (1 bis 10%), je größer das Dipolmoment ist.

Die Dipolmomente einiger Kältemittel sind[3]: $N_2O = 0{,}14$, $CFCl_3 = 0{,}45$, $CF_2Cl_2 = 0{,}51$, $CHFCl_2 = 1{,}29$, $CHF_2Cl = 1{,}40$, $NH_3 = 1{,}46$, $CH_2Cl_2 = 1{,}57$, $SO_2 = 1{,}60$, $CH_3Cl = 1{,}86$; alle diese Werte sind in 10^{18} dyn$^{1/2} \cdot$ cm^2 ausgedrückt.

---

[1] MAXWELL, J. C.: Collected Works Bd. II S. 1. Cambridge u. London 1890.
[*] BOLTZMANN, L.: Pogg. Ann. Bd. 157 (1876) S. 459. — Vgl. W. SCHWARZE: Ann. Phys. (4) Bd. 11 (1903) S. 303 und E. BANNAWITZ, daselbst, Bd. 48 (1915) S. 577.
[2] EUCKEN, A.: Phys. Z. Bd. 14 (1913) S. 324. — Forsch. Ing.-Wes. Bd. 11 (1940) S. 6.
[3] Vgl. D'ANS u. E. LAX: Taschenbuch für Chemiker und Physiker, S. 131 bis 135. Berlin: Springer 1943.

Ein hohes Dipolmoment hat auch Wasserdampf ($1{,}84 \cdot 10^{-18}$), der hier eine Ausnahme bildet und für den Gl. (108) nicht anwendbar ist (sie liefert um rd. 20% zu hohe Werte).

Mit wachsender Temperatur nimmt die Wärmeleitzahl der Gase zu. Das ist aus Gl. (107) leicht zu ersehen, denn K nimmt zwar mit steigender Temperatur langsam ab, dafür nimmt aber c_v langsam und η rasch zu. Der Temperaturkoeffizient beträgt bei den niedermolekularen Gasen 0,002 bis 0,003; bei den hochmolekularen ist er höher. Für Luft wurde neuerdings eine quadratische Gleichung angegeben[1]:

$$\lambda = 0{,}0207\,(1 + 0{,}00317\,t - 0{,}0000021\,t^2)$$

in kcal/m h °C. Die Gleichung liefert

bei $t =$	-100	0	$+100\,°C$
$\lambda =$	0,0137	0,0207	0,0268

Im Einklang mit der kinetischen Gastheorie ist die Wärmeleitzahl von Gasen in weiten Druckgrenzen vom Druck unabhängig. Bei sehr niedrigen Drücken, etwa unterhalb 2 Torr, beginnt aber λ mit sinkendem Druck abzunehmen, und unterhalb 0,1 Torr (wenn die Molekeln von der einen Gefäßwand zur anderen fliegen) ändert sich λ proportional dem Druck. Daher sind hochevakuierte Räume ausgezeichnete Wärmeisolatoren, wovon z. B. in DEWAR-Gefäßen Gebrauch gemacht wird.

c) **Reine Flüssigkeiten**[2]. Für die weitaus meisten reinen Flüssigkeiten findet man Werte von λ, die zwischen 0,11 und 0,14 $\frac{\text{kcal}}{\text{m} \cdot \text{h} \cdot °C}$ liegen. In der Reihe der gesättigten Kohlenwasserstoffe ändert sich λ bei 0° C nur von 0,122 beim Pentan bis 0,130 beim Dodekan. Besonders niedrige Wärmeleitzahlen haben die flüssigen Freone[3]; so findet man bei 20° C für F12 $\lambda = 0{,}062$, für F113 $\lambda = 0{,}065$ und für F114 $\lambda = 0{,}057$.

Für die Fluor–Chlor-Derivate des Methans $CH_xF_yCl_z$ mit $x + y + z = 4$ kann man bei 20° C von den empirischen Formeln

$$\left. \begin{aligned} \lambda &= 0{,}157 - 0{,}030\,y - 0{,}017\,z \\ \text{oder}\quad \lambda &= 0{,}089 + 0{,}017\,x - 0{,}013\,y \end{aligned} \right\} \quad (109)$$

Gebrauch machen[4].

Hohe Werte haben die Alkohole, und zwar steigend mit deren Wertigkeit: so erhält man bei 0° C für Äthylalkohol $\lambda = 0{,}150$, Äthylenglykol $\lambda = 0{,}217$; für n-Propylalkohol $\lambda = 0{,}139$, Glyzerin $\lambda = 0{,}241$. Einen besonders hohen Wert hat Wasser ($\lambda = 0{,}485$)[5].

Mit wachsender Temperatur nimmt die Wärmeleitzahl der Flüssigkeiten in genügender Entfernung vom kritischen Punkt langsam und nahezu linear ab[6].

---

[1] KANNULUIK, W. G., u. E. H. CARMAN: Austr. J. Sci. Res. A. Bd. 4 (1951) S. 305.
[2] SAKIADIS, B. C. & J. COATES, Engng. Exper. Sta. Baton Rouge, La. Bull. Nr. 34 (1952).
[3] RIEDEL, L.: Forsch. Ing.-Wes. Bd. 11 (1940) S. 340. Hier wird auch erläutert, warum die in der Literatur stark verbreiteten λ-Werte von BRIDGMAN zu hoch gemessen wurden.
[4] Z. ges. Kälteind. Bd. 49 (1942) S. 47.
[5] Für Quecksilber ist bei 0° C $\lambda = 7{,}5$. Eine ganz abnorm hohe Wärmeleitzahl hat Helium II, sie ist unter Umständen 800mal größer als die des Kupfers. Man bezeichnet daher Helium II als „supra-wärmeleitend".
[6] RIEDEL, L.: Chem.-Ing.-Technik Bd. 23 (1951) S. 321. In einer neueren Arbeit: Chem.-Ing.-Technik Bd. 27 (1955) S. 209 empfiehlt RIEDEL folgenden empirischen Ansatz: $\frac{\lambda}{\lambda_{0{,}6}} = 0{,}216 + 1{,}45\,(1 - \vartheta)^{2/3}$, wobei $\vartheta = T/T_k$ die reduzierte Temperatur ist und $\lambda_{0{,}6}$ die Wärmeleitzahl bei $\vartheta = 0{,}6$, also etwa beim normalen Siedepunkt, bedeutet.

Eine Ausnahme bildet jedoch Wasser, das bei 120° C ein flaches Maximum aufweist ($\lambda = 0{,}589$). Bei einigen mehrwertigen Alkoholen (Glykol, Glyzerin) wurde eine schwache Zunahme von λ mit wachsender Temperatur gemessen.

Eine befriedigende Theorie für die Wärmeleitzahl von Flüssigkeiten konnte bisher nicht aufgestellt werden. PASCHSKY[1] hat als erster darauf hingewiesen, daß λ der Schallgeschwindigkeit in der Flüssigkeit proportional ist. Diese Proportionalität erscheint auch in den neueren Theorien von BRIDGMAN[2] und KARDOS[3]. Die Übereinstimmung der berechneten Werte mit den gemessenen ist in vielen Fällen recht befriedigend, doch ergeben sich auch zahlreiche Abweichungen, so daß man sich auf diese Formeln nur bedingt verlassen kann. Ihr Wert ist praktisch nur gering, weil die Wärmeleitzahl bei einer viel größeren Anzahl von Stoffen gemessen wurde, als es für die Schallgeschwindigkeit der Fall ist.

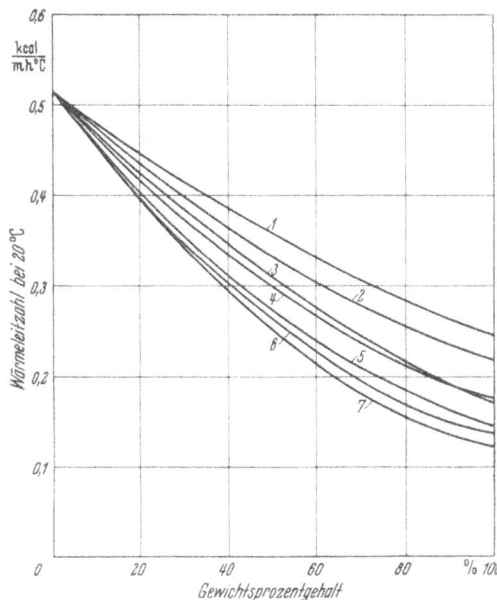

Abb. 24. Wärmeleitzahl wässeriger Lösungen bei verschiedenen Konzentrationen.

1 Glyzerin; *2* Äthylenglykol; *3* 1,2-Propylenglykol; *4* Methylalkohol; *5* Äthylalkohol; *6* n-Propylalkohol; *7* i-Propylalkohol.

Der Einfluß des Druckes auf die Wärmeleitzahl von Flüssigkeiten ist gering; erst bei sehr hohen Drücken nimmt λ wesentlich zu. So fand BRIDGMAN für 28 Flüssigkeiten, daß bei einer Erhöhung des Drucks von 1 auf 2000 Atm λ nur um 11 bis 15% zunimmt. Erst bei 12000 Atm verdoppelt sich der Wert von λ.

d) Lösungen[4]. Die älteren Messungen der Wärmeleitzahl von Mischungen verschiedener organischer Verbindungen mit Wasser sind vielfach recht ungenau. In neuerer Zeit hat jedoch RIEDEL zuverlässige Werte für wässerige Lösungen ein- und mehrwertiger Alkohole veröffentlicht[5]. Seine Ergebnisse sind in Abb. 24 für $t = 20°$ C dargestellt. Danach nimmt λ mit wachsender Konzentration des beigemengten Stoffes (Gewichtsprozente in der Lösung) zuerst schneller und dann immer langsamer ab. Die Messungen wurden für Temperaturen von -40 bis $+100°$ C durchgeführt und liefern im ganzen Temperaturbereich einen ähnlichen Verlauf von λ als Funktion der Zusammensetzung.

Wichtig für die Kältetechnik sind ferner die Wärmeleitzahlen wässeriger Salzlösungen (Solen). Auch an diesen hat RIEDEL sorgfältige Messungen durchgeführt[6]. Es zeigte sich, daß λ mit wachsendem Salzgehalt x (Gewichtsprozente in der Lösung) im technisch wichtigen Konzentrations- und Temperaturbereich

---

[1] PASCHSKY: J. Russ. Phys.-Chem. Ges. (1915) S. 276. — Vgl. O. D. CHWOLSON: Lehrbuch der Physik Bd. 3, S. 322 5. Aufl. Berlin-Petersburg-Moskau: Z. I. Gschebin 1923.
[2] BRIDGMAN, P. W.: Proc. Amer. Acad. Arts Sci. Bd. 59 (1923) S. 141.
[3] KARDOS, A.: Forsch. Ing.-Wes. Bd. 5 (1934) S. 14.
[4] Z. ges. Kälteind. Bd. 49 (1942) S. 47.
[5] RIEDEL, L.: Chem.-Ing.-Technik Bd. 23 (1951) S. 465.
[6] RIEDEL, L.: Kältetechnik Bd. 2 (1950) S. 99.

linear abnimmt. Man kann also setzen

$$\lambda = \lambda_w (1 - a x),$$

wobei λ_w die temperaturabhängige Wärmeleitzahl des reinen Wassers und a eine für jedes Salz charakteristische Konstante ist. Es ist

für	NaCl	KCl	MgCl$_2$	CaCl$_2$
$a =$	0,0017	0,0035	0,0046	0,0021

Für λ_w gilt zwischen 0 und 80° C die Gleichung

$$\lambda_w = 0{,}486 + 0{,}00155\, t - 0{,}000005\, t^2.$$

Unterhalb 0° C empfiehlt RIEDEL, die oberhalb 0° schwach gekrümmte λ-Kurve geradlinig ohne Knick fortzusetzen, wobei man erhält

bei	0°	−10°	−20°	−30°	−40°
$\lambda_w =$	0,486	0,473	0,459	0,445	0,431

e) Feste Körper brauchen in diesem Band des Handbuchs der Kältetechnik nicht behandelt zu werden, da die Kältemittel (mit Ausnahme des festen Kohlendioxyds) nur im flüssigen und gasförmigen Zustand in den Kältemaschinen in Erscheinung treten. Feste Kohlensäure vom höchstmöglichen spezifischen Gewicht ($\gamma_f = 1{,}56$) bei 1 Atm und $-78{,}5°$ C hat eine Wärmeleitzahl von $\lambda = 0{,}389$ kcal/m h° C. Auf die Wärmeleitzahl von Metallen und nichtmetallischen festen Körpern, insbesondere von Isolierstoffen, wird im Band I dieses Handbuches ausführlich eingegangen. Der Wärmefluß in festen Körpern wird im Band III eingehend behandelt.

f) Temperaturleitzahl und Prandtlsche Kennzahl. In manchen Fällen interessiert weniger die Frage des *Wärme*transports als die der Fortpflanzung der *Temperatur*. Von zwei Körpern mit gleicher Wärmeleitzahl λ wird sich die Temperatur in demjenigen schneller fortpflanzen, der die kleinere spezifische Wärme c und das kleinere spezifische Gewicht γ besitzt. Entscheidend ist die spezifische Wärme je Volumeinheit, also das Produkt $c \gamma$. Daher spielt neben der Wärmeleitzahl die Temperaturleitzahl

$$a = \frac{\lambda}{c \gamma} \tag{110}$$

eine wichtige Rolle[1]. Mißt man λ in $\frac{\text{kcal}}{\text{m} \cdot \text{h} \cdot °\text{C}}$, c in $\frac{\text{kcal}}{\text{kg} \cdot °\text{C}}$ und γ in m^3/kg, dann erhält man für a die Dimension m^2/h, also die gleiche Dimension wie für die kinematische Viskosität ν. Da die Wärmeleitungsvorgänge in der Technik meist bei konstantem Druck verlaufen, ist in Gl. (110) für die spezifische Wärme der Wert c_p einzusetzen.

Man erhält folgende Zahlenwerte:

Für Luft bei	−100°	0°	+100° C
$a =$	0,029	0,069	0,119 m^2/h

Für Wasser bei	0°	50°	100° C
$a \cdot 10^4 =$	4,73	5,6	6,1 m^2/h

In der Lehre von der Wärmeübertragung spielt die sogenannte PRANDTLsche Kennzahl

$$Pr = \frac{\nu}{a}, \tag{111}$$

---

[1] In der anglo-amerikanischen Literatur bezeichnet man die Temperaturleitzahl als *thermal diffusivity*.

die dimensionslos ist, eine sehr maßgebende Rolle. Sie ist, wie man sieht, eine reine Stoffeigenschaft; da sich aber sowohl ν als auch a mit der Temperatur verändern, ist auch in der Regel Pr temperaturabhängig. Bei Gasen macht sich der Einfluß der Temperatur aber nur sehr schwach bemerkbar. Für Luft behält die PRANDTLsche Kennzahl zwischen -100 und $+100°$ C den praktisch unveränderten Wert von 0,72.

Für Wasser findet man

bei	0°	50°	100° C
$Pr =$	13,6	3,6	1,75

Für zähe Öle erreicht die PRANDTLsche Kennzahl bei Zimmertemperatur Werte von 500 und mehr.

Mit Gl. (110) und $\nu = \dfrac{g\,\eta}{\gamma}$ erhält man

$$Pr = \frac{g\,c_p\,\eta}{\lambda}. \tag{111a}$$

Für *Gase* kann man nun in Gl. (107a) c_v durch c_p ersetzen, wenn man von dem Verhältnis $\varkappa = c_p/c_v$ Gebrauch macht. Es wird dann

$$\lambda = \frac{K}{\varkappa}\,g\,c_p\,\eta_0,$$

und daraus folgt mit Gl. (111a)

$$\frac{K}{\varkappa} = \frac{\lambda}{g\,c_p\,\eta_0} = \frac{1}{Pr}$$

und mit Gl. (108a)

$$\frac{1}{Pr} = 2{,}25 - \frac{1{,}25}{\varkappa}. \tag{112}$$

Daher wird für einatomige Gase mit $\varkappa = 5/3$ $Pr = 0{,}667$ und für zweiatomige Gase mit $\varkappa = 1{,}4$ $Pr = 0{,}736$. Mit wachsender Atomzahl im Molekül nähert sich Pr dem Wert 1. Da $\varkappa$ nur schwach von der Temperatur abhängt, so gilt das gleiche auch für Pr.

3. Die Oberflächenspannung.

Unter der Oberflächenspannung σ versteht man die für einen Oberflächenzuwachs erforderliche Arbeit (mkg) dividiert durch die Größe der neugebildeten Oberfläche (m²). Ihre Dimension ist daher kg/m. Die praktische Einheit ist jedoch 1 mg/mm, während die Physik als Einheit 1 dyn/cm benutzt. Es ist

1 dyn/cm = 0,102 mg/mm,
1 mg/mm = 9,81 dyn/cm.

Die Oberflächenspannung ist etwas verschieden, je nachdem ob sich über der Flüssigkeitsoberfläche der eigene gesättigte Dampf oder Luft befindet. Die Unterschiede sind jedoch praktisch vernachlässigbar.

Neben der Oberflächenspannung wird auch mit der spezifischen Kohäsion a^2 nach LAPLACE gerechnet. Es ist

$$a^2 = \frac{2\,\sigma}{\gamma}, \tag{113}$$

worin γ das spezifische Gewicht der Flüssigkeit ist. Mit σ in mg/mm und γ in mg/mm³ (= kg/l) erhält man a^2 in mm².

Mit steigender Temperatur nimmt die Oberflächenspannung ab und erreicht beim kritischen Punkt den Wert Null.

Die Oberflächenspannung beeinflußt den Dampfdruck an gekrümmten Oberflächen (z. B. an einem Flüssigkeitstropfen oder in einer Dampfblase). Ist p_∞ der Dampfdruck an einer ebenen Oberfläche, so erhält man für eine Oberfläche mit den Hauptkrümmungsradien R_1 und R_2

$$p = p_\infty + \frac{\sigma \gamma''}{\gamma' - \gamma''} \left(\frac{1}{R_1} + \frac{1}{R_2} \right),$$

wobei γ' und γ'' die spezifischen Gewichte der siedenden Flüssigkeit und des trocken gesättigten Dampfes sind. Für eine konkave Oberfläche (Dampfblase in der Flüssigkeit) sind R_1 und R_2 negativ, daher wird $p < p_\infty$. Für eine konvexe Oberfläche (Tropfen im Dampfraum) sind R_1 und R_2 positiv, daher $p > p_\infty$.

Die Oberflächenspannung beeinflußt den Wärmeübergang bei der Verdampfung. In der grundlegenden Theorie dieses Vorgangs nach JAKOB und LINKE[1] wird in der NUSSELTschen Kennzahl $Nu = \frac{\alpha d}{\lambda}$ die charakteristische Länge d nach Gl. (113) durch $\sqrt{\sigma/\gamma'}$ ausgedrückt.

Unter hohem Druck entweichen Kältemitteldämpfe durch feine Poren in gegossenen Zylindern von Kolbenkompressoren. Diese Poren werden in der Regel durch Schmieröl verschlossen, das eine ausreichende Oberflächenspannung besitzt. Die Erfahrungstatsache, daß Undichtigkeiten durch poröse Gußstücke sich besonders stark bei Verwendung von Freonen als Kältemittel bemerkbar machen, legte u. a. die Vermutung nahe, daß diese Stoffe und Freon-Öl-Gemische eine besonders niedrige Oberflächenspannung haben. Untersuchungen von LAINÉ und MOCK haben diese Vermutung bestätigt[2].

Werte der Oberflächenspannung einiger Flüssigkeiten findet man in Tab. 20.

Tabelle 20. *Oberflächenspannung σ von Flüssigkeiten in dyn/cm.*

Stoff	Temperatur °C	σ dyn/cm	Stoff	Temperatur °C	σ dyn/cm
Wasser	0	75,63	Schwefeldioxyd . .	− 50,6	37,2
	20	72,58		20	22,7
	50	67,80		50	16,8
	100	58,80	F 12	0	11,7[2]
Äthylalkohol	− 79	30,6		30	8,1[2]
	20	22,0	F 22	20	7,4
	80	16,6	Kältemaschinenöl .	0	32,6[2]
Ammoniak	− 29	41,2		30	30,2[2]
	0	26,4[2]	Stickoxydul	− 50	2,8
	30	19,8[2]		20	0,64
Kohlendioxyd	− 52,2	16,5	Stickstoff	− 193	8,27
	0	4,6	Sauerstoff	− 193	15,7
	25	0,6	Wasserstoff	− 258	2,8
Methylchlorid	0	19,5[2]	Helium	− 271,6	0,354
	30	14,6[2]		− 268,9	0,098

MACLEOD[3] gab einen Zusammenhang von σ mit γ' und γ'' in der Form

$$\sigma = C(\gamma' - \gamma'')^4, \tag{114}$$

worin die individuelle Konstante C für normale Flüssigkeiten von der Temperatur unabhängig ist und für assoziierte Flüssigkeiten schwach mit der Temperatur

---

[1] JAKOB, M., u. W. LINKE: Phys. Z. Bd. 96 (1935) S. 267.
[2] LAINÉ, P.: Bericht Nr. 129. Gruppe V, Sektion 55; IV. Congrès Intern. du Chauffage Industriel 1952.
[3] MACLEOD: Trans. Faraday Soc. Bd. 19 (1923) S. 38. — Vgl. auch D. T. LEWIS: J. chem. Soc. 1938 Part 1 S. 261.

ansteigt. Die Konstante C hängt nach Gl. (27) offenbar mit dem Parachor $[P]$ zusammen, und nach Gl. (28) auch mit der kritischen Temperatur.

Da man den Parachor einer einfachen chemischen Verbindung aus den bekannten Atomparachoren berechnen kann, so lassen sich dann nach Gl. (27) auch angenäherte Werte der Oberflächenspannung angeben[1].

Beispiele. Für die verschiedenen Atome gelten folgende Parachorwerte, wenn in Gl. (27) γ in g/cm³ und σ in dyn/cm eingesetzt werden[2]:

für	H	O	N	C	F	Cl	Br	S
Atomparachor	17,1	20,0	12,5	4,8	25,7	54,3	68,0	48,2

Daher wird der Parachor
für *Ammoniak* (NH_3): $[P] = 12{,}5 + 3 \cdot 17{,}1 = 63{,}8$,
für *Dichlormethan* (CH_2Cl_2): $[P] = 4{,}8 + 2 \cdot 17{,}1 + 2 \cdot 54{,}3 = 147{,}6$,
für F12 (CF_2Cl_2): $[P] = 4{,}8 + 2 \cdot 25{,}7 + 2 \cdot 54{,}3 = 164{,}8$.

In den folgenden Rechnungen wird γ'' gegen γ' vernachlässigt.

Für *Ammoniak* ist $\mu = 17$ und bei $-29°$C $\gamma' = 0{,}676$ g/cm³. Nach Gl. (27) wird

$$\sigma = \left(\frac{[P]}{\mu}\gamma'\right)^4 = \left(\frac{63{,}8}{17} \cdot 0{,}676\right)^4 = 41{,}6 \text{ dyn/cm}$$

gegenüber dem Meßwert von 41,2*.

Für *Dichlormethan* ist $\mu = 85$ und bei 15°C $\gamma' = 1{,}333$ g/cm³. Daher wird

$$\sigma = \left(\frac{147{,}6}{85} \cdot 1{,}333\right)^4 = 28{,}8 \text{ dyn/cm}$$

in Übereinstimmung mit dem Meßwert*.

Für F12 ist $\mu = 120{,}9$ und bei 15° $\gamma' = 1{,}345$, daher

$$\sigma = \left(\frac{164{,}8}{120{,}9} \cdot 1{,}345\right)^4 = 10{,}65 \text{ dyn/cm}.$$

Wie man sieht, ist die Oberflächenspannung von F12 in der Tat wesentlich niedriger als bei anderen Kältemitteln; der berechnete Wert stimmt mit den von LAINÉ und MOCK gemessenen gut überein. In *binären Gemischen* liegt die Oberflächenspannung zwischen den Werten der beiden Bestandteile, doch läßt sie sich nicht nach der Mischungsregel berechnen. In Abb. 25 sind die Ergebnisse von LAINÉ und MOCK für Gemische aus einem Kältemaschinen-Schmieröl mit Methylchlorid oder F12 bei $+20°$C dargestellt. Dabei ist die Oberflächenspannung über den Gewichtsprozenten ξ des Kältemittels im Gemisch aufgetragen.

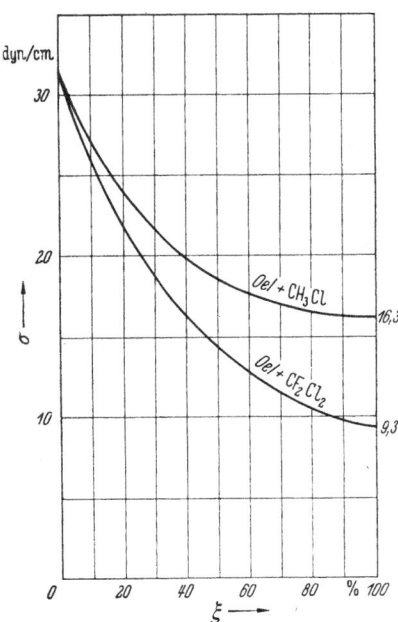

Abb. 25. Oberflächenspannung von Gemischen aus Schmieröl mit Methylchlorid bzw. mit F12 bei 20°C (nach LAINÉ und MOCK) in Abhängigkeit vom Kältemittelgehalt.

Wie man sieht, genügt schon ein geringer Zusatz des Kältemittels zum Schmieröl, um dessen Oberflächenspannung wesentlich herabzusetzen.

---

[1] Vgl. auch J. R. BROCK u. R. B. BIRD: J. Amer. Inst. Chem. Engng. Bd. 1 (1955) Nr. 2 S. 174.
[2] D'ANS, J., u. E. LAX: Taschenbuch für Physiker und Chemiker, S. 1014. Berlin: Springer 1943. Abweichende Werte des Atomparachors gaben S. A. MUMFORD u. J. W. PHILLIPS: J. chem. Soc. 1928 S. 155 u. 1929 S. 2112. — J. W. GIBLING: J. chem. Soc. 1941 S. 299; 1942 S. 661 u. 1943 S. 146.
* Vgl. Fußnote 3 auf S. 72 (dort S. 1007).

4. Elektrische Eigenschaften[1].

Die elektrischen Eigenschaften der Kältemittel werden bedeutungsvoll, wenn unter Spannung stehende oder stromführende Metallteile innerhalb der Kältemaschine mit dem Kältemittel in unmittelbare Berührung kommen. Zwischen solchen Teilen bestehen manchmal größere Potentialdifferenzen. Das Interesse für die elektrischen Eigenschaften der Kältemittel entstand denn auch im Zusammenhang mit der Einführung solcher gekapselter Kältemaschinen, bei denen der Elektromotor mit dem Kompressor in einem gemeinsamen hermetisch geschlossenen Gehäuse untergebracht und so der Einwirkung des Kältemittels ausgesetzt wurde. Es mag daran erinnert werden, daß bei der Entwicklung der „Autofrost"-Maschine der Firma A. Freundlich, Düsseldorf, die zu den ersten Maschinen mit eingebautem Elektromotor gehörte, erhebliche Schwierigkeiten mit der elektrischen Isolierung des Motors bei Verwendung von Ammoniak als Kältemittel auftraten. Diese konnten nur dadurch überwunden werden, daß die normale Netzspannung durch einen vorgeschalteten Transformator auf etwa 10 Volt herabgesetzt wurde[2].

Die unter Spannung stehenden Teile bei den modernen Bauarten von gekapselten Kältemaschinen sind vor allem die Stromdurchführungen, Verbindungsleitungen zum Ständer und Ständerwicklungen; hier können bei Kondensatormotoren vorübergehend Spannungen von 600 bis 800 V auftreten. Darüber hinaus gibt es bei größeren Maschinen auch Steuer- oder Regelgeräte, wie Verdichterleistungsregler oder Flüssigkeitsstandregler, bei denen ebenfalls spannungführende Teile im Kältemittel zu liegen kommen. Und schließlich werden einige Stoffe, die man als Kältemittel verwendet, wegen ihrer guten isolierenden Eigenschaften auch für andere Zwecke in der Technik gebraucht, z. B. in Hochspannungstransformatoren. Von den elektrischen Eigenschaften der Kältemittel interessieren: die *Durchschlagsfestigkeit*, die *Dielektrizitätskonstante* und die *elektrische Leitzahl (Leitfähigkeit)*.

a) Durchschlagsfestigkeit[3]. Die elektrische Durchschlagsfestigkeit *von Gasen* wird in Kilovolt je cm gemessen oder in Relativwerten, bezogen auf Stickstoff = 1, ausgedrückt[4]. Dabei beträgt bei Koronaentladung die Durchschlagsfestigkeit von Stickstoff bei 0° C und 1 Atm 38 kV/cm.

Eine höhere Durchschlagsfestigkeit besitzt Chlor (60 kV/cm) und Messungen haben ergeben, daß die Chlorderivate von Kohlenwasserstoffen eine um so höhere Festigkeit besitzen, je mehr Wasserstoffatome durch Chloratome ersetzt werden[3]. Die Festigkeit wächst außerdem, wie aus Tab. 21 zu ersehen ist, in der homologen

Tabelle 21. *Elektrische Durchschlagsfestigkeit von gesättigten Kohlenwasserstoffen und deren Chlorderivaten in kV/cm bei 1 Atm und 0° C.*

CH_4 . . . 22,3	C_2H_6 . . . 26,2	C_3H_8 . . . 37,2	C_4H_{10} . . 47,7	C_5H_{12} . . 63,1
CH_3Cl . . 45,6	C_2H_5Cl . . 109	C_3H_7Cl . . 160,9	C_4H_9Cl . . 200	$C_5H_{11}Cl$. 264
CH_2Cl_2 . . 226	$C_2H_4Cl_2$. 240			
$CHCl_3$ . . 162				
CCl_4 . . . 204				

---

[1] Die meisten in diesem Abschnitt mitgeteilten Zahlenwerte sind den Sammelwerken LANDOLT-BÖRNSTEIN, Bd. II und IIIc: International Critical Tables 1929, Bd. VI S. 74, 76 u. 142 sowie dem Taschenbuch von D'ANS u. LAX entnommen.

[2] PLANK, R., u. J. KUPRIANOFF: Die Kleinkältemaschine S. 146. Berlin/Göttingen/Heidelberg: Springer 1948.

[3] THORNTON, W. M.: Phil. Mag. Bd. 28 (1939) S. 666. — MUSSET, E., u. Mitarbeiter: Z. angew. Phys. Bd. 8 (1956) S. 8.

[4] Bei Verwendung von Fluoriden bezieht sich die relative Durchschlagsfestigkeit auf Stickstoff, der mit dem Dampf des Fluorids bei 23° C gesättigt ist. In amerikanischen Veröffentlichungen wird die Durchschlagsfestigkeit manchmal auch auf $C_2H_5Cl = 1$ bezogen.

Reihe mit wachsender Zahl der C-Atome, und zwar sowohl für die reinen Kohlenwasserstoffe, wie auch für die Chloride. Dabei ist die Zunahme durch ein Chloratom um so größer, je mehr C-Atome vorhanden sind.

Ebenso kann man feststellen, daß die Durchschlagsfestigkeit in dem Maße wächst, wie man in dem vollfluorierten Methan die Fluoratome durch Chloratome ersetzt:

Derivat	CF_4	CF_3Cl	CF_2Cl_2	$CFCl_3$	CCl_4
Durchschlagsfestigkeit (kV/cm)	38	53	91	114	204

Stark hiervon abweichende Werte haben neuerdings BEACHAM und DIVERS[1] veröffentlicht; sie geben für dampfförmiges F12 den Wert 148 kV/cm und für F11 nur 108 kV/cm. Für F22, F113 und Propan liegen ihre Werte zwischen 170 und 180 kV/cm, während VIGNERON[2] für F113 nur 99 kV/cm fand. Sehr groß sind auch die Unterschiede bei CCl_4: während THORNTON (Tab. 21) bei 0° 204 kV/cm angibt, findet man an anderer Stelle[3] bei 80°C nur 122 kV/cm. Vergleichsweise ist bei 23°C die Durchschlagsfestigkeit von NH_3 31, von CO_2 33 und von SO_2 72 kV/cm.

Mit wachsendem Gasdruck nimmt die Durchschlagsfestigkeit bedeutend zu. So fand VIGNERON[2] für Stickstoff bei 6,5 Atm eine 6,1fache Festigkeit und bei 15 Atm eine 13,6fache Festigkeit. Bei CF_2Cl_2 steigt die relative Durchschlagsfestigkeit von 2,4 bei 1 Atm auf 15,3 bei 6,5 Atm, also um das 6,4fache. Bei $C_2F_4Cl_2$ hat sich die Festigkeit bei 2 Atm gegenüber dem Wert bei 1 Atm genau verdoppelt[4]. Die Zunahme ist also in allen diesen Fällen nahezu dem Druck proportional. Ähnlich starke Zunahmen wurden auch in Gemischen von Halogenderivaten der Kohlenwasserstoffe mit Stickstoff beobachtet.

Für *flüssige* Kältemittel fanden BEACHAM und DIVERS[5] folgende Werte:

Kältemittel	F11	F12	F21	F22	F113	F114
Durchschlagsfestigkeit kV/cm	111	148	122	120	126	126

Durch Sättigung der flüssigen Freone mit Wasser tritt bei Raumtemperatur keine nennenswerte Änderung der Durchschlagsfestigkeit ein. Ebenso verhalten sich die flüssigen Freone beim Zusatz von 1 Vol.-% naphthenbasischem Schmieröl[5].

Bei den gekapselten Kältemaschinen kommt es darauf an, daß auch das *Schmieröl* eine hohe Durchschlagsfestigkeit besitzt. Diese wird durch gelöstes Wasser und durch suspendierte Verunreinigungen wesentlich herabgesetzt. Wasser allein übt nach STERN[4] keine ungünstige Wirkung aus, dagegen wird die Durchschlagsfestigkeit durch gelöste Gase, gebildete Säuren, öllöslichen Schlamm und feste Stoffe (Fasern, Staub, Metallabrieb) stark erniedrigt[6]. Besonders ungünstig wirkt sich nach ÖLSCHLÄGER[7] die Anwesenheit von Fasern aus, wenn im Öl gleichzeitig Wasser vorhanden ist. Die Durchschlagsfestigkeit kann danach nur als Maß für die Gesamtreinheit eines Öles dienen.

Es ist allgemein üblich, die Durchschlagsfestigkeit der zum Einfüllen in die Kältemaschinen gefilterten und getrockneten Öle durch Eintauchen von zwei Elektroden in die Ölprobe und Messung der Spannung zu ermitteln, bei der ein

---

[1] BEACHAM, E. A., u. R. T. DIVERS: Refrig. Engng. Bd. 63 (1955) S. 33; Modern Refrig. Bd. 58 (1956) S. 15.
[2] VIGNERON, H.: Nature, Paris, 1938 II S. 305 (Ref.: Chem. Zbl. 1939 I S. 895).
[3] Vgl. Gen. Electr. Rev. Bd. 40 (1937) S. 442.
[4] STERN, G.: ETZ Bd. 48 (1927) S. 1613.
[5] BEACHAM, E. A., u. R. T. DIVERS: Refrig. Engng. Bd. 63 (1955) S. 33.
[6] Rhenania Ossag Mineralölwerke: Isolieröle, S. 23. Berlin: Springer 1938. — Vgl. auch TH. WÖRNER: Erdöl u. Kohle Bd. 3 (1950) S. 427.
[7] ÖLSCHLÄGER, E.: Siemens-Z. Bd. 5 (1925) S. 29.

elektrischer Funke überspringt. In Deutschland werden nach VDE 0370/1936 Mindestwerte zwischen 125 und 250 kV/cm gefordert; als Elektroden dienen Kugelkalotten von bestimmtem Krümmungsradius und Durchmesser. Der Elektrodenabstand ist nicht festgelegt, so daß meist mit fester Spannung und bis zum Durchschlag verringertem Elektrodenabstand gearbeitet wird. Demgegenüber wird in den USA die Durchschlagsprüfung nach ASTM D 877—46 T mit Plattenelektroden von 1″ ⌀ und einem festen Abstand 0,1 bzw. 0,2″ durchgeführt,

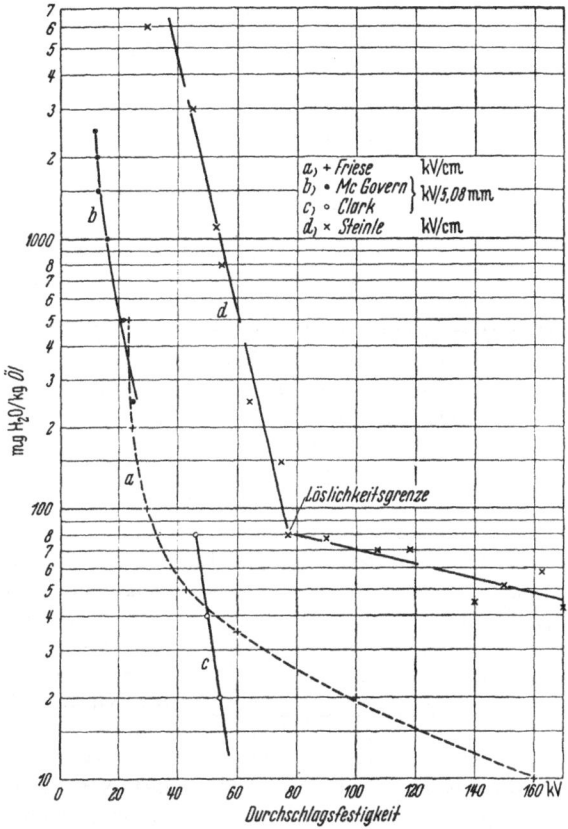

Abb. 26. Elektrische Durchschlagsfestigkeit von Ölen bei verschiedenem Wassergehalt.

wobei die Spannung um 3 kV/sek bis zum Durchschlag gesteigert wird. Öle, bei denen ein Überschlag während 1 sek bei 25 kV (entsprechend etwa 100 kV/cm) nicht erfolgt, werden als ausreichend angesehen[1]. BREWER[2] befürwortet eine Durchschlagsfestigkeit von mindestens 210 kV/cm. Die Abhängigkeit der Durchschlagsfestigkeit von Ölen vom Wassergehalt (Abb. 26) bildet den Gegenstand zahlreicher Untersuchungen[3].

b) Dielektrizitätskonstante. Unter der Dielektrizitätskonstanten ε eines Dielektrikums versteht man das Verhältnis der Kapazität eines elektrischen Kondensators

---

[1] Data Book der ASRE. Bd. I (1939/40) S. 63.
[2] BREWER, A. F.: Air Cond. Refr. News vom 22. VI. 1938 S. 13.
[3] FRIESE, R. M.: Wiss. Veröff. Siemens-Konz. Bd. 1 (1921) S. 41. — J. Franklin Inst. Bd. 199 (1923). — E. W. McGOVERN: Refrig. Engng. Bd. 31 (1936) S. 20. — F. M. CLARK: Electr. Engng. Transactions Bd. 59 (1940) S. 443.

mit dem Dielektrikum zu seiner Kapazität im Vakuum. Im elektrostatischen System ist für das Vakuum $\varepsilon = 1$. Die Dielektrizitätskonstante von Luft bei 1 Atm und 0° C ist $\varepsilon_L = 1{,}0006$, also nur um 0,06% größer als im Vakuum. Daher kann man die sehr viel größeren ε-Werte von festen und flüssigen Stoffen statt auf Vakuum auf Luft beziehen. Bei Gasen dagegen wird stets auf Vakuum bezogen, weil dafür ε nur wenig größer als 1 ist.

α) *Gase.* Bei 20° C und 1 Atm wird für gasförmiges NH_3 $\varepsilon = 1{,}0072$ und für gasförmiges SO_2 $\varepsilon = 1{,}0085$. Bei der F-Gruppe ist ε im Gaszustand noch kleiner; bei 0,5 Atm und 25 bis 30° C ist für CF_2Cl_2 $\varepsilon = 1{,}0016$ und für CF_4 sogar nur $\varepsilon = 1{,}0006$ (wie bei Luft). Für $CHFCl_2$ und CHF_2Cl wird $\varepsilon = 1{,}0035$. Einen verhältnismäßig hohen Wert hat Methylchlorid bei 1 Atm und 20°, nämlich $\varepsilon = 1{,}011$.

Die Dielektrizitätskonstante ändert sich mit dem spezifischen Gewicht γ bzw. mit der Dichte nach dem Gesetz von CLAUSIUS-MOSSOTTI[1], welches lautet

$$\frac{\varepsilon - 1}{\varepsilon + 2} \cdot \frac{1}{\gamma} = \text{konst}. \tag{115}$$

Dieses Gesetz wurde an *flüssigen und gasförmigen* Körpern vielfach geprüft, wobei sich häufig gute Übereinstimmung ergab, manchmal aber auch Abweichungen gefunden wurden. Einen besonders eindrucksvollen Beweis für die Gültigkeit dieser Gleichung lieferte VERAIN[2] durch seine Beobachtungen an CO_2-Gas. Da bei Gasen ε sich nur sehr wenig von 1 unterscheidet, so kann im Nenner $\varepsilon + 2 \approx 3$ gesetzt werden. Für mäßige Drücke und in genügender Entfernung von der Sättigung gilt ferner angenähert das ideale Gasgesetz, daher wird

$$(\varepsilon - 1)\frac{T}{p} = \text{konst}. \tag{116}$$

VERAIN hat nun die in Tab. 22 angegebenen Werte von ε bei verschiedenen p und T gemessen, und man überzeugt sich leicht, daß sie der Gl. (116) genügen.

Tabelle 22.
Dielektrizitätskonstanten ε von gasförmigem CO_2.

Temperatur ° C	Druck in Atm			
	1,0	2,0	4,0	5,0
9	1,00092	1,00186	1,00388	1,00507
30		1,00174	1,00364	1,00482
66	1,00076	1,00150	1,00317	1,00423

Allgemein sinkt bei Gasen ε mit wachsender Temperatur und steigt mit wachsendem Druck. Die Abnahme von ε für Gase mit zunehmender Temperatur wurde schon von BAEDEKER durch Versuche mit NH_3, SO_2, H_2O, CS_2 sowie mit Dämpfen von Methyl- und Äthylalkohol nachgewiesen[3]. Bis zu sehr hohen Drücken wurde das CLAUSIUS-MOSSOTTIsche Gesetz für Luft, O_2, H_2, N_2O, CH_3Cl bestätigt; man muß dann natürlich von der Form der Gl. (115) Gebrauch machen.

Für siedende Flüssigkeit (ε') und trocken gesättigten Dampf (ε'') von CO_2 fand VERAIN[2] bis in unmittelbare Nähe des kritischen Punktes folgende Werte:

$$t\,[°C] = \quad 0 \qquad 10 \qquad 20 \qquad 30$$
$$\varepsilon' = \quad 1{,}58 \quad 1{,}54 \quad 1{,}48 \quad 1{,}32$$
$$\varepsilon'' = \quad 1{,}04 \quad 1{,}07 \quad 1{,}11 \quad 1{,}21$$

---

[1] MOSSOTTI: Bibl. Univ. de Genève Bd. 6 (1847) S. 193. — Atti Soc. Ital. delle Scienze, 26. — R. CLAUSIUS: Mechanische Wärmetheorie Bd. II S. 62. Braunschweig: Vieweg & Sohn 1879. — Zahlreiche Meßergebnisse mit theoretischen Überlegungen findet man bei O. D. CHWOLSON: Lehrbuch der Physik, 3. Aufl., Bd. 4 S. 314—324. Berlin, Petersburg u. Moskau: Z. I. Grzebin 1923.
[2] VERAIN: C. R. Bd. 154 (1912) S. 345. — Ann. Phys. (9) Bd. 1 (1914) S. 255 und 523.
[3] BAEDEKER, K.: Z. phys. Chem. Bd. 36 (1901) S. 305.

Im kritischen Punkt bei 31° fallen beide Werte zusammen ($\varepsilon_k = 1{,}25$). Diese Werte folgen aber nicht dem CLAUSIUS-MOSSOTTIschen Gesetz.

Bei verschiedenen Freonen wurden Isothermen der Dielektrizitätskonstanten ε bei Drücken unterhalb 1 Atm aufgenommen. Nach Gl. (116) wäre dann zu erwarten $(\varepsilon - 1)/p =$ konst. Wie die Werte in Tab. 23 zeigen, ist diese Gesetzmäßigkeit in der Tat angenähert erfüllt.

Tabelle 23. *Dielektrizitätskonstanten verschiedener Freone bei konstanter Temperatur und bei verschiedenen Drücken*[1].

$CFCl_3$ $t = 26{,}0°\,C$			CF_2Cl_2 $t = 29{,}0°\,C$			CHF_2Cl $t = 25{,}4°\,C$			$C_2F_4Cl_2$ $t = 26{,}8°\,C$		
Druck p Torr	$(\varepsilon-1)\cdot 10^6$	$\frac{(\varepsilon-1)\cdot 10^6}{p}$	Druck p Torr	$(\varepsilon-1)\cdot 10^6$	$\frac{(\varepsilon-1)\cdot 10^6}{p}$	Druck p Torr	$(\varepsilon-1)\cdot 10^6$	$\frac{(\varepsilon-1)\cdot 10^6}{p}$	Druck p Torr	$(\varepsilon-1)\cdot 10^6$	$\frac{(\varepsilon-1)\cdot 10^6}{p}$
73	350	4,79	83	320	3,85	82	720	8,78	63	340	5,40
129	600	4,65	157	650	4,13	105	960	9,14	93	520	5,59
189	920	4,86	188	790	4,20	154	1370	8,90	150	830	5,53
270	1320	4,89	331	1410	4,26	205	1870	9,11	225	1250	5,55
339	1670	4,93	417	1760	4,22	311	2820	9,06	328	1800	5,49
448	2250	5,02	504	2140	4,25	410	3740	9,12	416	2300	5,52
498	2510	5,04	719	3050	4,25	509	4690	9,22	512	2870	5,60
						611	5640	9,22	605	3400	5,61
						711	6580	9,25	715	4040	5,65

Dagegen zeigen zwei Versuchsreihen mit NH_3 und SO_2, die bei dem konstanten Druck von 1 Atm aber bei verschiedenen Temperaturen durchgeführt wurden, keine Übereinstimmung mit Gl. (116). Man würde hier $(\varepsilon - 1)\,T =$ konst erwarten, es zeigte sich aber, daß dieses Produkt mit wachsender Temperatur ständig abnimmt, wie aus den Werten in Tab. 24 zu ersehen ist.

Tabelle 24. *Dielektrizitätskonstanten von NH_3 und SO_2 bei $p = 1$ Atm und bei verschiedenen Temperaturen (die mitgeteilten Meßwerte beziehen sich auf die Frequenz von 10^6 Hertz)*.

NH_3 *			SO_2 **		
Temperatur °C	$(\varepsilon - 1)\cdot 10^3$	$(\varepsilon - 1)\,T$	Temperatur °C	$(\varepsilon - 1)\cdot 10^3$	$(\varepsilon - 1)\,T$
−30	9,2	2,23			
0	7,2	1,97	0	9,5	2,59
100	4,0	1,49	100	5,3	1,98
185	2,7	1,24	175	3,9	1,75

In diesem Zusammenhang sei darauf hingewiesen, daß DEBYE in der von ihm entwickelten Theorie der Dielektrika die Formel (115) (bei konstantem Druck) wie folgt umgewandelt hat[2]

$$\left(\frac{\varepsilon-1}{\varepsilon+2}\right) T = a + b\,T. \tag{117}$$

Für Gase nimmt sie die Form an

$$(\varepsilon - 1)\,T = A + B\,T \tag{117a}$$

In den Konstanten a und A ist das permanente Dipolmoment enthalten.

---
[1] KOGLIN: Kurzes Handbuch der Chemie, Zweiter Teilbd., 1953. Göttingen: Vandenhoeck & Ruprecht.
* BAEDEKER, K.: Z. phys. Chem. Bd. 36 (1901) S. 305.
** ZAHN: Phys. Rev. Bd. 27 (1926) S. 455.
[2] DEBYE, P.: Phys. Z. Bd. 13 (1912) S. 97.

Die Werte von $(\varepsilon - 1)\,T$ in Tab. 24 ergeben in Gl. (117a) einen negativen Temperaturkoeffizienten B; die Abhängigkeit des Produktes $(\varepsilon - 1)\,T$ von der Temperatur ist nicht linear.

Bei hohen Drücken weichen auch die Dielektrizitätskonstanten von Gasen erheblich von dem Wert 1 ab. So ist für NH_3 von 100° C bei 20 Atm $\varepsilon = 1{,}095$ und bei 50 Atm $\varepsilon = 1{,}386$.

β) *Flüssigkeiten.* Sehr kleine Werte hat die Dielektrizitätskonstante bei He (1,058 bei − 270,8°) und H_2 (1,22 bei − 253,1°). Die wasserstofffreien Freone haben auch ziemlich kleine Werte:

	$CFCl_3$	CF_2Cl_2	$C_2F_3Cl_3$	$C_2F_4Cl_2$
$\varepsilon =$	2,28	2,13	2,44	2,17
$t\ (°C) =$	29	29	30	31

Ist in dem Freon noch ein H-Atom vorhanden, dann sind die ε-Werte infolge Vergrößerung des Dipolmomentes gleich viel höher:

	$CHFCl_2$	CHF_2Cl
$\varepsilon =$	5,34	6,11
bei $t\ [°C] =$	28	24

Bei Methylchlorid (CH_3Cl) steigt der ε-Wert bei − 20° C schon auf 12,6. Sehr hohe Werte hat Wasser:

$t\ [°C] =$	0	18	40	50
$\varepsilon =$	88	81,1	73,4	70,5

Neuerdings haben BEACHAM und DIVERS[1] etwas niedrigere ε-Werte für die F-Gruppe angegeben:

Kältemittel:	F 11	F 12	F 21	F 22	F 113	F 114
$\varepsilon =$	1,93	1,74	4,88	6,12	1,68	1,83

Durch Sättigung mit Wasser bzw. durch Zusatz von 1 % Öl werden diese Werte nicht verändert.

Auch die Alkohole haben recht hohe Werte, und zwar (bei Zimmertemperatur)

	Methylalkohol	Äthylalkohol	Glykol	Glyzerin
$\varepsilon =$	31,2	25,8	41,2	56,2

Die Gl. (115) ist nach ihrer Ableitung nicht auf Gase beschränkt, sondern auch für Flüssigkeiten gültig. Allgemein nimmt ε auch bei Flüssigkeiten mit wachsender Temperatur ab, die CLAUSIUS-MOSSOTTIsche Formel wird aber durch Versuche nicht immer bestätigt[2]; im allgemeinen liefern die Messungen für H_2O eine gute Übereinstimmung. Für SO_2 und CH_3Cl ergeben sich die Werte nach Tab. 25, die das Gesetz ebenfalls annähernd bestätigen. Für NH_3 erhält man aber größere Abweichungen:

$t\ [°C] =$	− 77	− 50	− 34	+ 14	+ 24
$\gamma'\ [kg/l] =$	0,733	0,702	0,683	0,619	0,6043
$\varepsilon =$	25,4	22,7	22,0	16,2	14,9
$\dfrac{\varepsilon - 1}{\varepsilon + 2} \cdot \dfrac{1}{\gamma'} =$	1,215	1,252	1,280	1,352	1,365

Ähnliche Abweichungen bestehen für Benzol, Toluol, Chloroform und Äther, während die Formel bei Xylol gut stimmt[3].

---

[1] Vgl. Fußnote 1 auf S. 80. — [2] CHWOLSON, O. D.: Vgl. Fußnote 1 auf S. 82.
[3] TANGL: Ann. Phys. (4) Bd. 10 (1903) S. 748.

Tabelle 25.
Prüfung des Gesetzes von CLAUSIUS-MOSSOTTI, Gl. (115) für flüssiges SO_2 und CH_3Cl bei 1 Atm.

SO₂				CH₃Cl			
Temperatur °C	Spezifisches Gewicht γ' kg/l	Dielektrizitätskonstante ε	$\dfrac{\varepsilon-1}{\varepsilon+2}\cdot\dfrac{1}{\gamma'}$	Temperatur °C	Spezifisches Gewicht γ' kg/l	Dielektrizitätskonstante ε	$\dfrac{\varepsilon-1}{\varepsilon+2}\cdot\dfrac{1}{\gamma'}$
0	1,434	15,6	0,578	−70	1,087	16,92	0,775
15	1,396	13,8	0,581	−60	1,068	15,95	0,780
22	1,377	12,4	0,575	−50	1,049	15,00	0,785
60	1,264	10,8	0,605	−40	1,031	14,07	0,788
100	1,184	7,8	0,586	−30	1,014	13,22	0,792
				−20	0,997	12,6	0,796

c) Elektrische Leitzahl und spezifischer elektrischer Widerstand. Der durch das OHMsche Gesetz definierte elektrische Widerstand $R\,[\Omega]$ in einer Leitung von der Länge l [cm] und dem Querschnitt F [cm²] ist definiert durch die Gleichung

$$R = \varrho\,\frac{l}{F} = \frac{l}{\varkappa\,F}.$$

Hierin ist $\varrho\,[\Omega\,\text{cm}]$ der spezifische elektrische Widerstand und $\varkappa = \dfrac{1}{\varrho}\,[\Omega^{-1}\,\text{cm}^{-1}]$ die elektrische Leitzahl (spezifische Leitfähigkeit).

Aus der Definition des Ohms (Widerstand einer Quecksilbersäule von $l = 106,3$ cm und $F = 1$ mm² bei 0° C) folgt, daß Quecksilber einen spezifischen Widerstand von $\varrho = \dfrac{1}{106,3\cdot 100}$ und eine elektrische Leitzahl von $\varkappa = 1,063 \times 10^4\,[\Omega^{-1}\,\text{cm}^{-1}]$ hat. Viele Metalle haben noch wesentlich höhere Leitzahlen, z. B. Aluminium $41,5\cdot 10^4$, Kupfer $64,4\cdot 10^4$.

Demgegenüber besitzen reine Flüssigkeiten nur eine außerordentlich geringe elektrische Leitzahl. Aber schon durch geringe gelöste Mengen von Elektrolyten wird die Leitfähigkeit bedeutend vergrößert. Praktisch ist es sehr schwierig, eine vollkommen elektrolytfreie Flüssigkeit zu erhalten. Nach vielen Bemühungen gelang es KOHLRAUSCH und HEYDWEILER, außerordentlich reines Wasser herzustellen, und sie fanden dafür $\varkappa = 43\cdot 10^{-9}\,[\Omega^{-1}\,\text{cm}^{-1}]$ bei 18° C. Auf rechnerischem Wege fanden sie für absolut reines Wasser $\varkappa = 40\cdot 10^{-9}$, also einen um das 10^{13}fache kleineren Wert als für Aluminium[1]. Der Temperaturkoeffizient der Leitfähigkeit von Wasser ist aber sehr groß, es wird bei 0° $\varkappa = 10\cdot 10^{-9}$ und bei 50° C $\varkappa = 170\cdot 10^{-9}$.

Charakteristisch ist, daß man die Leitzahl einer wässerigen Lösung eines Elektrolyten als Funktion der Konzentration x häufig durch empirische Gleichungen der Form $\varkappa = ax - bx^2$ darstellt, so daß sich für das reine Lösungsmittel ($x = 0$) $\varkappa = 0$ ergibt.

Auch andere Flüssigkeiten besitzen im chemisch reinen Zustand eine äußerst kleine Leitfähigkeit.

Es interessieren an dieser Stelle natürlich in erster Linie die flüssigen Kältemittel. Von neueren Messungen an Kältemitteln sind in Tab. 26 einige Werte angegeben.

Ebenso wie Wasser kommen auch Kältemittel niemals in chemisch absolut reinem Zustand vor, zumindest sind sie fast immer mit etwas Schmieröl verunreinigt. Aber sie enthalten auch stets geringe Mengen Wasser, welches beim Durchgang des Stromes in Wasserstoff und Sauerstoff zersetzt wird. Der Sauerstoff in statu nascendi ist die Quelle für weitere Reaktionen mit all ihren unliebsamen Folgen. Bei den Freonen tritt durch Sättigung mit Wasser bzw. durch Zusatz

---

[1] KOHLRAUSCH, F., u. HEYDWEILER: Wied. Ann. Bd. 53 (1894) S. 209.

Tabelle 26.
Elektrische Leitzahl $\varkappa$ von flüssigen Kältemitteln in $\Omega^{-1}\,\text{cm}^{-1}$

Stoff	Temperatur °C	$\varkappa\,[\Omega^{-1}\,\text{cm}^{-1}]$
Ammoniak	18	$1 \cdot 10^{-7}$
Schwefeldioxyd . .	35	$1,5 \cdot 10^{-8}$
Äthyläther	25	$< 4 \cdot 10^{-13}$
Methylamin	—	$7 \cdot 10^{-7}$
Dimethylamin . . .	−37,5	$2,2 \cdot 10^{-9}$
Äthylamin	0	$4 \cdot 10^{-7}$
F 11[1]	22	$1,6 \cdot 10^{-13}$
F 12[1]	22	$2 \cdot 10^{-13}$
F 21[1]	22	$1,1 \cdot 10^{-9}$
F 22[1]	22	$1,1 \cdot 10^{-8}$
F 113[1]	22	$2,2 \cdot 10^{-13}$
F 114[1]	22	$1,5 \cdot 10^{-13}$

von 1 Vol.-% Öl keine Änderung der elektrischen Leitfähigkeit ein[1]. Im Falle von SO_2 entsteht SO_3 und weiter H_2SO_4, im Falle von CH_3Cl oder von Freonen kann es bei Überschreitung eines bestimmten Wassergehaltes zur Bildung von Salzsäure kommen. Im Hinblick darauf, daß die Feuchtigkeit die elektrischen Eigenschaften der Kältemittel-Öl-Gemische ungünstig beeinflußt, wird man die inneren Teile und die Füllung der Kältemaschinen so trocken wie möglich halten, und den pulverförmigen Metallabrieb durch Filter zurückhalten.

Liegen Teile einer gekapselten Kältemaschine unter Spannung im flüssigen Kältemittel, so kann es, obwohl hierbei ausschließlich Wechselstrom verwendet wird, doch zu einer Strom- und Teilchenwanderung kommen, wie sie beim Vorhandensein eines geeigneten Elektrolyten auftritt. Ob die sich hierdurch dokumentierende Gleichstromwirkung dadurch entsteht, daß der Wechselstrom nicht genau sinusförmig oder unsymmetrisch ist, oder ob im Elektrolyten eine Art Hysteresis entsteht, ist nicht eindeutig zu entscheiden; es kann sich hierbei aber auch um den bekannten gleichrichtenden Effekt der Elektrodenanordnung „Spitze gegen Platte" handeln, die das gleiche Phänomen eines Stromdurchganges mit elektrolytischer Wirkung beim Eintauchen einer Wechselstromelektrode in einen schwachen Elektrolyten ergibt.

In der Praxis traten jedenfalls Erscheinungen auf, die deutlich das Zustandekommen derartiger Effekte unter bestimmten Bedingungen erwiesen. So konnten bei gekapselten SO_2-Kältemaschinen an den im Unterteil des Verdichters gelegenen Stromdurchführungen, die im flüssigen SO_2 zu liegen kamen, Ausscheidungen bzw. Korrosionsangriffe beobachtet werden; Verflüssigung von SO_2-Dämpfen in dem unter Kondensatordruck stehenden Kompressorgehäuse konnte nach Anlauf der Maschine im kalten Raum eintreten. Hierbei lag an Teilen der Stromdurchführungen die volle Netzspannung, und da es sich um einen Kondensatormotor handelte, erhielt die Hilfswicklung während der Anlaufzeit eine erhöhte Spannung; demgegenüber war das Verdichtergehäuse geerdet. In bezug auf Stromdurchgang ist der Dampf harmloser als die Flüssigkeit; es ist daher von diesem Gesichtspunkt aus zu empfehlen, alle innerhalb der gekapselten Maschinen unter Spannung stehenden Teile in den Dampfraum zu verlegen.

Mit Rücksicht auf Schaltvorgänge taucht noch die Frage auf, wie sich die Kältemittel im Lichtbogen verhalten. Man kann die dabei auftretenden Schwierigkeiten umgehen, wenn man Quecksilberschalter verwendet oder wenn man den Schaltmechanismus mit den Schaltkontakten nach außen verlegt; man erreicht damit auch den Vorteil einer leichteren Zugänglichkeit für den Fall einer Reparatur.

---
[1] Vgl. BEACHAM u. DIVERS: Fußnote 1 auf S. 80.

V. Kältetechnische Eigenschaften.

1. Kreisprozesse und Gütegrade.

Nach den deutschen „Kältemaschinen-Regeln"[1] wird als allgemeine Vergleichsgrundlage für alle Arten von Kältemaschinen (ein- und mehrstufige Kompressionsmaschinen, Dampfstrahl- und Sorptionsmaschinen) der CARNOT-Prozeß nach Abb. 27 empfohlen[2]. Das Arbeitsmittel wird dabei im Zustand 1 bei der tiefen Temperatur T_0 von einem Kompressor angesaugt und adiabat verdichtet, bis im Zustand 2 die Umgebungstemperatur T erreicht ist. Die weitere Verdichtung von 2 bis 3 erfolgt isotherm unter Abgabe einer Wärmemenge Q an die Umgebung. Bei der anschließenden adiabaten Expansion von 3 bis 4 kühlt sich das Arbeitsmittel auf die gewünschte tiefe Temperatur T_0 ab, und schließlich wird von 4 bis 1 die Expansion isotherm fortgesetzt, wobei die Wärme Q_0 dem zu kühlenden Raum bei der Temperatur T_0 entzogen wird.

In einem T, s-Diagramm (Abb. 27), erscheint die erzeugte Kälte Q_0 als Rechteck 4—1—6—5, die aufgewendete Arbeit AL als Rechteck 1—2—3—4 und die an die Umgebung abzuführende Wärme Q als Rechteck 2—3—5—6. Diese drei energetischen Größen sind durch die Wärmebilanz

$$Q = Q_0 + AL$$

miteinander verknüpft. Die Güte der Kältemaschine wird durch die *Leistungsziffer* $\varepsilon = Q_0/AL$ gekennzeichnet. Für einen CARNOT-Prozeß ist sie bekanntlich unabhängig vom Kältemittel

$$\varepsilon_c = \frac{T_0}{T - T_0}, \tag{118}$$

was aus Abb. 27 unmittelbar abzulesen ist.

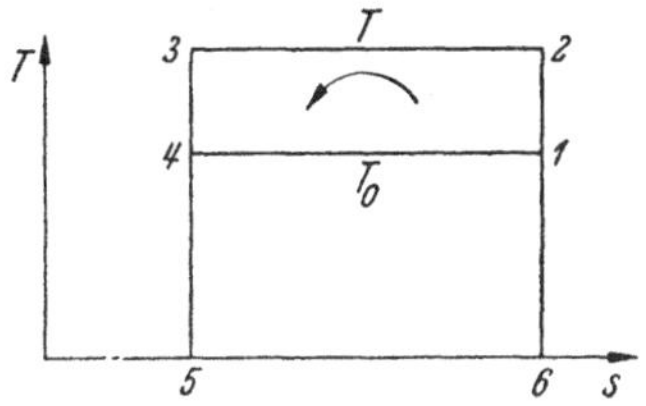

Abb. 27. CARNOT-Prozeß im T, s-Diagramm.

Praktisch mißt man die für die Kälteerzeugung Q_0 benötigte Arbeit AL nicht in kcal, sondern in kWh. An die Stelle der Leistungsziffer ε tritt dann die *spezifische Kälteleistung* in kcal/kWh

$$K_c = 860\,\varepsilon_c = 860\,\frac{T_0}{T - T_0}. \tag{118a}$$

Man kann K_c entweder als Kältemenge in kcal je kWh oder als Kälteleistung in kcal/h je kW auffassen.

Praktisch läßt sich jedoch dieser Prozeß nicht genau durchführen; in den „Kältemaschinen-Regeln" wird daher für jede Gattung von Kältemaschinen neben dem CARNOT-Prozeß ein der jeweiligen thermodynamischen Eigenart entsprechender praktischer Vergleichsprozeß zugelassen, dessen Leistungsziffer außer von den Arbeitsbedingungen auch noch von den Eigenschaften des Kältemittels abhängig wird.

Solche Vergleichsprozesse ergeben bei gleicher Temperatur der Umgebung ($T_3 = T$) und des gekühlten Raumes ($T_1 = T_0$) eine kleinere Leistungsziffer ε und eine kleinere spezifische Kälteleistung K als der CARNOT-Prozeß. Unter dem Gütegrad η_g eines Vergleichsprozesses für ein bestimmtes Kältemittel versteht man die Größe

$$\eta_g = \frac{\varepsilon}{\varepsilon_c} = \frac{K}{K_c}. \tag{119}$$

---

[1] 5. Aufl. Karlsruhe: C. F. Müller 1956.
[2] PLANK, R.: Z. ges. Kälteind. Bd. 44 (1937) S. 147. — W. NIEBERGALL: daselbst Bd. 45 (1938) S. 25. — K. NESSELMANN: daselbst Bd. 45 (1938) S. 118.

88 Kältetechnische Eigenschaften.

Sie hängt von dem Temperaturbereich (T, T_0), in dem die Kältemaschine arbeitet, und von den thermischen Eigenschaften des verwendeten Kältemittels ab[1]. Es sei aber ausdrücklich betont, daß dieser Gütegrad sich auf den *verlustlosen* Vergleichsprozeß bezieht, also keinerlei Verluste berücksichtigt, die in der ausgeführten Maschine auftreten und Abweichungen vom Vergleichsprozeß bedingen. Diese thermischen und mechanischen Verluste setzen die Leistungsziffer der ausgeführten Maschinen herab; sie werden durch weitere Wirkungsgrade gekennzeichnet, die im Band V dieses Handbuches behandelt werden.

a) Kaltluftmaschinen. Die Nachteile des CARNOT-Prozesses für Kaltluftmaschinen und die Anwendung verschiedener anderer möglichen Kreisprozesse sind in Band II dieses Handbuches in Abschnitt A XV auf den S. 62 bis 86 eingehend behandelt, und es muß hier darauf verwiesen werden. Den älteren Kaltluftmaschinen liegt der Gleichdruckprozeß (JOULE-Prozeß) zugrunde, der einen Sonderfall des polytropen LORENZ-Prozesses darstellt. Er verläuft zwischen zwei Isobaren und zwei Adiabaten und ist in Abb. 28 im P, v-Diagramm dargestellt.

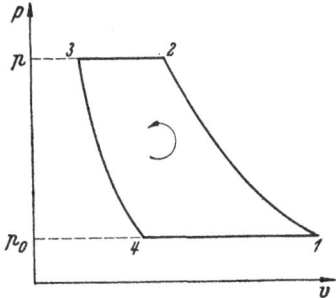 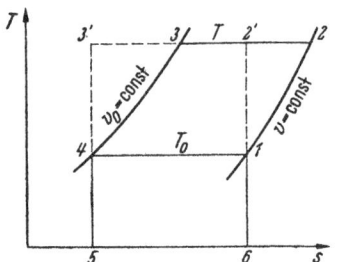

Abb. 28. JOULE-Prozeß im P, v-Diagramm.   Abb. 29. STIRLING-Prozeß im T, s-Diagramm.

Für die untere Isobare 4—1 kann der Druck p_0 der Umgebung (1 Atm) angenommen werden, während der Druck p auf der oberen Isobare 2—3 frei gewählt werden kann.

Die Luft wird in einem Kompressor adiabat verdichtet (1—2) und in einem Expansionszylinder adiabat expandiert (3—4). Die Leistungsziffer hängt nur vom Druckverhältnis p/p_0 ab und hat den Wert

$$\varepsilon = \frac{1}{(p/p_0)^{\frac{\varkappa-1}{\varkappa}} - 1}.$$

Der Vorgang wird also thermisch um so günstiger, je kleiner p/p_0 gewählt wird. Kleine Druckverhältnisse ergeben aber bei gegebener Umgebungstemperatur T_3 weniger tiefe Temperaturen T_4, und da andererseits T_1 durch den Zweck der Kältemaschine festliegt, wird auch die Kälteleistung $Q_0 = c_p(T_1 - T_4)$ je kg umlaufender Luft kleiner. Das bedeutet, daß man bei kleinem p/p_0 große Luftmengen umlaufen lassen muß, also große Zylinderabmessungen für den Kompressor und den Expansionszylinder braucht.

In neuerer Zeit hat man versucht, den STIRLINGschen Kreisprozeß, bestehend aus zwei Isothermen und zwei Isochoren, in einer Kaltluftmaschine zu verwirklichen[2]. Der Prozeß ist in Abb. 29 dargestellt. Er bietet bei der Erzeugung sehr

---
[1] Vgl. R. PLANK: Z. ges. Kälteind. Bd. 47 (1940) S. 81.
[2] US-Pat. 2486081 (Philips-Ges. in Eindhoven, Holland). Vgl. M. BÄCKSTRÖM: Kylteknisk Tidskrift (schwedisch) Bd. 11 (1952) Nr. 3 S. 30. — Dieses Handbuch, Bd. II S. 70.

tiefer Temperaturen (bis zur Luftverflüssigung) besondere Vorteile[1]. Die Leistungsziffer erreicht den gleichen Höchstwert wie im CARNOT-Prozeß nach Gl. (118). Bei gleicher Kälteleistung $Q_0 = 1-4-5-6$ ist die Arbeit $AL = 1-2-3-4$ genau so groß wie bei einem CARNOT-Prozeß $1-2'-3'-4$. Im Gegensatz zum JOULE-Prozeß können also unbeschadet auch größere Druckverhältnisse gewählt werden, bei denen die Kälteleistung je kg umlaufender Luft ebenfalls größer wird.

b) Kaltdampfmaschinen. Der wesentlichste Vorteil der Kaltluftmaschinen besteht darin, daß als Kältemittel die atmosphärische Luft dient, die weder brennbar noch giftig ist und sich mit allen Baustoffen gut verträgt. Diese Eigenschaften können so schwer wiegen, daß daneben die geringere Wirtschaftlichkeit in Kauf genommen wird.

Die weitaus überwiegende Mehrzahl der Kältemaschinen wird aber in Gestalt von Kaltdampfmaschinen ausgeführt, wobei die Kälte im wesentlichen durch Verdampfung eines leicht flüchtigen Stoffes bei tiefer Temperatur erzeugt wird. Der Kreisprozeß kann dabei theoretisch vollständig im Naßdampfgebiet zwischen zwei Isobaren und zwei Adiabaten nach $1-2-3-4$ in Abb. 30 verlaufen. Da

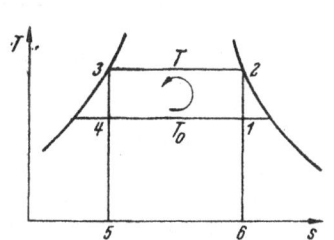

Abb. 30. CARNOT-Prozeß der idealen Kaltdampfmaschine.   Abb. 31. Praktischer Vergleichsprozeß der verlustlosen Kaltdampfmaschine.

hierbei die Isobaren mit den Isothermen zusammenfallen, erhält man einen regelrechten CARNOT-Prozeß mit einer Leistungsziffer nach Gl. (118). In Abb. 30 stellt die Fläche $5-4-1-6$ die erzeugte Kältemenge und die Fläche $1-2-3-4$ die verbrauchte Arbeit dar.

Der praktische Vergleichsprozeß der Kaltdampfmaschinen weicht hiervon nach Abb. 31 in mancher Beziehung ab. Betrachtet man hier zunächst den Prozeß $1-2-3-4$, so erkennt man, daß der Verdampfungsvorgang bei T_0 bis zur rechten Grenzkurve vollständig ausgenutzt wurde. Die Folge davon ist, daß die adiabate Verdichtung $1-2$ im Kompressor in das überhitzte Gebiet führt, wobei die im Punkt 2 erreichte Überhitzungstemperatur sowohl vom Druckverhältnis p/p_0 als auch vom Exponenten $\varkappa_s$ der Adiabate (s. S. 44) abhängt. Wegen der hierdurch bedingten Abweichung vom CARNOT-Prozeß ergibt sich theoretisch eine Mehrarbeit. Infolge der geringeren Wandungsverluste im Kompressor wird jedoch der Arbeitsaufwand praktisch sogar verringert. Außerdem erhält man für jedes Kilogramm des umlaufenden Kältemittels eine größere Kältemenge, was besonders bei Kältemitteln mit tief liegender kritischer Temperatur (z. B. CO_2, N_2O, C_2H_4, C_2H_6) von entscheidender Bedeutung ist.

---

[1] KÖHLER, J. W. L., u. C. O. JONKERS: Philips Techn. Tijdschrift (holländisch) Bd. 16 1954) S. 33 und 61; deutsche Ausgabe, Bd. 15 (1954) S. 305 und 345. — Kältetechnik Bd. 6 (1954) S. 234 u. 262. — Refrig. Engng. Bd. 63 (1955) S. 122.

Eine weitere Abweichung des Vergleichsprozesses vom CARNOT-Prozeß besteht darin, daß die adiabate Expansion 3—4 in Abb. 30 durch eine Drosselung 3—4 in Abb. 31 ersetzt ist. An die Stelle eines sehr kleinen Expansionszylinders mit allen seinen praktischen Betriebsschwierigkeiten tritt also ein einfaches Drosselorgan. Diese Vereinfachung ist allerdings durch einen doppelten Verlust erkauft, denn erstens verzichtet man auf den Gewinn der adiabaten Expansionsarbeit, und zweitens verliert man einen gleichgroßen Teil der erzeugbaren Kältemenge, weil der Punkt 4 in Abb. 31 gegenüber seiner Lage in Abb. 30 weiter nach rechts rückt. Dieser Verlust an Kältemenge kann aber wenigstens teilweise wieder aufgehoben werden, wenn man die beim Verflüssigungsvorgang gewonnene siedende Flüssigkeit (Zustand 3) vor der Drosselung durch das kälteste verfügbare Kühlwasser von der Temperatur T auf die Temperatur T_u abkühlt (Zustand 3')[1]. Dadurch rückt der Zustand nach der Drosselung von 4 nach 4', und man gewinnt die Kältemenge 5'—4'—4—5.

Die in der Fußnote 1 auf S. 88 erwähnte Untersuchung von PLANK lieferte bei einem Kreisprozeß mit trocken gesättigtem Ansaugen und Drosselung, aber ohne Unterkühlung, für verschiedene Kältemittel bei einer Verdampfungstemperatur von $T_0 = 260°$K ($t_0 = -13°$C) und $T = 300°$K ($t_0 = +27°$C) die in Tab. 27 angegebenen angenäherten Werte des durch die Gl. (119) definierten Gütegrades.

Tabelle 27.
Gütegrade des Vergleichsprozesses mit trocken gesättigtem Ansaugen, mit Drosselung, aber ohne Unterkühlung.

Kältemittel	Gütegrad $\eta_g = \dfrac{\varepsilon}{\varepsilon_c} \cdot 100$ in %
Dichlormethan, CH_2Cl_2	87,6
F 11, $CFCl_3$	86,6
Methylchlorid, CH_3Cl	85,1
Schwefeldioxyd, SO_2	84,4
Ammoniak, NH_3	82,6
F 12, CF_2Cl_2	82,0
Wasser	71,0

Mit Ausnahme von Wasser und natürlich auch der Kältemittel mit tiefer kritischer Temperatur bestehen also für die gebräuchlichen Kältemittel keine großen Unterschiede im Gütegrad. Die höchsten Werte haben CH_2Cl_2 und F 11, also Kältemittel, die vorwiegend in Turbokompressoren Verwendung finden. Etwas abweichende Werte des Gütegrades wurden von CARRIER und WATERFIL angegeben[2].

Auch die Wirkung einer Unterkühlung auf den Gütegrad läßt sich annähernd berücksichtigen; auch sie hängt neben dem Grad der „Unterkühlung" von den thermischen Eigenschaften des Kältemittels ab. So zeigt es sich z. B., daß die Unterkühlung sich bei F 12 günstiger auswirkt als bei Ammoniak, wie folgende Werte von η_g bei $T_0 = 260°$K und $T = 300°$K zeigen:

Unterkühlungstemperatur $T_u =$ 300°   290°   280°K
Gütegrad für NH_3 . . . $\eta_g =$ 82,6   83,2   83,6%
Gütegrad für CF_2Cl_2 . . $\eta_g =$ 82,0   83,1   83,8

Unter Umständen kann es Vorteile bieten, das verdampfte Kältemittel vor dem Ansaugen in den Kompressor von dem trocken gesättigten Zustand 1 auf den Zustand 1', Abb. 31, zu überhitzen und dabei die Kältemenge 6—1—1'—6' zusätzlich zu gewinnen. Der Kompressor saugt dann allerdings ein geringeres Dampfgewicht an, weil der überhitzte Dampf spezifisch leichter ist. Ob daher durch diese Überhitzung insgesamt ein Vorteil oder ein Nachteil entsteht, hängt von den thermischen Eigenschaften des verwendeten Kältemittels ab. Bei hohen

---
[1] Die Temperatur T_u wird in nicht sehr korrekter Weise als Unterkühlungstemperatur bezeichnet.
[2] CARRIER, W. H., u. R. W. WATERFIL: Ber. IV. Internat. Kältekongr. London 1924 Bd. I S. 634.

Druckverhältnissen muß man von einer Überhitzung auf der Saugseite des Kompressors absehen, falls dabei zu hohe Kompressionstemperaturen erhalten werden.

Bei Kältemitteln, die in Schmieröl stark löslich sind (z. B. bei CH_3Cl und den Freonen) ist allerdings zu beachten, daß das in den Verdampfer mitgenommene Öl einen um so größeren Teil des Kältemittels an der kälteerzeugenden Verdampfung hindert, je tiefer die Temperatur ist. Dieser Teil verdampft dann erst im Kurbelgehäuse oder im Zylinder des Kompressors und erzeugt nicht nur keine nutzbare Kälte, sondern verringert auch noch den Füllungsgrad des Kompressors. Durch die Überhitzung von 1 nach 1' kann aber eine zusätzliche Menge des im Öl gelösten Kältemittels nutzbar freigegeben werden. Der so erhaltene Kältegewinn kann z. B. in der Weise genutzt werden, daß man den Kaltdampf vom Zustand 1 in einem Wärmeaustauscher im Gegenstrom zur unterkühlten Flüssigkeit vom Zustand 3' führt und sie dadurch noch tiefer abkühlt, wodurch es dann gelingt, den Punkt 4' noch weiter nach links zu verschieben. Auf diese Weise erhält man einen Kältegewinn bei der tiefsten Temperatur t_0. Dieser Gewinn ist z. B. bei F12 recht beachtlich[1].

Bei den stark öllöslichen Kältemitteln hat man es in der Kompressions-Kaltdampfmaschine streng genommen nicht mehr mit einem einfachen Arbeitsstoff zu tun, sondern mit einem binären Gemisch, bestehend aus dem Kältemittel und dem Schmieröl. Neben den erwähnten Lösungsvorgängen sind dabei Dampfdruckerniedrigungen des Kältemittels (s. S. 21) und Abnahmen der Viskosität des Schmieröls (s. S. 66) zu beachten.

Sieht man von der Überhitzung des Dampfes beim Ansaugen in den Kompressor ab, hält aber an der Abkühlung der Flüssigkeit bis zur Temperatur T_u im Punkt 3' fest, so erhält man den in den „Kältemaschinen-Regeln" zugrunde gelegten „Vergleichsprozeß mit Unterkühlung, Drosselung und adiabater Verdichtung trocken gesättigter Dämpfe".

Die spezifische Kälteleistung dieses Vergleichsprozesses läßt sich für 1 kg des umlaufenden Kältemittels durch die Enthalpien der Zustände in den Punkten 1, 2 und 3' darstellen. Die erzeugte Kältemenge wird $Q_0 = i_{4'} - i_1 = i_{3'} - i_1$ [kcal/kg] und die aufzuwendende Arbeit auf der Adiabate $AL = i_2 - i_1$. Mit $i_1 = i_0''$ und $i_{3'} = i_u'$ wird die spezifische Kälteleistung

$$K = 860 \frac{i_0'' - i_u'}{i_2 - i_0''}. \tag{120}$$

Der Wert $i_2 - i_0''$ kann für verschiedene Kältemittel in den MOLLIER-i,p-Diagrammen in der Tasche abgegriffen werden. Abgesehen von Kältemitteln mit niedriger kritischer Temperatur, z. B. CO_2, ist die spezifische Kälteleistung K verschiedener Kältemittel bei gleichen Betriebsbedingungen nur wenig voneinander verschieden, weil die Gütegrade nach Tab. 27 sich nicht stark unterscheiden.

c) Strahlkältemaschinen. Strahlkältemaschinen werden fast ausschließlich für Verdampfungstemperaturen über 0° C gebaut. Geeignete Anwendungsgebiete sind Klimaanlagen, Trinkwasserkühlung, Auskristallisieren von Salzen aus Mutterlaugen, Munitionskühlung auf Kriegsschiffen u. a. Als Kältemittel und Treibmittel dient fast ausschließlich Wasserdampf. Andere Arbeitsstoffe wurden zwar gelegentlich in Vorschlag gebracht, sind aber praktisch noch kaum verwendet worden[2]. Erwähnt sei das von J. G. JORDAN vorgeschlagene Trifluortrichloräthan[3]

---

[1] Vgl. R. PLANK: Kältetechnik Bd. 7 (1955) S. 282. — LINGE, K.: Kältetechnik Bd. 8 (1956), S. 75.
[2] WHITNEY, L. F.: Refrig. Engng. Bd. 24 (1932) S. 143. — KALUSTIAN, P.: Refrig. Engng. Bd. 28 (1934) S. 188.
[3] PLANK, R.: Z. ges. Kälteind. Bd. 48 (1941) S. 185.

(F113). Neuerdings hat MARTYNOWSKIJ die Verwendung von F12 vorgeschlagen; eine Versuchsmaschine, die aussichtsreiche Ergebnisse lieferte, wurde in der Sowjetunion erprobt[1]. Auf den Kreisprozeß in Strahlkältemaschinen und die erzielten Gütegrade wird im Zusammenhang mit ausgeführten Anlagen in Band V dieses Handbuches noch ausführlich eingegangen werden.

d) Absorptionskältemaschinen. Die in Absorptionsmaschinen verwendeten Arbeitsstoffe sind binäre Gemische, von denen der eine Bestandteil als Kältemittel, der andere als Absorptionsmittel dient. Am häufigsten wird Ammoniak sowohl in großen als auch in kleinen und kleinsten Anlagen als Kältemittel verwendet, während Wasser als Absorptionsmittel dient. Neuerdings werden wässerige Lithiumbromid-Lösungen in steigendem Maße verwendet.

Beim Vergleich von Absorptionsmaschinen mit Kompressionsmaschinen wird in den „Kältemaschinen-Regeln"[2] der CARNOT-Prozeß zugrunde gelegt. Über Vergleichsprozesse und Gütegrade auch mehrstufiger Absorptionsmaschinen und über die verschiedenen vorgeschlagenen Stoffpaare wird in Band VII dieses Handbuches noch ausführlich berichtet werden[3].

2. Die volumetrische Kälteleistung.

Unter der volumetrischen Kälteleistung q_0 eines Kältemittels versteht man die je Kubikmeter Hubvolum bzw. Ansaugevolum erzeugte Kältemenge. Das entspricht auch dem Verhältnis der Kältemenge je kg des Kältemittels [kcal/kg] zu seinem spezifischen Volum [m³/kg], bezogen auf den tiefsten Druck und die tiefste Temperatur im Prozeß. Diese Größe ist analog dem mittleren indizierten Druck des im entgegengesetzten Sinn verlaufenden Kreisprozesses einer Wärmekraftmaschine. Nimmt man an, daß es möglich wäre, solche Kreisprozesse in einem einzigen Zylinder zu verwirklichen, wie das z. B. idealisiert beim OTTO-Prozeß und beim DIESEL-Prozeß in Brennkraftmaschinen der Fall ist, dann kann man für das Hubvolum die Differenz aus dem größten und kleinsten Volum des betrachteten Kreisprozesses setzen. Für einen CARNOT-Kreisprozeß nach Abb. 27 wäre dann bei einer Kältemaschine die volumetrische Kälteleistung in kcal/m³

$$q_0 = \frac{Q_0}{v_1 - v_3}, \qquad (121)$$

wobei $Q_0 = A R T_0 \ln(p_4/p_1)$ in kcal/kg und die spezifischen Volume v in m³/kg einzusetzen sind. In Band II S. 66, dieses Handbuches, wurde für diese Größe der Ausdruck

$$q_0 = p_1 \frac{A \cdot 10^4 (p_3/p_1) \left[\ln(p_3/p_1) - \frac{\varkappa}{\varkappa - 1} \ln(T/T_0) \right]}{p_3/p_1 - T/T_0} \qquad (121a)$$

gefunden, und Zahlenwerte von q_0 wurden für verschiedene Werte von T/T_0 und p_3/p_1 tabellarisch wiedergegeben. Es wurde gezeigt, daß q_0 mit wachsenden Werten von T/T_0 rasch abnimmt und den Wert Null um so eher erreicht, je niedriger das Druckverhältnis p_3/p_1 ist. Für $T = 300°$ K, $T_0 = 200°$ K, $p_1 = 1$ ata und $p_3 = 10$ ata erhält man für Luft ($\varkappa = 1{,}40$) $q_0 = 24{,}4$ kcal/m³.

Für *Kaltluftmaschinen* wurde der JOULE-Prozeß nach Abb. 28, S. 88, zugrunde gelegt, bestehend aus zwei Isobaren $p = $ konst und $p_0 = $ konst und zwei Adiabaten. Als gegeben sind dabei zu betrachten die Temperatur T_3 der Umgebung und die gewünschte Temperatur T_1 im Kühlraum. Die volumetrische Kälteleistung

---

[1] MARTYNOWSKIJ, W.: Cholodilnaja Technika (russisch) Bd. 30 (1953) Heft 1 S. 60 und Heft 4 S. 55. — [2] 5. Aufl. Karlsruhe: C. F. Müller 1956.
[3] Es sei auch verwiesen auf W. NIEBERGALL: Arbeitsstoffpaare für Absorptions-Kälteanlagen. Mühlhausen (Thür.): Verl. f. Fachliteratur R. Markewitz 1949.

q_0 wäre daher als Funktion von T_3/T_1 und von p/p_0 darzustellen. Die Kältemenge je kg wird $Q_0 = c_p (T_1 - T_4)$. Daher ist

$$q_0 = \frac{Q_0}{v_1 - v_3} = \frac{c_p(T_1 - T_4)}{v_1 - v_3} = \frac{c_p T_1 \left(1 - \dfrac{T_4}{T_1}\right)}{v_1 \left(1 - \dfrac{v_3}{v_1}\right)}.$$

Mit

$$\frac{T_4}{T_1} = \frac{T_4}{T_3}\frac{T_3}{T_1} = \left(\frac{p_0}{p}\right)^{\frac{\varkappa-1}{\varkappa}} \frac{T_3}{T_1}; \quad \frac{v_3}{v_1} = \frac{p_0}{p}\frac{T_3}{T_1};$$

$$v_1 = \frac{R T_1}{P_0}; \quad \frac{c_p}{AR} = \frac{\varkappa}{\varkappa - 1}$$

erhält man

$$q_0 = p_0 A\, 10^4 \frac{\varkappa}{\varkappa - 1} \frac{\left[1 - \dfrac{T_3}{T_1}\left(\dfrac{p_0}{p}\right)^{\frac{\varkappa-1}{\varkappa}}\right]}{\left(1 - \dfrac{T_3}{T_1}\dfrac{p_0}{p}\right)}. \tag{122}$$

Für das gleiche Zahlenbeispiel wie beim CARNOT-Prozeß, also hier für $T_3 = 300°\,\mathrm{K}$, $T_1 = 200°\,\mathrm{K}$, $p_0 = 1$ ata und $p = 10$ ata, erhält man für Luft $q_0 = 21{,}5$ kcal/m³ gegen $24{,}4$ beim CARNOT-Prozeß.

Ersetzt man bei einer Kaltluftmaschine den Gleichdruckprozeß durch den STIRLING-Prozeß nach Abb. 29, verlaufend zwischen zwei Isothermem T und T_0 und zwei Isochoren, dann findet man für die volumetrische Kälteleistung q_0 (vgl. Bd. II, S. 74, dieses Handbuches)

$$q_0 = p_1 A\, 10^4 \frac{\dfrac{p_3}{p_1}\left(\ln\dfrac{p_3}{p_1} - \ln\dfrac{T}{T_0}\right)}{\dfrac{p_3}{p_1} - \dfrac{T}{T_0}}. \tag{123}$$

Für das gleiche Beispiel wie beim CARNOT-Prozeß, also $\dfrac{T}{T_0} = 1{,}5$ und $\dfrac{p_3}{p_1} = 10$, erhält man hier den viel größeren Wert $q_0 = 52{,}3$ kcal/m³.

Für *Kaltdampfmaschinen* wird der Vergleichsprozeß nach Abb. 31 zugrunde gelegt. Beim Ansaugen von trocken gesättigtem Dampf (Punkt 1) und Unterkühlung des verflüssigten Kältemittels (Punkt 3') mit anschließender Drosselung $3' - 4'$ wird die je kg des Kältemittels erzeugte Kältemenge $= i_1 - i_{4'}$; da bei der Drosselung die Enthalpie konstant bleibt, ist $i_1 - i_{4'} = i_0'' - i_{3'} = i_0'' - i_u''$. Daher wird die volumetrische Kälteleistung

$$q_0 = \frac{i_0'' - i_u''}{v_0''} \left[\frac{\mathrm{kcal}}{\mathrm{m}^3}\right]. \tag{124}$$

Diese Größe ist im Gegensatz zu der spezifischen Kälteleistung K (s. S. 91) sehr stark abhängig von den thermischen und kalorischen Daten der einzelnen Kältemittel. Da die Abmessungen des Kompressors bei gegebener Kälteleistung Q_0 [kcal/h] und gegebener Drehzahl mit wachsendem q_0 sinken, beeinflußt diese Größe auch die Herstellungskosten und den Platzbedarf der Kältemaschine. Ganz allgemein ist $Q_0 = V q_0$, wenn V [m³/h] das stündliche Ansaugvolum des Kompressors bedeutet. Für Kolbenkompressoren ist V das stündliche Hubvolum des Kompressors; bei dieser Bauart wird im allgemeinen ein Kältemittel mit möglichst großer volumetrischer Kälteleistung bevorzugt, um auch noch bei mäßigen Drehzahlen keine zu großen Zylinderabmessungen zu erhalten. Turbokompressoren dagegen entwickeln erst bei außerordentlich hohen Drehzahlen die zur Überwindung einer vorgeschriebenen Druckdifferenz notwendige Zentrifugalkraft; daher muß bei dieser Bauart das Ansaugevolum stets sehr groß sein. Will man die Anwendung von Turbokompressoren nicht auf die allergrößten Kälteleistungen beschränken, so muß man von Kältemitteln mit relativ kleiner volumetrischer Kälteleistung Gebrauch machen; andernfalls würden für mittlere Kälteleistungen die Abmessungen des Kompressors so klein werden, daß die Herstellung Schwierigkeiten bereitet. Daher kommen nur Niederdruckkältemittel in Frage, bei denen außerdem einer gegebenen Temperaturdifferenz $t - t_0$ zwischen Verflüssiger und Verdampfer nur eine relativ kleine Druckdifferenz $p - p_0$ entspricht, so daß man mit wenigen Druckstufen (Laufrädern) auskommt.

In Tab. 28 ist die volumetrische Kälteleistung zahlreicher Kältemittel (in der Reihenfolge abnehmender Werte) eingetragen. Wie man sieht, sind die Unterschiede von q_0 sehr groß; der Wert für CO_2 ist hundertmal größer als für Dichloräthylen ($C_2H_2Cl_2$). Alle diese Werte beziehen sich auf die in den „Kältemaschinen-Regeln" vorgesehene normale Verdampfungstemperatur von $t_0 = -15°C$ und Kondensationstemperatur von $t = +30°C$, ohne Unterkühlung.

Tabelle 28. *Volumetrische Kälteleistung q_0 [kcal/m³] verschiedener Kältemittel bei $t_0 = -15°$ und $t = +30°C$.*

Kältemittel	Molekulargewicht	q_0 [kcal/m³]
Kohlendioxyd CO_2	44,01	1854
Äthan C_2H_6	30,07	1194
Kulene 131 CF_3Br	148,92	674
Ammoniak NH_3	17,03	518,0
F 22, CHF_2Cl	86,48	495
Propan C_3H_8	44,09	434
F 12, CF_2Cl_2	120,92	305,6
Methylchlorid CH_3Cl	50,49	287,3
Dimethyläther $(CH_3)_2O$	46,07	281
Schwefeldioxyd SO_2	64,06	195,1
Methylamin CH_3NH_2	31,05	174,1
Isobutan C_4H_{10}	58,12	154,2
F 114, $C_2F_4Cl_2$	170,93	90,2
F 21, $CHFCl_2$	102,93	87
Äthylchlorid C_2H_5Cl	64,52	73,9
F 11, $CFCl_3$	137,38	48,1
Dichlormethan CH_2Cl_2	84,94	24,0
Dichloräthylen $C_2H_2Cl_2$	96,95	18,5
F 113, $C_2F_3Cl_3$	187,39	17,6

LEWIN fand[1], daß die volumetrische Kälteleistung q_0 mit der Druckdifferenz $p - p_0$ zwischen dem Verflüssiger und dem Verdampfer wächst und daß die den einzelnen Kältemitteln zugehörigen Punkte angenähert auf einer stetigen Kurve liegen, Abb. 32. Daher genügt die Kenntnis der Dampfdruckkurve, um die Größe der volumetrischen Kälteleistung angenähert zu ermitteln. Abb. 32 bezieht sich wieder auf $t_0 = -15°$ und $t = +30°C$.

BADYLKES zeigte[2], daß die Punkte für die einzelnen Kältemittel sich noch besser durch eine glatte Kurve verbinden lassen, wenn man die volumetrische Kälteleistung über der normalen Siedetemperatur T_s aufträgt und dabei die kleinen Abweichungen in den Werten der TROUTONschen Konstanten C (s. S. 16)

---
[1] LEWIN, I. I., A. G. TKATSCHEW u. L. M. ROSENFELD: Kältemaschinen S. 261. Moskau u. Leningrad: Pischtschepromisdat 1939 (russisch).
[2] BADYLKES, I. S.: Arbeitsstoffe von Kältemaschinen, S. 158. Moskau: Pischtschepromisdat 1952 (russisch).

berücksichtigt. Ist C^* die TROUTONsche Konstante für einen Bezugskörper und C für einen anderen Stoff, so ist in Abb. 33 $\dfrac{C^*}{C} q_0$ über T_s aufgetragen, wobei $C^* = 19{,}9$ für F 12 als Bezugskörper gilt. Für die meisten Halogenderivate des Methans kann man angenähert setzen $C = 8{,}75 + 4{,}571 \lg T'_s$.

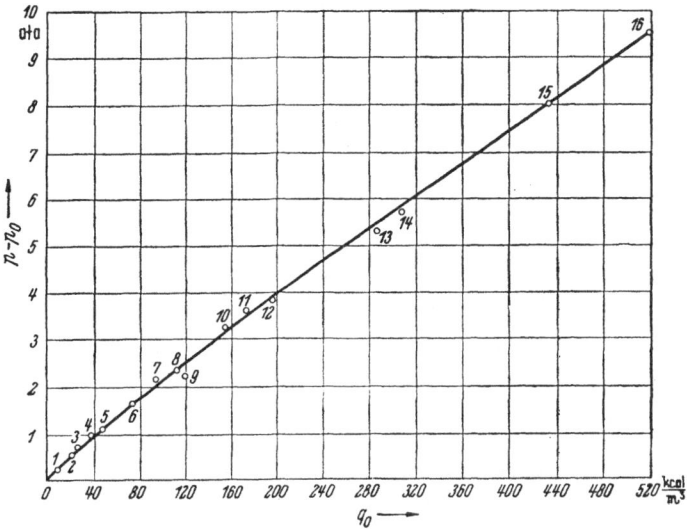

Abb. 32. Volumetrische Kälteleistung q_0 verschiedener Kältemittel, abhängig von der Druckdifferenz $p - p_0$ zwischen Kondensator und Verdampfer bei $t_0 = -15°$ und $t = +30°$ C (nach LEWIN).
1 CCl$_4$; 2 C$_2$H$_2$Cl$_2$; 3 CH$_2$Cl$_2$; 4 H·COOCH$_3$; 5 CFCl$_3$; 6 C$_2$H$_5$Cl; 7 (CH$_3$)$_2$NH; 8 n-C$_4$H$_{10}$; 9 CH$_3$Br; 10 isoC$_4$H$_{10}$; 11 CH$_3$NH$_2$; 12 SO$_2$; 13 CH$_3$Cl; 14 CF$_2$Cl$_2$; 15 C$_3$H$_8$; 16 NH$_3$.

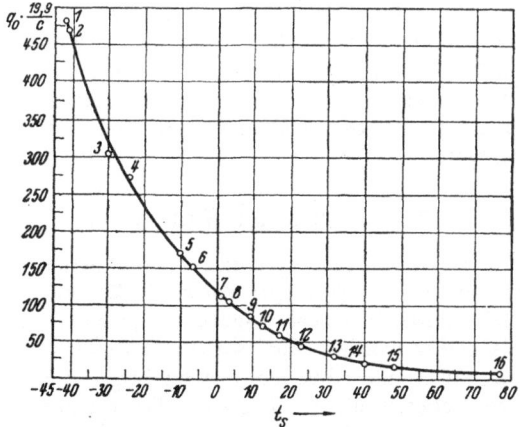

Abb. 33. Volumetrische Kälteleistung [kcal/m³] verschiedener Kältemittel, abhängig von deren normalem Siedepunkt t_s unter Berücksichtigung der TROUTON-Konstante C (nach BADYLKES).
1 C$_3$H$_8$; 2 CHF$_2$Cl; 3 CF$_2$Cl$_2$; 4 CH$_3$Cl; 5 SO$_2$; 6 CH$_3$NH$_2$; 7 C$_4$H$_{10}$; 8 CH$_3$Br; 9 CHFCl$_2$; 10 C$_2$H$_5$Cl; 11 C$_2$H$_5$NH$_2$; 12 CFCl$_3$; 13 H·COOCH$_3$; 14 CH$_2$Cl$_2$; 15 C$_2$F$_2$Cl$_2$; 16 CCl$_4$.

Tabellen für die volumetrische Kälteleistung der wichtigsten Kältemittel für verschiedene Arbeitsbedingungen findet man in den „Kältemaschinen-Regeln".

SELLERIO[1] hat für NH$_3$, F 12, F 22 und CH$_3$Cl Diagramme in großem Maßstab entworfen, in denen das erforderliche Hubvolum des verlustlosen Kolben-

---
[1] SELLERIO, U.: Termotecnica Bd. 9 (1955) S. 452.

Kältetechnische Eigenschaften.

Tabelle 29. *Vergleich der thermischen*

Kältemittel	Chemische Formel	Molekulargewicht	Normaler Siedepunkt t_s °C	Erstarrungstemperatur t_f °C	Kritische Temperatur t_k °C	Kritischer Druck p_k ata	Dampfdruck bei $-15°$ C p_0 ata	bei $+30°$ C p ata
Kohlendioxyd	CO_2	44,01	$-78,5$ [1]	$-56,6$ [2]	31,0	75,0	23,34	73,34
Propan	C_3H_8	44,09	$-42,6$	$-189,9$	96,8	43,4	2,946	11,02
F 22	CHF_2Cl	86,48	$-40,8$	$-160,0$	96,0	50,3	3,030	12,26
Ammoniak	NH_3	17,03	$-33,4$	$-77,7$	132,4	115,2	2,410	11,895
F 12	CF_2Cl_2	120,92	$-30,0$	-155	112	42,0	1,862	7,581
Methylchlorid	CH_3Cl	50,49	$-24,0$	$-97,7$	143,0	68,1	1,487	6,658
Isobutan	C_4H_{10}	58,12	$-10,2$	$-159,6$	133,7	37,7	0,919	4,075
Schwefeldioxyd	SO_2	64,06	$-10,0$	$-75,5$	157,5	80,4	0,823	4,710
F 114	$C_2F_4Cl_2$	170,93	3,5	$-93,9$	145,7	33,4	0,475	2,598
F 21	$CHFCl_2$	102,92	8,9	$-135,0$	178,5	52,7	0,369	2,198
Äthylchlorid	C_2H_5Cl	64,52	12,2	$-138,7$	187	53,5	0,318	1,923
F 11	$CFCl_3$	137,37	23,7	-111	198	44,6	0,205	1,286
Methylenchlorid	CH_2Cl_2	84,94	39,8	$-96,7$	235	60,9	0,0867	0,703
F 113	$C_2F_3Cl_3$	187,39	47,6	$-36,5$	214,1	34,8	0,0704	0,553
Wasser	H_2O	18,02	100,0	0	374,2	225,4	0,0089 [3]	0,043

[1] Sublimationstemperatur. — [2] bei 5,28 ata. — [3] bei $t_0 = 5°$ C

kompressors in m³ je kcal Kälteleistung bei verschiedenen Verdampfungstemperaturen, Unterkühlungstemperaturen und Überhitzungstemperaturen in der Saugleitung eingetragen ist. Es handelt sich also, unter Hinweis auf Gl. (124), um Werte von $\dfrac{v_0''}{i_0'' - i_u}$, die sich aber nicht auf das Ansaugen trocken gesättigter Dämpfe (v_0'', i_0'') beschränken. Die Diagramme von SELLERIO umfassen das ganze kältetechnisch wichtige Temperaturgebiet.

Die volumetrische Kälteleistung der ausgeführten Kompressoren ist kleiner als bei den hier behandelten verlustlosen Vergleichsprozessen. Das Verhältnis von beiden bezeichnet man als den *Liefergrad* λ des ausgeführten Kompressors; er ist stets kleiner als 1. Auf diesen Begriff wird in Band V dieses Handbuches ausführlich eingegangen.

3. Vergleich der Kältemittel.

Die thermischen Eigenschaften der einzelnen Kältemittel werden im zweiten Teil dieses Bandes eingehend behandelt. Sofern Meßwerte noch nicht vorliegen, kann von angenähert gültigen Regeln Gebrauch gemacht werden, die auf den Seiten 15 bis 52 dargelegt worden sind. An dieser Stelle soll lediglich für einige Kältemittel eine vergleichende Übersicht der wichtigsten Eigenschaften gegeben werden, die für die Beurteilung der Eignung dieser Stoffe für kältetechnische Zwecke wesentlich sind.

In Tab. 29 sind Zahlenwerte für diese Eigenschaften gesammelt[1] und nach zunehmendem normalem Siedepunkt geordnet.

Die thermischen Eigenschaften verschiedener Stoffe lassen sich bekanntlich in verallgemeinerter Form darstellen, wenn man den Druck P, das spezifische Volum v und die absolute Temperatur T auf die entsprechenden kritischen Werte P_k, v_k, T_k bezieht. Man erhält dann den reduzierten Druck $\pi = P/P_k$, das

---

[1] Aus dem Taschenbuch „Frigen" der Farbwerke Hoechst 1952 S. 63. Einige Werte wurden berichtigt.

Eigenschaften einiger Kältemittel.

Druckverhältnis p/p_0	Spezifisches Volum des Dampfes bei $-15°C$ v_0'' m³/kg	Theoretisches Hubvolum für 1000 kcal $(-15/+30°C)$ m³/10³ kcal	Umlaufende Kältemittelmenge je 1000 kcal/h		Spez. Kälteleistung $(-15/+30°C)$ K_{th} kcal/kWh	Volumetrische Kälteleistung $(-15/+30°C)$ q_{oth} kcal/m³	Endtemperatur bei adiabater Verdichtung $(-15/+30°C)$ °C
			kg/min	Flüssigkeit von $+30°C$ l/min			
3,14	0,0166	0,515	0,517	0,87	2370	1945	71
3,74	0,1556	2,260	0,242	0,497	3977	442	36
4,04	0,0778	2,023	0,433	0,369	3998	495	55
4,94	0,5087	1,932	0,0633	0,106	4098	517,6	99
4,07	0,0927	3,272	0,588	0,454	4037	305,6	39
4,48	0,279	3,344	0,200	0,222	3977	299	81
4,44	0,400	6,461	0,269	0,494	3746	155	27
5,73	0,4058	5,094	0,210	0,155	4187	196,3	91
5,47	0,2627	11,08	0,686	0,473	4069	90,3	16
5,95	0,5705	11,50	0,336	0,248	4353	87,0	60
6,04	1,010	12,75	0,210	0,240	4340	78,5	41
6,27	0,772	20,58	0,444	0,304	4302	48,6	45
8,11	2,949	41,75	0,225	0,173	4191	35,7	96
7,86	1,649	56,69	0,573	0,369	4136	17,7	27
4,83	147,2³	267,77³	0,030	0,0293	3606³	3,88³	139³

reduzierte Volum $\varphi = v/v_k$ und die reduzierte Temperatur $\vartheta = T/T_k$. In diesen Koordinaten sollen die Zustandsgleichung, die Dampfdruckkurve, die gerade Mittellinie und andere Gesetzmäßigkeiten durch einheitliche Gleichungen darstellbar sein. Man bezeichnet dieses Ergebnis als das Gesetz der korrespondierenden Zustände[1]. Eine genauere Untersuchung lehrt, daß dieses Gesetz nicht für alle Stoffe gilt, sondern mit praktisch ausreichender Genauigkeit immer nur auf Gruppen von Stoffen anwendbar ist, die ein chemisch ähnliches Verhalten zeigen. Als solche Gruppen kann man z. B. Stoffe betrachten, die nicht assoziieren und die man als „normal" bezeichnet, oder solche, die zur Assoziation neigen (H_2O, NH_3, Alkohole u. a.), oder solche, die besonders tiefliegende Siedepunkte haben. Das Korrespondenzgesetz ist noch genauer erfüllt, wenn man innerhalb dieser großen Stoffklassen Untergruppen herausgreift, die chemisch ähnlich gebaut sind, wie z. B. die F-Gruppe der Kältemittel. Man kann die Unterteilung noch weiter treiben und im Rahmen der F-Gruppe zwischen den Methanderivaten, den Äthanderivaten usw. unterscheiden, oder noch weiter zwischen voll halogenierten Methanderivaten und solchen mit einem oder mehreren Wasserstoffatomen.

Offenbar muß man neben den reduzierten Koordinaten π, φ, ϑ noch eine andere charakteristische thermodynamische Eigenschaft hinzuziehen, um dem Gesetz der korrespondierenden Zustände quantitative Gültigkeit zu verschaffen. Für die Wahl einer solchen Eigenschaft kann man verschiedene Vorschläge machen: man kann z. B. den kritischen Koeffizienten $\sigma = \dfrac{RT_k}{P_k v_k}$ (den man auch als reduzierte Gaskonstante bezeichnet) wählen, oder die logarithmische Ableitung der Dampfdruckkurve im kritischen Punkt α_k nach Gl. (16), oder auch die reduzierte normale Siedetemperatur $\vartheta_s = T_s/T_k$. Diese Größen haben den Vorzug dimensionslos zu sein. Man könnte aber auch die TROUTONsche Konstante C nach Gl. (13) wählen. RIEDEL[2] gibt der Größe α_k den Vorrang. Daß

---
[1] Vgl. Bd. II, S. 165, dieses Handbuches.
[2] RIEDEL, L.: Chemie-Ing.-Technik Bd. 26 (1954) S. 26, 83, 259 u. 209.

Tabelle 30. *Vergleich der fluorierten Kältemittel*

Kältemittel	Gruppe	Normaler Siedepunkt t_s °C	Kritische Daten T_k °K	p_k ata	Bei $\vartheta_c = 0{,}671$ Verd.-Temperatur t_0 °C	Verd.-Druck p_0 ata
F 11	voll halogenierte Methanderivate	23,7	471,2	43	43	1,95
F 12		− 29,8	385,2	40	− 15	1,86
F 13		− 81,5	302	39,4	− 141	1,80
F 13 B 1		− 58,7	341	41,3	− 45	1,99
F 21	Methanderivate mit 1 H-Atom	8,9	452	52,7	30	2,19
F 22		− 40,8	369,6	50,3	− 25,4	2,02
F 113	vollhalogenierte Äthanderivate	47,6	487,3	34,8	54	1,27
F 114		3,5	418,9	33,1	8	1,22
F 115		− 38,0	353	33,0	− 36	1,16

[1] Geschätzt.

sich aber auch die anderen genannten Eigenschaften ebensogut eignen, geht aus deren Zusammenhang mit α_k hervor, den RIEDEL selbst durch die Gleichung

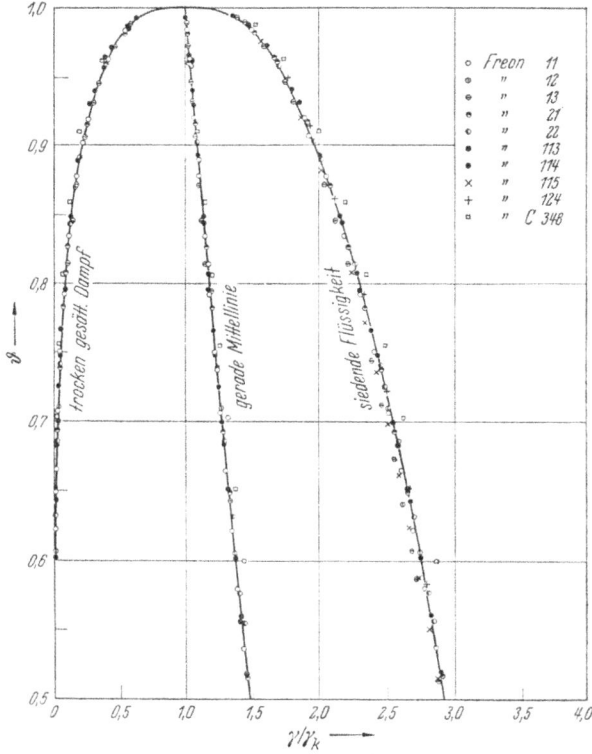

Abb. 34. Reduzierte Dichten von siedender Flüssigkeit und trocken gesättigtem Dampf und gerade Mittellinie für verschiedene Freone als Funktion der reduzierten Temperatur (nach EISEMAN).

$\sigma = 3{,}72 + 0{,}26\,(\alpha_k - 7)$ und durch seine Betrachtungen über die TROUTONsche Konstante hervorhebt[1].

[1] RIEDEL, L.: Chemie-Ing.-Technik Bd. 26 (1954) S. 26, 83, 259 u. 209.

bei $\vartheta_0 = 0{,}671$ und $\vartheta = 0{,}788$.

bei $\vartheta = 0{,}788$		Druck-verhältnis	Kälte-leistung	Umlaufende Kältemittelmenge je 1000 kcal/h in	Hubvolum des Kompressors in	Spezifische Kälteleistung in
Kond. Temp. t °C	Kond. Druck p ata	p/p_0	kcal/kg	kg/min	m³/1000 kcal	kcal/kWh
98	8,15	4,17	29,2	0,570	3,22	
30	7,58	4,07	28,4	0,588	3,27	3980
— 35	7,26	4,03	26,2	0,635	3,29	4560
— 5	8,19	4,12	25,0 ¹			
83	9,08	4,14	40,7	0,410	2,66	3580
17,8	8,74	4,31	41,3	0,404	2,74	4160
111	5,95	4,67	21,8	7,62	5,09	
57	5,48	4,49	20,6	8,08	5,13	
5	5,22	4,50	19,9	8,39	5,46	

EISEMAN, jr., hat in diesem Sinne die Gruppe der Freone einer eingehenden Untersuchung unterworfen[1]. Er fand, daß die gerade Mittellinie nach Gl. (43) und die Kurven für die orthobaren Dichten γ' und γ'' für alle Freone den gleichen Verlauf haben, wenn man die reduzierten Werte γ'/γ_k und γ''/γ_k als Funktion von ϑ aufträgt, was aus Abb. 34 deutlich hervorgeht. Ferner fand er, daß die voll halogenierten Methanderivate (F11, F12, F13 und F14) die gleiche reduzierte Dampfdruckkurve haben. Eine andere gemeinsame reduzierte Dampfdruckkurve haben die Methanderivate mit einem H-Atom (F21, F22) und das gleiche gilt auch für die voll halogenierten Äthanderivate (F113, F114 und F115). Ähnliche Gemeinsamkeiten ergeben sich auch für die Zustandsgleichungen dieser Stoffgruppen.

EISEMAN, jr., hält es für unzweckmäßig die Eignung verschiedener Kältemittel an Hand des praktischen Vergleichsprozesses nach Abb. 31 bei den gleichen Verdampfungs- und Verflüssigungstemperaturen (z. B. $t_0 = -15$ und $t = 30°$C) zu beurteilen. Denn jedes Kältemittel hat seinen günstigsten Temperaturbereich, und niemand wird auf den Gedanken kommen, F11 im Tieftemperaturbereich oder F14 in einer Klimaanlage zu verwenden. Wenn $t_0 = -15$ und $t = 30°$C für F12 zweckmäßige Temperaturen sind, dann sollte man für die Beurteilung anderer Kältemittel die gleichen *reduzierten* Temperaturen, nämlich $\vartheta_0 = 0{,}671$ und $\vartheta = 0{,}788$ zugrunde legen. Mit diesen Werten sind die verschiedenen kältetechnischen Größen in Tab. 30 berechnet. Es ist auffallend, daß dabei die Kälteleistung in kcal/kg, das Druckverhältnis, das Hubvolum des Kompressors je 1000 kcal und der Gewichtsstrom des Kältemittels je 1000 kcal/h innerhalb der gleichen Gruppe von Freonen keine großen Unterschiede aufweisen. Man kann daraus schließen, daß ein neues, noch nicht sehr genau untersuchtes Kältemittel, wie z. B. F13B1 ($CBrF_3$, vgl. S. 382 im zweiten Teil), bei gleichen reduzierten Temperaturen, angenähert die gleichen charakteristischen Eigenschaften haben wird wie F11, F12 oder F13.

---

[1] EISEMAN jr., B. J.: Refrig. Engng. Bd. 60 (1952) S. 496.

VI. Chemische Eigenschaften.

1. Allgemeines.

Die Kenntnis der chemischen Eigenschaften der Kältemittel ist für die Beurteilung ihres Verhaltens in den Kältemaschinen und die Auswahl der Werkstoffe wie auch der zu verwendenden Trocken- und Schmiermittel wichtig. Systematische Untersuchungen auf diesem Gebiet sind nur für einzelne Kältemittel in hinreichendem Umfang durchgeführt worden; vielfach handelt es sich dabei um Erfahrungen einzelner Herstellerwerke. Die Ergebnisse fußen vor allem auf Kurzprüfungen unter entsprechend verschärften Bedingungen, wobei als beschleunigender Faktor in erster Linie gegenüber normalen Betriebsverhältnissen stark erhöhte Temperaturen und Drücke gewählt werden. Die dabei gewonnenen Ergebnisse sind nur relativ zu werten, sie bieten aber in vielen Fällen die einzige Möglichkeit, überhaupt einen Einblick in den wahrscheinlichen Reaktionsablauf in den Kältemaschinen zu gewinnen.

Die Unübersichtlichkeit wird noch dadurch erhöht, daß für das chemische Verhalten der Kältemittel in den Maschinen nicht allein ihre eigenen chemischen Eigenschaften, sondern häufig die der Verunreinigungen verantwortlich zu machen sind, die je nach dem Herstellungsverfahren ganz verschieden sein können und sich auch aus der Art der Füllung der Maschine, ihrer Bauart und Betriebsweise ergeben. Es hat daher auch nicht an sich widersprechenden Erfahrungen und Rückschlägen gefehlt, die vielfach zur falschen Beurteilung eines Kältemittels beigetragen haben.

Im folgenden wird der Versuch unternommen, nach kritischer Sichtung des gesamten zugänglichen Materials eine systematische Darstellung der chemischen Eigenschaften der Kältemittel und ihrer Einwirkung auf die Stoffe zu bringen, mit denen sie im Kältemittelkreislauf in Berührung kommen. Die Darstellung erhebt keinen Anspruch auf Vollständigkeit; sie soll vielmehr eine kritische Zusammenfassung des heute bekannten Materials geben und eine Auswahl geeigneter Prüfverfahren aufzeigen, die im Kapitel IX übersichtlich zusammengestellt sind. Spezielle Prüfverfahren und Untersuchungsmethoden für einzelne Kältemittel werden im zweiten Teil dieses Bandes behandelt.

2. Verunreinigungen und ihre Auswirkung.

Die Reinheit der Kältemittel ist für die Betriebssicherheit von Kältemaschinen von ausschlaggebender Bedeutung. Die Verunreinigungen bestehen vielfach aus nur unvollständig umgesetzten Ausgangs- oder Zwischenverbindungen oder aus unerwünschten Nebenprodukten. Diese bei den üblichen Reinigungsverfahren restlos zu entfernen, bietet oft so große Schwierigkeiten, daß man sich mit Resten von Verunreinigungen in den Kältemitteln abfinden muß. Ferner können Verunreinigungen durch ungenügende Sauberkeit der Transportgefäße verursacht werden. Artfremde Verunreinigungen, die aus den Maschinenteilen oder Apparaten der Kälteanlage stammen, bleiben hier außer Betracht; es sei jedoch darauf hingewiesen, daß viele Kältemittel eine stark lösende Wirkung haben, und daß deshalb die Maschinen und ihre Teile vor dem Einfüllen der Kältemittel unbedingt trocken und sauber sein müssen (s. Bd. VI dieses Handbuches).

Die vom Herstellungsprozeß herrührenden Verunreinigungen können als feste, flüssige oder gasförmige Bestandteile in den Kältemitteln auftreten; ihre chemische Zusammensetzung ist bei den einzelnen Kältemitteln verschieden und kann auch bei dem gleichen Kältemittel je nach dem angewendeten Herstellungsverfahren verschieden sein.

Als Hauptverunreinigungen für alle Kältemittel kommen Wasser und nichtkondensierbare Gase, meist Luft oder deren Bestandteile, in Betracht. Bei den säurebildenden oder säurebildende Elemente enthaltenden Kältemitteln können auch Anionen als Verunreinigungen auftreten. Häufig handelt es sich um hochsiedende Rückstände wie Öle und Fette; sie entstammen meist den Packungen von Ventilen und den nichtmetallischen Dichtungen. Feste Bestandteile dürfen nicht nachweisbar sein.

In Tab. 31 sind für eine Reihe von Kältemitteln die durchschnittlichen Verunreinigungen handelsüblicher Erzeugnisse in Stahlflaschen aus den im zweiten Teil dieses Bandes mitgeteilten Einzelwerten zusammengestellt.

Auf Grund der Erfahrungen wurden von seiten der Verbraucher vielfach Bestellvorschriften in Form von Firmennormen aufgestellt, und auch von seiten der Hersteller werden häufig Garantien für ihre Lieferungen gegeben, wobei nach vorher vereinbarten Untersuchungsmethoden bestimmte Analysenwerte für einzelne Verunreinigungen nicht überschritten werden. In Tab. 31 ist eine Anzahl solcher Firmennormen von Verbrauchern und Garantiewerte verschiedener Hersteller mit aufgenommen (vgl. auch Tab. 35 auf S. 114).

Die zur experimentellen Bestimmung der thermischen und kalorischen Eigenschaften verwendeten Kältemittel müssen weitestgehend rein sein. Die Reinheit der handelsüblichen Kältemittel genügt hierfür in den meisten Fällen nicht, so daß besondere Reinigungsverfahren angewendet werden müssen[1]. Aber auch zum Einfüllen in Kältemaschinen müssen die handelsüblichen Kältemittel vielfach noch gereinigt werden. Über dazu geeignete Verfahren und Anlagen s. S. 202.

a) Wasser. Das Wasser ist die verbreitetste und in ihren Auswirkungen vielseitigste Verunreinigung der Kältemittel; es verursacht zweifellos die meisten Störungen in Kältemaschinen. Verstopfungen von Regelorganen und Filtern, Korrosionen, Förderung der Kupferplattierung beim Arbeiten mit chlorierten Kältemitteln, Anfressen der Lager und Schäden an Gleitringdichtungen sowie Windungs- und Masseschlüsse in den Ständerwicklungen der gekapselten Kältemaschinen sind die mittelbaren oder unmittelbaren Folgen der Anwesenheit von Wasser im Kältemittelkreislauf.

Das Wasser kann in verschiedener Form vorliegen, und es kann beim Umlauf mit den Kältemitteln seine Verteilungs- und Bindungsart sowie den Aggregatzustand ändern. Je nach der Art, in der es auftritt, ist seine Wirkung recht verschieden. Man kann unterscheiden zwischen:

freiem Wasser (flüssig oder fest), das keinesfalls auftreten sollte,

gelöstem Wasser (im Kältemittel und im Öl),

adsorbiertem Wasser (auf den Oberflächen der Baustoffe und in den Trocknern),

gebundenem Wasser (in den elektrischen Isolierstoffen und in chemischen Verbindungen).

Wasserdampf ist im gasförmigen Teil des Kältemittels beim Vorhandensein von freiem Wasser entsprechend dem Partialdruck stets vorhanden; auch bei gelöstem oder adsorbiertem Wasser ist je nach der Temperatur mit einem, wenn auch nur geringen Dampfdruck zu rechnen.

In den Kältemittelkreislauf gelangt das Wasser auf verschiedene Weise. Alle Teile der Kältemaschinen, die vor dem Zusammenbau der Luftfeuchtigkeit ausgesetzt waren, halten an der Oberfläche und je nach ihrer Beschaffenheit, z. B. auch in Oxydschichten adsorbiertes Wasser fest. Die Maschinenteile und die

---

[1] KLEMENC, A.: Die Behandlung und Reindarstellung von Gasen. Leipzig: Akad. Verlagsges. mbH. 1938.

Chemische Eigenschaften.

Tabelle 31. *Verunreinigungen von Kältemitteln.*

Kältemittel	% Gehalt an reinem Gas	Gewinnungsart	Vorschriften von	Verunreinigungen
NH_3	99,5	Haber-Bosch-Synthese		$\leq 0,2\%$ H_2O; $\leq 0,5\%$ Rückstand; ≤ 5 cm³ Fremdgas in 100 cm³ Flüssigkeit.
CO_2	99	aus Verbrennungsabgasen		$\leq 0,1\%$ H_2O; $\leq 0,001\%$ Mineralsäuren; $\leq 0,1\%$ Rückstand; Fremdgas $< 0,2$ Vol.-%; ≤ 5 cm³ Luft in 100 g Flüssigkeit.
			UdSSR	$\leq 0,1\%$ H_2O; bis 2 Vol.-% Fremdgas, davon $< 0,05\%$ CO.
SO_2			Ansul Chemical Co. Marinette, Wisc., USA	$< 0,005\%$ H_2O; kein H_2SO_4; kein Rückstand; $\leq 0,02$ Vol.-% Fremdgas in der Flüssigkeit.
			Robert Bosch GmbH., Stuttgart	$\leq 0,002\%$ H_2O; $\leq 0,001\%$ H_2SO_4; kein Rückstand; ≤ 3 cm³ Fremdgas in 100 g Flüssigkeit.
			General Electric Co., USA	$\leq 0,01\%$ H_2O; $0,001\%$ H_2SO_4; Rückstand 0 bis Spuren; Fremdgas bis 0,01 Vol.-%. Farbe wasserhell.
			AG. für Zinkindustrie vorm. W. Grillo, Duisburg-Hamborn	$\leq 0,01\%$ H_2O; $\leq 0,001\%$ H_2SO_4; $\leq 0,005\%$ Rückstand; ≤ 5 cm³ Fremdgas in 100 g Flüssigkeit.
CH_3Cl	99,6 bis 99,8		Farbwerke Hoechst	$\leq 0,005\%$ H_2O; $\leq 0,0001\%$ HCl; $\leq 0,13$ Gew.-% Fremdgas, entspr. ≤ 100 cm³ Luft von 0° C und 760 Torr in 100 g Flüssigkeit.
	99,5		Roessler u. Hasslacher, Wilmington, Del. USA	$\leq 0,008\%$ H_2O; $\leq 0,001\%$ HCl; Siedepunkt innerhalb 1° C konstant; $\leq 0,01\%$ Rückstand; $\leq 0,3$ Vol.-% Fremdgas in der Flüssigkeit.
CH_3Br	95			H_2O; CH_3OH; HBr.
$CFCl_3$ (F 11)			Kinetic Chemicals Inc., Wilmington, Del. USA	$\leq 0,0025\%$ H_2O; $\leq 0,05$ Vol.-% hochsied. Verunreinigungen; keine HCl und keine Chloride.
CF_2Cl_2 (F 12) (Arcton 6)			Kinetic Chemicals Inc., Farbwerke Hoechst. Imperial Chemical Industries Ltd., England	$\leq 0,001\%$ H_2O; frei von Salzsäure und Chloriden; ≤ 2 Vol.-% Fremdgas in der Dampfphase (F 12 spezial der Farbwerke Hoechst $\leq 0,3$ Vol.-% Fremdgas im Dampf); $\leq 0,05$ Vol.-% höher siedende Verunreinigungen.
CF_3Cl (F 13)			Kinetic Chemicals Inc.	$\leq 0,001\%$ H_2O; frei von Salzsäure und Chloriden; $\leq 0,005\%$ Rückstand.
$CHFCl_2$ F 21)			Kinetic Chemicals Inc., Farbwerke Hoechst	$\leq 0,005\%$ H_2O; frei von HCl und Chloriden; $\leq 0,05\%$ Rückstand.

Tabelle 31. (Fortsetzung.)

Kältemittel	% Gehalt an reinem Gas	Gewinnungsart	Vorschriften von	Verunreinigungen
CHF_2Cl (F 22)			Kinetic Chemicals Inc., Farbwerke Hoechst	$\leq$ 0,0025% H_2O; keine HCl und keine Chloride; $\leq$ 0,05 Vol.-% höher siedende Verunreinigungen; 2 Vol.-% Fremdgas in der Dampfphase; Rückstand 0,005%.
CHF_3 (F 23)			Kinetic Chemicals Inc.	$\leq$ 0,0025% H_2O; Säuregehalt 0; $\leq$ 0,05 Vol.-% höher siedende Verunreinigungen; 2 Vol.-% Fremdgas in der Dampfphase.
C_2H_5Cl	99,8			CH_3Cl.
$C_2F_3Cl_3$ (F 113)			Kinetic Chemicals Inc.	$\leq$ 0,002% H_2O; keine Säuren und keine Chloride; < 2 Vol.-% Fremdgas im Dampf über der Flüssigkeit; $\leq$ 0,03 Vol.-% höher siedende Verunreinigungen (vor allem F 112).
$C_2F_4Cl_2$ (F 114)			Kinetic Chemicals Inc.	$\leq$ 0,0025% H_2O; frei von Chlor und Chloriden; $\leq$ 5 Vol.-% Fremdgas im Dampfraum über der Flüssigkeit; $\leq$ 0,05 Vol.-% hochsiedende Verunreinigungen.
C_3H_8	95		Leuna-Werke	n-C_4H_{10}; i-C_4H_{10}; C_2H_6; C_2H_4; C_4H_8
	98—99	Rein-Propan		olefinfrei, C_2H_6.
i-C_4H_{10} (Isobutan)	über 99	Rein-Isobutan	Isobutan, C. P., USA	olefinfrei, n-C_4H_{10}.
C_2H_4	96—97			größtenteils C_2H_6, ev. $(C_2H_5)_2O$.
SF_6				CO_2; SO_2; SiF_3; F_2.
N_2O	95—99			N_2; O_2.

fertig montierten Maschinen müssen deshalb vor dem Einfüllen von Öl und Kältemittel sorgfältig getrocknet werden (s. Bd. VI). Je nach der dabei aufgewendeten Sorgfalt verbleibt aber immer noch mehr oder weniger Restwasser in den Maschinen; die zulässige Höchstmenge soll je nach der Bauart der Maschine und dem vorgesehenen Kältemittel vom Hersteller festgelegt und kontrolliert werden.

Ferner wird sowohl mit dem Öl als auch mit dem Kältemittel stets eine kleine Menge Wasser in den Kältemittelkreislauf eingebracht. Im praktischen Betrieb läßt sich dieser Wassergehalt nicht ganz vermeiden (s. S. 202).

Im Betrieb der Maschinen kann Luftfeuchtigkeit bei Undichtigkeiten auf der Saugseite eindringen, vor allem an den Gleitring- oder anderen Wellendichtungen der offenen Maschinen, sofern mit Unterdruck gearbeitet wird. In den gekapselten Maschinen kann beim Überschreiten bestimmter zulässiger Höchsttemperaturen das in den elektrischen Isolierstoffen, z. B. Zellulose, gebundene Wasser frei werden (s. S. 205). Schließlich kann auch durch chemische Umsetzungen von Öl und Kältemittel u. U. Wasser gebildet werden (s. S. 165); die gleichzeitig entstehenden organischen und anorganischen Säuren greifen bevorzugt die elektrischen Isolierstoffe der Ständer an, verkohlen diese und machen ebenfalls Wasser frei.

Das Wasser als Verunreinigung kann also nur mit allergrößter Sorgfalt aus dem Kältemittelkreislauf entfernt bzw. ferngehalten werden. Deshalb wenden die Hersteller von Kältemaschinen, vor allem der empfindlichen kleinen Typen, recht erhebliche Mühe auf, um den Wassergehalt im Kältemittelkreislauf auf ein wirtschaftlich erreichbares Minimum herabzusetzen. Der Grund dafür wird vollends klar, wenn man die im folgenden besprochenen möglichen Störungen durch Wasser betrachtet.

Um die Verteilung des Wassers auf die einzelnen Teile der Kältemaschine und die Formen, in denen es dort auftritt und wirksam wird, zu verstehen, ist vor allem die Kenntnis der *Löslichkeit von Wasser in den flüssigen Kältemitteln* erforderlich. Sie ist in Abb. 35 für die meisten gebräuchlichen Kältemittel abhängig von der Temperatur dargestellt[1].

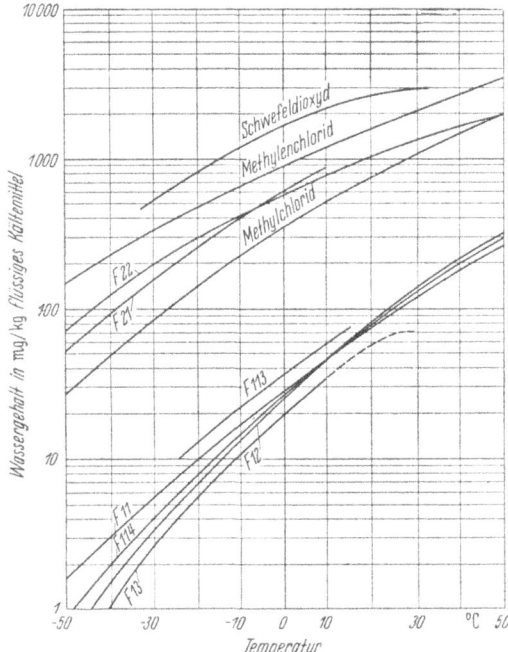

Abb. 35. Die Löslichkeit von Wasser in flüssigen Kältemitteln in Abhängigkeit von der Temperatur.

Entsprechend dieser sehr verschiedenen Löslichkeit von Wasser in den flüssigen Kältemitteln ist auch sein Verhalten im Kältemittelkreislauf sehr verschieden. Grundsätzlich wird bei einer Temperatursenkung des Kältemittels das oberhalb der Löslichkeitsgrenze vorhandene Wasser aus dem Kältemittel ausgeschieden. Bei Temperaturen über 0° C erfolgt die Ausscheidung in flüssiger Form; es wird dann entsprechend dem spez. Gewicht des betreffenden Kältemittels entweder auf diesem schwimmen oder untersinken. Liegt dagegen die Temperatur, wie meist in den Regelorganen und den Verdampfern, unter 0° C, so wird das Wasser als Eis ausgeschieden. Es kristallisiert an den Metallwandungen aus und setzt sich dort sehr fest an. Sind die Durchgänge in Drosseln und am Ventilsitz der Expansionsventile eng, so setzen sich die Entspannungsorgane schnell zu, und der Kältemittelfluß wird bald ganz unterbrochen. In Expansionsventilen verhindert eine Eisperle zwischen Ventilnadel und Ventilsitz nach CARTER[2] in erster Linie das Schließen des Ventils, und es tritt erst viel später eine Unterbrechung des Kältemittelumlaufs ein, wenn der gesamte Öffnungsquerschnitt durch Eis verschlossen ist. Die Gefahr der Eisbildung ist um so geringer, je höher die Löslichkeit für Wasser in dem betreffenden Kältemittel ist. Die geringste Löslichkeit weisen die reinen Kohlenwasserstoffe und viele ihrer chlorierten und höher fluorierten Derivate auf. Sie nimmt mit zunehmender Halogenierung und Fluorierung ab, wie sich auch aus Abb. 35 ergibt. Die geringste Löslichkeit für Wasser haben von den heute gebräuchlichen Kältemitteln F 12 und einige andere Freone, bei deren Ver-

---

[1] Refrigeration Data Book, Basic Volume, VII Ed., New York 1951 S. 329. — M. D. GODDARD: Refrig. Engng. Bd. 50 (1945) S. 215. — A. H. BLAIR u. I. N. CALHOUN: Refrig. Engng. Bd. 52 (1946) S. 125. — [2] CARTER, F. Y.: Refrig. Engng. 59 (1951) S. 547.

wendung sich deshalb der Einbau eines Trockners im Kältemittelkreislauf oft nicht umgehen läßt (s. S. 113 u. Bd. VI). Nach BRANDON[1] ist Verstopfungsgefahr durch Ausfrieren von Wasser beim Arbeiten mit Methylchlorid ab etwa 50 mg H_2O/kg und bei F 12 ab etwa 10 mg H_2O/kg bei den für Kleinkältemaschinen üblichen Verdampfungstemperaturen gegeben. Dagegen friert in Kältemaschinen mit Schwefeldioxyd kein Wasser aus, da die Löslichkeit weit über der für Korrosionen gefährlichen Grenze liegt, die sich durch Trocknen des SO_2 und der Maschine leicht unterschreiten läßt.

Einige Kältemittel, z. B. Methylchlorid, Äthylchlorid und F 12, bilden mit Wasser gelartige, voluminöse *Hydrate*[2], die sich ebenfalls im Entspannungsorgan ausscheiden und zu einer Verstopfung führen, da ihre Adhäsion sehr groß ist. Sie sind außerdem vielfach bis weit über den Gefrierpunkt des Wassers beständig.

Die bei Kältemaschinen auftretenden Verstopfungen durch Wassereis oder Hydrate lassen sich durch Auftauen vorübergehend beseitigen. Das Wasser gelangt aber dann in den Verdampfer und gefriert dort. In überfluteten Verdampfern sammelt sich das Eis stets an, da es bei den tiefen Temperaturen nur langsam sublimiert. Beim Abtauen des Verdampfers gelangt es in Dampf- und Tropfenform mit dem verdampfenden Kältemittel wieder in den Kreislauf und kann erneut zu Verstopfungen führen.

Einen Überblick über die vermutliche Wasserverteilung im Kältemittelkreislauf gibt die Kenntnis der Löslichkeit von Wasser im flüssigen und des damit im Gleichgewicht stehenden Wassergehaltes im dampfförmigen Kältemittel.

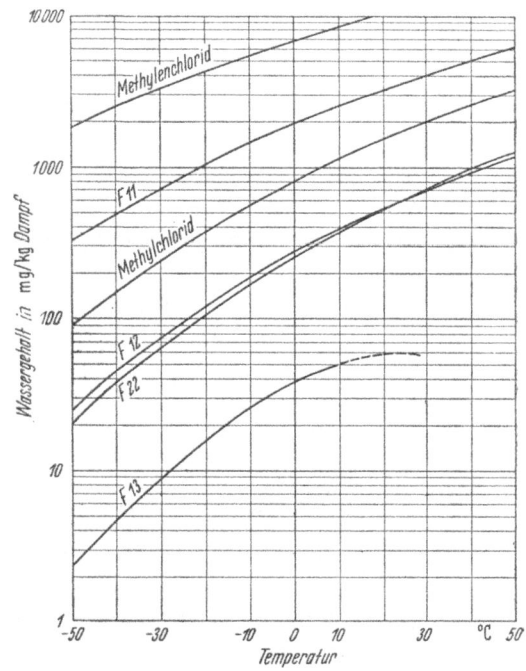

Abb. 36. Maximale Wassergehalte trocken gesättigter Kältemitteldämpfe (in mg/kg Dampf) bei verschiedenen Temperaturen.

In Abb. 35 war schon die Löslichkeit von Wasser in einigen flüssigen Kältemitteln in Abhängigkeit von der Temperatur dargestellt; in Abb. 36 sind die maximalen Wassergehalte für die trocken gesättigten Dämpfe der gleichen Kältemittel über der Temperatur nach einer Zusammenstellung der Farbwerke Hoechst[3] aufgezeichnet. Diese Wassergehalte sind nach dem HENRY-DALTONschen Gesetz unter der Annahme seiner Gültigkeit errechnet; danach läßt sich aus der Kenntnis der Zusammensetzung der einen Phase die Zusammensetzung der anderen auch im ungesättigten Zustand errechnen. Diese Berechnungen wurden von ELSEY

---

[1] BRANDON, A. O. B.: Mod. Refrig. Bd. 54 (1951) Nr. 634 S. 9.
[2] FORCRAND, DE, u. VILLARD: C. r. Bd. 106 S. 1357. — VILLARD: Ann. Chim. Phys. (7) 1911 S. 384. — C. F. JENKIN: Chem. News, Vol. 125 1922 S. 249. — Ice u. Cold Storage, Januar 1935 S. 7. — H. E. CHINWORTH u. D. L. KATZ: Refrig. Engng. Bd. 54 (1947) S. 359.
[3] Farbwerke Hoechst: „Frigen", Hoechst, März 1952.

und FLOWERS[1] für F12 durchgeführt. Über die Löslichkeit von Wasser in den flüssigen Kältemitteln liegen ausreichende Meßpunkte vor. Nun ist aber das Wasser in den meisten Kältemitteln so wenig löslich, daß der Dampfdruck des Wassers über den größten Teil des Phasendiagramms, vor allem auf der kältemittelreichen Seite, keine Änderung erfährt. Damit ist auch die Beeinflussung der Partialdrücke nur so gering, daß man mit den Dampfdrücken der reinen Kältemittel und des Wassers rechnen kann, die sich nach dem DALTONschen Gesetz zum Gesamtdruck addieren. Daraus ergibt sich nach dem Gasgesetz

$$H_2O\% = \frac{G_{H_2O} \cdot 100}{G_{KM}} = \frac{\mu_{H_2O}}{\mu_{KM}} \frac{P_{H_2O} \cdot 100}{P_{KM}},$$

wobei $H_2O\%$ die Gewichtsprozente Wasser im Dampf, G_{H_2O} und G_{KM} die Dampfgewichte, μ_{H_2O} und μ_{KM} die Molekulargewichte sowie P_{H_2O} und P_{KM} die Sättigungsdrücke des Wassers und des Kältemittels bei der gegebenen Temperatur sind. Bei der Berechnung ergeben sich geringe Abweichungen gegenüber einigen gemessenen Werten für F12, die in den gemachten Annahmen zu suchen sind, da Wasser und F12 den Gasgesetzen nicht genau gehorchen. Dagegen ergibt sich nach ELSEY und FLOWERS volle Übereinstimmung mit den experimentellen Werten, wenn mit den Wichten γ_{H_2O} und γ_{KM} der reinen gesättigten Dämpfe bei der betreffenden Temperatur nach der Gleichung

$$H_2O\% = \frac{\gamma_{H_2O} \cdot 100}{\gamma_{KM}}$$

gerechnet wird.

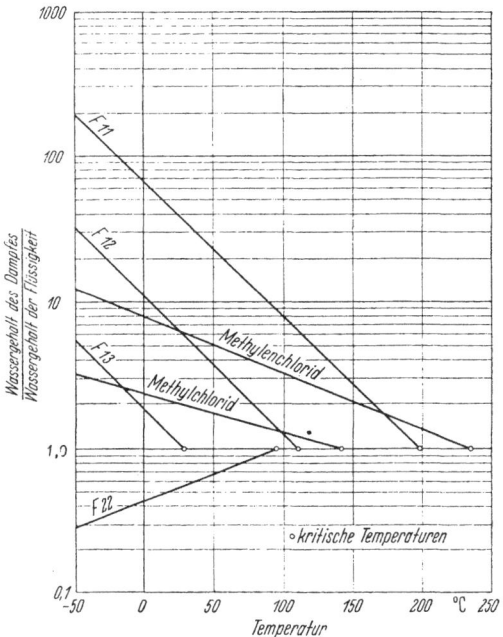

Abb. 37. Verhältnis des Wassergehaltes im Dampf zu demjenigen in der Flüssigkeit bei Sättigung als Funktion der Temperatur für verschiedene Kältemittel.

Aus den experimentell bekannten Sättigungswassergehalten der flüssigen Kältemittel und den auf diese Weise errechneten Gehalten der dampfförmigen, gesättigten Kältemittel ergeben sich die in Abb. 37 über der Temperatur aufgetragenen Verhältniszahlen des Wassergehaltes des Dampfes zu dem Wassergehalt der Flüssigkeit verschiedener Kältemittel. Am kritischen Punkt muß dieses Verhältnis 1 sein.

Aus der Kenntnis des Wassergehaltes einer Phase und dieses Verhältnisses bei der Meßtemperatur ergibt sich nun der unbekannte Wassergehalt der zweiten Phase. Die Abbildungen zeigen, daß, bezogen auf das Kilogramm, keines der Kältemittel im Dampf und in der Flüssigkeit den gleichen Wassergehalt hat. Mit Ausnahme von F22 enthalten alle aufgeführten Kältemittel in der Dampfphase je kg mehr Wasser als in der Flüssigkeit, mit der diese im Gleichgewicht steht. Daraus ergibt sich, daß der Wassergehalt des Kältemittels in den einzelnen Teilen

---

[1] ELSEY, H. M., u. L. C. FLOWERS: Refrig. Engng. Bd. 57 (1949) S. 153.

der Maschine verschieden sein muß, und daß während des Betriebes Konzentrationsverschiebungen der Art stattfinden, daß z. B. in den kalten Teilen, wie im Verdampfer, sich die Feuchtigkeit ansammelt. Es kann daher vorkommen, daß an einzelnen Stellen der Kältemaschine das Doppelte bis Dreifache des Durchschnittsgehaltes an Wasser auftritt.

Gegenüber der Löslichkeit von Wasser in den Kältemitteln ist die Löslichkeit der Kältemittel in Wasser von geringerem Interesse. Praktische Bedeutung hat sie dort, wo das Kältemittel infolge Undichtigkeiten in das Kühlwasser oder in die umlaufende Sole gelangen kann und an anderer Stelle beim Absinken des Wasserdruckes wieder frei wird. Auch beim Entleeren von Kältemaschinen kann diese Eigenschaft wertvoll sein. Soweit es sich dabei um giftige Kältemittel oder solche mit ausgesprochener Reizwirkung handelt, ist diesem Umstand Aufmerksamkeit zu widmen. Tab. 32 gibt die Löslichkeit von gasförmigen Kältemitteln in Wasser von 0 bis 100° C bei 760 Torr wieder[1]. Die Werte zeigen, daß die Löslichkeit gerade bei den toxischen Kältemitteln, wie Ammoniak, Schwefeldioxyd und Methylchlorid, recht erheblich ist, wobei zu berücksichtigen ist, daß bei erhöhtem Druck der Kältemittel diese Löslichkeit noch ansteigt.

Tabelle 32.
Löslichkeit von gasförmigen Kältemitteln in Wasser bei einem Druck der Kältemittel von 760 Torr.

Kältemittel	Temperatur des Wassers °C								
	0	10	15	20	25	30	50	80	90	100
SO_2[1])	79,79	56,65	47,28	39,37	32,29	27,16	—	—	—	—
SO_2[2])	22,83	15,39	12,73	10,64	8,98	7,56	4,14	2,13	1,805	—
		16,21		11,29		7,81				
NH_3[3])	90	68	—	52	—	40	28	15	11	7
CH_3Cl[4])	3,42	2,69	—	2,22	—	1,68	1,29	—	—	—
F 12[5])	0,063	0,045	0,038	0,033	0,029	—	—	—	—	—

[1]) l SO_2 (umgerechnet auf 0° C) je l H_2O. — [2]) g SO_2/100 g H_2O. —
[3]) g NH_3/100 g H_2O. — [4]) l CH_3Cl/l H_2O — [5]) g CF_2Cl_2/100 g H_2O.

Wasser kann im Kältemittelkreislauf aller Bauarten von Maschinen und mit den meisten Kältemitteln zu Korrosionen führen, wenn sein Gehalt bestimmte Grenzen übersteigt. Mit Eisen und einigen anderen Baustoffen kann es direkt reagieren; dazu sind jedoch die Konzentrationen in den Kältemitteln meist zu gering. Die Ausscheidung von freiem, flüssigem Wasser führt aber sofort zum Ausfrieren und zu Verstopfungen in den Regelorganen, ehe irgendwelche Reaktionen mit den Baustoffen einsetzen. Lediglich an den Nadeln von Schwimmerventilen und Expansionsventilen treten gelegentlich Korrosionen und Erosion durch flüssiges Wasser auf, sofern es hier nicht zu Eis gefriert. Die ausgeschiedenen Wassertröpfchen setzen sich an den Wandungen der kalten Ventile und der Verdampfer fest und rufen hier eine beschleunigte, auf die Tröpfchen punktförmig begrenzte Korrosion hervor. Beim Erwärmen des Maschinenteiles verdampfen die Wassertröpfchen zum Teil wieder und treten von neuem in den Kreislauf. Der Kompressor bekommt dadurch beim Anlaufen nach dem Abtauen eine wesentlich höhere Konzentration an Wasserdampf als im normalen Dauerbetrieb. Ein anderer Teil der Wassertröpfchen bleibt infolge Siedeverzuges oder eines Überzuges von Öl noch flüssig. Bei erhöhter Temperatur schreitet die Korrosion unter den Wassertröpfchen mit entsprechend größerer Geschwindigkeit fort. Nach THOMPSON[2] ist eine geringe Löslichkeit von Wasser im Kältemittel zugleich ein

---
[1] D'ANS, J., u. E. LAX: Taschenbuch für Chemiker und Physiker. Berlin: Springer 1943.
[2] THOMPSON, R. J.: Refrig. Engng. Bd. 44 (1942) S. 311.

Maß für geringe Neigung des Kältemittels zu Korrosion selbst bei Gegenwart von Wasser.

Nahezu alle Korrosionen durch Wasser in Kältemaschinen werden sekundär durch Säuren und andere Produkte verursacht, welche aus Reaktionen von Wasser mit den Kältemitteln entstehen[1]. Auch der Einfluß des Wassers auf die Alterung der Kältemaschinenöle beruht indirekt auf der Säurebildung und der nachfolgenden Einwirkung der Säuren auf die Öle. Die möglichen direkten Reaktionen zwischen Ölen und Kältemitteln werden, wie alle anderen im Kältemittelkreislauf auftretenden chemischen Umsetzungen, durch Wasser beschleunigt. Beispiele dafür sind die Kältemittelbeständigkeit der Öle und die Kupferplattierung (s. S. 165). Nach WALKER und RINELLI[2] entstehen etwa 90% des in Kältemaschinen gebildeten organischen und anorganischen Schlammes durch die Mitwirkung von Wasser; er setzt sich meist aus Korrosionsprodukten und Ölschlamm zusammen.

Nur die reinen Kohlenwasserstoffe, z. B. Äthan, Propan und Isobutan, reagieren nicht mit Wasser, da sie nicht hydrolysieren können. Infolgedessen treten Korrosionen mit diesen Kältemitteln nur durch den direkten Angriff der Metalle durch das Wasser auf.

Dagegen bilden alle halogenierten Kohlenwasserstoffe mit Wasser Halogensäuren. Insbesondere spalten chlorierte Kohlenwasserstoffe unter der Einwirkung von Wärme und Licht sowie in Gegenwart katalytisch wirksamer Metalle mit Wasser unter Salzsäurebildung mehr oder weniger stark auf. Die Bindung zwischen Kohlenstoff und Fluor ist dagegen so fest, daß sie nur unter ungünstigen Bedingungen merklich aufgespalten wird. Die Stärke der Hydrolyse der Freone ist je nach ihrer Zusammensetzung verschieden[3]. Bei Versuchen, die bei 50°C mit wassergesättigten Kältemitteln in Stahldruckrohren über einen längeren Zeitraum durchgeführt wurden, traten die in Tab. 33 verzeichneten Mengen an hydrolysierten Produkten auf.

Tabelle 33. *Hydrolyse von Kältemitteln.*

Kältemittel	Hydrolysiert in g/l. Jahr
CH_3Cl	110
CH_2Cl_2	55
F 113 $(C_2F_3Cl_3)$	40
F 11 $(CFCl_3)$	28
F 12 (CF_2Cl_2)	10
F 21 $(CHFCl_2)$	9
F 114 $(C_2F_4Cl_2)$	3

Bei den Freonen liegt die untere Grenze des Wassergehaltes für Hydrolyse und Korrosionen allgemein höher als die Löslichkeit für Wasser in den Kältemitteln bei den Temperaturen der kalten Saugseite der Kältemaschinen. Somit wirkt die Ausscheidung von Eis in den Regelorganen schon warnend, ehe die Korrosionsgrenze erreicht ist. Sie zwingt dazu, durch Einbau von Trocknern den Wassergehalt stets unter die Grenzgehalte für Ausscheidungen und damit erst recht für Korrosionen herabzudrücken. Nach BRANDON[4] tritt mit F 12 und auch mit Methylchlorid leichte Korrosion bei einem Wassergehalt von etwa 200 mg/kg Kältemittel, schwere Korrosion ab 500 mg/kg auf. BOPP[5] teilt aber mit, daß F 12 und CH_3Cl bereits bei 50 mg Wasser/kg durch Hydrolyse und Säurebildung zu Korrosionen führen. In Maschinenversuchen sollen auch bereits 25 mg H_2O/kg F 12 Störungen verursacht haben, während 10 mg H_2O/kg zu keinerlei Störungen führten. Die Ergebnisse sind, wie diese beiden Beispiele zeigen, aber keineswegs

---

[1] McGOVERN, E. W.: Refrig. News 26 (1939) Nr. 11 S. 14. — Refrig. Engng. Bd. 43 (1942) S. 276.
[2] WALKER, W. O., u. W. R. RINELLI: Ansul Notes Bd. 4 (1940) Nr. 2.
[3] Kinetic Chemicals Inc., Kinetic Technical Bulletin B-2, 1950.
[4] BRANDON, A. B.: Modern Refrig. Bd. 54 (1951) Nr. 634 S. 9.
[5] BOPP, J.: Ansul News Notes Dez. 1951 S. 12/13.

einheitlich. Der Grund dafür mag vor allem in Abweichungen der Versuchsbedingungen liegen.

Schwefeldioxyd reagiert mit Wasser unter Bildung von schwefliger Säure, die zu Schwefelsäure aufoxydiert und gegenüber allen Baustoffen sehr aggressiv ist, sobald ihr Gehalt gewisse Grenzen überschreitet. Bopp[1] gibt den kritischen Grenzgehalt von Wasser in SO_2 mit etwa 100 mg/kg an, während Brandon[2] leichte Korrosion durch SO_2 erst bei Wassergehalten oberhalb etwa 300 mg/kg SO_2, schwere ab 1500 mg H_2O/kg SO_2 feststellt.

Selbstverständlich ist die Auswirkung nicht nur von der Konstitution und der Reaktionsfähigkeit des verwendeten Kältemittels, sondern auch von der Bauart der betreffenden Kältemaschine abhängig. Dabei sind die großen Maschinen entsprechend ihrer robusteren Bauart und der größeren Strömungsquerschnitte weniger anfällig als die kleinen Gewerbe- und die Haushaltkältemaschinen. Von diesen sind wieder die gekapselten Typen wegen der größeren Zahl der verwendeten Baustoffe empfindlicher als diejenigen der offenen Bauart. Die elektrischen Wicklungen mit ihren Isolierstoffen verschiedenster Art und der darin zum Teil in Wärme umgesetzten elektrischen Energie sind gegen Korrosionseinflüsse besonders anfällig und fördern durch ihre hohe Temperatur chemische Umsetzungen zwischen dem Kältemittel, dem Öl und dem Wasser. Die Temperatur wirkt aber auch beschleunigend auf die Korrosionen der Baustoffe durch die aus den Reaktionen mit Wasser gebildeten anorganischen und organischen Säuren ein. Infolgedessen ist in einer Kältemaschine um so weniger Wasser je kg Kältemittel zulässig, je höher die Spitzentemperatur beim Betrieb der Maschine ist. Die Ansammlung der Feuchtigkeit im kalten Verdampfer ist in diesem Sinne als günstig zu bezeichnen, da hierdurch die Maschinenteile mit den höchsten Temperaturen, wie beispielsweise die Kompressoren und vor allem die Druckventile, weniger stark angegriffen werden, als dies bei gleichmäßiger Feuchtigkeitsverteilung innerhalb der Kältemaschine der Fall wäre.

Die Ansul Chemical Co. hat in Kältemaschinen verschiedener Größe und Bauart festgestellt, daß F 12 und Methylchlorid mit den in Tab. 34 angegebenen Wassergehalten noch nicht zu Störungen führen[3].

Tabelle 34. *Zulässige Wassergehalte von F 12 und CH_3Cl in Kältemaschinen.*

Kältemittel	mg H_2O/kg	Maschinenart
F 12	27	große Gewerbemaschinen
	26	
	37 (2 Versuche)	gekapselte Haushalt-Kältemaschinen
	20 bis 30 (6 Versuche)	gekapselte Haushalt- und kleine Gewerbemaschinen
Methylchlorid	58 (2 Versuche)	kleine Gewerbemaschinen
	50	
	70	

Störungen in den gekapselten Haushaltkältemaschinen durch F 12 mit 60 mg Wasser je kg wurden ausschließlich durch Eisverstopfung in den Regelorganen verursacht. Korrosion trat nicht auf.

b) Mineralsäuren. Mineralsäuren als Verunreinigungen in den Kältemitteln entstammen vorwiegend dem Herstellungsprozeß. Sie können entweder als Aus-

---
[1] Bopp, J.: Ansul News Notes Dez. 1951 S. 12/13.
[2] Brandon, A. B.: Modern Refrig. Bd. 54 (1951) Nr. 634 S. 9.
[3] Data Book der Amer. Soc. Refrig. Engng., Basic Vol., VII Ed. New York 1951.

gangsstoffe im Endprodukt in geringer Menge verbleiben oder aber als Nebenprodukt bei der zu dem betreffenden Kältemittel führenden Umsetzung entstehen. Unter ungünstigen Bedingungen können Mineralsäuren auch in den Transportbehältern gebildet werden.

Bei der Herstellung der halogenierten Kohlenwasserstoffe dienen reine Halogene oder vielfach die entsprechenden Halogenwasserstoffsäuren zur Substitution des Wasserstoffes. Da es sich stets um Gleichgewichtsreaktionen handelt, die nicht zur vollständigen Umsetzung führen, verbleiben Reste von Säuren, die infolge ihres hohen Dampfdruckes mit dem Reaktionsprodukt mitgehen. So wird z. B. die Fluorierung durch Fluoride in Gegenwart von Chloriden als Katalysatoren vorgenommen, indem das vorher eingeführte Chlor durch Fluor substituiert wird. Dabei werden Halogenwasserstoffsäuren gebildet, die ebenfalls bei der fraktionierten Destillation in Spuren mit übergehen; sie werden durch Waschen der Endprodukte in Wasser entfernt. Bei den Kältemitteln der F-Gruppe gelingt dieser Reinigungsprozeß vollständig, so daß sie heute frei von Halogenen und Halogenwasserstoffsäuren in den Handel kommen; sie sind bei den üblichen Temperaturen und Betriebsverhältnissen der Kältemaschinen chemisch so stabil, daß sie keine Halogene abspalten, sofern nicht Wasser zur Hydrolyse oder andere Verunreinigungen zur katalytischen Aufspaltung führen.

Methylchlorid kann ebenfalls von der Chlorierung her geringe Reste von Salzsäure enthalten; es neigt aber vor allem in Gegenwart von Wasser und bei verhältnismäßig niederen Temperaturen sowie im Licht viel stärker als die Freone zur Aufspaltung unter Bildung von Salzsäure.

Schwefeldioxyd führt naturgemäß besonders leicht zur Säurebildung, wobei schon in Gegenwart von Spuren von Wasser die sich zunächst bildende schweflige Säure in geringem Ausmaß stets in Schwefelsäure aufoxydiert wird. Ferner kann Schwefelsäure als Verunreinigung beim Trocknen des Schwefeldioxydes in dieses gelangen, da zum Trocknen im großtechnischen Maßstab meist konzentrierte Schwefelsäure verwendet wird.

In den Kohlenwasserstoffen treten naturgemäß Säuren als Verunreinigungen nicht auf.

Kohlendioxyd bildet mit Wasser eine nichtbeständige Säure (H_2CO_3), die nur in den Salzen als Säurerest bekannt ist. CO_2 läßt sich mit Wasser leicht auswaschen.

Von Ammoniak werden Säuren infolge seines basischen Charakters sofort neutralisiert. Bei der Gewinnung aus Kokereigas können sich Reste von Pyridinbasen durch Umsetzungen mit dem Öl und Verharzungen der Lager in Kältemaschinen unangenehm bemerkbar machen. Auch bei NH_3 gelingt das Auswaschen aller chemisch aggressiven Verunreinigungen mit Wasser leicht.

Grundsätzlich ist zu sagen, daß die in den Kältemitteln vorhandenen Mineralsäuren, deren mögliches Auftreten in Tab. 31 zusammengestellt ist, zu Korrosionen der Baustoffe und einer Veränderung des Öles führen (vgl. Teil II, S. 277). Die Grenzen für die Gehalte an Mineralsäuren in den Kältemitteln sind deshalb nach den Erfahrungen der Hersteller von Kältemaschinen und der Erzeuger der Kältemittel festgelegt worden (vgl. Tab. 35). Auch in Tab. 31 war schon eine Reihe solcher Vorschriften enthalten.

c) Rückstand, Siedepunkt. Als Rückstand in den Kältemitteln kommen flüssige und feste Bestandteile vor. Sie können sich je nach ihrer Art in den Kältemaschinen verschieden auswirken. Flüssige Verunreinigungen bestehen vielfach aus Ölen und Fetten, welche bei der Verdichtung in Kompressoren der Füllanlagen in die Kältemittel gelangen. Ferner können sie auch aus Ventilpackungen und Dichtungen von den Kältemitteln mitgenommen werden. Je nach den Eigenschaften der Kältemittel werden diese Fremdstoffe entweder in ihnen gelöst oder nur in feiner Verteilung als Suspension mitgeführt. Auch verölte Transportbehälter und Rohrleitungen können die Ursache für einen unzulässigen Ölgehalt der Kältemittel sein. Besonders die das Fett und Öl lösenden organischen Kältemittel sowie ihre halogenierten Derivate nehmen gerne derartige Verunreinigungen auf. Aber auch Ammoniak, Kohlendioxyd und Schwefeldioxyd können Fette und Öle teils in Suspension und auch in geringer Menge in Lösung enthalten. Gelangen die gelösten Verunreinigungen in den Kältemittelkreislauf, so können sie bei begrenzter Löslichkeit, z. B. beim Abkühlen, in den Regelorganen ausgeschieden werden und, sofern ihr Erstarrungspunkt über der tiefsten Verdampfungstemperatur liegt, zu Verstopfungen führen, die sich ebenso wie Verstopfungen durch Eis nicht durch vorgeschaltete Siebe und Filter verhindern lassen. Handelt es sich aber um verschmutzte und gealterte Öle, die chemisch instabil und reaktionsfähig sind, so können sie mit vielen der Kältemittel Reaktionen einleiten, welche das Öl in Mitleidenschaft ziehen und zu Korrosionen führen. In Lagern und Ventilen entstehen durch solche Verunreinigungen oft kohleartige Niederschläge, die zu Hemmungen führen können.

Bei den ölunlöslichen Kältemitteln fördern solche löslichen Rückstände vielfach die Bildung von Kältemittel-Öl-Emulsionen, die eine saubere Trennung von Öl und Kältemittel im Verdampfer verhindern. Dadurch wird der Siedepunkt erhöht, der Dampfdruck erniedrigt und das Ablassen der Öle aus den Verdampfern der Großkältemaschinen unmöglich gemacht.

Ferner können in den Kältemitteln auch höher siedende artverwandte Produkte vorhanden sein, die bei der Herstellung als Neben- oder Zwischenprodukte entstehen und infolge unsauberer fraktionierter Kondensation im Kältemittel verbleiben. So ist z. B. bekannt, daß F12 am Anfang der Herstellung bis zu 0,5% höher siedende Verunreinigungen enthalten konnte, die vorwiegend aus F11 bestanden[1]. Solche höher siedende Verunreinigungen können zu Erhöhungen des Siedepunktes und zu veränderlicher Verdampfertemperatur führen. Außerdem können sie, wenn sie weniger stabil sind als der Grundstoff, Reaktionen einleiten und eine Instabilität des Kältemittels vortäuschen; so ist z. B. F11 wesentlich instabiler als F12. Pyridinbasen und Nitrile in Ammoniak, höhere Kohlenwasserstoffe im Isobutan sind weitere Beispiele für höher siedende Verunreinigungen, die ebenfalls zu Verstopfungen, Korrosionen und Verklebungen in Lagern und Ventilen führen können.

Feste Verunreinigungen bestehen meist aus Rost, Korrosionsprodukten der Kältemittel und des Wassers mit Metallen sowie aus Spänen und Abrieb. Auch Graphit tritt vielfach auf, der aus Packungen in Ventilen stammt. Die festen Rückstände gelangen durch die Verwendung verschmutzter Behälter und Rohrleitungen in die Kältemittel hinein und lassen sich infolgedessen bei einiger Sorgfalt leicht vermeiden.

In Kältemaschinen führen feste Rückstände zu Lagerhemmungen und zum Anfressen. Die Kompressorventile können durch abgesetzte feste Verunreinigungen undicht werden; Rückexpansion und ein Absinken der Fördermenge sind die Folge. Bei undichten Expansions- und Schwimmerventilen ergibt sich ein dauernder Kältemittelfluß, der zu einem Absinken der Kälteleistung führt, da in den Stillstandsperioden der warme Kältemitteldampf in den kalten Verdampfer überkondensiert und diesem Wärme zuführt. Der Verflüssiger entleert sich ganz und muß dann beim Anlauf erst wieder gefüllt werden, ehe sich eine Kälteleistung ergibt. Ferner können sich derartige Schmutzteilchen in den Regel-

---

[1] Industr. Engng. Chem. Bd. 22 (1930) S. 542.

organen, vor allem bei Querschnittsänderungen festsetzen und zu Verstopfungen führen, wenn sie sich mit Öl zusammenballen. Siebe und Filter setzen sich zu. Dadurch wird der Strömungsquerschnitt geändert und es kann zu einer Drosselwirkung kommen.

Der Rückstand in den Kältemitteln, sei er nun flüssig oder fest, löslich oder unlöslich, muß aus allen diesen Gründen auf ein Minimum herabgesetzt werden, da vor allem kleine Kältemaschinen sehr empfindlich gegen derartige Verunreinigungen sind.

Die Abscheidung von Rückständen erfolgt im allgemeinen durch langsame Destillation (s. S. 204) der Kältemittel. Eine laufende quantitative Kontrolle des Rückstandes und des Siedepunktes ist zu empfehlen.

d) Fremdgase. Nichtkondensierbare Gase oder Fremdgase bestehen in den meisten Fällen aus Luft, also Stickstoff und Sauerstoff. Sie gelangen in die Kältemittel beim Herstellungsprozeß, beim Umfüllen in nicht sorgfältig entlüftete Behälter oder im Betrieb. Die Luft löst sich dann, je nach der Art des Kältemittels, in verschiedener Menge in der flüssigen Phase und bleibt auch im Dampfraum. Die Löslichkeit eines Gases in einer Flüssigkeit ist durch die Oberflächenspannung des Lösungsmittels und die Wechselwirkungsenergie zwischen den Gasmolekülen und den Lösungsmittelmolekülen bestimmt. Je kleiner die Oberflächenspannung ist, um so größer ist die Löslichkeit für das Gas. Die Löslichkeit in den einzelnen Kältemitteln wird im Teil II besprochen.

In die Kältemaschine gelangt Luft durch Undichtigkeiten, sofern auf der Saugseite Unterdruck herrscht. Daneben kann aber Fremdgas auch durch chemische Reaktionen bzw. Korrosionen gebildet werden. Dabei entstehen vor allem Wasserstoff, niedere Kohlenwasserstoffe als Spaltprodukte bei Reaktionen der Öle sowie mitunter auch kleine Mengen von Kohlendioxyd.

Fremdgas hat beim Betrieb der Kältemaschinen verschiedene nachteilige Wirkungen. Die nichtkondensierbaren Gase sammeln sich im Verflüssiger oder im Vorratsbehälter bzw. im Gehäuse von Hochdruckschwimmerventilen an. Der Gesamtdruck wird um den Partialdruck der Gase erhöht; damit steigt die Belastung des Verdichters und des Antriebsmotors. Die unzulässige Drucksteigerung ist eine vor allem bei offenen Typen oft zu beobachtende Störung, da bei ihnen die Gefahr des Eindringens von Luft durch die Stopfbüchse groß ist. Bei Hochdruckschwimmerventilen besteht die Gefahr, daß die Schwimmerblase zusammengedrückt wird. Da das Fremdgaspolster den Eintritt von Kältemittel in das Schwimmergehäuse verhindert, öffnet das Ventil nicht, und der Druck steigt immer mehr an. Das verflüssigte Kältemittel bildet den Flüssigkeitsverschluß in Verflüssigern, Flüssigkeitssammlern und Schwimmerventilen, so daß nur der im flüssigen Kältemittel sich lösende Anteil des Fremdgases am Kältemittelumlauf teilnehmen kann. Bei entsprechender Anordnung von Verflüssiger und Flüssigkeitssammler und bei genügendem Inhalt der Hochdruckseite kann es dann vorkommen, daß die Flüssigkeit nicht mehr zum Regelorgan gelangt und die Kühlwirkung ausbleibt.

Lediglich in Maschinen mit Kapillarrohr oder Düsen als Regelorgan behindern nichtkondensierbare Fremdgase den Kältemittelumlauf nicht, da hier das verflüssigte Kältemittel zwangsläufig abfließt; durch Ansammlung des Fremdgases über der Flüssigkeitssäule kann aber eine erhebliche Drucksteigerung im Verflüssiger entstehen.

Darüber hinaus können nichtkondensierbare Gase, vor allem der Sauerstoff der Luft, im Kältemittelkreislauf chemische Reaktionen hervorrufen, die sich auf die Lebensdauer der Maschine ungünstig auswirken. Die durch die Fremdgase hervorgerufenen höheren Drücke und die damit verbundenen hohen Temperaturen, vor allem am Druckventil und im Verflüssiger, aber auch am Kolben und Zylinder, fördern Reaktionen, z. B. zwischen Öl und Kältemittel, und leiten unter Umständen solche ein, die unter normalen Betriebsbedingungen nicht stattfinden. Sie führen insbesondere zur Bildung von hochmolekularen Öl-Polymerisationsprodukten und Ölkohle. Sauerstoff führt zur Oxydation und Versäuerung des Öles, und die gealterten Öle reagieren dann ihrerseits wieder besonders leicht mit vielen der gebräuchlichen Kältemittel. Daher kommt es, daß, wenn man die Zusammensetzung des Fremdgases in Kältemaschinen untersucht, man meist einen geringeren Sauerstoffgehalt und einen höheren Stickstoffgehalt als in der Luft feststellt.

Das Fremdgas läßt sich aus den Kältemitteln nur durch Entlüften beseitigen. Zur Aufbereitung vor dem Einfüllen in die Kältemaschinen geschieht dies in speziellen Vorrichtungen, die auf S. 204 behandelt werden. Zum Entfernen nichtkondensierbarer Gase aus Kältemaschinen wird zwischen Kompressor und Kondensator oder an der höchsten Stelle des Sammelbehälters ein Entlüftungsventil eingebaut[1]. Dieses kann entweder bei unzulässiger Drucksteigerung in Form eines Überdruckventils selbsttätig öffnen und nach Einstellung des normalen Druckes wieder schließen oder es kann zeitweilig von Hand betätigt werden. Bei Verwendung von mehreren parallel geschalteten Kondensatoren sind mitunter mehrere Entlüftungsstellen erforderlich.

Bei kleinen Gewerbe- und Haushaltkältemaschinen ist sorgfältigstes Entlüften durch Evakuieren oder beim Absaugen mit dem eigenen Kompressor durch Spülen mit Kältemittel unbedingt erforderlich. Für kleinere Aggregate hat sich zum Entlüften und Füllen die Bombenmethode nach McCloy und Haley[2] für F12 gut bewährt.

Die Erzeuger von Kältemitteln garantieren heute für fast alle Kältemittel bestimmte Höchstgehalte an Fremdgas, wofür einige Beispiele in Tab. 31 aufgeführt sind. Wegen der Bestimmung des Fremdgasgehaltes s. S. 225.

e) Anforderungen an Kältemittel. In Tab. 35 sind die auf Grund von Erfahrungen als notwendig erkannten Anforderungen an Kältemittel zusammengestellt (vgl. auch Tab. 31). Sie bilden den Inhalt eines Entwurfes DIN 8960[3].

3. Verhalten gegen Trockenmittel.

Der Wassergehalt in den Kältemaschinen darf je nach Größe und Bauart sowie dem verwendeten Kältemittel und dessen Füllmenge bestimmte Werte nicht überschreiten. Einige Kältemittel, z. B. F12, sind gegen Feuchtigkeit infolge ihrer sehr geringen Löslichkeit für Wasser so empfindlich, daß es bei gekapselten Maschinen trotz sorgfältigster Trocknung kaum gelingt, den Gesamtwassergehalt unter die zulässige Höchstgrenze herabzudrücken. Vor allem muß bei den gekapselten Typen die mögliche Neubildung von Feuchtigkeit aus wasserabspaltenden Isolierstoffen berücksichtigt werden. Bei offenen Maschinen besteht dagegen die Gefahr, daß Luftfeuchtigkeit eingesaugt wird. In Gewerbemaschinen und großen Anlagen mit regelmäßiger Wartung werden beim Auftreten von Verstopfungen infolge Anwesenheit von Wasser zur Beseitigung der Störung meist kurzzeitig Trockner in die Kältemittelleitung eingebaut, solange noch keine

[1] Kuprianoff, J.: Kältetechnik Bd. 1 (1949) S. 1.
[2] McCloy, G. S., u. A. W. Haley: Refrig. Engng. Bd. 40 (1940) S. 12 und DRP 691125 v. 17. V. 1940.
[3] Die Normblattangaben werden mit Genehmigung des Deutschen Normenausschusses wiedergegeben. Maßgebend ist die jeweils neuste Ausgabe des Normblattes, das bei der Beuth-Vertrieb GmbH., Berlin W 15, und Köln, erhältlich ist.
Erläuterungen zu DIN 8960 vgl. J. Kuprianoff: Kältetechnik Bd. 8 (1956) S. 9.

Tabelle 35. *Anforderungen an Kältemittel in Originalbehältern nach Entwurf DIN 8960.*

Prüfung auf	Grenzwerte für						Angaben in
	NH_3[1])	CO_2[5])	SO_2	CF_2Cl_2[3])	CHF_2Cl	CH_3Cl	
Aussehen	wasserhell und klar						
Zulässige Veränderung des normalen Siedepunktes bei Verdampfung von 5 bis 97% der Probe . .	0,9[2])	—	0,5	0,5	0,5	0,4	°C
Rückstand[4]) nach Verdampfung bei normalem Siedepunkt nicht über .	—[2])	1000	50	50	50	100	mg/kg
Wassergehalt nicht über	0,2 2000	0,1 1000	0,005 50	0,001 10	0,0025 25	0,005 50	Gew.-% mg H_2O/kg
Gehalt an nichtkondensierbaren Gasen (N_2, O_2, H_2)	5	5	2				cm³ Gas in 100 cm³ Flüssigkeit
nicht über				0,3	2	2	Vol.-% im Dampf über der Flüssigkeit
Mineralsäurengehalt nicht über	—	10[6])	10 (H_2SO_4)	0[7]) (HCl)	0[7]) (HCl)	0[7]) (HCl)	mg/kg

[1]) Nur aus Synthese-, nicht aus Kokereigas wegen möglicher Verunreinigungen.
[2]) Veränderung des normalen Siedepunktes während der Verdampfung und der Rückstand richten sich nach dem Wassergehalt.
[3]) Frei von höher- und niederersiedenden Beimengungen (< 0,5 Vol.-% höhersiedende Beimengungen).
[4]) Die Kältemittel dürfen nur Spuren von Schmiermitteln enthalten.
[5]) CO_2 darf nur Spuren von H_2S und NH_3 enthalten.
[6]) Salzsäure, Schwefelsäure und Salpetersäure zusammen.
[7]) Freie Halogene und Chloride dürfen nicht nachweisbar sein.

Schäden durch Korrosionen aufgetreten sind. Man beläßt die Trockner je nach dem verwendeten Trockenmittel während des Betriebes der Maschine eine kurze Zeit im Kältemittelkreislauf. Diese Methode ist einfacher, als die Maschine vollständig von Öl und Kältemittel zu entleeren und sie dann vor dem erneuten Füllen sorgfältig zu trocknen. Die restlose Entfernung von einmal in die Maschine eingedrungener Feuchtigkeit gelingt selbst bei längerem Einbau der Trockner nur schwer; dies hängt im wesentlichen damit zusammen, daß das Öl, das einen Teil des Wassers löst, dieses nur langsam wieder abgibt. Auch wird das im überfluteten Verdampfer vorhandene Wasser nur langsam verdampfen, da sein Dampfdruck bei der tiefen Temperatur niedrig ist. Ferner ist zu berücksichtigen, daß auch aktive Metall- und andere Oberflächen, vor allem Rost, das Wasser adsorptiv festhalten und seinen Dampfdruck vermindern.

Bei kleinen Gewerbe- und Haushaltmaschinen, besonders im Falle von F 12 und Methylchlorid, werden vielfach Trockenpatronen schon beim Hersteller der Maschinen eingebaut und dauernd im Kältemittelkreislauf belassen. Die Größe der Trockner wird so reichlich bemessen, daß allen Eventualitäten Rechnung getragen ist (s. Bd. VI dieses Handbuches).

Die zum Trocknen der Kältemittel und des Kältemittelkreislaufes verwendeten Trockenmittel müssen bestimmte Anforderungen erfüllen, die sich wie folgt formulieren lassen:

Die Trockenmittel dürfen weder im trockenen Zustand noch nach der Aufnahme von Feuchtigkeit mit dem verwendeten Kältemittel und dem Öl reagieren.

Sie müssen im trockenen und im feuchten Zustand im Kältemittel und im Öl unlöslich sein.

Die Baustoffe dürfen weder durch trockenes noch durch mit Feuchtigkeit gesättigtes Trockenmittel angegriffen werden.

Das Trockenmittel sollte weder im trockenen Zustand noch nach Feuchtigkeitsaufnahme stauben, pulvern oder zerfließen, da sonst Siebe und kleine Öffnungen verstopft werden können; feine Filter leisten bei Pulvern in gewissen Grenzen Abhilfe.

Bei Öl- und Wasseraufnahme sollen die Trockenmittel nicht verbacken, da hierdurch der Kältemitteldurchfluß gedrosselt oder gesperrt wird.

Im Trockenmittel sollen sich keine Kanäle bilden; sie führen zu ungenügendem Kontakt des Kältemittels mit der Masse des Trockenmittels.

Eine Volumänderung bei Wasseraufnahme ist unerwünscht; sie führt bei Quellung zu einer Verringerung des Durchflußquerschnittes.

Die Trockenwirkung soll nach Aufnahme von geringen Wassermengen nicht merklich absinken; die Kapazität für die Wasseraufnahme muß ausreichend sein, wobei die anzuwendende Menge in wirtschaftlich und konstruktiv tragbaren Grenzen liegen muß.

Möglichst geringe Wärmetönung bei der Aufnahme von Wasser ist erwünscht, da die vom Kältemittel aufgenommene Wärme die Kälteleistung herabsetzt.

Die Trockenmittel müssen unter den Betriebsbedingungen thermisch stabil sein.

Wieder aktivierbare Trockenmittel sind erwünscht, um die Kosten bei Instandsetzungen niedrig zu halten.

Nach Möglichkeit soll ein Trockenmittel sowohl für gasförmige als auch für flüssige Kältemittel anwendbar sein.

Die Trockengeschwindigkeit gegenüber dem Trockengut soll so groß sein, daß durch einmaligen Umlauf des Kältemittels ausreichende Trockenwirkung unter die Gefahrenschwelle des Wassergehaltes erreicht wird.

Bei allen Trockenprozessen ist zu berücksichtigen, daß die Trocknung um so vollkommener ist, je länger das Gas oder die Flüssigkeit mit dem Trockenmittel in Berührung ist. Als Trockenmittel werden Stoffe verwendet, welche die Feuchtigkeit entweder chemisch oder adsorptiv binden.

a) Chemische Trockenmittel. Die chemisch wirkenden Trockenmittel binden das Wasser unter Bildung neuer Verbindungen oder unter Bildung von Hydraten als Kristallwasser. Dabei findet vielfach eine Änderung des Aggregatzustandes oder eine Volumenänderung statt; auch ist der Vorgang oft nicht reversibel.

α) *Reaktionsbindung.* Chemisch wirkende Trockenmittel mit Reaktionsbindung können im allgemeinen nur zum Trocknen von Gasen benutzt werden, da sie entweder mit Wasser flüssige Verbindungen bilden oder bei Sättigung, die auch örtlich auftreten kann, zerfließen. Sie werden dann von der zu trocknenden Substanz mitgerissen oder auch in ihr gelöst. Will man chemisch wirkende Trockenmittel dennoch zum Trocknen von Flüssigkeiten benützen, so ist ein großer Überschuß an Trockenmittel zu verwenden, um Sättigung und das Zerfließen zu verhindern. Die durch Reaktionen wirksamen Trockenmittel sind in ihrer Wasseraufnahmefähigkeit am wenigsten temperaturabhängig und ergeben allgemein den geringsten Wasserdampfdruck.

Bariumoxyd (BaO) wird in seiner Wirkung als Trockenmittel für Kältemittel von MCGOVERN[1] behandelt. Es bildet mit Wasser zunächst Barium-

---

[1] MCGOVERN, E. W.: Electr. Refrig. News v. 6. III. 1935, S. 21.

hydroxyd ($Ba(OH)_2$), das in der Lage ist, unter Bildung zweier Hydrate ($Ba(OH)_2 \cdot 2H_2O$ und $Ba(OH)_2 \cdot 8H_2O$) weiteres Wasser anzulagern; jedoch ist der Wasserdampfdruck der Hydrate hoch. Die Bildung des pulverförmigen Bariumhydroxydes verläuft unter starker Volumvergrößerung, so daß sehr feine Filter hinter dem BaO zu verwenden sind. Die Quellungsdrücke sind hoch, so daß es seinen Behälter sprengen kann. 100 g BaO können bis zu 2,5 g Wasser aufnehmen, ohne zu stark zu quellen. Bei hoher Wasseraufnahme zerfließt schließlich das Hydrat des Hydroxydes, wobei die Trockenwirkung infolge des ansteigenden Wasserdampfdruckes absinkt.

Für gasförmige Kältemittel ist BaO ein gutes Trockenmittel. Es ist jedoch ein großer Überschuß zu nehmen, um auch nur angenäherte Sättigung und völlige Umwandlung in $Ba(OH)_2$ zu vermeiden. Flüssige Kältemittel lassen sich ebenfalls gut mit BaO trocknen; dabei ist aber allergrößte Vorsicht geboten. Trockner mit Bariumoxyd sollen auf keinen Fall länger als 24 Stunden im Kältemittelkreislauf belassen werden. Die rasche Absorption der Feuchtigkeit führt zu einer starken Temperaturerhöhung. Es soll nicht mit Methylchlorid als Kältemittel verwendet werden. Mit Öl kann es durch Oxydation zur Bildung einer gummiartigen Masse führen.

Infolge seines basischen Charakters hat BaO den Vorzug, im Kältemittelkreislauf gebildete anorganische und organische Säuren zu neutralisieren. Es kann deshalb nicht zusammen mit sauren Kältemitteln, wie Schwefeldioxyd und Kohlendioxyd verwendet werden, die mit Bariumoxyd und Bariumhydroxyd direkt reagieren.

Bariumoxyd ist nicht reaktivierbar, da das gebildete Bariumhydroxyd nur durch Glühen wieder in das Oxyd übergeführt werden kann.

Kalziumoxyd (CaO) verhält sich als Trockenmittel gegenüber den Kältemitteln ebenso wie Bariumoxyd. Es verbindet sich mit Wasser zu Kalziumhydroxyd ($Ca(OH)_2$), das als sehr feines Pulver entsteht; nach übermäßiger Feuchtigkeitsaufnahme zerfließt es unter Bildung einer Sole. Diese zeigt sich dadurch an, daß das $Ca(OH)_2$ anfängt, oberflächlich zu schwitzen. Bei der Verwendung von Trocknern mit entsprechend großem Querschnitt, einem großen Überschuß sowie durch Gebrauch feiner Filter können diese Gefahren weitgehend gemildert werden. Wird ein Filter durch zu starke Pulverbildung teilweise verstopft, so kann infolge des entstehenden starken Druckabfalles doch Staub in den Kreislauf mitgerissen werden.

Trockner mit Kalziumoxyd können grundsätzlich nur kurze Zeit im Kältemittelkreislauf verwendet werden, da es zuletzt zerfließt. Infolge seines basischen Charakters kann es nur zum Trocknen von neutralen Kältemitteln verwendet werden, und zwar nur für gasförmige Kältemittel. Die Trockenwirkung ist als normal zu bezeichnen. Luft wird z. B. bis zu einem Restwassergehalt von 0,003 mg/l getrocknet. Für säurebildende Kältemittel, wie SO_2 und CO_2, kann Kalziumoxyd nicht als Trockenmittel verwendet werden, da das entstehende $Ca(OH)_2$ z. B. mit SO_2 unter Bildung von Kalziumsulfit ($CaSO_3$) und mit CO_2 unter Bildung von $CaCO_3$ unter Freiwerden von Wasser entsprechend dem Neutralisationsprozeß reagiert. Darüber hinaus besteht bei den halogenierten Kohlenwasserstoffen die Gefahr der Hydrolyse durch $Ca(OH)_2$. Nach McGovern[1] ist bekannt, daß CaO und vor allem $Ca(OH)_2$ langsam mit Methylchlorid (CH_3Cl) und vielen anderen chlorierten Kohlenwasserstoffen unter Bildung von Kalziumchlorid ($CaCl_2$) reagieren. McGovern warnt allgemein vor der Verwendung alkalischer Trockenmittel bzw. solcher, die Alkalien bilden, da sie sich auch mit

---

[1] McGovern, E. W.: Refrig. Engng. Bd. 43 (1942) S. 276.

den fluorierten Kältemitteln langsam unter Bildung von Chloriden umsetzen. Die säureneutralisierende Wirkung von CaO wird durch seinen Zusatz in kleinen Mengen zu anderen Trockenmitteln, z. B. zu Kalziumsulfat, ausgenützt. So wird z. B. Salzsäure nach Gl. (125) neutralisiert; das dabei entstehende Wasser führt jedoch bei chlorierten Kohlenwasserstoffen zu erneuter Säurebildung, wenn es auch teilweise als Hydratwasser vom $CaCl_2$ festgehalten wird.

$$CaO + 2\,HCl \to CaCl_2 + H_2O\,. \tag{125}$$

Die Korrosionswirkung des aus CaO mit Wasser gebildeten Kalziumhydroxyds $Ca(OH)_2$ ist gering. Kalziumoxyd wird in Kältemitteltrocknern selten allein angewendet.

Phosphorpentoxyd (P_2O_5) ist ein besonders wirksames Trockenmittel. Es bindet das Wasser nach Gl. 126 zunächst unter Bildung der glasigen Metaphosphorsäure HPO_3. Diese geht unter weiterer Aufnahme von Wasser in die Orthophosphorsäure H_3PO_4 über.

$$\left.\begin{array}{l} P_2O_5 + H_2O \to 2\,HPO_3, \\ HPO_3 + H_2O \rightleftharpoons H_3PO_4\,. \end{array}\right\} \tag{126}$$

Während der letzte Vorgang reversibel ist, läßt sich die Metaphosphorsäure nicht in Phosphorpentoxyd zurückführen. Infolgedessen ist auch der Dampfdruck über der Metaphosphorsäure wesentlich geringer als über der Orthophosphorsäure, die sich durch Erhitzen auf 255° C in die Metaphosphorsäure zurückverwandeln läßt.

Phosphorpentoxyd trocknet Gase und Dämpfe sehr gut; Luft wird bis zu 0,00002 mg H_2O/l entwässert.

Da P_2O_5 im trockenen Zustand staubförmig ist und bei der Wasseraufnahme durch den Übergang in die Metaphosphorsäure sofort zerfließt, eignet es sich nur zum Trocknen von Gasen und Dämpfen. Es kann deshalb im Kältemittelkreislauf normalerweise nicht verwendet werden, wird aber vielfach zum Trocknen der gasförmigen Kältemittel vor dem Einfüllen in die Kältemaschinen benützt (s. S. 202).

Das zur Trocknung von Kältemitteln geeignete Phosphorpentoxyd muß rein und vor allem weitgehend frei von niedrigen Oxyden sein, die z. T. einen merklichen Dampfdruck besitzen und stark reduzierend wirken. Infolge seines säurebildenden Charakters kann P_2O_5 nicht zum Trocknen des alkalischen Ammoniaks verwendet werden, mit dem es unter Bildung von Ammoniumphosphaten reagiert.

Der pulverförmige Zustand des P_2O_5 erschwert seine Verwendung, da es in dickerer Schicht für Gase nahezu undurchlässig ist und leicht mit dem Gasstrom fortgeblasen wird. Durch die P_2O_5-Füllung hindurch entstehen Kanäle, deren Wände sich mit der glasigen Metaphosphorsäure überziehen. Dadurch wird die weitere Aufnahme von Wasser verhindert und der Trockner somit unwirksam. Das P_2O_5 muß aus diesem Grunde mit möglichst großer Oberfläche in feiner Verteilung dem zu trocknenden Gas ausgesetzt werden. Die gebräuchlichste Methode ist, das P_2O_5 in dünner Lage abwechselnd mit Glaswatte oder nach SCRIBNER[1] mit Asbestflocken einzufüllen. Damit ergibt sich eine bessere Ausnutzung; auch diese Methode verhindert jedoch die Kanalbildung nicht. Die Wirkung der P_2O_5-Filter mit Glaswatte ist ebenfalls schlecht, da nur etwa 20 bis 30% des P_2O_5 ausgenützt werden. Die Auer-Gesellschaft[2] schlägt vor, das P_2O_5 auf ein körniges Trägermaterial, z. B. Bims, aufzubringen, indem man Bimssteingranulat im

---

[1] SCRIBNER, A. K.: Industr. Engng. Chem. Anal. Ed. 3 (1931) S. 255.
[2] DRP 708968.

luftfeuchten Zustand mit P_2O_5 schüttelt, das dann fest haftet. Auch Koks wurde vorgeschlagen, jedoch ist zu berücksichtigen, daß sowohl Bims als auch Koks größere Mengen adsorbierter Gase, vor allem Luft, enthalten, die in das Kältemittel übergehen können.

WALKER und RINELLI[1] schlagen ebenfalls vor, das P_2O_5 in solcher Menge einem körnigen Stoff (z. B. Quarzkörnern) beizumischen, daß alles P_2O_5 an den Körnern haftet. Sie geben je nach Korngröße die in Tab. 36 mitgeteilten maximalen Gehalte an Phosphorpentoxyd an, die gebunden werden können.

Tabelle 36. *Korngröße des Quarzes und Mischungsgewicht für P_2O_5-Trockner.*

Korngröße des Quarzes (Tyler Standard Siebweite)	Maximal P_2O_5 Gew.-%
50	15—20
32	15—20
20	12—15
14	10—12
10 (besonders geeignet)	9—10
6	5— 7 (5 besonders
4	2— 3 geeignet)

Die Körner werden beim Herstellen der Mischung zunächst mit Wasser gewaschen, an der Luft getrocknet und dann mit dem P_2O_5 gemischt, wobei zweckmäßig aber nicht die maximal haftende Menge Phosphorpentoxyd angewendet wird. Das P_2O_5 haftet an den nur an der Luft getrockneten Körnern infolge der Bildung einer Haftschicht von Metaphosphorsäure sehr gut. Trockner dieser Art sollen sich für Laboratoriumsarbeiten ausgezeichnet eignen, da sie guten Durchfluß besitzen und weder ein Verkleben noch eine Kanalbildung selbst bei Sättigung mit Wasser auftritt. Solche Trockner sollen auch zur kurzzeitigen Verwendung im Kältemittelkreislauf und als Flüssigkeitstrockner anwendbar sein, ohne daß P_2O_5 oder die entstehenden Säuren bei der Verwendung feiner Filter von Kältemitteln mitgeführt werden.

Zink-Moor (Zn), das oft als Trockenmittel bezeichnet wird, besitzt keine Trockenwirkung. Aktives Zink-Moor verhindert jedoch die Säurebildung und neutralisiert bereits gebildete Säuren. Aus diesem Grunde wird es gelegentlich anderen Trockenmitteln in kleiner Menge zugesetzt. Es darf aber nicht im Kältemittelkreislauf mit Methylchlorid verwendet werden, da hierbei Explosionsgefahr besteht (vgl. S. 299). Mit Schwefeldioxyd reagiert es unter Bildung fester Komplexverbindungen, ohne die Feuchtigkeit zu reduzieren. Es soll deshalb auch nicht für SO_2 verwendet werden.

β) *Kristallwasserbindung.* Eine Zwischengruppe von Stoffen umfaßt die Trockenmittel, welche das Wasser in Nebenvalenzbindung als Kristallwasser unter Bildung von Hydraten aufnehmen. Der Vorgang ist reversibel und solche Trockenmittel lassen sich infolgedessen durch vorsichtiges Trocknen reaktivieren.

Kalziumchlorid ($CaCl_2$) bildet durch fortschreitende Anlagerung von Wasser verschiedene Hydrate von der Form $CaCl_2 \cdot H_2O$, $CaCl_2 \cdot 2H_2O$ und $CaCl_2 \cdot 6H_2O$. Der Schmelzpunkt der letzten Verbindung liegt bei $+29°$ C. Beim Vorhandensein einer größeren Menge Wasser in der Kältemaschine sammelt sich dieses im wesentlichen am Eingang des Trockners an. Das $CaCl_2$ umgibt sich mit einer glasigen Schicht, dem Hydrat, wobei die $CaCl_2$-Körner zu einem Stück zusammenbacken. Schließlich entsteht eine Sole, deren Wasserdampfdruck mit dem Wassergehalt steil ansteigt. Die Trockenwirkung ist deshalb ungenügend, sofern nicht ein sehr großer Überschuß an $CaCl_2$ verwendet wird. Luft wird von $CaCl_2$ nur bis zu 0,36 mg H_2O/l getrocknet.

Die Solebildung bei zu reichlicher Wasseraufnahme ist besonders gefährlich, da sich das Eindringen der Sole in den Kältemittelkreislauf durch Siebe und Filter kaum verhindern läßt. Sie scheidet sich als feuchter Film auf den Baustoffen der Kältemaschinen ab und führt zur Korrosion der Metalle. Rostbildung in

---

[1] U.S. Pat. 2163901 v. 27. Juni 1939.

Kältemaschinen, vor allem am Boden der Kurbelgehäuse, ist bei der Verwendung eines Trockners mit Kalziumchlorid vielfach auf solche Abscheidungen zurückzuführen. $CaCl_2$ staubt im trockenen Zustand stark, da es beim Trocknen in einer feinporigen Struktur anfällt. Der Staub setzt sich im Kältemittelkreislauf ab und kann durch Wasseraufnahme ebenfalls zur Solebildung führen.

Das bei Temperaturen über 260° C getrocknete, handelsübliche Produkt ist durch die Berührung mit Luft meist etwas kristallwasserhaltig (1 bis 2 Mole H_2O). Außerdem enthält es als Verunreinigung oft kleine Mengen von Kalziumoxyd (CaO). Man setzt dem $CaCl_2$ zum Neutralisieren von Säuren mitunter auch bis zu 4% CaO zu. Kalziumchlorid sollte als Trockenmittel in den Kältemaschinen nicht verwendet werden, da es nach STEINLE[1] zur Kupferplattierung führen kann. Keinesfalls darf es für flüssige Kältemittel angewendet werden.

Da Kalziumchlorid außer mit Wasser auch mit Ammoniak komplexe Verbindungen bis zu $CaCl_2 \cdot 8 NH_3$ bildet, kann es für das Trocknen von Ammoniak nicht verwendet werden; bei Schwefeldioxyd scheint die Möglichkeit solcher Verbindungen ebenfalls zu bestehen.

Kalziumsulfat ($CaSO_4$) wird, vor allem in den USA, von den die Feuchtigkeit als Kristallwasser bindenden Trockenmitteln am meisten angewendet. Es ist in poröser Form, als Granulat und auch als Formstück, passend für die Trockenpatronen, unter der Bezeichnung „Drierite" im Handel[2].

$CaSO_4$ bildet ein Hydrat mit höchstens zwei Molekülen Wasser, $CaSO_4 \cdot 2 H_2O$. Es ist ein gut wirksames Trockenmittel, das aber das Wasser langsam aufnimmt. Kalziumsulfat und sein Hydrat sind in Öl und Kältemitteln unlöslich. $CaSO_4$ mit weniger als zwei Molen Wasser wird weder feucht noch klebrig. Infolgedessen kann es dauernd im Kältemittelkreislauf belassen werden. Es bleibt körnig; auch die früher mitgeteilte Staubbildung konnte durch geeignete Bindemittel unterbunden werden. Es ist chemisch stabil, gegen alle Kältemittel neutral und wirkt auch nach Wasseraufnahme nicht korrodierend. Gegenüber den adsorbierend wirkenden Trockenmitteln hat $CaSO_4$ den Vorteil, in dem vorkommenden Bereich nicht temperaturabhängig zu sein und praktisch keinen Wasserdampfdruck zu besitzen.

Beim Trocknen geht $CaSO_4 \cdot 2 H_2O$ bei über 107° C zunächst in das Halbhydrat $CaSO_4 \cdot 1/2 H_2O$ über und erst bei über 140° C wandelt es sich in das unlösliche, stabile Anhydrit um. Nach REDECKER[3] wendet man zum Trocknen von Drierite zweckmäßig Temperaturen zwischen 230 und 250° C an, die in 12 Stunden zur völligen Trockenheit und höchster Aktivität führen.

Luft wird durch das wasserfreie Anhydrid bis zu einem Restwassergehalt von 0,005 mg/l getrocknet. Nach NEWCUM[4] nimmt $CaSO_4$ aus dem flüssigen F12 bis zu 6,6 Gew.-% an Wasser auf, aus dem gasförmigen F12 bis zu 10 Gew.-%.

BLAIR und HOLMES[5] schlagen neuerdings ein Präparat aus Kalziumsulfat mit einem Zusatz von Kalziumoxyd und Aktivkohle als Trockenmittel zum dauernden Einbau in den Kältemittelkreislauf vor. Diese Kombination hat sich auch für gekapselte Kältemaschinen als zweckmäßig erwiesen. Die Aktivkohle nimmt Teere, Harze und ähnliche Produkte auf und dient gleichzeitig dazu, die Füllung genügend porös zu halten. Neben der Wasseraufnahme übernimmt das Kalziumoxyd noch die Aufgabe, gebildete Säuren zu neutralisieren.

---

[1] STEINLE, H.: Kältetechnik Bd. 7 (1955) S. 101.
[2] Hergestellt von W. A. Hammond Drierite Co. in Yellow Springs, Ohio.
[3] REDECKER, P. B.: Air Cond. Refrig. News Bd. 55 (1948) Nr. 11.
[4] NEWCUM, K.: Refrig. Engng. Bd. 58 (1950) S. 488.
[5] BLAIR, H. A., u. R. E. HOLMES: Refrig. Engng. Bd. 57 (1949) S. 129.

Magnesiumperchlorat ($Mg(ClO_4)_2$) lagert bis zu 6 Molekülen Wasser an. Dabei entsteht das Hydrat $Mg(ClO_4)_2 \cdot 6H_2O$. Dieses Hydrat bildet um jedes Korn eine harte, durchsichtige und glasartige Schale. Ein Fortspülen mit dem Kältemittel ist ausgeschlossen, da das Hydrat nicht zerfließt. Der Einbau kann deshalb sowohl im flüssigen als auch im gasförmigen Kältemittel erfolgen.

Magnesiumperchlorat wird als ein sehr wirksames Trockenmittel bezeichnet. Es trocknet die Luft bis zu 0,0005 mg Restwassergehalt je Liter; jedoch werden auch 0,025 mg H_2O/l genannt. Vermutlich handelt es sich dabei um verschiedene Hydratstufen.

In den USA wird Magnesiumperchlorat unter der Bezeichnung „MIC" als grauweiße, körnige Substanz von Reiskorngröße vertrieben[1].

Magnesiumperchlorat ist zugleich ein sehr wirksames Oxydationsmittel und kann deshalb zusammen mit leicht oxydierbaren Stoffen zu Explosionen führen. So ereignete sich eine Explosion mit $Mg(ClO_4)_2$, das vorher zum Trocknen eines Gemisches ungesättigter Kohlenwasserstoffe verwendet wurde, bei 220° C nach $^3/_4$stündigem Erwärmen während einer Regenerierung; vermutlich führten Reste der Kohlenwasserstoffe bei der erhöhten Temperatur zu der Explosion. Die Verwendung dieses Trockenmittels mit Kohlenwasserstoffen und deren brennbaren Derivaten, z. B. Methylchlorid, ist deshalb zu vermeiden. Auch HEERTJES und HONTMAN[2] weisen auf die Gefahr der Magnesiumperchlorat-Explosionen hin, wenn die mit Wasser, Kältemittel und Öl beladenen Trockner zur Regeneration getrocknet werden. Ein Reaktivieren des $Mg(ClO_4)_2$ nach dem Ausbau aus der Kältemaschine sollte deshalb unbedingt unterlassen werden, da es in diesem Zustand stets verölt ist und das Öl sich in feinster Verteilung auf dem Trockenmittel befindet. Ob Magnesiumperchlorat auch mit den fluorierten und chlorierten Kältemitteln explosionsartig reagiert und bis zu welchem Grade die Gefahr der Oxydation von Ölen durch dieses Trockenmittel besteht, ist nicht bekannt.

Magnesiumperchlorat hat sich bisher in größerem Umfang als Trockenmittel für Kältemittel und Kältemaschinen nicht eingeführt.

b) Adsorptive Trockenmittel. Die adsorptiven Trockenmittel wirken rein physikalisch; die infolge ihrer porösen Struktur stark vergrößerte Oberfläche dieser kapillaraktiven Stoffe hält das Wasser durch kapillare Adsorption fest. Die Porengröße ist etwa $4 \cdot 10^{-7}$ cm, das Porenvolum 50 bis 70% des Gesamtvolums. Durch die Adsorption tritt eine erhebliche Verminderung des Wasserdampfdruckes ein, der mit zunehmendem Wassergehalt und steigender Temperatur zunimmt. Die adsorptiven Trockenmittel sind infolgedessen in ihrer Wirkung im Gegensatz zu den chemisch wirksamen Trockenmitteln temperaturabhängig und im ganzen gesehen nicht so wirksam wie diese.

Die Aufnahmefähigkeit der adsorbierenden Trockenmittel hängt von verschiedenen Faktoren ab; ihre Wirksamkeit wird nach dem niedrigsten verbleibenden Wassergehalt im flüssigen oder gasförmigen Kältemittel nach dem Einstellen des Wassergleichgewichtes zwischen Kältemittel und Trockenmittel beurteilt. Infolge des sich je nach den Bedingungen einstellenden Gleichgewichtes nimmt die Trockenwirkung

1. mit steigender Temperatur ab,
2. mit steigendem Druck zu,
3. mit steigendem Wassergehalt im Trockenmittel ab,
4. mit abnehmendem Wassergehalt des Kältemittels ab,
5. mit zunehmender Wasserlöslichkeit im Kältemittel ab.

---

[1] Hersteller: Ansul Chemical Co., vgl. Air Cond. Refrig. News v. 8. Febr. 1939 S. 19.
[2] HEERTJES, P. M., u. I. P. W. HONTMAN: Chem. Weekbl. Bd. 38 (1941) S. 85.

Aus diesen Gründen muß die Arbeitstemperatur der adsorbierenden Trockenmittel möglichst niedrig gehalten werden und der Einbau an einer Stelle des Kältemittelkreislaufes erfolgen, wo die Wasserkonzentration im Kältemittel hoch ist, die Löslichkeit im Kältemittel aber gering. Diese letzte Forderung ist nur durch möglichst niedrige Betriebstemperatur des Trockners zu verwirklichen.

Diesen teils recht nachteiligen Eigenschaften der kapillaraktiven Trockenmittel steht vor allem der große Vorteil gegenüber, daß sie nicht zerfließen und auch bei eventuell auftretender Sättigung mit Wasser keine korrodierend wirkenden Stoffe bilden. Sie sind deshalb neben Kalziumsulfat die einzigen Trockenmittel, die ohne Bedenken für dauernd im Kältemittelkreislauf belassen werden können.

Die adsorptiv wirkenden Trockenmittel binden zugleich auch die aus den Kältemitteln und den Ölen gebildeten organischen und anorganischen Säuren, da anorganische und hochmolekulare organische Verbindungen bevorzugt adsorbiert werden. Zu berücksichtigen ist bei ihrer Verwendung im Kältemittelkreislauf, daß färbende Zusätze zum Kältemittel zur Feststellung von Undichtigkeiten ebenso wie Duft- oder Warnstoffe durch adsorptiv wirkende Trockenmittel bei dauerndem Einbau aufgenommen und somit wirkungslos werden. Farbindikatoren und Parfümstoffe sollen deshalb nicht in Kältemaschinen gefüllt werden, die einen Adsorptionstrockner für dauernd eingebaut erhalten; auch bei kurzzeitigem Einbau findet eine Verarmung an diesen Stoffen statt.

Da jeder Adsorptionsvorgang reversibel ist, lassen sich die kapillaraktiven Trockner durch Erwärmen regenerieren, wobei die Trockengeschwindigkeit mit steigender Temperatur zunimmt und durch gleichzeitiges Spülen mit trockenen Gasen oder durch Anlegen eines Vakuums erhöht wird.

Aktive Tonerde besteht vorwiegend aus Aluminiumoxyd (Al_2O_3) und enthält vielfach auch Aluminiumhydroxyd ($Al(OH)_3$), sowie — bei der Herstellung aus natürlichen Erden — auch wechselnde Mengen anderer Metalloxyde und Silikate. Eine in den USA für Trockner von Kältemaschinen gebräuchliche Erde ergab bei der Analyse die folgende Zusammensetzung:

92% Al_2O_3; 7% Na_2O; 0,1% SiO_2; 0,1% Fe_2O_3; 0,01% TiO_2.

Die Erden zur Verwendung in Trocknern werden in den USA in einer Körnung von etwa 1 mm geliefert, die im Hinblick auf Strömungswiderstand und Diffusionswege für optimal gehalten wird. Ein feines Sieb oder Filter, z. B. aus Filz oder Glasgewebe, muß auch bei körniger aktiver Tonerde stets verwendet werden, da beim Handhaben durch Abrieb leicht eine geringe Menge feinen Pulvers entsteht; bei Wasseraufnahme tritt ein leichtes Verkrusten ein, wobei ebenfalls etwas Pulver entstehen kann. Al_2O_3 bleibt aber auch mit Feuchtigkeit gesättigt und mit Öl getränkt körnig und zerfließt nicht, so daß es grundsätzlich zum Trocknen des gasförmigen und des flüssigen Kältemittels geeignet ist. Chemisch ist aktive Tonerde gegenüber den Kältemitteln und den Ölen völlig inaktiv.

Von der Ansul Chemical Co.[1] wird neuerdings eine neue Form von aktiver Tonerde angeboten, die durch chemische Behandlung von gelatinösem Aluminiumoxyd-Hydrat in Kugelform gewonnen wird. Der handelsübliche Durchmesser der Kugeln ist rd. 3 mm ($^1/_8$ Zoll). Die sog. „Andrite"-Kugeln stäuben nicht, verbacken nicht, bilden keine Kanäle und verursachen kaum einen Druckabfall. Andrite ist chemisch sehr beständig und wirkt nicht korrodierend. Es nimmt auch Säuren auf und kann für alle Kältemittel verwendet werden. Seine Wirksamkeit ist etwa doppelt so groß wie die der bisher üblichen Formen von aktiver Tonerde. Es ist auch bei 60° C noch gut wirksam.

---

[1] Refrig. Engng. Bd. 61 (1953) S. 550.

In Deutschland wird Al_2O_3 als aufbereitete Naturerde und synthetisch nur in Pulverform hergestellt; da sie durch das vom Kältemittel mitgeführte Öl zu einem festen Kuchen verbackt und den Kreislauf sperrt, findet sie in Deutschland als Trockenmittel in Kältemaschinen kaum Anwendung. Aber es ist auch ein grundsätzlicher Mangel der aktiven Tonerde, daß ihre Absorptionsfähigkeit für Wasser beim Verölen im Gegensatz zu veröltem Kieselgel nach PLANK und KUPRIANOFF[1] nachläßt, wodurch sie einen erheblichen Teil ihrer Wirksamkeit einbüßt. Die Trockenwirkung ist schon im unverölten Zustand nicht übermäßig groß und fällt mit der Feuchtigkeitsaufnahme stark ab. Dabei ergibt sich von einer bestimmten Wasseraufnahme an, die als Durchbruchsbeladung bezeichnet wird, ein rasches Ansteigen des Wasserdampfdruckes[2].

Wassergehalt, Gew.-%:	bis 11,5	12,5	15	20
Wasserdampfdruck in Torr:	fast 0	7	14	27,5

Die Werte beziehen sich auf eine aktive Tonerde amerikanischer Herkunft der oben mitgeteilten Zusammensetzung. Luft wird durch diese Tonerde bis zu einem Restwassergehalt von 0,005 mg/l getrocknet.

Tonerde wird durch Erhitzen auf 150 bis zu 300° C reaktiviert; die zu optimaler Wasseraufnahme führende Erhitzung hängt stark von der Herkunft und Zusammensetzung der Erde ab, jedoch ist ein Überhitzen der Erde, das sog. Verbrennen, schädlich. Offenbar handelt es sich dabei um irreversible Umwandlungen infolge der Abspaltung von sog. Konstitutionswasser, das als Hydratwasser an das Al_2O_3 angelagert ist, wodurch die Erde ihre kapillaraktiven Eigenschaften weitgehend verliert. REDECKER[3] schlägt als zweckmäßigste Trockentemperatur für Al_2O_3 den Bereich zwischen 180 bis 220° C vor. RANKEN[4] empfiehlt die gleichzeitige Anwendung eines Vakuums von 0,05 Torr. Nach der Benützung in Kältemaschinen läßt sich aktive Tonerde nicht reaktivieren, da das Öl sehr fest gehalten wird und sich auf wirtschaftliche Art nicht entfernen läßt. Beim Reaktivieren verkokt das Öl in den Kapillaren und verstopft sie. Es ist deshalb erforderlich, die Füllung eines Trockners nach dem Ausbau zu erneuern. In den USA war aktive Tonerde lange Zeit das meistverwendete Trockenmittel für dauernden Einbau in Kältemaschinen; sie ist heute aber auch dort weitgehend durch das grobkörnige Kieselgel ersetzt worden. Nach PENNINGTON[5] nehmen Al_2O_3 und Kieselgel aus F12 gleichviel Wasser auf.

Der aktiven Tonerde wird vielfach auch eine säureneutralisierende Wirkung zugeschrieben, die auf einen geringen Gehalt an Aluminiumhydroxyd und basischen Oxyden zurückgeführt wird. Man setzt aber in den USA der aktiven Tonerde auch neutralisierend wirkende Mittel zu. Dazu dient nach PLANK und KUPRIANOFF[1] meist Kalziumoxyd, seltener Bariumoxyd. Aktive Tonerde wird mit solchen Zusätzen meist als Formstück in die Patronen eingesetzt. Die Formmasse besteht neuerdings aus etwa 84% Al_2O_3; 3 bis 4% CaO; 2% SiO_2 und 7 bis 8% Bindemittel. Das Formstück ist sehr gleichmäßig porös und durchlässig und neigt nicht zum Stauben; außerdem ist die Abriebgefahr gegenüber den Körnern geringer.

Kieselgel oder *Silicagel* ist aufbereitetes, hochporöses Siliziumdioxyd (SiO_2), das das Wasser kapillar unter erheblicher Senkung des Wasserdampfdruckes festhält. Es wird aus Wasserglas, dem Alkalisalz der Kieselsäure (K_4SiO_4), durch

---

[1] PLANK, R., u. J. KUPRIANOFF: Die Kleinkältemaschine. Berlin: Springer 1948.
[2] Chem. metall. Engng. Bd. 47 (1940) S. 305.
[3] REDECKER, P. B.: Air Cond. and Refrig. News Bd. 55 (1948) Nr. 11.
[4] RANKEN, M. B.: Modern Refrig. Bd. 56 (1953) S. 203.
[5] PENNINGTON, W. A.: Refrig. Engng. Bd. 58 (1950) S. 1077.

Umsetzung mit Schwefelsäure gewonnen; dabei entsteht zunächst das Kieselsol, das dann als Kieselgallerte ausfällt. Nach Entwässerung bleibt ein wasserfreies, poröses Siliziumdioxyd zurück, das eine innere Oberfläche bis zu 450 m^2 je Gramm besitzt.

Die Eigenschaften des so gewonnenen Trockenmittels werden durch die Umsetzungstemperatur, die Konzentration und die Wasserstoffionenkonzentration bestimmt[1]. Durch den sog. sauren Prozeß wird das engporige Kieselgel A gewonnen, das für Dampfadsorption geeignet ist. Infolge seiner engen Kapillaren zerspringt es in Berührung mit flüssigem Wasser. Es hat ein Schüttgewicht von 0,72 kg/l. Gegen Säuren, außer Flußsäure, ist es bis 500° C beständig. Ein weitporiges Kieselgel B, das gegen flüssiges Wasser unempfindlich ist, wird durch den alkalischen Prozeß gewonnen. Es hat infolge seiner großen Poren eine geringere Kapillaraktivität und eine geringere Aufnahmefähigkeit für Wasser. Sein Schüttgewicht ist 0,45 kg/l. Es wird dem Kieselgel A vielfach als Schutzgel vorgeschaltet. Die handelsüblichen Körnungen beider Gelarten gehen bis zu 6 mm.

Blaugel ist Kieselgel, das mit einer Kobaltchloridlösung getränkt ist. Es besitzt eine leuchtend blaue Farbe, die bei Feuchtigkeitsaufnahme schon unterhalb der Durchbruchbeladung in rot wechsel t, da auch das Kobaltchlorid reversibel Wasser anlagert. Der Vorteil von Blaugel (bzw. Kieselgel K) besteht darin, daß sein Trockenzustand sichtbar angezeigt wird. Falls es im Glasgefäß verwendet wird, kann der Vorgang der Feuchtigkeitsaufnahme beobachtet und die Trockenpatrone vor dem Erreichen des Sättigungszustandes rechtzeitig herausgenommen bzw. ersetzt werden. Beim Trocknen von Flüssigkeiten, z. B. F 12, ist zu beachten, daß das Kobaltchlorid darin mehr oder weniger löslich ist, wodurch die Farbe verblaßt. Die übrigen Eigenschaften des Blaugels sind die gleichen wie beim normalen Kieselgel. Kieselgel und Blaugel sind weitgehend abriebfest und verändern auch bei Sättigung mit Wasser ihre Struktur nicht.

In Deutschland wird Kieselgel in gebrochener, körniger Form hergestellt, in den USA gibt es auch ein Gel in bohnen- bis kugelförmiger Gestalt, das von der Socony-Vacuum Corp.[2] unter der Bezeichnung S/V-*Sovabead* hergestellt und vertrieben wird.

Kieselgel enthält einen Rest von sog. Konstitutionswasser als Bestandteil und daneben das adsorbierte Wasser in reversibler Bindung. Bis zum Erreichen der Durchbruchsbeladung ist der Wasserdampfdruck über dem Kieselgel sehr klein. Das Gel kann auch oberhalb der Durchbruchsbeladung bis zum Gleichgewicht noch Wasser aufnehmen, jedoch steigt hierbei der Wasserdampfdruck stark an, wobei gleichzeitig die Trockenwirkung stark absinkt. Die Höhen der Durchbruchsbeladung und der Gleichgewichtsbeladung sind vom Feuchtigkeitsgehalt des Trockengutes und von der Temperatur abhängig. Sie steigen bei gleichbleibender Temperatur mit zunehmendem Feuchtigkeitsgehalt des Trockengutes an, mit steigender Temperatur sinken sie ab. Die Abhängigkeit der *Durchbruchsbeladung* vom Wasserdampfgehalt der Luft bei verschiedenen Temperaturen ist für Kieselgel A in Abb. 38 nach Messungen der I. G. Farbenindustrie[1] dargestellt.

Die Durchbruchsbeladung beträgt also z. B. bei 25° C und einem Wassergehalt der Luft von 17 g/m^3 etwa 17 Gew.-% und unter den gleichen Bedingungen bei 65° C nur noch 2%. Aus Abb. 38 ergibt sich die Notwendigkeit, die Temperatur des Kieselgels möglichst niedrig zu halten. Im praktischen Betrieb soll das Kieselgel nicht über die Durchbruchsbeladung mit Wasser beladen werden. Oberhalb der Gleichgewichtsbeladung ist keine Wasseraufnahme mehr möglich. Abb. 39

---

[1] I. G. Farbenindustrie A.G. Kieselgel, Trockenmittel für Gase und Flüssigkeiten. Frankfurt 1939. — [2] Refrig. Engng. Bd. 58 (1950) S. 8/9.

zeigt die Abhängigkeit der *Gleichgewichtsbeladung* für Kieselgel A vom Wassergehalt der Luft für verschiedene Temperaturen nach Messungen der I. G. Farbenindustrie A. G. Die Abhängigkeiten nach Abb. 38 und 39 wurden mit Kieselgel A von 2 bis 4 mm Korngröße bei einer Schichthöhe von 50 cm und einer Strömungsgeschwindigkeit der Luft von 0,2 m/sek aufgenommen.

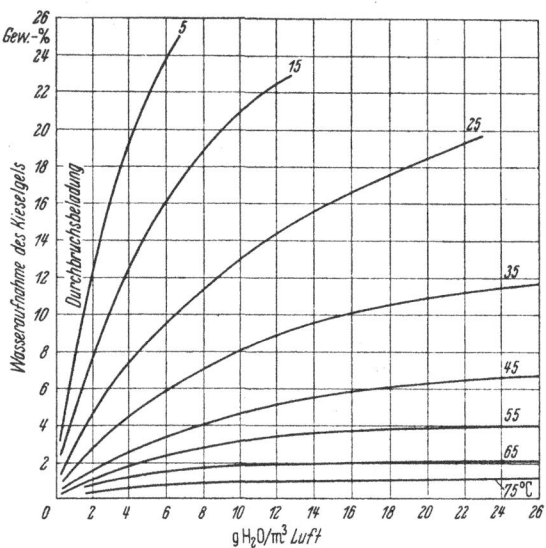

Abb. 38. Durchbruchsbeladung für Kieselgel A in Abhängigkeit vom Wasserdampfgehalt der Luft bei verschiedenen Temperaturen.

Der mit diesem Kieselgel A erreichbare Taupunkt der Luft liegt bei $-48°$ C entsprechend einem Restwassergehalt von 3 bis $5 \cdot 10^{-2}$ mg H_2O/l Luft. Bis zur Durchbruchsbeladung findet hier eine sehr weitgehende Trocknung statt.

Kieselgel wird weder durch Kältemittel noch durch Öl angegriffen. Es trocknet Methylchlorid im gasförmigen und im flüssigen Zustand befriedigend. F 12 wird am besten in der flüssigen Phase getrocknet, dagegen wird beim Schwefeldioxyd nur in der Dampfphase befriedigende Trockenwirkung erzielt. Kieselgel besitzt keine so große Trockenwirkung wie die das Wasser chemisch bindenden Stoffe, so daß größere Mengen davon benötigt werden; dafür kann es dauernd im Kältemittelkreislauf belassen werden.

Da flüssiges Wasser im Kältemittel praktisch nicht vorkommt, wird üblicherweise das wirksamere Kieselgel A zum Einbau in Trockenpatronen verwendet, während für Öle oft das weitporige Gel B angewendet wird.

Da anorganische Stoffe, z. B. Wasser und Säuren, von Gelen bevorzugt adsorbiert werden, findet in den Kapillaren ein rascher Austausch

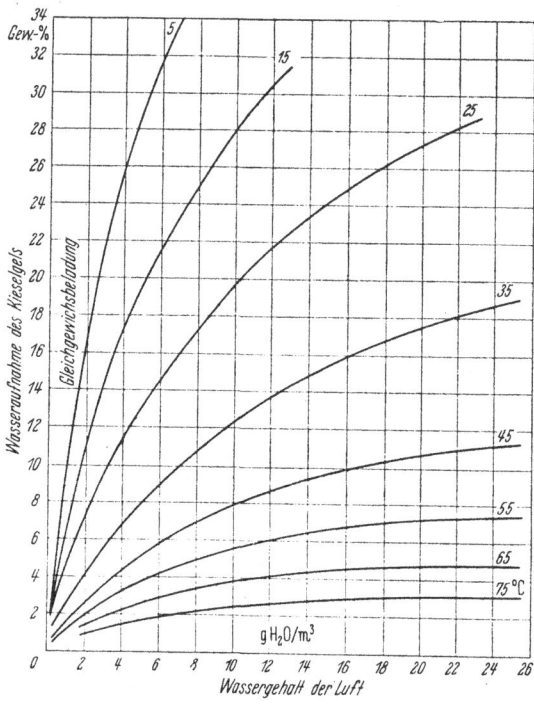

Abb. 39. Gleichgewichtsbeladung für Kieselgel A in Abhängigkeit vom Wasserdampfgehalt der Luft bei verschiedenen Temperaturen.

organischer Stoffe gegen anorganische statt, selbst wenn das Gel zuvor mit dem organischen Stoff voll beladen ist[1]. Lediglich bei SO_2 findet das nicht statt, da die Größe des SO_2-Moleküls von der des Wassers nicht sehr verschieden ist.

Bei der Adsorption von Wasserdampf durch Kieselgel findet eine starke Erwärmumg statt. Die Wärmetönung beträgt 750 kcal/kg adsorbiertes Wasser, wodurch die Temperatur des Systems erhöht wird. Bei den geringen in Kältemaschinen zu adsorbierenden Feuchtigkeitsmengen spielt diese Wärmetönung jedoch kaum eine Rolle. Sie tritt in geringem Ausmaß auch bei der Adsorption des Kältemittels auf.

Alle Sorten Kieselgel können durch Wärmebehandlung und Abdampfen des adsorptiv gebundenen Wassers reaktiviert werden.

Die *Reaktivierung* wird am zweckmäßigsten bei 180 bis 200° C vorgenommen. Bei höheren Temperaturen findet leicht eine Dunkelverfärbung vor allem durch organische Verunreinigungen statt. Enthält das Kieselgel nach der Beladung Öl, so müßte vor dem Trocknen mit geeigneten Lösungsmitteln gewaschen werden. Dieses Verfahren ist jedoch zu umständlich und zu teuer, so daß das Kieselgel meist erneuert wird.

c) Wasser lösende Flüssigkeiten. Neben Trockenmitteln, die als feste und körnige Stoffe im Kältemittelkreislauf verwendet werden, wurden auch flüssige Substanzen als Beimischung zum Kältemittel-Öl-Gemisch vorgeschlagen. Dabei sind zwei Gruppen von Stoffen zu unterscheiden, die entweder das Wasser bei Kältemitteln mit eng begrenzter Löslichkeit in sich lösen, wie z. B. Alkohole, oder solche, die es chemisch binden, wie die Alkoholate. Im ersten Fall wird eine Erniedrigung des Erstarrungspunktes erreicht, so daß keine Eisbildung im Regelorgan der Kältemaschine stattfinden kann. Im zweiten Fall wird das Wasser durch chemische Reaktionen gebunden und damit unschädlich gemacht. Zugleich sollen die Alkoholate nach U.S. Pat. 2 185 332 evtl. vorhandene Säuren neutralisieren.

Zur Gefrierpunktserniedrigung des Wassers in Halogenverbindungen der Kohlenwasserstoffe wurden, um die Hydrat- bzw. Eisbildung zu verhüten, zahlreiche Stoffe vorgeschlagen. So ist z. B. nach U.S. Pat. 2 229 711 Tetrahydrofurfurylalkohol in einer Menge bis zu 10% des Kältemittels dafür geeignet; Äther wird im Schweizer Patent 200455 vorgeschlagen. Nach WALKER und RINELLI[2] muß die Wasserlöslichkeit durch solche Zusätze genügend erhöht werden, ohne den normalen Siedepunkt der Kältemittel merklich zu beeinflussen. Das bedingt, daß die Wasserlöslichkeit in diesen Substanzen groß sein muß, um mit möglichst geringer Menge auszukommen. Sie dürfen nicht mit dem Kältemittel und dem Öl reagieren, keine Abscheidungen bilden und auch sonst keinerlei Nebenwirkungen auslösen. Unter normalen Betriebsbedingungen sollen sie Korrosionen nicht fördern. Auch bei den tiefsten Betriebstemperaturen dürfen sie nicht fest werden oder auskristallisieren. Vor allem sollen sie eine niedrige Viskosität besitzen, um nicht in den Flüssigkeitsleitungen die Strömungsgeschwindigkeit zu verringern. Nach U.S. Pat. 2 163 899 und 2 163 900 vom 27. VI. 39 werden diese Anforderungen weitestgehend von folgenden Stoffpaaren erfüllt.

Diäthylenglykol-Monoäthyläther,   Äthylenglykol-Isobutyläther,
Diäthylenglykol-Diäthyläther,   Diäthylenglykol-Monomethyläther,
Äthylenglykol-Monoäthyläther,   Äthylenglykol-Monomethyläther.

---

[1] I.G.Farbenindustrie A.G.; Kieselgel, Trockenmittel für Gase und Flüssigkeiten. Frankfurt 1939. — STEINLE, H.: Kältetechnik Bd. 4 (1952) S. 28 und Werkstoffe und Korrosion Bd. 3 (1952) S. 419.
[2] WALKER, W. O., u. W. R. RINELLI: U.S. Pat. 2 163 899 vom 27. Juni 1939.

Ein handelsübliches Produkt dieser Art ist das „Ice-x" der Ansul Chemical Co. USA. Es besteht aus Äthylenglykol-Monoäthyläther. Auch die Acetate und Laktate mit Methyl-, Äthyl-, Propyl-, Isopropyl- und Butylgruppen werden vorgeschlagen. Über deren praktischen Einsatz ist jedoch bisher nichts bekannt geworden.

Alle diese Stoffe werden entweder in die ungefüllten Maschinen eingebracht oder dem Kältemittel bzw. dem Öl vor dem Einfüllen zugesetzt. Je nach der Art der Zusätze, dem zu erwartenden Wassergehalt in der Maschine und der tiefsten Verdampfungstemperatur werden Zusätze bis zu 10 Vol.-% des Kältemittels empfohlen.

Die Ansul Chemical Co.[1] hat die erwünschten und unerwünschten Eigenschaften von Methylalkohol im Kältemittelkreislauf untersucht. Tab. 36a gibt die Eisbildung durch Wasser in Methylchlorid mit 135 mg H_2O/kg in Abhängigkeit vom Gehalt an 95%igem Methylalkohol wieder. Damit könnte jede Gefahr des Ausfrierens von Wasser bei den üblichen Wassergehalten mit etwa 5% Methylalkohol in Methylchlorid-Kältemaschinen ausgeschlossen werden.

Mit Aluminium reagiert Methylalkohol nach WALKER und RINELLI[2] unter Bildung des gallertartigen Aluminium-Metoxyds oder Aluminium-Methylates nach Gleichung

$$2 Al + 6 CH_3OH = 2 Al(OCH_3)_3 + 3 H_2. \quad (127)$$

Tabelle 36a. *Abhängigkeit des Eispunktes bei 135 mg Wasser je kg Methylchlorid vom Gehalt an Methylalkohol.*

Vol.-% CH_3OH	Eispunkt °C
0	− 34,4
1	− 32,2
2	− 40
4	− 57,8
6	unter − 57,8
8	„ − 57,8
10	„ − 74,4

Die Korrosionsversuche wurden im Druckrohrtest durchgeführt. Dabei verursachte Methylalkohol unabhängig vom Wassergehalt, der zwischen 0 und 5% variiert wurde, mit Methylchlorid und Frigen 12 Korrosionen an Eisen und Kupfer. Es entstand ein körniger Satz, der nicht am Metall haftete. Selbst 1% Methylalkohol im Kältemittel führte nach der Ansul Chemical Co. langsam zu Korrosionen. Der zum Methylchlorid übliche Zusatz von Acrolein als Warnmittel beschleunigt die Reaktionen noch mehr. Die Anwendung von Methylalkohol ist daher nur als vorübergehende Maßnahme zu empfehlen, um den Kältemittelkreislauf von bereits ausgeschiedenem Eis frei zu machen. Dann sollte aber die Kältemittel-Öl-Füllung nach sorgfältiger Trocknung der Maschine erneuert werden.

Dagegen kann Methylalkohol in Kältemaschinen mit Äthan, Propan und Isobutan als Kältemittel ohne Bedenken und für dauernd eingefüllt werden. Diese reinen Kohlenwasserstoffe reagieren nicht mit Methylalkohol.

Äthylalkohol scheint demgegenüber wesentlich ungefährlicher und ebensogut wirksam zu sein. Er ist weniger reaktionsfähig und führt nicht zu Korrosionen, soll aber vorher sorgfältig durch Destillation über Natrium getrocknet werden, das er als Dampf passieren muß, ohne zu kondensieren. NEWCUM[3] schlägt vor, dem Kältemittel je 450 g Füllmenge 1 cm³ Äthylalkohol zuzusetzen, um zugefrorene Ventile in Gewerbemaschinen der offenen Bauart vom Eis frei zu machen.

„Ice-x", dessen Zusammensetzung oben mitgeteilt wurde, darf nicht zusammen mit Schwefeldioxyd verwendet werden, da es mit diesem reagiert und zu Korrosionen führt[4]. Es darf deshalb auch nicht in Maschinen mit Methylchlorid

---

[1] Ansul News Notes Bd. 2 Nr. 2 S. 1.
[2] Ansul Chemical Co., Research Report. „Sludges".
[3] NEWCUM, K. M.: Master Service Manuals C-1; Business News Publishing Co., Detroit.
[4] Ansul Chemical Co., Ansul News Notes Bd. 3 Nr. 2 (1939) S. 4.

verwendet werden, dem SO_2 als Warnmittel zugesetzt ist. „Ice-x" kann jedoch ohne Bedenken in gekapselten Maschinen mit fluorierten Kältemitteln benützt werden. Seine elektrische Leitfähigkeit, die durch die Kältemittel noch verringert wird, ist nur ein Drittel derjenigen von destilliertem Wasser.

Bei der Verwendung von *Alkoholaten* findet eine chemische Bindung des Wassers statt. Sie wurden in erster Linie zur Verwendung mit Kohlenwasserstoffen und deren Derivaten vorgeschlagen (U.S. Pat. 2185332). Das am meisten verwendete ist das Natriummethylat (CH_3ONa), dessen 7,5%ige Lösung man durch Lösen von 3% Natrium in Methylalkohol gewinnen kann. Davon werden dem Kältemittel 0,5 bis 1 Vol.-% zugegeben. An Stelle von Methylalkohol können auch andere Alkohole verwendet werden. Die Alkoholate mischen sich gut mit den Kältemitteln.

Außer Natriumalkoholaten sind auch andere Alkali- und Erdkalialkoholate geeignet, sie reagieren jedoch nicht so rasch. Auch sind die möglicherweise durch Reaktionen mit chlorierten Kältemitteln entstehenden Chloride der Erdalkalien korrosiver als die der Alkalimetalle. Die Reaktion des Alkoholates mit Wasser geht nach Gl. (127) vor sich unter Bildung von Methylalkohol und Natriumhydroxyd:

$$CH_3ONa + H_2O = CH_3OH + NaOH. \tag{127}$$

Eventuell vorhandene Salzsäure wird ohne Wasserbildung nach Gl. (128) neutralisiert. Es entsteht Methylalkohol und Natriumchlorid.

$$CH_3ONa + HCl = CH_3OH + NaCl. \tag{128}$$

Diese Umsetzung wurde bei der Verwendung chlorierter Kältemittel von der Texas Company[1] nachgewiesen, während STEINLE beim Zusatz von Natriumalkoholat zum Philipp-Test mit F 12 und Öl (s. S. 230) die Bildung von Natriumchlorid als Bodensatz feststellen konnte. Neben dem Reaktionsablauf nach Gl. (128) muß sicher beim Vorhandensein von Salzsäure mit einem Neutralisationsvorgang durch Reaktion des Natriumhydroxydes gerechnet werden. Dabei wird aber wiederum Wasser frei, und somit beginnt die ganze Reaktion nach Gl. (127) und Gl. (128) von vorne, bis alles Alkoholat in Natriumchlorid und Methylalkohol umgesetzt ist. Natriumchlorid in kristalliner Form kann aber durch Verschleppen in den Kältemittelkreislauf zu Verstopfungen von Regelorganen und Sieben führen; die unerwünschten Dauerwirkungen von Methylalkohol im Kältemittelkreislauf wurden bereits oben besprochen.

Die Verwendung der Alkoholate im Kältemittelkreislauf mit chlorierten Kältemitteln ist demnach nicht zu empfehlen, wenn auch die direkte Hydrolyse von Methylchlorid und F12 durch die Alkoholate nicht beschleunigt wird.

Bei der Verwendung von Alkoholen und anderen organischen Flüssigkeiten zum Lösen des Wassers im Kältemittelkreislauf sind Trockner mit kapillaraktiven Trockenmitteln zu entfernen. Vor allem bei kleinen Trocknern, die schon Wasser aufgenommen haben, kann nach BOPP[2] bei Zusatz von Methylalkohol Wasser frei werden, wenn die Kapazität nicht für die Adsorption der Summe von Alkohol und Wasser ausreicht. Da Methylalkohol von Kieselgel bevorzugt vor Wasser adsorbiert wird, macht der Alkohol in einem solchen Fall das bereits gebundene Wasser aus dem Kieselgel frei und verfehlt damit seinen Zweck im Kältemittelkreislauf.

Nach McGOVERN[3] sollen das Wasser lösende und chemisch bindende Zusätze im Kältemittelkreislauf grundsätzlich nur zum Beseitigen aufgetretener Störungen verwendet werden.

---

[1] Texas Co., Lubrication, Aug. 1935 und Refrig. Engng. Bd. 30 (1935) S. 201.
[2] BOPP, J.: Ansul News Notes, Juni 1951, S. 13.
[3] McGOVERN, E. W.: Refrig. Engng. Bd. 43 (1942) S. 276.

Bopp[1] lehnt flüssige Zusätze jeglicher Art zum Lösen des Wassers im Kältemittelkreislauf grundsätzlich ab, da alle derartigen Zusätze nicht die Ursache bekämpfen, die Hydrolyse und daraus resultierende Korrosionen also nicht verhindern, sondern eher noch fördern.

4. Verhalten gegen Werkstoffe.

Die Forderung nach der Verträglichkeit mit den üblichen Konstruktionsstoffen ist eine der wichtigsten, die an ein Kältemittel gestellt werden muß. Für die Verwendung eines Werkstoffes im Kältemaschinenbau sind neben diesem Verhalten auch die mechanischen Eigenschaften bei tiefen Temperaturen, die Verarbeitbarkeit bei der Formgebung und der Preis maßgebend; diese allgemeinen Werkstoffeigenschaften, die keinen Bezug auf das verwendete Kältemittel haben, sind bereits in Band I dieses Handbuches besprochen. Die folgenden Ausführungen gelten für Werkstoffe, die mit Kältemitteln in Berührung kommen; sie beschränken sich dabei auf das gegenseitige Verhalten von Werkstoffen und Kältemitteln im gesamten beim Betrieb der Kältemaschine vorkommenden Temperatur- und Druckbereich, wobei auch das Schmiermittel und das als Verunreinigung meist vorhandene Wasser in die Betrachtung mit einbezogen werden.

Bei der Einwirkung von Kältemitteln und deren Verunreinigungen bzw. von Reaktionsprodukten beider auf metallische Werkstoffe handelt es sich meist um chemische oder elektrochemische Vorgänge, die zur Korrosion führen. Dagegen führt bei nichtmetallischen Werkstoffen die Einwirkung des Kältemittels — soweit eine solche überhaupt vorhanden ist — zur Quellung oder Auflösung der Substanz oder ihrer Bestandteile. Das Lösen von Bestandteilen verursacht grundlegende Veränderungen in den Eigenschaften des Werkstoffes; darüber hinaus tritt das Gelöste in das Kältemittel bzw. in das Öl über und nimmt u. U. mit diesen am Umlauf teil, wobei es Störungen verursachen kann. Diese grundsätzliche Verschiedenheit im Verhalten beider Stoffgruppen gegenüber den Kältemitteln läßt ihre getrennte Behandlung zweckmäßig erscheinen.

Als wesentlicher Punkt ist zu beachten, daß das Kältemittel innerhalb der Kompressionsmaschinen – mit Ausnahme derjenigen mit Turbokompressor und einiger weniger Sonderbauarten — stets in Begleitung von Öl umläuft. In den Absorptionsmaschinen tritt statt dessen das flüssige oder feste Lösungsmittel in Erscheinung, wobei das chemische Verhalten der Metalle gegenüber diesen Stoffen oder in deren Gegenwart ein grundlegend anderes sein kann.

a) Metallische Werkstoffe. Im Kältemaschinenbau werden zahlreiche Metalle verwendet, die mit dem Kältemittel in Berührung kommen:

Aluminium und Aluminiumlegierungen für Verdampfer, Dichtungen und den Läuferkäfig in gekapselten Maschinen; neuerdings auch für Kompressorgehäuse, Schubstangen und Kolben sowie für Rippen von Kühlflächen.

Blei als Dichtungen.

Bronzen für Lager, Gleitringdichtungen, Ventilsitze und Siebe.

Eisen und *Eisenlegierungen* für Verdichter, Verflüssiger, Verdampfer, Absorber, Austreiber, Verbindungsleitungen und Armaturen.

Kupfer für Verdichterteile, Verflüssiger, Verdampfer, Rohrleitungen, Dichtungen und Motorwicklungen in gekapselten Kältemaschinen.

Lote mit Silber, Kupfer, Zink, Kadmium, Zinn und Blei.

Messing für Verdampfer, Armaturen und Siebe.

Nickellegierungen, z. B. Monelmetall, für Siebe und Verkleidungen.

Zink und *Zinn* vorwiegend als Oberflächenschutz.

---

[1] Bopp, J.: Ansul News Notes, Juni 1951, S. 13.

Es gibt Kältemittel, welche die metallischen Baustoffe überhaupt nicht angreifen, da sie chemisch absolut träge sind wie die reinen Kohlenwasserstoffe, die auch im feuchten Zustand nicht mit den Baustoffen reagieren. Die gebräuchlichen Kältemittel greifen im trockenen Zustand die meisten Metalle unter den üblichen Betriebsbedingungen nicht an. Dazu gehören nach THOMPSON[1] in erster Linie die Freone. Auch SO_2 und CO_2 sind im trockenen Zustand den Metallen gegenüber inaktiv. Sowohl die Freone als auch das SO_2 bilden aber mit Wasser Mineralsäuren (s. S. 109), die stark korrodierend wirken. Dagegen greift Ammoniak das Kupfer und seine Legierungen auch im trockenen Zustand an und löst es zusammen mit Wasser auf. Vorsicht und genaue Erprobung ist bei der Auswahl der Stoffe für das zu verwendende Kältemittel geboten.

Häufig wirken die Metalle umgekehrt auch als Katalysatoren bei der Zersetzung von Kältemitteln bei höheren Temperaturen. Normalerweise wird jedoch der hierfür in Frage kommende Temperatur- und Druckbereich in Kompressionskältemaschinen nicht erreicht.

Systematische Untersuchungen über das Verhalten von Kältemitteln gegenüber Metallen sind nicht sehr zahlreich. Eine der umfassendsten Arbeiten auf diesem Gebiet liegt über das Verhalten von trockenem F 12 gegenüber 21 Metallen vor[2]. Die Versuchsdauer betrug hierbei bis zu einem Jahr, wobei die Proben der Einwirkung des Dampfes und der Flüssigkeit bei 65° C ausgesetzt wurden. Ähnliche Untersuchungsreihen liegen über den Einfluß des Wassergehaltes in CF_2Cl_2, SO_2 und CH_3Cl auf ihre Korrosionswirkung gegenüber den Metallen bei 20 bis 30° C vor[3].

Die Versuche zur Feststellung des Verhaltens von Kältemitteln gegenüber den Metallen werden allgemein an schmalen Blechstreifen vorgenommen, die nach sorgfältiger Reinigung in einem druckfesten Glasrohr aus Hartglas geprüft werden. Eine exakte Arbeitsweise für den Druckrohrtest ist auf S. 233 angegeben.

Auf diese Weise geprüft, reagieren die meisten Kältemittel im reinen Zustand mit den üblichen Metallen nicht. Wegen Ausnahmen bei einzelnen Kältemitteln s. Teil II. Die handelsüblichen Kältemittel besitzen aber Verunreinigungen, von denen in dem uns hier interessierenden Zusammenhang das Wasser am wichtigsten ist. Feuchtigkeitsreste verbleiben in der Kältemaschine auch nach einer noch so sorgfältigen Trocknung und Evakuierung der Maschine vor dem Einfüllen von Öl und Kältemittel; aber auch mit dem Öl und dem Kältemittel gelangt — wenn auch nur in Spuren — Feuchtigkeit in die Kältemaschinen. Daher ist stets mit der Anwesenheit von Feuchtigkeit im Kältemittelkreislauf zu rechnen und hierauf ist bei der Beurteilung des chemischen Verhaltens von Kältemitteln gegenüber den Metallen Rücksicht zu nehmen.

Die Anwesenheit von Feuchtigkeit in den Kältemaschinen wird sich verschieden auswirken, je nachdem, in welchem Teil sie auftritt. Befindet sie sich im Verdichter mit unter Saugdruck stehendem Kurbelgehäuse und wird sie vom Öl aufgenommen, so sind bei den lokal auftretenden Konzentrationserhöhungen meist in kurzer Zeit schwere Korrosionseinwirkungen festzustellen; die hohe Temperatur des Kompressors und die emulgierende Wirkung des Öles wirken hierbei begünstigend. So wird z. B. die interkristalline Korrosion an hochgehärteten Teilen, vor allem an Ventilplättchen, von VELTMAN und WARING[4] auf Wasser und auf sekundäre Einwirkung der sich aus chlorierten Kältemitteln nach vorangegangener Hydrolyse bildenden Salzsäure zurückgeführt.

---

[1] THOMPSON, R. J.: Electric Refrig. News 23. Okt. 1935.
[2] Kinetic Chemicals Inc., Technical Paper Nr.5-a, April 1932.
[3] Bericht der Ansul Chemical Co., Marinette, Wis.
[4] VELTMAN, P. L., u. C. E. WARING: Refrig. Engng. Bd. 54 (1947) S. 550.

Gelangt die Feuchtigkeit mit dem Kältemittel in den Verflüssiger oder Flüssigkeitssammler, so wird sie meist, ohne darin längere Zeit zu verbleiben, mit der Flüssigkeit fortgeführt; eine Anreicherung mit Wasser findet hier nicht statt und somit sind auch die auftretenden Korrosionen in diesen Apparaten meist nicht bedeutend.

Im Entspannungsorgan können sich in Gegenwart von Feuchtigkeit Hydrate bilden oder Eiskristalle ausscheiden, wobei häufig Teile des Entspannungsorgans neben der Korrosion auch der Erosion unterliegen; hohe Strömungsgeschwindigkeiten erhöhen den Angriff auf diese Teile stark. Aus diesem Grunde muß der Werkstoff von Sitz und Nadel der Schwimmer- und Expansionsventile korrosions- und erosionsbeständig sein. Das gleiche gilt auch für Drosseln und Einspritzleitungen.

Im Verdampfer kann eine Anreicherung der Flüssigkeit an Feuchtigkeit nur stattfinden, wenn er überflutet ist oder einen Flüssigkeitsabscheider besitzt; infolge des bei der tiefen Temperatur herrschenden geringen Dampfdruckes verdampft das Wasser nur sehr langsam, so daß im Verdampfer die höchsten Wassergehalte in der Maschine auftreten. Es können hier, vor allem bei Verwendung von Eisen, schwere Korrosionen auftreten, obwohl infolge der niedrigen Temperatur die Reaktionsgeschwindigkeit herabgesetzt ist. Wie man sieht, sind der Kompressor, das Entspannungsorgan und der Verdampfer die am meisten durch Korrosion gefährdeten Teile der Kältemaschinen; die stärksten Korrosionen treten an den mit dem flüssigen Kältemittel dauernd in Berührung stehenden Teilen sowie am Druckventil auf.

Die Ansichten über die Grenzen für den zulässigen Wassergehalt in Kältemitteln mit Rücksicht auf Korrosionen sind nicht einheitlich. Neben der Art des Kältemittels und der Bauart der Maschine spielen auch die Betriebstemperaturen eine Rolle sowie die Frage, wie weit Wasser im Kältemittel löslich ist. Hohe Temperaturen im Verdichter setzen die Grenze für den höchstzulässigen Wassergehalt wegen der Erhöhung der Reaktionsgeschwindigkeit herab. Die Löslichkeit von Wasser im Kältemittel ist insofern von Bedeutung, als sie bestimmt, ob die für rasche Korrosion mindestens erforderliche prozentuale Menge im Kältemittel enthalten ist. Ist z. B. bei einem Kältemittel die für Korrosion gefährliche untere Grenze 300 mg H_2O/kg und die Löslichkeit bei der entsprechenden Betriebstemperatur nur 60 mg H_2O/kg, so wird die Korrosionswirkung nicht so stark auftreten, als wenn die Löslichkeit 1000 mg Wasser/kg Kältemittel betragen würde. Der Wassergehalt einer Kältemaschine muß trotzdem möglichst klein sein, wenn eine langjährige Betriebssicherheit erwartet wird.

Es sollen nun einige Hinweise für die Anwendbarkeit der gebräuchlichsten metallischen Werkstoffe im Kältemittelkreislauf gegeben werden.

Aluminium und *Al-Legierungen* haben sich in Kältemaschinen erst in den letzten zehn Jahren in größerem Umfang eingeführt. Sie bieten u. a. den Vorteil der Gewichtsherabsetzung sowohl der ganzen Maschine wie auch der bewegten Teile, wobei die Lagerbelastung durch Massenkräfte vermindert wird und die Drehzahl erhöht werden kann. Die Gewichtsersparnis durch Verwendung von Aluminium beträgt bei gleicher Festigkeit der Bauteile bis zu 40%. Vor allem für transportable Anlagen ist diese Gewichtsersparnis von großer Bedeutung; es wird daher bereits mit Erfolg für Läuferkäfige, Verdampfer, Verflüssiger, Kühlschlangen, Zylindergehäuse sowie Deckel, Kolben und Getriebeteile Aluminium benützt. Aluminium ist gegen eine Vielzahl von organischen und gegen alle oxydierenden anorganischen Säuren, die sich als Reaktionsprodukte im Kältemittelkreislauf bilden können, beständig. Dagegen wird es von chlorierten Kältemitteln, soweit das Chlor im Molekül nicht wie beim F 12 durch Fluor ausreichend stabilisiert ist, in Gegenwart von Wasser stark angegriffen. Alkalische Lösungen greifen Aluminium ebenfalls an, weshalb bei Ammoniakmaschinen größte Vorsicht am Platze ist. Nach MASON[1] hat sich aber Aluminium in Absorptionskältemaschinen bei Betriebstemperaturen bis zu 260° C bewährt und erscheint vor allem für Absorber geeignet. Korrosionsinhibitoren für Aluminium mit Kältemitteln werden z. Z. untersucht und versprechen Erfolg.

Im Kältemittelkreislauf von SO_2-Maschinen kann Aluminium bedenkenlos verwendet werden, da selbst die bei Gegenwart von Wasser entstehende schweflige Säure und die Schwefelsäure als oxydierende Säuren das Aluminium mit einer schützenden Oxydschicht überziehen. Für Läuferkäfige in gekapselten SO_2-Maschinen wird Aluminium seit langem mit bestem Erfolg eingesetzt. Nach PACKER, JOHNS und CODLING[2] wird Aluminium durch trockenes SO_2 nicht angegriffen, während ein Zusatz von Wasser zu Lochfraß führen soll; über den Reinheitsgrad des untersuchten Aluminiums wurden jedoch keine Angaben gemacht. Man verwendet in SO_2-Maschinen zweckmäßig Reinaluminium mit mehr als 99,0% Al.

In F12-Kältemaschinen wurden Reinaluminium und Aluminium–Magnesium-Legierungen mit bis zu 2,5% Mg nach WILLARD und MEARS[3] mit Erfolg für Kolben, Zylinderköpfe, Pleuelstangen und Sicherheitsventile eingesetzt. Aluminium-Läuferkäfige in gekapselten Maschinen bewährten sich seit der Einführung von F12. Neuerdings werden in F12-Maschinen Verdampfer aus Al–Mn- sowie Al–Mg–Si-Legierungen und aus Reinaluminium mit mehr als 99% Al verwendet. Vielfach werden sie aus gepreßten Profilen sowie aus Rohren, die auf Aluminiumbleche aufgelötet werden, hergestellt.

F14, F22 und F114 verhalten sich nach WILLARD und MEARS gegenüber Aluminium ebenso wie F12, jedoch sollen hier grundsätzlich nur Aluminium bzw. Al-Legierungen ohne Schwermetallzusätze verwendet werden; sie führen wie F12 im feuchten Zustand lediglich zu einer oberflächlichen weißen Verfärbung durch Bildung von Aluminiumchlorid[2]. Dagegen greifen F11, F21 und F113 Aluminium und seine Legierungen auch im trockenen Zustand schwach an[3].

Mit Aluminium und seinen Legierungen als Baustoff darf Methylchlorid nach dem ASA-Code B 9.1—1950 nicht verwendet werden. CH_3Cl reagiert mit Aluminium und dessen Legierungen auch im trockenen Zustand unter Bildung hochexplosiver Verbindungen (s. S. 300).

Die Einwirkung von Methylenchlorid (CH_2Cl_2) auf Aluminium und seine Legierungen ist noch ungewiß; Vorsicht ist unbedingt geboten.

Methylformiat ($H \cdot COOCH_3$) greift nach WILLARD und MEARS[3] und nach MASON[1] im trockenen Zustand Aluminium und seine Legierungen ohne Schwermetallgehalt nicht an.

Blei Bei Verwendung von Blei in Verbindung mit chlorierten Kältemitteln ist Vorsicht geboten.

Bronzen können außer für Ammoniak für alle Kältemittel ohne Bedenken verwendet werden. Selbst bei Gegenwart von Feuchtigkeit werden sie durch viele Kältemittel nicht eigentlich korrodiert, sondern nur oberflächlich leicht dunkel verfärbt. Phosphorbronze wird nach PACKER und Mitarbeitern[2] von feuchtem F12 überhaupt nicht verändert, während feuchtes SO_2 und CH_3Cl leicht korrodierend wirken. Auch Aluminiumbronzen haben sich gut bewährt.

---

[1] MASON, E. W.: Refrig. Engng. Bd. 59 (1951) S. 869.
[2] PACKER, L. C., F. J. JOHNS u. E. P. CODLING: Refrig. Engng. Bd. 49 (1945) S. 452.
[3] WILLARD, J. R., u. R. B. MEARS: Refrig. Engng. Bd. 40 (1940) S. 381.

Eisen und *seine Legierungen* sind die gebräuchlichsten Werkstoffe für Kältemaschinen. Sie werden von keinem Kältemittel im trockenen Zustand angegriffen, dagegen werden sie je nach der Art der Legierungsbestandteile von den feuchten Kältemitteln korrodiert, sofern die Kältemittel zusammen mit Wasser saure Spaltprodukte bilden. WALKER und WILSON[1] haben den Einfluß von Wasser auf die Korrosion von Eisen im Druckrohrtest mit SO_2, CH_3Cl und F12 ermittelt und die Grenze für den zur Korrosion führenden Wassergehalt festgelegt. In Tab. 36b sind die Ergebnisse zusammengestellt:

Tabelle 36b. *Korrosion von Eisen durch feuchte Kältemittel bei Raumtemperaturen.*

Wassergehalt mg/kg	Korrosionswirkung	
	durch SO_2	durch CH_3Cl und CF_2Cl_2
200	—	leichte Verfärbung
300	leichte Verfärbung	deutliche Verfärbung, ganz leichte Korrosion
500	—	mäßige bis schwere Korrosion
1000	leichte Korrosion	—
1500	starke Korrosion	—

Während Luft auf die Korrosion durch SO_2 keinen Einfluß hat, wird die Korrosion durch feuchtes CH_3Cl und CF_2Cl_2 bei Gegenwart von Luft stark beschleunigt und verstärkt. Durch eine Steigerung der Temperatur tritt die Korrosion schon bei geringeren Wassergehalten ein.

Kupfer wird nur durch Ammoniak angegriffen, von allen anderen trockenen Kältemitteln nicht. Die meisten Kältemittel wirken bei Gegenwart von Wasser auf Kupfer weniger korrodierend ein als auf Eisen, da das Kupfer edler ist. Es ist neben Eisen und Aluminium der verbreitetste Werkstoff im Kältemaschinenbau. Durch feuchtes F12 wird es nur oberflächlich geschwärzt, während es durch feuchtes CH_3Cl und auch SO_2 korrodiert wird. Für Methylformiat ist es ungeeignet, da sich bei Spuren von Wasser Kupferformiat bildet.

Von den *Loten* werden die Weichlote mit Zinn und Blei durch Fluor–Chlor-Kohlenwasserstoffe bei Gegenwart von Wasser unter Bildung von Chloriden besonders stark angegriffen[2]. Ammoniak wirkt bei Anwesenheit kleinster Mengen von Wasser lösend auf Silber und Zink in Hartloten ein.

Nach MCGOVERN[3] werden *Magnesium* und seine Legierungen von den fluorierten Kältemitteln und Methylchlorid angegriffen und sind deshalb zur Verwendung im Kältemittelkreislauf auch mit F12 nicht zulässig. Sie bilden vielfach ähnliche hochexplosive Verbindungen mit Methylchlorid wie das Aluminium.

Messing kann ebenso wie Kupfer ohne Bedenken mit allen Kältemitteln, außer Ammoniak, verwendet werden. Ammoniak führt zur Entkupferung und vor allem mit Spuren von Feuchtigkeit zu Spannungsrissen durch interkristalline Korrosion[4].

Zink und seine Legierungen sollen nicht in Kältemaschinen mit Freonen oder Methylchlorid eingesetzt werden, weil sie stark korrodieren; da der Angriff vielfach örtlich konzentriert erfolgt, können in kurzer Zeit Undichtigkeiten auftreten.

In den USA finden sich in den ASTM[5]-Vorschriften (ASRE[6]-Standard 15-R-1950) u. a. folgende Hinweise über die Verwendung der verschiedenen Werkstoffe: Viele Kältemittel üben beim Vorhandensein von Feuchtigkeit, von

---

[1] WALKER, W. O., u. K. S. WILSON: Ansul News Notes 1 (1937) Nr. 3.
[2] VELTMANN, P. L., u. C. E. WARING: Refrig. Engng. Bd. 54 (1947) S. 550.
[3] MCGOVERN, E. W.: Refrig. Engng. Bd. 43 (1942) S. 276.
[4] STEINLE, H.: Metall Bd. 9 (1955) S. 492. — [5] American Society for Testing Material.
[6] American Society of Refrigerating Engineers.

Luft oder von beiden auf die Werkstoffe eine korrodierende Wirkung aus. Diese Stoffe sind zugelassen, da man annehmen kann, daß die Anlage nach erprobten Verfahren vorbehandelt, gefüllt und betrieben wird, um Korrosionen zu verhindern oder auf ein Minimum herabzusetzen. Die Verwendung von Aluminium im Kreislauf von CH_3Cl-Kältemaschinen ist verboten. In offenen Kältemaschinen, die vom Kundendienst und von Installateuren wahlweise mit F12 oder mit Methylchlorid gefüllt oder nachgefüllt werden können, darf Aluminium deshalb ebenfalls nicht verwendet werden.

b) Nichtmetallische Werkstoffe. Neben den Metallen werden im Kältemaschinenbau auch nichtmetallische Stoffe verwendet. Als elektrische Isolierstoffe in den Motorwicklungen der gekapselten Typen sind Draht- und Imprägnierlacke, Textilfasern, Papiere, Fiber und Holz gebräuchlich. Für Stromdurchführungen werden Keramik, Glas, Gummi und Kunststoffe — oft mit Papier oder Textilien verpreßt — benützt. Gummi und gummiartige Stoffe (Elastomere) finden als Formteile, vor allem zum Abdichten der Wellendichtungen und Gleitringe in offenen Maschinen sowie auch als Dichtsitze für Ventile vielseitige Verwendung. Asbest mit organischen Bindemitteln dient als Dichtungsplatte für die Zylinderköpfe und die Grundplatten der offenen Kältemaschinen. In den Ventilen werden mit Blei, Fett, Graphit und Gummi vermengte Faserstoffe und Asbest vielfach als Dichtungsschnüre eingebaut. Da die nichtmetallischen Stoffe fast ausnahmslos im Kompressor verwendet werden, sind sie erhöhten Temperaturen unterworfen, die bis auf 100° C und darüber ansteigen können. Dies gilt vor allem für die Isolierstoffe am Ständer der gekapselten Maschinen und für die Dichtungsstoffe an den Zylinderköpfen. Sie können hierbei der Einwirkung des gasförmigen Kältemittels und des Gemisches von Öl und Kältemittel ausgesetzt sein. Durch möglichst niedere Betriebstemperaturen, gute Schmierung und Kühlung kann man mit konstruktiven Maßnahmen wesentlich zur Schonung der nichtmetallischen Baustoffe beitragen.

Wenn die organischen Stoffe nicht sorgfältig unter Berücksichtigung ihres Einsatzes ausgewählt sind, können in den Kältemaschinen Störungen hervorgerufen werden. Die Extraktstoffe können zu Verstopfungen und chemischen Reaktionen, aber auch zu elektrischen Störungen führen, sofern sie leitend sind oder elektrisch leitfähige Stoffe abspalten. Isolierstoffe können sich ganz auflösen, durch Teilextraktion verspröden oder erweichen. Werden aus Elastomeren merkliche Mengen herausgelöst, so finden Veränderungen der Härte statt, die so weit gehen können, daß ein Gummi ganz verhärtet und als Dichtung nicht mehr genügt. Andererseits ist aber im Falle der Quellung mit zu starken Pressungen (z. B. an der Gleitfläche einer Gleitringdichtung) zu rechnen. Auch können gleitende Gummiteile beim Stillstand am Metall kleben bleiben und dann beim Anlaufen der Maschine abreißen; das Kleben wird durch Extraktstoffe gefördert. Schrumpfungen führen naturgemäß zum Undichtwerden. Insbesondere dürfen alle im Kältemittelkreislauf verwendeten nichtmetallischen Stoffe keine durch das Kältemittel abschwemmbaren Bestandteile enthalten. Schnittflächen von Asbestdichtungen oder Dichtungsstoffen mit sonstigen Fasermaterialien dürfen keine ausgefaserten Schnittkanten aufweisen, sondern müssen mit einem scharfen Messer gestanzt sein. Graphithaltige Materialien sind in Berührung mit dem Kältemittel und dem Öl unbedingt zu vermeiden, da der schuppige Graphit besonders leicht abgeschwemmt wird.

Die Kältemittelbeständigkeit der nichtmetallischen Stoffe ist also neben den Funktionseigenschaften von entscheidender Bedeutung für ihre Verwendbarkeit. Darunter ist nach STEINLE[1] die Lösungsbeständigkeit gegenüber den Kälte-

---
[1] STEINLE, H.: Kältetechnik Bd. 3 (1951) S. 110—114 und 139—143.

mitteln zu verstehen. Als Maß dienen der Extrakt im Kältemittel, die Volumänderung und die Änderung der mechanischen Eigenschaften wie Härte, Dehnung und Zerreißfestigkeit. Auch die elektrischen Eigenschaften, Durchschlagfestigkeit, Leitfähigkeit und Dielektrizitätskonstante, können sich verändern. Grundsätzlich charakterisiert also jede Veränderung des untersuchten Stoffes dessen Kältemittelbeständigkeit unter den Betriebs- oder Prüfbedingungen. Seine stoffliche Zusammensetzung und die Art des verwendeten Kältemittels bedingen sein Verhalten.

Die im folgenden beschriebenen, umfangreichen Versuche von EISEMAN[1] zeigen, wie unterschiedlich der Einfluß der verschiedenen halogenierten Kohlenwasserstoffe und anderer Lösungsmittel auf die Elastomeren ist. Das gleiche trifft für die Isolierstoffe und Lacke zu[2]. Von der Verwendung artfremder Lösungsmittel zur Extraktion und für Quellungsversuche im Laboratorium muß deshalb abgeraten werden. Es ist wichtig, Verfahren im Kurzversuch anzuwenden, die es gestatten, direkte Rückschlüsse auf das Verhalten und die Eignung im Kältemittelkreislauf zu ziehen. In erster Linie muß es darauf ankommen, die nichtmetallischen Stoffe direkt mit *dem* Kältemittel und *dem* Öl zu prüfen, denen sie in der Kältemaschine ausgesetzt werden sollen. Dabei spielen auch die Temperatur- und Druckverhältnisse eine Rolle.

Eine Prüfmethodik, die sich bewährt hat, wird auf S. 234 beschrieben; sie erermöglicht nach Kurztesten Aussagen über das wahrscheinliche Verhalten von nichtmetallischen Stoffen im Kältemittelkreislauf zu machen, da Maschinenversuche erst nach langen Betriebszeiten zu brauchbaren Ergebnissen führen.

α) *Löslichkeit, Ausscheidung und Reaktion von Extraktstoffen.* Die meisten nichtmetallischen Stoffe enthalten Bestandteile, die von den einzelnen Kältemitteln je nach den spezifischen Lösungseigenschaften mehr oder weniger stark extrahiert werden. Baumwolle enthält natürliches Pflanzenfett; Zellwolle, Kunstseide und Papiere könen je nach dem Herstellungs- und Verarbeitungsprozeß Fette, Wachse und Seifen als Imprägnier-, Binde- und Glättemittel enthalten. Elastomere enthalten außer dem Grundstoff wechselnde Mengen von Weichmachern, Vulkanisationsbeschleunigern und auch Alterungsschutzstoffen. Lacke können Reste von nicht polymerisierten Monomeren und Lösungsmitteln sowie auch lösliche Weichmacher enthalten.

Gute Lösungsmittel für Fette, Wachse und Öle sind allgemein die Kohlenwasserstoffe sowie auch viele ihrer chlorierten und teilweise fluorierten Derivate. Die Fettlöslichkeit nimmt mit zunehmender Fluorierung ab. Schwefeldioxyd löst bevorzugt Harze, asphaltartige Stoffe und aromatische Verbindungen. Ammoniak neigt dagegen mehr dazu, wasserlösliche Anteile aufzunehmen.

Die aus den nichtmetallischen Werkstoffen stammenden Extrakte besitzen häufig nur beschränkte Löslichkeit im Kältemittel und im Kältemittel-Öl-Gemisch. Die Menge des Herausgelösten wird also durch die mit den Stoffen in Berührung kommende Kältemittelmenge begrenzt. Erfolgt das Lösen bei der tiefsten in der Kältemaschine vorkommenden Temperatur, so besteht keine Gefahr der Ausscheidung an anderer Stelle, da die Löslichkeit mit steigender Temperatur zunimmt. Wird dagegen der nichtmetallische Werkstoff an einer Stelle mit höherer Temperatur eingesetzt, so ist die Gefahr der Ausscheidung von Extraktstoffen beim Abkühlen gegeben. Der Extrakt gelangt mit dem umlaufenden Kältemittel in die Regelorgane und in den Verdampfer, wo er beim Abkühlen und Verdampfen des Kältemittels ausgeschieden wird, sobald sein Gehalt im Kältemittel-Öl-Gemisch die Löslichkeitsgrenze überschreitet. Im Regelorgan

---

[1] EISEMAN jr., B. J.: Refrig. Engng. Bd. 57 (1949) S. 1171.
[2] STEINLE, H.: Kältetechnik Bd. 3 (1951) S. 110 und 139.

führt die Ausscheidung der bei den tiefen Temperaturen meist festen Stoffe zu Verstopfungen. Ventilnadeln können verkleben, so daß sie unbeweglich werden. Kapillarrohre verstopfen schnell vollständig. Im Verdampfer und Verflüssiger haften Ausscheidungen an den Wänden und verschlechtern den Wärmeübergang. Auch im Verdichter treten nicht selten Ablagerungen von Extraktstoffen ein; sie setzen sich beim Abkühlen im Stillstand ab, und auch wenn das Kältemittel verdampft und der Extrakt im Öl unlöslich ist. Sie können dann zum Verkleben von Lagern und zum Blockieren des Verdichters führen.

Ist genügend Lösbares vorhanden, so wird es vom umlaufenden Kältemittel, das nach erfolgter Ausscheidung an der kälteren Stelle dann an der wärmeren nicht mehr gesättigt ist, immer von neuem aufgenommen und an die kalte Stelle transportiert; dieser Vorgang endet erst, wenn die Ausscheidung zu einer Verstopfung geführt hat oder nichts Lösliches mehr an der wärmeren Stelle vorhanden ist.

Die Bestimmung des im nichtmetallischen Werkstoff vorhandenen löslichen Anteils und der Löslichkeit des Extraktes im Kältemittel in Abhängigkeit von der Temperatur ist erforderlich, um festzustellen, ob die höchst zulässige Grenzkonzentration X_0, die durch die tiefste in der Maschine vorkommende Temperatur t_0 gegeben ist, erreicht wird und ob daher eine Ausscheidung des Gelösten überhaupt stattfinden kann. Wird eine Menge G des nichtmetallischen Stoffes mit einem Anteil Y an Löslichem je kg des Stoffes verwendet und löst das Kältemittel, dessen Gesamtmenge G_k beträgt, nach der Löslichkeitskurve bei der tiefsten Temperatur t_0 maximal X_0 an Extrakt, so kann eine Ausscheidung nur erfolgen, wenn

$$GY > X_0 G_k \text{ ist.}$$

Bei geringen Werten von Y und bei großer Kältemittelfüllung G_k der Kältemaschine wird der Verwendung kleinerer Mengen des nichtmetallischen Stoffes im Kältemittelkreislauf nichts im Wege stehen, falls das Herauslösen seiner Bestandteile und die Einwirkung des Kältemittels nicht so große Veränderungen seiner Eigenschaften herbeiführt, daß der Stoff hierdurch unbrauchbar wird.

Tritt neben dem Kältemittel noch das Öl auf, so können sich die Verhältnisse grundlegend ändern, falls der Extrakt auch im Öl löslich ist. Das Öl kann die Löslichkeit erhöhen oder herabsetzen. Darüber hinaus kann das Öl seinerseits andere Bestandteile aus dem Werkstoff herauslösen und für diese nur beschränkte Löslichkeit aufweisen. Es ist daher zu empfehlen, die Prüfung des Werkstoffes und des Extraktes auch auf Kältemittel-Öl-Gemische auszudehnen, um sich Klarheit darüber zu verschaffen, welche Folgen ihre Verwendung in der Kältemaschine haben kann (s. S. 234).

In Tab. 37 sind einige Extraktgehalte verschiedener Isolier- und Dichtungsstoffe zusammengestellt, die im Kältemaschinenbau verwendet werden[1]. Außer mit SO_2 und F 12 im Kaltextraktionsgerät nach STEINLE (vgl. Abb. 97) wurde auch mit Trichloräthylen im Soxhlet-Apparat extrahiert, da Trichloräthylen vielfach zum Entfetten von Kältemaschinenteilen vor der Montage verwendet wird. Tab. 37 zeigt, daß die einzelnen Lösungsmittel nach Menge und Art sehr verschiedene Bestandteile zu lösen vermögen. Dies trifft besonders für die Isolier- und Imprägnierlacke sowie für die Dichtungsstoffe zu. Den anzuwendenden Reinigungs- und Spülmitteln ist deshalb besondere Aufmerksamkeit zu widmen, da sie zur Schädigung der nichtmetallischen Stoffe führen können, noch ehe diese mit dem Kältemittel und dem Öl in Berührung kommen.

---

[1] STEINLE, H.: Kältetechnik Bd. 3 (1951) S. 110 und 139.

136 Chemische Eigenschaften.

Tabelle 37. *Extraktgehalte in % nichtmetallischer Dichtungs- und Isolierstoffe mit den Lösungsmitteln SO_2, F 12 und Trichloräthylen.*

Untersuchte Stoffe	Lösungsmittel		
	SO_2	F 12	Trichloräthylen
Isolationen:			
Baumwolle	1,67	1,49	1,86
Zellwolle	1,02	0,92	1,06
Kunstseide (Kupferseide)	0,51	0,48	1,22
„ (Azetatseide)	löslich	2,63	7,28
Hartpapier, normal	2,97	0,94	0,89
„ , spezial	0,10	0,03	0,12
Buchenholz, weiß	0,92	0,86	0,44
Polyvinylacetallack (Formex USA)	14,3	0,01	31,3
„ (deutsch)	—	0,03	2,4
Imprägnierlack (EG)	2,3	0	1,3
Dichtungen:			
Gummi-Asbest	3,0	2,2	16,4
it-Material normal	4,7	6,2	7,9
it-Material spezial	0,2	0,04	0,43

Die Löslichkeit der Extraktstoffe kann durch ihren Zusatz zum Kältemittel und zum Kältemittel-Öl-Gemisch und die Bestimmung der Ausscheidungstemperatur im Flocktest nach WALKER und RINELLI[1] ermittelt werden.

STEINLE[2] hat nach dem Flocktest (s. S. 229) mit abgestuftem Zusatz von Extraktstoffen durch Ermittlung der Temperatur, bei der die ersten Ausscheidungen beim Abkühlen auftreten, die Löslichkeitskurve für die mit F 12 aus den Isolierstoffen gewonnenen Extrakte von Ständern gekapselter Maschinen ermittelt. In Abb. 40 sind die Löslichkeitskurven in reinem F 12 und in F 12 mit 10% Öl in Abhängigkeit von der Temperatur wiedergegeben. Die Extraktmenge von 1% ist hier schon bei 0° C nicht mehr löslich. Bei einer Verdampfungstemperatur von — 20° C dürfte der Gehalt des Extraktes im Kältemittel nicht mehr als 0,2 bis 0,3% betragen. Durch das Öl wird die Löslichkeit in diesem Falle etwas erhöht. Die Verwendung geeigneter Isolierstoffe bzw. ein Vorextrahieren wäre in diesem Falle erforderlich.

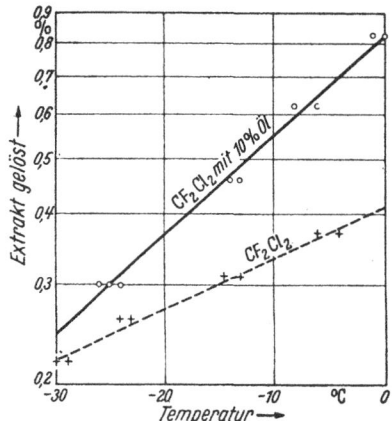

Abb. 40. Die Temperaturabhängigkeit der Löslichkeit von Ständerextraktstoffen in reinem CF_2Cl_2 und in CF_2Cl_2 mit 10% Öl.

Löst sich der Extrakt unbeschränkt im Kältemittel und im Öl, so kann keine Ausscheidung in den kalten Teilen der Kältemaschine stattfinden, wenn nicht restlose Verdampfung des Kältemittels eintritt. In diesem Falle ist aber nicht nur der Grad der Veränderung des Werkstoffes unter dem Einfluß des Kältemittels und des Öles maßgebend, sondern es sind auch die chemischen Eigen-

---

[1] WALKER, W. O., u. W. R. RINELLI: Ansul News Notes 2, Nr. 1 S. 1. — Refrig. Engng. Bd. 41 (1941) S. 395 u. 50 (1945) S. 131. — S. a. H. STEINLE: Kältetechnik Bd. 1 (1949) S. 87.

[2] STEINLE, H.: Kältetechnik Bd. 3 (1951) S. 110 u. S. 139.

schaften des Extraktes und sein Verhalten gegenüber dem Öl und dem Kältemittel zu berücksichtigen.

Eventuell kann durch chemisch analytische Untersuchungen die Art des Extraktes bestimmt werden. Das kommt vor allem für Hersteller nichtmetallischer Stoffe bei der Entwicklung extraktarmer Stoffarten in Frage. Im PHILIPP-Test (s. S. 230)[1] läßt sich durch Zusatz zum Kältemittel-Öl-Gemisch in einer in der Kältemaschine zu erwartenden Konzentration der Einfluß des Extraktes auf das chemische Verhalten von Öl und Kältemittel feststellen. Viele der Extraktstoffe sind chemisch sehr reaktionsfähig und können Reaktionen zwischen dem Kältemittel und dem Öl einleiten, die zur Bildung von anorganischen Säuren aus den Kältemitteln und organischen Säuren durch Alterung des Öles führen. STEINLE[2] zeigte, daß ein Öl mit 0,64% Ölharz und einer SO_2-Beständigkeit im PHILIPP-Test von 168 Stunden beim Zusatz von 0,1% Extrakt aus Isolierstoffen unter Reduktion des SO_2 bis zum reinen Schwefel innerhalb 24 Stunden vollständig verkokt. Mit F12 tritt die Reaktion mit reinem Öl nach 192 Stunden und beim Zusatz von 0,1% Extrakt ebenfalls innerhalb 24 Stunden ein.

Durch Zusatz der Extrakte zum Öl-Kältemittel-Gemisch im Druckrohrtest (s. S. 233) mit Eisen und Kupfer läßt sich ihre korrodierende Wirkung auf die metallischen Werkstoffe im Kältemittelkreislauf ermitteln und der von diesem Gesichtspunkt aus zulässige Extraktgehalt in den nichtmetallischen Baustoffen festlegen. Nach neuen Untersuchungen von STEINLE und SEEMANN[3] fördern die Extrakte aus organischen Baustoffen auch die Kupferplattierung (s. S. 176) und können sie auch beim Arbeiten mit solchen Ölen auslösen, die im reinen Zustand nicht zur Kupferplattierung führen.

Die extrahierende Wirkung der Kältemittel auf die nichtmetallischen Baustoffe macht sich auch in einem Austrocknen der Stoffe bemerkbar. Die trockenen Kältemittel nehmen das Wasser bis zur Einstellung des Wassergleichgewichts zwischen Baustoff und Kältemittel begierig auf. Nach PACKER und Mitarbeitern[4] macht vor allem das Methylchlorid kleinste Mengen Wasser aus der Zellulose frei. Die gleiche Erscheinung ist aber auch beim Arbeiten mit Schwefeldioxyd und F12 bekannt; der Wasserentzug zeigt sich vor allem durch Schrumpfung von Isolierteilen aus Papier, Holz und Fiber schon an, wenn die Kältemaschine nur kurze Zeit mit Öl und Kältemittel gefüllt war.

β) *Eigenschaftsänderungen, Härte, Volum.* Im Kältemittelkreislauf treten durch das Kältemittel und das Öl vor allem an den Elastomeren und den Kunststoffen Eigenschaftsänderungen auf. Sie können quellen oder schrumpfen, ihre Weichheitszahl bzw. ihre Härte und auch ihre Festigkeit und Dehnbarkeit je nach den Betriebsverhältnissen verändern. Daneben können auch chemische Umsetzungen unter dem Einfluß von Öl und Kältemittel vorkommen, denen auch die Isolierstoffe wie Zellulose und Foliendichtungen unterliegen. Es ist erforderlich, die Eigenschaftsänderungen unter der Einwirkung von Kältemittel und Öl zu kennen. HAAS[5] befaßt sich mit den Eigenschaften von Gummimischungen zur Verwendung in Kältemaschinen und mit der Formgebung von Gummiteilen als Dichtungselementen für Wellen. Die Gummimischungen sind je nach ihrer Zusammensetzung mehr oder weniger verformbar; sie sind aber nicht kompressibel. In welcher Weise die Beeinflussung eines Elastomeren durch das Kältemittel-

---

[1] PHILIPP, L. A., u. B. E. TIFFANY: Refrig. Engng. Bd. 47 (1934) S. 248. — S. a. STEINLE, H.: Kältemaschinenöle. Berlin: Springer 1950.
[2] STEINLE, H.: Kältetechnik Bd. 3 (1951) S. 110 u. S. 139.
[3] STEINLE, H., u. W. SEEMANN: Kältetechnik Bd. 5 (1953) S. 90.
[4] PACKER, L. C., F. J. JOHNS u. E. P. CODLING: Refrig. Engng. Bd. 49 (1945) S. 452.
[5] HAAS, E.: Kältetechnik Bd. 2 (1950) S. 206.

Öl-Gemisch konstruktiv berücksichtigt werden kann, zeigt folgendes Beispiel: Zur Abdichtung eines Gleitringes auf der Kompressorwelle wird ein Ring aus Neopren verwendet, der in einem allseitig umschlossenen Raum untergebracht ist; seine Abmessungen werden so gewählt, daß der für den Ring vorgesehene Raum erst nach der unter der Einwirkung von Öl und Kältemittel eintretenden Quellung voll ausgefüllt wird und die zur Erzielung einer einwandfreien Abdichtung und sicheren Mitnahme des Ringes erforderliche Pressung in dem Ringraum entsteht.

Bei der Verwendung von Elastomeren ist zu beachten, daß ihr Verhalten temperaturabhängig ist. Die elastischen Eigenschaften nehmen mit fallender Temperatur ab bis sie bei einer bestimmten Abkühlung ganz verschwinden. An der oberen Temperaturgrenze des Anwendungsbereiches können irreversible Veränderungen auftreten, die zu einer mehr oder weniger starken Zerstörung des Gefüges führen. Die oberen Grenzen der Temperaturbeständigkeit der Elastomeren liegen bei 100 bis 120° C, und nur wenige Stoffe, z. B. Silikone und die neuen Poly-Fluor-Chlor-Äthylene (z. B. Teflon und Hostaflon) können höher beansprucht werden.

Als Anforderungen an Elastomeren zur Verwendung im Kältemittelkreislauf sind in erster Linie zu nennen:

a) Chemische und Lösungsmittelbeständigkeit gegen das Kältemittel, das Öl und Gemische aus beiden. Die Homogenität muß gewahrt bleiben.

b) Weichheit, Elastizität und mechanische Festigkeit müssen in dem vorgesehenen Temperaturbereich in ausreichendem Maße erhalten bleiben.

c) Bei bewegten Teilen ist auf Abriebfestigkeit und gute Laufeigenschaften zu achten.

Meist ist man jedoch zu Kompromißlösungen gezwungen. Werden die Elastomeren der Wirkung von Kältemittel-Öl-Gemischen ausgesetzt, so ergibt sich ein Quellungsendwert, der abhängig von der Temperatur früher oder später erreicht wird. Mit ausdampfbaren Kältemitteln ist der Quellungsvorgang reversibel, während er mit Ölen bleibend ist. Demzufolge tritt bei der Einwirkung von Kältemittel-Öl-Gemischen meist eine zum größten Teil reversible, aber zum Teil auch bleibende Quellung auf. EIFFLAENDER[1] befaßt sich mit den verschiedenen Arten der Einwirkung von Lösungsmitteln auf quellfähige Stoffe.

Chemische Reaktionen zwischen Kunststoffen und Lösungsmitteln sind selten. Sie treten fast nur mit stark oxydierenden Stoffen und den Halogenen auf, führen aber dann schnell zur Zerstörung der Kunststoffe.

Jede Quellung hat grundsätzlich eine Abnahme der Zugfestigkeit, der Dehnung und der Schlagfestigkeit zur Folge; dabei ist es gleichgültig, ob der Quellungsvorgang mit oder ohne Solvatation verläuft. Solvatation führt vor allem zu einem starken Erweichen der Kunststoffe, das bis zum vollständigen Zerfall des Verbandes gehen kann. Härtere Mischungen sind durch ihren größeren Gehalt an Füllstoffen bzw. ihren geringen Gehalt an Weichmachern oder durch den weiter fortgeschrittenen Polymerisationsgrad im allgemeinen weniger quellempfindlich als die weicheren.

EISEMAN[2] und STEINLE[3] haben die Einwirkung von Kältemitteln und ihren Mischungen mit Ölen auf eine große Reihe von Elastomeren nach der Druckrohrtest-Methode eingehend untersucht. Das Verhalten mehrerer Elastomere in den verschiedensten Kälte- und Lösungsmitteln wurde hierbei geprüft, und es wurden

---

[1] EIFFLAENDER, K.: Chemie-Ing.-Technik Bd. 24 (1952) S. 555.
[2] EISEMAN jr., B. I.: Refrig. Engng. Bd. 57 (1949) S. 1171.
[3] STEINLE, H.: Kältetechnik Bd. 3 (1951) S. 110 u. S. 139.

Tabelle 38. *Elastomere, Monomere und Gehalt an Elastomeren in den von* EISEMAN *geprüften vulkanisierten Mischungen*[1].

Elastomere	Monomere	Gehalt an Elastomeren Vol.-%
Neopren Typ GN	Chloropren	50
Buna N (Perbunan)	Butadien + Acrylnitril	60
Naturgummi	Isopren	47
Typ GR-S	Butadien + Styrol	49
Polysulfid-Typ	Poly-Schwefel-Äthylen	56
Typ GR-J	Isobutylen + Butadien	47
Neopren Typ RT	Chloropren	66
Compound PVA	Vinyl-Alkohol	Mischpolymerisat

damit wertvolle Unterlagen für die Stoffauswahl für verschiedene Verwendungszwecke geschaffen. Es erscheint wichtig, darauf hinzuweisen, daß die Verwendung artfremder Lösungsmittel bei Versuchen abzulehnen ist, da die so gewonnenen Ergebnisse zu Trugschlüssen führen.

In Tab. 38 sind die bei den Versuchen von EISEMAN verwendeten Monomeren, die daraus hergestellten Elastomeren sowie der Gehalt der Mischungen an Elastomeren zusammengestellt.

Von STEINLE wurden 6 Elastomeren — Perbunan, Thiokol, Buna, Naturgummi, Neopren, Silikone-Gummi — mit SO_2, F 12 und CH_3Cl geprüft; die Ergebnisse können nur für die jeweilige Stoffgruppe als charakteristisch angesehen werden. Vor allem der verschieden große Zusatz von Faktis (Gummistreckmittel aus Leinöl und Schwefel) und Weichmachern sowie von Vulkanisationsbeschleunigern beeinflußt die Quellung stark. Die im Kaltextraktionsgerät gewonnenen Ergebnisse sind in Tab. 39 wiedergegeben.

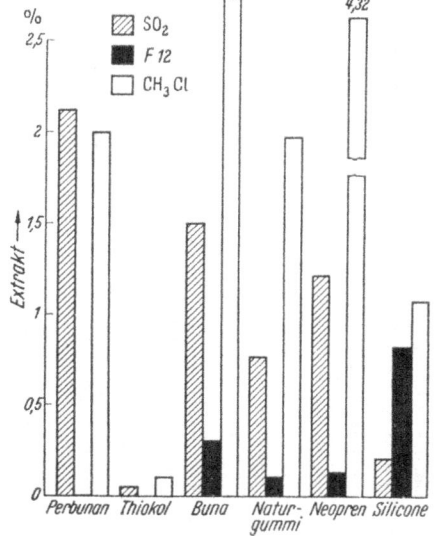

Abb. 41. Extrakt aus Elastomeren mit Kältemitteln (nach STEINLE).

Die Extraktgehalte (Spalte I in Tabelle 39) variieren stark sowohl mit den untersuchten Elastomeren als auch mit den zur Extraktion verwendeten Kältemitteln. Sie sind in Abb. 41 graphisch aufgetragen. Die mechanischen Eigenschaften ändern sich durch die Extraktion ebenfalls. Die lineare Quellung beim normalen Siedepunkt der einzelnen Kältemittel (Spalte II) steigt bei hoher Extraktion. Nach EISEMAN nehmen bei hohen Extrakten und starker Quellung der Elastizitätsmodul und die Zerreißfestigkeit zu, während bei geringer Quellung selbst bei höherem Extraktgehalt der Einfluß auf die mechanischen Eigenschaften gering ist; die Proben schrumpfen durch die Extraktion, wobei der Gewichtsverlust der Probe der Schrumpfung direkt proportional ist. Stoffe, die einen höheren Extraktgehalt ergeben, zeigen stets auch stärkere Quellung im Druckrohr; solche mit höherem Weichmachergehalt ergeben höheren Extrakt und damit auch stärkere Schrumpfung. STEINLE hat die Volumquellung (Spalte III, Tab. 39) durch die reinen Kältemittel im Druckrohrtest nach dem Erwärmen während

---

[1] EISEMAN jr., B. I: Refrig. Engng. Bd. 57 (1949) S. 1171.

Tabelle 39. *Extraktgehalte, Quellung und Weichheitszahlen von Gummimischungen nach der Prüfung im Druckrohrtest mit* SO_2, $F\,12$ *und* CH_3Cl.

		Perbunan	Thiokol	Buna	Naturgummi	Neopren	Silikone
I	Extrakt %: SO_2	2,04	0,04	1,45	0,74	1,17	0,20
	CF_2Cl_2	0,01	0	0,29	0,10	0,12	0,80
	CH_3Cl	1,94	0,10	2,63	1,90	4,32	1,04
II	Quellung linear %	[1])	[1])	[1])	[1])	[1])	[1])
	SO_2	+34	0	+7,1	+5,7	+6,2	0
	CF_2Cl_2	−2,1	−2,7	+6,3	0	0	+36
	CH_3Cl	+44	0	+18	+30	+19	+36
		[2])	[2])	[2])	[2])	[2])	[2])
	SO_2	+54	+7,3	+9,1	+10	0	0
	CF_2Cl_2	+4,3	+2,4	+9,1	+7,6	0	+43
	CH_3Cl	+58	+7,3	+128	+48	+25	+43
III	Quellung Vol.-% im Druckrohr 14 Tage bei 100°C	[3])	[3])	[3])	[3])	[3])	[3])
	SO_2	138	5	27	82	8	3
	CF_2Cl_2	167	9	40	17	10	174
	CH_3Cl	147	27	111	78	54	264
	Öl	—	—	—	—	—	—
		[4])	[4])	[4])	[4])	[4])	[4])
	SO_2	337	15	109	72	29	39
	CF_2Cl_2	19	20	102	93	13	150
	CH_3Cl	148	40	209	200	62	118
	Öl	19	5	110	98	26	35
		[5])	[5])	[5])	[5])	[5])	[5])
	SO_2	337	21	131	118	54	44
	CF_2Cl_2	19	30	118	128	28	134
	CH_3Cl	148	97	225	226	100	135
	Öl	19	12	142	150	58	24
IV	Weichheitszahl nach Prüfung im Druckrohr 14 Tage bei 100°C	[3])	[3])	[3])	[3])	[3])	[3])
	SO_2	71	25	47	31	43	47
	CF_2Cl_2	25	34	66	55	28	[6])
	CH_3Cl	90	76	105	90	51	78
	Öl	—	—	—	—	—	—
		[4])	[4])	[4])	[4])	[4])	[4])
	SO_2	[6]) 25	34	115	90	43	50
	CF_2Cl_2	74	47	78	90	37	105
	CH_3Cl	22	92	[6]) 79	[6])	55	90
	Öl		[6])		[6])	47	59
		[5])	[5])	[5])	[5])	[5])	[5])
	SO_2	337	40	115	[6])	54	69
	CF_2Cl_2	40	50	88	104	46	107
	CH_3Cl	95	113	225	[6])	50	120
	Öl	30	[6])	92	[6])	58	64
V	Weichheitszahl neu	14	10	18	34	25	40

[1]) Nach der Extraktion der Stoffproben im Kaltextraktionsgerät beim normalen Siedepunkt.
[2]) Nach 14tägigem Erwärmen der Stoffproben mit den Kältemitteln im Druckrohr auf 100° C.
[3]) Bei 100° C im Druckrohrtest mit reinen Kältemitteln in 14 Tagen.
[4]) Wie bei 3, jedoch mit Zusatz der gleichen Mengen Öl mit einem Anilinpunkt von 85,5° C.
[5]) Wie bei 4, jedoch Öl mit Anilinpunkt von 60,6° C.
[6]) Nicht mehr meßbar.

7 Tagen auf 70 ± 1° C durch Auswägen mit der MOHRschen Waage sofort nach dem Herausnehmen aus den Druckrohren ermittelt. Es erwies sich, daß die von den Elastomeren aufgenommenen Kältemittel sehr langsam ausdampfen, wodurch die Ergebnisse gefälscht werden. Abb. 42 zeigt die Druckrohre mit den Stoffproben nach dem Erhitzen in den reinen Kältemitteln.

Thiokol zeigt mit CH_3Cl Ausscheidungen. Perbunan, Thiokol und Neopren ergeben mit F12 flockige Ausfällungen. Die verschiedene lineare Quellung ist an Hand der Bezugslinien bei 50 mm Ausgangsgröße gut erkennbar. Die Volumquellung in % mit reinen Kältemitteln ist in Tab. 39, Spalte III, in den durch Fußnote [3]) gekennzeichneten Kolonnen zusammengestellt. Unter Zuhilfenahme der Abb. 43 kann man die Zunahme

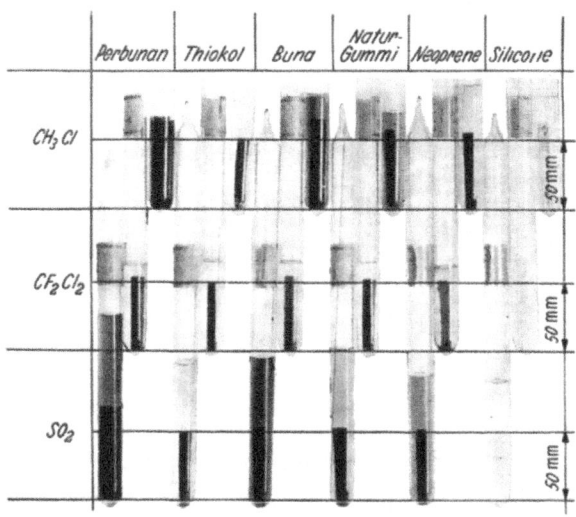

Abb. 42. Quellproben (50 mm Ausgangslänge und 5 mm Breite) von Elastomeren in Kältemitteln.

der Länge in die Volumquellung umrechnen, und es zeigt sich, daß die Quellung in den Druckrohren bei 70° C mit derjenigen im Kaltextraktionsgerät bei den normalen Siedepunkten innerhalb der Fehlergrenzen übereinstimmt, daß also die Temperatur auf die Quellung in den reinen Kältemitteln ohne merklichen Einfluß ist.

EISEMAN hat die Quellungswirkung einiger Halogenkohlenwasserstoffe auf die in Tab. 38 genannten Elastomeren bei Zimmertemperatur im Druckrohrtest ermittelt. Tab. 40 gibt die Längenzunahme in % in den verwendeten Flüssigkeiten wieder; die Volumquellung kann nach Abb. 43 leicht bestimmt werden.

Ein Vergleich der von EISEMAN und der von STEINLE ermittelten Quellungswerte ergibt eine weitgehende Übereinstimmung für die gleichen Stoffgruppen. In Abb. 44 ist die Quellung in den Fluor-Chlor-Derivaten der Methane bei stufenweiser Substitution von Chlor- bzw. Fluoratomen graphisch aufgetragen; daraus ergeben sich folgende Gesetzmäßigkeiten[1]:

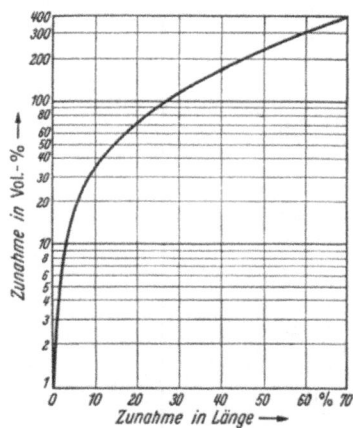

Abb. 43. Zusammenhang zwischen Längenzunahme und Volumquellung von Elastomeren.

1. Bei zunehmender Substitution der Chloratome durch Fluoratome nimmt die Quellung ab.
2. Ein Wasserstoffatom in Verbindung mit Chlor und/oder Fluor führt zum Ansteigen der Quellung.

---

[1] EISEMAN jr., B. J.: Refrig. Engng. Bd. 57 (1949) S. 1171.

Tabelle 40. *Lineare Quellung der Elastomeren in Halogen-Kohlenwasserstoffen* (nach EISEMAN).

Halogen-Kohlen-wasserstoffe	Neopren Typ GN	Perbunan (Buna N)	Natur-gummi (Isopren)	Buna S Typ GR-S	Thiokol (Poly-schwefel-äthylen)	Isobutylen-Butadien-Mischungen (Typ GR-J)	Neopren RT	Compound PVA (Polyvinylalkohol)
Tetrachlorkohlenstoff CCl_4	36	11	44	31	14	50	41	
Chloroform $CHCl_3$	43	54	45	32	91	45	50	
Methylenchlorid CH_2Cl_2	37	52	34	26	59	23	44	
Methylchlorid CH_3Cl	22	35	26	20	11	16		
F 21 $CHFCl_2$	28	48	34	49	28	24	29	8,9
F 22 CHF_2Cl	2,4	26	6	4,4	3,5	1,2	$-0,2$	6
F 31 CH_2FCl	9	38	12	9,6	8,4	2,6	8	2
F 32 CH_2F_2	0	2,7	0	0	0	0	0	0
F 11 $CFCl_3$	17	6	23	21	2,1	41	16	
F 12 CF_2Cl_2	0	2	6	3	0,8	5,6	$-1,7$	
F 13 CF_3Cl	0	1,3	1	0,5	0	0		
F 112 $CFCl_2-CFCl_2$	19	6,6	32	23	1,5	43		
F 114 CF_2Cl-CF_2Cl	0	0	2,2	1,5	0	2,2		
F 115 CF_2Cl-CF_3	0	0	0	0	0,2	0		
F 218 $CF_3-CF_2-CF_3$	0	0	0	0	0	0		
C F 316 CF_2-CFCl | | CF_2-CFCl	0	0	1	0	0	1,5		
C F 318 CF_2-CF_2 | | CF_2-CF_2	0	0	0	0	0	0		
Brom—113 $CFClBr-CF_2Br$	28	17	36	25	6,7	43		
Brom—114 CF_2Br-CF_2Br	6,6	7,1	26	15	0,7	22		
n-Butan C_4H_{10}	2,7	1,2	16	7,8	0	20	0,5	$-0,5$
n-Pentan C_5H_{12}	3,9	1,2	20	9,4	0	29	0,7	0

3. Weitere Wasserstoffatome führen zum Absinken der Quellung.

Dies gilt in gleicher Weise für Moleküle mit 2 Kohlenstoffatomen, also für die Äthanderivate. Am geringsten ist der Einfluß der hochfluorierten oder vollständig fluorierten Kohlenwasserstoffe auf die Elastomeren.

Der Einfluß der Öle im Gemisch mit den Kältemitteln wurde ebenfalls im Druckrohrtest ermittelt und die Quellung sowie die Veränderung der Weichheitszahlen der Elastomeren festgestellt.

Eiseman arbeitete mit verschiedenen Konzentrationen von Öl und Kältemittel, während Steinle unter der Annahme, daß alles Kältemittel im Ölraum kondensieren kann oder im Öl gelöst werden kann und das Füllungsverhältnis zwischen Kältemittel und Öl in den kleinen Kältemaschinen etwa gleich ist, stets 1 Vol.-Teil Öl und 1 Vol.-Teil Kältemittel verwendete. Der Einfluß des Öles ist

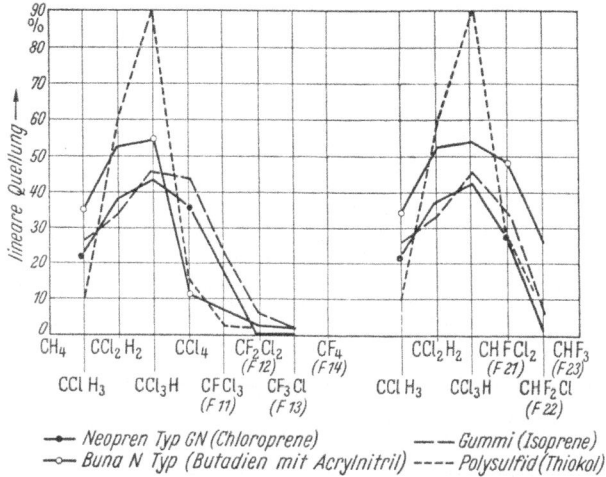

Abb. 44. Quellung von Gummimischungen in Fluor-Chlor-Derivaten des Methans.

deutlich; alle Elastomeren quellen im Kältemittel–Öl-Gemisch stärker als in den reinen Kältemitteln. Eiseman stellte fest, daß der Einfluß der Öle auf die Quellung mit steigendem Anilinpunkt[1] (AP), also mit zunehmendem Wasserstoffsättigungsgrad der Kohlenwasserstoffe abnimmt; seine Ergebnisse sind in Tab. 41 zusammengestellt.

Tabelle 41.
Quellung von Elastomeren in Kältemitteln mit Ölen verschiedener Anilinpunkte (nach Eiseman).

Halogen-Kohlenwasserstoff	Vol.-% Kältemittel	Anilin-P. des Öles °C	Verlängerung %	
			Buna N	Neopren GN
F 12	100		2	0
F 22	100		26	2
CCl$_4$	100		11	36
F 12	20	77,5	0	8
		111,2	0	1
F 22	20	77,5	12	15
		111,2	11	4
CCl$_4$	50	77,5	5	23

Steinle führte Quellungsmessungen mit zwei Ölen mit Anilinpunkten von 60,6 und 85,5° C durch (Tab. 39, Spalte III), wobei die Ergebnisse von Eiseman bestätigt wurden. In Abb. 45 ist die Volumquellung in % im reinen Kältemittel, im Kältemittel mit Öl AP 85,5, dann mit Öl AP 60,6 und schließlich in den beiden reinen Ölen nebeneinander aufgetragen. Der Einfluß des Anilinpunktes in dem untersuchten für Kältemaschinen ungünstigen Bereich ist offenbar geringer als der

---
[1] Zerbe, C.: Mineralöle und verwandte Produkte, S. 110 (Definition des Anilinpunktes). Berlin: Springer 1952.

144 Chemische Eigenschaften.

Einfluß des Öles überhaupt, da als Kältemaschinenöle nach STEINLE und SEEMANN[1] solche mit Anilinpunkten über 100°C üblich sind. Ferner ist deutlich, daß ein Öl mit nur geringem oder keinem Einfluß auf die Quellung der Elastomeren die

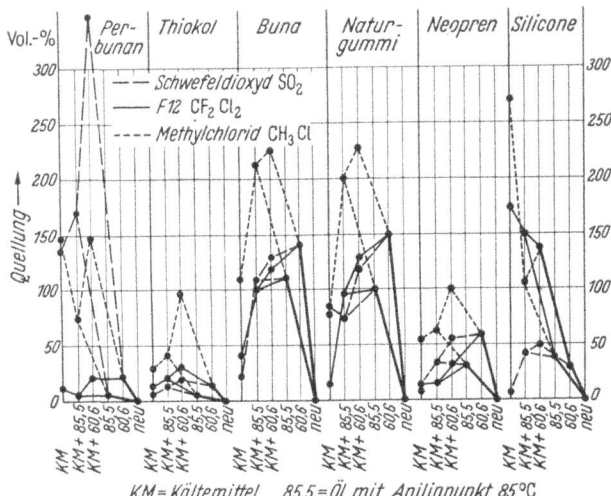

Abb. 45. Quellung von Elastomeren in Kältemitteln und Ölen sowie deren Gemischen.

Quellwirkung der Kältemittel vermindert, während sie sich im umgekehrten Falle addiert.

Da paraffinbasische Öle einen höheren Anilinpunkt besitzen als die naphthenbasischen, ist mit Rücksicht auf die Elastomeren nach BOSWORTH[2] ihre Verwendung in Kältemaschinen angebracht (vgl. auch Tab. 41).

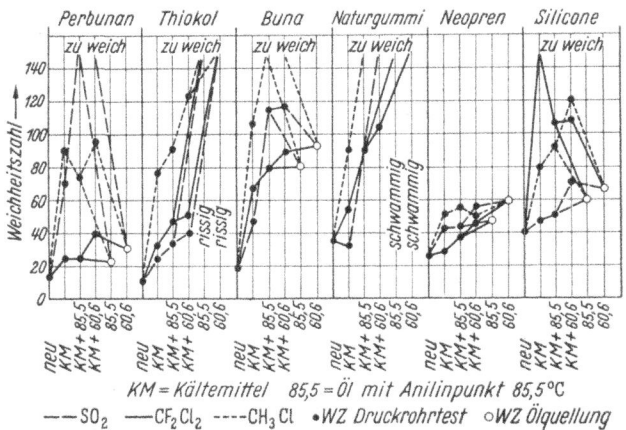

Abb. 46. Veränderung der Weichheitszahl von Elastomeren in Kältemitteln und Ölen sowie deren Gemischen.

Mit der Volumänderung geht eine Härteänderung parallel, (vgl. Tab. 39, Spalte IV, und Abb. 46). Auch auf die Veränderung der Weichheitszahl ist der

---
[1] STEINLE, H., u. W. SEEMANN: Kältetechnik Bd. 5 (1953) S. 90.
[2] BOSWORTH, C. M.: Refrig. Engng. Bd. 58 (1950) S. 89 u. Bd. 60 (1952) S. 617.

Einfluß des Anilinpunktes deutlich, da der geringere Wasserstoffsättigungsgrad der Öle zu stärkerer Erweichung führt.

Die Auswertung der Meßergebnisse von STEINLE findet man in Tab. 42. Sie gibt die Verwendbarkeit der 6 untersuchten Elastomeren zusammen mit SO_2, F12 und CH_3Cl und dem Öl mit dem Anilinpunkt 85,5 wieder. Da Angaben über die zulässigen Höchstwerte nicht vorliegen, wurden für dieses Beispiel als höchstzulässige Grenzwerte 50% Volumquellung, 0,3% Extrakt mit dem reinen Kältemittel und eine Erhöhung der Weichheitszahl um 20 Einheiten gewählt. Bei Einhaltung dieser Grenzen durch die Meßwerte aus Tab. 39 ist in Tabelle 42 ein +,

Tabelle 42. *Verwendbarkeit von Elastomeren mit SO_2, F12 und CH_3Cl zusammen mit Öl.*

Stoff	Eigenschaft	SO_2	F 12	CH_3Cl
Perbunan	Quellung	—	+	—
	Extrakt	—	+	—
	Weichheitszahl	—	+	—
	geeignet	nein	ja	nein
Thiokol	Quellung	+	+	—
	Extrakt	+	+	+
	Weichheitszahl	?	?	—
	geeignet	?	?	nein
Buna	Quellung	—	—	—
	Extrakt	—	+	—
	Weichheitszahl	—	—	—
	geeignet	nein	nein	nein
Naturgummi	Quellung	—	—	—
	Extrakt	—	+	—
	Weichheitszahl	—	—	—
	geeignet	nein	nein	nein
Neopren	Quellung	+	+	—
	Extrakt	—	+	—
	Weichheitszahl	+	+	—
	geeignet	?	ja	nein
Silikone	Quellung	+	—	—
	Extrakt	+	—	—
	Weichheitszahl	+	—	—
	geeignet	ja	nein	nein

bei Überschreitung ein — eingetragen. Damit ergeben sich Rückschlüsse, die mit der Praxis recht gut übereinstimmen. Es zeigt sich, daß für SO_2 nur sehr schwer geeignete Gummimischungen zu finden sind. Auf Thiokol wirkt vor allem das Öl ungünstig ein. Neopren ergibt mit SO_2 einen hohen Extrakt und wird nach LAWRENCE[1] durch Nachhärten fest. Dagegen scheint die Silikonemischung geeignet zu sein; praktische Erfahrungen damit sind bisher nicht bekannt. Für F12 ist in Übereinstimmung mit der Praxis Perbunan und das in den USA meist verwendete Neopren geeignet. Unter den geprüften Elastomeren ist kein Stoff, der zur Verwendung mit CH_3Cl als geeignet angesehen werden kann; am aussichtsreichsten erscheint noch Perbunan.

γ) *Kunststoffe im Kältemittelkreislauf.* Wie auf anderen technischen Gebieten nimmt die Verwendung synthetischer Stoffe auch in der Kältetechnik und insbesondere im Kältemittelkreislauf, fortlaufend zu. Das Gebiet der Thermoplaste,

---

[1] LAWRENCE, H. L.: Refrig. Engng. Bd. 41 (1941) S. 404.

der Duroplaste und Elastoplaste mit ihren vielen Variationsmöglichkeiten ist so umfangreich, daß in den folgenden Ausführungen nur allgemeine Angaben über die Stoffgruppen und ihre Verwendungsmöglichkeiten gemacht werden können. Ihr Einsatz im Kältemittelkreislauf darf in jedem Falle nur nach sorgfältiger Prüfung unter den Betriebsbedingungen erfolgen. Es wird auch auf Bd. I, S. 528—548, dieses Handbuches, verwiesen.

Duroplaste oder härtbare Massen bestehen meist aus Phenol- oder Kresolformaldehyd-Kondensationsprodukten und Füllstoffen. Sie sind in Deutschland nach DIN 7708 genormt. Ihre Lösungsmittelbeständigkeit ist weitgehend vom Harzgehalt und der Art des verwendeten Füllstoffes abhängig; solche mit anorganischen Füllstoffen quellen allgemein weniger als diejenigen mit organischen. Die Beständigkeit der gut ausgehärteten Massen gegen organische Lösungsmittel ist allgemein gut; Alkalien greifen an. Nach EIFFLAENDER[1] ist vor allem die Beständigkeit der mit Asbest gefüllten Massen, z. B. Haveg der Haveg Corp. in Newark, N. J. gegen Ammoniak, Öle, Tetrachlorkohlenstoff und Trichloräthylen gut.

Thermoplaste haben vielfach Erweichungs- oder Schmelztemperaturen, die unter den in Kältemaschinen auftretenden Spitzentemperaturen liegen, so daß ihre Anwendung schon dadurch eingeschränkt ist

Polyamide sind unter verschiedenen Handelsbezeichnungen erhältlich, z. B. Ultramid A (Nylon) der BASF; Ultramid B der BASF und Polyamid B der Farbenfabriken Bayer entsprechen dem Perlon. Sie sind gegen Öl und Lösungsmittel in hohem Maße beständig, aber nach EIFFLAENDER[1] gegen stark polare Flüssigkeiten empfindlich. In ihrem Verhalten gegen Lösungsmittel spielt ihre Struktur eine erhebliche Rolle.

Die unter hohen Drücken beim Spritzen und durch Recken erzielte Verfestigung führt zu stark erhöhter Lösungsmittelbeständigkeit. Gegen SO_2 sind Polyamide nicht beständig; sie quellen, verfärben sich gelb bis braun und ergeben einen voluminösen Extrakt. Die kristalline Form ist gegen Kohlenwasserstoffe und ihre Derivate weitgehend beständig. Zu berücksichtigen ist aber, daß z. B. Polyamid A (Nylon) 7 bis 8% Wasser aufnimmt und hierbei elastisch wird; es versprödet beim Austrocknen.

Polyäthylen (z. B. Lupolen H der BASF und Trolen der Dynamit AG, Troisdorf) hat wasserabweisende Eigenschaften. Nach EIFFLAENDER führen aliphatische, aromatische und chlorierte Kohlenwasserstoffe zu starken Quellungen und lösen es oberhalb 65°C meist ganz auf; dagegen ist es beständig gegen Alkohole, Ester und Äther. Zu beachten ist vor allem, daß Polyäthylen beim Verarbeiten und Abkühlen vom Erweichungspunkt von 110 bis auf 20°C um etwa 7% schrumpft. Polyäthylen liegt ebenfalls teilweise in amorpher, teilweise in kristalliner Form vor; die Rekristallisation führt zum Schrumpfen. Die Verwendbarkeit im Kältemittelkreislauf ist durch diese Eigenschaften stark eingeschränkt. In Berührung mit Ölen kann es überhaupt nicht verwendet werden, da es sich hierbei löst.

Polyfluoräthylene weisen nach EIFFLAENDER durchweg eine hohe Lösungsmittelbeständigkeit auf. Polytetrafluoräthylen (Teflon von Du Pont, USA, und Fluon der ICI Ltd., England) ist beständig gegen Wasser, Alkalien, Alkohole, Äther, Ester, Ketone sowie die aliphatischen, aromatischen und halogenierten Kohlenwasserstoffe. Die Extraktmenge mit F12 und mit Trichloräthylen beim normalen Siedepunkt liegt unter der Fehlergrenze der Bestimmungsmethode. Es ist noch teuer und die Herstellung von Formteilen umständlich, da sie nur durch

---

[1] EIFFLAENDER, K.: Chemie-Ing.-Technik Bd. 24 (1952) S. 555.

Sintern aus Pulver bei Temperaturen oberhalb 326°C hergestellt werden können. Für hochbeanspruchte Teile wie Ventilsitze, Dichtungen, Packungen und auch Stromdurchführungen führt es sich langsam ein.

Polytrifluorchloräthylen, das KELF der M. W. Kellog Co. in Jersey City, N. J., wird jetzt auch in Deutschland hergestellt (Hostaflon der Farbwerke Hoechst und PF-Kunststoff der Farbenfabriken Bayer, Leverkusen). Es hat ähnliche Korrosions- und Lösungsmittelbeständigkeit wie Teflon, seine Verarbeitung ist jedoch einfacher und entspricht weitgehend derjenigen anderer Thermoplaste. SCHULZ[1] teilt mit, daß Polytrifluorchloräthylen gegen Halogenkohlenwasserstoffe sehr quellungsempfindlich ist. Die Quellung beträgt in CCl_4 16%, in $CHCl_3$ 9%.

Polyisobutylen (Oppanol der BASF, Dynagen der Dynamit A.G., Troisdorf) wird als polymerer Kohlenwasserstoff von aliphatischen, aromatischen und chlorierten Kohlenwasserstoffen sowie von Ölen und Fetten gelöst und gequollen. Es löst sich z. B. in SO_2 vollständig auf. EIFFLAENDER[2] gibt eine umfangreiche Aufstellung über die Beständigkeit von Oppanol gegen Gase und Flüssigkeiten, der die Zusammenstellung in Tab. 43 entnommen ist. Dabei ist auch die jeweilige höchstzulässige Temperatur angegeben, bis zu welcher Oppanol zusammen mit den Flüssigkeiten und Gasen benutzt werden kann.

Tabelle 43. *Lösungsmittelbeständigkeit von Oppanol.*

Beständig		Unbeständig gegen
gegen	bis °C	
Äthylalkohol	40	Äthyläther
Ammoniak gasförmig	60	Äthylenchlorid
Kalziumchloridlösung	80	Ammoniak flüssig,
		Benzin,
		Benzol und Gemische
Glyzerin	100	Butan
Kohlendioxyd	100	F 12
Methylalkohol	60	Methan
Nekal BX wäßerig	60—100	Methylchlorid
Phosphorpentoxyd	20	Methylenchlorid
Wasser	100	Öle und Fette
		Propan
		Schwefeldioxyd
		Schwefelkohlenstoff
		Tetrachlorkohlenstoff
		Toluol
		Trichloräthylen

Polymetacrylsäureester (Plexiglas und Plexigum der Fa. Röhm und Haas, Darmstadt) ist nach EIFFLAENDER beständig gegen Benzin und Öle jedoch unbeständig gegen niedere Kohlenwasserstoffe und verschiedene ihrer chlorierten Derivate sowie gegen Äther, Ester und Ketone, welche eine Art Spannungskorrosion mit Rißbildung bei unter Spannung stehenden Teilen hervorrufen. Gegen SO_2 und F 12 ist es bei Temperaturen bis zu 60°C beständig.

Polystyrol wird von vielen organischen Lösungsmitteln gequollen und gelöst, z. B. von aliphatischen, aromatischen und chlorierten Kohlenwasserstoffen, Benzin, Estern, Ketonen und Äthern. Gegen Alkohole ist es beständig. Einige Mischpolymerisate wie Polystyrol EH und EN der BASF sind nach EIFFLAENDER gegen Benzin beständig. Zur Verwendung im Kältemittelkreislauf ist Polystyrol ungeeignet.

---
[1] SCHULZ, G.: Chemie-Ing.-Technik Bd. 24 (1952) S. 544.
[2] EIFFLAENDER, K.: Chemie-Ing.-Technik Bd. 24 (1952) S. 555.

Polyurethane (Polyurethan U der Farbenfabriken Bayer, Leverkusen) nehmen im Gegensatz zu den Polyamiden nur 1 bis 2% Wasser auf und sind nach EIFFLAENDER gegen die meisten Lösungsmittel und Öle gut beständig.

Polyvinylchlorid (PVC) ist beständig gegen Öl, aliphatische Kohlenwasserstoffe und Alkohole, während es durch Ester, Ketone, aromatische und chlorierte Kohlenwasserstoffe gequollen bzw. gelöst wird. In SO_2 löst es sich stark, klebt und schrumpft. In F12 schrumpft es ebenfalls sehr stark. Unter der Einwirkung von Quellmitteln ist es allgemein nur bis etwa 40°C anwendbar, darf aber nicht gleichzeitig einer mechanischen Beanspruchung ausgesetzt werden. Oxydierende Medien greifen PVC auch chemisch an. Die mögliche chemische Abspaltung von Chlor ist zu beachten. Weichgemachtes PVC scheidet zur Verwendung mit Kältemitteln ganz aus. EIFFLAENDER[1] gibt eine umfassende Aufstellung über die Lösungsmittelbeständigkeit von weichmacherfreiem PVC, der die Zusammenstellung in Tab. 44 entnommen ist. Es wird heute als Dichtungsmaterial schon in Kältemaschinen verwendet, seine geringe Wärmebeständigkeit beschränkt jedoch die Anwendung auf die kalte Seite.

Tabelle 44. *Lösungsmittelbeständigkeit von Polyvinylchlorid.*

Beständig		Unbeständig gegen
gegen	bis °C	
Benzin	60	Benzol
Butan	20	Benzin/Benzol-Gemisch 80/20
$CaCl_2$-Lösung	40	Methylchlorid
F 12	20	Methylenchlorid
Glyzerin	60	SO_2 gasförmig ab 80°C
Kohlendioxyd	60	SO_2 flüssig
Methylalkohol	40	Tetrachlorkohlenstoff
Nekal B X wässerig	40	Toluol
Öle, Fette	60	
Phosphorpentoxyd	20	
Propan	20	
Schwefeldioxyd gasförmig	60	
Trichloräthylen	20	
Wasser	40	

Vulkanfiber (Zellulosehydrat) ist vor allem sehr feuchtigkeitsempfindlich. Es ist gegen Benzin, Benzol, Alkohol, Ester sowie Kohlenwasserstoffe und ihre halogenierten Derivate beständig. SO_2 löst die Schichtung, macht es brüchig und rissig und zieht in der Wärme lösliche Anteile heraus.

Zellon und Acethylzellulose lösen sich in SO_2 auf und quellen auch in F12 stark, bis zu 35%. Dabei werden sie vor allem weicher.

Elastoplaste. Ihre Beständigkeit gegen Lösungs- und Quellmittel hängt neben den verwendeten Monomeren, also der Stoffart, vor allem von der Zusammensetzung ab, so daß Einzelheiten nicht angegeben werden können. Einige Angaben über das Quellverhalten der in Tab. 38 aufgeführten Mischungen gegenüber den fluorierten und chlorierten Methanen finden sich in der Arbeit von EISEMAN[2] (vgl. Tab. 40).

Auf diese Weise läßt sich der Einfluß der stufenweisen Substitution von Chlor-, Fluor- und Wasserstoffatomen leicht verfolgen. Zugleich ist jeweils das für die Stoffgruppe charakteristische Verhalten gegenüber den Ölen angegeben. So ist Neopren Typ GN gegen Mineralöle weitgehend unempfindlich und des-

---
[1] EIFFLAENDER, K.: Chemie-Ing.-Technik Bd. 24 (1952) S. 555.
[2] EISEMAN jr., B. J.: Refrig. Engng. Bd. 57 (1949) S. 1171.

halb für allgemeine Zwecke anwendbar. Perbunan zeigt allgemein gute Beständigkeit gegen Öle. Das Acrylnitril erhöht die Beständigkeit der Mischungen gegen Öle, verstärkt aber andererseits die Empfindlichkeit gegen Fluor-Chlor-Kohlenwasserstoffe; Typ GR-S oder Buna S ist gegen Öle unbeständig. Thiokole sind gegenüber Ölen auch unbeständig. Sie zeigen außerdem einen starken Kaltfluß. Isobutylen-Butadien-Mischungen oder Butylkautschuke sind gegen Öl empfindlich.

5. Verhalten gegen Schmiermittel.

Die folgenden Ausführungen beziehen sich nur auf solche Schmiermittel, die bei ihrer Verwendung in der Kältemaschine mit dem Kältemittel in Berührung kommen. Es handelt sich demnach vor allem um Schmiermittel für Zylinder und Stopfbüchsen von Kolbenkompressoren, die allerdings bei den meisten Bauarten zugleich zur Schmierung der Triebwerksteile dienen.

Das Vorhandensein des Schmiermittels im Kältemittelkreislauf ist grundsätzlich nachteilig. Öl dient als Schmier- und Dichtungsmittel an bewegten Teilen des Kompressors (Kolben, Arbeitsventilen und Stopfbüchsen oder Gleitringdichtungen) und sollte auch dort verbleiben. Durch das umlaufende Kältemittel mitgeführt, verteilt es sich aber auf den gesamten Kältemittelkreislauf und verursacht u. a. in den Wärmeübertragungsapparaten eine Verschlechterung des Wärmeüberganges; es erfordert vielfach besondere Abscheide- und Rückführungsvorrichtungen und ergibt bei Kältemitteln, die ein hohes Lösungsvermögen für Schmiermittel aufweisen, infolge der Dampfdruckerniedrigung im Verdampfer eine Verminderung der Kälteleistung bzw. eine Erhöhung des Energiebedarfes. Ein sorgfältig ausgebildeter und gut funktionierender Ölabscheider vermindert wohl die Menge des mitgeführten Öles, kann es aber nicht vollständig zurückhalten.

Als Schmiermittel für Kältemaschinen werden heute im wesentlichen Mineralöle verwendet, während einige Sonderschmierstoffe, wie Glyzerin-Wasser-Lösungen, Glykole, Silikonöle, Polykieselsäureester und Polybutylen, nur für spezielle Zwecke zusammen mit bestimmten Kältemitteln anwendbar sind.

Glyzerin-Wasser-Lösungen hatten zur Schmierung von Kältemaschinen mit Äthylchlorid, Methylchlorid und Kohlendioxyd einige Bedeutung erlangt, ihre Verwendung ist aber in letzter Zeit stark zurückgegangen. Sie mußten mit Rücksicht auf ihre stark hygroskopische Wirkung — Glyzerin absorbiert bis zu 50% seines Gewichtes an Wasser — und die sich daraus bei vielen Kältemitteln ergebenden Schwierigkeiten den Mineralölen weichen. Lediglich in Kohlendioxydkompressoren werden neben Mineralölen auch heute noch Glyzerinlösungen verwendet, da sie den Vorteil bieten, die Wasserreste in der Anlage zu lösen und so Ausscheidungen von Eis zu verhindern. Darüber hinaus wird stark mit Wasser verdünntes Glyzerin zur Schmierung von Sauerstoffverdichtern benützt, da hier bei der Verwendung von Mineralölen Explosionsgefahr besteht. Glyzerin ($C_3H_5(OH)_3$) ist ein dreiwertiger Alkohol, der bei $+17°C$ erstarrt und dessen Siedepunkt bei $+290°C$ liegt. Durch Verdünnen mit Wasser werden der Gefrierpunkt, die Viskosität und der Siedepunkt herabgesetzt. Tab. 45 gibt die Eigenschaften von Glyzerin-Wasser-Lösungen nach SCHLENKER[1] wieder. Der tiefste Gefrierpunkt von Glyzerin-Wasser-Lösungen liegt bei $-46,5°C$ und entspricht einem Glyzeringehalt von 66,7 Gew.-%. Mit Rücksicht auf die Verschlechterung der Schmiereigenschaften mit zunehmender Verdünnung empfiehlt STEINBACH[2], den

---

[1] SCHLENKER, E.: Das Glyzerin, Monographien aus dem Gebiet der Fettchemie Bd. XIV. Stuttgart: Wissenschaftl. Verlagsges. m.b.H. 1932.
[2] STEINBACH, A.: Z. ges. Kälteind. Bd. 48 (1941) S. 53.

Glyzeringehalt möglichst nicht unter 70 Gew.-% absinken zu lassen. Dabei bleibt der Gefrierpunkt noch hinreichend tief und der Siedepunkt ist genügend hoch. Glyzerin-Wasser-Lösungen greifen in Gegenwart von Kohlendioxyd die Baustoffe der Kältemaschinen nicht an. Dagegen führt Glyzerin zusammen mit chlorierten Kohlenwasserstoffen durch Wasserreste leicht zur Hydrolyse mit Salzsäurebildung und nachfolgender Korrosion. Für Glyzerin zur Verwendung in Schiffskältemaschinen bestehen in Deutschland Lieferbedingungen. Nach SCHLENKER[1] ist ein vielfach destilliertes, technisch reines Glyzerin mit einem spezifischen Gewicht von 1,25 kg/l bei 15° C zu liefern, das klar, farblos, geruchfrei und säurefrei sein muß und nur Spuren neutraler Salze enthalten darf.

Zur Schmierung des weitaus größten Teiles der Kältemaschinen dienen *Mineralöle*. Die an sie zu stellenden Anforderungen sind vor allem durch ihre dauernde Berührung mit den gasförmigen und flüssigen Kältemitteln unter den üblichen Betriebstemperaturen (meist -30 bis etwa $+100°$ C) bedingt[2]. Die sich durch das Arbeiten mit bestimmten Kältemitteln unter Sonderbedingungen, wie z. B. in Tiefkältemaschinen, ergebenden Anforderungen werden im Teil II besprochen.

Tabelle 45. *Eigenschaften von Glyzerin-Wasser-Lösungen* (vgl. auch Tab. 17).

Glyzeringehalt in Gew.-% (g Glyzerin je 100 g Lösung)	100	90	80	70	60	50
Spez. Gewicht bei 20° C in kg/l	1,2609	1,2347	1,2079	1,1808	1,1533	1,1263
g Glyzerin in 1 l Lösung bei 20° C	1260,9	1111,23	966,32	826,56	691,98	563,15
Kinem. Viskosität bei 20° C in cSt	1182	190	51,3	19,4	9,5	5,4
Norm. Siedepunkt in °C	290	136	116	112	110	109
Gefrierpunkt in °C	17	$-1,6$	$-20,3$	$-38,9$	$-41,5$	$-28,2$

Der Flammpunkt von technisch reinem Glyzerin wird mit 150 bis 160° C angegeben.

Mineralöle sind Gemische verschiedener Kohlenwasserstoffe und je nach ihrer Herkunft von sehr verschiedener Zusammensetzung. Die sogenannten naphthenbasischen Öle bestehen vorwiegend aus gesättigten Ringkohlenwasserstoffen der allgemeinen Formel C_nH_{2n}, an die noch paraffinische Seitenketten angelagert sein können. Die paraffinbasischen Öle bestehen aus Kettenmolekülen mit oder ohne Seitenketten von der Formel C_nH_{2n+2}. Eine Zwischenstufe bilden die gemischtbasischen Öle, die sich aus paraffinischen und naphthenischen Ölen zusammensetzen. Neben diesen chemisch stabilen Gruppen enthalten die Öle eine Reihe chemisch aktiver Stoffe, wie z. B. ungesättigte, aromatische sowie schwefel- und sauerstoffhaltige Bestandteile, die verharzungsfähig sind und versäuern können. Ferner enthalten vor allem die paraffinbasischen Öle bei Zimmertemperatur feste Paraffine, die in den Ölen nur beschränkt löslich sind. Die aus dem Erdöl gewonnenen Mineralöle müssen aufbereitet werden, um unerwünschte Bestandteile zu entfernen. Zunächst werden aus dem Erdöl die gasförmigen Kohlenwasserstoffe, z. B. Methan (CH_4), und die niedrig siedenden Benzine gewonnen. Dann folgt eine Trennung nach Siedegrenzen durch fraktionierte Destillation, wobei man die leichten Destillate, die mittleren Destillate, schwere Destillate und den Rückstand oder das Pech erhält. Aus den mittleren Destillaten, die neben den paraffinischen und naphthenischen Grundstoffen noch Aromaten,

---

[1] SCHLENKER, E.: Das Glyzerin, Monographien aus dem Gebiet der Fettchemie Bd. XIV. Stuttgart: Wissenschaftl. Verlagsges. m. b. H. 1932.

[2] STEINLE, H.: Kältemaschinenöle. Berlin/Göttingen/Heidelberg: Springer 1950, wo auch die Prüfung der Kältemaschinenöle behandelt wird.

Harze, Asphalte und hochmolekulare Paraffine enthalten, werden durch geeignete Raffinationsprozesse die Kältemaschinenöle gewonnen. Die heutigen modernen Raffinationsverfahren schließen kombinierte chemische und physikalische Verfahren ein.

Je nachdem, wie weit die Raffination getrieben wurde, erhält man wasserhelle Hochraffinate, die Weißöle oder schwachgefärbte Mittelraffinate, die sog. ,,Pale-Oils''. Daneben gibt es auch niedrig raffinierte Öle von dunkler Färbung, die aber noch durchsichtig oder durchscheinend sind.

Zur Schmierung von Kältemaschinenteilen werden vorzugsweise gut ausraffinierte Öle aus der Gruppe der Weißöle und der Pale-Oils verwendet, die stets mit Sorgfalt entsprechend den Betriebsbedingungen auszuwählen sind, da sich viele artverwandte Kältemittel sowohl chemisch als auch in ihrem Lösungsverhalten gegenüber den Ölen recht verschieden verhalten. Künstlich gefärbte Öle sind nur verwendbar, wenn die benützten Farbstoffe auch im Öl-Kältemittel-Gemisch gelöst bleiben sowie chemisch und thermisch genügend beständig sind.

Aus den Kompressoren von Kältemaschinen wird ein Teil des Öles in Nebelform, weniger als Öldampf, vom überhitzten Kältemitteldampf mitgerissen. Die Menge ist abhängig von den Betriebsbedingungen, von der Konstruktion der Kältemaschine und der Art des verwendeten Kältemittels. Am meisten Öl wird in den Maschinen mit den öllöslichen Kältemitteln mitgerissen, wo die Menge in ungünstigen Fällen bis zu etwa 10 Gew.-% des geförderten Kältemittels betragen kann.

Man kann das mitgeführte Öl z. B. hinter dem Kompressor in Ölabscheidern durch Änderung der Strömungsgeschwindigkeit und Strömungsrichtung vom Kältemitteldampf weitgehend trennen. Das abgeschiedene flüssige Öl, das stets mehr oder weniger Kältemittel gelöst enthält, wird dann wieder in den Kompressor zurückgeführt und nötigenfalls von Zeit zu Zeit erneuert. Die nicht abgeschiedenen Öltropfen und Ölnebel gelangen mit dem Kältemitteldampf in den Kondensator, wo alles vollständig verflüssigt wird.

Bei *unbegrenzter Mischbarkeit* entsteht dann ein homogenes Gemisch von Kältemittel und Öl, aus dem das Kältemittel im Verdampfer weitgehend verdampft, wobei Öl im Dampfstrom mitgeführt wird; ein Rest von Kältemittel, dessen Menge von der Austrittstemperatur aus dem Verdampfer oder aus einem dahintergeschalteten Wärmeaustauscher abhängt, bleibt aber stets im Öl gelöst und scheidet sich weitgehend erst im warmen Kompressor ab, was einen Verlust an Kälteleistung zur Folge hat.

Bei *begrenzter Mischbarkeit* bilden sich nach der Verflüssigung in *überfluteten Verdampfern* zwei Flüssigkeitsschichten, von denen die eine ein Gemisch von Öl mit etwas gelöstem Kältemittel und die andere ein Gemisch von Kältemittel mit etwas gelöstem Öl darstellt. Das spezifisch leichtere Gemisch schwimmt dabei auf dem spezifisch schwereren. Im Falle von Ammoniak ist das an Kältemittel reiche Gemisch spezifisch leichter, im Falle von Schwefeldioxyd ist es das ölreiche Gemisch. Im ersten Fall wird das ölreiche Gemisch von Zeit zu Zeit aus dem Verdampfer abgelassen; da dies auch während des Betriebes erfolgen muß, soll das Öl bei der Verdampfungstemperatur genügend fließfähig sein, um auch unter der eigenen Schwere abfließen zu können. Im zweiten Fall (z. B. bei SO_2) werden bei nicht zu hoher Viskosität des Öles und sprudelndem Verdampfen des Kältemittels kleine Öltröpfchen vom Dampfstrom in die Saugleitung des Kompressors mitgerissen. In *trockenen Verdampfern* wird das während des Verdampfungsvorganges ausgeschiedene Öl durch den strömenden Kältemitteldampf bis zum Kompressor mitgenommen und kann dabei beträchtliche Höhenunterschiede überwinden; wichtig ist, daß die Viskosität des Öles bei der Temperatur im Verdampfer nicht zu groß ist.

Eine starke Ölanreicherung im Verdampfer führt zu einer Verminderung der Kälteleistung, da mit steigendem Ölgehalt der flüssigen Phase der Dampfdruck des Kältemittels bei gegebener Temperatur sinkt und der Kompressor daher einen spezifisch leichteren Dampf ansaugt; ferner kann hierbei Ölmangel im Kompressor entstehen.

Bei der Auswahl des Öls ist zu beachten, daß seine Viskosität durch die unbegrenzt löslichen Kältemittel stark herabgesetzt wird. Dadurch wird zwar das Mitreißen von Öltropfen beim sprudelnden Verdampfen erleichtert, doch darf die Viskosität nicht so weit absinken, daß Störungen im Kompressor auftreten.

Die *Kältemaschinenöle* müssen nach Gesichtspunkten ausgewählt und geprüft werden, welche den speziellen Betriebsanforderungen Rechnung tragen. Man muß hierbei die Verhältnisse im Verdampfer der Kältemaschinen ebenso wie die Auswirkung der Spitzentemperatur im Kompressor berücksichtigen. Gerade die chemischen Reaktionen zwischen den Ölen und den Kältemitteln bzw. ihren Verunreinigungen können zu einer Vielzahl von Störungen Anlaß geben.

In wie starkem Maße die Lebensdauer der Kältemaschinen, vor allem der kleineren Einheiten und der gekapselten Typen, von der Eignung und sorgfältigen Prüfung der verwendeten Kältemaschinenöle abhängt, zeigte sich in den ersten Nachkriegsjahren, als hochwertige Raffinate in Deutschland nur in geringem Ausmaß zur Verfügung standen. Korrosionen und Verstopfungen traten in erheblichem Umfang auf. Diese Schwierigkeiten trugen wesentlich dazu bei, Prüfverfahren zu finden, welche mit den langzeitigen Beanspruchungen und Erfahrungen in den Kältemaschinen gut übereinstimmende Ergebnisse lieferten. Einige wichtige Eigenschaften und Merkmale der Öl sollen im folgenden besprochen werden.

a) Aussehen, Farbe. Trübungen in ungebrauchten Ölen deuten stets auf Verunreinigungen hin, die in erster Linie aus Wasser, Paraffin und Alterungsprodukten bestehen. Alle diese Stoffe haben nur eine begrenzte Löslichkeit in Ölen, so daß sie beim Abkühlen ausgeschieden und (in feiner Verteilung als Trübung) sichtbar werden. Man macht sich diese Tatsache zunutze, um das Vorhandensein von Verunreinigungen rein visuell festzustellen. Es gibt auch Trübungspunkt-Bestimmungsmethoden zur quantitativen Feststellung von Verunreinigungen; doch haben sie den Nachteil, daß sich, wie z. B. bei Wasser und Paraffin, die Trübungen überdecken und daher Verunreinigungen nicht sicher identifiziert werden können. Bei Zimmertemperatur trübe Öle sind jedoch grundsätzlich für Kältemaschinen ungeeignet.

Die natürliche Farbe der Öle wird durch den Grad der Raffination bestimmt; ihre Abhängigkeit von dem Ölharzgehalt ist nach STEINLE[1] in Abb. 47 wiedergegeben. Die Farbe ist durch den Vergleich mit der Farbskala der V.d.E.W.[2] und der Ölharzgehalt nach dem erweiterten NOACK-Verfahren (s. S. 164) bestimmt. In Deutschland wird hierbei meist ein Kolorimeter zur Farbbestimmung von Ölen benützt[3]. In den USA ist am gebräuchlichsten die Anwendung des Union-Kolorimeters nach ASTM[4] D 155-45 T (F. S. B. Nr. 10.2.4). Für die Farbbestimmung soll grundsätzlich nur gefiltertes Öl von Zimmertemperatur verwendet werden.

---

[1] STEINLE, H.: Kältetechnik Bd. 1 (1949) S. 14.
[2] Vereinigung der Elektrizitätswerke.
[3] Ölbewirtschaftung, 2. Aufl. Berlin: Springer 1937. Ölbuch, Betriebsanweisung für Prüfung, Überwachung und Pflege der im elektrischen Betrieb verwendeten Öle. Göttingen: Verlag der Elektrizitätswirtschaft 1950. — [4] Amer. Soc. Testing Materials.

Die Farbänderung des im Betrieb befindlichen Öles kann zur Alterungskontrolle herangezogen werden, da alle chemischen Veränderungen der Öle mit Farbänderungen verbunden sind. Man vergleicht hierzu die Farbe des gebrauchten Öles mit der des neuen Öles. Farbzusätze zu Kältemaschinenölen sind meist unzulässig, da sie mit vielen der gebräuchlichen Kältemittel reagieren oder durch sie zerstört werden.

b) Spezifisches Gewicht. Das spezifische Gewicht der Öle wird mit der Aräometerspindel oder mit dem Pyknometer bei einer bestimmten Temperatur gemessen. In Deutschland ist die Bestimmung mit der Aräometerspindel bei 20° C nach DIN 53653 genormt; in den USA erfolgt die Messung nach ASTM D 287-39 (F. S. B. Nr. 40.1.2) mit dem Hydrometer oder nach ASTM 941-47 T (F. S. B. Nr. 40.2). Die Messung wird dort meist bei 15,6° C (60° F) vorgenommen.

Das spezifische Gewicht der paraffinbasischen Öle ist geringer als das der naphthenbasischen; die Werte für die gemischtbasischen Öle liegen dazwischen. Durch die Raffination wird das spezifische Gewicht der Rohöle herabgesetzt, da in erster Linie hochmolekulare und kohlenstoffreiche Anteile entfernt werden. Es liegt für die üblichen Raffinationsstufen der Kältemaschinenöle meist zwischen 0,85 und 0,95 kg/l.

Die Kenntnis des spezifischen Gewichtes ist unter Umständen für die Dimensionierung von Schwimmerventilen von Wichtigkeit. Für die Frage der Ölrückführung aus dem Verdampfer und die Ausbildung von Trennschichten ist der Unterschied der spezifischen Gewichte von Öl und solchen Kältemitteln von Bedeutung, die in Ölen nur begrenzt löslich oder unlöslich sind.

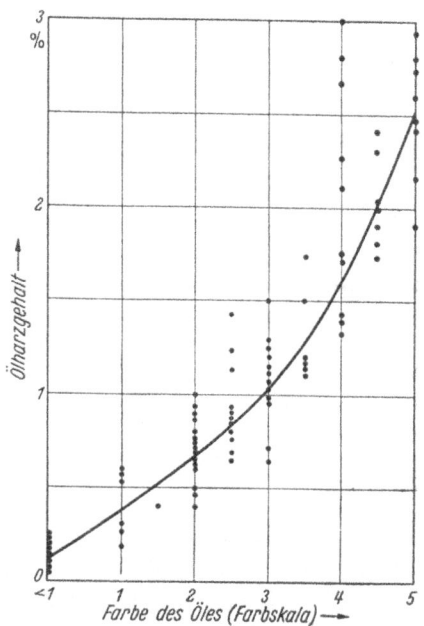

Abb. 47. Abhängigkeit der natürlichen Farbe der Öle vom Ölharzgehalt nach der Farbskala der Vereinigung der Elektrizitäts-Werke.

Da die Messung des spezifischen Gewichtes sehr einfach und schnell durchzuführen ist, wird sie sowohl vom Hersteller als auch vom Verbraucher meist als erste orientierende Feststellung vorgenommen; als Betriebsmessung für Raffinatchargen oder Lieferungen ergibt sie ein erstes Kriterium für die Gleichmäßigkeit.

c) Flammpunkt, Verdampfbarkeit. Als Flammpunkt wird die Temperatur bezeichnet, bei der das Öl in solchem Maße verdampft, daß die über dem Öl liegenden Dämpfe sich beim Annähern einer offenen Flamme entzünden, das Öl aber nicht weiterbrennt; die über dem Öl liegende Luft ist also bei dieser Temperatur bis zur unteren Zündgrenze mit Öldämpfen gesättigt. Der Flammpunkt des Öles steigt mit wachsendem Luftdruck.

In Deutschland wird der Flammpunkt von Ölen im Marcusson-Apparat mit offenem Tiegel nach DIN 51584 bestimmt, während in den USA die Bestimmung nach ASTM D 92—46 (F. S. B. Nr. 110.3.4) im offenen Cleveland-Tiegel erfolgt, eine Methode, die sich mit dem DIN-Verfahren deckt.

Der Flammpunkt gestattet Rückschlüsse auf die Zusammensetzung der Öle in bezug auf den Anteil leicht siedender Bestandteile. Bei stark verschnittenem

Öl, dem eine leichtere Fraktion zur Verbesserung des Kälteverhaltens beigemischt ist, zeigt ein niederer Flammpunkt an, daß die leichter siedenden Bestandteile die Neigung zum Abdampfen besitzen. Somit hat bei Kältemaschinen der Flammpunkt als Maß für die Verdampfbarkeit eine gewisse Bedeutung, wenn auch die Gefahr der Entflammung nicht gegeben ist, da die hier auftretenden Temperaturen stets unterhalb des Flammpunktes liegen und Sauerstoff nur in geringen Mengen (infolge Undichtigkeiten) vorhanden sein kann. Zündquellen fehlen ebenfalls.

Das im Kompressor erhitzte Öl soll möglichst keine leichtsiedenden Bestandteile verlieren. Bei hohen Überhitzungstemperaturen, die bei Ammoniak, Kohlendioxyd und Schwefeldioxyd 150°C erreichen können, läßt sich diese Forderung nicht ohne weiteres erfüllen. Doch sollte der Flammpunkt möglichst weit über der höchsten Betriebstemperatur liegen, da ein Verlust leichtsiedender Bestandteile sich stets nachteilig auswirkt. DIN 51503 (Anforderungen an Schmierstoffe, Kältemaschinenöle) schreibt einen Flammpunkt nicht unter 160°C vor. In den USA wird ein Flammpunkt von etwa 175°C als ausreichend angesehen[1]. Die Federal Specification VV-O-581 sieht je nach der Viskosität Flammpunkte zwischen 157 und 178°C als Mindestwerte für Kältemaschinenöle vor. Die Heraufsetzung des Flammpunktes darf aber nicht durch Zusätze erfolgen, die im Betrieb des Kompressors die Neigung des Öles zur Bildung von Rückständen und Ausscheidungen sowie zu chemischen Umsetzungen mit den Kältemitteln fördern.

Kältemittel mit niedrigem Exponenten der Adiabate, wie z. B. CF_2Cl_2, bieten mit Rücksicht auf die Anforderungen an die Verdampfbarkeit der Öle erhebliche Vorteile, da ihre Kompressionsendtemperaturen selbst bei überhitztem Ansaugen und hohem Druckverhältnis unter 100°C bleiben.

d) Neutralisationszahl. Die Neutralisationszahl (NZ) kennzeichnet den Gehalt an sauren Bestandteilen, die zu Reaktionen mit den Kältemitteln und zu Korrosionen der Baustoffe, vor allem des Kupfers und der zellulosehaltigen Isolierstoffe, in den Motorenwicklungen führen.

Nach DIN 51558 und ASTM D 188-27 T (F. S. B. Nr. 150.3.2) ist die NZ die Anzahl mg Kaliumhydroxyd (KOH), die erforderlich ist, um die freien Säuren in 1 g des Öles zu neutralisieren. Es werden also sowohl die organischen als auch die Mineralsäuren erfaßt. Letztere können aber nur durch Mängel bei der Raffination, wie ungenügende Neutralisation und mangelhaftes Auswaschen, in die Öle gelangen. Wasserlösliche mineralische Säuren und Alkalien dürfen in Kältemaschinenölen keinesfalls vorhanden sein, da sie zu Korrosionen führen.

Im Gegensatz zu Mineralsäuren sind organische Säuren, die in fast allen Schmiermitteln vorhanden sind, in geringen Mengen zulässig. Nach Ross[2] greifen viele der natürlichen, organischen Säuren in Ölen die Baustoffe nicht an, erhöhen aber z. T. die Schmierfähigkeit der Öle. Nach DIN 51503 soll die NZ für Kältemaschinenöle nicht über 0,08 liegen, wobei zugleich völlige Freiheit von Mineralsäuren und Alkalien gefordert wird; in den USA schreibt die Federal Specification VV-O-581 einen Wert unter 0,1 für die NZ vor.

e) Verseifungszahl. Unter Verseifung versteht man die durch Kochen mit Alkalien (z. B. KOH) verursachte Spaltung von tierischen oder pflanzlichen Ölen und Fetten in Glyzerin und Alkalisalze der Fettsäuren, die Seifen. Gefettete Mineralöle enthalten Zusätze von tierischen oder pflanzlichen Ölen; sie sind nach DIN 51503 als Kältemaschinenöle nicht zugelassen. Bei gebrauchten Ölen werden die Alterungsvorgänge durch ein Ansteigen der Verseifungszahl angezeigt. Verseifbare Bestandteile erhöhen die elektrische Leitfähigkeit der Öle stark.

---

[1] BREWER, A. F.: Air Cond. and Refrig. News vom 22. Juni 1938, S. 13.
[2] Ross, E. S.: Refrig. Engng. Bd. 44 (1942) S. 27.

Die Verseifungszahl gibt an, wieviel mg Kaliumhydroxyd (KOH) zur Bindung der in 1 g Öl enthaltenen freien und esterartig gebundenen Fettsäuren erforderlich sind. In Deutschland erfolgt die Ermittlung nach DIN 51559, in den USA nach ASTM D 94-45 (F. S. B. Br. 540.1.4). DIN 51503 für Kältemaschinenöle schreibt eine Verseifungszahl von nicht über 0,2 vor, während in den amerikanischen Normen kein Grenzwert festgelegt ist.

f) Aschegehalt, Verkokung. Der Aschegehalt wird als Glührückstand in Deutschland nach DIN 51575, in den USA nach ASTM D 482-46 (F. S. B. Nr. 542.1.2) durch Verbrennen des Öles im Tiegel und Ausglühen des Rückstandes bestimmt. Es handelt sich stets um Verunreinigungen durch mineralische Salze, die entweder aus dem Rohöl stammen oder als Korrosionsprodukte und Bleicherdereste in das Öl gelangen. Kältemaschinenöle sollen nach DIN 51503 nicht mehr als 0,01% Asche enthalten; in den amerikanischen Normen ist keine Angabe über den Aschegehalt gemacht.

Ungenügend raffinierte Öle können bei hohen Temperaturen Kohlerückstände bilden. Diese können zum Anfressen von Gleitflächen führen. Nach Ross[1] ergeben die paraffinbasischen Öle einen harten und fest haftenden Verkokungsrückstand, während er bei naphthenbasischen Ölen weich und flockig ist. Der Kohlerückstand wird durch Abdampfen des Öles unter Atmosphärendruck bestimmt und dient als Maß für die Neigung der Öle zur Kohleschlammbildung. Die Bestimmung der sog. CONRADSON-Verkokungszahl erfolgt in Deutschland nach DIN 51551, in den USA nach ASTM D 189-46 (F. S. B. Nr. 500.1.5); dort ist auch die RAMSBOTTOM-Methode nach ASTM D 52442 (F. S. B. Nr. 500.2.2) gebräuchlich, die aber andere Werte ergibt.

In DIN 51503 ist die zulässige Menge des Kohlerückstandes nicht angegeben; in den USA schreibt die Federal Specification VV-O-581 mit ansteigender Zähigkeit der Kältemaschinenöle Kohlerückstände unter 0,1 bis 0,5% vor, die nach CONRADSON (s. o.) bestimmt werden.

g) Wassergehalt. Die einzufüllenden Öle müssen weitestgehend wasserfrei sein. Neben allgemeinen Störungen, welche das Wasser im Kältemittelkreislauf mit sich bringen kann (s. S. 101), besteht auch eine spezifische Einwirkung auf die Öle. So wird die Ölalterung unter Bildung organischer Säuren durch Wasser ausgelöst und beschleunigt. Die Löslichkeit von Wasser in den als Kältemaschinenöle verwendeten Raffinaten ist sehr gering, so daß beim Abkühlen Wasser und bei Temperaturen unter 0°C Eis ausgeschieden wird, das Störungen in den Regelorganen verursacht. Die in den meisten Kältemitteln mit Wasser entstehenden Mineralsäuren sind für die Öle gefährlich, da sie zur Schlammbildung und Zerstörung des Öles führen.

Die Löslichkeit von Wasser ist stark von der Vorbehandlung der Öle bzw. von deren Raffinationsgrad abhängig. Die Löslichkeitskurven nach CLARK[2] sind in Abb. 48 für ein Weißöl a, ein Pale-Oil b und ein nur schwach ausraffiniertes Dunkelöl c wiedergegeben. Gleichzeitig sind darin noch einige Meßpunkte von STEINLE an einem Weißöl und einem Pale-Oil eingetragen, welche in Deutschland für Kältemaschinen gebräuchlich sind. Es zeigt sich, daß hochraffinierte Öle, vor allem bei tiefen Temperaturen, viel weniger Wasser lösen als nicht so weitgehend raffinierte. Ebenso wie Reste von ungesättigten Verbindungen und Ölharz erhöhen auch Alterungs- und Oxydationsprodukte die Löslichkeit von Wasser in Ölen erheblich.

---

[1] Ross, E. S.: Mineral Lubricating Oils; ASRE-Bericht der Sun Oil Comp. vom 11. Juni 1947.
[2] CLARK, F. M.: Electr. Engng., Trans. Bd. 59 (1940) S. 433.

Bei der Lagerung von Ölen ist vor allem die Aufnahme von Wasser durch Berührung mit feuchter Luft von Bedeutung. Sie geht wesentlich schneller vor sich als im Kontakt mit flüssigem Wasser; ohne Schütteln dauert es bis zur Sättigung, wahrscheinlich infolge der geringen Diffusionsgeschwindigkeit von Wasser im Öl, sehr lange. CLARK fand, daß die Geschwindigkeit der Feuchtigkeitsaufnahme aus der Luft mit abnehmender Viskosität der Öle etwas ansteigt. Nach Überschreitung der Sättigungsgrenze scheidet sich das Wasser im Öl als feine Suspension aus. Die Aufnahmefähigkeit steigt linear mit der relativen Luftfeuchtigkeit an. Die Sättigung beträgt für eines der üblichen schwach gefärbten Pale-Oils bei 20°C und

80% rel. Luftfeuchtigkeit . . . . 65 mg/kg Öl,
40%   ,,   ,, ... 40 mg/kg Öl,
25%   ,,   ,, ... 30 mg/kg Öl.

Die Öle sollen deshalb in den nicht absolut dicht schließenden Fässern in geheizten Räumen mit möglichst gleichmäßiger Temperatur gelagert werden und im getrockneten Zustand vor dem Einfüllen in die Maschinen der Luft nicht mehr ausgesetzt werden.

Auch der Einfluß des Wassergehaltes auf die elektrischen Eigenschaften der Öle, insbesondere die elektrische Durchschlagsfestigkeit, ist für deren Eignung in gekapselten Kältemaschinen von Bedeutung. Es sei hierfür auf S. 79 ff. verwiesen. Die Durchschlagsfestigkeit kann aber auch als Maß für die Reinheit eines Öles — insbesondere für seine Trockenheit — dienen. In Deutschland erfolgt die Messung nach VDE 0370/4.52, und es werden Mindestwerte zwischen 125 und 250 kV/cm gefordert. Bei niederer Durchschlagsfestigkeit kann allerdings die Entscheidung, ob Wasser oder andere Verunreinigungen ihre Ursache sind, nur durch eine quantitative Wasserbestimmung getroffen werden[1]. Die beiden heute gebräuchlichen Verfahren sind die FISCHER-Methode mit ihren Abwandlungen und die genormte Phosphorpentoxyd-Methode (s. S. 210). In den USA ist kein hochempfindliches Verfahren zur Wasserbestimmung in den ASTM- und FSB-

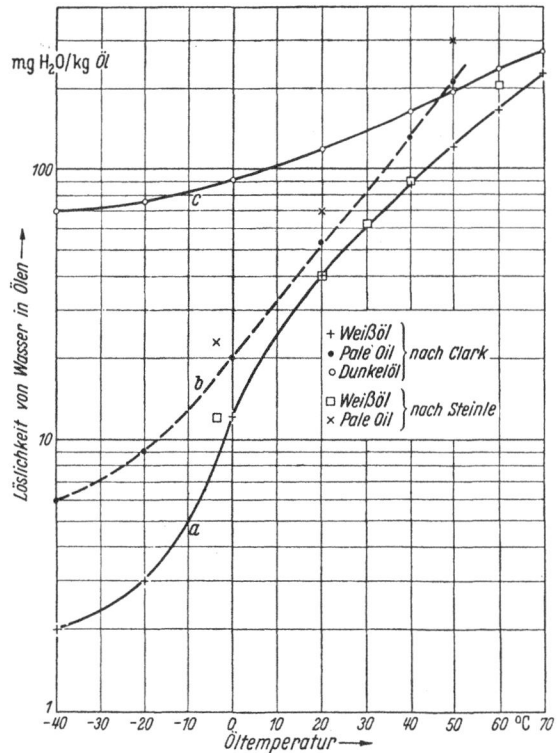

Abb. 48. Löslichkeit von Wasser in verschiedenen Raffinaten in Abhängigkeit von der Temperatur.
a Weißöl; b Pale Oil; c Dunkelöl.

---
[1] STEINLE, H.: Kältemaschinenöle. Berlin/Göttingen/Heidelberg: Springer 1950. — C. ZERBE: Mineralöle und verwandte Produkte. Berlin/Göttingen/Heidelberg: Springer 1952.

Vorschriften vorgesehen; zulässige Höchstwassergehalte sind in Liefergarantien für die Lieferung des füllfertigen Öles in luft- und wasserdichten Gebinden einheitlich auf 30 mg H_2O/kg Öl festgelegt[1]. In DIN 51503, Richtlinien für Schmierstoffe, Kältemaschinenöle, wurde der Höchstwassergehalt bei Lieferung in wasserdampfdichten Behältern ebenfalls auf 30 mg/kg Öl festgelegt; in Kesselwagen gelieferte Öle dürfen in 10 l von unten entnommenem Öl kein abgesetztes Wasser enthalten, während das in Fässern angelieferte Öl nicht mehr als 1000 mg H_2O/kg enthalten darf.

h) „F 12-Unlösliches" (Paraffin). Bestandteile der Mineralöle, die zum Verstopfen der Regelorgane führen können, sind die hochschmelzenden Paraffine. Sie sind in den Ölen und vielen Öl-Kältemittel-Gemischen sowie in den reinen Kältemitteln nur begrenzt löslich. Infolgedessen können sie bei Überschreitung der Löslichkeitsgrenze aus ihren Lösungen ausgeschieden werden. Dabei kann es sich entweder um die Ausscheidung aus reinem Öl oder um die Ausflockung aus dem Gemisch von Öl mit dem öllöslichen Kältemittel handeln.

Aus den reinen Ölen finden die ersten Ausscheidungen von Paraffinen mit einem definierten Erstarrungspunkt durch Abkühlen beim sog. Trübungspunkt statt, wobei sie amorph oder in kristalliner Form in den noch flüssigen Kohlenwasserstoffen schweben, die ihre Viskosität bis zum Stockpunkt stetig erhöhen. Sie sind nach BAADER[2] von maßgebendem Einfluß auf das Kälteverhalten der Öle.

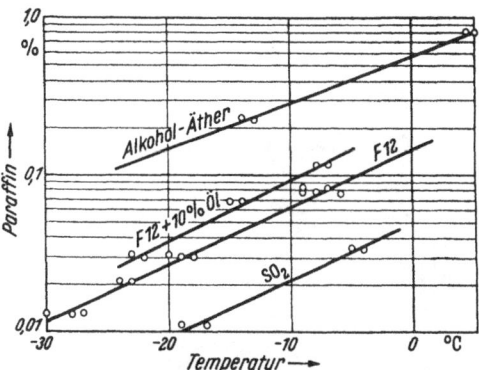

Abb. 49. Löslichkeit von Paraffin in verschiedenen Lösungsmitteln.

Der Trübungspunkt ist somit wegen der Gefahr einer Paraffinausscheidung für Öle von Bedeutung, die mit ölunlöslichen Kältemitteln benutzt und hinter dem Kompressor nicht vollständig abgeschieden werden. Er muß unter der tiefsten vorkommenden Verdampfungstemperatur liegen. Da das Paraffin in vielen Kältemitteln nur in sehr geringem Maße löslich ist, kann es nur im Öl wieder gelöst werden; Öl ist aber im Drosselorgan während der Stillstandszeit selten in genügender Menge vorhanden. So löst nach STEINLE[3] (Abb. 49) z. B. SO_2 bei — 20° C nur etwa 0,01 % und bei 0° C 0,05 % Paraffin. Dagegen verursachen in SO_2-Kältemaschinenölen Paraffingehalte bis zu 0,5 % bei Betriebstemperaturen bis herab zu — 25° C keine Störungen (vgl. DIN 51503). Wegen der Bestimmungsmethode s. S. 229.

WALKER und RINELLI haben zuerst hervorgehoben, daß die öllöslichen Kältemittel als Fällungsmittel für Kohlenwasserstoffe höheren Erstarrungspunktes in Ölen wirken[4]. Abb. 50 zeigt das ausgeschiedene flockige Paraffin auf den Sieben einer Methylchlorid-Kältemaschine. Dieser Flockeffekt tritt bei wesentlich höheren Temperaturen auf als der Trübungspunkt bei den reinen Ölen. WALKER und

---

[1] TEXAS CO.: Lubrication Bd. 22 (1936) S. 71 u. S. 112. — E. S. Ross: Refrig. Engng. Bd. 50 (1945) S. 129. — A. H. BLAIR u. R. E. HOLMES: Refrig. Engng. Bd. 57 (1949) S. 129.
[2] BAADER, A.: Öl u. Kohle Bd. 38 (1942) S. 432.
[3] STEINLE, H.: Kältetechn. Bd. 1 (1949) S. 87.
[4] WALKER, W. O., u. W. R. RINELLI: Ansul News Notes Bd. 2 (1938) Nr. 2. — Refrig. Engng. Bd. 41 (1941) S. 395 u. Bd. 50 (1945) S. 131.

158   Chemische Eigenschaften.

RINELLI haben die Vorgänge erstmals systematisch untersucht. Sie bedienten sich hierzu des von ihnen eingeführten Flocktestes (s. S. 157 u. 229).

Die Abhängigkeit der Flocktemperatur vom Ölgehalt im Kältemittel-Öl-Gemisch und von der Viskosität der verwendeten Öle ist nach Angaben der Ansul Chemical Co. in Abb. 51 wiedergegeben.

Die Flocktemperatur steigt demnach mit der Viskosität der Öle und dem Ölgehalt im Gemisch mit den öllöslichen Kältemitteln an. Sie fällt für F 12 und CH_3Cl beim gleichen Öl und gleicher Konzentration praktisch zusammen. In Kältemaschinen werden 10% Öl im Kältemittel erfahrungsgemäß selten erreicht. WALKER und RINELLI stellten demgemäß die Forderung auf, daß Kältemaschinenöle im Flocktest in der Konzentration von 10% im Gemisch mit dem öllöslichen Kältemittel bei der vorgesehen tiefsten Betriebstemperatur keine Trübung oder Flockung ergeben dürfen.

Abb. 50. Paraffinausscheidungen in einer Methylchlorid-Kältemaschine bei −45° C.

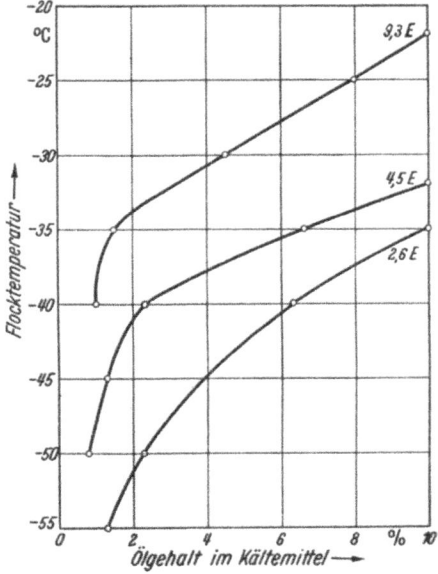

Abb. 51. Zusammenhang zwischen der Flocktemperatur und der Viskosität (in ENGLER-Graden) sowie dem Ölgehalt im Kältemittel.

STEINLE[1] hat den Einfluß des Paraffingehaltes im Öl mit der für öllösliche Kältemittel üblichen Viskosität (zwischen 20 und 30 E) bei 20°C unter Verwendung von Paraffin mit einem Schmelzpunkt von 52°C auf die Flocktemperatur bestimmt. Die Löslichkeitskurven (Abb. 49) verlaufen sehr steil und weichen bei den einzelnen Lösungsmitteln stark voneinander ab.

Auf der Tatsache der Paraffinausscheidung aus dem F12-Öl-Gemisch und den Meßergebnissen der Abb. 49 aufbauend, wurde von STEINLE[1] eine Methode zur Paraffinbestimmung in Öl mit F 12 bei dessen normalem Siedepunkt ausgearbeitet. Sie ist als DIN 51590 in die deutschen Normen aufgenommen worden. Das Arbeitsverfahren ist auf S. 229 beschrieben.

Entsprechend der Verwendung von F 12 wurden die mit dieser Methode quantitativ ermittelten ausscheidbaren Stoffe als „F 12-Unlösliches" benannt; sie sollen im folgenden mit „FU" bezeichnet werden. Sie enthalten neben Paraffinen von höherem Schmelzpunkt bei dunkleren Ölen auch gelb bis braun gefärbte Anteile des Ölharzes.

---
[1] STEINLE, H.: Kältetechn. Bd. 1 (1949) S. 87.

Die mit Alkohol-Äther nach ENGLER-HOLDE[1] bestimmten Paraffingehalte und die durch Ausfällen mit F12 ermittelten Gehalte an FU stimmen nach Menge und Schmelzpunkt nicht überein[2]. Die F12-Methode ergibt im allgemeinen höhere Werte und weicheres Paraffin als die Bestimmung mit Alkohol-Äther. Diese wird bei geringen Paraffingehalten unsicher.

Mit den nach der F12-Methode bei —29,8° C entparaffinierten Ölen wurde zur Kontrolle der Flocktest nach WALKER und RINELLI durchgeführt. Nach dem Abdampfen des F12 und erneutem Zusatz von F12 sowie CH$_3$Cl ergaben sich bis herab zu —29,8° C keine Ausscheidungen mehr. Damit ist nicht nur die vollständige Erfassung des für Kältemaschinen gefährlichen ausscheidbaren Anteils im Öl mit der F12-Methode erwiesen, sondern auch die Möglichkeit gezeigt, F12 zum Entparaffinieren von Kältemaschinenölen zu verwenden. Gegenüber dem Flocktest bietet die quantitative Bestimmung des FU den Vorteil, in etwa 1 Stunde durchführbar zu sein. Ferner ist der apparative Aufwand gering.

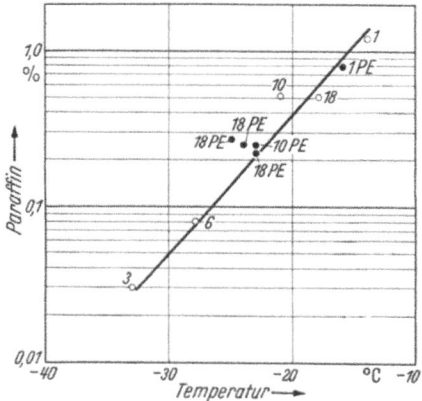

Abb. 52. Zusammenhang zwischen Flocktemperatur und Gehalt an F12-Unlöslichem (Paraffin) handelsüblicher Öle. PE = Öle mit Zusatz von Paraflow extra[1].

[1] Paraflow ist ein Aluminiumchloridkondensat, das nach US-Pat. 1815022 der Standard Oil of New Jersey aus chlorierten Paraffinen und chloriertem Naphthalin hergestellt wird.

Zur Festlegung der Höchstgrenze des FU für Kältemaschinenöle wurde eine große Anzahl von Ölen mit Viskositäten von 15 bis 25 ENGLER-Graden bei 20° C untersucht, die für öllösliche Kältemittel üblich sind. In Abb. 52 ist das FU über der Flocktemperatur einer Anzahl dieser Öle aufgetragen. Daraus läßt sich die Forderung ablesen, daß die Kältemaschinenöle, die mit öllöslichen Kältemitteln für Verdampfungstemperaturen bis herab zu —30° C verwendet werden sollen, nicht mehr als 0,05% FU enthalten dürfen (vgl. auch DIN 51503). Um diese Grenze zu veranschaulichen, sind in Abb. 53 sechs Flocktest-Rohre mit verschiedenen handelsüblichen Ölen mit steigendem Gehalt an FU nach dem Abkühlen auf —30° C gezeigt. Es ist deutlich sichtbar, daß die Öle mit 0,01% und 0,03% FU

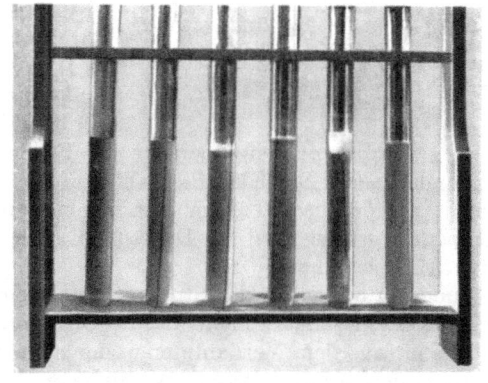

Abb. 53. Flock-Test-Proben mit sechs Ölen bei —30° C: der Reihe nach: 0,01; 0,03; 0,08; 0,27; 0,50 und 0,51% FU.

bei —30° C keine Ausscheidungen ergeben. Erst von 0,08% FU an aufwärts tritt eine Trübung oder Ausflockung auf. Die verschiedene Form der Ausfällung, ob fein verteilt oder grobflockig, hängt im wesentlichen von der Viskosität der Öle ab.

---

[1] ZERBE, C.: Mineralöle und verwandte Produkte, S. 821. Berlin: Springer 1952.
[2] STEINLE, H.: Kältetechn. Bd. 3 (1951) S. 35. — Erdöl u. Kohle Bd. 4 (1951) S. 30.

Für Methylchlorid kann ohne weiteres die gleiche Höchstgrenze des FU eingesetzt werden, da die Löslichkeit des FU im Methylchlorid-Öl-Gemisch eher etwas größer ist als im F12-Öl-Gemisch.

Zusätze von *Paraffin-Dopes* (Stockpunktserniedrigern) haben für allgemeine Schmierzwecke in Mineralölen eine weite Verbreitung gefunden, um die kostspielige, sehr weitgehende Entparaffinierung zu umgehen. Sie unterdrücken die Ausbildung eines Kristallgitters und das Kristallwachstum des Paraffins im Öl beim Abkühlen. Der echte, durch Viskositätserhöhung bedingte Stockpunkt läßt sich dagegen durch solche Zusätze nicht beeinflussen. Es lag nahe, auch in Kältemaschinenölen mit ihrer sehr weitgehenden Anforderung an Paraffinfreiheit zur Vermeidung von Paraffinausscheidungen solche „Dopes" anzuwenden.

STEINLE[1] hat den Einfluß von Paraflow (P) und Paraflow extra (PE) auf die Ausscheidung des FU im Flocktest und bei der Bestimmung nach der F12-Methode untersucht (Abb. 52 und 54).

Die Flocktemperatur (Abb. 52) wird demnach um nur 2 bis 5° C gesenkt, während die Menge des ausgeflockten FU nach Abb. 54 bis zu 50% vermindert werden kann. Die grobe Zusammenballung des FU wird durch Paraflow extra vermieden; die Gesamtwirkung ist aber so gering, daß seine Verwendung in Ölen für F12-Kältemaschinen unzweckmäßig ist; selbst Öle, die in der Kältemaschine und im PHILIPP-Test (s. S. 230) chemisch gut beständig sind, werden durch Zusatz von Paraflow zu Reaktionen mit den Kältemitteln angeregt. Auch der Angriff der Kältemittel-Öl-Gemische auf die Metalle wird durch Paraflow ausgelöst bzw. gefördert.

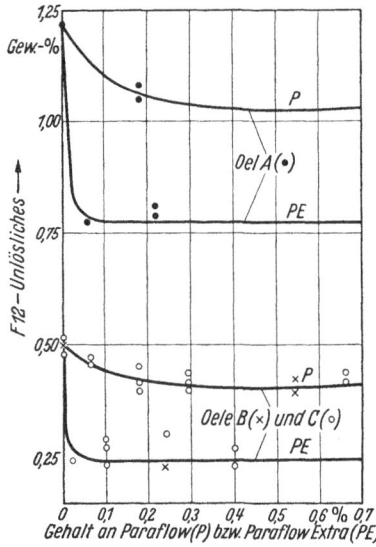

Abb. 54. Einfluß von Paraflow bei drei Ölen A, B und C auf die Menge des ausgeschiedenen F12-Unlöslichen.

i) Kältefließfähigkeit, Stockpunkt, Fließpunkt. Für die Rückführung der Öle aus dem Verdampfer in den Kompressor muß bei der tiefsten Verdampfungstemperatur im Betrieb noch ausreichende Fließfähigkeit vorhanden sein. Die Kältefließfähigkeit der Öle wird durch die Temperatur begrenzt, bei der das Öl unter dem Eigengewicht nicht mehr fließen kann. Diese Temperaturgrenze wird in Deutschland als Stockpunkt bezeichnet und nach DIN 51583 bestimmt.

Indessen befriedigt der Stockpunkt als Kriterium für das Kälteverhalten der Öle in Kältemaschinen nicht, da das Öl hierbei keine Fließfähigkeit mehr besitzt und daher aus dem Verdampfer weder abgelassen, noch in den Kompressor zurückgefördert werden kann, worauf vor allem STEINBACH[2] und EVERS[2] hingewiesen haben. Ein geeigneteres Kriterium bietet die U-Rohrmethode der Deutschen Bundesbahn[3]. Sie gestattet die Feststellung, ob ein Öl bei einer vorgeschriebenen Temperatur unter den Bedingungen des Prüfverfahrens noch fließend bleibt. Als Maß wird die Steighöhe in einem U-Rohr bei bestimmter Behand-

---

[1] STEINLE, H.: Erdöl u. Kohle Bd. 2 (1949) S. 400.
[2] STEINBACH, A.: Chem. Fabrik Bd. 10 (1937) S. 373. — Z. ges. Kälteind. Bd. 48 (1941) S. 53. — F. EVERS: Z. ges. Kälteind. Bd. 50 (1943) S. 25.
[3] ZERBE, C.: Mineralöle und verwandte Produkte, S. 42. Berlin/Göttingen/Heidelberg: Springer 1952.

lungsweise festgelegt. Ein Zusammenhang der Kältefließfähigkeit mit anderen Eigenschaften der Öle ist nicht festzustellen[1].

Öle, welche eine Mindeststeighöhe von 10 mm bei der im Betrieb auftretenden Verdampfungstemperatur erreichen, sind mit Sicherheit im Verdampfer noch genügend fließfähig.

Ein der U-Rohr-Methode der Deutschen Bundesbahn sehr ähnliches Verfahren, das in England unter der Bezeichnung „Setting Point" nach I. P+. — 54/42 genormt ist, wird von VAUGHAN[2] bezüglich seiner Eignung für Kältemaschinenöle besprochen.

In den USA ist es üblich, den Fließpunkt nach ASTM D 97-47 (F. S. B. Nr. 20.1.7) zu ermitteln, der ein wenig höher liegt als der Stockpunkt und sich von diesem im wesentlichen durch die Bestimmungsmethodik unterscheidet. Da eine Überhitzung bei der Ermittlung des Fließpunkts im Gegensatz zur möglichen Unterkühlung beim Erstarren nicht auftritt, ist der Fließpunkt eindeutiger und als wirklicher Fließbeginn auch für das Verhalten des Öles im praktischen Betrieb bedeutsamer.

Von erheblichem Einfluß auf das Kälteverhalten der Öle ist die *Löslichkeit des verwendeten Kältemittels* (s. S. 181). Die ölunlöslichen Kältemittel, wie Ammoniak und Kohlendioxyd, beeinflussen die Kältefließfähigkeit der Öle überhaupt nicht; auch das nur sehr begrenzt im Öl lösliche Schwefeldioxyd senkt die Viskosität bzw. erhöht die Kältefließfähigkeit nicht merklich. Durch die öllöslichen Kältemittel werden Viskosität und Stockpunkt der Öle nach PERLICK[3] in der Regel genügend erniedrigt, um im Verdampfer ausreichende Fließfähigkeit des Öles

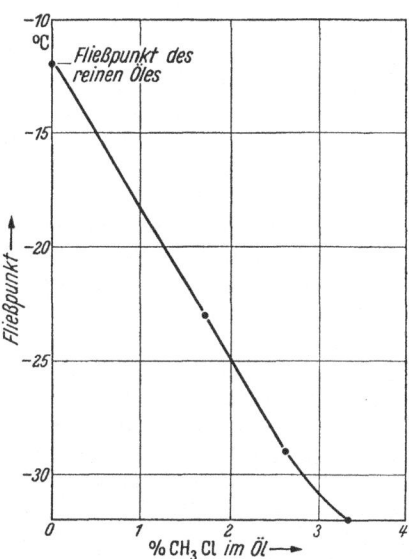

Abb. 55. Abhängigkeit des Fließpunktes eines Öles vom Gehalt an CH_3Cl (nach WEBLING).

für den Rücktransport zu erhalten. Abb. 55 zeigt die Abhängigkeit des Fließpunktes eines Öles vom Gehalt an CH_3Cl*. Der Fließpunkt wird durch 3% Methylchlorid bereits um 20°, von —12° C auf —32°C, erniedrigt. Trotzdem kann aber durch Verdampfen des Kältemittels in Drosselrohren, vor allem beim Anlauf, das Öl so viskos werden, daß Verstopfungen entstehen. Deshalb sollte eine ausreichende Kältefließfähigkeit bei der niedrigsten Verdampfungstemperatur auch für solche Öle verlangt werden, die zusammen mit den öllöslichen Kältemitteln verwendet werden.

Es hat sich in neuerer Zeit gezeigt, daß bei Ölen von Kältemaschinen für sehr tiefe Temperaturen (—80 bis —100° C) die Kenntnis des Fließpunktes allein für die Beurteilung der Eignung eines Öles nicht genügt. Von amerikanischer Seite wurde als weiteres Kennzeichen der Spritzpunkt (Splash-Point) eingeführt, eine Temperatur, bei der sich das Öl im Kompressorgehäuse für Schmierzwecke gerade

---

[1] STEINLE, H.: Kältemaschinenöle S. 76. Berlin: Springer 1950.
[2] VAUGHAN, B. I.: Sci. Lubrication Bd. 4 (1952) S. 26.
[3] PERLICK, A.: Z. ges. Kälteind. Bd. 43 (1936) S. 32.
* WEBLING, J. K. L.: Refrig. Engng. Bd. 28 (1934) S. 185.

noch verspritzen läßt[1]. Es zeigte sich, daß bei verschiedenen Ölen der Spritzpunkt um 6 bis 26° C höher als der Fließpunkt liegt.

In den Anforderungen für Kältemaschinenöle nach DIN 51503 ist für den normalen Temperaturbereich ein Fließen im U-Rohr bei —25° C vorgeschrieben, das vor allem beim Arbeiten mit den im Öl unlöslichen oder mit ihnen nur begrenzt mischbaren Kältemitteln wichtig ist. In den USA werden nach der Federal Specification VV-O-581, je nach der Viskosität, Fließpunkte unter —12 bis zu —23° C verlangt. Im übrigen sind übertriebene Anforderungen an das Kälteverhalten eines Öles unzweckmäßig, da solche Öle allgemein geringere Viskosität und niedrigeren Flammpunkt aufweisen.

k) Viskosität (s. S. 56). Von einem Schmieröl wird in erster Linie verlangt, daß es auf den zu schmierenden Flächen bzw. in den Lagerspalten einen zusammenhängenden Film bildet, der die metallische Berührung der Gleitflächen verhindert. Bei Kolben, Ventilen und Gleitringdichtungen soll das Öl auch eine möglichst vollständige Abdichtung bewirken. Um das zu erreichen, muß das Öl eine gewisse Mindestviskosität haben. Mit Rücksicht auf den Wärmeübergang im Verdampfer und die Ölrückführung darf die Viskosität des Öles aber nicht zu hoch sein. Es ist also ein Kompromiß notwendig zwischen den Anforderungen nach genügend hoher Viskosität im Verdichter bei Temperaturen bis zu 100° C und nach geringer Viskosität im Verdampfer bei Temperaturen unter 0° C.

Mit Rücksicht auf den großen Temperaturbereich sind für Kältemaschinen Öle erwünscht, deren Viskosität sich mit der Temperatur möglichst wenig ändert. Die Paraffinausscheidung erhöht die innere Reibung des Öles, so daß beim Trübungspunkt ein Knick in der Viskositäts-Temperatur-Kurve auftritt. Dieser Knickpunkt sollte bei Kältemaschinenölen stets unterhalb der tiefsten Verdampfungstemperatur liegen.

Zur Messung der Viskosität von Ölen werden meist handelsübliche Geräte gebraucht, die Vergleichswerte liefern[2]; für exakte Messungen sind die Verfahren nach DIN 51550 anzuwenden. In den USA ist die Bestimmung der Auslaufzeit in SAYBOLT-*Sekunden* nach ASTM D 88-44 (F. S. B. Nr. 30.4.5) in der Industrie üblich, während für die Messung der kinematischen Viskosität nach ASTM 445 — 46 T (F. S. B. Nr. 30.5.1) das UBBELOHDE-Viskosimeter oder das FITZ-SIMONsche Kapillarviskosimeter anzuwenden sind.

Neben der Temperatur wirken die gelösten Kältemittel sehr stark auf die Viskosität der Öle ein. Der Einfluß ist verschieden, je nachdem ob das Kältemittel mit dem Öl mischbar, begrenzt in ihm löslich oder unlöslich ist.

Die ölunlöslichen Kältemittel Ammoniak und Kohlendioxyd beeinflussen die Viskosität der Öle nicht und haben auch keinen Einfluß auf die Schmierwirkung. Das, wenn auch nur begrenzt, aber doch merklich im Öl lösliche Schwefeldioxyd beeinflußt die Viskosität der Öle praktisch ebenfalls nicht, solange keine Schaumbildung eintritt.

Die öllöslichen Kältemittel, vor allem F 12, Methylchlorid sowie für Tiefkühlung noch F 22 und reine Kohlenwasserstoffe setzen die Viskosität der Öle sehr stark herab. Nach PERLICK[3] ist die Schmierwirkung der Gemische allgemein gut. Wegen der Viskositätssenkung müssen aber hier viskosere Öle verwendet werden, um die Ausbildung eines zusammenhängenden Filmes zu ermöglichen und die Unterbrechung des Schmierfilmes durch den Lagerdruck und durch Verdampfung des gelösten Kältemittels zu verhindern. Denn gelöste Kältemittel

---

[1] MAYER, J. I.: Power Bd. 81 (1937) S. 308. — Ref. Z. ges. Kälteind. Bd. 44 (1937) S. 159.
[2] ZERBE, C.: Mineralöle und verwandte Produkte. Berlin: Springer 1952.
[3] PERLICK, A.: Z. ges. Kälteind. Bd. 43 (1936) S. 32.

verringern auch die Oberflächenspannung von Schmierölen, worauf bereits auf S. 78 eingegangen wurde.

Bei öllöslichen Kältemitteln dürfen aber auch keine zu zähen Öle eingesetzt werden, da sie die Schaumbildung im Kompressor fördern. Bei rascher Drucksenkung über einem Kältemittel-Öl-Gemisch tritt bei viskoseren Ölen ein bedeutend stärkeres Schäumen infolge der Verdampfung des Kältemittels ein als bei dünnen Ölen; höhere Viskosität fördert dadurch den Übergang von Öl in den Kältemittelkreislauf. Ferner erhöhen hochviskose Öle den Energiebedarf und können bei kalter Maschine, vor allem in Kleinkältemaschinen, zu Anlaufschwierigkeiten führen oder zu einer Überdimensionierung des Antriebsmotors zwingen. Andererseits hat sich gezeigt, daß sowohl die Löslichkeit des dampfförmigen Kältemittels im Öl als auch die hierdurch verursachte Dampfdruckerniedrigung von der Viskosität des Öles abhängig sind. Mit steigender Viskosität nimmt die Dampfdruckerniedrigung ab[1], so daß von diesem Standpunkt aus höher viskose Öle erwünscht sind.

Es ist deshalb schwer, allgemeingültige Angaben über die zweckmäßigste Viskosität von Kältemaschinenölen zu machen, da sie von der Bauart der Maschine, dem Spiel zwischen den bewegten Teilen und der Genauigkeit ihrer Bearbeitung sowie von den höchsten und tiefsten Betriebstemperaturen abhängt. Die Schmierfähigkeit der Öle hängt jedoch nicht nur von der Viskosität ab, wesentlich ist auch die Zusammensetzung der Öle. Man hat sich deshalb in den deutschen Normen darauf beschränkt, untere Grenzen für die Viskosität festzulegen und die Auswahl den jeweils vorliegenden Anforderungen entsprechend offen zu lassen. Für die ölunlöslichen Kältemittel CO_2 und NH_3, von denen nur in Großkälteanlagen mit zum Teil erheblichen Lagerbelastungen Gebrauch gemacht wird, verwendet man Öle, deren Viskosität in weiten Grenzen schwankt. Sie soll jedoch nach DIN 51503

bei 20° C nicht unter 4,5 E (33 cSt) und
bei 50° C nicht unter 1,8 E (10 cSt) liegen.

Für SO_2 und die öllöslichen Kältemittel sind Öle mit Viskositäten nicht unter 10 E (76 cSt) bei 20° C vorzusehen, die bei 50° C 2,5 E (17 cSt) nicht unterschreiten. Während man anfangs für die öllöslichen Kältemittel CH_3Cl und F 12 bevorzugt Öle mit 20 bis 30 E bei 20° C angewendet hat, haben die amerikanischen Erfahrungen gezeigt, daß vor allem in den Kleinkältemaschinen mit ihren geringen Lagerbelastungen Öle, die bei 20° C 10 E (76 cSt) aufweisen, ausreichend sind. TORRENS und JOHN[2] sehen eine Viskosität des Öl-Kältemittel-Gemisches im Betriebszustand von 20 cSt als genügend, von 10 cSt aber als unzureichend an. In den USA schreibt die Federal Specification V-VO-581 für Kältemaschinenöle fünf Viskositätsgrade zwischen etwa 2 und 8 E bei 54,4° C (130° F) vor.

Viskositätsmessungen an Öl-Kältemittel-Gemischen sind schwer durchzuführen und liegen deshalb kaum vor. Sie werden im Teil II besprochen. McIntire und Mitarbeiter[3] verwendeten für vergleichende Messungen der Ausflußzeit ein Glasgerät, das neuerdings von Little[4] verbessert wurde. Das Gerät gestattet, unter völligem Druckausgleich zu messen. In ein Probenrohr aus Glas wird hier das Öl in vorbestimmter Menge eingefüllt und das gasförmige Kältemittel so lange eingelassen, bis das gewünschte Mischungsverhältnis erreicht ist. Das Öl-Kältemittel-Gemisch wird nun hochgedrückt und fließt anschließend unter vollständigem Druckausgleich durch die Viskositätskapillare, wobei man

---
[1] Kinetic Chemicals Inc.: Techn. Pap. Nr. 7 1931.
[2] TORRENS, R., u. J. JOHN: Refrig. Engng. Bd. 58 (1950) S. 279.
[3] McIntire, H. J., C. S. MARVEL u. S. G. FORD: Refrig. Engng. Bd. 14 (1927) S. 115.
[4] LITTLE, J. L.: Refrig. Engng. Bd. 60 (1952) S. 1191.

die Ausflußzeit mit der Stoppuhr bestimmt. Durch Eintauchen der Apparatur in ein Ölbad kann jeder gewünschte Betriebszustand bezüglich Druck und Temperatur eingestellt werden.

l) Raffinationsgrad. Durch die Raffination, gleichgültig, ob es sich um eine chemische Behandlung oder eine Extraktion mit selektiv wirksamen Lösungsmitteln handelt, wird die allgemeine Stabilität der Öle, die dann als Raffinate bezeichnet werden, verbessert. Mit zunehmendem Grad der Raffination nimmt auch die chemische Stabilität, durch Entfernung der Schwefel- und Sauerstoffverbindungen (Harze und Asphalte) und der wasserstoffärmeren Anteile (Aromaten und Olefine) zu. Gleichzeitig baut man aber, vor allem bei der Raffination mit Schwefelsäure, bereits Bestandteile der Öle ab, die mit Rücksicht auf die Schmierwirkung erwünscht sind. Durch die Raffination wird auch das spezifische Gewicht herabgesetzt und der Flammpunkt erhöht. Eine zu einheitlicher Beurteilung des Raffinationsgrades führende Prüfmethode gibt es nicht. Der Raffinationsgrad kann noch am besten bewertet werden an Hand der Bestimmung des Ölharzgehaltes, der Farbe, des Hartasphaltes und des Anilinpunktes als Maß für den Wasserstoffsättigungsgrad bzw. den Gehalt an Aromaten und ungesättigten Verbindungen mit Doppelbindungen. Dabei werden die reaktionsfähigen und im Kältemittelkreislauf unerwünschten Bestandteile der Öle erfaßt.

α) *Ölharzgehalt, Schwefelgehalt.* Unter Ölharz versteht man die aus einer Trichloräthylenlösung von Öl an Bleicherde adsorbierbaren und daraus mit einem Benzol–Alkohol-Gemisch extrahierbaren Bestandteile des Öles[1]. Im Ölharz sind die mit den Kältemitteln reaktionsfähigen Stoffe, die auch die Kupferplattierung herbeiführen (s. S. 171) enthalten. Von dem Gesamtharz unterscheidet sich das Ölharz durch das Fehlen der in Trichloräthylen löslichen sog. Trikomponente[2]. NOAK adsorbierte das Gesamtharz aus einer Lösung von Normalbenzin an Bleicherde.

Ölharzbestimmung. Chemikalien. Die Bleicherde *(Tonsil Standard* der *Südchemie A.G., München)* ist 3 Stunden lang auf 150° C zu erhitzen und in einer dicht schließenden Flasche aufzubewahren. Vor der Benützung gut durchgeschüttelt mindestens 24 Stunden, aber nicht länger als 14 Tage, in der Flasche lagern; danach ist sie zu erneuern oder erneut zu aktivieren.

Trichloräthylen, rückstandfrei verdampfend, frisch destilliert. Nicht durch mehrfache Destillation zurückgewinnen, da es unter dem Einfluß von Sonnenlicht nach spurenweiser photochemischer Zersetzung unter Freiwerden von Salzsäure zur Autoxydation befähigt ist.

Benzol–Alkohol-Gemisch; rückstandfrei verdampfend. Man mischt gleiche Teile Benzol p. a. mit Äthylalkohol chemisch rein, 96%ig.

2,5 g des zu untersuchenden Öles werden in einem 300 cm³ Jodzahlkolben eingewogen und in 50 cm³ Trichloräthylen gelöst. Danach 5 g Bleicherde zugeben, 3 Minuten kräftig schütteln und nach einstündigem Stehen durch einen Glasfiltertiegel Schott 1 G 4 filtrieren. Den Rückstand im Filter mit etwa 100 cm³ siedendem Trichloräthylen ölfrei waschen, wobei man nach je etwa 30 cm³ trocken saugt, den Unterdruck ausgleicht und den Rückstand mit einem Spatel gründlich auflockert und verreibt. Man wechselt die Vorlage und löst das Ölharz mit Benzol-Alkohol-Gemisch aus der Bleicherde heraus, bis das Filtrat farblos bleibt; dabei wird wieder nach je 30 cm³ trocken gesaugt, der Unterdruck ausgeglichen und der Filterrückstand jeweils aufgelockert und verrieben. Nach dem Abdampfen des Lösungsmittels aus dem Filtrat auf dem Wasserbad wird der Rückstand in einer kleinen Glasschale im Trockenschrank bei 105° C bis zur Gewichtskonstanz getrocknet, im Exsikkator abgekühlt und gewogen. Zur Berücksichtigung der aus der Bleicherde extrahierbaren Verunreinigungen werden 5 g Bleicherde auf dem Filter 1 G 4 mit etwa 100 cm³ Benzol-Alkohol-Gemisch extrahiert und der Rückstand nach Abdampfen des Lösungsmittels und Trocknens gewogen. Diese Blindwertbestimmung ist von jeder aktivierten Bleicherde durchzuführen. Der ermittelte Blindwert aus der Bleicherde wird von der ausgewogenen Ölharzmenge als Korrektur abgezogen. Mit dem korrigierten Wert wird der Gehalt des Öles an Ölharz in Gewichtsprozent der eingewogenen Ölmenge berechnet. Über die Zusammensetzung des Ölharzes liegen einige Untersuchungen vor[3].

[1] STEINLE, H.: Kältetechn. Bd. 1 (1949) S. 14.
[2] NOAK: Öl u. Kohle Bd. 13 (1937) S. 965. — Vgl. auch MÜLLER: Öl u. Kohle Bd. 14 (1938) S. 373.
[3] STEINLE, H.: Refrig. Engng., erscheint in Kürze; Kältetechn. Bd. 7 (1955), S. 101.

Verhalten gegen Schmiermittel. 165

In Kältemaschinen haben sich Öle mit weniger als 1% Ölharz allgemein bewährt; mit Rücksicht auf die Kupferplattierung erwiesen sich für chlorierte Kältemittel Öle mit weniger als 0,3% Ölharz als zweckmäßig[1]. In die Normvorschrift DIN 51503 für Kältemaschinenöle wurde eine Anforderung an den Ölharzgehalt deshalb nicht aufgenommen, da er, wie auf S. 166 gezeigt wird, mit der Bestimmung der Kältemittelbeständigkeit der Öle kontrolliert wird.

Über den Einfluß des *Gesamtschwefels* auf das Verhalten von Ölen in Kältemaschinen können exakte Angaben nicht gemacht werden. Zwischen dem Schwefelgehalt und dem Ölharzgehalt besteht aber ein Zusammenhang insofern, als ein Öl mit niederem Ölharzgehalt stets auch einen geringeren Gehalt an natürlichem Schwefel aufweist. STEINLE und SEEMANN[1] fanden, daß ein erheblicher Teil des Schwefels im Ölharz in einer Verbindung mit Sauerstoff, Kohlenstoff und Wasserstoff vorliegt, welche die Löslichkeit von Kupfer fördert und zur Kupferplattierung führt (s. S. 179).

Die Bestimmung des Gesamtschwefels in Kältemaschinenölen erfolgt zweckmäßig nach dem Verfahren von GROTE und KREKELER[2]. Auf seine quantitative Bestimmung kann in handelsüblichen Kältemaschinenölen verzichtet werden, sofern sie die Anforderungen nach DIN 51503 erfüllen.

β) *Aromatengehalt, Anilinpunkt.* Aromaten besitzen ein gutes Benetzungs- und Haftvermögen an Metallen und fördern damit die Ausbildung und die Erhaltung eines zusammenhängenden Schmierfilmes. Sie sind aber infolge ihrer Doppelbindungen zwischen den Kohlenstoffatomen sehr reaktionsfähig, gelten als Harzbildner und reagieren mit vielen der gebräuchlichen Kältemittel. Mit Ausnahme der Weißöle enthalten alle Raffinate noch Reste von Aromaten im Ölharz und auch in der Trikomponente des Gesamtharzes. Nach STEINLE und SEEMANN (s. S. 171) fördern sie die Kupferplattierung, so daß Öle mit Anilinpunkten über 100°C für Kältemaschinen als zweckmäßig angesehen werden. Der Anilinpunkt wird bei Kältemaschinenölen durch die Bestimmung der Kältemittelbeständigkeit kontrolliert.

γ) *Hartasphalt.* Hartasphalte sind hochmolekulare Oxydations- und Polymerisationsprodukte, die nur in geringer Menge im Öl löslich sind und sich leicht als Schlamm oder Krusten ausscheiden. Nach der Art der Bestimmung des Hartasphaltes bezeichnet man ihn auch als Normal-Benzin-Unlösliches (NBU); die Arbeitsweise ist nach DIN 51557 genormt. Qualitativ kann man ihn leicht in der Weise prüfen, daß 1 cm³ des Öles mit 20 cm³ Normalbenzin gut durchmischt und 12 Stunden im Dunkeln aufbewahrt wird. Jede Ausscheidung oder Trübung zeigt das Vorhandensein von Hartasphalt an. In den USA wird Hartasphalt nach ASTM D 893-48 T (F. S. B. Nr. 312.1.1.) als Normal-Pentan oder Benzol-Unlösliches bestimmt oder nach F. S. B. Nr. 311.1.1 als Normalbenzin- oder Chloroform-Unlösliches.

Durch den Raffinationsprozeß wird Hartasphalt ohne Schwierigkeiten entfernt, so daß die als Kältemaschinenöle gebräuchlichen Raffinate davon frei sind. Bei allen Ölen der Gruppen B und C nach DIN 51503 verringern Spuren von NBU die Kältemittelbeständigkeit stark, so daß hier qualitative Prüfung genügt. Bei ungebrauchten Ölen der Gruppe A nach DIN 51503 für NH_3 und CO_2 ist ein Hartasphaltgehalt ebenfalls unzulässig; er bildet sich aber als unlöslicher Schlamm während des Betriebes durch Alterung.

m) Chemisches Verhalten der Öle, Alterung. Alle chemischen Veränderungen der Öle im Betrieb werden unter dem Begriff der Alterung zusammengefaßt. Sie äußert

---
[1] STEINLE, H., u. W. SEEMANN: Kältetechn. Bd. 5 (1953) S. 90.
[2] GROTE, W., u. H. KREKELER: Angew. Chem. Bd. 46 (1933) S. 106. — Vgl. auch H. STEINLE: Kältemaschinenöle S. 63, Berlin: Springer 1950.

sich in Verfärbung und Verdickung des Öles, Zunahme seines Säuregehaltes, der sich durch Ansteigen der Neutralisations- und Verseifungszahl bemerkbar macht, sowie schließlich in einer Schlammbildung durch Entstehung kohlenstoffreicher Verbindungen. Parallel dazu erfolgt ein Ansteigen des Stockpunktes sowie eine Erniedrigung des Flammpunktes und der Oberflächenspannung. Dabei laufen sowohl Oxydations- als auch Polymerisations- und Kondensationsprozesse ab. Nach VAUGHAN[1] verursachen Drücke von 1,7 bis 2,1 kg/cm^2 bereits Polymerisation in Ölen, vor allem bei Gegenwart katalytisch wirksamer Metalle, wie z. B. Kupfer. Außerdem bilden die Öle Peroxyde, die stark korrodierend wirken. In erster Linie erfolgt die Alterung jedoch unter der Einwirkung von Sauerstoff, der bei Atmosphärendruck aus der Luft in Mengen von 10 bis 20 Vol.-% im Öl löslich ist, sowie von Wärme und Wasser. Darüber hinaus wird die Alterung durch Staub, Textilfasern, Rost und die meisten Kältemittel sowie elektrische Felder beschleunigt; die Schlammbildung und Versäuerung des Öles sind wohl ihre wesentlichsten Merkmale. Die organischen Säuren greifen viele Metalle an, vor allem aber Kupfer und Blei unter Bildung von Metallseifen.

In allen Kältemaschinen mit ölunlöslichen Kältemitteln und mit SO_2 werden die Rohrleitungen, Ölabscheider, Verdampfer und Verflüssiger langsam mehr und mehr von Ölalterungsstoffen bedeckt und dadurch der Wärmeübergang verschlechtert. In Großkältemaschinen werden deshalb die Rohrsysteme und Ölabscheider von Zeit zu Zeit nach dem Entleeren der Maschine bzw. des betreffenden Teiles ausgedämpft und anschließend am besten erwärmt sowie durch Spülen mit Luft getrocknet.

Verschiedene Öle weisen in bezug auf Alterungsneigung große Unterschiede auf; Raffinate sind den Destillaten in bezug auf ihre Beständigkeit weit überlegen, aber auch innerhalb der Raffinate bestehen erhebliche Unterschiede. Auch aus diesem Grunde werden zur Verwendung mit vielen Kältemitteln nur die gut ausraffinierten Weißöle oder auch die ganz schwach gefärbten Pale-Oils empfohlen.

Die Auffassungen über die zahlenmäßige Erfassung der Alterungsneigung von Kältemaschinenölen sind nicht einheitlich. Am häufigsten wurde dabei auf die Bestimmung der Sauerstoffbeständigkeit zurückgegriffen, die vor allem in den USA noch verbreitet ist. Die Alterung wird unter Durchleiten von Luft oder Sauerstoff, z. T. bei erhöhter Temperatur, durch das Auftreten von benzinunlöslichem Schlamm festgestellt, falls die Schlammbildung nicht schon ohne Benzinzusatz sichtbar ist. In Deutschland wurden in den letzten Jahren Prüfverfahren zur Bestimmung der Alterungsneigung eingeführt, die sich an die Betriebsbedingungen in den Kältemaschinen anlehnen.

α) *Kältemittelbeständigkeit der Öle.* PHILIPP und TIFFANY[2] haben im Jahre 1934 ein Verfahren beschrieben, mit dem sie den Einfluß des Öles auf die Schwefelausscheidung aus dem SO_2 untersucht haben. Sie kamen zu dem Schluß, daß dunklere Öle zu stärkerer Schwefelbildung führen als helle oder Pale-Oils, und daß Weißöle oder Paraffinum liquidum am wenigsten zu den beschriebenen Reaktionen mit SO_2 führen. Erst bedeutend später wurde diese Methode als „PHILIPP-Test" in Deutschland bekannt[3]. Sie wird heute zur Prüfung der Beständigkeit von Ölen gegenüber den Kältemitteln angewendet und ist in DIN 51593 enthalten (s. S. 230).

1. Schwefeldioxyd-Beständigkeit. Die Versuche zeigten, daß die Prüfergebnisse im PHILIPP-Test sich bei SO_2 sehr gut mit den aus dem Betrieb von

---

[1] VAUGHAN, B. J.: Sci. Lubrication Bd. 4 (1952) S. 26.
[2] PHILIPP, L. A., u. B. E. TIFFANY: Refrig. Engng. Bd. 27 (1934) S. 248.
[3] STEINLE, H.: Kältetechn. Bd. 1 (1949) S. 14.

Kältemaschinen bekannten Erscheinungen decken. Die Öle verfärben sich während der Prüfung immer dunkler, und schließlich entsteht unter Bildung von Ölkohle die in Abb. 56 deutlich erkennbare Abscheidung von elementarem Schwefel aus der Dampfphase über dem Öl. Die Farbänderung der Öle nach der Farbskala des VdEW gegen die Zeit aufgetragen, ergibt für jedes Öl einen charakteristischen Verlauf. Entsprechend der schon früher gemachten Feststellung von PHILIPP und TIFFANY verfärben sich die dunkleren Öle schneller als die hellen Öle und die Weißöle. Die Weißöle ändern ihre Farbe unter der Einwirkung von SO_2 selbst bei 250° C in sehr langer Versuchszeit nicht. Erst durch Entfernung des Ölharzes konnte die Schwefeldioxydbeständigkeit der Öle stark erhöht werden (vgl. S. 164). In Abb. 57 ist die SO_2-Beständigkeit einer Anzahl von handelsüblichen Ölen im PHILIPP-Test bei 250° C gegen den Ölharzgehalt aufgetragen. VAUGHAN[1] führt neuerdings die Schlammbildung von Ölen mit SO_2 auf die Reakion mit ungesättigten Bestandteilen zurück, die in geringerem Maße auch mit anderen Kältemitteln auftritt.

Abb. 56. Vier Testproben nach 48 Std. PHILIPP-Test mit SO_2. Der Reihe nach von links nach rechts: Öle mit weniger als 0,1; 0,4; 0,96 und 1,6% Ölharz.

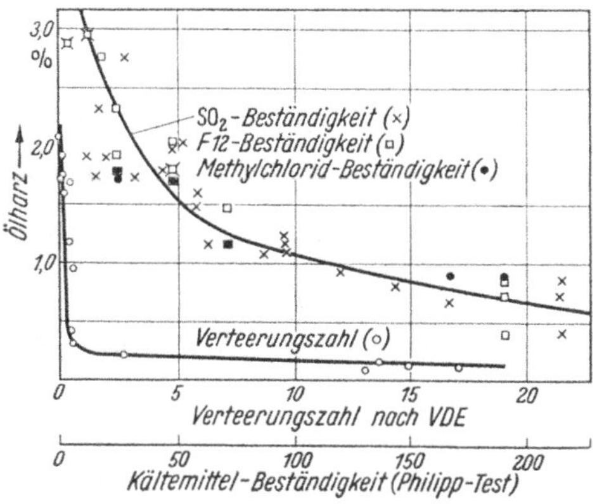

Abb. 57. Kältemittelbeständigkeit und Verteerungszahl von Ölen in Abhängigkeit vom Ölharzgehalt.

2. **F12-Beständigkeit.** In F12-Kältemaschinen, die nach sorgfältiger Trocknung mit trockenem Öl und Kältemittel betrieben wurden und in die außerdem ein Trockner mit Silikagel eingebaut war, konnte das Auftreten von Salzsäure beobachtet werden. Es mußte daher vermutet werden, daß zwischen dem F12 und den Ölen ebenfalls chemische Umsetzungen stattfinden. Wasser, das zur Hydrolyse des Kältemittels führen kann, schied in diesem Falle als Ursache aus.

Die Untersuchung der F12-Beständigkeit im PHILIPP-Test[2] zeigte, daß die Öle sich nach Abb. 58 in gleicher Weise wie mit SO_2 verfärben, wobei wiederum die harzärmeren Öle die geringsten Farbänderungen ergaben (vgl. auch Abb. 57). In den PHILIPP-Test-Rohren traten schließlich Kondenströpfchen auf, die als Salzsäure und Flußsäure identifiziert wurden. Demnach vermag das Öl auch mit F12 zu reagieren. Es ergibt sich, daß die F12-Beständigkeit und die SO_2-Beständigkeit der Öle innerhalb gewisser Streuungen zusammenfallen, wenn man sie gegen den Ölharzgehalt aufträgt (Abb. 57).

---
[1] VAUGHAN, B. J.: Sci. Lubrication Bd. 4 (1952) S. 26.
[2] STEINLE, H.: Kältetechn. Bd. 2 (1950) S. 174.

Versuche haben gezeigt, daß sowohl bei 150 als auch bei 100° C der Reaktionsablauf im PHILIPP-Test genau der gleiche ist wie bei 250° C, jedoch verläuft die Reaktion, wie aus Abb. 59 zu ersehen ist, mit abnehmender Temperatur langsamer. Immerhin führt ein Öl mit etwa 2% Ölharz, das mit SO_2 im PHILIPP-Test

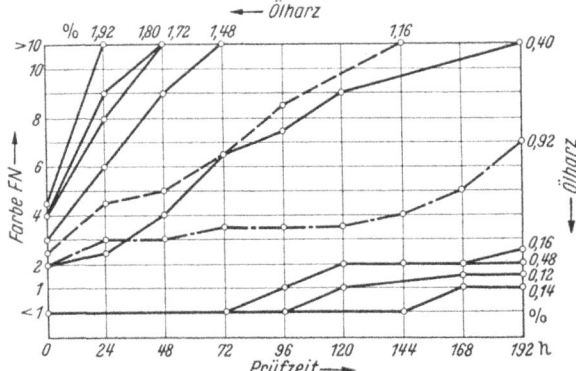

Abb. 58. Farbänderung von Ölen im PHILIPP-Test mit F12 bei 250° C in Abhängigkeit von der Zeit und vom Ölharzgehalt.

bei 250° C innerhalb 24 Stunden zu Ölkohle und Ausscheidung von elementarem Schwefel führt, bei 150° C in etwa 20 Tagen und bei 100° C erst in etwa 8 Monaten zur Spaltung des SO_2 bzw. des F12. Die hohe Temperatur allein hat keinen Einfluß auf die Öle, sofern Sauerstoff ausgeschlossen ist. Die Reaktionen beruhen allein auf der chemischen Wechselwirkung zwischen Öl und Kältemittel.

3. **Beständigkeit der Öle gegenüber weiteren Kältemitteln.** Bei der Prüfung des Verhaltens von anderen Kältemitteln gegenüber den Ölen im PHILIPP-Test ergab sich z. B. mit Methylchlorid keine merkliche Dunkelfärbung des Öles; dagegen wurde Salzsäure auch hierbei gebildet. Die Versuchsergebnisse (Abb. 57) zeigen, daß auch die Methylchloridbeständigkeit der Öle von deren Ölharzgehalt abhängig ist und mit steigendem Ölharzgehalt abnimmt.

ELSEY und Mitarbeiter[1] befassen sich neuerdings auch mit den möglichen Reaktionen zwischen Ölen und verschiedenen fluorierten bzw. chlorierten Kältemitteln. Sie wenden den Druckrohrtest (S. 233) unter Zugabe von Metallen als Katalysatoren bei 150 bis 260° C an. Auf diese Weise wird auch der katalytische Einfluß der verschiedenen Baustoffe auf die Reaktionen zwischen dem Öl- und dem Kältemittel untersucht. Als Maß für die Kältemittelbeständigkeit diente die Farbänderung der Öle und vor allem das Auftreten von Salzsäure und von Flußsäure. Das Öl dunkelt und erstarrt schließlich zu einer schwarzen, kohligen Masse.

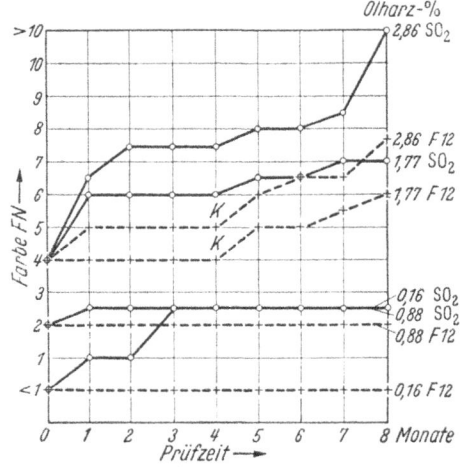

Abb. 59. Farbänderung von Ölen im PHILIPP-Test mit SO_2 und F12 bei 100° C in Abhängigkeit von der Zeit und vom Ölharzgehalt.

---
[1] ELSEY, H. M., L. C. FLOWERS u. J. B. KELLEY: Refrig. Engng. Bd. 60 (1952) S. 737.

Diese Form des Druckrohrtestes wird z. B. von der Westinghouse Corp. für alle Kältemaschinenöle und zur Auswahl der in der Kältemaschine verwendeten Stoffe angewendet. Öl-F12-Reaktionen werden am meisten durch Eisen, der Ölzerfall am stärksten durch Kupfer beschleunigt. Deshalb wird der Test mit Eisenstäbchen und Kupferspiralen durchgeführt.

ELSEY und Mitarbeiter führten die Versuche meist bei 175° C durch und fanden, daß die Weißöle nicht nur in den Maschinen, sondern auch in den Testen gegen Kältemittel am beständigsten sind. Auch hierin stimmt dieser Druckrohrtest mit dem PHILIPP-Test überein. Die hohen, von ELSEY und Mitarbeitern angewendeten Temperaturen führen in den Druckrohren zu hohen Drücken. Der PHILIPP-Test, in dem der Kältemitteldruck nur einer Sättigungstemperatur von 40° C entspricht, ist daher in der Handhabung einfacher. Die Farbänderung mit der Erhitzungsdauer ist bei den verschiedenen Kältemitteln mit demselben Öl verschieden und nimmt mit zunehmender Chlorierung stark zu, wie Abb. 60 zeigt.

Viskosere Öle neigen leichter zu Reaktionen als dünnere. Aus diesem Grunde sind die Viskositätsanforderungen keinesfalls zu überspitzen.

Mit dem PHILIPP-Test können auch solche Dopes in den Ölen erfaßt werden, die ihrerseits mit den Kältemitteln reagieren und damit zugleich Reaktionen zwischen dem Kältemittel und dem Öl zum Anlauf bringen, welche sonst mit dem reinen Öl nicht stattfinden. Das Verhalten verschiedener flüssiger

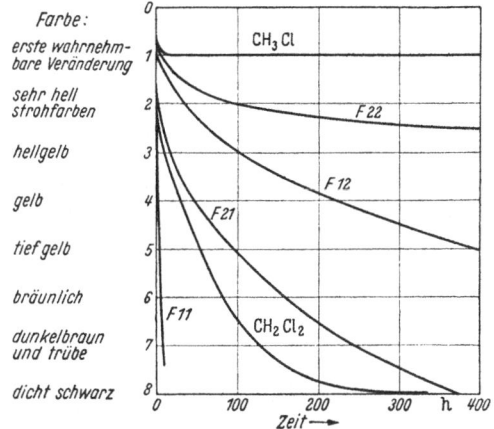

Abb. 60. Farbänderung eines Öles mit verschiedenen Kältemitteln im Druckrohrtest bei 175° C.

Zusätze kann auf diese Weise ermittelt werden; so zeigt sich, daß z. B. Methylalkohol, ebenso wie Wasser, stark hydrolysierend auf F12 einwirkt.

Demnach ist das Öl einer der chemisch empfindlichsten Stoffe in den Kältemaschinen und vermag mit vielen der gebräuchlichen Kältemittel vor allem bei höheren Temperaturen zu reagieren. In Deutschland wird für Kältemaschinenöle nach DIN 51503 eine Kältemittelbeständigkeit im PHILIPP-Test (DIN 51593) von mindestens 96 Stunden gefordert. In dieser Zeit dürfen aus den Kältemitteln keine Spaltprodukte entstehen, die beim SO_2 aus Schwefel, bei den chlorierten Kältemitteln aus Chlorionen bzw. Salzsäure bestehen.

β) *Sauerstoffbeständigkeit.* Die Sauerstoffbeständigkeit wurde vielfach von den Isolierölen her als Maß für das Alterungsverhalten der Öle in Kältemaschinen übernommen.

In Deutschland ist die Prüfung nach VDE 0370/4,52 genormt[1]. Diese Verteerungszahl-Prüfung wird in der Weise durchgeführt, daß man durch die auf 120° C erhitzte Ölprobe 70 Stunden lang Sauerstoff in bestimmter Menge hindurchbläst. Anschließend wird der Gehalt an gebildeter Säure und anderen Alterungsprodukten quantitativ bestimmt. In den USA sind der Sludge-Test nach ASTM D670-42T und der *Sligh-Oxydation-Test* nach F. S. B. Nr. 340. 1. 1 zur Feststellung der Sauerstoffbeständigkeit von Ölen gebräuchlich. Im Sludge-Test werden

---

[1] ETZ Bd. 44 (1923) Heft 25 u. Heft 26.

100 g Öl in Gegenwart eines Kupferbleches von $51 \times 32 \times 0,1$ mm unter Durchleiten von Luft 45 Stunden auf 150° C erhitzt und dann die Menge des in Benzin unlöslichen Schlammes bestimmt. Beim Sligh-Test werden 10 g Öl in reiner Sauerstoffatmosphäre in eine Glasflasche eingeschmolzen und $2^1/_2$ Stunden auf 200° C erhitzt. Der gebildete Ölschlamm wird abfiltriert und gewogen.

Alle diese Teste sollen die Neigung der Öle zur Oxydation unter Bildung teerähnlicher Stoffe bei der Berührung mit Luft bewerten. Beim Auftreten solcher Stoffe im Öl in der Kältemaschine besteht die Gefahr der Ausscheidung und des Verklebens von Ventilen, Schmiernuten und Lagern.

Die Verteerungszahl nach VDE steigt mit abnehmendem Ölharzgehalt stark an. Das bedeutet aber nach Abb. 57, daß die Sauerstoffbeständigkeit der Öle im Gegensatz zur Kältemittelbeständigkeit mit zunehmendem Ölharzgehalt zunimmt[1].

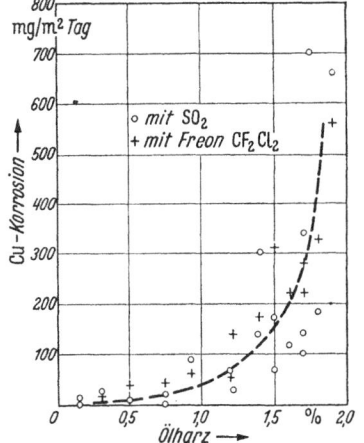

Abb. 61. Kupferkorrosion im Druckrohrtest durch Öl mit SO_2 bzw. F12 in Abhängigkeit vom Ölharzgehalt.

Sauerstoff ist in den sorgfältig evakuierten gekapselten Kältemaschinen praktisch nicht vorhanden. Es erscheint demnach unzweckmäßig, das Verhalten der Öle gegen Sauerstoff als Kriterium für ihr Verhalten in Kältemaschinen zu werten. Auch ELSEY und Mitarbeiter[2] stellen fest, daß Öle, die nach dem Verhalten im Sligh Oxydation-Test ausgewählt wurden, gegenüber den Kältemitteln z. T. ungenügende Beständigkeit zeigen.

γ) *Korrosionswirkung der Öle.* Öle, die im reinen Zustand die *metallischen Baustoffe* in Kältemaschinen, vor allem Eisen und Kupfer sowie seine Legierungen nicht angreifen, ergeben im Gemisch mit den Kältemitteln vielfach Korrosionen, die auf Reaktionen zwischen den Kältemitteln und den Ölen zurückzuführen sind.

In der deutschen Normvorschrift für Kältemaschinenöle, DIN 51503, besteht keine Anweisung zur Prüfung des Verhaltens der *reinen Öle* gegenüber Metallen. In den USA gilt nach der Federal Specification VV-0-581 die Forderung, daß die Öle an Kupfer keine Korrosion hervorrufen dürfen. Nach F. S. B. Nr. 530.3.2 erfolgt die Prüfung in der Weise, daß man polierte Kupferstreifen 3 Stunden zusammen mit dem Öl auf 100° C erwärmt. Durch diese Prüfung werden in erster Linie aggressive Schwefelverbindungen im Öl erfaßt.

Zur Prüfung der Korrosion der Metalle durch *Öl und Kältemittel* sowie ihre Reaktionsprodukte hat sich der Druckrohrtest bei 100° C (s. S. 233) bewährt[3].

STEINLE hat eine große Reihe von Ölen mit F12 und SO_2 geprüft. Die Ergebnisse mit Kupfer sind in Abb. 61 zusammengestellt. Trotz der zum Teil erheblichen Streuung der Meßergebnisse, die vor allem auf den Metallangriff der zum Abbeizen der Korrosionsprodukte verwendeten Lösung zurückzuführen ist, zeigt sich die deutliche Abhängigkeit der Korrosion vom Ölharzgehalt. Als Korrosionsprodukte wurden vor allem organische Kupferverbindungen mit Einschlüssen von Kohlenstoff und anorganischen Salzen festgestellt. Während Kupfer also in

---

[1] STEINLE, H.: Kältetechn. Bd. 2 (1950) S. 174. — W. RUTTENSTORFER u. A. SCHAFLER: Erdöl u. Kohle Bd. 6 (1953) S. 65.
[2] ELSEY, H. M., L. C. FLOWERS u. J. B. KELLEY: Refrig. Engng. Bd. 60 (1952) S. 737.
[3] SHAW, A. H., u. A. B. BRANDON: Mod. Refrig. Bd. 51 (1948) Nr. 598 S. 13 u. Nr. 599 S. 37.

erster Linie durch die aus dem Öl gebildeten sauren Alterungsprodukte angegriffen wird, reagieren die aus den Kältemitteln entstandenen Mineralsäuren bevorzugt mit Eisen. Bemerkenswert ist, daß bei den Versuchen mit SO_2 im Druckrohrtest bei 100°C im Gegensatz zum PHILIPP-Test kein freier Schwefel auftritt; dagegen sind hierbei Sulfate und Thiosulfate sowie Sulfite und Sulfide als Eisensalze stets nachweisbar. Mit F12 entstehen Eisenfluorid und Eisenchlorid. Das Bild dieser Korrosionen deckt sich weitgehend mit dem in korrodierten Maschinen. In ihnen ist das Kupfer ebenfalls in erster Linie durch organische Stoffe angegriffen, während die Mineralsäuren vor allem mit dem Eisen und in den gekapselten Kältemaschinen auch mit den organischen Isolierstoffen reagieren, aus denen sie Wasser frei machen. So ist z. B. nach BOPP[1] der Ölschlamm aus Verdichtern mit F12 und F22 zum größten Teil in Tetrachlorkohlenstoff löslich, also organischen Ursprungs; der Rest besteht aus Eisen- und Kupferchlorid. Öl und Kältemittel reagieren miteinander bei hohen Betriebstemperaturen nahezu immer unter Bildung von Mineralsäuren; erst diese Säuren führen die Korrosion herbei, wobei auch der Schlamm aus dem Öl entsteht.

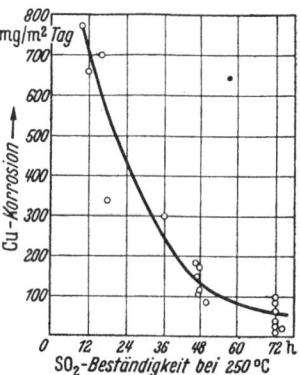

Abb. 62. Zusammenhang zwischen der SO_2-Beständigkeit im PHILIPP-Test und der Kupferkorrosion von Ölen mit SO_2 und F12 im Druckrohrtest.

Auf die Aufnahme des Druckrohrtestes in die Prüfnormen für Kältemaschinenöle wurde verzichtet, da die Metallkorrosion durch Öle im Gemisch mit den Kältemitteln vom Ölharzgehalt abhängig ist, der bei der Prüfung der Kältemittelbeständigkeit nach DIN 51593 bereits erfaßt wird. Der Zusammenhang zwischen der Metallkorrosion und der Kältemittelbeständigkeit von Ölen ist in Abb. 62 wiedergegeben. Danach ergibt die nach DIN 51503 geforderte Kältemittelbeständigkeit der Öle von mindestens 96 Stunden zugleich die Gewähr dafür, daß im Druckrohrtest Angriffe mit mehr als 100 mg/m² Tag an Kupfer nicht auftreten würden.

Das Verhalten der Öle gegenüber *nichtmetallischen Baustoffen* ist von erheblichem Einfluß auf ihre Verwendbarkeit. Die Prüfung des Quellverhaltens von Gummi ist nach DIN 53521 genormt. Es ist zu empfehlen, für alle Versuche, bei denen mechanische Eigenschaften an den Proben ermittelt werden sollen, Streifen von 50 × 5 mm Größe in der handelsüblichen Dicke zu verwenden, wie sie für den Druckrohrtest vorgeschlagen wurden.

Die Ölbeständigkeit von Elastomeren und allen anderen nichtmetallischen Stoffen, vor allem der Kunststoffe, wird durch Lagern der Proben während 168 Stunden bei 70 ± 1°C im Öl ermittelt, wobei das Verhältnis des Volums der Probe zu dem des Quellmittels mindestens 1:10 betragen soll. Die Entnahme erfolgt erst nach Abkühlung auf Zimmertemperatur. Die Veränderungen der Eigenschaften und der Masse werden bei der Prüfung der Ölbeständigkeit in gleicher Weise ermittelt, wie bei der Extraktion und der Prüfung im Druckrohrtest mit Öl und Kältemittel (s. S. 234). Ein ölunbeständiger Gummi bzw. ein Öl, das Gummimischungen besonders stark beeinflußt, scheidet für bestimmte Konstruktionen von Kältemaschinen von vornherein aus.

δ) *Kupferplattierung.* Unter Kupferplattierung versteht man die Abscheidung von Kupfer auf Eisenteilen im Kältemittelkreislauf. Sie tritt vornehmlich an

---

[1] BOPP, J. D.: Ansul News Notes, März 1952, S. 12.

gegeneinander bewegten Teilen in Lagern, auf den Gleitflächen von Kolben und Schiebern sowie gelegentlich an den Dichtflächen von Blattfederventilen in den Kältemaschinen auf, die mit chlorierten Kältemitteln betrieben werden.

Für das Zustandekommen der Kupferplattierung ist außer einem chlorierten Kältemittel gleichzeitige Anwesenheit von Öl erforderlich. Die Abscheidung erfolgt in verhältnismäßig lockerer, mechanisch ablösbarer Form und kann z. B. zu undichten Arbeitsventilen, zu einer Verringerung der Lagerspiele und schließlich zum Festsitzen führen.

In Kältemaschinen offener Bauart wird sich das Kupfer von den Innenwandungen der Kupferrohre und Wärmeaustauschapparate lösen, da in den Verdichtern Kupfer und seine Legierungen kaum verwendet werden. In den gekapselten Typen kommen dazu die Feldwicklungen der Antriebsmotoren mit ihren großen Oberflächen und hohen Betriebstemperaturen.

Kupferplattierung in Kältemaschinen tritt bei Methylchlorid und chlorierten Freonen auf und ist infolgedessen eine recht kostspielige Störung. Vielfach werden heute für die Haushaltkältemaschinen fünf Jahre Garantie gegeben, so daß die Vermeidung der Kupferplattierung auch wirtschaftlich erhebliche Bedeutung hat. Kupferplattierte Teile wieder betriebsfähig herzurichten, ist praktisch unmöglich. McGovern[1] hat wohl als erster versucht, die Ursachen der Kupferplattierung in Kältemaschinen zu erfassen. Vorwiegend aus Beobachtungen an Maschinen ergab sich, daß folgende Einflüsse fördernd wirken: hohe Temperaturen, Sauerstoff und Luft, gealtertes bzw. oxydiertes Öl, geringer Raffinationsgrad des Öles, große Kupferoberflächen und Wasser im Kältemittelkreislauf. In USA hat man zum Testen von Kältemaschinenölen bezüglich ihrer Neigung zur Kupferplattierung ihre Kupferlöslichkeit nach der „Dithizon-Methode" bestimmt. 50 cm³ Öl werden in ein Testrohr mit Draht aus reinstem Kupfer eingefüllt und mit Luft zusammen im dicht verschlossenen Zustand auf 93° C erhitzt. Das in dem Öl gelöste Kupfer wird dann mit 1 cm³ frischem Dithizon-Reagens (0,05 g Diphenyl-Thiocarbazid je 100 cm³ frisch destilliertem Tetrachlorkohlenstoff) nachgewiesen. Nach 72 Stunden Erhitzungszeit soll in einem guten Kältemaschinenöl kein gelöstes Kupfer nachweisbar sein. Nach dieser Methode stellte McGovern in Ölen gelöstes Kupfer in Mengen bis zu 700 mg/kg fest, während die geringsten Mengen bei 5 mg/kg Öl lagen.

Shaw und Brandon[2] gelang es, die Kupferplattierung laboratoriumsmäßig auf einfache Weise zu reproduzieren. In den ersten Versuchen wurden Kupfer- und Eisenspiralen in einem Glasrohr, das sich in einer Stahlbombe als Druckbehälter befand, unter Öl bei einem Kältemitteldruck von rd. 1,8 kg/cm² bei 95° C 72 Stunden lang gerollt. Später wurde der Druck auf 8,4 kg/cm² erhöht, und es wurde auch mit Zusätzen von Wasser gearbeitet.

Steinle und Seemann[3] haben einige Anhaltspunkte für den wahrscheinlichen Reaktionsablauf bei der Kupferplattierung mitgeteilt. Zur Feststellung der Cu-Löslichkeit wurden Öle mit Kupfer und den Kältemitteln in gläserne Druckrohre wie beim Druckrohrtest (s. S. 233) eingeschmolzen und 21 Tage bei 70 bzw. 100° C gehalten. Das im Öl gelöste Kupfer wurde nach der Methode von Fischer und Leopoldi[4] kolorimetrisch bestimmt. Zur Erzeugung der Kupferplattierung im Laboratoriumstest haben sie die auf S. 232 beschriebene Arbeits-

---

[1] McGovern, E. W.: Refrig. Engng. Bd. 38 (1939) S. 31.
[2] Shaw, A. H., u. A. B. Brandon: Advance Proof of the Institute of Refrigeration, London, Session 1947/48.
[3] Steinle, H., u. W. Seemann: Kältetechn. Bd. 3 (1951) S. 194 u. Bd. 5 (1953) S. 90.
[4] Fischer, K., u. G. Leopoldi: Angew. Chem. Bd. 47 (1934) S. 90.

weise gewählt, nachdem sich Maschinenversuche für die systematischen Arbeiten als zu unübersichtlich erwiesen haben.

1. **Einfluß der Öleigenschaften.** Schon McGovern[1] stellte fest, daß das Auftreten der Kupferplattierung wesentlich vom Grad der Kupferlöslichkeit im Öl abhängt, die sehr verschieden ist. Er hat eine Anzahl von Ölen, die alle neutral, trocken und frei von verseifbaren Bestandteilen waren und Durchschlagsfestigkeiten von mehr als 100 kV/cm aufwiesen, zusammen mit blankem Kupfer einen Monat lang auf 95 bis 100°C erwärmt. Er fand, daß die mit Säure raffinierten Öle stets weniger Kupfer lösen als die reinen Lösungsmittelraffinate. Nach den mit diesen Ölen in Kältemaschinen gemachten Erfahrungen kommt McGovern zu der Feststellung, daß die Öle mit geringerer Löslichkeit für Kupfer und erhöhter Sauerstoffbeständigkeit geringere Kupferplattierung verursachen. Wenn auch Musgrave[2] und Ross[3] die Meinung vertreten, daß eine gewisse Sauerstoffbeständigkeit mit Rücksicht auf die Gefahr der Kupferplattierung von Kältemaschinenölen, die vor allem neutral sein müssen und nicht verseifen dürfen, zu fordern ist, so kommt McGovern doch auf Grund einer großen Anzahl von Versuchen zu der Feststellung, daß die Sligh-Oxydationszahl als Maß für die Sauerstoffbeständigkeit der Öle kein sicheres Merkmal für die Tendenz der Öle zur Kupferplattierung ist, während vorher oxydierte Öle eindeutig mehr Kupfer lösen und damit auch die Kupferplattierung fördern. Demnach ist der bei der Oxydation gebildete Schlamm gegen Kupfer aggressiver als die Säuren.

Steinle und Seemann fanden, daß das Ölharz in reinen Ölen oder Öl-Kältemittel-Gemischen die Kupferlöslichkeit und die daraus resultierende Kupferplattierung bedingt und daß eine eindeutige Abhängigkeit zwischen Cu-Löslichkeit und Ölharzgehalt besteht. Die Versuche wurden an mehreren Serien von Ölen durchgeführt, wobei jede Serie aus dem gleichen Grunddestillat gewonnen wurde. Die Kupferlöslichkeit ist am geringsten in reinem Öl, stärker im Gemisch von Öl mit F 12 und am stärksten in Öl mit Methylchlorid (vgl. Abb. 64).

Die quantitative Bestimmung des gelösten Kupfers im kupferhaltigen Ausgangsöl sowie in dem nach dem Abdampfen des Kältemittels gewonnenen Ölharz und entharzten Restöl zeigte, daß das im Öl gelöste Kupfer an das Ölharz gebunden vorliegt, aus dem es nur durch destruktiven Aufschluß, z. B. mit verdünnter Salpetersäure, frei gemacht werden kann. Es besteht ein linearer Zusammenhang zwischen dem Ölharzgehalt und dem im Ölharz gebundenen Kupfer, also eine stöchiometrische Äquivalenz. Dabei bindet 1 g Ölharz jeweils 0,5 mg Kupfer. Es gelang später, nach Behandlung mit Methylchlorid und Kupfer aus den Ölen eine kristalline organische Verbindung zu gewinnen, die sich in % wie folgt zusammensetzt[4]: $11,75 \pm 0,2$ C; $3,44 \pm 0,2$ H_2; $8,81 \pm 0,3$ O_2; $8,82 \pm 0,3$ S; $33,95 \pm 0,3$ Cl_2 und $33,81 \pm 0,3$ Cu.

Die braunroten nadelförmigen Kristalle sind in Trichloräthylen unlöslich. In Wasser werden sie teilweise hydrolysiert. Nach dem Ergebnis aus Infrarotaufnahmen liegt das Chlor nicht in organischer Bindung vor.

Abb. 63 zeigt die Kupferplattierung auf Stahlkugeln nach dem auf S. 232 beschriebenen Test mit Ölen von verschiedenem Ölharzgehalt. Danach führen die Weißöle am wenigsten zur Kupferplattierung; bei Ölharzgehalten unterhalb von etwa 0,3% wird Cu-Abscheidung nicht mehr sichtbar. Durch Zusatz der oben beschriebenen kristallinen Kupferverbindung zu Weißölen, die sonst niemals sichtbare Kupferplattierung hervorgerufen haben, gelang es, sehr starke Kupfer-

---

[1] McGovern, E. W.: Fußnote 1 auf S. 172. — Refrig. Engng. Bd. 43 (1942) S. 276.
[2] Musgrave, F.: Refrig. and Air Cond. Bd. 5 (1939) Nr. 9 S. 19.
[3] Ross, E. S.: Refrig. Engng. Bd. 44 (1942) S. 27.
[4] Steinle, H.: Kältetechn. Bd. 7 (1955) S. 101.

plattierung zu erzeugen. Ross[1] steht auf dem Standpunkt, daß Weißöle die Kupferplattierung nicht verhindern, da sie durch erhöhte Säurebildung die Löslichkeit von Kupfer erhöhen. Er schlägt die Verwendung von Pale-Oils mit gutem Raffinationsgrad vor. STEINLE fand demgegenüber durch Infrarotanalysen, daß

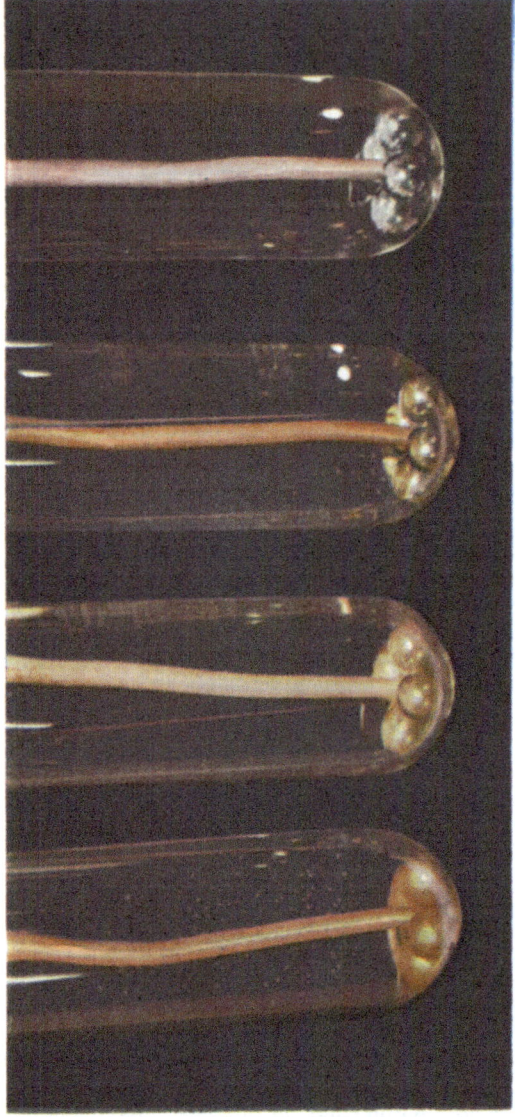

Abb. 63. Kupferplattierung auf Stahlkugeln im Druckrohrtest mit CH_3Cl bei 70° C. Der Ölharzgehalt betrug von links nach rechts: 1,9; 1,1; 0,6; 0,2%.

nur überraffinierte Weißöle die Kupferplattierung fördern. Diese Öle fallen aber auch in der Kältemittelbeständigkeit ab. MUSGRAVE[2] hat schon früher die Meinung vertreten, daß schwefelfreie Öle zur Vermeidung der Kupferplattierung zu bevorzugen sind. Nachdem es nun bekannt ist, daß der Schwefel einen wesent-

---
[1] Ross, E. S.: Refrig. Engng. Bd. 44 (1942) S. 27.
[2] MUSGRAVE, F.: Refrig. and Air Conditioning Bd. 5 (1939) Nr. 9 S. 19.

lichen Bestandteil des Ölharzes bildet, ist es erklärlich, daß er infolgedessen zu einer Steigerung der Kupferplattierung führt. Erst unterhalb 0,2% Gesamtschwefelgehalt im Öl wird sein Einfluß auf die Kupferplattierung gering. Die Art der Bindung des Schwefels im Ölharz ist nicht bekannt. Auch der Anilinpunkt der Öle ist von Einfluß auf ihre Neigung zur Erzeugung der Kupferplattierung. Mit steigendem Anilinpunkt nimmt sie deutlich ab, was verständlich ist, da dieser mit fallendem Ölharzgehalt ansteigt. Umfangreiche Versuche mit handelsüblichen Ölen haben ergeben, daß Öle eine Kältemittelbeständigkeit von mindestens 96 Stunden haben müssen, wenn sie keine Kupferplattierung ergeben und die mitgeteilten Anforderungen bezüglich Ölharzgehalt (unter 0,3%), Schwefelgehalt (unter 0,2%) und einem Anilinpunkt über 100° C erfüllen sollen. Klar erkennbare Unterschiede im Verhalten von naphthenbasischen und paraffinbasischen Ölen haben sich nicht ergeben. Diese Feststellung deckt sich mit dem Ergebnis der Infrarotanalysen, wonach das Ölharz in beiden Ölen identisch ist.

2. **Einfluß der Kältemittel.** Aus der Praxis ist bekannt, daß Kupferplattierung nur mit chlorierten Kältemitteln auftritt, und diese Tatsache ließ sich in Laboratoriumsversuchen bestätigen. Mit NH_3, CO_2, SO_2, C_2H_6, Isobutan und Propan ist Kupferplattierung niemals beobachtet worden; das im Öl gelöste Kupfer wird durch diese Kältemittel nicht niedergeschlagen. Ebenso tritt nach SHAW und BRANDON[1] in Abwesenheit von Kältemitteln selbst dann keine Kupferplattierung auf, wenn Öle mit bereits gelöstem Kupfer für die Versuche verwendet werden. Aus der Praxis ist ferner bekannt, daß

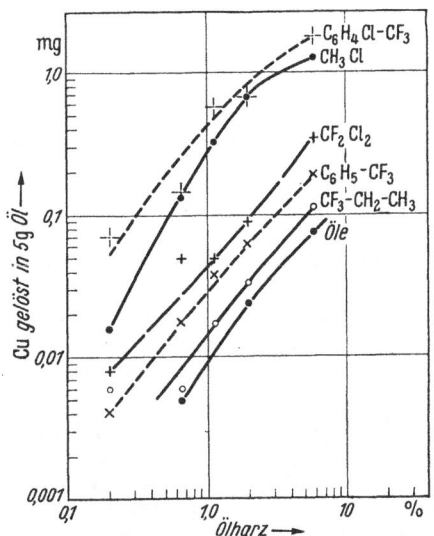

Abb. 64. Löslichkeit von Kupfer in Ölen und ihren Gemischen mit verschiedenen halogenierten Kohlenwasserstoffen in Abhängigkeit vom Ölharzgehalt des Öles.

CH_3Cl wesentlich stärker zur Kupferplattierung neigt als CF_2Cl_2. THOMPSON[2] berichtete, daß CH_3Cl und CH_2Cl_2 mit Kupfer und Eisen bei etwa 100° C innerhalb von 30 Tagen sehr starke Kupferplattierung erzeugten, während CF_2Cl_2 selbst nach 750 Tagen keine merkliche Wirkung zeigte.

STEINLE und SEEMANN haben den Einfluß der stufenweisen Chlorierung der Kältemittel auf die Kupferplattierung untersucht, wobei sie neben Freonen und CH_3Cl auch noch Trifluorpropan ($CF_3-CH_2-CH_3$), Benzotrifluorid ($C_6H_5-CF_3$) und Orthochlorbenzotrifluorid ($C_6H_4Cl-CF_3$) in ihre Versuche einbezogen. Die Kältemittel wurden grundsätzlich zur Entfernung gelöster und suspendierter Verunreinigungen umdestilliert und getrocknet, so daß Wassergehalte unter 10 mg/kg Kältemittel in jedem Fall garantiert waren; der Verdampfungsrückstand lag unter 1 mg/kg.

Abb. 64 zeigt die Abhängigkeit der Kupferlöslichkeit vom Ölharzgehalt in Gemischen von Ölen mit verschiedenen Kältemitteln. Die Kupferlöslichkeit ist am geringsten in den reinen Ölen. CH_3Cl führt in gleicher Versuchszeit zu etwa 10mal so starker Kupferplattierung wie CF_2Cl_2. F 21 ($CHFCl_2$) und F 11 ($CFCl_3$)

---

[1] SHAW, A. H., u. A. B. BRANDON: Bull. Inst. Refr. London 1947/48.
[2] THOMPSON, R. J.: Diskussionsbeitrag zu einem Vortrag von H. M. ELSEY, L. C. FLOWERS u. J. B. KELLEY: Refr. Engng. Bd. 60 (1952) S. 737.

stufen sich entsprechend ihrem Gehalt an Chlor bzw. an Restwasserstoff ein. Die Wirkung der Chloratome auf die Kupferplattierung kann kompensiert werden, wenn zugleich Fluoratome vorhanden sind, welche die Stabilität der Verbindung steigern. Die chlorfreien, vollständig fluorierten Kohlenwasserstoffe sind bekanntlich am stabilsten.

3. **Einfluß von Verunreinigungen.** Als Verunreinigungen treten im Kältemittelkreislauf in erster Linie das Wasser sowie Extraktstoffe aus den organischen Baustoffen der Motoren in den gekapselten Kältemaschinen und auch Metalle bzw. deren Salze auf, die katalytisch auf den Zerfall der Kältemittel sowie auf ihre Reaktionen mit den Ölen einwirken. WALKER[1] kommt zu dem Schluß, daß ein eindeutiger Zusammenhang zwischen dem Wassergehalt und der Kupferplattierung in Kältemaschinen nicht sichergestellt werden konnte. MCGOVERN[2] stellte fest, daß in Methylchloridmaschinen Wassergehalte bis zu 150 mg/kg flüssige Füllung nicht zur Kupferplattierung führen. Auch von STEINLE und SEEMANN wurde Kupferplattierung mit Stoffen erzeugt, die bis an die Grenze des Möglichen getrocknet wurden[3]. Demnach sind für das Zustandekommen und die Stärke der Plattierung überwiegend die Eigenschaften der Öle und der Kältemittel von Bedeutung. Die Kupferlöslichkeit wird zwar durch Wasser etwas erhöht, aber der Einfluß der verschiedenen Kältemittel ist größer als der des Wassers. Die Löslichkeit ist größer in F12 mit trockenem Öl als im feuchten Öl und stärker in Öl mit CH_3Cl ohne Wasser als in Öl mit F12 und Wasser. Die erhöhte Kupferlöslichkeit bei dunklen Ölen unter dem Einfluß von Wasser wird offenbar durch Alterungsprodukte hervorgerufen, die nach vorangegangener Hydrolyse durch Reaktionen von Öl und Kältemittel entstehen. Beim Arbeiten mit guten Ölen tritt eine Kupferplattierung weder zusammen mit F12 noch mit CH_3Cl auf.

Die Extraktstoffe aus organischen Baustoffen enthalten chemisch hoch aktive Substanzen[4]. Sie lösen sowohl im PHILIPP-Test als auch im Druckrohrtest Reaktionen mit den Kältemitteln aus, die zum Zerfall des Öles und der Kältemittel sowie zur Korrosion der Baustoffe führen. Der Einfluß dieser Extraktstoffe auf die Kupferlöslichkeit ist wesentlich stärker als der des Wassers. Es kann angenommen werden, daß viele Störungen durch Kupferplattierung in gekapselten Kältemaschinen, welche dem Wasser zugeschrieben wurden[5], auf Verunreinigungen durch Extraktstoffe zurückzuführen sind. Aus diesem Grunde ist es erforderlich, alle Stoffe, die im Kältemittelkreislauf verwendet werden sollen, sorgfältig auf ihre Kältemittel- und Ölbeständigkeit zu prüfen und alle Teile vor dem Zusammenbau gründlich zu reinigen.

4. **Einfluß der Temperatur.** Wie bei allen chemischen Reaktionen wirkt auch bei den zur Kupferplattierung führenden Vorgängen eine Erhöhung der Temperatur stark beschleunigend. Aus der Praxis ist hinreichend bekannt, daß Kältemaschinen, die unter besonders ungünstigen Betriebsbedingungen, vor allem unter hohen Drücken und Temperaturen, oder mit langen Laufzeiten bei schlechter Wärmeableitung arbeiten, leichter zu Störungen durch Kupferplattierung neigen. Auf diesen Umstand wird vor allem von MCGOVERN[2] und von MUSGRAVE[6] eindringlich hingewiesen. In Abb. 65 ist die Abhängigkeit der Kupferabscheidung

---

[1] WALKER, W. O.: Ansul Techn. Service Bul.: Sludges.
[2] MCGOVERN, E. W.: Fußnote 1 auf S. 172.
[3] STEINLE, H., u. W. SEEMANN: Fußnote 3 auf S. 172.
[4] STEINLE, H.: Kältetechn. Bd. 3 (1951) S. 110 u. S. 139.
[5] MUSGRAVE, F.: Refrig. and Air Cond. Bd. 5 (1939) Nr. 9 S. 19. — Standard Oil Dev. Co., F.P. Nr. 861065. — E. S. ROSS: Refrig. Engng. Bd. 44 (1942) S. 27. — C. W. LEEGARD: Refrig. Engng. Bd. 56 (1948) S. 219. — A. H. BLAIR u. R. E. HOLMES: Refrig. Engng. Bd. 57 (1949) S. 129.
[6] MUSGRAVE, F.: Fußnote 2 auf S. 174.

auf vier Stahlkugeln von 4,5 mm Durchmesser vom Ölharzgehalt bei verschiedenen Temperaturen dargestellt[1]. Bei 40° C trat mit keinem der Öle sichtbare Kupferplattierung auf; dagegen ergab sich bei 70° C eine um so stärkere Kupferplattierung, je höher der Harzgehalt des Öles war. Bei 105° C trat an allen Proben mit Ausnahme von Weißöl starke Kupferplattierung auf.

5. **Zusätze gegen Kupferplattierung.** Um die Kupferplattierung zu verhindern, wurden feste und flüssige Zusätze zum Kältemittel-Öl-Gemisch vorgeschlagen, die darauf abzielen, entweder gebildete Säuren zu binden oder die Kupferoberfläche zu passivieren und damit ihr Auflösen zu verhindern.

FLOWERS[2] schlägt zur Vermeidung der Kupferplattierung einen Zusatz von mindestens 0,01%, vorzugsweise um 1% Borsäureanhydrit (B_2O_3) als Stabilisator zum Öl-Kältemittel-Gemisch für solche Kältemaschinen vor, die mit aliphatischen Halogenkohlenwasserstoffen als Kältemittel betrieben werden. Das B_2O_3 soll frisch geschmolzen und völlig wasserfrei sein. Im Kältemittelkreislauf soll es, auf mehrere Stellen in der Flüssigkeit verteilt, möglichst in feinmaschigen Beuteln untergebracht werden. Um die wirksame Oberfläche groß zu machen, nimmt man geschmolzene Pillen oder auf Gewebe aufgeschmolzenes B_2O_3; die gebildeten Säuren werden damit neutralisiert. FLOWERS berichtet über Versuche, bei denen gleiche Teile Öl und F 12 mit Eisen- und Kupferspiralen im Druckrohrtest in 60 Stunden bei 175° C starke Dunkelfärbung, Schlamm und Kupferplattierung ergaben. Beim gleichen Versuch mit einem Zusatz von 1% B_2O_3 ist nach 450 Tagen das Öl nur leicht gedunkelt, jedoch weder Korrosion noch Kupferplattierung aufgetreten.

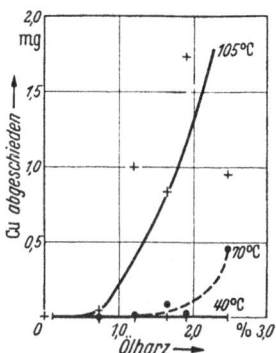

Abb. 65. Einfluß der Temperatur auf die Kupferabscheidung auf Stahlkugeln bei Methylchlorid-Öl-Gemischen mit verschiedenem Ölharzgehalt im Öl.

STEINLE und SEEMANN haben mit 5 Ölen Versuche im Druckrohrtest mit rollenden Stahlkugeln und CH_3Cl unter Zusatz von 0,95% B_2O_3 durchgeführt (Tab. 46). Die Rohre wurden 21 Tage bei 70° C gerollt. Das Weißöl Nr. 5. mit nur 0,2% Ölharz zeigte keine Kupferplattierung, während die Öle 1 bis 4 mit Ölharzgehalten von 5,8 bis herab auf 0,6% auch mit Borsäureanhydrit eine stärkere Plattierung ergaben. Die Kupferlöslichkeit war beim Zusatz von B_2O_3 sogar eindeutig größer.

Die Kinetic Chemicals Inc. (U.S. Pat. 2 212 826 vom 27. 8. 40) empfiehlt zur Vermeidung der Kupferplattierung den Zusatz von 0,05 bis 1,0 Gew.-% Picolinsäure zum Öl. Vermutlich bildet die Picolinsäure mit dem Kupfer eine festhaftende, unlösliche Verbindung, die als Schutzschicht wirkt; es ist aber auch möglich,

Tabelle 46. *Einfluß von Borsäureanhydrit (B_2O_3) auf die Kupferplattierung.*

Öle Nr.	Ohne B_2O_3		Mit B_2O_3	
	mg Cu in 5 g Öl gelöst	mg Cu auf 4 Kugeln abgeschieden	mg Cu in 5 g Öl gelöst	mg Cu auf 4 Kugeln abgeschieden
1	0,06	0,86	0,61	0,78
2	0,04	1,50	0,35	0,56
3	0,04	1,34	0,08	0,75
4	0,03	0,79	0,09	0,17
5	0,02	0	0,02	0

[1] STEINLE, H., u. W. SEEMANN: Fußnote 3 auf S. 172.
[2] FLOWERS, L. C.: Refrigerator ambodying stabilized Mixtures of Oil and Aliphatic Halides; U.S. Pat. 2 550 113 vom 24. April 1951.

daß das Eisen passiviert und damit die Abscheidung des Kupfers unmöglich wird.

Hochstabile Peroxyde organischer Art, die als „Anticuivres" bezeichnet werden, schlägt die Standard Oil Comp. (Franz. Pat. 861065 vom 31. 1. 41) als Zusatz zu den Ölen vor, um die Löslichkeit von Kupfer und seine Abscheidung zu verhindern. Mengen von etwa 0,1% werden als ausreichend bezeichnet. Triacetonperoxyd, Dibenzoylperoxyd sowie Peroxyde von Naphthalin und Tetralin werden besonders empfohlen. Die Wirkungsweise ist noch unklar. Die Lösung von Kupfer wird stark verzögert; die ersten Kupfermengen sind mit Diphenyl-Thiocarbazid in einem Weißöl erst nach 600 Stunden, in einem Pale-Oil nach 150 Stunden bei 93° C nachweisbar. Ohne Zusatz ergeben beide Öle nach 27 Stunden gelöstes Kupfer.

6. **Versuche in Kältemaschinen.** Durch Maschinenversuche hat STEINLE[1] die im Druckrohr mit rollenden Stahlkugeln gewonnenen Erkenntnisse bestätigt. Dazu dienten 4 Öle, deren Eigenschaften und Verhalten im Druckrohrtest mit rollenden Stahlkugeln in Tab. 47 zusammengestellt sind. Die Versuche wurden eine Woche lang bei 70° C mit CH_3Cl durchgeführt, um die Versuchszeit abzukürzen.

Tabelle 47. *Handelsöle für Kupferplattierungsversuche.*

Öl Nr.	A	B	C	D
Ölharz %	0,26	0,45	0,86	1,10
Schwefel %	0,12	Spur	0,40	0,74
Anilinpunkt °C	102,1	112,7	89,0	91,5
Kältemittelbeständigkeit in Stunden				
SO_2	240	72	68	16
CF_2Cl_2	264	96	68	24
Cu-gelöst	32,1	12,1	—	160,0
Cu-abgeschieden mg auf 4 Kugeln	0	0	0,19	0,46

Die gefundenen allgemeinen Erkenntnisse wurden durch praktischen Einsatz dieser 4 Kältemaschinenöle in gekapselten Kältemaschinen mit F12 bestätigt. Das Öl C hat in Kältemaschinen sowohl mit F12 als auch mit CH_3Cl des öfteren Kupferplattierung erzeugt, während mit Öl A kein Fall von Kupferplattierung aus der Praxis bekannt geworden ist.

Zur Verkürzung der Versuchszeit wurde der Verdichter der Maschinen so eingepackt oder zusätzlich geheizt, daß die Wicklungstemperatur des Ständers bei 140° C konstant blieb, wenn die Maschine im Dauerlauf betrieben wurde. Unter diesen Betriebsbedingungen sollten die Maschinen 12 Wochen laufen.

Alle mit dem Öl C versehenen Maschinen fielen innerhalb 6 bis 20 Tagen dadurch aus, daß die Kompressoren festsaßen. In allen Fällen war mehr oder weniger starke Kupferplattierung in den Gleitlagern und am Kolben die Ursache für das Festsitzen der Kompressoren. Das Öl war stets dunkel verfärbt. Die Kältemaschinen mit Öl A liefen 12 Wochen ohne Störung durch, wobei die Leistungsaufnahme konstant blieb. Beim Öffnen zeigte es sich, daß alle Maschinen innen blank waren. An den bewegten Teilen war keine Spur von Kupferplattierung vorhanden. Die Kältemaschinen mit dem Öl D liefen ebenfalls 12 Wochen lang ohne Störung durch. Die Leistungsaufnahme stieg jedoch gegen Ende der Versuchszeit deutlich an. Beim Öffnen der Maschine zeigte sich, daß alle Lager, vor allem die Welle, sehr stark plattiert waren. Die Ölfördernute war fast auf der ganzen Länge voller

---

[1] STEINLE, H.: Kältetechn. Bd. 7 (1955) S. 101.

feiner Kupferflitterchen, die von den Gleitflächen der Welle abgerieben und zum größten Teil mit dem Öl abtransportiert worden waren. Das Kupfer fand sich in dicker Lage auf dem Gehäuseboden. Der Wassergehalt war in allen Maschinen mit 20 bzw. 21,8 und 27,4 mg je kg Öl infolge des eingebauten Kieselgeltrockners sehr gering.

Auch diese Maschinenversuche zeigen, daß das Auftreten der Kupferplattierung in erster Linie durch das Öl und dessen Eigenschaften bedingt ist und durch entsprechende Auswahl des Öles sicher vermieden werden kann. Der Zusammenhang zwischen Kältemittelbeständigkeit von Ölen und der Lebensdauer gekapselter Kältemaschinen im 140°-Test ist in Abb. 65a wiedergegeben. Abb. 66 zeigt die Wellen zweier Versuchskältemaschinen mit F12 und den Ölen A und D nach Tab. 47. Abb. 67 zeigt die beiden Böden der Maschinen, wobei derjenige aus der

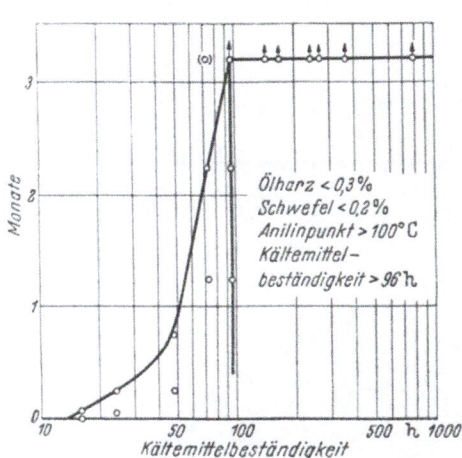

Abb. 65a. Zusammenhang zwischen der Kältemittelbeständigkeit von Ölen im 140°-Test und der Lebensdauer gekapselter Kältemaschinen.

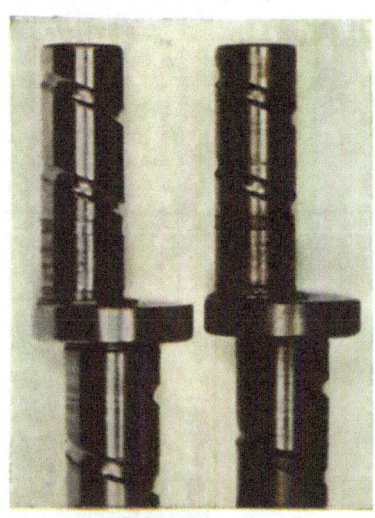

Abb. 66. Wellen aus Versuchs-Kältemaschinen mit F12 und dem Öl A (links, nicht kupferplattiert) bzw. Öl D (rechts, stark verkupfert).

Versuchsmaschine mit Öl D starke Ablagerungen von Kupferflittern enthält, die von der Achse abgerieben und durch das umlaufende Öl weggeschwemmt wurden.

7. Der Reaktionsablauf bei der Kupferplattierung. STEINLE und SEEMANN[1] haben zunächst nachweisen können, daß die Vorgänge, die zur Abspaltung und Abscheidung des Kupfers führen, elektro-chemischer Natur sind.

Später hat STEINLE[2] eine gelbweiße, körnige organische Eisenverbindung gewinnen können, die sich in dem Öl–Methylchlorid- und auch im F12-Öl-Gemisch nach dem Auftreten der Kupferplattierung als Schlamm bildet. Diese Verbindung, die wie die Kupferverbindung in Trichloräthylen unlöslich ist, hat in Gew.-% folgende chemische Zusammensetzung: $15{,}58 \pm 0{,}02$ C; $4{,}72 \pm 0{,}02$ H_2; $14{,}90 \pm 0{,}3$ O_2; $14{,}70 \pm 0{,}3$ S; $32{,}25 \pm 0{,}3$ Cl_2 und $17{,}30 \pm 0{,}3$ Fe.

Durch Infrarot-Spektralaufnahmen konnte festgestellt werden, daß der organische Teil dieser Eisenverbindung mit dem organischen Teil der Kupferverbindung identisch ist und daß der Schwefel im organischen Anteil vorliegt. STEINLE und SEEMANN sind zu folgenden Vorstellungen gelangt: Jedes Öl löst

---

[1] STEINLE, H., u. W. SEEMANN: Fußnote 3 auf S. 172.
[2] STEINLE, H.: Kältetechn. Bd. 7 (1955) S. 101.

180   Chemische Eigenschaften.

je nach dem Ölharzgehalt, dem Schwefelgehalt und dem Wasserstoffsättigungsgrad mehr oder weniger Kupfer. Durch Reaktionen der chlorierten Kältemittel mit den Ölen, die wiederum durch das Ölharz ausgelöst werden, wird Chlor bzw. Salzsäure gebildet. Eine im Ölharz vorhandene, Schwefel und Sauerstoff enthaltende Kohlenwasserstoffkomponente ist dann imstande, Kupferchlorid komplex zu binden. Ihren Eigenschaften entsprechend haben die Öle also eine verschiedene Reaktionsfähigkeit mit dem Kupfer und den Kältemitteln; dabei ist die

Abb. 67. Böden von Versuchs-Kältemaschinen mit F 12 und den Ölen A und D.

Reaktionsgeschwindigkeit je nach der Stabilität des verwendeten Kältemittels verschieden. Durch diese mit steigender Temperatur beschleunigten Reaktionen entsteht aus den chlorierten Kältemitteln, die allein zur Kupferplattierung führen, gleichzeitig freie Salzsäure, welche die Wasserstoffionenkonzentration des Systems laufend erhöht. Von einem bestimmten kritischen Salzsäuregehalt ab, der dann konstant bleibt, wird die komplexe organische Kupferverbindung unter Abscheidung von Kupfer aufgespalten; der kritische Chlorgehalt, der bei den verschiedenen Kältemitteln je nach der Geschwindigkeit ihrer Reaktion mit dem Ölharz früher oder später erreicht wird, liegt bei etwa 1000 bis 1100 mg Chlor je kg Öl. Das edlere Kupfer wird auf dem Eisen niedergeschlagen und dafür geht Eisen in Lösung, das an Stelle des Kupfers in die organische Verbindung, ebenfalls als Chlorid in komplexer Form, eintritt. Es findet dabei auch eine Umlagerung statt, da 2 Atome Eisen gegen 1 Atom Kupfer ausgetauscht werden. Die bevorzugte Abscheidung des Kupfers auf gegeneinander bewegten Eisenflächen kann durch Reibungswärme und Reibungselektrizität, evtl. auch beschleunigt durch äußere elektrische Streufelder, hervorgerufen werden. Der gesamte Prozeß kann offenbar nur in salzsaurer Lösung stattfinden, da viel mehr Chlor in den Ölen gefunden wurde, als dem Metallgehalt entspricht. Die organische Komponente, welche die Löslichkeit bzw. Bindung der Metalle herbeiführt, erleidet durch den ganzen Vorgang, ebenso wie das Öl, keine merkliche Veränderung.

n) **Löslichkeit.** Nach ihrem Lösungsverhalten gegenüber den Ölen sind drei Gruppen von Kältemitteln zu unterscheiden. Als *unlösliche Kältemittel* bezeichnet man solche, die mit dem Öl nur in geringer Menge mischbar sind. Die Viskosität, die Dichte und das Kälteverhalten der Öle werden durch solche Kältemittel praktisch nicht beeinflußt. Zu der ölunlöslichen Gruppe der Kältemittel gehören vor allem Ammoniak und Kohlendioxyd sowie aus der F-Gruppe F13 und F14. In den Kältemaschinen setzen sich bei der Verwendung dieser Kältemittel das Öl und das Kältemittel in zwei getrennten Schichten ab, wobei jeweils das spezifisch leichtere Medium obenauf schwimmt. Zur Verwendung mit diesen Kältemitteln sind Öle mit genügender Kältefließfähigkeit erforderlich. Bei diesen Kältemitteln erweisen sich Ölabscheider als wirksam.

Zu den *begrenzt, d. h. mit einer Mischungslücke in Mineralölen löslichen Kältemitteln* gehören Schwefeldioxyd (SO_2) und „Carrene 7" (ein azeotropes Gemisch von CH_3-CHF_2 und CF_2Cl_2), deren Mischungslücken z. T. bei tiefen Temperaturen liegen, so daß im Kompressor volle Mischbarkeit besteht, im Verdampfer aber eine Trennung in zwei Schichten erfolgt. Das flüssige SO_2 und auch die meisten Freone sind schwerer als Öl, so daß sie, sobald das Öl mit Kältemittel gesättigt ist, darunter zu liegen kommen. Sie sind ihrerseits mit Ölbestandteilen gesättigt, wobei vielfach ein selektives Lösungsvermögen wirksam wird. So nimmt SO_2 aus dem Öl bevorzugt die hochviskosen und dunkel gefärbten Anteile auf, die dann z. B. in den Schmierstellen nach dem Verdampfen des Kältemittels zum Verkleben gegeneinander bewegter Teile führen können. Die Freone mit ihrer geringen Löslichkeit für hochschmelzende Paraffine können zu Ausscheidungen wachsartiger Anteile führen. Nach BOSWORTH sind die paraffinbasischen Öle in den Kältemitteln mit Mischungslücke allgemein weniger löslich als die naphthenbasischen Öle, die gemischtbasischen Öle liegen in ihrer Löslichkeit dazwischen. Der Scheitelpunkt der Mischungslücke bei der sogenannten kritischen Lösungstemperatur liegt bei naphthenbasischen Ölen wesentlich tiefer als bei paraffinbasischen. Die Kurven stellen Gleichgewichtszustände dar, wobei zu berücksichtigen ist, daß in den Kompressoren, Verflüssigern und Verdampfern infolge der Verdampfung und des Zuströmens von neuem Kältemittel die Einstellung eines echten Gleichgewichts oft nicht gewährleistet ist.

BOSWORTH stellt fest, daß bei SO_2 und bei denjenigen Freonen, welche ein Arbeiten innerhalb der Mischungslücke, also mit zwei Phasen bedingen, die Gefahr der Schlammbildung und des Haftens der Ventile an den Sitzen durch Ausscheidung von hochviskosen Anteilen der Öle gegeben ist.

Die *öllöslichen, d. h. bei allen im Betrieb vorkommenden Bedingungen mit Ölen lückenlos mischbaren Kältemittel*, zu denen vor allem die Kohlenwasserstoffe und von deren Fluor-Chlor-Derivaten die nur chlorierten und einige teilweise fluorierte Produkte gehören, vermindern die Viskosität der Öle sehr stark und führen durch ihre selektiven und stark temperaturabhängigen Lösungseigenschaften zu der bekannten Ausflockung von Paraffinen aus den Öl-Kältemittel-

Gemischen (s. S. 157). Typische Vertreter der öllöslichen Kältemittel sind F11, F12, F21 und Methylchlorid.

Die gelöste Menge des Dampfes im Öl nimmt mit wachsendem Druck des Kältemittels und mit sinkender Temperatur des Öles zu. Ein zäheres Öl vermag bei gleicher Temperatur und gleichem Druck mehr Kältemittel zu lösen.

Durch das Lösen von Öl erfährt das Kältemittel eine Dampfdruckerniedrigung, deren Größe mit der Viskosität des Öls, wenn auch nur in geringem Maße abnimmt; das kann dazu führen, daß beim Stillstand der Kältemaschine die ganze Kältemittelfüllung in das Öl übergeht, d. h. sich z. B. im Kurbelgehäuse ansammelt. Ebenso wie die Löslichkeit der Kältemittel in paraffinbasischen Ölen geringer ist als in naphthenbasischen, ist auch die Auflösungsgeschwindigkeit in naphthenbasischen Ölen größer.

Die Gemischbildung zwischen Öl und Kältemitteln erfolgt nicht wie bei einer idealen Lösung — etwa nach den RAOULTschen Gesetzen —, sondern es tritt, vor allem bei höheren Temperaturen, zwischen den beiden Komponenten eine Komplexbildung ein[1]. Diese gibt sich durch eine deutliche *Volumkontraktion* beim Mischungsvorgang zu erkennen. Ebenso tritt eine *negative Wärmetönung* auf, der Mischungsvorgang ist also exotherm und es muß Wärme abgeführt werden, um die Temperatur konstant zu halten. Bei tiefen Temperaturen dagegen muß beim Mischungsvorgang Energie verbraucht werden, die Wärmetönung wird *positiv*, d. h. es muß Wärme zugeführt werden, um ein Absinken der Temperatur zu verhindern. Hier überwiegen die Bindungskräfte der Ölmoleküle untereinander und das Gemisch zeigt bevorzugt die Eigenschaften des Öls. In diesem Bereich tritt bei der Vermischung eine *Volumdilatation* auf.

Nach BOSWORTH[2] ist die Volumkontraktion bei naphthenbasischen Ölen geringer als bei paraffinbasischen; so zeigt F11 nur mit paraffinbasischen Ölen eine geringe Volumkontraktion. Die Mischbarkeit der Kältemittel mit den Ölen ergibt im Betrieb der Kältemaschinen Vor- und Nachteile. Wesentlich ist, daß hierauf bei der Konstruktion der einzelnen Teile der Kältemaschine Rücksicht genommen wird. So haben bei den öllöslichen Kältemitteln die Ölabscheider nur einen bedingten Wert. Die Rückführung des Öls aus dem Verdampfer ist meist auf einfache Weise möglich (vgl. S. 160). Vollständige Mischbarkeit verhindert Ölabscheidungen auf den Wärmeübergangsflächen im Verflüssiger und im Verdampfer. Schließlich wird durch das gelöste Kältemittel die Viskosität und der Stockpunkt erniedrigt, sowie die Kältefließfähigkeit der Öle verbessert. Diese Senkung ist im Regelorgan und im Verdampfer erwünscht, während ihr Einfluß im Kompressor gering ist und auf das Betriebsverhalten wenig Einfluß hat.

Dagegen hat der Betrieb von Kälteanlagen mit öllöslichen Kältemitteln auch gewisse Nachteile. So ist es z. B. infolge der niedrigen Viskosität und dem Ausdampfen des Kältemittels aus dem Schmierfilm bei Unterschreiten des Gleichgewichtsdruckes oder Überschreiten der Gleichgewichtstemperatur nicht immer möglich, hydrodynamische Vollschmierung zu gewährleisten; bei halbflüssiger Reibung weist das Öl-Kältemittel-Gemisch keine wesentliche Schmierfähigkeit mehr auf. Auch tritt ein Verlust an Kälteleistung dadurch ein, daß in dem mitgeführten Öl beim Austritt aus dem Verdampfer ein gewisser Anteil Kältemittel gelöst bleibt. Besonders bei tiefen Verdampfertemperaturen ergibt sich durch diese Eigenschaft der öllöslichen Kältemittel ein wesentlicher Verlust.

Durch den Einbau eines Wärmeaustauschers, in dem das flüssige Kältemittel hinter dem Kondensator durch den mit Öltropfen durchsetzten kalten Dampf vor dessen Eintritt in den Kompressor unterkühlt wird, kann dieser Verlust nur

---
[1] BAMBACH, G.: Abh. d. Dt. Kältetechn. Ver., Heft 9. Karlsruhe 1955. — Kältetechn. Bd. 7 (1955) S. 187. — [2] BOSWORTH, C. M.: Refrig. Engng. Bd. 60 (1952) S. 617.

teilweise aufgehoben werden. Schließlich muß auf das bei öllöslichen Kältemitteln besonders stark auftretende Aufschäumen des Öl-Kältemittel-Gemisches bei raschen Drucksenkungen beim jeweiligen Anlauf einer Kältemaschine nach längerem Stillstand konstruktiv besonders Rücksicht genommen werden.

o) **Trocknen und Entgasen der Öle.** Da Feuchtigkeit und die meisten Fremdgase sich in den Kältemitteln ungünstig auswirken, ist auch eine sorgfältige Trocknung und Entgasung der Kältemaschinenöle erforderlich. Die Aufbereitung kann in der Ölindustrie vor dem Abfüllen in wasserdampf- und gasdichte Behälter oder vom Verbraucher der Öle direkt vor dem Einfüllen in die Kältemaschinen vorgenommen werden. Hierbei ist zu beachten, daß Wasser und Gase von Ölen, die sich nicht in dichten Behältern, z. B. in verlöteten Kanistern befinden, aufgenommen werden. Kältemaschinenöle sind deshalb nach dem Trocknen und Entgasen unter Vakuum zu halten oder sie müssen in den Kältemaschinen nochmals entgast werden. Bei der Aufbewahrung unter Druck sollte man Kältemittel als Druckerzeuger verwenden, keinesfalls aber Luft und möglichst auch keinen Stickstoff. MARTIN und THOMPSON[1] haben den zeitlichen Verlauf der Aufnahme von Luft durch entgaste Öle von verschiedener Viskosität untersucht. Es zeigt sich, daß die Luftaufnahme in der Zeiteinheit und deren Endwert mit wachsender Viskosität der Öle abnimmt. Sauerstoff ist in Ölen stärker löslich als Stickstoff.

Zum Trocknen und Entgasen werden die Öle meist unter Erwärmen gefiltert und ins Vakuum fein versprüht[2], da erfahrungsgemäß ruhendes Öl nur sehr langsam entlüftet und noch schwerer getrocknet werden kann[3]. Das Verfahren ist aber im allgemeinen langwierig und der Erfolg ist vom Dampfdruck der Öle, der Leistungsfähigkeit der Vakuumpumpe und der Tropfengröße des ins Vakuum versprühten Öles abhängig. MARTIN und THOMPSON[1], die sich mit dem Filtern, Entgasen und Trocknen von Ölen in Laboratoriumsversuchen beschäftigt und hierzu eine besondere Apparatur entwickelt haben, fanden, daß suspendiertes Wasser nicht so leicht ausdampft wie gelöstes. Der Ölverlust liegt bei der angegebenen Temperatur und dem Druck von 0,1 bis 1 Torr selbst bei sehr dünnen Ölen unter 0,05%.

In den technischen Ausführungen von Öltrockenanlagen werden als Filter Papiere verwendet, wobei die ersten Lagen in der Filterpresse aus weichem, leicht saugfähigem, die letzte Lage aus hartem, nicht faserndem Papier bestehen; nach vierstündigem Vortrocknen bei 110° C werden sie zweckmäßig unter Öl aufbewahrt.

Nach CLARK[4] läßt sich in einer Trockenanlage mit Rahmenfilterpresse und Vakuumsprühkessel ein Öl mit 70 mg H_2O/kg selbst nach tagelangem Umlauf nicht unter 46 mg H_2O/kg trocknen. Der Wassergehalt der Öle soll praktisch auf Null herabgesetzt werden können, wenn man nach General Electric Co.[5] die Zwischenräume der Rahmenfilterpressen mit einer bei 200° C aktivierten Fullererde zur Wasseradsorption füllt oder nach KIEMSTEDT[6] Öl mit getrockneter Bleicherde verrührt, die anschließend abfiltriert wird. Kieselgel ist zum Trocknen von Ölen ebenfalls sehr gut geeignet, da es anorganische Verbindungen, wie Wasser, bevorzugt vor organischen aufnimmt. In einem mit Öl gesättigten Kieselgel wird das Öl infolgedessen durch Wasser verdrängt.

---

[1] MARTIN, R. G., u. C. N. THOMPSON: British Journal of Applied Physics Bd. 2 (1951) S. 222.
[2] STEINLE, H.: Kältetechn. Bd. 4 (1952) S. 28. — Werkstoffe u. Korrosion Bd. 3 (1952) S. 419. — [3] CLARK, F. M.: J. Franklin Inst. 215 (1933) S. 39.
[4] CLARK, F. M.: Electr. Engng., Trans. Bd. 59 (1940) S. 433.
[5] *General Electric Co.* Publication GEH 1031 (1937) S. 27 u. 436.
[6] KIEMSTEDT, H.: Öl u. Kohle Bd. 39 (1943) S. 617.

Die Kältemaschinenöle lassen sich heute mit einer guten Anlage ohne Schwierigkeiten unter 30 mg Wasser/kg trocknen. Meist werden Wassergehalte zwischen 10 und 20 mg/kg erreicht. Um die Viskosität des Öles beim Durchlauf in der Trockenanlage herabzusetzen und die Diffusionsgeschwindigkeit des Wassers im Öl zu erhöhen, wird das Öl erwärmt. Dabei dürfen, je nach dem Unterdruck im Vakuumsprühkessel, bestimmte Temperaturen nicht überschritten werden, um ein Abdampfen niedrig siedender Ölbestandteile im Vakuum zu vermindern. Evers[1] hat die betreffenden Temperaturgrenzen in Abhängigkeit vom Druck festgelegt. Durch die Anwendung des Kieselgeltrockners im Kreislauf mit der Rahmenfilterpresse und dem Vakuumsprühkessel kann die Temperatur niedriger gewählt werden.

p) Anforderungen an Kältemaschinenöle. Die Auswahl der Öle für Kältemaschinen hat sich grundsätzlich nach dem Kältemittel, der Maschinenbauart und ihrer Betriebsweise sowie nach den auftretenden Betriebsbedingungen zu richten. Richtlinien für Kältemaschinenöle sind in Deutschland durch die Norm DIN 51503, Anforderungen an Schmiermittel, Kältemaschinenöle, vorgezeichnet,

Tabelle 48. *Grenzwerte für Kältemaschinenöle nach DIN 51503.*

Prüfung auf	Grenzwerte			Prüfung nach
	Gruppe A	Gruppe B	Gruppe C	
Aussehen	klar			
Flammpunkt	nicht unter 160°C			DIN 51584
Neutralisationszahl mg KOH/g	nicht über 0,08; frei von Mineralsäure und Alkali			DIN 51558
Verseifungszahl mg KOH/g	nicht über 0,2			DIN 51559
Aschegehalt Gew.-%	nicht über 0,01			DIN 51575
Kältefließfähigkeit im U-Rohr	bei −25°C fließend			U-Rohr-Methode d. Eisenbahn[2]
Wassergehalt	In Kesselwagen angelieferte Öle dürfen nach Ablassen von 10 l des Kesselinhaltes kein abgesetztes Wasser enthalten. In Fässern angelieferte Öle dürfen nicht mehr als 0,1% Wasser, in wasserdampfdichten Kleingebinden nicht mehr als 0,003% Wasser enthalten.			DIN 51552
Hartasphalt Gew.-%	0	—	—	DIN 51557
Kältemittelbeständigkeit	—	über 96 Stdn.		DIN 51593
F 12-Unlösliches Gew.-%	—	nicht über 0,5	nicht über 0,05	DIN 51590
Viskosität bei +20°C	nicht unter 33 cSt bzw. nicht unter 4,5 E	nicht unter 76 cSt bzw. nicht unter 10 E		DIN 51550
Viskosität bei +50°C	nicht unter 10 cSt bzw. nicht unter 1,8 E	nicht unter 17 cSt bzw. nicht unter 2,5 E		

---
[1] Evers, F.: Wiss. Veröff. Siemens-Konz. Bd. 4 (1925) S. 324.
[2] Zerbe, C.: Mineralöle und verwandte Produkte S. 42. Berlin: Springer 1952.

nach der für Öle, die mit Kältemitteln in Berührung kommen, nur ungefettete Raffinate verwendet werden sollen. Entsprechend dem verschiedenen Verhalten der Kältemittel gegenüber den Ölen werden drei Gruppen von Kältemaschinenölen unterschieden (vgl. auch S. 181):

Gruppe A für die Verwendung mit ölunlöslichen Kältemitteln, z. B. Ammoniak, Kohlendioxyd, F13, F23.

Gruppe B für Schwefeldioxyd.

Gruppe C für die Verwendung mit öllöslichen Kältemitteln, z. B. F11, F12, F21, F22 und Methylchlorid.

Es gelten in Deutschland die in Tab. 48 angegebenen Grenzwerte für die verschiedenen Eigenschaften bzw. Gehalte.

In den USA sind vom Federal Specification Board (FSB) gemeinsam mit der American Society for Testing Materials (ASTM) ebenfalls Richtlinien für Kältemaschinenöle und ihre Prüfung erlassen worden; die darin enthaltenen Werte sind in Tab. 49 zusammengestellt. Danach sollen nur reine Raffinate ohne jeden Zusatz von fetten Ölen, Fettsäuren, Harzen, Seifen und Nichtkohlenwasserstoffen verwendet werden.

Tabelle 49.
Federal Specification VV-0-581, Anforderungen an Kältemaschinenöle, vom 6. November 1934.

Bezeichnung	8	10	20	30	40
Viskosität in SAYBOLT-Sek. bei 130°F	70—90	90—120	120—145	185—205	245—280
E bei 54,4°C	2,1—2,7	2,7—3,5	3,5—4,2	5,4—6	7,1—8
Flammpunkt °C über	157	162	171	177	178
Fließpunkt °C unter	—23,3	—17,8	—17,8	—17,8	—12,2
Kohlerückstand unter %	0,1	0,2	0,3	0,4	0,5
Neutralisationszahl unter	0,1	0,1	0,1	0,1	0,1
Korrosion	keine	keine	keine	keine	keine

Zur Ermittlung dieser Eigenschaften sind die erforderlichen Prüfverfahren in der Federal Specification VV-0-581 genannt und in der Specification VV-L-791a zusammengefaßt.

Für England sind jetzt im British Standard 2626 vom Jahre 1955 Normen für Anforderungen an Kältemaschinenöle erschienen. Sie gelten für alle Arten von Kältemaschinen für Betriebstemperaturen von —40 bis +150°C beim Arbeiten mit CO_2, NH_3, SO_2 und den halogenierten Kohlenwasserstoffen als Kältemittel.

Für die verschiedenen Kältemaschinen schlägt BOSWORTH[1] die in Tab. 50 genannten Grundöltypen vor. Für tiefe Verdampfungstemperaturen unter —25°C ist die Verwendung naphthenbasischer Öle mit Rücksicht auf ihre Paraffinfreiheit und ihr gegenüber paraffinbasischen Ölen besseres Kälteverhalten in jedem Falle angebracht. Syntheseöle zeigen nach BOSWORTH ein z. T. ganz anderes Verhalten gegenüber den Kältemitteln hinsichtlich Löslichkeit und der chemischen Reaktion als die Mineralöle. Nach DIN 51503 dürfen die wesentlichen dort festgelegten Prüfmethoden auch für synthetische Öle verwendet werden, während die Grenzwerte je nach dem Produkt abgeändert werden müssen. Die Anwendung von Syntheseölen beschränkt sich bis heute auf ausgesprochene Spezialfälle.

---

[1] BOSWORTH, C. M.: Refrig. Engng. Bd. 60 (1952) S. 617.

Tabelle 50. *Kältemaschinenöle nach* BOSWORTH.

Gebiet	Bauart des Kompressors	Kältemittel	Grundölbasis
Haushalt und Klimageräte, Gewerbe	Rollkolben und hin- und hergehende Kolben	Freone und Chlorkohlenwasserstoffe, z. B. CH_3Cl, Carrene usw.	Paraffinbasische oder naphthenbasische Öle
Tieftemperaturanlagen	alle Bauarten	Freone und Chlorkohlenwasserstoffe	Naphthenbasische Öle
Großkälte	hin- und hergehende Kolben	Ammoniak Kohlendioxyd	Naphthenbasische Öle
Kleinkältemaschinen	alle Bauarten	Schwefeldioxyd	Paraffinbasische oder naphthenbasische Öle

6. Zersetzung.

Die chemische Stabilität der Kältemittel in dem in der Kältemaschine vorkommenden Temperatur- und Druckbereich ist eine der Grundforderungen, der unter allen Umständen entsprochen werden muß. Im Falle der Zersetzung innerhalb des Kältemittelkreislaufes entstehen vielfach nichtkondensierbare Fremdgase, die eine Druckerhöhung im Verflüssiger verursachen. Ferner bilden sich auch chemisch aggressive Spaltprodukte, z. B. Halogene und Halogenwasserstoffsäuren aus den halogenierten Kohlenwasserstoffen, welche die Baustoffe und das Öl angreifen.

Die Zersetzung der Kältemittel nimmt mit wachsender Temperatur zu; da die Verdichtung im Kompressor nahezu adiabatisch vor sich geht, sind große Druckverhältnisse in einer Stufe zu vermeiden, auch empfiehlt es sich, die Zylinderwandungen und das Druckventilgehäuse mit Wasser oder Luft (Kühlrippen) zu kühlen. Daneben ist aber noch die katalytische Wirkung der als Baustoffe benutzten Metalle zu beachten. Diese Katalyse ist aber bei den verschiedenen Kältemitteln sehr unterschiedlich und wird deshalb im Teil II, dieses Bandes bei den einzelnen Kältemitteln behandelt.

Bei zahlreichen Kältemitteln sind die Zerfallsprodukte leicht brennbar oder giftig, und sie können infolge von Undichtigkeiten aus der Kältemaschine entweichen. Bei der Berührung mit einer offenen Flamme oder durch Funken elektrischer Schalter können sie dann Explosionen verursachen. Im Falle der Giftigkeit können sie Leben und Kühlgut gefährden. Diese Eigenschaften der Kältemittel werden im Teil II besprochen.

7. Brennbarkeit, Explosionsgrenzen.

Die Frage der Brennbarkeit von Kältemitteln ist mit Rücksicht auf die Unfallverhütung beim Betrieb von Kältemaschinen und Kälteanlagen von Bedeutung. Insbesondere, wenn es sich um Großanlagen mit einer großen Füllung handelt, kann es als Folge einer Undichtigkeit dazu kommen, daß auch in größeren Räumen eine Konzentration des Kältemittels erreicht wird, die an offenen Flammen oder an Funken (z. B. Bürstenfeuer eines Elektromotors, Abreißfunke beim Schalten elektrischer Geräte) zur explosionsartigen Verbrennung des Kältemittel-Luft-Gemisches führt.

Darüber hinaus besteht die Explosionsgefahr bei Kältemaschinen mit brennbaren Kältemitteln auch dann, wenn beim Arbeiten mit Saugdrücken unter 1 Atm infolge einer Undichtigkeit so viel Luft in die Maschine eindringt, daß die Explosionsgrenze erreicht wird. Dabei ist es von Bedeutung zu wissen, wie sich die Explosionsgrenzen von verdichteten Gasgemischen gegenüber denjenigen bei Atmosphärendruck verändern. Versuchsergebnisse hierüber sind jedoch kaum bekannt. MAYER[1] teilt mit, daß die Explosionsgrenzen von Äthan, die bei 1 Atm 3,1 bis 12,5 Vol.-% in Luft betragen, bei 21 Atm zwischen 3 und 97 Vol.-% liegen. Zur Verringerung der Explosionsgefahr leicht brennbarer Kältemittel wurde von SAYERS und Mitarbeitern[2] und auch von VAN DEVENTER[3] vorgeschlagen, diese mit anderen schwer oder gar nicht entzündbaren Stoffen zu mischen.

Die vorliegenden Versuchsergebnisse über die Explosionsgrenzen von Kältemittel-Luft-Gemischen weisen für die einzelnen Kältemittel z. T. recht erhebliche Unterschiede auf, die vor allem auf Unterschiede in der Meßapparatur zurückzuführen sind. So bedienen sich die Underwriters Laboratories in USA[4] der Versuchsanordnung nach Abb. 68. In die Bombe a mit einem Nettoinhalt von 1,15 l, die von einem gleichmäßig geheizten Ölbad b umgeben ist, werden brennbare Gemische durch das Rohr c eingeleitet und mit einem Induktionsfunken der Funkenstrecke d gezündet. Das Rohr e führt zu einem Druckmesser, um die Explosionsdrücke zu messen.

Ein weiteres Gerät zur Bestimmung der Explosionsgrenzen von Kältemitteln wurde von JONES vorgeschlagen[5].

In der Tab. 51 sind die in der Literatur verstreuten Angaben über Explosionsgrenzen von Kältemitteln und von einigen in der Kältemaschinenfertigung gebräuchlichen Hilfsstoffen zusammengestellt.

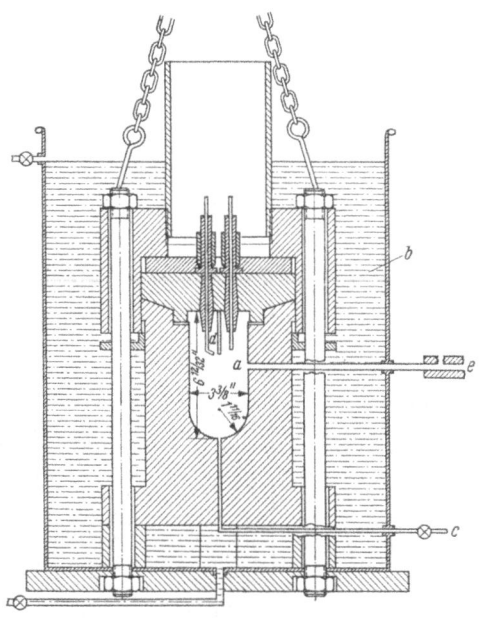

Abb. 68. Apparatur zur Ermittlung der Explosionsgrenzen von Kältemitteln (Underwriters Laboratories).
a Bombe; b Ölbad; c Einleitungsrohr; d Funkenstrecke; e Anschluß für Druckmesser.

Die Brennbarkeit und Explosionsgefährlichkeit der Kältemittel ist sehr verschieden. Absolut unbrennbar sind vor allem das Kohlendioxyd (CO_2) und das Schwefeldioxyd (SO_2). Am feuergefährlichsten sind die reinen Kohlenwasserstoffe Äthan, Äthylen, Propan, Butan und Isobutan. Mit zunehmender Halogenierung — Chlorierung und/oder Fluorierung — nimmt die Brennbarkeit ab. Die nur teilweise mit Halogenen substituierten Kohlenwasserstoffe wie Methylchlorid (CH_3Cl), Äthylchlorid (C_2H_5Cl) und die entsprechenden Bromide sind im Gemisch mit Luft in bestimmten Grenzen brennbar. Ganz allgemein sind die Fluor-Chlor-Derivate ohne Wasserstoff nicht brennbar und auch nicht explosiv. Sie werden aber in Flammen thermisch gespalten. Ammoniak ist in bestimmten Grenzen beim Mischen mit Luft brennbar und explosiv.

---

[1] MAYER, J. J.: Power Bd. 81 (1937) S. 308.
[2] SAYERS, R. R., W. P. YANT, G. B. H. THOMAS u. L. B. BERGER: U.S. Bureau of Mines, Public Health Bulletin Nr. 185 (1929).
[3] VAN DEVENTER, A. M.: Explosiviteit van Koelmedia. Diss. Univ. Leyden (1936).
[4] *Underwriters Laboratories Inc.*; Miscellaneous Hazard Nr. 2375 vom 13. Nov. 1933.
[5] JONES, G. W.: Industr. Engng. Chem. Bd. 20 (1928) S. 367.

Tabelle 51. *Explosionseigenschaften von Kältemitteln und Lösungsmitteln bei 20° C mit Luft bei 1 Atm.*

Stoff	Formel	Explosionsgrenzen Vol.-%		Explosionsgrenzen g/m³ Luft		Maximaler Explosionsdruck kg/cm²	Zeit bis Erreichen des maximalen Druckes sek	Literatur
		untere	obere	untere	obere			
Azeton	C_3H_6O	1,6	15,3	38	368	—	—	
Azetylen	C_2H_2	2,5	80	27	860	—	—	
Äthan	C_2H_6	3,1	12,5	39	156	—	—	
		3,22	12,45	—	—	—	—	[1]
		3,3	10,6	—	—	—	—	[2][3]
Äthylalkohol	C_2H_5OH	3,3	19,0	63	360	—	—	
Äthylbromid	C_2H_5Br	6,75	11,25	305	510	—	—	[4]
		6,0	11,0	—	—	—	—	[3]
Äthylchlorid	C_2H_5Cl	4,0	15	107	400	—	—	
		3,7	12,0	—	—	6,1	0,028	[3]
		4,0	14,8	—	—	—	—	[4]
Äthylen	C_2H_4	3,0	34	35	398	—	—	
Äthylenchlorid	$C_2H_4Cl_2$	6,2	15,9	255	655	—	—	
Ammoniak	NH_3	16	25	—	—	3,5	0,175	[3]
		16,1	26,4	—	—	—	—	[5]
		13,1	27	—	—	—	—	
Butan	C_4H_{10}	1,86	8,41	—	—	—	—	[1]
		1,6	6,5	—	—	7,4	0,027	[3]
Benzin		1,4	6,0	—	—	—	—	[3]
Benzol	C_6H_6	1,4	8	45	260	—	—	
Diäthyläther	$(C_2H_5)_2O$	1,2	48	37	1475	—	—	
Dichloräthylen	$C_2H_2Cl_2$	5,6	11,4	—	—	5,4	0,095	[6]
Dimethyläther	$(CH_3)_2O$	3,5	12,5	—	—	—	—	
F 11	$CFCl_3$	nicht brennbar		—	—	—	—	[2]
F 12	CF_2Cl_2	nicht brennbar		—	—	—	—	[2]
F 13	CF_3Cl	nicht brennbar		—	—	—	—	
F 21	$CHFCl_2$	nicht brennbar schwach flammbar		—	—	—	—	[2]
F 22	CHF_2Cl	nicht brennbar		—	—	—	—	[2]
F 23	CHF_3	nicht brennbar		—	—	—	—	
F 113	$C_2F_3Cl_3$	nicht brennbar		—	—	—	—	[2]
F 114	$C_2F_4Cl_2$	nicht brennbar		—	—	—	—	
F 142	$C_2H_3F_2Cl$	10,6	15,1	—	—	—	—	
n-Hexan	C_6H_{14}	1,25	7	45	250	—	—	
Kohlendioxyd	CO_2	nicht brennbar		—	—	—	—	
Kohlenmonoxyd	CO	12,5	75	145	870	—	—	
Leuchtgas	—	5	36	—	—	—	—	
Methan	CH_4	5	14	33	93	—	—	
		5—7	21—31	—	—	—	—	[3]
Methylalkohol	CH_3OH	5,5	36,5	73	485	—	—	
Methylbromid	CH_3Br	13,5	14,5	533	572	—	—	[4]
Methylchlorid	CH_3Cl	8,25	18,7	172	398	—	—	[4]
		8,1	17,2	—	—	4,85	0,110	[6]
Methylformiat	$H \cdot COOCH_3$	5	28	—	—	—	—	
		4,5	20	—	—	6,8	0,026	[3]
Methylenchlorid	CH_2Cl_2	nicht brennbar		—	—	—	—	
Propan	C_3H_8	2,3	9,5	42	174	—	—	[1]
		2,3	7,3	—	—	—	—	[3]
Schwefeldioxyd	SO_2	nicht brennbar		—	—	—	—	
Schwefelkohlenstoff	CS_2	1	50	—	—	—	—	
Stickoxydul	N_2O	nicht brennbar		—	—	—	—	
Toluol	C_7H_8	1,3	7	50	268	—	—	
Wasserstoff	H_2	4,1	75	3,4	62	—	—	

[1] COWARD, JONES, DUNKLE u. HESS: Min. metall. Invest., Carnegie Inst. of Techn; Bull. 30 (1926).
[2] American Society of Refrigerating Engineers; The Refrig. Data Book, Basic Volume, VI. Ed. 1949.
[3] *Underwriters Laboratories Inc.*; Miscellaneous Hazard Nr. 2375 vom 13. Nov. 1933.
[4] JONES, G. W.: Industr. Engng. Chem. Bd. 20 (1928) S. 367.
[5] WHITE, J.: J. chem. Soc. (London) Bd. 121 (1922) S. 1244, 1688, 2561.
[6] THOMPSON, R. J.: Refrig. Engng. Bd. 44 (1942) S. 311.

Brennbarkeit, Explosionsgrenzen.

Neben engen Explosionsgrenzen ist noch eine möglichst hohe Zündtemperatur der Kältemittel erwünscht.

Die American Society of Refrigerating Engineers hat Sicherheitsvorschriften für Kälteanlagen ausgearbeitet, die unter der Bezeichnung „Safety code for mechanical refrigeration" als ASRE-Circular Nr.15-R im Jahre 1950 bekanntgegeben

Tabelle 52. *Höchstzulässige Kältemittelmengen in Kältemaschinen mit brennbaren Kältemitteln*[1].

Kältemittel	Formel	Höchstwert in kg/m³ Raum
Butan	C_4H_{10}	0,040
Äthan	C_2H_6	0,040
Äthylchlorid .	C_2H_5Cl	0,096
Äthylen ...	C_2H_4	0,032
Isobutan ...	$(CH_3)_3CH$	0,040
Methylchlorid .	CH_3Cl	0,160
Methylformiat .	$H \cdot COOCH_3$	0,112
Propan	C_3H_8	0,040

[1] Siehe Fußnote 1 S. 190.

Tabelle 53. *Zulässige Kältemittelmengen in Kältemaschinen für verschiedene Anlagen und verschiedene Kältemittel* (nach ASRE-Circular Nr. 15-R).

Gruppe	Kältemittel	Formel	Höchstmenge Kältemittel in kg/m³ Raum für Anlagen mit direkter Verdampfung			
1	Kohlendioxyd	CO_2	0,176			
	F 11	$CFCl_3$	0,560			
	F 12	CF_2Cl_2	0,496			
	F 21	$CHFCl_2$	0,208			
	F 22	CHF_2Cl	0,352			
	F 113	$C_2F_3Cl_3$	0,384			
	F 114	$C_2F_4Cl_2$	0,705			
	Methylenchlorid	CH_2Cl_2	0,096			
			Höchstmenge Kältemittel in kg für Anlagen mit direkter Verdampfung[1]			
			Kältemaschinenart	in Hospitälern, Behörden u. a.	in öffentlichen Versammlungsräumen	in Wohnräumen	in gewerblichen Räumen
2	Ammoniak ..	NH_3	Fertig zusammengebaute Maschinen (Unit or self contained system) Sonstige Kältemaschinen:	0	0[2]	2,7	9,1
	Dichloräthylen	$C_2H_2Cl_2$					
	Äthylchlorid .	C_2H_5Cl					
	Methylchlorid .	CH_3Cl					
	Methylformiat	$H \cdot COOCH_3$					
	Schwefeldioxyd	SO_2	a) in gewöhnlichen Maschinenräumen[3]	0	0	136	272
			b) in Maschinenräumen mit bes. Sicherheitsvorrichtungen[4]	227	454	unbegrenzt	

[1] Systeme mit direkter Verdampfung, die Kältemittel der Gruppe 2 enthalten, sollen nicht zur Klimatisierung von Räumen in öffentlichen Gebäuden, in öffentlichen Versammlungsräumen und Wohnräumen verwendet werden und in gewerblichen Räumen nur dann, wenn sie weniger als 9,1 kg Kältemittel der Gruppe 2 enthalten.
[2] 2,7 kg sind zulässig, wenn die Anlagen in Küchen, Laboratorien oder Leichenhallen für andere Zwecke als zur Klimatisierung dieser Räume, in denen sich Menschen aufhalten, verwendet werden.
[3] Ein gewöhnlicher Maschinenraum ist ein solcher, in dem eine Kälteanlage eingebaut ist und betrieben wird; hierzu zählen nicht Räume, in denen sich Verdampfer befinden, wie z.B. Kühlräume. Kühlschränke, die sich in einem Raum befinden oder sich nach einem solchen öffnen, sollen nicht als Maschinenraum gelten, sondern als Teil des Maschinenraumes, in dem sie sich befinden oder nach dem sie sich öffnen.
[4] Maschinenraum mit besonderen Sicherheitsvorrichtungen: In ihm dürfen keine flammenerzeugenden Apparate aufgestellt und betrieben werden. Es gelten folgende Vorschriften: Selbstschließende, genau passende, anerkannte Feuertüren, Wände, Böden und Decke sollen mindestens 1 Stunde dem Feuer widerstehen, ohne sich zu entzünden. Eine Tür soll direkt ins Freie oder in einen Vorraum mit selbstschließenden, genau passenden Türen führen. Falls Öffnungen nach außen vorhanden sind, dürfen sie sich nicht unterhalb einer Feuerleiter oder offenen Treppe befinden. Rohre, die durch Innenwände, Decke oder Boden des Raumes hindurch geführt werden, müssen von diesen dicht umschlossen sein. Der Notschalter für den Kompressorantrieb muß unmittelbar außerhalb des Maschinenraumes sein. Es müssen mechanische Lüftungsvorrichtungen vorhanden sein; ein Schalter hierfür soll ebenfalls unmittelbar außerhalb des Maschinenraumes liegen.

wurden[1]. Diese Vorschriften gehen sehr ins einzelne, es muß daher auf sie verwiesen werden, und es können an dieser Stelle nur einige wichtige Bestimmungen herausgegriffen werden. Die Vorschriften beziehen sich sowohl auf die Brennbarkeit als auch auf die Giftigkeit der Kältemittel (s. S. 191). Wenn in den Räumen, in denen sich Kältemaschinen oder deren Teile befinden, von den brennbaren Kältemitteln größere Mengen als in Tab. 52 angegeben je m³ Raum enthalten sind, dann dürfen in solchen Räumen keine Vorrichtungen, die offene Flammen erzeugen, und keine heißen Flächen über 430° C zugelassen werden; die elektrischen Ausrüstungen müssen den strengsten gültigen Vorschriften entsprechen. Butan, Äthan, Äthylen, Isobutan und Propan sollen nicht in Krankenhäusern, Sanatorien, Behörden, öffentlichen Versammlungsräumen, Wohnräumen und gewerblichen Räumen verwendet werden; ausgenommen sind Laboratorien, in denen fertig zusammengebaute Anlagen (self contained system) mit Kältemittelfüllungen bis 2,7 kg (6 lb) zugelassen sind.

Die Kältemittel werden in 3 Gruppen eingeteilt, wobei die Kohlenwasserstoffe in die Gruppe 3 eingereiht sind; über sie ist schon oben das Wichtigste gesagt worden. Die beiden anderen Gruppen sind in Tab. 53 zusammengestellt, wobei Gruppe 1 die nichtbrennbaren Kältemittel enthält. Die zulässigen Mengen in diesen beiden Gruppen gelten vorwiegend der Vermeidung von Vergiftungsgefahr und werden daher S. 191 behandelt. Bei denjenigen Kältemitteln der Gruppe 2, die auch brennbar sind, beziehen sich die Höchstmengen auch auf die Feuergefahr. Um Explosionen brennbarer Kältemittel in Kältemaschinen auszuschließen, ist es vor allem in Großanlagen ratsam, dafür zu sorgen, daß beim Anstieg des Kondensatordruckes über den Sättigungsdruck des reinen Kältemittels das Fremdgas sofort sorgfältig entfernt wird.

VII. Physiologische Eigenschaften.

Der Frage nach der Wirkung der Kältemittel auf lebende Organismen und Kühlgut kommt insofern eine große Bedeutung zu, als trotz sorgfältiger Vorkehrungen doch damit gerechnet werden muß, daß die das Kältemittel enthaltende Anlage an irgendeiner Stelle undicht werden kann. In erster Linie kommt dies an den Stopfbüchsen und Gleitringdichtungen in Frage, aber auch an Flanschverbindungen und anderen Verbindungsstellen kann es zu Undichtigkeiten kommen, deren Folge das Ausströmen einer größeren oder kleineren Kältemittelmenge in den Raum ist. In Chicago traten z. B. Ende der zwanziger Jahre mehrere tödliche Unfälle durch Methylchlorid auf, das einer zentralen Kühlanlage in einem Wohnhaus entströmte[2]. Solche Unfälle förderten die Bemühungen, ungiftige Kältemittel zu suchen, die dann auch bald in den Freonen gefunden wurden. Gleichzeitig befaßte man sich in den USA mit Maßnahmen zur Vermeidung gesundheitlicher Schäden durch undichte Kältemaschinen, die im Safety Code der ASRE (ASRE-Circular Nr. 15-R von 1950) zusammengestellt wurden[1].

Für die einzelnen Gruppen der Kältemittel sind in Tab. 53 bestimmte Vorschriften für die Verwendung in öffentlichen und gewerblichen Räumen festgelegt, die sich vor allem auf die zulässigen Höchstmengen in einem geschlossenen Kältesystem beziehen.

Die Kältemittel der Gruppe 1 (Tab. 53) sind ungiftig oder nur sehr schwach giftig, verdrängen aber den Sauerstoff der Luft und führen dadurch zu Gefahren, wenn ihr Gehalt in der Atemluft bestimmte Grenzen übersteigt. Wenn sich Teile

---

[1] Der endgültige Entwurf ist dem Mai-Heft von Refrig. Engng. Bd. 58 (1950) beigegeben. — Vgl. auch TH. E. SCHMIDT: Kältetechn. Bd. 1 (1949) S. 161.
[2] Ice and Refrigeration, Aug. 1929 S. 80.

eines Systems, die solche Kältemittel enthalten, in einem oder mehreren geschlossenen Räumen befinden, soll das Volum des *kleinsten* geschlossenen, von Menschen bewohnten Raumes dazu benutzt werden, die zulässige Kältemittelmenge in dem System zu bestimmen. Der Maschinenraum ist von dieser Betrachtung ausgeschlossen.

Wenn sich der Verdampfer mit Kältemitteln der Gruppe 1 in einem Luftkanalsystem befindet, soll das Volum des kleinsten von Menschen bewohnten, geschlossenen Raumes, der von dem Luftkanalsystem versorgt wird, dazu benutzt werden, die in dem System zulässige Kältemittelmenge zu bestimmen; wenn jedoch der Luftstrom nach verschiedenen geschlossenen Räumen, die von dem Luftkanalsystem versorgt werden, nicht abgesperrt oder auf ein Viertel seines Maximalvolums herabgesetzt werden kann, so kann das Volum aller dieser Räume zusammen, die durch das Luftkanalsystem versorgt werden, dazu benutzt werden, um die in der Anlage zulässige Kältemittelmenge zu bestimmen.

Die Kältemittel der Gruppe 2 sind mehr oder weniger gesundheitsschädlich. Ihre Anwendung ist daher zum Teil ganz untersagt.

Darüber hinaus sind gewisse Anforderungen bezüglich der Giftigkeit, Warnfähigkeit und Paniksicherheit und der Einwirkung der Kältemittel auf Kühlgüter zu stellen.

1. Giftigkeit.

Unter Giftigkeit sollen nur die spezifisch gesundheitsschädlichen Eigenschaften der Kältemittel in der Atemluft oder bei direkter Berührung verstanden werden. Viele der gebräuchlichen Kältemittel sind schwere Atmungsgifte, aber auch die in dieser Beziehung harmlosen Stoffe können bei entsprechender Konzentration durch Verdrängung des Luftsauerstoffes zu Unfällen führen, wenn sie in Aufenthaltsräume von Menschen gelangen. Es können dann je nach der Art des Kältemittels, seiner Konzentration in der Atemluft und nach der Dauer der Einwirkung unter Umständen schwere Vergiftungen und Schädigungen der Schleimhäute auftreten, die auch den Tod nach sich ziehen können. Beim Verspritzen von flüssigen Kältemitteln sind die Augen und die Haut gefährdet.

Um Vergiftungs- und anderen Schäden entgegenzuwirken, wurden in den einzelnen Ländern — insbesondere in den USA — sowohl entsprechende konstruktive Maßnahmen ergriffen als auch amtliche Sicherheitsvorschriften für den Betrieb von Kälteanlagen erlassen. So hat man z. B. die früher übliche Ausführung von Zentralkälteanlagen mit direkter Verdampfung in großen Mietshäusern verlassen; an ihre Stelle traten Anlagen mit Soleumlauf oder Einzelanlagen für jede Wohnung. Mit zunehmender Verbreitung der Klimaanlagen in Lichtspielhäusern, Fabriken, Bürohäusern, Wohn- und Aufenthaltsräumen wurde der gesundheitsschädlichen Wirkung mancher Kältemittel besondere Aufmerksamkeit geschenkt. Dabei ist erstmalig in den USA der Begriff der „Paniksicherheit" eines Kältemittels geprägt worden.

Ein ungiftiges Kältemittel ist selbstverständlich einem giftigen bei sonst gleichen oder ähnlichen Eigenschaften vorzuziehen. Der Vergleich zweier giftiger Kältemittel untereinander ist dagegen schon deshalb schwierig, weil hierbei nicht allein die Giftigkeit, sondern auch die Warnfähigkeit mit in Betracht gezogen werden muß, um die akute Gefährlichkeit festzustellen. In den USA wurde von den Underwriters Laboratories[1] eine bestimmte Klassifikation von Kältemitteln allein mit Rücksicht auf ihre Giftigkeit vorgenommen. Die Klasse 1 umfaßt die giftigsten, die Klasse 6 die am wenigsten giftigen bzw. überhaupt ungiftigen

---

[1] *Underwriters Laboratories Inc.*: Miscellaneous Hazard Report Nr. 2375 vom 13. Nov. 1933.

Kältemittel. Die Eingliederung der Kältemittel in die einzelnen Klassen wurde auf Grund der Einwirkung ihrer Dämpfe auf Meerschweinchen vorgenommen.

Klasse 1 (SO_2).
Konzentrationen von $1/2$ bis 1 Vol.-% wirken innerhalb von 5 Minuten tödlich.

Klasse 2 (NH_3; CH_3Br).
Konzentrationen von $1/2$ bis 1 Vol.-% wirken in 60 Minuten tödlich.

Klasse 3 (CCl_4; $CHCl_3$; $HCOOCH_3$).
Konzentrationen von 2 bis 2,5 Vol.-% wirken in einer Stunde tödlich oder rufen dauernde Schädigungen hervor.

Klasse 4 ($C_2H_2Cl_2$; C_2H_5Br; CH_3Cl; CH_2Cl_2; C_2H_5Cl).
Konzentrationen von 2 bis 2,5 Vol.-% üben erst in 2 Stunden schädliche Wirkungen aus.

Klasse 5 (CO_2; $CFCl_3$; $C_2F_3Cl_3$; C_2H_4; C_2H_6; C_3H_8; C_4H_{10}; CHF_2Cl).
Konzentrationen bis zu 20 Vol.-% rufen in 2 Stunden keine Schädigung hervor.

Klasse 6 (CF_2Cl_2; $C_2F_4Cl_2$).
Konzentrationen von über 20 Vol.-% üben in 2 Stunden keine spezifische Wirkung aus.

Die verwendete Versuchsanordnung stammt von CALCOTT und KEHOE[1], die auch die Arbeitsweise festlegten. Tab. 54 gibt einige Ergebnisse solcher Versuche mit Meerschweinchen wieder; das umfangreiche Material der Underwriters

Tabelle 54. *Einfluß von Kältemitteln auf Versuchstiere.*

Kältemittel	Kältemittel in Raumluft Vol.-%	Schicksal der Tiere	
		Tod des 1. Tieres nach	Tod des 2. Tieres nach
Methylchlorid	8,5	3 Std. 3 Min.	3 Std. 33 Min.
	3,3	6 Std. 30 Min.	6 Std. 30 Min.
Methylenchlorid	5,0	1 Std. 42 Min.	2 Std. 20 Min.
	3,3	2 Std. 55 Min.	3 Std. 2 Min.
Tetrachlorkohlenstoff . . .	2,7	0 Std. 47 Min.	1 Std. 30 Min.
Kohlendioxyd	9,9	Beide Tiere nach 6 Std. lebend	
F 12	20,0	Beide Tiere nach 7 Std. lebend	

Laboratories[2] kann hier nur mit anderen Zahlenangaben zusammengefaßt gebracht werden[3]. In Tab. 55 sind die Grenzkonzentrationen der gebräuchlichen Kälte- und Lösungsmittel angegeben, die im gas- oder dampfförmigen Zustand in Luft unschädlich sind bzw. schädigend oder tödlich wirken.

Einige Stoffe, die in höherer Konzentration bei sehr kurzer Einwirkung eine verhältnismäßig geringe toxische Wirkung zeigen, können bei langer Einwirkungszeit in relativ niederer Konzentration recht gefährlich sein. Eine erhebliche Rolle für den Gefahrengrad der Kältemittel spielt ferner der Betriebsdruck und die Neigung, durch feinste Undichtigkeiten auszuströmen sowie die Reiz- und Warnwirkung. Nur dadurch ist es zu erklären, daß z. B. durch das giftigste Kältemittel SO_2 und auch durch Ammoniak nur wenig Todesfälle verursacht werden. Sie haben starke Reiz- und Warnwirkung und geringe Neigung, durch feinste

---

[1] CALCOTT, W. S., u. R. A. KEHOE: Tests to show toxic, irritant and fire characteristics of certain well known refrigerants, Kinetic Chemicals Inc. Wilmington, Del., Okt. 1931.
[2] *Underwriters Laboratories Inc.*: Miscellaneous Hazard Report Nr. 2375 vom 13. Nov. 1933.
[3] British Standard Code of Practice: CP 406 (1951), Mech. Refrig. — H. D. EDWARDS: Refrig. Engng. Bd. 11 (1924) S. 95. U.S. Bureau of Mines; Report of Investigation Nr. 3185 von 1931.

Undichtigkeiten zu entweichen. EUSTIS[1] gibt die in der Stadt New York in 19 Jahren, von 1918 bis 1936, durch Kältemittel verursachten Todesfälle mit

3 durch Schwefeldioxyd,
15 durch Ammoniak und
18 durch Kohlendioxyd an.

Dem stehen in der gleichen Zeit

255 durch Kohlenmonoxyd und
8176 durch Leuchtgas

verursachte tödliche Unfälle gegenüber, wobei die Selbstmordfälle nicht mitgerechnet sind. Eine einwandfreie Bewertung dieser Zahlen ist zwar nicht möglich, da die Zahl der mit den einzelnen Kältemitteln arbeitenden Kältemaschinen, ihre Füllmengen und die Dauer ihres Betriebes nicht bekannt sind. Es kann jedoch mit Sicherheit angenommen werden, daß die Anzahl der Kohlendioxyd-Kältemaschinen bedeutend geringer war als die Anzahl der Ammoniak-Kältemaschinen, so daß man über die Gefährlichkeit der einzelnen Kältemittel schon ein ungefähres Bild gewinnen kann. Es zeigt sich, daß das ungiftige Kohlendioxyd infolge der fehlenden Warnfähigkeit gefährlicher werden kann als das giftige Ammoniak. Unglücksfälle, die auf die spezifischen Eigenschaften der Freone zurückzuführen sind, wurden nach THOMPSON[2] bis 1942 nicht bekannt. Bis dahin waren aber in alle möglichen Arten von Kältemaschinen bereits rd. 35 000 000 kg Freone eingefüllt; 80% der Haushaltkältemaschinen, 98% der Klimaanlagen und 65% der gewerblichen Anlagen wurden 1942 in den USA mit Freonen als Kältemittel betrieben. Sie sind also ganz besonders dort geeignet, wo sich Menschen in begrenzten Räumen aufhalten.

Da viele Kältemittel, vor allem die halogenierten Derivate der Kohlenwasserstoffe, zu denen auch die Freone gehören, in Flammen und an heißen Flächen thermisch aufspalten, können giftige Produkte entstehen. CALCOTT und KEHOE[3] und die Underwriters Laboratories[4] haben Art und Menge der durch Gasflammen erzeugten Spaltprodukte von Kältemitteln sowie ihre Einwirkung auf Meerschweinchen untersucht.

Die erhaltenen Analysenergebnisse sind in Tab. 56 zusammengestellt. Alle halogenierten Kohlenwasserstoffe bilden demnach stark ätzende Halogenwasserstoffsäuren und vielfach auch die sehr giftigen Halogene. Ferner entsteht bei allen chlorierten Kohlenwasserstoffen bei den untersuchten Konzentrationen Phosgen in einer Menge, die nach Tab. 55 in 30 bis 60 Minuten bei Meerschweinchen zum Tode führt. Die Tierversuche, von denen einige in Tab. 57 zusammengestellt sind, ergaben auch, daß die Spaltprodukte aller halogenierten Kohlenwasserstoffe schnell zum Tode der Versuchstiere führen, auch wenn die ungespaltenen Kältemittel keinen schädigenden Effekt ausüben. Die Aufspaltung findet in gleicher Weise in Flammen, an glühenden Oberflächen sowie beim Durchsaugen durch Zigarren, Zigaretten und Tabakspfeifen statt. Offene Flammen, glühende Heizkörper und das Rauchen sollten deshalb in Räumen verboten werden, in denen mit einem Austritt von größeren Mengen dieser Kältemittel gerechnet werden muß.

Neben der Gefahr der gesundheitsschädlichen Einwirkung der Kältemitteldämpfe besteht bei so tiefsiedenden Stoffen, wie die meisten Kältemittel, stets

---

[1] EUSTIS, A. H.: Refrig. Engng. Bd. 36 (1938) S. 179.
[2] THOMPSON, R. I.: Refrig. Engng. Bd. 44 (1942) S. 311.
[3] CALCOTT, W. S., u. R. A. KEHOE: Tests to show toxic, irritant and fire characteristics of certain well known refrigerants, Kinetic Chemicals Inc. Wilmington, Del., Okt. 1931.
[4] *Underwriters Laboratories Inc.*; Miscellaneous Hazard Nr. 2375 vom 13. Nov. 1933.

Physiologische Eigenschaften.

Tabelle 55. *Giftige Konzentrationen von Kältemitteln und Lösungsmitteln in Luft.*

Gasförmiger Stoff	Tötet die meisten Tiere in sehr kurzer Zeit		Gefährlich in 30—60 Min.		Höchster zulässiger Gehalt bei 60 Min. Einwirkung ohne ernste Schädigung		Leichte Symptome nach einigen Stunden (höchstzulässiger Gehalt für lange Dauer)	
	Vol.-%	relative Zahl[1])	Vol.-%	relative Zahl	Vol.-%	relative Zahl	Vol.-%	relative Zahl[2])
Phosgen	0,02—0,05	1	0,0025	1	unbekannt	(1)	0,0001	1—3
Blausäure	0,05	2	0,012—0,015	4	0,005—0,006	4	0,002—0,004	4—5
Chlor	0,10	3—4	0,004—0,006	2—3	0,0004	2—3	0,0001	1—3
Brom	0,10	3—4	0,004—0,006	2—3	0,0004	2—3	0,0001	1—3
Schwefelwasserstoff	0,1—0,2	5—6	0,05—0,07	6	0,02—0,03	7	0,01—0,015	9
Salzsäure	0,1—0,5	5—6	0,15—0,2	7	0,005—0,01	5	0,001—0,005	4—5
Schwefeldioxyd	0,2	7	0,04—0,05	5	0,005—0,02	6	0,001—0,01	6
Kohlenmonoxyd	0,5—1,0	8—9	0,2—0,3	8	0,05—0,10	9	0,04—0,05	10
Ammoniak	0,1—1,0	8—9	0,25—0,45	10	0,03	8	0,01	7
Benzol	1,9	10	unbekannt	—	0,31—0,47	11	0,15—0,31	14
Benzin	2,4	11	1,1—2,2	11	0,43—0,71	14	unbekannt	—
Methylbromid	2,4	12	0,2—0,4	9	0,1	10	0,005—0,017	8
Chloroform	6,8—8,2	13	1,4—3,0	12	0,5—0,6	13	0,2	13
Tetrachlorkohlenstoff	4,8—6,3	14	2,4—3,2	14	0,4—0,6	12	0,16	12
Methylformiat	—	—	2,0—2,5		—		—	
Äthylbromid	10—20	15	1—2	13	0,6	15	0,17—0,31	15
Methylchlorid	15—30	16—17	2—4	15	0,7	16	0,05—0,10	11
Methylenchlorid			5,1—5,3 in 30 Min.		—		—	
Äthylchlorid	15—30	16—17	6—10	16	4	17	2	16
Kohlendioxyd	15—30		6—10		4—6		2—3	
F 11	—		10 in 2 Stdn.		—		—	
F 21	—		10,2		—		—	
F 114	—		20,1—21,5 in 2 Stdn.[1])		—		—	
F 12	—		80[3])		28,5—30,4[3])		20—40[3])	

[1]) Im Gegensatz zur amerikanischen Originalarbeit ist Blausäure vor Chlor, Brom und Schwefelwasserstoff gesetzt, weil sie schon in geringeren Konzentrationen tödlich wirkt. — [2]) Die relativen Zahlen der Giftigkeit entsprechen in dieser Kolonne nicht denjenigen in der amerikanischen Originalarbeit, weil dort diese Zahlen nicht gesetzmäßig mit dem zugehörigen Wert der Konzentration wachsen. So ist dort z. B. für Chloroform die Zahl 8 und für Methylchlorid 10 gesetzt, obgleich die Konzentration bei Methylchlorid kleiner ist. — [3]) Nur schädlich durch Verdrängen des Sauerstoffs.

Giftigkeit.

Tabelle 56. *Spaltprodukte von Kältemitteln durch Gasflammen.*

Gas oder Dampf	Anfangskonzentration im Versuchsraum		Relative Luftfeuchtigkeit zu Anfang	Spaltprodukte in Vol.-%							O_2-Gehalt Vol.-% nach 30 Min. Versuchszeit
				5 Min. nach Versuchsbeginn			30 Min. nach Versuchsbeginn				
	Vol.-%	kg/m³ bei 21°C		HCl	$COCl_2$	Cl_2	HCl	$COCl_2$	Cl_2	CO_2	CO	
CCl_4	2,5–2,6 / 0,8	0,192–0,199 / 0,061	20–90 / —	0,014–0,539 / 0,081	0,017–0,023 / 0,009	0,037–0,046 / 0,024	0,079–1,63 / 0,124	0,036–0,054 / 0,019	0,073–0,087 / 0,058	1,8–2,4 / 1,4	<0,1 / <0,1	16,8–18,0 / 18,6
$CHCl_3$	2,2 / 0,9	0,131 / 0,054	— / —	0,249 / 0,037	0,021 / 0,009	0,011 / 0,006	0,476 / 0,046	0,043 / 0,021	0,017 / 0,012	1,6 / 1,6	<0,1 / <0,1	18,4 / 18,4
$C_2H_2Cl_2$	2,1	0,102	—	0,392	0,021	0	0,877	0,046	0	2,0	<0,1	17,6
C_2H_5Cl	2,0	0,063	—	0,092	0,003	0	0,172	0,003	0	2,0	<0,1	17,0
CH_3Cl	2,5 / 0,6	0,063 / 0,015	20–90 / —	0,006–0,052 / 0,003	0,008 / 0	0 / 0	0,014–0,087 / 0,006	0,011 / 0	0 / 0	2,1 / 1,4	<0,1 / <0,1	17,4 / 18,6
CH_2Cl_2	2,3 / 1,0	0,098 / 0,042	— / —	0,113 / 0,031	0,015 / 0,008	0 / 0	0,027 / 0,081	0,044 / 0,032	0 / 0	1,3 / 1,0	<0,1 / <0,1	19,3 / 19,0
CF_2Cl_2 (F12)	3,0 / 2,5 / 0,8 / 0,4	0,178 / 0,149 / 0,048 / 0,023	60–90 / 20–90 / 60 / 60	0,195 / 0,052–0,475 / 0,038 / 0,014	0,019 / 0,01–0,036 / 0,008 / 0,005	—	0,588 / 0,106–1,25 / 0,067 / 0,03	0,057 / 0,015–0,076 / 0,009 / 0,006	—	2,2 / 2,2 / 2,2 / 2,2	—	—
$C_2F_4Cl_2$ (F114)	2,5 / 1,0	0,211 / 0,084	— / —	0,31 / 0,11	0,043 / 0,006	0,001 / <0,001	0,61 / 0,18	0,087 / 0,008	<0,001 / <0,001	2,0 / 1,6	<0,1 / <0,1	17,6 / 17,8
$CFCl_3$ (F11)	2,5 / 1,0	0,171 / 0,067	— / —	0,34 / 0,17	0,029 / 0,015	0,032 / 0,011	0,71 / 0,28	0,059 / vorhanden	0,066 / 0,022	1,8 / 1,4	<0,1 / <0,1	18,0 / 18,0
CH_3Br	2,2 / 0,7	0,104 / 0,033	— / —	Br 0,011 / 0,003	—	Br 0,004 / 0,001	HBr 0,01 / 0,003	—	Br 0,002 / 0,001	1,6 / 1,4	0,4 / 0,1	18,4 / 18,2
C_2H_5Br	2,3 / 0,9	0,124 / 0,048	— / —	0,050 / 0,003	—	0,007 / <0,001	0,035 / 0,003	—	<0,001 / <0,001	2,0 / 1,8	0,6 / <0,1	17,2 / 17,6

Physiologische Eigenschaften.

Tabelle 57. *Tierversuche über die Giftig-*
4,536 kg (10 lbs) Kältemittel in einem Versuchsraum von 28,32 m³ (1000 cu ft). Die Flamme wurde
Versuches befanden sich zwei

Kältemittel	Anlauf-zeit (Min.)	Analysen				$COCl_2$	CO
		15 Min. nach Entzünden des Gases		30 Min. nach Entzünden des Gases			
		Gesamte Halogensäuren (%)	CO_2 (%)	Gesamte Halogensäuren (%)	CO_2 (%)		
SO_2	7	—	—	—	—	—	—
CF_2Cl_2	2	HF, HCl 0,07	0,18	HF, HCl 0,18	0,39	vorhanden (qualitativ)	0,02
CH_2Cl_2	3	HCl 0,11	0,07	HCl 0,30	0,09	vorhanden (qualitativ)	0,06
CH_3Cl	2	HCl 0,03	0,69	HCl 0,11	1,16	nicht vorhanden (qualitativ)	0,09
CO_2	13	—	—	—	—	—	0,02
NH_3	6	—	—	—	—	—	—
C_3H_8	3	—	—	—	—	—	—

auch die Möglichkeit von Erfrierungen bei der Berührung mit der Flüssigkeit. Durch ihre tiefe Verdampfungstemperatur erzeugen sie auf der Haut, je nach der Lage ihres Siedepunktes, mehr oder weniger starke brandblasenähnliche Erfrierungen. Eine Linderung der Schmerzen kann am besten durch Aufgießen eines guten, reinen Mineralöles oder Olivenöles erreicht werden; jedoch soll man jede Berührung dieser Stellen mit Wasser vermeiden. Die Gefahr von Verätzungen durch einige alkalische (NH_3) oder saure (SO_2) Kältemittel auf der Haut ist unbedeutend. Sie kommen am ehesten noch auf einem feuchten Körper in stark mit dem Kältemittel angereicherter Atmosphäre vor. Deshalb soll man Räume, in die viel SO_2 oder Ammoniak ausgetreten ist, auch mit Gasmasken nur sehr vorsichtig betreten.

Durch Spritzer von flüssigem Kältemittel sind vor allem die Augen gefährdet. Sie führen durch Erfrierungen der nassen Hornhaut zu Sehstörungen und in schweren Fällen zu völliger Erblindung. Im stets feuchten Auge sind bei größeren Mengen saurer und alkalischer Kältemittel auch Verätzungen möglich, die zu langwierigen Augenentzündungen führen können. Beim Arbeiten mit flüssigen Kältemitteln ist daher stets eine Schutzbrille zu tragen, um die Gefährdung der Augen durch Spritzer auszuschließen.

Auch die Augen dürfen nach der Berührung mit Kältemitteln nicht mit Wasser, sondern müssen mit reinem Öl und anschließend mit 2- bis 3%iger Borsäurelösung gespült werden. Baldmögliche Konsultation eines Augenarztes ist dringend zu empfehlen.

2. Warnfähigkeit und Paniksicherheit.

Nur wenige der gebräuchlichen Kältemittel haben einen so charakteristischen Geruch, daß dadurch Undichtigkeiten angezeigt werden; solche aber, die ihn haben, sind meist auch sehr giftig und üben teils eine gefährliche Reizwirkung auf die Schleimhäute und die Augen aus, so daß sie zugleich panikfördernd wirken. Die Gefährlichkeit eines Kältemittels ist keineswegs allein durch seine Giftigkeit bestimmt; vielmehr kommt auch seiner Warnfähigkeit eine ganz besondere Bedeu-

keit der Spaltprodukte von Kältemitteln.
15 Min. nach Einbringen des Kältemittels entzündet. Gasmenge 0,566 m³ je Stunde. Während des Tiere im Versuchsraum.

Aufenthaltsdauer und Schicksal der Tiere								Dauer des Versuches	Nachwirkung bei den Tieren
vor Entzünden des Gases				nach Entzünden des Gases					
oberer Käfig		unterer Käfig		oberer Käfig		unterer Käfig			
Min.	Schicksal	Min.	Schicksal	Min.	Schicksal	Min.	Schicksal		
8	tot	6	tot	—	—	—	—	8	Beide Tiere tot
17	keine Wirkung	17	keine Wirkung	24	tot	27	tot	44	Beide Tiere tot
20	bewußtlos	20	bewußtlos	9	tot	25	tot	45	Beide Tiere tot
17	berauscht, hilflos	17	berauscht, hilflos	10	tot	20	tot	37	Beide Tiere tot
28	keine Wirkung	28	keine Wirkung	30	keine wesentliche Wirkung	30	keine wesentliche Wirkung	58	Versuch beendet. Beide Tiere lebend herausgeholt. Keine wesentliche Nachwirkung
9	tot	6	tot	—	—	—	—		Beide Tiere tot
18	keine Wirkung	18	keine Wirkung	—	—	—	—	18	Beide Tiere lebend herausgeholt

tung zu. Wenn die Konzentration eines Kältemittels in der Atemluft, bei welcher die Menschen durch Geruch oder Reizwirkung auf seine Anwesenheit aufmerksam werden, bedeutend kleiner ist als die in Tab. 55 mitgeteilte physiologisch gefährliche Konzentration, dann besteht die Möglichkeit, einen solchen Raum ohne Gesundheitsschädigungen zu verlassen. Eine derartige Warnfähigkeit nützt natürlich nichts, wenn z. B. bei einem plötzlichen Rohrbruch der Raum sehr schnell mit einer großen Kältemittelmenge erfüllt wird. Doch sind solche Fälle sehr selten; meist ist eine zu Anfang geringfügige Undichtigkeit die Ursache für das Entweichen der Kältemittel. Bei der Klassifizierung der Kältemittel nach ihrer Gefährlichkeit ist es deshalb durchaus gerechtfertigt, auch ihre Warnfähigkeit zu berücksichtigen. Beim Vergleich zweier gleich giftiger Kältemittel, von denen das eine eine starke und charakteristische, das andere aber keinerlei oder ungenügende Warnwirkung besitzt, wird man stets dem ersteren den Vorzug geben. Bei giftigen Kältemitteln sollte man genügende Warnfähigkeit bei physiologisch unbedenklichen Konzentrationen fordern.

Auf Grund von Unglücksfällen ist man dazu übergegangen, den giftigen Kältemitteln ohne ausreichende Warnfähigkeit besondere Warnmittel zuzusetzen, die vor allem die Eigenschaften haben müssen, sich im gesamten Kältemittelkreislauf gleichmäßig zu verteilen. Sie sollen Undichtigkeiten anzeigen und zum Verlassen des Raumes vor dem Erreichen physiologisch bedenklicher Konzentrationen Anlaß geben. Sie müssen selbst unschädlich sein und sich leicht beseitigen lassen. Als Warnmittel kommen sowohl reine Geruchsstoffe als auch Reizstoffe in Frage. Die Warnwirkung soll so charakteristisch sein, daß Gewöhnung nicht eintritt. Diese Gefahr ist vor allem bei den meist angenehm riechenden reinen Parfümierungsmitteln gegeben. Die Zusätze sollen auch schlafende Personen wecken, ehe Gefahr eintritt. Bei allen giftigen, aber nicht genügend warnenden Kältemitteln wäre Bewußtlosigkeit durch Gewöhnung oder beim Schlafen durch die sich daraus ergebende Hilflosigkeit besonders gefährlich; sie würde bei weiterer Konzentrationssteigerung zu ernsten Schädigungen oder zum Tode führen können.

Eine selbstverständliche Forderung an solche Warnstoffe ist es, daß sie sich in den angewendeten Konzentrationen und unter den Betriebsbedingungen nicht zersetzen sowie die Baustoffe, das Öl und die Kältemittel nicht angreifen oder zersetzen. Insbesondere dürfen sie in den erforderlichen Konzentrationen zu keiner Veränderung des Dampfdruckes führen. Die Brennbarkeit dürfte in den üblichen geringen Konzentrationen ohne Bedeutung sein, jedoch sind nichtbrennbare Warnstoffe vorzuziehen.

Man setzt Warnstoffe den brennbaren Kältemitteln nicht nur wegen der Giftigkeit zu, sondern auch, um das Vorhandensein dieser Stoffe in Räumen festzustellen, ehe die untere Explosionsgrenze nach Tab. 51 erreicht wird.

Ungenügende Warnwirkung haben vor allem einige der halogenierten Kohlenwasserstoffe bei gleichzeitig zum Teil erheblicher Giftigkeit, z. B. Methylchlorid, Methylbromid und Äthylbromid. Dagegen wird die Warnwirkung von Äthylchlorid von mancher Seite für genügend spezifisch gehalten[1]. Die Kohlenwasserstoffe und ihre Derivate haben fast durchweg nur in höherer, selten auftretender Konzentration einen schwach ätherischen, vielfach sogar angenehmen und beim langsamen Ansteigen der Konzentration nur schwer feststellbaren Geruch, an den man sich leicht gewöhnt. Viele dieser Stoffe erzeugen auch leichte, rauschartige Zustände, welche das Denkvermögen beeinträchtigen. Die Schwelle des feststellbaren Geruches liegt bei den giftigen oder brennbaren Stoffen dieser Gruppe weit über der unteren Grenze der Giftwirkung und Explosionsgefahr. Dagegen besitzen die giftigen Spaltprodukte der Halogenkohlenwasserstoffe, in erster Linie die Halogene und ihre Verbindungen mit Wasserstoff (HCl und HF), schon in sehr kleinen und unschädlichen Konzentrationen eine spezifische Reiz- und Warnwirkung.

Bei den Freonen kann auf die Verwendung von Warnstoffen verzichtet werden, da sie in Konzentrationen bis zu 20% in Luft geruchlos, ungiftig, unbrennbar und paniksicher sind[2]; gerade diese Eigenschaften würden durch Zusätze mehr oder weniger aufgehoben. Um eine Konzentration von 20 Vol.-% in der Atemluft eines Raumes von 30 m³, der einer kleinen Küche entspricht, zu erzeugen, sind rd. 34,5 kg F11, 30,5 kg F12, 25,5 kg F21, 45,8 kg F113 und 43 kg F114 erforderlich. Das sind aber Mengen, die in Kühlschränken und kleinen gewerblichen Anlagen niemals vorkommen.

In den USA verbieten z. B. Eisenbahnen, Schiffahrtsgesellschaften und verschiedene Städte die Verwendung von Warnstoffen in Kältemitteln. Das liegt wohl vor allem darin begründet, daß ideale Warnstoffe bisher nicht gefunden wurden und daß die Gefahr der Panik sehr ernst genommen wird. Zu berücksichtigen ist u. U. auch, daß sie von den adsorptiv wirksamen Trockenmitteln aufgenommen und damit unwirksam werden.

Seit Kältemaschinen zur Klimatisierung von großen Räumen oder ganzen Gebäuden, wie z. B. Theatern, Kinos u. dgl. verwendet werden, in denen sich große Menschenmassen aufhalten, ist an die Kältemittel auch die Forderung nach Paniksicherheit gestellt worden. Sie steht in gewissem Gegensatz zur Forderung nach guter Warnfähigkeit, und ihre Erfüllung bedeutet praktisch die Ablehnung solcher Kältemittel, die gute Warnfähigkeit aufweisen. Denn wenn sie infolge einer kleinen Undichtigkeit in die Raumluft gelangen, so kann z. B. in einem Kino hierdurch eine Panik verursacht werden. Das Publikum, das nicht in der Lage ist, festzustellen, ob das durch den Warnstoff angezeigte Vorhandensein des Kältemittels noch unschädliche oder schon gefährliche Konzentrationen erreicht hat, wird möglicherweise nach den Ausgängen aus dem Raum stürzen. Man sieht dar-

---

[1] Ice and Refrigeration, Aug. 1929, S. 80.
[2] THOMPSON, R. I.: Refrig. Engng. Bd. 50 (1945) S. 313.

aus, daß wirklich paniksichere Kältemittel praktisch nur solche sein können, die geruchlos sind, aber auch keine Warnmittel benötigen, also ungiftig sind.

3. Einwirkung der Kältemittel auf das Kühlgut.

Bei Undichtigkeiten an einer Kälteanlage kann es besonders bei direkter Verdampfung vorkommen, daß das Kältemittel in den mit Lebensmitteln belegten Kühlraum gelangt, wodurch unverpackte und nicht gasdicht verpackte Lebensmittel der Einwirkung des gasförmigen Kältemittels ausgesetzt werden. Dabei kann es auch im Falle einer geringfügigen Undichtigkeit durch Ansammlung zu erheblichen Konzentrationen an Kältemittel kommen, insbesondere wenn es sich um kleine abgeschlossene Kühlräume handelt. Da die eingelagerten Lebensmittel häufig erhebliche Werte darstellen, ist es von Bedeutung zu wissen, wie es um ihre Genußfähigkeit nach der Begasung durch das Kältemittel steht.

Da die flüssigen Lebens- und Genußmittel und Getränke meist in verschlossenen Gefäßen aufbewahrt werden, kommt ihrer Berührung mit dem gasförmigen Kältemittel nur geringe Bedeutung zu. Bei den festen Lebensmitteln handelt es sich meist um stark wasserhaltige Produkte, deren Oberfläche in der Lage ist, vielfach beachtliche Mengen des Kältemittels aufzunehmen. Das absorbierte Kältemittel läßt sich im allgemeinen durch eine Wärme- oder Vakuumbehandlung der Lebensmittel aus diesen entfernen. Es kann aber auch zwischen dem Kältemittel und den Bestandteilen des Lebensmittels, wie Säuren, Basen und Fetten, zu chemischen Umsetzungen kommen, in deren Verlauf, z. B. durch Neutralisationsvorgänge oder die Verdrängung schwacher, organischer Säuren aus ihren Salzen, neue Stoffe gebildet werden können; diese können auch Magen- und Darmgifte sein und sich durch keine Behandlung des Lebensmittels mehr aus ihm entfernen lassen. Es kann in leichteren Fällen eine Geschmacksverschlechterung die Folge sein, während bei der Bildung von Giftstoffen die Lebensmittel genußunfähig werden.

Da die Einwirkung der einzelnen Kältemittel auf das Kühlgut je nach deren physiologischen und chemischen Eigenschaften sehr verschieden ist, wird sie im Teil II dieses Bandes behandelt werden. Die reaktionsträgen und die ungiftigen Kältemittel sind jedoch ganz allgemein auch dem Kühlgut gegenüber indifferent und unschädlich. Zu dieser Gruppe gehören vor allem die Freone und die reinen Kohlenwasserstoffe, während Ammoniak und Schwefeldioxyd entsprechend ihrem basischen bzw. sauren Charakter stärker zu einer Beeinflussung der Genußfähigkeit von Lebensmitteln und einer Schädigung anderer Kühlgüter neigen.

Im Zuge der Entwicklung der Schnellgefrierverfahren für Lebensmittel wurde auch vorgeschlagen, das Einfrieren unmittelbar im flüssigen Kältemittel durch Tauchen vorzunehmen. Hierbei ist die Kenntnis der Einwirkung des flüssigen Kältemittels auf die Lebensmittel wichtig; es sind für diesen Zweck grundsätzlich nur physiologisch unbedenkliche und leicht zu entfernende Kältemittel wie z. B. CO_2 anwendbar. Gelegentlich ist auch von N_2O Gebrauch gemacht worden.

VIII. Verhalten der Kältemittel im Betrieb.

Für das Betriebsverhalten der Kältemittel sind die Bauart, die Betriebsbedingungen und die innere Reinheit der Kältemaschinen von so entscheidender Bedeutung, daß davon die Wahl des für den jeweiligen Verwendungszweck geeigneten Kältemittels abhängen kann.

Eine unangenehme Eigenschaft mancher Kältemittel und ihrer Gemische mit Ölen sind Siedeverzüge (s. S. 20) im Verdampfer, die u. a. zu unregelmäßiger

Ölrückführung sowie zu Flüssigkeitsschlägen im Kompressor und damit zu Ventilbrüchen führen können.

Der wichtigste Bauteil für das Betriebsverhalten der Kältemittel ist der Kompressor mit seiner hohen Verdichtungsendtemperatur[1]. Für große und mittlere Kältemaschinen wird vorwiegend die sog. offene Bauweise angewendet, bei der Kompressor und Antriebsmotor getrennte Maschinen sind. Kolbenkompressoren werden vorwiegend in stehender Ein- und Mehrzylinder-Bauart in Reihen-, V- und W-Anordnung gebaut. Bei diesen offenen Kompressoren muß die Antriebswelle durch eine Gleitringdichtung abgedichtet werden.

Demgegenüber ist ein Abdichten bewegter Teile nach außen bei den gekapselten Kältemaschinen nicht erforderlich; Kompressor und Motor haben eine gemeinsame Welle und befinden sich zusammen in einem hermetisch geschlossenen Gehäuse. Diese Kompressoren werden mit Rollkolben, Drehkolben oder auch mit hin- und hergehenden Kolben gebaut. Auch Turbokompressoren werden neuerdings in gekapselter Bauart ausgeführt. In diesen Kältemaschinen sind die Kupferwicklungen der Motoren mit ihren organischen Isolierstoffen der Einwirkung des Kältemittels und des Öles ausgesetzt, die damit auch den hohen Temperaturen der Motorenteile unterworfen sind, welche leicht 100° C erreichen können.

Turbokompressoren haben den Vorteil, daß kein Schmieröl in den Kältemittelkreislauf gelangt. Das gleiche trifft auch für die Membrankompressoren zu, die bisher aber nur geringe Verbreitung erlangt haben.

Neben der Bauart des Kompressors ist für die Auswahl des geeigneten Kältemittels wesentlich die Höhe der gewünschten Verdampfungstemperatur und die Art der Kühlung des Verflüssigers mit Luft oder mit Kühlwasser. Für Kompressoren mit hin- und hergehendem Kolben werden meist Kältemittel mit Siedepunkten unter 0° C verwendet. Sie ergeben naturgemäß höhere Betriebsdrücke und dementsprechend geringere Hubvolume der Zylinder für eine bestimmte Kälteleistung. Die Druckunterschiede zwischen Saug- und Druckseite sind bei diesen tiefsiedenden Kältemitteln verhältnismäßig groß und betragen stets mehrere Atmosphären. Bei Dreh- oder Rollkolbenkompressoren sind viel geringere Druckdifferenzen am Platze, so daß hierfür Kältemittel mit höheren Siedepunkten gebräuchlich sind, die auch über 0° C liegen können.

Turbokompressoren erfordern große Saugvolume und können daher nur für ausgesprochene Niederdruckkältemittel gebaut werden, bei denen sehr geringe Druckdifferenzen zu überwinden sind.

Bei Anlagen für tiefe Verdampfungstemperaturen werden Kältemittel mit entsprechend tiefen normalen Siedepunkten bevorzugt, um ein hohes Vakuum auf der Saugseite zu vermeiden. Die Verwendung solcher Kältemittel beschränkt sich meist auf die untere Stufe mehrstufiger Anlagen.

Da jede Maschine für ein bestimmtes Kältemittel gebaut ist, sind beim Wechsel des Kältemittels einer Anlage folgende Punkte zu beachten:

Die Einwirkung des neuen Kältemittels auf die verwendeten Baustoffe.

Die Möglichkeit einer Überfüllung des Flüssigkeitssammlers, der höchstens bis zu 80% seines Volums mit Flüssigkeit gefüllt werden darf.

Die Möglichkeit der Überlastung des Motors oder die Überschreitung des zulässigen Höchstbetriebsdruckes.

Die passende Größe des Kältemittelregelorganes.

Die Wirkung auf die Einstellung und den Betrieb der vorhandenen Sicherheitsvorrichtungen.

---

[1] Die verschiedenen Verdichterbauarten werden in Bd. V dieses Handbuches behandelt.

Die sich durch Mischen des ursprünglichen und des neuen Kältemittels untereinander und mit dem Öl ergebenden Möglichkeiten.

Gehört das neue Kältemittel in die gleiche Gefahrenklasse?

Nach den amerikanischen Sicherheitsvorschriften[1] ist jeder Wechsel des Kältemittels auf dem Typenschild der Maschine zu vermerken.

1. Prüfdrücke.

Die Lage der Dampfdruckkurve ist bei den einzelnen Kältemitteln sehr verschieden (s. S. 15 und Diagramm 19). Man unterscheidet zwischen Hochdruck- und Niederdruckkältemitteln. Zu den ersten gehören z. B. CO_2, N_2O, C_2H_6, C_2H_4, F13 und F14. Niederdruckkältemittel sind z. B. F11, F21, F113, F114, CH_2Cl_2, $C_2H_2Cl_2$, C_2H_5Cl und H_2O. Dazwischen liegen die am meisten gebräuchlichen Kältemittel NH_3, F12, F22, CH_3Cl, SO_2 und auch C_3H_8 sowie C_4H_{10}.

Für die Druckprüfung der die Kältemittel führenden Maschinenteile im Herstellungswerk und nach der Montage gelten in den verschiedenen Ländern gesetzliche Sicherheitsvorschriften, auf die in Bd. VI dieses Handbuchs ausführlicher eingegangen wird. Internationale Sicherheitsvorschriften befinden sich beim Internationalen Kälteinstitut in Paris in Bearbeitung. Man unterscheidet bei der Festlegung der Prüfdrücke zwischen Maschinenteilen auf der Saugseite und auf der Druckseite des Kompressors und ob mit Wasser oder mit Luft bzw. dem jeweiligen Kältemittel abgepreßt wird. Die in den USA[2] und nach Entwurf DIN 8975[3] geltenden Prüfdrücke sind in Tab. 58 zu finden.

Tabelle 58. *Prüfdrücke für Kältemittel führende Teile* (nach ASRE Standard Nr. 15-R und in Klammern nach Entwurf DIN 8975).

Kältemittel	Mindestprüfdruck atü	
	Druckseite	Saugseite
Ammoniak	21 (16)	10,5 (13)
Kohlendioxyd	105 (95)	70 (64)
Schwefeldioxyd	12 (9)	6,7 (5,4)
Methylchlorid	15,1 (12)	8,8 (8)
Dichlormethan (Methylenchlorid)	2,1 (2)	2,1 (2)
F 11	3,5 (2)	2,0 (2)
F 12	16,5 (13)	10,2 (9)
F 21	4,9 (3,8)	3,5 (2,6)
F 22	21 (16)	10,5 (13)
Äthan	77,5 (61)	42,2 (50)
Äthylchlorid	4,2 (3)	3,5 (2)
F 113	2,1 (2)	2,1 (2)
F 114	5,6 (4,4)	3,5 (2,6)
Dichloräthylen	2,1 (2)	2,1 (2)
Propan	22,8 (19)	14,8 (12)
Butan	6,3 (5,4)	3,5 (3,4)
Isobutan	9,0 (7)	5,3 (4,6)
Methylformiat	3,5 (2)	3,5 (2)

Die Werte gelten für das Abdrücken mit Luft oder Kältemittel.

Eine kritische Untersuchung der verschiedenen Sicherheitsmaßnahmen hat neuerdings MOORE angestellt[4].

---

[1] ASRE Circular Nr. 15-R (1950).
[2] ASRE Standard Nr. 15-R (1950), Tab. 6. — Vgl. auch TH. E. SCHMIDT: Kältetechnik Bd. 1 (1949) S. 164, Tab. 4.
[3] Vgl. E. RICHTER: Kältetechnik Bd. 7 (1955) S. 287.
[4] MOORE, R. T.: Refrig. Engng. Bd. 60 (1952) S. 1286.

2. Reinigen der Kältemittel.

Manche Kältemittel werden von den Herstellern nicht in der Reinheit angeliefert, welche nach Ansicht der Kältemaschinenwerke zum Einfüllen in die Kältemaschinen erforderlich ist. Wasser, Säuren, löslicher und unlöslicher Rückstand und Fremdgase sind die üblichen Verunreinigungen. Im folgenden werden einige bewährte Verfahren zum Reinigen der Kältemittel beschrieben, sofern sie allgemein anwendbar sind.

a) Trocknen. Die Kältemittel enthalten mehr oder weniger Wasser; durch unsachgemäßes Umfüllen in verunreinigte und ungenügend getrocknete Behälter werden die von den Herstellerwerken sorgfältig getrockneten Kältemittel oft mit Wasser angereichert. In manchen Fällen genügt aber auch der im Herstellungswerk erzielte Trockenheitsgrad des Kältemittels nicht zum Einfüllen in die Kältemaschinen; in den zentralen Füllanlagen der Kältemaschinenhersteller werden die Kältemittel daher oft noch zusätzlich getrocknet.

Das gebräuchlichste Verfahren der Trocknung besteht darin, das Kältemittel zu verdampfen und es als Gas durch Filter und Behälter mit Trockenmitteln zu

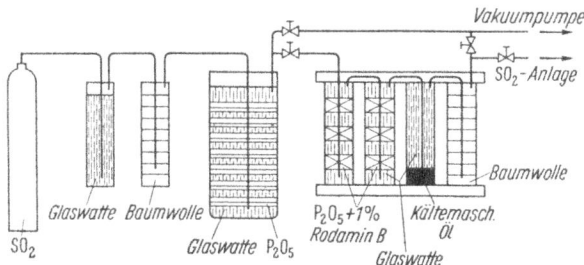

Abb. 69. Trockenanlage für dampfförmige Kältemittel (hier SO_2).

leiten, die das Wasser aufnehmen. Das getrocknete Kältemittel wird anschließend durch Kühlung wieder verflüssigt. Dabei gelten die gleichen Vorschriften wie beim Trocknen des Kältemitteldampfes in den Kältemaschinen. Da die Volumströme groß sind, wird man große Trockner und Zuleitungen mit großen Querschnitten vorsehen. Zum Trocknen der *dampfförmigen* Kältemittel wird vielfach eine Anlage verwendet, deren Schema in Abb. 69 wiedergegeben ist. Das Kältemittel wird durch Erwärmen in der Druckflasche verdampft, wobei der Rückstand in der Flasche verbleibt. Der Dampf passiert zunächst eine Stufe mit dichten Filtern, deren Füllung sich nach dem zu trocknenden Kältemittel richtet und in der Staub und andere Verunreinigungen zurückgehalten werden. Die nächste Stufe ist die eigentliche Trockenvorrichtung mit dem Trockenmittel, das auch nach dem zu trocknenden Kältemittel ausgewählt werden muß. Vielfach verwendet man wechselweise Phosphorpentoxyd als wirksamstes Trockenmittel mit Schichten von Glaswatte. Das Kältemittel strömt dann durch die letzte Stufe, die zur Kontrolle der Wasserfreiheit und oft zur Feststellung anderer Verunreinigungen dient. In zwei hintereinander gesetzten Indikatorfiltern mit Phosphorpentoxyd und 1% des roten Farbstoffes Rhodamin B wird die Wasserfreiheit des Kältemittels kontrolliert; in der aus Wasser mit P_2O_5 entstehenden Meta-Phosphorsäure ist Rhodamin B löslich und färbt die Flüssigkeit intensiv rot. Daran anschließend wird ein dicht gestopftes Glaswollefilter eingeschaltet, um etwa mitgerissenen P_2O_5-Staub zurückzuhalten. Zum Schluß kann je nach dem zu reinigenden Kältemittel noch ein Filter zur Kontrolle der Säurefreiheit angeschlossen werden, das z. B. bei Schwefeldioxyd mit Baumwolle gefüllt wird.

Schwefelsäure und Schwefeltrioxyd verkohlen die Baumwolle, die schnell schwarz wird. Das getrocknete Kältemittel wird anschließend durch Kühlung mit Wasser verflüssigt und in die Vorratsbehälter geleitet. Es läßt sich in dieser Anlage, vor allem, wenn P_2O_5 als Trockenmittel verwendet wird, bei einmaligem Durchgang bis auf wenige mg H_2O/kg Kältemittel trocknen. Die Anordnung läßt sich grundsätzlich zum Trocknen aller Kältemittel in Dampfform anwenden. Es ist darauf zu achten, daß stets ein Trockenmittel verwendet wird, welches mit dem zu trocknenden Kältemittel nicht reagiert und zur Trocknung des betreffenden Kältemitteldampfes geeignet ist (s. S. 113). P_2O_5 scheidet z. B. für Ammoniak aus, CaO und BaO für CO_2 und SO_2, da diese Trockenmittel mit den genannten Kältemitteln unter Bildung von Salzen reagieren, wobei vielfach Wasser frei wird.

Bei dem zweiten Trockenverfahren wird das *flüssige* Kältemittel direkt über das Trockenmittel geleitet, weshalb nur körnige, nicht staubende und nicht zerfließende, unlösliche Trockenmittel angewendet werden dürfen. Besonders geeignet sind die kapillaraktiven Trockenmittel Kieselgel und aktive Tonerde. Das Trocknen der Flüssigkeit bietet den Vorteil, daß die Größe und der Querschnitt des Trockners kleiner gehalten werden können.

Abb. 70 zeigt das Schema einer Anlage zum Trocknen der flüssigen Kältemittel in halbkontinuierlicher Arbeitsweise. Das Kältemittel aus der Flasche A,

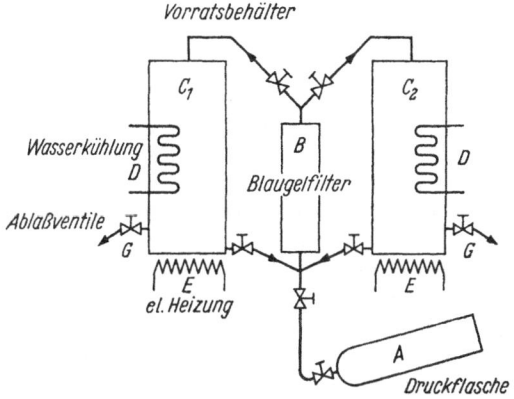

Abb. 70. Schema einer Anlage zum Trocknen flüssiger Kältemittel.
A Druckflasche; B Kieselgelfilter; C_1, C_2 Kältemittel-Vorratsbehälter; D Wasserkühlung; E Elektrische Heizung; G Ablaßventile.

die schwach geheizt wird, strömt im flüssigen Zustand von unten her durch das Filter B mit Kieselgel. Von dort gelangt es in den Behälter C_1, der durch die Schlange D mit Wasser gekühlt wird. Ist das Kältemittel genügend trocken, so kann es der Füllstation über das Ventil G zugeführt werden. Andernfalls kann es aus dem Behälter C_1 unten abgelassen werden, nachdem die Heizung E in Betrieb gesetzt ist, und nochmals über das Trockenfilter B in den Behälter C_2 geleitet werden. Es ist zu empfehlen, auch das Filter B doppelt aufzustellen, damit ein Filter in Betrieb sein kann, während das andere regeneriert wird. Mit dieser Anlage lassen sich z. B. F 12 und Methylchlorid sowie viele andere Freone durch einmaligen Umlauf bis auf wenige mg H_2O/kg trocknen.

Eine weitere Möglichkeit zum Trocknen einiger Kältemittel bietet das sog. Tiefkühltrocknen[1]. Es kann aber nur bei solchen Kältemitteln angewendet werden, die bei tiefen Temperaturen eine sehr geringe Löslichkeit für Wasser haben, wie z. B. das F 12. Das flüssige Kältemittel wird mit Trockeneis auf $-70°$ C abgekühlt und damit alles die Löslichkeit bei dieser Temperatur übersteigende Wasser als Eis ausgeschieden; bei F 12 liegt die Grenze nach Abb. 35 unter 1 mg H_2O/kg. Das Eis läßt sich durch feine, ebenfalls gekühlte Filter von dem flüssigen Kältemittel trennen.

Ferner kann man auch durch Abdampfen des Kältemittels dieses wenigstens grob vortrocknen. PENNINGTON[2] bezeichnet als selbsttrocknende Kältemittel die-

---
[1] Mod. Refrig. Bd. 52 (1949) S. 192.
[2] PENNINGTON, W. A.: Refrig. Engng. Bd. 58 (1950) S. 261.

jenigen, welche durch Abdampfen eines Teiles der Flüssigkeit trocknen. Das sind Kältemittel, die in der Dampfphase bei gleicher Temperatur je kg mehr Wasser aufzunehmen vermögen als in der Flüssigkeit. Dazu gehören nach Abb. 37 CH_3Cl, F11, F12, F113 und F114. Zu den Kältemitteln, bei denen durch Verdampfung die zurückbleibende Flüssigkeit infolge Anreicherung an Wasser immer feuchter wird, während ein wesentlich trocknerer Dampf abströmt, gehören z. B. F22, SO_2 und NH_3. Während man also bei der ersten Gruppe durch das Abdampfen eine trockenere Restflüssigkeit gewinnt, erhält man bei der zweiten Gruppe einen trockneren Dampf, der nur verflüssigt zu werden braucht.

Die zweckmäßigste Anwendung der einzelnen Verfahren wird im zweiten Teil dieses Bandes für jedes Kältemittel besprochen.

b) Entfernen von Säuren. Säuren, die in den Kältemitteln vom Herstellungsprozeß her enthalten sind oder durch Hydrolyse bei Gegenwart von Wasser entstehen, müssen vor dem Einfüllen in die Kältemaschinen soweit wie möglich entfernt werden. Bei einzelnen Kältemitteln ist dies durch einfache Umdestillation, also Verdampfen und anschließendes Kondensieren möglich, sofern die Säuren einen geringen Dampfdruck haben und nicht zum Vernebeln neigen. Andere Kältemittel müssen gewaschen oder durch bestimmte Filterstoffe geleitet werden, um die Säuren zu entfernen. Die anzuwendende Methode ist je nach dem zu reinigenden Kältemittel verschieden und wird im zweiten Teil dieses Bandes behandelt.

c) Entfernen des Rückstandes. Enthält ein Kältemittel lösliche oder suspendierte Fremdstoffe, die durch direkte Reaktionen oder katalytische Wirkung sowie durch Ausscheidung zu Verstopfungen und damit Störungen im Kältemittelkreislauf führen können, so müssen sie vor dem Einfüllen in die Kältemaschinen entfernt werden.

Da es sich bei dem Rückstand fast ausschließlich um feste oder hochsiedende ölige Stoffe handelt, lassen sie sich meist durch vorsichtiges Umdestillieren entfernen. Man verdampft das Kältemittel möglichst langsam bei nur geringer Heizung, damit die Fremdstoffe nicht mitgerissen werden, und kondensiert es dann wieder unter leichter Kühlung mit Wasser. Die Zwischenschaltung eines dichten Filters mit Glaswatte, Baumwolle oder Filz hält auch die letzten Spuren mitgeführter Rückstandsstoffe zurück. Das Filter darf natürlich von dem Kältemittel nicht angegriffen werden oder Wasser an dieses abgeben. Beim Trocknen des Dampfes und bei der Anwendung der Trockenanlage nach Abb. 69 findet stets eine Abtrennung gelöster und fester Rückstandsstoffe statt. Dafür ist die erste Filterstufe vorgesehen.

d) Trennen von Fremdgasen. Fremdgase oder nichtkondensierbare Gase, die im allgemeinen aus Luft und ihren Bestandteilen bestehen, sind in den einzelnen Kältemitteln in verschiedenem Maße löslich. Die Hauptmenge befindet sich meist im Dampfraum über der Flüssigkeit.

Das Fremdgas läßt sich in vielen Fällen weitgehend durch Entlüften der Flaschen entfernen, indem man aus dem Dampfraum absaugt oder abbläst. Durch das Entspannen wird zugleich auch ein Teil des unter Druck im Kältemittel gelösten Fremdgases frei und entweicht mit dem abdampfenden Kältemittel.

Wird für die Aufbereitung eines Kältemittels die Trockenanlage nach Abb. 69 verwendet, bei der es zugleich umdestilliert wird, so ergibt sich eine einfache Möglichkeit, das Kältemittel kontinuierlich zu entgasen. Man bringt an der höchsten Stelle des Behälters, in dem das Kältemittel zum Schluß verflüssigt wird, ein Ventil an, durch das man laufend eine kleine Menge des Kältemittels entweichen läßt. Mit ihm wird das Fremdgas fast restlos entfernt, das in dem kondensierenden

Kältemittel nicht so schnell in Lösung geht und sich im Gasraum des Verflüssigers oben anreichert. In den Destillieranlagen ist ein solches Entlüftungsventil unbedingt nötig, da sich sonst durch Anreicherung ein Gaspolster in dem Verflüssiger ausbildet, das schließlich den weiteren Zutritt von Kältemitteldampf verhindert.

In jedem Falle ist es zweckmäßig, einen vollen Kältemittelbehälter vor dem Anschließen an eine Destillations- oder Füllanlage durch kurzzeitiges Öffnen des Ventils zu entgasen, um die größte Menge des Fremdgases aus dem Dampfraum zu entfernen.

3. Überhitzung, Zersetzung, Entlüften im Betrieb.

Die im Kältemittelkreislauf stattfindenden chemischen Umsetzungen umfassen alle Arten von Korrosionen, die durch Verunreinigungen sowie durch das Öl und vor allem durch hohe Betriebstemperaturen ausgelöst werden. Mithin ist die obere zulässige Grenze der Temperatur einer der wichtigsten Faktoren für das Betriebsverhalten der Kältemittel und für die Lebensdauer der Kältemaschinen. Die Reaktionen zwischen Öl und Kältemittel, die Kupferplattierung, die Oxydation des Öles bei Gegenwart von Sauerstoffresten und die damit verbundene Schlammbildung werden durch Temperaturen von etwa 100° C aufwärts ebenso wie der thermische Zerfall der Kältemittel, der Öle und der nichtmetallischen Baustoffe ganz erheblich gesteigert. Die höchsten im Kompressor auftretenden Temperaturen richten sich nach der Ansaugetemperatur, dem Druckverhältnis, der Lage der Grenzkurven und dem Exponenten der Adiabate; sie sind also von den Betriebsbedingungen der Kältemaschine und von den Eigenschaften des Kältemittels abhängig. Die höchsten Temperaturen treten an den Druckventilen auf. Sie sind für eine Anzahl von gebräuchlichen Kältemitteln in Tab. 59 zusammengestellt[1].

Tabelle 59. *Höchsttemperaturen an den Druckventilen für verschiedene Kältemittel bei adiabatischer Verdichtung trocken gesättigter Dämpfe.* $t = 30°C$, $t_0 = -15°C$.

Kältemittel	Druckverhältnis	Höchste Überhitzungstemperatur °C
CO_2	3,15	71
C_3H_8	3,70	36
F 22	4,06	55
F 12	4,08	39
CH_3Cl	4,48	87
C_4H_{10}	4,54	30[2]
NH_3	4,94	98
F 114	5,42	30[2]
SO_2	5,63	91
C_2H_5Cl	5,83	41
F 21	5,97	60
F 11	6,24	46
$HCOOCH_3$	7,75	65
F 113	8,02	30[2]

Hohe Überhitzungstemperaturen erfordern besondere Kühlung der Kompressoren. Bei Kältemitteln mit hohem Exponenten der Adiabate (s. S. 44), die mit größeren Druckverhältnissen betrieben werden, sind infolgedessen häufig die

---

[1] *American Society of Refrigerating Engineers*: The Refrigerating Data Book, Basic Volume, VI. Ed. 1949.
[2] Bei diesen Stoffen verläuft die rechte Grenzkurve wie in Abb. 12.

Zylinder und Zylinderdeckel durch Wasser gekühlt. Die Begrenzung des Druckverhältnisses in einer Stufe wird durch Bedenken gegen zu hohe Verdichtungsendtemperaturen mitbestimmt. Kältemittel mit niedrigem Exponenten der Adiabate, wie z. B. CF_2Cl_2 oder $C_2F_4Cl_2$, sind hierbei im Vorteil, denn sie gestatten, auch hohe Druckverhältnisse noch ohne Wasserkühlung an den Kompressoren anzuwenden, selbst wenn der Dampf im überhitzten Zustand angesaugt wird.

Mit der Möglichkeit chemischer Reaktionen und thermischer Schädigungen der organischen Baustoffe, die vor allem als elektrische Isoliermittel verwendet werden, ist bei hohen Überhitzungen stets zu rechnen. Schon bei der Konstruktion muß deshalb angestrebt werden, die höchste Betriebstemperatur in den Kältemaschinen so niedrig wie möglich zu halten. HAUN jr. stellt die Forderung[1], daß in gekapselten Kältemaschinen 93° C nicht überschritten werden sollen. Die Reaktionen spielen sich meist im Gasraum bzw. an den Grenzflächen zwischen Dampf und Flüssigkeit oder an den Oberflächen der Baustoffe ab. Insbesondere ist bei den gekapselten Kältemaschinen darauf zu achten, daß der Strom des überhitzten Kältemittels aus dem Druckventil nicht die wärmeempfindlichen Isolierstoffe des Ständers trifft. Die meisten korrosiven Zerstörungen in Kältemaschinen sind, wenn sorgfältig gereinigte Stoffe verwendet werden und die Anlage ausreichend getrocknet worden ist, auf unzulässige Überhitzungen zurückzuführen[2]. Aus diesem Grunde werden auch für die kleinen, gekapselten Kältemaschinen vielfach Vorrichtungen angewandt, die es gestatten, das Kältemittel oder auch das Öl im Verdichter zu kühlen.

DAVENPORT vertritt die Ansicht[3], daß es kein Kältemittel gibt, das unter den üblichen Betriebsbedingungen dauernd vollständig stabil bleibt. Um Spaltprodukte, die ausschließlich saurer Natur sind, sofort zu neutralisieren, wird die Verwendung von basischen Oxyden im Kältemittelkreislauf vorgeschlagen, z. B. CaO, BaO und MgO (s. S. 122).

Der thermisch und gegen katalytische Einflüsse empfindlichste Stoff im Kältemittelkreislauf ist das Öl, dessen Zersetzung bei etwa 105° C beginnt, wobei mehr oder weniger harte, kohlige Rückstände entstehen. WALKER befaßte sich eingehend mit diesen Vorgängen[4]. Schlamm entsteht stets durch chemische Umsetzungen. Er kann fest oder halbflüssig sein und führt zum Festsitzen der Kompressoren, zu Verstopfungen von Rohren und Filtern und zum Blockieren von Ventilen; auch verschlechtert er den Wärmeübergang im Verflüssiger und Verdampfer. Die Schlammbildung ist nicht an bestimmte Kältemittel oder Maschinentypen gebunden. Nach WALKER besteht der größte Teil des Schlammes aus fein verteilten Metallsalzen der Mineralsäuren (Folge von Säurekorrosionen). Daneben tritt oft kohliger Ölschlamm auf, der in Tetrachlorkohlenstoff oder Trichloräthylen löslich bzw. durch diese abschwemmbar ist.

WALKER und RINELLI stellen fest[5], daß nur etwa 10% des in Kältemaschinen gefundenen Schlammes der Art nach aus Öl entstanden sind. Sie schlagen zur Identifizierung und Analyse des Schlammes folgende Untersuchungsmethode vor:

1. Löslichkeit in Tetrachlorkohlenstoff bedeutet, daß es sich um Ölschlamm handelt. Ein verbleibender Rückstand ist nach 2. und 3. zu untersuchen.

2. Auskochen mit Wasser. Der wäßrige Auszug wird auf Säurereste untersucht. Mit Salpetersäure angesäuert und mit Silbernitratlösung versetzt: Flockiger weißer Niederschlag von Silberchlorid, der in Ammoniak löslich ist, bedeutet Zersetzung chlorierter Kältemittel und Korrosion durch Salzsäure. Mit Salzsäure angesäuert und mit Bariumchloridlösung versetzt: Feinkörniger weißer Niederschlag von Bariumsulfat bedeutet Korrosion durch

---

[1] HAUN jr., B. O.: Refrig. Engng. Bd. 54 (1949) S. 135.
[2] Vgl. L. C. PACKER, F. J. JOHNS u. E. P. CODLING: Refrig. Engng. Bd. 49 (1945) S. 452.
[3] DAVENPORT, R. W.: U.S. Pat. 1809833 vom 16. Juni 1931.
[4] WALKER, W. O.: Ansul Technical Bulletin, "Solids in Refrigeration Systems".
[5] WALKER, W. O., u. W. R. RINELLI: Ansul Chemical Co, Research Report "Sludges".

Schwefelsäure in SO_2-Maschinen. Mit Ammoniakwasser versetzt, ergibt Kupfer eine charakteristische blaugrüne Verfärbung der Lösung; Eisen ergibt einen flockigen rotbraunen Niederschlag und Aluminium einen weißen.

3. Aufschluß mit Salpetersäure und Prüfung nach 2. deutet bei Fehlen von Säureresten auf metallischen Abrieb oder Metallspäne hin. In Salpetersäure unlöslich ist Kohlenstoff aus dem Öl.

Nur in dem Fall, daß aller Schlamm in Tetrachlorkohlenstoff ohne Rückstand löslich ist oder das Unlösliche auch in Salpetersäure unlöslich ist, kann auf reinen Ölschlamm geschlossen werden. Ist auch nur ein Test nach 2. und/oder 3. positiv, so ist eine primäre Säurebildung wahrscheinlich.

Die Zersetzung der Zellulose unter Einwirkung des trockenen, überhitzten Kältemitteldampfes scheint ähnlich wie im Vakuum ab etwa 100° C merklich einzusetzen und nach PACKER und Mitarbeitern[1] mit steigender Temperatur stärker anzusteigen als in Luft. STEINLE[2] hat in einer der Abb. 71 entsprechenden Anordnung die Abgabe des Wassers aus den Isolierstoffen des gekapselten Motors im Kältemittelkreislauf mit F 12 bei steigender Temperatur bestimmt.

Die ersten Spaltprodukte, die zunächst nur aus Wasser bestanden, erga-

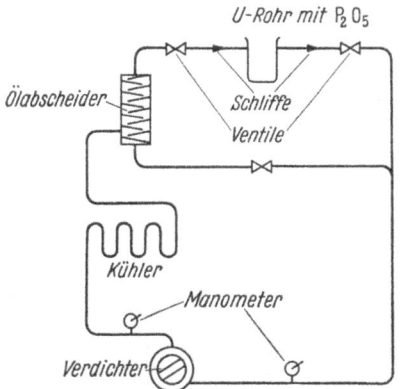

Abb. 71. Versuchsanordnung zur Feststellung der Temperaturgrenzen für die Verwendung nichtmetallischer Stoffe in gekapselten Kältemaschinen mit F 12.

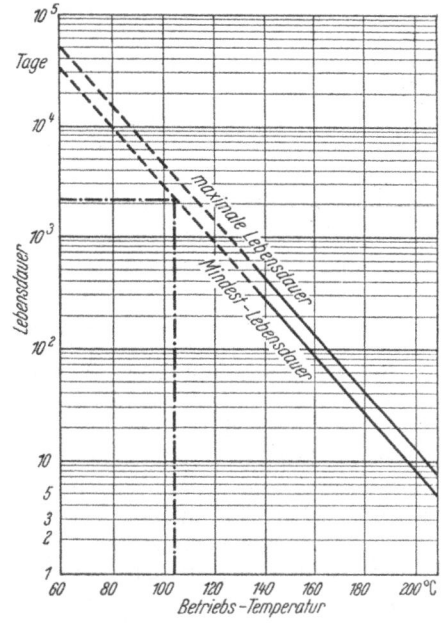

Abb. 72. Lebensdauer von Isolierstoffen der Klasse A in Abhängigkeit von der Betriebstemperatur.

ben sich zwischen 110 und 120° C Wicklungstemperatur. Darüber hinaus traten auch andere Spaltprodukte mit ihrem charakteristischen brenzligen Geruch auf; sie waren dunkel gefärbt und verhinderten weiterhin die quantitative Bestimmung des Wassers.

Die Versuche zeigen zugleich, daß ein Trockner im Kältemittelkreislauf keinen Schutz gegen mögliche Reaktionen mit Wasser und Korrosion durch die entstehenden Säuren bietet. Das durch thermischen Zerfall freiwerdende Wasser kommt offenbar sofort zur Reaktion und kann infolgedessen nicht quantitativ mit dem Kältemittelstrom zum Trockner abtransportiert werden. Somit fällt die Temperaturbeständigkeit der nichtmetallischen Stoffe im Kältemittelkreislauf mit der Beständigkeit unter Vakuum zusammen und liegt bei höchstens 110° C.

---

[1] PACKER, L. C., F. J. JOHNS u. E. P. CODLING: Refrig. Engn. Bd. 49 (1945) S. 452.
[2] STEINLE, H.: Kältetechnik Bd. 4 (1952) S. 28. — Werkstoff u. Korrosion Bd. 3 (1952) S. 419.

PATTERSON[1] gibt als höchstzulässige Dauertemperatur für Isolationen der Klasse A 105° C an. Die Abhängigkeit der Lebensdauer dieser Isolationen von der Temperatur — offenbar unter Atmosphärendruck — ist in Abb. 72 wiedergegeben. Die Werte zeigen, welch starken Einfluß die Temperatur ausübt; bei je 8 bis 12° Temperaturerhöhung wird die Lebensdauer halbiert[2].

Bei der Verwendung in Kältemaschinen ist zu berücksichtigen, daß bereits kleinste Mengen von Wasser, die durch Überhitzung aus diesen Isolationen abgespalten werden, Reaktionen einleiten können, die bei anschließenden normalen Betriebstemperaturen, wenn auch verlangsamt, weiterlaufen und zu einer Herabsetzung der Lebensdauer durch fortlaufende chemische Zerstörung und Korrosion führen. Jede auch nur kurzfristige Überhitzung von Isolierstoffen, Öl und Kältemittel in den gekapselten Kältemaschinen muß daher vermieden werden, deshalb soll die Wicklungstemperatur 110° C nicht überschreiten.

Örtliche Überhitzung tritt in gekapselten Kältemaschinen stets ein, wenn der Ständer einen Windungs- oder Masseschluß bekommt. Es muß dabei immer mit einer Schädigung des Öles und einer Aufspaltung des Kältemittels durch den entstehenden Funken oder Lichtbogen gerechnet werden. Bei hohen Überhitzungen können in den Kältemaschinen in gewissem Umfang auch direkte Zersetzungen des Kältemittels eintreten, wobei sich meist nicht kondensierbare Gase bilden. Der Fremdgasgehalt des den Verflüssiger durchströmenden Dampfes nimmt mit fortschreitender Verflüssigung zu und erreicht so den Höchstwert am Ende des Verflüssigers bzw. im Flüssigkeitssammler.

IX. Untersuchungsmethoden.

Bei der Beschreibung der üblichen Methoden zur Untersuchung von Kältemitteln handelt es sich neben Hinweisen auf wichtige analytische Bestimmungen auch um Kurzprüfungen für das Verhalten der Kältemittel gegenüber den im Kältemittelkreislauf verwendeten Stoffen. Es muß jedoch ausdrücklich darauf hingewiesen werden, daß Kurzprüfungen allgemein nur eine vergleichende Bedeutung haben. Bei allen diesen Konventionalmethoden kommt es darauf an, die Versuchsdauer möglichst abzukürzen und Vorgänge, die sich im normalen Betrieb in Monaten oder gar Jahren abspielen, in Stunden, Tagen oder höchstens einigen Wochen vor sich gehen zu lassen. Es wird dabei die Absicht verfolgt, lediglich die Zeit zu raffen. Zu diesem Zweck müssen aber die Bedingungen, unter denen sich diese Vorgänge normalerweise abspielen können, verschärft werden. Eine Korrelation zwischen dem Ergebnis einer Kurzprüfung und dem daraus abzuleitenden wirklichen Verhalten unter normalen Betriebsbedingungen besteht daher zunächst nicht und kann auch rechnerisch nicht ermittelt werden; vielmehr muß sie durch den Vergleich des Ergebnisses der Kurzprüfung mit demjenigen des wirklichen Verhaltens experimentell gefunden werden. Eine Bewertungsmöglichkeit von Kurzprüfungsergebnissen aus der Erfahrung fehlt aber häufig, besonders bei neu eingeführten Stoffen, und man ist dann nicht selten auf die Übertragung der Erfahrungen mit ähnlichen Stoffen unter ähnlichen Bedingungen angewiesen.

Trotzdem hat die Kurzprüfung eine unumstrittene Daseinsberechtigung und bietet oft die einzige Möglichkeit, etwas über die Gleichmäßigkeit laufender Lieferungen auszusagen, das grundsätzliche Verhalten von Stoffen schnell qualitativ zu ermitteln oder fehlerhafte Stoffe und Teile festzustellen. Dabei wird als zeitraffender Faktor meist eine Temperaturerhöhung angewendet, da die Reaktions-

---

[1] PATTERSON, C. A.: Refrig. Engng. Bd. 60 (1952) S. 252.
[2] WOLF, H., u. H. SOUMERAI: Refrig. Engng. Bd. 62 (1954) Nr. 2 S. 33.

geschwindigkeit bekanntlich mit der Temperatur wächst. Bei Anwesenheit von flüssigem Kältemittel ist die Temperaturerhöhung zwangsläufig mit einer Drucksteigerung auf den entsprechenden Sättigungswert verbunden. Diese Drucksteigerung wirkt sich ebenfalls im Sinne einer Erhöhung der Reaktionsgeschwindigkeit aus. Die angewendeten Temperaturen bewegen sich meist in den Grenzen von Raumtemperatur bis etwa 100° C. Die Prüfzeiten betragen bis zu mehreren Wochen, wobei ein den wirklichen Vorgängen entsprechendes, also qualitativ richtiges Ergebnis erwartet wird.

In den nächsten Abschnitten werden einige Methoden beschrieben, soweit sie allgemein oder für Gruppen von Kältemitteln anwendbar sind. Spezifische Prüfmethoden für einzelne Kältemittel werden im zweiten Teil dieses Bandes behandelt.

Die Probeentnahme der Kältemittel hat stets mit größtmöglicher Sorgfalt zu geschehen, wobei es darauf ankommt, ob gasförmige oder flüssige, Durchschnitts- oder Einzelproben zu untersuchen sind.

Über die Eigenschaften und die Reinheit der Kältemittel bestanden bisher von seiten der Firmen Bestellvorschriften bzw. Liefergarantien. In Deutschland besteht neuerdings ein Entwurf DIN 8960 (vgl. Tab. 35) über Richtlinien für einige der gebräuchlichsten Kältemittel.

Die ersten Richtlinien von Untersuchungsmethoden für Kältemittel sind in der Tab. 60 „Prüfverfahren" zusammengestellt, die als Entwurf DIN 8961 z. Z. noch bearbeitet werden[1]. Nur einheitliche Prüfungen können in Zweifelsfällen und bei Kontrollbestimmungen zu vergleichbaren Ergebnissen führen.

Tabelle 60. *Prüfverfahren für Kältemittel nach Entwurf DIN 8961**.

Eigenschaft	NH_3	CO_2	SO_2	CF_2Cl_2, CHF_2Cl, CH_3Cl
Veränderung des Siedepunktes beim Verdampfen	mit dem Thermometer im Verdampfungsgefäß[1]			
Rückstand	durch Verdampfen einer gewogenen Kältemittelmenge und Wägen des Rückstandes nach Trocknen während einer halben Stunde bei 105° C[2]			
Wassergehalt	mit festem NaOH entsprechend der P_2O_5-Methode[3]	nach der P_2O_5-Methode[4]. Direkt aus der auf den Kopf gestellten Flasche unter volumetrischer Bestimmung der Gasmenge.	nach der P_2O_5-Methode[5]) oder nach der FISCHER-Methode[6]	nach der P_2O_5-Methode[5]) oder elektrolytisch mit hygroskopischen Filmen[7]. CH_3Cl auch nach der FISCHER-Methode[6]
Gehalt an nicht kondensierbaren Gasen	mit Wasser nach POLLITZER[8]	mit KOH-Lösung 30%ig nach POLLITZER[8]	mit KOH-Lösung 30%ig nach POLLITZER[8]	mit Petroleum oder Öl im Fremdgasgerät[9]
Mineralsäuregehalt	—	—	H_2SO_4 nach der LINDE-Methode[10]	HCl mit alkoholischer $AgNO_3$-Lösung[11]

[1] STEINLE, H.: Kältetechnik Bd. 8 (1956) S. 39.
* Die Wiedergabe erfolgt mit freundlicher Genehmigung des Deutschen Normenausschusses. — [1] s. S. 210. — [2] s. S. 225. — [3] s. S. 210ff. und S. 255. — [4] s. S. 270. — [5] s. S. 210ff. — [6] s. S. 213. — [7] s. S. 216. — [8] s. S. 226. — [9] s. S. 227. — [10] s. S. 223. — [11] s. S. 224.

1. Bestimmung des Siedebereichs.

Die einfachste Methode zur Bestimmung der Reinheit des Kältemittels ist die Messung des Siedepunktes bzw. seiner Veränderung während der Verdampfung.

In ein gereinigtes und getrocknetes doppelwandiges Siedegefäß von 100 cm³ Inhalt nach Abb. 73 wird eine Probe von 100 cm³ Kältemittel flüssig abgefüllt; in den unteren Ansatz von 3 cm³ wird ein geeichtes Thermometer mit dem erforderlichen Meßbereich (-45 bis $+20°$ C in $^{1}/_{10}°$-Teilung) so eingehängt, daß sein Ende sich in der Flüssigkeit befindet, die Wandungen aber nicht berührt. Während der Verdampfung, die in 20 bis 30 Minuten erfolgen soll, wird die Siedetemperatur bei zwei Marken nach dem Abdampfen von 5% und 97% der Probe abgelesen. Bei Kältemitteln, die zum Siedeverzug neigen, empfiehlt es sich, vor Beginn der Ablesung einige Karborundstückchen in die Flüssigkeit zu geben. Gleichzeitig mit der Temperaturmessung ist der Atmosphärendruck am Quecksilberbarometer festzustellen und die normale Siedetemperatur unter Berücksichtigung des herrschenden Luftdruckes zu berechnen.

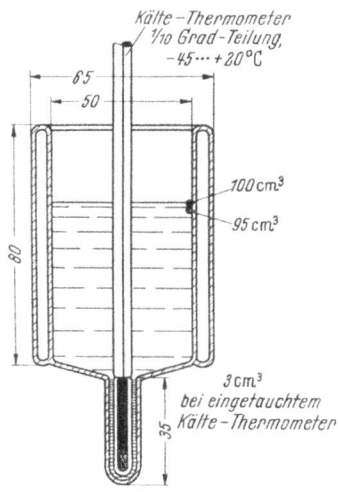

Abb. 73. Siedegefäß mit Normalthermometer zur Bestimmung des Siedebereiches von Kältemitteln (nach DIN 8961).

Die Veränderung der Siedetemperatur der reinen Kältemittel darf beim Abdampfen zwischen 5 und 97% der Probe, wenn zuletzt nur noch der untere Ansatz des Siedegefäßes mit 3 cm³ Inhalt gefüllt ist, nicht größer sein als nach DIN 8960 (Tab. 35) zugelassen ist.

2. Bestimmung des Wassergehaltes.

Die Wasserbestimmung in Kältemitteln, in Kältemaschinenölen und auch im Kältemittelkreislauf der gefüllten Maschinen verlangt wegen der sehr kleinen Mengen und der spezifischen Eigenschaften der Kältemittel verschiedene und besonders empfindliche Untersuchungsmethoden.

a) **Gravimetrische Methode.** Der Wassergehalt kann gravimetrisch in der Weise bestimmt werden, daß man eine bestimmte Menge des flüssigen Kältemittels restlos verdampft und den Dampf über eine ebenfalls genau gewogene Menge einer das Wasser restlos bindenden Substanz, z. B. Phosphorpentoxyd, leitet. Aus Ölen oder aus dem Maschinenkreislauf läßt sich das Wasser mit Hilfe von scharf getrocknetem Gas, z. B. Stickstoff, in das Phosphorpentoxyd transportieren; aus der Gewichtszunahme dieser Substanz kann der Wassergehalt der Proben berechnet werden. FLEMMER und CAVERLY[1] haben sich mit der Mitnehmermethode, die heute als Phosphorpentoxydmethode bezeichnet wird, und ihrer vielseitigen Anwendbarkeit in der Kältetechnik befaßt. P_2O_5, dessen Eigenschaften als Trockenmittel auf S. 117 mitgeteilt wurden, eignet sich für alle Kältemittel mit Ausnahme von NH_3, da es mit diesem chemisch reagiert (vgl. Teil II, S. 256). Diese Methode ist einfach und genau.

Später haben sich SHAW und BRANDON[2] sowie STEINLE[3] mit der P_2O_5-Methode befaßt. Sie ist heute in Deutschland unter DIN 51552 zur Feuchtigkeitsbestimmung in Kältemaschinenölen genormt[4].

---

[1] FLEMMER, A. L., u. W. R. CAVERLY: Refrig. Engng. Bd. 21 (1931) S. 344.
[2] SHAW, A. H., u. A. B. BRANDON: Lubricating Oils and the Halogen-Refrigerants, Proc. Institute of Refrigeration. London 1947/48.
[3] STEINLE, H.: Kältemaschinenöle, Berlin: Springer 1950. — Kältetechnik Bd. 3 (1951) S. 35.
[4] Textwiedergabe erfolgt auszugsweise mit freundlicher Genehmigung des Deutschen Normenausschusses in Berlin.

Bei Verwendung dieser Methode für Öle wird sauerstoffarmer Stickstoff in einer Menge von 4 bis 5 l/h im Phosphorpentoxyd-Trockenturm *1* der Abb. 74 getrocknet und durch die Ölprobe geleitet, die in einer Waschflasche *2* mit Hilfe des Ofens *3* auf 60 ± 5° C geheizt wird. Das gerade Chlorkalziumrohr *4* hält etwa mitgerissenes Öl zurück. In den U-Rohren *5* (mit P_2O_5 p. a. und Glaswatte, bei der Wasserbestimmung in NH_3 mit festem NaOH oder KOH gefüllt) wird das Wasser aus dem Stickstoff gebunden. Der Stickstoff strömt durch den Blasenzähler *6* mit konzentrierter Schwefelsäure ab, der zugleich das Eindringen von Luftfeuchtigkeit verhindert. Zwischen dem Trockenturm *1*, der Waschflasche *2*, dem geraden Chlorkalziumrohr *4* und den U-Rohren *5* sind Schlauchverbindungen nur zum Verbinden aneinanderstoßender Glasrohre zu verwenden, um die Rohrverbindungen genügend beweglich zu machen. Die Waschflasche *2* und die U-Rohre *5* sind mit leicht gefetteten Schliffverbindungen einzusetzen. Neue Geräte sind so lange mit Stickstoff (4 bis 5 l/h) zu spülen, bis die Gewichtszunahme der U-Rohre *5* innerhalb von 24 Stunden 1 mg nicht überschreitet.

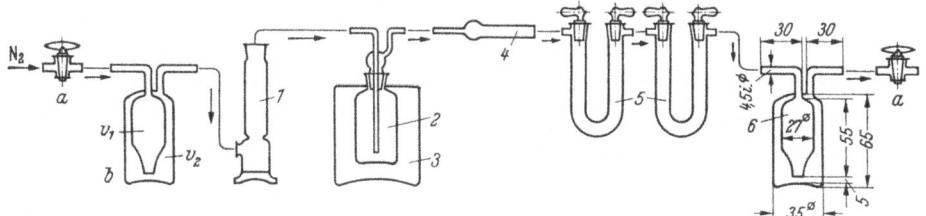

Abb. 74. Apparatur zur Wasserbestimmung in Ölen und Kältemitteln.

a Einweghahn 2,5 DIN 12551; *b* Blasenzähler mit konzentrierter H_2SO_4 (Inhalte $v_1 = v_2$); *1* Trockenturm 250 DIN 12500 (mit P_2O_5 und Glaswatte); *2* Waschflasche 500 DIN 12596 bzw. Verdampfungsgefäß nach Bild 1 im Entwurf DIN 8961 (mit der Probe); *3* regelbarer Umlaufthermostat (60 ± 5° C); *4* $CaCl_2$-Rohr 100 DIN 12610 (mit Glaswatte); *5* zwei U-Rohre mit Hahnstopfen 100 DIN 12616 (mit P_2O_5 bzw. NaOH oder KOH und Glaswatte); *6* Blasenzähler wie *b*; Verbindungsstellen zwischen 1 und 6 sind Normschliffe NS 10 DIN 12248.

Die Prüfung wird wie folgt durchgeführt: Die Waschflasche *2* wird mit Alkohol ausgespült, offen bei 105° C im Trockenschrank eine halbe Stunde vorgetrocknet und durch Spülen mit Stickstoff im Prüfgerät von Feuchtigkeitsresten befreit, bis die U-Rohre keine Gewichtszunahme mehr zeigen.

Mit einer Genauigkeit von ± 1 g werden 200 bis 300 g Öl in die Waschflasche *2* eingewogen. Die U-Rohre *5* werden einzeln auf 0,1 mg genau gewogen. Anschließend wird die Waschflasche *2* mit dem Öl in die Apparatur eingesetzt und der Stickstofffluß einreguliert. Die Gewichtszunahme der U-Rohre wird nach 4 Stunden bestimmt und der Wassergehalt der Probe in % oder mg/kg berechnet. Die Gewichtszunahme des zweiten U-Rohres wird als Korrektur von der des ersten abgezogen, eine Gewichtsabnahme dagegen zu der Gewichtszunahme des ersten hinzugezählt, um Wägefehler durch Temperatur- und Luftdruckschwankungen auszugleichen. Der Wiederholstreubereich (Streubereich bei Messung durch einen und denselben Beobachter mit demselben Prüfgerät) darf nicht größer als ± 5% des Mittelwertes, bei Wassergehalten bis 20 mg/kg Öl nicht größer als ± 1 mg/kg sein.

Abb. 75 zeigt ein DIN 51552 entsprechendes, in Deutschland handelsübliches Gerät in der Zusammenstellung von STEINLE, das zugleich zur Bestimmung von Wasser in Kältemitteln verwendbar ist[1].

---

[1] Das Gerät ist zu beziehen von der Firma Ströhlein u. Co., Fabrik chemischer Apparate, Düsseldorf.

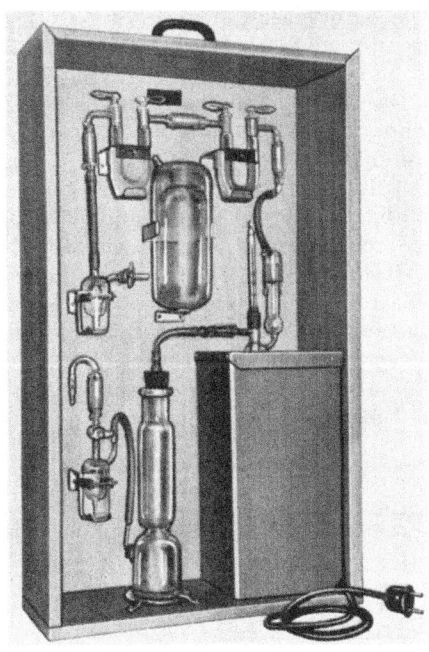

Abb. 75. Gerät zur Feuchtigkeitsbestimmung in Ölen und Kältemitteln nach STEINLE.

Bei Untersuchung von Kältemitteln nach Entwurf DIN 8961 wird an Stelle der Waschflasche 2 (Abb. 74) das doppelwandige Verdampfungsgefäß nach Abb. 76 verwendet. Darin wird das Kältemittel verdampft; danach wird es auf $60 \pm 5°$ C mit Hilfe einer elektrischen Glühlampe in der isolierten Blechhaube geheizt, um das zurückgebliebene Wasser mit Stickstoff in die U-Rohre 5 überzuleiten.

In das wie oben beschrieben vorgetrocknete Verdampfungsgefäß werden unter Ausschluß der Luftfeuchtigkeit und nach Spülen der Anschlußleitungen mit Kältemittel 200 bis 300 g des Kältemittels mit einer Genauigkeit von ± 1 g unter Atmosphärendruck eingewogen. Das Kältemittel wird aus dem Vorratsbehälter oder aus der Druckflasche flüssig durch den Stutzen E eingeleitet. Dabei stellt sich der normale Siedepunkt ein. Die U-Rohre 5, Abb. 74, werden einzeln auf $^1/_{10}$ mg genau gewogen und das Verdampfungsgefäß mit dem Kältemittel wird sofort in die Apparatur eingesetzt, in der vorher der Stickstofffluß einreguliert wurde. Das Kältemittel verdampft unter gleichzeitigem Durchleiten von Stickstoff in dem doppelwandigen Gefäß langsam durch die U-Rohre 5. Wenn alles Kältemittel

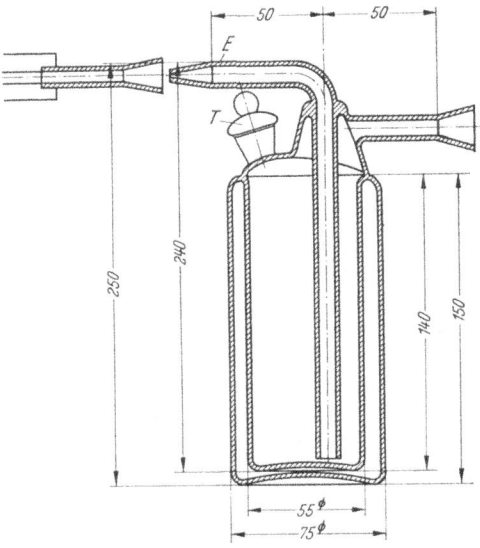

Abb. 76. Doppelwandiges Glasgefäß zum Verdampfen des Kältemittels bei der P_2O_5-Methode und zur Titration des Wassers in Kältemitteln nach der FISCHER-Methode. E Einfüllstutzen; T Schliffstopfen zum Einführen der Bürettenspitze bei der Titration.

verdampft ist, wird die Heizung eingeschaltet und noch 2 bis 3 Stunden lang 4 bis 5 l/h Stickstoff durchgeleitet, bis die U-Rohre keine Gewichtsänderung mehr zeigen und somit alles Kältemittel durch den Stickstoff ersetzt ist. Die Gewichtsänderung des zweiten U-Rohres wird nach der Wägung wie oben als Korrektur von der ersten abgezogen, sofern sie positiv ist, bzw. zugezählt, wenn sie negativ ist. Aus der korrigierten Gewichtszunahme der U-Rohre wird der Wassergehalt des Kältemittels in % oder in mg/kg Kältemittel berechnet.

Diese Anordnung hat sich für die Feuchtigkeitsbestimmung in Ölen und Kältemitteln bewährt. Beim Arbeiten mit Ölen konnten keine Fehler durch Verdampfen von Öl bei der vorgeschriebenen Versuchstemperatur von $60 \pm 5°$ C festgestellt werden, welche das Ergebnis um mehr als ± 1 mg Wasser/kg Öl beeinflussen[1].

Bei der Anwendung von Phosphorpentoxyd in den U-Rohren ist ferner zu berücksichtigen, daß Alkohole sowie die Reaktionsprodukte von Kältemitteln mit Wasser, Luft und Öl ebenso wie Wasser von P_2O_5 gebunden werden, soweit sie bei der im Verdampfungsgefäß angewendeten Temperatur flüchtig sind. Die P_2O_5-Methode hat den Nachteil, daß sie längere Zeit in Anspruch nimmt, da die Verdampfung langsam vorgenommen werden muß.

b) Titrimetrische Methode. Für eine Anzahl von Kältemitteln und auch für Kältemaschinenöle kann die titrimetrische Bestimmung des Wassergehaltes nach der Methode von FISCHER[2] angewendet werden. Sie beruht auf der Umsetzung des Wassers mit Schwefeldioxyd und Jod in Gegenwart von Pyridin unter Verwendung von Methanol als Lösungsmittel:

$$SO_2 + J_2 + 2 H_2O = H_2SO_4 + 2 HJ.$$

Nach Verbrauch des Wassers verursacht freies Jod Braunfärbung der Lösung und zeigt den Endpunkt der Titration an. Die FISCHER-Lösung wird im Molverhältnis 1 Jod zu 3 SO_2 zu 10 Pyridin angesetzt. Für $2^1/_2$ l Lösung nimmt man 212 g Jod p. a., 660 g Pyridin p. a., 160 g Schwefeldioxyd, das als Gas eingeleitet wird, und 1668 g wasserfreies Methanol.

In eine 3-l-Flasche werden zunächst die 660 g Pyridin eingefüllt und jeweils etwa 40 g Jod zugegeben, bis sie unter Rühren gelöst sind. Dann wird das gesamte Methanol zugefüllt und gründlich gerührt. Die Lösung wird im Wasserbad auf $15°$ C abgekühlt und die 160 g SO_2 durch eine Fritte gasförmig eingeleitet, wobei die Temperatur unter $40°$ C bleiben soll. Die Lösung ist im Dunkeln aufzubewahren und soll vor der Benutzung eine Nacht stehen. 1 cm³ dieser Lösung ist dann 3 bis 4 mg Wasser äquivalent. Bei Spurengehalten von Wasser wird das Äquivalent zweckmäßig durch Verdünnen mit Methanol bis zu einem Drittel herabgesetzt. Tägliche Titerstellung ist wegen der Empfindlichkeit gegen Luftfeuchtigkeit erforderlich und wird zweckmäßig an einer eingewogenen Wassermenge oder besser mit Methanol oder Hydraten mit bekanntem Wassergehalt durchgeführt. Die Standardlösung von Wasser in Methanol wird in der Weise hergestellt, daß man von einem handelsüblichen Methanol mit etwa 0,2% Wasser 50 cm³ abpipettiert und mit FISCHER-Lösung titriert. Zu einem Liter dieses Methanols wird genau 1,000 g Wasser zugewogen. Von diesem präparierten Methanol werden wiederum 50 cm³ entnommen und titriert. Aus der Differenz der Titrationen wird der Gesamtwassergehalt der Methanol-Wasserlösung berechnet. Diese Methanol-Wasserlösung dient zur laufenden Feststellung des Titers der FISCHER-Lösung, indem jeweils 50 cm³ Methanol-Wasserlösung mit W mg H_2O mit der FISCHER-Lösung bis zum Endpunkt titriert werden; dazu sind A cm³ FISCHER-Lösung erforderlich. Der Titer F der FISCHER-Lösung ist dann

$$F = \frac{W}{A} \text{ in mg } H_2O/cm^3 \text{ FISCHER-Lösung.}$$

MITCHELL jr. und Mitarbeiter schlagen vor[3], mit zwei getrennten Lösungen zu arbeiten, wobei die stabile Lösung von Pyridin und SO_2 in Methanol zuerst

---

[1] Näheres über dieses Verfahren findet sich bei: A. L. FLEMMER u. W. R. CAVERLY: Refrig. Engng. Bd. 21 (1931) S. 344. — W. A. PENNINGTON: Analytic Chemistry Bd. 21 (1949) S. 766. — Ref. Z. anal. Chem. Bd. 30 (1950) S. 374. — H. M. ELSEY: Refrig. Engng. Bd. 57 (1949) S. 665. — W. P. GRIEST: Refrig. Engng. Bd. 42 (1941) S. 316.

[2] FISCHER, K.: Z. anal. Chem. Bd. 105 (1936) S. 286. — Fette und Seifen Bd. 46 (1939) S. 446. — Z. angew. Chem. Bd. 48 (1945) S. 394.

[3] MITCHELL jr., J., L. R. KANGAS u. W. SEAMAN: Analytic Chemistry Bd. 22 (1950) S. 484.

zugegeben wird und dann mit der zweiten Lösung von Jod in Methanol, deren Titer mit Natriumthiosulfat eingestellt ist, titriert wird[1].

Die Titration erfolgt zweckmäßig in einem gegen den Zutritt von Luftfeuchtigkeit gut geschützten System. Dabei ist folgende Arbeitsweise üblich: Das gläserne Titrationsgefäß nach Abb. 76 wird vorgetrocknet, indem ein über Phosphorpentoxyd getrockneter Stickstoffstrom etwa 30 Minuten lang hindurchgeleitet wird. Das Gefäß wird auf 1 g genau gewogen. Dann wird aus der zu untersuchenden Probe durch eine kurze Schlauchverbindung mit anschließendem Glasschliff so viel flüssiges SO_2 in ein Becherglas abgelassen, wie zum Durchspülen des Ventils, der Schlauchverbindung und des Glasschliffes erforderlich ist. Während das SO_2 noch ausläuft, setzt man den Schliff auf den Stutzen E und füllt ohne Kühlung etwa 150 bis 200 g SO_2 in das Gefäß ein, wobei ein Teil verdampft. Die eingefüllte Probemenge wird gewogen, der Schliffstopfen T abgenommen und durch diese Öffnung die Spitze der Bürette mit FISCHER-Lösung eingeführt. Dann erfolgt möglichst schnell die Titration bis zum bleibenden Umschlag von gelb nach braun. Der Wassergehalt der Probe wird nach Gewichtsprozenten berechnet:

$$\% \, H_2O = \frac{\text{verbrauchte cm}^3 \, \text{FISCHER-Lösung} \cdot F \cdot 100}{\text{eingewogene Menge } SO_2 \text{ in g}},$$

F = Faktor der FISCHER-Lösung in mg H_2O/cm³ Lösung.

Die FISCHER-Methode ist bei allen Kältemitteln anwendbar, die beim normalen Siedepunkt keine Ausscheidung ergeben. So flockt z. B. Pyridin beim normalen Siedepunkt aus der Lösung in F12 aus; daher kann die Lösung bei diesem Kältemittel nicht angewendet werden.

Der Fehler bei visueller Titration liegt meist in Richtung zu niedriger Werte, da der Umschlag von kanariengelb über chromatgelb in braun bei der Ausscheidung von Jod sehr langsam vonstatten geht. Bei hohen Wassergehalten ist die Erkennung des Endpunktes der Titration vor allem dadurch erschwert, daß die starke Gelbfärbung der Flüssigkeit infolge des großen Zusatzes von FISCHER-Lösung die erste sichtbare Ausscheidung von Jod überdeckt. Bei hohen Wassergehalten ist zu empfehlen, das zu untersuchende Kältemittel mit einem solchen von bekanntem, sehr niedrigem Wassergehalt zu verdünnen; das hat den Vorteil, daß die teure FISCHER-Lösung sparsamer verbraucht werden kann. Der Zusatz von einigen Tropfen einer Lösung von Methylenblau in absolutem Methanol oder Pyridin gestattet, den Endpunkt der Titration mit FISCHER-Lösung auch bei gefärbten Stoffen visuell eindeutig zu bestimmen[2]. Die Lösung geht kurz vor dem Endpunkt der Titration zunächst von grün in dunkelgrün über und erscheint im auffallenden Licht dunkelgrün, im Durchlicht aber bordeauxrot. Diese Farbänderung ist reversibel, da Methylenblau mit Jod nur Additionsverbindungen bildet, die leicht wieder zerfallen, sobald das Jod bei Zugabe von Wasser reagieren kann.

Fremdreaktionen mit der FISCHER-Lösung können erst dann stattfinden, wenn das Wasser verbraucht, die Titration also beendet ist. Jod reagiert mit schwefliger Säure (H_2SO_3) rascher als mit anderen oxydierbaren, z. B. organischen Verunreinigungen wie Fetten und Ölen. Metalloxyde und Hydroxyde sowie Sulfite und Bisulfite ergeben bei der Titration störende Nebenreaktionen.

---

[1] In Deutschland kann die FISCHER-Lösung in zwei Komponenten bezogen werden, einer Pyridin-SO_2-Lösung a und einer Jodlösung in Methanol b, die beim Mischen gleicher Volumteile eine Äquivalenz von etwa 2 mg H_2O/cm³ besitzt. Hersteller ist die Fa. E. Merck, Darmstadt.
[2] FISCHER, K.: Angew. Chem. Bd. 64 (1952) S. 592.

Die FISCHER-Lösung kann auch zur Bestimmung von Wasser in Ölen angewendet werden. Die Reproduzierbarkeit wird jedoch erheblich verbessert, wenn man eine Lösung von Methylenblau als Indikator zugibt[1]. In dem Arbeitsverfahren nach Entwurf DIN 51777, Bestimmung des Wassergehaltes nach KARL FISCHER, ist die Verwendung dieses Indikators vorgeschrieben. BOPP stellt fest[2], daß bei der üblichen Titration von Ölen im ERLENMEYER-Kolben durch den Zutritt von Luftfeuchtigkeit beim Gießen und über die Bürettenspitze zuviel Wasser eingeschleppt wird, um Wassergehalte unter 30 mg/kg Öl bestimmen zu können. Der mögliche Fehler wird mit 20 bis 50 mg H_2O/kg angegeben. Er kann aber durch gleichzeitiges Einleiten von trockenem Stickstoff vermieden werden. BOPP beschreibt eine Apparatur, in welcher die Titration unter völligem Luftabschluß und Ausschluß jeglicher Feuchtigkeit vorgenommen wird. In diesem als „Dead Stop-Gerät" bezeichneten Apparat nach Abb. 77 wird der sonst nur schwer festzustellende und schlecht reproduzierbare Endpunkt der Titration durch Messung der elektrischen Leitfähigkeit bestimmt[3]. An zwei Elektroden wird eine schwache Gleichspannung gelegt, die durch die entstehende Polarisation kompensiert wird. Beim Umschlag, in dem Moment also, wo freies Jod entsteht, findet eine sprunghafte Änderung dieser Polarisationsspannung statt, und das Galvanometer zeigt einen Ausschlag.

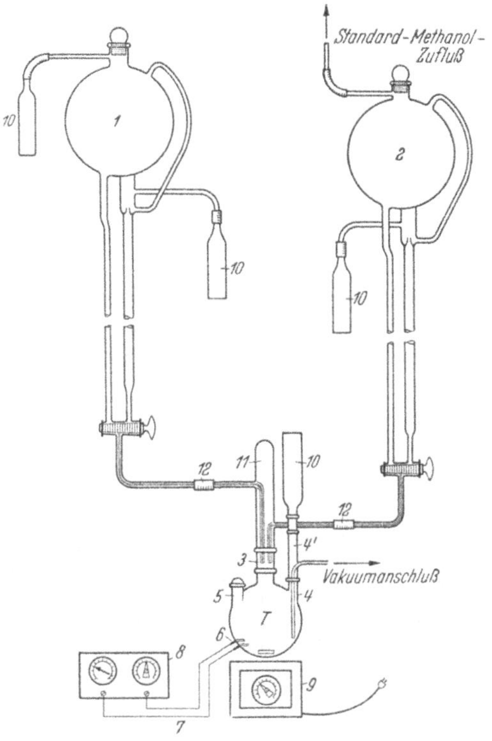

Die Büretten *1* und *2* (Abb. 77) sind über einen Glasschliff mit mehreren Anschlußstutzen *3* an das Titrationsgefäß *T* aus Pyrexglas angeschlossen. Durch den Vakuumanschluß *4* kann das Gerät luftleer gesaugt werden. Der Schliff *5* dient zum Einfüllen der Proben. Die zwei Platinelektroden *6* sind durch die Zuleitungen *7* mit dem Titrimeter *8* verbunden. Ein magnetischer Rührer *9* sorgt für gründliche Durchmischung der Probe.

Abb. 77. Schema eines elektrischen Titrationsgeräts zur Wasserbestimmung in Ölen mit FISCHER-Lösung nach BOPP. *1*, *2* Büretten; *3* Mehrfachschliff; *4* Vakuumleitung; *5* Füllschliff mit Stopfen; *6* Platinelektroden; *7* elektrische Zuleitungen; *8* Titrimeter; *9* Magnetrührer; *T* Titrationsgefäß; *10* Elastische Behälter zum Druckausgleich.

In die Bürette *1* wird die FISCHER-Lösung (KFL), in die Bürette *2* das Standard-Methanol mit bekanntem Wassergehalt eingefüllt. Zur Herstellung dieser Eichlösung von Wasser in Methanol wird in einen 1-Liter-Meßkolben, der mit wasserfreiem Methanol ausgespült und nachher im Trockenschrank getrocknet wurde, eine Menge von etwa 900 cm³ Methanol eingefüllt. In ein zweites, ebenso behandeltes Gefäß gibt man 200 cm³ desselben Methanols. Beide Gefäße werden mit Inhalt auf eine konstante Temperatur von 20° C gebracht. Nun

---

[1] WEBER, R.: Kältetechnik Bd. 6 (1954) S. 267.
[2] BOPP, J. D.: Refrig. Engng. Bd. 59 (1951) S. 891.
[3] Ein entsprechendes handelsübliches Gerät liefert die Metrohm A. G. in Überlingen am Bodensee.

werden in ein geschlossenes Wägeglas mit einer Pipette 1,5 cm³ Wasser eingefüllt und auf der Waage genau ausgewogen; anschließend wird das Wasser mit Methanol aus dem zweiten Gefäß rasch zu den 900 cm³ Methanol übergespült und bis zur 1-Liter-Marke aufgefüllt.

Mit diesem Methanol mit bekanntem Wassergehalt wird der Titer F = mg H$_2$O/cm³ KFL ermittelt. Das Titrationsgefäß wird zunächst mit etwas wasserarmem Methanol gespült und der magnetische Rührer eingeschaltet. Dann wird die KFL im leichten Überschuß zugegeben, bis die Elektroden bedeckt sind und eine braune Farbe der Lösung bestehen bleibt. Anschließend wird mit dem Eich-Methanol bis zum Neutralpunkt titriert. Man gibt nun 20 cm³ des Eich-Methanols mit bekanntem Wassergehalt zu und titriert mit KFL bis zum Endpunkt aus. Dieser ist erreicht, sobald das Meßinstrument einen dauernden Ausschlag zeigt. Anschließend werden 20 cm³ des Methanols ohne Wasserzusatz ebenso titriert. Sind nun

a die in 20 cm³ Methanol enthaltenen mg H$_2$O,
b die für diese 20 cm³ Methanol verbrauchten cm³ KFL
und c die für 20 cm³ Rein-Methanol verbrauchten cm³ KFL, so ist

$$F = \frac{a}{b-c} \text{ mg H}_2\text{O/cm}^3 \text{ KFL.}$$

Zur Einstellung des Titers F der KFL kann auch eine eingewogene Menge Wasser verwendet werden; BOPP nimmt dazu Natriumacetat-Trihydrat, das ein sichereres Arbeiten gestattet als Wasser. Ferner zeigt sich, daß bei der direkten Titration von Öl erhebliche Fehler dadurch auftreten, daß Öl und Methanol, als Hauptbestandteil der KFL, nicht mischbar sind. Ein homogenes Gemisch ergibt sich aber, wenn man 25 cm³ wasserfreies Methanol und die gleiche Menge Öl mit der doppelten Menge wasserfreien Chloroforms mischt. Trockenes Chloroform läßt sich leicht dadurch herstellen, daß man das azeotrope Chloroform-Wasser-Gemisch vom Chloroform abdestilliert.

Die Titration des Wassergehaltes im Öl geschieht nun in folgender Weise: In den vorgetrockneten Titrierkolben T werden 25 cm³ wasserfreies Methanol und 115 cm³ trockenes Chloroform eingefüllt und die Wände damit gespült, indem man den Magnetrührer einschaltet. Dann wird das Wasser im System mit einem leichten Überschuß von KFL gebunden und die überschüssige KFL mit dem wasserhaltigen Eich-Methanol zurücktitriert. Der Kolbeninhalt ist jetzt ganz wasserfrei. Mit einer Schliffpipette mit Trockenaufsatz läßt man nun unter kräftigem magnetischem Rühren 50 cm³ des zu untersuchenden Öls in das austitrierte Lösungsgemisch einlaufen. Dann wird die Bürette mit der KFL abgelesen und das Wasser der Ölprobe mit der KFL austitriert. Das Ende der Titration ist erreicht, wenn durch die ersten Spuren von freiem Jod ein Ausschlag am Zeigerinstrument des Gerätes auftritt, der mindestens 2 bis 3 Minuten bestehenbleiben soll. Alle Arbeitsgänge sollen nicht länger als 15 Minuten dauern. Der Verbrauch an KFL wird abgelesen. Der Wassergehalt des zu prüfenden Öls ergibt sich zu

$$\text{mg H}_2\text{O/kg Öl} = \frac{\text{cm}^3 \text{ KFL} \cdot \text{Titer } F \text{ der KFL} \cdot 1000}{\text{g Öl-Einwaage}}.$$

REED[1] benutzt die FISCHER-Methode mit elektrischer Endpunkttitration auch zur Wasserbestimmung in Kältemittel–Öl-Gemischen. Dazu dient ein Gerät, das im wesentlichen dem der Abb. 77 entspricht. Die Abb. 78 zeigt, daß das Titrationsgefäß T zu diesem Zweck mit einer Vakuumleitung F und einer Einrichtung zum Abdampfen des Kältemittels über die Leitung G versehen ist. Die beiden Trockner H und J mit P$_2$O$_5$-Füllung gestatten den Druckausgleich mit Luft, ohne daß die Luftfeuchtigkeit in das Titrationsgefäß eindringen kann. Bei geschlossener Leitung G wird das Titrationsgefäß T über die Vakuumleitung F evakuiert und dann in das gekühlte Gefäß über den Anschluß C das Öl-Kältemittel-Gemisch eingesaugt, nachdem F geschlossen ist. Man sorgt nun für Druckausgleich über G und titriert den Wassergehalt der Probe in der oben beschriebenen Weise. Er wird nach der obigen Formel berechnet.

c) Elektrolytische Methode. Eine elektrolytische Methode zur Bestimmung von Feuchtigkeit in Gasen und Dämpfen wurde von WEAVER im National Bureau

---

[1] REED, F. T.: Refrig. Engng. Bd. 62 (1954) S. 65.

of Standards in den USA entwickelt[1]. Sie beruht auf der Messung der Veränderung der elektrischen Leitfähigkeit bzw. des Widerstandes eines dünnen, elektrolytisch leitfähigen Filmes, wenn dieser aus dem der Untersuchung unterworfenen Medium Wasser aufnimmt. Das Verfahren wird in den USA sowohl für Gase und Dämpfe als auch für nichtleitende Flüssigkeiten empfohlen. Die zu prüfenden Substanzen dürfen aber selbst mit dem Film weder reagieren noch ihn lösen

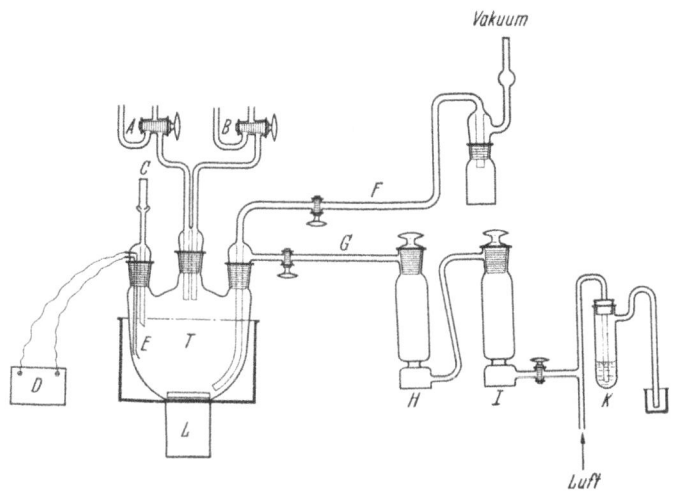

Abb. 78. Gerät zur Titration von Wasser mit FISCHER-Lösung in Öl-Kältemittel-Gemischen nach REED.
A Bürette für die FISCHER-Lösung; B Bürette für das Eich-Methanol; C Einfüllstutzen für die Probe; D Elektrisches Anzeigegerät; E Platinelektroden; F Vakuumleitung mit Vorlage; G Anschluß für Druckausgleich und zum Abdampfen des Kältemittels; H, J Trockner mit P_2O_5; K Flüssigkeitsabschluß und Druckregler; T Titrationsgefäß.

oder in ihm gelöst werden. Auch zur Bestimmung des Sättigungsgrades von Wasser in Trockenmitteln mit Gleichgewichtsbeladung, also allen adsorptiven Trocknern, und des Trockengrades von Maschinen und ihren Teilen beim Spülen mit heißen trockenen Gasen ist diese Leitfähigkeitsmethode gut geeignet.

Ein dünner Film eines Elektrolyten, z. B. Phosphorsäure oder verdünnte Schwefelsäure, wird auf die Oberfläche eines festen Isolators zwischen die Metallelektroden nach Abb. 79 aufgebracht. Als Elektrodenmaterial ist Platin geeignet, da es durch die Säuren der Filme nicht angegriffen wird. Die Filme sind möglichst dünn aufzutragen. Schwefelsäure und Phosphorsäure sind am geeignetsten; 5% H_2SO_4 in HPO_3 erhöhen die Leitfähigkeit. Bindmittel im Film, z. B. Aerosil oder Gelatine, ergeben bessere Lebensdauer und Zeitkonstant der Filme, erhöhen aber auch die Ausgleichszeiten, indem sie die Filme träger machen.

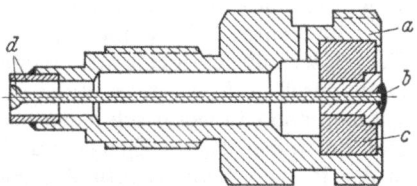

Abb. 79. Elektrodenkopf zur Leitfähigkeitsmessung für Wasserbestimmungen in Gasen und Dämpfen (nach WEAVER).
a Messingkörper; b Lot; c Isolator; d Platinelektroden aus Glas.

Der Elektrolyt stellt seinen Wassergehalt nach dem Feuchtigkeitsgehalt des umgebenden Prüfmediums entsprechend dessen relativer Feuchte ein. Infolge der Relation zwischen dem Feuchtigkeitsgehalt des Gases über wasserhaltigen Flüssigkeiten kann somit auch der Wassergehalt der Flüssigkeiten durch Be-

---
[1] WEAVER, E. R.: Refrig. Engng. Bd. 55 (1948) S. 266.

stimmung des Feuchtigkeitsgehaltes des darüber ruhenden Gases gemessen werden. Dazu wird der Glasansatz nach Abb. 80 verwendet, der bis wenige mm unter der Elektrode durch das Loch am Boden mit Flüssigkeit gefüllt wird. Die elektrolytische Leitfähigkeit verändert sich in einem weiten Bereich und ist ein direktes Maß für den Wassergehalt der zu prüfenden Substanz, wenn das Gerät mit Gasen von bekannten Wassergehalten geeicht ist. Die schematische Ausführung des Gerätes zum Messen und Eichen ist in Abb. 81 wiedergegeben. Das Eichgas, meist Stickstoff aus der Druckflasche a, wird in dem Regelventil g auf den gewünschten Druck eingestellt und in dem Sättiger c bei hohem Druck über flüssigem Wasser (das man mit großer Oberfläche, z. B. auf Koks oder auf ein ähnlich poröses Trägermaterial aufbringt) beim Durchströmen gesättigt. Die Durchflußmenge durch den Sättiger, der einen langen Strömungsweg haben soll, ist

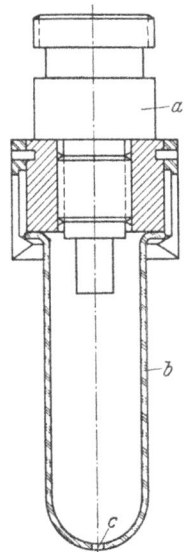

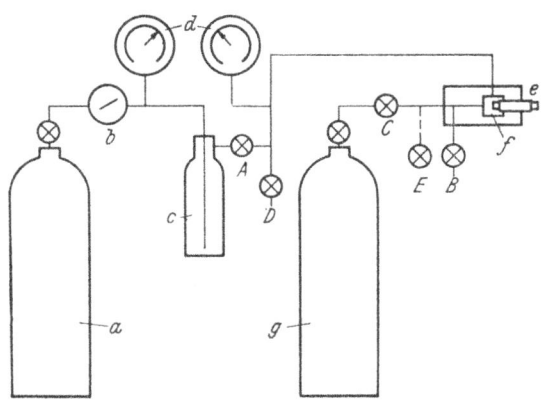

Abb. 80. Glasansatz für die Elektrode zur Wasserbestimmung in organischen Flüssigkeiten.

Abb. 81. Anordnung zur elektrolytischen Feuchtigkeitsbestimmung in Gasen.
a Stickstoff-Flasche; b Regelventil; c Sättiger; d Manometer; e Filmträger; f Meßzelle; g Gasprobe; A, B, C, D, E Ventile.

möglichst gering zu halten; dadurch wird Sättigung mit Sicherheit erreicht, andererseits aber auch das Mitreißen flüssigen Wassers vermieden. Das Gas wird dann im Ventil A entspannt, und damit wird auch der Wasserdampfdruck bzw. die relative Feuchtigkeit des Eichgases im gleichen Verhältnis geändert. Man kann durch Anlegen eines Vakuums am Ventil B bis ins Vakuumgebiet entspannen und so theoretisch jeden beliebigen Wasserdampfdruck bzw. Sättigungsgrad herstellen. Dieses Eichgas durchströmt die Meßzelle f mit dem Filmträger e in der Richtung vom Ventil A nach dem Ventil B. Das zu untersuchende Gas aus der Flasche g, z. B. ein Kältemittel, strömt beim Messen in entgegengesetzter Richtung über das Ventil C nach dem Ablaßventil D.

Um Polarisation im elektrolytischen Film zu verhindern, wird an den Platinelektroden mit Wechselspannung gearbeitet. Das Verfahren wurde zunächst als Null-Methode angewendet durch Vergleich mit einem Gas von bekanntem Wassergehalt als Grenzwert. Man mißt bei Absolutbestimmungen zweckmäßig zuerst den elektrischen Widerstand des feuchtigkeitsempfindlichen Filmes in der zu untersuchenden Atmosphäre, z. B. über dem flüssigen Kältemittel oder über Öl oder in der Spülluft aus einer zu trocknenden Maschine, deren Wassergehalt oder Restwasserdampfdruck zu bestimmen sind. Anschließend entspannt man das

Eichgas so lange, bis der Elektrolytfilm den gleichen elektrischen Widerstand hat wie bei dem zu messenden Medium. Gleiche Leitfähigkeit bedeutet aber gleiche relative Feuchtigkeit im Film und im Gasraum über dem zu messenden Medium. Man ermittelt also den Sättigungsdampfdruck des Eichgases p_s und den Angleichdruck p_c, bei dem das Eichgas den gleichen elektrischen Widerstand des Filmes erzeugt wie die zu messende Atmosphäre mit unbekanntem Wassergehalt beim Druck p_x. Es sei p_w der Druck, bei dem der Wassergehalt in der zu messenden Atmosphäre angegeben werden soll. Die absolute Feuchtigkeit W in mg H_2O/l Gas ergibt sich unter Berücksichtigung einer empirischen Korrektur K, die experimentell zu bestimmen ist, aus der Formel:

$$W = S \frac{p_c (1 - K p_c)}{p_s (1 - K p_s)} \frac{p_w (1 - K p_w)}{p_x (1 - K p_x)}.$$

S ist der Wasserdampfgehalt des Eichgases in mg H_2O/l Gas beim Sättigungsdruck p_s.

Setzt man in dieser Gleichung den Druck in kg/cm² ein, so ist für Luft, Sauerstoff und Stickstoff $K = 0{,}0021$, für Kohlendioxyd $K = 0{,}013$.

Auch Kältemittel sollen wegen der Gefahr des Fortspülens des elektrolytischen Filmes nicht als Flüssigkeit, sondern als gesättigter Dampf untersucht werden, nachdem die Zusammenhänge zwischen dem Wassergehalt im flüssigen Zustand und dem damit im Gleichgewicht stehenden Dampf bekannt sind (vgl. Abb. 37, S. 106).

Das ganze Verfahren arbeitet schnell und einfach und weist bei einem weiten Meßbereich eine hohe Empfindlichkeit auf. Die Meßzeit beträgt nur 2 bis 3 Minuten; bei Vergleichsmessungen sind sogar bis 100 Untersuchungen in der Stunde möglich. Der große Meßbereich ergibt sich vor allem dadurch, daß der Druck in weiten Grenzen variiert und die Temperatur ebenfalls zur Erhöhung der Wasseraufnahmefähigkeit gesteigert werden kann.

Für die Wasserbestimmung in F 12, in Ölen und im Spülgas zu trocknender gekapselter Kältemaschinen hat sich diese elektrolytische Leitfähigkeitsmethode gut bewährt und findet laufend neue Anwendungsgebiete.

Bei der Verwendung elektrolytisch leitender Filme zur Bestimmung des Feuchtigkeitsgehaltes sind allerdings einige Punkte zu berücksichtigen, die in den Originalarbeiten kaum beachtet werden. Die Elektrolytfilme ändern durch Verdampfen und chemische Umsetzungen (z. B. mit Staub bei Schwefelsäure) sowie durch Kriecherscheinungen ihre Dimensionen und ihre Leitfähigkeit, so daß absolute Eichungen wenig Sinn haben. Deshalb sind sie nur als Indikator im Vergleichsverfahren geeignet. Auch ist der elektrische Widerstand in Abhängigkeit vom Wasserdampfdruck der umgebenden Atmosphäre bei konstanter Temperatur nur über ein kurzes Zeitintervall konstant.

Rostige Oberflächen sind unbedingt zu vermeiden, da sie hygroskopisch sind und den Gleichgewichtszustand stören. Gummi ist wegen der Wasserdampfdiffusion von der Außenseite her zu vermeiden.

d) Optische Methode. In den USA wurde auch ein Verfahren zur Bestimmung des Wassergehaltes in Freonen mit Hilfe eines Spektrometers entwickelt, bei dem der kontinuierliche Freonstrom von infraroten Strahlen durchleuchtet wird; die Anzeige erfolgt durch die Absorption der infraroten Strahlen durch Wasser; Abb. 82 zeigt das Schema für ein Infrarot-Spektrophotometer nach BENNING und Mitarbeitern[1]. RHODES[2] beschreibt die Einzelheiten des Verfahrens zur quantitativen Wasserbestimmung in F 12 mit dem Beckmann-Infrarot-Spektro-

---
[1] BENNING, A. F., A. A. EBERT u. C. F. IRVIN: Refrig. Engng. Bd. 55 (1948) S. 166.
[2] RHODES, W. W.: Refrig. Engng. Bd. 53 (1947) S. 412.

photometer. Alle optischen Teile müssen aus infrarotdurchlässigem Material, z. B. Kochsalz oder Fluorit, bestehen. Für die Druckzelle C, in die das flüssige Kältemittel eingefüllt wird, sind diese Salze jedoch nicht genügend druckfest. Man verwendet für die etwa 100 mm lange Zelle Fenster aus Quarz von 3 mm Wandstärke mit Teflondichtungen. In der Zelle wird das F 12 von monochromatischem infrarotem Licht mit der Wellenlänge $2{,}67\,\mu$ durchstrahlt. Der Quarz und das F 12 absorbieren einen geringfügigen Strahlungsanteil dieser Wellenlänge. Von Wasser wird Licht dieser Wellenlänge nach der Gleichung

$$\ln J/J_0 = -K\,c\,l$$

absorbiert, wobei J_0 die Strahlungsintensität des einfallenden Lichtes, K der Absorptionskoeffizient des Wassers, c die Wasserkonzentration im F 12 als Unbekannte und l die Zellenstärke sind.

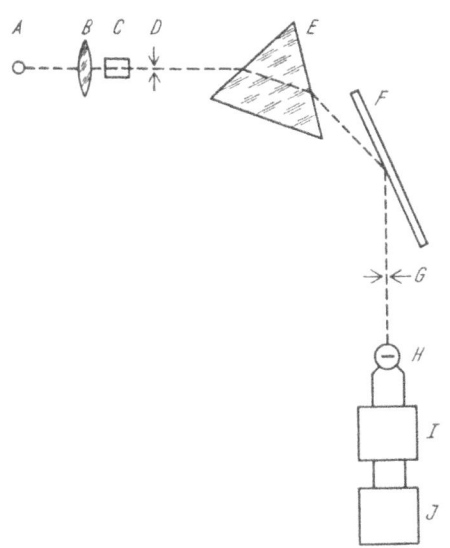

Abb. 82. Schematische Darstellung eines Infrarot-Spektrophotometers.
A Infrarotstrahler; B Monochromator; C druckfeste Probezelle; D Spalt; E Prisma; F Spiegel; G Spalt; H Thermoelement; I, J elektrische Verstärker- und Anzeigegeräte.

Der aus der Zelle austretende Strahl von der Intensität J wird auf ein hochempfindliches Thermoelement H, das mit einer die Wärme absorbierenden Schicht überzogen ist, als Brennpunkt konzentriert. Die der Temperatur des Thermoelements proportionale Thermokraft wird verstärkt und über ein empfindliches Galvanometer angezeigt. Das Gerät kann z. B. mit F 12 von bekanntem Wassergehalt geeicht werden. Die Empfindlichkeit beträgt 1 mg H_2O/kg F 12.

Eine derartige Einrichtung kann vor allem zur kontinuierlichen Untersuchung des Wassergehaltes von F 12 bei der Herstellung als Kontrollorgan angewendet werden, wobei das F 12 oder ein Teilstrom davon die Zelle durchfließt. Der von der Kinetic Chemicals Inc. garantierte Wassergehalt unter 10 mg H_2O/kg F 12 wird auf diese Weise kontrolliert. Wasserstoffhaltige Verbindungen, z. B. Öle und Fette, müssen vor dieser Messung sorgfältig aus dem F 12 durch langsame Destillation entfernt werden.

Es gibt heute auch Zellen zur Untersuchung im gasförmigen Zustand, welche die Arbeitsweise wesentlich erleichtern[1].

e) **Weitere Methoden.** KLOSA[2] empfiehlt zur Wasserbestimmung und zur Entwässerung organischer Lösungsmittel, diese mit einer gewogenen Menge wasserfreien Kupfersulfates ($CuSO_4$) auszuschütteln und 10 Stunden stehenzulassen. Wird das $CuSO_4$ stark blau, so wird neues zugegeben, bis es nur noch schwach blau wird. Das gebildete Hydrat, $CuSO_4 \cdot x\,H_2O$, ist gegen fast alle organischen Stoffe beständig. Die Lösungsmittel werden abfiltriert, und der Rückstand wird ohne Anwendung einer Saugpumpe mit dem Lösungsmittel nachgewaschen, bei niederer Temperatur getrocknet und gewogen. Die Gewichts-

---

[1] *Perkin Elmer Corp.*: Instrument News 2 (1950) Nr. 1 S. 5; 3 (1951) Nr. 1 S. 7; 4 (1952) Nr. 2 S. 4.
[2] KLOSA, J.: Pharmaz. Zentralhalle Bd. 88 (1949) S. 73. — Ref. Z. anal. Chem. Bd. 130 (1950) S. 374.

zunahme ergibt direkt die aufgenommene Wassermenge. Die Fehlergrenze soll ± 1% sein. Das Verfahren ist zweckmäßig für die Wasserbestimmung in Lösungs- und Spülmitteln sowie auch in hochsiedenden Kältemitteln.

Ein besonderes Problem stellt die *Wasserbestimmung in Kältemaschinen* dar, die mit Öl und Kältemittel gefüllt sind. Die Wasserbestimmungsmethoden, die für reines Kältemittel oder reines Öl allein anwendbar sind, versagen. Die Schwierigkeit besteht vor allem darin, das Öl vom Kältemittel zu trennen. Auch ist das Wasser bekanntlich im Kältemittelkreislauf nicht gleichmäßig verteilt.

DUNCAN[1] stellte durch Versuche fest, daß durch Ausdestillieren des Kältemittels das Wasser nicht erfaßt werden kann, da der größte Teil vom Öl festgehalten wird. Das Wasser läßt sich aber leicht vollständig erfassen, wenn man zunächst das Kältemittel über P_2O_5 ausdampft und dann das Öl im Sumpf einige Stunden mit scharf getrocknetem Stickstoff durchperlt, der das restliche Wasser in die P_2O_5-U-Rohre überführt.

DUNCAN empfiehlt zur Erfassung des Wassers in gefüllten Kältemaschinen die Anwendung eines Silikagel-Hilfstrockners, der nach Abb. 83 eingebaut wird. Der mit Wasser gekühlte Hilfstrockner a wird mit 2 Einstichventilen b als Umgehungsleitung an die Druckleitung angesetzt, die zwischen den Ventilen verklemmt wird. Die Füllung des Trockners wird so groß bemessen, daß darin 2 Gew.-% Wasser nicht überschritten werden. Nach 48stündiger Einlaufzeit wird dieser Trockner eingeschaltet und der normale Trockner C hinter dem Verflüssiger auf 148° C erwärmt. Alles Kältemittel geht dann im Kreislauf durch den Hilfstrockner. Schließlich wird auch der Verdampfer geheizt, um jede Spur von Wasser auszutreiben. Nach etwa 48 Stunden ist alles Wasser in den neuen Trockner übergegangen, aus dem es nach dem Abnehmen durch Heizen mit trockenem F12 in P_2O_5-

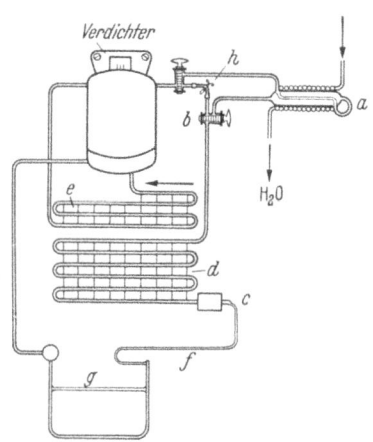

Abb. 83. Einbau eines wassergekühlten Hilfstrockners zur Wasserentnahme aus dem Kreislauf.
a Trockner mit Kühlschlange; *b* Einstichventile für Umgehungsleitung; *c* normaler Trockner; *d* Verflüssiger; *e* Kühler für überhitzten Druckdampf; *f* Kapillare; *g* Verdampfer; *h* Abklemmungen.

Rohre übergeführt wird. Das Öl wird in einer Zwischenfalle abgefangen. Mit dieser Methode fand DUNCAN zugegebene Wassermengen innerhalb der Fehlergrenze von ±1% wieder. Der Fehler ist in erster Linie durch das Gleichgewicht der Wasserverteilung im F12 und Silikagel bedingt, da das F12 einen Restwassergehalt von 4 mg/kg in der Maschine festhält.

Besondere Aufmerksamkeit ist der Probeentnahme von Kältemitteln und Ölen zur Wasserbestimmung zu widmen. Alle Verbindungsstellen von Leitungen müssen vor dem Trennen über den Taupunkt der umgebenden Luft erwärmt sein, um das Eindringen von Luftfeuchtigkeit zu vermeiden; aus dem gleichen Grunde muß der Innendruck beim Lösen von Verbindungen stets mindestens dem Atmosphärendruck entsprechen, eher soll ein leichter innerer Überdruck bestehen.

Bei flüssiger Entnahme durch Entspannung auf Atmosphärendruck unter Verdampfung eines Teiles des Kältemittels ist ferner zu berücksichtigen, daß einige Kältemittel in der flüssigen Phase weniger, andere aber mehr Wasser zu lösen vermögen als die Dampfphase aufnehmen kann (s. S. 106).

---

[1] DUNCAN, T. W.: Refrig. Engng. Bd. 57 (1949) S. 1182.

3. Bestimmung der Mineralsäuren.

Bestimmung von H_2SO_4 und SO_3. Die Erfassung von SO_3 bereitet Schwierigkeiten, da es fast vollständig mit dem SO_2 verdampft. Beim schnellen Verdampfen wird auch ein Teil der H_2SO_4 mitgerissen.

Zur Bestimmung von H_2SO_4 und SO_3 im flüssigen Kältemittel eignet sich die von GROTE und KREKELER[1] entwickelte Filter-Absorptionsvorlage nach Abb. 84, die zur Schwefelbestimmung in brennbaren Stoffen entwickelt worden war[2]. Man setzt zweckmäßig zwei solcher Vorlagen hintereinander an ein doppelwandiges Verdampfungsgefäß nach Abb. 76.

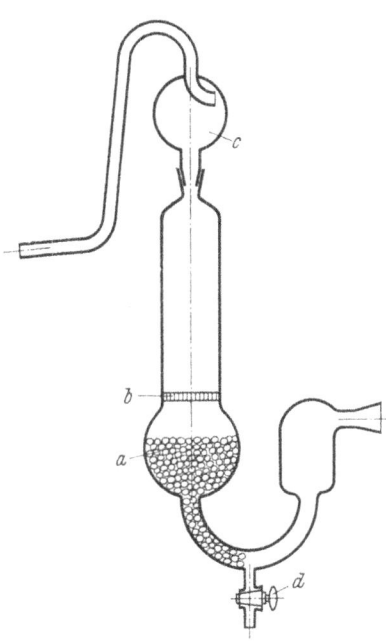

Abb. 84. Absorptionsvorlage nach GROTE und KREKELER.

a Glasperlen; *b* Glasfritte; *c* Spritzschutz; *d* Schliffhahn.

Damit ergibt sich folgende Arbeitsweise:

Eine genau abgewogene Menge des flüssigen Kältemittels wird in dem doppelwandigen Gefäß langsam verdampft und das gebildete Gas durch die Absorptionsvorlagen geleitet, in die als Absorptionsflüssigkeit 50 cm³ einer 3- bis 5%igen Lösung von Ammoniumchlorid je zur Hälfte über und unter der Fritte eingefüllt werden. Beim Verdampfen von SO_2 werden der NH_4Cl-Lösung 2% einer Formollösung als Oxydationsschutzmittel für das Schwefeldioxyd zugesetzt, deren Verwendung von KURTENACKER und WOLLAK[3] für ähnliche Bestimmungen vorgeschlagen wurde. Das SO_3 wird in der Flüssigkeit unter der Filterplatte zunächst angefeuchtet, in der SCHOTT-Filterplatte aggregiert und in der darüber befindlichen Lösung von NH_4Cl gebunden. Nach Beendigung der Verdampfung wird die Ammoniumchloridlösung aus den Absorptionsvorlagen abgelassen, und diese werden mit destilliertem Wasser mehrmals gründlich nachgespült. Neben dem im Filter absorbierten Anteil muß auch die als Rückstand im Verdampfungsgefäß verbliebene Säure erfaßt werden, indem man das Gefäß ebenfalls gründlich nachspült und die Lösungen vereinigt. Durch Kochen wird das gelöste SO_2 ausgetrieben und das Sulfat in der heißen Lösung mit 10%iger Bariumchloridlösung als Bariumsulfat gefällt. Der Niederschlag wird abfiltriert und nach der üblichen Veraschung des Filters im Tiegel quantitativ bestimmt. Daraus wird der H_2SO_4- und SO_3-Gehalt der Probe zusammen als H_2SO_4 errechnet:

$$\text{mg } H_2SO_4/\text{kg } SO_2 = \frac{1000 \cdot 0{,}4202 \cdot \text{mg BaSO}_4}{\text{g SO}_2}.$$

Infolge der langsamen Verdampfung ist das Verfahren aber, zusammen mit der analytischen Bestimmung des Bariumsulfates, recht langwierig.

Eine relativ einfache Methode zur Bestimmung von SO_3 beschreibt NUCKOLS[4]. Das SO_3 wird durch Hindurchleiten von SO_2 durch eine sauerstofffreie, wäßrige

---

[1] GROTE, W., u. H. KREKELER: Angew. Chem. Bd. 46 (1933) S. 106.
[2] Zu beziehen vom Glaswerk Schott & Gen. unter der Bezeichnung Fi 355 D 3.
[3] KURTENACKER, A., u. R. WOLLAK: Z. anal. Chem. Bd. 71 (1927) S. 37.
[4] NUCKOLS, A. H.: Underwriters Laboratories, Miscellaneous Hazard Nr. 2375 (1933).

Lösung von BaCl$_2$, die mit HCl angesäuert ist, bestimmt. Bei Anwesenheit von SO$_3$ wird BaSO$_4$ als weißer Niederschlag ausgefällt und wie oben quantitativ bestimmt.

GROTE und KREKELER[1] beschreiben ferner ein elektrostatisches Laboratoriumsgerät zur Abscheidung von SO$_3$-Nebel, das in Abb. 85 wiedergegeben ist. In das Glasgefäß A ist die Innenelektrode B mit dem aufgewickelten Platindraht C durch einen Schliff von oben eingeführt und dicht verschlossen. Wegen der aus SO$_3$ und Wasser gebildeten Schwefelsäure muß die Innenelektrode säurefest sein. Die Gegenelektrode wird in Form eines Messingblechmantels D auf den Glasbehälter A außen aufgeschoben. Der Hahn E dient zum Ablassen der gebildeten Schwefelsäure beim Reinigen mit destilliertem Wasser. Als Spannungsquelle wird die sekundäre Spannung eines Funkeninduktors mit etwa 35 mm Funkenlänge vorgeschlagen. Das auf SO$_3$ zu untersuchende Gas wird zunächst durch eine Waschflasche mit Wasser geleitet, um die SO$_3$-Nebelteilchen durch Beladen mit Wasser elektrostatisch abscheidbar zu machen. Durch den unteren Anschluß F wird das zu reinigende Gas mit dem SO$_3$-Nebel eingeführt; durch den oberen Ausgangsstutzen G entweicht das gereinigte Gas.

Das Gerät kann sowohl zur Reinigung des SO$_2$ von SO$_3$ als auch zur quantitativen Bestimmung des SO$_3$-Gehaltes im SO$_2$ benutzt werden. Zur Analyse wird das destillierte Wasser in der Waschflasche und der Niederschlag in der elektrostatischen Vorlage nach Ausspülen mit destilliertem Wasser durch Fällung mit 10%iger Bariumchlorid-Lösung (BaCl$_2$) als BaSO$_4$ auf Schwefelsäure untersucht.

D'ANS[2] beschreibt ein Verfahren zur Bestimmung von SO$_3$ und H$_2$SO$_4$ im flüssigen SO$_2$, das aus dem Laboratorium der Gesellschaft für LINDES Eismaschinen stammt.

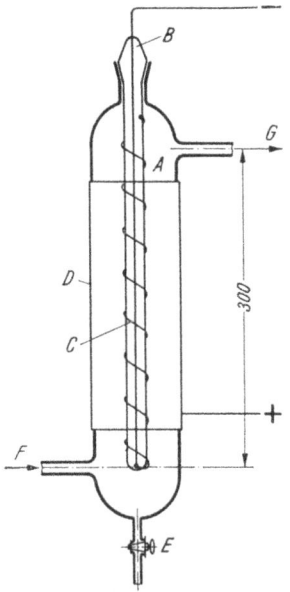

Abb. 85. Elektrostatisches Gerät zur Absorption von SO$_3$-Nebeln. A Glasgefäß; B Innenelektrode; C Platindraht; D Messing-Blechmantel; E Schliffhahn; F Einleitungsstutzen; G Gasableitung.

In der beschriebenen Form ist das Verfahren für Gehalte bis zu 10 mg H$_2$SO$_4$/kg SO$_2$ zu ungenau, da die zu wägenden BaSO$_4$-Niederschläge zu gering sind. STEINLE[3] hat dafür das in Abb. 86 gezeigte Gerät entwickelt, das die Anwendung von 150 bis 200 g flüssigem SO$_2$ gestattet[4]. Damit ergeben sich bei einem Gehalt von 10 mg H$_2$SO$_4$/kg SO$_2$ aus 200 g SO$_2$-Einwaage 4,7 mg BaSO$_4$, die ohne Schwierigkeiten wägbar sind. Das Gerät besteht aus einem Druckgefäß A von etwa 300 cm^3 Inhalt aus dickwandigem Hartglas mit einem Schliffhahn, dessen Bohrung 5 mm lichte Weite hat. Durch diesen Hahn kann der dünne Stengel des Trichters B zum Einbringen der BaCl$_2$-Lösung eingeführt werden. Zum Verdampfen des Schwefeldioxyds wird der Spritzaufsatz C mit Normalschliff aufgesetzt, um das Herausschleudern von Flüssigkeit durch das SO$_2$ zu vermeiden. Hahnküken und Spritzaufsatz sind durch Zugfedern gegen Wegschleudern gesichert.

---

[1] Siehe Fußnote 1 auf S. 222. — [2] D'ANS, J.: Chem.-techn. Untersuchungsmethoden, Ergänzungswerk Bd. II zu LUNGE-BERL (1939), S. 135.
[3] STEINLE, H.: Z. anal. Chem. Bd. 129 (1949) S. 340.
[4] Das Gerät ist zu beziehen von der Fa. Ströhlein & Co., Fabrik chemischer Apparate, Düsseldorf.

Auch bei diesem Verfahren, das seinem Ursprung entsprechend als LINDE Methode bezeichnet wird, hat sich der von KURTENACKER und WOLLAK vorgeschlagene und auch von WURZSCHMITT angewendete Zusatz von Formol als Oxydationsschutzmittel für das SO_2 bzw. das Bariumsulfit am besten bewährt. Nach KURTENACKER und WOLLAK entsteht Formaldehyd-Bisulfit, das gegen Sauerstoff und selbst gegen Jod als Oxydationsmittel unempfindlich ist. Aus der Formaldehyd-Lösung mit SO_2 wird auch bei längerem Stehen durch Bariumchlorid kein Bariumsulfat gefällt. Das Formol wird dem SO_2 zweckmäßig im Gemisch mit der $BaCl_2$-Lösung zugesetzt.

STEINLE gibt für diese modifizierte LINDE-Methode folgende Arbeitsvorschrift: Das Druckgefäß A nach Abb. 86 wird zunächst mit destilliertem Wasser gründlich gespült und mit der Wasserstrahlpumpe evakuiert. Trocknen ist, da mit wäßriger Lösung gearbeitet wird, nicht nötig. Dann werden unter Kühlung mit Trockeneis etwa 150 bis 200 g des zu untersuchenden Schwefeldioxyds flüssig eingefüllt und gewogen. Anschließend führt man den Trichter B durch den Schliffhahn ein und gibt 50 cm³ einer Mischung von 2 Teilen einer 5%igen $BaCl_2$-Lösung mit einem Teil 40%igem Formol zu. Der Hahn wird geschlossen und das SO_2 mit der Mischung langsam erwärmt. Wenn die $BaCl_2$-Mischung geschmolzen ist, wird sie mit dem SO_2 1 bis 2 Minuten lang gründlich durchgeschüttelt. Anschließend wird der Spritzaufsatz C aufgesetzt und das SO_2 durch leichtes Öffnen des Hahns langsam verdampft, so daß die Temperatur 0° C möglichst

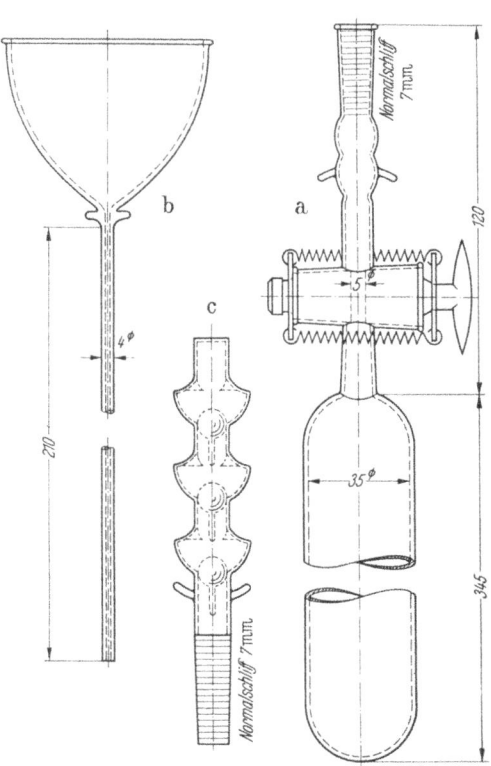

Abb. 86. Gerät zur Bestimmung von SO_3 und H_2SO_4 in flüssigem SO_2 nach STEINLE.
a Druckgefäß; b Trichter; c Spritzaufsatz.

nicht unterschreitet und die wäßrige Lösung nicht einfriert. Nachdem alles Schwefeldioxyd verdampft ist, wird die Lösung mit dem $BaSO_4$-Niederschlag vollständig in ein Becherglas gespült und 1 bis 2 Minuten gekocht. Anschließend wird der $BaSO_4$-Niederschlag durch Filtrieren und Veraschen in üblicher Weise quantitativ bestimmt. Der H_2SO_4-Gehalt ergibt sich dann nach der Gleichung auf S. 222. Der Fehler beträgt bei Gehalten unter 10 mg H_2SO_4/kg SO_2 etwa $\pm$ 10% des Mittelwertes, bei höheren Werten nur etwa $\pm$ 5%. Eine Sulfatbestimmung im SO_2 nach der LINDE-Methode dauert etwa 2 Stunden.

Die qualitative Prüfung der halogenierten Kohlenwasserstoffe auf *Chlor* und *Salzsäure* erfolgt nach einem Verfahren der Kinetic Chemicals Inc.[1]. 5 cm³ ab-

---

[1] *Kinetic Chemicals Inc.*: Specifications and Methods of Analysis of Freon 12. — Techn. Pap. Nr. 8 (1931).

soluten Methylalkohols werden mit einigen Tropfen einer gesättigten Lösung von Silbernitrat in absolutem Methylalkohol versetzt und hierauf 5 cm³ F12 unter Schütteln hinzugefügt. Dabei darf weder eine Trübung noch eine weiße voluminöse Ausfällung von Silberchlorid auftreten.

Eine quantitative Bestimmung von Chlor und Salzsäure in den halogenierten Kohlenwasserstoffen läßt sich mit der Absorptionsvorlage von GROTE und KREKELER nach Abb. 84 in der beschriebenen Arbeitsweise durchführen. Als Absorptionsflüssigkeit dient in diesem Falle eine Lösung von 8 g kristallisiertem Natriumsulfit (Na_2SO_3) in 100 cm³ $^1/_{10}$-normaler Natronlauge (NaOH). Durch den Natriumsulfitzusatz werden elementares Chlor bzw. Sauerstoffverbindungen des Chlors in Chlorwasserstoff übergeführt. Von der Lösung werden 25 cm³ auf die Fritte und 25 cm³ in die darunter befindliche Kugel mit Glasperlen eingefüllt. Das Chlor, das als Natriumchlorid vorliegt, wird nach gründlichem Spülen der Absorptionsvorlage und des Kältemittel-Verdampfungsgefäßes in üblicher Weise als Silberchlorid durch die Zugabe von Silbernitrat ($AgNO_3$) gefällt und bestimmt. Silberfluorid (AgF) ist wasserlöslich und wird somit nicht ausgefällt, falls aus einem zugleich fluorierten Kältemittel auch Fluor unter Bildung von Fluorwasserstoff abgespalten bzw. gebildet wurde.

4. Bestimmung des Rückstandes.

In eine getrocknete auf mg gewogene Abdampfschale werden je nach dem zu erwartenden Rückstand 100 bis 200 g des Kältemittels eingewogen. Das Kältemittel wird langsam abgedampft, um ein Verspritzen zu vermeiden. Um Siedeverzüge zu verhindern, sind einige Karborundstückchen in die Abdampfschale zu legen; sie werden mitgewogen. Nach dem Abdampfen des Kältemittels wird der Rückstand in der Schale ½ Stunde auf 105° C erwärmt und nach dem Erkalten im Exsikkator gewogen. Er wird dann in mg/kg oder in % aus der Einwaage errechnet.

5. Bestimmung des Fremdgases.

Eine zwar grobe, aber für viele Zwecke hinreichend genaue Methode, das Fremdgas vom Kältemittel zu trennen, besteht nach McCLOY und HALEY[1] darin, das Kältemittel auszufrieren und das Restgas volumetrisch zu bestimmen (Abb. 87). Das Kältemittel mit dem Fremdgas wird durch

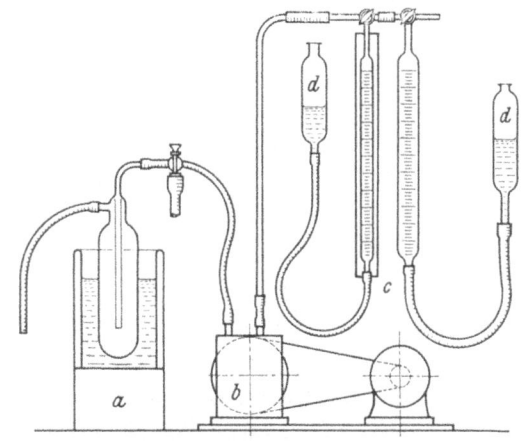

Abb. 87. Anordnung zur Fremdgasbestimmung durch Ausfrieren der Kältemittel.
a Ausfriertasche; b Vakuumpumpe; c Meßbüretten; d Niveaugefäße.

die Ausfriertasche angesaugt, in der es mittels flüssiger Luft ausgefroren wird. Zum Saugen dient die Vakuumpumpe b, die das Fremdgas in die Bürette c unter Atmosphärendruck ausstößt. Dort kann es nach Druckausgleich mit Hilfe der Niveaugefäße d, unter Berücksichtigung des schädlichen Raumes in der Zuleitung von der Pumpe zu den Büretten, volumetrisch bestimmt werden. Die Menge des untersuchten Kältemittels wird durch Wägen der Ausfriertasche bestimmt.

---

[1] MCCLOY, G. S., u. A. W. HALEY: Refrig. Engng. Bd. 39 (1940) S. 12. — Ref. Kälte-Ind. Bd. 38 (1941) S. 84.

Eine verfeinerte Laboratoriumsmethode nach dem gleichen Prinzip beschreibt PARMELEE[1]; die Genauigkeit dieser Methode liegt bei 6 Teilen Luft in 1 Million Teilen F12-Gas. Das Verfahren hat den Vorteil, daß es generell für alle gebräuchlichen Kältemittel anwendbar ist.

Alle anderen Verfahren sind an die spezifischen Eigenschaften der Kältemittel gebunden und nutzen entweder deren Reaktionsfähigkeit oder Löslichkeit in bestimmten Flüssigkeiten aus. Zu den Kältemitteln, die mit Wasser oder wäßrigen Lösungen gebunden werden können, gehören *Ammoniak, Kohlendioxyd* und *Schwefeldioxyd* (vgl. Tab. 61).

Tabelle 61. *Absorptionsflüssigkeiten für Kältemittel.*

Kältemittel	Absorptionsflüssigkeit
Ammoniak	Wasser, 8 l je kg NH_3
Kohlendioxyd	wäßrige Kaliumhydroxydlösung, spez. Gew. 1,297 g/cm^3
Schwefeldioxyd	wäßrige Kaliumhydroxydlösung, spez. Gew. 1,297 g/cm^3 oder Natriumdichromatlösung 0,3 kg/l Wasser; 8 l je kg SO_2

Der Gehalt des Kältemittels an nichtkondensierbaren Gasen ist im Dampfraum und in der Flüssigkeit verschieden. Im allgemeinen interessiert allein der Gasgehalt der Flüssigkeit; die Probe wird daher flüssig entnommen und in einem sauberen und gut evakuierten Behälter unter Druck eingewogen. Das Kältemittel wird diesem Behälter gasförmig entnommen und über ein Ventil, auf Atmosphärendruck entspannt, in das Absorptionsgefäß eingeleitet. Zur Absorption eignet sich das von POLLITZER[2] zur Fremdgasbestimmung in Kohlendioxyd entwickelte Gerät (Abb. 88). Das Gerät ist zweiteilig. Teil a ist eine Glaskugel von etwa 400 cm^3 Inhalt. Die Kugel ist oben offen, während an die untere offene Seite ein 100 cm^3

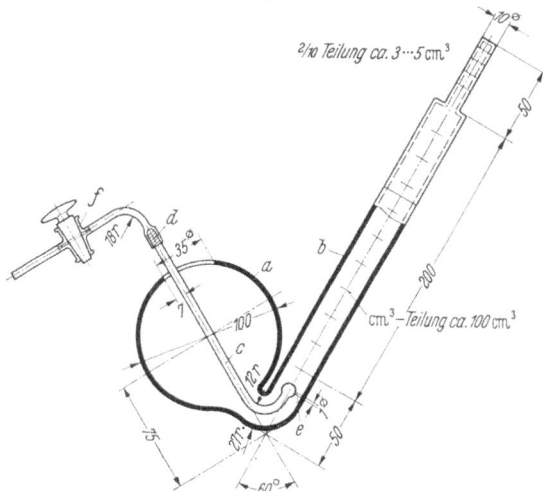

Abb. 88. Absorptionsgefäß zur Fremdgasbestimmung nach POLLITZER.
a Glaskugel; *b* Absorptionsrohr; *c* Einleitungsrohr; *d* Gasrückschlagventil; *e* Öffnung; *f* Hahn.

fassendes, graduiertes Glasrohr b angesetzt ist. Teil c ist ein pfeifenförmig gebogenes, mit Hahn und Rückschlagventil d versehenes Einleitungsrohr. Das untere Ende ist kugelförmig erweitert und hat unten ein feines Loch e.

Zunächst werden unter Schräghalten des Absorptionsgefäßes etwa 300 cm^3 der Absorptionsflüssigkeit nach Tab. 61 so eingefüllt, daß das graduierte Rohr b ganz gefüllt ist; man wiegt das Rohr mit Füllung auf ± 1 g. Das Einleitungsrohr c verbindet man durch einen kurzen Schlauch mit dem Feinregelventil des Kältemittelbehälters. Der Hahn f am Einleitungsrohr wird geöffnet. Dann öffnet man

---

[1] PARMELEE, H. M.: Refrig. Engng. Bd. 59 (1951) S. 573.
[2] D'ANS, J.: Chem.-techn. Untersuchungsmethoden, Ergänzungswerk zu LUNGE-BERL, II. Teil, S. 138.

das Behälterventil und bläst durch das ausströmende gasförmige Kältemittel die Luft aus dem Schlauch und dem Einleitungsrohr aus. Das Kältemittel wird nun durch die Glaskugel, wie in Abb. 88 dargestellt, in das Ansatzrohr b eingeführt und reagiert hier mit der Absorptionsflüssigkeit oder wird in ihr gelöst. Das eventuell vorhandene Fremdgas steigt in dem schrägen Rohr b aufwärts und kann am Schluß der Bestimmung in cm³ abgelesen werden. Während des Einleitens rührt man die Flüssigkeit mit dem Einleitungsrohr öfters um. Die Bestimmung kann als beendet angesehen werden, wenn die Kältemittelblasen von der Kugel des Einleitungsrohres durch die Absorptionsflüssigkeit hindurchperlen, ohne schnell gebunden zu werden.

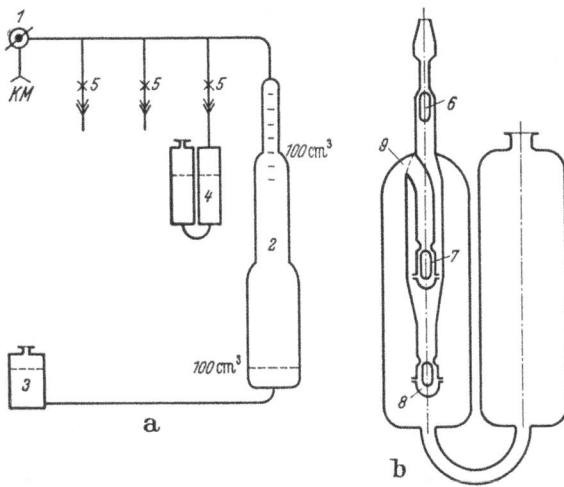

Abb. 89. Apparatur zur Bestimmung des Fremdgases in öllöslichen Kältemitteln.

a Schema der Gesamtapparatur; *b* Detail der Absorptionsbürette *4*; *1* Dreiwegehahn; *2* Meßbürette; *3* Niveauflasche; *4* Absorptionsbürette; *5* Hähne; *6*, *7*, *8* Ventile; *9* Bürette.

Dann schließt man das Behälterventil, rührt mit dem Einleitungsrohr nochmals gründlich um und nimmt das Rohr heraus. Die Flüssigkeit läßt man in dem Gefäß noch 1 Stunde stehen, um das restliche Kältemittel zur Absorption zu bringen. Dann wird das Gefäß mit der Flüssigkeit wieder gewogen, um das Gewicht des absorbierten Kältemittels zu bestimmen. Das Volum des nichtabsorbierten Fremdgases wird abgelesen. Der Fremdgasgehalt f in cm³ je 100 cm³ flüssigen Kältemittels errechnet sich dann nach der Gleichung

$$f = \frac{\text{cm}^3 \text{ Fremdgas} \times 100 \times \text{spezif. Gew. des Kältemittels}}{g \text{ absorbiertes Kältemittel}}.$$

Die Fremdgasbestimmung in den Freonen und Methylchlorid kann unter Zuhilfenahme der Löslichkeit dieser Stoffe in Mineralölen oder Halogenkohlenwasserstoffen vorgenommen werden. Dazu kann eine dem Orsat-Apparat ähnliche Apparatur nach den Abb. 89 und 90 dienen.

Das zu untersuchende öllösliche Kältemittel wird durch den Dreiwegehahn *1* nach Abb. 89 in die mit Wasser gefüllte Meßbürette *2* eingelassen, wobei darauf zu achten ist, daß alle Leitungen luftfrei gespült werden, indem man das Kältemittel einige Zeit durch die Niveauflasche *3* hindurchperlen läßt. Durch leichtes Heben der Niveauflasche wird dann das Kältemittelvolum in der Meßbürette *2*

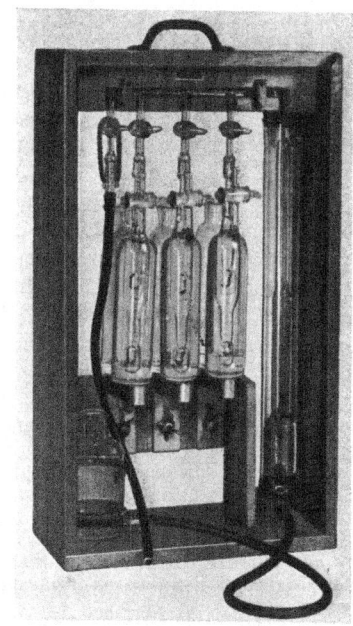

Abb. 90. Ansicht des modifizierten Orsat-Apparates nach Abb. 89 (nach STEINLE).

genau auf 100 cm³ eingestellt. Nach dem Schließen des Dreiwegehahns *1* wird das Kältemittelgas aus der Meßbürette *2* in die mit Öl gefüllte Absorptionsbürette *4* durch Öffnen des Hahnes *5* übergeführt, indem die Niveauflasche *3* gehoben wird. Nach Abb. 89 öffnet beim Einleiten des Kältemittelgases von oben her zunächst das Ventil *6*; Ventil *7* bleibt geschlossen, da die Ventilbirne mit Öl gefüllt bleibt. Dagegen öffnet Ventil *8*, und das Gas perlt in feiner Verteilung in dem Öl hoch. Das Kältemittel wird langsam vom Öl gelöst, und das Fremdgas sammelt sich oben in der Bürette *9* an. Aus der Bürette *9* muß das Fremdgas durch die Ventile *7* und *6* und den Hahn *5* zur Bestimmung des Volums in die Meßbürette *2* übergeleitet werden. Abb. 90 ist eine Ansicht dieser Apparatur.

Die üblichen Fremdgasmengen unter 1 cm³/100 cm³ F12-Dampf, meist nur 0,2 bis 0,3 cm³, sind dafür aber zu gering. STEINLE schlägt deshalb vor[1], eine Absorptionsbürette mit Meßansatz nach Abb. 91 zu verwenden, in der das Fremdgas direkt volumetrisch bestimmt werden kann. Diese Absorptionsbürette wird zunächst bei geschlossenem Hahn *1* in üblicher Weise mit Öl gefüllt. Dabei bleibt der 1 cm³ große, in $1/10$ cm³ geteilte Meßansatz *2* mit Luft gefüllt. In ihn wird das Öl eingesaugt, indem man unter Saugen am Anschluß *3* den Hahn *1* schwach öffnet. Ist die Luft abgesaugt, so wird in der weiter oben beschriebenen Weise das Kältemittel in die Absorptionsbüretten eingefüllt. Das im Öl unlösliche Fremdgas sammelt sich nun sofort im Meßstutzen *2* und kann direkt in Vol.-% des Kältemitteldampfes bestimmt werden.

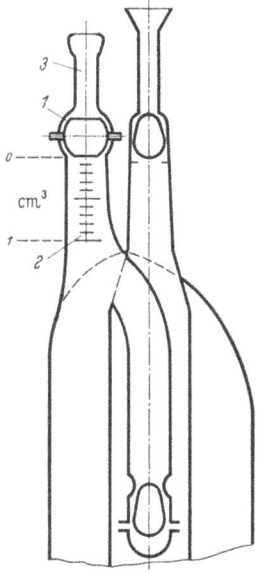

Abb. 91. Absorptionsbürette für öllösliche Kältemittel nach STEINLE.
1 Schliffhahn; *2* Meßansatz von 1 cm³, graduiert in $1/10$ cm³; *3* Schlauchanschluß.

6. Verhalten gegen Schmiermittel.

Die Verträglichkeit des Kältemittels mit dem Schmieröl sowie das Lösungsverhalten beider Stoffe ist von so wesentlichem Einfluß auf die Funktion und Lebensdauer der Kältemaschinen, daß sorgfältige Prüfungen mit dem zu verwendenden Kältemittel unbedingt erforderlich sind. Verschiedene Verfahren liegen vor, die gestatten, die Untersuchungen unter möglichst betriebsnahen Bedingungen vorzunehmen. Im folgenden werden einige wenige erprobte Methoden aufgeführt.

a) Löslichkeit. Ein allgemein anerkanntes Verfahren zur Bestimmung der Löslichkeit von Kältemitteln und Ölen ineinander gibt es bisher nicht. LITTLE hat ein Gerät beschrieben[2], das ein rasches und bequemes Arbeiten bei verschiedenen Drücken und Temperaturen erlaubt. Der apparative Aufbau ist in Abb. 92 gezeigt.

Das Kältemittel wird gasförmig durch Anschluß *a* eingeleitet und sein Druck am Manometer *c* gemessen. Es strömt dann durch die Glaskapillare *g* und durch die Ölprobe hindurch, die sich in dem kalibrierten Hartglasrohr *h* befindet, in dem sie auf der Prüftemperatur gehalten wird. Die Messung erfolgt dann unter Druckausgleich, indem das Ausgleichsventil *d* geöffnet wird, so daß sich der Druck über das Rohr *e* ausgleichen kann. Die Menge des in dem Öl gelösten Kältemittels wird durch die Volumzunahme in dem kalibrierten Probenrohr *h* gemessen. Die Dichte des Kältemittel-Öl-Gemisches wird mit Hilfe des kleinen Glasschwimmers *k* mit Weicheisenkern bestimmt. Der Auftrieb dieses Schwimmers wird durch das Magnetfeld gerade ausgeglichen, indem er durch Variieren der Stromstärke in der Feld-

---

[1] STEINLE, H.: Kältetechn. Bd. 8 (1956) S. 39. Das Gerät ist von Fa. Ströhlein u. Co. Fabrik Chem. Apparate, Düsseldorf, zu beziehen.
[2] LITTLE, J. L.: Refrig. Engng. Bd. 60 (1952) S. 1191.

wicklung *1* des Magneten gerade in der Schwebe gehalten wird. Da die Feldstärke des Magneten direkt von der Stromstärke abhängig ist, kann das Gerät in der Weise geeicht werden, daß die Stromstärke zum Ausgleich des Auftriebes in Abhängigkeit von der Dichte bekannter Flüssigkeiten aufgetragen wird. Die Temperatur wird geregelt durch Einstellen des Gerätes in einen Ultrathermostaten. Für die Messungen werden 10 cm³ Öl verwendet. Das Durchleiten von Kältemittel wird so lange wiederholt, bis die Werte des Volums und der Dichte sich bei gleichem Druck und gleicher Temperatur nicht mehr verändern.

b) Ausscheidungen. Für die Erfassung der aus Kältemittel–Öl-Gemischen ausscheidbaren Bestandteile gibt es zwei Möglichkeiten. Die eine beruht darauf, die Temperatur zu bestimmen, bei der beim Abkühlen eines Gemisches von der in der Kältemaschine herrschenden Konzentration die ersten Ausscheidungen auftreten. Die andere besteht darin, die bei den üblichen tiefsten Betriebstemperaturen ausgeschiedenen Bestandteile quantitativ zu erfassen.

WALKER und RINELLI[1] haben zur Bestimmung der Ausscheidungstemperatur den FLOCK-Test entwickelt, der folgendermaßen durchgeführt wird:

In ein dickwandiges Hartglasrohr von 12 bis 14 mm lichter Weite und etwa 300 mm Länge mit Verengung zum Abschmelzen, das $^1/_2$ Stunde bei 110° C im Trockenschrank vorgetrocknet wurde, wird 1 cm³ des zu untersuchenden Öles eingefüllt. Dann wird am Hochvakuum $^1/_2$ Stunde lang unter Erwärmen im Wasserbad auf 100° C abgesaugt, und schließlich werden unter Kühlung mit Trockeneis 10 cm³ des öllöslichen Kältemittels eindestilliert. Das Rohr wird unter weiterer Kühlung abgeschmolzen. Nach gründlichem Durchmischen von Kältemittel und Öl bei Zimmertemperatur wird das Rohr im Kältebad mit einer Abkühlgeschwindigkeit von 2 bis 3 Grad je Minute abgekühlt, bis die ersten Ausscheidungen durch Trübung bzw. Flockenbildung sichtbar werden. Der Versuch ist mit der gleichen Probe dreimal hintereinander durchzuführen.

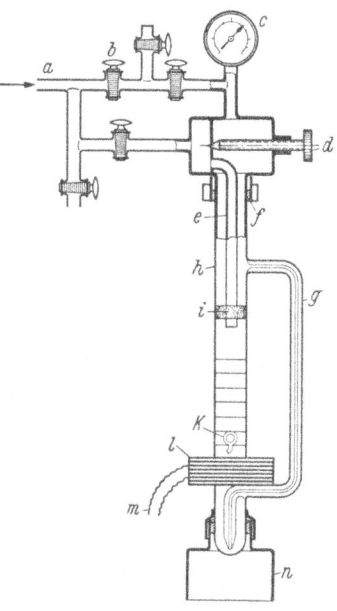

Abb. 92. Gerät zur Bestimmung der Löslichkeit von Kältemitteln in Ölen.

a Kältemitteleinlaß; *b* Ventile; *c* Manometer; *d* Druckausgleichventil; *e* Druckausgleichrohr; *f* Dichtung; *g* Glaskapillare; *h* 5/8" Hartglasrohr, geteilt; *i* Packung; *k* Schwimmer; *l* elektrische Wicklung; *m* elektrische Zuleitung; *n* Haltevorrichtung.

Zur analytischen Erfassung der aus den Kältemittel-Öl-Gemischen ausscheidbaren Anteile wurde die Methode zur Bestimmung des F 12-Unlöslichen in Kältemaschinenölen (vgl. S. 157) in Deutschland als DIN 51590 in die Normverfahren aufgenommen[2].

Das F 12-Unlösliche enthält alle Bestandteile eines Öles, die aus einer Lösung von Öl in F12 (CF_2Cl_2) beim Abkühlen bis zum normalen Siedepunkt des CF_2Cl_2 bei —29,8° C ausgeschieden werden. Das F 12-Unlösliche setzt sich in erster Linie aus Paraffinen verschiedener Schmelzpunkte zusammen. Es enthält, namentlich bei harzreicheren Ölen, daneben aber auch kleinere Mengen von Ölharz.

Das für den Test verwendete F 12 muß möglichst rückstandfrei verdampfen. Es ist deshalb durch langsames Umdestillieren aus der Flasche von hoch

---

[1] WALKER, W. O., u. W. R. RINELLI: Refrig. Engng. Bd. 41 (1941) S. 395; Bd. 50 (1945) S. 131.

[2] Die Wiedergabe erfolgt mit freundlicher Genehmigung des Deutschen Normenausschusses, Berlin.

siedenden Verunreinigungen, z. B. Ölen und unlöslichem Rückstand, zu befreien.

Prüfverfahren nach DIN 51590, Bestimmung des F12-Unlöslichen (Paraffin) in Kältemaschinenölen: In einen enghalsigen ERLENMEYER-Kolben von 200 cm³ Inhalt werden 10 g Öl eingewogen. Aus einem offenen Gefäß wird das eingewogene Öl mit 100 g F12 übergossen. Dies geschieht bei Normaldruck, wobei das F12 einen Siedepunkt von $-29{,}8°$ C hat. Der Kolben wird geschüttelt, bis sich alles Öl gelöst hat. Man läßt die Lösung dann 3 bis 5 Minuten lang stehen, damit sich die Ausscheidungen zusammenballen und dadurch besser filtrierbar werden. Abdampfendes F12 ist zu ersetzen. Das F12-Unlösliche wird durch ein Jenaer Glasfilter 17 G 3 an der Wasserstrahlpumpe abfiltriert. Die Druckdifferenz beim Absaugen soll 0,1 Atm. nicht überschreiten. Sie ist durch einen Unterdruckregler, z. B. einen Regelbeipaß, zu begrenzen. Das Filter wird durch Aufgießen von etwa 50 cm³ kaltem F12 vorgekühlt, um ein Aufschäumen des F12-Öl-Gemisches beim Aufgießen zu verhindern. Wenn etwa die Hälfte des Gemisches durch das Filter gesaugt ist, wird weiter aufgegossen. Bevor das Filter trocken ist, wird mit insgesamt mindestens 200 cm³ kaltem F12 aus einer doppelwandigen Spritzflasche nach Abb. 76 mehrmals gespült, um den in F12 unlöslichen Rückstand und die Filterwandungen ölfrei zu waschen. Schließlich wird trocken gesaugt. Der Rückstand wird dann mit dreimal je 10 bis 15 cm³ frisch destilliertem, siedendem Trichloräthylen vom Filter gelöst und direkt in ein gewogenes Abdampfschälchen gefiltert. Nach dem Abdampfen des Lösungsmittels auf dem Wasserbad wird der Rückstand $1/4$ Stunde bei 105° C im Trockenschrank getrocknet und nach dem Erkalten im Exsikkator gewogen. Enthält das verwendete F12 und/oder das Trichloräthylen mehr als 10 mg Unverdampfbares je kg, so ist mit den für die Bestimmung angewendeten Mengen ein Blindversuch ohne Öl durchzuführen. Der sich hierbei ergebende Blindwert ist von der Auswaage abzuziehen. Das F12-Unlösliche der Probe wird in % berechnet.

Prüffehler werden durch Ölreste im F12-Unlöslichen als Folge von ungenügendem Spülen verursacht. Bei Parallelbestimmungen dürfen die Abweichungen untereinander bei einem Gehalt an F12-Unlöslichem

bis 0,1% nicht mehr als $\pm$ 0,01%,
über 0,1% nicht mehr als $\pm$ 10% des Mittelwertes

betragen.

c) **Chemische Reaktionen.** Für die Feststellung chemischer Umsetzungen zwischen Kältemitteln und Ölen hat sich der von PHILIPP und TIFFANY[1] für Untersuchungen an SO_2-Öl-Gemischen verwendete Test bewährt[2]. Unter der Bezeichnung PHILIPP-Test wurde er in DIN 51593, Prüfung der Kältemittelbeständigkeit von Ölen, übernommen.

Unter Kältemittelbeständigkeit eines Öles ist die Zeit zu verstehen, die unter den beschriebenen Prüfbedingungen vergeht, bis die ersten Spaltprodukte aus den Kältemitteln erkennbar oder nachweisbar sind.

Die für den Test verwendeten Kältemittel müssen den Reinheitsanforderungen genügen, die für die Kältemittel zum Einfüllen in Kältemaschinen gültig sind (s. S. 113).

Prüfgerät. Das gläserne Druckrohr und die Versuchsanordnung zum PHILIPP-Test sind in den Abb. 93 und 94 dargestellt. Ein dickwandiges U-Rohr mit einem Abstand von 250 mm zwischen den Schenkeln aus Durobax-Glas mit 6 mm lichter Weite wird an einer Seite 240 mm lang abgeschmolzen und an der anderen

---

[1] PHILIPP, L. A., u. B. E. TIFFANY: Refrig. Engng. Bd. 27 (1934) S. 248.
[2] STEINLE, H.: Kältetechnik Bd. 1 (1949) S. 14 u. Bd. 2 (1950) S. 174.

Seite zu einer Kapillare zum Abschmelzen ausgezogen. Als Temperaturbäder dienen ein Metallbad von $250 \pm 5°$ C nach Abb. 94 und ein Öl- oder Wasserbad mit einer Temperatur von $40 \pm 1°$ C.

Prüfverfahren. In das Prüfrohr wird etwa 1 cm³ des Öles eingefüllt, im Wasserbad auf 100° C erwärmt und die Luft ½ Stunde am Hochvakuum unter 0,1 Torr abgesaugt. Anschließend wird das Rohr dreimal über einen Dreiwegehahn mit Kältemittelgas gefüllt und wieder evakuiert, um die letzten Reste Luft zu entfernen. Unter Kühlung mit Spiritus-Trockeneis-Gemisch wird schließlich etwa 1 cm³ flüssiges Kältemittel auf das Öl destilliert, wobei in die Kältemittelleitung ein Trockner mit Kieselgel einzubauen ist. Schwefeldioxyd und Methylchlorid sind gasförmig durch den Trockner zu leiten, F12 z. B. aber flüssig.

Nach dem Eindestillieren des Kältemittels wird noch ¼ Stunde abgekühlt, wobei das Kühlbad mindestens 5 cm über das Kältemittel hinaus-

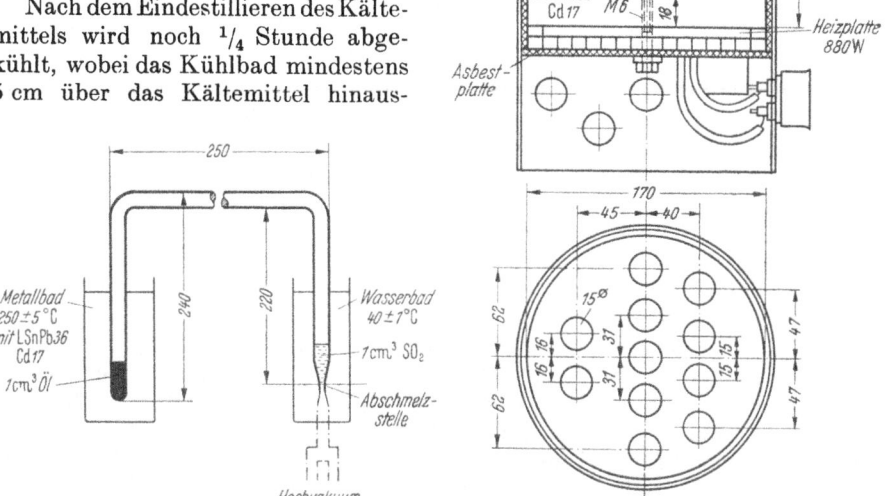

Abb. 93. Prüfrohr zum PHILIPP-Test.   Abb. 94. Versuchsanordnung zum PHILIPP-Test.

reichen soll. Der zweite Schenkel wird unter weiterer Kühlung mit Spiritus-Trockeneis-Gemisch und Aufrechterhaltung des Vakuums auf 220 mm Länge abgeschmolzen. Das Kältemittel wird dann sofort in den abgeschmolzenen Schenkel unter Kühlung überdestilliert, indem man an Stelle des geschlossenen Schenkels den abgeschmolzenen Schenkel in das Kältebad bringt. Der Schenkel mit dem Öl wird in ein Bad von $250 \pm 5°$ C, der Schenkel mit dem Kältemittel in ein Bad von $40 \pm 1°$ C eingetaucht. Der Flüssigkeitsspiegel von Öl und Kältemittel im Prüfrohr soll mindestens 10 mm unter der Oberfläche des Bades liegen. In regelmäßigen Zeitabständen, z. B. von 24 zu 24 Stunden, wird durch Augenschein auf Spaltprodukte geprüft:

a) Bei fluorierten und/oder chlorierten Kältemitteln ist die Prüfung beendet, wenn die Prüfzeit nach DIN 51503 (s. S. 184) erfüllt ist oder wenn vorher in den Rohren silbrig glänzende Kondenstropfen von Halogenwasserstoffsäuren erkennbar werden. Salzsäure wird durch Ausspülen des geöffneten Rohres mit einer Lösung von 0,3% Silbernitrat in Methylalkohol als flockige Ausfällung von

Silberchlorid nachgewiesen. Zur Kontrolle wird die Silberchloridfällung in konzentrierter, wäßriger Ammoniaklösung gelöst. Flußsäure ätzt das Glasrohr matt.

b) Bei Schwefeldioxyd entsteht ein Niederschlag von gelbem Schwefel im Glasrohr über dem Öl.

Von jeder Probe sind mindestens zwei Bestimmungen durchzuführen. Bei mehrfacher Durchführung der Bestimmung ist der Wert anzugeben, bei dem sich bei längster Prüfdauer am spätesten Spaltprodukte bildeten.

Der Einfluß löslicher oder auch fester Verunreinigungen auf das Verhalten von Kältemitteln und Ölen kann durch Zusatz zum Öl oder zum Kältemittel ebenfalls im PHILIPP-Test untersucht werden. Der katalytische Einfluß von Metallen wird jedoch zweckmäßig im Druckrohrtest, s. S. 233, zugleich mit dem Verhalten der Kältemittel und ihrer Gemische gegen die Werkstoffe geprüft, da im Druckrohr größere Stoffproben unterzubringen sind als in den engen PHILIPP-Test-Rohren.

d) Kupferplattierung. Zur Prüfung der Neigung von Kältemittel–Öl-Gemischen zur Kupferplattierung bedienen sich STEINLE und SEEMANN[1] des in ähnlicher Ausführung bereits von SHAW und BRANDON[2] angewendeten Verfahrens.

In ein dickwandiges Druckrohr von 12 bis 14 mm lichter Weite aus Durobax-Glas (um jede katalytische Wirkung auszuschließen) werden 5 cm^3 Öl, ein 60 mm langer und 1,5 mm dicker Draht aus blankem Elektrolytkupfer und vier blanke Stahlkugeln von 4,5 mm Durchmesser eingebracht; das Rohr wird zum Abschmelzen bei 300 mm Länge verengt, und nach halbstündigem Evakuieren bei 100° C wird unter Kühlung mit Trockeneis die gleiche Menge Kältemittel wie Öl eindestilliert. Die Kältemittel sollen stets vorher umdestilliert und getrocknet werden. Die abgeschmolzenen Druckrohre werden dann in Schräglage unter 45° in einer rotierenden Trommel, einzeln in Schutzrohren liegend, mit 30 Umdrehungen in der Minute gerollt. Die Trommel befindet sich in einem Wärmeschrank bei 100° C und wird von außen über ein Getriebe und Kardangelenk durch einen Elektromotor angetrieben. Nach einer Woche Versuchszeit sollen die Kugeln keine sichtbare Kupferplattierung zeigen. Zur quantitativen Bestimmung des abgeschiedenen und des im Öl gelösten Kupfers werden die Rohre unter Kühlung mit Trockeneis geöffnet und das Kältemittel vorsichtig abgedampft. Das Kupfer wird mit Hilfe von Diphenyl-Thiocarbazid nach der Methode von FISCHER und LEOPOLDI[3] ermittelt. Die zur Bestimmung eingewogene Menge Öl wird in etwa der vierfachen Menge Normalbenzin gelöst und mit 20 cm^3 1:1 verdünnter Salpetersäure 90 Minuten am Rückflußkühler gekocht. Von den Stahlkugeln wird das Kupfer mit Salpetersäure abgelöst. Nach dem Erkalten wird alles mit etwas Normalbenzin und zweimaligem Nachwaschen mit destilliertem Wasser in einen kleinen Scheidetrichter gespült. Die salpetersaure Lösung wird in eine Quarzschale von etwa 10 cm Durchmesser abgezogen und der Scheidetrichter mit möglichst wenig destilliertem Wasser nachgespült. Auf einem Luftbad mit Porzellanringen wird dann die Flüssigkeit vollständig eingedampft, der Rückstand geglüht und wieder mit einigen Tropfen konzentrierter Salpetersäure versetzt. Die Salpetersäure wird wieder vorsichtig verdampft und der kupferhaltige Rückstand mit destilliertem Wasser oder einigen Tropfen 10%iger Schwefelsäure aufgenommen. Der Inhalt der Quarzschale wird unter gutem Nachwaschen mit destilliertem Wasser in einen kleinen Scheidetrichter von 50 cm^3 Inhalt gespült, mit 2 cm^3 10%iger Schwefelsäure je 10 cm^3 Flüssigkeit versetzt und mit Dithizonlösung in Portionen von 3 bis 4 cm^3 jeweils 2 bis 3 Minuten kräftig

---

[1] STEINLE, H., u. W. SEEMANN: Kältetechnik Bd. 3 (1951) S. 194 u. Bd. 3 (1953) S. 90.
[2] SHAW, A. H., u. A. B. BRANDON: Proc. Inst. Refrig., London 1947/48.
[3] FISCHER, K., u. G. LEOPOLDI: Angew. Chem. Bd. 47 (1934) S. 90.

geschüttelt, bis die rein grüne Farbe des Dithizons bestehenbleibt. Die in einem zweiten kleinen Scheidetrichter gesammelten Dithizonextrakte werden durch zweimaliges Waschen mit etwa 5 cm³ verdünnter Ammoniaklösung von überschüssigem Dithizon befreit und in einem dritten kleinen Scheidetrichter einmal mit etwa 1%iger Schwefelsäure nachgewaschen. Nun wird die rotviolette Kupfer-Dithizon-Lösung in einen Schüttelzylinder von 25 cm³ abgelassen, die ammoniakalische Waschlösung sowie die 1%ige Schwefelsäure mit etwas reinem Tetrachlorkohlenstoff nachgespült und dieses ebenfalls in den Zylinder abgezogen. Nach dem Auffüllen der CCl$_4$-Menge auf 20 cm³ wird bei einer Schichtdicke von 30 mm und unter Verwendung des Rotfilters S 72 die Lichtdurchlässigkeit der farbigen Lösung im Photometer gemessen. Aus einer Eichkurve wird die aus der eingewogenen Ölmenge extrahierte Kupfermenge abgelesen und in mg Kupfer/kg Öl oder mg Kupfer auf den Stahlkugeln abgeschieden berechnet. Der Fehler liegt bei etwa 1 mg Kupfer/kg Öl.

7. Verhalten gegen Werkstoffe.

a) Metallische Werkstoffe. Für die Prüfung des Verhaltens von Kältemitteln und Ölen sowie deren Gemischen gegenüber Metallen und zur Feststellung des katalytischen Einflusses der Metalle gegenüber den Kältemitteln hat sich der Druckrohrtest heute allgemein durchgesetzt. Er wird z. B. von STEINLE[1] und von ELSEY und Mitarbeitern[2] beschrieben.

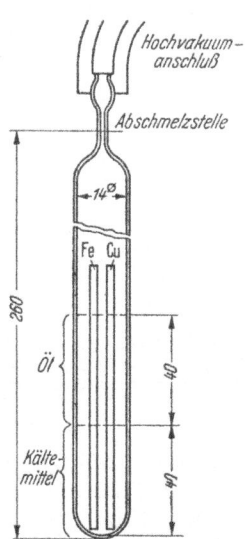

Abb. 95. Druckrohr für den Druckrohrtest.

Kältemittel, Öl und polierte Metallproben werden in den Druckrohren aus dickwandigem Hartglas eine bestimmte Zeit lang erhitzt. Als Metallproben verwendet man zweckmäßig Blechstreifen von 100×10×1 mm, die mit Schmirgelleinen 00 poliert und anschließend mit Benzol-Alkohol-Gemisch 1 : 1 entfettet werden. Sie werden dann 15 Minuten im Trockenschrank bei 105° C getrocknet und nach dem Erkalten auf 0,1 mg genau gewogen. In das einseitig zugeschmolzene Druckrohr aus dickwandigem Duroxglas von 12 bis 14 mm lichter Weite werden die Metallstreifen eingebracht, und das im Vakuum vorgetrocknete Öl wird 40 mm hoch eingefüllt, sofern der gleichzeitige Einfluß von Kältemittel und Öl untersucht werden soll. Will man nur mit Kältemittel prüfen, bleibt das Öl weg. Soll der Einfluß des dampfförmigen Kältemittels — mit oder ohne Öl — untersucht werden, so bringt man die Metallproben im Dampfraum über der Flüssigkeit unter, indem man das Rohr oberhalb des vorgesehenen Flüssigkeitsspiegels mit einer Einschnürung versieht. Dann wird das Druckrohr nach Abb. 95 bei 260 mm Länge zu einer Kapillare zum Abschmelzen verengt. ELSEY und Mitarbeiter setzen das Rohr dann zum Evakuieren und Füllen an die Glasapparatur nach Abb. 96 an; STEINLE verwendet Hochvakuumschlauch. Das Rohr wird unter Erwärmen im Wasserbad auf 100° C ½ Stunde lang bis auf ein Vakuum kleiner als 0,1 Torr abgesaugt, um die Luft und das restliche Wasser zu entfernen. Unter Kühlung mit Trockeneis-Spiritus-Gemisch destilliert man nach dreimaligem Füllen mit Kältemittelgas 40 mm hoch Kältemittel ein. Man unterkühlt eine weitere Viertelstunde und schmilzt dann das verengte Ende ab, so

---
[1] STEINLE, H.: Kältetechnik Bd. 2 (1950) S. 174.
[2] ELSEY, H. M., L. C. FLOWERS u. I. B. KELLEY: Refrig. Engng. Bd. 60 (1952) S. 737.

daß das fertige Druckrohr 260 mm lang ist. ELSEY und Mitarbeiter schmelzen unter Kühlung mit flüssigem Stickstoff ab, um den Dampfdruck des Kältemittels soweit wie irgend möglich herabzusetzen und damit thermische Aufspaltung von Kältemittel am heißen Glas der Abschmelzstelle zu vermeiden. Beim Abschmelzen wird zugleich abgesaugt, um Spaltprodukte mit Sicherheit zu entfernen.

Die Rohre werden von STEINLE 14 Tage im Trockenschrank, einzeln in Stahlschutzrohren stehend, auf 100° C erwärmt, während ELSEY und Mitarbeiter sogar eine Temperatur von 175 $\pm$ 2,5° C anwenden, wobei die Rohre in einem Aluminiumblock mit Bohrungen stehen.

Nach Beendigung des Versuches werden die Rohre im Spiritus-Trockeneis-Gemisch abgekühlt und geöffnet. Das abdampfende Kältemittel kann auf Spaltprodukte untersucht werden. Das Öl wird auf Säuren, Ölharz und Hartasphalt sowie Schlamm geprüft, um die Veränderungen festzustellen, wobei auch die eingetretene Farbänderung wertvolle Hinweise liefert (S. 152). An den Metallproben wird zunächst die Art der Korrosion, z. B. Flächenangriff oder Lochfraß, festgestellt. Sie werden dann in Benzol–Alkohol-Gemisch oder reinstem Trichloräthylen gründlich entfettet. Die Korrosionsprodukte von Kupfer werden mit 10%iger Kaliumzyanidlösung abgebeizt, von Eisen mit konzentrierter Salzsäure, welcher 0,2% Katansalz zugesetzt sind[1]. Die Beizzeit beträgt 1 Minute. Dann werden die Streifen gründlich mit destilliertem Wasser gespült, mit reinem Alkohol gewaschen und im Trockenschrank bei 105° C getrocknet. Nach dem Erkalten im Exsikkator werden sie zurückgewogen. Für den Angriff der Beizflüssigkeit

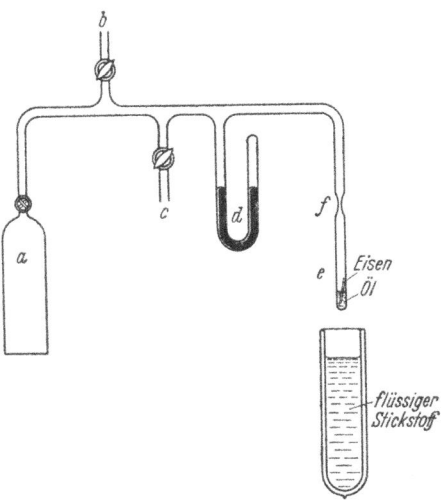

Abb. 96. Füllapparat für Druckrohre (nach ELSEY).
a Kältemittelbehälter; b Vakuumanschluß; c Entlüftung; d Manometer; e Druckrohr; f Verengung zum Abschmelzen.

auf das Metall sind bei Kupfer als Korrekturwert 0,9 mg/22 cm² Oberfläche der 100×10×1 mm großen Proben und bei Eisen 0,7 mg/22 cm² Oberfläche für jede Minute Beizzeit von der Gewichtsabnahme der Streifen abzuziehen. Durch Multiplikation des korrigierten Wertes mit dem Faktor 35 erhält man aus dem 14tägigen Versuch an den Probestreifen die Korrosion durch Öl und Kältemittel an Eisen bzw. Kupfer in der Dimension mg/m² und Tag.

b) Nichtmetallische Werkstoffe. Die Prüfung der nichtmetallischen Stoffe ist in Kältemitteln, Ölen und deren Gemischen je nach der vorgesehenen Verwendung des zu prüfenden Stoffes durchzuführen.

Es empfiehlt sich stets, zuerst die Extraktion mit dem Kältemittel vorzunehmen und die dabei auftretenden Veränderungen zu ermitteln. Stoffe, die dabei bereits hohe Extrakte, starke Quellung oder Schrumpfung sowie eine starke Veränderung der Weichheitszahl ergeben, scheiden von vornherein aus.

---

[1] Katansalz ist ein im Handel erhältlicher Sparbeizzusatz, der den Angriff der Beizsäure auf das Eisen hemmt.

Als Prüfgerät für die Extraktion mit Kältemitteln, deren Siedepunkte unter 20° C liegen, dient das in Abb. 97 gezeigte Kaltextraktionsgerät[1]. Der Glasbehälter A, dessen oberer offener Rand plangeschliffen ist, nimmt das Kältemittel auf. In ihm hängt ein oben offener, unten spitz zulaufender Behälter B als Kühler, der mit einer Kältemischung aus Spiritus und Trockeneis gefüllt wird. Der Becher C für die zu untersuchende Probe ist in den Behälter A eingehängt. Er hat einen selbstansaugenden Soxletheber D. Der Deckel E schließt den Kühler B ab. Ein Schwammgummiring zwischen Behälter A und Kühler B dient zur Abdichtung.

Die Arbeitsweise ist folgende: Die Stoffprobe wird vor dem Einbringen in den Becher C auf einer Analysenwaage auf $^1/_{10}$ mg genau gewogen. Dichte Stoffe, wie z. B. Gummi, Holz und Fiber sind zu zerspanen, um die Oberfläche zu vergrößern. Soll die Maß- oder Volumänderung der Proben ermittelt werden, so sind sie auf $^1/_{10}$ mm genau zu messen bzw. das Volum auf der MOHRschen Waage durch Eintauchen in Wasser zu bestimmen. Zur Bestimmung der Stoffgüteänderung — z. B. Weichheitszahl bei Gummi — sind Proben entsprechender Größe zu verwenden. Die Proben sind vor jeder Verunreinigung, insbesondere durch Öl und Fett, zu schützen. Auch die Glasgeräte sind sorgfältig, am besten durch Spülen mit Trichloräthylen, zu reinigen und zu trocknen.

In den Behälter A werden 250 cm³ Kältemittel unter Atmosphärendruck eingefüllt. Feuchtigkeit ist unschädlich, da Wasser in den unter 0° siedenden Kältemitteln ausfriert. Der Becher C, in dem sich die Probe befindet, wird in das Gefäß A eingehängt und der Kühler B aufgesetzt. In den Kühler B werden Trockeneis und Spiritus bis etwa 3 cm unter den Rand eingefüllt und der Deckel E aufgesetzt. Die Einrichtung arbeitet nun selbsttätig, nur muß stets Trockeneis in den Becher B nachgefüllt werden, ehe der letzte Rest verbraucht ist. Das Kältemittel im Behälter A verdampft durch Wärmeeinstrahlung beim normalen Siedepunkt. Die Verdampfung kann durch eine schwache Wärmequelle beschleunigt werden; Flammen sind jedoch zu vermeiden. An der Außenfläche des in den Behälter A eintauchenden Kühlers B kondensiert das Kältemittel und tropft von der Spitze ab auf die zu prüfende Stoffprobe im Becher C. Die

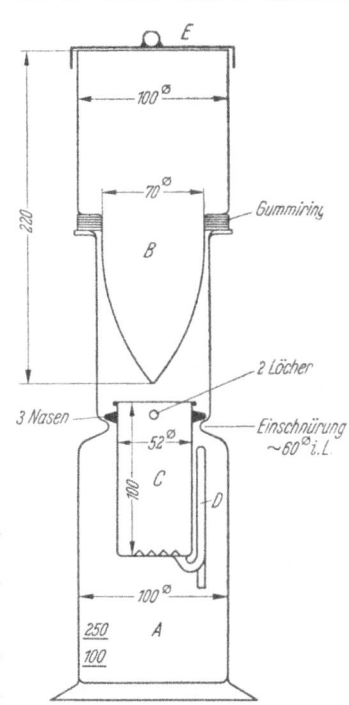

Abb. 97. Kaltextraktionsgerät nach STEINLE.

A Glasbehälter; B Kühlereinsatz; C Probebecher; D Soxletheber; E Deckel.

Stoffe werden beim normalen Siedepunkt des Kältemittels extrahiert. Wenn der Becher voll ist, entleert er sich durch den selbstansaugenden Soxletheber D in das Gefäß A zurück. Das Kältemittel verdampft dort wieder und macht den Kreislauf von neuem. Dadurch, daß die Kältemittelmenge im Gefäß A größer ist als das Fassungsvermögen des Bechers C, bleibt immer eine Restflüssigkeit zurück, in der sich der Extrakt anreichert.

Nach $6 \pm ^1/_4$ Stunde, je nachdem sich der Becher gerade entleert hat, wird die Extraktion durch Herausheben des Kühlers B und des Bechers C abgebrochen. Die Textilien mit ihren großen Oberflächen sind am leichtesten zu extrahieren. Mit wenigen Umläufen des Kältemittels ist aller Extrakt erfaßt. Länger dauert die Extraktion bei Papieren, sie ist aber auch hier innerhalb von 6 Stunden abgeschlossen. Dichtungsstoffe und Gummistoffe mit ihrer dichten Struktur können dagegen nicht vollständig extrahiert werden, da sie nicht beliebig fein zerteilt werden können.

In Abb. 98 ist der Extraktgehalt dreier Gummi-Mischungen mit Schwefeldioxyd und Methylchlorid in Abhängigkeit von der Extraktionszeit in zweistündigen Intervallen eingetragen. Es zeigt sich, daß innerhalb 6 Stunden über

---

[1] STEINLE, H.: Kältetechnik Bd. 3 (1951) S. 110 u. 139. Das Kaltextraktionsgerät ist zu beziehen von der Firma Ströhlein & Co., Fabrik chemischer Apparate, Düsseldorf.

die Hälfte der insgesamt extrahierbaren Bestandteile herausgelöst ist und damit der Unterschied zwischen den einzelnen Stoffen deutlich sichtbar wird. Aus einer Naturgummi-Mischung löst SO_2 in 6 Stunden rd. 8% heraus, während aus einem Thiokol in der gleichen Zeit nur 0,29% extrahiert werden. Die angewendete sechsstündige Extraktionszeit ist also in jedem Fall ausreichend.

Zur Extraktbestimmung läßt man das Kältemittel im Behälter A bis mindestens zur Marke 100 cm³ eindampfen und gießt es dann nach kräftigem Schwenken mit dem gelösten und bei hohen Extraktgehalten evtl. auch teilweise ausgeflockten Extrakt in eine bei 105° C getrocknete und auf $1/_{10}$ mg gewogene Abdampfschale von 150 cm³ Inhalt um. Durch Nachspülen mit etwas reinem Kältemittel oder reinem Trichloräthylen werden die letzten Spuren des Extraktes in die Abdampfschale übergespült. Aus der Abdampfschale wird das Lösungsmittel auf dem Wasserbad abgetrieben und der Extrakt anschließend $1/_2$ Stunde im Trockenschrank bei 105° C getrocknet. Nach dem Erkalten im Exsikkator wird der Extrakt auf $1/_{10}$ mg gewogen und in % der eingewogenen Probemenge berechnet. An den extrahierten Proben werden die Änderungen der Stoffeigenschaften ermittelt. Bei Textilien und Papier kann man die Zerreißfestigkeit feststellen. Bei Isolierlacken genügt allein schon die Feststellung, ob sich der Lack im Kältemittel löst oder nicht. An Gummistoffen und Dichtungen läßt sich die Veränderung des Volums bzw. der Maße und der Weichheitszahl bestimmen.

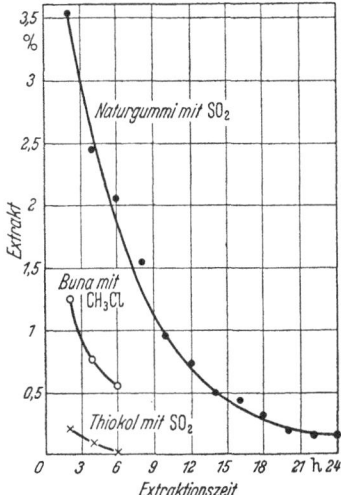

Abb. 98. Abhängigkeit der Extraktmenge von der Extraktionszeit.

Bei dem beschriebenen Extraktionsverfahren kann nur der Einfluß der reinen Kältemittel bestimmt werden. Zur Ermittlung des Verhaltens der nichtmetallischen Baustoffe in Kältemittel-Öl-Gemischen zugleich bei erhöhter Temperatur sowie auch im reinen Kältemittel und im reinen Öl eignet sich der Druckrohrtest (s. S. 233). Die Proben werden nach der Bestimmung der Härte oder der Weichheitszahl, des Volums und der Abmessungen in die Druckrohre aus Durobaxglas von 12 bis 14 mm lichter Weite eingebracht und die Rohre, nach dem Einfüllen des Öles, zum Abschmelzen ausgezogen. Die Proben sollen bei der handelsüblichen Dicke mindestens 5 mm breit und 50 mm lang sein. Beim Arbeiten mit Öl wird dieses in einer Höhe von 40 mm eingefüllt. Das Rohr wird am Vakuum $1/_2$ Stunde lang unter Erwärmen im Wasserbad auf 100° C entlüftet, bis die Stoffprobe nicht mehr gast. Dann wird das Druckrohr im Trockeneis-Spiritus-Gemisch abgekühlt und 40 mm hoch Kältemittel eindestilliert. Schließlich wird abgeschmolzen. Das Rohr wird dann, in einem metallischen Schutzmantel stehend, im Trockenschrank 168 Stunden auf 70 ± 1° C erwärmt. Nach dieser Zeit ist der Quellungsvorgang bei der Prüftemperatur abgeschlossen. Nach dem Abkühlen auf Zimmertemperatur werden die Druckrohre zunächst durch Augenschein auf Ausscheidungen geprüft und nach Kühlung im Spiritus-Trockeneis-Gemisch geöffnet. Die vor dem Versuch an den Stoffproben ermittelten Maße und Eigenschaften werden innerhalb einer halben Stunde nach dem Öffnen erneut gemessen und die Veränderung der Härte, der Maße und des Volums berechnet. Die Volumbestimmung, die vor allem bei Gummistoffen von Bedeutung ist, wird zweckmäßig mit der MOHRschen Waage vorgenommen.

Zweiter Teil.

Die Eigenschaften der einzelnen Kältemittel.

Einführung.

In diesem zweiten, speziellen Teil sollen die charakteristischen Eigenschaften der Kältemittel, in übersichtlicher Weise nach Stoffen geordnet, behandelt werden. Dabei soll das Schema des ersten Teiles beibehalten werden, so daß sich folgender Aufbau ergibt:

I. Verwendung.
II. Herstellung und Transport.
III. Thermische und kalorische Eigenschaften.
IV. Physikalische Eigenschaften.
V. Kältetechnische Eigenschaften.
VI. Chemische Eigenschaften.
    Verunreinigungen.
    Verhalten gegen Trockenmittel.
    Verhalten gegen Werkstoffe.
    Verhalten gegen Schmiermittel.
    Zersetzung, Brennbarkeit.
VII. Physiologische Eigenschaften.
VIII. Betriebsverhalten.

Der Umfang des verfügbaren Materials ist bei den einzelnen Kältemitteln sehr verschieden, da manche der Stoffe bisher keine wesentliche Bedeutung erlangt haben oder nur für Sondergebiete mit eng begrenzten Anforderungen anwendbar sind. Im Vordergrund stehen infolgedessen Ammoniak, Schwefeldioxyd, Methylchlorid und die F-Gruppe. Um das Bild abzurunden, werden aber auch solche Stoffe kurz behandelt, die heute als Kältemittel nur noch geschichtliches Interesse haben.

A. Luft.

I. Verwendung.

Luft hat als Kältemittel in zweifacher Hinsicht Bedeutung: erstens als Arbeitsmittel der Kaltluftmaschinen und zweitens in Form von flüssiger Luft. Kaltluftmaschinen haben einst eine wichtige Rolle gespielt, sie wurden jedoch später fast ganz durch Kaltdampfmaschinen abgelöst. In neuester Zeit gewinnen sie aber wieder für die Erzeugung von Temperaturen von -100 bis $-150°$C an Bedeutung[1]. Flüssige Luft wird durch Rektifikation in Stickstoff und Sauerstoff

---

[1] KÖHLER, J. W. L., u. C. O. JONKERS: Philips techn. Rdsch. Bd. 15 Nr. 11, Mai 1954, S. 305, und Juni 1954, S. 345. Kältetechnik Bd. 6 (1954) S. 234, 262; Refrig. Engng. Bd. 63 (1955) Nr. 5 S. 122.

238 Luft.

zerlegt, auch können die Edelgase dadurch gewonnen werden. Sauerstoffreiche Gemische und reiner Sauerstoff finden heute bei der Brennstoffvergasung, der Eisen- und Stahlerzeugung und in der chemischen Großindustrie weitgehende Verwendung. Die Herstellung und Verwendung von flüssiger Luft wird in Bd. VIII dieses Handbuches ausführlich behandelt.

II. Herstellung und Transport.

Luft steht in der Atmosphäre in beliebiger Menge zur Verfügung und bedarf nur dann der Aufbereitung, wenn unerwünschte Beimengungen zu beseitigen sind[1]. Flüssige Luft darf wegen des bei Erwärmung entstehenden hohen Druckes nicht in geschlossenen, sondern stets nur in offenen Thermosgefäßen nach Art der Abb. 99 aufbewahrt und transportiert werden.

Die Zusammensetzung trockener, reiner Luft ist aus Tab. 62 zu ersehen.

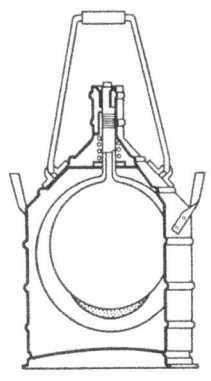

Abb. 99. Transportgefäß für flüssige Luft (Fa. Kurt Kraatz, Berlin-Tempelhof).

Tabelle 62. *Zusammensetzung der Luft.*

	Gew.-%	Vol.-%
N_2	75,57	78,03
O_2	23,10	20,99
A	1,280	0,933
CO_2	0,046	0,030
H_2	0,001	0,01
Ne	0,0012	0,0018
He	0,00007	0,0005
Kr	0,0003	0,0001
X	0,00004	0,000009

Der Wassergehalt der Luft schwankt stark je nach dem Klima und ist bei tieferen Temperaturen geringer. Über feuchte Luft s. Band II, S. 274, dieses Handbuches.

Neben Staub anorganischen und organischen Ursprunges treten spurenweise auch Salze, vor allem Ammoniumnitrat und Ammoniumchlorid auf.

Luft kann mit allen gebräuchlichen Trockenmitteln getrocknet werden; die Auswahl richtet sich nur nach dem erwünschten Trocknungsgrad, s. S. 113. Eine Trocknung erreicht man aber auch durch Abkühlung unter den Taupunkt.

III. Thermische und kalorische Eigenschaften[2].

Molekulargewicht $\mu = 28{,}96$,

Gaskonstante $R = 29{,}27 \left[\dfrac{\text{mkg}}{\text{kg °C}}\right]$.

Zustandsgleichung. Luft verhält sich nur bei kleinen Dichten wie ein ideales Gas. Es ist dann $\dfrac{Pv}{RT} = 1$. Bei größeren Dichten kann dieses Verhältnis größer oder kleiner als 1 sein, wie aus Tab. 63 zu ersehen ist.

Im kritischen Punkt wird $P_k v_k / R T_k = 0{,}285$.

Für Luft kann man in weiten Bereichen von der Zustandsgleichung (8) Gebrauch machen, wobei die Konstanten folgende Werte erhalten (s. Bd. II dieses Handbuches, Tab. 21 auf S. 178):

$A_0 = 1{,}3012$, $a = 0{,}01931$, $B_0 = 0{,}04611$,
$b = -0{,}01101$, $c \cdot 10^{-4} = 4{,}34$.

---

[1] Vgl. den Abschnitt „Klimaanlagen" in Bd. XII und „Gaskaltlagerung" in Bd. IX und X dieses Handbuches.
[2] KEENAN, J. H., u. J. KAYE: Thermodynamic Properties of Air. New York: John Wiley and Sons 1945.

An Stelle analytischer Zustandsgleichungen bedient man sich, besonders in USA, gerne graphischer Darstellungen. Sehr geeignet ist z. B. das Pv, p-Diagramm[1], wie es im Diagramm 1 in der Tasche nach HAUSEN für Luft von $p = 0$ bis 210 ata dargestellt ist[2]. Darin ist eine Schar von Isothermen von 80 bis 380° K und eine Schar von Isenthalpen von $i = 50$ bis 120 kcal/kg eingetragen; links unten ist das Sättigungsgebiet mit dem kritischen Punkt dargestellt. In das Diagramm sind noch drei Kurven gestrichelt eingezeichnet: die BOYLE-Kurve, auf der $\left[\frac{\partial (Pv)}{\partial P}\right]_T = 0$ wird, die Idealkurve, auf der $Pv = RT$ wird und die Inversionskurve, auf der $(\partial T/\partial P)_i = 0$ wird.

Man kann natürlich auch Pv/RT, also die Werte der Tab. 63 über P auftragen und in dieses Diagramm eine Schar von Isothermen einzeichnen.

Tabelle 63. *Werte von Pv/RT für Luft.*

Absoluter Druck kg/cm²	Temperatur °C						
	−100	−50	0	50	100	150	200
0	—	1	1	1	1	1	1
10	—	—	0,995	0,999	1,001	1,003	1,003
20	—	—	0,990	0,998	1,003	1,005	1,006
30	0,872	0,955	0,985	0,998	1,005	1,008	1,010
40	—	—	0,981	0,998	1,007	1,011	1,013
50	0,778	0,929	0,978	0,999	1,009	1,014	1,017
60	—	—	0,975	0,999	1,011	1,017	1,020
70	0,703	0,905	0,973	1,000	1,014	1,020	1,024
80	—	—	0,971	1,002	1,017	1,024	1,028
90	—	—	0,970	1,004	1,020	1,028	1,032
100	0,642	0,875	0,970	1,006	1,024	1,032	1,036

Der Dampfdruck. Es ist zu berücksichtigen, daß die Luft kein einheitlicher Körper, sondern im wesentlichen ein binäres Gemisch von N_2 und O_2 ist. Daher ist die Sättigungstemperatur für Dampf (Kondensationsbeginn) etwas verschieden von der Sättigungstemperatur der siedenden Flüssigkeit bei gleichem Druck (Beendigung der Kondensation). HAUSEN hat folgende Dampfdruckgleichungen angegeben[2]:

$$\text{für die Flüssigkeit} \quad \lg p_{fl} = 4{,}640 - \frac{458}{T} + \frac{7330}{T^2}, \tag{129}$$

$$\text{für den Dampf} \quad \lg p_d = 4{,}764 - \frac{476}{T} + \frac{7330}{T^2}. \tag{129a}$$

Bei der kritischen Temperatur wird $p_{fl} = p_d$.

Der *normale Siedepunkt* liegt bei −194,5° C, der *normale Kondensationspunkt* bei −191,5° C. Der *Erstarrungspunkt* liegt bei −212,9° C.

Bei konstantem Druck haben Flüssigkeit und Dampf je nach der Temperatur verschiedene Zusammensetzung. Wird Luft mit rd. 21 Vol.-% O_2 unter Atmosphärendruck verflüssigt, so enthalten die ersten Tropfen der gebildeten Flüssigkeit 48% Sauerstoff. Siedet flüssige Luft mit 21% O_2 unter Atmosphärendruck, also bei −194,5° C, so enthält der zuerst aufsteigende Dampf nur 7% O_2*. Der normale Siedepunkt von Sauerstoff liegt bei −182,97° C, der von Stickstoff bei −195,81° C.

---

[1] Ein solches Diagramm wurde für Kohlendioxyd im Bd. II dieses Handbuchs, Abb. 49, auf S. 102 wiedergegeben.

[2] HAUSEN, H.: Der THOMSON-JOULE-Effekt und die Zustandsgleichung der Luft. Forsch.-Arb. Ing.-Wes. Heft 274. Berlin: VDI-Verlag 1926.

* HAUSEN, H.: 50 Jahre Kältetechnik (1879—1929), Geschichte der Ges. f. LINDES Eismaschinen. VDI-Verlag 1929.

Gleichgewichtszusammensetzungen bei verschiedenen Drücken und Temperaturen wurden von DODGE und DUNBAR gemessen[1].

Näheres über die Gleichgewichtszusammensetzungen siedender $O_2 - N_2$-Gemische im Zusammenhang mit den Problemen der Gaszerlegung wird in Band VIII dieses Handbuches mitgeteilt.

Kritische Daten. Als binäres Gemisch hat Luft strenggenommen keinen einheitlichen kritischen Punkt, sondern zwei solche Punkte. Sie unterscheiden sich aber bei Luft so wenig[2], daß man berechtigt ist, die Existenz eines einheitlichen kritischen Punktes anzunehmen.

Es sind

$$t_k = -140{,}63°\,C, \quad p_k = 38{,}4\,\text{kg/cm}^2, \quad v_k = 2{,}83\,l/\text{kg},$$
$$\gamma_k = 0{,}353\,\text{kg}/l, \quad \sigma = R\,T_k/P_k\,v_k = 3{,}57.$$

Spezifisches Gewicht. Gasförmig bei 0° C und 760 Torr ist $\gamma = 1{,}293$ kg/m³.

Das spezifische Gewicht γ' von flüssiger Luft im Siedezustand kann man nach Gl. (44b), s. S. 35, berechnen.

Aus Gl. (129) findet man zunächst durch Differentiation

$$\alpha = \frac{T}{p}\frac{dp}{dT} = \frac{1055}{T} - \frac{33720}{T^2},$$

und daher mit $T_k = 132{,}53$ $\alpha_k = 6{,}04$. Also lautet Gl. (44b)

$$\gamma'/\gamma_k = 1 + 0{,}85(1 - \vartheta) + 1{,}74(1 - \vartheta)^{1/3}. \tag{130}$$

Daraus findet man für verschiedene Temperaturen bis herunter zum normalen Siedepunkt von flüssiger Luft die in Tab. 64 verzeichneten Werte[3].

Tabelle 64. *Spezifisches Gewicht und spezifisches Volum von flüssiger Luft.*

t °C	T °K	ϑ	γ' kg/l	v' l/kg
−140,63	132,53	1,000	0,353	2,830
−150	123,16	0,935	0,620	1,613
−160	113,16	0,855	0,719	1,391
−170	103,16	0,779	0,790	1,266
−180	93,16	0,703	0,853	1,172
−190	83,16	0,627	0,908	1,101
−194,4	78,76	0,595	0,928	1,077

Spezifische Wärme. Bei 0° und 760 Torr gelten für gasförmige Luft folgende Werte:

für 1 kg $\quad c_p = 0{,}240, \quad c_v = 0{,}171, \quad c_p/c_v = 1{,}403,$
für 1 kmol $\quad \mu\,c_p = 6{,}94, \quad \mu\,c_v = 4{,}95.$

Für andere Werte von t und p sind die c_p-Werte in Tab. 65 eingetragen.

Die spezifische Wärme von flüssiger Luft im Siedezustand beträgt nach HAUSEN[4]

bei $t\,[°\text{C}] = -150 \quad -160 \quad -170 \quad -180 \quad -190 \quad -200,$
$c'_x \left[\dfrac{\text{kcal}}{\text{kg}\,°\text{C}}\right] = 0{,}68 \quad 0{,}53 \quad 0{,}48 \quad 0{,}455 \quad 0{,}435 \quad 0{,}425.$

---

[1] DODGE, B. F., u. A. K. DUNBAR: J. Amer. chem. Soc. Bd. 49 (1927) S. 591.
[2] HAUSEN, H.: Der THOMSON-JOULE-Effekt und die Zustandsgleichung der Luft. Forsch.-Arb. Ing.-Wes. Heft 274. Berlin: VDI-Verlag 1926.
[3] Werte von γ' und γ'' in der Nähe des kritischen Punktes (von −141 bis −146° C) wurden von KUENEN und CLARK gemessen. Comm. Leiden Nz 15ob (1917).
[4] Vgl. H. HAUSEN: s. Fußnote 2. — M. JAKOB: Z. techn. Phys. Bd. 4 (1933) S. 465.

Thermische und kalorische Eigenschaften.

Tabelle 65.
Werte der spezifischen Wärme c_p gasförmiger Luft bei verschiedenen Drücken und Temperaturen[1].

Temperatur °C	Absoluter Druck in kg/cm²							
	1	20	40	60	100	140	180	220
−140	0,242	0,35		0,75	0,55	0,48	0,45	—
−120	0,242	0,300	0,43	0,75	0,665	0,52	0,46	—
−100	0,241	0,275	0,333	0,420	0,52	0,50	0,45	—
−80	0,241	0,265	0,300	0,335	0,415	0,43	0,42	0,411
−50	0,240	0,255	0,275	0,292	0,326	0,360	0,375	0,386
0	0,240	0,249	0,260	0,273	0,286	0,310	0,330	0,340
50	0,240	0,248	0,254	0,260	0,272	0,282	0,290	0,296
100	0,241	0,247	0,251	0,256	0,264	0,272	0,279	0,284
150	0,243	0,247	0,249	0,253	0,260	0,266	0,271	0,275
200	0,245	0,246	0,248	0,251	0,256	0,260	0,264	0,269

EUCKEN und HAUCK[2] gaben etwas abweichende Werte

bei $t\,[°C] = -153{,}1 \quad -173{,}1 \quad -193{,}1,$

$$c_{fl}\left[\frac{\text{kcal}}{\text{kg °C}}\right] = \quad 0{,}619 \quad\quad 0{,}516 \quad\quad 0{,}473.$$

Verdampfungswärme. Da die flüssige Luft bei der Verdampfung ihre Zusammensetzung ändert (vorzugsweise verdampft Stickstoff), ist die Verdampfungswärme zunächst kein eindeutiger Begriff. Es soll darunter der Unterschied der Enthalpien $r = i'' - i'$ des trocken gesättigten Dampfes und der siedenden Flüssigkeit *bei gleichem Druck*, und zwar jeweils bei der Zusammensetzung der atmosphärischen Luft verstanden werden. Die von HAUSEN[3] auf verschiedene Weise berechnete Verdampfungswärme hat bei den angegebenen Temperaturen folgende wahrscheinlichste Werte:

bei $T_m\,[°K] = 80 \quad 90 \quad 100 \quad 110 \quad 120 \quad 130,$

$r\left[\dfrac{\text{kcal}}{\text{kg}}\right] = 48{,}0 \quad 44{,}6 \quad 40{,}9 \quad 36{,}0 \quad 29{,}5 \quad 17{,}0.$

Dabei bedeutet T_m das Mittel der Sättigungstemperaturen von Flüssigkeit und Dampf bei gleichem Druck. Diese Werte lassen sich recht gut durch die THIESENsche Gleichung (68) darstellen, wenn man darin $a = 12{,}8$ und $n = 1/3$ setzt.

Die *Erstarrungswärme* der flüssigen Luft bei $T = 60°\,K$ kann nur nach den entsprechenden Werten von flüssigem Stickstoff und Sauerstoff geschätzt werden. Sie dürfte danach etwa 5,5 kcal/kg betragen.

Enthalpie und Entropie, MOLLIER-Diagramm. HAUSEN hat aus Drosselversuchen Enthalpie- und Entropiewerte von gasförmiger und flüssiger Luft berechnet und ein MOLLIER-i, s-Diagramm unter Einschluß des Naßdampfgebietes und des überkritischen Gebietes entworfen[3]. Es ist diesem Band als Diagramm 2 in der Tasche beigegeben.

Weitere i, s-Diagramme für Luft wurden von SCHLEGEL und von AWANO entworfen. Das Diagramm von SCHLEGEL[4] reicht bis 300 ata und bis 500° C. AWANO[5] hat I, S- und PV, S-Diagramme in großem Maßstab für Drücke von 0,1 bis 200 ata und für Temperaturen bis 2800° C ausgearbeitet, wobei in den einen Isothermen und Isobaren, in den anderen Isothermen und Isochoren eingezeichnet sind.

---

[1] s. Fußnote 4 auf S. 240.
[2] EUCKEN, A., u. P. HAUCK: Z. phys. Chem. Bd. 134 (1928) S. 161.
[3] HAUSEN, H.: s. Fußnote 2 auf S. 240.
[4] SCHLEGEL, E.: Z. techn. Mech. Thermodyn. Bd. 3 (1932) S. 297.
[5] AWANO, S.: *IS*-Diagrams for Air. Rep. aeron. Res. Inst., Tokio Imper. Univ. Nr. 135, Febr. 1936 (Bd. XI, 3).

IV. Physikalische Eigenschaften.

Viskosität. Die Werte der dynamischen Viskosität η in cP und der kinematischen Viskosität ν in Stok bei 760 Torr und verschiedenen Temperaturen sind in Tab. 66 enthalten.

Eine Abhängigkeit der Viskosität vom Druck macht sich erst bei sehr hohen Drücken bemerkbar, bei denen die Luft schon merklich vom Verhalten idealer Gase abweicht.

Wärmeleitzahl. Bei 760 Torr hat die Wärmeleitzahl λ der Luft folgende Werte:

t [°C]	-180	-150	-100	-50	0	$+50$	$+100$	$+200$
$\lambda \left[\dfrac{\text{kcal}}{\text{m h °C}}\right]$	0,0076	0,0097	0,0140	0,0176	0,0207	0,0230	0,0266	0,0315

Ein Einfluß des Druckes macht sich erst bei sehr hohen Drücken bemerkbar.

Oberflächenspannung von flüssiger Luft gegen den eigenen Dampf.

Bei -190°C sind folgende Werte der Oberflächenspannung in dyn/cm bekannt[1]:

reiner Stickstoff . . . . . . $\sigma = 8,0$,
Luft mit 49 Vol.-% O_2 . . . $\sigma = 11,61$,
Luft mit 65,3 Vol.-% O_2 . . $\sigma = 12,05$,
Luft mit 67,6 Vol.-% O_2 . . $\sigma = 12,91$,
Luft mit 76,45 Vol.-% O_2 . . $\sigma = 12,51$,
reiner Sauerstoff . . . . . . $\sigma = 15,3$.

Tabelle 66. *Dynamische und kinematische Viskosität von Luft bei 760 Torr.*

Temperatur °C	η cP	ν Stok
-200*	0,0052	0,008
-150	0,0089	0,031
-100	0,0119	0,058
-50	0,0148	0,093
0	0,0171	0,132
20	0,0181	0,150
40	0,0190	0,169
60	0,0200	0,1885
80	0,0209	0,209
100	0,0218	0,230

* bei 410 Torr.

Trägt man diese Werte über dem O_2-Gehalt auf, so streuen die Zwischenwerte ziemlich stark. Der wahrscheinliche Verlauf der Kurve führt für atmosphärische Luft mit 21 Vol.-% O_2 auf den Wert $\sigma \approx 9,0$ dyn/cm $\approx 0,92$ mg/mm.

Für sauerstoffreiche Gemische gelten dann folgende angenäherten Werte bei -190°C:

Vol.-% O_2	30	40	50	60	70	80	90
σ [dyn/cm]	9,6	10,2	10,9	11,6	12,4	13,3	14,2

V. Chemische Eigenschaften.

Trockene Luft ist gegenüber allen *metallischen Baustoffen* in dem interessierenden Temperaturbereich inaktiv; jedoch wird der Sauerstoff reaktionsfähig, wenn gleichzeitig Wasser (Feuchtigkeit) vorhanden ist. Dann werden Eisen und viele seiner Legierungen, die nicht rostbeständig sind, unter Bildung von Rost (Eisenhydroxyde und Eisenoxyde) sowohl vom Wasser als auch durch den Sauerstoff korrodiert. Der Angriff durch feuchte Luft, der stets in erster Linie auf das Wasser zurückzuführen ist, erstreckt sich auch auf die meisten anderen gebräuchlichen Metalle, wie Aluminium, Zink und Messing. Lediglich Kupfer und Bronzen werden auch durch feuchte Luft nur sehr wenig angegriffen.

Viele der *nichtmetallischen Baustoffe*, vor allem aber die vulkanisierbaren Elastomeren, werden durch den Luftsauerstoff gealtert. Dabei spielen, ebenso wie bei den anderen Kunststoffen, photochemische und katalytisch beschleunigte Umsetzungen eine maßgebliche Rolle, die meist zu einer Versprödung und oft zur Rißbildung führen.

---

[1] D'Ans, J., u. E. Lax: Taschenbuch für Chemiker und Physiker, S. 1007. Berlin: Springer 1943.

Chemische Eigenschaften.

Tabelle 67.
Anforderungen an Öle für Luftkompressoren (Kolbenkompressoren), nach DIN 6545[1]).

Raffinat, ungefettet (Ru):		Bezeichnung von Öl für Verdichter		
		A für Kolbenverdichter[2])	B für Hochdruckkolbenverdichter[2]) (über 20 atü)	C für Zellenverdichter[2]) (Rotationsverdichter)
		Öl für Verdichter A Ru DIN 6545	Öl für Verdichter B Ru DIN 6545	Öl für Verdichter C Ru DIN 6545
Prüfung auf		Geforderte Eigenschaften		
Viskosität	bei 50°	für Ventilverdichter: 4 bis 12 E	nicht über 6 E[3])	6 bis 12 E
		für Schieberverdichter: 6 bis 10 E		
	bei 100°	—	nicht unter 6 E[3])	—
Flammpunkt für Öle mit Viskosität von 4 bis 6 E.... über 6 bis 12 E....		nicht unter 175° nicht unter 200°	nicht unter 200°[3]) [4])	nicht unter 175°
Stockpunkt[5])		nicht über +5°	nicht über +5°	nicht über +5°
Neutralisationszahl[6])		nicht über 0,3	nicht über 0,3 nicht über 0,7 bei Ölen mit über 2,5 E bei 100°	nicht über 0,3
Wassergehalt		nicht über 0,1%	nicht über 0,1% nicht über 0,5% bei Ölen mit über 2,5 E bei 100°	nicht über 0,1%
Aschegehalt		nicht über 0,05%	nicht über 0,05% nicht über 0,1% bei Ölen mit über 2,5 E bei 100°	nicht über 0,05%
Hartasphalt		0	0	0

Verwendung für Luftzylinder, Kolbenstangen, Steuerteile, Stopfbüchsen und Ventile der Luftseite von Verdichtern (Kompressoren), Hochofen- und Stahlwerksgebläsen: A und C für Arbeitsdruck bis 20 atü; B für Arbeitsdruck über 20 atü. *Nicht verwendbar* für oxydierende Gase, insbesondere Sauerstoff.

[1]) Für Turbokompressoren vgl. DIN 6554.

[2]) Es sind zu verstehen: unter Kolbenverdichtern: Verdichter mit hin- und hergehenden Kolben, unter Zellenverdichtern: Verdichter mit umlaufenden Kolben (z. B. Kapselgebläse), unter Kreiselverdichtern: Verdichter mit umlaufenden Schaufelrädern. (Siehe DIN 1945 „Regeln für Abnahme- und Leistungsversuche an Verdichtern".)

[3]) Bei der Auswahl der Öle für Hochdruckverdichter ist auf Bauart und Betriebsverhältnisse der Maschine besonders Rücksicht zu nehmen.

[4]) Die Bergbehörde schreibt für die ihrer Aufsicht unterstellten Verdichter eine Mindestspanne von 40° zwischen der Temperatur der verdichteten Luft und dem Flammpunkt des Öles vor.

[5]) Für Schmierstellen und Ölleitungen, die sich im Freien befinden oder die gelegentlich tieferen Temperaturen ausgesetzt sind, empfiehlt es sich, vornehmlich im Winter Öle mit tieferem Stockpunkt oder mit entsprechendem Fließvermögen in der Kälte zu verwenden.

[6]) Frei von ungebundener Mineralsäure und ungebundenem Alkali.

In Berührung mit flüssiger Luft verspröden alle nichtmetallischen Stoffe infolge der tiefen Temperatur sehr stark, und auch die Metalle zeigen starke Veränderungen ihrer mechanischen Eigenschaften, auf die im einzelnen im Band I dieses Handbuches, S. 410 bis 527, eingegangen wurde.

Schmiermittel werden sowohl durch den Sauerstoffgehalt der Luft als auch durch die Luftfeuchtigkeit, vor allem bei höheren Temperaturen, stark gealtert. Es bedarf deshalb einer besonders sorgfältigen Auswahl der Schmiermittel für Luftkompressoren, wobei vor allem der Flammpunkt und der Selbstzündpunkt eine wichtige Rolle spielen. Die Anforderungen an Öle für Luftkompressoren sind in DIN 6545, Öle für Verdichter (Kompressoren), festgelegt, vgl. Tab. 67.

Die Sauerstoffbeständigkeit der Öle wurde in großen Zügen schon S. 169, behandelt. Näheres ist der einschlägigen Literatur zu entnehmen[1].

Luft als verbreitetster Sauerstoffträger ist an den meisten Verbrennungs- und Explosionsvorgängen beteiligt.

B. Wasser.

I. Verwendung.

Als Kältemittel kann Wasser trotz seiner hohen Verdampfungswärme in Kompressionskaltdampfmaschinen mit Kolbenkompressoren nicht verwendet werden, da das spezifische Volum des Dampfes bei tiefen Temperaturen und den damit verbundenen sehr niedrigen Drücken außerordentlich groß ist, so daß auch die Abmessungen der Kompressoren unverhältnismäßig groß werden. Auch Versuche, Wasserdampf als Kältemittel in Turbokompressoren zu verwenden[2], sind wieder aufgegeben worden; sein niedriges Molekulargewicht läßt ihn dafür nicht geeignet erscheinen.

Dagegen hat Wasser in Strahlkältemaschinen eine umfangreiche Anwendung gefunden; auch in Absorptionsmaschinen wird es sowohl als Kältemittel wie auch als Absorptionsmittel verwendet. Doch beschränkt sich seine Anwendung als Kältemittel wegen der Lage des Gefrierpunktes auf Temperaturen oberhalb 0° C, es sei denn, daß man von Salzlösungen Gebrauch macht. Sehr geeignet erscheint Wasser als Kältemittel für Klimaanlagen.

Flüssiges Wasser ist das Ausgangsprodukt für die Kunsteiserzeugung und wird dazu in ausgedehntestem Maße verwendet. Ferner gebraucht man es als indirektes Kühlmittel (Kaltwasser) in Klimaanlagen und für den Wärmeentzug in Kompressoren und Kondensatoren bei allen Arten von Kältemaschinen. Auch bei der sogenannten Verdunstungskühlung spielt es eine nicht geringe Rolle.

Mit Rücksicht auf die eingetretene Wasserverknappung wird außer von der fühlbaren Wärme in steigendem Maße von der latenten Wärme in Verdunstungsapparaten Gebrauch gemacht (Kühltürme, Berieselungs- und Zerstäubungskühler). Auch wird oft von der Kühlung durch Wasser ganz abgesehen und zur Kühlung durch Luft übergegangen.

II. Herstellung.

Wasser braucht nicht besonders „hergestellt" zu werden, da es fast überall zur Verfügung steht. Nur in Wüstenklimaten wird es gelegentlich durch Kondensation aus der Luft gewonnen. Ferner erhält die Gewinnung von Trinkwasser aus Meerwasser eine steigende Bedeutung.

---

[1] ZERBE, C.: Mineralöle und verwandte Produkte. Berlin: Springer 1952.
[2] Vgl. z. B. P. BANCEL: Trans. Amer. Inst. chem. Engr. Bd. 30 (1933); A. D. KARR: Compressed Air Magaz. Nov. 1935.

Wasser kommt in chemisch reiner Form fast nie vor. Die darin gelösten anorganischen und organischen Stoffe behindern aber seine Verwendung in kältetechnischen Anlagen nur dann, wenn sie ein bestimmtes Maß übersteigen. So wird z. B. in Schiffskälteanlagen auch Meerwasser als Kühlmittel oder für die Eiserzeugung verwendet. Für die Eiserzeugung am Lande, besonders wenn Klareis verlangt wird, ist aber oft eine besondere Aufbereitung des Wassers erforderlich, die im Band XII dieses Handbuches behandelt wird. An Eis, das mit Lebensmitteln in Berührung kommt, werden besondere hygienische Anforderungen gestellt; es darf nur aus einwandfreiem Trinkwasser hergestellt werden. Bei Verwendung von Natureis (z. B. für Fischdampfer in nordischen Ländern) muß es auf seinen Keimgehalt geprüft werden; es darf insbesondere keine pathogenen Keime (z. B. Kolibakterien) enthalten.

III. Thermische und kalorische Eigenschaften.

Molekulargewicht $\mu = 18{,}02$,

Gaskonstante $R = 47{,}06 \left[\dfrac{\text{mkg}}{\text{kg }°\text{C}}\right]$.

Die Zustandsgleichung bei niedrigem Druck. Im Bereich sehr niedriger Drücke, bei denen Wasserdampf als Kältemittel verwendet wird, verhält er sich durchaus wie ein ideales Gas. Es gilt also die Zustandsgleichung $v = RT/P$. Für etwas weitere Druck- und Temperaturbereiche bis $p \leq 0{,}1\, p_k$ genügt in allen Fällen die MOLLIER-CALLENDARsche Gleichung[1]

$$v = 47{,}06 \frac{T}{P} - \frac{2{,}13}{(T/100)^{10/3}}. \tag{131}$$

Im Bereich von 0 bis 50°C gelten für siedendes Wasser und trocken gesättigten Dampf die in den Dampftafeln enthaltenen Werte von p, v', v'' und γ''*.

Die Dampfdruckkurve. Zwischen 10 und 150°C kann folgende Dampfdruckformel von SMITH, KEYES und GERRY benutzt werden[2]:

$$\lg \frac{p}{p_k} = \frac{x}{T}\left[\frac{a+bx+cx^3}{1+dx}\right],$$

wobei

$x = t_k - t$, $a = 3{,}2437814$, $b = 5{,}86826 \cdot 10^{-3}$,

$c = 1{,}1702379 \cdot 10^{-8}$ und $d = 2{,}1878462 \cdot 10^{-3}$.

Der Dampfdruck über unterkühltem Wasser und über Eis hat folgende Werte:

t°C	=	0	−1	−2	−3	−4	−5	−6	−7	−8
Unterkühltes Wasser p [Torr]	=	4,58	4,26	3,95	3,67	3,40	3,16	2,93	2,71	2,51
Eis p [Torr]	=	4,58	4,22	3,88	3,57	3,28	3,01	2,76	2,53	2,32

t°C	−9	−10	−15	−20	−30	−40	−50
Unterkühltes Wasser p [Torr]	2,32	2,14	1,43	—	—	—	—
Eis p [Torr]	2,12	1,95	1,24	0,77	0,280	0,093	0,029

Der Dampfdruck über Eis ist also stets kleiner als über Wasser.

---

[1] MOLLIER, R.: Neue Tabellen und Diagramme für Wasserdampf. Berlin: Springer 1906.

* KOCH, W.: VDI-Wasserdampftafeln. Berlin: Springer 1937.

[2] SMITH, L. B., F. G. KEYES u. H. T. GERRY: Proc. Amer. Acad. Bd. 69 (1934) S. 137.

Der Erstarrungspunkt von Wasser, der im thermodynamischen Gleichgewicht unter Atmosphärendruck bei 0° C liegt (Fixpunkt der Temperaturskala), sinkt bei hohen Drücken zu tieferen Temperaturen ab. Bei 590 ata erstarrt das Wasser erst bei −5° und bei 1090 ata bei −10° C.

Die *kritischen Daten* von Wasser sind $t_k = 374{,}2°C$; $p_k = 225{,}6$ ata; $v_k = 3{,}18$ l/kg; $\gamma_k = 0{,}314$ kg/l; $\sigma = R\,T_k/P_k\,v_k = 4{,}25$.

Das *spezifische Gewicht* von trocken gesättigtem und überhitztem Wasserdampf kann im Bereich der hier vorkommenden niedrigen Drücke nach der Zustandsgleichung idealer Gase oder nach Gl. (131) berechnet werden.

Flüssiges Wasser hat bei + 4° C ein flaches Maximum des spezifischen Gewichts: $\gamma = 1{,}0000$ kg/l. Für andere Temperaturen gelten folgende Werte:

t [°C] =	0	10	20	30	40	50	100
γ [kg/l] =	0,9998	0,9996	0,9982	0,9956	0,9921	0,9880	0,9583

Beim Erstarren dehnt sich das Wasser aus, womit es den meisten anderen Körpern gegenüber eine Ausnahme bildet. Das spezifische Gewicht von Eis bei 0° C ist 0,910 kg/l. HENNING[1] nennt folgende Werte:

t [°C] =	0	−20	−40	−60	−80	−100
Spez. Gewicht γ_f [kg/l] =	0,917	0,920	0,922	0,924	0,926	0,928

Latente Wärmen. Die Werte der Verdampfungswärme von Wasser sind in den Wasserdampftabellen enthalten[2].

Die Erstarrungswärme (und Schmelzwärme) hat bei 0° den Wert 79,5 kcal/kg. Sie nimmt bei tieferen Temperaturen etwas ab [vgl. Gl. (73)]. Die Sublimationswärme bei 0° beträgt 676,7 kcal/kg. Sie ändert sich nach Gl. (75) nur sehr wenig mit der Temperatur.

Spezifische Wärme. Im idealen Gaszustand ($p \to 0$) läßt sich die spezifische Wärme von Wasserdampf durch die Gleichung

$$c_{p_0} = 0{,}3613 + 0{,}0001736\,T + \frac{9{,}0}{T}$$

darstellen. Im realen Gasgebiet hängt c_p sowohl von T als auch von p ab. Aus Gl. (131) findet man z. B.

$$c_p = c_{p_0} + 7{,}22 \frac{p}{\left(\frac{T}{100}\right)^{13/3}}. \tag{132}$$

Nach neueren Messungen[3] ergeben sich die in Tab. 68 enthaltenen Werte von c_p.

Tabelle 68. *Spezifische Wärme von Wasserdampf in* $\frac{kcal}{kg\,°C}$.

Temperatur °C	Absoluter Druck in kg/cm²				
	1	2	5	10	20
100	0,487	—	—	—	—
120	0,480	0,505	—	—	—
140	0,474	0,493	—	—	—
160	0,471	0,486	0,537	—	—
180	0,470	0,482	0,520	0,607	—
200	0,470	0,479	0,508	0,571	—
220	0,470	0,478	0,498	0,546	0,682

Das Verhältnis c_p/c_v, das im idealen Gaszustand dem Exponenten der Adiabate entspricht, hat bei 100° C und 1 Atm. den Wert 1,32 (vgl. Abb. 14).

---
[1] HENNING, F.: Wärmetechnische Richtwerte 1938, S. 81. Berlin: VDI-Verlag.
[2] Zum Beispiel W. KOCH: Vgl. Fußnote * auf S. 245.
[3] Nach W. KOCH: Forsch. Ing.-Wes. Bd. 3 (1932) S. 1 u. Bd. 5 (1934) S. 138.

Die spezifische Wärme von flüssigem Wasser hat bei 15°C und 1 Atm den Wert 1,0000 kcal/kg°C (Definition der Kalorie). Bei anderen Drücken und Temperaturen erhält man für c_{fl} die in Tab. 8 auf S. 42 angegebenen Werte.

Die spezifische Wärme von Eis hat bei 0° den Wert 0,505 und bei $-100°$ den Wert 0,325 $\frac{\text{kcal}}{\text{kg °C}}$. Es gilt etwa

$$c_f = 0{,}505 + 4{,}18 \cdot 10^{-3}\,t + 23{,}8 \cdot 10^{-6}\,t^2.$$

Enthalpie und *Entropie*. Für siedendes Wasser und trocken gesättigten Dampf sind die Werte i', s' und i'', s'' in den Wasserdampftabellen enthalten[1]. Da sich die spezifische Wärme von flüssigem Wasser für $t < 100°$C nur wenig vom Wert 1 unterscheidet, kann man angenähert $i' = t$ setzen.

Die Enthalpie des überhitzten Wasserdampfes wird erst bei Drücken über 1 ata wesentlich vom Druck abhängig[1].

MOLLIER-*Diagramm*. Ein MOLLIER-i, s-Diagramm im Niederdruckgebiet, wie es sich für die Berechnung von Strahlkältemaschinen eignet, ist diesem Band als Diagramm 3 in der Tasche beigegeben[2].

IV. Physikalische Eigenschaften.

Viskosität. Beim Druck von 1 Atm hat Wasserdampf bei verschiedenen Temperaturen folgende Werte der Viskosität η_0 in cP:

t [°C] =	100	150	200	250
η_0 [cP] =	0,0128	0,0147	0,0166	0,0184

KEENAN und KEYES drückten diese Werte durch die Formel aus[3]:

$$\eta_0\,[\text{cP}] = \frac{1{,}851\,\sqrt{T}}{1 + 680{,}1/T} \cdot 10^{-3}. \tag{133}$$

Neuere Messungen ergeben etwas höhere Werte, die sich durch die Formel

$$\eta_0\,[\text{cP}] = \frac{1{,}501\,\sqrt{T}}{1 + 444{,}7/T} \cdot 10^{-3}.$$

darstellen lassen[4].

Bei niedrigen Drücken ist die Viskosität des Dampfes vom Druck unabhängig; mit wachsendem Druck findet aber eine Zunahme statt, über deren Größe die Ansichten jedoch weit auseinandergehen[5].

Bei flüssigem Wasser erhält man folgende Werte in cP:

t [°C] =	0	5	10	15	20	25	30	35	40
η [cP] =	1,789	1,515	1,306	1,141	1,005	0,894	0,802	0,720	0,653
t [°C] =	45	50	55	60	70	80	90	100	
η [cP] =	0,596	0,550	0,507	0,470	0,406	0,354	0,315	0,282	

Die Zunahme von η mit wachsendem Druck ist für $p < 20$ ata vernachlässigbar.

Wärmeleitzahl. Die in der Literatur angegebenen Werte für Wasserdampf streuen ziemlich stark. Als Mittelwerte können die folgenden gelten, wobei für

---

[1] Vgl. z. B. W. KOCH: Fußnote * auf S. 245.
[2] Ein i, s-Diagramm in britischen Einheiten von C. O. MACKEY (32 bis 115° F; 0,2 bis 3,0 inch Hg abs.) findet man in Refr. Engng. Bd. 31 (1936) S. 106.
[3] KEENAN, J. H., u. F. G. KEYES: Thermodynamic Properties of Steam S. 23. New York: John Wiley & Sons 1936.
[4] KEYES, F. G.: J. Amer. chem. Soc. Bd. 72 (1950) S. 433.
[5] So wird z. B. bei $t = 200°$ und $p = 10$ ata von F. HENNING in den „Wärmetechnischen Richtwerten" (VDI-Verlag 1938) $\eta = 0{,}0166$ angegeben, während nach KEENAN u. KEYES (a. a. O.) mit deren Gl. (22) $\eta = 0{,}0193$ erhalten wird. H. SPEYERER: Z. VDI Bd. 69 (1925) S. 747 hat $\eta = 0{,}0183$ gemessen.

$t < 100°$, $p < 1$ ata und für $t \geq 100°$, $p = 1$ ata angenommen wurde:

$t[°C] =$	70	80	90	100	150	200,
$\lambda\left[\dfrac{\text{kcal}}{\text{m h °C}}\right] =$	0,0190	0,0197	0,0205	0,0215	0,0235	0,027.

In weiteren Temperaturbereichen findet man[1] für $p \to 0$

$$\lambda_0 = \frac{5{,}564 \cdot 10^{-3} \sqrt{T}}{1 + \dfrac{1737{,}3}{T} \cdot 10^{-12/T}}$$

und für höhere Drücke

$$\lambda = \lambda_0 + 3{,}95 \cdot 10^{-3} (10^{9{,}07\, p/(T/100)^4} - 1).$$

Flüssiges Wasser hat bei etwa 125° C ein Maximum der Wärmeleitzahl; die Werte sind:

$t[°C] =$	0	10	20	30	40	50	60	80	100,
$\lambda\left[\dfrac{\text{kcal}}{\text{m h °C}}\right] =$	0,480	0,498	0,515	0,528	0,539	0,550	0,560	0,575	0,586.

Für Eis findet man folgende Werte:

$t[°C] =$	0	-20	-40	-60	-80	-100,
$\lambda\left[\dfrac{\text{kcal}}{\text{m h °C}}\right] =$	1,9	2,1	2,3	2,5	2,7	3,0.

Lockerer Schnee (Reif) hat bei 0° viel geringere Werte von λ, sie hängen vom Raumgewicht ab:

Raumgewicht [kg/m³] =	200	300	400	500	600	800,
$\lambda\left[\dfrac{\text{kcal}}{\text{m h °C}}\right] =$	0,13	0,20	0,29	0,40	0,55	1,1.

Oberflächenspannung. Die Oberflächenspannung von Wasser gegen feuchte Luft hat folgende Werte:

$t[°C] =$	0	10	20	30	40	50	60	80	100,
σ[dyn/cm] =	75,63	74,11	72,58	71,03	69,42	67,80	66,04	62,50	58,80.

V. Kältetechnische Eigenschaften.

Als Kältemittel ist Wasser nicht besonders gut geeignet; sein Gütegrad im üblichen Vergleichsprozeß, bezogen auf den CARNOT-Prozeß, ist wesentlich geringer als für Ammoniak oder F 12 (vgl. Tab. 27). Auf seine beschränkte Verwendungsmöglichkeit wurde schon S. 244 hingewiesen.

C. Ammoniak (NH_3).

I. Verwendung.

Ammoniak ist eines der wichtigsten Kältemittel; es wird mit Vorteil dort angewendet, wo seine toxischen Eigenschaften in Kauf genommen werden können. Seine hohe Verdampfungswärme beschränkt die Anwendung auf Großkältemaschinen; in Kleinkältemaschinen werden die umlaufenden Mengen zu

---

[1] FAXÉN, H.: Thermodynamic Tables for water and steam. Forskning och Teknik, Nordisk Rotogravyrs Monografiserie, Heft 2. Stockholm 1953. Die Formeln sind aufgestellt nach F. G. KEYES u. D. J. SANDELL: Trans. Amer. Soc. mech. Engrs. Bd. 72 (1950) S. 767 und F. G. KEYES: J. Amer. chem. Soc. Bd. 72 (1950) S. 433.

klein und damit die Regelung zu empfindlich. Ammoniak eignet sich besonders für Kompressoren mit hin- und hergehenden Kolben. Bei tiefen Temperaturen kann es aber auch in Rotationskompressoren, die als Vorschaltstufen (BOOSTER) dienen, mit Vorteil verwendet werden. Für Turbokompressoren ist es wenig geeignet, da die Stufenzahl zu groß wird. Der Bereich der Verdampfungstemperaturen liegt zwischen -10 und etwa $-60°$ C.

II. Herstellung.

Früher wurde NH_3 durch trockene Destillation der Steinkohle in den Gaswerken als Nebenprodukt bei der Erzeugung von Leuchtgas und Koks gewonnen. Das dabei gewonnene Produkt ist aber stark durch andere Destillationsprodukte, z. B. Teer und Pyridin, verunreinigt und bedarf eines komplizierten Reinigungsprozesses, um es als Kältemittel verwendbar zu machen. Heute wird Ammoniak technisch in großen Mengen nach dem Verfahren von HABER-BOSCH aus Generatorgas und Wassergas gewonnen.

Normalerweise wird aus Koks mit Luft Generatorgas (etwa 32% CO, 2% CO_2, 4% H_2 und 61% N_2) und aus Koks mit Wasserdampf Wassergas (etwa 40% CO, 5% CO_2, 50% H_2 und 5% N_2) im Wechselbetrieb erzeugt. Beide werden so gemischt, daß sich die Summe der Volume von H_2 + CO zu dem Volum von N_2 wie etwa 3:1 verhält. Nach einer Reinigung wird dieses Rohgas mit Wasserdampf katalytisch konvertiert, wobei das Gemisch von Kohlenmonoxyd und Wasserdampf weitgehend in Wasserstoff und Kohlendioxyd übergeht. Nach dem Auswaschen des Kohlendioxyds und des Restes an Kohlenmonoxyd wird das Gasgemisch nunmehr durch Zusatz von Stickstoff aus einer Luftzerlegungsanlage genau auf das stöchiometrische Verhältnis eingestellt. Die Hauptmenge des Stickstoffes stammt somit aus der Verbrennungsluft der Gasgeneratoren; die Verwendung größerer Mengen von Stickstoff aus einer Luftzerlegungsanlage wäre zu teuer.

Steigende Bedeutung gewinnen die Verfahren, bei denen Erdgase[1], Kokereigase, Braun- und Steinkohle durch Luft mit angereichertem Sauerstoffgehalt in Anwesenheit von Wasserdampf kontinuierlich zu Synthesegemischen verarbeitet werden, bei denen also die Luftzerlegungsanlagen (vgl. Band VIII dieses Handbuches) von erheblicher Bedeutung sind.

Das reine Gemisch von N_2 und H_2 wird den Kontaktöfen mit $500°$ C und 200 Atm zugeführt, in denen sich ein Gleichgewicht mit einer Ausbeute von etwa 8% NH_3 rasch einstellt. Das Ammoniak löst sich in dem in der Apparatur kontinuierlich kreisenden Wasser, während der nicht umgesetzte Anteil an N_2 und H_2 den Kontaktkammern zusammen mit Frischgas wieder zugeführt wird. Aus der wässerigen Lösung wird das NH_3 durch Erwärmen ausgetrieben. Dieser Hinweis auf das heute wichtigste Verfahren zur Ammoniaksynthese mag in diesem Rahmen genügen.

III. Thermische und kalorische Eigenschaften.

Molekulargewicht $\mu = 17{,}03$,

Gaskonstante $R = 49{,}79 \; \left[\dfrac{\text{m kg}}{\text{kg}°\text{C}}\right]$.

Die Zustandsgleichung. Eine Zustandsgleichung für gesättigte und überhitzte Ammoniakdämpfe wurde erstmalig mit einem gewissen Vorbehalt von GOOD-

---

[1] Ein Verfahren zur Erzeugung von NH_3 aus Erdgasen, Luft und Wasserdampf in einer Anlage der Shell Chemical Corp. in Ventura, Cal. ist in Industr. Refrig. Bd. 127, Sept. 1954, S. 16, beschrieben.

ENOUGH und MOSHER veröffentlicht[1], die auch Dampftabellen im Bereich von −45 bis +200°C und für Drücke bis 17 ata aufgestellt haben.

Eine weitere Zustandsgleichung im Bereich von −40 bis +100°C und für Drücke unterhalb 30 Atm wurde bald darauf von HOLST aufgestellt[2], wobei er sich der von KAMERLINGH ONNES empfohlenen Form (s. Bd. II S. 181 dieses Handbuches) unter Fortlassung der höheren Glieder bediente. Anschließend haben KEYES und BROWNLEE eine Dampftabelle für NH_3 veröffentlicht[3]. Einige sehr genaue Messungen wurden dann im Bureau of Standards in Washington durchgeführt. Sie führten zur Aufstellung der Zustandsgleichung[4]

$$v = \frac{AT}{p} - \left(\frac{B}{T^3} + \frac{C+Dp}{T^{11}} + \frac{Ep^5}{T^{19}}\right) - F + Tf(p). \tag{134}$$

Die Konstanten haben folgende Werte, wenn p in lb./sq. in., T in °K und v in cu. ft./lb. ausgedrückt wird:

$A = 0{,}6301952$; $B = 3{,}18228 \cdot 10^7$; $C = 3{,}80226 \cdot 10^{27}$;
$D = 2{,}29909 \cdot 10^{26}$; $E = 1{,}778 \cdot 10^{38}$; $F = 0{,}041648$.

Die Druckfunktion hat den Wert

$$f(p) = (5300 - 32p + 0{,}10132\,p^2 - 0{,}0000992\,p^3) \cdot 10^{-8}.$$

Gl. (134) gilt für Temperaturen von etwa −50 bis +200°C und für Drücke bis 21 ata. Aus ihr wurden auf Grund der thermodynamischen Zusammenhänge auch die kalorischen Daten berechnet, die es dann ermöglichten, ein genaues MOLLIER-i, lg p-Diagramm in englischen Einheiten aufzustellen. Ein solches erweitertes Diagramm und die Dampftabelle wurden in metrische Einheiten umgerechnet und in die deutschen „Kältemaschinen-Regeln" aufgenommen[5].

Die notwendige Erweiterung dieser Tabellen und des Diagramms in Richtung der tiefen Temperaturen und Drücke bis zum Tripelpunkt (−77,9) hat KUPRIANOFF vorgenommen[6]. Er fand, daß man im Bereich der Sättigungstemperaturen von −50°C bis zum Tripelpunkt mit der einfachen Zustandsgleichung

$$v = \frac{RT}{P} - 0{,}003 - \frac{0{,}34}{(T/100)^3} - \frac{60}{(T/100)^{11}} \tag{135}$$

auskommen kann mit $R = 49{,}789$, wenn P in kg/m² und v in m³/kg ausgedrückt werden.

Die Erweiterung der Dampftafeln und des Diagramms in Richtung hoher Temperaturen und Drücke bis zum kritischen Punkt wurde von FUNK durchgeführt[7]; sie sollte vorwiegend der Berechnung von Wärmepumpen dienen. Die Zustandsgleichung wird in diesem Gebiet naturgemäß verwickelter, sie lautet:

$$v = \frac{49{,}79039\,T}{P} - \frac{0{,}420}{(T/100)^3} - \frac{60 + 1{,}497\,p^2}{(T/100)^{11}} - $$
$$- [5{,}1 - 0{,}55\,(5{,}2315 - T/100)^4]\left[1 + \frac{0{,}002793\,p}{1 - 0{,}4352\,(T/100) + 0{,}0306\,(T/100)^2}\right] \cdot 10^{-4}$$

und gilt bis $v \geq 20\,l$/kg, also bis zu einer Sättigungstemperatur von 95° bei einem Druck von rd. 58 ata. Für kleinere Volume mußte von graphischen Extrapolationen Gebrauch gemacht werden.

---

[1] GOODENOUGH, G. A., u. W. E. MOSHER: Univ. Illinois Bull. Nr. 66, 1913. — GOODENOUGH, G. A.: Properties of Steam and Ammonia. New York: John Wiley & Sons 1915.
[2] HOLST, G.: Dissertation, Eidgen. Techn. Hochschule. Zürich 1914.
[3] KEYES, F. G., u. BROWNLEE: Thermodynamic Properties of Ammonia. New York: John Wiley u. Sons 1916. — [4] Bur. of Stand., Circular Nr. 142, April 1923, S. 6.
[5] 5. Aufl. 1956 Karlsruhe, Verlag C. F. Müller.
[6] KUPRIANOFF, J.: Z. ges. Kälteind. Bd. 37 (1930) S. 1.
[7] FUNK, H.: Mitt. Kältetechn. Inst. Techn. Hochschule Karlsruhe Nr. 3 (1948) S. 33.

Auch die Zustandsgleichung (8) von BEATTIE und BRIDGMAN[1] eignet sich sehr wohl für Ammoniak bis herab zu einem spezifischen Volum von etwa 12 l/kg. Die Konstanten haben dabei folgende Werte, wenn v in Litern je g-mol, T in °K und P in Atm ausgedrückt werden:

$$R = 0{,}08206, \quad A_0 = 2{,}3930, \quad a = 0{,}17031, \quad B_0 = 0{,}03415,$$
$$b = 0{,}19112, \quad c = 476{,}87 \cdot 10^4.$$

Die wahrscheinlichsten Werte des Volums für trocken gesättigte Dämpfe (v'') sind in den Dampftabellen 1 und 1a auf S. 454/455 enthalten.

Für v'' im Bereich von $-70°$ bis $+50°$ gilt auch die Formel[2]

$$\lg v'' = \frac{1939{,}032}{T} - 32{,}0661 + 10{,}70409 \lg T + 8{,}62366 \cdot 10^{-2} \sqrt[3]{406{,}1 - T} + 2{,}667 \cdot 10^{-3} (406{,}1 - T).$$

Volumwerte für überhitzten Dampf können dem MOLLIER-i, $\lg p$-Diagramm in der Tasche entnommen werden. Werte für das spezifische Volum von trocken gesättigtem und überhitztem NH_3-Dampf findet man auch im Arbeitsblatt zur Zeitschrift Kältetechnik Bd. 2 (1950) Heft 6.

Druck-Volum-Temperaturwerte für Ammoniak von 30 bis 200°C und für Drücke bis 1000 Atm wurden von KEYES nach Messungen von BROWNLEE berechnet[3].

Die Dampfdruckkurve. Es sind verschiedene Dampfdruckformeln vorgeschlagen worden. Am zuverlässigsten erscheint uns diejenige von CRAGOE, MEYERS und TAYLOR, welche die Messungen im U. S. Bureau of Standards im Bereich von $-80°$ bis $+70°$C wiedergibt und auch die kritischen Werte p_k und T_k richtig darstellt[4].

Sie lautet:

$$\lg p = 9{,}584586 - \frac{1648{,}6068}{T} - 1{,}638646\, T \cdot 10^{-2} + 2{,}403267\, T^2 \cdot 10^{-5} - 1{,}168708 \cdot T^3 \cdot 10^{-8}. \tag{136}$$

Der normale Siedepunkt liegt bei $t = -33{,}35°$C.
Der Tripelpunkt liegt bei $t = -77{,}9°$C und $p = 45{,}5$ Torr $= 0{,}0619$ ata.

Die kritischen Daten. Als wahrscheinlichste Werte nennen wir diejenigen von PICKERING[5]: $t_k = 132{,}4°$C; $p_k = 115{,}2$ ata; $v_k = 4{,}26$ l/kg; $\gamma_k = 0{,}235$ kg/l; $\sigma = R T_k / P_k v_k = 4{,}12$.

Das spezifische Gewicht γ' *von siedender Flüssigkeit und* γ'' *von trocken gesättigtem Dampf* läßt sich durch die Gleichungen

$$\left. \begin{array}{l} \gamma' = 235 + 0{,}654\,(t_k - t) + 62{,}77 \sqrt[3]{t_k - t}, \\ \gamma'' = 235 + 0{,}654\,(t_k - t) - 62{,}77 \sqrt[3]{t_k - t} \end{array} \right\} \tag{137}$$

in kg/m³ darstellen[6]. Diese Gleichungen sind besonders für Berechnungen in der Nähe des kritischen Punktes geeignet.

---

[1] Für NH_3 ist diese Gleichung benutzt worden von J. A. BEATTIE u. CHR. K. LAWRENCE: J. Amer. chem. Soc. Bd. 52 (1930) S. 6.
[2] Vgl. International Critical Tables 1928 Bd. 3 S. 233—236.
[3] KEYES, F. G.: J. Amer. chem. Soc. Bd. 53 (1931) S. 965.
[4] CRAGOE, C. S., C. H. MEYERS u. C. S. TAYLOR: Sci. Pap. Bur. Stand. Bd. 16 (1920) S. 24. — J. Amer. chem. Soc. Bd. 40 (1918) S. 14.
[5] PICKERING, S. F.: Sci. Pap. Bur. Stand. Bd. 21 (1926/27) S. 604.
[6] Vgl. H. FUNK, Fußnote 7 auf S. 250. In den Gln. (7) und (7a) dieser Arbeit ist ein Druckfehler richtigzustellen. Es muß $+0{,}654$ statt $-0{,}654$ heißen.

Für das spezifische Volum von siedender Flüssigkeit zwischen dem Tripelpunkt und $+100°$C gilt die Beziehung[1]

$$v' = \frac{A + B\sqrt{t_k - t} - C(t_k - t)}{1 + D\sqrt{t_k - t} + E(t_k - t)}. \tag{138}$$

Mit $A = 4{,}2830$, $B = 0{,}813055$, $C = 0{,}0082861$, $D = 0{,}424805$, $E = 0{,}015938$ und $t_k = 133\,°$C

wird v' in l/kg erhalten.

Im Tripelpunkt ist $v' = 1{,}365\,l$/kg und das spezifische Volum des festen Ammoniaks $v_f = 1{,}224\,l$/kg

Die latenten Wärmen. Die Verdampfungswärme kann zwischen dem Tripelpunkt und 52°C nach der Formel von OSBORNE und VAN DUSEN

$$r = 32{,}938\sqrt{133 - t} - 0{,}5890\,(133 - t) \tag{139}$$

in kcal/kg berechnet werden. Hier ist 133 die etwas zu hoch angenommene kritische Temperatur. Die wahrscheinlichsten Werte von r zwischen dem Tripelpunkt und $+70°$ findet man in der Dampftabelle 1 auf S. 454. Eine ergänzende Dampftabelle 1a enthält die von FUNK berechneten Werte für hohe Temperaturen bis zum kritischen Punkt.

Die Schmelzwärme von festem Ammoniak im Tripelpunkt beträgt 79,3 kcal/kg.

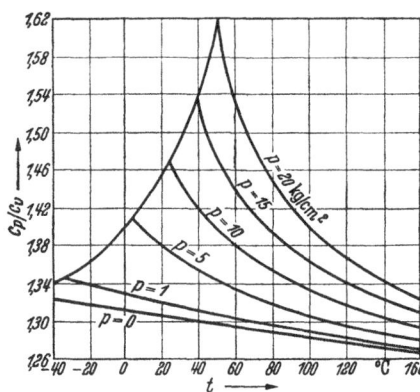

Abb. 100. Das Verhältnis c_p/c_v für Ammoniak bei verschiedenen Drücken und Temperaturen (nach CRAGOE).

Spezifische Wärmen. Die spezifische Wärme des *Dampfes* c_p wurde im U. S. Bureau of Standards von OSBORNE, STIMSON, SLIGH JR. und CRAGOE für Temperaturen von -15 bis $+150°$C und für Drücke von 0,5 bis 20 ata gemessen und durch die empirische Gleichung

$$c_p = 1{,}1255 + 0{,}00238\,T + \frac{76{,}8}{T} + \frac{5{,}45 \cdot 10^8\,p}{T^4} + \frac{p\,(6{,}5 + 3{,}8\,p) \cdot 10^{27}}{T^{12}} + \frac{2{,}37 \cdot 10^{42}\,p^6}{T^{20}} \tag{140}$$

dargestellt[2], wobei p in Metern Q.S. einzusetzen ist und c_p in kJoule/kg °C erhalten wird (1 kJ $= 0{,}2389$ kcal). Diese Gleichung diente als Grundlage für die Entwicklung der Zustandsgleichung (134).

Die nach Gl. (140) berechneten Werte sind in Tab. 69 eingetragen. Die ersten drei Glieder auf der rechten Seite stellen offenbar den Wert c_{p_0} im idealen Gaszustand ($p \to 0$) dar. Für dieses Gebiet gilt sehr genau auch die Gleichung

$$c_{p_0} = 0{,}4212 + 0{,}0151\,T/100 + 3{,}8051 \cdot 10^{-3}\,(T/100)^2, \tag{141}$$

welche den von JUSTI aus spektroskopischen Daten errechneten Werten genau entspricht[3].

---

[1] CRAGOE, C. S., u. D. R. HARPER: Amer. Soc. Refrig. Eng. J. Bd. 7 (1926) S. 113 u. J. KUPRIANOFF: Z. ges. Kälteind. Bd. 37 (1930) S. 1.
[2] OSBORNE, N. S., H. F. STIMSON, T. S. SLIGH jr. u. C. S. CRAGOE: Refrig. Engng. Bd. 10 (1923) S. 145.
[3] JUSTI, E.: Spez. Wärme, Enthalpie, Entropie und Dissoziation techn. Gase. Berlin: Springer 1938.

Das Verhältnis c_p/c_v wurde im Bureau of Standards von CRAGOE in weiten Druck- und Temperaturbereichen ermittelt[1]. Die gefundenen Werte können der Abb. 100 entnommen werden. Es sei aber nochmals ausdrücklich betont, daß dieses Verhältnis nur im idealen Gaszustand dem Exponenten $\varkappa$ der Adiabate $Pv^\varkappa = $ konst gleichgesetzt werden darf (s. S. 45).

Die spezifische Wärme von *flüssigem Ammoniak* kann in den Grenzen von -45 bis $+45°$C durch die Formel von OSBORNE und VAN DUSEN

$$c_{fl} = 0{,}7491 - 0{,}000136\,t + \frac{4{,}0225}{\sqrt[3]{133-t}} \quad (142)$$

dargestellt werden[2]. Für höhere Temperaturen gibt BABCOCK folgende Werte an:

$t\,[°\text{C}] = $ 50   70   90   100

$c_{fl}\left[\dfrac{\text{kcal}}{\text{kg °C}}\right] = $ 1,222   1,217   1,431   1,538.

Die spezifische Wärme von *festem Ammoniak* bei $t = -188$ bis $-103°$C beträgt nach DEWAR im Mittel $c = 0{,}50$ kcal/kg °C.

Enthalpie und Entropie, MOLLIER-Diagramm. Aus den mitgeteilten Zustandsgleichungen und den Gleichungen für c_{p_0} lassen sich auf thermodynamischer Grundlage Ausdrücke für die Enthalpie i und die Entropie s finden. Mit den so berechneten Werten wurde vom Bureau of Standards ein MOLLIER-i, lg p-Diagramm aufgestellt[2], das später von KUPRIANOFF[3] und FUNK[4] auf weitere Temperatur- und Druckbereiche ausgedehnt wurde.

Das in der Tasche beigefügte Diagramm 4 findet man auch in den „Kältemaschinen-Regeln"[5]. Es reicht vom Tripelpunkt bis zum Druck von 20 ata und im Überhitzungsgebiet bis 150°C.

Ein anderes MOLLIER-i, lg p-Diagramm, das von 0°C bis zum kritischen Punkt reicht, ist in den „Kältemaschinen-Regeln" enthalten.

---

[1] CRAGOE, C. S.: Refrig. Engng. 1922.
[2] Bur. Stand., Circular 142, April 1923.
[3] KUPRIANOFF, J.: Vgl. Fußnote 6 auf S. 250.
[4] FUNK, H.: Vgl. Fußnote 7 auf S. 250.
[5] Kältemaschinen-Regeln, 5. Aufl. Karlsruhe: C. F. Müller 1956.

Tabelle 69. *Spezifische Wärme c_p von Ammoniakdampf in kcal/kg °C nach Messungen des U. S. Bureau of Standards.*

p [Atm]	0	1	2	4	6	8	10	12	14	16	18	20
Sättigungstemperatur °C	—	$-33{,}35$	$-18{,}57$	$-1{,}54$	$+9{,}67$	$+18{,}27$	$+25{,}34$	$+31{,}40$	$+36{,}74$	$+41{,}52$	$+45{,}88$	$+49{,}89$
Bei Sättigungstemperatur		0,5593	0,5935	0,6457	0,6877	0,7242	0,7575	0,7890	0,8199	0,8513	0,8839	0,9186
$t = -30$°C	0,4829	0,5513										
-20	0,4856	0,5344	0,5704									
-10	0,4885	0,5247	0,5532	0,6392								
0	0,4917	0,5194	0,5364	0,5848	0,6438	0,7142						
+10	0,4985	0,5161	0,5315	0,5619	0,5970	0,6371	0,6826	0,7346	0,7946	0,7310	0,7741	0,8244
20	0,5058	0,5181	0,5322	0,5529	0,5759	0,6012	0,6290	0,6595	0,6932	0,6667	0,6916	0,7192
40	0,5137	0,5227	0,5339	0,5510	0,5671	0,5844	0,6029	0,6227	0,6438	0,6341	0,6502	0,6674
60	0,5220	0,5288	0,5359	0,5414	0,5648	0,5774	0,5905	0,6043	0,6188	0,6173	0,6286	0,6404
80	0,5306	0,5359	0,5414	0,5481	0,5662	0,5758	0,5856	0,5958	0,6064	0,6073	0,6147	0,6223
100	0,5394	0,5437	0,5481	0,5570	0,5725	0,5792	0,5860	0,5930	0,6001			
120	0,5532	0,5563	0,5595	0,5660								
150												

Ein MOLLIER-i, s-Diagramm und ein pv, p-Diagramm wurde im Kältetechnischen Institut der Technischen Hochschule, Stockholm, entworfen[1].

Die Sättigungswerte i', s', i'' und s'' findet man in den Dampftabellen 1 und 1a auf S. 454/455.

IV. Physikalische Eigenschaften.

Viskosität. Für gasförmiges Ammoniak kann die Viskosität η_0 bei niedrigen Drücken nach der Formel von SUTHERLAND, Gl. (98), mit den Konstanten nach Tab. 12 angenähert berechnet werden. Etwas genauer sind folgende Werte für $p = 1$ Atm:

t [°C] =	−60	−40	−20	0	+20	50	100	150	200
$\eta \cdot 10^6$ [Poise] =	71	78	86	93	100	111	128	146	165

Für trocken gesättigten Dampf:

t [°C] =	−20	−10	0	+10	+20
$\eta \cdot 10^1$ [Poise] =	109	113	118	124	129

Für siedende Flüssigkeit:

t [°C] =	−70	−60	−50	−40	−30	−20	−10	0	+10	+20
$\eta \cdot 10^6$ [Poise] =	4900	3800	3150	2750	2600	2550	2450	2400	2300	2200

Wesentlich kleiner sind die in Tab. 69a eingetragenen Werte von CARMICHAEL und SAGE, die zugleich den Einfluß des Druckes erkennen lassen[2].

Tabelle 69a.
Spezifisches Gewicht und Viskosität von flüssigem NH_3.

Temperatur °C	Druck ata	Spezifisches Gewicht kg/l	Viskosität $\eta \cdot 10^6$ [Poise]
2,44	16,8	0,632	1881,9
	85,4	0,636	1904,0
21,11	9,6	0,608	1573,4
	12,9	0,608	1585,6
	68,9	0,611	1622,8
37,78	15,7	0,582	1305,6
	17,1	0,582	1321,9
	31,5	0,584	1339,9
	68,0	0,588	1347,3
	83,5	0,590	1355,7

Wärmeleitzahl. Bei niedrigem Druck ($p \leq 1$ Atm) sind folgende Werte für gasförmiges Ammoniak gemessen worden:

t [°C] =	−50	−25	0	50	150
$\lambda \cdot 10^3 \left[\dfrac{\text{kcal}}{\text{m h °C}}\right] =$	14,8	17,2	18,9	23,3	34,8

Bei 50° und 8,5 Atm wird $\lambda \cdot 10^3 = 25,1$*.

Für flüssiges Ammoniak:

t [°C] =	0	+20	+100
$\lambda \left[\dfrac{\text{kcal}}{\text{m h °C}}\right] =$	0,464	0,425	0,269

---

[1] Arbeitsblatt in Kältetechnik Bd. 4 (1952) Heft 6.
[2] CARMICHAEL, L. T., u. B. H. SAGE: Industr. Engng. Chem. Bd. 44 (1952) S. 2728.
* KEYES, F. G.: Trans. Amer. Soc. mech. Engrs. Bd. 76 (1954) S. 809.

Oberflächenspannung (vgl. Tab. 20).

$$t\,[°C] = -29 \quad 0 \quad 30$$
$$\sigma\,[\text{dyn/cm}] = 41{,}2 \quad 26{,}4 \quad 19{,}8\,.$$

V. Kältetechnische Eigenschaften.

Zahlenwerte für die *volumetrische Kälteleistung* q_0 [kcal/m³] und die *spezifische Kälteleistung* K [kcal/kWh] (s. S. 87) findet man für den ganzen kältetechnisch wichtigen Bereich in den „Kältemaschinen-Regeln"[1]. Der Gütegrad von Ammoniak ist nach Tab. 27 verhältnismäßig hoch, wenn er auch von einigen weniger wichtigen Kältemitteln übertroffen wird. Schon bei mäßigen Druckverhältnissen erhält man im Kompressor relativ hohe Überhitzungstemperaturen, die jedoch durch mehrstufige Kompression mit Zwischenkühlung vermieden werden können.

VI. Chemische Eigenschaften.

Stickstoff ist drei- oder fünfwertig. Im NH_3 ist er dreiwertig:

$$\begin{array}{c} H \\ | \\ N \\ / \quad \backslash \\ H \quad H \end{array}$$

in wässeriger Ammoniaklösung ist er fünfwertig:

$$\begin{array}{c} H \quad H \\ \backslash \;|\; / \\ N \\ / \quad \backslash \\ H \quad OH \end{array},$$

wobei der Übergang der einen Bindung in die andere vollständig reversibel ist. Infolgedessen läßt sich Ammoniak aus Wasser restlos austreiben. Der größte Teil des Ammoniaks ist im Wasser einfach gelöst und nur ein kleiner Teil als Ammoniumhydroxyd an das Wasser gebunden. Nach SMITH-D'ANS sind in einer Normallösung nur ungefähr 0,4% des Ammoniaks als Ammonium-Ionen $(NH_4)^+$ vorhanden[2].

Verunreinigungen. Ammoniak für Kältemaschinen soll im flüssigen Zustand farblos sein. Der Reinheitsgrad von technischem NH_3 erreicht 99,9%. Nach neueren amerikanischen Angaben[3] ist Ammoniak als Kältemittel genügend rein, wenn der normale Siedepunkt zwischen $-33{,}3$ und $33{,}9°\,C$ liegt, während nach dem Entwurf DIN 8960 die zulässige Veränderung des Siedepunktes beim Verdampfen von 5% bis 97% der Probe 0,9° C beträgt; der Siedepunkt des reinen NH_3 ist $-33{,}35°$ C.

Die Hauptverunreinigung von Ammoniak ist *Wasser*. Ammoniak mit nicht über 0,2% Wasser wird als genügend wasserfrei zum Füllen von Kältemaschinen angesehen.

Die Wasserbestimmung im NH_3 erfolgte früher nach DREWS[4] in verhältnismäßig grober Weise durch Verdampfen von flüssigem NH_3 in einem Glasrohr von 100 cm³ nach Abb. 101, in dem das Wasser nach Abdampfen des NH_3 als Rückstand bestimmt wurde. Um den Eintritt von Luftfeuchtigkeit zu verhindern, wird zweckmäßig ein Stopfen mit einem abgebogenen Glasrohr aufgesetzt. Für eine exakte Wasserbestimmung im flüssigen NH_3 kann die auf S. 210 beschriebene

---

[1] 5. Aufl. 1956. Karlsruhe: C. F. Müller.
[2] SMITH u. D'ANS: Einführung in die allgemeine und anorganische Chemie, XII. Aufl. S. 336. Karlsruhe: Braun 1948.
[3] World Refrigeration Bd. 3 (1952) S. 587.
[4] DREWS, K.: Kältetechnik. Halle: Knapp 1930.

Phosphorpentoxyd-Methode verwendet werden. An Stelle von P_2O_5 ist jedoch als Absorbens in den U-Rohren Natriumhydroxyd zu verwenden, da die mit Wasser sich bildenden Phosphorsäuren, HPO_3 und H_3PO_4, mit dem NH_3 unter Bildung von Ammoniumphosphaten reagieren.

Rückstände, die meist aus Ölen vom Verflüssigungsprozeß bestehen, sollen im Ammoniak nicht mehr als 0,5% betragen. Der Rückstand wird durch Verdampfen einer gewogenen Menge NH_3 bestimmt; er soll nach LANGE und HERTZ zum Austreiben des restlichen Ammoniaks mit Luft gespült und bei 40°C getrocknet werden[1]. Durch Trocknen bei 105°C erfaßt man nur die nicht flüchtigen Verunreinigungen.

Fremdgase können in Ammoniakmaschinen, sofern es sich um die Spaltprodukte (Wasserstoff und Stickstoff) handelt, besonders dann gefährlich werden, wenn gleichzeitig Luft im Kältemittelkreislauf vorhanden ist. Nach THOMPSON können dann Detonationen auftreten[2] (vgl. weiter unten).

Fremdgase im NH_3 werden zweckmäßig mit dem Analysenrohr nach POLLITZER (s. S. 225) mit Wasser als Absorptionsflüssigkeit bestimmt. Auch verdünnte Lösungen von Salzsäure wurden vorgeschlagen, wobei das NH_3 unter Bildung von Wasser als Ammoniumchlorid gebunden wird. Der Fremdgasgehalt im NH_3 soll nach Entwurf DIN 8960 nicht mehr als 5 cm³ in 100 g Flüssigkeit betragen.

Verhalten gegen Trockenmittel. Als Trockenmittel kommen für Ammoniakdampf nur die alkalischen Stoffe Kaliumhydroxyd, Natriumhydroxyd, Bariumhydroxyd und die basischen Oxyde Bariumoxyd und Kalziumoxyd sowie die adsorptiv wirksamen Stoffe aktive Tonerde und Kieselgel in Frage. Alle sauren Produkte, wie z. B. Phosphorpentoxyd und Schwefelsäure, können nicht verwendet werden, da das alkalische NH_3 unter Salzbildung mit ihnen reagiert. Flüssiges Ammoniak kann durch Stehen über metallischem Natrium oder Kalium in Schnitzel- oder Drahtform sehr weitgehend bis auf etwa 30 mg H_2O/kg getrocknet werden.

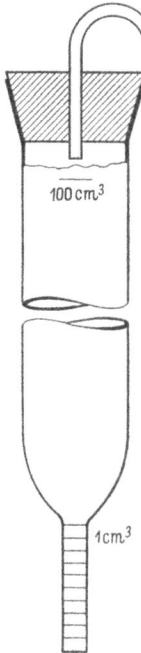

Abb. 101. Glasrohr zur Wasserbestimmung in flüssigem Ammoniak (nach DREWS).

Die Anwendung der Trockenmittel ist bei Ammoniak auf die Aufbereitung vor dem Einfüllen in die Kältemaschinen beschränkt. Im Kältemittelkreislauf von Ammoniakmaschinen ist der Einbau von Trocknern nicht erforderlich und auch nicht üblich. NH_3 löst sehr viel Wasser; der Gefrierpunkt von Wasser wird durch gelöstes Ammoniak stark erniedrigt, so daß in den Grenzen der praktisch auftretenden Wassergehalte bei den üblichen Verdampfungstemperaturen keine Ausscheidung von Eis auftritt.

In Abb. 102 ist der Gefrierpunkt von Wasser in Abhängigkeit vom Gehalt an gelöstem NH_3 wiedergegeben[3]. Der Erstarrungspunkt von Ammoniak von $-77,9°C$ wird durch gelöstes Wasser erniedrigt.

Verhalten gegen Werkstoffe. Der hauptsächlich verwendete Baustoff für Ammoniakanlagen ist Eisen mit seinen Legierungen, die selbst durch feuchtes Ammoniak praktisch nicht angegriffen werden, solange eine Elementbildung durch die Kombination mit anderen Metallen vermieden wird[4]. Galvanische Ober-

---

[1] LANGE, A., u. J. HERTZ: Z. angew. Chem. Bd. 11 (1897) S. 224.
[2] THOMPSON, R. J.: Refrig. Engng. Bd. 44 (1942) S. 311.
[3] D'ANS, J., u. E. LAX: Taschenbuch für Chemiker und Physiker, S. 894. Berlin: Springer 1943. — [4] FORBES, E. L.: Refrig. Engng. Bd. 60 (1952) S. 84.

flächen auf Eisen werden durch NH_3 schnell zerstört und sollen deshalb nicht angewendet werden.

Zink wird durch NH_3 bei Gegenwart von Wasser nach DREWS[1] und nach HUGHES[2] ebenso wie seine Legierungen vollkommen aufgelöst. Dabei entsteht nach Gl. (143) durch Dissoziation Wasserstoff:

$$Zn + 2\,NH_3 + 2\,H_2O \rightarrow Zn + 2\,NH_4(OH) \rightarrow Zn(OH)_2 + 2\,NH_3 + H_2. \qquad (143)$$

Kupfer kann in Ammoniakkältemaschinen als Baustoff nicht verwendet werden. Bei Gegenwart von Wasser, das sich nicht ausschließen läßt, bildet sich stets eine kleine Menge Ammoniumhydroxyd, welches das Kupfer unter Bildung des charakteristischen, blau gefärbten Kupfer-Ammonium-Komplexes $Cu(NH_3)_4^{--}$ sehr leicht löst.

Von allen Kupferlegierungen ist Phosphorbronze gegen Ammoniak am beständigsten und wird in geringem Umfang für Gleitringdichtungen verwendet. Man muß sich aber bei ihrer Verwendung stets der begrenzten Lebensdauer bewußt sein und die Bronzeteile nach bestimmter Laufzeit gegen neue austauschen. Kupfer-Zink-Legierungen (Messing und Tombak) werden von Ammoniak durch Herauslösen des Kupfers stark angegriffen. Außerdem löst feuchtes NH_3 beim Messing die sog. Spannungskorrosion aus. Sie besteht in einem bevorzugten Angriff der unter mechanischen Spannungen stehenden Korngrenzen und führt zu klaffenden interkristallinen Rissen*.

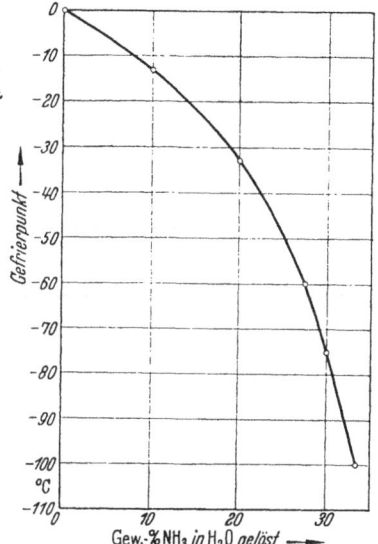

Abb. 102. Gefrierpunktserniedrigung von Wasser durch gelöstes Ammoniak.

Ammoniak kann mit Quecksilber explosive Gemische bilden. Eine Explosion, die sich an einem Quecksilbermanometer ereignete, das in eine NH_3-Kühlanlage eingebaut war, gab Veranlassung, die gebildeten Reaktionsprodukte chemisch zu untersuchen[3]. Es ergab sich, daß sich bei der Reaktion von Quecksilberoxyd und Ammoniak Stoffe von der Zusammensetzung $Hg_2NOH \cdot nH_2O$ mit $n = 1$ bis 3 bilden, die als Millons Basen bezeichnet werden[4] und explosiv sind. Es muß daher vermieden werden, Quecksilber mit Ammoniak in Kälteanlagen in Berührung zu bringen.

Die nichtmetallischen Werkstoffe, vor allem die für Dichtungszwecke verwendeten Elastomeren, werden durch Ammoniak weder angegriffen noch gequollen oder gelöst. Diese Stoffe müssen zur Verwendung in Ammoniakmaschinen lediglich nach dem Gesichtspunkt der mechanischen Eigenschaften und der Ölbeständigkeit ausgesucht werden. Früher wurde vielfach Leder als Dichtungsmaterial verwendet, heute benutzt man vor allem it-Stoffe (s. S. 136) und ölbeständige Elastomere.

Verhalten gegen Schmiermittel. Für Ammoniakkältemaschinen[5] können auch verhältnismäßig schwach raffinierte und billige Öle verwendet werden; NH_3 neu-

---

[1] DREWS, K.: Kältetechnik. Halle: Knapp 1930.
[2] HUGHES, T. R.: Refrig. Engng. Bd. 59 (1951) S. 859.
* STEINLE, H.: Metall Bd. 9 (1953) S. 492.
[3] Vgl. Refrig. Engng. Bd. 54 (1947) S. 349.
[4] Vgl. C. R. Acad. Sci., Paris Bd. 140 (1905) S. 853.
[5] FORBES, E. L.: Refrig. Engng. Bd. 60 (1952) S. 1182.

tralisiert alle sauren Bestandteile und Alterungsprodukte. Die Kohlerückstands- und Schlammbildung im Öl von NH_3-Kältemaschinen, vor allem an den Ventilen und in den Zylindern, deutet aber auf Reaktionen zwischen dem Öl und dem Kältemittel hin. Reaktionen von NH_3 mit den Ölkohlenwasserstoffen scheinen nach BRIZZOLARA[1] im Bereich des Möglichen zu liegen, wobei offenbar auch eine geringe Dissoziation von NH_3 eintreten kann. BOSWORTH stellt fest[2], daß in Ammoniakkompressoren beim Arbeiten mit paraffinbasischen Ölen bei Überhitzungstemperaturen von etwa 200°C oft lackähnliche Stoffe auftreten, die zum Verkleben bewegter Teile und Ventile führen. Naphthenbasische Öle bilden dagegen flockige Kohle, die infolge ihrer Weichheit nicht zum Blockieren der bewegten Teile führt. Das Öl versäuert in beiden Fällen bei gleichzeitigem Anstieg der Viskosität.

Die Löslichkeit von Ammoniak in Mineralöl ist gering; sie beeinflußt die Viskosität nur unwesentlich. Nach FRIEDMANN erhält man die in Tab. 70 enthaltenen Werte[3].

Tabelle 70. *Gelöste Mengen NH_3 in Öl in Gewichtsprozenten.*

Absoluter Druck kg/cm^2	Temperatur °C							
	0	10	20	40	65	100	120	125
1	0,246	0,223	0,180	0,139	0,105	0,072	0,061	0,054
2	0,500	0,426	0,360	0,278	0,198	0,144	0,122	0,108
3	0,800	0,646	0,540	0,417	0,304	0,228	0,196	0,166
4	—	0,885	0,720	0,556	0,398	0,300	0,257	0,222
10	—	—	—	1,390	1,050	0,720	0,635	0,540

Feuchtes Ammoniak bildet mit Öl vielfach recht beständige Emulsionen, die zu erschwerter Entölung der Wärmeaustauscher führen.

Wegen der Anforderungen an Öle für Ammoniakkältemaschinen, für die vor allem genügende Kältefließfähigkeit von Bedeutung ist, s. S. 184.

Zersetzung. Ammoniak beginnt nach CALCOTT und KEHOE ab 260°C in Stickstoff und Wasserstoff zu zerfallen[4]. BRIZZOLARA stellt fest[1], daß Gußeisen von 110 bis 120°C in warme, wässerige NH_3-Lösung eingetaucht, Wasserstoff frei macht. Diese Reaktion liegt in der Kältemaschine unter Berücksichtigung des Wassergehaltes im Kältemittelkreislauf im Bereich des Möglichen (vgl. S. 255).

Brennbarkeit, Explosionen. Die Underwriters Laboratories[5] stellen als niedrigste Zündtemperatur für Ammoniak–Luft-Gemische 651°C fest. Die gleiche Temperatur nennt FORBES[6] bei Gegenwart von Eisen, das katalytisch auf die Verbrennung wirkt. Bei Abwesenheit von Katalysatoren stellt er eine Zündtemperatur von 850°C fest; sie hängt zweifellos von der Wärmeableitung durch die Umgebung ab. Die untere Zündgrenze für Ammoniak in Luft wird mit 15,3 bi 16 Vol.-% angegeben (vgl. Tab. 51, S. 188). Unter dieser Grenze verbrennt NH_3 nach den Underwriters Laboratories langsam mit gelber, weicher Flamme zu Wasser und Stickstoff. Mit den Flammen von benzingetränkten Lappen oder

---

[1] BRIZZOLARA, R. T.: Refrig. Engng. Bd. 59 (1951) S. 1077.
[2] BOSWORTH, C. M.: Refrig. Engng. Bd. 60 (1952) S. 617.
[3] FRIEDMANN, J. R.: Cholodilnaja Technika Bd. 20 (1948) Heft 2 S. 13; ref. Kältetechnik Bd. 1 (1949) S. 148.
[4] CALCOTT, W. S., u. R. A. KEHOE: Sonderdruck Deep Water Point, New Jersey 28./29. Okt. 1931.
[5] *Underwriters Laboratories Inc.:* Miscellaneous Hazard Nr. 1130 (1932) u. Nr. 2375 (1933).
[6] FORBES, E. L.: Refrig. Engng. Bd. 60 (1952) S. 1182.

von Kerzen läßt sich, wie BRIZZOLARA mitteilt[1], Ammoniak unter Atmosphärendruck nicht entzünden. Im Gegenteil wird die Flamme beim Annähern an das flüssige, verdampfende NH_3 ausgelöscht. Zu der verhältnismäßig hohen Zündgrenze des NH_3 kommt noch die große Diffusionsgeschwindigkeit von NH_3 in Luft, die zu einer schnellen Verteilung führt. Ausströmendes flüssiges Ammoniak nimmt dazu noch die Verdampfungswärme aus der Umgebung auf. Die Fortpflanzungsgeschwindigkeit der Flammen ist unter der Explosionsgrenze sehr gering. Selbst das Löten an offenen Rohren, aus denen Ammoniak und Öl ausströmten, führte nur zu einem ruhigen Verbrennen des Öles, während das Ammoniak gleichzeitig die Verbrennung dämpfte. Dagegen ist bei Schweißarbeiten an Ammoniakanlagen oder Behältern größte Vorsicht zu beachten, da in ihnen explosionsfähige Gemische mit Luft vorhanden sein können. Sie sollen deshalb vor Beginn der Schweißarbeiten gründlich mit Luft oder einem nicht brennbaren Gas gespült werden, um Reste von Ammoniak zu entfernen. Offene Flammen und Feuer sind in Maschinenräumen für Ammoniakkälteanlagen auf jeden Fall unzulässig. Ebenso sollen elektrische Leitungen mit mehr als 600 Volt Spannung nur dicht verschlossen mit explosionssicheren Armaturen verlegt werden.

HUGHES beschreibt eine Reihe von Unfällen durch Ammoniak aus Kältemaschinen[2], wobei heftige Explosionen zu schwersten Zerstörungen führten, oft aber auch nur eine kurze Flammenentwicklung auftrat, die Holz und Lacke verbrannte. Dabei war die Art der Zündquelle bei mitunter sehr verschiedener Auswirkung vielfach gleich oder ähnlich mit Temperaturen von nur etwa 540° C. In einem Falle einer besonders schweren Explosion konnte als Zündquelle eindeutig eine 150-Watt-Glühlampe festgestellt werden, deren Glas durch einen Spritzer flüssigen Ammoniaks gesprungen war und ein Loch hatte. Das nach der ersten Explosion weiterhin austretende NH_3 führte nicht zu weiteren Explosionen. Ferner wurde festgestellt, daß nach Entflammung des Ammoniaks die Räume ohne jede Spur einer Reizwirkung betreten werden konnten, da alles NH_3 verbrannt war.

Im Gegensatz zu den Entflammungen tritt bei Explosionen von Ammoniak selten eine Entzündung brennbarer Gegenstände ein. Nach BRIZZOLARA[1] wurde eine schwere Explosion in New York nicht durch NH_3, sondern primär durch Schweißen an einem mit Öl gefüllten Behälter ausgelöst. Oft wird auch fein verteiltes, zunächst entzündetes Öl als Zündquelle für solche NH_3-Explosionen verantwortlich gemacht, die ohne das Vorhandensein einer anderen Zündquelle von höherer Temperatur entstehen. Öl ist aber schwerer entzündbar als Ammoniak, so daß heute als Ursache von Explosionen Wasserstoff für wahrscheinlich angesehen wird, der sich in NH_3-Maschinen stets in kleiner Menge als Fremdgas bildet. Dafür sprechen auch die Fälle, in denen reines NH_3 in größerer Menge ausgetreten ist, ohne daß eine Entzündung trotz des Vorhandenseins einer ausreichenden Zündquelle eingetreten ist. Auch deutet die Entzündung von ausströmendem Ammoniak ohne das Vorhandensein einer Zündquelle bei plötzlichen Rohrbrüchen auf Wasserstoff hin. Für das Vorhandensein von Wasserstoff spricht auch die Tatsache, daß in manchen Fällen beim Suchen von Undichtheiten mit brennendem Schwefelfaden sich die ausströmenden Gase trotz der sehr niedrigen Temperatur entzünden. Unklar sind noch die Bedingungen, unter denen es zu einer Spaltung von Ammoniak in der Maschine kommt.

Unter Berücksichtigung der Möglichkeiten der Zersetzung von NH_3, vor allem unter dem Einfluß von Wasser und katalytisch wirksamen Metallen, ist die Wahr-

---

[1] BRIZZOLARA, R. T.: Refrig. Engng. Bd. 59 (1951) S. 1077.
[2] HUGHES, R. T.: Refrig. Engng. Bd. 59 (1951) S. 859.

scheinlichkeit der Wasserstoffentwicklung in einzelnen ungünstigen Fällen schon gegeben. BRIZZOLARA empfiehlt folgende Vorkehrungen gegen Brände und Explosionen bei NH_3-Kälteanlagen:

Gute Ventilation der Räume bis zur Decke.

Fernhaltung von Feuchtigkeit aus dem Kältemittelkreislauf.

Vermeidung von Vakuum auf der Saugseite und dauernde Kontrolle des Verflüssigungsdruckes, um eingesaugte Luft sofort festzustellen.

Sofortige Entfernung von Fremdgas nach dessen Feststellung und Entfernung von Öl aus dem Verdampfer.

VII. Physiologische Eigenschaften.

Ammoniak wirkt als Gas auf die Atmungsorgane und als Flüssigkeit auf die Gewebe ein. Außerdem treten Augenentzündungen und Kopfschmerzen auf, die von Verätzungen der Stirnhöhle ausgehen. Alle Ätzungen der Schleimhäute führen zu recht tiefgehenden Veränderungen, ebenso wie sich an den Händen Risse und Schrunden durch Austrocknung infolge der Verseifung des Fettes in den Talgdrüsen bilden.

Giftigkeit und Warnwirkung. Ammoniak ist sehr giftig, hat gleichzeitig aber auch eine charakteristische Warnwirkung, wobei der Schwellenwert weit unterhalb jeder Gefahrengrenze liegt. Hohe Konzentrationen machen Menschen sofort vollkommen handlungsunfähig.

0,0005 Vol.-% NH_3 in Luft sind bereits durch den Geruchssinn feststellbar.

0,005 Vol.-% in Luft sind für längere Zeit nur nach Gewöhnung erträglich.

0,03 Vol.-% NH_3 sind kaum mehr erträglich, jedoch bei nicht zu langzeitiger Einwirkung noch unschädlich; bei einstündiger Einwirkung tritt noch keine ernsthafte Wirkung ein.

0,07 bis 0,1 Vol.-% sind unerträglich. Bei längerer Einwirkung treten auch Schädigungen der Atmungsorgane ein.

0,2 bis 0,3 Vol.-% NH_3 wirken nach $1/2$ bis 1 Stunde oder später tödlich. An den Augen treten Hornhautentzündungen auf.

0,5 bis 0,6 Vol.-% NH_3 in der Luft führen in 30 Minuten zur Erblindung und zum Tode. Diese Zusammenstellung ergibt sich aus den Angaben verschiedener Autoren[1].

Als Anzeichen für Ammoniakvergiftungen treten zuerst Erstickungsgefühl und Atembeklemmungen, Schwindelgefühl, Brennen im Hals, erhöhter Speichelfluß, Schmerzen im Magen und Erbrechen auf. Länger andauernde Störungen an Atmungs- und Verdauungsorganen sind die üblichen Folgen einer stärkeren NH_3-Vergiftung. Als erste Hilfe nach der Einwirkung von NH_3 sind folgende Maßnahmen zu empfehlen, wobei zu berücksichtigen ist, daß bei stärkeren Schädigungen in jedem Falle ein Arzt zuzuziehen ist: Der Patient ist unverzüglich in einen Raum mit frischer Luft und mit einer Temperatur von mindestens 20°C zu bringen. Der Kopf soll durch Schräglage des Körpers leicht erhöht liegen. Gegen Erstickungserscheinungen ist Sauerstoff mit einem Gehalt von höchstens 5% CO_2 in zweiminütigen Perioden, jedoch nicht länger als insgesamt 15 Minuten, anzuwenden. Beim Aussetzen der Atmung ist künstliche Atmung einzuleiten. Zur Neutralisation von Mund und Rachen wird das Trinken einer 1%igen Essigsäure- oder Weinsäurelösung mit Zucker empfohlen. In schweren Fällen mit starken Schluckbeschwerden wird das Einatmen von 1%iger, zerstäubter Essigsäurelösung empfohlen.

---

[1] FLURY-ZERNIK: Schädliche Gase. Berlin 1931. — *Underwriters Laboratories Inc.:* Miscellaneous Hazard Nr. 2375 vom 13. Nov. 1933. — E. L. FORBES: Refrig. Engng. Bd. 60 (1952) S. 1182. — K. M. HOLYDAY: Industr. Refrig. Bd. 128 (1955) S. 31.

Vom Körper wird Ammoniak als Harnstoff ausgeschieden. In schweren Fällen kann die Ausscheidung von Ammoniak durch Injektion von Lobelin gefördert werden. Die Ausscheidung durch die Haut wird durch erhöhte Schweißabsonderung (warme Bäder) beschleunigt.

Nach stärkerer Einwirkung von flüssigem NH_3 auf die Haut sind die Kleider möglichst auszuziehen, wenn sie mit NH_3 getränkt und daher kalt sind. Die Haut wird durch flüssiges Ammoniak verätzt, wobei außerdem Erfrierungserscheinungen auftreten. Auch hier verschafft eine 1%ige Essigsäurelösung oder eine 2%ige Borsäurelösung Linderung.

Das Auge ist nach der Einwirkung von flüssigem NH_3 und auch nach stärkerer Einwirkung von NH_3-Gas mit 2- bis 4%iger Borsäurelösung oder mit einer 10%-igen Argyrol-Lösung zu behandeln, wobei die Spülwirkung durch Öffnen und Schließen der Lider gefördert werden kann.

Wesentlich ist vor allem, daß die Augen und die Atmungsorgane gegen Ammoniak geschützt werden; die Haut ist weniger empfindlich. Als Schutzgeräte in ammoniakverseuchten Räumen kommen Sauerstoffgeräte, Schutzmasken, Frischluftgeräte oder Filter in Frage. Zu berücksichtigen ist, daß Filtergeräte stets das Vorhandensein von genügend Sauerstoff (mindestens 10 Vol.-%) voraussetzen. Dieser Sauerstoffgehalt wird in kältemittelverseuchten Räumen selten unterschritten. Der stets erforderliche Augenschutz, der auch bei gasförmigem NH_3 angewandt werden muß, wird durch eine dicht schließende Maske ebenfalls gewährleistet. Erschöpfung der Filtereinsätze macht sich durch langsames Durchdringen des Kältemittels bemerkbar, ohne daß die toxische Grenze schnell erreicht wird.

Aus der Raumluft kann Ammoniak durch Lüften oder feines Versprühen von Wasser entfernt werden.

Die I. G. Farbenindustrie A.G. (Badische Anilin- und Sodafabriken), Ludwigshafen, empfiehlt folgende Arzneimittel in einem leicht zugänglichen Raum vorrätig zu halten:

1 Flasche 1%ige Borsäurelösung,
1 Flasche Essig (bei Gebrauch mit etwa 5facher Menge Wasser zu verdünnen),
1 kleinen Topf reine, weiße Vaseline (zum Einstreichen unter die Augenlider),
1 Topf reine, gelbe Vaseline (zum Aufstreichen auf verätzte Hautstellen),
1 Päckchen Mull und Mullbinden,
1 Päckchen Verbandwatte.

Einwirkung auf Kühlgut. Ammoniak beeinträchtigt den Geschmack von Nahrungsmitteln, ist jedoch nach FORBES[1] erst bei höheren Konzentrationen schädlich. Auch auf Textilien und Pelze wirkt NH_3 erst bei hohen Konzentrationen und nur in feuchtem Zustand zerstörend ein.

Auf Eiskrem hat NH_3 insofern eine unerwünschte Wirkung, als es hier Verfärbungen verursacht, so z. B. beim Erdbeereis von rosa nach blau, bei anderen Eisarten von weiß nach rot.

Bei Äpfeln, Birnen, Bananen, Pfirsichen und Zwiebeln verursacht ein NH_3-Gehalt von 0,8% in der Luft schon nach einer Expositionszeit von 1 Stunde ernste Schäden[2]. Trockener Roggen und Rettichsamen sind gegen 0,1 Vol.-% NH_3 unempfindlich; in feuchtem Zustand wird jedoch bei gleichem Ammoniakgehalt der Luft das Getreide in 4 Stunden und Rettichsamen in 16 Stunden abgetötet. Nüsse dunkeln nach. Weintrauben verfärben sich z. T. recht stark[2]. Nektarinen und Pflaumen färben sich braun in Luft mit 0,1 Vol.-% NH_3 nach einer

---
[1] FORBES, E. L.: Refrig. Engng. Bd. 60 (1952) S. 1182.
[2] DEWEY, D. H.: Ice and Refr. Sept. 1952.

Expositionszeit von $1/2$ Stunde bei 1,5°C; z. T. tritt die Verfärbung erst nach einigen Tagen ein. In einigen Fällen konnte durch Behandlung mit SO_2 die NH_3-Schädigung behoben werden; so wurde z. B. 1 Vol.-% SO_2 bei Weintrauben und 5 Vol.-% SO_2 bei geschälten Mandeln mit Erfolg angewendet.

VIII. Betriebsverhalten.

Die Betriebseigenschaften von Ammoniak als Kältemittel sind sehr gut für den Betrieb von Großkältemaschinen, während es infolge seiner hohen spezifischen Kälteleistung für Kleinkältemaschinen ungeeignet ist (vgl. S. 248). Infolge der geringen Dampfdichte können hohe Strömungsgeschwindigkeiten in Ventilen und Leitungen, und zwar 20 bis 30 m/sek, angewandt werden. MACINTIRE und HUTCHINSON[1] empfehlen, in Saugleitungen nicht über 15 m/sek zu gehen.

Bei tiefen Verdampfungstemperaturen ($t_0 < -40°C$) bereitet die Rückführung des in den Verdampfer gelangten Öles wegen seiner hohen Viskosität Schwierigkeiten, so daß besondere Maßnahmen getroffen werden müssen[2].

Prüfdrücke für Teile von Ammoniakkältemaschinen sind in Tab. 58 zusammengestellt.

Reinigen des NH_3 kann in einfacher Weise durch Umdestillieren unter Druck oder beim normalen Siedepunkt erfolgen[3]. Dadurch wird es von allen festen und flüssigen Rückständen befreit und auch weitgehend getrocknet, da sich das Wasser in dem verbleibenden Rest der Flüssigkeit anreichert.

Das *Entleeren* von Ammoniakmaschinen bei Reparaturen soll stets durch Einleiten von Ammoniakdampf in Wasser erfolgen, um das NH_3 zu binden. In der wäßrigen Lösung läßt es sich dann leicht neutralisieren. In größeren Mengen in die Atmosphäre abgelassen ist es nicht nur giftig für Menschen und Tiere, sondern auch schädlich für Pflanzen und führt zu Korrosionen an Metallen, besonders wenn diese feucht sind. Nach ASRE-Standard 15-R von 1950 sind zur Absorption von NH_3 5,5 l Wasser je kg Kältemittel erforderlich. Da die Absorption sehr heftig vor sich geht, soll zwischen die Maschine oder den NH_3-Behälter und das Wassergefäß stets ein Auffanggefäß eingeschaltet werden, um das Einsaugen von Wasser in die Maschine zu verhindern.

Undichtigkeiten an Ammoniakkältemaschinen lassen sich einfach nachweisen, da NH_3 eines der wenigen Kältemittel ist, die sich durch chemische Umsetzungen direkt nachweisen lassen, und da es auch einen charakteristischen Geruch hat.

Zur Feststellung von Ammoniak wird gern ein brennender Schwefelfaden verwendet, der in zweckmäßiger Weise so gehalten wird, daß die Verbrennungsgase die vermutlich undichte Stelle umströmen. In feuchter Atmosphäre bilden sich dann weiße Nebel von Ammoniumsulfit $(NH_4)_2SO_3$. Man kann auch eine kleine Menge SO_2-Dampf aus einer feinen Düse in der Nähe der undichten Stelle ausströmen lassen. SO_2 ist aber sowohl bei direkter Anwendung als Gas wie auch bei Erzeugung aus brennenden Schwefelfäden wegen der Geruch- und Reizwirkung unangenehm. Es ist deshalb zweckmäßiger, einen Wattebausch an einem Glasstab in eine gesättigte Lösung von SO_2 in Wasser zu tauchen und diesen der undichten Stelle zu nähern. In gleicher Weise kann auch mit Salzsäure gearbeitet werden, mit der NH_3 in feuchter Luft unter Entstehung von Ammoniumchlorid reagiert, das ebenfalls sofort weiße Nebel bildet. Eine weitere Möglichkeit ist das Abtasten der verdächtigen Stellen mit Fließpapier, das mit Phenolphthalein getränkt ist, oder mit rotem, angefeuchtetem Lackmuspapier. Phenolphthalein färbt sich schon durch Spuren von Ammoniak rot, Lackmus färbt sich durch das alkalische Am-

---

[1] MACINTIRE, H. J., u. F. W. HUTCHINSON: Refrig. Engng. 2. Aufl. S. 401. New York: John Wiley u. Sons 1937. — [2] HANSEN, O.: Sabroe News 1952 Nr. 37 S. 9.
[3] World Refrig. Bd. 3 (1952) S. 587.

moniak blau. Auch NESSLERS-Reagens, eine Lösung von Kaliumquecksilberjodid, die mit Kalilauge versetzt ist, kann zum Nachweis von NH_3 verwendet werden; es färbt sich durch Ammoniak braun.

Zersetzung von kleinen Mengen NH_3 während des Betriebes der Kältemaschinen kann heute als erwiesen angesehen werden, wobei Katalysatoren, wie Wasserdampf, Öldampf und Metalle, eine wesentliche Rolle spielen. Nickel, das auf die Spaltung besonders stark katalytisch einwirkt, soll nach BRIZZOLARA[1] in Kältemaschinen für Ammoniak nicht als Baustoff oder Oberfläche verwendet werden. Die Zersetzung von NH_3 in Gegenwart von Eisen und Wasser unter Bildung von Wasserstoff ist bei den Ammoniakabsorptionsmaschinen hinreichend bekannt; auch in Eisenbehältern mit wässeriger NH_3-Lösung wird die Bildung von Fremdgas beobachtet. Die bei Ammoniak durch den hohen Exponenten der Adiabate und die relativ hohen Druckverhältnisse bedingten hohen Temperaturen am Druckventil fördern ebenfalls die Fremdgasbildung. Wasserstoff löst sich unter Druck in flüssigem NH_3 in mehr als doppelter Menge im Vergleich mit Stickstoff. Auch im Öl löst er sich in höherem Maße als Stickstoff. Beim Druckabfall am Regelventil und im Verdampfer werden die gelösten Gase frei und müssen vom Kompressor mit verdichtet werden, vgl. auch S. 112. Ein Teil des gebildeten Wasserstoffs entweicht infolge Diffusion durch die Wandungen der Maschine.

Alle diese Umstände deuten darauf hin, daß dem Trocknen der Teile von Ammoniakkältemaschinen doch mehr Aufmerksamkeit geschenkt werden sollte, als es mitunter geschieht.

D. Kohlendioxyd (CO_2).

I. Verwendung.

Kohlendioxyd ist neben Ammoniak eines der klassischen Kältemittel, von dem vor dem ersten Weltkrieg in Großkältemaschinen viel Gebrauch gemacht wurde. Es hat viele Vorteile[2], da es billig, nicht brennbar, chemisch inaktiv und erst in hohen Konzentrationen gesundheitsschädlich ist. Seine thermischen Eigenschaften sind jedoch recht ungünstig, da die Betriebsdrücke sehr hoch werden, der kritische Punkt sehr tief und der Erstarrungspunkt relativ hoch liegt. Kohlendioxyd wurde als Kältemittel im Temperaturbereich von 0 bis $-30°$ C vorzugsweise in Schiffskälteanlagen und in Kältemaschinen für bewohnte Räume (Klimaanlagen) verwendet. Es ist aber heute durch die Freone weitgehend verdrängt worden. Dafür hat festes Kohlendioxyd (Trockeneis) seit 1925 eine wachsende Bedeutung hauptsächlich beim Transport gefrorener Lebensmittel erlangt.

Gasförmiges Kohlendioxyd spielt bei der Kaltlagerung verschiedener Lebensmittel (Obst, Eier, Fleisch) eine nicht unerhebliche Rolle: bei der sog. „Gaslagerung" wird der Luft in den Lagerräumen CO_2 zugesetzt, wodurch die Lagerzeit wesentlich verlängert werden kann (vgl. Band X dieses Handbuches).

II. Herstellung[3].

Kohlendioxyd wird in großen Mengen aus natürlichen Quellen in sehr reinem Zustand gewonnen. Deutschland ist verhältnismäßig reich an solchen Quellen. Sehr ergiebige Quellen findet man in den Vereinigten Staaten und in Mexiko.

---

[1] BRIZZOLARA, R. T.: Refrig. Engng. Bd. 59 (1951) S. 1077.
[2] BROUQUET, I. P.: Rev. prat. Froid Bd. 12, Nr. 32, Mai 1956, S. 25.
[3] Ausführliche Angaben findet man z. B. in dem Abschnitt „Kohlensäure", verfaßt von E. B. AUERBACH in F. ULLMANNS Enzyklopädie der Technischen Chemie, S. 588. Berlin: Urban & Schwarzenberg 1930, und bei J. KUPRIANOFF: Die feste Kohlensäure, 2. Aufl., Stuttgart: Ferdinand Enke 1953. Dort sind zahlreiche Literaturangaben enthalten.

Außerdem wird Kohlendioxyd gewonnen:

durch Erhitzen von Karbonaten ($CaCO_3$, $MgCO_3$) in geschlossenen Retorten,

als Abfallprodukt in Zementwerken und Kalkbrennereien, wobei ein Gasgemisch aus N_2 und O_2 mit 30 bis 45% CO_2 entsteht,

als Abfallprodukt im Gärungsgewerbe, wobei sich der Zucker etwa je zur Hälfte in Äthylalkohol und Kohlendioxyd verwandelt,

durch Verbrennung von Koks und anderen Brennstoffen in Dampfkesseln, wobei die Verbrennungsgase praktisch 15 bis 19% CO_2 enthalten,

als Abfallprodukt bei verschiedenen Verfahren in der chemischen Großindustrie, z. B. bei der Sodafabrikation, bei der Ammoniaksynthese (vgl. S. 249) u. a.

Abgesehen von dem aus natürlichen Erdquellen gewonnenen Kohlendioxyd wird dieses Gas bei allen angewendeten Verfahren im Gemisch mit anderen Gasen und sonstigen Verunreinigungen sowie mit Feuchtigkeit beladen gewonnen. Es muß daher vor seiner weiteren Verwendung zunächst sorgfältig gereinigt werden. Das bei der Verbrennung von Koks erzeugte Gasgemisch wird in Absorptionstürme geleitet, in denen eine Pottaschelauge (K_2CO_3) über Füllkörper rieselt. Dabei wird ein großer Teil des Kohlendioxyds aus dem Gasgemisch unter Bildung von Bikarbonat ($KHCO_3$) absorbiert. Das absorbierte Kohlendioxyd wird dann durch Beheizung des Bikarbonats aus diesem wieder ausgetrieben und nachträglich von Feuchtigkeit befreit.

Um die Kohlensäure aus den Gasgemischen möglichst weitgehend und schnell zu absorbieren, hat man an Stelle der Pottaschelauge andere Absorptionsmittel vorgeschlagen. In den Vereinigten Staaten und neuerdings auch in der Sowjetunion macht man von Monoäthanolamin [$(C_2H_4OH)NH_2$] Gebrauch. Auch wird nach dem Vorschlag der Macmar Corporation dem CO_2-haltigen Gas Ammoniak zugesetzt, wobei sich in Gegenwart von Wasser Ammoniumkarbonat [$(NH_4)_2CO_3$] bildet, das mit der Pottaschelauge reagiert; dabei entsteht neben Bikarbonat wieder Ammoniak, das sich im Absorptionsturm in Gasform ausscheidet und erneut verwendet werden kann. Das Ammoniak wirkt also nur als Katalysator.

Das zur Herstellung von Trockeneis verwendete Kohlendioxyd muß besonders sorgfältig gereinigt werden, da es bei seiner Verwendung in unmittelbare Berührung mit Lebensmitteln gebracht werden kann; zum mindesten ist das mit dem daraus bei der Sublimation entstehenden Gas häufig der Fall.

Auf die Verfahren zur Herstellung von festem Kohlendioxyd wird im Band XII dieses Handbuches im Abschnitt über Eiserzeugung näher eingegangen werden[1].

III. Thermische und kalorische Eigenschaften.

Molekulargewicht $\mu = 44{,}01$,

Gaskonstante $R = 19{,}27 \left[\dfrac{\text{mkg}}{\text{kg °C}}\right]$.

Die Zustandsgleichung. Die verschiedenen Zustandsgleichungen, die für CO_2 vorgeschlagen wurden, sind von PLANK und KUPRIANOFF zusammengestellt und kritisch untersucht worden[2]. Auf Grund des gesamten Materials wurde von ihnen die Zustandsgleichung

$$v = \frac{RT}{P} - \frac{0{,}0825 + 1{,}225 \cdot 10^{-3} p}{(T/100)^{10/3}} \tag{144}$$

---

[1] Ausführlich sind diese Verfahren von J. KUPRIANOFF, s. Fußnote 3 auf S. 263, behandelt.
[2] Siehe Fußnote 1 auf S. 265.

vorgeschlagen, welche die Versuchswerte für die Volume bis zum Druck von 40 ata sowohl für überhitzten als auch für gesättigten Dampf sehr gut wiedergibt. Dem Druck von 40 ata entspricht eine Temperatur von etwa 5° C. Darüber hinaus bis zum kritischen Punkt ($t_k = 31{,}0°$ C) ist man teils auf Meßwerte (besonders von AMAGAT), teils auf Extrapolationen nach empirischen Regeln, z. B. nach der „geraden Mittellinie" (s. S. 34) angewiesen. Die so erhaltenen Werte von v'' sind in der Dampftabelle 2 auf S. 456 enthalten. Volumwerte von überhitztem Dampf lassen sich aus dem T, s-Diagramm oder dem i, p-Diagramm abgreifen, die von PLANK und KUPRIANOFF unter Einschluß des überkritischen Gebiets und des festen Zustands entworfen wurden[1]. Das i, p-Diagramm 5 findet man in der Tasche dieses Bandes.

Die Dampfdruckkurve.

1. *Das Gleichgewicht flüssig–dampfförmig.* MEYERS und VAN DUSEN haben die Ergebnisse ihrer Messungen der Dampfdruckkurve, die vom Tripelpunkt bis zum kritischen Punkt reichen, durch die von KEYES vorgeschlagene Gleichung

$$\lg \frac{p}{p_k} = -\frac{1}{T}[2{,}98426\,x - 6{,}22982 \cdot 10^{-2}\,x^2 + 1{,}05784 \cdot 10^{-4}\,x^3 - $$
$$- 9{,}21483 \cdot 10^{-7}\,x^4 + 3{,}72320 \cdot 10^{-9}\,x^5] \tag{145}$$

dargestellt[2], wobei $x = t_k - t$ ist und für die kritischen Werte $p_k = 75{,}379$ kg/cm² und $t_k = 31{,}1°$ C gewählt wurde. PLANK und KUPRIANOFF haben diese Meßwerte durch die einfachere Gleichung

$$p = a\left(\frac{T}{100} - b\right)^n \tag{146}$$

ausgedrückt, mit $a = 8{,}494$; $b = 1{,}281$ und $n = 3{,}852$. Daraus erhält man

$$\frac{dp}{dT} = \frac{3{,}852\,p}{t + 145}. \tag{146a}$$

Die so berechneten Werte sind in der Dampftabelle 2 auf S. 456 eingetragen. MICHELS und Mitarbeiter[3] haben den Dampfdruck von CO_2 zwischen -56 und $+3°$ C gemessen und durch die Formel

$$\lg P = 24{,}61930 - \frac{1353{,}202}{T} - 8{,}142537\lg T + 6{,}259156 \cdot 10^{-3}\,T \tag{147}$$

ausgedrückt, wobei P in Atm erhalten wird. Die Ergebnisse sind in bester Übereinstimmung mit den Werten von MEYERS und VAN DUSEN.

Der Tripelpunkt liegt bei $t_{tr} = -56{,}6°$ C und $p_{tr} = 5{,}28$ ata. Unterhalb dieser Werte ist flüssiges Kohlendioxyd nicht existenzfähig. Daher gibt es bei Atmosphärendruck nur festes oder gasförmiges CO_2.

2. *Das Gleichgewicht fest–dampfförmig.* Die verschiedenen Meßwerte des Dampfdruckes unterhalb des Tripelpunktes enthalten manche Widersprüche. Für das technisch wichtige Gebiet von $-56{,}6$ bis etwa $-100°$ C fanden PLANK und KUPRIANOFF die beste Übereinstimmung mit Meßwerten in der Formel[4]

$$\lg p = 58{,}36100 - \frac{2206{,}455}{T} - 21{,}431\lg T + 0{,}02527\,T, \tag{148}$$

---

[1] PLANK, R., u. J. KUPRIANOFF: Beihefte zur Z. ges. Kälteind., Reihe 1, Heft 1. Berlin 1929. — [2] MEYERS, C. H., u. VAN DUSEN: Refrig. Engng. Bd. 13 (1926) S. 180.
[3] MICHELS, A., T. WASSENAAR, TH. ZWIETERING u. P. SMITS: Physica Bd. 16 (1950) S. 501.
[4] Man muß dabei mit siebenstelligen Logarithmen rechnen, da man kleine Differenzen großer Zahlen erhält.

wobei p in Torr erhalten wird. Diese Formel ist sogar bis $-135°$ extrapolationsfähig, wo der Dampfdruck nur noch etwa 1 Torr beträgt. Man erhält daraus

$$\frac{dp}{dT} = \frac{p}{T^2}(5081{,}466 - 21{,}431\,T + 0{,}058197\,T^2). \tag{148a}$$

Der normale Siedepunkt (Sublimationspunkt) des festen Kohlendioxyds liegt bei $t = -78{,}52°$ C.

Die so berechneten Werte sind in die Dampftabelle 2a auf S. 456 eingetragen.

Eine weitere recht genaue Formel für den Sublimationsdruck stammt aus dem U. S. Bureau of Standards[1]; sie hat den gleichen Aufbau wie Gl. (145):

$$\lg\frac{p}{p_{tr}} = -\frac{1}{T}[a\,y + b\,y^2 + c\,y^3 + d\,y^4],$$

wobei $y = t_{tr} - t$ ist.

3. *Das Gleichgewicht flüssig-fest.* Die Erstarrungstemperatur des Kohlendioxyds steigt, wie bei den meisten Stoffen, mit wachsendem Druck; beim Erstarren tritt eine Volumabnahme auf, die beim Tripelpunkt 0,188 l/kg beträgt (28,5%). In der Nähe des Tripelpunktes ist ein Druckanstieg von etwa 52 kg/cm² erforderlich, um den Erstarrungspunkt um 1° C zu heben. Bei genügend hohem Druck ($\sim$ 6000 kg/cm²) liegt der Erstarrungspunkt sogar über der kritischen Temperatur.

Die kritischen Daten. Die wahrscheinlichsten Werte sind $t_k = 31{,}0°$ C; $p_k = 75{,}2$ ata; $v_k = 2{,}156\ l$/kg; $\gamma_k = 0{,}4639$ kg/l; $\sigma = R\,T_k/P_k\,v_k = 3{,}63$.

Das spezifische Gewicht. Die von verschiedenen Forschern gemessenen Werte von v' bzw. γ' für siedende Flüssigkeit stimmen oberhalb 0° C bis nahe an den kritischen Punkt untereinander gut überein. Mit den besten Versuchswerten von v'' bzw. γ'' läßt sich nach PLANK und KUPRIANOFF die „gerade Mittellinie" in diesem Bereich durch die Gleichung

$$\frac{\gamma' + \gamma''}{2} = 510{,}56 - 1{,}506\,t = 463{,}87\,(t_k - t) \tag{149}$$

darstellen, wobei γ in kg/m³ und $t_k = 31{,}0°$ C einzusetzen sind. Diese Gleichung liefert für das spezifische Gewicht im kritischen Punkt den bereits genannten Wert $\gamma_k = 0{,}4639$ kg/l. Genaue Meßwerte von γ' unterhalb 0° bis zum Tripelpunkt und Werte von γ'' nach der Zustandsgleichung (144) erfüllen gemeinsam die Gl. (149) bis zum Tripelpunkt.

Die so ermittelten Werte von v', v'', γ' und γ'' sind in der Dampftabelle 2a auf S. 456 eingetragen.

Werte für das spezifische Volum der Flüssigkeit unter höheren Drücken bis 100 ata und für Temperaturen von $-37°$ bis $+30°$ C nach Messungen von JENKIN[2] sowie daraus berechnete Werte des Wärmeausdehnungskoeffizienten $\alpha = \dfrac{1}{v}\left(\dfrac{\partial v}{\partial T}\right)_p$ findet man bei PLANK und KUPRIANOFF.

Das spezifische Gewicht von festem Kohlendioxyd wurde zwischen $-79{,}6°$ und $-183°$ C von MAASS und BARNES gemessen[3]. Die bis zum Tripelpunkt extrapolierten Werte sind in die Dampftabelle 2a auf S. 456 eingetragen. Man ersieht daraus, daß das feste Kohlendioxyd einen außerordentlich hohen Wärmeausdehnungskoeffizienten besitzt (beim Tripelpunkt $\alpha = 0{,}001855°$ C^{-1}), der um eine Zehnerpotenz größer ist als beim Wassereis.

---

[1] Vgl. Refrig. Engng. Bd. 17 (1929) S. 25.
[2] JENKIN: Proc. roy. Soc., Lond., Ser. A, Bd. 98 (1921) S. 170.
[3] MAASS u. BARNES: Proc. roy. Soc., Lond., Ser. A, Bd. 111 (1926) S. 224.

Technisch wird festes Kohlendioxyd (Trockeneis) meistens in Form von Schnee erhalten, der dann unter hohem Druck zusammengepreßt wird. Das spezifische Gewicht des so erhaltenen Trockeneises erreicht bei $-78{,}5°$ C je nach der Höhe des angewandten Druckes 1,3 bis 1,5 kg/l, während der Grenzwert 1,56 beträgt.

Die latenten Wärmen. Die vorhandenen Meßwerte der *Verdampfungswärme* sind einander widersprechend. Da andererseits die Dampfdruckkurve und die Volume auf den Grenzkurven sehr genau festliegen, kann man die Verdampfungswärme r nach Gl. (11) unter Benutzung von Gl. (146a) berechnen. Die so erhaltenen Werte sind in die Dampftabelle 2 auf S. 456 eingetragen. Sie lassen sich im ganzen Bereich vom Tripelpunkt bis zum kritischen Punkt durch die THIESENsche Gleichung (68) mit $a = 15{,}2$, $n = 0{,}38$ und $T_k = 304{,}1°$ K darstellen.

Für die Berechnung der *Sublimationswärme* r_{sb} geht man am sichersten von der Gl. (74) aus und macht dabei von der Gl. (148a) Gebrauch. Die so erhaltenen Werte sind in die Dampftabelle 2a auf S. 456 eingetragen. Die Sublimationswärme nimmt mit sinkender Temperatur langsam zu.

Tabelle 71. *Spezifische Wärme von CO_2-Dämpfen bei verschiedenen Drücken und Temperaturen.*

Temperatur °C	Druck in Atm								
	20,5	24,5	27,3	54,1	61,7	68,2	75,8	85,4	86,9
−10	0,288								
0	0,277		0,311						
10	0,268		0,308						
13,2				0,732	0,890	1,125	1,468	2,11	
20	0,256		0,285						
30	0,247		0,253						
38		0,288		0,325	0,438	0,567	0,733	0,994	
67,6		0,246		0,275	0,323		0,485		0,644
98,1					0,320		0,462	0,597	
114,9					0,313		0,384	0,532	

Die *Schmelzwärme* r_f erhält man als Differenz der Sublimationswärme und der Verdampfungswärme. Beim Tripelpunkt ist $r_f = 46{,}76$ kcal/kg. Mit wachsendem Druck nimmt die Schmelzwärme sehr langsam zu.

Die spezifischen Wärmen. Für die spezifische Wärme c_{p_0} des Kohlendioxydgases im idealen Gaszustand ($p \to 0$) gelten folgende Werte:

$t[°C] = -50 \quad 0 \quad 25 \quad 100 \quad 200$

$c_{p_0}\left[\dfrac{\text{kcal}}{\text{kg °C}}\right] = 0{,}182 \quad 0{,}196 \quad 0{,}202 \quad 0{,}220 \quad 0{,}238.$

Angenähert gilt die lineare Gleichung

$$c_{p_0} = 0{,}1965 + 0{,}00023\,t. \tag{150}$$

Bei höheren Drücken wird c_p stark druckabhängig, wie aus den Werten in Tab. 71 zu ersehen ist[1].

Das Verhältnis $\varkappa = c_{p_0}/c_{v_0}$ wird

bei $\quad t[°C] = -75 \quad 0 \quad 25 \quad 100 \quad 300$

$\varkappa = \quad 1{,}37 \quad 1{,}307 \quad 1{,}293 \quad 1{,}27 \quad 1{,}217.$

Für die spezifische Wärme der Flüssigkeit hatte MOLLIER die Gleichung

$$c_{fl} = 0{,}000333\,T + 0{,}285\,\frac{r}{T} + 0{,}215\,\frac{r}{T_k - T} \tag{151}$$

---

[1] Aus J. D'ANS u. E. LAX: Taschenbuch für Chemiker und Physiker, S. 1048. Berlin: Springer 1943.

angegeben[1], die zwar im kritischen Punkt auf den richtigen Wert $c_{fl} = \infty$ führt, aber im ganzen Gebiet etwas zu kleine Werte ergibt. Es ist daher zuverlässiger, die Werte von c_{fl} aus den Enthalpiewerten i' der Flüssigkeit zu berechnen.

Die spezifische Wärme des festen Kohlendioxyds wurde von MAASS und BARNES zwischen -56 und $-110°$ C gemessen und durch die Gleichung

$$c_f = 0{,}400 - 0{,}00283\,T + 0{,}0000125\,T^2 \qquad (152)$$

ausgedrückt[2]. EUCKEN erhielt etwas kleinere Werte[3]. Die Werte von PLANK und KUPRIANOFF, die der Tabelle 2a auf S. 456 zugrunde liegen, stehen zwischen den Meßwerten von EUCKEN und von MAASS und BARNES.

Der Mittelwert von c_f zwischen $-56{,}6$ (Tripelpunkt) und $-100°$ C ist $0{,}330$.

Enthalpie und Entropie, MOLLIER-Diagramm. Aus der Zustandsgleichung (144) können die Werte der Enthalpie und Entropie des Dampfes bis zu Drücken von 35 ata berechnet werden. Für höhere Drücke stützen sich die in Dampftabelle 2 und im MOLLIER-i, p-Diagramm 5 (in der Tasche) benutzten Werte auf die Drosselkurven von BURNETT[4] und auf die Messungen von JENKIN und seinen Mitarbeitern[5]. Einzelheiten findet man bei PLANK und KUPRIANOFF. Die Werte von i'' und s'' für trocken gesättigten Dampf sind in den Dampftabellen 2 und 2a auf S. 456 enthalten. Aus diesen Werten wurden mit der Verdampfungswärme r die Werte von i' und s' für siedende Flüssigkeit berechnet.

Das MOLLIER-Diagramm 5 umfaßt das gasförmige, flüssige und feste Gebiet. Der Druckmaßstab ist linear, aber unterhalb des Tripelpunktes vierfach vergrößert, um das Verhalten im festen Zustand deutlicher darzustellen.

Bei PLANK und KUPRIANOFF findet man noch ein T, s-Diagramm und ein i, t-Diagramm für CO_2. Ferner hat PLANK[6] ein i, $\lg v$-Diagramm entworfen, in dem das Tripelgebiet besonders deutlich hervortritt.

IV. Physikalische Eigenschaften[7].

Viskosität. Für gasförmiges Kohlendioxyd berechnet sich die Viskosität η_0 bei niedrigen Drücken nach Gl. (98) mit den Konstanten der Tab. 12 auf S. 59. Etwas genauer sind folgende Werte für $p = 1$ Atm:

$t\,[°C] =$	-60	-40	-20	0	20	50	100	150	200
$\eta_0 \cdot 10^6$ [Poise] $=$	108	118	128	138	148	162	185	208	229

Für trocken gesättigten Dampf:

$t\,[°C] =$	-10	0	10	20	30
$\eta'' \cdot 10^6$ [Poise] $=$	167	174	183	203	235

Für siedende Flüssigkeit:

$t\,[°C] =$	-20	-10	0	10	20	30
$\eta' \cdot 10^6$ [Poise] $=$	1200	1100	870	710	480	320

Wärmeleitzahl. Beim Druck von 1 Atm gelten für gasförmiges Kohlendioxyd folgende Werte[8]:

$t\,[°C] =$	-75	-60	-40	-20	0	20	40	60	80	100	120
$\lambda \cdot 10^3 \left[\dfrac{\text{kcal}}{\text{m h °C}}\right] =$	8,1	9,0	10,1	11,2	12,3	13,6	14,75	15,9	17,1	18,3	19,5

---

[1] MOLLIER, R.: Z. ges. Kälteind. Bd. 2 (1895) S. 66 u. 85.
[2] MAASS u. BARNES: Proc. roy. Soc., Lond., Ser. A, Bd. 111 (1926) S. 224.
[3] EUCKEN, A.: Ber. dtsch. phys. Ges. Bd. 18 (1916) S. 4.
[4] BURNETT, E. S.: Phys. Rev., Ser. 2, Bd. 22 (1923) S. 590.
[5] JENKIN u. PYE: Phil. Trans. roy. Soc., Lond., Ser. A, Bd. 213 (1914) S. 67 und Bd. 215 (1915) S. 353. — JENKIN: daselbst Bd. 98 (1921) S. 170. — JENKIN u. SHORTHOSE: daselbst Bd. 99 (1921) S. 352. — [6] PLANK, R.: Z. ges. Kälteind. Bd. 48 (1941) S. 1.
[7] QUINN, E. L., u. C. L. JONES: Carbon Dioxide. New York: Reinhold Publ. Corp. 1936.
[8] EUCKEN, A.: Phys. Z. Bd. 12 (1911) S. 1101.

Bei höheren Drücken:

t [°C]	=	10	20	30	40
bei $p=25$ ata: $\lambda \cdot 10^3$ [kcal/m h °C]	=	14,7	15,0	15,3	16
bei $p=50$ ata: $\lambda \cdot 10^3$ [kcal/m h °C]	=	21	20	19	19.

Für flüssiges Kohlendioxyd

t [°C] =	10	20	30
bei $p = 60$ ata : $\lambda \left[\dfrac{\text{kcal}}{\text{m h °C}}\right] =$	0,087	0,076	—
bei $p = 90$ ata : $\lambda \left[\dfrac{\text{kcal}}{\text{m h °C}}\right] =$	0,092	0,081	0,071.

Für festes Kohlendioxyd (beim höchstmöglichen spezifischen Gewicht $\gamma_f = 1{,}56$ kg/l) wurden gemessen[1]:

T [°K] =	216,5	210	200	190	180	170
$\lambda \left[\dfrac{\text{kcal}}{\text{m h °C}}\right] =$	0,342	0,354	0,376	0,400	0,423	0,459.

Diese Werte lassen sich durch die Gleichung

$$\lambda = \frac{236{,}5}{T^{1{,}216}}$$

gut wiedergeben.

Das technische Trockeneis erreicht nicht den Höchstwert von γ_f, da es mehr oder weniger porös ist; daher hat es eine niedrigere Wärmeleitzahl, die wir mit λ_{techn} bezeichnen wollen. Für ein spezifisches Gewicht γ_{techn} findet man

$$\lambda_{techn} = \frac{2\lambda}{\dfrac{3\gamma_f}{\gamma_{techn}} - 1}.$$

Bei $t = -78{,}5°$ C, entsprechend dem Druck von 1 Atm, erhält man mit $\gamma_f = 1{,}56$ und $\lambda = 0{,}389$

$$\lambda_{techn} = \frac{0{,}778}{(4{,}7/\gamma_{techn}) - 1},$$

also z. B. für

$$\gamma_{techn} = 1{,}4 \text{ kg}/l, \quad \lambda = 0{,}33 \frac{\text{kcal}}{\text{m h °C}}.$$

Oberflächenspannung (vgl. Tab. 20 auf S. 77).

t [°C] =	−52,2	0	20	25
σ [dyn/cm] =	16,54	4,62	1,37	0,59.

V. Kältetechnische Eigenschaften.

Zahlenwerte für die volumetrische Kälteleistung q_0 [kcal/m³] und die spezifische Kälteleistung K [kcal/kWh] findet man in den „Kältemaschinen-Regeln"[2]. Der Gütegrad nach Gl. (119) ist bei CO_2 wegen des tiefliegenden kritischen Punktes wesentlich niedriger als bei Ammoniak oder bei den Freonen. So erhält man für NH_3 bei einer Verdampfungstemperatur von $-15°$, einer Kondensationstemperatur von $+30°$ und einer Unterkühlung auf $+25°$ im verlustlosen Vergleichsprozeß mit Drosselung und dem Ansaugen trocken gesättigter Dämpfe einen Wert $K = 4186$ kcal/kWh, für CO_2 aber nur knapp 3000 kcal/kWh.

---

[1] EUCKEN, A., u. H. ENGLERT: Z. ges. Kälteind. Bd. 45 (1938) S. 109.
[2] 5. Aufl. 1956. Karlsruhe: C. F. Müller.

VI. Chemische Eigenschaften.

Verunreinigungen. Kohlendioxyd enthält je nach dem Gewinnungsprozeß verschiedene Verunreinigungen, deren zulässige Grenzwerte auf S. 113 mitgeteilt sind. Bei der Gewinnung aus Verbrennungsgasen herrschen saure Bestandteile, vor allem Schwefeldioxyd, vor. Als Gärgas enthält es aromatische organische Verbindungen, während CO_2 aus Quellen Kohlenwasserstoffe enthalten kann.

Wasser löst sich in flüssigem CO_2 in verhältnismäßig großer Menge, so daß nach RANKEN[1] die Gefahr der Ausscheidung von Eis in den Regelorganen gering ist. Zu berücksichtigen ist aber, daß der maximale Wassergehalt von CO_2-Dampf sehr klein ist, so daß beim Verdampfen eine erhebliche Menge Wasser zurückbleibt, das an der Drosselstelle doch ausfrieren kann[2]. Bei $-20°$ C beträgt die Wasseraufnahme von CO_2-Dampf 0,1 g/Nm³ und bei $-60°$ C etwa 0,011 g/Nm³. Da dabei selbst bei sehr tiefen Temperaturen keine Verstopfungen in den Regelorganen auftreten, ist die Existenz niedriggefrierender CO_2-Hydrate wie $CO_2 \cdot 8\,H_2O$ und $CO_2 \cdot 6\,H_2O$ wahrscheinlich. Ein Zufrieren der Regelorgane in CO_2-Maschinen ließe sich durch einen kurzzeitigen Zusatz von 5 bis 10% Methylalkohol zum Kältemittel im Kreislauf beheben. Das Alkohol–Wasser-Gemisch läßt sich dann über den Ölabscheider entfernen.

Bei der früher vielfach üblich gewesenen Verwendung von Glyzerin als Schmiermittel in CO_2-Maschinen kann Glyzerin nicht ohne Gefahr von Störungen Wasser aufnehmen. Die Glyzerin–Wasser-Mischungen werden zur Erzielung eines bestimmten Gefrierpunktes nach Tab. 45 genau eingestellt; Änderungen in der Zusammensetzung können ein Stocken der Mischungen am Saugsieb oder am Regelventil zur Folge haben. Außerdem ändert sich die Viskosität mit dem Wassergehalt (vgl. Tab. 17).

Die Löslichkeit von CO_2-Gas in Wasser ist dagegen sehr groß. Sie beträgt bei 15° C und 760 Torr 1 Volum CO_2-Gas in einem Volum Wasser. Die Lösung von Kohlendioxyd in Wasser besitzt die Eigenschaft einer schwachen Säure, die aber sehr unbeständig ist. Der weitaus größte Teil des CO_2 befindet sich im Wasser in freiem, gelöstem Zustand. Aus diesem Grunde wirkt CO_2 in Verbindung mit Wasser in den Kältemaschinen auch nicht korrodierend. Hinzu kommt, daß die Karbonate nahezu aller Metalle im Wasser schwer löslich sind und deshalb jede im Kältemittelkreislauf gebildete Metallkarbonatschicht als Deckschicht wirkt.

Der Wassergehalt des als Kältemittel handelsüblichen CO_2 wird heute allgemein auf 1000 mg H_2O/kg CO_2 begrenzt (s. Tab. 35). Die Wasserbestimmung kann zweckmäßig nach der Phosphorpentoxyd-Methode (s. S. 210) erfolgen, wobei man das CO_2 als Gas aus der Flasche direkt den P_2O_5-Rohren zuführt und die für die Bestimmung angewendete CO_2-Menge unter Atmosphärendruck mit einer Gasuhr volumetrisch bestimmt. Die übliche Verdampfung der Flüssigkeit beim normalen Siedepunkt kann nicht angewendet werden, da CO_2 unter Atmosphärendruck nicht flüssig existiert.

Zur Wasserbestimmung im CO_2 wird deshalb in das Gerät nach Abb. 74 zwischen das Verdampfungsgefäß *2* und das gerade Chlorkalziumrohr *4* mit Glaswattefüllung ein Dreiweghahn eingesetzt. An dessen freiem Anschluß wird die CO_2-Druckflasche, deren Inhalt untersucht werden soll, über ein Reduzierventil angeschlossen. Nachdem unter Hindurchleiten von trockenem Stickstoff Gewichtskonstanz der U-Rohre *5* erreicht ist, wird das CO_2-Gas bei Entnahme aus der umgekippten Flasche unter Expansion am Ventil durch den Dreiweghahn in das

---
[1] RANKEN, M. B.: Mod. Refrig. Bd. 56 (1953) Nr. 663 S. 203.
[2] STEINBACH, A.: Z. ges. Kälteind. Bd. 48 (1941) S. 53.

Gerät eingeleitet. Das gerade Chlorkalziumrohr *4* dient zum Zurückhalten etwa aus der Flasche mitgerissener flüssiger oder fester Verunreinigungen. In den P_2O_5-U-Rohren *5* wird das vom CO_2 mitgeführte Wasser gebunden. Hinter den Blasenzähler *6* wird ein Rotamesser oder eine Gasuhr geschaltet, um die zu der Bestimmung verwendete Menge CO_2 volumetrisch zu ermitteln und dann in kg umzurechnen.

Ist CO_2 zur Bestimmung des Wassergehalts in ausreichender Menge durch das Gerät hindurchgeleitet worden (etwa 100 bis 200 g), dann wird die CO_2-Zufuhr abgesperrt und trockener Stickstoff in üblicher Weise noch so lange mit 4 bis 5 ltr/h zum Austreiben des CO_2 durch das Gerät geleitet, bis die U-Rohre keine Gewichtsabnahme mehr zeigen.

Aus der Gewichtszunahme des ersten U-Rohres, abzüglich der Gewichtszunahme des zweiten U-Rohres als Korrektur für Druck- und Temperaturschwankungen, wird der Wassergehalt in mg/kg oder in % berechnet.

Mineralsäuren. Salzsäure, Schwefelsäure und Salpetersäure kommen als Verunreinigungen aus den Verbrennungsgasen im CO_2 vor. In den mit CO_2 betriebenen Kältemaschinen macht sich ihr Einfluß jedoch kaum bemerkbar. Der Gesamtgehalt an Mineralsäuren im CO_2 soll 10 mg/kg nicht überschreiten (s. Tab. 35). Die Ermittlung erfolgt nach den für Mineralsäurebestimmungen üblichen Methoden (s. S. 222).

Fremdgase. Fremdgase bestehen vorwiegend aus Luft, die im Kältemittelkreislauf zu einer Erhöhung des Verflüssigungsdruckes und zur Oxydation der Schmiermittel führt. Das CO_2 wird durch Sauerstoff nicht beeinflußt. Der Fremdgasgehalt soll 5 cm³/100 g CO_2-Flüssigkeit nach den gültigen Anforderungen (s. Tab. 35) und nach DREWS[1] 0,2 Vol.-% im Gas nicht überschreiten. Seine quantitative Bestimmung erfolgt mit dem Analysenrohr nach POLLITZER durch Absorption des CO_2 in 30%iger Kalilauge[2] (s. S. 226).

Verhalten gegen Trockenmittel. Da CO_2 mit den Oxyden der Alkalien und der Erdalkalien unter Bildung von Karbonaten ebenso zu reagieren vermag wie mit den Hydroxyden, scheiden alle alkalisch reagierenden Stoffe zum Trocknen von Kohlendioxyd aus. Alle anderen Trockenmittel können verwendet werden, sofern der erzielbare Trocknungsgrad den Anforderungen entspricht. Die Trocknung kann sowohl im dampfförmigen als auch im flüssigen Zustand mit den adsorptiv wirksamen Trockenmitteln erfolgen, während P_2O_5 und ähnliche Trockenmittel nur zum Trocknen des Dampfes verwendet werden können. Im allgemeinen wird in den Kältemittelkreislauf von CO_2-Maschinen kein Trockner eingebaut, sondern entsprechend vorgetrocknetes CO_2 zum Einfüllen verwendet.

Verhalten gegen Werkstoffe. Innerhalb des in Kältemaschinen üblichen Temperaturbereiches greift CO_2 keinen der gebräuchlichen metallischen und nichtmetallischen Stoffe an und übt auch keine lösende Wirkung aus. Bei den Elastomeren und vielen Kunststoffen ist jedoch die Versprödung in der Kälte zu beachten. Man verwendet als Dichtung daher vielfach Leder.

Verhalten gegen Schmiermittel. Zur Schmierung von Kohlendioxyd-Kältemaschinen sind Mineralöle, seltener Glyzerin–Wasser-Mischungen gebräuchlich. Beide Schmiermittel sind jedoch bei tiefen Verdampfungstemperaturen außerordentlich viskos, so daß der Einbau gut wirksamer Ölabscheider erforderlich ist. Für die Viskosität von Glyzerin–Wasser-Mischungen vgl. Tab. 17, S. 70.

Umsetzungen zwischen CO_2 und den Schmiermitteln sind nicht bekannt. In Mineralölen ist CO_2 unlöslich und beeinflußt deshalb weder die Viskosität noch die Kältefließfähigkeit.

---

[1] DREWS, K.: Kältetechnik. Halle: W. Knapp 1930.
[2] STEINLE, H.: Kältetechnik Bd. 8 (1956) S. 39.

Zersetzung. CO_2 ist thermisch sehr stabil und zerfällt merklich erst über 1500° C. In Kältemaschinen braucht daher mit Zersetzung nicht gerechnet zu werden.

VII. Physiologische Eigenschaften.

Giftigkeit. CO_2 ist erst bei relativ hohen Konzentrationen in der Atemluft gesundheitsschädlich. Die normale Atmosphäre enthält unter 0,1 Vol.-% CO_2. Konzentrationen unter 2,5 Vol.-% sind erträglich, dann tritt aber bei 3 Vol.-% schon eine Belästigung auf, während 3 bis 5 Vol.-% bereits als Atmungsreizmittel wirken und bei längerem Einatmen Vergiftungserscheinungen hervorrufen[1]. Ab etwa 5% treten Erstickungserscheinungen auf, während erst bei 8% und normalem Sauerstoffgehalt eine offene Flamme erlischt. 10% sind als gefährlich anzusehen, da sie nach BROWN nach 10 Minuten zur Bewußtlosigkeit führen, der Bewußtlose den verseuchten Raum also nicht mehr aus eigener Kraft verlassen kann. Die Underwriters Laboratories stellen fest[2], daß CO_2 erst bei Konzentration von 29 bis 30 Vol.-% in der Atemluft auf Versuchstiere (Meerschweinchen) innerhalb 30 bis 60 Minuten tödlich wirkt. Die Einstufung erfolgt demnach in die Klasse 5 (s. S. 192), wo es zusammen mit F11 steht.

Eine erhöhte Gefahr bietet CO_2 dadurch, daß es eine sehr hohe Gasdichte besitzt, sich in Räumen am Boden anreichert und den Raum langsam füllt. Aus diesem Grunde sollen CO_2-Behälter und CO_2-Kältemaschinen nur in Räumen mit guter Lüftung und möglichst nicht unterirdisch aufgestellt werden.

Deutliche Symptome für CO_2-Vergiftungen sind Schwindelgefühl, Schläfrigkeit und rauschartige Bewußtlosigkeit sowie Rötung und Anästhesierung der Haut unter Prickeln und Brennen. Das Blut nimmt eine dunkelbraune Färbung an. Von 2,5 Vol.-% aufwärts wird CO_2 aus der Atmosphäre auch durch die Schleimhäute und die Haut aufgenommen. Klopfen in den Schläfen, Ohrensausen, säuerlicher Geschmack und Reiz im Kehlkopf sind deutliche Warnzeichen für CO_2-Vergiftungen. Bald treten dann Lähmungserscheinungen auf. Das einfachste Gegenmittel ist frische Luft. Außer den Kopfschmerzen verschwinden die Beschwerden dann bald.

Für Kohlendioxyd kommen als Schutzmittel nur Frischluft- oder Sauerstoffgeräte in Frage, da es für dieses Gas keine wirksamen Filter gibt. Frischluftgeräte haben aber stets den Nachteil, daß sie wegen der erforderlichen Schlauchleitungen nur einen sehr kleinen Bewegungsradius gestatten.

Warnfähigkeit, Paniksicherheit. Da CO_2 keinen Geruch besitzt und bei kurzer Einwirkung keine spezifische Reizwirkung auf den Organismus ausübt, wirkt es nicht panikerzeugend, übt aber auch keine genügende Warnwirkung aus. Die Kerzenprobe mit einer dauernd brennenden Lampe am Boden des Raumes ergibt eine hinreichende Warnung, da mit zunehmendem CO_2-Gehalt der Atmosphäre der Sauerstoffgehalt zuerst am Boden abnimmt. Man hat auch vorgeschlagen, durch Zusätze von Kampfer oder Pfefferminzöl eine ausreichende Warnwirkung zu erzielen[3]; diese Stoffe konnten sich aber ebensowenig durchsetzen wie Pyridin oder Merkaptane.

Eine schädliche *Einwirkung von CO_2 auf Kühlgut* besteht im allgemeinen nicht. Im Gegenteil wird bei vielen leicht verderblichen Kühlgütern, besonders bei empfindlichen Obstsorten, Eiern und Fleisch, eine mit CO_2 angereicherte Atmosphäre zur Konservierung angewendet, um die Oxydation durch Luftsauerstoff

---

[1] BROWN: U. S. naval med. Bull. 1930 S. 728.
[2] *Underwriters Laboratories Inc.:* Micellaneous Hazard Nr. 2375 vom 13. Nov. 1933.
[3] PLANK, R.: Z. ges. Kälteind. Bd. 36 (1929) S. 234. — K. DREWS: Kältetechnik. Halle: W. Knapp 1930.

zu verhindern und die Einwirkung von Mikroorganismen zu hemmen (Gaslagerung vgl. Band IX, S. 291, 471 und 472, dieses Handbuches).

VIII. Betriebsverhalten, Betriebseigenschaften.

Prüfdrücke für Teile von CO_2-Kältemaschinen sind in Tab. 58, S. 201, mitgeteilt. Das *Trocknen* von CO_2 (vgl. S. 202) erfolgt zweckmäßig als Gas über P_2O_5 oder vermittels Durchleiten durch Schwefelsäure, die jedoch nicht mit Schwefeltrioxyd übersättigt sein darf. In den Flaschen ausgeschiedenes flüssiges Wasser läßt sich aus der auf den Kopf gestellten Flasche abblasen, da Wasser spezifisch schwerer ist als flüssiges CO_2.

Entsäuern erfolgt durch Waschen mit Wasser oder Sodalösung, auch Kali- oder Natronlauge sind gebräuchlich. Der *Rückstand* wird durch Umdestillieren entfernt, das bei CO_2 besonders langsam vor sich gehen muß, da es Fremdstoffe leicht mitreißt.

Dichtigkeitsprüfung. Undichtheiten an CO_2-Kältemaschinen werden zweckmäßig mit Seifenlösung oder einem anderen Schaummittel nachgewiesen. Eine spezifische Methode beruht darauf, daß aus einer Lösung von Bariumoxyd in Wasser beim Einleiten von CO_2 Bariumkarbonat als weiße Trübung ausfällt. Man kann also einfach die CO_2-verdächtige Atmosphäre durch Barytwasser hindurchsaugen. In stark CO_2-haltiger Industrieatmosphäre kann aber der CO_2-Gehalt der Luft die Ergebnisse fälschen.

E. Schwefeldioxyd[1] (SO_2).

I. Verwendung.

Schwefeldioxyd wurde, seitdem es von RAOUL PICTET in Genf als Kältemittel eingeführt war, von seiner Gesellschaft und manchen anderen Firmen in mittleren und größeren Kältemaschinen verwendet. Besonders naheliegend erschien seine Anwendung in Kälteanlagen für die Petroleumraffination, da es dort auch als selektives Lösungsmittel diente. Später ist Schwefeldioxyd für kleine Gewerbe- und Haushaltmaschinen mit Verdampfungstemperaturen bis herab zu etwa $-20°$ C lange Zeit das meistverwendete Kältemittel gewesen. Es wird nun aber auch in Europa durch F12 ersetzt, das in den USA schon seit etwa 1930 in den Vordergrund trat. SO_2 entspricht in mancher Beziehung den Anforderungen an ein ideales Kältemittel (vgl. S. 2ff.). Lediglich sein Korrosionsverhalten bei Gegenwart von Feuchtigkeit, die Giftigkeit und die durch seine Reizwirkung hervorgerufene Panikgefahr haben die Forderung nach anderen Kältemitteln wachgerufen[2].

II. Herstellung.

Zur Gewinnung von reinstem SO_2 aus gereinigten und getrockneten Röstgasen der Sulfiderz-Verhüttung mit 6,5 bis 7 Vol.-% SO_2 kommen hauptsächlich folgende Verfahren in Frage[3]:

1. *das Ammoniumbisulfit-Verfahren*, bei dem das Schwefeldioxyd aus den SO_2-haltigen Gasen in wäßriger Ammoniaklösung absorbiert und anschließend als 100%iges Schwefeldioxydgas aus der entstandenen Ammoniumbisulfitlösung

---

[1] Die in der kältetechnischen Praxis übliche Bezeichnung „schweflige Säure" für SO_2 ist nicht korrekt.

[2] Eine allgemeine Bewertung von SO_2 als Kältemittel lieferte A. H. EUSTIS: Refrig. Engng. Bd. 36 (1938) S. 179. — Vgl. auch I. P. BROUQUET: Rev. prat. Froid Bd. 12, Nr. 31 April 1956, S. 34.

[3] SCHNELL, H.: Kältetechnik Bd. 4 (1952) S. 33.

durch Einleiten von Schwefelsäure ausgetrieben wird. Das Verfahren ist jedoch unwirtschaftlich, selbst wenn das anfallende Ammoniumsulfat verwertet wird;

2. *das Sulfidin-Verfahren*: Das SO_2 wird in kaltem Xylidin absorbiert und dann durch Erhitzen der Absorptionsflüssigkeit wieder ausgetrieben. Die Anlagekosten sind hoch und das SO_2 ist durch etwa 0,1% Xylidin verunreinigt;

3. *das Kondensationsverfahren*, bei dem das SO_2 aus den Röstgasen durch Kompression und anschließende Tiefkühlung in einer Anlage nach Abb. 103 ausgeschieden wird. Im Verdichter a wird das SO_2-haltige Gas auf 5,5 ata komprimiert und dann im Kühler b auf Kühlwassertemperatur abgekühlt. Dabei wird das kondensierende Wasser im Abscheider c aufgefangen. Im Wärme-

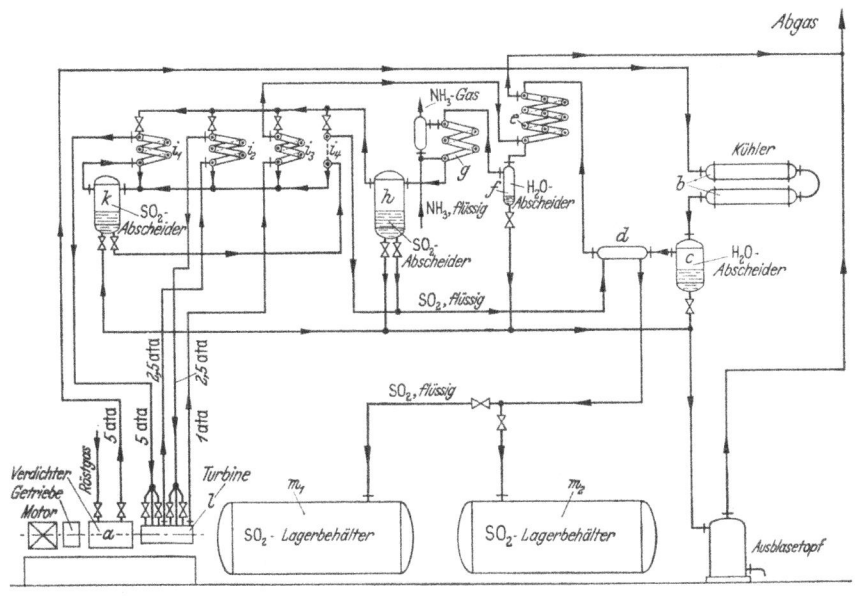

Abb. 103. Schema des Kondensationsverfahrens zur Gewinnung von flüssigem SO_2.

a Verdichter; b Kühler mit H_2O; c Wasserabscheider; d Wärmeaustauscher; e Gegenstromkühler; f Wasserabscheider; g Vorkühler; h SO_2-Abscheider; $i_{1,2,3}$ Tiefkühler; k SO_2-Abscheider; l Entspannungsturbine; $m_{1,2}$ Lagerbehälter.

austauscher d wird das Gas im Gegenstrom mit kaltem, flüssigem Schwefeldioxyd weiter abgekühlt und im Gegenstromkühler e mit Rückgas die Temperatur bis $-22°$ C gesenkt, wobei sich weiteres Wasser in f abscheidet. Im Vorkühler g wird dann mit verdampfendem Ammoniak bis $-39°$ C gekühlt. Das reine, kondensierte Schwefeldioxyd wird in dem Behälter h aufgefangen. Nun folgt in den drei parallelgeschalteten Tiefkühlern i_1, i_2 und i_3 die Abkühlung des SO_2-ärmeren Gases durch Gegenstromkühlung mit kaltem Rückgas aus dem SO_2-Abscheider k auf -62 bis $-64°$ C. Für die Tiefkühlung dient die Entspannungsturbine l mit nahezu adiabatischer Entspannung, die für die einzelnen Tiefkühler i_1, i_2 und i_3 mehrere Stufen enthält.

Die Einzelheiten der Gasführung sind aus Abb. 103 ersichtlich. Das SO_2 enthält in 100 cm³ Flüssigkeit etwa 10 cm³ Fremdgas, davon 2 cm³ Sauerstoff sowie 0,09 Gew.-% Wasser, 0,04 Gew.-% CO_2 und 20 mg Schwefelsäure/kg. Der Energiebedarf für 100 kg flüssiges SO_2 ist 68 kWh. Das nach diesem Verfahren gewonnene technische Schwefeldioxyd wird dann großtechnisch nach den auf S. 202 ff. beschriebenen Verfahren gereinigt und aufbereitet.

III. Thermische und kalorische Eigenschaften.

Molekulargewicht $\mu = 64{,}06$

Gaskonstante $R = 13{,}236 \left[\dfrac{\text{mkg}}{\text{kg\,°C}}\right].$

Zustandsgleichung. Schwefeldioxyd wird kältetechnisch kaum bei einem höheren Druck als 10 Atm verwendet. Riedel[1] hält es daher für zulässig, von der einfachen Zustandsgleichung (6a) Gebrauch zu machen, in der die Größe C noch druckunabhängig ist. Er setzt

$$v = \frac{13{,}236\,T}{P} - \frac{0{,}1235}{(T/100)^{2{,}7}} \tag{153}$$

und benutzt sie auch für die Berechnung von v''. In Gl. (153) ist P in kg/m² einzusetzen, und v wird in m³/kg erhalten. Das spezifische Gewicht bei 0° und 1 Atm beträgt 2,926 kg/l.

Der Dampfdruck läßt sich im kältetechnisch wichtigen Bereich durch die von Riedel[1] angegebene Formel

$$\lg p = 41{,}01860 - 2378{,}72/T - 14{,}11350 \lg T + 0{,}0083319\,T \tag{154}$$

sehr genau darstellen. Diese Gleichung gibt auch noch die Wertepaare von p und T im kritischen Punkt richtig wieder. Der normale Siedepunkt liegt bei $-10{,}01°$ C.

Reines Schwefeldioxyd erstarrt bei $-75{,}52°$ C unter einem Gleichgewichtsdruck von 1,256 Torr (Tripelpunkt). Terres und Rühl[2] haben noch eine zweite Modifikation von festem SO_2 (mit 1 °/₀₀ Wasser) gefunden, die sich von der normalen Modifikation durch die Kristallform und den höheren Erstarrungspunkt ($-63{,}5°$ C) unterscheidet.

Kritische Werte.

$t_k = 157{,}5$ °C, $\quad p_k = 80{,}4$ ata, $\quad v_k = 1{,}91$ l/kg, $\quad \gamma_k = 0{,}524$ kg/l,

$$\sigma = \frac{R\,T_k}{P_k\,v_k} = 3{,}71.$$

Spezifisches Volum und spezifisches Gewicht. Für den *Dampf* kann von Gl. (153) Gebrauch gemacht werden. Für das spezifische Gewicht des *flüssigen* SO_2 in kg/l gab Keyes auf Grund der genauesten Beobachtungen die Formel[3]

$$\gamma' = 1{,}434 - 2{,}486 \cdot 10^{-3}\,t - 2{,}63 \cdot 10^{-6}\,t^2 - 5{,}591 \cdot 10^{-8}\,t^3 + 0{,}81 \cdot 10^{-10}\,t^4, \tag{155}$$

die von -50 bis $+90°$ gilt.

Festes SO_2 hat bei $-191°$ C ein spezifisches Gewicht von 1,928 kg/l.

Spezifische Wärme. Im *idealen Gaszustand* ($p \to 0$) hat SO_2 folgende Werte von c_{p_0}:

t [°C] =	-25	0	25	100	200
$c_{p_0}\left[\dfrac{\text{kcal}}{\text{kg\,°C}}\right] =$	0,142	0,145	0,149	0,159	0,171

Das Verhältnis $\varkappa = \dfrac{c_{p_0}}{c_{v_0}}$ hat bei 0° C den Wert 1,272 und bei 200° C den Wert 1,221.

Bei 0° und dem zugehörigen Sättigungsdruck $p = 1{,}585$ ata ist $c_p = 0{,}156 \dfrac{\text{kcal}}{\text{kg\,°C}}$.

Für beliebige Werte von p und T erhält man aus der Zustandsgleichung (153) mit Gl. (47)

$$c_p = c_{p_0} + \frac{0{,}289\,p}{(T/100)^{3{,}7}}. \tag{156}$$

---

[1] Riedel, L.: Z. ges. Kälteind. Bd. 46 (1939) S. 22.
[2] Terres, E., u. Mitarbeiter: Beihefte zu den Z. Ver. dtsch. Chem. Heft 8, S. 16. Berlin: Verlag Chemie 1934. — [3] Keyes, F. G.: Intern. Crit. Tables, Bd. III S. 236.

Die spezifische Wärme von *flüssigem* SO_2 zwischen -50 und $0°$ verändert sich nur äußerst wenig mit der Temperatur. Während RIEDEL[1] eine schwache Zunahme mit t feststellte, fanden GIAUQUE und STEPHENSON[2] eine leichte Abnahme. Man rechnet daher am besten mit dem konstanten Mittelwert $c_{fl} = 0{,}325$.

Für *festes* SO_2 fanden GIAUQUE und STEPHENSON folgende Werte:

T [°K] =	160	170	180	190
$c_f \left[\dfrac{\text{kcal}}{\text{kg °C}}\right] =$	0,224	0,232	0,241	0,250.

Latente Wärmen. Für die *Verdampfungswärme* r fand RIEDEL[1] aus seinen Meßwerten der Dampfdruckkurve und der spezifischen Volume nach Gl. (11) Werte, die sich sehr genau durch die Formel [s. Gl. (68c)]

$$r = 91{,}02 - 0{,}215\, t - 2{,}22 \cdot 10^{-4}\, t^2 \; [\text{kcal/kg}] \qquad [157]$$

darstellen lassen. Bei $t = 0°$ C wird danach $r = 91{,}02$. Diese Werte wurden auch der Dampftabelle 3 auf S. 457 zugrunde gelegt. Die recht zahlreichen Meßergebnisse sind leider ziemlich widersprechend[3]. Der von GIAUQUE und STEPHENSON[2] beim normalen Siedepunkt gemessene Wert $r = 93{,}0$ fügt sich aber in Gl. (157) gut ein. Die TROUTONsche Konstante nach Gl. (13) hat den Wert

$$\frac{64{,}06 \cdot 93{,}13}{263{,}15} = 22{,}65.$$

Die *Schmelzwärme* bei $-75{,}5°$ C wurde von GIAUQUE und STEPHENSON zu 27,6 kcal/kg gemessen.

Enthalpie, Entropie und MOLLIER-*Diagramm.* Aus der Zustandsgleichung (153) von RIEDEL haben SEGER und CRAMER auf Grund thermodynamischer Gesetzmäßigkeiten Gleichungen für die Enthalpie und Entropie abgeleitet und ein MOLLIER-i, $\lg p$-Diagramm entworfen[4]. Man findet dieses Diagramm 6 in der Tasche dieses Bandes und die zugehörige Dampftabelle 3 auf S. 457.

IV. Physikalische Eigenschaften.

Viskosität. Bei niedrigen Drücken (strenggenommen im idealen Gaszustand) gilt für die Viskosität η_0 die Formel von SUTHERLAND, Gl. (98), nach der η_0 vom Druck unabhängig ist. Dabei ist für SO_2 $B = 178{,}4 \cdot 10^{-7}$ und $C = 416$ (vgl. Tab. 12). Mit diesen Werten wird η_0 in Poise erhalten. Bei höheren Drücken wird η deutlich druckabhängig.

Für *gasförmiges* bzw. *flüssiges* SO_2 gelten die Werte der Tab. 72 bzw. 73.

Tabelle 72. *Dynamische Viskosität von gasförmigem* SO_2 *in Mikropoise.*

Druck ata	Temperatur °C						
	−20	−10	0	10	20	30	40
0,5	105	109	113	118	124	129	136
1,0	—	112	117	122	126	131	137
2,0	—	—	—	130,5	132,5	134	140
3,0	—	—	—	—	145	139	144
4,0	—	—	—	—	—	152	151
5,0	—	—	—	—	—	—	162
6,0	—	—	—	—	—	—	176,5

[1] Vgl. Fußn. 1 auf S. 275.
[2] GIAUQUE, W. F., u. C. C. STEPHENSON: J. Amer. chem. Soc. Bd. 60 (1938) S. 1389.
[3] Vgl. die Zusammenstellung bei W. MEHL: Z. ges. Kälteind. Bd. 40 (1933) S. 170.
[4] SEGER, G., u. H. CRAMER: Z. ges. Kälteind. Bd. 46 (1939) S. 183.

Tabelle 73. *Dynamische Viskosität von flüssigem SO_2 in Centipoise.*

Druck ata	Temperatur °C				
	−20	−10	0	10	20
1,0	0,490	—	—	—	—
2,0	0,502	0,450	0,392	—	—
3,0	0,510	0,460	0,402	0,338	—
4,0	0,515	0,467	0,410	0,347	0,279
5,0	0,520	0,472	0,416	0,353	0,287
6,0	0,523	0,477	0,421	0,358	0,293
7,0	0,526	0,481	0,425	0,362	0,298
8,0	0,528	0,485	0,428	0,366	0,302

Im *Sättigungszustand* ergeben sich folgende Werte von η' und η''

bei $t\,[°C] =$ −30   −20   −10   0   10   20   30   40

$\qquad p\,[\text{ata}] =$ 0,388   0,648   1,034   1,585   2,347   3,370   4,710   6,427

$\qquad \eta'\,[\text{cP}] =$ 0,527   0,465   0,412   0,368   0,333   0,304   0,279   —

$\qquad \eta''\,[\mu\text{P}] =$ —   106   112   123   135   151   169   183.

Wärmeleitzahl. Für *gasförmiges* SO_2 von 0° und 1 Atm ist $\lambda = 0{,}0072\,\dfrac{\text{kcal}}{\text{m h °C}}$. Für andere Temperaturen liegen bisher keine Meßwerte vor.

Für *flüssiges* SO_2 gelten folgende Werte

bei $t\,[°C] =$ −20   −10   0   20   30

$\qquad \lambda\left[\dfrac{\text{kcal}}{\text{m h °C}}\right] =$ 0,192   0,187   0,182   0,171   0,166.

Die Abhängigkeit vom Druck kann im kältetechnischen Bereich vernachlässigt werden.

Oberflächenspannung

$\qquad$ bei $\qquad t\,[°C] =$ −50,6   +20,0   50,0

$\qquad\qquad \sigma\,[\text{dyn/cm}] =$ 37,2   22,7   16,85.

Elektrische Leitfähigkeit, vgl. den folgenden Abschn. VI.

V. Kältetechnische Eigenschaften.

Der Gütegrad des Vergleichsprozesses ist nach Tab. 27 bei Verwendung von SO_2 etwas höher als bei NH_3 und CF_2Cl_2.

VI. Chemische Eigenschaften.

Verunreinigungen. SO_2 ist das Anhydrid einer Säure und als solches recht reaktionsfähig, vor allem mit oder in Gegenwart von Wasser. Hinzu kommen die sehr charakteristischen Lösungsmitteleigenschaften von SO_2 und die selektive Löslichkeit einer großen Anzahl vor allem organischer Stoffe im flüssigen SO_2.

SO_2 ist im reinen Zustand nur sehr schwach dissoziiert und besitzt nur eine geringe elektrische Leitfähigkeit (vgl. Tab. 26). Die Lösungen von organischen und anorganischen Verbindungen im flüssigen SO_2 leiten dagegen, ebenso wie die wässerigen Lösungen, den elektrischen Strom wesentlich besser. Das bedeutet, daß die gelösten Substanzen oder auch das Lösungsmittel mehr oder weniger dissoziiert vorliegen. Die Leitfähigkeit ist nach WALDEN[1] zum Teil größer als bei Lösungen gleicher Konzentration in Wasser. SEEL und BAUER stellen fest[2],

---
[1] WALDEN, P.: Ber. dtsch. chem. Ges. Bd. 32 (1899) S. 2862.
[2] SEEL, F., u. H. BAUER: Z. Naturforsch. Bd. 2b (1947) S. 397.

daß im flüssigen SO_2 solche Stoffe, die im ungelösten Zustand als ausgesprochene Nichtelektrolyte bekannt sind, unter Dissoziation in solvatisierte Ionen oder Ionenkomplexe übergehen und den Strom elektrolytisch leiten. JANDER und WICKERT[1] geben die Löslichkeit einiger anorganischer Salze in flüssigem SO_2 bei 0° wie folgt an:

NaF 0,029%; NaCl 0,016%; KF 0,018%; $(NH_4)_2SO_4$ 0,067%.

Die Leitfähigkeit dieser gesättigten Lösungen liegt in der Größenordnung von 10^{-3} bis 10^{-4} Ω^{-1} cm^{-1}.

Die Oxyde ZnO, Al_2O_3, P_2O_5 und die Sulfide CuS und ZnS sind im flüssigen SO_2 schwer löslich bzw. unlöslich. $FeCl_3$ wird als im SO_2 schwach löslich bezeichnet. Eine Löslichkeit von Eisensalzen in SO_2 ließ sich nach Versuchen von STEINLE bisher nicht sicher nachweisen.

Die Vorgänge im flüssigen SO_2 und in den darin gelösten Stoffen sind nicht ganz klar. Das Dissoziationsvermögen von flüssigem SO_2 ist hoch. Entsprechend der beträchtlichen Ionisation vieler Stoffe in flüssigem SO_2 lassen sich zahlreiche Ionenreaktionen in SO_2 beobachten[2]. So findet die Auflösung farbloser, sowohl organischer als auch anorganischer Stoffe, oft unter charakteristischer Färbung statt. Es sei ausdrücklich darauf hingewiesen, daß bei allen Reaktionen das SO_2 nicht beteiligt ist, sondern lediglich als Lösungsmittel dient. Beispielsweise wurden die folgenden neutralisationsanalogen Reaktionen im SO_2 beobachtet:

$$K_2SO_3 + SOCl_2 = 2\,KCl + 2\,SO_2,$$
$$Cs_2SO_3 + SOCl_2 = 2\,CsCl + 2\,SO_2,$$

entsprechend   Lauge + Säure = Salz + Lösungsmittel.

Auf Grund dieser Tatsache wird von JANDER folgendes Dissoziationsschema angenommen:

$$2\,SO_2 \rightarrow SO^{++} + O \cdot SO_2^{--} \rightarrow SO^{++} + SO_3^{--}.$$

Dabei müßte sich Schwefelmonoxyd entwickeln, das aber sofort in Schwefeldioxyd und Schwefel zerfällt:

$$2\,SO = SO_2 + S.$$

Der Schwefel verbindet sich mit Sulfitionen zu Thiosulfationen:

$$SO_3^{--} + S = S_2O_3^{--}.$$

Die Bildung von Thiosulfaten läßt sich beim Lösen von Metallen durch Korrosionen, wie später gezeigt wird, immer nachweisen. Da nun andererseits bei der Elektrolyse des reinen, wasserfreien SO_2 mit Hochspannung an der Kathode Schwefelabscheidung beobachtet wurde, was auf die Bildung von S^{++++}-Ionen hindeutet, wird auch folgendes Schema der Dissoziation von SO_2 aufgestellt:

$$SO_2 = (SO)^{++} + O^{--} = S^{++++} + O^{--} + O^{--}.$$

Bei 220 und 110 V Spannung konnte aber von STEINLE während eines Jahres Versuchszeit im reinen und wasserfreien SO_2 durch Elektrolyse keine Bildung von Schwefel oder Schwefeltrioxyd festgestellt werden. Eine Entscheidung für das eine oder andere System ist bisher nicht erfolgt. Sicher ist, daß die elektrische Dissoziation des reinen und wasserfreien SO_2 sehr gering ist. Die Leitfähigkeit ist mit 0,5 bis $1 \cdot 10^{-7}$ $\Omega^{-1} cm^{-1}$ bei 0° C etwa gleich der des reinen Wassers von $0,6 \cdot 10^{-7}$ bei 25° C.

Da die Leitfähigkeit von SO_2 mit Verunreinigungen wie Wasser, Säuren und Salzen stark ansteigt, und auch die Korrosion an Metallen einsetzt, sind für SO_2

---

[1] JANDER, G., u. K. WICKERT: Z. phys. Chem. Abt. A Bd. 178 (1936) S. 57.
[2] WALDEN, P.: Ber. dtsch. chem. Ges. Bd. 32 (1899) S. 2862. — G. JANDER u. J. WICKERT: Z. phys. Chem. Abt. A Bd. 178 (1936) S. 57. — M. CENTNERSZWER u. K. DRUCKER: Z. Elektrochem. Bd. 29 (1923) S. 210.

sehr strenge Anforderungen an den Reinheitsgrad festgelegt worden, die in Tab. 25 des ersten Teiles zusammengefaßt sind. Zum direkten Einfüllen in Kältemaschinen werden aber vielfach noch schärfere Forderungen aufgestellt, wie z. B.:

Wasser . . . . . nicht über 20 mg/kg SO_2,

Schwefelsäure . . nicht über 10 mg/kg SO_2,

Fremdgas . . . . nicht über 1 cm³/100 cm³ flüssiges SO_2,

Rückstand . . . . nach dem Trocknen bei 105° C: keiner.

Wasser. Die Löslichkeit von Wasser in flüssigem SO_2 ist relativ hoch. Die Angaben in der Literatur stimmen jedoch keineswegs überein. In Abb. 104 sind

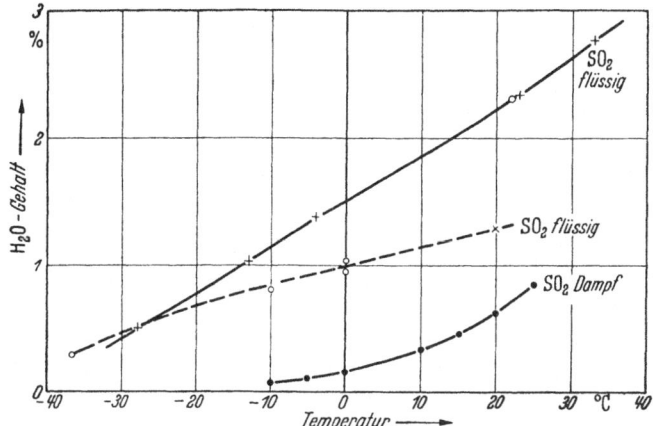

Abb. 104. Maximaler Wassergehalt in flüssigem und dampfförmigem SO_2.
+ nach I. BOLLINGER: Schweizer Arch. Bd. 18 (1952) S. 321; ○ nach WICKERT, ref. BOLLINGER, s. d.; · nach JANDER, ref. BOLLINGER, s. d.; × nach SHERWOOD. Industr. Engng. Chem. Bd. 17 (1925) S. 745.

einige Werte zusammengestellt. Das dampfförmige SO_2 nimmt dagegen nach Abb. 104 weniger Wasser auf. Das hat zur Folge, daß sich das Wasser beim Verdampfen von SO_2 in der Flüssigkeit anreichert.

Die Löslichkeit von SO_2 in Wasser ist ebenfalls hoch, sie spielt aber in Kältemaschinen keine Rolle. Einige Daten sind in Tab. 74 nach THOMPSON wiedergegeben[1].

Durch Erwärmen kann das SO_2 aus der wäßrigen Lösung restlos ausgetrieben werden. Es geht aber bei gleichzeitiger Anwesenheit von gelöstem Luftsauerstoff

Tabelle 74. *Löslichkeit von SO_2 in Wasser.*

Temperatur °C	Gew.-% SO_2 in Lösung	1 l H_2O löst kg SO_2
0	18,58	0,228
5	16,19	0,193
10	13,93	0,161
15	11,92	0,135
20	10,12	0,112
30	7,5	0,078
40	5,3	0,054

und vor allem unter dem Einfluß des Lichtes langsam in Schwefeltrioxyd über, das mit Wasser sofort Schwefelsäure bildet. Über die Säurebildung von SO_2 mit Wasser und die sich anschließenden Umsetzungen liegen eine Reihe von Beobachtungen vor. GEITNER[2], LEWIS[3] und auch TERRES und RÜHL[4] nehmen fol-

---

[1] THOMPSON, R. I.: Refrig. Engng. Bd. 29 (1935) S. 139.
[2] GEITNER, C.: Liebigs Ann. Chem. Bd. 129 (1864) S. 350.
[3] LEWIS, G.: J. Amer. chem. Soc. Bd. 40 (1918) S. 356.
[4] TERRES, E., u. G. RÜHL: Angew. Chem. Bd. 47 (1934) S. 332.

genden Ablauf an, der als Disproportionierung des Schwefeldioxyds bezeichnet wird:

$$3\,SO_2 + 3\,H_2O \rightleftarrows 3\,H_2SO_3 \rightarrow 2\,H_2SO_4 + S + H_2O \tag{158}$$

oder

$$3\,SO_2 + 2\,H_2O \rightleftarrows S + 2\,H_2SO_4. \tag{159}$$

TERRES und RÜHL stellen fest, daß dieser Zerfall ab 150° C stattfindet; nach GEITNER ist die Zersetzung des Schwefeldioxyds nach 2 Stunden bei 170° C vollständig.

Die auf diese Weise mit Wasser in SO_2 gebildeten Säuren führen naturgemäß zu schweren Korrosionen der Baustoffe im Kältemittelkreislauf, auf die im einzelnen noch eingegangen werden wird. Die Grenzen für den höchstzulässigen Wassergehalt im SO_2 sind in der Literatur verschieden angegeben; sie schwanken zwischen 20 und 300 mg H_2O/kg flüssiges SO_2. JOHNSTON[1], VELTMAN und WARING[2], MCGOVERN[3] und GODDARD[4] kommen durch Versuche zu dem Schluß, daß ein Wassergehalt von 50 mg/kg SO_2 nicht überschritten werden darf, wenn Korrosionen im Kältemittelkreislauf vermieden werden sollen. Demgegenüber stellt WALKER fest[5], daß die Korrosionsgrenze für Wasser in SO_2 bei etwa 300 mg H_2O/kg SO_2 liegt, ein Wert, dem sich auch BRANDON anschließt[6].

Für den Kompressor ist vor allem das aus dem Verdampfer mitgeführte Wasser gefährlich. Trockene Verdampferbauarten wirken wie eine Nebelkammer und führen zur Bildung von Wassertröpfchen. In diesen löst sich SO_2 entsprechend Tab. 74 unter Bildung von Schwefeldioxydhydrat ($SO_2 \cdot x\,H_2O$), das in seiner Wirkung der schwefligen Säure entspricht, sobald es den hohen Temperaturen im Kompressor ausgesetzt wird. In überfluteten Verdampfern, in die SO_2 unter dem Flüssigkeitsspiegel eingeleitet wird, löst und verteilt sich das Wasser im flüssigen SO_2. Infolge der oben mitgeteilten Tatsache, daß dampfförmiges SO_2 weniger Wasser je kg aufzunehmen vermag, als in der Flüssigkeit je kg gelöst ist, reichert sich das Wasser im überfluteten Verdampfer an und kann zur Sättigung führen. Bei Eisenverdampfern kann es in diesem Falle zu erheblichen Korrosionen kommen; sie können von innen her durchrosten. Eisenverdampfer sollen in SO_2-Kältemaschinen aus diesem Grunde nicht angewandt werden.

Besonders gefährlich sind die SO_2-Wasser-Gemische bei der Berührung mit heißen Druckventilen, an denen in SO_2-Kältemaschinen Temperaturen um 150° C auftreten können. Dort findet dann bevorzugt die Bildung von Schwefel und Schwefelsäure durch Disproportionierung nach den Gln. (158) und (159) statt, wobei auch wieder Wasser gebildet wird.

Die Gefahr der Verstopfung von Regelorganen durch Ausscheidung von Eis oder eines kristallinen SO_2-Hydrates ist in Kältemaschinen nicht gegeben, da die Löslichkeit nach Abb. 104 so hoch über der Korrosionsschwelle liegt, daß die für die Ausscheidung erforderlichen Wassergehalte in kürzester Zeit durch chemische Reaktionen und Korrosionen zur Zerstörung der Maschinen führen würden.

Zur Wasserbestimmung im SO_2 ist heute noch als Standardmethode die Phosphorpentoxyd-Methode nach S. 210 gebräuchlich. Dabei ist zu beachten, daß sich das Wasser beim Abdampfen in der Restflüssigkeit anreichert und besonders bei gleichzeitiger Anwesenheit von Schwefelsäure ein Teil des Wassers

---

[1] JOHNSTON: Industr. Engng. Chem. Bd. 24 (1932) S. 626.
[2] VELTMAN, P. L., u. C. E. WARING: Refrig. Engng. Bd. 54 (1947) S. 550.
[3] MCGOVERN, E. W.: Refrig. Engng. Bd. 43 (1942) S. 276.
[4] GODDARD, M. D.: Refrig. Engng. Bd. 50 (1945) S. 215.
[5] WALKER, W. O.: Ansul Technical Service Bulletin „Moisture and Drying Methods".
[6] BRANDON, A. O. B.: Mod. Refrig. Bd. 54 (1951) Nr. 634 S. 9.

an der Gefäßwandung hängen bleibt. Diese Wasserreste können nur durch gründliches Nachspülen mit scharf getrocknetem Stickstoff in die U-Rohre mit P_2O_5 übergeführt werden.

Als Schnellmethode und für größere Reihenuntersuchungen von flüssigem SO_2 auf den Wassergehalt ist die FISCHER-Methode durch Titration mit Jod-Pyridin-Lösung sehr gut geeignet, die S. 213 beschrieben ist. Ihre Fehlergrenze bei einer Einwaage von 150 bis 200 g flüssigem SO_2 liegt bei $\pm$ 1 mg H_2O/kg SO_2.

Leitfähigkeitsmessungen zur Wasserbestimmung im SO_2 sind im Bereich der in Frage kommenden Wassergehalte nicht anwendbar, da sich die Leitfähigkeit kaum von der des reinen SO_2 unterscheidet.

Mineralsäuren. Als saure Verunreinigungen kommen in SO_2 Schwefelsäure und Schwefeltrioxyd vor. Sie sind die gefährlichsten Verunreinigungen, da sie beim Vorhandensein kleinster Mengen Wasser starke Korrosionen an den metallischen Baustoffen, vor allem an den Ventilen, herbeiführen. Schwefeltrioxyd gehört nach BAUMGARTEN zu den reaktionsfähigsten chemischen Verbindungen[1]. Aus den elektrischen Isolierstoffen entziehen H_2SO_4 und SO_3 das Zellwasser, so daß Textilien, Papiere, Fiber und auch Holz verkohlt werden und ihre isolierenden Eigenschaften verlieren; schließlich fällt die Maschine infolge elektrischer Überschläge aus. Das aus den Isolierstoffen durch die Säuren freigemachte Wasser fördert seinerseits den Ablauf der Korrosion.

Die Bestimmung von H_2SO_4 und SO_3 im flüssigen SO_2 erfolgt entweder durch Verdampfen einer gewogenen Menge SO_2 durch die Absorptionsvorlagen nach GROTE und KREKELER oder nach der LINDE-Methode durch Ausschütteln mit Bariumchloridlösung. Beide Verfahren sind ausführlich S. 222 beschrieben. Diese Methoden weisen die für den Höchstgehalt von 10 mg H_2SO_4/kg SO_2 erforderliche Genauigkeit auf. Der Fehler beträgt $\pm$ 1 mg H_2SO_4/kg SO_2[*].

Der Rückstand im flüssigen SO_2 besteht vorwiegend aus Ölen und Fetten. Ringförmige und ungesättigte Kohlenwasserstoffe sind in SO_2 gut, gesättigte und Ketten-Kohlenwasserstoffe dagegen nur sehr begrenzt löslich. Ferner ist, nach dem weiter oben Gesagten, auch mit einer geringen, z. T. aber doch merklichen Löslichkeit verschiedener anorganischer Salze in SO_2 zu rechnen. Nahezu alle in SO_2 gelösten Verunreinigungen führen zu einer deutlichen Verfärbung des Kältemittels. Der zulässige Gehalt des SO_2 an gelösten Verunreinigungen, welche jedoch absolut neutral sein müssen, wurde mit 50 mg/kg SO_2 festgelegt. Die Bestimmung des Rückstandes erfolgt nach S. 225.

Fremdgas, vor allem Luft mit ihrem Sauerstoffgehalt, ist in SO_2 gefährlich, da SO_2 bei erhöhtem Druck und erhöhten Temperaturen, beschleunigt durch die katalytische Wirkung der Baustoffe, zu Schwefeltrioxyd aufoxydiert werden kann, das stark korrodierend wirkt. DRONTE und FERGUSON[2] haben sich mit der Löslichkeit von Sauerstoff in verflüssigtem SO_2 beschäftigt. Die Löslichkeit von Gasen in Flüssigkeiten nimmt mit abnehmender Oberflächenspannung zu; da SO_2 mit 22,7 dyn/cm bei $+20°$ C eine relativ niedrige Oberflächenspannung hat, ist die Löslichkeit von Sauerstoff in flüssigem SO_2 ziemlich groß. In Abb. 105 ist die Menge des gelösten Sauerstoffes in Ncm^3/g SO_2 nach DRONTE und FERGUSON über der Temperatur des SO_2 aufgetragen. Nach den heute gültigen Anforderungen an SO_2 als Kältemittel darf der Fremdgasgehalt in 100 g flüssigem SO_2 nicht mehr als 2 cm^3 betragen.

---

[1] BAUMGARTEN, P.: Chemie Bd. 55 (1943) S. 115.
[*] STEINLE, H.: Z. anal. Chem. Bd. 129 (1949) S. 340.
[2] DRONTE u. FERGUSON: Industr. Engng. Chem. Bd. 51 (1939) S. 112.

Schwefeldioxyd.

Die Bestimmung des Fremdgases in SO_2 kann bequem mit dem Analysenrohr nach POLLITZER durch Einleiten in verdünnte Kalilauge durchgeführt werden (s. S. 225).

Verhalten gegen Trockenmittel. SO_2 läßt sich mit den adsorptiv wirksamen Trockenmitteln Kieselgel und aktive Tonerde nur in Dampfform trocknen. WALKER und WILSON[1] stellen fest, daß flüssiges SO_2 mit 70 mg H_2O/kg selbst nach drei- bis viertägigem Stehen über Kieselgel keine meßbare Abnahme des Wassergehaltes zeigte. Die Erklärung für dieses Versagen wird darin gesehen, daß

a) Wasser und SO_2 anorganische Verbindungen sind,
b) Wasser und SO_2 verwandte Stoffe mit guten Lösungsmitteleigenschaften sind und
c) eine bevorzugte Adsorption eines der beiden Stoffe nicht vorhanden ist, so daß keiner den anderen aus den Kapillaren verdrängt.

Alkalische Trockenmittel und die basischen Oxyde dürfen nicht verwendet werden, da sie mit Wasser und SO_2 unter Bildung neutraler Salze reagieren, wobei wiederum Wasser frei wird. Kalziumchlorid hat gegenüber SO_2 nur eine sehr geringe Trockenwirkung. Phosphorpentoxyd, das auch beim Trocknen von SO_2 sehr wirksam ist, kann wegen seiner puderförmigen Konsistenz nur zum Trocknen von SO_2-Dampf angewendet werden (s. S. 115).

In SO_2-Kältemaschinen ist der Einbau von Trocknern nicht gebräuchlich. Soweit überhaupt nötig, können nur Kieselgel oder aktive Tonerde in die Saugleitung eingebaut werden. Man beschränkt sich deshalb bei SO_2 auf das Vortrocknen des Kältemittels vor dem Einfüllen. Dabei trocknet man das dampfförmige SO_2 durch Hindurchleiten durch Phosphorpentoxyd (s. S. 202). In der chemischen Industrie ist auch Schwefelsäure als Trockenmittel für SO_2 gebräuchlich, die aber kein freies Schwefeltrioxyd (SO_3) enthalten darf.

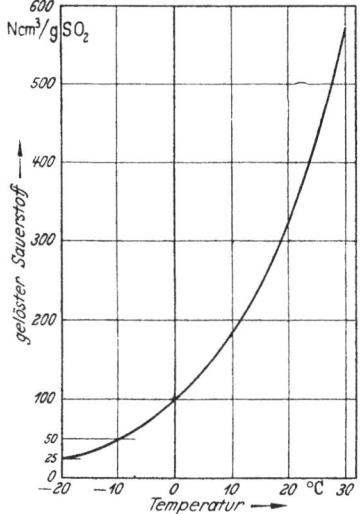

Abb. 105. Löslichkeit von Sauerstoff im flüssigen SO_2.

Verhalten gegen Werkstoffe. SO_2 verlangt besondere Sorgfalt bei der Auswahl der im Kältemittelkreislauf zu verwendenden Stoffe. Die SO_2-Maschine birgt mit ihren hohen Betriebstemperaturen im Verdichter und mit der Reaktionsfähigkeit des SO_2 die Gefahr chemischer Umsetzungen mit den verwendeten Betriebs- und Baustoffen in sich. Besonders die gekapselten Kältemaschinen mit ihren organischen Isolierstoffen sind beim Betrieb mit SO_2 als Kältemittel gefährdet.

Trockenes SO_2 wirkt, gleichgültig ob es gelösten Sauerstoff enthält oder nicht, gegenüber den meisten Metallen nicht korrodierend. EVANS[2] stellt fest, daß Eisen und seine Legierungen durch reines, trockenes SO_2 unterhalb 200° C weder angegriffen noch gelöst werden. Ab etwa 300° C setzt dann eine stark ansteigende oxydierende Wirkung des SO_2 ein. Bei der Einwirkung des trockenen SO_2 auf Eisen entstehen stets Sauerstoffverbindungen des Eisens und Schwefels, da die Affinität des Eisens zum Sauerstoff größer ist als zum Schwefel. LANGE[3]

---

[1] WALKER, W. O., u. K. S. WILSON: Refrigerant Driers, Ansul Technical Bulletin.
[2] EVANS, U.: Trans. Amer. Electrochem. Soc. Bd. 46 (1924) S. 252.
[3] LANGE, A.: Z. angew. Chem. Bd. 11 (1899) S. 300 u. 595.

sowie auch BAUKLOH und VALEA[1] kommen zu dem Ergebnis, daß flüssiges SO_2 überhaupt nicht auf eine Oxydhaut des Eisens wirkt, während gasförmiges SO_2 erst ab 350 bis 400° C Reaktionen auslöst, die schließlich zum Ablösen des Oxydes führen.

HECHT weist darauf hin[2], daß sich die amphoteren Metalle Aluminium, Zink und Zinn ebenso wie in Alkalihydroxydlösungen teilweise auch in flüssigem SO_2 lösen können. Besonders Zinn ist schon bei Zimmertemperatur merklich in flüssigem, trockenem SO_2 löslich.

Aluminium und seine Legierungen werden bei Zimmertemperatur durch flüssiges, wasserfreies SO_2 nicht angegriffen. Innerhalb einer Versuchszeit von 18 Monaten bildete sich nur eine geringe Deckschicht, die sich durch eine Gewichtszunahme von 0,1 bis 0,2 g/m² u. Tag bemerkbar machte. In der Wärme werden Aluminium und Magnesium von SO_2 stark angegriffen[3], jedoch liegen die Temperaturen über den in Kältemaschinen vorkommenden Grenzen.

Kupfer und seine Legierungen, besonders Messing, Tombak und Rotguß, werden von trockenem SO_2 nicht angegriffen.

Die meisten anderen Metalle, z. B. Silber, Kadmium und Antimon, vor allem aber Magnesium, haben eine stark reduzierende Wirkung gegenüber SO_2; dabei bilden sich stets die Sulfide der betreffenden Metalle.

Während also die gebräuchlichsten metallischen Baustoffe für Kältemaschinen in dem üblichen Temperaturbereich durch trockenes SO_2 nicht angegriffen werden, findet schon bei geringen Wassergehalten, beschleunigt durch erhöhte Temperaturen, ein z. T. starker Korrosionsangriff statt. Er tritt stets nach vorheriger Bildung von Säuren aus Wasser und SO_2, nicht aber durch direkte Korrosion des Wassers ein. Diese Korrosionen laufen in den Verdichtern je nach der herrschenden Temperatur in einigen Stunden oder Tagen ab. Luft beschleunigt die durch Wasser in SO_2 hervorgerufenen Korrosionen nicht, da schon die Säuren selbst außerordentlich korrodierend wirken.

In den gekapselten Kältemaschinen mit SO_2 wird die Korrosion durch die Zerstörung der elektrischen Isolierstoffe noch wesentlich beschleunigt. Die Säuren greifen hier bevorzugt das organische Isoliermaterial am Ständer unter Verkohlung und Abspaltung von Wasser an. Dieses Wasser bildet an den heißen Wicklungen mit SO_2 sofort weitere Säuren, die sich dann ebenfalls an der Korrosion beteiligen. Besonders die Druckventile und die heißen Eisenteile des Ständers werden stark korrodiert.

Über die Korrosionswirkung von feuchtem SO_2 gegenüber Metallen liegen zahlreiche Untersuchungen vor. STEINLE hält einen Korrosionsangriff für zulässig, der 100 mg/m² u. Tag nicht übersteigt[4], während BOLLINGER 90 mg/m² in 14 Tagen als Grenze angibt[5]. Die Versuche wurden allgemein im Druckrohrtest (s. S. 233) mit dosierten Wassergehalten durchgeführt. WALKER und Mitarbeiter[6] haben die Korrosionsgrenzen für Wasser in SO_2 beim Angriff auf Eisen bei Zimmertemperatur bestimmt:

---

[1] BAUKLOH, W., u. I. VALEA: Korrosion u. Metallsch. Bd. 15 (1939) S. 295.

[2] HECHT, H.: Vortrag im Kolloquim des Chemischen Institutes der Universität Greifswald am 20. Febr. 1942.

[3] *Badische Anilin- und Sodafabrik.* Eufrigan, ein Kältemittel der BASF. Ludwigshafen 1950.

[4] STEINLE, H.: Kältetechnik Bd. 2 (1950) S. 174.

[5] BOLLINGER, I.: Schweizer Arch. Bd. 18 (1952) S. 321.

[6] WALKER, W. O., u. K. S. WILSON: Ansul News Notes Bd. 1 (1937) Nr. 3. — W. O. WALKER u. W. R. RINELLI: Ansul Chemical Co., Research Report: „Sludges".

300 mg H_2O/kg SO_2 führen zu leichter Verfärbung, jedoch ist kein Belag festzustellen.

1000 mg H_2O/kg SO_2 ergeben einen leichten Belag.

1500 mg H_2O/kg SO_2 erzeugen Korrosion und starken Belag.

Durch Temperaturerhöhung sinken diese Grenzwerte noch ab, so daß die Korrosion schon bei geringeren Wassergehalten einsetzt. Nach BAUKLOH und VALEA[1] wirkt feuchtes SO_2 bei erhöhten Temperaturen besonders im Dampfraum stark korrodierend; eine Tatsache, die auch in den Kältemaschinen zu beobachten ist.

Für die Korrosion von Eisen durch Schwefeldioxyd und Wasser ergibt sich eine Vielzahl von möglichen chemischen Reaktionen mit leicht zersetzlichen Zwischenprodukten, so daß es schwer ist, das genaue Reaktionsschema anzugeben. Es ist fraglich, ob sich diese Korrosionen in Kältemaschinen mit SO_2 überhaupt vollständig vermeiden lassen. Das Wasser ist vor allem aus den gekapselten Kältemaschinen mit wasserhaltigen Isolierstoffen nie ganz auszuschließen, oder es entsteht durch thermische Abspaltung aus der Zellulose neu. Es gibt zwar Stoffe, welche den Angriff von Säuren auf Metalle stark hemmen, wie z. B. Katansalz; der Erfolg in Gegenwart von SO_2 ist jedoch unsicher. Außerdem ist bei Anwendung chemischer Mittel im Kältemittelkreislauf stets die Gefahr unerwünschter Nebenreaktionen gegeben. Es ist viel richtiger, die Maschinenteile so weit zu trocknen, daß eine genügende Lebensdauer der SO_2-Kältemaschine erreicht wird. In diesem Zusammenhang sei auch darauf hingewiesen, daß die Stahlflaschen trotz sorgfältigster Behandlung und Reinhaltung des SO_2 von Zeit zu Zeit ausgewechselt werden müssen, da die Wandstärke durch Korrosion abnimmt. Korrosionsprodukte des Eisens durch die Einwirkung des SO_2 mit Wasser sind in den Stahlflaschen stets vorhanden.

BOLLINGER stellt fest[2], daß V2A-Stahl mit 18% Chrom und 8% Nickel selbst durch SO_2 mit 50% Wasser nicht angegriffen wird. Kupfer wird durch reines SO_2 und solches mit gelöstem Sauerstoff selbst bei Wassergehalten bis zu 1% nicht angegriffen. Erst bei noch höheren Gehalten findet ein Angriff unter Bildung von Kupfersulfat statt, was aber an die gleichzeitige Anwesenheit von Sauerstoff gebunden ist, da der Angriff nur durch Schwefelsäure erfolgt. Durch SO_2-haltige Luft wird Kupfer nur dann stark angegriffen, wenn die relative Luftfeuchtigkeit bei 20° C über 65% liegt; unter dieser Grenze des Feuchtigkeitsgehaltes findet praktisch kein Angriff statt. Die Korrosionsgrenze für den Wassergehalt in SO_2 gegenüber Kupfer liegt also höher als gegen Eisen. Das gleiche trifft für Messing zu.

An Aluminium und allen Leichtmetall-Legierungen verursacht feuchtes SO_2 Lochfraß und Flächenkorrosion je nach der Reinheit bzw. den Legierungsbestandteilen. Nur Reinaluminium (Al 99,5) wird wenig angegriffen, da es sich schnell mit einer dichten und unlöslichen Schutzschicht von Aluminiumsulfat überzieht. BOLLINGER[2] hat den Korrosionsangriff von wasserhaltigem SO_2 gegenüber einer Reihe von Aluminiumlegierungen untersucht. Der Angriff ist am stärksten an der Grenzschicht zwischen dem flüssigen und dem dampfförmigen SO_2. Im Gasraum selbst ist der Angriff sehr gering und beträgt unter gleichen Bedingungen nur rd. 1% dessen an Eisen. Einige charakteristische Ergebnisse bei 1% Wassergehalt bei 20° C sind in Tab. 75 zusammengestellt.

In Abb. 106 ist die Korrosion von Anticorodal durch feuchtes SO_2, das gleichzeitig 0,5 Gew.-% Sauerstoff enthält, über dem Wassergehalt aufgetragen; zum

---

[1] BAUKLOH, W., u. I. VALEA: Korrosion u. Metallsch. Bd. 15 (1939) S. 295.
[2] BOLLINGER, I.: Schweizer Arch. Bd. 18 (1952) S. 321.

Vergleich ist auch der Angriff auf Eisen wiedergegeben. Danach beginnt ein wesentlicher Angriff erst ab etwa 4 g H_2O/kg SO_2, wobei aber die Versuchstemperatur von 20° C zu berücksichtigen ist. BOLLINGER stellt am Anticorodal

Tabelle 75. *Korrosion von Aluminiumlegierungen durch SO_2 mit 1% Wasser.*

Legierung	Zusammensetzung in %	Angriff in mg/m² u. Tag
Reinst-Al	99,99 Al	123
Avional	94,95 Al; 0,3 Si; 4,0 Cu; 0,5 Mn; 0,25 Fe	123
Anticorodal	97,3 Al; 1,1 Si; 0,6 Mn; 0,7 Mg; 0,3 Fe	114

Flächenkorrosion fest, solange alles Wasser gelöst ist, jedoch Fleckenangriff und Lochkorrosion, sobald überschüssiges Wasser vorhanden ist.

Über die Einwirkung von SO_2 auf nichtmetallische Stoffe, Textilien, Gummi und Kunststoffe wurde alles Wesentliche bereits auf S. 133 des ersten Teiles mitgeteilt. Es sei jedoch an dieser Stelle darauf hingewiesen, daß vor allem die Prüfung der Elastomeren vor ihrer Verwendung im Kältemittelkreislauf besonders sorgfältig nach den auf S. 234 mitgeteilten Verfahren erfolgen muß. Die Schwierigkeit, für SO_2 geeignete Stoffe zu finden, dürfte darin begründet sein, daß Reaktionen zwischen SO_2 und vielen Kautschuk- und Kunststoffen oberhalb bestimmter Schwellentemperaturen nicht ausgeschlossen sind.

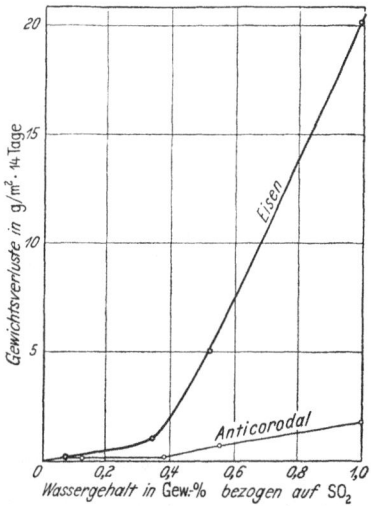

Abb. 106. Korrosion an Anticorodal und Eisen durch feuchtes SO_2 bei 20° C in Gegenwart von Sauerstoff.

Verhalten gegen Schmiermittel. Mehrfach wurde empfohlen, die Schmierwirkung des SO_2 selbst auszunützen und auf das Schmieröl in den Zylindern der Kompressoren zu verzichten. Diese reicht aber in den meisten Fällen nicht aus, so daß nach kurzer Zeit Schäden auftreten. Daher werden Mineralöle als Schmiermittel von SO_2-Kompressoren verwendet (vgl. S. 184).

Die Ölrückführung aus dem Verdampfer der SO_2-Maschine erfolgt durch Mitreißen kleinster Öltröpfchen mit dem verdampfenden Kältemittel oder durch einen Überlauf der ölreichen Schicht in die Saugleitung. Dies ist infolge der begrenzten Löslichkeit von SO_2 und Öl ineinander (vgl. S. 181 u. 287) und der damit verbundenen Doppelschichtbildung möglich, da die ölreiche Schicht mit ihrem geringeren spezifischen Gewicht auf der SO_2-reichen Schicht schwimmt. Sowohl im Verdampfer als auch im Verdichter neigt flüssiges SO_2 mit überlagerter Ölschicht stark zum Überhitzen mit Siedeverzug. PHILIPP und TIFFANY[1] und STAKELBECK[2] geben die mögliche Überhitzung im Glasbehälter mit 25 bzw. 30°, in Metallen, besonders Kupfer, mit 15 bzw. 17° an. Im überfluteten Verdampfer kann man durch Einleiten des flüssigen, mit Gasblasen versetzten SO_2 vom Regelorgan her unter die Flüssigkeitsoberfläche die Überhitzung auf weniger als 2° herabdrücken. Ferner sind auch Siedebeschleuniger zum Einbringen in

---

[1] PHILIPP, L. A., u. B. E. TIFFANY: Refrig. Engng. Bd. 25 (1933) S. 140.
[2] STAKELBECK, H.: Z. ges. Kälteind. Bd. 40 (1933) S. 33.

die Verdampfer vorgeschlagen worden: Schilf, Rohr und Holz mit ihren großen Oberflächen sind dafür geeignet. Alle diese Stoffe werden vor dem Einlegen in die Verdampfer bei 135° C im Vakuum vollständig getrocknet; sie werden dann vom Kältemittel nicht angegriffen und führen auch nicht zu Korrosionen durch Wasserabgabe. In trockenen Rohrschlangenverdampfern findet kein Siedeverzug statt; wenn sie mit Dampfdomen versehen sind, wird hier die überschüssige Flüssigkeit unterhalb des Flüssigkeitsspiegels eingeleitet.

F 12-Unlösliches (Paraffin) wird in SO_2-Kältemaschinen nur aus dem reinen Öl beim Trübungspunkt (s. S. 157) ausgeschieden. SO_2 führt keine selektive Fällung von Paraffin aus Ölen herbei. Der Gehalt an F12-Unlöslichem in Ölen für SO_2-Kältemaschinen soll 0,5% nicht überschreiten[1].

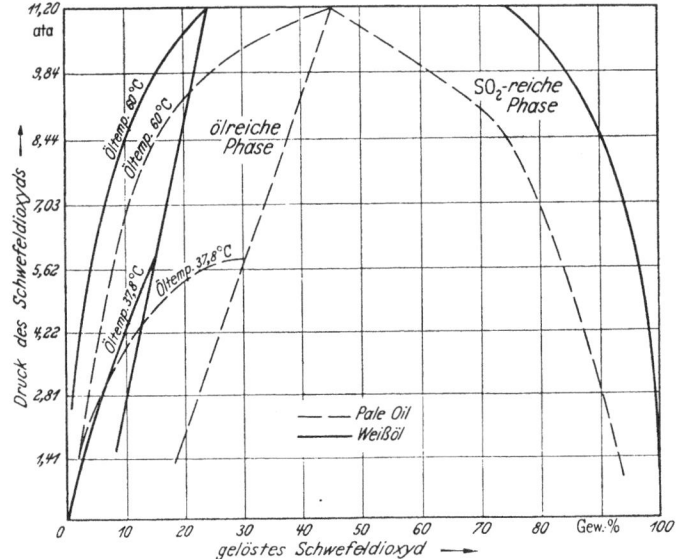

Abb. 107. Mischungsdiagramm von SO_2 und Mineralölen.

Kältefließfähigkeit, Stockpunkt, Fließpunkt und auch die *Viskosität* von Ölen werden durch SO_2 praktisch nicht verändert.

Das chemische Verhalten von SO_2 ist durch seine große Reaktionsfähigkeit bestimmt. PHILIPP und TIFFANY[2] konnten in einem Laboratoriumstest die Reaktionen zwischen SO_2 und Ölen reproduzieren, die in den Maschinen zur Reduktion des SO_2 bis zum reinen Schwefel führen und eine Verkokung des Öles mit sich bringen. Dabei reagiert sowohl das gasförmige als auch das flüssige SO_2 mit Bestandteilen des Öles unter Bildung von Schwefel, Schlamm und Ölkohle. Wasser, Sauerstoff und Schwefel im Öl wurden als reaktionsfördernde Substanzen erkannt. Die starke Reaktionsfähigkeit von SO_2 mit Ölen wird von PHILIPP und TIFFANY mit der negativen Energiebilanz der ablaufenden Reaktionen erklärt: danach gibt es kein Öl, das nicht mit SO_2 im Laufe der Zeit reaktionsfähig ist. Die vorhergesagte Bildung von Wasser bei den Reaktionen von SO_2 und Öl wurde später experimentell bestätigt und hierbei auch Schwefelsäure gefunden[3]. Diese Reaktionen werden vor allem durch das Ölharz ausgelöst; sie wurden S. 166 ausführlich behandelt.

---

[1] STEINLE, H.: Kältetechnik Bd. 1 (1949) S. 87.
[2] PHILIPP, L. A., u. B. E. TIFFANY: Refrig. Engng. Bd. 27 (1934) S. 248.
[3] STEINLE, H.: Kältetechnik Bd. 1 (1949) S. 14.

Löslichkeit. SO_2 ist eines der wenigen Kältemittel, die nur begrenzt, mit breiter Mischungslücke, in Öl löslich sind. Die Löslichkeit ist von der Art des Öles, von der Öltemperatur und dem Druck des Kältemittels abhängig. Abb. 107 zeigt die Löslichkeit von SO_2 und Ölen ineinander in Abhängigkeit vom Druck des SO_2 und der Temperatur nach PHILIPP und TIFFANY[1]. Ein dunkleres, weniger ausraffiniertes Öl löst mehr SO_2 als ein helles oder farbloses Öl. SO_2 wirkt infolge seines selektiven Lösungsvermögens nachraffinierend auf das Öl; dabei werden bevorzugt ungesättigte und hochmolekulare Stoffe gelöst und das Gemisch trennt sich in zwei Schichten. Die Löslichkeit nimmt mit steigendem Druck des Kältemittels zu und mit steigender Temperatur des Öles bei gleichem Druck ab. Unterhalb des Scheitelpunktes der Mischungslücke, also unterhalb der kritischen Temperatur der Löslichkeit von SO_2 in dem verwendeten Öl, bilden sich nach Sättigung des einen Mediums mit dem anderen zwei Schichten, eine SO_2-reiche und eine ölreiche, aus.

Die Anforderungen an Öle für SO_2-Kältemaschinen sind in Deutschland nach DIN 51503 genormt (s. S. 184).

Zersetzung. Die thermische Stabilität von SO_2 ist gut; CALCOTT und KEHOE geben an[2], daß SO_2 sicher nicht unter 1100° C zersetzt wird, wenn alle Verunreinigungen entfernt sind, während es bei Gegenwart von Wasser langsam oxydiert. Nach EUSTIS[3] ist SO_2 das stabilste Kältemittel mit einer Zerfallstemperatur von über 3000° C. FORBES[4] nennt 1650° C.

Dagegen wird diese Grenze durch viele Metalle wesentlich herabgesetzt. Kupfer, Kadmium und Antimon wirken reduzierend auf SO_2 ein, während andere, z. B. Platin und wahrscheinlich auch Eisen, eine katalytische Spaltung des SO_2 unter Bildung von Schwefel und Schwefeltrioxyd herbeiführen nach der Gleichung

$$3\,SO_2 = 2\,SO_3 + S. \tag{160}$$

Diese Reaktion findet in erster Linie im Gasraum statt, und zwar bei Temperaturen über 100° C allmählich beginnend. BERTHELOT[5] entdeckte den Zerfall von SO_2 unter Lichteinwirkung nach dem Schema der Gl. (160), der schon bei Zimmertemperatur, jedoch außerordentlich langsam vor sich geht. Auch JUNGFLEISCH fand[6], daß SO_2 sich schon bei Zimmertemperatur in S und SO_3 spaltet, jedoch beobachtete er erst nach zehn Jahren Gelbfärbung, die bei 100° C schon nach drei Tagen sichtbar wird, während freier Schwefel nach vier Tagen auftritt. BUFF hat gezeigt[7], daß unter dem Einfluß eines elektrischen Funkens oder einer stillen elektrischen Entladung SO_2 langsam nach Gl. (160) zerfällt.

Brennbarkeit, Explosionsgrenzen. SO_2 brennt nicht und bildet mit Luft keine explosiven Gemische. Es löscht Feuer. Im Kontakt mit Flammen oder heißen Flächen bildet es keine schädlichen Produkte.

VII. Physiologische Eigenschaften.

Giftigkeit. SO_2 wird von den *Underwriters Laboratories*, die sich auf Versuche mit Meerschweinchen stützen, als das giftigste aller Kältemittel bezeichnet[8]. Todesfälle durch SO_2 sind nach EUSTIS trotzdem sehr selten[3]. Auch gesundheitliche Schäden durch SO_2 sind aus der SO_2-verarbeitenden Industrie nicht bekannt

---

[1] PHILIPP, L. A., u. B. E. TIFFANY: Refrig. Engng. Bd. 27 (1934) S. 248.
[2] CALCOTT, W. S., u. R. A. KEHOE: Sonderdruck Deep Water Point, N. J. 28./29. Okt. 1931. — [3] EUSTIS, A. H.: Refrig. Engng. Bd. 36 (1938) S. 179.
[4] FORBES, E. L.: Refrig. Engng. Bd. 60 (1952) S. 1182.
[5] BERTHELOT, D.: C. R. Bd. 150 (1910) S. 1517.
[6] JUNGFLEISCH, E.: C. R. Bd. 156 (1913) S. 1719.
[7] BUFF, H.: Liebigs Ann. Chem. Bd. 113 (1860) S. 129.
[8] *Underwriters Laboratories Inc.:* Miscellaneous Hazard Nr. 2375, 1933.

geworden. Die Einstufung in die Gruppe der gefährlichsten Gase erscheint deshalb kaum gerechtfertigt. Durch seine starke Reizwirkung auf Bronchen, Nase und Augen schon in extremer Verdünnung hat SO_2 bereits vor dem Erreichen schädlicher Konzentrationen genügende Warnwirkung. Allerdings wirkt es durch die hervorgerufenen Hustenanfälle und Atembeklemmungen auch panikfördernd. Eine gewisse Gewöhnung ist bei SO_2 möglich, jedoch liegt auch deren Grenze weit unter der Gefahrenschwelle. Interessant ist, daß die Gewöhnung auch über längere Pausen erhalten bleibt bzw. schnell wiederhergestellt ist.

In Tab. 76 sind einige Angaben über die physiologische Wirkung von SO_2 in der Atemluft zusammengestellt.

Tabelle 76. *Physiologische Wirkung von SO_2 in Luft.*

Konzentrationen Vol.-% in Luft	Art der Einwirkung	Literatur
0,003—0,004	über Stunden ohne Beschwerden erträglich, jedoch deutlich wahrnehmbar durch leichten Husten- und Augenreiz	
0,006	etwa $1/2$ Stunde erträglich	[1], [2], [3]
0,02—0,03	nur ganz kurze Zeit erträglich. Starker Hustenreiz	[1]
0,05—0,07	in 30 bis 60 Minuten tödlich	[3], [4]
0,2—1,0	innerhalb etwa 5 Minuten oder sofort tödlich	[1], [4]

[1] EUSTIS, A. H.: Refrig. Engng. Bd. 36 (1938) S. 179.
[2] SAYERS, R. R., u. Mitarbeiter: Public Health Bull. Nr. 185, Washington, März 1929.
[3] FLURY-ZERNIK: Schädliche Gase. Berlin 1931.
[4] *Underwriters Laboratories Inc.;* Miscellaneous Hazard Nr. 2375, Nov. 1933, and Nr. 3185.

SO_2 führt schon bei sehr geringen Konzentrationen in der Atemluft zunächst zu Husten und Erstickungserscheinungen, die unter Umständen krampfartigen Charakter annehmen können und sofort zum Verlassen des mit SO_2 verseuchten Raumes zwingen. Auf der Mundschleimhaut entsteht ein langanhaltender, eigenartig bitterer Nachgeschmack.

Chronische Nachwirkungen sind bei leichteren Vergiftungen selten. In Fällen schwerer Einwirkung von SO_2 auf die Atmungsorgane können Entzündungen der Lunge und Lungenödem auftreten; es entstehen starke Entzündungen der Luftwege mit Membranbildung und schließlich auch Blutungen. Die Lunge nimmt das SO_2 fast restlos auf, und damit gelangt es in die Blutbahn. Im Blut wird SO_2 zu SO_3 oxydiert und bildet mit der Blutflüssigkeit Schwefelsäure. Das Blut koaguliert, da das Eiweiß gefällt wird. Eine spezifische Wirkung auf das Gehirn mit Bewußtlosigkeit tritt nur bei höherer Konzentration auf. In den meisten Fällen handelt es sich vor allem um rein lokale Reizwirkung und Verätzung der Schleimhäute. Nach ausgesprochen akuten Vergiftungen können schwere Bronchialkatarrhe und lobuläre Pneumonien auch zu tödlichem Ausgang führen.

Als erste Hilfe bei Reizung der Schleimhäute, starkem Hustenreiz und Atemnot ist Frischluftzufuhr das Wichtigste. Nach längerer und stärkerer Einwirkung ist Sauerstoffatmung geraten, um die Lunge freizumachen. Sie ist so lange anzuwenden, bis das Röcheln aufhört. Bei Schluckbeschwerden ist eine schwache 1- bis 2%ige Natronlösung mit Zuckerwasser zu trinken. Bei einer Verätzung der

Luftwege empfiehlt sich das Einatmen einer zerstäubten 1%igen Sodalösung. Auf keinen Fall ist künstliche Atmung oder Überdruckatmung anzuwenden.

Die Haut ist nach Einwirkung von SO_2 zunächst gründlich mit Wasser zu spülen, vorsichtig und ohne Reiben zu trocknen und mit einem reinen Öl zu behandeln. Auch bei äußeren Verletzungen mit SO_2 ist die Anwendung einer 1%igen Sodalösung zur Neutralisation zweckmäßig. SO_2 ist für die Haut, besonders wenn diese durch Schwitzen feucht ist, gefährlich.

Eine Augenreizung tritt durch SO_2 stets auf. Das Auge ist zunächst mit reinem Wasser zu spülen, um die gebildete Säure möglichst schnell zu verdünnen; anschließend sind zur Linderung einige Tropfen Rizinusöl einzuträufeln.

Als Atmungsschutz gegen SO_2 ist eine Gasmaske mit dem gelben E-Einsatz zu verwenden. Zu berücksichtigen ist aber, daß hohe SO_2-Konzentrationen schnell durch die Maskenfilter durchschlagen.

Aus der Raumluft läßt sich SO_2 durch Versprühen von Wasser beseitigen, da 1 Volum Wasser bei 20° C 40 Volume SO_2-Gas löst.

Warnfähigkeit und Paniksicherheit. SO_2 ist infolge seiner Reizwirkung auf Schleimhäute, Lunge und Augen außerordentlich panikfördernd. Unglücksfälle sind aber wegen der ausgeprägten und spezifischen Warnwirkung sehr selten. SO_2 macht sich bereits bei Gehalten von 0,0012 bis 0,0015 Vol.-% in der Atemluft durch Geruch bemerkbar[1].

Einwirkung auf Kühlgut. SO_2 tötet Blumen und Pflanzen als ausgesprochenes Vegetationsgift sehr schnell, indem es das Blattgrün (Chlorophyll) zerstört. Textilien und Pelze werden in trockenem Zustand durch trockenes SO_2 nicht geschädigt. Feuchte Stoffe und Pelze werden jedoch von SO_2 durch die entstehende Schwefelsäure angegriffen, und viele Farbstoffe werden gebleicht. Lebensmittel werden durch SO_2 nur insoweit geschädigt und ungenießbar gemacht, als sie alkalisch sind oder Fette enthalten, die SO_2 binden oder lösen und dann durch Reaktion zerlegt werden. Eine Verfärbung der Butter nach Einwirkung von SO_2 zeigt Ungenießbarkeit an. Für einige Lebensmittel wird SO_2 in kleinen Konzentrationen (12,5 bis 125 mg %) auch als mikrobizides Konservierungsmittel angewendet[2].

VIII. Betriebsverhalten.

Prüfdrücke. Wegen der Prüfdrucke für SO_2-Kältemaschinen s. S. 201 und Tab. 58.

Reinigen. SO_2 muß als Kältemittel besonders sorgfältig aufbereitet werden, um Wasser, Säuren und Fremdgase zu entfernen.

Am besten geeignet zum Trocknen von SO_2-Dampf ist Phosphorpentoxyd, das auf Glaswolle oder Asbestflocken oder ein körniges Trägermaterial wie Koks oder Bimsstein aufgebracht ist (s. S. 202). Auf diese Weise läßt sich SO_2 ohne Schwierigkeiten auf einen Wassergehalt von weniger als 10 mg/kg SO_2 trocknen (vgl. auch S. 282).

Durch einfaches Umdestillieren läßt sich die Schwefelsäure aus dem SO_2 nie sicher entfernen, besonders wenn neben H_2SO_4 auch kleine Mengen von Schwefeltrioxyd vorhanden sind. Mit der Entfernung von Säurenebeln hat sich FAIRS eingehend befaßt[3]. Die große Beständigkeit von Säurenebeln, insbesondere von SO_3, erklärt man mit der Behinderung der Vereinigung der einzelnen Tröpfchen durch adsorbierte Luftschichten und auch durch das Vorhandensein eines bei kleinen Tröpfchen wesentlich größeren Dampfdruckes, der dem des Lösungs-

---

[1] *Badische Anilin- und Sodafabrik:* Eufrigan, ein Kältemittel der BASF. Ludwigshafen 1950. — [2] Vgl. z. B. S. W. SOUCI: Z. Lebensm.-Unters. u. Forsch. Bd. 93 (1951) S. 65.
[3] FAIRS, G. L.: J. Soc. chem. Ind. Bd. 60 (1941) S. 141.

mittels oder dem des umgebenden Mediums gleichkommt. Für die Entfernung derartig beständiger Nebel aus Gasen werden vor allem die drei folgenden Verfahren empfohlen:

1. Adsorption an porösem Material mit großer Oberfläche, z. B. in Kästen, die mit Koks beschickt sind oder in Türmen, die mit geeigneten Lösungsmitteln gefüllt sind;

2. Zentrifugieren und Auffangen der Teilchen auf Prallflächen. Besonders geeignet ist die Apparatur von CALDER-FOX. Mit ihr lassen sich bis zu 97% aller Teilchen zurückhalten, die größer sind als $2\,\mu$;

3. die elektrostatische Abscheidung nach Abb. 85, S. 223, erfaßt auch noch kleinere Teilchen als $2\,\mu$ und erlaubt eine praktisch vollständige Reinigung.

Für die Entfernung von Schwefelsäure und Schwefeltrioxyd aus den in Herstellerfirmen für Kältemaschinen aufzubereitenden Mengen von SO_2 hat sich der Einbau von Zellulosefiltern, z. B. Baumwolle, direkt hinter der Stahlflasche vor den Trockenfiltern bewährt. Der Einbau vor den Trocknern ist deshalb wichtig, weil hier zurückgehaltene H_2SO_4 und SO_3 aus der Baumwolle Wasser frei machen. Die Baumwolle färbt sich dabei schwarz.

Zum Reinigen von gasförmigem SO_2 hat sich die auf Abb. 69, S. 202, beschriebene Anlage gut bewährt. Die Fremdgase lassen sich dabei durch leichtes, gleichmäßiges Abblasen von SO_2-Dampf aus dem Verflüssigungsbehälter entfernen.

Das Spülen, Trocknen und Evakuieren von Kältemaschinen, die mit SO_2 betrieben werden sollen, muß wegen der großen Reaktionsfähigkeit von SO_2 und der Löslichkeit vieler Stoffe in SO_2 besonders sorgfältig erfolgen. Insbesondere sollten Fettrückstände und Flußmittel, die zudem noch hygroskopisch sein können, sorgsam durch Spülen in geeigneten Lösungsmitteln oder auch mechanisch entfernt werden.

Nach den bisherigen Erfahrungen soll die Füllung einer SO_2-Kleinkältemaschine nicht mehr Wasser enthalten als 50 mg/kg SO_2 und Öl zusammen. In jedem Falle ergibt sich die Notwendigkeit, die Maschine und ihre Teile vor der Füllung so sorgfältig wie irgend möglich zu trocknen, da ständig eingebaute Trockner im Kältemittelkreislauf nicht angewendet werden.

Müssen SO_2-Kältemaschinen entleert werden, so ist das austretende Gas stets zu binden, da es als giftiges und stark korrodierendes Medium nicht in die Atmosphäre — auch nicht ins Freie — abgelassen werden darf. Zur Absorption dienen je kg SO_2 etwa $5{,}5\,l$ Bichromatsole, die 410 g Kaliumbichromat je Liter Wasser enthält. Statt der Bichromatlösung kann auch das entsprechende Äquivalent von Kalium- oder Natriumhydroxyd verwendet werden; so nimmt z. B. $1\,l$ Wasser mit 350 g gelöstem KOH 300 g SO_2 auf. Auch Holzkohle ist geeignet, wobei $1\,l$ Aktivkohle 0,474 kg SO_2 zu binden imstande ist.

Zum Entfernen von SO_2 aus verseuchten Werkstätten empfiehlt BOPP[1] das Abblasen von Ammoniak aus einer Druckflasche durch ein Reduzierventil. Unter Bildung der charakteristischen weißen Nebel von Ammoniumsulfit wird das SO_2 gebunden. Auch beim Arbeiten an undichten Maschinen hat sich diese Methode bewährt, indem gerade soviel NH_3 an die undichte Stelle geblasen wird, daß weder ein Überschuß von SO_2 noch von NH_3 vorhanden ist. Dieses Verfahren ist besonders dann gut anwendbar, wenn Teile von undichten Maschinen, in denen sich noch größere Mengen SO_2 befinden, nicht abgesperrt werden können. Ferner kann SO_2 auf die gleiche Weise beim Austritt aus Lüftungsanlagen unschädlich gemacht werden.

---

[1] BOPP, I. D.: Ansul News Notes, März 1952, S. 12/13.

Dichtigkeitsprüfung. SO_2 hat nur eine geringe Tendenz, Undichtigkeiten hervorzurufen. Dazu tragen sein geringer Betriebsdruck, seine ausreichende Oberflächenspannung und seine geringe Löslichkeit in Ölen bei. Undichtigkeiten sind leicht durch den Geruch, die Reizwirkung sowie mit Ammoniak nachzuweisen. Neuerdings hat PATTERSON ein Nachweisgerät für SO_2 in Luft entwickelt[1], das einen Empfindlichkeitsbereich von 0,0005 bis 0,1 Vol.-% überdeckt. Es handelt sich um ein Röhrchen mit Kieselgelfüllung, auf das als Indikatorsubstanz verschiedene Stoffe aufgebracht sind: Vanadate zeigen SO_2-Konzentrationen bis 0,012 Vol.-% durch einen Umschlag von hellem Gelb bis zu dunkelgrün an; Kaliumperjodat schlägt im Bereich bis 0,0675 Vol.-% SO_2 in Luft von weiß in rosa um. Erfahrungen mit diesem Gerät sind noch nicht bekannt.

Überhitzung, Zersetzung. Infolge des hohen adiabaten Exponenten von SO_2 können an den Druckventilen Temperaturen bis zu 170° C auftreten. Gute Kühlung des Kompressors und des Kondensators ist deshalb besonders wichtig, um die mit SO_2 möglichen Reaktionen zu verhüten.

Vorsicht ist beim Wechsel des Kältemittels geboten, wenn die betreffende Maschine vorher mit SO_2 betrieben wurde. Kleine Mengen von SO_2 sind an sich weder im Kältemittelkreislauf mit CH_3Cl noch mit CF_2Cl_2 schädlich. Ganz anders liegt der Fall aber dann, wenn mit SO_2 versetztes Öl, in dem das SO_2 offenbar nicht nur gelöst, sondern gebunden vorliegt, der Luft ausgesetzt wird und dann mit einem anderen Kältemittel bei erhöhter Temperatur in Berührung kommt. Dann treten schnell Umsetzungen zwischen dem restlichen SO_2 und dem Öl ein, wobei SO_2 zu SO_3 aufoxydiert und Schwefelsäure gebildet wird. Das Öl in einem solchen Kompressor wird schwarz und ergibt Schlamm- und Kohleausscheidungen. Ähnliche Vorgänge spielen sich auch ab, wenn SO_2-Maschinen bei Reparaturen geöffnet werden und das Öl dem Luftsauerstoff ausgesetzt wird. Deshalb müssen alle Einzelteile vor dem Zusammenbau nach Reparaturen gründlich entölt werden. Dazu schlägt BOPP folgende Arbeitsweise vor[2]:

Füllen oder Spülen der Teile mit reinem, frisch destilliertem Trichloräthylen; — 15 Minuten stehenlassen; — Entleeren und mit trockener Luft oder trockenem Stickstoff ausblasen; — gegebenenfalls die ersten drei Arbeitsgänge wiederholen, bis das Trichloräthylen klar und farblos bleibt, und schließlich alle Teile mit trockener Luft 30 Minuten bei 100 bis 130° C trocknen.

F. Methan und fluorfreie Methanderivate.

Aufbauend auf Methan als Grundstoff hat die chemische Industrie eine große Anzahl von Stoffen geschaffen, die als Kältemittel verwendet werden. Die stufenweise Halogenierung, vorzugsweise mit Chlor und Fluor durch Substitution der vier Wasserstoffatome, bietet sehr zahlreiche Möglichkeiten in der Variation der Eigenschaften. Alle auf diese Weise herstellbaren Stoffe kommen in der Natur nicht vor.

1. Methan (CH_4).

Methan kommt in der Natur im Erdgas vor. Dieses entströmt aus Quellen in Erdöl- und Steinkohlegebieten und entsteht infolge der durch Bakterien verursachten Gärung von Zellulose in Sümpfen als Sumpfgas. Ferner ist CH_4 ein wichtiger Bestandteil (bis zu 30%) des Kokereigases aus der trockenen Destillation der Steinkohle bei 800 bis 900° C und wird aus diesem durch Tiefkühlung und fraktionierte Kondensation gewonnen. Synthetisch wird Methan in großen Mengen

---

[1] PATTERSON, G. D.: Ref. Chemiker-Ztg. Bd. 76 (1952) S. 376.
[2] BOPP, I. D.: Ansul News Notes, Febr. 1951, S. 13.

aus Kohlenmonoxyd und Wasserstoff mit Nickel als Katalysator bei 250° C hergestellt. Im Laboratorium erhält man Methan in reiner Form aus Aluminiumkarbid (Al_4C_3) durch Zersetzung mit Wasser.

$$Al_4C_3 + 12\,H_2O \rightarrow 4\,Al(OH)_3 + 3\,CH_4.$$

Ferner läßt es sich durch trockene Destillation eines Gemisches von Natriumazetat (CH_3COONa) und Natriumhydroxyd herstellen.

$$CH_3COONa + NaOH \rightarrow Na_2CO_3 + CH_4.$$

Methan ist leicht brennbar und im Gemisch mit Luft explosiv. Aus diesem Grunde und wegen seiner niedrigen kritischen Temperatur ($-82{,}5°$ C) kommt es als Kältemittel nicht in Frage.

Die thermischen Eigenschaften des Methans sind in einem Bericht von KEESOM, BIJL und MONTÉ zusammengefaßt[1]. Da Methan in der chemischen Technik eine wichtige Rolle spielt, wurde diesem Bericht auch ein MOLLIER-i, $\lg p$-Diagramm beigefügt, das sich von 0,1 bis 300 Atm und von 90 bis 480° K erstreckt. Schon früher hatten KEESOM und HOUTHOFF ein T, s- und ein i, s-Diagramm für Methan ausgearbeitet[2]. Ferner haben EUCKEN und BERGER ein i, T-Diagramm veröffentlicht[3]. In diesen Arbeiten findet man zahlreiche Literaturangaben.

Wir müssen uns hier mit diesen kurzen Hinweisen begnügen.

2. Methylchlorid (CH_3Cl).
I. II. Verwendung und Herstellung.

Das Radikal CH_3 mit einer freien Valenz wird als Methyl bezeichnet. Sättigt man nun die freie Valenz durch ein Halogen (F, Cl, Br, J) ab, so erhält man die entsprechenden Methylhalogenide, von denen das Jodid fest ist, während das Fluorid einen sehr tiefen Siedepunkt von $-78°$ C hat. Dagegen kommen Methylchlorid und Methylbromid als Kältemittel in Betracht.

Methylchlorid wurde erstmalig 1835 von DUMAS und PELIGOT hergestellt. In Deutschland begann die technische Herstellung 1874 zum Zwecke der Synthese verschiedener organischer Stoffe. Als Kältemittel wurde es erstmalig von VINCENT, 1878, verwendet. Seit 1920 erlangte es vor allem in Haushalt- und kleinen Gewerbekältemaschinen große Verbreitung. Da es aber giftig und brennbar ist, läßt es wesentliche Anforderungen, die an ein ideales Kältemittel zu stellen sind, unerfüllt und tritt daher seit der Erfindung der Freone wieder stärker in den Hintergrund[4].

Methylchlorid wurde früher meistens diskontinuierlich in ausgebleiten Autoklaven aus Methylalkohol, Metallchloriden und Schwefelsäure bzw. kontinuierlich aus mit Chlorwasserstoff gesättigtem, schwefelsäurehaltigem Methylalkohol in Apparaturen, die mit Tantal oder Platin ausgekleidet waren, hergestellt.

Die Prozesse selbst werden bei etwa 150° C ausgeführt, so daß bei der Synthese ein Druck von 10 bis 20 Atm herrscht, welcher dem Druck des die Anlage verlassenden Gemisches entspricht.

Neuerdings erzeugt man Methylchlorid nahezu ausnahmslos unter Normaldruck durch Chlorieren von Methan, das sowohl in Deutschland wie in den USA

---

[1] KEESOM, W. H., A. BIJL u. L. A. J. MONTÉ: Commun. phys. Lab. Univ. Leiden, Suppl. Nr. 108b. Auch vollständig enthalten in Bull. Inst. Int. Froid Bd. 23 (1942) Annexe Nr. 4 und in Appl. Sci. Research A 3 (1952) S. 261.

[2] KEESOM, W. H., u. D. J. HOUTHOFF: Commun. phys. Lab. Univ. Leiden, Suppl. Nr. 65a. Bull. Mens. Rens. frigorif. Bd. 7 (1926), Annexes 2. Serie, Nr. 1 III.

[3] EUCKEN, A., u. W. BERGER: Z. ges. Kälteind. Bd. 41 (1934) S. 145.

[4] Eine zusammenfassende Beurteilung von Methylchlorid als Kältemittel lieferte E. W. MCGOVERN: Refrig. Engng. Bd. 34 (1937) S. 29.

aus Erdgas billig zur Verfügung steht. Es bilden sich dabei neben Chlorwasserstoff sämtliche Methanchloride (CH_3Cl, CH_2Cl_2, $CHCl_3$ und CCl_4), die nach der Fraktionierung in den Handel gelangen. Durch Wahl der Umsetzungsbedingungen ist es möglich, das Mengenverhältnis der einzelnen Halogenkohlenwasserstoffe dem Bedarf anzupassen. Die Reindestillation der niedrigsiedenden Komponenten wird entweder bei tiefen Temperaturen oder unter erhöhtem Druck vorgenommen.

Transportgefäße für Methylchlorid dürfen nicht aus Aluminium, Magnesium, Zink sowie deren Legierungen hergestellt werden. Auch die Armaturen dürfen diese Metalle nicht enthalten. Diese Stoffe werden von CH_3Cl stark angegriffen (vgl. S. 299). Mit Rücksicht auf die Giftigkeit und Brennbarkeit von CH_3Cl sind Lagerräume für Druckflaschen mit diesem Kältemittel besonders gut zu lüften, um jede Anreicherung auszuschließen. CH_3Cl unterliegt der Druckgasverordnung (vgl. S. 7).

III. Thermische und kalorische Eigenschaften.

Molekulargewicht $\mu = 50{,}49$,

Gaskonstante $R = 16{,}80 \left[\dfrac{\mathrm{mkg}}{\mathrm{kg\,°C}}\right]$.

Zustandsgleichung. Der erste Versuch, eine zuverlässige Zustandsgleichung für CH_3Cl aufzustellen, stammt von HOLST[1]. Er ergänzte die älteren, sich z. T. widersprechenden Messungen von p- und v-Werten auf einigen Isothermen durch eigene Messungen und bediente sich zur Darstellung dieser Werte der von KAMERLINGH ONNES vorgeschlagenen Zustandsgleichung (vgl. Bd. II, S. 181 dieses Handbuches) unter Fortlassung höherer Korrekturglieder.

Für Drücke unter 20 Atm und im Temperaturbereich von -40 bis $100°$ C fand HOLST auf diesem Wege die Gleichung

$$P = \frac{RT}{v}\left[1 + \frac{1}{v}\left(0{,}05920 - \frac{20{,}46}{T} - 0{,}1082 \cdot 10^{-6}\,T^2\right) + \right. \\ \left. + \frac{1}{v^2}\left(222{,}4 \cdot 10^{-6} - \frac{1{,}633}{T} + \frac{304{,}1}{T^2}\right)\right]. \tag{161}$$

Darin ist v in Amagat-Einheiten ausgedrückt; das heißt, daß als Einheit des Volums dasjenige bei $0°$ C und 1 Atm im idealen Gaszustand angenommen ist[2]; der Druck ergibt sich in Atmosphären. Die Gaskonstante R hat hierbei den Wert $1/273{,}16$.

25 Jahre später gingen TANNER, BENNING und MATHEWSON[3] ebenfalls von der Zustandsgleichung von KAMERLINGH ONNES aus, erweiterten aber den Ansatz noch um ein Glied mit $1/v^4$:

$$P = \frac{RT}{v}\left(1 + \frac{B}{v} + \frac{C}{v^2} + \frac{D}{v^4}\right). \tag{162}$$

Darin sind B, C und D wieder Temperaturfunktionen, die nach reziproken Potenzen von T geordnet sind; die Größe B enthält auch noch ein Zusatzglied in T:

$$\left.\begin{aligned}
B &= b_0 + b_1/T + b_2/T^2 + b_3/T^4 + b_4/T^6 + \\
  &\quad + [2{,}765 \cdot 10^{-17}(T_k - T)^{6{,}3} - 0{,}00008], \\
C &= c_0 + c_1/T + c_2/T^2 + c_3/T^4 + c_4/T^6, \\
D &= d_0 + d_1/T + d_2/T^2 + d_3/T^4 + d_4/T^6.
\end{aligned}\right\} \tag{162a}$$

---

[1] HOLST, G.: Diss. T. H. Zürich 1941.
[2] Diese Einheit hat den Vorteil, daß sie für alle Gase die gleiche Anzahl Moleküle enthält.
[3] TANNER, H. G., A. F. BENNING u. W. F. MATHEWSON: Industr. Engng. Chem. Bd. 31 (1939) S. 878.

Die Konstanten in den Gl. (162a) haben folgende Werte:

$b_0 = 0{,}0027235$, $b_1 = -2{,}1938$, $b_2 = -6{,}9212 \cdot 10^2$, $b_3 = -5{,}0435 \cdot 10^7$,
$b_4 = -3{,}7992 \cdot 10^{11}$.

$c_0 = 7{,}2482 \cdot 10^{-6}$, $c_1 = -3{,}0206 \cdot 10^{-3}$, $c_2 = 2{,}7389$, $c_3 = 2{,}5794 \cdot 10^5$,
$c_4 = 1{,}4154 \cdot 10^{10}$.

$d_0 = 1{,}8863 \cdot 10^{-10}$, $d_1 = -2{,}3738 \cdot 10^{-8}$, $d_2 = -6{,}7855 \cdot 10^{-5}$,
$d_3 = 4{,}7833$, $d_4 = -4{,}0140 \cdot 10^5$.

Mit diesen Zahlenwerten werden die Meßwerte von HOLST und seinen Vorgängern selbst in der Nähe des kritischen Punktes auf $\pm 0{,}2\%$ genau wiedergegeben. Es erscheint daher zulässig, daraus durch bekannte Differentialoperationen Gleichungen für die Enthalpie und die Entropie zu berechnen und eine Dampftafel sowie ein MOLLIER-Diagramm zu entwerfen.

Dampfdruckkurve. TANNER und Mitarbeiter (a. a. O.) empfehlen die Gleichung

$$\lg p = 21{,}45514 - 1687{,}576/T - 6{,}417250 \lg T + 0{,}2839 \cdot 10^{-2} T, \qquad (163)$$

in der p in ata und T in °K ausgedrückt sind.

Neuere Werte von -75 bis $+5°$ C stammen von GRANEFF und JUNGERS[1]. Der normale Siedepunkt liegt bei $t_s = -24{,}0$, der Erstarrungspunkt bei $t_f = -97{,}5°$ C, nach anderer Quelle bei $-97{,}72°$ C.

Kritische Daten. $T_k = 416{,}2°$ K, $t_k = 143{,}0°$ C, $p_k = 68{,}1$ ata,

$$v_k = 2{,}83\, l/\text{kg}\, *, \qquad \gamma_k = 0{,}353\, \text{kg}/l\, *, \qquad \sigma = \frac{R T_k}{P_k v_k} = 3{,}63.$$

Spezifisches Volum und spezifisches Gewicht. Die Sättigungsvolume v'' erhält man am besten aus der Zustandsgleichung (162) für bestimmte nach der Dampfdruckkurve zugehörige Wertepaare von p und T. Die v''-Werte müssen durch Probieren gewonnen werden. Werte für das spezifische Volum von trocken gesättigtem und überhitztem CH_3Cl-Dampf findet man im Arbeitsblatt zur Zeitschrift „Kältetechnik" Bd. 2 (1950) Heft 6.

Die spezifischen Volume v' bzw. die spezifischen Gewichte γ' der siedenden Flüssigkeit erhält man aus den kritischen Werten γ_k und T_k mit Hilfe des Gesetzes von CAILLETET und MATHIAS über die geradlinige Mittellinie nach Gl. (43). Dazu genügt die Kenntnis einiger weniger Meßwerte von γ'. Schließlich kann man zur Kontrolle auch noch von den Gln. (44) bis (44c) Gebrauch machen.

Von den direkten Messungen von γ' scheinen diejenigen von SHORTHOSE die genauesten zu sein[2]. Sie umfassen den Bereich von -30 bis $+30°$ C. Die Werte von HOLST (a. a. O.), die nach dem Gesetz der geraden Mittellinie berechnet wurden, sind um etwa 0,5% größer.

Für festes CH_3Cl ist ein Wert des spezifischen Gewichts bei $-195°$ C bekannt, er lautet $\gamma_f = 1{,}393$ kg/l.

Spezifische Wärme. Aus spektroskopischen Daten berechnete VOLD[3] die spezifische Molwärme μc_{v_0} von CH_3Cl *im idealen Gaszustand* ($p \to 0$). Seine Werte lassen sich durch folgende Gleichungen darstellen:

$$\mu c_{v_0} = 2{,}13944 + 1{,}84523 \cdot 10^{-2} T + 3{,}5775 \cdot 10^{-6} T^2 - 8{,}33 \cdot 10^{-9} T^3. \qquad (164)$$

---

[1] GRANEFF, J. M., u. J. C. JUNGERS: Bull. Soc. chim. Belg. Bd. 57 (1948) S. 87.

* Angaben über v_k bzw. γ_k sind immer etwas unsicher. Für Methylchlorid fand BRINKMANN (Diss. Amsterdam) $\gamma_k = 0{,}353$. — CENTNERSZWER [Z. phys. Chem. Bd. 46 (1903) S. 456 u. Bd. 49 (1904) S. 199] nennt $\gamma_k = 0{,}370$ und KUENEN [Arch. Neerl. Bd. 26 (1898) S. 39] $\gamma_k = 0{,}345$.

[2] SHORTHOSE, D. N.: Dept. Sci. Ind. Research (London) Spec. Rep. Bd. 19 (1924).

[3] VOLD, R. D.: J. Amer. chem. Soc. Bd. 57 (1935) S. 1192. — Vgl. auch VOGE und ROSENTHAL: J. Chem. Phys. Bd. 4 (1936) S. 137.

Daraus erhält man

$$\mu c_{p_0} = \mu c_{v_0} + 1{,}986.$$

GLOCKNER und EDGELL[1] nennen

bei $t\,[°C] = 25 \quad\quad 100 \quad\quad 200$

$c_{p_0}\left[\dfrac{\text{kcal}}{\text{kg °C}}\right] = 0{,}192 \quad 0{,}220 \quad 0{,}253.$

Für höhere Drücke muß die spezifische Wärme nach den Gln. (47) bis (49) mit Hilfe der Zustandsgleichung (162) und den Temperaturfunktionen nach Gl. (162a) berechnet werden. Man findet

$$\mu c_v = \mu c_{v_0} + RT\left[-\frac{1}{v}\frac{\partial^2(BT)}{\partial T^2} - \frac{1}{2v^2}\frac{\partial^2(CT)}{\partial T^2} - \frac{1}{4v^4}\frac{\partial^2(DT)}{\partial T^2}\right]. \quad (164\text{a})$$

Bei 0° erhält man $\varkappa = c_{p_0}/c_{v_0} = 1{,}266$.

Die spezifische Wärme von *flüssigem Methylchlorid* wurde von SHORTHOSE zwischen -30 und $+30°$ C im Sättigungszustand gemessen. Er fand

$$c'_x = 0{,}2495 + 0{,}04499 \cdot 10^{-2}\,T. \quad (165)$$

Latente Wärme. Direkte Messungen der Verdampfungswärme r fehlen fast vollständig. Am zuverlässigsten erscheinen die Werte von TANNER, BENNING und MATHEWSON[2], die nach der Gleichung $r = T(s'' - s')$ gewonnen werden. Dabei erhalten diese Autoren s''-Werte aus einer allgemeinen Gleichung für s, die mit der Zustandsgleichung (162) nach Gl. (90) gewonnen wurden. Der rechnerische Weg ist sehr langwierig; daher soll hier auf die Originalarbeit verwiesen werden. Für s' findet man mit Gl. (165)

$$s' = \int \frac{c'_x}{T}\,dT = 0{,}2495 \ln T + 0{,}04499 \cdot 10^{-2}\,T + s'_0,$$

worin s'_0 nur von der willkürlichen Wahl des Nullpunktes der Entropie abhängt. Die so berechneten Werte von r sind in die Dampftabelle 4 auf S. 458 aufgenommen.

Die *Schmelzwärme* beträgt 31 kcal/kg.

Enthalpie, Entropie und MOLLIER-Diagramm. Wie bei der Berechnung der Verdampfungswärme erwähnt wurde, haben TANNER, BENNING und MATHEWSON die Entropie s des Dampfes aus der Zustandsgleichung (162) berechnet. Den gleichen Weg haben sie auch bei der Berechnung der Enthalpie i des Dampfes nach Gl. (80) eingeschlagen. Für die Enthalpie der Flüssigkeit findet man mit Gl. (165)

$$i' = \int c'_x\,dT = 0{,}2495\,T + 0{,}0225 \cdot 10^{-2}\,T^2 + i'_0,$$

wobei i'_0 nur von der Wahl des Nullpunktes abhängt.

Mit diesen Werten wurden die Dampftabelle 4 auf S. 458 und das MOLLIER-i, $\lg p$-Diagramm 7 für CH_3Cl (in der Tasche dieses Bandes) berechnet.

Ein MOLLIER-i, s-Diagramm und ein pv, p-Diagramm wurden im Kältetechnischen Institut der Technischen Hochschule, Stockholm, entworfen[3].

IV. Physikalische Eigenschaften.

Viskosität. Im *idealen Gaszustand* kann η_0 nach Gl. (98) berechnet werden. Es bestehen jedoch Widersprüche in den Werten von B und C, die sich besonders bei tieferen Temperaturen stark bemerkbar machen. BRAUNE und LINKE[4] fanden

---

[1] GLOCKNER, G., u. W. F. EDGELL: J. Chem. Phys. Bd. 9 (1941) S. 527.
[2] Nach TANNER, BENNING u. MATHEWSON, vgl. Fußnote 3 auf S. 293.
[3] Es ist als Arbeitsblatt der Zeitschrift „Kältetechnik" Bd. 4 (1952) Heft 7 beigeben.
[4] BRAUNE, H., u. R. LINKE: Z. phys. Chem. Abt. A Bd. 148 (1930) S. 195. — LINKE diskutiert diese Widersprüche in Z. ges. Kälteind. Bd. 44 (1942) S. 52. Vgl. auch R. LINKE: Wärme- u. Kältetechn. Bd. 44 (1942) S. 52.

$B \cdot 10^7 = 151,2$ und $C = 441$ (vgl. Tab. 12). Dagegen erhielten BENNING und MARKWOOD[1] $B \cdot 10^7 = 97,9$ und $C = 172$. Dabei wird η_0 in Poise erhalten. Bei $+52°$ C erhält man auf beiden Wegen den gleichen Wert. Bei tieferen Temperaturen sind die Werte von BRAUNE und LINKE kleiner (bei $-20°$ schon um 5,5%), bei höheren Temperaturen größer als diejenigen von BENNING und MARKWOOD.

Für verschiedene Drücke und Temperaturen werden für CH_3Cl-*Dämpfe* die in Tab. 77 enthaltenen Werte von η angegeben[2].

Tabelle 77. *Viskosität von dampfförmigem CH_3Cl in Mikropoise.*

Druck in ata	Temperatur °C					
	−20	−10	0	10	20	30
0,5	87	94	97	102	107	111
1,0	93	97	100	103	108	111
2,0	—	—	107	106	109	112
3,0	—	—	—	113	113	114
4,0	—	—	—	—	119,5	118,5
5,0	—	—	—	—	—	126,5
6,0	—	—	—	—	—	140

Für *flüssiges* CH_3Cl liefert dieselbe Quelle die in Tab. 78 enthaltenen Werte.

Tabelle 78. *Viskosität von flüssigem CH_3Cl in Mikropoise.*

Druck in ata	Temperatur °C					
	−20	−10	0	10	20	30
2,0	3155	3030	—	—	—	—
3,0	3215	3090	2960	—	—	—
4,0	3255	3140	3010	2835	—	—
5,0	3285	3180	3050	2880	2700	—
6,0	3310	3205	3080	2915	2735	—
7,0	3325	3220	3095	2935	2750	2540

Wärmeleitzahl. Die Wärmeleitzahl von *gasförmigem* Methylchlorid ist wesentlich kleiner als diejenige von Luft. Es wird

bei $t[°C] = $ 0   20   50   100   150

$\lambda \left[\dfrac{\text{kcal}}{\text{m h °C}}\right] = $ 0,0078   0,0090   0,0108   0,0139   0,0171.

Für *flüssiges* Methylchlorid gelten folgende Werte

bei $t[°C] = $ −20   −10   0   20

$\lambda \left[\dfrac{\text{kcal}}{\text{m h °C}}\right] = $ 0,168   0,161   0,154   0,140.

Oberflächenspannung. Gemessen wurde bei 0° C der Wert $\sigma = 19,5$ dyn/cm und bei 30° C $\sigma = 14,6$ dyn/cm. Nach Gl. (27) läßt sich die Oberflächenspannung für verschiedene Temperaturen berechnen; nach S. 78 wird der Parachor

$$[P] = 4,8 + 3 \cdot 17,1 + 54,3 = 110,4$$

und mit $\mu = 50,49$

wird $\sigma = [2,187 (\gamma' - \gamma'')]^4$,

wobei γ in kg/l einzusetzen ist.

---

[1] BENNING, A. F., u. W. H. MARKWOOD: Refrig. Engng. Bd. 37 (1939) S. 243.
[2] D'ANS, J., u. E. LAX: Taschenbuch für Chemiker und Physiker, S. 1098. Berlin: Springer 1943.

Man erhält daher

bei $t\,[°C] =$ −30 −20 −10 0 10 20 30
$\gamma' - \gamma''\,[kg/l] =$ 1,012 0,994 0,975 0,954 0,932 0,910 0,886
$\sigma\,[dyn/cm] =$ 24,0 22,3 20,6 19,0 17,3 15,6 14,1.

Elektrische Eigenschaften. Die elektrische Leitfähigkeit von CH_3Cl wird von McGovern[1] für die Flüssigkeit bei −20° C und 100 kHz mit $1{,}26 \cdot 10^{-9}$ $\Omega^{-1}\,cm^{-1}$ angegeben. Das Gas hat bei 760 Torr, verglichen mit Luft = 1, eine Dielektrizitätskonstante von 1,01078.

V. Kältetechnische Eigenschaften.

Der Gütegrad von Methylchlorid ist nach Tab. 27 noch etwas höher als für Schwefeldioxyd. Thermodynamisch erscheint daher CH_3Cl als ein sehr geeignetes Kältemittel; doch schränkt seine Giftigkeit bei ausbleibender Warnung die praktische Verwendbarkeit stark ein.

VI. Chemische Eigenschaften.

Verunreinigungen. CH_3Cl ist eine farblose Flüssigkeit bzw. ein farbloses Gas mit schwach süßlichem Geruch.

Der handelsübliche Reinheitsgrad von CH_3Cl ist mindestens 99,5%. Die heute gültigen Anforderungen zur Verwendung als Kältemittel sind in Tab. 60 mitgeteilt. In Deutschland liefern die Farbwerke *Hoechst*[2] das Kältemittel mit einem Reinheitsgrad von 99,6 bis 99,8 Gew.-% CH_3Cl. Es enthält höchstens 50 mg H_2O/kg, nicht mehr als 1 mg HCl/kg und höchstens 0,13 Gew.-% Fremdgas entsprechend 100 cm³ Luft von 0° C bei 760 Torr in 100 g flüssigem CH_3Cl.

Wasser. Über die Löslichkeit von Wasser in flüssigem CH_3Cl liegen Meßergebnisse vor, die in Abb. 108 in Abhängigkeit von der Temperatur zusammengestellt sind[3]. Die Werte der einzelnen Autoren stimmen in ihrem Verlauf besonders in dem Temperaturbereich zwischen −20° und 0° C nicht gut überein. Es ist wahrscheinlich, daß in diesem Gebiet Unregelmäßigkeiten infolge der möglichen Hydratbildung auftreten. Nach Abb. 37 ist die Aufnahmefähigkeit für Wasser je kg gasförmigem CH_3Cl größer als die Löslichkeit in der Flüssigkeit. Im Kältemittelkreislauf bedeutet das aber, daß die Feuchtigkeit mit dem verdampfenden Kältemittel umlaufen wird. Beim Überschreiten der Löslichkeit friert das Wasser in den Regelorganen der CH_3Cl-Kältemaschinen aus und führt zu Verstopfungen, so daß die Anwendung eines Trockners stets zweckmäßig ist. Dabei entsteht aber kein reines Wassereis, sondern es bilden sich voluminöse, schneeartige und in der Kälte harte Hydrate von CH_3Cl verschiedener Zusammensetzung, die bei 0° C zunächst gelartig weich werden und bei weiterer Temperatursteigerung schnell zerfallen[4].

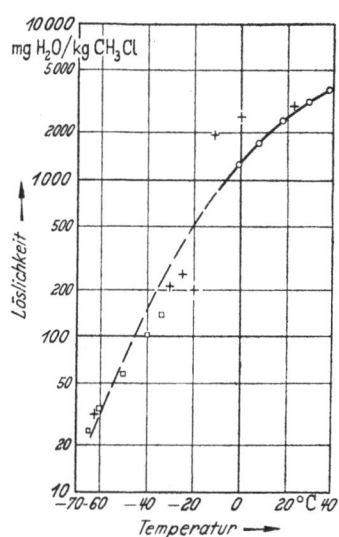

Abb. 108. Die Temperaturabhängigkeit der Löslichkeit von Wasser in flüssigem CH_3Cl.

---

[1] McGovern, E. W.: Refrig. Engng. Bd. 34 (1937) S. 29.
[2] *Farbwerke Hoechst:* Kältemittel Chlormethyl, Frankfurt-Hoechst 1955.
[3] McGovern, E. W.: Refrig. Engng. Bd. 34 (1937) S. 29; Bd. 43 (1942) S. 276; Bd. 51 (1946) S. 500.
[4] Über Hydrate von Methylchlorid (und Äthylchlorid) vgl. De Forcrand u. Villard: C. R., Paris B. 106 S. 1357. — Villard: Ann. Chim. Phys. Bd. 7 (1911) S. 384.

Ein Kältemittel, das wie CH_3Cl ohne ausreichende Warnwirkung giftig ist, kann auch bei indirekten Kühlsystemen mit Wasser oder Soleumlauf gefährlich werden, wenn es sich unter Druck in der Sole löst und an anderer Stelle aus ihr wieder frei wird und in Räume austreten kann. Es ist deshalb wichtig, auch die Löslichkeit von CH_3Cl in Wasser und wässerigen Lösungen zu kennen. Die Farbwerke Hoechst[1] geben die folgenden, auf 0° C und 760 Torr reduzierten Gasvolume an, die sich bei verschiedenen Temperaturen in einem Volum Wasser lösen:

Wassertemperatur °C	Volume CH_3Cl
0	3,42
10	2,60
20	2,05
30	1,52
40	1,13

Über die Löslichkeit von CH_3Cl in wässerigen Lösungen liegen keine Angaben vor.

Mit Wasser setzt sich CH_3Cl nach WALKER und Mitarbeitern[2] schon bei Zimmertemperatur merklich unter Bildung von Salzsäure um, eine Reaktion, die durch die photochemische Einwirkung von Licht und Sonne noch verstärkt wird:

$$CH_3Cl + H_2O \rightarrow CH_3OH + HCl. \tag{166}$$

Sowohl die Salzsäure als auch der Methylalkohol wirken dann im Kältemittelkreislauf korrodierend.

BOPP[3] gibt neuerdings den für die Hydrolyse von CH_3Cl gefährlichen Wassergehalt mit 50 mg H_2O/kg CH_3Cl an, während BRANDON[4] leichte Korrosionen erst ab etwa 200 mg H_2O/kg, schwere erst ab 500 mg H_2O/kg CH_3Cl feststellt. RANKEN[5] vertritt die Ansicht, daß 90% aller Störungen in Kältemaschinen, die mit CH_3Cl betrieben werden, auf Wasser zurückzuführen sind.

Die Bestimmung des Wassergehaltes im flüssigen CH_3Cl kann nach der Phosphorpentoxyd-Methode oder mit FISCHER-Lösung erfolgen. Diese Arbeitsweisen sind auf den Seiten 210 und 213 beschrieben.

Mineralsäuren. An Mineralsäuren tritt als Verunreinigung im CH_3Cl nur Salzsäure (HCl) auf, die entweder aus dem Herstellungsprozeß von der Chlorierung stammt oder auch durch Spaltung und Hydrolyse mit Feuchtigkeitsresten entstehen kann. Sie führt im Kreislauf der Kältemaschinen zu Korrosionen unter Bildung von Metallchloriden und greift vor allem Eisen an. Nach Arbeiten von LAINÉ und MOCK[6] ist HCl in CH_3Cl praktisch nicht ionisiert. Sie stellen fest, daß die häufig beobachtete hohe Leitfähigkeit von handelsüblichem CH_3Cl nicht von seinem Gehalt an HCl, sondern vom Eisenchlorid herrührt, das sich in beachtlichen Mengen im Methylchlorid löst und von ihm ionisiert wird. Eisenchlorid bedingt auch die Gelbfärbung des CH_3Cl.

Direkte Leitfähigkeitsmessungen zur Säurebestimmung lassen sich deshalb bei Methylchlorid nicht anwenden. Zur Bestimmung des Gehaltes an Salzsäure in CH_3Cl wird von LAINÉ und MOCK eine gewogene Menge CH_3Cl-Dampf durch eine bestimmte Menge destillierten Wassers geleitet, in dem die Säure absorbiert wird. Sie ist im Wasser ionisiert und läßt sich aus der Zunahme der elektrischen

---

[1] *Farbwerke Hoechst:* Kältemittel Chlormethyl, Frankfurt-Hoechst 1955.
[2] WALKER, W. O., u. R. W. RINELLI: Ansul Chemical Co., Research Report „Sludges". — W. O. WALKER, K. S. WILSON u. W. R. RINELLI: Ansul Technical Bulletin „Refrigerant Dryers".
[3] BOPP, J. D.: Ansul News Notes, Dez. 1951, S. 12.
[4] BRANDON, A. O. B.: Mod. Refrig. Bd. 54 (1951) S. 9.
[5] RANKEN, M. B.: Mod. Refrig. Bd. 56 (1953) S. 203.
[6] LAINÉ, L., u. R. MOCK: Ber. VIII. Intern. Kältekongreß London 1951, S. 284. Ref. Kältetechnik Bd. 3 (1951), S. 270.

Leitfähigkeit des Wassers berechnen. Dabei ist aber zu berücksichtigen, daß CH_3Cl bei der Berührung mit Wasser Salzsäure bilden kann, welche das Ergebnis fälscht. Weitere heute übliche Bestimmungsmethoden für Salzsäure in CH_3Cl sind S. 224 beschrieben.

Rückstand im CH_3Cl besteht aus Öl und gelösten oder suspendierten Salzen, besonders Chloriden als Korrosionsprodukten. Die Ermittlung geschieht nach S. 225.

Fremdgas besteht in erster Linie aus Luft. Da CH_3Cl nicht durch Reaktionen gebunden werden kann, erfolgt die Fremdgasbestimmung, deren Arbeitsweise S. 227 beschrieben ist, durch Lösen von CH_3Cl in Öl.

Verhalten gegen Trockenmittel. Die Wirksamkeit der Trockenmittel gegenüber CH_3Cl wurde auf S. 113 ff. behandelt. Von der Verwendung der alkalischen Trockenmittel, z. B. CaO und BaO, ist abzusehen. Sie reagieren mit CH_3Cl nach Wasseraufnahme folgendermaßen:

$$2\,CH_3Cl + BaO + H_2O \rightarrow 2\,CH_3OH + BaCl_2. \qquad (167)$$

Bei der Anwendung von aktiver Tonerde und Kieselgel ist zu berücksichtigen, daß Warnzusätze zum CH_3Cl, vor allem Acrolein, von diesen Trockenmitteln adsorptiv aufgenommen und damit unwirksam werden.

Flüssige Zusätze, wie Methyl- oder Äthylalkohol, sollen nur vorübergehend zum Auflösen von Eis und in einer Höchstmenge von 1% angewendet werden. Die Farbwerke Hoechst schlagen 25 cm³ Äthylalkohol je kg CH_3Cl vor. Die Alkohole leiten aber unter Bildung körniger Ausscheidungen, die nicht auf den Metalloberflächen haften, Korrosionen ein. Wasser ist zu diesen Umsetzungen nicht erforderlich. Nach dem Beseitigen der Störung ist deshalb die Maschine nach WALKER[1] vollständig zu entleeren und neu mit Öl und Kältemittel zu füllen. Acrolein und Methylalkohol führen nach den Untersuchungen von WALKER besonders leicht zu Korrosionen, so daß ihre gemeinsame Verwendung in CH_3Cl-Maschinen unter allen Umständen zu unterlassen ist.

Verhalten gegen Werkstoffe. Trockenes CH_3Cl greift nach einer Zusammenstellung der Farbwerke Hoechst die folgenden Metalle weder im gasförmigen noch im flüssigen Zustand an:

Al-Bronze bis 80° C	Messing
Blei	Monel-Metall
Bronze	Nichtrostende Stähle
Duraluminium bis 100° C	Silber
Flußstahl	Silumin bis 70° C
Gußeisen	Zinn
Kupfer	

Nach den umfangreichen Versuchen von McINTIRE und Mitarbeitern[2] und von WALKER und WILLSON[3] reagieren Aluminium und trockenes Methylchlorid in Glasrohren bis zu 80° C nicht miteinander, und auch innerhalb von acht Monaten Versuchszeit konnte kein Angriff auf das Aluminium festgestellt werden. Daraufhin wurden umfangreiche Versuche durchgeführt, um das Entstehen der sich an der Luft entzündenden Stoffe zu klären, die vielfach in Kältemaschinen mit CH_3Cl bei der Verwendung von Aluminium im Kältemittelkreislauf auftreten und zu Unfällen geführt haben. REED[4] befaßt sich mit solchen Vorfällen, die durch Aluminium und Zink verursacht waren. Im Kompressor einer Eiserzeugungs-

---

[1] WALKER, W. O.: Ansul Technical Bulletin „Moisture and Drying Methods."
[2] McINTIRE, H. I., C. S. MARVEL u. S. G. FORD: Refrig. Engng. Bd. 14 (1927) S. 115.
[3] WALKER, W. O., u. K. S. WILLSON: Refrig. Engng. Bd. 34 (1937) S. 89.
[4] REED, P.: Air Cond. and Refrig. News Bd. 59 (1950) Nr. 1089 S. 16; Nr. 1090 S. 24; Nr. 1091 S. 27.

anlage stellte er einen starken Zerfall von CH_3Cl und Schlammbildung fest. Beim Öffnen der Maschine und Ablassen des CH_3Cl strömte ein an der Luft sofort selbstzündendes Gas aus. Alle Kompressorteile waren verklebt. Die Untersuchungen haben ergeben, daß in der Maschine ein Ventilgehäuse aus Aluminium verwendet war, das sich bereits weitgehend im Methylchlorid aufgelöst hatte. BOPP[1] beschreibt einen anderen Fall einer Aluminium-Methylchlorid-Explosion in einer Maschine nach fünfzehnjähriger Betriebszeit. Zunächst strömten weiße Nebel aus dem Ventil aus, dann ein an der Luft selbstzündendes Gas, das explosionsartig verpuffte. Die Gase sind im Öl–CH_3Cl-Gemisch löslich. Deshalb wird das Entleeren des Kältemittels, möglichst zusammen mit dem Öl, als Flüssigkeit durch eine dünne Kapillare empfohlen. Vor allem ist der Eintritt von Luft in den Kältemittelkreislauf unbedingt zu verhindern, da sonst mit einer Explosion der ganzen Kälteanlage gerechnet werden muß. Letzte Reste der Gase kann man mit Methylalkohol, in dem sie sehr gut löslich sind, herausspülen. Ähnliche Folgen ergaben sich durch Zinkspäne, die einem Trockner für SO_2 als Neutralisationsmittel zugegeben waren, der dann aber irrtümlich in eine CH_3Cl-Kältemaschine eingebaut wurde. WALKER und Mitarbeiter konnten ebenfalls zeigen, daß Reaktionen zwischen Aluminium und CH_3Cl eintreten, die schon früher von SPENCER und WALLACE[2] beschrieben wurden. Sie treten sowohl bei Anwesenheit von Wasserspuren als auch von Katalysatoren wie trockenem Aluminiumchlorid oder Jod auf. Durch Öl wird dieser starke Angriff, der zum vollständigen Auflösen des Aluminiums im flüssigen CH_3Cl führt, nicht gehemmt. Mit dem Vorhandensein von Aluminiumchlorid auf dem Aluminium muß aber stets gerechnet werden, da die Luft, besonders in Industriestädten, stets Spuren von Chlor bzw. Salzsäure enthält. Mit Jod wurde die zunächst violette Lösung farblos, und dann setzte die Reaktion ein, die oft innerhalb einer Stunde im Druckrohrtest ablief und sich vom unteren Ende des Aluminiumstabes nach oben fortpflanzte. Die Oberfläche des Aluminiums wurde sichtbar schnell zerfressen, und bei einem Überschuß von CH_3Cl löste sich das Aluminiumstück vollständig auf. Neben etwas schwarzem Schlamm entstand eine viskose, strohfarbige Lösung, die bei der Verwendung von CH_3Cl mit Acrolein rot gefärbt ist. Beim Öffnen der Rohre entsteht an der Luft ein dichter weißer Qualm und vielfach Feuer. Beim Abkühlen auf $-40°$ C bildet sich eine feste, kristalline Masse, die sich an der Luft ebenfalls entzündet und weiße Nebel bildet. Auch die nichtkristallisierende Flüssigkeit beginnt beim Arbeiten mit einem CH_3Cl-Überschuß an der Luft zunächst zu qualmen und entzündet sich dann. Es bleibt ein grauer, fester Rückstand, der offenbar durch Aufnahme von Luftfeuchtigkeit erweicht und klebrig wird. Mit Magnesium und Zink treten ähnliche Reaktionen auf, mit Blei, Messing und Zinn dagegen nicht. Schlamm aus einer CH_3Cl-Maschine, Quecksilber, das in Kältemaschinen eventuell von Manometern herrühren kann, und auch Aktivkohle haben keine feststellbare katalytische Wirkung auf diese Reaktionen.

Nach SPENCER und WALLACE und den bestätigenden Versuchen in den Laboratorien der Ansul Chemical Co.[3] kann Aluminium mit CH_3Cl direkt reagieren nach der Formel

$$2\,Al + 3\,CH_3Cl \rightarrow AlCH_3Cl_2 + Al(CH_3)_2Cl. \tag{168}$$

Dabei bilden sich zunächst Aluminiummethyldichlorid und Dimethylaluminiumchlorid, die beide brennbar sind. Diese reagieren weiter unter Bildung von Aluminiumchlorid und Trimethylaluminium

$$AlCH_3Cl_2 + Al(CH_3)_2Cl \rightarrow AlCl_3 + Al(CH_3)_3. \tag{169}$$

---
[1] BOPP, J. D.: Ansul News Notes, Juni 1951, S. 13.
[2] SPENCER u. WALLACE: J. chem. Soc. Bd. 93 (1908) S. 1827.
[3] Ansul Chemical Co.: Ansul News Notes Bd. 1 Nr. 2, S. 2.

Das Trimethylaluminium entzündet sich bei Berührung mit Luftsauerstoff in Gegenwart von Feuchtigkeit von selbst und brennt mit stark rauchender, gelber Flamme. In gewissen Mischungsgrenzen ist es mit Luft sofort explosiv. *Aluminium, Magnesium und Zink sowie deren Legierungen sind damit praktisch von der Verwendung in CH_3Cl-Kältemaschinen ausgeschlossen.*

Die nichtmetallischen Isolier- und Dichtungsstoffe werden durch CH_3Cl stark beeinflußt. ELSEY und Mitarbeiter[1] stellten im Druckrohrtest mit Baumwolle, Öl und CH_3Cl bei 125° C innerhalb von 24 Stunden eine starke Verkohlung der Zellulose durch gebildete Salzsäure fest.

CH_3Cl löst oder quillt nahezu alle Gummi- und Kunststoffmischungen stark auf. Als beständig werden Asbest, Pappe, Thiokole und Polyamide angesehen[2]. Alle nichtmetallischen Stoffe sollten daher vor der Verwendung mit CH_3Cl sehr sorgfältig auf ihre Löslichkeit, Quellbarkeit und Reaktionsmöglichkeit, s. S. 234, geprüft werden. Da erhebliche stoffliche Schwierigkeiten bestehen, schlagen WOSTREL und PRAETZ[3] als Dichtungen eine Metallegierung mit 75% Pb, 23,5% Sn und 1,5% Cu vor. Mennige oder Glyzerin enthaltende Pasten dürfen

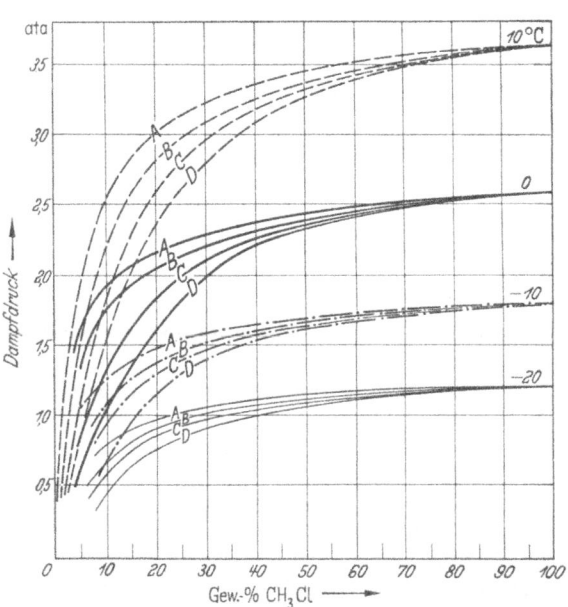

Abb. 109. Isothermen der Löslichkeit von CH_3Cl in Ölen.
Öl A: 21 E, Öl B: 13,5 E, Öl C: 8,3 E, Öl D: 2,6 E, alles bei 37,8° C.

in CH_3Cl-Maschinen nicht als Dichtungskitte verwendet werden. Als Imprägnierlacke werden synthetische, härtbare Harze, z. B. Bakelit, vorgeschlagen[2].

Verhalten gegen Schmiermittel. Für die Wahl von Schmierölen für CH_3Cl-Maschinen gilt DIN 51503, Gruppe C (s. S. 184). Glyzerin, das in CH_3Cl nicht löslich ist und es auch nicht löst, soll nicht als Schmiermittel für CH_3Cl-Maschinen verwendet werden[4]. Glyzerin ist sehr hygroskopisch, so daß sich eine Wasseraufnahme nicht vermeiden läßt. Glyzerin, Wasser und CH_3Cl reagieren unter Bildung von Salzsäure und höheren Glyzerinen, die durch ihre klebrige Konsistenz zu Verklebungen und Verstopfungen führen, während die Salzsäure korrodierend wirkt.

CH_3Cl gehört zu den Kältemitteln, die mit Mineralölen lückenlos mischbar sind. Dadurch sinkt der Dampfdruck des Kältemittels ab, wie aus Abb. 109 ersichtlich ist. Die Dampfdruckerniedrigung ist bei viskoseren Ölen geringer.

---

[1] ELSEY, H. M., L. C. FLOWERS u. I. B. KELLEY: Refrig. Engng. Bd. 60 (1952) S. 737.
[2] *Farbwerke Hoechst*: Kältemittel Chlormethyl, Frankfurt-Hoechst 1955.
[3] WOSTREL, I. F., u. I. G. PRAETZ: Household Electric Refrigeration. New York u. London: Mc-Graw-Hill Book Company 1948.
[4] PLANK, R., u. J. KUPRIANOFF: Die Kleinkältemaschine. Berlin/Göttingen/Heidelberg: Springer 1948.

Die Viskosität der Öle wird durch gelöstes CH_3Cl stark herabgesetzt und der Fließpunkt schon durch kleine CH_3Cl-Gehalte nach Abb. 55 so erniedrigt, daß genügende Kältefließfähigkeit stets garantiert ist. Eine sehr unerwünschte Eigenschaft von in Öl gelöstem CH_3Cl ist die Löslichkeitsverminderung für Paraffine, die zur Ausflockung aus den Öl-Kältemittel-Gemischen führt[1]. Sie ist S. 157 besprochen.

Das chemische Verhalten von Methylchlorid gegenüber Ölen in Kältemaschinen und sein Einfluß auf die Entstehung der Kupferplattierung sind S. 172ff. ausführlich behandelt.

Zersetzung. CH_3Cl ist thermisch relativ instabil und spaltet sich unter Bildung von Salzsäure auf. Zur Bestimmung der thermischen Stabilität von CH_3Cl unter dem Einfluß von Katalysatoren wurden von McIntire und Mitarbeitern[2] je 3 l gasförmiges Kältemittel durch U-Rohre aus Pyrexglas mit Kupfer, Loten, Gußeisen, Bronze, Messing und galvanisiertem Eisen geleitet und die bei verschiedenen Temperaturen gebildete Salzsäure durch Auffangen in Wasser und Titration mit Kalilauge bestimmt. In reinem Zustand, ohne Metalle, beginnt der thermische Zerfall bei etwa 425° C; mit den genannten Metallen treten die ersten Spaltprodukte ab etwa 200° C auf. Bei 400° C ist der Zerfall nach Carlisle und Levine[3] etwa 300- bis 400mal so stark wie bei 200° C.

Brennbarkeit, Explosionsgrenzen. Calcott und Kehoe[4] stellten als Verbrennungsprodukte von CH_3Cl Wasser, Kohlendioxyd und Salzsäure, aber kein Phosgen ($COCl_2$) fest. Es verbrennt nach Caulier[5] mit ruhiger, bläulicher Flamme, die laut Wagner[6] leicht ausgeblasen werden kann. Newcum gibt die Zündtemperatur von CH_3Cl in Luft mit 632° C an[7]; die Farbwerke Hoechst nennen 618° C*. Die Angaben für die Explosionsgrenzen streuen in einem weiten Bereich: sie betragen nach Edwards[8] 8,9 bis 15,5 Vol.-%, nach McIntire und Mitarbeitern 10 bis 15 Vol.-%, während 20 Vol.-% die Flamme bereits löschen und 12 Vol.-% in Luft nicht durch Flammen entzündbar sind, beim Zünden mit elektrischen Funken aber explodieren. Die *Underwriters Laboratories*[9] nennen 8,1 Vol.-% als untere und 17,2 Vol.-% in Luft als obere Explosionsgrenze. Die Farbwerke Hoechst geben als Explosionsgrenzen 8,25 und 18,2 Vol.-% in Luft an. Um die untere Explosionsgrenze von 8 Vol.-% in den üblichen Raumgrößen zu erreichen, wären mindestens 5 kg CH_3Cl erforderlich. In den Kältemaschinen können die Explosionsgrenzen kaum erreicht werden, da auch saugseitig der Betriebsdruck bei den üblichen Verdampfungstemperaturen über 1 Atm liegt und infolgedessen keine Außenluft eingesaugt werden kann. Außerdem würde jede Maschine vor dem Erreichen der unteren Explosionsgrenze durch Luft als Fremdgas gestört werden.

VII. Physiologische Eigenschaften.

Giftigkeit. Die Giftigkeit von CH_3Cl ist durch Versuche von Eulenberg an Meerschweinchen seit 1867 bekannt; die Narkosewirkung, die nach Kionka ein

---

[1] Walker, W. D., u. W. R. Rinelli: Refrig. Engng. Bd. 41 (1941) S. 195.
[2] McIntire, H. I., C. S. Marvel u. S. G. Ford: Refrig. Engng. Bd. 14 (1927) S. 115.
[3] Carlisle, P. I., u. A. A. Levine: Ind. Engng. Chem. Bd. 24 (1932) S. 146.
[4] Calcott, W. S., u. R. A. Kehoe: Sonderdruck aus Deep Water Point Okt. 1931.
[5] Caulier, A.: Rev. gén. Froid Bd. 25 (1948) S. 44.
[6] Wagner, O.: Z. ges. Kälteind. Bd. 34 (1927) S. 62.
[7] Newcum, K. M.: Master Service Manuals, Commercial Refrigeration Manual C 1, Business News Publishing Co., Detroit, 1937.
* Siehe Fußnote 2 auf S. 301.
[8] Edwards, H. D.: Refrig. Engng. Bd. 11 (1924) S. 95.
[9] *Underwriters Laboratories:* The Fire Hazard of Methyl Chloride as a Refrigerant, Miscellaneous Hazard Nr. 1418, August 1926.

Viertel derjenigen von Chloroform ist, kennt man seit 1879[1]. Die große Gefahr des CH_3Cl liegt in der Tatsache, daß es aus dem Körper nur sehr langsam ausgeschieden wird und sich infolgedessen darin anreichert, bis die toxische Grenze erreicht ist. Dann erfolgt ein plötzlicher Zusammenbruch. Alle Autoren stellen fest, daß das kurzfristige Einatmen selbst hoher CH_3Cl-Konzentrationen viel weniger schädlich ist als das Einatmen geringster Konzentrationen über einen langen Zeitraum. Der Tod tritt erst nach Tagen ein. In Abb. 110 ist die Einwirkungszeit über der Konzentration in Vol.-% doppeltlogarithmisch mit den Schwellen aufgetragen[2].

Die Vergiftungserscheinungen äußern sich zunächst ähnlich wie ein Alkoholrausch und machen sich durch zunehmende Schläfrigkeit und geistige Trägheit bemerkbar. Dann treten Schwindelgefühl und wankender Gang, schließlich Sehstörungen, Erbrechen und Krämpfe auf[3]. Der Urin wird alkalisch, und es treten Formiate auf, die noch vor dem Erreichen toxischer Gehalte als Ammoniumformiat nachweisbar sind.

In der Literatur werden mehrere z. T. tödliche Vergiftungen durch Methylchlorid beschrieben, die aber entweder durch unsachgemäßen Umgang mit dem Kältemittel durch Monteure oder durch Undichtigkeiten in Großanlagen mit direkter Verdampfung, die den Sicherheitsvorschriften widersprechen, verursacht waren[4]. In Chicago traten 1928/29 insgesamt 29 Vergiftungsfälle durch CH_3Cl auf, davon 26 in einem Appartementhaus mit zentraler Kühlanlage, von denen 10 tödlich verliefen. In Evansville gab es 1927 insgesamt 21 Vergiftungen ohne Todesfall. CAULIER[5] berichtet auch aus Frankreich über Vergiftungen durch CH_3Cl bei Kältemonteuren.

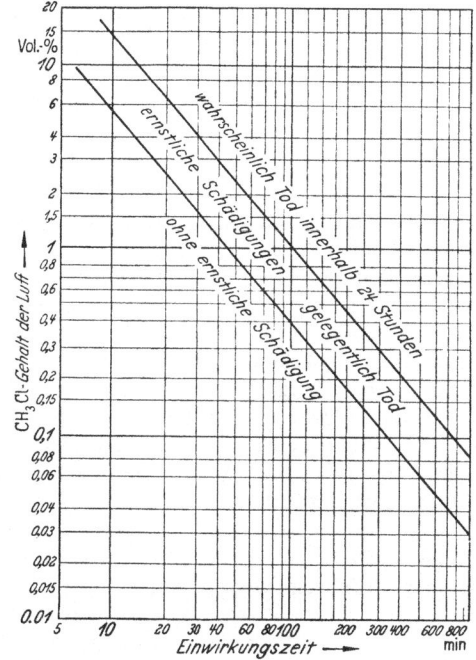

Abb. 110. Giftigkeitsschwellen von CH_3Cl in Luft [nach Public Health Bulletin Nr. 185 (1929)].

Ein spezifisches Gegengift gegen CH_3Cl gibt es nicht. Frische Luft ist dem Patienten in jedem Fall möglichst schnell zuzuführen. In schweren Fällen ist Sauerstoffatmung anzuwenden. Die Verabreichung von 3 bis 4 g gelöstem Natriumkarbonat und Traubenzucker, bei Bewußtlosigkeit evtl. als Klistier, wird empfohlen. Im Auge ist die Gefrierwirkung möglichst schnell durch Einträufeln von Mineralöl zu mildern. Anschließend ist mit 2%iger Borsäure- oder Kochsalzlösung zu spülen. Nach länger anhaltenden Beschwerden ist eine 10%ige Argyrol-Lösung und 1%ige HgO-Salbe anzuwenden.

---

[1] KEGAL, A. H., W. D. MCNALLY u. A. S. POPE: J. Amer. Medical Association Bd. 93 (1929) S. 353.
[2] Public Health Bulletin Nr. 185, Washington, März 1929.
[3] BAKER, H. M.: Refrig. Engng. Bd. 14 (1927) S. 84.
[4] PLANK, R.: Z. ges. Kälteind. Bd. 36 (1929) S. 234.
[5] CAULIER, A.: Rev. gén. Froid Bd. 25 (1948) S. 625.

Mit Rücksicht auf die Giftigkeit von CH_3Cl sollen Kältemaschinen nicht in Schlafräumen oder direkt damit verbundenen Räumen aufgestellt werden. Großanlagen sollen nur mit Solekühlung betrieben werden. Haushaltkühlschränke sollen laut CAULIER nicht mehr als 0,094 kg CH_3Cl je m^3 Aufstellungsraum enthalten, Großanlagen nicht mehr als 0,064 kg/m^3. Außerdem wurde in den USA nach den Angaben von SCHRENK[1] die höchstzulässige Konzentration an CH_3Cl in der Atmosphäre an Arbeitsplätzen auf 0,01 Vol.-% festgelegt, also höchstens 0,2 g CH_3Cl/m^3 Rauminhalt bei 25° C und 760 Torr; bis zu dieser Grenze sind bei täglich achtstündiger Arbeitszeit keine Anzeichen einer Einwirkung festzustellen.

Warnwirkung und Paniksicherheit. Der schwach ätherische Geruch von CH_3Cl ist ungenügend spezifisch warnend. Die meisten Vergiftungen treten durch Gewöhnung und Unachtsamkeit auf. Da es keine ausgesprochene Warnwirkung besitzt, ist CH_3Cl gefährlicher als die sehr giftigen Kältemittel SO_2 und NH_3. Als Warn- und Reizmittel, die aber vielfach panikfördernd wirken, wurden SO_2, Acrolein und Acetophenon vorgeschlagen, die sich aber alle nicht sonderlich gut bewährt haben[2]. Das Dänische Kälteforschungsinstitut empfiehlt, dem CH_3Cl 3% SO_2 zuzugeben[3].

CH_3Cl mit 0,5 bis 1,0% Acrolein ist in Deutschland unter der Bezeichnung „Methylchlorid PA" und in den USA als „Methylchlorid A" im Handel. Es übt vor allem eine Reizwirkung auf die Tränendrüsen sowie Mund- und Nasenschleimhäute in physiologisch unbedenklichen Grenzen aus. 1 Raumteil in 1 Million Raumteilen Luft ist deutlich wahrnehmbar; 3 bis 5 Raumteile sind bereits unerträglich. Acrolein wird aber durch adsorptive Trockenmittel aus dem Kältemittelkreislauf entfernt. Nach MCGOVERN[4] ist Acrolein zu vermeiden, da es bei Änderung der Wasserstoffionenkonzentration zur Polymerisation neigt und als braunes, harzartiges Produkt ausgeschieden wird.

Methylchlorid mit einem Zusatz von 0,3% Acetophenon wird als „Methylchlorid P" von den Farbwerken Hoechst geliefert. Es riecht charakteristisch, aber nicht unangenehm. Acetophenon löst sich gut in CH_3Cl und in Öl, setzt aber dessen Viskosität herab.

Einwirkung auf Kühlgut. Nach FORBES[5] schädigt CH_3Cl Kühlgüter nicht. Lebensmittel bleiben genießbar[6]. Geschmacksbeeinträchtigungen treten erst nach längerer Einwirkungszeit auf.

VIII. Betriebsverhalten, Betriebseigenschaften.

CH_3Cl ist bevorzugt als Kältemittel für offene Kältemaschinen angewendet worden. Nach MCGOVERN[7] kann es auch mit gutem Erfolg in gekapselten Typen verwendet werden, wobei aber mit Rücksicht auf die Lösungsmitteleigenschaften sorgfältigste Auswahl und Reinigung aller nichtmetallischen Stoffe erforderlich sind.

Zum Reinigen und Trocknen von CH_3Cl im flüssigen Zustand empfehlen die Farbwerke Hoechst[8] ein Filter, das entsprechend der Abb. 111 aus drei Schichten aufgebaut ist. Die erste, unterste Schicht ist aus einem Lochblech, einem feinen Metallmaschensieb aus nichtrostendem Material, einem Kalmucktuch und als

---

[1] SCHRENK, H. H.: Ice and Refrigeration Bd. 116 (1949) S. 71.
[2] Eine Übersicht über Versuche mit verschiedenen Warnmitteln findet man in der Schrift „Warning Agents for Methyl Chloride in Refrigeration Systems", herausgebracht von der Roessler & Hasslacher Chemical Co., Niagara Falls, N. Y., 1930.
[3] RICHTER FRIIS, H.: Kulde Bd. 2 (1948) Nr. 2 S. 13.
[4] MCGOVERN, E. W.: Refrig. Engng. Bd. 43 (1942) S. 276.
[5] FORBES, E. L.: Refrig. Engng. Bd. 60 (1952) S. 1182.
[6] YANT, W. P.: Public Health Reports Bd. 45 Nr. 19 (1930).
[7] MCGOVERN, E. W.: Refrig. Engng. Bd. 34 (1937) S. 29.
[8] *Farbwerke Hoechst:* Kältemittel Chlormethyl, Frankfurt-Hoechst 1955.

Abschluß wieder aus einem gelochten Blech aufgebaut, die alle durch Schrauben fest zusammengepreßt werden. Die zweite Schicht besteht aus einer 30 cm hohen Lage von feingepulvertem, wasserfreiem Kaliumhydroxyd oder Kaliumkarbonat, in der Wasser, Säuren und feinste Schwebeteilchen zurückgehalten werden. Um das Mitreißen von Filtermaterial zu vermeiden, wird als dritte Schicht ein Filterpaket folgender Zusammensetzung empfohlen: Lochblech, Metallmaschensieb, Kalmucktuch, 8 cm hohe Schicht trockener Watte, Kalmucktuch, Metallmaschensieb, Lochblech. Die ganze Packung wird wiederum durch Schrauben zusammengehalten[1]. Das flüssige CH_3Cl wird von unten nach oben durch das Filter geleitet. Das Filter kann ohne Erneuerung für den Durchlauf von etwa 10 t CH_3Cl verwendet werden.

Spülen, Trocknen, Evakuieren und Füllen von Kältemaschinen zum Betrieb mit CH_3Cl erfolgt nach den in Bd. VI dieses Handbuches mitgeteilten Verfahren. Der Wassergehalt im Kreislauf muß, gegebenenfalls durch den Einbau eines Trockners, in offenen Maschinen unter 100 mg H_2O/kg Flüssigkeit, in gekapselten Maschinen unter 50 mg H_2O/kg herabgesetzt werden[2].

Beim Entleeren von Maschinen, die CH_3Cl mit Acrolein enthalten, kann dieses durch Einleiten des Kältemittels in eine 5%ige Natriumbisulfitlösung gebunden werden.

Dichtigkeitsprüfung von CH_3Cl-Maschinen darf mit der Halogenlampe und anderen eine Zündquelle enthaltenden Nachweismitteln nur dann vorgenommen werden, wenn sicher ist, daß im Raum kein brennbares oder explosives Gemisch von CH_3Cl mit Luft auftreten kann. Nach US. Pat. 1710933 vom 30. IV. 1929 gibt man dem CH_3Cl zum Nachweis 0,2% Methylnitrit zu. Indikatorpapier zum Abtasten der undichten Stellen wird mit einer Lösung von 8 g Sulfanilsäure in 1 l 5 n-Essigsäure und 5 g Naphthylamin in der gleichen Menge Essigsäure getränkt. Beide Lösungen werden direkt vor dem Tränken im Verhältnis 1:1 gemischt. Das Papier wird durch das mit dem CH_3Cl austretende Methylnitrit rot bis rostbraun gefärbt. Stärke mit Kaliumjodid und Oxalsäure wird durch Methylnitrit dunkelblau bis schwarz gefärbt.

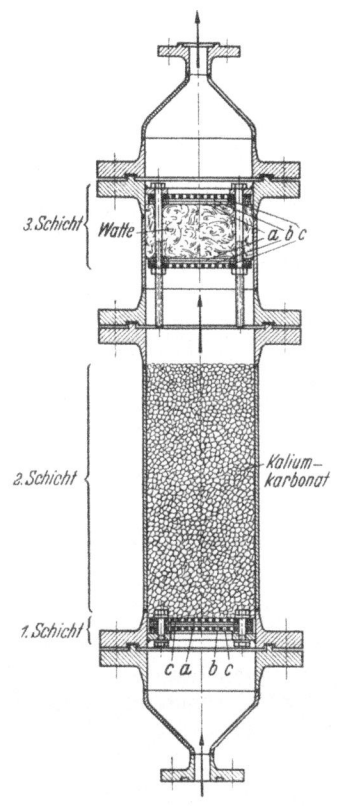

Abb. 111. Filter für die Reinigung von CH_3Cl.

FRANKLIN und Mitarbeiter[3] geben eine Methode zur Bestimmung von Methylchlorid in Luft an. Ein bestimmtes Luftvolum wird durch einen zwischen zwei Kohlenstoffelektroden erzeugten elektrischen Funken geleitet und die Spaltprodukte des Methylchlorids in Natriumarsenitlösung absorbiert. Die Lösung soll leicht mit Salpetersäure angesäuert sein und Silbernitrat enthalten. Die Trübung

---

[1] Das Filter wird in dieser Form von der Maschinenfabrik Sürth der Gesellschaft für LINDES Eismaschinen geliefert.

[2] ASRE: Refrigerating Data Book, Basic Volume, VI. Bd. 1949.

[3] FRANKLIN, I. L., E. L. GUNN u. R. L. MARTIN: Industr. Engng. Chem. Anal. Ed. Bd. 18 (1946) S. 314.

oder Ausflockung deutet auf Methylchlorid hin. Zur quantitativen Bestimmung dienen Vergleichslösungen mit bekannten Gehalten.

Die *Umstellung* einer Kältemaschine von einem anderen Kältemittel auf CH_3Cl darf nur dann vorgenommen werden, wenn absolut sicher ist, daß im Kreislauf Aluminium, Magnesium und Zink sowie deren Legierungen nicht vorhanden sind.

3. Methylbromid (CH_3Br).

I. II. Verwendung und Herstellung.

Methylbromid (CH_3Br) wurde wegen seines hohen Molekulargewichtes und der günstigen Lage seiner Dampfdruckkurve als Kältemittel zur Verwendung in Turboverdichtern vorgeschlagen. Da es aber noch giftiger ist als Methylchlorid, hat man von seiner praktischen Verwendung bisher abgesehen.

III. Thermische und kalorische Eigenschaften.

Methylbromid wurde erstmalig von HSIA eingehend thermisch untersucht. Er lieferte eine Dampftabelle, die im Sättigungsbereich von -50 bis $+50°$ C reicht und entwarf ein MOLLIER-i, $\lg p$-Diagramm[1]. Die experimentellen Ergebnisse von HSIA wurden dann durch genauere Messungen von EGAN und KEMP[2] in verschiedener Beziehung verbessert, so daß es angebracht erscheint, sich im wesentlichen auf diese Werte zu stützen und von HSIA nur die Zustandsgleichung zu übernehmen. Da Methylbromid kältetechnisch nur bei Drücken unterhalb 5 ata interessiert, sind die Abweichungen vom idealen Gasgesetz ohnehin nicht groß.

Molekulargewicht $\mu = 94{,}95$,

Gaskonstante $R = 8{,}932 \left[\dfrac{\mathrm{m\,kg}}{\mathrm{kg\,°C}}\right]$.

Zustandsgleichung nach HSIA[1]:

$$v = \frac{RT}{P} - \frac{0{,}1913}{(T/100)^4}, \tag{170}$$

wobei v in m³/kg erhalten wird.

Dampfdruckkurve. Der Dampfdruck wurde von HSIA zwischen -75 und $+20°$ C gemessen, während sich die Messungen von EGAN und KEMP von -70 bis $+5°$ erstrecken. Die in beiden Meßreihen erhaltenen Werte unterscheiden sich nicht sehr wesentlich. So liegt der *normale Siedepunkt* nach HSIA bei 3,20 bis 3,23° C, nach EGAN und KEMP bei 3,46° C. Die von diesen angegebene Gleichung der Dampfdruckkurve lautet:

$$\lg p = 8{,}49274 - \frac{1541{,}437}{T} - 0{,}424740\,\frac{T}{100} + 0{,}017599\left(\frac{T}{100}\right)^2, \tag{171}$$

wobei p in cm Hg erhalten wird (1 cm Hg = 0,013595 kg/cm²). EGAN und KEMP haben daraus Werte von dP/dT berechnet.

Der Erstarrungspunkt liegt bei $-93{,}7°$ C. Einige Grade tiefer, bei $-99{,}4°$, entsteht eine andere Modifikation des festen Methylbromids, was mit einer sprungweisen Abnahme der spezifischen Wärme verbunden ist (s. weiter).

Kritische Daten. Bezüglich der kritischen Daten bestehen noch erhebliche Unsicherheiten. VAN LAAR[3] setzt $T_k = 467{,}1°$ K ($t_k = 194°$ C), EGAN und KEMP schätzen (ohne nähere Begründung) $T_k = 475°$ K. Man kann die auf S. 28 an-

---

[1] HSIA, A. W.: Beihefte z. Z. ges. Kälteind., Reihe 1, Heft 2. Berlin: Ges. f. Kältewesen 1931. — Bull. Intern. Rens. Frigor. Bd. 12 (1931), Annexe Nr. 2.
[2] EGAN, C. J., u. J. D. KEMP: J. Amer. chem. Soc. Bd. 60 (1938) S. 2097.
[3] VAN LAAR, J. J.: Die Zustandsgleichung von Gasen und Flüssigkeiten, S. 184. Leipzig: L. Voss 1924.

gegebenen empirischen Regeln zur Berechnung von T_k zu Hilfe nehmen. Nach Gl. (26a) findet man mit $T_s = 276{,}7°$ K und $F = 0$

$$T_k = 1{,}41 \cdot 276{,}7 + 66 = 456° \text{ K}.$$

Zuverlässiger erscheint das additive Verfahren von RIEDEL (s. S. 29), nach dem man für CH_3Br findet

$$\vartheta = \frac{T_s}{T_k} = 0{,}574 + 0{,}016 + 0{,}010 = 0{,}600$$

und $T_k = 276{,}7/0{,}600 = 461°$ K. Im weiteren soll der Wert von VAN LAAR $T_k = 467°$ K zugrunde gelegt werden.

Für das kritische Volum, für das keine Meßwerte vorliegen, hat RIEDEL ebenfalls ein additives Verfahren angegeben (s. S. 32). Danach wird für CH_3Br $\mu v_k = 99 + 67 = 166$ l/Mol, also $v_k = 1{,}75$ l/kg.

Machen wir für die Berechnung des kritischen Druckes ebenfalls von empirischen Regeln nach S. 31 Gebrauch, so erhalten wir nach Gl. (32)

$$p_k = 20{,}8\, T_k/(\mu v_k - 8) = 20{,}8 \cdot 467/158 = 61{,}5 \text{ Atm}$$

oder 63,5 ata. Andererseits könnte man annehmen, daß $\sigma = \dfrac{R T_k}{P_k v_k}$ für CH_3Br denselben Wert hat wie für CH_3Cl, also $\sigma = 3{,}63$ (s. S. 294). Dann wäre

$$P_k = \frac{8{,}932 \cdot 467}{3{,}63 \cdot 1{,}75 \cdot 10^{-3}} = 65{,}6 \cdot 10^4 \text{ kg/m}^2,$$

oder 65,6 ata. EGAN und KEMP schätzen $p_k = 68$ Atm $= 70{,}2$ ata (zu $T_k = 475°$ K). Das additive Verfahren von RIEDEL liefert mit dem für Brom korrigierten Inkrement (62 statt 54) $p_k = 68{,}3$ Atm $= 70{,}5$ ata.

Spezifisches Volum und spezifisches Gewicht. Für die Berechnung der *Dampfvolume* kann von Gl. (170) Gebrauch gemacht werden. Mit Wertepaaren von p und T nach Gl. (171) (und für höhere Drücke nach HSIA) erhält man folgende Werte von v''

bei t [°C] =	−50	−40	−30	−20	−10	0	10	20	30	40
v'' [m³/kg] =	2,595	1,516	0,927	0,590	0,389	0,265	0,186	0,133	0,0978	0,0733

EGAN und KEMP haben nur einen Wert von v bei 1 Atm und 298,1° K gemessen und fanden dafür $v = 0{,}2515$ m³/kg. Die Zustandsgleichung (170) ergibt $v = 0{,}2554$. Der Unterschied ist zwar nicht groß, deutet aber doch darauf hin, daß das Korrekturglied in der Gleichung von HSIA zu klein ist. Mangels anderer Meßwerte für v muß zunächst an dieser Gleichung festgehalten werden.

Für *flüssiges* CH_3Br fand HSIA aus eigenen Meßwerten

$$\gamma' = 624{,}98 + 1{,}1132\,(T_k - T) + 153{,}72 \sqrt[3]{T_k - T}, \tag{172}$$

wobei γ' in kg/m³ erhalten wird. Dabei ist $T_k = 467°$ K gesetzt worden.

Spezifische Wärme. Da für die spezifische Wärme des *Dampfes* keine Meßwerte vorliegen, gehen wir von dem Verhältnis $\varkappa = \dfrac{c_p}{c_v}$ im idealen Gaszustand aus. CAPSTICK[1] fand aus Messungen der Schallgeschwindigkeit bei Zimmertemperatur $\varkappa = 1{,}27$. Daraus errechnet sich

$$c_{p_0} = \frac{\varkappa}{\varkappa - 1} \cdot A R = 0{,}097 \text{ kcal/kg°C},$$

oder $\mu c_{p_0} = 9{,}2$. HSIA fand nach einer anderen Methode $\varkappa = 1{,}25$ und daraus $\mu c_{p_0} = 9{,}95$. Für CH_3Cl erhält man nach Gl. (164) bei 0° C $\mu c_{p_0} = 9{,}26$. Der

---
[1] CAPSTICK, J. W.: Proc. roy. Soc., Lond., Bd. 54 (1893) S. 101.

Wert $\varkappa = 1{,}27$ erscheint danach wahrscheinlicher. Die Abhängigkeit von c_{p_0} von der Temperatur ist bei dem fünfatomigen Methylbromid sicher nicht gering. Da keine Meßwerte vorliegen, kann man sich bei der Schätzung nur auf das Verhalten von CH_3Cl stützen: in den engen Grenzen der kältetechnischen Anwendung kann man dafür von dem einfachen linearen Ansatz

$$\mu c_{p_0} = 9{,}26 + 0{,}018\,t$$

Gebrauch machen. Nimmt man bei der Molwärme für CH_3Br den gleichen Temperaturkoeffizienten an, so erhält man

$$c_{p_0} = 0{,}097 + 0{,}00019\,t. \tag{173}$$

GLOCKNER und EDGELL[1] fanden aus spektroskopischen Daten etwas höhere Werte, und zwar für $p \to 0$

bei t [°C] =	25	100	200
$c_{p_0}\left[\dfrac{\text{kcal}}{\text{kg °C}}\right] =$	0,1075	0,121	0,139.

Die spezifische Wärme der *Flüssigkeit* wurde von EGAN und KEMP vom Schmelzpunkt ($T_f = 179{,}4°$ K) bis zum normalen Siedepunkt ($T_s = 276{,}7$) gemessen, wobei fast kein Temperatureinfluß festzustellen war. Der Mittelwert $c_{fl} = 0{,}196$. HSIA hatte auf indirektem Wege über die Enthalpie der Flüssigkeit $i' = i'' - r$ den unwahrscheinlich kleinen Wert $c_{fl} = 0{,}123$ gefunden. Der Fehler liegt einerseits bei den Werten von r (wegen fehlerhafter Werte von dP/dT), andererseits aber auch daran, daß er i'' mit einem konstanten und zu hohen Wert von c_{p_0} berechnete. Korrigiert man diese Fehler, wie es weiter unten geschieht, so erhält man für c_{fl} wesentlich größere Werte, die sich durch die Gleichung

$$c_{fl} = 0{,}214 + 0{,}00042\,t \tag{174}$$

darstellen lassen. Der Mittelwert im Meßbereich von EGAN und KEMP wird dann $c_{fl} = 0{,}195$, in guter Übereinstimmung mit den Messungen, doch ergibt sich im Gegensatz zu diesen eine deutliche Abhängigkeit von der Temperatur.

Daß c_{fl} für Methylbromid wesentlich kleiner ist als für Methylchlorid ($c_{fl} = 0{,}382$ bei 0° C), ist nicht weiter verwunderlich, denn auch andere Chlor- und Bromverbindungen sowie reines Chlor und Brom zeigen große Unterschiede in den Werten von c_{fl}

für Cl_2: $c_{fl} = 0{,}229$,	für HCl: $c_{fl} = 0{,}421$,
für Br_2: $c_{fl} = 0{,}107$,	für HBr: $c_{fl} = 0{,}179$.

Für *festes* Methylbromid fanden EGAN und KEMP beim Schmelzpunkt $c_f = 0{,}165$ und nach erfolgter Modifikation bei $-103°$ C $c_f = 0{,}146 \left[\dfrac{\text{kcal}}{\text{kg °C}}\right]$.

Latente Wärme. Für die *Verdampfungswärme* liegt nur ein Meßwert von EGAN und KEMP beim normalen Siedepunkt vor: $r_s = 60{,}2$ kcal/kg. Man kann aber r für andere Temperaturen nach Gl. (11) berechnen. Benutzt man dabei Werte von dP/dT nach Gl. (171) und berechnet v'' nach Gl. (170) und v' nach Gl. (172), so erhält man folgende Werte von r zu den Versuchstemperaturen von EGAN und KEMP

bei T [°K] =	277,7	274,2	265,0	250,6	236,5	220,25
$r\left[\dfrac{\text{kcal}}{\text{kg}}\right] =$	59,5	60,15	61,25	63,0	64,5	66,4

Beim normalen Siedepunkt ($T_s = 276{,}7$) wird daher $r_s = 59{,}7$ in befriedigender Übereinstimmung mit dem Meßwert. Die so ermittelten r-Werte lassen sich durch Gl. (68)

$$r = 6{,}925\,(T_k - T)^{0{,}41}$$

---

[1] GLOCKNER, G., u. W. F. EDGELL: J. Chem. Phys. Bd. 9 (1941) S. 527.

gut darstellen. Für runde Werte von t erhält man

bei $t\,[°C] =\ -50\ \ -40\ \ -30\ \ -20\ \ -10\ \ \ \ 0\ \ \ \ 10\ \ \ \ 20\ \ \ \ 30\ \ \ \ 40\ \ \ \ 50$

$r\left[\dfrac{\text{kcal}}{\text{kg}}\right] =\ 66{,}0\ \ 64{,}9\ \ 63{,}7\ \ 62{,}5\ \ 61{,}3\ \ 60{,}05\ \ 58{,}75\ \ 57{,}4\ \ 56{,}05\ \ 54{,}6\ \ 53{,}20.$

Mit $r_s = 59{,}7$ erhält die TROUTONsche Konstante den Wert $C = 20{,}5$, woraus man schließen kann, daß CH_3Br ein normaler, nichtdissoziierender Stoff ist.

Die *Schmelzwärme* beträgt nach EGAN und KEMP $r_f = 15{,}0$ kcal/kg.

Enthalpie, Entropie. Aus den Gln. (170) und (173) erhält man nach Gl. (80) folgenden Ausdruck für die Enthalpie des *Dampfes*:

$$i = 160{,}41 + 0{,}097\,t + 0{,}000095\,t^2 - 22{,}4\,\dfrac{p}{(T/100)^4}, \qquad (175)$$

wobei für $0°$ C $i_0' = 100{,}00$ kcal/kg und daher $i_0'' = i_0' + r = 160{,}05$ kcal/kg gesetzt wurde. Für i'' und $i' = i'' - r$ erhält man auf diese Weise folgende Werte:

bei $t\,[°C] =\ \ \ -50\ \ \ \ \ \ \ \ -40\ \ \ \ \ \ \ \ -30\ \ \ \ \ \ \ \ -20\ \ \ \ \ \ \ \ -10$

$i''\left[\dfrac{\text{kcal}}{\text{kg}}\right] =\ 155{,}73\ \ \ \ \ 156{,}58\ \ \ \ \ 157{,}43\ \ \ \ \ 158{,}30\ \ \ \ \ 159{,}18$

$i'\left[\dfrac{\text{kcal}}{\text{kg}}\right] =\ \ \ 89{,}73\ \ \ \ \ \ 91{,}68\ \ \ \ \ \ 93{,}73\ \ \ \ \ \ 95{,}80\ \ \ \ \ \ 97{,}88$

bei $t\,[°C] =\ \ \ \ \ \ 0\ \ \ \ \ \ \ \ \ \ 10\ \ \ \ \ \ \ \ \ \ 20\ \ \ \ \ \ \ \ \ \ 30\ \ \ \ \ \ \ \ \ \ 40\ \ \ \ \ \ \ \ \ \ 50$

$i''\left[\dfrac{\text{kcal}}{\text{kg}}\right] =\ 160{,}05\ \ \ \ 160{,}92\ \ \ \ 161{,}81\ \ \ \ 162{,}69\ \ \ \ 163{,}58\ \ \ \ 164{,}47$

$i'\left[\dfrac{\text{kcal}}{\text{kg}}\right] =\ 100{,}00\ \ \ \ 102{,}17\ \ \ \ 104{,}41\ \ \ \ 106{,}64\ \ \ \ 108{,}94\ \ \ \ 111{,}27.$

Aus den i'-Werten wurde die spezifische Wärme der Flüssigkeit $c_{fl} = \Delta i'/\Delta t$ berechnet. Die erhaltenen Werte lassen sich durch die oben angeführte Gl. (174) darstellen.

Für die Entropie des Dampfes erhält man nach Gl. (90) mit

$$s_0' = 1{,}0000 \quad \text{und} \quad s_0'' = s_0' + \dfrac{r_0}{T_0} = 1{,}2199,$$

$$s = 0{,}91861 + 0{,}10365\,\lg T + 0{,}00019\,T - 0{,}04817\,\lg p -$$
$$- 0{,}179024\,\dfrac{p}{(T/100)^5}, \qquad (176)$$

woraus man s_0'' für verschiedene Wertepaare von p und T nach Gl. (171) berechnen kann. Daraus erhält man dann $s' = s'' - r/T$.

IV. Physikalische Eigenschaften.

Viskosität. Für *gasförmiges* Methylbromid bei 1 Atm haben die Konstanten in der SUTHERLANDschen Gleichung (98) die Werte $B \cdot 10^7 = 184$ und $C = 402$. Damit erhält man

bei $\ \ \ t\,[°C] =\ -20\ \ \ \ \ \ 0\ \ \ \ \ \ 20\ \ \ \ \ \ 50\ \ \ \ \ \ 100\ \ \ \ \ 120$

$\eta_0\,[\text{Mikropoise}] =\ \ \ 113\ \ \ \ \ 123\ \ \ \ 133\ \ \ \ 146\ \ \ \ \ 170\ \ \ \ \ 180.$

Wärmeleitzahl. Für *gasförmiges* Methylbromid gelten bei 1 Atm folgende Werte

bei $\ \ \ \ \ t\,[°C] =\ \ \ \ \ 0\ \ \ \ \ \ \ \ \ 20\ \ \ \ \ \ \ \ 50\ \ \ \ \ \ \ 100$

$\lambda\left[\dfrac{\text{kcal}}{\text{m h °C}}\right] = 0{,}0054\ \ \ \ 0{,}0061\ \ \ \ 0{,}0072\ \ \ \ 0{,}0091.$

Für die Wärmeleitzahl von *flüssigem* Methylbromid liegen keine Meßwerte vor. Es ist aber bekannt, daß die Bromderivate von Kohlenwasserstoffen im flüssigen Zustand eine kleinere Wärmeleitzahl haben als die Chlorderivate, was durch folgende Zahlen in kcal/mh° C belegt wird, die bei 12° C gemessen wurden:

Propylchlorid C_3H_7Cl $\lambda = 0{,}101$, Propylbromid C_3H_7Br $\lambda = 0{,}093$,
Amylchlorid $C_5H_{11}Cl$ $\lambda = 0{,}102$, Amylbromid $C_5H_{11}Br$ $\lambda = 0{,}085$,
Chlorbenzol C_6H_5Cl $\lambda = 0{,}108$, Brombenzol C_6H_5Br $\lambda = 0{,}0935$.

Der Unterschied in den λ-Werten beträgt also 10 bis 15%. Daher kann man bei flüssigem Methylbromid von 0° mit einem Wert von $\lambda \approx 0{,}135 \; \frac{\text{kcal}}{\text{m h °C}}$ rechnen.

Oberflächenspannung. Da keinerlei Meßwerte vorliegen, läßt sich die Oberflächenspannung nur nach Gl. (27) berechnen, wobei von dem Berechnungsverfahren S. 78 Gebrauch gemacht wird. Mit den dort angegebenen Atomparachor-Werten erhält man für CH_3Br

$$[P] = 4{,}8 + 3 \cdot 17{,}1 + 68{,}0 = 124{,}1.$$

Danach wird z. B. bei 0° C

$$\sigma = \left(\frac{[P]}{\mu}\gamma'\right)^4 = \frac{124{,}1}{94{,}95} \cdot 1{,}731 = 26{,}1 \left[\frac{\text{dyn}}{\text{cm}}\right].$$

V. Kältetechnische Eigenschaften.

HSIA hat (a. a. O.) die Eignung von CH_3Br als Kältemittel in Turbokompressoren untersucht und es mit anderen Kältemitteln verglichen (Tab. 79). Dabei sind die Freone noch nicht berücksichtigt, von denen sich F 11 und F 113 bekanntlich besonders gut für Turbokompressoren eignen. Methylbromid ist nach seinen thermischen Eigenschaften durchaus günstig zu beurteilen, wenn es auch nur für Kälteleistungen von einer halben Million kcal/Std. und darüber in Frage kommt. Trotzdem sind seine praktischen Aussichten wegen der hohen Giftigkeit nur gering.

Tabelle 79. *Verhalten verschiedener Kältemittel in Turbokompressoren* (nach W. H. HSIA) bei einer Kondensationstemperatur von 25° C, einer Verdampfungstemperatur von $-10°$ C und einem Endvolum der Kompression von 1000 m³/h.

| Kälte-mittel | Druck [ata] | | $p - p_0$ | p/p_0 | Ansauge-volum V_0 | Volumetrische Kälteleistung q_0 | Stufenzahl bei $u = 150$ m/sek | Kleinste Kälteleistung $Q_0 = V_0 q_0$ |
	p im Kondensator	p_0 im Verdampfer	ata		[m³/h]	[kcal/m³]		kcal/h
SO_2 . .	3,970	1,033	2,937	3,84	2934	249	6	730 000
CH_3Br	2,290	0,597	1,693	3,83	2928	149,2	4	440 000
$C_2H_2Cl_2$	0,395	0,076	0,319	5,21	4254	21,7	5	92 000

VI. Chemische Eigenschaften, Verunreinigungen.

Im Methylbromid können als Verunreinigungen Wasser, Methylalkohol und vor allem Bromwasserstoff, der unter dem Einfluß des Lichtes entsteht, enthalten sein.

Verhalten gegen Werkstoffe. HSIA (a. a. O.) hat polierte Metallstreifen mit handelsüblichem CH_3Br in Hartglasrohre eingeschmolzen und 40 Tage lang auf 80° C erwärmt. Ein Teil der Metallproben befand sich dabei vollständig in der Flüssigkeit, während ein anderer Teil in einer zweiten Versuchsreihe nur den trocken gesättigten Dämpfen ausgesetzt war. Flußeisen, Gußeisen, Kupfer, Messing und Aluminium wurden geprüft. Eine Gewichtsveränderung der Proben konnte nicht festgestellt werden; dagegen traten, besonders an den vom Dampf bespülten Metallstreifen, stärkere Verfärbungen auf. HSIA erklärt die am Fluß-

und Gußeisen besonders auffälligen Veränderungen durch die Anwesenheit von Bromwasserstoff im handelsüblichen CH_3Br, der Eisen besonders stark angreift. Die Versuchsergebnisse sind in Tab. 80 wiedergegeben.

Tabelle 80. *Die Wirkung des handelsüblichen CH_3Br auf polierte Metallstreifen.*

		Flußeisen	Gußeisen	Kupfer	Messing	Aluminium
Wirkung des flüssigen CH_3Br	Oberfläche	matt	matt	unverändert	unverändert	matt
	Farbe	dunkelgrau	dunkelgrau	unverändert	unverändert	unverändert
Wirkung des dampfförmigen CH_3Br	Oberfläche	sehr matt	sehr matt	matt	matt	matt
	Farbe	rostfarben	rostfarben	rötlich	unverändert	unverändert

Versuche mit gereinigtem CH_3Br wurden mit Eisen im dampfförmigen Kältemittel ebenfalls durchgeführt. Dabei zeigte sich, daß reines CH_3Br, insbesondere wenn es der Einwirkung des Lichtes entzogen ist, praktisch keine Korrosion an Eisen verursacht. Diese Versuchsergebnisse sind in Tab. 81 zu finden. Gummi wird von CH_3Br stark angegriffen.

Tabelle 81. *Die Wirkung des gereinigten CH_3Br-Dampfes auf poliertes Flußeisen.*

Lichtwirkung	entzogen			ausgesetzt		
Versuchsdauer in Tagen	Gewichtsänderung in mg/dm²	Oberfläche	Abgelöstes Eisen	Gewichtsänderung in mg/dm²	Oberfläche	Abgelöstes Eisen
7	0	unverändert	0	3,4	kleine matte Stellen	Spur
14	2,8	kleine matte Stellen	Spur	3,4		,,
21	3,4		,,	4,5		,,

Verhalten gegen Schmiermittel. CH_3Br ist ein gutes Lösungsmittel für Fette und Öle, mit denen es aber in Turboverdichtern nicht in Berührung kommt.

Zersetzung. Über die Zersetzung von CH_3Br unter Lichteinwirkung hat HSIA eine Reihe von Versuchen durchgeführt. Reines, gasförmiges CH_3Br wurde drei Wochen in einem Glaskolben aufbewahrt. Nach Ablauf dieser Zeit ergaben Dampfdruckmessungen, daß keine Zersetzung stattgefunden hatte. Dagegen zeigte flüssiges CH_3Br bei einer ähnlichen Untersuchung schon nach drei Tagen eine Erhöhung des Dampfdruckes um 30%, die auf die Bildung von HBr zurückgeführt wurde.

Brennbarkeit und Explosionsgrenzen. Die Dämpfe von CH_3Br brennen bei direkter Berührung mit einer Flamme; bei Entfernung der Flamme wird jedoch die Verbrennung nicht aufrechterhalten. Die Explosionsgrenzen liegen mit 13,5 und 14,5 Vol.-% sehr nahe beieinander, so daß die Explosionsgefahr verhältnismäßig gering ist.

Giftigkeit. Die toxische Wirkung von CH_3Br ist nach SAYERS und Mitarbeitern[1] geringer als die von SO_2 und NH_3, aber stärker als diejenige von CH_3Cl. Bei Konzentrationen von 0,7 bis 1,0 Vol.-% wirkt es in 30 Minuten tödlich. Wie CH_3Cl

---

[1] SAYERS, R. R., W. P. YANT, B. G. H. THOMAS u. B. BERGER: U. S. Public Health Bulletin Nr. 185, Washington 1929.

hat es eine vergrößerte Gefährlichkeit durch Anreicherung im menschlichen Körper. HAMILTON[1] stellt vor allem Nervenschäden fest.

Eine ausreichende *Warnfähigkeit* hat CH_3Br nicht, da es nur in hoher, bereits toxischer Konzentration einen leichten chloroformähnlichen Geruch verbreitet.

4. Methylenchlorid oder Dichlormethan (CH_2Cl_2).

I. II. Verwendung und Herstellung.

Methylenchlorid kann als hochmolekulares Niederdruckkältemittel sowohl in Turbokompressoren als auch in Rotationskompressoren verwendet werden. Die Carrier Engineering Corp. hat von diesem Kältemittel in ihren Turbokompressoren ausgiebig Gebrauch gemacht[2], nachdem es in Amerika von der Eastman-Kodak Co. hergestellt wurde. Auch Brown, Boveri & Co. bediente sich dieses Kältemittels[3]. Nach Erfindung der Freone wurde es aber durch F11 und F113 größtenteils verdrängt. Flüssiges Methylenchlorid wird neuerdings als Kälteübertragungsmittel in Tiefkühlanlagen verwendet, da es einen sehr tiefen Erstarrungspunkt ($-96{,}7°$ C) und eine niedrige Viskosität hat[4].

Methylenchlorid wird hergestellt durch Einwirkung von Chlor auf Methan oder Methylalkohol:

$$CH_4 + Cl_2 = CH_2Cl_2 + H_2,$$
$$CH_3OH + Cl_2 = CH_2Cl_2 + H_2O.$$

III. Thermische und kalorische Eigenschaften.

Für die Eigenschaften von Methylenchlorid liegen keine sehr genauen Meßwerte vor; vielfach widersprechen sie einander. Die im folgenden genannten Werte gelten daher nur angenähert. Es wurde versucht, aus den Angaben in der Literatur die wahrscheinlichsten und unter sich konsistenten Werte herauszugreifen.

Molekulargewicht $\mu = 84{,}94$,

Gaskonstante $R = 9{,}984 \left[\dfrac{\text{mkg}}{\text{kg °C}}\right]$.

Zustandsgleichung. Bei den niedrigen Dampfdrücken im kältetechnischen Gebiet sind die Abweichungen vom idealen Gaszustand nur gering. SUGAWARA[5] empfiehlt die Gleichung

$$v = \frac{9{,}981\, T}{P} - \frac{1{,}60}{(T/100)^{4{,}54}} - \frac{4{,}30}{\sqrt{P}\,(T/100)^{1{,}77}}, \qquad (177)$$

mit der er die in Tab. 82 enthaltenen Volumwerte für gesättigte und überhitzte Dämpfe errechnete.

Dampfdruckkurve. Die ersten Dampfdruckmessungen an Methylenchlorid wurden von PERRY[6] im Bereich von -60 bis $+40°$ C ausgeführt. Er fand den normalen Siedepunkt bei $40{,}6°$ C. Die I. G. Farbenindustrie hat eigene Meßwerte durch die Gleichung

$$\lg p = 6{,}5834 - \frac{1791{,}4}{T} - 0{,}00272\, T \qquad (178)$$

dargestellt, wobei p in ata erhalten wird.

---

[1] HAMILTON: Industrial Poisons in the United States, S. 405.
[2] U.S. Pat. 1781051.
[3] Brown Boveri Mitt. Bd. 19, Jan. 1932, S. 47, und Bd. 20, März-April 1933 S. 63.
[4] SHAW, J. H.: Refrig. Engng. Bd. 57 (1949) S. 1074.
[5] SUGAWARA, S.: J. Soc. mech. Engrs. Tokyo Bd. 37 (1934) Nr. 210 S. 711.
[6] PERRY, J. H.: J. phys. Chem. Bd. 31 (1927) S. 1737.

Methylenchlorid oder Dichlormethan (CH_2Cl_2).

Tabelle 82. *Volume von gesättigtem und überhitztem Dampf von CH_2Cl_2.*

p ata	Sättigungs- temperatur °C	v'' m³/kg	v [m³/kg]									
			−10° C	0°	10°	20°	30°	40°	50°	60°	80°	100° C
0,05	− 24,4	4,901	5,198	5,402	5,607	5,810	6,013	6,216	6,418	6,620	7,023	7,425
0,07	− 18,8	3,571	3,702	3,850	3,997	4,143	4,289	4,434	4,579	4,723	5,012	5,300
0,10	− 12,6	2,555	2,582	2,686	2,790	2,893	2,996	3,098	3,200	3,302	3,505	3,707
0,15	− 5,0	1,746	—	1,782	1,852	1,922	1,991	2,060	2,128	2,197	2,332	2,468
0,20	0,7	1,434	—	—	1,383	1,436	1,489	1,541	1,593	1,644	1,747	1,849
0,30	9,3	0,913	—	—	0,915	0,951	0,987	1,022	1,057	1,092	1,161	1,229
0,40	15,9	0,698	—	—	—	0,709	0,736	0,763	0,790	0,816	0,869	0,920
0,60	25,7	0,478	—	—	—	—	0,486	0,505	0,523	0,541	0,576	0,611
0,80	33,2	0,365	—	—	—	—	—	0,375	0,389	0,403	0,430	0,457
1,00	39,3	0,297	—	—	—	—	—	0,298	0,309	0,321	0,343	0,364

SUGAWARA[1] hat den Dampfdruck zwischen −20 und +60° C gemessen und seine Ergebnisse durch die Gleichung

$$\lg p = 17,89600 - \frac{4119,1}{T} - \frac{3,573 \cdot 10^5}{T^2} - \frac{5,396 \cdot 10^7}{T^3} \qquad (179)$$

ausgedrückt, wobei p in Torr erhalten wird. Danach liegt der normale Siedepunkt bei 40,18° C. Die Angaben für t_s schwanken zwischen 39,2 und 41,6° C.

Neuere Meßwerte zwischen −40 und +40° C stammen von GRANEFF und JUNGERS; sie sind, besonders bei den tiefen Temperaturen, merklich größer:

t [° C] =	−20	−10	0	10	20	30	40
p [ata] =	0,0695	0,1195	0,1975	0,312	0,476	0,712	1,025

Erstarrungspunkt $t_f = -96,7°$ C.

Kritische Daten. Die Angaben über die kritischen Daten sind sehr widersprechend, wie aus folgender Tab. 83 zu ersehen ist.

Tabelle 83. *Kritische Daten von CH_2Cl_2.*

Quelle	t_k [°C]	p_k [ata]
NADEJDINE (LANDOLT-BÖRNSTEIN)	245,1	—
PERRY (J. phys. Chem. 1927 S. 1737)	215,7	—
WATERFIL (Industr. Engng. Chem. 1932, S. 616)	216,1	104,8
EDWARDS (Refrig. Engng. Februar 1931)	216,0	45,6
HENNING (Wärmetechnische Richtwerte)	245	104,8
D'ANS u. LAX (Taschenbuch)	245	45,5
HARAND (1935)	237,6	—
SUGAWARA[1]	216	49,7

Bei diesen großen Diskrepanzen scheint die Anwendung einer bewährten empirischen Regel noch der zuverlässigste Weg zu sein. Das additive Verfahren von RIEDEL für die Bestimmung der kritischen Temperatur (S. 29) liefert $T_s/T_k = 0,616$. Mit $T_s = 313,4$ wird $T_k = 508,5$ ($t_k = 235,4°$ C). Sein additives Verfahren für die Bestimmung des kritischen Druckes (S. 31) liefert $p_k = 60,9$ ata und für das kritische Molvolum (S. 32) $\mu v_k = 99 + 2 \cdot 44 = 187$ l/Mol oder $v_k = 1,965$ l/kg. Mit diesen Werten wird

$$\sigma = \frac{R T_k}{p_k v_k} = \frac{84,94 \cdot 508,5}{60,9 \cdot 10^4 \cdot 1,965} = 3,62.$$

---

[1] SUGAWARA, S.: J. Soc. mech. Engrs. Tokyo Bd. 37 (1934) Nr. 208 S. 491.

Spezifisches Gewicht. Das spezifische Volum und das spezifische Gewicht des Dampfes erhält man aus der Zustandsgleichung (177) und aus Tab. 82.

Für das spezifische Gewicht der Flüssigkeit liegt eine genaue Meßreihe von RIEDEL vor[1]. Seine Werte lassen sich durch die Gleichung

$$\gamma' = 1{,}3613 - 0{,}0018\, t - 0{,}9 \cdot 10^{-6}\, t^2 \tag{180}$$

sehr genau darstellen. Sie stimmen mit den Messungen von TIMMERMANNS und HENANT-ROLAND[2] gut überein.

Spezifische Wärme. Für das Verhältnis $\varkappa = c_p/c_v$ von Methylenchlorid*dämpfen* bei Zimmertemperatur liegen zwei Meßwerte vor. Der eine ist $\varkappa = 1{,}17$*, der andere $\varkappa = 1{,}22$**. Auch in dieser Beziehung bestehen also große Unsicherheiten. Nehmen wir an, daß der wahre Wert $\varkappa = 1{,}20$ ist, so erhalten wir für die spezifische Wärme im idealen Gaszustand

$$c_{p_0} = \frac{\varkappa}{\varkappa - 1} \cdot A R = \frac{1{,}2}{0{,}2} \cdot \frac{9{,}984}{427} = 0{,}14\, \frac{\text{kcal}}{\text{kg °C}}$$

oder für die Molwärme $\mu c_{p_0} = 11{,}80$. JUSTI und LANGER[3] berechneten aus spektroskopischen Daten bei 0° C den Wert $c_{p_0} = 0{,}1404$. Der Wert $\varkappa = 1{,}20$ erscheint daher durchaus glaubwürdig.

GLOCKNER und EDGELL[4] haben folgende Werte berechnet: bei 25° C, $c_{p_0} = 0{,}146$; bei 100° C $c_{p_0} = 0{,}166$; bei 200° C $c_{p_0} = 0{,}187$.

Für die spezifische Wärme der *Flüssigkeit* zwischen 15 und 40° C bei 1 Atm hatte BERTHELOT den Wert $c_{fl} = 0{,}288$ gemessen[5]. Neuerdings wird jedoch mit $c_{fl} = 0{,}270$ gerechnet. Die Temperaturabhängigkeit kann im kältetechnischen Bereich vernachlässigt werden[6].

Latente Wärme. Aus der Dampfdruckgleichung (179) findet man mit Gl. (11) bei Vernachlässigung von v' gegen v''

$$r \approx 53{,}923\, p\, v'' \left(\frac{1791{,}4}{T} - 0{,}00272\, T\right) \left[\frac{\text{kcal}}{\text{kg}}\right]. \tag{181}$$

Die so berechneten Werte, denen naturgemäß auch Unsicherheiten anhaften, wurden in die Dampftabelle 5 auf S. 459 aufgenommen.

Enthalpie, Entropie und thermodynamische Diagramme. Mit $c_{fl} = 0{,}27$ wird die Enthalpie der Flüssigkeit

$$i' = 100{,}00 + 0{,}27\, t$$

und die Enthalpie des trocken gesättigten Dampfes mit Gl. (181)

$$i'' = i' + r.$$

Für die Entropie der Flüssigkeit erhält man

$$s' = 0{,}27 \ln T + \text{konst}$$

oder

$$s' = -0{,}5142 + 0{,}6215 \lg T,$$

wenn für $t = 0°$ C $s' = 1{,}0000$ gesetzt wird. Daher ist

$$s'' = s' + r/T.$$

---

[1] RIEDEL, L.: Kälte Bd. 1 (1948) S. 106.
[2] TIMMERMANNS u. HENANT-ROLAND: J. Chim. Phys. Bd. 29 (1932) S. 529.
* U.S.-Bur. of Mines, Techn. Pap. Nr. 255, 1921.
** Intern. Critical Tables.
[3] JUSTI, E., u. F. LANGER: Z. techn. Phys. Bd. 21 (1940) S. 21.
[4] GLOCKNER, G., u. W. F. EDGELL: J. Chem. Phys. Bd. 9 (1941) S. 527.
[5] BERTHELOT: C. R. Bd. 93 (1881) S. 291.
[6] PERLICK, A.: Z. ges. Kälteind. Bd. 44 (1937) S. 204, fand für $c_{fl} = f(t)$ ein flaches Minimum bei $-25°$ C (0,274) und einen stärkeren Anstieg bei $t > 0°$ C.

Mit diesen Werten wurde die Dampftabelle 5 auf S. 459 berechnet, die nur annäherungsweise Gültigkeit beansprucht. Immerhin dürfte sie derjenigen von CHURCHILL[1] überlegen sein.

Ein T, s-Diagramm für CH_2Cl_2 wurde von der Firma Brown, Boveri & Co. aufgestellt[2]; auch ihm haften die gleichen Unsicherheiten an. SUGAWARA hat ein MOLLIER-i, lg$p$-Diagramm entworfen.

IV. Physikalische Eigenschaften.

Viskosität. Die Viskosität η_0 des Dampfes im *idealen Gaszustand* kann für $t = 20$ bis $300°$ C nach Gl. (85) berechnet werden. Dabei ist zu setzen $B \cdot 10^7 = 140,3$ und $C = 425$ (vgl. Tab. 11)[3]. Bei $22°$ C ist $\eta_0 = 99,1$ Mikropoise.

Für die *Flüssigkeit* gelten folgende Werte

bei t [°C] =	−62	−20	−10	0	10	20	30	40
η [cP] =	1,25	0,68	0,602	0,537	0,481	0,435	0,396	0,363

Wie man sieht, ist die Viskosität von flüssigem CH_2Cl_2 sehr gering. Bei $-62°$ C ist sie noch kleiner als diejenige von Wasser bei $0°$ C (1,79 cP).

Der Einfluß des Druckes ist im kältetechnischen Bereich vernachlässigbar.

Wärmeleitzahl. Im *Gaszustand* ist

bei t [°C] =	0	20	50	100	150	200
$\lambda \left[\dfrac{\text{kcal}}{\text{m h °C}}\right] =$	0,0057	0,0063	0,0073	0,00925	0,0113	0,0135

Im *flüssigen* Zustand

bei t [°C] =	−20	−10	0	20
$\lambda \left[\dfrac{\text{kcal}}{\text{m h °C}}\right] =$	0,139	0,137	0,136	0,133*

Oberflächenspannung gegen Luft: bei $15°$ C $\sigma = 28,83$, bei $30°$ C $\sigma = 26,54$ dyn/cm.

V. Kältetechnische Eigenschaften.

Bezüglich des Gütegrades steht CH_2Cl_2, wie aus Tab. 27 zu entnehmen ist, mit an der Spitze der gebräuchlichen Kältemittel. Es gilt dafür $\eta_g = 87,6\%$.

VI. Chemische Eigenschaften.

Einfluß von Wasser. In Gegenwart von Feuchtigkeit macht sich bei CH_2Cl_2 eine schwache Tendenz zur Bildung von Salzsäure bemerkbar, welche die Baustoffe unter Bildung von Chloriden angreift. Bei Temperaturen unter $50°$ C verläuft diese Reaktion jedoch äußerst langsam.

Wasser ist in CH_2Cl_2 nur in sehr geringem Maße löslich, und zwar

bei t [°C] =	−40	−20,75	−9,4	5,75	20,3
mg H_2O/kg CH_2Cl_2 =	0,240	0,321	0,537	1,150	1,620

Die Löslichkeit von CH_2Cl_2 in Wasser beträgt[4]

bei t [°C] =	0	10	20	30
g CH_2Cl_2/100 g H_2O =	2,36	2,12	2,00	1,97

---

[1] CHURCHILL: Refrig. Engng., August 1933 (nach WATERFIL).
[2] Brown Boveri Mitt. Bd. 20 Nr. 2 S. 67 März/April 1933.
[3] Nach R. LINKE: Z. phys. Chem. Abt. A Bd. 148 (1930) S. 195.
* RIEDEL, L.: Forsch. Ing.-Wes. Bd. 11 (1940) S. 340, nennt bei $20°$ C $\lambda = 0,121$.
[4] REX, A.: Z. phys. Chem. Bd. 55 (1906) S. 355.

Verhalten gegen Werkstoffe. CARLISLE und LEVINE haben die Korrosionswirkung von CH_2Cl_2 im reinen Zustand und in Gegenwart von Wasser im Kontakt mit verschiedenen Metallen in Druckrohren untersucht[1]. Neben verschiedenen Wassermengen wurde auch Sauerstoff zugegeben. Die Prüfzeit betrug bei verschiedenen Temperaturen jeweils 24 Stunden. Nach dem Öffnen der unterkühlten Rohre wurde der Inhalt in einer Titrationsflasche mit 25 cm³ destilliertem Wasser ausgeschüttelt und die gebildete Salzsäure mit 0,01 normaler Natronlauge unter Zugabe von Phenolphthalein titriert. Der CH_2Cl_2-Zerfall ist der gebildeten freien Säure nicht proportional, da offenbar auch neutrale Polymerisationsprodukte entstehen, ohne daß freie Säure gebildet wird.

In Tab. 84 ist die Gewichtsänderung der Metalle in mg/cm² Oberfläche in 24 Stunden Versuchszeit zusammengestellt.

Die Metalle Aluminium, Kupfer, Zinn, Blei und Eisen werden weder durch trockenes noch durch mit Wasser gesättigtes CH_2Cl_2 angegriffen. Aus Messing wird ab 80° C das Zink herausgelöst, und auch Bronze wird angegriffen. Eisenkorrosion tritt bei Wasserüberschuß und erhöhter Temperatur ebenfalls auf. CARLISLE und LEVINE betrachten CH_2Cl_2 als denjenigen höher chlorierten Kohlenwasserstoff, der am wenigsten zu Korrosionen führt.

Tabelle 84. *Korrosion durch Methylenchlorid an verschiedenen Metallen.*

Versuchsbedingungen	Gewichtsänderung in 24 Stunden in mg/cm² bei				
	60°	80°	100°	120°	140° C
Methylenchlorid und weiches Eisen in Stickstoff	−0,03	0	0	0	—
Weiches Eisen in Stickstoff, mit Wasser gesättigt	0	0	0	0,05	0,05
Weiches Eisen in Stickstoff, Wasserüberschuß	−0,1	−0,67	−3,1	−1,4	a
Weiches Eisen in Luft	0	0	0	0	0,013
Weiches Eisen in Sauerstoff	0	0	0	0	0
Weiches Eisen in Sauerstoff, mit Wasser gesättigt	−0,1	−0,4	−1,57	−3,0	a
Kupfer in Stickstoff, mit Wasser gesättigt	0	0	0	0	0
Aluminium in Stickstoff, mit Wasser gesättigt	0	0	0	0	0
Blei in Stickstoff, mit Wasser gesättigt	0	−0,2	0	−0,1	0
Messing in Stickstoff, mit Wasser gesättigt	0	0,10 b	0 b	0 b	1,5 b
Zinn in Stickstoff, mit Wasser gesättigt	0	0	0	0	2

a dicke Schicht von Eisenoxyd. — *b* kupferfarbene Oberfläche.

Verhalten gegen Schmiermittel. CH_2Cl_2 ist mit Mineralölen in jedem Verhältnis mischbar und verdünnt die Öle stark.

Zersetzung. CARLISLE und LEVINE stellten fest, daß reines CH_2Cl_2 unter dem Einfluß erhöhter Temperaturen ab etwa 120° C in Spuren zersetzt wird; merklicher Zerfall tritt aber erst ab 400° C ein. Reiner Sauerstoff und Luftsauerstoff haben bis zu 140° C keinen Einfluß auf CH_2Cl_2. Beim Zerfall von CH_2Cl_2 in Flammen treten in geringer Menge Salzsäure, Kohlendioxyd, Kohlenmonoxyd und Spuren von Phosgen auf[2].

---

[1] CARLISLE, P. I., u. A. A. LEVINE: Industr. Engng. Chem. Bd. 24 (1932) S. 146.
[2] Kinetic Chemicals Report on Tests of Refrigerants. — Electr. Refriger. News, Teil 2, vom 30. Dez. 1931.

Die *Brennbarkeit* von CH_2Cl_2 wird von THOMPSON[1] als sehr gering angegeben. Beim Entfernen der Zündquelle erlischt es in den eigenen Verbrennungsgasen[2]. Mit Luft bildet es bei Zimmertemperatur keine explosiven Gemische. Bei höheren Temperaturen und unter günstigen Bedingungen kann es jedoch mit Luft schwach brennbare Gemische bilden[3]. Die Zündtemperatur wird mit 662° C angegeben.

Physiologisch ist CH_2Cl_2 nicht ganz harmlos, weil es leicht berauschende Eigenschaften hat. Die Gefahren werden jedoch als sehr gering bezeichnet[3,4]. Der Geruch ist schwach ätherisch. Da in Kältemaschinen in der Regel selbst auf der Druckseite Unterdruck herrscht, ist die Gefahr des Entweichens gering.

Undichtigkeiten können mit den für halogenierte Kältemittel gebräuchlichen Geräten, z. B. Halogenlampe und Leak-Detektor, nachgewiesen werden.

G. Fluorhaltige Methanderivate[5].

1. Allgemeines.

Fluor–Chlor-Derivate von Kohlenwasserstoffen wurden erstmalig von SWARTS in Gent seit dem Jahre 1893 hergestellt[6]; doch hatte er sich mit der praktischen Verwendung dieser Stoffe nicht befaßt. MIDGLEY und HENNE wiesen zuerst auf ihre Verwendbarkeit als Kältemittel hin[7]. Die großindustrielle Herstellung hat anschließend die *Kinetic Chemicals* Inc. in Wilmington, Del., übernommen, die diese Stoffe unter dem Handelsnamen *Freon* (F) vertreibt und jeden Stoff mit einer Nummer („N") versehen hat; für einen bestimmten Stoff wird dann die abgekürzte Bezeichnung F „N" benutzt.

Die Freone wurden ursprünglich nur für kältetechnische Zwecke hergestellt. Inzwischen haben sich aber noch andere Anwendungsgebiete gefunden, z. B. als Zerstäubungsträger für Ungezieferbekämpfungsmittel und für Parfüms. Der Verwendung als Lösungsmittel steht der hohe Preis entgegen, obwohl die Unbrennbarkeit und Ungiftigkeit dieser Stoffe erhebliche Vorteile bieten würden.

In *Deutschland* werden diese Stoffe von den Farbwerken Hoechst unter dem Handelsnamen *Frigen* hergestellt und vertrieben, wobei die in USA eingeführte Numerierung beibehalten wurde. In *England* haben die Imperial Chemical Industries, Ltd. (ICI) die Fabrikation unter dem Handelsnamen *Arcton* übernommen und eine eigene Numerierung eingeführt. In *Italien* werden sie unter der Bezeichnung *Algofrene* von der Società Montecatini in Mailand hergestellt, die ebenfalls eine eigene Numerierung vorgenommen hat. In *Frankreich* wird die Herstellung von den Firmen Rhône — Poullenc und Société Electro-Chimie d'Ugine unter dem Namen C F „N" Electro durchgeführt. In Irland heißen diese

---

[1] THOMPSON, R. I.: Refrig. Engng. Bd. 44 (1942) S. 311.

[2] Die I. G. Farbenindustrie vertrat die Ansicht, gestützt auf ein Gutachten des Laboratoriums FRESENIUS in Wiesbaden, daß CH_2Cl_2 absolut unbrennbar ist.

[3] *Underwriters Laboratories Report* Miscel. Hazard 2375, Nov. 1933.

[4] MULLER, J.: Arch. Exper. Pathol. Pharm. Bd. 109 S. 276.

[5] RUFF, O.: Die Chemie des Fluors. Berlin: Springer 1920. — W. BOCKEMÜLLER: Organische Fluorverbindungen. Stuttgart: Enke 1936. — R. PLANK: Die Fluor-Chlor-Derivate gesättigter Kohlenwasserstoffe und ihre technische Verwendbarkeit. Beihefte z. d. Z. Ver. dtsch. Chem. Nr. 44. Berlin: Verlag Chemie 1942. — E. EINECKE: Fünfzig Jahre Chemie des Fluors, Z. angew. Chem. Bd. 50 (1937) S. 859. — G. SCHIEMANN: Fluorverbindungen. Darmstadt: Steinkopff 1951. — A. L. HENNE: in GILMANS Organic Chemistry, Kapitel II S. 944. (1943). — A. L. HENNE: In ADAMS Organic Reactions, Bd. II S. 49—93. New York: John Wiley u. Sons 1944. — Symposium on Fluorine Chemistry, Amer. chem. Soc. Chicago 1946.

[6] SWARTS, F.: Bull. Acad. Roy. Belg. Bd. 24 (1893) S. 209; Bd. 33 (1902) S. 731; Bd. 38 (1907) S. 339.

[7] MIDGLEY, TH., u. A. L. HENNE: Industr. Engng. Chem. Bd. 22 (1930) S. 542. — U.S.-Pat. 1930129 (1933), 2005710 (1931), 2013062 (1935), 2212826 (1940); DRP 623322 (1930).

Stoffe *Isceon* (Imperial Smelting), in Spanien *Flurion* (Comas). In Ostdeutschland werden sie unter dem Namen *Frigedohn* in den Fluorwerken Dohna/Sa. hergestellt.

Da hierdurch leicht eine Verwirrung eintreten kann, sind die einzelnen Namen und Nummern in Tab. 85 nach Ländern geordnet.

Tabelle 85. *Bezeichnungen der Fluor-Chlor-Derivate des Methans.*

Chemische Formel	Land				
	USA	Bundesrepublik Deutschland	England	Italien	Frankreich
$CFCl_3$	Freon 11	Frigen 11	Arcton 9	Algofrene 1	CF 11 Electro
CF_2Cl_2	Freon 12	Frigen 12	Arcton 6	Algofrene 2	CF 12 Electro
CF_3Cl	Freon 13	Frigen 13	Arcton 3	—	—
CF_4	Freon 14	—	—	—	—
$CHFCl_2$	Freon 21	Frigen 21	Arcton 7	Algofrene 5	—
CHF_2Cl	Freon 22	Frigen 22	Arcton 4	Algofrene 6	—
CHF_3	Freon 23	—	Arcton 1	—	—

In den USA hat (offenbar nach dem Ablauf der Grundpatente) auch noch die General Chemical Division der Allied Chemical and Dye Corp. in New York die Herstellung von Fluor-Chlor-Derivaten unter dem Handelsnamen *Genetron* aufgenommen und stellt Genetron 11, Genetron 12 und Genetron 141 her, die genau F 11, F 12 und F 22 entsprechen. Außerdem stellt sie noch unter dem gleichen Namen verschiedene fluorierte Äthane und Äthylene her, die in den Abschnitten J (S. 393) und M (S. 419) behandelt werden. Neuerdings stellt auch noch die Penn Salt Mfg. Co. in Philadelphia Fluor-Chlor-Derivate unter dem Handelsnamen *Isotron* her.

Der amerikanischen Numerierung (und damit auch der deutschen und französischen) liegt eine bestimmte Ordnung zugrunde, so daß man aus der Nummer die chemische Zusammensetzung nicht nur der Methanderivate, sondern auch der Derivate von höheren Gliedern in der Paraffinreihe erkennen kann. Alle diese Derivate kann man durch die chemische Formel

$$C_m H_n F_p Cl_q$$

darstellen, wobei $n + p + q = 2m + 2$ sein muß. Eine dieser vier Größen ist durch die drei anderen gegeben; von q wird daher bei der Numerierung kein Gebrauch gemacht. Die Nummern der einzelnen Freone sind dreistellig und können deshalb in der Form $x\,y\,z$ geschrieben werden; dabei wird jedoch die erste Zahl x fortgelassen, wenn sie Null ist. Nun kennzeichnet x die Zahl der Kohlenstoffatome, und man setzt $x = m - 1$; y kennzeichnet die Zahl der Wasserstoffatome, und man setzt $y = n + 1$; z kennzeichnet die Zahl der Fluoratome, und man setzt $z = p$. Das Freon CF_2Cl_2 mit $m = 1$, $n = 0$ und $p = 2$ erhält daher die Nummer „N" = 012; da aber die Null an erster Stelle fortgelassen werden sollte, heißt der Stoff einfach F 12. Das Freon CHF_2Cl heißt dann F 22, das Freon CH_3F heißt F 41. Das Äthanderivat $C_2F_3Cl_3$ heißt F 113; Difluoräthan ($C_2H_4F_2$) muß bei dieser Ordnung F 152 heißen. Das Propanderivat $C_3F_6Cl_2$ heißt F 216. Diese Ordnung der Numerierung hat offenbar dort ihre Grenze, wo die Atomzahl eines der Bestandteile zweistellig wird, also z. B. beim Dekafluorbutan (C_4F_{10}, s. S. 410).

Eine gewisse Komplikation tritt ein, wenn ein Freon Isomere aufweist, was nur bei den Methanderivaten nicht möglich ist; aber schon die Äthanderivate können bis zu 4 Isomeren haben (s. Tab. 101 auf S. 394). Man unterscheidet dann z. B. beim Tetrafluormonochloräthan zwischen F 124 ($CHFCl-CF_3$) und F 124a (CHF_2-CF_2Cl).

Allgemeines.

Es sei noch erwähnt, daß die vollständig fluorierten Kohlenwasserstoffe auch als Φ-Verbindungen bezeichnet werden, z. B. Φ-Methan (CF_4), Φ-Butan (C_4F_{10}), Φ-Cyclopentan (C_5F_{10}) usw.[1]. Andererseits findet man dafür auch die Bezeichnung *Perfluor*verbindung, z. B. Perfluoräthan (C_2F_6).

Die englische Numerierung ist, wie man aus Tab. 85 ersieht, eine ganz andere, aber auch ihr liegt eine Ordnung zugrunde[2]: jedem C-Atom in einer Kette wird eine Zahl zugeordnet, die sich aus den daran gebundenen H-, F- oder Cl-Atomen in der Weise errechnet, daß jedem H-Atom der Wert 1, jedem F-Atom der Wert 0 und jedem Cl-Atom der Wert 3 zugeordnet wird, wonach man deren Summe bildet.

So wird z. B. bei CF_2Cl_2 die Summe $2 \times 0 + 2 \times 3 = 6$, und das ist Arcton 6. Bei CHF_3 ist die Summe $1 \times 1 + 3 \times 0 = 1$.

Bei Äthanderivaten besteht die Kette schon aus zwei Gliedern, und man erhält dementsprechend zweistellige Zahlen.

So werden z. B. für $CFCl_2-CF_2Cl$ die Summen $1 \times 0 + 2 \times 3$ und $2 \times 0 + 1 \times 3$, also 6 und 3, was zu 63 vereinigt wird. Das ist Arcton 63. Man könnte dieses Derivat auch umgekehrt schreiben: $CF_2Cl-CFCl_2$, und ihm würde dann die Nummer 36 zukommen. Es ist jedoch vereinbart, die größere der beiden Zahlen immer an die erste Stelle zu setzen.

Die andere Isomere ist CCl_3-CF_3 mit den Summen 3×3 und 3×0, also Arcton 90. Eine Ausnahme bilden nur drei Wasserstoffatome an einem C-Atom, sie werden mit 8 gezählt, um die Verwechslung mit einem Cl-Atom zu vermeiden. Daher[3] ist CH_3F Arcton 8 und CH_3-CF_2Cl ist Arcton 83.

Propanderivate erhalten dreistellige Zahlen. So würde $CHF_2-CH_2-CF_2Cl$ Arcton 123; da es aber auch $CF_2Cl-CH_2-CHF_2$ geschrieben werden kann, so heißt es Arcton 321.

Durch eine einfache Erweiterung dieses Systems lassen sich auch Doppelbindungen und Seitenketten berücksichtigen.

Die Kinetic Chemicals Inc. hat eine übersichtliche Tafel für den Vergleich der physikalischen Eigenschaften von 10 Freonen aufgestellt, und zwar für die Freone 11, 12, 13, 14, 21, 22, 112, 113, 114 und 115[4]. Dort findet man auch ein Diagramm, das den Verlauf der Dampfdruckkurven für alle diese Freone neben denjenigen der zyklischen Freone C 316 und C 318 (s. S. 432) enthält.

Neuerdings wurden neben Fluor-Chlor-Derivaten auch noch Fluor-Chlor-Brom-Derivate hergestellt, von denen einzelne als Kältemittel geeignet sind, obwohl die Stoffe in dieser Gruppe vorwiegend als Feuerlöschmittel interessieren dürften. So hat die Eston Chemicals Inc. in Los Angeles das Trifluormonobrommethan (CF_3Br) als Tieftemperaturkältemittel herausgebracht (s. S. 382) und ihm den Handelsnamen *Kulene* 131 gegeben[5]. Im Nummernschema der Freone ($C_m H_n F_p Cl_q Br_s$) wird die Anzahl s der Bromatome durch den Zusatz Bs zu der durch die Zahlen m, n und p festgelegten Nummer gekennzeichnet. Es heißen daher[6]:

CF_2ClBr . . . . F 12 B 1
CF_2Br_2 . . . . F 12 B 2
CF_3Br . . . . F 13 B 1
$CFClBr-CF_2Br$ . . . . F 113 B 2
CF_2Br-CF_2Br . . . . F 114 B 2

Von den beiden letzten gibt es wieder Isomere.

---

[1] GROSSE, A. V., u. G. H. CADY: Industr. Engng. Chem. Bd. 39 (1947) S. 367.
[2] Private Mitteilung der Imperial Chemical Industries vom 4. April 1955.
[3] In diesen Systemen können fluorfreie Derivate offenbar nicht mehr dargestellt werden, denn Methylchlorid CH_3Cl hätte die Summe $8 + 3 = 11$ (zweistellig) und bekäme somit die gleiche Nummer wie CHF_2-CHF_2.
[4] Kinetic Technical Bulletin B-2, 1950. — [5] U.S.-Pat. 2531372 und 2531373 (1950).
[6] Diese Bezeichnung findet sich bei B. J. EISEMAN: Refrig. Engng. Bd. 60 (1952) S. 497.

Neben den aliphatischen Halogenderivaten wurden von der Kinetic Chemicals Inc. auch zyklische Verbindungen hergestellt, wie C_3F_6, C_4F_8 und C_5F_{10}[*]. Von diesen dürfte das Oktafluorcyclobutan C_4F_8 als Kältemittel und Kälteübertragungsmittel geeignet sein (s. S. 432). Die Numerierung dieser zyklischen Freone bleibt die gleiche wie oben angegeben, nur wird vor die Nummer noch C gesetzt. C_4F_8 heißt also „Freon C 318". Ferner sind aromatische fluorierte Kohlenwasserstoffe hergestellt worden[1].

Außer den Kohlenwasserstoffen wurden auch noch andere organische Verbindungen wie Alkohole, Äther, Ketone und Amine fluoriert. So hat sich die British Thomson–Houston Co. das Trifluorderivat des Diäthylketons $C_2H_2F_3-CO-C_2H_5$ als Kältemittel patentieren lassen[2]. Für die Schmierung empfindlicher Teile und als Kühlmittel sind vorgeschlagen: Perfluoräthyläther ($C_2F_5-O-C_2F_5$) und Perfluormethylbutyläther ($CF_3-O-C_4F_9$) sowie Perfluortrimethylamin (($CF_3)_3N$)[**].

Mit zunehmender Fluorierung steigt die chemische Stabilität der Derivate aller bisher erwähnten organischen Verbindungen. Die Bindung des Kohlenstoffs an die Halogene nimmt in der Reihenfolge Jod, Brom, Chlor, Fluor an Festigkeit zu. Die Trennungsenergie für die Bindungen zwischen Kohlenstoff und den Halogenen beträgt:

Bindung	C–H	C–F	C–Cl	C–Br	C–J
Trennungsenergie kcal/Mol	93	114	72	59	45
In Prozent (C–H = 100%)	100	122	77,5	63,5	48,5

STACEY hat für die verschiedenen Fluorierungsstufen folgende Regeln angegeben[3]:

1. Ein Fluoratom allein verursacht Instabilität; so spalten Monofluor-Paraffine über C_5 Fluorwasserstoff (HF) ab.
2. Ein weiteres Halogenatom am gleichen Kohlenstoffatom steigert die Stabilität.
3. Zwei oder mehr Fluoratome an einem C-Atom ergeben eine große Stabilität der C–F-Bindung.
4. Zwei F-Atome an einem C-Atom stabilisieren ein drittes anderweitiges Halogenatom und erschweren die Einführung eines dritten F-Atoms.
5. Zwei F-Atome an einem C-Atom stabilisieren zugleich das Halogen an einem benachbarten C-Atom.

Kältetechnisch am wichtigsten sind die *Fluor–Chlor-Derivate des Methans*. Allgemein ist für einen gesättigten Kohlenwasserstoff C_mH_n die Zahl k der Grundverbindungen dieser Art:

$$k = \sum_{1}^{n+1} (n) = \frac{(n+1)(n+2)}{2}. \tag{182}$$

Die Zahl der Methanderivate ist daher $n = 15$ (einschließlich des Methans selbst). Sie sind in Tab. 86 mit den zugehörigen normalen Siedepunkten geordnet dargestellt.

---

[*] U. S. Pat. 2384821 (1945); 2394581 (1946). — J. D. PARK, A. F. BENNING, F. B. DOWNING, J. F. LANCINS u. R. C. MCHARNESS: Industr. Engng. Chem. Bd. 39 (1947) S. 354.

[1] MCBEE, E. T., V. V. LINDGREN u. W. B. LIGETT: Industr. Engng. Chem. Bd. 39 (1947) S. 378.

[2] Brit. Pat. 416653. In der Patentschrift wird Diäthylketon mit Dimethylketon (Azeton) verwechselt.

[**] HENDRICKS, J. O.: Industr. Engng. Chem. Bd. 45 (1953) S. 99.

[3] STACEY, M.: The Royal Institute of Chemistry of Great Britain and Ireland, Lecture on the New Fluorocarbon Chemistry. London 1948.

Allgemeines.

Tabelle 86. *Fluor-Chlor-Derivate des Methans und deren normale Siedepunkte.*

Anzahl H-Atome	4	3	2	1	0
Anzahl Halogenatome	0	1	2	3	4
Kein Fluoratom	CH_4	CH_3Cl	CH_2Cl_2	$CHCl_3$	CCl_4
	$-161,7°$	$-24°$	$40,2°$	$61,2°$	$76,7°$
Ein Fluoratom	—	CH_3F	CH_2FCl	$CHFCl_2$	$CFCl_3$
		$-78°$	$-9°$	$8,9°$	$23,7°$
Zwei Fluoratome	—	—	CH_2F_2	CHF_2Cl	CF_2Cl_2
			$(-52°)$	$-40,8°$	$-29,8°$
Drei Fluoratome	—	—	—	CHF_3	CF_3Cl
				$-82,2°$	$-81,5°$
Vier Fluoratome	—	—	—	—	CF_4
					$-128°$

Vom Äthan ab sind aber für die höheren Kohlenwasserstoffe noch die Isomeren der Derivate und vom Butan ab sogar noch die Isomeren der Kohlenwasserstoffe selbst zu berücksichtigen, so daß die Zahl k erheblich wächst.

Infolge der großen Bindungsenergie von C—F und H—F ist es sehr schwer, Methan direkt zu fluorieren. Dagegen ist die Substitution von Cl durch Fluor in den bereits chlorierten Kohlenwasserstoffen wie CCl_4, $CHCl_3$ und CH_2Cl_2 leicht möglich. Tetrachlorkohlenstoff bildet den Ausgangsstoff für die Herstellung der wasserstofffreien Fluor-Chlor-Derivate.

Als Fluorüberträger diente zuerst Antimontrifluorid (SbF_3):

$$3\,CCl_4 + n\,SbF_3 = 3\,CF_nCl_{4-n} + n\,SbCl_3, \quad (183)$$

wobei der Wert n vom Druck und von der Temperatur abhängt, bei denen die Reaktion verläuft. Für F12 wird z. B. $n = 2$; bei einem Druck von rd. 4 ata und einer Temperatur von 15° C im Dephlegmator erhält man es mit 90% Ausbeute.

Neuerdings ist aber für die Fluorierung der niederen Glieder der aliphatischen Kohlenwasserstoffe Flußsäure (HF) am gebräuchlichsten:

$$CCl_4 + n\,HF = CF_nCl_{4-n} + n\,HCl. \quad (184)$$

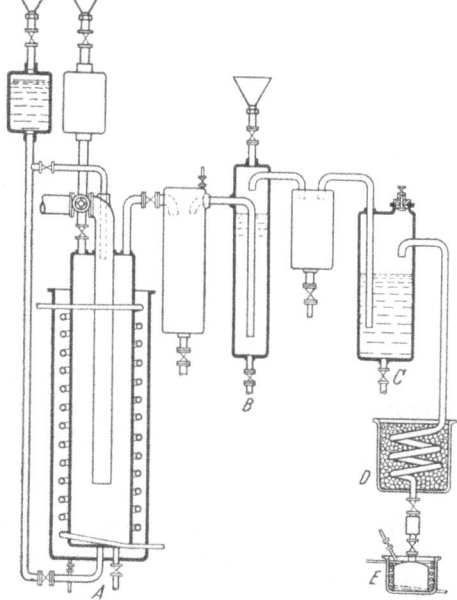

Abb. 112. Schema einer Anlage zur Fluorierung organischer Verbindungen (Verfahren der Kinetic Chemicals Inc.).

Als Katalysatoren dienen nichtflüchtige Metallhalogenide[1], vorzugsweise das Antimonpentachlorid ($SbCl_5$)*. Als Träger der Katalysatoren wird, soweit erforderlich, Aktivkohle verwendet. Gefäße für diese Verfahren werden aus Chromstahl, Chrom-Nickel-Eisen-Legierungen, Monelmetall und auch aus Kupfer hergestellt. Die angewendeten Drücke und Temperaturen sind je nach dem gewünschten Endprodukt verschieden; es wird auch im Unterdruck gearbeitet.

Abb. 112 zeigt schematisch den Aufbau einer einfachen Anlage zur Fluorierung organischer Halogenverbindungen mit Fluorwasserstoff nach dem Ver-

---

[1] U.S. Pat. 2005710 (1935) und 2062743 (1935). Es ist in diesem Rahmen nicht möglich, die umfangreiche Patentliteratur zu behandeln, daher sei auf das Werk von SCHIEMANN (Fußnote 5, S. 317) verwiesen. — * Franz. Pat. 701324 (1931).

fahren der Kinetic Chemicals Inc.[1]. Im Reaktionsgefäß A findet die Fluorierung mittels HF statt. Dabei wird die gewünschte Fluorverbindung aus der Reaktionsmischung laufend abdestilliert, um Überfluorierung zu vermeiden. Die gebildeten Fluorverbindungen werden zunächst durch einen Wäscher geleitet, der mit den zu fluorierenden Halogenkohlenwasserstoffen gefüllt ist, um alle Fremdverbindungen zurückzuhalten, die entweder noch nicht umgesetzt sind oder im Reaktionsgefäß A als Katalysatoren dienen. Im Waschgefäß B befindet sich Kaliumhydroxydlösung oder Kalkmilch u. ä. zum Neutralisieren der gebildeten Salzsäure, wobei dann Wasser entsteht. Im Trockner C wird über Schwefelsäure oder Alkali in Stangen getrocknet. Das neutralisierte und getrocknete Produkt, z. B. F12, wird dann im Kühler D verflüssigt und in den Vorrats- oder Transportbehälter E abgefüllt. Die noch nicht ausreichend fluorierten Verbindungen mit höherem Siedepunkt werden dem Reaktionsgefäß A wieder zugeführt.

Bei der Fluorierung von 8 Teilen Tetrachlorkohlenstoff (CCl_4) mit 1 Teil Fluorwasserstoff (HF) findet in dieser Anlage bei 300° C und 0,5 kg/cm² eine Reaktion statt, die mit 90%iger Ausbeute zu einem Gemisch von 40% $CFCl_3$ (F11) und 60% CF_2Cl_2 (F12) führt. Dabei werden 5% CCl_4 und 10% HF infolge des sich einstellenden Gleichgewichts nicht umgesetzt.

Die Fluorierung chlorierter Kohlenwasserstoffe durch direkte Einwirkung von elementarem Fluor schien zuerst nicht zu gelingen. MILLER hat nachgewiesen, daß das Mißlingen auf die Verwendung von nicht reinem sauerstoffhaltigem Fluor zurückzuführen ist; ein solches Gemisch übt eine stark oxydierende Wirkung aus. Bei Verwendung von ganz reinem Fluor konnte MILLER zahlreiche chlorierte Kohlenwasserstoffe fluorieren[2].

SIMONS und BLOCK ist es ferner gelungen, ruhig und stetig verlaufende Reaktionen zwischen Fluor und Kohlenstoff durchzuführen[3], die in früheren Versuchen stets explosionsartig verliefen. Es gelang ihnen, CF_4, C_2F_6, C_3F_8, C_4F_{10} und andere Perfluorverbindungen herzustellen.

Wie aus Tab. 86 zu ersehen ist, steigt der Siedepunkt der Methanderivate bei der Substitution eines Wasserstoffatoms durch ein Chloratom von CH_4 bis CCl_4 an. Bei der Substitution von Chloratomen durch Fluoratome wird dagegen der Siedepunkt erniedrigt. Bei der Substitution von Wasserstoff oder Chlor durch Fluor wird die Giftigkeit herabgesetzt bzw. nahezu aufgehoben. Die Brennbarkeit wird um so geringer, je mehr Wasserstoffatome durch Fluor- oder Chloratome ersetzt sind. Mit zunehmender Fluorierung steigt die Stabilität der Derivate.

SEGER hat die thermischen Eigenschaften der Fluor–Chlor-Derivate des Methans zusammenfassend behandelt und eine Reihe von Gesetzmäßigkeiten festgestellt[4]. EISEMAN hat gezeigt, daß man viele Freone unter einem gemeinsamen Gesichtspunkt betrachten kann, wenn man das Gesetz der korrespondierenden Zustände zugrunde legt[5] (s. S. 97 und Band II S. 165 dieses Handbuches). Man kann mit Hilfe dieser Regeln aus den thermischen Eigenschaften genau untersuchter Stoffe auf diejenigen weniger bekannter Stoffe angenähert schließen.

Alle Freone sind gute *Lösungsmittel* für alle unpolaren Stoffe, aber schlechte für hochpolare; allgemein sind die chlorierten Verbindungen gute, die fluorierten aber schlechte Lösungsmittel für polare Stoffe, wobei ein restliches Wasserstoff-

---

[1] DRP 552919 (1932).
[2] MILLER, W. T.: J. Amer. chem. Soc. Bd. 62 (1940) S. 341.
[3] SIMONS, J. H., u. L. P. BLOCK: J. Amer. chem. Soc. Bd. 61 (1939) S. 2962.
[4] SEGER, G.: Beihefte zur Z. Ver. dtsch. Chem. Nr. 43. Berlin: Verlag Chemie 1942. Die Arbeit ist nicht frei von gewagten Verallgemeinerungen.
[5] EISEMAN jr., B. J.: Refrig. Engng. Bd. 60 (1952) S. 496.

atom die Löslichkeit erhöht. Mit zunehmender Fluorierung nimmt die Wasserlöslichkeit deutlich ab, mit Wasserstoffrestatomen nimmt sie zu. Die *Öllöslichkeit* nimmt mit zunehmender Fluorierung ebenfalls ab. F13, F14 und F115 sind in Mineralölen praktisch unlöslich, während F22 und F114 mit Mischungslücke, also teilweise, löslich sind. F11, F12, F21, F112 und F113 sind dagegen vollkommen mit Mineralöl mischbar.

Gegen *Alkalien* sind alle wasserstoffhaltigen Halogenkohlenwasserstoffe wesentlich empfindlicher als die wasserstofffreien. Das trifft für F21 und F22 ebenso zu wie für Methylchlorid und Methylenchlorid; sie verseifen relativ leichter. F21 hydrolysiert in 1,5%iger Natronlauge bei 20° C zu 170 g/l und Tag; F12 dagegen bei 60° C in 10%iger Natronlauge nur zu 5 g/l und Monat.

Über das Verhalten der Freone gegen *Metalle* läßt sich zusammenfassend folgendes sagen. Bei den üblichen Temperaturen wird keines der Metalle durch das trockene Kältemittel angegriffen. Andererseits führen die Metalle in dem in Kältemaschinen auftretenden Temperaturbereich auch nicht zu katalytischen Aufspaltungen, die erst bei höheren Temperaturen einsetzen und mit den verschiedenen Metallen sowie einzelnen Kältemitteln sehr verschieden stark sind. Magnesium und Magnesiumlegierungen mit mehr als 2% Mg sollen mit chlorierten Kohlenwasserstoffen ganz allgemein nicht verwendet werden, weil sie bei kleinsten Wassergehalten schon allein durch das Wasser angegriffen werden, da auch das Wasser dissoziiert ist. Die mit den Kältemitteln mögliche Hydrolyse und Säurebildung verstärkt diesen Angriff.

Über die Einwirkung von Freonen und anderen Halogen-Kohlenwasserstoffen auf die *Elastomeren*, die in Kältemaschinen für Stopfbüchsen, Dichtungen, Schlauchverbindungen, Drahtisolierungen u. a. verwendet werden, liegen umfassende experimentelle Untersuchungen von EISEMAN und von STEINLE vor, auf die hier verwiesen werden muß[1] (vgl. S. 133ff.).

Eine Oxydation der Freone ist selbst bei den höchsten Temperaturen kaum möglich[2]. In Flammen tritt lediglich eine Aufspaltung in die Bestandteile Kohlenstoff, Chlor und Fluor ein, die dann mit dem Sauerstoff der Luft bzw. der Luftfeuchtigkeit zu CO_2, HCl und HF reagieren (s. S. 186 u. 353).

2. Monofluortrichlormethan, F11 ($CFCl_3$).

I. II. Herstellung und Verwendung.

F11 ist als Niederdruckkältemittel vor allem für Turbokompressoren geeignet, es wird aber auch in Rollkolbenkompressoren verwendet. Die Herstellung erfolgt nach den Gln. (183) und (184) mit $n = 1$.

III. Thermische und kalorische Eigenschaften.

Molekulargewicht $\mu = 137{,}37$,

Gaskonstante $R = 6{,}173 \left[\dfrac{\text{mkg}}{\text{kg} \, ^\circ \text{C}} \right]$.

Zustandsgleichung. BENNING und MCHARNESS[3] haben die Ergebnisse ihrer Messungen der Dampfvolume durch die vereinfachte Zustandsgleichung (8) von BEATTIE und BRIDGMAN dargestellt und für die Konstanten folgende Werte gefunden:

$$A_0 = 32{,}95; \quad a = 0{,}194; \quad B_0 = 0{,}572; \quad b = 0{,}287; \quad c = 0; \quad R = 0{,}08206. \tag{185}$$

---

[1] EISEMAN jr., B. J.: Refrig. Engng. Bd. 57 (1949) S. 1171. — STEINLE, H.: Kältetechnik Bd. 3 (1951) S. 110 u. S. 139.
[2] Kinetic Chemicals Inc.: Kinetic Technical Bulletin B-2 1950.
[3] BENNING, A. F., u. R. C. MCHARNESS: Industr. Engng. Chem. Bd. 32 (1940) S. 698.

Dabei ist v in m³/kmol einzusetzen, und P wird in Atm erhalten. Führt man an Stelle des Volums das spezifische Gewicht γ in kmol/m³ ein, so kann diese Zustandsgleichung in der Form

$$p = 0{,}08206\, T\gamma + (0{,}04694\, T - 32{,}95)\,\gamma^2 + (6{,}392 - 0{,}013471\, T)\,\gamma^3 \quad (185a)$$

geschrieben werden.

Eine einfachere Zustandsgleichung wurde einem Bericht der General Aniline Works Inc. in Grasselli, N. J., entnommen:

$$p = \frac{0{,}07794\, T}{v} - \frac{0{,}006157}{v^2}, \quad (186)$$

wobei v in cu. ft/lb, T in absoluten Fahrenheit-Graden einzusetzen ist und p in lb/sq. in. erhalten wird.

Da F 11 ein Niederdruckkältemittel ist, sind die Abweichungen vom idealen Gasgesetz nicht groß. Man kann daher auch schon mit der Gleichung

$$v = \frac{6{,}173\, T}{P} - 0{,}005 \quad (187)$$

auskommen[1], wobei P in kg/m² und v in m³/kg einzusetzen sind.

Dampfdruckkurve. Genaue Werte des Dampfdruckes von -50 bis $+55°$ C wurden erstmals von RIEDEL gemessen[2]. Er drückte sie durch die Formel aus:

$$\lg p = 10{,}4466 - \frac{1995{,}8}{T} - 1{,}7697 \cdot 10^{-2}\, T + 0{,}1753 \cdot 10^{-4}\, T^2, \quad (188)$$

wobei p in ata erhalten wird.

Der normale Siedepunkt liegt bei $t_s = 23{,}7°$ C, der Erstarrungspunkt bei $t_f = -111°$ C.

Nur wenig abweichende Werte fanden BENNING und MCHARNESS[3]; ihre Gleichung lautet

$$\lg p = 34{,}8979 - \frac{2303{,}95}{T} - 11{,}7406 \lg T + 0{,}006429\, T, \quad (189)$$

wobei p auch hier in ata erhalten wird.

Kritische Daten[3]. $T_k = 471{,}2°$ K ($t_k = 198°$ C); $p_k = 44{,}6$ ata; $v_k = 1{,}80\, l/\text{kg}$; $\gamma_k = 0{,}555$ kg/l; $\sigma = \dfrac{R\, T_k}{P_k\, v_k} = 3{,}62$.

Spezifisches Volum und spezifisches Gewicht. Das spezifische Volum von trocken gesättigtem und überhitztem *Dampf* kann nach Gl. (8) mit den Konstanten nach Gl. (185) berechnet werden.

Das spezifische Gewicht γ' der Flüssigkeit wurde von BENNING und MCHARNESS[3] in weiten Temperaturgrenzen gemessen und zwischen -40 und $+60°$ C durch die Gleichung

$$\gamma' = 1{,}5342 - 0{,}2282 \cdot 10^{-2}\, t - 0{,}023 \cdot 10^{-4}\, t^2 \quad (190)$$

dargestellt, mit der γ' in kg/l erhalten wird.

Der Verlauf der „geraden Mittellinie" nach Gl. (43) gestattet eine gute Kontrolle und Extrapolation der Meßwerte von γ' und γ'' und bei genauerer Kenntnis

---

[1] PLANK, R.: Amerikanische Kältetechnik, 2. Bericht. Berlin: VDI-Verlag 1938. Etwas genauer empfiehlt das russische Kälteforschungsinstitut (WNICHI): $v = \dfrac{6{,}172\, T}{P} - 0{,}0058$.

[2] RIEDEL, L.: Z. ges. Kälteind. Bd. 46 (1939) S. 197.

[3] BENNING, A. F., u. R. C. MCHARNESS: Industr. Engng. Chem. Bd. 32 (1940) S. 813.

von t_k auch die Festlegung des Wertes von γ_k bzw. v_k. Die Gleichung der Mittellinie lautet[1]: $\dfrac{\gamma' + \gamma''}{2} = 0{,}7682 - 0{,}001083\, t$.

Spezifische Wärme. BENNING und MCHARNESS[2] haben das Verhältnis $\varkappa = c_p/c_v$ nach der Methode der Schallgeschwindigkeit bei zwei Temperaturen gemessen. Daneben wurde auch c_p im *Gaszustand* bestimmt. Die Werte stimmen untereinander nicht sehr gut überein. Zuverlässiger sind die von JUSTI und LANGER[3] aus spektroskopischen Daten berechneten Werte von c_p und die daraus abgeleiteten Werte von $\varkappa$

bei $t\,[°C] =$	-50	-25	0	25	50	75	100
c_{p_0} =	0,1190	0,1254	0,1311	0,1363	0,1409	0,1450	0,1487
c_{v_0} =	0,1045	0,1110	0,1167	0,1219	0,1265	0,1306	0,1342
$\varkappa_0$ =	1,138	1,131	1,124	1,119	1,114	1,111	1,108
$\varDelta c_p$ =	0,0088	0,0058	0,0042	0,0033	0,0026	0,0021	0,0017
$\varDelta \varkappa$ =	0,051	0,032	0,022	0,017	0,013	0,010	0,0079

Die Werte bei 25° und 100°C stimmen mit den Berechnungen von GLOCKNER und EDGELL vollkommen überein[4].

Die Werte $\varDelta c_p$ und $\varDelta \varkappa$ bedeuten den Zuwachs dieser Größen je 1 Atm Druckanstieg.

Für die spezifische Wärme der *Flüssigkeit* kann gesetzt werden

$$c_{fl} = 0{,}210 + 0{,}00015\, t. \tag{191}$$

Latente Wärme. Die Verdampfungswärme kann nun mit Hilfe der CLAUSIUS-CLAPEYRONschen Gleichung (11) berechnet werden. Man erhält die in der Dampftabelle 6 auf S. 460 eingetragenen Werte. Beim normalen Siedepunkt wird $r_s = 43{,}51$ kcal/kg.

Enthalpie, Entropie und Mollier-Diagramm. Die Enthalpie der siedenden Flüssigkeit wird genügend genau $i' = \int c_{fl}\, dt + \text{const}$ und kann mit Hilfe von Gl. (191) berechnet werden. Es ist dann $i'' = i' + r$.

Für die Entropie gilt $s' = \int c_{fl} \dfrac{dT}{T} + \text{const}$ und $s'' = s' + \dfrac{r}{T}$. Die Konstanten werden in üblicher Weise so gewählt, daß für $t = 0°\text{C}$ $i'_0 = 100{,}00$ kcal/kg und $s'_0 = 1{,}0000$ kcal/kg °K wird. Die so berechneten Werte sind in die Dampftabelle 6 auf S. 460 aufgenommen. Das in der Tasche dieses Bandes beigefügte MOLLIER-i, lg p-Diagramm 8 wurde von R. FUCHS nach Angaben der Kinetic Chemicals Inc. entworfen.

Neuerdings hat PAWLOWA[5] im Moskauer Kälteforschungsinstitut (WNICHI) die thermischen Eigenschaften von F 11 gemessen und eine Dampftabelle von -50 bis $+50°$C aufgestellt. Nennenswerte Abweichungen ergaben sich nur in den v''-Werten unterhalb 0°C.

IV. Physikalische Eigenschaften.

Viskosität. Im *gasförmigen* Zustand wird[6]

bei $t\,[°C]$ =	-44	-20	0	20	40	60	80	100
η_0 [Mikro-P] =	88	95	102	108	114	120	126	131

---

[1] Siehe Fußnote 3 S. 324.
[2] BENNING, A. F., u. R. C. MCHARNESS: Industr. Engng. Chem. Bd. 31 (1939) S. 912.
[3] JUSTI, E., u. F. LANGER: Z. techn. Phys. Bd. 22 (1941) S. 124.
[4] GLOCKNER, G., u. W. F. EDGELL: J. Chem. Phys. Bd. 9 (S. 527).
[5] PAWLOWA, I. A.: Sammelwerk „Cholodilnaja Technika", S. 42. Moskau: Gostorgisdat 1955.
[6] BENNING, A. F., u. W. H. MARKWOOD jr.: Refrig. Engng. Bd. 37 (1939) S. 243.

Diese Werte lassen sich durch Gl. (100) darstellen, mit $A = 10,59$ und $B = 73,70$, wobei η_0 in cP erhalten wird.

Im *flüssigen* Zustand wird[1]

bei $t\,[°C] =$ -40 -20 0 10 20 30 40 50
$\eta\,[cP] =$ $0,980$ $0,700$ $0,544$ $0,489$ $0,444$ $0,406$ $0,374$ $0,346$.

Diese Werte können durch Gl. (103) wiedergegeben werden, wenn man $c = 55,44$, $a = 91,25$ und $n = 1,0252$ setzt, wobei η in cP erhalten wird.

Wärmeleitzahl. Die neuesten und anscheinend genauesten Messungen der Wärmeleitzahl von gasförmigem und flüssigem $CFCl_3$ stammen von TSCHERNEJEWA[2]. Diese Werte sind für die Flüssigkeit etwas tiefer, für das Gas dagegen etwas höher als die älteren Werte von MARKWOOD und BENNING[3]. Nach TSCHERNEJEWA wird im *Gaszustand* bei 1 ata

bei $t\,[°C] =$ 40 50 60 70 80 90 100 120
$10^2 \cdot \lambda \left[\dfrac{kcal}{m\,h\,°C}\right] =$ $0,82$ $0,86$ $0,90$ $0,94$ $0,98$ $1,02$ $1,06$ $1,14$

und im *Flüssigkeitszustand*

bei $t\,[°C] =$ -40 -30 -20 -10 0 10 20
$\lambda \left[\dfrac{kcal}{m\,h\,°C}\right] =$ $0,097$ $0,094$ $0,092$ $0,089$ $0,087$ $0,084$ $0,082$.

Oberflächenspannung. Bei $25°C$ beträgt die Oberflächenspannung $\sigma = 19$ dyn/cm.

V. Kältetechnische Eigenschaften.

Der Gütegrad des Vergleichsprozesses ist bei $CFCl_3$ nach Tab. 27 sehr hoch; er erreicht $86,6\%$.

VI. Chemische Eigenschaften.

Nach BOSWORTH[4] ist F 11 von allen Freonen am wenigsten stabil und hydrolisiert deshalb auch bei Gegenwart von Wasser leichter als viele andere Freone, aber wesentlich schwächer als CH_3Cl oder CH_2Cl_2. THOMPSON[5] gibt die Löslichkeit für Wasser in flüssigem F 11 bei $-18°C$ mit 30 mg/kg, bei $0°$ mit 60 mg/kg an. Es soll als Handelsprodukt nicht mehr als 25 mg H_2O/kg und nicht mehr als 0,05 Vol.-% hochsiedende Verunreinigungen sowie keine Chloride enthalten.

F 11 läßt sich gasförmig mit kapillaraktiven Trockenmitteln überhaupt nicht trocknen. PENNINGTON[6] stellt fest, daß F 11 infolge der hohen Wasseraufnahmefähigkeit in der Dampfphase, die aus Abb. 36 ersichtlich ist, das Kieselgel noch trocknet. Trockner sind in F 11-Kältemaschinen unerläßlich, müssen aber in die Flüssigkeitsleitung eingebaut werden.

Mit Ölen ist flüssiges F 11 in jedem Verhältnis mischbar. Dampfförmiges F 11 löst sich in Öl je nach seinem Druck und der Temperatur des Öles. Es setzt die Viskosität des Öles stark herab. In Abb. 113 sind die Viskositäts-Temperatur-Kurven verschiedener Öl-F 11-Gemische wiedergegeben[7]. Durch Löslichkeits-

---

[1] BENNING, A. F., u. W. H. MARKWOOD jr.: Refrig. Engng. Bd. 37 (1939) S. 243.
[2] TSCHERNEJEWA, L.: Cholodilnaja Technika (russisch) Bd. 29 (1952) Heft 3 S. 55. — Ref. in Kältetechnik Bd. 6 (1954) S. 75. — G. I. DANILOWA: Cholodilnaja Technika Bd. 28 (1951) Heft 2 S. 22.
[3] MARKWOOD jr., W. H., u. A. F. BENNING: Thermal conductances and heat transmission coefficients of Freon refrigerants. Kinetic Chemicals Bulletin 1942.
[4] BOSWORTH, C. M.: Refrig. Engng. Bd. 60 (1952) S. 617.
[5] THOMPSON, R. I.: Refrig. Engng. Bd. 44 (1942) S. 311.
[6] PENNINGTON, W. A.: Refrig. Engng. Bd. 58 (1950) S. 261.
[7] Amer. Soc. Refrig. Engng., Refrig. Data Book, Basic Vol., VI. Ed., 1949.

verminderung wirkt F 11 als Fällungsmittel für Paraffin in Ölen. Nach TORRENS und JOHN[1] reagiert F 11 mit Ölen. Im Öl tritt bei einer Säurezahl von 0,55 Verschlammung ein, wenn durch Hydrolyse des F 11 die Bildung von Eisenchlorid einsetzt, das dann als Katalysator wirkt. Deshalb ist größtmögliche Trockenheit der F 11-Maschinen Vorbedingung für einen störungsfreien Betrieb. Auch die thermische Stabilität von F 11 ist gering. Die Kinetic Chemicals Inc.[2] ermittelte in einer Stahlbombe bei 200° C 2% Spaltprodukte im Jahr.

F 11 ist nicht brennbar und nicht explosiv. Dampf-Luft-Gemische pflanzen die Flamme selbst bei Anfangstemperaturen von 100° C nicht fort. F 11 hat feuerlöschende Eigenschaften wie Kohlendioxyd und soll sogar wirksamer sein als dieses[3]. In Gegenwart offener Flammen, sehr heißer Oberflächen und glühender Drähte (wie sie in elektrischen Kochapparaten benutzt werden), zersetzt sich $CFCl_3$ unter Bildung von Gasen von hoher Giftigkeit und starker Reizwirkung (Warnfähigkeit). Mit einer Gefahr ist jedoch nur in unventilierten Räumen zu rechnen.

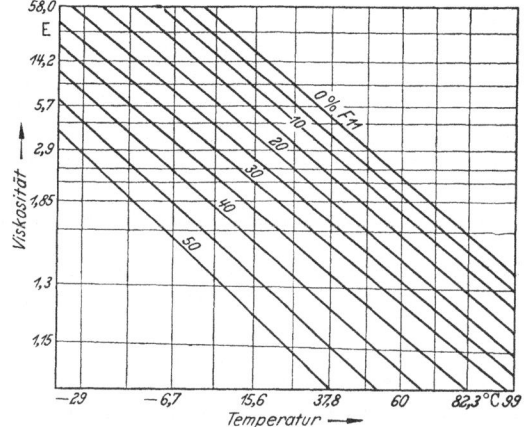

Abb. 113. Die Viskosität von Öl-F 11-Gemischen bei verschiedenen Temperaturen in Abhängigkeit vom F 11-Gehalt im Gemisch.

Der Geruch von F 11 ist ätherisch wie der von Tetrachlorkohlenstoff, jedoch ist es im Gemisch mit Luft geruchlos und hat keine Warnwirkung. Bezüglich seiner Giftigkeit wird es von den Underwriters Laboratories[4] wie CO_2 in die Gruppe 5 eingestuft. Die in zwei Stunden gefährliche bzw. tödliche Konzentration ist 10 Vol.-%.

3. Difluordichlormethan, F 12 (CF_2Cl_2).

I. II. Herstellung und Verwendung.

F 12 wird seit 1930 in immer steigendem Maße in Kleinkältemaschinen und Großkältemaschinen, die mit Kolbenkompressoren (auch Rotationskompressoren) betrieben werden bei Verdampfungstemperaturen von 0 bis — 40° C verwendet. Es ist ganz besonders dort am Platze, wo auf ein ungiftiges und nicht brennbares Kältemittel Wert gelegt wird, also z. B. in Klimaanlagen, Transportanlagen jeder Art, in Haushaltungen und überall dort, wo sich Menschen aufhalten. F 12 ist aber auch in Kältemaschinen mit Turbokompressoren am Platze, wenn es sich um die Erreichung besonders tiefer Temperaturen handelt, bei denen die Dampfdrücke von F 11 schon unbequem niedrig werden. Man verwendet dann eine Kaskadenschaltung, bei der im Bereich der tiefsten Temperaturen F 12 verwendet wird, während man in den höheren Temperaturstufen mit F 11 gut auskommt.

Für die Herstellung von F 12 wird von den Reaktionen nach den Gln. (183) und (184) auf S. 321 mit $n = 2$ Gebrauch gemacht.

---

[1] TORRENS, R., u. I. JOHN: Refrig. Engng. Bd. 58 (1950) S. 779.
[2] Kinetic Technical Bulletin B-2 1950, Freon Compounds.
[3] Refrig. Engng. Bd. 52 (1946) S. 301.
[4] *Underwriters Laboratories Inc.:* Miscellaneous Hazard Nr. 2375 vom 13. Nov. 1933.

III. Thermische und kalorische Eigenschaften[1].

Molekulargewicht $\mu = 120{,}92$,

Gaskonstante $R = 7{,}0113 \left[\dfrac{\text{mkg}}{\text{kg °C}}\right]$.

Zustandsgleichung. BUFFINGTON und GILKEY[2] haben die Ergebnisse ihrer Messungen, bei denen keine hohe Genauigkeit angestrebt wurde, durch die vereinfachte Zustandsgleichung (8) bzw. (8a) von BEATTIE und BRIDGMAN dargestellt. Drückt man v in m³/kg und den Druck in kg/cm² aus, dann sind für die Konstanten folgende Werte einzusetzen:

$$R = 7{,}0113; \quad A_0 = 16{,}75; \quad a = 0{,}00252; \quad B_0 = 0{,}00487;$$
$$b = 0{,}00514; \quad c = 0. \tag{192}$$

VAZIRI[3] hat durch thermodynamische Überlegungen und empirische Ansätze die thermischen Eigenschaften von F 12 bis zum kritischen Punkt berechnet, wobei in dessen unmittelbarer Nähe gewisse Unsicherheiten bestehen bleiben. Diese Erweiterung erfolgte im Hinblick auf die mögliche Verwendung von F 12 in Wärmepumpen. VAZIRI fand, daß die Zustandsgleichung

$$v = \frac{7{,}0113\,T}{P} - (295{,}47 \cdot 10^{-5} + 629{,}62 \cdot 10^{-10} P)\left(\frac{273{,}1}{T}\right)^{5{,}5} + 0{,}0009 \tag{193}$$

die Meßergebnisse für trocken gesättigten Dampf von -40 bis $+50°$ gut wiedergibt und auch noch für höhere Temperaturen, bis etwa 100°C, v''-Werte liefert, die gut mit denjenigen übereinstimmen, die sich aus dem Verlauf der geraden Mittellinie nach Gl. (42) berechnen lassen.

In Turbokompressoren läßt sich F 12 bei Temperaturen bis $-80°$ ($p = 0{,}0635$ ata) verwenden, so daß man auch für das Gebiet der Sättigungstemperaturen von -40 bis $-80°$C über eine Zustandsgleichung verfügen möchte. In diesem Niederdruckbereich sind die Abweichungen vom idealen Gasgesetz nur noch gering; man kann daher in der BEATTIE-BRIDGMANschen Gleichung $a = 0$ und $b = 0$ setzen. Nach einer einfachen Umformung erhält man dann die Zustandsgleichung[4]

$$v = 7{,}0113\,\frac{T}{P} - \frac{2{,}389}{T} + 0{,}00487 \tag{194}$$

(v in m³/kg).

Neuerdings wurden im „Kinetic"-Laboratorium der E. I. Du Pont de Nemours & Co. Inc. und im Engineering Research Institute der Universität von Michigan neue Messungen und Berechnungen an F 12 durchgeführt, deren Ergebnisse als die zur Zeit genauesten gelten dürften[5]. Die P- und T-Werte längs 30 Isochoren, umfassend den Bereich von 0,052 bis 1,515 des Wertes der kritischen Dichte (von -100 bis 210°C und von 0,011 bis 140 ata), ließen sich durch die Zustandsgleichung (7b) darstellen, wobei für die Konstanten A_2 bis A_5 empirische Temperaturfunktionen eingesetzt wurden, die MARTIN und HOU[6] ermittelt haben. Die Gleichung lautet:

---

[1] Thermodynamic Properties of Dichlorodifluoromethane, ASRE-Circular Nr. 12, 1931.
[2] BUFFINGTON, R. M., u. W. K. GILKEY: Industr. Engng. Chem. Bd. 23 (1931) S. 254.
[3] VAZIRI, M.: Z. ges. Kälteind. Bd. 50 (1943), S. 17.
[4] PLANK, R., u. G. SEGER: Z. ges. Kälteind. Bd. 46 (1939) S. 41.
[5] EISEMAN jr., B. J., J. J. MARTIN u. R. C. McHARNESS: Refrig. Engng. Bd. 63 (1955) Nr. 9 S. 32. Es sei aber auch auf die Meßergebnisse der General Chemical Division, Allied Chemical & Dye Corp. verwiesen, die CF_2Cl_2 als „Genetron 12" vertreiben. Refrig. Engng. Bd. 63 (1955) Nr. 10 S. 46.
[6] MARTIN, J. J., u. Y. C. HOU: J. Amer. Inst. chem. Engng. Bd. 1 (1955) Nr. 2.

$$p = \frac{0{,}088734\,T}{v-b} - \frac{3{,}409727134 - 1{,}59434848 \cdot 10^{-3}\,T + 56{,}7627671\,e^{k\vartheta}}{(v-b)^2} +$$
$$+ \frac{0{,}06023944654 - 1{,}879618431 \cdot 10^{-5}\,T + 1{,}311399084\,e^{k\vartheta}}{(v-b)^3} -$$
$$- \frac{5{,}48737007 \cdot 10^{-4}}{(v-b)^4} + \frac{3{,}46883400 \cdot 10^{-9}\,T - 2{,}54390678 \cdot 10^{-5}\,e^{k\vartheta}}{(v-b)^5} \quad (195)$$

mit $k = -5{,}475$, $b = 0{,}0065093886$, $\vartheta = T/T_k$ und $T_k = 693{,}3$. Dabei ist T in absoluten Graden Fahrenheit, v in cu.ft./lb und p in lb/sq.in. ausgedrückt. Die Abweichungen von den Meßwerten betragen unterhalb der kritischen Dichte im Mittel 0,95%, oberhalb derselben im Mittel 2,2%.

Gegenüber den älteren Meßwerten weichen die neuen bei hohen Drücken immerhin bis zu 3,5% ab.

Dampfdruckkurve. GILKEY, GERARD und BIXLER[1] haben den Dampfdruck zwischen $-70°$C und der kritischen Temperatur ($t_k = 112{,}0$ C) gemessen. Die Meßwerte lassen sich durch die Gleichung

$$\lg p = 31{,}6457 - \frac{1816{,}5}{T} - 10{,}859 \lg T + 0{,}007175\,T \quad (196)$$

darstellen, wobei p in kg/cm² erhalten wird. Der normale Siedepunkt liegt bei $t_s = -29{,}8°$C, der Erstarrungspunkt bei $t_f = -155°$C.

EISEMAN, MARTIN und McHARNESS[2] stellten die neueren Meßergebnisse, die von den älteren nur um wenige Promille abweichen, durch folgende Gleichung dar:

$$\lg p = 39{,}88381727 - \frac{3436{,}632228}{T} - 12{,}47152228 \lg T +$$
$$+ 0{,}00473044244\,T. \quad (197)$$

Die Gleichung gilt im Bereich von 0,011 bis 40,2 ata; in ihr ist T in absoluten Graden Fahrenheit und p in lb/sq.in. abs. einzusetzen. Die mittlere Abweichung von den Meßwerten beträgt 0,22%.

Kritische Daten. $T_k = 385{,}2\,°K\,(t_k = 112{,}0\,°C)$; $p_k = 41{,}96$ ata;

$$v_k = 1{,}793\,l/\mathrm{kg}; \quad \gamma_k = 0{,}5574\,\mathrm{kg}/l; \quad \sigma = \frac{R\,T_k}{P_k\,v_k} = 3{,}68.$$

Spezifisches Volum und spezifisches Gewicht. Das spezifische Volum des gesättigten und überhitzten *Dampfes* berechnet sich nach den angegebenen Zustandsgleichungen im Bereich ihrer Gültigkeit.

BICHOWSKY und GILKEY[3] haben für die siedende *Flüssigkeit* Werte von γ' dilatometrisch gemessen und in Verbindung mit γ''-Werten die Gleichung

$$\frac{\gamma' + \gamma''}{2} = 0{,}555 + 0{,}00139\,(t_k - t) \quad (198)$$

für die gerade Mittellinie [vgl. Gl. (43)] aufgestellt, wobei $t_k = 111{,}5°$ C gesetzt wurde.

PLANK und SEGER[4] haben die Konstanten dieser Gleichung nur geringfügig verändert, um sie den Meßwerten möglichst gut anzupassen; sie erhält dann die Form

$$\frac{\gamma' + \gamma''}{2} = 0{,}706 - 0{,}00134\,t. \quad (199)$$

---

[1] GILKEY, W. K., F. W. GERARD u. M. E. BIXLER: Industr. Engng. Chem. Bd. 23 (1931) S. 366.
[2] EISEMAN jr., B. J., J. J. MARTIN u. R. C. McHARNESS: Refrig. Engng. Bd. 63 (1955) Nr. 9 S. 32.
[3] BICHOWSKY, F. R., u. W. K. GILKEY: Industr. Engng. Chem. Bd. 23 (1931) S. 366.
[4] Siehe Fußnote 4 auf S. 328. Die hier zitierte Gl. (4) der Originalarbeit enthält einen Druckfehler: das Zeichen + auf der rechten Seite muß durch − ersetzt werden.

330 Fluorhaltige Methanderivate.

Daneben gilt nach PFAFF

$$\frac{\gamma' - \gamma''}{2} = C(1 - T/T_k)^m. \tag{200}$$

Diese Gleichung ist eine Verallgemeinerung der Gl. (44), in welcher m universell gleich $1/3$ gesetzt wurde. Nach PFAFF[1] liegt m für verschiedene Stoffe zwischen 0,3 und 0,33. VAZIRI[2] fand für F 12 $C = 1,006$ und $m = 0,308$. Aus den Gln. (199) und (200) folgt dann

$$\gamma' = 0{,}706 - 0{,}00134\,t + 1{,}006\,(1 - T/T_k)^{0{,}308}$$
$$\gamma'' = 0{,}706 - 0{,}00134\,t - 1{,}006\,(1 - T/T_k)^{0{,}308}.$$

EISEMAN, MARTIN und MCHARNES gaben für die älteren Meßwerte die etwas genauere Gleichung

$$\gamma' = 34{,}84 + 0{,}0269600\,(693{,}3 - T) + 0{,}83492\,(693{,}3 - T)^{1/2} +$$
$$+ 6{,}02683\,(693{,}3 - T)^{1/3} - 6{,}55549 \cdot 10^{-6}\,(693{,}3 - T)^2,$$

worin T in abs. Graden Fahrenheit und γ' in lb/cu. ft. einzusetzen sind. Dieser Gleichung ist in der Nähe des kritischen Punktes der Vorzug zu geben.

Werte des spezifischen Volums von trocken gesättigtem und überhitztem F 12-Dampf findet man auch im Arbeitsblatt zur Zeitschrift Kältetechnik Bd. 2 (1950) Heft 6.

Spezifische Wärme. Die spezifische Wärme des F 12-Dampfes bei $p = 1$ Atm wurde zuerst von BUFFINGTON und FLEISCHER gemessen[3]. Sie fanden bei 0° C $c_p = 0{,}1406$ und bei 50° C $c_p = 0{,}1522$ und drückten die Ergebnisse ihrer Messungen durch die Gleichung

$$c_p = 0{,}0776 + 0{,}000231\,T$$

aus. Daraus berechneten BUFFINGTON und GILKEY[4] auf thermodynamischem Wege

$$c_v = 0{,}0572 + 0{,}000239\,T. \tag{201}$$

Dieser Wert ist aber nach Gl. (48) identisch mit c_{v_0}, weil die Isochoren nach der Zustandsgleichung (8) und den Konstanten nach Gl. (192) wegen $c = 0$ im P, T-Diagramm gerade Linien sind und $(\partial^2 P/\partial T^2)_v = 0$ wird. Daher wird[5]

$$c_{p_0} = c_{v_0} + AR = c_{v_0} + 0{,}0164 = 0{,}0736 + 0{,}000239\,T \tag{202}$$

Damit erhält man

bei t [°C] =	−50	0	50	100
$c_{p_0}\left[\dfrac{\text{kcal}}{\text{kg °C}}\right] =$	0,1269	0,1389	0,1508	0,1628.

Etwas kleinere Werte erhielt MASI[6] aus spektroskopischen Daten im Temperaturbereich von −100 bis 370° C. Er fand für c_{v_0}

bei t [°C] =	−101	−73,2	0	26,8	127
$c_{v_0}\left[\dfrac{\text{kcal}}{\text{kg °C}}\right] =$	0,0899	0,0997	0,1213	0,1279	0,1476.

---

[1] PFAFF, P.: Forsch. Ing.-Wes. Bd. 11 (1940) S. 125 u. 130.
[2] Siehe Fußnote 3 auf S. 328.
[3] BUFFINGTON, R. M., u. I. FLEISCHER: Industr. Engng. Chem. Bd. 23 (1931) S. 1290.
[4] BUFFINGTON, R. M., u. W. K. GILKEY: Industr. Engng. Chem. Bd. 23 (1931) S. 1290.
[5] Diese Gleichung wird von JUSTI u. LANGER (s. Fußnote 1 auf S. 331) irrtümlich R. PLANK zugeschrieben; auch stimmt die angegebene Quelle nicht; es müßte vielmehr auf PLANK u. SEGER (s. Fußnote 4 auf S. 328) verwiesen werden.
[6] MASI, J. F.: J. Amer. chem. Soc. Bd. 74 (1952) S. 4738.

Nach Eiseman, Martin und McHarness lassen sich diese Werte durch die Gleichung

$$c_{v_0} = 0{,}0080993 + 3{,}32662 \cdot 10^{-4}\, T - 2{,}413896 \cdot 10^{-7}\, T^2 + 6{,}72363 \cdot 10^{-11}\, T^3 \quad (203)$$

darstellen, wobei T in absoluten Graden Fahrenheit einzusetzen ist.

Nach den Berechnungen von Justi und Langer[1] aus spektroskopischen Messungen ergeben sich etwas kleinere Werte, die aus Tab. 87 entnommen werden können.

Tabelle 87. *Spezifische Wärme von CF_2Cl_2 im Gaszustand* (nach Justi und Langer).

Temperaturen °C	Bei $p \to 0$		Δc_p je 1 Atm kcal/kg °C	Bei $p = 1$ Atm c_p kcal/kg °C	$\varkappa = \dfrac{c_{p_0}}{c_{v_0}}$
	c_{p_0} kcal/kg °C	c_{v_0} kcal/kg °C			
−100	0,1018	0,0853	—	—	1,193
−75	0,1096	0,0932	—	—	1,176
−50	0,1170	0,1006	(0,00538)	—	1,164
−25	0,1240	0,1076	0,00390	0,1279	1,153
0	0,1307	0,1143	0,00293	0,1336	1,143
25	0,1370	0,1205	0,00225	0,1392	1,137
50	0,1426	0,1261	0,00177	0,1444	1,1305
75	0,1480	0,1317	0,00141	0,1494	1,124
100	0,1530	0,1366	0,00115	0,1541	1,120

Hierin bedeutet Δc_p den Zuwachs von c_{p_0} je Atm Drucksteigerung.

Für die spezifische Wärme der siedenden *Flüssigkeit* liegen einige einander widersprechende ältere Messungen von Midgley und Henne[2] sowie von Buffington und Fleischer[3] vor. Plank und Seger[4] haben die spezifische Wärme aus der Enthalpie der Flüssigkeit berechnet.

Recht genaue kalorimetrische Messungen zwischen −80 und +20° C hat Riedel[5] durchgeführt und durch die Gleichung

$$c'_x = 0{,}2232 + 3{,}5 \cdot 10^{-4}\, t + 0{,}013 \cdot 10^{-4}\, t^2 \quad (204)$$

ausgedrückt. Es ergaben sich folgende Werte:

$t\,[°\mathrm{C}] =$ −80   −60   −40   −20   0   20

$c'_x \left[\dfrac{\mathrm{kcal}}{\mathrm{kg\ °C}}\right] =$ 0,2035   0,2069   0,2113   0,2167   0,2232   0,2307.

Etwas abweichende Werte fanden Aston und Messerly[6] bei ihren Messungen im Bereich von −104 bis −20° C; sie stellten ihre Ergebnisse durch die Gleichung dar:

$$c_{fl} = 0{,}195881 - 0{,}118739 \cdot 10^{-3}\, T + 0{,}361742 \cdot 10^{-6}\, T^2,$$

wobei T in abs. Graden Fahrenheit einzusetzen ist.

Latente Wärmen. Aus der Dampfdruckkurve nach Gl. (196) erhält man

$$\frac{dP}{dT} = P\left(\frac{4183{,}4}{T^2} - \frac{10{,}859}{T} + 0{,}016524\right).$$

Mit diesen Werten sowie den Werten von v'' nach der Zustandsgleichung und $v' = 1/\gamma'$ läßt sich die Verdampfungswärme r als Funktion der Temperatur nach

---

[1] Justi, E., u. F. Langer: Z. techn. Phys. Bd. 21 (1940) S. 189.
[2] Midgley, Th. u. L. Henne: Industr. Engng. Chem. Bd. 22 (1930) S. 543.
[3] Vgl. Fußnote 3 auf S. 330. — [4] Vgl. Fußnote 4 auf S. 328.
[5] Riedel, L.: Z. ges. Kälteind. Bd. 46 (1939) S. 105.
[6] Aston, J. G., u. G. H. Messerly: J. Amer. chem. Soc. Bd. 58 (1936) S. 2354. — Messerly, G. H., u. J. G. Aston: Daselbst Bd. 62 (1940) S. 886.

der CLAUSIUS-CLAPEYRONschen Gleichung (11) berechnen. Die auf diesem Wege erhaltenen Werte haben BUFFINGTON und GILKEY[1] durch eine empirische Gleichung von der Form (69) ausgedrückt

$$r = 4{,}633\sqrt{111{,}5 - t} - 0{,}1070(111{,}5 - t), \tag{205}$$

in der 111,5 die kritische Temperatur in °C bedeutet und r in kcal/kg erhalten wird. Diese Gleichung gilt zunächst für den Bereich von -40 bis $+50°$C. Sie kann aber auch für tiefere Temperaturen verwendet werden, denn bei $-80°$ ergibt sich nur eine Abweichung von 1,25% von dem nach Gl. (11) berechneten Wert. Die Extrapolation nach hohen Temperaturen ist etwas unsicher, obwohl Gl. (205) im kritischen Punkt auf die richtigen Werte $r = 0$ und $\frac{dr}{dt} = -\infty$ führt. Es ist zuverlässiger, auch in diesem Bereich von Gl. (11) Gebrauch zu machen. Die wahrscheinlichsten Werte von r findet man in der Dampftabelle 7 auf S. 461. Die Verdampfungswärme beim normalen Siedepunkt ist $r_s = 39{,}94$ kcal/kg. Danach erhält die TROUTONsche Konstante nach Gl. (13) den Wert 19,8.

Nach EISEMAN, MARTIN und MCHARNESS ist die Verdampfungswärme zwischen -30 und $+50°$C um 1,3 bis 2,6% kleiner als nach den alten Meßwerten. Der Unterschied beträgt

bei t [°C] =	-30	-10	$+10$	30	50
%	1,3	2,0	2,45	2,6	2,5

Die Ursache für diese Abweichungen ist in den zu großen v''-Werten der älteren Messungen zu suchen.

Die Schmelzwärme beträgt $r_f = 8{,}2$ kcal/kg.

Enthalpie, Entropie und MOLLIER-*Diagramm.* Enthalpie- und Entropiewerte im idealen *Gaszustand* ($P \to 0$) wurden von JUSTI und LANGER[2] ausgehend von spektroskopisch bestimmten Werten der spezifischen Wärme berechnet. Dort findet man auch Werte von Δs und Δi je 1 Atm Drucksteigerung bei verschiedenen Temperaturen.

Für den Bereich der einfachen Zustandsgleichung (194) läßt sich die *Enthalpie* des *Dampfes* mit Hilfe der c_{p_0}-Werte in Gl. (202) nach der allgemeinen Gl. (80) berechnen. Man erhält dann

$$i = 108{,}97 + 0{,}0736\,T + 0{,}0001195\,T^2 - P\left(\frac{0{,}01119}{T} - 0{,}0000114\right).$$

Mit dieser Gleichung können i-Werte im Niederdruckgebiet nur bis zum Sättigungswert i'' bei $-40°$C berechnet werden. Die Konstante 108,97 ist so gewählt, daß sich bei $-40°$C ein glatter Anschluß an die für höhere Drucke benützte Gl. (206) ergibt.

Für höhere Drücke, die den Bereich der allgemeineren Zustandsgleichung (8) mit den Konstanten nach Gl. (192) decken, wurde die Enthalpie von BUFFINGTON und GILKEY[3] mit Hilfe der Gl. (201) nach der thermodynamischen Beziehung

$$\Delta i = \Delta u + \Delta(APv) \tag{206}$$

berechnet. Aus den so erhaltenen Werten von i'' wurde dann $i' = i'' - r$ gewonnen.

Für den Bereich höchster Drücke ist VAZIRI[4] umgekehrt vorgegangen. Er berechnete zuerst die Enthalpie i' der siedenden *Flüssigkeit* und fand dafür mit

---
[1] Circular Nr. 12 der ASRE: Vgl. Fußnote 1 auf S. 328.
[2] Vgl. Fußnote 1 auf S. 331.
[3] Vgl. Fußnote 4 auf S. 330. — [4] Vgl. Fußnote 3 auf S. 328.

Hilfe eines von PLANK[1] angegebenen Ausdruckes für die spezifische Wärme c'_x längs der Grenzkurve:

$$i' = 70{,}848 + 0{,}069\,T + 0{,}000224\,T^2 - 0{,}606\sqrt{T_k - T} + A \int v' dP. \qquad (207)$$

Darin ist die Konstante so gewählt, daß bei $t = 0°\mathrm{C}$ die Enthalpie $i''_0 = 100{,}00$ kcal/kg wird. Aus i' wird dann $i'' = i' + r$ gefunden.

Die neuen Werte von i' nach EISEMAN, MARTIN und McHARNESS weichen von den älteren zwischen -40 und $+50°$ nur wenig ab. Die größte Abweichung beträgt rd. 0,17 kcal/kg, und zwar sind die neuen Werte etwas größer.

In ganz analoger Weise wurden in den drei behandelten Bereichen auch die *Entropien* des Dampfes und der Flüssigkeit berechnet.

Für sehr niedrige Drücke wird die Entropie des *Dampfes*

$$s = 0{,}82997 + 0{,}169470\lg T + 0{,}000239\,T - 0{,}0378095 \lg P - 0{,}005597\,\frac{P}{T^2}.$$

Für höhere Drücke wurde die Entropie des Dampfes aus der Zustandsgleichung (8) nach der Gleichung

$$s = \int c_v \frac{dT}{T} + A \int \left(\frac{\partial P}{\partial T}\right)_v dv + \mathrm{konst}$$

berechnet.

Für sehr hohe Drücke findet VAZIRI für die Entropie der *Flüssigkeit*

$$s' = 0{,}50912 + 0{,}069 \ln T + 0{,}000448\,T - 0{,}01545 \ln \frac{19{,}6 + \sqrt{T_k - T}}{19{,}6 - \sqrt{T_k - T}} \qquad (208)$$

und daraus $s'' = s' + r/T$.

In unmittelbarer Nähe vom kritischen Punkt kann man jedoch von den Gln. (207) und (208) keinen Gebrauch mehr machen. VAZIRI bedient sich dort graphischer Ausgleichsmethoden. Die neuen amerikanischen Werte von s' sind zwischen -40 und $+50°\mathrm{C}$ bis zu 0,007 Entropieeinheiten größer.

Volum-, Enthalpie- und Entropiewerte für überhitzten Dampf für Drücke von 0,05 bis 14 ata und Temperaturen von -80 bis $+200°\mathrm{C}$ findet man in englischen Einheiten im „Data Book" der ASRE, 8. Aufl. (1953/54), S. 33—44. Umgerechnet in metrische Einheiten sind diese Werte in der Broschüre „Frigen" der Farbwerke Hoechst, Dezember 1954, S. 33—42, zu finden.

Eine vollständige Dampftabelle für CF_2Cl_2 wurde zuerst 1931 in englischen Einheiten veröffentlicht[2]. Sie wurde von PLANK[3] in metrische Einheiten umgerechnet und für den Entwurf eines MOLLIER-$i, \lg p$-Diagramms verwendet. An diesen Werten hat LEWIN[4] später einige kleine Korrekturen angebracht und ein T, s-Diagramm entworfen. PLANK und SEGER haben das $i, \lg p$-Diagramm bis $-80°$ erweitert[5] und VAZIRI[6] hat es bis zum kritischen Punkt ausgedehnt. Eine Dampftabelle 7 findet man auf S. 461 und ein $i, \lg p$-Diagramm in der Tasche.

Ein MOLLIER-i, s-Diagramm und ein pv, p-Diagramm wurde im Kältetechnischen Institut der Technischen Hochschule Stockholm entworfen[7].

Die neuen amerikanischen Dampftabellen für F 12 in englischen Einheiten und das darauf aufgebaute MOLLIER-Diagramm sind 1956 so spät erschienen, daß ihre Umrechnung in metrische Einheiten nicht mehr rechtzeitig durchgeführt werden konnte; es muß daher auf die Originalarbeit verwiesen werden[8].

---

[1] PLANK, R.: Phys. Z. Bd. 15 (1914) S. 904.
[2] Vgl. Fußnote 1 auf S. 328. — [3] PLANK, R.: Z. ges. Kälteind. Bd. 39 (1932) Nr. 8.
[4] LEWIN, J. J.: Arb. d. Leningrader Mech.-Technol. Instituts der Kälteindustrie Bd. 1 (1936) S. 15. — [5] Vgl. Fußnote 4 auf S. 328. — [6] Vgl. Fußnote 3 auf S. 328.
[7] Es ist als Arbeitsblatt der Zeitschrift Kältetechnik Bd. 4 (1952) Heft 6 beigegeben.
[8] Zu beziehen von der Kinetic Chemicals Inc. in Wilmington, Del. Die neuen Tabellen werden sicher in der nächsten Auflage des Data Book der ASRE erscheinen.

IV. Physikalische Eigenschaften.

Viskosität. Ältere Messungen von STAKELBECK[1] sowie von AWBERRY und GRIFFITHS[2] sind durch neuere von BENNING und MARKWOOD[3] überholt. Diese umfassen im *Gaszustand* allerdings nur den Bereich von 0 bis 80° C bei 1 Atm und darunter. Die Ergebnisse dieser Messungen wurden durch die Gl. (100) ausgedrückt. Dort (auf S. 61) sind auch die Zahlenwerte der Konstanten für CF_2Cl_2 angegeben. Man erhält folgende Werte:

t [°C] =	−60	−40	−20	0	20	40
η_0 [cP] =	0,0098	0,0105	0,0112	0,0118	0,0124	0,01295
t [°C] =	60	80	100			
η_0 [cP] =	0,0135	0,0140	0,0145.			

Die Werte lassen sich auch durch die SUTHERLAND-Formel nach Gl. (98) ausdrücken, wenn man $B \cdot 10^4 = 8,85$ und $C = 66$ setzt, wobei η_0 in cP erhalten wird[4].

BENNING und MARKWOOD[3] haben die Viskosität von CF_2Cl_2 auch im *flüssigen Zustand* gemessen und gefunden, daß sich die Meßwerte durch Gl. (103) gut darstellen lassen, wenn man setzt $a = 75{,}38$; $c = 2{,}349$; $n = 0{,}4805$. Nach dieser Gleichung erhält man

bei t [°C] =	−40,0	−17,8	+4,4	26,7	48,9	60,0
η [cP] =	0,423	0,335	0,286	0,255	0,232	0,222.

Wesentlich kleinere Werte, besonders bei höheren Temperaturen, findet man bei HENNING[5], und zwar

bei t [°C] =	−10	0	10	20	30
η [cP] =	0,313	0,283	0,258	0,237	0,219.

Die Werte von BENNING und MARKWOOD bei $t > 20$° C erscheinen daher viel zu groß.

Wärmeleitzahl. Die Wärmeleitzahl von *gasförmigem* CF_2Cl_2 wurde von MARKWOOD und BENNING[6] bei $p = 1$ Atm und bei Temperaturen von 30 bis 90° C gemessen. Sie fanden bei 30° C $\lambda = 0{,}0083$ und bei 90° $\lambda = 0{,}01045$ kcal/m h °C und stellten dazwischen einen linearen Zuwachs mit der Temperatur fest. TSCHERNEJEWA[7] hat die Wärmeleitzahl zwischen −30 und 75° bei Drücken von 1, 5 und 7,5 ata gemessen und fand bei 1 ata um etwa 10% höhere Werte:

bei t [°C] =	−30	−20	−10	0	20	40	60
$\lambda \left[\dfrac{\text{kcal}}{\text{m h °C}}\right] =$	0,0072	0,0076	0,0079	0,0083	0,0090	0,0097	0,0104.

Mit wachsendem Druck nimmt λ etwas zu, bei 60° C und 7,5 ata wird $\lambda = 0{,}0110$.

---

[1] STAKELBECK, H.: Z. ges. Kältind. Bd. 40 (1933) S. 35.
[2] AWBERRY u. GRIFFITHS: Proc. phys. Soc. Bd. 48 Teil 3 (1936) S. 372.
[3] BENNING, A. F., u. W. H. MARKWOOD, jr.: Refrig. Engng. Bd. 37 (1939) S. 243.
[4] Vgl. hierzu die kritischen Bemerkungen von R. LINKE in Wärme- u. Kältetechn. Bd. 44 (1942) S. 52.
[5] HENNING, F.: Wärmetechnische Richtwerte S. 43. Berlin: VDI-Verlag 1938.
[6] MARKWOOD jr., W. H., u. A. F. BENNING: Druckschrift der Kinetic Chemical Inc. 1942.
[7] TSCHERNEJEWA, L.: Cholodilnaja Technika Bd. 29 (1952) Nr. 3 S. 55 (russisch).

Noch höhere Werte nennt KEYES[1], und zwar

bei

$t\,[°\text{C}] =$	50		100	
$p\,[\text{ata}] =$	0	6,9	0	6,1
$\lambda\left[\dfrac{\text{kcal}}{\text{m h °C}}\right] =$	0,00965	0,0101	0,0114	0,0120

Auch bei *flüssigem* CF_2Cl_2 haben MARKWOOD und BENNING λ-Werte im Siedezustand gemessen, und zwar von 0 bis 75° C. Sie fanden bei 0° C $\lambda' = 0,083$, bei 40° C $\lambda' = 0,070$ und bei 75° C $\lambda' = 0,058 \left[\dfrac{\text{kcal}}{\text{m h °C}}\right]$ und dazwischen einen linearen Abfall mit der Temperatur. Das führt bei 20° C auf den Wert $\lambda' = 0,0765$. Dagegen hatte RIEDEL[2] bei 20° C $\lambda' = 0,062$, also einen um 19% kleineren Wert gefunden. RIEDEL begründete diese Abweichung mit einem grundsätzlichen Fehler, der allen Wärmeleitungsmessungen anhaftete, die mit der Apparatur von BRIDGMAN durchgeführt wurden. Es liegen jetzt weitere Meßwerte aus dem russischen Kälteforschungsinstitut (WNICHI) vor: Die von DANILOWA[3] gemessenen Werte lassen sich durch die Formel

$$\lambda = 0,079 - 0,00041\,t$$

ausdrücken. Noch kleinere Werte wurden von TSCHERNEJEWA[4] gemessen, und zwar

bei

$t\,[°\text{C}] =$	−60	−40	−20	0	20
$\lambda\left[\dfrac{\text{kcal}}{\text{m h °C}}\right] =$	0,094	0,086	0,078	0,070	0,062

Der letzte Wert deckt sich vollständig mit demjenigen von RIEDEL, dessen Richtigkeit somit bestätigt wurde.

Oberflächenspannung. Die Oberflächenspannung der Freone ist im kältetechnisch wichtigen Temperaturbereich ziemlich niedrig, was schon S. 77 des ersten Teils hervorgehoben wurde (vgl. auch Tab. 20). LAINÉ[5] fand für CF_2Cl_2 bei 0° $\sigma = 11,7$ und bei 30° $\sigma = 8,1$ dyn/cm. Diese Werte sind in Übereinstimmung mit dem Wert $\sigma = 9$ dyn/cm bei 25° C, den die Kinetic Chemicals Inc. bekanntgegeben hat[6].

Stoffwerttafeln für F 12. Im Hinblick auf die große und immer wachsende Bedeutung von F 12 als Kältemittel sind hier noch zwei Tabellen wiedergegeben; Tab. 88 bezieht sich auf siedende Flüssigkeit und Tab. 89 auf trocken gesättigten Dampf[7]. Die Werte beanspruchen keinen hohen Grad von Genauigkeit.

V. Kältetechnische Eigenschaften.

Nach Tab. 27 entspricht der Gütegrad des üblichen Vergleichsprozesses nach Abb. 31 bei Verwendung von CF_2Cl_2 etwa demjenigen von NH_3. Er ist kleiner als im Falle von CH_3Cl, CH_2Cl_2 und $CFCl_3$. Das hohe Molekulargewicht von CF_2Cl_2 hat eine sehr kleine Verdampfungswärme [kcal/kg] zur Folge, bei 0° C ist sie achtmal kleiner als von NH_3. Es müssen also große Gewichtsmengen in der Kältemaschine umlaufen. Aber die volumetrische Kälteleistung q_0 [kcal/m³] ist deswegen nicht klein, weil in Gl. (124) nicht nur der Zähler, sondern auch der Nenner

---

[1] KEYES, F. K.: Trans. Amer. Soc. Mech. Engrs. Bd. 76 (1954) S. 809.
[2] RIEDEL, L.: Forsch.-Arb. Ing.-Wes. Bd. 11 (1940) S. 340.
[3] DANILOWA, G.: Cholodilnaja Technika Bd. 28 (1951) Heft 2 S. 22 (russisch).
[4] TSCHERNEJEWA, L.: Cholodilnaja Technika Bd. 29 (1952) Nr. 3 S. 55 (russisch).
[5] LAINÉ, P.: Bericht Nr. 129, Gr. V, Sekt. 55; IV. Congrès Intern. du Chauffage Industriel 1952. — [6] Kinetic Chem., Technical Bull. B-2 1950.
[7] Man findet diese Tabellen als Arbeitsblatt in Kältetechnik Bd. 3 (1951) Heft 12.

Tabelle 88. *Stoffwerte von flüssigem F 12 im Sättigungszustand.*

	Zustandsgrößen der Sättigungslinie						
Temperatur t °C	Spez. Gew. γ' kg/m³	Spezifische Wärme c_p' kcal/kg °C	Wärmeleitzahl λ' kcal/m °C h	Temperaturleitzahl $10^6 \, a'$ m²/sek	Dynamische Viskosität $10^6 \, \eta'$ kg sek/m²	Kinematische Viskosität $10^6 \, \nu'$ m²/sek	PRANDTLsche Zahl Pr'
−155,0	Erstarrungspunkt						
−150	1826	0,2003	0,1229	0,0931	99,32	0,535	5,750
−140	1798	0,2009	0,1205	0,0927	92,27	0,504	5,440
−130	1770	0,2011	0,1181	0,0922	85,68	0,475	5,145
−120	1743	0,2014	0,1156	0,0917	79,47	0,446	4,878
−110	1715	0,2018	0,1131	0,0910	73,63	0,421	4,642
−100	1688	0,2024	0,1106	0,0902	68,15	0,396	4,411
−90	1660	0,2031	0,1080	0,0886	62,99	0,372	4,190
−80	1632	0,2040	0,1054	0,0882	58,15	0,350	3,972
−70	1604	0,2051	0,1028	0,0870	53,63	0,328	3,770
−60	1575	0,2065	0,1002	0,0857	49,37	0,307	3,582
−50	1546	0,2080	0,0975	0,0842	45,37	0,287	3,406
−40	1517	0,2099	0,0947	0,0825	41,80	0,270	3,264
−30	1487	0,2121	0,0919	0,0807	38,12	0,251	3,105
−29,8	1486	0,2122	0,0918	0,0806	38,05	0,250	3,100
−20	1456	0,2147	0,0891	0,0790	34,82	0,235	2,963
−10	1425	0,2178	0,0862	0,0770	31,74	0,218	2,832
0	1394	0,2213	0,0833	0,0750	28,84	0,203	2,708
10	1362	0,2255	0,0802	0,0725	26,13	0,188	2,597
20	1329	0,2306	0,0771	0,0700	23,59	0,174	2,491
30	1293	0,2368	0,0738	0,0671	21,20	0,161	2,400
40	1255	0,2437	0,0705	0,0640	18,96	0,148	2,313
50	1213	0,2538	0,0670	0,0605	16,85	0,136	2,254
60	1167	0,2661	0,0633	0,0566	14,85	0,125	2,203
70	1119	0,2828	0,0594	0,0521	12,96	0,114	2,190
80	1064	0,3067	0,0552	0,0468	11,14	0,103	2,200
90	999	0,3453	0,0504	0,0407	9,357	0,092	2,260
100	913	0,4237	0,0448	0,0323	7,535	0,081	2,503
110	742	0,8737	0,0361	0,0155	5,216	0,069	4,445
111,5	558	—	0,0321	0,0000	4,192	0,074	—

kleine Werte erhält, z. B. im Vergleich mit NH_3. Daher wird unter „Normalbedingungen" (−15°/+30° C) das erforderliche Hubvolum des Kompressorzylinders bei CF_2Cl_2 nur um rd. 70% größer als bei NH_3 und etwa 6% kleiner als bei CH_3Cl.

Da der Exponent der Adiabate sehr niedrig ist, so ergeben sich selbst beim Ansaugen überhitzter Dämpfe keine unzulässig hohen Endtemperaturen der Kompression. Das aus dem Verdampfer angesaugte Öl-Dampf-Gemisch kann daher vor dem Eintritt in den Kompressor in einem Wärmeaustauscher zur Unterkühlung des verflüssigten F 12 verwendet werden.

VI. Chemische Eigenschaften, Verunreinigungen.

Bei Atmosphärendruck und Raumtemperatur ist CF_2Cl_2 ein farbloses Gas mit sehr schwachem, angenehm ätherischem Geruch; auch das flüssige F 12 ist farblos. Reines F 12 verhält sich bei Temperaturen bis 100° C und dem entsprechenden Dampfdruck von etwa 25 at wie ein inerter Stoff. Es ist chemisch

Difluordichlormethan, F 12 (CF_2Cl_2).

Tabelle 89. *Stoffwerte von F 12-Dampf im Sättigungszustand.*

			Zustandsgrößen an der Sättigungslinie				
Temperatur t °C	Spez. Gew. γ'' kg/m³	Spezifische Wärme c_p'' kcal/kg °C	Wärmeleitzahl λ'' kcal/m °C h	Temperaturleitzahl $10^6\, a''$ m²/sek	Dynamische Viskosität $10^6\, \eta''$ kg sek/m²	Kinematische Viskosität $10^6\, \nu''$ m²/sek	PRANDTLsche Zahl Pr''
−155,0	Erstarrungspunkt						
−150	0,00025	0,0923	0,0041	49 380	0,910	35 680	0,724
−140	0,00125	0,0943	0,0041	9 660	0,920	7 210	0,746
−130	0,005	0,0963	0,0041	2 387	0,931	1 823	0,764
−120	0,016	0,0985	0,0042	740,0	0,943	577,5	0,780
−110	0,044	0,1009	0,0043	269,0	0,956	212,8	0,791
−100	0,107	0,1033	0,0044	111,6	0,970	88,85	0,804
−90	0,235	0,1060	0,0046	50,72	0,985	41,10	0,811
−80	0,478	0,1088	0,0048	25,70	1,003	21,00	0,817
−70	0,888	0,1119	0,0050	13,78	1,021	11,28	0,818
−60	1,564	0,1152	0,0052	8,000	1,042	6,538	0,816
−50	2,595	0,1187	0,0055	4,982	1,065	4,030	0,809
−40	4,097	0,1226	0,0059	3,250	1,086	2,598	0,799
−30	6,200	0,1269	0,0063	2,222	1,118	1,767	0,795
−29,8	6,245	0,1270	0,0063	2,210	1,119	1,758	0,795
−20	9,034	0,1315	0,0067	1,571	1,150	1,248	0,794
−10	12,80	0,1363	0,0072	1,144	1,185	0,907	0,793
0	17,65	0,1425	0,0077	0,856	1,225	0,680	0,794
10	23,79	0,1491	0,0084	0,658	1,270	0,524	0,795
20	31,50	0,1566	0,0091	0,515	1,321	0,411	0,797
30	41,11	0,1638	0,0100	0,411	1,381	0,329	0,800
40	53,13	0,1759	0,0109	0,323	1,450	0,267	0,826
50	68,56	0,1881	0,0120	0,258	1,533	0,219	0,850
60	85,69	0,2036	0,0133	0,212	1,634	0,187	0,883
70	108,8	0,2239	0,0148	0,169	1,759	0,159	0,940
80	138,3	0,2520	0,0166	0,132	1,922	0,136	1,029
90	177,3	0,2961	0,0190	0,095	2,148	0,119	1,183
100	228,8	0,3820	0,0222	0,070	2,507	0,107	1,523
110	374,9	0,8417	0,0285	0,025	3,401	0,089	3,500
111,5	557,6	—	0,0321	0,000	4,192	0,074	—
Stoffwerte für 760 Torr = 1 Atm. = 1,033 kg/cm²							
−29,8	6,245	0,1270	0,0063	2,210	1,119	1,758	0,795
0	5,510	0,1336	0,0075	2,828	1,204	2,140	0,755
50	4,613	0,1444	0,0096	4,000	1,344	2,855	0,715
100	3,973	0,1542	0,0118	5,347	1,480	3,655	0,680
150	3,493	0,1624	0,0142	6,950	1,616	4,538	0,656
200	3,116	0,1694	0,0166	8,740	1,749	5,500	0,632

inaktiv und stabil. Das handelsübliche Kältemittel kann vom Herstellungsprozeß geringe Mengen an höher siedenden Verunreinigungen, z. B. $CFCl_3$, und an nichtkondensierbaren Gasen, vor allem Luft, sowie Spuren von Wasser und Mineralöl enthalten. Nach den einheitlichen Lieferbedingungen der Hersteller von F 12 werden heute in Übereinstimmung mit dem Entwurf DIN 8960 (s. S. 113) folgende Höchstgrenzen für Verunreinigungen eingehalten[1]:

---

[1] Kinetic Chemicals Inc.: Techn. Pap. Nr. 8 (1931). — W. W. RHODES: Refrig. Engng. Bd. 53 (1947) S. 412. — Farbwerke Hoechst: Frigen 1954.

Der Wassergehalt der flüssigen Phase soll nicht mehr als 10 mg/kg betragen.

Der Fremdgasgehalt im Gasraum wurde auf 2 Vol.-% festgelegt[1]; die Farbwerke Hoechst liefern ein „Frigen 12 spezial" mit höchstens 0,3 Vol.-% Fremdgase im Gasraum über der Flüssigkeit.

Der Gehalt an höhersiedenden Verunreinigungen soll 0,05 Vol.-% nicht übersteigen.

Die Temperaturänderung bei der Verdampfung von 5 bis 97 Vol.-% einer flüssigen Probe soll höchstens 0,5° betragen.

Salzsäure und freie Halogene dürfen im F 12 nicht enthalten sein.

Verhalten gegen Wasser. Die Löslichkeit von Wasser im flüssigen F 12 ist aus Abb. 35, S. 104, zu ersehen; der Gleichgewichtswassergehalt vom gesättigten F 12-Dampf geht aus Abb. 36, S. 105, hervor. Das Verhältnis des in der Flüssigkeit gelösten Wassers und des im Gleichgewicht stehenden Wassers im Dampf ist in Abb. 37, S. 106, wiedergegeben; die Werte wurden von ELSEY und FLOWERS[2] für die Dampfphase aus den spezifischen Gewichten der reinen, trockengesättigten Dämpfe berechnet. Der Überschuß an nichtgelöstem Wasser scheidet sich aus dem flüssigen F 12 aus und gefriert bei Temperaturen unter 0° C zu Eiskristallen; darüber hinaus bildet CF_2Cl_2 mit Wasser voluminöse Hydrate, die nach GODDARD[3] in gelartiger, zähklebriger Form auch bei Temperaturen über 0° C beständig sind. BLAIR und HOLMES[4] stellen fest, daß selbst kleinste Mengen des über die Löslichkeitsgrenze hinaus vorhandenen Wassers im Drosselorgan ausgeschieden werden, so daß der enge Querschnitt bei Temperaturen unter 0° C langsam zuwächst.

Versuche über den Grenzwassergehalt in Haushalt- und kleinen Gewerbeanlagen liegen von VELTMAN und WARING[5] vor. Danach sind 20 bis 40 mg H_2O/kg F 12 unschädlich, während 60 mg vielfach zum Zufrieren der Regelorgane führen.

ELSEY und FLOWERS zeigten, daß das Verhältnis des Wassergehaltes im gasförmigen zu demjenigen im flüssigen Kältemittel mit steigender Temperatur abnimmt, um beim kritischen Punkt den Wert 1 zu erreichen.

Ein Diagramm des Zweistoffsystems F 12 und Wasser ist nicht bekannt. H_2O ist aber im F 12 so wenig löslich, daß der Dampfdruck des Wassers über den größten Teil des Phasendiagramms kaum eine Änderung mit der Zusammensetzung erfahren dürfte. Dieser Zustand ist für nichtmischbare Flüssigkeiten charakteristisch.

PENNINGTON[6] stellt eine Reihe von Sonderheiten im Verhalten von feuchtem F 12 fest, die zur Vorsicht bei der Probenahme und beim Hantieren mit F 12 Anlaß geben. Zunächst findet in den Verdampfern keine Anreicherung des Wassers statt, solange es nicht als Eis vorliegt. Das abdampfende F 12 trocknet die Restflüssigkeit. Im Kompressor mit seiner hohen Temperatur hat der Dampf einen hohen Wassergehalt. Durch Kondensation an den Innenflächen des Kompressors und Sammelbehälters findet dort infolge des dauernden Rückflusses eine Anreicherung von Wasser statt. Rückflußerscheinungen treten auch in F 12-Behältern auf und können bei zeitlich auseinander liegenden Probenahmen zur Wasserbestimmung Unterschiede in den Analysenergebnissen zur Folge haben. Das Wasser kann sich weitgehend im Gasraum oder als Niederschlag an den Eisenwänden befinden, während das flüssige F 12 trocken ist. Es wurde auch

---

[1] Refrig. Engng. Bd. 51 (1946) S. 371.
[2] ELSEY, H. M., u. L. C. FLOWERS: Refrig. Engng. Bd. 57 (1948) S. 153.
[3] GODDARD, M. B.: Refrig. Engng. Bd. 50 (1945) S. 215.
[4] BLAIR, H. A., u. R. E. HOLMES: Refrig. Engng. Bd. 57 (1949) S. 129.
[5] VELTMAN, P. L., u. C. E. WARING: Refrig. Engng. Bd. 54 (1947) S. 550.
[6] PENNINGTON, W. A.: Refrig. Engng. Bd. 58 (1950) S. 261.

beobachtet, daß flüssiges Wasser auf dem trockenen, aber laufend verdampfenden F 12 schwimmt. Die Probe für die Wasserbestimmung soll deshalb nur aus gleichmäßig temperierten Behältern entnommen werden und niemals durch Abdestillieren, sondern nur als Flüssigkeit, da sich bei gasförmiger Entnahme ein zu hoher Wert ergibt.

Der Wassergehalt im flüssigen F 12 kann nach der P_2O_5-Methode (s. S. 210) bestimmt werden.

Die Leitfähigkeitsmethode mit Hilfe eines elektrolytischen Filmes (s. S. 216), der dem Gas ausgesetzt wird, läßt sich für die Wasserbestimmung im F 12 mit Vorteil anwenden, nachdem das Verhältnis des Wassergehaltes im flüssigen und dampfförmigen F 12 bekannt ist. Das Verhältnis der Sättigungswerte, z. B. 76 mg H_2O/kg Flüssigkeit und 568 mg H_2O/kg Dampf bei 20° C, bleibt im Gleichgewichtszustand stets gewahrt. Der höhere Wassergehalt der Dampfphase gestattet vor allem bei niederen Gehalten eine exaktere Bestimmung.

ELSEY[1] beschreibt eine Taupunktsmethode zur Bestimmung von Wasser im F 12. Dazu dient das in Abb. 114 gezeigte Gerät, das in den Westinghouse Research Laboratories entwickelt wurde.

A und B sind Behälter mit Feinregelventilen. Sie sind mit einem kurzen Gummischlauch G an die Taupunktzelle C angeschlossen. Diese besteht aus zwei konzentrischen Rohren, die am oberen Rande verschmolzen sind. Das innere Gefäß wird unten durch einen Metall-

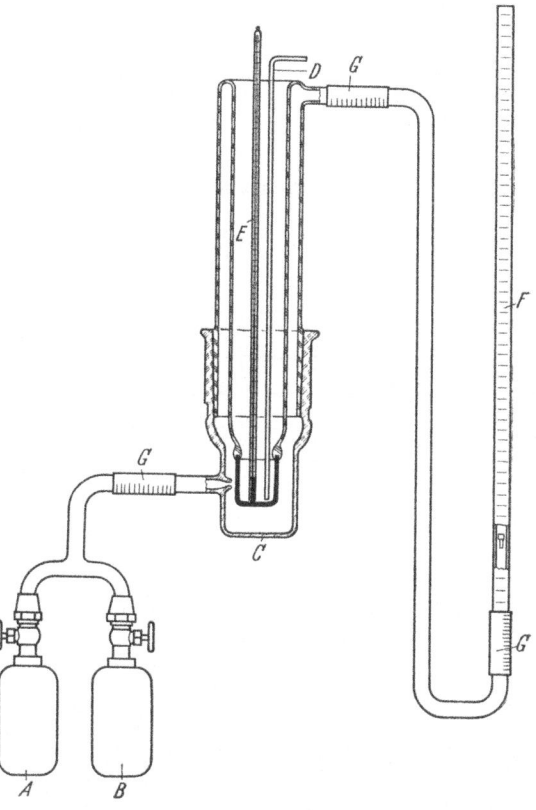

Abb. 114. Gerät zur Bestimmung von Wasser in F12 nach der Taupunktsmethode von ELSEY (Westinghouse Research Laboratories).

becher aus Kovarlegierung abgeschlossen, der mit dem Glas verschmolzen ist. Die Oberfläche des Bechers ist nach dem Einschmelzen poliert und vernickelt; die beginnende Trübung dieses Spiegels beim Niederschlag von Feuchtigkeit kennzeichnet den Taupunkt. Der äußere Behälter ist in einen Schliff eingesetzt, der das Herausnehmen zum Putzen gestattet. Das Mundstück zum Einleiten des Kältemittelgases ist bis dicht an die Spiegelfläche geführt. Das Gas wird aus diesem Doppelmantel oben abgeführt und durch ein Rotameter F geleitet, um die Menge zu messen und konstant zu halten. Bei stärkerem Durchfluß ist das Gerät empfindlicher, da sich mehr Wasser auf dem Spiegel niederschlägt. Andererseits ist bei starkem Durchfluß die Einhaltung der Temperatur schwieriger. Die Flasche B enthält trockenes Gas, z. B. Stickstoff oder Wasserstoff oder auch F12, mit dem das Gerät zunächst gespült wird. Der innere Behälter wird dann mit Kühlflüssigkeit gefüllt, die möglichst ein höheres spezifisches Gewicht als Trockeneis haben soll. Damit schwimmt das Trockeneis auf der Flüssigkeit, und es ist eine bessere Temperaturkonstanz gewährleistet. Als geeignete Kühlflüssigkeit wird F113 genannt.

---

[1] ELSEY, H. M.: Refrig. Engng. Bd. 57 (1949) S. 665.

Wegen zunehmender Verarmung der Flüssigkeit an Wasser ist die Wasserbestimmung im Dampf von zu kleinen Flüssigkeitsproben als ungenau zu vermeiden. Der Taupunkt sinkt dann ab. Nur bei großen Behältern soll die Probe nach ELSEY direkt entnommen werden. Andernfalls wird empfohlen, die Flasche A aus der Maschine am Flüssigkeitssammler mit Gas bis zum vollen Druck zu füllen und dieses Gas zu testen.

Die Bestimmung geht in der Weise vor sich, daß man unter Durchfluß des zu untersuchenden F 12 die Kühlflüssigkeit im inneren Behälter langsam mit Trockeneis unter Hindurchblasen von Gas durch das Rohr D kühlt. Die Spiegelfläche wird dabei auf Beschlagen bzw. Vereisen beobachtet. Beim Auftreten der ersten Trübung wird die Badtemperatur am Thermometer E abgelesen. Ohne den Fluß von F 12 aus dem Probebehälter A zu verändern, wird dann trockenes Gas aus dem Behälter B zusätzlich eingeleitet, worauf das Beschlagen sofort verschwindet; sobald der Gasstrom unterbrochen wird, erscheint der Wasserbelag von neuem. Durch Variieren der Temperatur läßt sich die höchste Temperatur genau ermitteln, bei der der Sättigungspunkt des F 12 mit Wasser bei dem gegebenen Wassergehalt gerade erreicht ist.

Abb. 115 zeigt den Zusammenhang zwischen dem Taupunkt und dem Wassergehalt von F 12-Dampf bei 760 Torr. Zur Berücksichtigung des Barometerstandes ist eine Korrektur erforderlich. Der wahre Wassergehalt bei 760 Torr ist

$$(H_2O \%)_{760} = (H_2O \%)_b \frac{760}{b},$$

(209)

wobei b der Barometerstand in Torr ist. Der Fehler für 1 Grad Temperaturdifferenz bei der Taupunktbestimmung wird mit 0,004% H_2O im Gas angegeben, entsprechend 0,0006% in der Flüssigkeit unter Zugrundelegung der Abb. 37,

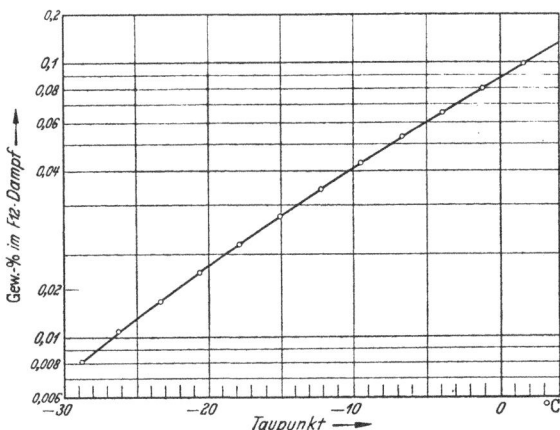

Abb. 115. Zusammenhang zwischen dem Taupunkt und dem Wassergehalt von F 12-Dampf bei 760 Torr.

wenn die F 12-Probe bei 24,5°C mit der Flüssigkeit im Gleichgewicht stand. Abb. 115 gilt jedoch nur für F 12-Dampf, der frei von Fremdgas ist. Die Erfüllung dieser Bedingung kann leicht dadurch nachgeprüft werden, daß man bis zur Kondensation des F 12 abkühlt. Die Kondensationstemperatur wird möglichst genau bestimmt, und aus dem Barometerstand und den Dampfdrucktabellen werden die Partialdrücke des nichtkondensierbaren Gases und des F 12 ermittelt. Ein genügend genauer Näherungswert ergibt sich, wenn man den gefundenen Wassergehalt durch das Verhältnis 760/Partialdruck des F 12 dividiert, wobei die Änderung der Dichte des F 12 unberücksichtigt bleibt.

Infolge des viel höheren Gehaltes der Dampfphase an Wasser gegenüber der Flüssigkeit ist es möglich, die Taupunktmethode zur Bestimmung des Wassergehaltes in Kältemaschinen oder Kältemittelbehältern anzuwenden. IWASHITA[1] hat darauf hingewiesen, daß bei gleichzeitiger Gegenwart von Öl im Kältemittelkreislauf ein großer Teil des Wassers vom Öl festgehalten wird. Ferner ist die Verteilung des Wassers in der Maschine nicht gleichmäßig. Das Taupunktverfahren von ELSEY gilt nach der Meinung von IWASHITA nur für Verdampfer und Sammelbehälter. Das Problem der Wasserbestimmung in Kältemaschinen be-

---

[1] IWASHITA: Diskussion zu der Arbeit von ELSEY, s. Fußnote 1, S. 339.

Difluordichlormethan, F 12 (CF_2Cl_2).

steht demnach mehr darin, eine wirkliche Durchschnittsprobe aus der Maschine zu erhalten, welche Rückschlüsse auf den Gesamtwassergehalt gestattet.

CARTER[1], der sich mit den Möglichkeiten befaßt hat, das Wasser aus Kältemaschinen am Aufstellungsort zu entfernen, erhebt die Forderung, daß beim Betrieb der Maschine der Taupunkt des Wassers in keinem Teil der Anlage unterschritten werden darf. Aus Abb. 116 betr. den Zusammenhang zwischen dem Wassergehalt und dem Taupunkt in Abhängigkeit vom Sättigungsdruck des F 12 und der Betriebstemperatur kann der für jede Betriebsbedingung im Hinblick auf die Ausfriergefahr höchstzulässige Wassergehalt bzw. Taupunkt des Wassers abgelesen werden. Dieses Diagramm bildet eine wertvolle Ergänzung zur Anwendung der von ELSEY beschriebenen Taupunktmethode.

Die Löslichkeit von F 12 in Wasser ist sehr gering. Nach THOMPSON[2] löst Wasser unter Atmosphärendruck

bei 4,4° C . . 0,053 Gew.-% F 12
„ 15,6° C . . 0,038 „ F 12
„ 26,7° C . . 0,028 „ F 12
„ 37,8° C . . 0,021 „ F 12

Innerhalb des in Kältemaschinen vorkommenden Druck- und Temperaturbereiches reagiert CF_2Cl_2 mit Wasser nur in Anwesenheit katalytisch wirksamer Metalle, wobei WALKER und RINELLI[3] folgenden Reaktionsablauf annehmen:

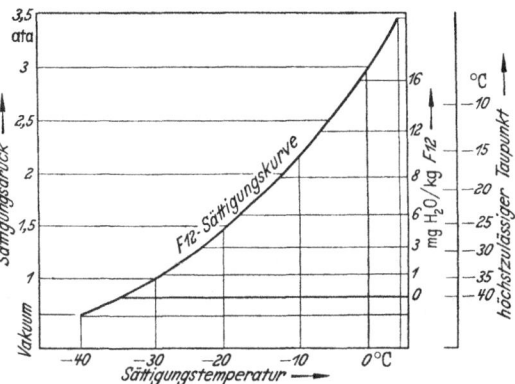

Abb. 116. Zusammenhang zwischen dem höchstzulässigen Wassergehalt und dem Taupunkt in Abhängigkeit vom Sättigungsdruck des F 12 und der Betriebstemperatur.

$$CF_2Cl_2 + 2 H_2O = CO_2 + 2 HCl + 2 HF. \tag{210}$$

Da aber in den Korrosionsprodukten stets weniger Fluoride als Chloride gefunden werden, ist der folgende, parallel ablaufende Zerfall wahrscheinlich:

$$CF_2Cl_2 + H_2O = COF_2 + HCl. \tag{211}$$

Diese Reaktionsprodukte, die erst die Korrosion verursachen, entstehen allerdings nur bei erhöhten Temperaturen in nennenswertem Umfang. Ein Versuch mit einer Mischung von 60 g F 12 und 10 g Wasser ergab im Glas sowohl bei Zimmertemperatur als auch während 14 Tagen bei 70° C keinen Zerfall. Unterhalb 150° C wurde eine Reaktion von CF_2Cl_2 und Wasser nur bei der Zugabe von Metallen beobachtet. Das bedeutet, daß feuchtes F 12 ebenso beständig ist wie reines, trockenes F 12, das bei 170° C in 30 Tagen nicht hydrolysiert, wenn es in einem passiven Glasgefäß aufbewahrt und dem Licht nicht ausgesetzt wird. Auch GODDARD[4] stellt fest, daß F 12 in einem Jahr bei 50° C nur zu 1 Teil mit 100 Teilen Wasser aufspaltet, während z. B. Methylchlorid unter gleichen Bedingungen elfmal so stark hydrolysiert. Korrosionen in F 12-Kältemaschinen durch Wasser sind infolgedessen gering, zumal die Grenze für den die Korrosion erzeugenden Wassergehalt über dem für Verstopfungen gefährlichen Wassergehalt liegt.

Mineralsäuren treten im Anlieferungszustand im F 12 praktisch niemals auf, da sie sofort mit dem Eisen der Transportbehälter unter Bildung von Chloriden

---

[1] CARTER, F. Y.: Refrig. Engng. Bd. 59 (1951) S. 547.
[2] THOMPSON, R. I.: Refrig. Engng. Bd. 29 (1935) S. 139.
[3] WALKER, W. O., u. W. R. RINELLI: Ansul Chemical Co. Research Report.
[4] GODDARD, M. D.: Refrig. Engng. Bd. 50 (1945) S. 215.

und Fluoriden reagieren. Qualitativ und quantitativ wird Salzsäure im F 12 nach den auf S. 224 beschriebenen Methoden bestimmt.

Der *Rückstand* im F 12 besteht fast ausschließlich aus Ölen und Fetten, die von F 12 in starkem Maße gelöst werden. Die Bestimmung erfolgt nach S. 225.

Das *Fremdgas* im F 12 besteht aus Luft. Nur in seltenen Fällen ist auch Wasserstoff nachweisbar, der als Produkt der Hydrolyse und nachfolgender Metallkorrosion entsteht. Der Sauerstoffgehalt des Fremdgases entspricht nicht immer dem der Luft, da Teile des Sauerstoffs durch Oxydation langsam verbraucht werden. Es kann auch sein, daß N_2 und O_2 von F 12 in verschiedenen Mengen aus der Luft gelöst werden. Mit der Löslichkeit und der Bestimmung von Luft in F 12 beschäftigte sich vor allem PARMELEE[1]. Abb. 117 zeigt, daß

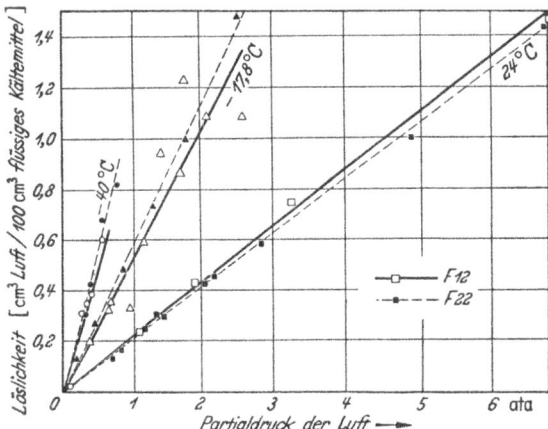

Abb. 117. Löslichkeit von Luft im flüssigen F 12 beim Partialdruck der Luft als Funktion der Temperatur.

die Löslichkeit von Luft in flüssigem F 12 dem Partialdruck der Luft über der Flüssigkeit im Bereich von -40 bis $+25°C$ proportional ist. Damit ist das HENRYsche Gesetz befolgt. Es ist

$$x = K P_L,$$

wobei P_L der Partialdruck der Luft und x der Molenbruch von Luft in der flüssigen Phase ist. Unter Molenbruch ist das Volum Luft je Volum flüssigen Gemisches bei 24 bis 25°C und 760 Torr definiert. K ist der Löslichkeitskoeffizient, er ändert sich mit der Temperatur.

Mit dem *Gesamtdruck*, der wegen der großen Druckunterschiede nur durch den F 12-Druck ausgedrückt sei, nimmt die Löslichkeit von Luft im flüssigen F 12 entsprechend Abb. 118 zu. Die Verfahren zur Bestimmung des Fremdgases sind S. 225 beschrieben.

Verhalten gegen Trockenmittel. Auch bei sorgfältigster Trocknung der Maschine, des Kältemittels und des Öles ist es ratsam — u. a. wegen der Gefahr der Abspaltung von

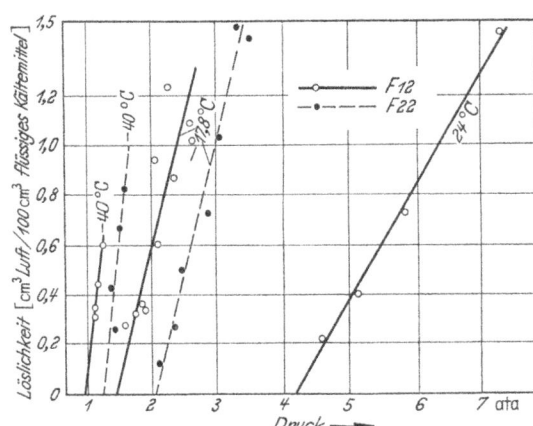

Abb. 118. Löslichkeit von Luft im flüssigen F 12 und F 22 beim Gesamtdruck bzw. beim F 12-Druck als Funktion der Temperatur.

Wasser aus den Isolierstoffen — in F 12-Kältemaschinen einen Trockner einzubauen. In den USA werden Trockner in offene Maschinen oft nur für kurze Zeit zum Einlauf eingebaut, während sie in gekapselten Maschinen für dauernd

---

[1] PARMELEE, H. M.: Refrig. Engng. Bd. 59 (1951) S. 573.

verbleiben[1]. Von THOMPSON[2] werden aktive Tonerde, Silicagel und Kalziumsulfat empfohlen. Die Eigenschaften der gebräuchlichen Trockenmittel wurden S. 115ff. beschrieben.

PENNINGTON[3] beschäftigte sich eingehend mit den Grundlagen für die Verwendung adsorptiv wirkender Trockenmittel. Nach seiner Meinung treten Einfrierungen nicht beim Erreichen des Grenzwertes der Wasserlöslichkeit nach Abb. 35 auf, sondern erst kurz *über* 100% relativer Feuchtigkeit, z. B. am Ende der Kapillare. Bei $-17{,}8°$ C ($0°$ F) löst F 12 nur 8 mg H_2O/kg. Zum Abkühlen der Flüssigkeit auf die Verdampfungstemperatur verdampfen in der Kapillare etwa 20% des F 12, so daß ein Gemisch von 80% Flüssigkeit und 20% gesättigtem Dampf vorhanden ist. Nach Abb. 36 u. 37 enthält der Dampf bei $-17{,}8°$ C im Gleichgewicht mit der Flüssigkeit 13,3 mal so viel Wasser wie das flüssige F 12. Das sind für das 80/20%-Gemisch 27,7 mg Wasser/kg F 12. Erst darüber hinaus und

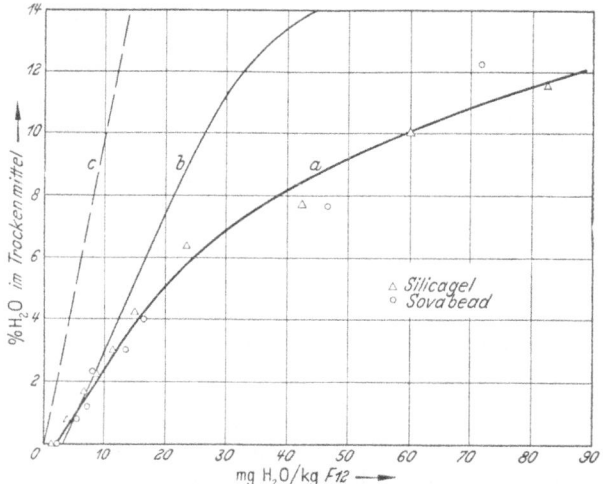

Abb. 119. Wassergleichgewicht zwischen F 12 und den Trockenmitteln Silicagel und Sovabead bei verschiedenen Temperaturen (nach PENNINGTON und STERN).
a in der Druckgasleitung; *b* in der Flüssigkeitsleitung druckseitig; *c* daselbst saugseitig.

nicht schon bei 8 mg H_2O/kg scheidet sich das Wasser als Eis aus. Für diesen Fall wird von PENNINGTON die Relation des Wassergehaltes im F 12 und im Trockenmittel aufgestellt. Einzelheiten sind der Originalarbeit zu entnehmen[3]. F 12 hat nach den heutigen Kenntnissen keinen Einfluß auf die Adsorptionsfähigkeit der Trockenmittel. Durch Maschinenversuche wurden diese Betrachtungen bestätigt. Abb. 119 zeigt das Wassergleichgewicht zwischen F 12 und den Trockenmitteln Silicagel und Sovabead bei verschiedenen Temperaturen. Bei wechselndem Verhältnis von Flüssigkeit zu Dampf wird die experimentelle Bestimmung schwierig. PENNINGTON[3] hat allgemeingültige Annäherungskurven und ihre Gleichungen für verschiedene Betriebstemperaturen unter Berücksichtigung der Temperatur des Trockners, der Verdampfungstemperatur und des Gehaltes an Flüssigkeit aufgestellt, die der zitierten Arbeit zu entnehmen sind.

Allgemein nimmt die Kapazität der Trockner mit steigender Temperatur und steigendem Kältemitteldruck ab; unterhalb der Durchbruchsbeladung ist der

---

[1] GODDARD, M. D.: Refrig. Engng. Bd. 50 (1945) S. 215.
[2] THOMPSON, R. I.: Kinetic Chemicals Inc. Techn. Pap. Nr. 11 1932/36.
[3] PENNINGTON, W. A.: Mod. Refrigeration Bd. 53 (1950) S. 218 u. S. 252. — Refrig. Engng. Bd. 59 (1951) S. 272.

Einfluß auf der Saugseite aber gering. Auf der Druckseite dagegen ist der Einfluß der Temperatur erheblich. Allgemein gültige Einzelheiten sind Bd. VI dieses Handbuches zu entnehmen. Abb. 120 zeigt nach VELTMAN und WARING[1] die Mengen verschiedener Trockenmittel, die erforderlich sind, um 100 g F 12 mit einem Anfangswassergehalt von 167 mg H_2O/kg, entsprechend der Sättigung bei 37,8° C, auf jeden gewünschten Restwassergehalt zu trocknen. Danach ist Silicagel das wirksamste der heute gebräuchlichen Trockenmittel. Zu berücksichtigen ist jedoch, daß nach STERK[2] bis zur Einstellung des Gleichgewichtes im Kältemittelkreislauf eine Zeit von 16 bis 24 Stunden vergeht. Dann läßt sich F 12 bis zu etwa 3 mg H_2O/kg trocknen.

Um die Ausscheidung von Wasser oder Eis im Regelorgan zu verhindern, wurde früher vielfach der Zusatz von 1% Methylalkohol und anderen das Wasser lösenden Mitteln empfohlen (vgl. S. 125). THOMPSON[3], die Ansul Chemical Co.[4] und McGOVERN[5] sowie auch VELTMAN und WARING[1] raten jedoch dringend von deren Anwendung ab.

Verhalten gegen Werkstoffe. Wasserfreies F 12 ist im flüssigen und gasförmigen Zustand innerhalb des für Kältemaschinen in Betracht kommenden Temperatur- und Druckbereiches gegen fast alle *metallischen Werkstoffe* bis auf wenige Ausnahmen völlig inaktiv. Die grundlegenden Untersuchungen im Druckrohrtest stammen von BUFFINGTON und FELLOWS[6] und von CHASE und BISHOP[7], die bei Temperaturen von 65° C und 112,8° C durchgeführt und auf fünf Monate bis zu einem Jahr ausgedehnt wurden.

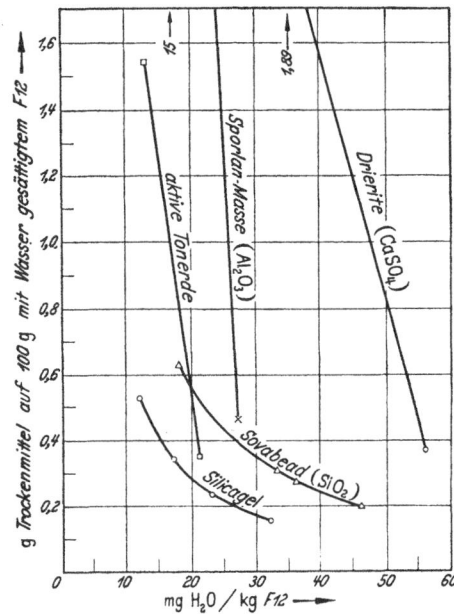

Abb. 120. Erforderliche Mengen an verschiedenen Trockenmitteln zur Trocknung von je 100 g F 12 mit einem Wassergehalt von 167 mg/kg auf den gewünschten Restwassergehalt (nach VELTMAN und WARING).

Aluminium 99,5 und *Duraluminium* (92 bis 94% Al, 4 bis 6% Cu) werden nicht angegriffen und zeigen auch keine Oberflächenveränderung.

Blei überzieht sich vor allem im Dampfraum, mitunter aber auch in der Flüssigkeit, mit einer gleichmäßigen, grauweißen Schicht aus Bleichlorid, die sich leicht abwischen läßt. Dieser Belag wird auch an Bleidichtungen, vor allem in den Kompressorköpfen der F 12-Kältemaschinen, beobachtet. STEINLE hat umfangreiche Versuche im Druckrohr durchgeführt, in das Blei mit F 12 sowie F 12 und Öl mit und ohne Wasser und mit Stahlkugeln und Kupfer eingeschmolzen wurde. Die Rohre wurden dann 14 Tage im Ofen gerollt. Das Blei

---

[1] VELTMAN, P. L., u. C. E. WARING: Refrig. Engng. Bd. 54 (1947) S. 550.
[2] STERK, B. I.: Refrig. Engng. Bd. 57 (1949) S. 782.
[3] THOMPSON, R. I.: Refrig. Engng. Bd. 29 (1935) S. 139.
[4] Ansul News Notes Bd. 2 Nr. 2 S. 1.
[5] McGOVERN, E. W.: Refrig. Engng. Bd. 43 (1942) S. 276.
[6] Kinetic Chemicals Inc.: Techn. Pap. Nr. 5 1931.
[7] Kinetic Chemicals Inc.: Techn. Pap. Nr. 5-a April 1932.

verfärbte sich sowohl in den trockenen als auch in den feuchten Proben schnell grau, und in einem Rohr ohne Wasser entstand ein grau-weißer Schlamm. Das Blei in diesem Rohr zerfiel in mehrere Teile. Kupferplattierung trat an den Stahlkugeln weder in den trockenen noch in den feuchten Testrohren auf. Der Ölharzgehalt des Öles lag bei 0,25%. In allen Rohren ergaben sich Spuren von Salzsäure, wobei ein Unterschied zwischen den trockenen und den feuchten Proben nicht festzustellen war. Das Wasser hat also praktisch keinen Einfluß auf die Bleichloridbildung. Der Einfluß der Temperatur ist sehr stark. Die Steigerung von 70 auf 100° C führt unter sonst gleichen Bedingungen zu einer vielfach stärkeren Bleichloridbildung.

Das Öl ist für die Bleichloridbildung als Katalysator erforderlich; die Ölqualität ist aber ohne wesentlichen Einfluß. Demnach führt Blei bei Gegenwart von Öl bereits bei Temperaturen ab 70° C zu einer Aufspaltung des F 12-Moleküls unter Freimachung von Chlorionen bzw. Salzsäure. Daß es dann nicht bei Gegenwart von Kupfer und Eisen zur Kupferplattierung, sondern zu der auch in Kältemaschinen beobachteten Bleichloridbildung kommt, ist auf die größere Affinität des Bleies gegenüber der Salzsäure und auf die Schwerlöslichkeit des Bleichlorids zurückzuführen. Der Einfluß von Verunreinigungen im Blei ist nur gering bzw. undeutlich. Die Rolle des Öles ist bisher noch unklar; es ist aber zu beachten, daß Blei besonders leicht Seifen bildet[1] und deshalb in ölführenden Teilen von Maschinen vermieden werden soll. Blei ist deshalb als Dichtungsmaterial in Kältemaschinen, die mit F 12 als Kältemittel bei Temperaturen von 70 bis 100° C betrieben werden, ungeeignet.

*Kadmium*überzüge auf Stahl ergaben unter der Einwirkung von F 12 keine Korrosion.

Eisen, kalt gewalzt und geglüht, Gußeisen und legierte Stähle (18/8 Chrom-Nickel-Stahl) sowie Kupfer zeigten keine Veränderung oder Korrosion.

Magnesium mit 6% Aluminium wurde nicht angegriffen.

Messing mit 66% Cu, 34% Zn, weich, zeigte keine Korrosion; die Proben in der Flüssigkeit verfärbten sich orange, im Dampf grünlich. Messing 85 dunkelte in der Flüssigkeit leicht nach.

Monel-Metall, eine Nickel-Kupfer-Eisenlegierung, ist beständig.

Nickel und Nickel-Eisendraht mit 40% Ni, *Silber* und Silberlote und auch *Wolfram* erfahren keine sichtbare Veränderung. Ebenso werden *Zinn* und *Zink* und auch Weichlot aus 60% Sn und 40% Pb nicht angegriffen.

Phosphorbronze (91% Cu, 8% Sn, 1% P), $^{1}/_{2}$ hart, zeigte am Flüssigkeitsspiegel eine leichte Blaufärbung.

Bei allen untersuchten Metallen konnten keine durch Gewichtsänderung feststellbaren Korrosionen ermittelt werden, sondern z. T. nur ganz leichte Oberflächeneinwirkungen. Die Zugfestigkeit und die Bruchdehnung von Aluminium, Messing, Kupfer, Stahl, Bronze und Monel-Metall blieben nach einmonatiger Einwirkung von trockenem CF_2Cl_2 selbst bei 175° C unverändert.

Erst oberhalb etwa 200° C wird F 12 in Gegenwart einiger Metalle durch katalytische Wirkung gespalten, und die Zersetzungsprodukte können dann alle Baustoffe in den Kältemaschinen angreifen. Derartige Temperaturen sind aber in den Kältemaschinen ausgeschlossen.

Über die Korrosionsgefahr von CF_2Cl_2 in Gegenwart von Wasser sind die Ansichten im Schrifttum nicht einheitlich. Thompson[2] führt den geringen Angriff durch feuchtes F 12 auf die geringe Wasserlöslichkeit zurück, die stets unter der für das Auftreten der Korrosion gefährlichen Schwelle liegt. Daher besteht nur

---
[1] Stäger, H.: Z. VDI Bd. 81 (1937) S. 723.
Thompson, R. I.: Refrig. Engng. Bd. 29 (1929) S. 139.

eine geringe Reaktionsmöglichkeit, während gefährliche Wassergehalte sich vorzeitig durch Eisverstopfungen im Regelorgan bemerkbar machen. Mit diesen Störungen ist bereits ab etwa 25 mg H_2O/kg F 12 zu rechnen. Aus den USA sind einige Beobachtungen von H_2O-Korrosionen in F 12-Kältemaschinen bekanntgeworden. WALKER[1] stellt als Ursache für den Bruch von Stahlblattfeder-Ventilen Wasser und dadurch erzeugte interkristalline Korrosion fest. Nach den Bestimmungen der ASRE dürfen denn auch in F 12-Kältemaschinen nur Messingrohre verwendet werden, die mindestens 80% Kupfer enthalten, da anderenfalls mit interkristalliner Spannungskorrosion zu rechnen ist.

BRANDON[2] gibt die Grenze für leichte Korrosion mit 200 mg H_2O/kg F 12 an, während schwere Korrosion ab 500 mg H_2O/kg F 12 auftritt. BOPP[3] teilt neuerdings mit, daß schon 50 mg H_2O/kg F 12 durch Hydrolyse und Säurebildung zur Korrosion führen. Die verschiedenen Ergebnisse über die gefährliche Grenze des Wassergehaltes dürften auf Unterschiede in der Versuchsdurchführung; insbesondere der Temperatur, zurückzuführen sein; das zeigen vor allem die folgenden Versuche:

Die Kinetic Chemicals Inc.[4] hat einen sehr hohen Wassergehalt von 165 mg/kg F 12 bei 90°C angewendet. An Aluminium, Messing, Kupfer, Blei 99%, Stahl, Zinn, Weichlot (60% Sn und 40% Pb) und Zink ergab sich keine Korrosionswirkung, dagegen wurden Magnesium mit 6% Al und Y-Metall (92,5% Al, 4% Cu und 1,5% Mg) sehr stark angegriffen. Im Gegensatz dazu fanden RESCHKE und GEIER[5], daß Aluminium–Magnesium-Legierungen, wie Pantal (0,8 bis 2% Mg) und BS-Seewasserlegierung (4,8 bis 10% Mg) ausreichende Korrosionsbeständigkeit gegenüber feuchtem CF_2Cl_2 aufweisen; allerdings zeigte Pantal eine geringe Gewichtsabnahme und kleine wurmförmige Anfressungen. Darüber hinaus ergaben die Versuche, daß Silumin (12 bis 13,5% Si, Rest Al), Mangal (1,5% Mn, Rest Al) und Reinaluminium (99,62% Al) sich auch in Gegenwart von Wasser gut verhalten; die Proben zeigten eine geringfügige Gewichtszunahme, was auf die Bildung von Deckschichten zurückgeführt wird. Diese Deckschichten ließen sich auch mit konzentrierter Salpetersäure nur sehr schwer und nicht restlos entfernen. Versuche der Underwriters Laboratories[6] mit feuchtem CF_2Cl_2, das während 912 Stunden, davon 190 Stunden bei 100 bis 110°C auf verschiedene Metalle einwirkte, zeigten, daß Eisen und Zink stark korrodiert werden und wie genarbt aussehen; Kupferproben waren vollständig und Messing teilweise mit einer schwarzen Schicht bedeckt, zeigten aber keine sichtbare Narbenbildung. Aluminiumproben bekamen stellenweise einen weißen Überzug und wiesen Korrosionsspuren auf. Dagegen wurde an Silber, Phosporbronze und Weichlot nur eine leichte Oberflächenverfärbung wahrgenommen. Die Gewichtszunahme der Proben betrug bei Eisen 0,8 mg/cm^2 und bei Zink 3,3 mg/cm^2; bei allen anderen Metallen lag sie unter 1 mg/cm^2.

Bei den Prüfungen der Korrosionsbeständigkeit von Metallen wurde gefunden, daß bei einigen von ihnen der feuchte CF_2Cl_2-Dampf stärker angreift als die Flüssigkeit, z. B. bei Messing und Eisen.

Ob nun die korrodierende Wirkung bei Gegenwart von Wasser darauf beruht, daß das F 12 durch Hydrolyse entsprechend der Gleichung

$$CF_2Cl_2 + 2 H_2O = 2 HCl + 2 HF + CO_2 \qquad (212)$$

---

[1] WALKER, W. O.: Moisture and drying methods; Ansul Technical Service Bulletin.
[2] BRANDON, A. O. B.: Mod. Refrig. Bd. 54 (1951) Nr. 634 S. 9.
[3] BOPP, J. D.: Ansul News Notes, Dez. 1951, S. 12.
[4] Kinetic Chemicals Inc.: Techn. Pap. Nr. 5 1931.
[5] RESCHKE, C., u. K. GEIER: Metalltechn. Bd. 19 (1940) S. 539.
[6] *Underwriters Laboratories Inc.:* Miscellaneous Hazard Nr. 2256. — Techn. Pap. 1931 Nr. 6 der Kinetic Chemicals Inc.

unter Bildung von Halogenwasserstoffsäuren und Kohlendioxyd gespalten wird, wie Verfasser älterer Arbeiten annehmen, oder ob das Wasser zunächst mit dem Metall unter Bildung von Eisenhydroxyd und Wasserstoff reagiert,

$$Fe + 2 H_2O = Fe(OH)_2 + 2 H^+, \tag{213}$$

der dann seinerseits in statu nascendi zu einer Aufspaltung des CF_2Cl_2 in HCl und HF unter Bildung von Kohlenstoff als Ruß führt,

$$CF_2Cl_2 + 4 H^+ = C + 2 HCl + 2 HF \tag{214}$$

läßt sich nicht sicher entscheiden.

Das Endergebnis ist in allen Fällen das gleiche, nämlich die Korrosion:

$$2 Fe + 2 HCl + 2 HF = FeCl_2 + FeF_2 + 4 H^+. \tag{215}$$

Daß dabei in einer Zwischenstufe HF auftreten muß, ergibt sich aus der Tatsache, daß an Versuchsgläsern und an Glasstromdurchführungen die typischen HF-Ätzungen beobachtet wurden.

Es sei nun über einen ausführlichen Versuch mit dem hauptsächlichen Baustoff, *dem Eisen*, berichtet. Streifen eines Tiefziehbleches von 2,5 g und 100 × 10 × 0,3 mm³ groß, mit polierter Oberfläche, wurden mit 50 g F 12 und 1% H_2O, eingeschmolzen und im Trockenschrank auf 65°C erwärmt. In Abständen von je drei Tagen wurde ein Streifen herausgenommen und nach gründlichem Spülen und vorsichtigem Ablösen der Korrosionsprodukte die Gewichtsabnahme bestimmt. Es bildete sich zuerst ein rostfarbiger Belag, der über grau in tiefschwarz überging und immer dicker wurde. Der Angriff im Gasraum war stärker als in der Flüssigkeit. Zu Anfang, ehe sich eine Deckschicht ausgebildet hat, scheint der Korrosionsangriff stärker zu sein, dann verläuft er sehr gleichmäßig.

Die Analyse der Korrosionsprodukte ergab: 5,4% H_2O, 59,6% Fe, 4,2% Cl, 2,6% F, 28,2% Rest. Chlor und Fluor sind demnach im äquimolekularen Verhältnis (entsprechend der Formel CF_2Cl_2) vorhanden, und zwar als Eisenhalogenide, die das Wasser als Kristallwasser enthalten. Vom Eisen lagen nur etwa 12% als Eisenchlorid und Eisenfluorid vor, während der Rest des Eisens vermutlich als Eisenhydroxyd $(Fe(OH)_2)$ vorlag. Die Menge des Restes der Korrosionsprodukte mit 28,2% wäre als Hydroxyd dem Rest des Eisens äquivalent.

Das bedeutet, daß in der Hauptsache das Eisen vom Wasser unter Bildung von Eisenhydroxyd und Wasserstoff nach der Gl. (213) angegriffen wird, während die Korrosion unter Beteiligung des F 12 daneben durch Einwirkung des naszierenden Wasserstoffes auf zwei Arten etwa folgendermaßen verlaufen kann:

$$2 Fe + CF_2Cl_2 + 4 H^+ = FeF_2 + FeCl_2 + CH_4 \tag{216}$$

oder

$$2 Fe + CF_2Cl_2 + 4 H^+ = FeF_2 + FeCl_2 + C + 4 H^+. \tag{217}$$

Im Falle der Gl. (216) müßte mit fortschreitender Korrosion das Wasser aufgebraucht werden und die Korrosion nach einer bestimmten Zeit aufhören. Im Falle der Gl. (217) würde der naszierende Wasserstoff stets von neuem CF_2Cl_2 spalten und nach der Reaktion der entstehenden Halogenwasserstoffsäuren mit dem Eisen stets wieder in statu nascendi vorliegen. Der Korrosionsprozeß würde vermutlich erst dann aufhören, wenn entweder das CF_2Cl_2 oder das Eisen aufgebraucht sind. Eine Entscheidung, welcher der beiden Vorgänge nach Gl. (216) oder (217) abläuft, ist nach dem vorliegenden Versuchsmaterial noch nicht zu treffen, da von den 0,5 g Wasser erst die Hälfte verbraucht war, wie sich aus der entstandenen Menge Eisenhydroxyds über die Hydroxylgruppe (OH) aus dem Wasser berechnen läßt. Möglicherweise laufen auch beide Vorgänge nebeneinander ab. Ein weiterhin durchgeführter Versuch hat beim Ablösen der Korrosionsprodukte praktisch klare Lösungen ergeben. Irgendwelche Rückstände von Kohlenstoff oder anderen Korrosionsprodukten in konz. HCl waren nicht vorhanden. Danach ist anzunehmen, daß das CF_2Cl_2 etwa entsprechend Gl. (213) und (215) unter Bildung von Kohlenwasserstoffen und Eisenhalogeniden gespalten wird. Das Wasser würde somit verbraucht werden, und die Korrosion müßte nach einiger Zeit zum Stillstand kommen. Bei Korrosionsversuchen wurde dieser Zustand niemals erreicht, wohl weil stets zu viel H_2O zugegeben war.

Den obigen Ausführungen zufolge können für Kältemaschinen, die mit F 12 als Kältemittel betrieben werden und die in der üblichen Weise getrocknet sind, als Werkstoffe die Metalle Aluminium, Messing, Kupfer, Duraluminium, Bronze, Zinn, Monel-Metall, Wolfram, Eisen und seine Legierungen, Silberlote und zinn- und bleihaltige Lote ohne Bedenken verwendet werden. Reines Blei ist zu vermeiden. Dagegen dürfen Magnesium und Magnesiumlegierungen sowie auch Mg-haltige Aluminiumlegierungen mit Rücksicht auf den schon bei der Gegenwart von kleinsten Mengen Wassers stattfindenden Angriff nicht genommen werden. F 12 läßt sich im Kreislauf nicht so weitgehend entwässern, daß Korrosionen verhütet werden, die an diesen Metallen schon bei Zimmertemperatur recht merklich verlaufen und mit steigender Temperatur stark beschleunigt werden.

Nichtmetallische Stoffe für Isolationen und Dichtungen müssen mit Rücksicht darauf, daß F 12 für zahlreiche organische Stoffe ein gutes Lösungsmittel ist, besonders sorgfältig ausgewählt werden. Die Einzelheiten der Anforderungen und Prüfverfahren für Isolier- und Dichtungsstoffe zum Einbau in Kältemaschinen wurden S. 133 u. 234 besprochen. Die folgenden Ausführungen beschränken sich deshalb darauf, ungeeignete Stoffe auszuschließen und geeignete zu nennen.

Der Extraktgehalt dieser Stoffe mit F 12 bei normalem Siedepunkt (s. S. 136) soll 0,1% nicht überschreiten. Ferner sind die im Druckrohrtest bei erhöhten Temperaturen und unter dem Einfluß des Öles auftretenden Quellungserscheinungen und Härteänderungen zu berücksichtigen.

Stoffe, die Fette, Wachse, Harze, Guttapercha oder Gummi enthalten, sind in den meisten Fällen ungeeignet, da F 12 auf sie quellend oder lösend einwirkt. Asbest und die -it-Materialien sowie Hartpapiere sind gegen F 12 am besten beständig und können nach geeigneter Auswahl verwendet werden. Als Dichtungskitte und Isolierlacke kommen härtbare Harze, z. B. Polyvinylazetale, Bakelite, Desmodur-Desmophenharze sowie auch Polyamide und Polyurethane bei geeigneter Polymerisation und Modifikation in Frage. Alle diese Kunstharze werden jedoch in hochwasserhaltigem F 12 mehr oder weniger zerstört. Von der Ansul Chemical Co. wurde versucht, mit Baumwolle isolierte Wickeldrähte zum Einbau in F 12-Kältemaschinen zu verwenden. Korrosionsversuche in feuchtem F 12 und in Wasser ergaben, daß in Wasser allein keine schädigenden Einflüsse auftreten, während die Kunstharze im feuchten F 12 durch die gebildeten Säuren zerstört wurden, auch wenn sie im trockenen F 12 vollständig unlöslich sind. Die Entwicklung von Isolier- und Imprägnierlacken zur Verwendung mit F 12 ist zur Zeit im Fluß; die heute noch meist verwendeten Harze sind die Polyvinylazetale.

Bei der Verwendung von Glas für Stromdurchführungen ist zu beachten, daß dieses in wasserhaltigem F 12 durch die gebildete Flußsäure angegriffen wird. Dadurch können Spannungen ausgelöst werden, die zum Zerspringen führen.

Gummi und synthetische Elastomere sind mit größter Vorsicht zu verwenden, da sie F 12 in starkem Maße aufnehmen und dann durch Diffusion Kältemittelverluste auftreten können, obwohl der Einbau der Dichtung einwandfrei ist. Perbunan und Perbunan extra, vor allem aber Neopren-Mischungen haben sich

Difluordichlormethan, F12 (CF_2Cl_2).

bewährt. Alle diese Stoffe sollen möglichst weichmacherfrei sein. Das Verhalten einer Anzahl Elastomere in F 12 und F 12-Öl-Gemischen ist S. 145 beschrieben.

Verhalten gegen Schmiermittel. Als Schmiermittel für CF_2Cl_2-Maschinen kommen nur mineralische und synthetische Öle in Frage. Die heute gültigen Anforderungen sind in DIN 51503, Kältemaschinenöle, Gruppe C für öllösliche Kältemittel, enthalten. Vor der Verwendung von Glyzerin oder Äthylenglykol, die nur eine sehr geringe Löslichkeit für F 12 aufweisen, wird von THOMPSON[1] gewarnt, da sie hygroskopisch sind und bei erhöhten Temperaturen im Kompressor infolge Zersetzung zur Bildung von zähen und klebrigen Rückständen neigen.

Das zu verwendende Öl muß trocken sein und soll nicht mehr als 30 mg H_2O/kg enthalten, da die geringe Löslichkeit von Wasser im F 12 und im Öl durch Ausfrieren in den Regelorganen zu deren Verstopfung, aber auch zu Ölalterung und zu Korrosionen führen kann.

Von größter Bedeutung ist der Gehalt an F 12-Unlöslichem (Paraffin) in diesen Ölen, das beim Abkühlen aus dem Öl–F 12-Gemisch im Drosselorgan ausgeschieden wird und zur Verstopfung führt. Sein Gehalt ist für Öle bei Betriebstemperaturen bis herab zu $-30°C$ auf höchstens 0,05 % festgesetzt (siehe S. 159).

Die Kältefließfähigkeit der Öle wird durch das in ihnen gelöste F 12 schon bei geringen Gehalten stark erhöht. Entsprechend werden der Stockpunkt und der Fließpunkt der Gemische erniedrigt, so daß Schwierigkeiten bei der Ölrückführung aus dem Verdampfer nicht auftreten (s. S. 160).

Das mit Mineralölen vollkommen mischbare F 12 erniedrigt deren Viskosität stark. Abb. 121 gibt die Temperaturabhängigkeit der kinematischen Viskosität eines Öles von 64,4 cSt = 8,5 E bei 37,8° C mit verschiedenen Gehalten an F 12

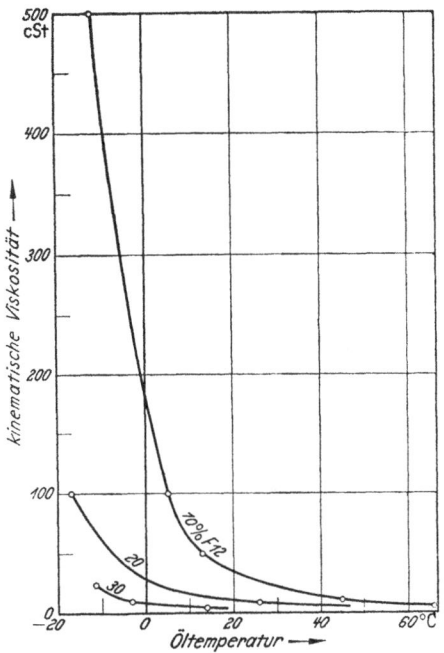

Abb. 121. Kinematische Viskosität eines Öl-Kältemittelgemisches bei verschiedenem Gehalt an F 12 als Funktion der Temperatur.

wieder[2]. So wird z. B. bei einem solchen Öl durch Mischen mit 7 Gew.-% F 12 die Viskosität auf die Hälfte und bei 15 % F 12 auf ein Viertel des ursprünglichen Wertes vermindert. Man zieht aus diesem Grunde häufig vor, für F 12 ein etwas viskoseres Öl zu verwenden, um der Auswirkung der Verdünnung des Öles durch das Kältemittel auf die Schmierwirkung und die Abdichtung von Lagerspalten, vor allem bei offenen Kältemaschinen an der Wellendurchführung, zu begegnen. Zur Bestimmung der effektiven Viskosität dient das Nomogramm Abb. 122, welches gestattet, aus der Betriebstemperatur und dem Sättigungsdruck des F 12 über dem Gemisch für jedes Öl, dessen Viskositäts-Temperaturverlauf im reinen Zustand bekannt ist, den Anteil an gelöstem F 12 und die Viskosität des Gemisches zu ermitteln.

---

[1] THOMPSON, R. I.: Kinetic Chemicals Inc. Techn. Pap. Nr. 11 1932/36.
[2] Farbwerke Hoechst A.G.: Frigen, Frankfurt a. M. 1954.

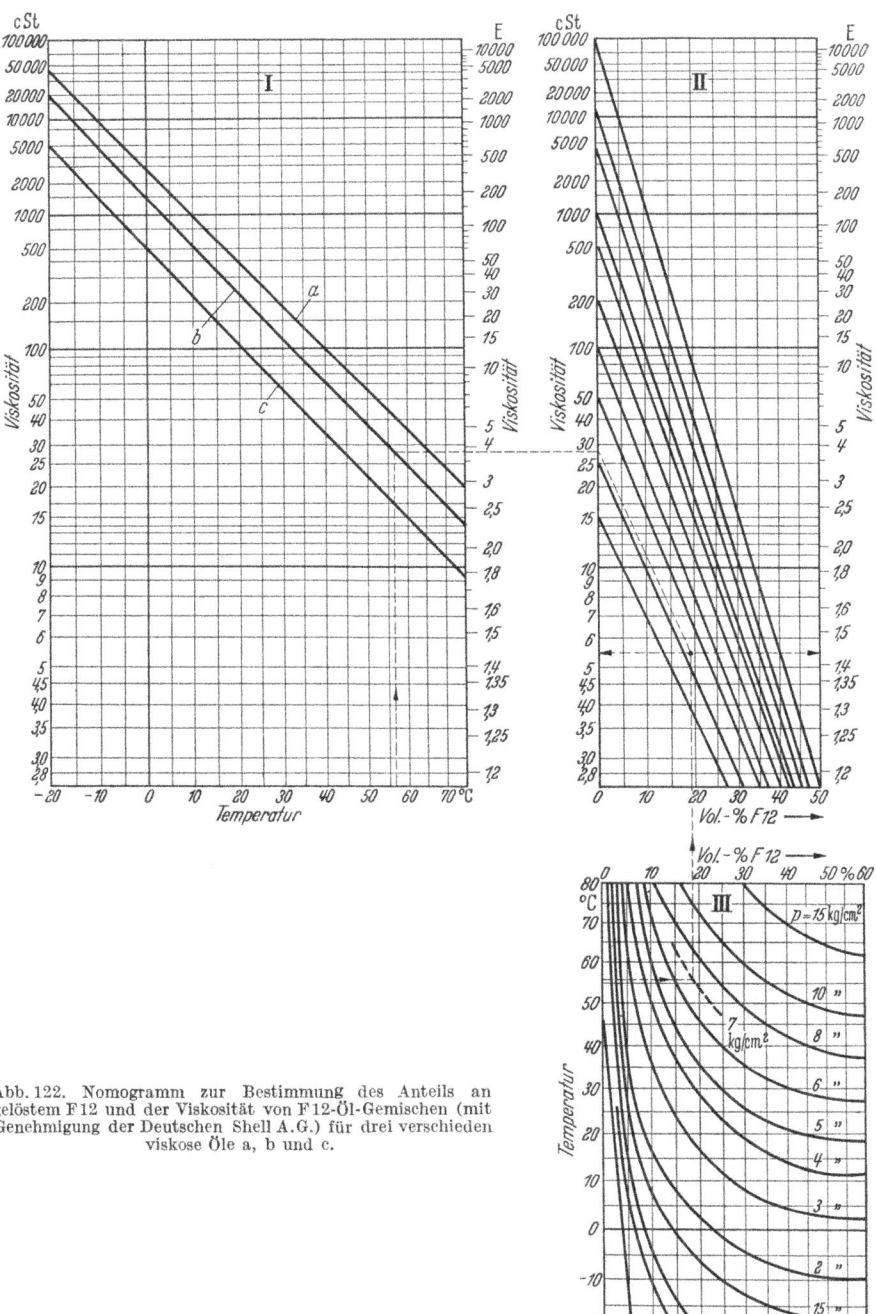

Abb. 122. Nomogramm zur Bestimmung des Anteils an gelöstem F12 und der Viskosität von F12-Öl-Gemischen (mit Genehmigung der Deutschen Shell A.G.) für drei verschieden viskose Öle a, b und c.

Difluordichlormethan, F 12 (CF_2Cl_2).

Ein Beispiel (gestrichelte Linien) mag die Benützung erläutern:
Betriebsdaten: 56° C; F 12-Druck 7 kg/cm².
Nach Zeichnung I hat das Öl b bei 56° eine Viskosität von 28 cSt. Der F 12-Gehalt bei 56° C Öltemperatur und 7 kg/cm² Druck des F 12 ergibt sich aus Zeichnung III zu 19 Vol.-%. Durch das Mischen des Öles b mit F 12 sinkt die Viskosität je nach dem F 12-Gehalt entsprechend der in Zeichnung II gestrichelten Linie ab. Für einen F 12-Gehalt von 19% gibt der Schnittpunkt der beiden Bestimmungslinien in Zeichnung II die Viskosität der Mischung an. Sie beträgt in diesem Fall 5,6 cSt (am linken Rand abgelesen).

In neuerer Zeit werden auch dünnere Öle für F 12-Maschinen verwendet, um so mehr, als sie geringere Dampflöslichkeit aufweisen und nicht so stark zum Schäumen neigen wie höher viskose Öle.

Das Schmieröl muß gut raffiniert, säurefrei und neutral sein und darf weder verseifbare Bestandteile noch Hartasphalt enthalten. Es soll der Ölharzgehalt

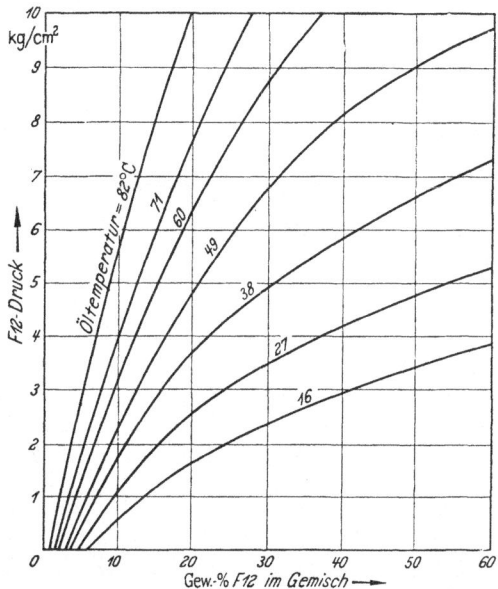

Abb. 123. Löslichkeit von F 12-Dampf in Öl als Funktion von Druck und Temperatur.

nicht über 0,3%, der Schwefelgehalt nicht über 0,2% und der Anilinpunkt über 100° C betragen[1], wenn ausreichende chemische Beständigkeit erreicht und Korrosionen sowie Kupferplattierung vermieden werden sollen. Als Maß für das chemische Gesamtverhalten der Öle im Kältemittelkreislauf dient die Kältemittelbeständigkeit (s. S. 166), die mindestens 96 Stunden im PHILIPP-Test (s. S. 230) betragen soll.

F 12 und Mineralöle sind in dem in Kältemaschinen auftretenden Temperaturbereich in jedem Verhältnis flüssig mischbar. Umgekehrt ist auch dampfförmiges F 12 in Mineralölen in starkem Maße je nach dem Druck und der Temperatur des Öles löslich, wobei bei gleichem Druck und gleicher Temperatur nach Abb. 122 ein zäheres Öl mehr F 12 zu lösen vermag als ein dünneres. Abb. 123 zeigt, daß die Löslichkeit von F 12 bei gleichem Druck mit steigender Öltemperatur abnimmt, während sie bei gleichbleibender Öltemperatur mit steigendem Druck zu-

---

[1] STEINLE, H., u. W. SEEMANN: Kältetechnik Bd. 5 (1953) S. 90. — H. STEINLE: Kältetechnik Bd. 7 (1955) S. 101. — H. STEINLE: Refrig. Engng. erscheint demnächst.

nimmt[1]. Der Siedepunkt des F 12 steigt in Gemischen mit Ölen stark an. Abb. 124 zeigt die Abhängigkeit des Siedepunktes der Gemische vom Ölgehalt bei ver-

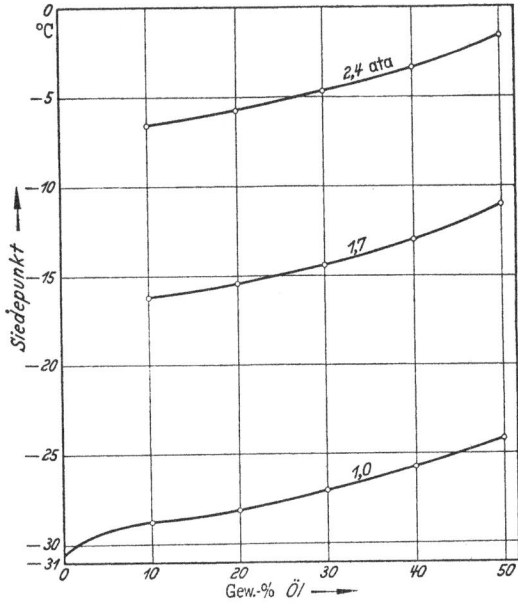

Abb. 124. Abhängigkeit des Siedepunktes von F 12-Öl-Gemischen vom Ölgehalt und Druck.

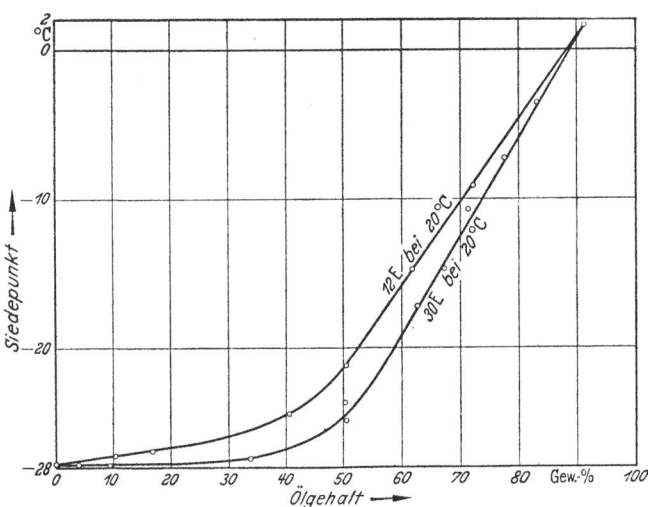

Abb. 125. Verlauf der Siedelinie von F 12-Öl-Gemischen bei 1 Atm für zwei verschiedene Öle.

schiedenen Drücken[1]. Abb. 125 gibt den Verlauf der Siedelinie bei 1 Atm für F 12-Gemische von zwei Ölen mit 12 bzw. 30 E bei 20°C nach STEINLE[2] wieder. Der Dampfdruck des F 12 im Gemisch wird mit zunehmendem Ölgehalt ent-

---

[1] ASRE Refrig. Data Book, VI. Ed. 1949.
[2] STEINLE, H.: Kältemaschinenöle, S. 86. Berlin: Springer 1950.

sprechend Abb. 126 immer stärker herabgesetzt. Diese Dampfdruckerniedrigung führt zu einer Verminderung der Kälteleistung bei Ölanreicherung im Verdampfer. Abb. 127 zeigt den von AMMEL[1] festgestellten Leistungsabfall im Verdampfer von F 12-Kältemaschinen in Abhängigkeit vom Ölgehalt. Daneben verursacht auch die Ölrückführung aus dem Verdampfer eine Leistungsminderung, da mit dem Öl zugleich das in diesem gelöste F 12 vom Kompressor flüssig angesaugt wird und erst in der Saugleitung bzw. im Zylinder verdampft. Man pflegt auch aus diesem Grunde bei F 12-Maschinen die angesaugten Dämpfe in Wärmeaustausch mit dem vom Verflüssiger kommenden Kältemittel zu bringen, indem das Saugrohr und die Einspritzleitung miteinander verlötet werden, wodurch die spezifische Kälteleistung verbessert wird.

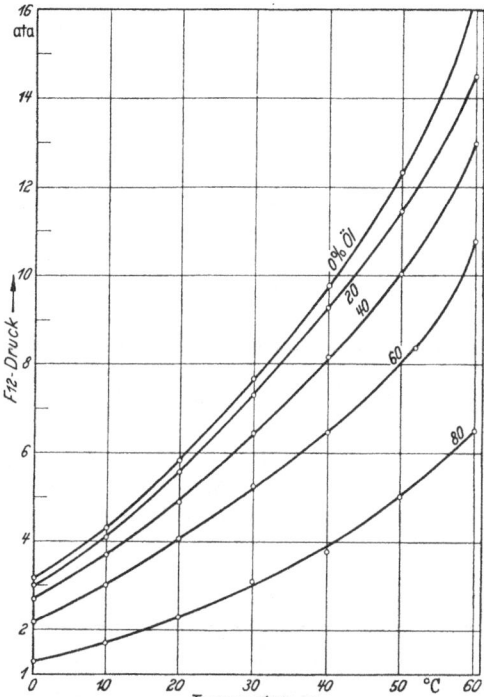

Abb. 126. Abhängigkeit des Dampfdrucks von F12-Öl-Gemischen vom Ölgehalt.

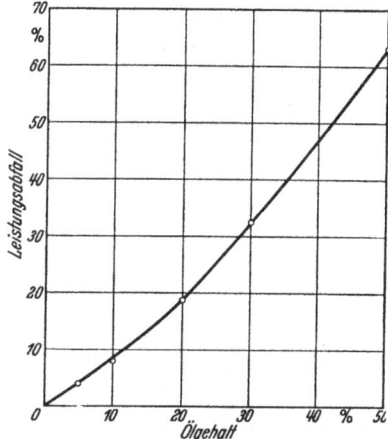

Abb. 127. Abfall der Kälteleistung von F12-Kältemaschinen in Abhängigkeit vom Ölgehalt im Verdampfer (nach AMMEL).

Zersetzung. BUFFINGTON und FELLOWS[2] und auch CALCOTT und KEHOE[3] stellen fest, daß sich F 12-Gas in einem Glasrohr ohne die Anwesenheit katalytisch wirksamer Metalle erst bei Temperaturen von 540 bis 565° C thermisch zu zersetzen beginnt. Bei etwa 760° C ist die Zersetzung vollständig. In Anwesenheit katalytisch wirksamer Stoffe beginnt die Aufspaltung bei bedeutend niedrigeren Temperaturen, die in Tab. 90 zusammengestellt sind. Mit Zink tritt eine schwache Reaktion bei dessen Schmelzpunkt ein. Die Zersetzung in Gegenwart von Kupfer beginnt bei 415° C und steigt bei Erhitzung bis zur Rotglut erheblich an. Duraluminium reagiert bei 413° C heftig unter Feuerbildung und verbrennt bei Weißglut. Dabei entstehen große Mengen eines weißen Rückstandes von $CuCl_3$ und AlF_3. Bei Gegenwart von dreiwertigem Aluminium und bei Temperaturen von 100 bis

---

[1] AMMEL, T. J.: Refrig. Engng. Bd. 50 (1945) S. 421.
[2] BUFFINGTON, R. M., u. H. M. FELLOWS: Techn. Pap. Nr. 5 der Kinetic Chemicals Inc. 1931.
[3] CALCOTT, W. S., u. R. A. KEHOE: Tests to show toxic, irritant and fire characteristics of certain well known refrigerants, Sonderdruck Kinetic Chemicals Inc., Dez. 1931.

Tabelle 90. *Zersetzungsbeginn von CF_2Cl_2 in Gegenwart verschiedener Stoffe.*

Stoff	Temperatur °C	Stoff	Temperatur °C
Eisen	430	Glas	560
Wismut	430	Aluminiumoxyd	430
AlMg 6	430	P_2O_5	430
Zink	420—435	$CaCl_2$	430
Duraluminium	410—430	$Mg(ClO_4)_2$	430
Kupfer	410—430	$Ba(ClO_4)_2$	430
Blei	330	Zinn	230—240
Zinnlot (40% Pb)	200		

175° C geht F 12 ferner durch Disproportionierung in F 13 und Tetrachlorkohlenstoff über:

$$3 CF_2Cl_2 \rightarrow 2 CF_3Cl + CCl_4. \qquad (218)$$

Blei reagiert mit F 12 erst schwach beim Schmelzpunkt, während Zinn hierbei schon stärkere Zersetzung verursacht. Die Anwesenheit von Blei-Zinn-Lot führt erst ab etwa 200° C zu stärkeren Reaktionen. Als Spaltprodukte treten in jedem Fall Chlor, Fluor und Kohlenstoff auf, jedoch verläuft der pyrogene Zerfall bei Gegenwart von Sauerstoff und in Flammen wesentlich anders. In Anwesenheit von Wasser, Sauerstoff und Wasserstoff entstehen, ebenso wie in Flammen, CO_2, HCl und HF sowie gelegentlich auch Spuren von Phosgen und Kohlenmonoxyd. Es ergibt sich aus den Untersuchungen der Underwriters Laboratories[1] daß der Prozentsatz an zersetztem CF_2Cl_2 mit zunehmender Konzentration in der Verbrennungsluft abnimmt. MIDGLEY und HENNE[2] haben in Flammen von Holz und Öl sowie auch an mattrot erhitzten Eisenflächen (550° C) und in elektrischen Funken freies Chlor und Phosgen als Zersetzungsprodukte des F 12 festgestellt. Die Ergebnisse sind in Tab. 91 zusammengestellt.

Tabelle 91. *Zersetzungsprodukte von F 12.*

Versuch Nr.	Vol.-% CF_2Cl_2 in Luft	Vol.-% Sauerstoff in Luft	Zersetzung durch	Zersetzungsprodukte in Vol.-%				
				HF	HCl	$COCl_2$	Cl_2	CO_2	CO
1	Etwa 1,0	—	Leichtbenzinflamme	0,44	0,21	vorh.	0	—	—
2	Etwa 4,0	—	Leichtbenzinflamme	1,07	0,95	vorh.	0	—	—
3	Etwa 2,4	—	Heizölflamme	0,60	0,73	0,170	0	—	—
4	7,1	—	Holzverbrennung	0,73	1,37	0,064	0	—	—
5	1,6	20,4	Eisen von 550°C	0,06	0,04	0,001	0,001	0,1	0,1
6	26,0	6,5	Eisen von 550°C	0,32	0,36	0,007	0,007	1,0	0,1

Diese Laboratoriumsteste sind die einzigen, in denen Phosgen und Chlor nachgewiesen werden konnten. Der pyrogene Zerfall des F 12 scheint in erster Linie durch den Wasserdampf in den Verbrennungsgasen hervorgerufen zu werden. Er verläuft normalerweise nach Gl. (212). Dagegen verläuft er bei Sauerstoffmangel und bei über 80 Vol.-% F 12 in der Verbrennungsluft, also bei unvollständiger Verbrennung und der Bildung von wenig Wasser nach der Formel

$$CF_2Cl_2 + H_2O \rightarrow COCl_2 + 2 HF. \qquad (219)$$

Dieser Fall tritt aber in der Praxis kaum jemals ein.

Brennbarkeit, Explosionsgrenzen. Da CF_2Cl_2 gegenüber nahezu allen Stoffen vollkommen inaktiv ist, ist es auch nicht brennbar und im Gemisch mit Luft

---

[1] *Underwriters Laboratories Inc.*: Miscellaneous Hazard Nr. 2256 vom 10. Okt. 1931.
[2] MIDGLEY, TH., u. A. L. HENNE: Industr. Engng. Chem. Bd. 24 (1932) S. 641.

weder entzündbar noch explosiv. Versuche zeigen[1], daß sich Gemische von F 12 mit Luft der verschiedensten Zusammensetzung bei Temperaturen bis 750°C nicht entzünden lassen. Als Zündquellen wurden sowohl Gasflammen als auch elektrische Funken und glühende Flächen gewählt. Bei höheren Temperaturen trat lediglich thermische Zersetzung ein. Unter 0,2 Vol.-% in der Verbrennungsluft stört F 12 die Verbrennung nicht. Über 0,3% F 12 bringen ein starkes Flakkern der Flamme hervor und bedingen, daß die Flamme fahl wird und leicht erlischt. Bei den Versuchen wurde beobachtet, daß das Verbrennungswasser nicht mit den Verbrennungsgasen fortgeht, sondern daß es dicht um die Flamme herum als Nebel erscheint oder an kühleren Gegenständen kondensiert. Es kann angenommen werden, daß die als Zersetzungsprodukte entstehenden Säuren HCl und HF als Kondensationskerne dienen. CF_2Cl_2 hat, ähnlich wie CO_2, eine feuerlöschende Wirkung. So ist ein Gemisch von 1 Volum Methan mit 1 Volum F 12 bereits nicht mehr entflammbar, während brennendes Methan beim Zusatz von 1,4 Volum F 12 erlischt. VAN DEVENTER[2] stellte bei diesen Versuchen fest, daß selbst ein Gemisch von 30% Butan mit F 12 weder brennbar noch explosiv ist.

Ebenso wie das F 12 selbst sind auch seine Zersetzungsprodukte nicht brennbar und bilden mit Luft keine explosiven Gemische.

VII. Physiologische Eigenschaften.

Giftigkeit. F 12 als Dampf ist physiologisch vollkommen ungiftig. Bis zu einem Gehalt von 20 Vol.-% in der Atemluft ergeben sich auch nach mehrstündiger Einatmung keinerlei Beschwerden, bei 30 Vol.-% treten nach zwei Stunden leichte Atembeschwerden auf. 40 Vol.-% ergeben sofort starke Atembeschwerden, aber keine akute Gefahr. Erst bei 80 Vol.-% F 12 besteht entsprechend den Untersuchungen des U.S.-Bureau of Mines[3] innerhalb von 30 bis 60 Minuten Erstickungsgefahr, da der zum Leben notwendige Gehalt der Luft an Sauerstoff unterschritten ist. Zur Feststellung der Ungiftigkeit des F 12 wurden sehr umfangreiche Tierversuche durchgeführt. Hunde, Affen und Meerschweinchen wurden einer Luft, die 20 Vol.-% F 12 enthielt, täglich an 5 Tagen der Woche 7 bis 8 Stunden und am sechsten Tag 4 Stunden über insgesamt 12 Wochen ausgesetzt. Sie zeigten schwaches bis mäßiges Zittern am ganzen Körper. Beim Versuch zu gehen, machten sie den Eindruck, als ob sie unter Alkohol stünden. Auf Lärm und Licht reagierten die Versuchstiere; Bewußtlosigkeit trat nie ein. Der Höhepunkt der Symptome wurde stets nach 10 bis 20 Minuten erreicht, worauf dann eine ganz langsame Abnahme erfolgte. Die einzelnen Versuchstiere reagierten etwas verschieden, jedoch traten in keinem Fall Dauerschäden oder der Tod ein. 10 Minuten nach Beendigung der Einwirkung waren alle Tiere stets wieder vollkommen normal.

Nach der Klassifizierung der Underwriters Laboratories[4] steht F 12 von allen Kältemitteln bezüglich seiner Giftigkeit an letzter Stelle hinter den gesättigten Kohlenwasserstoffen. Es wurde in die Klasse 6 eingestuft (s. S. 192). Die Zersetzungsprodukte des CF_2Cl_2, also HCl, HF, Cl und F sowie gegebenenfalls auch $COCl_2$, sind dagegen starke Giftstoffe; Phosgen wirkt in Konzentrationen von 0,004 Vol.-% tödlich. Die Zerfallsprodukte sind aber gut in Wasser löslich und lassen sich z. B. durch Versprühen von Wasser aus der Raumluft entfernen.

---

[1] *Underwriters Laboratories Inc.:* Miscellaneous Hazard Nr. 2256, Techn. Pap. Nr. 6, 1931 der Kinetic Chemicals Inc.

[2] VAN DEVENTER, A. M.: Explosiviteit van Koelmedia. Dissertation Universität Leiden 1936. — [3] Bureau of Mines: Report of Investigation 3013 von 1930.

[4] *Underwriters Laboratories Inc.:* Miscellaneous Hazard Nr. 2375, 1933.

Das Tragen einer Gasmaske ist beim Arbeiten mit F 12 nicht erforderlich, ein Augenschutz ist jedoch unbedingt zu empfehlen. Zwar greift selbst eine reine F 12-Atmosphäre die Augen nicht an, als tiefsiedende Flüssigkeit wirkt F 12 aber gewebezerstörend auf die Augen und auch auf die Haut ein. Spritzer von F 12 in die Augen sind sofort mit reinem, neutralem Öl zu verdünnen. Dann ist mit 2- bis 3%iger Borsäurelösung oder mit 2%iger Natriumchloridlösung nachzuspülen. Auf der Haut können Frostbeulen entstehen, bei denen eine sofortige Schmerzlinderung durch einige Tropfen eines reinen Mineralöles erzielt wird; danach ist mit einer Brandsalbe zu behandeln.

Warnfähigkeit und Paniksicherheit. Reines F 12 besitzt keinerlei Warnfähigkeit, da es nur bei höheren Konzentrationen, über 20 Vol.-% in Luft, einen schwach süßlichen, ätherischen Geruch, ähnlich dem des Chloroforms, aufweist. Da es aber keinerlei Reiz- oder Giftwirkung besitzt, ist es auch als paniksicher anzusehen. Warnmittel sollen mit F 12 nicht verwendet werden, da sie die Paniksicherheit und evtl. auch die Ungiftigkeit und Nichtbrennbarkeit aufheben.

Die z. T. sehr giftigen Zersetzungsprodukte treten stets gemeinsam auf; ein Teil von ihnen hat hohe Warnwirkung durch Reizung der Schleimhäute bei physiologisch noch unschädlichen Konzentrationen. Ein unbemerktes Einatmen schädlicher Konzentrationen über längere Zeit ist deshalb ausgeschlossen, weil es unerträglich ist.

Einwirkung auf Kühlgut. Da Wasser bei Raumtemperatur nur etwa 3 Gew.-% F 12 bei Atmosphärendruck zu lösen vermag, ist die von den Lebensmitteln aufgenommene F 12-Gasmenge gering. In Fetten ist die Löslichkeit recht hoch; Speiseöle werden jedoch stets verschlossen gelagert. Durch Erwärmen läßt sich das gelöste F 12 wieder austreiben, so daß der Genuß der in einer F 12-Atmosphäre gelagerten Lebensmittel als physiologisch unbedenklich anzusehen ist. Eine Geschmacksbeeinflussung erfolgt nicht, da keine Umsetzung stattfindet. Das U.S. Bureau of Mines[1] stellte bei Speisen und Obst (Bananen, Äpfel und Erdbeeren), die 16 Stunden in Luft mit 20 Vol.-% F 12 gelagert waren, keine Wirkung fest. Blumen erlitten in der gleichen Zeit auch in 100%iger F 12-Atmosphäre keine Schädigung. Im Gegenteil erschienen sowohl die Blumen als auch die Speisen aus der F 12-Atmosphäre frischer als Vergleichsproben, die während der gleichen Zeit bei gleicher Temperatur in reiner Luft gelagert waren, vermutlich infolge des verminderten Sauerstoffgehaltes.

Bei der Berührung mit flüssigem F 12, das auch zum Schnellgefrieren der Lebensmittel verwendet werden kann, ist seine stark fettlösende Wirkung zu beachten.

VIII. Betriebsverhalten, Betriebseigenschaften.

Die physikalischen Eigenschaften von F 12, vor allem seine unbegrenzte Mischbarkeit mit Ölen, erlauben es nicht, Maschinen, die für ein anderes Kältemittel entwickelt wurden, ohne weiteres auf F 12 umzustellen. Die Überhitzungstemperaturen am Ende der Kompression sind sehr niedrig, so daß sich eine Zylinderkühlung erübrigt.

F 12 ist ein sehr gutes Netzmittel wie alle Fluor-Chlor-Kohlenwasserstoffe. Die gute Löslichkeit für Öle verhindert den Ansatz von Ölfilmen im Kondensator und Verdampfer. Die Siedeverzüge bei flüssigem F 12 sind gering, so daß die Verwendung von Siedebeschleunigern im Verdampfer unterbleiben kann. Die an Kompressoren für andere Kältemittel üblichen Passungen und Dichtungen sind aber gegen F 12 meist nicht dicht. Diese Tatsache wird auf gute Öllöslichkeit sowie

---
[1] U.S.Bureau of Mines, Report of Investigation Nr. 3013, 1930.

geringe Oberflächenspannung von F 12 und seinen Gemischen mit Öl zurückgeführt (vgl. S. 77).

Die im Gemisch mit Öl eintretende Siedepunktserhöhung und der durch Öllöslichkeit verursachte Verlust an Kälteleistung lassen die Ausnutzung des aus dem Verdampfer tretenden F 12-Ölgemisches für die Unterkühlung der Flüssigkeit angezeigt erscheinen.

Die *Prüfdrücke* für F 12-Kältemaschinen sind in Tab. 58 auf S. 201 angegeben.

Das *Trocknen* von F 12 kann grundsätzlich mit allen bekannten Trockenmitteln erfolgen, jedoch sind aktive Tonerde und Kieselgel nur in der Flüssigkeit wirksam. In Tab. 92 ist der erzielte Trockenheitsgrad bei F 12 durch Kieselgel mit verschiedenen Ausgangswassergehalten zusammengestellt.

Die Versuche zeigen, daß selbst durch 24- oder 48-stündiges Stehen des F 12 über Kieselgel keine wesentlich bessere Trocknung zu erzielen ist, als durch einmaligen Durchlauf. Damit kann F 12 so weit entwässert werden, daß der zulässige Höchstgehalt von 10 mg/kg F 12 unterschritten wird. Kalziumsulfat ist zum Trocknen kleiner F 12-Mengen sehr gut geeignet, für große Aufbereitungsanlagen ist es aber in seiner Trockenwirkung zu langsam.

Tabelle 92. *Trocknung von flüssigem F 12 mit Kieselgel.*

Wassergehalt des F 12 vor dem Trocknen mg H$_2$O/kg	Wassergehalt nach dem Trocknen mg H$_2$O/kg	Trocknungsart
12,8	1,5	Einmaliger Durchlauf
47,2	2,0	
52,8	1,8	
60,1	2,5	
60,1	0,6	24 Std. über SiO$_2$ gestanden
3,9	1,3	
	1,3	
34,6	1,1	48 Std. über SiO$_2$ gestanden
	1,9	

Das Trocknen von gasförmigem F 12 ist wenig gebräuchlich. Phosphorpentoxyd darf als Trockenmittel nur dann verwendet werden, wenn kein HCl und HF als Verunreinigungen vorhanden sind; das gleiche gilt natürlich auch für andere halogenierte Kohlenwasserstoffe. P$_2$O$_5$ bildet mit HCl und HF Phosphorchlorid und Phosphorfluorid, die gasförmig sind und als nichtkondensierbare Gase in die Maschinen gelangen würden. Vermutlich wirken sie auch korrodierend.

Beim F 12 läßt sich die Tatsache, daß sein Dampf stets mehr Wasser enthält als die Flüssigkeit, mit der er im Gleichgewicht steht, zum Trocknen verwenden, indem man einen kleinen Teil der Flüssigkeit mit dem größeren Teil des Wassers abdampft. PENNINGTON[1] wendet dafür einen Rückflußturm nach Abb. 128 an. Auf dem Behälter *a* für das Kältemittel mit Füllventil *b* steht ein Aerofin-Rippenrohr *c* von 2,1 m Länge mit Manometer *d* am oberen Ende. In das evakuierte Gefäß *a* wird das zu trocknende F 12 flüssig eingelassen. Dann wird der Behälter auf etwa 40° C geheizt, so daß das F 12 im Behälter verdampft und im Rohr *c* kondensiert. Das Wasser bleibt dampfförmig im Gasraum des Rohres zurück und diffundiert infolge seiner geringen Dichte nicht gegen den Strom des sehr dichten F 12-Dampfes zurück. Es wird stoßweise oder kontinuierlich mit einer ganz kleinen Menge F 12 durch das Abblaseventil *e* abgelassen. Auf diese Weise läßt sich F 12 mit 34,7 mg H$_2$O/kg auf 2,7 mg/kg trocknen; zugleich wird auch das Fremdgas aus dem F 12 mit entfernt.

---

[1] PENNINGTON, W. A.: Refrig. Engng. Bd. 58 (1950) S. 261.

Das *Spülen, Trocknen und Evakuieren* von Kältemaschinen für den Betrieb mit F 12 muß sehr sorgfältig geschehen.

Gespült wird heute meistens mit Trichloräthylen oder Tetrachlorkohlenstoff, um alle Teile gründlich zu entfetten. Die Farbwerke Hoechst[1] empfehlen zum Reinigen vor dem Zusammenbau das Beizen mit verdünnten Säuren oder Sparbeizen; für Gußteile aus Sandguß wird Flußsäure vorgeschlagen. Danach ist in jedem Falle gründlich zu wässern, mit Sodalösung zu neutralisieren und anschließend vor dem Trocknen wieder gründlich zu wässern, um die wasserlöslichen Neutralisationssalze restlos zu entfernen.

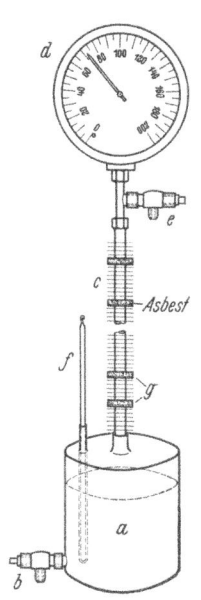

Abb. 128. Rückflußturm zum Trocknen von F 12 nach PENNINGTON.
a Kältemittelbehälter; b Füllventil; c Aerofin-Rippenrohr; d Manometer; e Abblaseventil; f Thermometer; g Thermoelemente.

Die Trocknung der Maschinen muß sorgfältig durchgeführt werden. Nach den vorliegenden amerikanischen Erfahrungen darf der Restwassergehalt in F 12-Kältemaschinen der gekapselten Bauart 10 mg/l Maschineninhalt nicht überschreiten und soll durch Trockner im Kreislauf der Maschinen noch weiter herabgesetzt werden. ELSEY[2] stellt sogar fest, daß die scharf getrockneten Papiere und Textilfasern in den Ständern der gekapselten Kältemaschinen das Wasser aus dem F 12 und dem Öl oft begieriger aufnehmen als die adsorbierenden Trockenmittel. Dadurch können an kälteren Stellen örtliche Anreicherungen stattfinden, die zu elektrischen Überschlägen führen.

Dichtigkeitsprüfung. F 12 löst jeden Schmutz, vor allem Fette und Öle aus den Poren von Gußwerkstoffen und führt deshalb besonders leicht zu feinsten Undichtigkeiten, die bei anderen Kältemitteln nicht auftreten. Daher wird in den USA besonders feinkörniger, dichter und porenfreier Guß mit Mangan, Chrom, Silizium und vor allem Nickel für Gehäuse von F 12-Kältemaschinen verwendet. Um ein Undichtwerden von Ventilen zu vermeiden, sind für F 12 packungslose Ventile zu verwenden, da Fette und organische Dichtstoffe vielfach gelöst oder gequollen werden.

Die Vorprüfung der F 12-Kältemaschinen auf Dichtigkeit erfolgt nach den üblichen Verfahren unter Luftdruck durch Tauchen in Flüssigkeiten oder durch Abpinseln mit Schaummittellösungen. Da F 12 ohne vorherige thermische Spaltung keine Verbindung mit anderen Stoffen eingeht, können zu seinem Nachweis nur die spezifischen Eigenschaften seiner Bestandteile nach thermischer Zersetzung dienen. Für diesen Zweck kommen Fluor und Chlor in Frage. Die Nachweismittel, wie Halogenlampe, Ableuchtkerze und -halter sowie der sehr empfindliche Leak-Detektor werden im Bd. VI dieses Handbuches beschrieben werden.

Überhitzung, Zersetzung. Überhitzungen mit Zersetzungserscheinungen sind bei reinem F 12 mit Rücksicht auf den niedrigen Exponenten der Adiabate kaum zu befürchten. Zersetzungen im Betrieb treten nur gelegentlich in den gekapselten Kältemaschinen durch elektrische Überschläge in den Wicklungen oder gegen geerdete Teile auf. Dann entsteht nach den Feststellungen von BOPP[3] entgegen

---

[1] Farbwerke Hoechst: Broschüre Frigen, Hoechst 1952.
[2] ELSEY, H. M.: Refrig. Engng. Bd. 57 (1949) S. 665.
[3] BOPP, I. D.: Ansul News Notes, Dez. 1951, S. 12.

der sonst üblichen thermischen Zersetzung eine erhebliche Menge von Flußsäure, die beim Öffnen der Maschine nach einem Kurzschluß zu einer Verätzung der Hände führen kann.

4. Trifluormonochlormethan, F 13 (CF_3Cl).

I. II. Herstellung und Verwendung.

F 13 ist ein Hochdruckkältemittel, das für die Erzeugung sehr tiefer Temperaturen bis etwa $-100°C$ geeignet ist und in den Tieftemperaturstufen mehrstufiger Kältemaschinen in Kaskadenschaltung mit anderen Kältemitteln verwendet wird. Da so tiefe Temperaturen bisher nicht häufig verlangt wurden, ist seine Anwendung ziemlich beschränkt; immerhin wird es in USA, Deutschland und England industriell hergestellt. Die Anwendungsgebiete für F 13 liegen einerseits bei verschiedenen Tieftemperaturverfahren der chemischen Industrie, anderseits bei den Klimakammern für Zwecke der Luftfahrt. In diesen Kammern werden Motoren und Meßinstrumente bei Temperaturen geprüft, die in der Stratosphäre herrschen[1]. Ein weiteres Verwendungsgebiet wurde bei der Gasverflüssigung gefunden, z. B. bei der Erzeugung von flüssigem Stickstoff[2].

Für die Herstellung von F 13 wird von den Reaktionen nach den Gln. (183) und (184) auf S. 321 mit $n = 3$ Gebrauch gemacht[3].

F 13 kann auch durch direkte Einwirkung von elementarem Fluor auf Kohlenstoff, Kohlenwasserstoffe und auf deren Halogenderivate hergestellt werden[4]. Die Reaktion verläuft dabei manchmal explosionsartig, und es sind besondere Maßnahmen erforderlich, um sie in ruhige Bahnen zu leiten. Bei der Einwirkung von Fluor auf CCl_4 mit Arsen als Katalysator wurden CF_3Cl und CF_4 erhalten. Fast reines CF_3Cl wurde erzeugt bei der Reaktion von CF_2Cl_2 und Fluor mit Quecksilber als Katalysator. Bei 340 bis 370° und mit einem leichten Überschuß an CF_2Cl_2 verlief die Reaktion ruhig, und es wurden in den Reaktionsprodukten nur geringe Beimengungen von CF_4 gefunden. Ferner sei noch auf eine Arbeit von McBee und Pierce verwiesen[5], nach der es gelungen ist, durch Fluorierung von Kohle, die mit Quecksilberchlorid imprägniert wurde, durch ein Gemisch von Chlor, Fluor und Stickstoff eine 75%ige Ausbeute von CF_3Cl zu erhalten[6].

III. Thermische und kalorische Eigenschaften.

Molekulargewicht $\quad \mu = 104{,}47$,

Gaskonstante $\quad R = 8{,}116 \left[\dfrac{\text{mkg}}{\text{kg}\,°C}\right]$.

Zustandsgleichung. Für Drücke bis zu 4 ata und damit für Sättigungstemperaturen unterhalb $-50°C$ genügt nach Riedel[7] die einfache Zustandsgleichung

$$v = \frac{0{,}8116\,T}{p} - \frac{23{,}1}{(T/100)^{2,1}}, \qquad (220)$$

wobei p in ata einzusetzen ist und v in l/kg erhalten wird.

---

[1] Abel, D. M., H. G. Brandt u. W. A. Grant: Ultra low temperature reciprocating refrigeration, Carrier Corp., Syracuse, N. Y.
[2] Fritz, J. J., A. G. Aston u. L. F. Schultz: Refrig. Engng. Bd. 62 (1954) S. 48.
[3] Brit. Pat. 391168 (1933) (Kinetic Chemicals).
[4] Ruff u. Keim: Z. anorg. allg. Chem. Bd. 192 (1930) S. 249. — J. H. Simons u. L. P. Block: J. Amer. chem. Soc. Bd. 61 (1939) S. 2962. — J. H. Simons, R. L. Bond u. R. E. McArthur: J. Amer. chem. Soc. Bd. 62 (1940) S. 3477. — J. D. Calfee, N. Fukuhara, W. S. Young u. L. A. Bigelow: J. Amer. chem. Soc. Bd. 62 (1940) S. 267.
[5] McBee, E. T., u. D. R. Pierce: Industr. Engng. Chem. Bd. 46 (1954) S. 1835.
[6] U.S. Pat. 2670389 vom 23. Febr. 1954.
[7] Riedel, L.: Z. ges. Kälteind. Bd. 48 (1941) S. 9.

Für höhere Drücke unter Einschluß des kritischen Gebietes muß man von viel verwickelteren Gleichungen Gebrauch machen. RIEDEL[1] empfiehlt für die Darstellung seiner Meßergebnisse die Gleichung (7b) von PLANK mit einem Zusatzglied. Sie lautet hier

$$p = \frac{0{,}8116\,T}{\mathfrak{v}} - \frac{1}{\mathfrak{v}^2\,(T/100)^{0{,}75}}\left[1399 - \frac{1744}{\mathfrak{v}} + \frac{1086}{\mathfrak{v}^2} - \frac{271}{\mathfrak{v}^3} + \frac{(\mathfrak{v}-\mathfrak{v}_k)^3}{0{,}01\,(\mathfrak{v}-\mathfrak{v}_k)^3 + 3{,}5}\right]. \tag{221}$$

Darin ist $\mathfrak{v} = v - 0{,}475\,l/kg$ und $\mathfrak{v}_k = 1{,}246\,l/kg$.

ALBRIGHT und MARTIN[2] haben Isochoren aufgenommen und konnten ihre umfangreichen Messungen, die mit denen von RIEDEL gut vereinbar sind, am besten durch die Gleichung

$$p = A + BT + \frac{C}{T^4} \tag{222}$$

darstellen, wobei A, B und C Funktionen des spezifischen Gewichtes $\gamma = 1/v$ sind. Sie geben dafür folgende Gleichungen an:

$A = 2{,}837\cdot\gamma^2 + 0{,}01594\,\gamma^3 - 0{,}0003964\,\gamma^4$,
$B = 0{,}1027\,\gamma + 2{,}328\cdot 10^{-3}\,\gamma^2 + 4{,}944\cdot 10^{-7}\,\gamma^4$,
$C = (-23{,}55\,\gamma^2 + 0{,}0287\,\gamma^4 - 5{,}816\cdot 10^{-6}\,\gamma^6)\cdot 10^9$.

Dabei ist γ in lb/cu. ft. einzusetzen und p wird in Atm erhalten.

Dampfdruckkurve. RIEDEL[1] hat seine Dampfdruckmessungen zwischen -139 und $+25°$C durch die Gleichung

$$\lg p = 7{,}8172 - \frac{1109{,}12}{T} - 0{,}014127\,T + 0{,}1883\cdot 10^{-2}\,T \tag{223}$$

dargestellt, wobei p in ata erhalten wird. Die Genauigkeit, mit der die Meßwerte wiedergegeben werden, beträgt 0,3%. Eine höhere Genauigkeit strebten ALBRIGHT und MARTIN[2] an, um die Verdampfungswärme nach Gl. (11) berechnen zu können. Sie mußten dabei von zwei Formeln Gebrauch machen, je nach dem Temperaturbereich. Mit einer Genauigkeit von 0,08% gilt zwischen -129 und $-26°$C:

$$\lg p = 26{,}76130 - \frac{2623{,}988}{T} - 11{,}80586\,\lg T + 5{,}70495\cdot 10^{-3}\,T \tag{224}$$

und zwischen -26 und $+27°$C:

$$\lg p = 56{,}34405 - \frac{3351{,}281}{T} - 19{,}16910\,\lg T + 9{,}20366\cdot 10^{-3}\,T. \tag{224a}$$

Von der Wiedergabe der Dampfdruckmessungen anderer Autoren sehen wir ab, da sie weniger genau sind. Der normale Siedepunkt liegt bei $t_s = -81{,}5°$, der Erstarrungspunkt bei $t_f = -181°$C.

Kritische Daten. $T_k = 302{,}0\,°K$ ($t_k = 28{,}8\,°C$), $p_k = 39{,}36$ ata, $v_k = 1{,}721\,l/kg$,

$$\gamma_k = 0{,}581\,kg/l,\quad \sigma = \frac{R\,T_k}{p_k\,v_k} = 3{,}62.$$

Spezifisches Volum und spezifisches Gewicht. RIEDEL hat seine Messungen des spezifischen Gewichtes siedender Flüssigkeiten durch die Gleichung

$$\gamma' = 0{,}581 + 0{,}157\cdot 10^{-2}\,(t_k - t) + 0{,}161\,\sqrt[3]{t_k - t} \tag{225}$$

dargestellt, in der $t_k = 28{,}8°$C ist und mit der man γ' in kg/l erhält. Aus den Werten von γ'' nach der Zustandsgleichung (221) für zugehörige Wertepaare

---
[1] RIEDEL, L.: Z. ges. Kälteind. Bd. 48 (1941) S. 9.
[2] ALBRIGHT, L. F., u. J. J. MARTIN: Industr. Engng. Chem. Bd. 44 (1952) S. 188.

von p und T nach Gl. (223) fand RIEDEL für die gerade Mittellinie [vgl. Gl. (43)] die Gleichung

$$\frac{\gamma' + \gamma''}{2} = 0{,}627 - 0{,}16 \cdot 10^{-2}\, t. \tag{226}$$

Die Messungen von γ' von ALBRIGHT und MARTIN stimmen mit denjenigen von RIEDEL innerhalb von 0,1% überein; nur bei den tiefsten Temperaturen und in der Nähe des kritischen Punktes erreichen die Abweichungen 0,8%. Werte des spezifischen Volums von gesättigtem und überhitztem Dampf für Drücke von 0,07 bis 39 ata und Temperaturen von -130 bis $+260°$ C in cu. ft./lb findet man im „Data Book" der American Society of Refrigerating Engineers, 8. Aufl. (1953/54) S. 33—51.

Spezifische Wärme. JUSTI und LANGER[1] berechneten die Grenzwerte der spezifischen Wärme von *gasförmigem* F 13 für $p \to 0$ aus spektroskopischen Daten und fanden die in Tab. 93 enthaltenen Werte von c_{p_0}, aus denen c_{v_0} und $\varkappa = c_{p_0}/c_{v_0}$ berechnet wurden. Auch gaben sie den Zuwachs Δc_p je Atm Drucksteigerung an.

Tabelle 93. *Spezifische Wärme von CF_3Cl im Gaszustand.*

Temperatur °C	c_{p_0} kcal/kg °C	c_{v_0} kcal/kg °C	Δc_p je Atm	$\varkappa_0 = c_{p_0}/c_{v_0}$
−150	0,0916	0,0726	(0,019)	1,262
−125	0,1012	0,0822	(0,011)	1,231
−100	0,1111	0,0920	(0,0067)	1,206
−75	0,1205	0,1015	0,0045	1,187
−50	0,1295	0,1105	0,0031	1,172
−25	0,1380	0,1190	0,0023	1,160
0	0,1459	0,1269	0,0017	1,150
25	0,1532	0,1342	0,0013	1,142
50	0,1600	0,1410	0,0011	1,135
75	0,1663	0,1473	0,00082	1,129
100	0,1725	0,1535	0,00067	1,124

RIEDEL[2] hat die Werte von c_{p_0} in Tab. 93 durch die Interpolationsformel

$$c_{p_0} = 0{,}1459 + 3{,}04 \cdot 10^{-4}\, t - 0{,}44 \cdot 10^{-6}\, t^2 \tag{227}$$

dargestellt.

Etwas kleinere Werte von c_{p_0}, die ebenfalls aus gemessenen Schwingungsfrequenzen berechnet wurden, haben ALBRIGHT und MARTIN angegeben. Diese Werte ließen sich innerhalb einer Fehlergrenze von 0,5% durch die Gleichung

$$c_{p_0} = 0{,}03504 + 0{,}0002823\, T - 1{,}159 \cdot 10^{-7}\, T^2 \tag{228}$$

wiedergeben, in der T in absoluten Fahrenheitgraden einzusetzen ist.

Für die spezifische Wärme des *flüssigen* F 13 liegen nur vereinzelte Messungen von RIEDEL[2] vor, deren Genauigkeit er auf $\pm 5\%$ einschätzt. Er fand

bei $t\,[°C] =\ $ −88,6 −73,4 −58,2 −38,9 −19,2 0,5 2,6

$c_{fl}\left[\dfrac{\text{kcal}}{\text{kg °C}}\right] =\ $ 0,197 0,208 0,222 0,238 0,264 0,288 0,291.

Im übrigen läßt sich c_{fl} indirekt aus der Enthalpie i' der siedenden Flüssigkeit berechnen, deren Werte nach der Gleichung $i' = i'' - r$ ermittelt werden.

Latente Wärme. Meßwerte der Verdampfungswärme sind anscheinend niemals bestimmt worden. Sie läßt sich aber im bekannten Temperaturbereich mit

---

[1] JUSTI, E., u. F. LANGER: Z. techn. Phys. Bd. 22 (1944) S. 124.
[2] RIEDEL, L.: Z. ges. Kälteind. Bd. 48 (1941) S. 89.

den verfügbaren Werten von v' und v'' sowie aus der Neigung der Dampfdruckkurve nach Gl. (11) sehr genau berechnen. Diesen Weg haben sowohl RIEDEL als auch ALBRIGHT und MARTIN eingeschlagen. Die gewonnenen Werte nach RIEDEL sind in der Dampftabelle 8 auf S. 464 enthalten.

Die Verdampfungswärme beim normalen Siedepunkt ist $r_s = 35,85$ kcal/kg. Die TROUTONsche Konstante nach Gl. (13) hat daher den Wert 19,5.

Entropie, Enthalpie und Mollier-Diagramm. Sowohl RIEDEL[1] als auch ALBRIGHT und MARTIN haben aus ihren Zustandsgleichungen (221 u. 222) und den Grenzwerten der spezifischen Wärme Gleichungen für die Entropie und Enthalpie des Dampfes abgeleitet, von deren Wiedergabe hier abgesehen wird. Die so erhaltenen Werte von i'' und s'' und die mit der Verdampfungswärme berechneten Werte von i' und s' findet man in der Dampftabelle 8 auf S. 464. Werte von i und s für überhitzten Dampf in englischen Einheiten s. „Data Book" der ASRE, 8. Aufl. (1953/54), S. 33—51.

Ein MOLLIER-Diagramm in metrischen Einheiten hat zuerst RIEDEL veröffentlicht[2]. Es ist in der Tasche dieses Bandes als Diagramm 10 zu finden. Ein Diagramm in englischen Einheiten haben später ALBRIGHT und MARTIN auf Grund eigener Messungen entworfen. Beide Diagramme weichen voneinander nur wenig ab. ALBRIGHT und MARTIN haben auch noch Dampftabellen für das überhitzte Gebiet berechnet. Schon früher hatte FISKE[3] auf Grund von Messungen der Kinetic Chemicals Inc. eine Dampftabelle für das Sättigungsgebiet bis zum kritischen Punkt und ein MOLLIER-Diagramm in britischen Einheiten entworfen, die sich von den neueren nur wenig unterscheiden. Im Kältetechnischen Institut der Technischen Hochschule Stockholm wurde nach den Angaben von RIEDEL ein MOLLIER-i, s-Diagramm und ein pv, p-Diagramm für F 13 hergestellt[4].

IV. Physikalische Eigenschaften.

Meßwerte für die *Viskosität* von F 13 liegen bisher nicht vor. Die Kinetic Chemicals Inc. nennt als Richtwert für die Flüssigkeit von $-70°$C $\eta = 0,37$ cP.

Nach den auf S. 73 angegebenen Gleichungen (109) erhält man für die Flüssigkeit von $20°$C angenähert eine *Wärmeleitzahl* $\lambda = 0,050$ kcal/m h °C.

Die Größe der Oberflächenspannung ist nicht bekannt.

V. Kältetechnische Eigenschaften.

Einige Überlegungen betr. den Vergleich der kältetechnischen Eigenschaften von F 22 und F 13 hinsichtlich der auftretenden Druckverhältnisse und des erforderlichen Hubvolums von Kompressoren sowie der spezifischen Kälteleistung bei zweistufiger Verdichtung findet man bei FISKE[3]. Er betont, daß, wenn man auch F 13 nur in der tiefsten Stufe verwendet, wo keine sehr hohen Drücke vorkommen, man beim Stillstand der Maschine doch mit einer starken Drucksteigerung rechnen muß, wenn nicht besondere Vorkehrungen getroffen werden, wie die Anordnung eines Hilfsbehälters, in den sich die F 13-Füllung beim Stillstand ausdehnen kann.

VI. VII. Chemische und physiologische Eigenschaften.

Der Sättigungs-Wassergehalt von flüssigem und dampfförmigem F 13 ist aus den Abb. 35 bis 37 zu ersehen. Der Wassergehalt im Dampf ist stets größer als in der Flüssigkeit.

---

[1] RIEDEL, L.: Z. ges. Kälteind. Bd. 48 (1941) S. 89.
[2] RIEDEL, L.: Z. ges. Kälteind. Bd. 50 (1943) S. 29.
[3] FISKE, D. L.: Refrig. Engng. Bd. 57 (1949) S. 336.
[4] Vgl. Tidskr. Värme-Ventilat.-Sanitet-Kylteknik, Nov. 1949, S. 214.

Nach BOSWORTH[1] ist flüssiges F 13 mit Mineralölen nicht mischbar. Dampfförmiges F 13 löst sich in diesen Ölen nur in ganz geringer Menge; die Viskosität der Mineralöle wird dadurch praktisch nicht verändert. Auch wird selbst bei hohen Ölharzgehalten keine Kupferplattierung in den Druckrohren durch F 13 und Mineralöle hervorgerufen.

Es darf angenommen werden, daß F 13 keine toxischen Wirkungen ausübt und ebenso harmlos ist wie F 12. Auch ist es nicht brennbar.

Der Nachweis von Undichtigkeiten wird mit der Halogenlampe oder mit dem Leak-Detektor geführt (vgl. Bd. VI dieses Handbuches).

Da F 13 chemisch noch weniger aktiv sein dürfte als F 12, so kann angenommen werden, daß es sich im praktisch vorkommenden Temperaturbereich den gebräuchlichen Baustoffen gegenüber neutral verhält.

5. Tetrafluormethan, F 14 (CF_4).

I. II. Herstellung und Verwendung.

Wenn Temperaturen unter $-100°C$ verlangt werden, dann wird stets zu überlegen sein, ob nicht an die Stelle der Kaltdampfmaschine mit Kaskadenschaltung eine Luft- oder Gaskältemaschine mit adiabater Entspannung treten sollte. In diesem Zusammenhang sei auf die Untersuchungen von GLASER[2] und auf die Gaskältemaschine der Philips-Werke in Eindhoven[3] verwiesen. Unter $-110°C$ werden auch die Dampfdrücke von F 13, C_2H_6 und C_2H_4 unbequem niedrig. In Frage kommt jedoch ernstlich CF_4, das die Kinetic Chemicals Inc. auch schon im halbindustriellen Maßstab herstellt. Man wird es natürlich nur in den tiefsten Temperaturbereichen verwenden, denn der kritische Punkt wird schon bei $-45,5°C$ erreicht. Chemisch und physiologisch verhält es sich aber so günstig, daß gegen seine Anwendung nicht das geringste einzuwenden ist[4].

III. IV. Thermische, kalorische und physikalische Eigenschaften.

Molekulargewicht $\quad \mu = 88{,}01$,

Gaskonstante $\quad R = 9{,}636 \left[\dfrac{\text{mkg}}{\text{kg °C}}\right]$.

Eine vorläufige Dampftabelle nach Angaben der Kinetic Chemicals Inc. wurde in englischen Einheiten von FISKE veröffentlicht[5]; sie wurde anschließend in metrische Einheiten umgerechnet[6] und ist hier in Tab. 94 wiedergegeben. Die Dampfdruckkurve wurde von THORNTON, BURG u. SCHLESINGER bestimmt[7]. Die Werte stimmen mit den Messungen von MENZEL u. MOHRY[8] gut überein. Dagegen ergeben sich größere Abweichungen gegenüber der Gleichung von RUFF und KEIM[9]

$$\lg p = 7{,}307 - \frac{632{,}3}{T}.$$

---

[1] BOSWORTH, C. M.: Refrig. Engng. Bd. 60 (1952) S. 617.
[2] GLASER, H.: Kältetechnik Bd. 1 (1949) S. 143.
[3] KÖHLER, J. W. L., u. C. O. JONKERS: Philips Technisch Tijdschrift, Bd. 16 (1954), S. 33 u. 61; Philips techn. Rdsch. Bd. 15 (1953/54) S. 305 u. 345. — Kältetechnik Bd. 6 (1954) S. 234 u. 262.
[4] Vgl. P. B. REDEKER: Air Cond. Refr. News Bd. 56, Nr. 10, S. 2 vom 7. März 1949.
[5] FISKE, D. L.: Refrig. Engng. Bd. 57 (1949) S. 336.
[6] PLANK, R.: Amerikanische Kältetechnik, 3. Bericht, S. 4. Düsseldorf: Dtsch. Ing.-Verlag 1950.
[7] THORNTON, N. V., A. B. BURG u. H. I. SCHLESINGER: J. Amer. chem. Soc. Bd. 55 (1933) S. 3177.
[8] MENZEL u. MOHRY: Z. anorg. allg. Chem. Bd. 210 (1933) S. 259.
[9] RUFF, O., u. R. KEIM: Z. anorg. Chem. Bd. 201 (1931).

Tabelle 94. *Dampftabelle für* CF_4.

Temperatur °C	Dampfdruck ata	Spezifisches Volum Flüssigkeit l/kg	Spezifisches Volum Dampf l/kg	Enthalpie Flüssigkeit kcal/kg	Enthalpie Dampf kcal/kg	Verdampf.-Wärme kcal/kg	Entropie Flüssigkeit kcal/kg °K	Entropie Dampf kcal/kg °K
−160	0,05	0,565	1830	*)	35,1		*)	0,312
−140	0,38	0,595	325	3,1	37,2	34,1	0,024	0,281
−120	1,8	0,630	62	7,8	39,1	31,3	0,055	0,262
−100	5,1	0,680	25	12,9	40,8	27,9	0,085	0,249
− 80	11,9	0,750	11,7	18,0	42,4	24,4	0,115	0,238
− 60	25,2	0,870	5,6	24,5	42,3	18,2	0,146	0,225
− 45,5	38,2	1,58	1,58	34,84	34,84	0	0,191	0,191

*) i' und s' wurden bei $-250°$F $= -156,5°$C gleich Null gesetzt.

Der normale Siedepunkt liegt bei $t_s = -128°$C; den Erstarrungspunkt gibt FISKE mit $-191°$C an, während die Kinetic Chemicals Inc. $-184°$C nennt[1].
Die kritischen Werte sind: $T_k = 227,7°$K $(t_k = -45,5°$C); $p_k = 38,2$ ata; $v_k = 1,58\,l/$kg; $\gamma_k = 0,633$ kg/l;

$$\sigma = \frac{RT_k}{P_k v_k} = 3,63.$$

Die spezifische Wärme der Flüssigkeit bei $-80°$C ist $c_{fl} = 0,27$ kcal/kg °C, die spezifische Wärme des Dampfes bei $-80°$ und 1 Atm $c_p = 0,132$ kcal/kg °C. Ferner ist bei $-80°$ $\varkappa = 1,220$. Bei $-112°$C wird für die Viskosität der Flüssigkeit $\eta_{fl} = 0,34$ cP und für die Wärmeleitzahl $\lambda_{fl} = 0,149$ kcal/m h °C angegeben[1]. Diese Werte sind jedoch recht unsicher.

F 14 ist weder brennbar noch giftig. In Mineralölen ist es praktisch unlöslich.

6. Monofluordichlormethan, F 21 ($CHFCl_2$).

I. Herstellung.

Wählt man als Ausgangsstoff für die Fluorierung nicht Tetrachlorkohlenstoff, sondern Chloroform ($CHCl_3$), dann tritt an die Stelle der Reaktionsgleichung (183) die allgemeine Gleichung

$$3\,CHCl_3 + n\,SbF_3 = 3\,CHF_nCl_{3-n} + n\,SbCl_3. \tag{229}$$

Mit $n = 1$ erhält man auf diesem Wege $CHFCl_2$*.

II. Verwendung.

F 21 ist ein Niederdruckkältemittel. Erstmalig wurde es 1935 unter dem Handelsnamen „Thermon" von der Crosley Radio Corp. in Cincinnati in kleinen Haushaltskühlschränken verwendet, die mit Umlaufkompressoren betrieben wurden; es scheint sich jedoch dort nicht bewährt zu haben. Ferner wurde F 21 von der Williams-Oil-O-Matic Heating Corp. in Bloomington, Ill. als Kältemittel in Absorptionsmaschinen für Klimaanlagen verwendet[2]. Soo hat neuerdings einen kritischen Vergleich der Eignung verschiedener Fluor-Chlor-Derivate des Methans und Äthans als Kältemittel für Turbokompressoren angestellt, und zwar besonders im Hinblick auf die Bewältigung des in Klimaanlagen auftretenden

---

[1] Kinetic Technical Bulletin B-2 1950.
* BOOTH, H. S., u. E. M. BIXBY: Industr. Engng. Chem. Bd. 24 (1932) S. 637.
[2] ZELLHOEFER, G. F.: Heat. Pip. Air. Cond. Bd. 5 (1937) S. 265. — Refr. Engng. Bd. 33 (1937) S. 317; Industr. Engng. Chem. Bd. 29 (1937) S. 578. — R. PLANK: Amerikanische Kältetechnik 2. Ber., S. 85. Berlin: VDI-Verlag 1938.

Druckverhältnisses in einer einzigen Stufe[1]. Er findet F 21 besonders geeignet und betont, daß es vor F 11 folgende Vorteile hat: einen etwas höheren Gütegrad des Kreisprozesses, die Anwendungsmöglichkeit höherer Drehzahlen bei gegebener Kälteleistung und kleinere Maschinenabmessungen.

III. Thermische und kalorische Eigenschaften.

Molekulargewicht $\mu = 102{,}92$,

Gaskonstante $R = 8{,}239 \left[\dfrac{\text{mkg}}{\text{kg °C}}\right]$.

Zustandsgleichung. BENNING u. McHARNESS[2] haben ihre P, v, T-Messungen durch die vereinfachte Zustandsgleichung (8a) von BEATTIE und BRIDGMAN dargestellt. Mit v in Litern je g-Mol und P in Atm wird die Gaskonstante $R = 0{,}08206$. Die 4 Konstanten in Gl. (8a) haben für F 21 folgende Werte:

$$C_1 = 20{,}54, \quad C_2 = 0{,}02347, \quad C_3 = 3{,}677, \quad C_4 = 0{,}011666.$$

Dampfdruckkurve. Es liegen Messungen von BENNING und McHARNESS vor[3], die sich von etwa -40 bis $+50°$C erstrecken. Es wurde dafür folgende Gleichung vorgeschlagen:

$$\lg p = 38{,}3115 - \frac{2367{,}41}{T} - 13{,}0295 \lg T + 0{,}7173 \cdot 10^{-2}\, T, \tag{230}$$

wobei p in ata erhalten wird.

Der normale Siedepunkt liegt bei $t_s = 8{,}92°$C, der Erstarrungspunkt bei $t_f = -135°$C.

Kritische Daten. $T_k = 451{,}7°$K $(t_k = 178{,}5°$C$)$; $\quad p_k = 52{,}68$ ata; $v_k = 1{,}915\, l/\text{kg}$; $\gamma_k = 0{,}522$ kg/l; $\sigma = \dfrac{R T_k}{P_k v_k} = 3{,}69$.

Spezifisches Volum und spezifisches Gewicht. BENNING und McHARNESS[4] haben das spezifische Gewicht der siedenden *Flüssigkeit* in weiten Grenzen gemessen und zwischen -40 und $+70°$C durch die Gleichung

$$\gamma' = 1{,}4256 - 0{,}2316 \cdot 10^{-2}\, t - 0{,}026 \cdot 10^{-4}\, t^2 \tag{231}$$

in kg/l dargestellt. Aus der Zustandsgleichung wurden für zugehörige Wertepaare von p und T nach Gl. (230) Werte des spezifischen Gewichtes $\gamma'' = 1/v''$ von trocken gesättigtem *Dampf* berechnet. Daraus wurde dann die Gleichung für die gerade Mittellinie [vgl. Gl. (43)] aufgestellt:

$$\frac{\gamma' + \gamma''}{2} = 0{,}7142 - 0{,}001078\, t.$$

Werte des spezifischen Volums von gesättigtem und überhitztem Dampf für Drücke von 0,14 bis 5,6 ata und Temperaturen von -40 bis $+206°$C in cu. ft./lb findet man im „Data Book" der American Society of Refrigerating Engineers, 8. Aufl. (1953/54) S. 33—55.

Spezifische Wärme. BENNING, McHARNESS, MARKWOOD und SMITH[5] haben die spezifische Wärme von *gasförmigem* F 21 bei 1 Atm zwischen 37 und 134°C gemessen und durch die Gleichung

$$c_p = 0{,}1328 + 0{,}0242 \cdot 10^{-2}\, t \tag{232}$$

---

[1] Soo, S. L.: Refrig. Engng. Bd. 63 (1955) Nr. 11, S. 43.
[2] BENNING, A. F., u. R. C. McHARNESS: Industr. Engng. Chem. Bd. 32 (1940) S. 698.
[3] BENNING, A. F., u. R. C. McHARNESS: Industr. Engng. Chem. Bd. 31 (1939) S. 912 u. Bd. 32 (1940) S. 497.
[4] BENNING, A. F., u. R. C. McHARNESS: Industr. Engng. Chem. Bd. 32 (1940) S. 814.
[5] BENNING, A. F., R. C. McHARNESS, W. H. MARKWOOD, jr. u. W. J. SMITH: Industr. Engng. Chem. Bd. 32 (1940) S. 976.

ausgedrückt. Mit Hilfe der Zustandsgleichung berechneten sie daraus

$$c_v = 0{,}1115 + 0{,}0252 \cdot 10^{-2}\,t. \tag{232a}$$

GLOCKNER und EDGELL[1] fanden aus spektroskopischen Daten nur wenig höhere Werte, und zwar für $p \to 0$

bei $t\,[°C] =$ 25   100   200

$c_{p_0}\left[\dfrac{\text{kcal}}{\text{kg °C}}\right] = 0{,}143$ $0{,}158$ $0{,}176$.

Das Verhältnis $\varkappa = c_p/c_v$ wurde aus gemessenen Werten der Schallgeschwindigkeit berechnet und mit den Werten verglichen, die sich aus den Gln. (232) und (232a) ergeben; die Übereinstimmung ist gut. Man erhält im Mittel

bei $t\,[°C] =$ 47,7   77,0   100,0

$\varkappa =$ 1,165   1,153   1,149.

Die spezifische Wärme von *flüssigem* F 21 wurde zwischen -12 und $+65°C$ gemessen und durch die Gleichung

$$c_{fl} = 0{,}2471 + 0{,}0189 \cdot 10^{-2}\,t \tag{233}$$

ausgedrückt[2].

Latente Wärme. Aus dem vorstehenden Zahlenmaterial konnte die Verdampfungswärme einerseits nach Gl. (11) und anderseits nach Gl. (70a) berechnet werden. Die auf beiden Wegen erhaltenen Werte weichen nur sehr wenig voneinander ab. Die Werte sind aus der Dampftabelle 9 auf S. 465 zu entnehmen. Am normalen Siedepunkt wird $r_s = 57{,}94$ kcal/kg. Die TROUTONSche Konstante nach Gl. (13) hat daher den Wert 21,1.

Dampftabelle und Mollier-Diagramm. Auf Grund der mitgeteilten thermischen und kalorischen Daten, die aus den Laboratorien der Kinetic Chemicals Inc. stammen, hat R. FUCHS eine vollständige Dampftabelle in metrischen Einheiten berechnet und ein MOLLIER-i, lg p-Diagramm entworfen, die den „Kältemaschinenregeln" beigegeben wurden. Man findet sie auch als Dampftabelle 9 auf S. 465 und als Diagramm 11 in der Tasche dieses Bandes.

IV. Physikalische Eigenschaften.

Die *Viskosität* von gasförmigem und flüssigem F 21 wurde von BENNING und MARKWOOD gemessen[3]. Die Ergebnisse im *Gaszustand* bei 1 Atm ließen sich durch Gl. (100) ausdrücken mit $A = 10{,}04$ und $B = 59{,}25$. Man erhält

bei $t\,[°C] =$ -40 -20 0 $+20$

$\eta_0\,[\text{cP}] =$ 0,0094   0,0100   0,0107   0,0113

$t\,[°C] =$ 40   60   80   100

$\eta_0\,[\text{cP}] =$ 0,0119   0,0124   0,0130   0,0135.

Für die Darstellung der Viskosität von *flüssigem* F 21 erwies sich Gl. (103) mit den Konstanten $c = 21{,}43$; $a = 102{,}0$; $n = 0{,}8548$ als geeignet. Man findet damit

bei $t\,[°C] =$ $-40{,}0$ $-17{,}8$ $+4{,}4$ 26,7   48,9   60,0

$\eta\,[\text{cP}] =$ 0,629   0,484   0,397   0,337   0,294   0,277.

Die *Wärmeleitzahl* von *gasförmigem* F 21 haben MARKWOOD und BENNING[4] bei 1 Atm zwischen 30 und 90°C gemessen. Sie fanden bei 30° $\lambda = 0{,}00847$ und bei

---

[1] GLOCKNER, G., u. W. F. EDGELL: J. Chem. Phys. Bd. 9 (1941) S. 527.
[2] Siehe Fußnote 5 Seite 365.
[3] BENNING, A. F., u. W. H. MARKWOOD jr.: Refrig. Engng. Bd. 37 (1939) S. 243.
[4] MARKWOOD jr., W. H., u. A. F. BENNING: Druckschrift der Kinetic Chemicals Inc. 1942.

$90° \lambda = 0{,}00937$ kcal/m h °C und dazwischen ein lineares Wachsen. Diese Werte dürften, wie bei F 12, eher etwas zu niedrig sein (vgl. S. 334).

Für *flüssiges* F 21 im Siedezustand fanden MARKWOOD und BENNING bei 0°C $\lambda = 0{,}115$, bei 40°C $\lambda = 0{,}100$ und bei 75°C $\lambda = 0{,}088$ kcal/m h °C. Die Wärmeleitzahl nimmt danach mit der Temperatur linear ab. Diese Werte dürften, wie bei F 12, um 10 bis 15% zu groß sein. Nach der für die Wärmeleitzahl von flüssigen Freonen vorgeschlagenen empirischen Formel (109) auf S. 73 wäre bei 20°C der Wert $\lambda = 0{,}093$ zu erwarten.

Die *Oberflächenspannung* beträgt bei 25°C 19 dyn/cm.

V. Kältetechnische Eigenschaften.

Als ausgesprochenes Niederdruckkältemittel wäre F 21 geeignet, in Dreh- und Rollkolbenkompressoren sowie in Turbokompressoren verwendet zu werden. Sein Gütegrad im üblichen Vergleichsprozeß (S. 89) ist noch etwas höher als bei F 11.

VI. VII. Chemische und physiologische Eigenschaften.

F 21 ist farblos und wasserklar. Sein Geruch ist ätherisch wie der von CCl_4, im Gemisch mit Luft ist es geruchlos.

Die Löslichkeit von Wasser in flüssigem F 21 ist groß; sie beträgt nach THOMPSON[1]

bei	−17,8	0	+30° C
	270	550	1600 mg H_2O/kg F 21.

Bei Verwendung als Kältemittel soll jedoch der Wassergehalt 50 mg/kg nicht übersteigen, da sonst mit Korrosionen zu rechnen ist. Die Löslichkeit von F 21 in Wasser beträgt bei 1 Atm und 30°C 6,9 g/kg H_2O. Hochsiedende Verunreinigungen sind auf 0,05 Vol.-% zu begrenzen. Chloride oder freies Chlor dürfen nicht enthalten sein.

Als Trockenmittel für F 21 können aktive Tonerde, Kieselgel und Kalziumsulfat sowohl zum Trocknen der Flüssigkeit als auch des Dampfes verwendet werden. Trockner sind in erster Linie mit Rücksicht auf Korrosionen erforderlich, da die Gefahr von Eisausscheidungen infolge der hohen Löslichkeit für Wasser und bei nicht sehr tiefen Verdampfungstemperaturen kaum gegeben ist, wenn die Maschine nach den üblichen Verfahren getrocknet wurde.

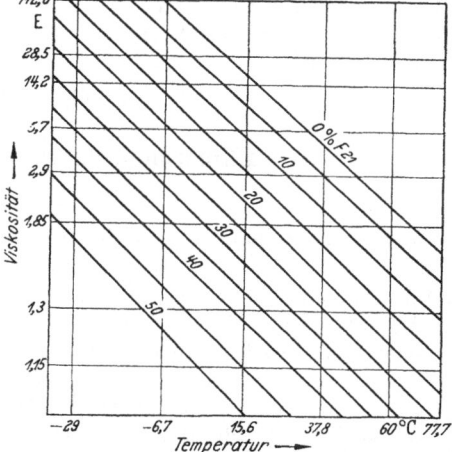

Abb. 129. Viskosität von Öl-F 21-Gemischen als Funktion der Temperatur und des F 21-Gehaltes (Öl von 13 E bei 20° C).

Mineralöle und flüssiges F 21 sind in jedem Verhältnis mischbar. Gasförmiges F 21 löst sich im Öl je nach dessen Temperatur und dem Druck des Kältemittels. Mit steigender Öltemperatur nimmt die Löslichkeit ab, mit zunehmendem Kältemitteldruck steigt sie an. Wie aus Abb. 129 (Refrig. Data Book, Basic Vol., VI. Ed. 1949) ersichtlich ist, wird die Viskosität der Öle mit zunehmendem F 21-

---

[1] THOMPSON, R. I.: Refrig. Engng. Bd. 44 (1942) S. 311.

Gehalt stark herabgesetzt. Das hier verwendete Öl hat in reinem Zustand eine Viskosität von etwa 13 E bei 20°C. Für Öle zur Verwendung mit F 21 gelten die Anforderungen nach DIN 51503, Kältemaschinenöle, Gruppe C.

F 21 ist mit Ölen reaktionsfähiger als F 12 und führt nach STEINLE und SEEMANN[1] leicht zu starker Kupferplattierung, wenn das Öl nicht die gestellten Anforderungen erfüllt (vgl. S. 184, Tab. 48).

Unter den in Kältemaschinen herrschenden Betriebsbedingungen wird F 21 von den *Underwriters Laboratories* als stabil bezeichnet[2]. Die Brennbarkeit von F 21 ist äußerst gering, da es nur unter günstigen Laboratoriumsbedingungen entflammbar, aber nicht explosiv ist. Die Zündtemperatur liegt bei 552°C, eine Fortpflanzung der Flamme findet nicht statt.

Die *physiologischen Eigenschaften* von F 21 wurden von den Underwriters Laboratories[2] untersucht. Es wird zwischen die Klassen 4 und 5 der Underwriters Gefahrenklassifikation eingestuft (s. S. 192) und ist daher dem Dichlormethan und Äthylchlorid vergleichbar. Von etwa 10 Vol.-% in Luft aufwärts wirkt F 21 nach etwa 30 Minuten langer Exposition bei Meerschweinchen tödlich, während geringere Konzentrationen auch bei einstündiger Einatmung keine schädigende Wirkung haben. In unventilierten Räumen entstehen bei Konzentrationen von 0,5 bis 2,5 Vol.-% F 21 in der Luft in Gegenwart von Gasflammen giftige Spaltprodukte in solcher Konzentration, daß sie innerhalb 5 bis 15 Minuten auf Meerschweinchen tödlich wirken. Der Sauerstoffgehalt sank bei diesen Versuchen nicht unter 17,1 Vol.-% ab. Die gleichen Spaltprodukte, jedoch in geringerer Konzentration, entstehen an elektrischen Heizspiralen oder heißen Flächen. Auch hierbei wirken die Spaltprodukte innerhalb einer halben Stunde tödlich. Sie haben Reiz- und Warnwirkung und bewegen die Insassen zum Verlassen des Raumes, ehe gesundheitsschädliche Konzentrationen von HCl und HF erreicht werden.

Nach der PRINS-Reaktion kann F 21 bei 30°C in Gegenwart von Aluminiumtrichlorid mit Tetrachloräthylen (C_2Cl_4) zu 1-Monofluor-Hexachlorpropan polymerisiert werden[3].

$$CHFCl_2 + C_2Cl_4 = CHFCl \cdot CCl_2 \cdot CCl_3.$$

7. Difluormonochlormethan, F 22 (CHF_2Cl).

I. Herstellung.

Für die Herstellung von CHF_2Cl kommt das Verfahren nach Gl. (229) mit $n = 2$ bei entsprechenden Werten von Druck und Temperatur in Frage. Man kann aber auch Flußsäure auf Chloroform bei 120 bis 135°C einwirken lassen und Antimontrifluorid als Katalysator verwenden[4]. Dabei entsteht neben F 22 auch noch F 21. F 22 ist auch unter der Bezeichnung Genetron 141 im Handel.

II. Verwendung.

F 22 ist ein Mitteldruckkältemittel wie NH_3, die Dampfdruckkurve verläuft aber viel flacher als bei Ammoniak. So hat NH_3 bei −40°C einen Druck von 0,73 ata, F 22 dagegen von 1,08 ata. Bei +40°C haben sich aber die Drücke praktisch angeglichen ($p \sim 15{,}8$ ata). Bei gleichen Verdampfungs- und Kondensationstemperaturen ist daher das Druckverhältnis im Kompressor bei F 22 stets kleiner als bei NH_3, was ein ausgesprochener Vorteil von F 22 ist. Es gelingt

---

[1] STEINLE, H., u. W. SEEMANN: Kältetechnik Bd. 5 (1953) S. 90.
[2] *Underwriters Laboratories Inc.:* Miscelleanous Hazard Nr. 2630, 15. Jan. 1935.
[3] *Kinetic Chemicals Inc.:* Kinetic Technical Bulletin B-2 1950.
[4] U.S Pat. 2 005 710 (1931).

Difluormonochlormethan, F 22 (CHF$_2$Cl).

daher, mit diesem Kältemittel zweistufig tiefere Temperaturen, −60 bis −70°C, zu erreichen, und es wird besonders im Hinblick auf dieses tiefe Temperaturgebiet industriell hergestellt. Vorteilhaft ist hierbei auch die sehr niedrige Erstarrungstemperatur des F 22. Vielfach wird aber auch F 12 durch F 22 ersetzt, weil dieses eine um etwa 60% höhere volumetrische Kälteleistung hat. Gelegentlich macht man auch von Gemischen von F 12 und F 22 Gebrauch (s. S. 452).

THOMPSON[1] zählt die Anwendungsgebiete von Kältemaschinen mit F 22 im zweiten Weltkrieg auf und nennt unter anderen: die Kalibrierung von Meßinstrumenten, die beschleunigte Alterung von Stahl für die Herstellung von Präzisionswerkzeugen und verschiedene andere mechanisch-technologische Verfahren, chemische und pharmazeutische Verfahren, z. B. die Herstellung und Aufbewahrung von Penicillin, Blut und Blutplasma, Kältekammern mit atmosphärischen Verhältnissen der Stratosphäre für Zwecke der Luftfahrt, Schnellgefrierverfahren für Lebensmittel usw.

Inzwischen hat man gelernt, die mit der Verwendung dieses Kältemittels verbundenen spezifischen Schwierigkeiten zu überwinden. Es werden heute in den USA unzählige Kältemaschinen damit betrieben, angefangen von den kleinsten offenen und hermetisch gekapselten Kompressoren bis zu Großkältemaschinen mit Antriebsmotoren von 100 PS und darüber. Es wird z. B. nicht nur für Gefriertruhen, sondern auch für Fensterklimageräte, Trinkwasserkühler und Eiswürfelbereiter in steigendem Maße verwendet. Auch in Europa hat man sich inzwischen mit F 22 befreundet und die Farbwerke Hoechst haben 1950 mit dessen Herstellung begonnen. So berichtet BACH[2] über den Bau von Tiefkühlschränken, in denen mit einstufigen F 22-Maschinen −55° C und mit zweistufigen −75° C erreicht werden. Für so tiefe Temperaturen werden jedoch vorzugsweise dreistufige Anlagen empfohlen, wie sie z. B. bei der New-Goodyear Aircraft Corp. in Akron, Ohio, für eine Stratosphärenkammer zur Aufstellung gelangten[3]. Selbst bei einer Verdampfungstemperatur von nur −55° C in der Gefrieranlage auf dem Fabrikschiff M. S. „Caribia" wurde eine dreistufige Maschine vorgezogen[4].

III. Thermische und kalorische Eigenschaften[5].

Molekulargewicht $\mu = 86{,}48$,

Gaskonstante $R = 9{,}806 \left[\dfrac{\text{mkg}}{\text{kg °C}}\right]$.

Zustandsgleichung. BENNING und MCHARNESS[6] haben ihre P, v, T-Messungen durch die vereinfachte Zustandsgleichung (8a) von BEATTIE und BRIDGMAN dargestellt. Mit v in Litern je g-Mol und P in Atm sollte die universelle Gaskonstante den Wert $R = 0{,}08206$ haben. Um die Versuchswerte gut wiederzugeben, sahen sich die Verfasser aber genötigt, eine Korrektur anzubringen und setzten $R = 0{,}08132$. Die vier anderen Konstanten in Gl. (8a) haben folgende Werte:

$$C_1 = 12{,}69; \quad C_2 = 0{,}015044; \quad C_3 = 3{,}794; \quad C_4 = 0{,}013796.$$

---

[1] THOMPSON, R. J.: Refrig. Engng. Bd. 49 (1945) S. 473. — Vgl. auch J. W. CRAIG: Refrig. Engng. Bd. 46 (1943) S. 410.
[2] BACH, K.: Allg. Wärmetechn. Bd. 4 (1953) S. 25.
[3] Refrig. Engng. Bd. 60 (1952) S. 1070.
[4] v. CUBE, H. L., u. J. SAUERBRUNN: Kältetechnik Bd. 6 (1954) S. 193.
[5] GRAHAM, D. P., u. R. C. MCHARNESS: Druckschrift der Kinetic Chemicals Inc., Thermodynamic Properties of Freon 22 (1945). — Vgl. auch Bull. Inst. Intern. du Froid, Annexe G 4 (1945/46).
[6] BENNING, A. F., u. R. C. MCHARNESS: Industr. Engng. Chem. Bd. 32 (1940) S. 698.

LANDSBERG und SEIBALD[1] haben aus den Enthalpiewerten des überhitzten Dampfes eine empirische Gl. (239) für die spezifische Wärme c_p entwickelt und daraus auf thermodynamischem Wege mit Hilfe von Gl. (47) die zugehörige Zustandsgleichung abgeleitet. Sie lautet:

$$v = \frac{RT}{P} - C_1 \frac{P}{(T/100)^2} - D_1 \frac{P^{0,4}}{(T/100)^4} + E_1 \frac{1}{(T/100)} - \frac{F}{P} + G. \quad (234)$$

Die Konstanten haben folgende Werte: $C_1 = 4{,}93 \cdot 10^{-3}$; $D_1 = 4{,}75$; $E_1 = 0{,}3985$; $F = 3{,}54$; $G = 56{,}1 \cdot 10^{-3}$; $R = \frac{17{,}847}{144}$. Dabei ist P in lb/sq. in. abs. und T in abs. Fahrenheitgraden einzusetzen; v wird in cu. ft./lb erhalten.

Dampfdruckkurve. BENNING und McHARNESS[2] haben ihre Meßwerte im Bereich von -61 bis $+93°$ C durch die Gleichung

$$\lg p = 25{,}1285 - \frac{1638{,}82}{T} - 8{,}1418 \lg T + 0{,}51838 \cdot 10^{-2}\, T \quad (235)$$

dargestellt, wobei p in ata erhalten wird. Der normale Siedepunkt liegt bei $t_s = -40{,}80°$ C, der Erstarrungspunkt bei $t_f = -160°$ C.

Kritische Daten. $T_k = 369{,}2°$ K ($t_k = 96{,}0°$ C); $p_k = 50{,}33$ ata; $v_k = 1{,}905$ l/kg; $\gamma_k = 0{,}525$ kg/l; $\sigma = \frac{RT_k}{p_k v_k} = 3{,}78$.

Spezifisches Volum und spezifisches Gewicht. BENNING und McHARNESS[3] stellten ihre Messungen des spezifischen Gewichts der *Flüssigkeit* wie folgt dar: zwischen -70 und $+25°$ C ist

$$\gamma' = 1{,}2849 - 0{,}3450 \cdot 10^{-2}\, t - 0{,}073 \cdot 10^{-4}\, t^2 \quad (236)$$

und zwischen 25 und 65° C

$$\gamma' = 1{,}2652 - 0{,}2109 \cdot 10^{-2}\, t - 0{,}298 \cdot 10^{-4}\, t^2. \quad (236a)$$

Aus der Zustandsgleichung wurden für zugehörige Wertepaare von p und T nach Gl. (235) Werte von $\gamma'' = 1/v''$ von trocken gesättigtem Dampf berechnet. Daraus wurde dann die Gleichung für die gerade Mittellinie [vgl. Gl. (43)] aufgestellt:

$$\frac{\gamma' + \gamma''}{2} = 0{,}6534 - 0{,}001337\, t.$$

Werte des spezifischen Volums von gesättigtem und überhitztem Dampf für Drücke von 0,02 bis 18 ata und Temperaturen von -100 bis 215° C in cu. ft./lb findet man im „Data Book" der American Society of Refrigerating Engineers, 8. Aufl. (1953/54), S. 33—60.

Spezifische Wärme. BENNING, McHARNESS, MARKWOOD und SMITH[4] haben die spezifische Wärme von *gasförmigem* F 22 bei 1 Atm zwischen 49 und 134° C gemessen und durch die Gleichung

$$c_p = 0{,}1448 + 0{,}0255 \cdot 10^{-2}\, t \quad (237)$$

ausgedrückt. Mit Hilfe der Zustandsgleichung und der Gl. (49a) fanden sie daraus

$$c_v = 0{,}1208 + 0{,}0266 \cdot 10^{-2}\, t. \quad (238)$$

---

[1] LANDSBERG, R., u. S. SEIBALD: Bull. Res. Counc., Israel Bd. 3, Nr. 4, March 1954. Im Auszug: Refrig. Engng. Bd. 62 (1954) Nr. 10 S. 53.
[2] BENNING, A. F., u. R. C. McHARNESS: Industr. Engng. Chem. Bd. 31 (1939) S. 912 u. Bd. 32 (1940) S. 497.
[3] BENNING, A. F., u. R. C. McHARNESS: Industr. Engng. Chem. Bd. 32 (1940) S. 814.
[4] BENNING, A. F., R. C. McHARNESS, W. H. MARKWOOD jr., u. W. J. SMITH: Industr. Engng. Chem. Bd. 32 (1940) S. 976.

GLOCKNER und EDGELL[1] fanden aus spektroskopischen Daten etwas höhere Werte, und zwar für $p \to 0$

bei $t\,[^\circ\mathrm{C}] =$ 25   100   200

$c_{p_0}\left[\dfrac{\text{kcal}}{\text{kg}\,^\circ\text{C}}\right] = 0{,}160 \quad 0{,}181 \quad 0{,}203.$

Aus ihren Werten von c_p und c_v und aus Messungen der Schallgeschwindigkeit erhielten BENNING und Mitarbeiter im Mittel folgende Werte von $\varkappa = c_p/c_v$ bei 1 Atm

bei $t\,[^\circ\mathrm{C}] = 47{,}3 \quad\quad 99{,}7$

$\varkappa = 1{,}178 \quad\quad 1{,}163.$

LANDSBERG und SEIBALD haben aus den Enthalpiewerten des überhitzten Dampfes in der Originaltafel der Kinetic Chemicals Inc. (1945)[2] die spezifische Wärme c_p als Funktion von Druck und Temperatur berechnet und durch die Gleichung

$$c_p = c_{p_0} + C\frac{P^2}{(T/100)^3} + D\frac{P^{1,4}}{(T/100)^5} - E\frac{P}{(T/100)^2} \tag{239}$$

ausgedrückt. Dabei setzten sie

$$c_{p_0} = A + B\frac{T}{100}. \tag{239a}$$

Die Konstanten haben folgende Werte: $A = 72{,}4 \cdot 10^{-3}$; $B = 14{,}28 \cdot 10^{-3}$; $C = 0{,}027 \cdot 10^{-3}$; $D = 12{,}7 \cdot 10^{-2}$; $E = 1{,}47 \cdot 10^{-3}$. Dabei ist P in lb/sq. in. abs. und T in absoluten Fahrenheitgraden einzusetzen.

Setzt man in Gl. (239a) die Temperatur in °C ein, dann erhält man

$$c_{p_0} = 0{,}1427 + 0{,}0257 \cdot 10^{-2}\, t \tag{239b}$$

in guter Übereinstimmung mit Gl. (237).

Aus den c_p-Werten nach den Gln. (239) u. (239a) konnten mit der Zustandsgleichung (234) Werte des Exponenten der Adiabate $\varkappa_s$ berechnet werden. (Vgl. S. 49 und Abb. 16).

Die spezifische Wärme von *flüssigem* F 22 wurde von BENNING und Mitarbeitern[3] zwischen -17 und $+55^\circ$ C gemessen und durch die Gleichung

$$c_{fl} = 0{,}2819 + 0{,}0784 \cdot 10^{-2}\, t \tag{240}$$

ausgedrückt.

Latente Wärme. Wie im Falle von F 21 (vgl. S. 366) wurde die Verdampfungswärme sowohl nach Gl. (11) wie auch nach Gl. (70a) berechnet und weitgehende Übereinstimmung gefunden. Die so erhaltenen Werte findet man in der Dampftabelle 10 auf S. 466. Am normalen Siedepunkt ist $r_s = 55{,}97$ kcal/kg. Die TROUTONsche Konstante hat daher den Wert 20,8.

Dampftabelle und MOLLIER-Diagramm. Auf Grund der Zusammenstellung von GRAHAM und MCHARNESS[2] hat R. FUCHS die vollständige Dampftabelle 10 auf S. 466 in metrischen Einheiten berechnet und das MOLLIER-i, $\lg p$-Diagramm 12 entworfen; es ist in der Tasche dieses Bandes zu finden.

Ein MOLLIER-i, s-Diagramm und ein pv, p-Diagramm wurden im Kältetechnischen Institut der Technischen Hochschule, Stockholm, ausgearbeitet[4].

---

[1] GLOCKNER, G., u. W. F. EDGELL: J. Chem. Phys. Bd. 9 (1941) S. 527.
[2] Vgl. Fußnote 5 auf S. 369. — [3] Vgl. Fußnote 4 auf S. 370.
[4] Tidskr. Värme-Ventilat.-Sanitets-Kylteknik Nov. 1949 S. 215.

IV. Physikalische Eigenschaften.

Die *Viskosität* von gasförmigem und flüssigem F 22 wurde von BENNING und MARKWOOD gemessen[1]. Die Ergebnisse im *Gaszustand* bei 1 Atm ließen sich durch Gl. (100) ausdrücken mit $A = 12{,}23$ und $B = 82{,}10$. Man erhält

bei $t\,[°C] =$ -40 -20 0 $+20$ 40 60

$\eta_0\,[cP] =$ 0,0105   0,0113   0,0120   0,0127   0,0134   0,0141

$t\,[°C] =$ 80   100

$\eta_0\,[cP] =$ 0,0148   0,0155.

Der Einfluß des Druckes ist nicht erheblich. So fand man bei 79° C

bei $p\,[Atm] =$ 1,0   6,0   9,0

$\eta\,[cP] =$ 0,01473   0,01502   0,01550.

Für die Darstellung der Viskosität von *flüssigem* F 22 erwies sich Gl. (103) mit den Konstanten $c = 1{,}593$; $a = 78{,}79$ und $n = 0{,}4137$ als geeignet (S. 64). Man erhält

bei $t\,[°C] =$ -40 -20 0 20 40 60 80

$\eta\,[cP] =$ 0,351   0,295   0,262   0,238   0,221   0,207   0,197.

Die *Wärmeleitzahl* von *gasförmigem* F 22 haben MARKWOOD und BENNING bei 1 Atm zwischen 30 und 90° C gemessen. Sie fanden bei 30° C $\lambda = 0{,}0101$, bei 90° C $\lambda = 0{,}0119$ kcal/m h °C und dazwischen ein lineares Wachsen. Diese Werte dürften, wie bei F 12, eher etwas zu niedrig sein (vgl. S. 334).

Für *flüssiges* F 22 fanden die gleichen Autoren bei 0° C $\lambda = 0{,}105$ und bei 30° C $\lambda = 0{,}0832$ kcal/m h °C. Aus den bei F 12 (S. 335) angegebenen Gründen dürften diese Werte um gut 10% zu hoch sein. Nach der empirischen Formel auf S. 73 wäre bei 20° C ein Wert von $\lambda = 0{,}080$ zu erwarten.

Die *Oberflächenspannung* beträgt bei 25° C 9 dyn/cm.

V. Kältetechnische Eigenschaften.

Der Gütegrad von F 22 im üblichen Vergleichsprozeß (S. 89) unterscheidet sich nicht nennenswert von demjenigen des CH_3Cl. Das Hubvolum des Kompressors ist bei gleichen Betriebsbedingungen und für die gleiche Kälteleistung theoretisch nur wenig größer als bei NH_3, aber um 38% kleiner als bei F 12. Praktisch verhält sich F 22 noch günstiger, da es ein kleineres Druckverhältnis und daher einen höheren Liefergrad hat.

VI. Chemische Eigenschaften.

Die Farbe der Flüssigkeit ist wasserhell.

F 22 riecht ätherisch wie CCl_4, im Gemisch mit Luft ist es geruchlos.

Verunreinigungen. Als Lieferergarantien gelten: Wassergehalt höchstens 25 mg/kg, Fremdgas im Gasraum nicht über 2 Vol.-%. Hochsiedende Verunreinigungen nicht mehr als 0,05 Vol.-%, Rückstand nicht mehr als 50 mg/kg, frei von Salzsäure, Chlor und Chloriden (s. S. 113).

Wasser. F 22 hat eine im Verhältnis zu vielen anderen Kältemitteln hohe Löslichkeit für Wasser, wie aus Abb. 35 ersichtlich ist. Abb. 36 und Abb. 37 zeigen, daß der maximale Wassergehalt in der Dampfphase wesentlich geringer ist als in der damit im Gleichgewicht stehenden Flüssigkeit. In dieser Beziehung verhält sich F 22 entgegengesetzt zu F 11, F 12 und F 13. Die Löslichkeit in der Flüssigkeit beträgt bei $-50°$ C 75 mg H_2O/kg, bei 0° C 570 mg/kg und bei 20° C

---

[1] BENNING, A. F., u. W. H. MARKWOOD jr.: Refrig. Engng. Bd. 37 (1939) S. 243.

1000 mg H$_2$O/kg. Der heute übliche garantierte Höchstwassergehalt von 25 mg/kg bedeutet, daß bis herab zu $-69°$ C kein Wasser in den Regelorganen ausgeschieden wird, wenn die Anlage vollkommen wasserfrei ist. Die Verstopfungsgefahr durch Eisbildung ist somit erst bei tieferen Temperaturen vorhanden.

Fremdgas im F22 besteht vorwiegend aus Luft, deren Löslichkeit nach PARMELEE[1] nach den gleichen Gesetzmäßigkeiten wie im F12 mit dem Partialdruck der Luft über der Flüssigkeit und dem Gesamtdruck zunimmt, mit steigender Temperatur aber abnimmt. Die Löslichkeit von Luft in F22 ist in Abb. 117 in Abhängigkeit vom Partialdruck der Luft, in Abb. 118 abhängig vom Druck des F22 bzw. vom Gesamtdruck dargestellt. Der Löslichkeitskoeffizient K im HENRYschen Gesetz (s. S. 342) ist für F22 $\lg K = 1390/T - 6{,}45$.

Verhalten gegen Trockenmittel. Trotz der großen Löslichkeit von Wasser in F22 ist die Anwendung eines Trockners im Kältemittelkreislauf mit Rücksicht auf die üblichen tiefen Verdampfungstemperaturen erforderlich. Als Trockenmittel sind Kieselgel, aktive Tonerde und Kalziumsulfat geeignet. Kieselgel und aktive Tonerde können sowohl in der Flüssigkeit als auch in der Dampfphase mit guter Wirkung angewendet werden, während Kalziumsulfat wegen der Gefahr der Verölung zweckmäßig nur in die Flüssigkeitsleitung eingebaut werden soll.

Verhalten gegen Werkstoffe. F 22 greift in trockenem Zustand die metallischen Baustoffe bei den in den Kältemaschinen üblichen Temperaturen nicht an. Für sein Verhalten gegenüber Metallen bei gleichzeitiger Gegenwart von Wasser gilt das gleiche wie für F12 (S. 345ff.).

Dagegen ist F22 gegenüber organischen Baustoffen infolge seines Restwasserstoffatoms nach den Versuchen von EISEMAN jr.[2] aggressiver als F12 und führt vor allem bei den Elastomeren zu verstärkter Quellung (vgl. S. 137). Buna N (Perbunan) quillt in F22 linear 26%, entsprechend 100 Vol.-%, und ist deshalb nicht verwendbar. Einige Neopren-Mischungen sind brauchbar, wenn sie nicht zu viel Weichmacher enthalten, der durch das flüssige Kältemittel gelöst werden kann. Neopren-GN zeigt in F22 nur 2,4% lineare und 7,5 Vol.-% Quellung. Es ist auch bei Gegenwart von Ölen mit hohem Anilinpunkt beständig; das sind vor allem paraffinbasische Öle. BOSWORTH[3] findet, daß die Neopren GN-Mischung in einem Gemisch von 80% F22 und 20% Öl mit fallendem Anilinpunkt zwischen 12,9 und 50 Vol.-% quillt. Teflon (Polytetrafluoräthylen) hat sich in Kältemaschinen mit F22 für gleitende und ruhende Dichtungen gut bewährt. Als Drahtlacke kommen, wie für F12, diejenigen auf Polyvinylazetal-Basis in gekapselten Kältemaschinen zur Verwendung. ELSEY und FLOWERS[4] stellten neuerdings einen stärkeren, durch HCl hervorgerufenen Angriff von F22 auf Isolierpapier fest.

Verhalten gegen Schmiermittel. Schmiermittel für Kältemaschinen, die mit F22 betrieben werden, sollen den Anforderungen nach DIN 51503, Kältemaschinenöle, Gruppe C, entsprechen (s. S. 184).

Bei der Paraffinbestimmung im Flocktest und nach der F12-Methode, jedoch mit F22 durchgeführt, entstehen dadurch Schwierigkeiten, daß sich beim Abkühlen das F22 und das Mineralöl mehr und mehr voneinander trennen; es entstehen trübe Lösungen, die eine ölreiche und eine F22-reiche Schicht bilden. Nach THOMPSON[5] wird das Paraffin durch Löslichkeitsverminderung sowohl aus

---

[1] PARMELEE, H. M.: Refrig. Engng. Bd. 59 (1951) S. 573.
[2] EISEMAN jr., B. I.: Refrig. Engng. Bd. 57 (1949) S. 1171.
[3] BOSWORTH, C. M.: Refrig. Engng. Bd. 58 (1950) S. 89.
[4] ELSEY, H. M., und L. C. FLOWERS: Refrig. Engng. Bd. 64 (1955) Nr. 4, S. 31.
[5] THOMPSON, R. I.: Refrig. Engng. Bd. 49 (1945) S. 473.

der ölreichen als auch aus der kältemittelreichen Schicht ausgeschieden. Gesetzmäßigkeiten über die Abhängigkeit der Löslichkeit des F 12-Unlöslichen im F 22-Öl-Gemisch vom Paraffingehalt der Öle und vom Ölgehalt der Gemische lassen sich nach den bisher bekannten Untersuchungen nicht aufstellen. THOMPSON gibt die Erhöhung des Paraffintrübungspunktes im Öl bei einem Gehalt von 1 bis 2% F 22 im Öl mit etwa 14° C an. Erfahrungsgemäß ergeben Öle, deren Gehalt an F 12-Unlöslichem unter 0,05% beträgt, bei Temperaturen bis herab zu —50° C keine Ausscheidung von Paraffin in den Drosselorganen. Die Kontrolle der Öle für F 22 auf genügende Paraffinfreiheit erfolgt daher zweckmäßig mit F 12 nach der F 12-Methode (s. S. 229).

Kältefließfähigkeit, Stockpunkt und Fließpunkt von Mineralölen werden durch das gelöste F 22 stets genügend verbessert, um auch für die tiefsten Verdampfungstemperaturen ausreichende Fließfähigkeit zu erzielen[1]. In Tab. 95 sind die Fließpunkte einiger reiner Öle und ihrer mit F 22 gesättigten Mischungen zusammengestellt.

Tabelle 95. *Einfluß des gelösten F 22 auf den Fließpunkt einiger Mineralöle.*

Öl	E	F	B	N	G	M	D	O
Fließpunkt des reinen Öles °C	— 43	— 43	— 40	— 37	— 34	— 32	— 32	— 29
Fließpunkt, mit F 22 gesättigt °C	— 73	— 73	— 65	— 71	— 54	— 65	— 51	— 51

Die Viskosität der Mineralöle wird durch das gelöste F 22 herabgesetzt. LITTLE[2] hat den Einfluß in der Apparatur nach Abb. 92 untersucht. Dabei wurde jeweils der Gleichgewichtszustand der Löslichkeit bei der betreffenden Temperatur des Öles und dem Druck des Kältemittels eingestellt, so daß bei der unter den Versuchsbedingungen maximalen Löslichkeit die niedrigste Viskosität gemessen wurde. Für die Versuche dienten die in Tab. 96 charakterisierten, je zwei naphthenbasischen und paraffinbasischen Öle mit Viskositäten von etwa 150 und 300 SAYBOLT-Sekunden bei 37,8° C, entsprechend 4,4 und 8,6 E.

Für die beiden naphthenbasischen und paraffinbasischen Öle 1 und 3 mit 4,6 E bei 37,8° C ist die Abhängigkeit der Viskosität vom F 22-Gehalt in Abb. 130 wiedergegeben. Abb.

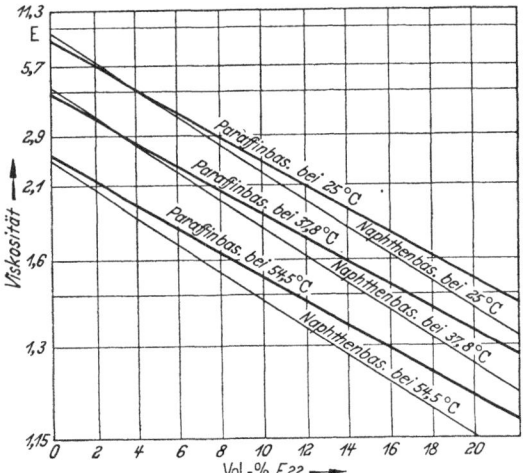

Abb. 130. Viskosität der Öle 1 und 3 nach Tab. 96 in Abhängigkeit vom F 22-Gehalt der Mischungen bei 25, 37,8 und 54,5° C.

131 zeigt den gleichen Zusammenhang für das naphthenbasische Öl 2 mit 8,7 E und das paraffinbasische Öl 4 mit 9,4 E bei 37,8° C. Da der Gehalt der Mischungen an F 22 in den verschiedenen Teilen der Kältemaschine nicht bekannt

---

[1] THOMPSON, R. I.: Refrig. Engng. Bd. 49 (1945) S. 473.
[2] LITTLE, I. L.: Refrig. Engng. Bd. 60 (1952) S. 1191.

Difluormonochlormethan, F 22 (CHF$_2$Cl).

ist, hat LITTLE die Viskositäten der Gemische in Abhängigkeit vom Kältemitteldruck durch Kombination der Kurven nach Abb. 130 und Abb. 131 mit den Kurven für die Druckabhängigkeit der Löslichkeit bei den gleichen Temperaturen berechnet. Auf diese Weise ergeben sich die in den Abb. 132, 133 und 134 ge-

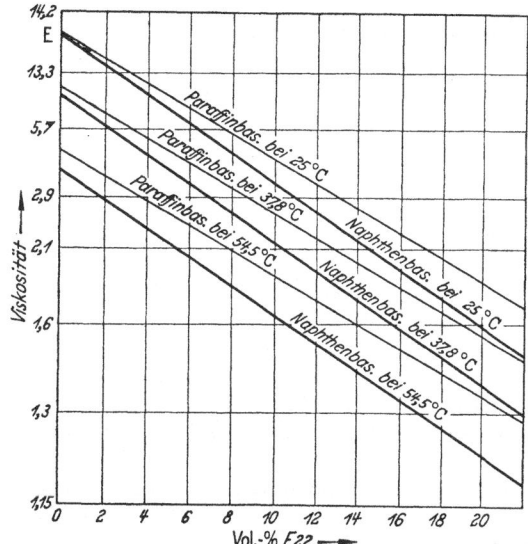

Abb. 131. Viskosität der Öle 2 und 4 nach Tab. 96 in Abhängigkeit vom F 22-Gehalt der Mischungen bei 25, 37,8 und 54,5° C.

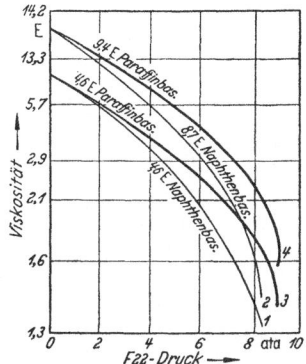

Abb. 132. Viskositätsabfall von Ölen 1 bis 4 (Tab. 96) durch gelöstes F 22 bei 25° C in Abhängigkeit vom Kältemitteldruck.

zeichneten Abhängigkeiten der Viskosität vom Druck des F 22 in den Kältemaschinen bei 25, 37,8 und 54,5° C Öltemperatur für die Öle 1 bis 4 nach Tab. 96. Danach sinkt die Viskosität der naphthenbasischen Öle bei gleichem Ge-

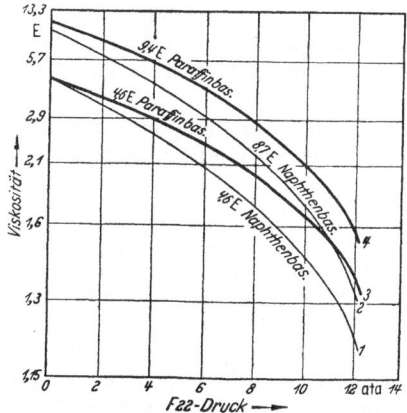

Abb. 133. Viskositätsabfall von Ölen 1 bis 4 (Tab. 96) durch gelöstes F 22 bei 37,8° C in Abhängigkeit vom Kältemitteldruck.

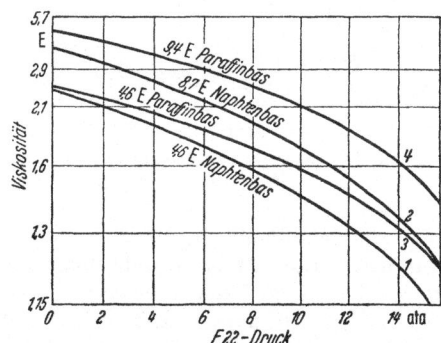

Abb. 134. Viskositätsabfall von Ölen 1 bis 4 (Tab. 96) durch gelöstes F 22 bei 54,5° C in Abhängigkeit vom Kältemitteldruck.

halt an F 22 stärker ab als die der paraffinbasischen Öle. Ferner zeigt sich, daß schon eine relativ geringe Temperaturerhöhung zu einem Absinken der Viskosität auf Werte führt, die sonst nur durch hohe Gehalte an F 22 erreicht werden. Andererseits ergibt die Erhöhung der Öltemperatur beim gleichen Kältemitteldruck eine verminderte Löslichkeit, so daß der Einfluß der Temperatur weitgehend kompensiert wird. Mit zunehmender Öltemperatur nimmt also die Viskositätsvermin-

Fluorhaltige Methanderivate.

Tabelle 96. *Eigenschaften der Öle.*

Öleigenschaft	Naphthenbasisch		Paraffinbasisch	
	1	2	3	4
Viskosität E				
bei 37,8°C	4,6	8,7	4,6	9,4
bei 54 °C	2,5	3,8	2,5	4,6
bei 98 °C	1,38	1,51	1,40	1,70
Viskositätsindex	23	21,6	97,5	94
ASTM-Fließpunkt °C	−42,8	−37,2	−23,3	−17,8
API-Dichte	25,1	23,5	31,5	29,2
Anilinpunkt °C	85	86	107	111
Flockpunkt mit F 12, °C . . .	−51	−45,5	über −29,8	über −29,8

derung durch die sinkende Menge des gelösten F 22 ab. Unterhalb der Löslichkeitsgrenze von F 22 und Öl, also im Bereich der nach Abb. 135 bestehenden Mischungslücke, werden die Viskositätsabhängigkeiten in dem Zweiphasensystem unübersichtlich.

Nach Ansicht von LITTLE wird man das Öl für F 22-Kältemaschinen doch in erster Linie nach dem Kälteverhalten auf der Saugseite auswählen, obwohl insgesamt gesehen die paraffinbasischen Öle bei geringerer Löslichkeit für F 22 und verminderter Viskositätserniedrigung den naphthenbasischen Ölen überlegen erscheinen.

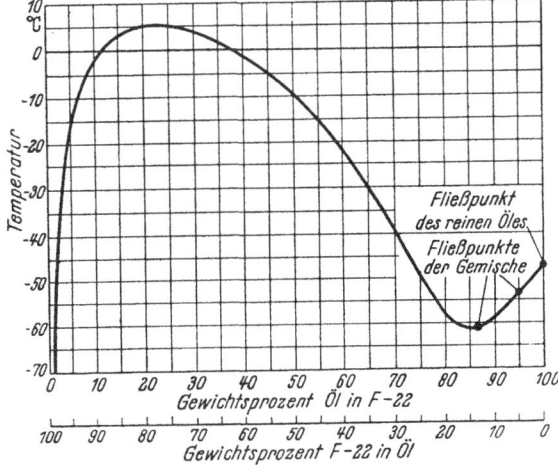

Abb. 134 a. Vollständiges Löslichkeitsdiagramm von F 22 in einem Mineralöl von 4,4 E bei 37,8° C.

Das chemische Verhalten von F 22 gegenüber Ölen ist dem von F 12 praktisch gleich. Die Prüfung der F 22-Beständigkeit von Ölen erfolgt im PHILIPP-Test (S. 230). STEINLE und SEEMANN[1] stellten fest, daß F 22 in etwa gleichem Maße zur Kupferplattierung führt wie F 12, wenn ungenügend raffinierte Öle verwendet werden.

Über die Löslichkeit von Ölen und F 22 ineinander liegen zahlreiche Beobachtungen vor; die beschränkte Löslichkeit kann zu Schwierigkeiten im Kältemittelkreislauf führen. Es besteht eine breite Mischungslücke[2], wobei die Löslichkeitsgrenze gerade im Gebiet der im Kältemaschinenprozeß vorkommenden Temperaturen liegt (Abb. 135). Öl ist deshalb nach THOMPSON[3] auf der warmen Druckseite, also im Kompressor und im Verflüssiger, vielfach in jedem Verhältnis mit flüssigem F 22 mischbar, entmischt sich aber im Drosselorgan und im Verdampfer je nach der Temperatur, dem Mischungsverhältnis und der Ölart in verschiedenem Maße. Es bilden sich zwei Schichten, wobei das leichtere, F 22-haltige Öl auf dem schwereren ölhaltigen F 22 schwimmt. SHAW und BRANDON[4] fanden, daß bei einer Verdampfungstemperatur von −17,8° C nur etwa 5% Öl im F 22

---

[1] STEINLE, H., u. W. SEEMANN: Kältetechnik Bd. 5 (1953) S. 90.
[2] Über das thermische Verhalten von Gemischen mit Mischungslücke vgl. Bd. II, S. 320, dieses Handbuches. — [3] Vgl. Fußnote 1 auf S. 374.
[4] SHAW, A. H., u. A. B. BRANDON: British Institute of Refrigeration, Session 1947/48.

Difluormonochlormethan, F22 (CHF$_2$Cl). 377

löslich sind. Bopp[1] gab ein vollständiges Löslichkeitsdiagramm für F22 mit einem Öl von 4,4 E bei 37,8° C bekannt, das als Abb. 134a wiedergegeben ist. Die Trennung von Öl und Kältemittel führt in überfluteten Verdampfern zur Bildung einer F22-haltigen Ölschicht auf dem ölhaltigen Kältemittel, die bei tiefen Verdampfungstemperaturen nur schwer in den Kompressor zurückzuführen ist. Das Fehlen von Öl im Kompressor kann dann zu mechanischen Störungen führen. In trockenen Schlangenverdampfern kann das Öl bei tiefen Temperaturen in den Rohrschlangen stocken und sich ebenfalls nur schwer in den Kompressor zurückführen lassen, zumal, wie Abb. 134a zeigt, die Fließpunkte der Gemische auf der ölreichen Seite stark ansteigen. Nach Bopp läßt sich im Verdampfer eine Erhöhung der Öllöslichkeit in der Weise erreichen, daß man dem F22 bis zu 3% F12 zumischt. Im allgemeinen ist die Verwendung eines wirksamen Ölabscheiders beim Arbeiten mit F22 für Verdampfungstemperaturen unter — 35 bis — 40° C unumgänglich. Bosworth[2] untersuchte vier Öle von verschiedener Basis und mit verschiedenen Eigenschaften auf ihre Löslichkeit in F22 auf der ölarmen Seite, die in Kältemaschinen außerhalb des Kompressors auftritt. Einige charakteristische Daten der Öle sind in Tab. 97 zusammengestellt.

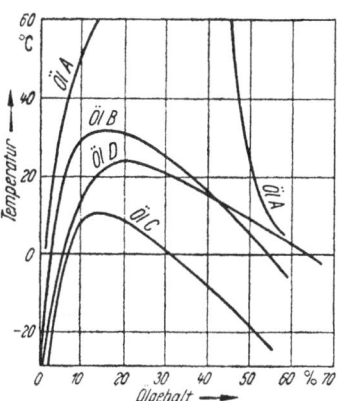

Abb. 135. Temperatur-Löslichkeitskurven von F22 und verschiedenen Ölen. (Vgl. Tab. 97.)

Die Löslichkeit wurde bestimmt, indem bei jeder Temperatur die Volume der beiden Phasen nach dem Einstellen des Beharrungszustandes gemessen wurden. Abb. 135 gibt die Löslichkeitskurven von F22 mit den Ölen A, B, C, D nach Tab. 97 in Abhängigkeit von der Temperatur wieder. Die Mischungslücke

Tabelle 97. *Eigenschaften der Versuchsöle A, B, C, D.*

Öl	Basis[1]	Flamm-punkt °C	Fließ-punkt °C	Spezifisches Gewicht kg/l	Viskositäts-index	Anilinpunkt °C	Löslichkeitsgrenze für 10% Öl in F22 °C
A	p	222	— 6,7	0,88	90	109	51,7
B	g	199	— 12,2	0,90	60	93	30
C	n	177	— 31,7	0,92	4	81	7,2
D	n	177	— 31,7	0,91	10	89	16,1

[1] p = paraffinbasisch, g = gemischtbasisch, n = naphthenbasisch.

liegt jeweils unter der betreffenden Kurve. Die Löslichkeit von Öl in F22 auf dem linken Ast der Kurven ist am geringsten in dem paraffinbasischen Öl A und nimmt über das gemischtbasische Öl B nach den napthenbasischen Ölen C und D stark zu. Nach Thompson[3] steigt die kritische Löslichkeitstemperatur, die man am Scheitel der Kurven ablesen kann, mit der Viskosität und dem Molekulargewicht an. Erst oberhalb dieser Temperatur sind Öl und F22 vollkommen mischbar. Abb. 135 zeigt, daß bei der Verwendung paraffinbasischer Öle mit hoher kritischer Lösungstemperatur die Gefahr einer Phasenbildung auch im Kompressor besteht, wenn F22 Gelegenheit hat, im Ölsumpf zu kondensieren. Bei 40° C enthält die schwere, F22-reiche Phase mit Öl A nur etwa 7% Öl, so daß beim Anlauf

---
[1] Bopp, I. D.: Ansul News Notes, März 1952, S. 8.
[2] Bosworth, C. M.: Refrig. Engng. Bd. 60 (1952) S. 617.
[3] Vgl. Fußnote 1 auf S. 374.

des Kompressors die Ölförderung unzureichend wird, da infolge des Druckabfalles das F22 aus dem zur Schmierung geförderten Gemisch sofort abdampft. Aus diesem Grunde sind naphthenbasische Öle wegen ihrer größeren Löslichkeit in F22 und der tieferen kritischen Löslichkeitstemperatur, die im Kompressor stets überschritten ist, auf jeden Fall vorzuziehen. Außerdem wird zur Vermeidung der Kondensation von F22 im Öl der Einbau einer kleinen Heizpatrone in den Ölsumpf empfohlen. BOSWORTH hat die Zeitabhängigkeit der Absorption von F22 in den Ölen A, B und C bestimmt, und die Meßwerte in Abb. 136 aufgetragen. Die Bestimmung erfolgte in U-förmigen Glasrohren, wobei das Öl in einem Schenkel auf rd. 32° C, das F22 im anderen Schenkel auf rd. 38° C erwärmt wurde. Die Absorption verläuft am schnellsten im naphthenbasischen Öl C, das auch im Endzustand am meisten F22 löst, und am langsamsten in dem paraffinbasischen Öl A.

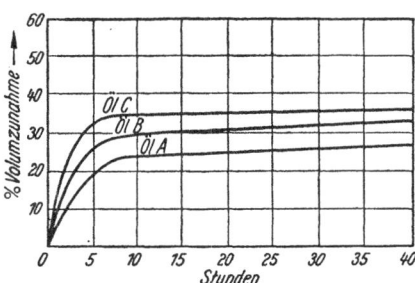

Abb. 136. Absorptionskurven von F22 in den Ölen A, B und C nach Tab. 97 in Abhängigkeit von der Zeit.

Die in F22-Kältemaschinen durch die bestehende Mischungslücke mit Mineralölen auftretenden Schwierigkeiten lassen sich durch Verwendung voll mischbarer Schmiermittel vermeiden. Nach neueren Untersuchungen[1] eignen sich hierzu die Polykieselsäureester. Laboratoriumsteste und Maschinenversuche haben ergeben, daß Polykieselsäure-Butylester mit einer Viskosität von 55 cSt entsprechend 7,6° E bei 20° C besonders geeignet sind. Sie sind mit F22 in jedem Verhältnis mischbar und ergeben bis herab zu —80° C zusammen mit F22 weder Ausscheidungen noch Entmischung. Der Stockpunkt liegt ohne gelöstes Kältemittel bereits unter —80° C. Der Gehalt an F22-Unlöslichem bei —40,8° C (nach DIN 51590) liegt unter 0,02%. Die Kältefließfähigkeit im U-Rohr ist bei —78° C noch größer als 20 mm.

Auch die chemische Beständigkeit des Polykieselsäure-Butylesters ist gut. Er greift die üblichen Baustoffe weder im reinen Zustand noch im Gemisch mit F22 an. Im PHILIPP-Test (nach DIN 51593) ist die Kältemittelbeständigkeit mit F22 größer als 192 Stunden. Weder im Druckrohr auf rollenden Stahlkugeln, noch in gekapselten Kältemaschinen im 140°-Lebensdauertest konnte mit F22 bisher die Entstehung der Kupferplattierung beobachtet werden. Bei der Verwendung dieses Schmiermittels kann in Kältemaschinen mit F22 auf Ölabscheider und Rückführungsvorrichtungen für das Öl verzichtet werden. Bei ausreichender Druckfestigkeit kann somit ein für F12 gebauter Kompressor auch mit F22 bei entsprechend höherer Kälteleistung betrieben werden.

LITTLE[2] hat den Einfluß des im Öl gelösten F22 in Abhängigkeit vom Kältemitteldruck bei verschiedenen Temperaturen auf das spezifische Gewicht der Gemische und das Gesamtvolum in der Apparatur nach Abb. 92 (s. S. 229) untersucht. Abb. 137 zeigt die Zunahme des spezifischen Gewichtes dieser Gemische mit dem gelösten F22 in einem naphthenbasischen Öl mit 4,6 E bei 37,8° C. Die Dichte der Gemische von Mineralölen mit F22 nimmt demnach proportional ihrem Gehalt an F22 zu. Beim Lösen findet aber keine Addition der Volume statt, sondern es ist eine deutliche Volumkontraktion festzustellen.

---

[1] STEINLE, H.: Bulletin de l'Institut International du Froid Bd. 35 (1955) Nr. 4 (Sondernummer) S. 822/823. — Kältetechnik Bd. 8 (1956) S. 12. — [2] Vgl. Fußnote 2 auf S. 374.

Abb. 138 gibt die für die Bestimmung des spezifischen Gewichts zugrunde gelegte Löslichkeit von F 22 in den Ölen 1 bis 4 nach Tab. 96 für verschiedene Öltemperaturen in Abhängigkeit vom Kältemitteldruck wieder. Nach diesen Kurven kann aus dem Dampfdruck des F 22 in jedem Teil der Kältemaschine der Ölgehalt der dort vorhandenen Mischung festgestellt werden.

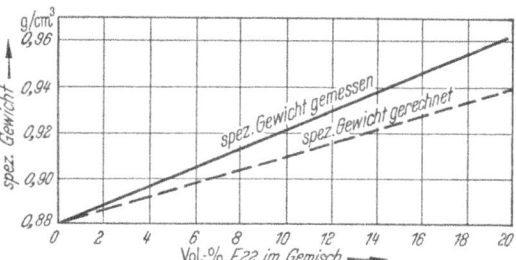

Abb. 137. Änderung des spezifischen Gewichts von Öl-F 22-Gemischen mit dem Gehalt an F 22.

Zersetzung. Nach den Untersuchungen der *Underwriters Laboratories*[1] ist F 22 in dem in Kältemaschinen vorkommenden Temperaturbereich thermisch vollkommen stabil. Eisen wirkt erst ab 550° C katalytisch auf den Zerfall ein. Wie alle Fluor-Chlor-Kohlenwasserstoffe zerfällt auch F 22 in der Flamme. Bei 700° C findet eine nichtkatalytische Pyrolyse statt, wobei aliphatische Fluorverbindungen entstehen. Auf diese Weise wird das Tetrafluoräthylen (C_2F_4) gewonnen, das unter Normaldruck bei $-76{,}3°$ C siedet:

$$2\,CHF_2Cl = C_2F_4 + 2\,HCl.$$

Das C_2F_4 läßt sich zu einem plastischen, chemisch und thermisch sehr stabilen Stoff, dem Polytetrafluoräthylen polymerisieren, das als Teflon bekannt ist (siehe S. 146).

Brennbarkeit. F 22 ist praktisch nicht brennbar und überhaupt nicht explosiv. Es ergibt mit Luft Gemische, die sich in Laboratoriumsversuchen entzünden lassen[1], die Zündtemperatur dieser Gemische liegt bei 632° C; eine Flammenfortpflanzung findet jedoch selbst dann nicht statt, wenn das Gemisch auf 100° C vorgewärmt ist.

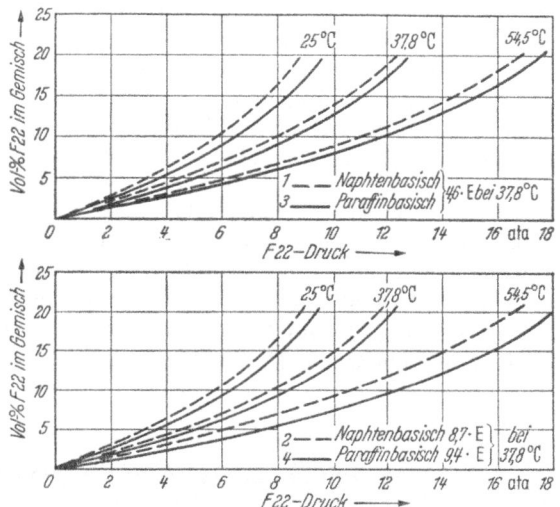

Abb. 138. Löslichkeit von F 22 in naphthenbasischen und paraffinbasischen Ölen (nach Tab. 96) in Abhängigkeit vom Kältemitteldruck bei verschiedenen Temperaturen.

VII. Physiologische Eigenschaften.

Giftigkeit. F 22 ist bei einem Gehalt bis 20 Vol.-% in Luft geruchlos und übt keinerlei Reizwirkung auf Augen, Nase, Schleimhäute, Lunge und Haut aus. Das Tragen einer Gasmaske erübrigt sich, jedoch ist beim Umgang mit flüssigem F 22 ein Augenschutz erforderlich, um eine Schädigung der Augen durch Gefrieren beim Verspritzen zu vermeiden.

Von den *Underwriters Laboratories*[1] wird F 22 mit F 11 und CO_2 in die Gefahrenklasse 5 nach der auf S. 192 wiedergegebenen Klassifikation eingestuft. Tödliche

---

[1] *Underwriters Laboratories Inc.*: Miscellaneous Hazard Nr. 3134 vom 26. Sept. 1940. — Kinetic Technical Bulletin B-2 1950.

Folgen treten bei Meerschweinchen bis zu 20 Vol.-% in Luft bei zweistündiger Einwirkung nicht auf. In unbelüfteten Räumen führen 0,5 bis 2,5 Vol.-% F 22 in Luft bei Gegenwart von Gasflammen zu Spaltprodukten, die giftig sind und bei mehr als 5 Minuten Expositionszeit bei Meerschweinchen zum Tode führen. Solche Spaltprodukte entstehen auch bei 5 Vol.-% F 22 in der Luft an geheizten Flächen bei 750 bis 775° C; sie wirken bei 30 Minuten langer Einwirkung auf Meerschweinchen tödlich. Nach Tab. 57 entstehen als Spaltprodukte Salzsäure, Flußsäure, Chlor und auch Spuren von Phosgen. Der Sauerstoffgehalt im Versuchsraum fiel während des Versuches mit den Meerschweinchen nicht unter 15,4 Vol.-% ab.

Alle Spaltprodukte haben deutliche und eindeutige Warnwirkung durch Reizung der Schleimhäute und bewegen die Insassen zum Verlassen des Raumes, bevor gesundheitsschädliche Mengen eingeatmet werden.

VIII. Betriebsverhalten.

F 22 ist ein Mitteldruckkältemittel, das nicht ohne weiteres in Kältemaschinen eingefüllt werden soll, die für andere Kältemittel gebaut sind. Die Betriebsdrücke sind wesentlich höher als bei F 12. Die *Prüfdrücke* für F 22-Kältemaschinen sind S. 201 zu entnehmen.

BOPP[1] befaßte sich eingehend mit den Ursachen für die Schwierigkeiten, die oft beim Arbeiten mit F 22 auftreten und bemängelte, daß in vielen Fällen Anlagen, die für F 12 konstruiert waren, dann mit F 22 betrieben werden. Dabei steigt die Kälteleistung um 60 bis 65%. Die Oberflächen des Kondensators und des Verdampfers reichen dann nicht mehr aus. Das Druckverhältnis steigt erheblich und führt zu höheren Kompressions-Endtemperaturen. Im Kompressor, vor allem an den Druckventilen, kann es zur Ölzersetzung und Schlammbildung sowie zu Reaktionen zwischen dem Öl und dem Kältemittel unter Bildung korrodierend wirkender Säuren kommen. Auch WILLIAMS[2] betont, daß der Ersatz von F 12 oder NH_3 durch F 22 in einer bestehenden Anlage zu erheblichen Schwierigkeiten führt und grundsätzlich vermieden werden sollte.

Beim Fehlen eines Ölabscheiders ist die Ölrückführung unzureichend, und es tritt u. U. Ölmangel im Kompressor sowie Ölüberfüllung im Verdampfer ein.

Dichtigkeitsprüfung. Undichtigkeiten lassen sich mit der Halogenlampe oder dem Leak-Detektor nach der thermischen Spaltung nachweisen (s. Bd. VI dieses Handbuches).

8. Trifluormethan oder Fluoroform, F 23 (CHF_3).

I. II. Herstellung und Verwendung.

Für die Herstellung von F 23 kann von der Reaktion nach Gl. (229) mit $n = 3$ Gebrauch gemacht werden. HENNE[3] hat eine stufenweise Fluorierung durchgeführt, wobei er von Bromoform ($CHBr_3$) ausgegangen ist und die ersten Fluoratome durch Antimonfluorid (SbF_3) zugeführt hat, während das letzte Fluoratom durch Quecksilberfluorid (HgF_2) übertragen wurde:

$$3\,CHBr_3 + 2\,SbF_3 = 3\,CHBrF_2 + 2\,SbBr_3,$$
$$2\,CHBrF_2 + HgF_2 = 2\,CHF_3 + HgBr_2.$$

---

[1] Vgl. Fußnote 1 auf S. 377.
[2] WILLIAMS, R. L.: Air Condit. u. Refrig. News vom 16. Juni 1952. — Refrigeration Service and Contracting, August 1952.
[3] HENNE, A. L.: J. Amer. chem. Soc. Bd. 59 (1937) S. 1200.

RUFF[1] hatte Fluoroform in der Weise hergestellt, daß er HgF, Jodoform und Kalziumfluorid im Gewichtsverhältnis 33,4 : 20 : 40 zusammengerieben und in einem Glaskolben mit Hilfe eines Bades erhitzt hat. Bei etwa 80° C setzte die Reaktion ein, und die Temperatur des Gemisches stieg von selbst auf etwa 150° C. Das gasförmige Reaktionsprodukt wurde mit flüssiger Luft kondensiert. Das durch etwas Jod gefärbte Kondensat liefert beim Erwärmen auf -40 bis $-30°$ etwa 45% reines CHF_3; im Rückstand verbleiben CHF_2J und $CHFJ_2$. F23 wird noch nicht industriell hergestellt.

F23 ist wie F13 ein ausgesprochenes Hochdruckkältemittel, an dessen Anwendung man für die Erzeugung sehr tiefer Temperaturen, bis etwa $-100°$ C, denken kann. Es kommt naturgemäß nur in den tiefsten Temperaturstufen und in Verbindung mit Kolbenkompressoren in Betracht. Seine hervorragenden chemischen und physiologischen Eigenschaften machen es als Kältemittel neben F13 durchaus beachtenswert.

III. IV. VII. Thermische, physikalische und physiologische Eigenschaften[2].

Molekulargewicht $\mu = 70{,}01$,

Gaskonstante $R = 12{,}11 \left[\dfrac{\text{mkg}}{\text{kg °C}}\right].$

RUFF[1] hat die Dampfdrücke zwischen $T = 150$ und $184°$ K gemessen und für die *Dampfdruckkurve* die Gleichung

$$\lg p = 8{,}193 - \frac{1004{,}85}{T} \qquad (241)$$

vorgeschlagen, wobei p in Torr erhalten wird. Man findet

bei $T\,[°K] =$ 150   160   170   180   190
$p\,[\text{Torr}] =$ 31,20   81,95   191,6   408,3   802,8.

Der normale Siedepunkt liegt hier bei $t_s = -84{,}4°$ C.

HENNE[3] hat den Dampfdruck zwischen 2 und 1500 Torr gemessen und durch die Gleichung

$$\lg p = 7{,}7935 - \frac{939{,}0}{T} \qquad (242)$$

ausgedrückt. Diese Gleichung ergibt

bei $T\,[°K] =$ 140   150   160   170   180   190   200
$p\,[\text{Torr}] =$ 12,20   34,15   84,10   186,2   377,4   710,1   1392

und den normalen Siedepunkt $t_s = -82{,}2°$ C. HENNE betont die überraschende Tatsache, daß der Ersatz von H durch Cl beim Übergang von CHF_3 auf $CClF_3$ den Siedepunkt nur um knapp 1° erhöht.

Wie man sieht, weichen die Werte von RUFF und HENNE stark voneinander ab; die Dampfdruckkurve von HENNE verläuft viel flacher, was bei der Berechnung der Verdampfungswärme nach Gl. (11a) stark zum Ausdruck kommt. Die Werte von HENNE scheinen uns genauer zu sein, er hat offenbar mit einem reineren Stoff gearbeitet. Man kann das daraus schließen, daß Gl. (11a) mit Gl. (241) nach RUFF einen Wert der normalen *Verdampfungswärme* von $r_s = 66{,}5$ kcal/kg

---

[1] RUFF, O.: Ber. dtsch. chem. Ges. Bd. 69 (1936) S. 299 und Chem. Zbl. Bd. 107 (1936) I. Teil, S. 3669.
[2] SEGER, G.: Beihefte zur Z. Ver. dtsch. Chem. Nr. 43. Berlin: Verlag Chemie 1942. — R. PLANK: Daselbst Nr. 44, 1942.
[3] Vgl. Fußnote 3 auf S. 380.

und somit eine TROUTON-Konstante von 24,2 ergibt, die für diesen Stoff unwahrscheinlich hoch ist. Mit Gl. (242) findet man dagegen $r_s = 61,7$ kcal/kg und für die TROUTON-Konstante den Wert 22,6, der immer noch reichlich hoch ist. Gl. (242) ist offenbar auch noch nicht genau genug, um daraus die in Gl. (11a) benötigten Werte von dp/dT zu berechnen. Nimmt man an, daß die TROUTON-Konstante den Wert 20,5 bestimmt nicht überschreitet, dann beträgt r_s rd. 56 kcal/kg. Den *Erstarrungspunkt* gibt RUFF mit $-160°$ C an, während HENNE angenähert $-163°$ nennt und den Dampfdruck am Tripelpunkt mit 2 Torr angibt.

Für die *kritischen Daten* findet SEGER $t_k = +15°$ C, $p_k = 48,4$ ata; $\gamma_k = 0,516$ kg/l. Dagegen liefern die additiven Verfahren von RIEDEL nach S. 29 $t_k = 29°$ C, nach S. 31 $p_k = 46,3$ ata und nach S. 32 $v_k = 2,014$ l/kg und $\gamma_k = 0,496$ kg/l. Diese Werte erscheinen uns zuverlässiger.

Für das *spezifische Gewicht der Flüssigkeit* zwischen -84 und $-110°$ C gab RUFF die Gleichung [kg/l]

$$\gamma' = 2,1004 - 0,00337\, T.$$

Das gibt beim Erstarrungspunkt ($-160°$ C) $\gamma' = 1,719$ kg/l, während er für festes F23 den Wert $\gamma_f = 1,935$ kg/l nennt.

Für die *spezifische Wärme* von *gasförmigem* F23 bei $p \to 0$ fanden GLOCKNER und EDGELL aus spektroskopischen Daten[1]

bei $t\,[°C] =$ 25   100   200

$c_{p_0}\left[\dfrac{\text{kcal}}{\text{kg}\,°\text{C}}\right] =$ 0,182   0,209   0,239.

Für *flüssiges* F23 setzt SEGER im Bereich von $T = 145$ bis $215°$ K im Mittel $c_{fl} = 0,317 \left[\dfrac{\text{kcal}}{\text{kg}\,°\text{C}}\right]$. Diesen Wert erhält er aus einer empirischen Gleichung für die Methanderivate $c_{fl} = 3,571\,\mu^{-0,5704}$, die er aus bekannten Werten von c_{fl} für verschiedene Methanderivate ableitet.

Alle diese Zahlenwerte können nur als Annäherungen gewertet werden. Sie reichen keinesfalls aus, um eine Dampftafel oder ein MOLLIER-Diagramm für F23 aufzustellen.

Sowohl RUFF als auch HENNE betonen die hervorragende *chemische Stabilität* von F23; es ist chemisch und physiologisch fast vollkommen inert. Metalle verhalten sich ihm gegenüber indifferent. Mit Fluor reagiert es zu CF_4 und HF, jedoch bedarf es hierzu einer Zündung oder eines elektrischen Funkens.

Ein Gemisch von 50 zu 50 Vol.-% von CHF_3 und Luft übte auf Meerschweinchen keinerlei Wirkung aus. Auch in einem Gemisch von 80 Vol.-% CHF_3 und 20 Vol.-% O_2 erlitten die Tiere nach einer Stunde keinerlei Schaden.

9. Trifluormonobrommethan, F13 B1 (CF_3Br).

Im Bereich sehr tiefer Verdampfungstemperaturen dürften bei $-50°$ bis $-60°$ C F22 und bei -80 bis $-100°$ C F13 als die bestgeeigneten Kältemittel anzusehen sein. Im Bereich von -60 bis $-80°$ C sind die Dampfdrücke von F22 jedoch schon unbequem tief, sie betragen nur noch 0,2 bis 0,1 ata; dagegen liegen diejenigen von F13 zwischen 1 und 2 ata. Es entstand daher der Wunsch, ein Kältemittel zu finden, dessen Dampfdruck in diesem Temperaturbereich den Atmosphärendruck nur mäßig unterschreitet.

Für den erwähnten Bereich von -60 bis $-80°$ C konnte bisher kein besonders gut geeigneter Fluor-Chlor-Kohlenwasserstoff angegeben werden. Dagegen

---

[1] GLOCKNER, G., u. W. F. EDGELL: J. Chem. Phys. Bd. 9 (1941) S. 527.

scheint Trifluormonobrommethan (CF_3Br) diese Lücke recht gut auszufüllen. Es wird in Amerika nach den Patenten von H. WATERMANN von der Minnesota Mining and Mfg. Co. hergestellt und von der Eston Chemicals Inc. in Los Angeles unter dem Handelsnamen „Kulene 131" vertrieben[1]. In der Nomenklatur der Kinetic Chemicals Inc. führt es die Bezeichnung F13B1; dabei entspricht F13 der Verbindung CF_3Cl, und der Zusatz B1 deutet an, daß ein Chloratom durch ein Bromatom ersetzt ist. Solche halogenierten Kohlenwasserstoffe mit Bromatomen sind nicht neu; verschiedene Verbindungen dieser Art werden als Feuerlöschmittel verwendet, so z. B. F12B1 (CF_2ClBr, Siedepunkt $-3,9°$ C), F12B2 (CF_2Br_2, Siedepunkt $+24,5°$ C), F113B2 ($CFClBr-CF_2Br_2$, Siedepunkt $+93°$ C) und F114B2 (CF_2Br-CF_2Br, Siedepunkt $+47,5°$ C).

Die Verbindung CF_3Br ist aber der erste bromierte Kohlenwasserstoff, der als Kältemittel empfohlen wird, wobei versichert wird, daß dieser Stoff weder brennbar noch giftig ist und sich mit allen üblichen Baustoffen gut verträgt. Im Öl löst er sich bei $25°$ C und 1 Atm zu 0,016 g/cm³. Die Eston Chemicals Inc. gibt folgende thermische Eigenschaften bekannt:

Normaler Siedepunkt (bei 1 Atm)	$-58,7°$	C
Spezifisches Gewicht des Dampfes bei $-15°$ C	0,0415	kg/l
bei $+30°$ C	0,1500	kg/l
Spezifisches Gewicht der Flüssigkeit bei $-18°$ C	1,81	kg/l
bei $+27°$ C	1,55	kg/l
Kritische Temperatur	$+67,5$	°C
Kritischer Druck	41,3	ata
Verdampfungswärme bei 1 Atm	29,7	kcal/kg
Gefrierpunkt	$-143,2$	°C
Exponent der Adiabate $\varkappa = c_p/c_v$ bei $+25°$ C	1,116	

Es kann hinzugefügt werden, daß die spezifische Wärme der Flüssigkeit bei $0°$ C etwa 0,19 kcal/kg °C und die spezifische Wärme des Dampfes bei $0°$ C und 1 Atm etwa 0,115 kcal/kg °C beträgt.

EISEMAN jr. hat die orthobaren Dichten von $-100°$ C bis zum kritischen Punkt in einem γ, t-Diagramm dargestellt[2].

Über die Druckverhältnisse bei Verwendung von CF_3Br gibt folgende Übersicht Auskunft, wenn eine Kondensationstemperatur von $+30°$ C zugrunde gelegt wird, der ein Druck im Kondensator von $p = 18,4$ ata entspricht:

Verdampfungs- temperatur	Verdampfungs- druck	Druck- verhältnis
$t_0 = -59°$ C	$p_0 = 1,0$ ata	18,4
-40	2,3	8,0
-15	5,5	3,4

Bei $-80°$ C sinkt der Druck auf rd. 0,32 ata.

Den kältetechnischen Vergleich dieses neuen Kältemittels mit einigen bisher gebräuchlichen Kältemitteln bei $-15°$ C Verdampfungs- und $+30°$ C Kondensationstemperatur zeigt Tab. 98.

Der Energieverbrauch ist bei CF_3Br etwas höher als bei den zum Vergleich herangezogenen Kältemitteln, was mit der tieferen Lage seines kritischen Punktes zusammenhängt ($+67,5°$ C). F13 (CF_3Cl) verhält sich aber in dieser Beziehung noch ungünstiger, denn sein kritischer Punkt liegt bereits bei rd. $+29°$ C, also

---

[1] Druckschrift der Eston Chemicals Inc.: Kulene 131, a new low temperature refrigerant. — Air Cond. Refrig. News vom 22. Okt. 1951 und vom 25. Febr. 1952. — B. J. EISEMAN jr.: Refrig. Engng. Bd. 60 (1952) S. 496. — R. PLANK: Kältetechnik Bd. 4 (1952) S. 302. — U.S. Pat. 2531372 und 2531373 vom 21. Nov. 1950.

[2] EISEMAN jr., B. J.: Refrig. Engng. Bd. 60 (1952) S. 496.

Tabelle 98. *Vergleich von CF_3Br mit anderen Kältemitteln.*

Kältemittel	Verdampfungsdruck p_0 ata	Kondensationsdruck p ata	Druckverhältnis p/p_0	Kälteleistung kcal/kg	Umlaufendes Kältemittel kg/1000 kcal	Hubvolum des Kompressors $NH_3 = 100$	PS je 1000 kcal/h
CH_3Cl ...	1,46	6,63	4,48	82,6	12,1	143	0,340
CF_2Cl_2 ...	1,83	7,56	4,08	28,1	35,6	140	0,343
NH_3	2,38	11,88	4,94	261,0	3,83	100	0,327
CHF_2Cl ...	3,00	12,25	4,06	38,1	26,1	104	0,339
CF_3Br ...	5,43	18,4	3,36	16,1	62,1	77	0,387

noch etwas tiefer als bei CO_2. Da man CF_3Br nur in der unteren Temperaturstufe einer Tiefkühlanlage verwenden wird, tritt der geschilderte Nachteil zurück.

Eine vorläufige Dampftafel für diesen Stoff ist in Tab. 99 wiedergegeben. Der Druckschrift der Eston Chemicals Inc. ist ein MOLLIER-i, $\lg p$-Diagramm in englischen Einheiten in großem Maßstab beigegeben.

Tabelle 99. *Vorläufige Dampftafel für CF_3Br.*

Temperatur t °C	Druck p ata	Spezifisches Volum		Enthalpie		Verdampfungswärme r kcal/kg	Entropie	
		v' l/kg	v'' m³/kg	i' kcal/kg	i'' kcal/kg		s' kcal/kg °K	s'' kcal/kg °K
−40	2,3	0,523	0,0550	92,8	120,7	27,9	0,9710	1,0906
−30	3,3	0,536	0,0388	94,5	121,3	26,8	0,9789	1,0890
−20	4,7	0,550	0,0280	96,3	121,9	25,6	0,9860	1,0870
−10	6,4	0,564	0,0208	98,1	122,4	24,3	0,9930	1,0852
0	8,6	0,581	0,0154	100,0	122,8	22,8	1,0000	1,0836
+10	11,3	0,601	0,0116	101,9	123,2	21,3	1,0069	1,0819
+20	14,5	0,624	0,0088	103,9	123,4	19,5	1,0137	1,0802
+30	18,4	0,655	0,0067	105,9	123,4	17,5	1,0205	1,0781
+40	23,0	0,698	0,0049	107,9	123,0	15,1	1,0272	1,0753
+50	28,5	0,772	0,0033	110,1	122,2	12,1	1,0337	1,0713
+60	34,9	0,936	0,0019	112,2	120,0	7,8	1,0412	1,0647

H. Äthan und fluorfreie Äthanderivate.

Ebenso wie beim Methan lassen sich auch beim Äthan die Wasserstoffatome durch Halogenatome ersetzen; wegen der größeren Zahl der Wasserstoffatome ist die Zahl der Derivate beim Äthan größer als beim Methan, und es lassen sich daraus manche Stoffe finden, die als Kältemittel geeignet erscheinen. Während aber Methan selbst als Kältemittel kaum in Frage kommt, kann Äthan als solches für Sonderzwecke wohl verwendet werden.

1. Äthan (C_2H_6).

I. Herstellung.

Äthan kommt in der Natur im Erdgas vor. In kleinen Mengen ist es im Koksofengas und Stadtgas enthalten. Aus diesen Gemischen kann es durch fraktionierte Destillation und Rektifikation gewonnen werden[1]. Im Laboratorium kann es durch Erwärmen von Methyljodid mit metallischem Natrium rein dargestellt werden

$$2 CH_3J + 2 Na = C_2H_6 + 2 NaJ.$$

---
[1] Ein Beispiel für die Rektifikation eines Gemisches aus gesättigten Kohlenwasserstoffen findet man bei E. KIRSCHBAUM: Destillier- und Rektifiziertechnik, 2. Aufl. S. 202. Berlin/Göttingen/Heidelberg: Springer 1950.

Ein anderer Weg der Darstellung ist die Behandlung von sog. GRIGNARD-Reagenz mit Wasser oder Alkohol. Das Reagenz ist eine Lösung von Magnesiumäthyljodid in Äther.

II. Verwendung.

Äthan ist wie CO_2, N_2O, C_2H_4, CHF_3, CF_3Cl und CF_4 ein Hochdruckkältemittel, das für die Erzeugung sehr tiefer Temperaturen im Bereich von $-100°$ C in Frage kommt. Im Jahre 1916 baute die Gesellschaft für LINDES Eismaschinen eine Anlage für 1 Million kcal/h bei einer Verdampfungstemperatur von $-75°$ C, bei der Äthan und Ammoniak in Kaskadenschaltung verwendet wurden. Äthan wurde nur in der tiefsten Temperaturstufe benutzt, während in den höheren Stufen von Ammoniak Gebrauch gemacht wurde. In dieser Anlage wurde zeitweise eine Verdampfungstemperatur von $-90°$ C erreicht[1].

GRIFFITHS und AWBERY[2], die schon vor 30 Jahren den Versuch machten, eine provisorische Dampftafel für Äthan aufzustellen, vertraten die Ansicht, daß es durchaus möglich sei, die Füllung einer CO_2-Kältemaschine zu entleeren und sie durch Äthan zu ersetzen, wonach die Maschine befriedigend weiter arbeiten würde.

III. Thermische und kalorische Eigenschaften[3,4].

Molekulargewicht $\mu = 30{,}07$,

Gaskonstante $R = 28{,}20 \left[\dfrac{\text{mkg}}{\text{kg °C}}\right]$.

Zustandsgleichung. Im Bereich von -100 bis $+5°$ C Sättigungstemperatur und für Drücke bis 28 ata gibt die Zustandsgleichung von PLANK und KAMBEITZ[3]

$$v = \frac{RT}{P} - \frac{0{,}0890}{(T/100)^{2{,}4}} - \frac{0{,}0279 \cdot 10^{-8} P^2}{(T/100)^9} \tag{243}$$

das spezifische Volum von trocken gesättigtem und überhitztem Dampf (bis $150°$ C) nach den besten neueren Messungen sehr genau wieder. P ist in kg/m^2 einzusetzen, v wird in m^3/kg erhalten.

BEATTIE, HADLOCK und POFFENBERGER[5] haben ihre Meßwerte von 25 bis $150°$ und von 11 bis 74 ata durch die Zustandsgleichung (8) mit folgenden Konstanten dargestellt:

$$R = 0{,}08206; \quad A_0 = 5{,}8800; \quad a = 0{,}05861;$$
$$B_0 = 0{,}09400; \quad b = 0{,}01915; \quad c = 90 \cdot 10^4,$$

wobei P in Atm erhalten wird, wenn man v in l/Mol einsetzt. Der Gültigkeitsbereich dieser Gleichung erstreckt sich bis zu höheren Drücken als es für Gl. (243) der Fall ist; sie kann bis zu spezifischen Gewichten von 5 Mol/l verwendet werden; im kritischen Punkt ($\gamma_k = 6{,}4$ Mol/l) versagt sie aber auch. Gl. (243) hat den Vorzug größerer Einfachheit und bequemerer Berechnung der Entropie und Enthalpie als Funktionen von P und T.

Ausgedehnte P-v-T-Messungen im Bereich von 1 bis 250 ata und von 21 bis $120°$ C (also eigentlich schon fast außerhalb des kältetechnisch wichtigen

---

[1] 50 Jahre Kältetechnik (1879—1929). — Geschichte der Gesellschaft für LINDES Eismaschinen, Wiesbaden. Wiesbaden 1929.

[2] GRIFFITHS, E., u. J. H. AWBERY: Proc. Brit. Cold Storage and Ice Assoc., Bd. 21 (1924/25) Nr. 2 S. 63.

[3] PLANK, R., u. J. KAMBEITZ: Z. ges. Kälteind. Bd. 43 (1936) S. 209 u. 233. — Daselbst umfangreiche Schrifttumsangaben.

[4] Selected values of properties of Hydrocarbons, Circular Nat. Bur. of Standards C 461, Nov. 1947. Washington: Governm. Printing Office.

[5] BEATTIE, J. A., C. HADLOCK u. N. POFFENBERGER: J. Chem. Phys. Bd. 3 (1935) S. 93.

Bereiches) haben SAGE, WEBSTER und LACEY durchgeführt[1]. Diese Messungen umfassen das Gebiet nahe unter dem kritischen Punkt und darüber. Die Ergebnisse sind in Form von Tabellen und Diagrammen wiedergegeben (P, v-, T, v- und $\frac{Pv}{RT}$, P-Diagramme). Die Übereinstimmung mit den bisher besprochenen Messungen und Berechnungen ist befriedigend.

KOBE und ROSENBERG[2] haben nachgewiesen, daß P-v-T-Werte für Äthan und andere leichte Kohlenwasserstoffe (CH_4, C_3H_8, n-C_4H_{10}, iso-C_4H_{10} und n-C_5H_{12}) für unterkritische Temperaturen und Drücke bis zu 100 ata durch die Zustandsgleichung von A. WOHL[3] mit einem Fehler unter 1% dargestellt werden können. Die Gleichung lautet (vgl. Bd. II dieses Handbuches, S. 170):

$$p = \frac{RT}{v-b} - \frac{a}{v(v-b)} + \frac{c}{v^3}.$$

Es müssen jedoch a und c als Temperaturfunktionen eingeführt werden, und zwar $a = a'/T$ und $c = c'/T^2$, wobei a' und c' Konstanten sind.

Die Dampfdruckkurve. Zwischen 0,5 und 9,3 ata gilt nach LOOMIS und WALTERS[4]

$$\lg p = 4{,}2704 - \frac{780{,}24}{T} - 0{,}000103\,T - 9{,}3 \cdot 10^{-10}(T-238)^4. \tag{244}$$

Zwischen 9,3 ata und dem kritischen Druck (50,3 ata) setzt PORTER[5]

$$\lg p = 4{,}2704 - \frac{780{,}24}{T} - 0{,}000103\,T + 1{,}4 \cdot 10^{-11}(T-238)^5, \tag{244a}$$

wobei in beiden Fällen p in ata erhalten wird. Beide Formeln, die sich nur durch das letzte Glied unterscheiden, gehen bei $T = 238°$ K stetig ineinander über. Das gilt auch noch für die drei ersten Ableitungen des Druckes nach der Temperatur.

Der normale Siedepunkt ist $t_s = -88{,}63°$ C, der Erstarrungspunkt (Tripelpunkt) wird zwischen $-182{,}48$ und $-183{,}6°$ C angegeben.

Kritische Daten. $T_k = 305{,}26°$ K ($t_k = 32{,}1°$ C); $p_k = 50{,}0$ ata; $v_k = 4{,}87$ l/kg; $\gamma_k = 0{,}205$ kg/l; $\sigma = \frac{RT_k}{p_k v_k} = 3{,}53$.

Spezifisches Volum und spezifisches Gewicht. Aus den von verschiedenen Autoren gemessenen Werten von $\gamma' = 1/v'$ und $\gamma'' = 1/v''$ fanden PLANK und KAMBEITZ für die gerade Mittellinie nach Gl. (43)

$$\frac{\gamma' + \gamma''}{2} = 0{,}213 + 0{,}155\left(1 - \frac{T}{T_k}\right). \tag{245}$$

Werte von γ' und γ'' sowie von v' und v'' als Funktionen von T findet man in der Dampftabelle 11 auf S. 467.

Spezifische Wärme. Die spezifische Wärme von *gasförmigem* Äthan bei unendlicher Verdünnung zwischen -100 und $+150°$ C wurde von PLANK und KAMBEITZ auf Grund vorhandener Meßwerte durch die Gleichung

$$c_{p_0} = 0{,}39525 + 8{,}292 \cdot 10^{-4}\,t + 39{,}93 \cdot 10^{-8}\,t^2 \tag{246}$$

dargestellt [kcal/kg °C].

---

[1] SAGE, B. H., D. C. WEBSTER u. W. N. LACEY: Industr. Engng. Chem. Bd. 29 (1937) S. 658.
[2] KOBE, K. A., u. H. E. ROSENBERG: Petrol. Engineer, Okt. 1951 S. 771.
[3] WOHL, A.: Z. phys. Chem. Bd. 87 (1914) S. 1; Bd. 99 (1921) S. 207 u. 226. Vgl. auch dieses Handbuch Bd. II S. 170.
[4] LOOMIS, A. G., u. J. E. WALTERS: J. Amer. chem. Soc. Bd. 48 (1926) S. 2051.
[5] PORTER, F.: J. Amer. chem. Soc. Bd. 48 (1926) S. 2055.

Die so berechneten Werte weichen nicht wesentlich von denen ab, die JUSTI[1] aus spektroskopischen Daten ermittelt hat. Er fand

bei t [°C] = —50 0 25 100 200
c_{p_0} [kcal/kg °C] = 0,353 0,393 0,416 0,490 0,590.

Werte der spezifischen Wärme c_p im realen Gasgebiet als Funktion von Druck und Temperatur haben SAGE, WEBSTER und LACEY auf Grund eigener Messungen von c_{p_0} und des JOULE-THOMSON-Koeffizienten $\left(\frac{\partial T}{\partial P}\right)_i$ angegeben. Die Werte sind in Abb. 139 dargestellt, sie zeigen den üblichen Verlauf.

Für die spezifische Wärme des *flüssigen* Äthans im Siedezustand liegen zuverlässige Meßwerte zwischen —173 und +22° C von WIEBE, HUBBARD und BREVOORT vor[2]. Sie stimmen sehr gut mit den Werten überein, die sich mit Hilfe der Zustandsgleichung (243) auf thermodynamischem Wege über die Enthalpie i'' und mit der Verdampfungswärme über $i' = i'' - r$ berechnen lassen.

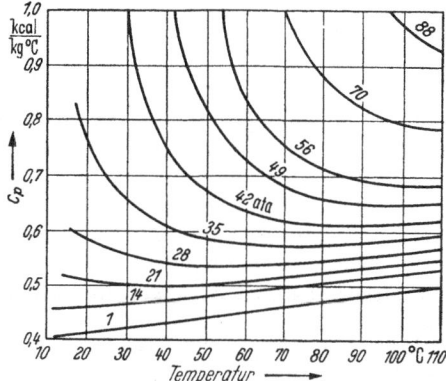

Abb. 139. Spezifische Wärme von gasförmigem Äthan als Funktion von Druck und Temperatur.

Latente Wärme. Mit den vorstehenden Unterlagen kann die *Verdampfungswärme* nach Gl. (11) recht genau berechnet werden. Die so erhaltenen Werte lassen sich durch die THIESENsche Gleichung (68a) mit den Konstanten $a = 163$ und $n = 0,361$ zwischen —100 und +25° gut darstellen. Nur in unmittelbarer Nähe des kritischen Punktes, wo die Werte nach Gl. (11) wegen der starken Veränderlichkeit von v'' unsicher werden, wurde den THIESENschen Werten der Vorzug gegeben. Am normalen Siedepunkt wird $r_s = 115,8$ kcal/kg und die TROUTONsche Konstante erhält den Wert $C = 18,86$. Dieser Wert paßt gut in die Reihe der Werte, die man für andere gesättigte Kohlenwasserstoffe kennt:

	CH_4	C_2H_6	C_3H_8	C_4H_{10}	C_5H_{12}	C_7H_{16}
$C =$	17,26	18,86	19,36	19,57	19,75	20,44

Die *Schmelzwärme* beträgt $r_f = 22,8$ kcal/kg.

Enthalpie, Entropie und MOLLIER-Diagramm. Aus der Zustandsgleichung (243) und der Gl. (246) für c_{p_0} erhält man auf thermodynamischem Wege nach Gl. (80) folgenden Ausdruck für die *Enthalpie* des Dampfes:

$$i = 191,60 + (0,39525 + 4,146 \cdot 10^{-4} t + 13,31 \cdot 10^{-8} t^2) t - \left[\frac{7,087}{(T/100)^{2,4}} + \frac{2,178 \, p^2}{(T/100)^9}\right] p, \qquad (247)$$

worin p in ata einzusetzen ist. Dabei wurde für flüssiges Äthan im Siedezustand bei 0° C und 24,32 ata $i'_0 = 100,00$ kcal/kg gewählt. Dann wird mit $r_0 = 72,44$, $i''_0 = 172,44$ kcal/kg. Mit dieser Gleichung wurden die i''-Werte bis 0° C in der Dampftabelle 11 auf S. 467 berechnet. Oberhalb 0° C geht man am besten von i'-Werten aus, die sich aus den von WIEBE und Mitarbeitern[2] gemessenen Werten

---
[1] JUSTI, E.: Spezifische Wärme, Enthalpie, Entropie und Dissoziation technischer Gase u. Dämpfe. Berlin 1938.
[2] WIEBE, R., K. H. HUBBARD u. M. J. BREVOORT: J. Amer. chem. Soc. Bd. 52 (1930) S. 611.

der spezifischen Wärme der siedenden Flüssigkeit berechnen lassen und die bis $t = 22°$ C vorliegen. Man erhält dann $i'' = i' + r$. Für den Bereich von 22° C bis $t_k = 32,1°$ C und für das überkritische Gebiet mußte von graphischen Extrapolationen Gebrauch gemacht werden. SAGE, WEBSTER und LACEY haben in diesem Bereich Enthalpiewerte aus eigenen Drosselversuchen und aus Werten der spezifischen Wärme berechnet.

In gleicher Weise wird nach Gl. (90) für die *Entropie* des Dampfes die Gleichung

$$s = 0{,}23247 + 0{,}45726 \lg T + 6{,}11 \cdot 10^{-4} T + 19{,}967 \cdot 10^{-8} T^2 - 0{,}1522 \lg p -$$

$$- \left[\frac{0{,}0500}{(T/100)^{3,4}} + \frac{0{,}0196\, p^2}{(T/100)^{10}} \right] p \tag{248}$$

abgeleitet, wobei $s_0'' = s_0' + \dfrac{r_0}{T_0} = 1{,}2652$ ist.

Diese Gleichung gilt auch wieder nur bis 0° für trocken gesättigten Dampf. Darüber hinaus wurde ähnlich verfahren wie bei der Berechnung von i''-Werten. Im einzelnen und für die Erfassung des überkritischen Gebietes wird auf PLANK und KAMBEITZ verwiesen.

Eine vollständige Dampftabelle 11 und ein MOLLIER-i, $\lg p$-Diagramm 13 aus der gleichen Quelle findet man auf S. 467 und in der Tasche zu diesem Band. Eine Dampftabelle und ein Diagramm in englischen Einheiten nach Unterlagen der Linde Air Products Company findet man im „Data Book" der ASRE, 8. Aufl. (1953/54) auf S. 33—36. Diese Werte weichen von den unsrigen zum Teil nicht unerheblich ab; wir halten sie für überholt. SAGE, WEBSTER und LACEY haben für das kritische und überkritische Gebiet ein T, s-Diagramm und ein i, T-Diagramm entworfen. Im Kamerlingh Onnes Laboratorium, Leiden, wurde 1941 ein MOLLIER-i, $\lg p$-Diagramm für Drücke von 0,02 bis 300 Atm und für Temperaturen von -125 bis $+200$ entworfen, das in großem Maßstab durch das Internationale Kälte-Institut in Paris bezogen werden kann.

IV. Physikalische Eigenschaften.

Viskosität. Aus den vorhandenen Messungen der Viskosität für *gasförmiges* Äthan[1] erhält man folgende Mittelwerte für 1 Atm

bei t [°C]	-78	0	$+20$	40	60	80	100	150	200	250
$\eta \cdot 10^5$ [cP]	645	855	915	980	1035	1090	1150	1280	1410	1525

Für *flüssiges* Äthan findet man Werte für die dynamische Viskosität η und die kinematische Viskosität ν im Bereich von $-175°$ bis zum normalen Siedepunkt[2] bei 1 Atm:

t [°C] =	-170	-160	-150	-140	-130	-120	-110	-100	-90
η [cP] =	0,805	0,574	0,442	0,359	0,301	0,257	0,222	0,195	0,172
ν [cSt] =	1,25	0,907	0,711	0,588	0,504	0,438	0,387	0,348	0,314

Wärmeleitzahl. Für *gasförmiges* Äthan liegen Meßwerte der Wärmeleitzahl von MANN und DICKINS vor[3], die durch die Gleichung

$$\lambda = 0{,}0157 \, (1 + 0{,}0066 \, t)$$

in $\dfrac{\text{kcal}}{\text{m h °C}}$ ausgedrückt wurden.

---
[1] Die Quellen sind bei PLANK und KAMBEITZ: Z. ges. Kälteind. Bd. 43 (1936) S. 209 u. 233 angegeben.
[2] Circular C 461, Nat. Bur. of Standards. Washington 1947.
[3] MANN, W. B., u. B. G. DICKINS: Proc. roy. Soc. (A) Bd. 134 (1932) S. 77.

Bei 0° stimmt der Wert mit Messungen anderer Forscher gut überein. Nach HENNING[1] wächst aber λ mit t schneller als linear. Es wird

bei $\quad t\,[^\circ\mathrm{C}] = -75 \quad -50 \quad -25 \quad 0 \quad +20 \quad 50 \quad 100$

$\quad\lambda\left[\dfrac{\mathrm{kcal}}{\mathrm{m\,h\,^\circ C}}\right] = 0{,}0098 \quad 0{,}0114 \quad 0{,}0133 \quad 0{,}0157 \quad 0{,}0178 \quad 0{,}0214 \quad 0{,}0282$.

Für die Wärmeleitzahl von *flüssigem* Äthan liegen keine Meßwerte vor.

Oberflächenspannung. KATZ und SALTMAN[2] haben die Oberflächenspannung von Äthan und anderen Grenzkohlenwasserstoffen oberhalb 0° C gemessen. Für Äthan wurden folgende Werte erhalten

bei $\quad t\,[^\circ\mathrm{C}] = 0{,}4 \quad 4{,}0 \quad 10{,}1 \quad 16{,}0 \quad 19{,}3 \quad 23{,}0 \quad 27{,}0$

$\quad \sigma\,[\mathrm{dyn/cm}] = 3{,}24 \quad 2{,}77 \quad 2{,}12 \quad 1{,}40 \quad 1{,}10 \quad 0{,}72 \quad 0{,}28$.

Man erkennt, daß σ bei Annäherung an die kritische Temperatur dem Wert Null zustrebt.

V. Kältetechnische Eigenschaften.

Für die Erzeugung von Temperaturen von -80 bis -100° C kommen außer Äthan noch die Kältemittel F13 (S. 359), Äthylen C_2H_4 (S. 419) und Stickoxydul N_2O (S. 445) in Frage. Es ist interessant, diese vier Kältemittel hinsichtlich des im Kompressor zu überwindenden Druckverhältnisses p/p_0 und der volumetrischen Kälteleistung q_0 miteinander zu vergleichen. Es soll in der ersten Stufe eine Verdampfungstemperatur von -80° C und eine Flüssigkeit von -40° (ohne Unterkühlung) vor dem Regelventil angenommen werden. Man erhält dann aus Dampftabellen die in Tab. 100 enthaltenen Vergleichswerte.

Tabelle 100. *Druckverhältnisse und volumetrische Kälteleistung bei $t_0 = -80^\circ$ C und $t = -40^\circ$ C.*

Kälte-mittel	Dampfdruck bei -40° C p [ata]	Dampfdruck bei -80° C p_0 [ata]	Druck-verhältnis p/p_0	Spezifisches Volum bei -80° C $v_0''\left[\dfrac{\mathrm{m}^3}{\mathrm{kg}}\right]$	Enthalpie des Dampfes bei -80° C $i_0''\left[\dfrac{\mathrm{kcal}}{\mathrm{kg}}\right]$	Enthalpie der Flüssigkeit bei -40° C $i'\left[\dfrac{\mathrm{kcal}}{\mathrm{kg}}\right]$	Volumetrische Kälteleistung $q_0 = \dfrac{i_0'' - i'}{v_0''}$ kcal/m³
F13	6,17	1,120	5,51	0,1342	115,86	89,49	186,5
C_2H_6	7,93	1,606	4,94	0,3209	160,19	71,30	276
N_2O	9,63	1,73	5,56	0,212	36,35 a)	−37,50 a)	348
C_2H_4	14,80	3,47	4,26	0,1498	125,15 b)	44,65 b)	537

a) Nullpunkt flüssig bei 26,67° C. b) Nullpunkt flüssig bei −116° C.

Kältetechnisch verhält sich danach Äthylen am günstigsten, denn es hat das kleinste Druckverhältnis und die größte volumetrische Kälteleistung. Theoretisch verhalten sich also die Zylindervolume bei gleicher Kälteleistung wie folgt ($C_2H_4 = 100\%$):

Kältemittel: $\quad C_2H_4 \quad N_2O \quad C_2H_6 \quad F\,13$
Zylindervolum: $\quad 100 \quad\, 154 \quad\, 194{,}5 \quad 288$.

Diese Eigenschaften allein sind aber für die Eignung eines Stoffes als Kältemittel noch nicht entscheidend.

VI. VII. Chemische und physiologische Eigenschaften.

Im Bereich kältetechnischer Anwendungen ist Äthan chemisch durchaus stabil, und es verträgt sich auch mit den meisten Baustoffen. Gasförmiges Äthan ist in Mineralölen in einer vom Druck und der Temperatur abhängigen Menge lös-

---

[1] HENNING, F.: Wärmetechnische Richtwerte, S. 85. Berlin: VDI-Verlag 1938.
[2] KATZ, D. L., u. W. SALTMAN: Industr. Engng. Chem. Bd. 31 (1939) S. 91.

lich. Das Verhalten von flüssigen C_2H_6-Öl-Gemischen ist noch wenig untersucht. Der von GRIFFITHS und AWBERY[1] geäußerten Ansicht, daß Glyzerin oder ein Gemisch von Glykol mit Graphit die besten Schmiermittel für Äthan-Maschinen wären, wird man kaum beipflichten.

Gemische von Äthan mit Luft sind explosiv, die Zündgrenzen liegen zwischen 3 und 15% und sind damit wesentlich enger als bei Äthylen (3 bis 35%).

Physiologisch ist Äthan (wie auch Propan und Butan) nach der Klassifizierung im Bericht der Underwriters Laboratories[2] noch weniger gefährlich als CO_2 oder F11 (s. S. 192).

2. Äthylchlorid (C_2H_5Cl).
I. Verwendung.

Äthylchlorid ist ein ausgesprochenes Niederdruckkältemittel ($t_s = 12{,}2°$ C). In Kolbenmaschinen kommt es nur für kleine und mittlere Kälteleistungen (bis etwa 25000 kcal/h) in Frage, wobei bevorzugt Rotationskompressoren benutzt werden sollten. Schon im Jahre 1911 wurden Versuche mit diesem Kältemittel unternommen, die aber zu keinem Erfolg führten[3]. Ein besseres Ergebnis erzielte später die Firma Fr. Stamp in Bergedorf[4]. Man hat auch daran gedacht, Äthylchlorid in Turbokompressoren zu verwenden, und zwar für Kälteleistungen über 250000 kcal/h*. Dabei wurden von Brown, Boveri & Co. gekapselte Bauarten herausgebracht, in denen Elektromotor und Kompressor in einem gemeinsamen Gehäuse untergebracht waren. Die Widerstandsfähigkeit von Isolier- und Dichtungsmaterialien sowie von Wicklungen elektrischer Maschinen gegen Äthylchlorid in dampfförmigem und flüssigem Zustand wurde eingehend geprüft und als befriedigend gefunden[5]. Eine größere Bedeutung hat Äthylchlorid als Kältemittel jedoch nicht erlangt; nach der Bereitstellung der verschiedenen fluorierten Kohlenwasserstoffe ist es noch stärker in den Hintergrund getreten.

II. Herstellung.

Äthylchlorid wird nach dem schon beim Methylchlorid (S. 292) angegebenen Verfahren aus Äthylalkohol und Salzsäure hergestellt:

$$C_2H_5OH + HCl = C_2H_5Cl + H_2O. \tag{249}$$

Dabei ist die Anwendung wasserentziehender Kondensationsmittel, z. B. Zinkchlorid, von Vorteil. Ein anderer Weg ist die Einwirkung von Phosphorchlorid auf Äthylalkohol. Die Badische Anilin- und Sodafabrik in Ludwigshafen stellt Äthylchlorid aus mit HCl gesättigtem schwefelsäurehaltigem Äthylalkohol her in Apparaturen, die mit Tantal oder Platin ausgekleidet sind.

III. Thermische und kalorische Eigenschaften.

Molekulargewicht $\mu = 64{,}52$,

Gaskonstante $R = 13{,}15 \left[\dfrac{\text{mkg}}{\text{kg °C}}\right]$.

Die thermischen Eigenschaften sind nur angenähert bekannt. Die erste umfassende Untersuchung an nicht ganz reinem Äthylchlorid ($CH_3Cl < 0{,}3\%$, $H_2O < 0{,}1\%$) wurde von JENKIN und SHORTHOSE durchgeführt[6]. Dort findet

---

[1] Vgl. Fußnote 2 auf S. 385. — [2] Report Nr. 2375, November 1933, S. 106.
[3] Z. ges. Kälteind. Bd. 18 (1911) S. 235 und Bd. 21 (1914) S. 148.
[4] PLANK, R., u. J. KUPRIANOFF: Kleinkältemaschine S. 140. Berlin/Göttingen/Heidelberg: Springer 1948.
* Brown Boveri Mitt. Bd. 20, März—April 1933, S. 63.
[5] Brown Boveri Mitt. Bd. 19, Jan. 1932, S. 47.
[6] JENKIN, C. F., u. D. N. SHORTHOSE: Food Invest. Board, Special Report Nr. 14. London 923.

Äthylchlorid (C_2H_5Cl).

man auch Angaben über vereinzelte ältere Messungen. JENKIN und SHORTHOSE haben folgende Größen gemessen: Dampfdruck, spezifisches Gewicht und Ausdehnungskoeffizient der Flüssigkeit, Verdampfungswärme und Enthalpie von siedender Flüssigkeit und Dampf. Außerdem wurden Drosselversuche durchgeführt. Das spezifische Volum des Dampfes wurde indirekt aus dem i, s-Diagramm nach der Gleichung $v = (\partial i/\partial p)_s$ berechnet. Der normale Siedepunkt liegt bei 12,2° C.

Die kritischen Werte t_k und p_k sind häufig gemessen worden, doch bestehen nicht unerhebliche Abweichungen zwischen den verschiedenen Meßergebnissen. Die Werte von BERTHOUD[1]

$$t_k = 187{,}2° \text{ C}; \quad p_k = 53{,}5 \text{ ata}$$

scheinen die zuverlässigsten zu sein. Ferner ist $v_k = 3{,}03\ l/\text{kg}$ und $\gamma_k = 0{,}33\ \text{kg}/l$. Daraus erhält man $\sigma = \dfrac{RT_k}{p_k v_k} = 3{,}73$. Der Erstarrungspunkt liegt bei $t_f = -138{,}7°$ C.

Die Ergebnisse von JENKIN und SHORTHOSE sind in der Dampftabelle 12 auf S. 468 zusammengestellt. Die Verfasser haben ihrem Bericht auch ein T, s- und ein MOLLIER-i, s-Diagramm beigefügt, und zwar in den Grenzen von 0,15 bis 3 ata und von -30 bis $+110°$ C. Das T, s-Diagramm findet man auch in den Brown Boveri Mitteilungen 1933.

Eine Vorstellung von der Genauigkeit dieser Dampftabelle und der Diagramme liefert der Vergleich der Werte der spezifischen Wärme c_{fl} der Flüssigkeit nach JENKIN und SHORTHOSE mit den sehr genauen Messungen von RIEDEL[2].

Temperatur [°C]:	-30	-20	-10	0	10	20	30	40
c_{fl} [kcal/kg °C]								
nach JENKIN u. SH.:	0,348	0,357	0,367	0,376	0,385	0,394	0,404	0,413
nach RIEDEL:	0,369	0,373	0,379	0,385	0,392	0,399	0,408	0,417

Die spezifische Wärme c_{p_0} des Dampfes bei sehr niedrigem Druck hat nach JENKIN und SHORTHOSE folgende Werte

bei t [°C] =	-30	0	30	60	90
$c_{p_0}\left[\dfrac{\text{kcal}}{\text{kg °C}}\right] =$	0,211	0,222	0,234	0,245	0,256

Der Exponent der Adiabate $\varkappa_0 = c_{p_0}/c_{v_0} = 1{,}16$.

IV. Physikalische Eigenschaften.

Viskosität. Die Viskosität von *gasförmigem* Äthylchlorid[3] hat bei 0° C den Wert 94 μP. Die Konstante C in Gl. (98) ist 411. Damit läßt sich die Viskosität bei verschiedenen Temperaturen berechnen.

Für *flüssiges* Äthylchlorid wurden folgende Werte gefunden

bei t [°C] =	-20	-10	0	10	20	30	40
η [cP] =	0,392	0,354	0,320	0,291	0,266	0,244	0,224

Wärmeleitzahl. Für *gasförmiges* Äthylchlorid ist

bei t [°C] =	0	20	50	100	150	200
$\lambda\left[\dfrac{\text{kcal}}{\text{m h °C}}\right] =$	0,00815	0,00925	0,0110	0,0141	0,0175	0,0213

Für flüssiges Äthylchlorid konnten keine Werte gefunden werden.

---
[1] BERTHOUD, A.: J. Chim. phys. Bd. 15 (1917) S. 3.
[2] RIEDEL, L.: Z. ges. Kälteind. Bd. 47 (1940) S. 87.
[3] Vgl. Refrig. Engng. Bd. 37 (1939) S. 226.

V. Kältetechnische Eigenschaften.

Die volumetrische Kälteleistung q_0 von Äthylchlorid ist, wie bei allen Niederdruckkältemitteln, klein. Bei $-15°$ Verdampfungstemperatur und $25°$ C vor dem Regelventil wird nach der Dampftabelle 12 auf S. 468

$$q_0 = \frac{i_0'' - i_u}{v_0''} = \frac{90{,}88 - 9{,}67}{1{,}010} = 80{,}3 \text{ kcal/m}^3.$$

Unter „Normalbedingungen" ($t_0 = -15°$, $t = +30°$) ist das Druckverhältnis bereits $p/p_0 = 1{,}923/0{,}318 = 6{,}04$, so daß auch der Liefergrad keine sehr hohen Werte erreichen wird. Die Abmessungen des Kompressors werden daher entsprechend groß. Energetisch ist aber dieses Kältemittel infolge der hoch gelegenen kritischen Temperatur günstig. Der Gütegrad des üblichen Vergleichsprozesses erreicht gegenüber dem CARNOT-Prozeß etwa 88%.

VI. VII. Chemische und physiologische Eigenschaften.

Flüssiges Äthylchlorid löst nur etwa 0,2% Wasser, von dem es durch Berührung mit Kalziumchlorid befreit werden kann. Wird das Wasser nicht weitgehend beseitigt, dann bilden sich bei der Verdampfung, z. B. am Drosselorgan, eigenartige rohrförmige Kristalle (Hydrate), in die Äthylchlorid wie in einen Schwamm eingesaugt wird[1]. Dadurch wird der Umlauf des Kältemittels behindert.

Flüssiges Äthylchlorid absorbiert bei $11°$ C im Vergleich mit Wasser etwa die dreifache Menge Luft.

Metalle werden von trockenem Äthylchlorid nicht angegriffen. Eine Ausnahme bildet nur Quecksilber, das aber auch nur von flüssigem Äthylchlorid angegriffen wird, was bei der Verwendung von Quecksilbermanometern auf Prüfständen zu beachten ist. Bei Gegenwart von Feuchtigkeit bildet sich Salzsäure, die gegenüber allen Metallen korrodierend wirkt.

Elastomere werden durch C_2H_5Cl vielfach vollständig aufgelöst. Auch Hartgummi und Kork quellen in der Flüssigkeit stark. Die Auswahl geeigneter Dichtungsstoffe ist schwer, so daß fast nur Asbest verwendet werden kann.

Äthylchlorid ist mit Mineralölen mischbar; es löst sich je nach Temperatur und Kältemitteldruck und führt daher zu einem Absinken der Viskosität. Glyzerin wurde mehrfach als Schmiermittel verwendet; es ist aber ungeeignet, da es infolge seines Wassergehaltes zur Säurebildung führen kann. C_2H_5Cl ist leicht brennbar. DEISS[2] ermittelte als Zündgrenzen im Eudiometerrohr mit Flammenzündung 6,4 bis 11,2 Vol.-% in Luft; als Explosionsgrenzen bei der Zündung mit Funken gibt er 3,6 bis 11,2 Vol.-% an. EDWARDS[3] nennt als Zündgrenzen 4,3 bis 15,5 Vol.-%.

Physiologisch wirkt Äthylchlorid anästhesierend. Bis zu 2 Vol.-% in Luft sind nach CAULIER[4] ungefährlich. Die Underwriters Laboratories[5] und der U.S. Public Health Service[6] stellten folgende Grenzen der physiologischen Wirksamkeit fest: Durch 2,5 Vol.-% werden Meerschweinchen in zwei Stunden nicht getötet. 4 Vol.-% sind gerade noch eine Stunde lang erträglich, aber schon gefährlich. 6 Vol.-% wirken in einer Stunde tödlich.

C_2H_5Cl wird in die Klasse 4a der Underwriters Gruppierung für Giftigkeit neben Dichlormethan (CH_2Cl_2) eingestuft (s. S. 192).

---

[1] VILLARD: Ann. Chim. et Phys. Bd. 7 (1911) S. 384.
[2] DEISS: Z. Elektrochem. Bd. 29 (1923) S. 586.
[3] EDWARDS, H. D.: Refrig. Engng. Bd. 11 (1924) S. 95.
[4] CAULIER, A.: Rev. gén. Froid Bd. 25 (1948) S. 625.
[5] *Underwriters Laboratories Inc.:* Miscellaneous Hazard Nr. 2375 vom 13. Nov. 1933.
[6] YANT u. SAYERS: U.S Public Health Bulletin Nr. 185, Washington 1929.

Die Warnwirkung wird vor allem dann für unspezifisch und ungenügend gehalten, wenn die Konzentration langsam ansteigt. Die Spaltprodukte, Salzsäure und Chlor, haben ausreichende Warnwirkung.

3. Äthylbromid (C_2H_5Br).

Bei der Suche nach geeigneten Kältemitteln für Turbokompressoren hat die Firma Brown, Boveri & Co. dem Äthylbromid seinerzeit besondere Beachtung geschenkt[1]. Sein hohes Molekulargewicht ($\mu = 108{,}98$) und die Lage des Siedepunktes ($t_s = 38{,}4°$ C) ergeben die Möglichkeit, Kompressoren mit sehr geringer Stufenzahl und für Kälteleistungen bis herab auf 100000 kcal/h zu bauen.

Dampfdrücke wurden schon 1862 von REGNAULT gemessen. Neuere Werte stammen von REX[2], ROLAND[3] und ZMACZYNSKI[4]. Es ist

bei t [° C] = 0,32   10   20   30   33,25   43,56   54,02
p [ata] = 0,225 0,350 0,525 0,768 0,862 1,235 1,725.

Der *Erstarrungspunkt* liegt bei $t_f = -118{,}6°$ C.
Kritische Werte: $t_k = 230{,}8°$ C; $p_k = 63{,}5$ ata.
Spezifisches Gewicht der Flüssigkeit bei 0° C $\gamma' = 1{,}5014$ und bei 30° C $\gamma' = 1{,}4403$ kg/l.

Viskosität der Flüssigkeit

bei t [°C] = 15   30   46   77,8
η [cP] = 0,418 0,348 0,304 0,234.

Oberflächenspannung

bei t [° C] = 15   20   30
σ [dyn/cm] = 24,83 24,15 22,83.

Dielektrizitätskonstante

bei t [°C] = -30 -20 -10 0 10 25 35
ε = 11,69 11,29 10,68 10,19 9,71 9,01 8,59.

Ein T, s-Diagramm für Sättigungstemperaturen von -30 bis $+40°$ C und für Überhitzungen bis 150° C hat die Firma Brown, Boveri & Co. entworfen[1].

Im Gegensatz zu Äthylchlorid ist Äthylbromid nicht oder nur schwach brennbar. Es greift die Metalle nicht an. Physiologisch wirkt es anästhesierend und ist als toxisch zu bezeichnen; doch ist es weniger gefährlich als Methylbromid, aber eher noch schädlicher als Methylchlorid[5]. Es besitzt praktisch keine Warnwirkung. Die Produkte seiner thermischen Spaltung haben dagegen eine ausgeprägte Reiz- und Warnwirkung.

I. Fluorhaltige Äthanderivate.

1. Allgemeines.

Neben verschiedenen chlorierten und fluorierten Methanderivaten haben sich auch einige entsprechende Äthanderivate als Kältemittel gut bewährt. Nach Gl. (182) gibt es im ganzen $k = \dfrac{7 \cdot 8}{2} = 28$ solche Grundverbindungen (einschließlich des Äthans selbst). Dazu kommen aber noch zahlreiche Isomere, so

---

[1] Brown Boveri Mitt. Bd. 20 (März/April 1933) S. 63.
[2] REX, A.: Z. phys. Chem. Bd. 55 (1906) S. 355.
[3] ROLAND, M.: Diss. Brüssel u. Bull. Soc. chim. Belg. Bd. 37 (1928) S. 117.
[4] ZMACZYNSKI, M. A.: J. Chim. phys. Bd. 27 (1930) S. 503.
[5] U.S. Public Health Bulletin Nr. 185 (1929) nach einem Bericht des Bureau of Mines.

Tabelle 101. *Fluor-Chlor-Derivate des Äthans und ihre normalen Siedetemperaturen.*

Anzahl H-Atome	6	5	4	3	2	1	0
Anzahl Halogen-Atome	0	1	2	3	4	5	6
Kein Fluoratom	C_2H_6 $-88,6°$	C_2H_5Cl $+12,5°$	CH_2Cl-CH_2Cl $+84°$ CH_3-CHCl_2 $+57°$	$CH_2Cl-CHCl_2$ $+113°$ CH_3-CCl_3 $+75°$	$CHCl_2-CHCl_2$ $+145°$ $CH_2Cl-CCl_3$ $+128°$	$CHCl_2-CCl_3$ $+162°$	C_2Cl_6 $+185°$
Ein Fluoratom		C_2H_5F $-37,7°$	CH_2F-CH_2Cl $+35°$ $CH_3-CHFCl$ $+4°$	$CH_2F-CHCl_2$ $+70°$ $CH_2Cl-CHFCl$ $+74°$ CH_3-CFCl_2 $+42°$	$CHFCl-CHCl_2$ $+103°$ CH_2F-CCl_3 $+90°$ $CH_2Cl-CFCl_2$ $+86°$	$CHCl_2-CFCl_2$ $+115,7°$ $CHFCl-CCl_3$ $+117°$	C_2FCl_5 $+138°$
Zwei Fluoratome			CH_2F-CH_2F $-23°$? CH_3-CHF_2 $-25°$	$CH_2Cl-CHF_2$ $+35°$ $CH_2F-CHFCl$ $+27°$ CH_3-CF_2Cl $-9,2°$	$CHFCl-CHFCl$ $+66°$ $CH_2F-CFCl_2$ $+62°$ CHF_2-CHCl_2 $+60°$ CH_2Cl-CF_2Cl $+49°$	$CHFCl-CFCl_2$ $+85°$ CHF_2-CCl_3 $+77°$ $CHCl_2-CF_2Cl$ $+72°$	$CFCl_2-CFCl_2$ $+93°$ $CF_2Cl-CCl_3$ $+91,5°$
Drei Fluoratome				CH_2F-CHF_2 $+5°$ CH_3-CF_3 $-47,6°$	$CHF_2-CHFCl$ $+17°$ CH_2F-CF_2Cl $+7°$ CH_2Cl-CF_3 $-13°$	CHF_2-CFCl_2 $+38°$ $CHFCl-CF_2Cl$ $+28°$ $CHCl_2-CF_3$ $+31°$	$CF_2Cl-CFCl_2$ $+47,7°$ CF_3-CCl_3 $+45,9°$
Vier Fluoratome					CH_2F-CF_3 $-53°$ CHF_2-CHF_2 $-23°$	$CHFCl-CF_3$ $-12°$ CHF_2-CF_2Cl $-10°$	CF_3-CFCl_2 $+3,0°$ CF_2Cl-CF_2Cl $+3,5°$
Fünf Fluoratome						CHF_2-CF_3 $-48°$	C_2F_5Cl $-38°$
Sechs Fluoratome							C_2F_6 $-78,3°$

Die fett gedruckten Verbindungen bezeichnen Kältemittel, die bereits praktisch verwendet worden sind.

daß die Gesamtzahl der Verbindungen auf 55 anwächst. Sie sind in Tab. 101 mit den zugehörigen normalen Siedepunkten geordnet dargestellt. Man erkennt leicht, daß die Zahl der Isomeren in jeder waagerechten und senkrechten Reihe der Tabelle symmetrisch ansteigt und abfällt. Die kältetechnisch wichtig gewordenen Stoffe sind fett gedruckt. Einige Werte dieser Siedepunkte sind noch unsicher. Die Siedepunkte von Isomeren sind um so weniger verschieden, je weniger H-Atome sie enthalten. Wie bei den Methanderivaten nimmt der Siedepunkt beim Ersatz eines H-Atoms durch ein Cl-Atom regelmäßig zu; beim Ersatz eines Cl-Atoms durch ein F-Atom tritt eine ziemlich gleichmäßige Abnahme des Siedepunktes ein, die jedoch etwas kleiner ist als bei den Methanderivaten.

Die Fluor-Chlor-Derivate des Äthans werden aus dessen Chlorderivaten in gleicher Weise hergestellt, wie es nach den Gln. (183) und (184) für vollständig halogenierte Methanverbindungen der Fall war:

$$3\,C_2Cl_6 + n\,SbF_3 = 3\,C_2F_nCl_{6-n} + n\,SbCl_3, \tag{250}$$

$$C_2Cl_6 + n\,HF = C_2F_nCl_{6-n} + n\,HCl. \tag{251}$$

Bei unvollständiger Halogenierung tritt an die Stelle der Reaktionsgleichung (250)

$$3\,C_2H_mCl_{6-m} + n\,SbF_3 = 3\,C_2H_mF_nCl_{6-m-n} + n\,SbCl_3. \tag{252}$$

Daneben sind auch noch andere Verfahren für die Herstellung von Fluorderivaten des Äthans bekanntgeworden[1].

2. Trifluortrichloräthan, F113 ($C_2F_3Cl_3$).

I. II. Herstellung und Verwendung.

Von den beiden Isomeren des $C_2F_3Cl_3$ (s. Tab. 101) ist CF_3-CCl_3 schwer darstellbar, dagegen $CFCl_2-CF_2Cl$ mit dem normalen Siedepunkt von $t_s = 47,7°$ C nach den Reaktionsgleichungen (250) oder (251) mit $n = 3$ leicht zu erhalten. Dieses findet z. B. Verwendung in den Turbokompressoren der Trane Comp., La Crosse, Wis.[2], und zwar vorwiegend für Klimaanlagen. Daneben ist es auch als Kälte- und Treibmittel in Strahlkältemaschinen empfohlen und verwendet worden[3]. F113 ist ein Niederdruckkältemittel, bei dem der ganze Kältemaschinenprozeß in der Regel im Vakuum verläuft. Für die Erzeugung tiefer Temperaturen ist es nicht geeignet, denn schon bei $-10°$ C ist der Sättigungsdruck kleiner als 0,1 ata. F113 wird auch unter den Handelsnamen Genetron 226, Arcton 63 und Algofrene 60 vertrieben.

III. Thermische und kalorische Eigenschaften.

Molekulargewicht $\mu = 187,39$,

Gaskonstante $R = 4,525$ [mkg/kg °C].

Zustandsgleichung. BENNING und McHARNESS[4] haben die Ergebnisse ihrer Messungen der Dampfvolume durch die vereinfachte Zustandsgleichung (8)

---

[1] Vgl. z. B. E. T. McBEE und Mitarbeiter: Industr. Engng. Chem. Bd. 39 (1947) S. 409.

[2] PLANK, R.: Amerikanische Kältetechnik, 3. Bericht, S. 74. Düsseldorf: Dtsch. Ing.-Verlag 1950.

[3] PLANK, R.: Z. ges. Kälteind. Bd. 48 (1941) S. 185. — C. F. BOESTER: Heating and Ventilating Bd. 37 (Febr. 1940) S. 15.

[4] BENNING, A. F., u. R. C. McHARNESS: Industr. Engng. Chem. Bd. 32 (1940) S. 698. — Dieselben: Thermodynamic Properties of Freon 113, Druckschrift der Kinetic Chemicals Inc. 1938.

von BEATTIE und BRIDGMAN dargestellt und für die Konstanten folgende Werte gefunden:

$A_0 = 37{,}56;\quad a = -0{,}062;\quad B_0 = 0{,}534;$
$b = -0{,}223;\quad c = 0;\quad R = 0{,}08206.$

Dabei ist v in m³/kmol einzusetzen und P wird in Atm erhalten.

RIEDEL[1] fand auf Grund eigener Messungen, daß man bei den niedrigen Drücken, auf die sich dieser Stoff im Kälteprozeß beschränkt, schon mit der einfachen Zustandsgleichung

$$v = 4{,}525 \frac{T}{P} - \frac{0{,}1057}{(T/100)^{2,5}} \tag{253}$$

sehr gut auskommen kann. Dabei ist P in kg/m² einzusetzen und v wird in m³/kg erhalten.

Die so berechneten Volume sind besonders bei tiefen Temperaturen kleiner als nach BENNING und MCHARNESS. Auch die weiter unten mitgeteilten Werte der thermischen Eigenschaften zeigen deutliche Abweichungen zwischen den Messungen von RIEDEL und denen amerikanischer Forscher. Wir halten uns hier bevorzugt an die Messungen von RIEDEL, die wir auch der Dampftabelle 13 auf S. 468 zugrunde gelegt haben.

Dampfdruckkurve. Im Bereich von -25 bis $+35°$ C gilt nach RIEDEL die Gleichung

$$\lg p = 9{,}6842 - \frac{2099}{T} - 1{,}3505 \left(\frac{T}{100}\right) + 0{,}1171 \left(\frac{T}{100}\right)^2, \tag{254}$$

wobei p in ata erhalten wird. Danach liegt der normale Siedepunkt bei $t_s = 47{,}68°$ C. LOCKE, BRODE und HENNE[2] fanden $47{,}7°$ C, HOVORKA und GEIGER[3] $47{,}25 \pm 0{,}25°$ C.

Die Erstarrungstemperatur ist $t_f = -36{,}6°$ C.

Kritische Daten. $T_k = 487{,}3°$ K ($t_k = 214{,}1°$ C); $p_k = 34{,}8$ ata; $v_k = 1{,}735$ l/kg; $\gamma_k = 0{,}576$ kg/l; $\sigma = \dfrac{RT_k}{p_k v_k} = 3{,}65$.

Spezifisches Volum und spezifisches Gewicht. BENNING und MCHARNESS[4] haben für die „gerade Mittellinie" nach Gl. (43) gefunden:

$$\frac{\gamma' + \gamma''}{2} = 0{,}8106 - 0{,}001095\, t \tag{255}$$

(t in °C). Dabei gilt für die Flüssigkeit zwischen -30 und $+120°$ C in kg/l

$$\gamma' = 1{,}6212 - 0{,}2172 \cdot 10^{-2}\, t - 0{,}0330 \cdot 10^{-4}\, t^2. \tag{256}$$

RIEDEL[1] fand aus eigenen Messungen (in l/kg)

$$v' = 0{,}6169\,(1 + 1{,}390 \cdot 10^{-3}\, t + 2{,}74 \cdot 10^{-6}\, t^2 + 12{,}2 \cdot 10^{-9}\, t^3). \tag{256a}$$

Spezifische Wärme. Für die spezifische Wärme im *Dampfzustand* bei $p = 1$ Atm gilt nach BENNING, MCHARNESS, MARKWOOD und SMITH[5]

$$c_{p_0} = 0{,}149 + 0{,}00023\, t. \tag{257}$$

Bei $60°$ C ist $\varkappa_0 = c_{p_0}/c_{v_0} = 1{,}080$, bei $100°$ C ist $\varkappa_0 = 1{,}075$.

Im *flüssigen* Zustand fand RIEDEL zwischen -30 und $+60°$ C:

$$c_{fl} = 0{,}2172 + 0{,}031 \cdot 10^{-2}\, t + 0{,}012 \cdot 10^{-4}\, t^2. \tag{258}$$

---

[1] RIEDEL, L.: Z. ges. Kälteind. Bd. 45 (1938) S. 221.
[2] LOCKE, E., W. BRODE u. A. HENNE: J. Amer. chem. Soc. Bd. 56 (1934) S. 1726.
[3] HOVORKA, F., u. F. GEIGER: J. Amer. chem. Soc. Bd. 55 (1933) S. 4759.
[4] BENNING, A. F., u. R. C. MCHARNESS: Industr. Engng. Chem. Bd. 32 (1940) S. 813.
[5] BENNING, A. F., u. Mitarbeiter: Industr. Engng. Chem. Bd. 32 (1940) S. 976.

BENNING und Mitarbeiter[1] fanden etwas abweichende Werte, die sie durch die Gleichung

$$c_{fl} = 0{,}2148 + 0{,}0207 \cdot 10^{-2}\, t \tag{258a}$$

darstellten.

Latente Wärme. RIEDEL berechnete die Verdampfungswärme nach Gl. (11) und führte nur einige Kontrollmessungen durch, welche die berechneten Werte bestätigten. Er setzt zwischen -30 und $+80°$ C (in kcal/kg):

$$r = 37{,}90 - 6{,}75 \cdot 10^{-2}\, t - 0{,}7 \cdot 10^{-4}\, t^2. \tag{259}$$

Am normalen Siedepunkt wird $r_s = 34{,}5$ kcal/kg. Die TROUTON-Konstante erhält den Wert 20,2.

Enthalpie, Entropie und MOLLIER-Diagramm. RIEDEL[2] hat unter Zugrundelegung eigener Messungen die Dampftabelle 13 auf S. 468 berechnet. Ein MOLLIER-i, $\lg p$-Diagramm in englischen Einheiten findet man im Data Book der ASRE, 8. Aufl. (1953/54) auf S. 33—68. Dort sind auch Tafeln mit den Werten des Volums, der Enthalpie und der Entropie für überhitzten Dampf bei Drücken von 1 bis 50 lb/sq. in. zu finden. Der Verlauf der Grenzkurven im T, s-Diagramm entspricht bei F113 der Abb. 12.

IV. Physikalische Eigenschaften.

Viskosität. Im *gasförmigen* Zustand läßt sich die Viskosität bei sehr niedrigen Drücken als Funktion der Temperatur durch die empirische Gl. (100) darstellen, mit den Konstanten $A = 8{,}08$ und $B = 36{,}60$, wobei η_0 in cP erhalten wird[3]. Bei $30°$ C ist $\eta_0 = 0{,}0104$ cP.

Im *flüssigen* Zustand kann von Gl. (103) Gebrauch gemacht werden, mit $c = 6154$, $a = 118{,}7$ und $n = 1{,}8401$. Dabei wird η auch wieder in cP erhalten[3]. Bei $30°$ C ist $\eta = 0{,}619$ cP.

Wärmeleitzahl[4]. Im Gaszustand bei $30°$ C und $0{,}5$ Atm ist $\lambda = 0{,}0067$ kcal/m h °C. Im flüssigen Zustand bei $30°$ C und $p = 0{,}5$ Atm ist $\lambda = 0{,}078$ kcal/m h °C.

Oberflächenspannung. Bei $25°$ C ist $\sigma = 19$ dyn/cm.

V. Kältetechnische Eigenschaften.

Der Gütegrad des Vergleichsprozesses ist sehr hoch und entspricht etwa dem von CH_2Cl_2. Wie bei allen Niederdruckkältemitteln ist die volumetrische Kälteleistung sehr klein und das Druckverhältnis im Kompressor groß. Deswegen eignet sich F113 nicht für Kolbenkompressoren. In Turbokompressoren dagegen ist die kleine volumetrische Kälteleistung ein Vorteil; sie können mit F113 schon für Kälteleistungen unter 100000 kcal/h gebaut werden.

VI. VII. Chemische und physiologische Eigenschaften.

Nach den Lieferbedingungen der Kinetic Chemicals Inc. enthält das handelsübliche F113 nicht mehr als 20 mg H_2O/kg, keine Chloride oder freies Chlor sowie nicht mehr als 0,03 Vol.-% höhersiedende Verunreinigungen, die vornehmlich aus Difluortetrachloräthan (F112) bestehen.

Nach THOMPSON[5] löst F113 bei $-18°$ C 15 und bei $0°$ C 36 mg H_2O/kg. Mit Zink geht F113 in alkalischer Lösung durch Entchlorierung in Trifluormonochloräthylen ($CFCl = CF_2$) über, dessen Polymerisat in den USA als KEL-F und in Deutschland als Hostaflon im Handel ist.

$$CFCl_2 \cdot CF_2Cl + Zn \xrightarrow{alk} CFCl \cdot CF_2 + ZnCl_2.$$

---

[1] BENNING, A. F., u. Mitarbeiter: s. Fußnote 5, S. 396.
[2] RIEDEL, L.: Kälte Bd. 1 (1948) S. 105.
[3] BENNING, A. F., u. W. H. MARKWOOD jr.: Refrig. Engng. Bd. 37 (1939) S. 243.
[4] Kinetic Technical Bulletin B-2 1950.
[5] THOMPSON, R. I.: Refrig. Engng. Bd. 44 (1942) S. 311.

F113 ist mit Mineralölen mischbar und beeinflußt daher die Viskosität der Öle stark. Abb. 140 zeigt die Abhängigkeit der Viskosität eines Öles vom Gehalt an F113 in Gew.-% bei drei verschiedenen Temperaturen, Abb. 141 gibt die Viskositäts-Temperatur-Kurven eines Öles mit verschiedenen Gehalten an F113 wieder[1].

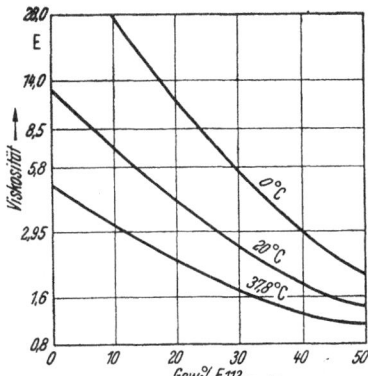

Abb. 140. Viskosität von Öl-F113-Gemischen als Funktion des F113-Gehaltes bei verschiedenen Temperaturen.

Nach den Untersuchungen der *Underwriters Laboratories*[2] ist F113 weder brennbar noch entflammbar oder explosiv. Die Zündtemperatur, welche zum pyrogenen Zerfall führt, liegt bei 680° C. Es findet lediglich eine Aufspaltung des Kältemittels, aber keine Ausbreitung der Flamme statt.

Die Underwriters Laboratories gaben auch die physiologischen Eigenschaften von F113 bekannt. In der Atemluft in Abwesenheit von Flammen oder glühenden Flächen ist F113 nur in geringem Maße schädlich. Es wird zwischen die Klassen 4 und 5, jedoch näher an die Klasse 5 eingestuft, die solche Kältemittel umfaßt, wie CH_2Cl_2 und C_2H_5Cl (s. S. 192).

In Gegenwart kleiner, nichtleuchtender Gasbrenner, wie sie in Küchen üblich sind, liegt die Lebensgefahr in unventilierten Räumen mit 0,5 bis 2,5 Vol.-% F113 bei einer Einwirkungszeit von 5 bis 15 Minuten. Als Giftstoffe entstehen

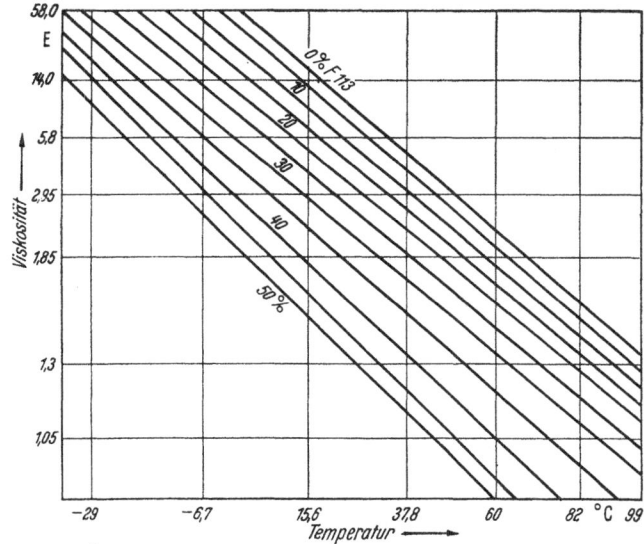

Abb. 141. Viskosität von Öl-F113-Gemischen als Funktion der Temperatur bei verschiedenen F113-Gehalten.

HCl, HF, $COCl_2$ und Chlor. In großen Flammen bilden sich, infolge der verstärkten Reaktionsmöglichkeit, mehr Giftstoffe. Ähnliche Ergebnisse wurden mit 5 Vol.-% F113 in Luft mit Holzfeuern erzielt. Dabei entstanden 1,352 Vol.-% HCl, 0,868 Vol.-% HF, 0,181 Vol.-% $COCl_2$ jedoch kein Chlor.

Die Spaltprodukte haben gute Warnwirkung, da sie die Schleimhäute reizen und vor dem Einatmen einer gefährlichen Dosis zum Verlassen des Raumes veranlassen.

---

[1] ASRE: The Refrigerating Data Book, Basic Volume, VI. Ed. New York 1949.
[2] *Underwriters Laboratories Inc.*: Miscellaneous Hazard Nr. 3072 vom 7. April 1941.

3. Tetrafluordichloräthan, F114 ($C_2F_4Cl_2$).

a) Das symmetrische Isomer.

I. II. Herstellung und Verwendung.

F114 ist ein Niederdruckkältemittel, dessen symmetrisches Isomer CF_2Cl-CF_2Cl (vgl. Tab. 101) mit einem normalen Siedepunkt von 3,5° C nach den Reaktionsgleichungen (250) und (251) mit $n = 4$ hergestellt werden kann. Es eignet sich gut für Rotationskompressoren und wurde von der Frigidaire Corp. in Hunderttausenden von hermetisch gekapselten Maschinen verwendet. Als diese Maschinen später bei genauer Herstellung auch für höhere Druckdifferenzen zwischen Druck- und Saugseite geeignet erschienen, wurde F114 durch F12 ersetzt.

F114 kommt auch für die Verwendung in Turbokompressoren in Frage, wenn es sich um Verdampfungstemperaturen von —20 bis —30° C handelt, bei denen das spezifische Volum des Dampfes schon recht groß wird.

Das von Kinetic Chemicals Inc. hergestellte F114 besteht zu 92% aus dem symmetrischen und zu 8% aus dem unsymmetrischen Isomer (s. S. 402).

III. Thermische und kalorische Eigenschaften.

Die Eigenschaften von F114 sind nicht sehr genau bekannt. Die hier angegebenen Werte können nur als angenähert gelten. FÜNER[1] hat versucht, sie systematisch zu ordnen und in einer Dampftabelle sowie in einem MOLLIER-Diagramm zusammenzufassen. Die Kinetic Chemicals Inc., welche diesen Stoff zuerst industriell herstellte, hat eine Dampftafel und ein MOLLIER-Diagramm in englischen Einheiten herausgebracht[2], die im Data Book der ASRE enthalten sind (8. Aufl. 1953/54, S. 33—71 bis 33—79). Größere Abweichungen gegenüber den Werten von FÜNER zeigen sich nur bei tiefen Temperaturen unterhalb etwa —20° C.

Molekulargewicht $\mu = 170{,}93$,

Gaskonstante $R = 4{,}961 \left[\dfrac{\text{mkg}}{\text{kg °C}}\right]$.

Zustandsgleichung. FÜNER machte von dem Gesetz der korrespondierenden Zustände Gebrauch[3], um die spezifischen Volume von F114 zu berechnen, indem er diesen Stoff mit dem viel genauer untersuchten F113 (S. 395) verglich. Dazu ist für beide die Kenntnis der kritischen Daten erforderlich. Für F113 waren diese Daten auf S. 396 angegeben. Für F114 fanden BENNING und McHARNESS $T_k = 418{,}9°$ K ($t_k = 145{,}7°$ C) und $p_k = 33{,}4$ ata. Nimmt man bei F114 für $\sigma = \dfrac{R T_k}{p_k v_k}$ den gleichen Wert 3,65 an wie bei F113, dann erhält man $v_k = 1{,}705$ l/kg. Auf diesem Wege ermittelte FÜNER ein System von v-Werten als Funktion von p und T, die er dann durch die Zustandsgleichung

$$v = 4{,}961 \frac{T}{p} - \frac{0{,}06386}{(T/100)^{7/3}} \tag{260}$$

darstellte. Dabei wird v in m³/kg erhalten.

BENNING und McHARNESS haben die vereinfachte Zustandsgleichung (8a) von BEATTIE und BRIDGMAN in der Gestalt

$$p = 0{,}06279\, T\gamma + (0{,}002819\, T - 3{,}789)\gamma^2 + (0{,}612 \cdot 10^{-4}\, T - 0{,}0197)\gamma^3$$

---

[1] FÜNER, V.: Mitt. Kältetechn. Inst. Karlsruhe Nr. 3 S. 54. Karlsruhe: Müller 1948.
[2] BENNING, A. F., u. R. C. McHARNESS: Thermodynamic Properties of Freon 114, Bull. Kinetic Chemicals Inc. 1944. — R. I. THOMPSON: Refrig. Engng. Bd. 44 (1942) S. 311.
[3] Dieses Handbuch Bd. II, S. 165.

benutzt, in der T in absoluten Fahrenheitgraden und γ in lb/ft³ einzusetzen sind, wobei p in lb/sq. in. erhalten wird.

Dampfdruckkurve. Es liegen Meßwerte von THORNTON, BURG und SCHLESINGER zwischen -67 und $+4°$ C vor[1], die sich auf $0{,}5°$ C genau durch die Gleichung $\lg p = 7{,}658 - \dfrac{1300}{T}$ darstellen lassen, wobei p in Torr erhalten wird. Ferner hat HENDRICKSON die Dampfdrücke zwischen -50 und $+97°$ C gemessen[2]. FÜNER hat, gestützt auf die verfügbaren Meßwerte, die Dampfdruckgleichung

$$\lg p = 5{,}6270 - \frac{1419 \cdot 72}{T} - 0{,}1746 \frac{T}{100} \tag{261}$$

aufgestellt, nach der die Drücke in der Dampftabelle 14 auf S. 469 berechnet sind.

BENNING und MCHARNESS empfehlen die Dampfdruckgleichung

$$\lg p = 57{,}7688 - \frac{4763{,}34}{T} - 18{,}6011 \lg T + 0{,}0062959\,T, \tag{261a}$$

in der T in absoluten Fahrenheitgraden einzusetzen ist und p in lb/sq. in. erhalten wird.

Der normale Siedepunkt liegt bei $3{,}5°$ C, der Erstarrungspunkt bei $-94°$ C. PERLICK[3] konnte bei der Abkühlung von flüssigem F114 bis $-188°$ C einen definierten Schmelzpunkt weder thermisch noch optisch beobachten, er fand vielmehr einen Übergang in den glasigen Zustand.

Die *kritischen Daten* sind $T_k = 418{,}9\,°\text{K}$ ($t_k = 145{,}7\,°\text{C}$), $p_k = 33{,}4$ ata, $v_k = 1{,}715\,l/\text{kg}$, $\gamma_k = 0{,}583\,\text{kg}/l$, $\sigma = \dfrac{R\,T_k}{p_k\,v_k} = 3{,}68$.

Die Werte des *spezifischen Volums* und des *spezifischen Gewichts* von siedender Flüssigkeit und von trocken gesättigtem Dampf nach FÜNER (a. a. O.) können aus der Dampftabelle 14 auf S. 469 entnommen werden. Sie unterscheiden sich zwischen -30 und $+40°$ nur wenig von den entsprechenden Werten im Data Book der ASRE.

Für die *spezifische Wärme des Dampfes* bei sehr niedrigem Druck setzt FÜNER

$$c_{p_0} = 0{,}1505 + 0{,}000225\,t. \tag{262}$$

Auch dieser Wert stimmt mit demjenigen, der sich aus den Enthalpiewerten von überhitztem Dampf im Data Book berechnen läßt, gut überein. Man erhält daraus $\varkappa_0 = c_{p_0}/c_{v_0} = 1{,}085$.

BENNING und MCHARNESS setzen bei 1 Atm

$$c_p = 0{,}1482 + 0{,}000134\,t,$$

wobei aber t in °F einzusetzen ist.

Für die spezifische Wärme *der Flüssigkeit* liegen nur einander ziemlich widersprechende Meßwerte vor. Hier ist daher die Unsicherheit noch am größten. FÜNER berechnet daher die Enthalpie der Flüssigkeit aus $i' = i'' - r$, was zulässig erscheint, wenn man über genaue Werte der Verdampfungswärme verfügt. Das ist aber auch angenähert der Fall. Bei $0°$ C wird nach FÜNER $c_{fl} \approx \dfrac{di'}{dt} = 0{,}217$ und nach dem Data Book $c_{fl} = 0{,}230$ kcal/kg °C. PERLICK hat c_{fl} von $+20°$ bis zu sehr tiefen Temperaturen gemessen und fand bei $0°$ C $c_{fl} = 0{,}2334$. Der von FÜNER gewählte Wert dürfte danach zu niedrig sein (s. weiter unten).

---

[1] THORNTON, N. V., A. B. BURG u. H. I. SCHLESINGER: J. Amer. chem. Soc., Bd. 60 (1938) S. 3177. — [2] HENDRICKSON, H. M.: Refrig. Engng. Bd. 54 (1946) S. 317.
[3] PERLICK, A.: Z. ges. Kälteind. Bd. 44 (1937) S. 201.

Tetrafluordichloräthan, F114 ($C_2F_4Cl_2$).

Latente Wärme. FÜNER hat die Verdampfungswärme nach Gl. (11) berechnet, wobei er dp/dT aus seiner Gl. (261) entnommen hat. Bei $-30°$ C findet er $r = 34,64$ kcal/kg und gute Übereinstimmung mit dem Wert 34,8, den THORNTON und Mitarbeiter gemessen haben[1]. PERLICK hat die Verdampfungswärme zwischen $-4,7$ und $+15,8°$ C gemessen; seine Werte liegen wesentlich höher, was vermutlich durch Verunreinigungen im benutzten F114 zu erklären ist. Im Data Book der ASRE, wo die von der Kinetic Chemicals Inc. ermittelten Werte aufgenommen wurden, findet man bei $-30°$ C den Wert $r_s = 35,7$ kcal/kg. Oberhalb 0° C bestehen zwischen den Werten von FÜNER und dem Data Book keine nennenswerten Differenzen; unterhalb 0° C sind FÜNERS Werte stets kleiner, wie aus folgender Übersicht zu erkennen ist:

t [°C] $=$	-35	-15	0	$+15$	$+50$
$r\left[\dfrac{\text{kcal}}{\text{kg}}\right]$ nach FÜNER $=$	34,85	33,88	32,95	31,83	28,42,
$r\left[\dfrac{\text{kcal}}{\text{kg}}\right]$ nach *Data Book* $=$	36,17	34,4	33,1	31,5	28,3.

Nimmt man an, daß die TROUTON-Konstante denselben Wert 20,2 hat wie bei F113 (S. 397), dann müßte die Verdampfungswärme beim normalen Siedepunkt $r_s = 32,8$ kcal/kg betragen, in bester Übereinstimmung sowohl mit FÜNER als auch mit dem Data Book.

Enthalpie, Entropie und MOLLIER-Diagramm. Aus seiner Zustandsgleichung (260) und der Gl. (262) leitet FÜNER auf thermodynamischem Wege die folgenden Ausdrücke für die Enthalpie i und die Entropie s ab:

$$i = 132,99 + 0,1505\,t + 1,13 \cdot 10^{-4}\,t^2 - \frac{0,5024 \cdot 10^{-4}\,P}{(T/100)^{7/3}}, \tag{263}$$

$$s = 0,66672 + 0,20493 \lg T + 0,000225\,T - 0,026754 \lg P - \frac{3,48962 \cdot 10^{-4}\,P}{(T/100)^{10/3}}, \tag{264}$$

dabei ist P in kg/m² einzusetzen. Die Konstanten sind, wie üblich, so gewählt, daß bei 0° C $i'_0 = 100,00$ kcal/kg und $s'_0 = 1,0000$ kcal/kg °K werden.

Mit seinen Werten von r berechnet FÜNER nunmehr $i' = i'' - r$ und $s' = s'' - r/T$. Da seine Werte von r nicht sehr sicher sind, so können auch die Werte von i' und s' nur angenähert gelten. Wie oben erwähnt, erhält man aus den i'-Werten um einige Prozent zu kleine Werte von c_{fl}.

Die vorläufige Dampftabelle 14 auf S. 469 ist der Arbeit von FÜNER entnommen, ebenso das vorläufige MOLLIER-i, $\lg p$-Diagramm 14 (in der Tasche). Eine Dampftabelle, auch für Werte im überhitzten Gebiet, und ein MOLLIER-Diagramm in englischen Einheiten findet man im Data Book, 8. Aufl. (1953/54) auf S. 33—71 bis 33—79.

IV. Physikalische Eigenschaften.

Bei 30° C beträgt die *Viskosität* von F114 im Gaszustand 0,0117 cP und im flüssigen Zustand 0,356 cP.

Die *Wärmeleitzahl* bei 1 Atm hat bei 30°, 50° bzw. 100° C im Gaszustand die Werte 0,0096, 0,0100 bzw. 0,0123 und im flüssigen Zustand bei 30° C den Wert 0,0665 kcal/m h °C.

Die *Oberflächenspannung* hat bei 25° C den Wert 13 dyn/cm.

---

[1] Vgl. LANDOLT-BÖRNSTEIN: Phys.-Chem. Tabellen, III. Erg.-Band (1936) S. 2731.

V. Kältetechnische Eigenschaften.

Der Gütegrad des Vergleichsprozesses dürfte demjenigen von F113 gleich kommen, ist also durchaus befriedigend. Nach Tab. 28 liegt die volumetrische Kälteleistung sehr nahe bei derjenigen von F21. Das Druckverhältnis im Kompressor hat bei „Normalbedingungen" ($-15°/+30°$) den Wert $p/p_0 = 5{,}47$.

VI. VII. Chemische und physiologische Eigenschaften.

F114 ist eine klare und wasserhelle Flüssigkeit mit schwach ätherischem Geruch. Die Kinetic Chemicals Inc. liefert F114 mit höchstens 25 mg H_2O/kg, frei von Chlor und Chloriden, mit nicht mehr als 5 Vol.-% Fremdgas im Dampfraum über der Flüssigkeit und höchstens 0,05 Vol.-% höhersiedenden Verunreinigungen.

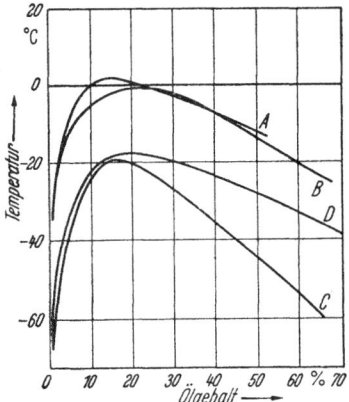

Abb. 142. Temperaturabhängigkeit der Löslichkeit von F114 in den Ölen A, B, C, D nach Tab. 97.

F114 löst nach den Angaben von THOMPSON bei 0° C 26 mg H_2O/kg und bei $-18°$ C 9 mg H_2O/kg (vgl. auch Abb. 35). Die sehr geringe Löslichkeit von Wasser im flüssigen F114 führt leicht zur Ausscheidung von Eis im Regelorgan, so daß F114 nur mit einem Trockner im Kältemittelkreislauf verwendet werden sollte.

Im trockenen Zustand greift F114 die üblichen metallischen Baustoffe nicht an; bei Anwesenheit von Wasser, das allerdings schon vorher durch Ausfrieren zu Störungen führt, kann auch Salzsäure entstehen.

F114 ist mit Mineralölen nur begrenzt mischbar und bildet infolgedessen (wie F22) unterhalb der kritischen Löslichkeitstemperatur zwei Schichten, eine ölreiche und eine an F114 reiche Schicht. Die ölreiche Schicht ist leichter und schwimmt obenauf. BOSWORTH[1] hat die Löslichkeit von F114 in vier Ölen verschiedener Herkunft untersucht, deren Eigenschaften in Tab. 97 zusammengestellt sind. Die Löslichkeitskurven sind in Abb. 142 wiedergegeben. Die Löslichkeit ist am geringsten in dem paraffinbasischen Öl A und nimmt über das gemischtbasische Öl B nach den naphthenbasischen Ölen C und D stark zu. Der Scheitelpunkt der Mischungslücke sinkt dabei von etwa $+2°$ C bis auf $-19°$ C ab.

F114 ist nach THOMPSON[2] nicht brennbar und nicht entflammbar, spaltet sich aber in Flammen und an heißen Flächen wie alle Halogenkohlenwasserstoffe thermisch unter Bildung von Halogenwasserstoffen auf. Die Spaltprodukte sind giftig, haben aber ausreichende und typische Warnwirkung. Das reine F114 hat in der Atemluft nur sehr geringe physiologische Wirkung. Ab etwa 20 Vol.-% in der Luft treten nach zwei Stunden Atembeschwerden infolge Sauerstoffmangels auf. Eine spezifische toxische Wirkung besteht nicht. Von den *Underwriters Laboratories*[3] wird es mit F12 in die Klasse 6 der ungiftigsten Kältemittel eingestuft (S. 192).

b) Das unsymmetrische Isomer.

Von der Allied Chemical and Dye Corporation wird neuerdings auch das unsymmetrische Isomer CF_3-CFCl_2 hergestellt[4], und seine Eigenschaften wurden

---

[1] BOSWORTH, C. M.: Refrig. Engng. Bd. 60 (1952) S. 617.
[2] Siehe Fußnote 5 auf S. 397.
[3] *Underwriters Laboratories Inc.*: Miscellaneous Hazard Nr. 2375 vom 13. Nov. 1933.
[4] Das im Handel erhältliche Produkt besteht zu 85% aus dem unsymmetrischen und zu 15% aus dem symmetrischen Isomer (s. S. 399).

von MEARS und Mitarbeitern[1] untersucht. Es unterscheidet sich sehr wenig von dem unter a) behandelten symmetrischen Isomer; da uns aber die Meßwerte von MEARS und Mitarbeitern genauer erscheinen, so sollen sie hier mitgeteilt werden.

Molekulargewicht $\mu = 170{,}93$,

Gaskonstante $R = 4{,}961 \left[\dfrac{\text{mkg}}{\text{kg}\,°\text{C}}\right]$.

Zustandsgleichung. Es wurden Isochoren von 0,17 bis 0,65 l/mol aufgenommen, die sich durch die Zustandsgleichung (8) mit $\varepsilon = 0$ und den Konstanten

$$A_0 = 38{,}77; \quad a = 0{,}1824; \quad B_0 = 0{,}799; \quad b = 0{,}2228$$

darstellen ließen. Dabei sind v in l/mol, T in °K und P in Atm einzusetzen.

Dampfdruckkurve. Von $-30°$ C bis zum kritischen Punkt ließen sich die Meßwerte durch die einfache Gl. (9) mit $a = 5{,}6109$ und $b = 1227{,}0$ darstellen (p in lb/sq. in. abs., T in °K). Der normale Siedepunkt liegt bei 3,0° C.

Kritische Daten $t_k = 145{,}5$ °C, $p_k = 33{,}6$ ata, $v_k = 1{,}72\,l$/kg, $\gamma_k = 0{,}582$ kg/l,
$\sigma = \dfrac{R\,T_k}{P_k\,v_k} = 3{,}60$.

Spezifisches Gewicht der Flüssigkeit

bei t [°C] =	−44,42	−30,39	−12,54	+8,37	29,24	56,93	74,09
γ' [kg/l] =	1,643	1,618	1,577	1,517	1,454	1,363	1,290

Für die gerade Mittellinie nach Gl. (42) erhält man

$$\dfrac{\gamma' + \gamma''}{2} = 0{,}765 - 1{,}28 \cdot 10^{-3}\,t,$$

t in °C, γ in kg/l.

Latente Wärme. Nach Gl. (11) erhält man folgende Werte der Verdampfungswärme

bei t [°C] =	−40	−20	0	20	40	60	80	100
r [kcal/kg] =	32,50	32,10	31,50	30,55	29,15	27,15	24,75	21,50

Enthalpie. Die Enthalpie des Dampfes wurde aus der Zustandsgleichung unter Zuhilfenahme spektroskopischer Daten für c_{p_0} berechnet. Für die Flüssigkeit wurde dann $i' = i'' - r$ gesetzt. Mit $i'_0 = 100{,}00$ kcal/kg bei 0° C ergeben sich folgende Werte:

bei t [°C] =	−40	−20	0	20	40	60	80
i' [kcal/kg] =	92,97	96,42	100,00	104,33	107,95	112,57	117,32
i'' [kcal/kg] =	125,47	128,52	131,50	134,88	137,10	139,72	142,07

Viskosität der Flüssigkeit

bei t [°C] =	18,5	24,9	31,5	40,7	50,9	61,3	70,1
ist η [cP] =	0,480	0,465	0,436	0,406	0,371	0,333	0,301

4. Pentafluormonochloräthan, F115 (C_2F_5Cl).

F115 kann von den Kinetic Chemicals Inc. bei Bedarf auch in größeren Mengen hergestellt werden. Es wurde bisher noch nicht als Kältemittel verwendet, da der Preis recht hoch ist; es besitzt aber sehr beachtenswerte thermische, chemische und physiologische Eigenschaften[2]. Die Lage seines normalen Siede-

---

[1] MEARS, W. H., u. Mitarbeiter: Industr. Engng. Chem. Bd. 47 (1945) S. 1449.
[2] Kinetic Technical Bulletin B-2 1950. — Vgl. auch R. PLANK: Kältetechnik Bd. 8 (1956) S. 127.

punktes ($t_s = -38°$ C) legt seine Verwendung in Kolbenkompressoren nahe, wenn Verdampfungstemperaturen von -50 bis $-60°$C verlangt werden. Es könnte an Stelle von F22 in Frage kommen:

Molekulargewicht: $\mu = 154{,}48$,

Gaskonstante: $R = 5{,}49 \left[\dfrac{\text{mkg}}{\text{kg °C}}\right]$,

Normaler Siedepunkt: $t_s = -38{,}0°$ C,

Erstarrungspunkt: $t_f = -106°$ C,

Kritische Temperatur: $t_k = 80{,}0°$ C,

Kritischer Druck: $p_k =$ etwa 33 ata,

Kritisches Volum: $v_k = 1{,}68$ l/kg,

Spezifisches Gewicht der Flüssigkeit bei 30° C: $\gamma' = 1{,}258$ kg/l,

Spezifisches Gewicht des Dampfes bei $-38°$ C: $\gamma'' =$ etwa $8{,}33$ kg/m³,

Spezifische Wärme der Flüssigkeit bei 30° C: $c_{fl} = 0{,}29$ kcal/kg °C,

Spezifische Wärme des Dampfes bei 30° C und 1 Atm: $c_p = 0{,}164 \left[\dfrac{\text{kcal}}{\text{kg °C}}\right]$

Exponent der Adiabate: $\varkappa = c_p/c_v = 1{,}09$,

Verdampfungswärme bei $-38°$ C: $r_s = 31{,}4$ kcal/kg.

F115 ist chemisch sehr stabil, greift Metalle nicht an, ist nicht brennbar und nicht giftig. Es ist vermutlich mit F12 und F114 in die Klasse 6 nach der Klassifikation der Underwriters Laboratories einzureihen (S. 192).

5. Trifluormonochloräthan, F133 (CH_2Cl-CF_3).

Vorübergehend bestand bei der I. G. Farbenindustrie A.G. Interesse für die kältetechnische Verwendung von F133, dessen Herstellung keine Schwierigkeiten bereitet. Als Niederdruckkältemittel ($t_s = \sim 8°$ C) würde es sich für Rotationskompressoren eignen und gegebenenfalls das sehr feuergefährliche Äthylchlorid ersetzen können. Im Laboratorium der I. G. Farbenindustrie wurden 1942 einige thermische Daten dieses Stoffes, so die Dampfdruckkurve von -30 bis $+30°$C, die Dichte und die spezifische Wärme der Flüssigkeit, das spezifische Volum des Dampfes und die Verdampfungswärme teils experimentell, teils rechnerisch angenähert ermittelt. Mit diesen Unterlagen, die dem Kältetechnischen Institut in Karlsruhe bekanntgegeben wurden, ist dort eine vorläufige Dampftabelle berechnet worden, die hier auf S. 470 als Nr. 15 wiedergegeben ist. Es kommt ihr ausdrücklich nur orientierende Bedeutung zu.

6. Difluormonochloräthan, F142 (CH_3-CF_2Cl).

Mit Rücksicht auf die Giftigkeit von Schwefeldioxyd, das im Haushalt und Kleingewerbe weite Verbreitung gefunden hat, bestand der Wunsch, in der Gruppe der fluorierten Kohlenwasserstoffe ein ungiftiges und möglichst nicht brennbares Kältemittel zu finden, dessen normaler Siedepunkt demjenigen von SO_2 ($-10°$ C) nahe kommt. Unter den Methanderivaten wäre nach Tab. 86 CH_2FCl hierfür in Frage gekommen. Noch geeigneter erschien unter den Äthanderivaten $CH_3 \cdot CF_2Cl$ (F142 oder Genetron 101). Da seine Herstellung keine großen Schwierigkeiten bereitete, wurde es von der I. G. Farbenindustrie dem Kältetechnischen Institut in Karlsruhe zwecks Untersuchung der thermischen Eigenschaften zur Verfügung gestellt.

BADYLKES[1] hält die Verwendung von F142 besonders bei Wärmepumpen für geeignet und hat die thermischen Eigenschaften mit empirischen Methoden bis 80° C extrapoliert.

---

[1] BADYLKES, I. S.: Sammelwerk „Cholodilnaja Technika", S. 35. Moskau: Gostorgisdat 1955.

Die ersten Messungen von PERLICK[1] wurden noch mit einer nicht sehr reinen Probe durchgeführt, weshalb von ihrer Wiedergabe abgesehen wird. Später hat RIEDEL[2] mit weitgehend gereinigten Proben gearbeitet.

Molekulargewicht $\mu = 100{,}50$,

Gaskonstante $R = 8{,}438 \left[\dfrac{\text{mkg}}{\text{kg °C}}\right]$.

Zustandsgleichung. RIEDEL hat seine $P-v-T$-Messungen durch die Zustandsgleichung

$$v = \frac{8{,}436}{P} - \frac{0{,}082}{(T/100)^{2,3}} \tag{265}$$

ausgedrückt, in der P in kg/m² eingesetzt ist und v in m³/kg erhalten wird. Sie umfaßt den Meßbereich von 0,6 bis 3 ata und von -16 bis 40° C (8,7 bis 32,1 l/mol) und ist in gewissen Grenzen extrapolationsfähig.

MEARS und Mitarbeiter[3] bei der Allied Chemical and Dye Corporation haben solche Messungen bei viel niedrigeren spezifischen Volumen (0,5 bis 1,8 l/mol) durchgeführt und ihre Ergebnisse durch die Zustandsgleichung (8) mit $\varepsilon = 0$ dargestellt. Mit den Konstanten

$$A_0 = 37{,}74; \quad a = 0{,}2417; \quad B_0 = 0{,}850; \quad b = 0{,}294$$

und $R = 0{,}08206$ ist v in l/mol und T in °K einzusetzen, wobei P in Atm erhalten wird.

Dampfdruckkurve. Die gemessenen Dampfdrücke in den Grenzen von -60 bis $+35°$ C ließen sich nach RIEDEL durch die Formel

$$\lg p = 8{,}1008 - \frac{1590{,}1}{T} + 0{,}0104\,T + 0{,}098 \cdot 10^{-4}\,T^2 \tag{266}$$

darstellen. Für den normalen Siedepunkt erhält man $t_s = -9{,}21°$ C. Der Erstarrungspunkt liegt nach PERLICK bei $t_f = -130{,}8°$ C.

Weitere Dampfdruckmessungen zwischen -25 und 117° C führten MEARS und Mitarbeiter durch[3]. Sie drückten ihre Ergebnisse durch die einfache Gl. (9) mit $a = 5{,}6640$ und $b = 1184{,}5$ aus, wobei p in lb/sq. in. abs. erhalten wird (T in °K). Diese Werte stimmen mit denjenigen von RIEDEL zwischen -25 und 0 °C gut überein. Bei 34° C ergibt sich eine Abweichung von etwa 3%. Der normale Siedepunkt wird mit $-9{,}8°$ C angegeben.

Kritische Daten. MEARS und Mitarbeiter fanden $t_k = 137{,}1°$ C; $p_k = 42{,}3$ ata; $v_k = 2{,}30\,l/\text{kg}$; $\gamma_k = 0{,}435$ kg/l; $\sigma = \dfrac{R\,T_k}{P_k\,v_k} = 3{,}56$.

Spezifisches Volum der Flüssigkeit. Diese Werte wurden von RIEDEL von $-80°$ bis $+30°$ C gemessen und durch die Gleichung

$$v' = 0{,}854 + 0{,}169 \cdot 10^{-2}\,t + 0{,}058 \cdot 10^{-4}\,t^2 + 0{,}022 \cdot 10^{-6}\,t^3 \tag{267}$$

in l/kg dargestellt. Sie stimmen mit den neuen Messungen von MEARS und Mitarbeitern, die von -41 bis 126° C reichen, im gemeinsamen Meßbereich gut überein. Für höhere Temperaturen wird

bei t [°C] =	42,21	51,86	60,35	71,20
γ' [kg/l] =	1,063	1,034	1,009	0,976

---

[1] PERLICK, A.: Z. ges. Kälteind. Bd. 44 (1937) S. 201.
[2] RIEDEL, L.: Z. ges. Kälteind. Bd. 48 (1941) S. 105.
[3] MEARS, W. H., u. Mitarbeiter: Industr. Engng. Chem. Bd. 47 (1955) S. 1449.

Für die gerade Mittellinie nach Gl. (43) fanden MEARS und Mitarbeiter

$$\frac{\gamma' + \gamma''}{2} = 0{,}591 - 1{,}15 \cdot 10^{-3} t,$$

wobei t in °C und γ in kg/l einzusetzen sind.

Latente Wärmen. Mit den Gln. (265) bis (267) läßt sich die Verdampfungswärme nach Gl. (11) berechnen. Die so erhaltenen Werte sind in die Dampftabelle 16 auf S. 470 aufgenommen. Beim normalen Siedepunkt wird $r_s = 53{,}25$ kcal/kg, woraus sich die TROUTON-Konstante zu 20,3 errechnet.

Auch MEARS und Mitarbeiter berechneten die Verdampfungswärme nach Gl. (11). Es liegen ferner Werte von RUSSEL, GOLDING und YOST vor[1]. Die Übereinstimmung aller Werte zwischen -40 und $+30°$C ist ausgezeichnet. Für höhere Temperaturen wird

bei t [°C]   = 40   60   80   100
r [kcal/kg] = 45,6 41,6 36,7 30,9.

Die *Schmelzwärme* beträgt rd. 6,39 kcal/kg.

Spezifische Wärme, Enthalpie und Entropie. RIEDEL hat die spezifische Wärme c'_x der Flüssigkeit im Siedezustand zwischen -61 und $+22°$ C gemessen. Durch Addition des sehr kleinen Korrekturgliedes $Av'\frac{dP}{dT}$ erhält er unmittelbar Werte für die Ableitung di'/dT, die sich durch die Interpolationsformel

$$\frac{di'}{dT} = 0{,}299 + 0{,}050 \cdot 10^{-2} t + 0{,}028 \cdot 10^{-4} t^2 \qquad (268)$$

in kcal/kg °C darstellen ließen. Durch Integration der Gl. (268) erhält man die Enthalpie der siedenden Flüssigkeit.

$$i' = 100{,}00 + 0{,}299 t + 0{,}025 \cdot 10^{-2} t^2 + 0{,}0093 \cdot 10^{-4} t^3 \qquad (269)$$

in kcal/kg, wobei für $t = 0°$ C $i'_0 = 100{,}00$ kcal/kg gesetzt wurde. Die Enthalpie des trocken gesättigten Dampfes wird dann $i'' = i' + r$.

MEARS und Mitarbeiter sind umgekehrt vorgegangen: sie berechneten die Enthalpie des Dampfes aus ihrer Zustandsgleichung (8) unter Zuhilfenahme spektroskopischer Daten[2]. Die Enthalpie der Flüssigkeit wird dann $i' = i'' - r$. Die so berechneten Enthalpiewerte weichen von denjenigen RIEDELS (in Dampftabelle 16) nur wenig ab.

Für die Berechnung der Entropie geht RIEDEL von der Gl. (83) aus

$$ds' = \frac{di'}{T} - A\frac{v'}{T} dP,$$

in der das letzte Glied wieder nur eine kleine Korrektur ist, die er durch einen Näherungsausdruck ersetzt. Es wird

$$s' = 0{,}8038 + 0{,}8299 \lg T - 0{,}09897 \cdot 10^{-2} T + 0{,}014 \cdot 10^{-4} T^2 - 0{,}00007 p. \qquad (270)$$

Die Konstante ist so gewählt, daß bei $t = 0°$ C $s'_0 = 1{,}0000$ kcal/kg °K wird. Schließlich erhält man noch $s'' = s' + r/T$.

Alle so gewonnenen Werte sind in der Dampftabelle 16 auf S. 470 zusammengetragen. Im Bereich von 40 bis 80° C wird von den extrapolierten Werten von BADYLKES[3] Gebrauch gemacht. Ein MOLLIER-Diagramm wurde bisher nicht entworfen.

---

[1] RUSSEL, H., D. R. V. GOLDING u. D. M. YOST: J. Amer. chem. Soc. Bd. 66 (1944) S. 16 bis 20. — [2] Einzelheiten sind der Originalarbeit zu entnehmen, s. Fußnote 3 auf S. 405.
[3] Vgl. Fußnote 1 auf S. 404. Leider sind in der dort auf S. 40 berechneten Dampftafel zahlreiche Druckfehler enthalten. Besonders erscheinen die Werte von v' und v'', auch abgesehen von den Dezimalstellen, völlig fehlerhaft; diese wurden daher fortgelassen.

MEARS und Mitarbeiter haben noch die *Viskosität* von *flüssigem* CH_3-CF_2Cl gemessen und folgende Werte gefunden

bei t [° C] =   −30,9   −20,9   −0,8   20   40   60
η [cP] =   0,503   0,453   0,381   0,334   0,281   0,238.

Über das Verhalten von F142 gegen Metalle, Wasser und Mineralöl liegen bisher keine Erfahrungen vor. Der Wasserstoffanteil ließ von vornherein vermuten, daß dieser Stoff brennbar ist; seine Zündgrenzen wurden zwischen 10,6 und 15,1 Vol.-% in der Mischung mit Luft festgestellt[1]. Die damit verbundene Gefahr ist also nicht groß. Bezüglich der Giftigkeit kann angenommen werden, daß F142 in die Klasse 4a der Klassifikation der Underwriters Laboratories zusammen mit CH_2Cl_2 und C_2H_5Cl einzureihen sein wird (s. S. 192).

7. Trifluoräthan, F143 (CH_3-CF_3).

Die Allied Chemical and Dye Corporation, die sich in den USA neben der Kinetic Chemicals Inc. mit der Herstellung von Fluor-Chlor-Derivaten von Kohlenwasserstoffen befaßt und diese unter dem Handelsnamen „Genetron" (s. S. 318) vertreibt, hat neuerdings eine Reihe weiterer Stoffe dieser Art hergestellt und auf ihre thermischen und physikalischen Eigenschaften untersuchen lassen[2]. Diese Stoffe eignen sich unter anderem auch als Kältemittel.

CH_3-CF_3 wird als Genetron 200 bezeichnet, der normale Siedepunkt liegt bei $-47,6°$ C in der Nähe desjenigen von Propan; es ist also für die Erzeugung von Temperaturen von -60 bis $-75°$ C geeignet.

Molekulargewicht $\mu = 84{,}04$,

Gaskonstante $R = 10{,}10 \left[\dfrac{\text{mkg}}{\text{kg °C}}\right]$.

Zustandsgleichung. In den Grenzen der kältetechnischen Anwendung können die Meßwerte durch Gl. (8) mit $\varepsilon = 0$ und den Konstanten

$$A_0 = 20{,}92; \quad a = 0{,}142; \quad B_0 = 0{,}490; \quad b = 0{,}173$$

dargestellt werden. Dabei sind v in l/mol, T in °K und P in Atm einzusetzen.

Dampfdruckkurve. Von −50 bis +70° C ließen sich die Dampfdrücke durch die einfache Gl. (9) mit $a = 5{,}6663$ und $b = 1014{,}7$ darstellen, wobei mit T in °K, p in lb/sq. in. abs. erhalten wird.

Kritische Daten[3]. $t_k = 73{,}1°$ C; $p_k = 38{,}5$ ata; $v_k = 2{,}305$ l/kg; $\gamma_k = 0{,}434$ kg/l; $\sigma = \dfrac{R T_k}{P_k v_k} = 3{,}90$.

Spezifisches Gewicht der Flüssigkeit[4]
bei t [° C] = −76,2   −66,2   −56,2   +25,3   30,0   40,6   49,6   60,9
γ' [kg/l] = 1,237   1,212   1,186   0,962   0,942   0,889   0,834   0,746.

Für die gerade Mittellinie nach Gl. (43) erhält man:

$$\frac{\gamma' + \gamma''}{2} = 539 - 1{,}37 \cdot 10^{-3} t,$$

wobei t in ° C und γ in kg/l einzusetzen sind.

---

[1] Vgl. A. PERLICK, Fußnote 1 auf S. 405.
[2] MEARS, W. H., u. Mitarbeiter: Industr. Engng. Chem. Bd. 47 (1955) S. 1449. Die hier mitgeteilten Meßwerte stammen im wesentlichen von diesen Autoren.
[3] Nach F. SWARTS: C. R. Bd. 197 (1933) S. 1261 ist $t_k = 71{,}5°$ C.
[4] Die drei ersten Werte nach H. RUSSEL, D. R. V. GOLDING u. D. M. YOST: J. Amer. chem. Soc. Bd. 66 (1944) S. 16.

Latente Wärme. Nach Gl. (11) erhält man folgende Werte der Verdampfungswärme

bei t [°C] =	−40	−20	0	20	30	45	60
r [kcal/kg] =	53,7	50,3	46,6	42,2	39,3	34,2	24,6

Enthalpie. Die Enthalpie des Dampfes wurde aus der Zustandsgleichung unter Zuhilfenahme spektroskopischer Daten berechnet. Für die Flüssigkeit ist dann $i' = i'' - r$. MEARS und Mitarbeiter setzten bei −40° C $i' = 0$. Setzt man nach dem Muster der Dampftabellen auf S. 453 ff. bei 0° C $i_0'' = 100,00$, dann erhält man folgende umgerechnete Werte

bei t [°C] =	−40	−20	0	20	30	45	60
i' [kcal/kg] =	87,15	93,58	100,00	107,15	110,97	117,25	125,65
i'' [kcal/kg] =	140,85	143,88	146,60	149,35	150,27	151,45	150,25

8. Difluoräthan, F152 (CH_3-CHF_2).

Es wird Bezug genommen auf die Vorbemerkungen zum vorangehenden Unterabschn. 7. Das hier behandelte Difluoräthan führt auch den Handelsnamen Genetron 100. Es ist bisher noch nicht als selbständiges Kältemittel verwendet worden, dagegen benützt es die Carrier Corp. in Gemischen mit F12. Näheres hierüber findet man im Abschn. T auf S. 449. Der normale Siedepunkt von Genetron 100 liegt bei −25°C. Die thermischen Eigenschaften wurden von MEARS und Mitarbeitern[1] untersucht.

Molekulargewicht $\mu = 66,05$,
Gaskonstante $R = 12,84$ [mkg/kg °C].

Zustandsgleichung. Es wurden Isochoren von 0,5 bis 1,2 l/mol aufgenommen, die sich durch die Zustandsgleichung (8) mit $\varepsilon = 0$ und den Konstanten

$$A_0 = 24,60; \quad a = 0,1406; \quad B_0 = 0,5375; \quad b = 0,1762$$

darstellen ließen. Dabei sind v in l/mol, T in °K und P in Atm einzusetzen.

Dampfdruckkurve. Von −45° C bis zum kritischen Punkt ließen sich die Meßwerte durch die einfache Gl. (9) mit $a = 5,7649$ und $b = 1140,95$ darstellen (p in lb/sq. in. abs., T in °K).

Kritische Daten. $t_k = 113,5°$ C; $p_k = 45,8$ ata; $v_k = 2,74$ l/kg; $\gamma_k = 0,365$ kg/l; $\sigma = \dfrac{R T_k}{P_k v_k} = 3,96$.

Spezifisches Gewicht der Flüssigkeit

bei t [°C] =	−41,41	−23,49	−1,75	+13,93	24,86	39,56	60,00	79,91
γ' [kg/l] =	1,043	1,009	0,962	0,929	0,901	0,858	0,799	0,721

Für die gerade Mittellinie nach Gl. (43) erhält man

$$\frac{\gamma' + \gamma''}{2} = 0,480 - 0,996 \cdot 10^{-3} t,$$

t in °C, γ in kg/l.

Latente Wärme. Nach Gl. (11) erhält man folgende Werte der Verdampfungswärme

bei t [°C] =	−40	−20	0	20	40	60	80	100
r [kcal/kg] =	79,2	76,7	73,8	70,0	64,5	57,0	46,8	31,1

---
[1] MEARS u. Mitarbeiter: Industr. Engng. Chem. Bd. 47 (1955) S. 1449.

Enthalpie. Die Enthalpie des Dampfes wurde aus der Zustandsgleichung unter Zuhilfenahme spektroskopischer Daten berechnet. Für die Flüssigkeit wurde dann $i' = i'' - r$ gesetzt. Mit $i'_0 = 100,00$ bei 0° C ergeben sich folgende Werte

bei t [°C] =	−40	−20	0	+20	40	60	80	100
i' [kcal/kg] =	86,97	93,45	100,00	107,27	115,77	124,97	135,77	148,27
i'' [kcal/kg] =	166,17	170,15	173,80	177,27	180,27	181,97	182,57	179,37.

Viskosität der Flüssigkeit

bei t [°C] =	−30,6	−24,7	−0,1	20	30	40	50	60
η [cP] =	0,369	0,350	0,289	0,251	0,227	0,207	0,193	0,180.

Difluoräthan mit seinem hohen Wasserstoffgehalt ist entzündbar. Mit Mineralölen hat es eine breite Mischungslücke, wie aus der Löslichkeitskurve von Difluoräthan mit dem naphthenbasischen Öl C nach Tab. 97 in Abb. 144 (S. 451) zu ersehen ist. Die kritische Löslichkeitstemperatur liegt über 60° C.

K. Propan und Propanderivate.

1. Propan (C_3H_8).

I. II. Herstellung und Verwendung.

Von reinen Kohlenwasserstoffen sind neben Äthan (S. 384) auch noch Propan[1] und Isobutan (S. 416) als Kältemittel verwendet worden. Der normale Siedepunkt von Propan (−42,5° C) liegt demjenigen von F22 (−40,8) am nächsten. Als Mitteldruckkältemittel kommt es für die Erzeugung von Temperaturen von −40 bis −70° C in Kolbenkompressoren in Frage, wobei man seinen Gebrauch bei einer Kaskade auf die tiefe Temperaturstufe beschränken kann. In Deutschland wurde Propan nur für kleine Kälteleistungen, z. B. in Geräteprüfschränken, verwendet[2]. In England ist es für Sonderzwecke auch für sehr große Anlagen benutzt worden; vier zweistufige Propankompressoren, jeder für eine Leistung von 150000 kcal/h bei −30° C, wurden z. B. in den Werken der Shell Manufacturing Comp. in Stanlow aufgestellt. STEARNS und GEORGE[3], denen man die vollständigste Information über Propan verdankt, betonen die wesentliche Zunahme seiner Verwendung als Kältemittel in den USA. Es ist auch der Gedanke ausgesprochen worden, daß man zur Kühlung von Lastkraftwagen flüssiges Propan vor seiner Verbrennung im Motor kälteerzeugend verdampfen läßt[4]. Propan ist in Amerika auch in Turbokompressoren in Ölraffinerien für größte Leistungen verwendet worden[5].

Propan ist im Naturgas und im Erdöl enthalten und wird daraus durch Fraktionierung gewonnen[6]. Bei der Kohlehydrierung fallen etwa 8% Propan von der erzeugten Benzinmenge an. „Flüssiggas" ist ein Gemisch von Propan und Butan. In Deutschland wurde die größte Menge Propan im Leuna-Werk der I. G. Farbenindustrie A.G. erzeugt mit einer Reinheit von etwa 95%. Propan wird aber auch rein dargestellt und kommt in Stahlflaschen und Behälterwagen in den Handel.

---

[1] DRP 359050, 362386, 383182; U.S. Pat. 1325665, 1439728; Brit. Pat. 148875, 148878.
[2] SCHMIDT, TH. E.: Z. ges. Kälteind. Bd. 45 (1938) S. 145.
[3] STEARNS, W. V., u. E. J. GEORGE: Industr. Engng. Chem. Bd. 35 (1943) S. 602.
[4] Refrig. Engng. Bd. 27 (1934) S. 144. — P. SCHLUMBOHM: Refr. Engng. Bd. 37 (1939) S. 238 und Bd. 42 (1941) S. 14. — R. PLANK: Z. ges. Kälteind. Bd. 47 (1940) S. 26.
[5] Vgl. R. PLANK: Amerikanische Kältetechnik 3. Ber. Düsseldorf: Dtsch. Ing.-Verlag 1950. — [6] FRANCIS, A. W., u. G. W. ROBBINS: J. Amer. chem. Soc. Bd. 55 (1933) S. 4339.

III. Thermische und kalorische Eigenschaften.

Molekulargewicht $\mu = 44{,}09$,
Gaskonstante $R = 19{,}233 \left[\dfrac{\text{mkg}}{\text{kg °C}}\right]$.

Obwohl zahlreiche Veröffentlichungen über die Eigenschaften von Propan vorliegen, so läßt der Grad ihrer Genauigkeit doch noch manches zu wünschen übrig. Die vorhandenen Meßwerte sind nicht ausreichend, um die notwendig gewordenen Extrapolationen und rechnerischen Verfahren zu prüfen. Die Dampftabelle 17 auf S. 471 und das MOLLIER-Diagramm 15 in der Tasche besitzen daher nur angenäherten Wert.

Zustandsgleichung. Eine Gleichung für den Zusammenhang der P-v-T-Werte ist unseres Wissens bisher nur von BEATTIE, KAY und KAMINSKY[1] aufgestellt worden. Sie machten von Gl. (8) Gebrauch mit folgenden Werten der Konstanten:

$$R = 0{,}08206; \quad A_0 = 11{,}9200; \quad a = 0{,}07321,$$
$$B_0 = 0{,}18100; \quad b = 0{,}04293; \quad c = 120 \cdot 10^4,$$

dabei ist v in l/Mol einzusetzen und p wird in Atm erhalten. Die Gleichung gibt die Messungen der Kompressibilität für Temperaturen von 97 bis 275° C und für Dichten von 1 bis 10 Mol/l gut wieder. DANA, JENKINS, BURDICK und TIMM[2] haben einige Werte von v'' zwischen 17 und 50° C gemessen. DESCHNER und BROWN[3] haben P-v-T-Werte von 30 bis 330° C und von 1 bis 120 Atm gemessen. Bei den höchsten Temperaturen trat bereits merklicher Zerfall von Propan ein. Die Versuchsergebnisse sind in einem Diagramm dargestellt, wobei der „Kompressibilitätsfaktor" $Z = \dfrac{Pv}{RT}$ über P aufgetragen wurde. Die Werte für γ'' sind

bei t [°C]   = 30   40   50   60   70   80   90   95   96,85 (krit.)
γ'' [kg/m³] = 20,0 29,0 39,5 52,0 65,5 83,2 118,0 158,0 224,0 (krit.).

SAGE und LACEY haben die verfügbaren p-v-T-Werte einiger Kohlenwasserstoffe kritisch zusammengestellt[4] und KOBE und VON ROSENBERG haben versucht[5], sie durch die Zustandsgleichung von WOHL[6] darzustellen. Es ergab sich eine befriedigende Übereinstimmung.

STEARNS und GEORGE stützten sich bei der Berechnung des spezifischen Volums von überhitztem Dampf auf die Kompressibilitätsfaktoren von DESCHNER und BROWN. Ihre Dampftabelle für das gesättigte und überhitzte Gebiet scheint die zuverlässigste zu sein[7] (engl. Einheiten). Weitere Untersuchungen, die bis zum Entwurf von vollständigen T, s-Diagrammen geführt haben, stammen von SAGE, SCHAAFSMA und LACEY[8] (nur oberhalb 20° C) sowie von BURGOYNE[9] (von −42° C bis zum kritischen Punkt). BURGOYNE hat auch eine Dampftabelle

---

[1] BEATTIE, J. A., W. C. KAY u. J. KAMINSKY: J. Amer. chem. Soc. Bd. 59 (1937) S. 1589.
[2] DANA, L. I., A. C. JENKINS, J. N. BURDICK u. R. C. TIMM: Refrig. Engng. Bd. 12 (1926) S. 387.
[3] DESCHNER, W. W., u. G. G. BROWN: Industr. Engng. Chem. Bd. 32 (1940) S. 837.
[4] SAGE, B. H., u. W. N. LACEY: Thermodynamic properties of the lighter paraffin hydrocarbons and nitrogen. Monograph on Am. Petrol. Inst. Research Project 37. New York 1950.
[5] KOBE, K. A., u. H. E. VON ROSENBERG: Petrol. Engineer. Okt. 1951, S. 771.
[6] Siehe Bd. II, S. 170, dieses Handbuchs.
[7] Die Unsicherheiten beim Propan treten besonders deutlich auf, wenn man diese Dampftabelle mit derjenigen im Data Book der ASRE, 8. Aufl. 1953/54 vergleicht.
[8] SAGE, B. H., J. G. SCHAAFSMA u. W. N. LACEY: Industr. Engng. Chem. Bd. 26 (1934) S. 1218.
[9] BURGOYNE, J. H.: Proc. roy. Soc. Lond., Bd. 176 (1940) S. 280.

Propan (C_3H_8).

berechnet, die im Kältetechnischen Institut in Karlsruhe bis $-80°$ C erweitert wurde, und — in metrische Einheiten umgerechnet — als Tabelle 17 auf S. 471 wiedergegeben ist[1].

REAMER, SAGE und LACEY[2] haben in einer neueren Arbeit p-r-T-Werte gemessen und vorhandene Werte neu geordnet. Das Material erstreckt sich leider nur auf Temperaturen oberhalb $38°$ C für Drücke von 1 bis 700 Atm.

Dampfdruckkurve. DANA und Mitarbeiter haben ihre Ergebnisse für Propan durch die NERNSTsche Formel

$$\lg p = a - \frac{b}{T} + 1{,}75 \lg T + cT \tag{271}$$

ausgedrückt, in der $a = 0{,}53787$, $b = 956{,}44$ und $c = -0{,}0023108$ gesetzt werden, wobei p in Atm erhalten wird.

STEARNS und GEORGE setzen

$$\lg p = 6{,}67979 - \frac{1018{,}502}{T} - 0{,}16646 \lg T, \tag{271a}$$

wobei p in cm Hg erhalten wird. Die so berechneten Werte stimmen oberhalb $-60°$ C gut überein mit den Messungen von KEMP und EGAN[3], mit den Tieftemperaturwerten von DANA und Mitarbeitern und mit den Werten von DESCHNER und BROWN bis $95°$ C. Oberhalb $95°$ C bis zum kritischen Punkt übernehmen STEARNS und GEORGE die Werte von DESCHNER und BROWN.

Der normale Siedepunkt wird zwischen $t_s = -42{,}1$ und $-42{,}6°$ C, der Erstarrungspunkt zwischen $t_f = -187{,}1$ und $-189{,}9°$ C angegeben.

Die Werte *des spezifischen Volums der Flüssigkeit* stimmen bei den verschiedenen Forschern untereinander gut überein, so daß die Werte in der Dampftabelle 17 auf S. 471 als gesichert gelten können.

Kritische Daten. $T_k = 370{,}0°$ K $(96{,}8°$ C$)$; $p_k = 43{,}4$ ata; $v_k = 4{,}46$ l/kg; $\gamma_k = 0{,}224$ kg/l*; $\sigma = \dfrac{R T_k}{P_k v_k} = 3{,}66$.

Spezifische Wärme. Bei 1 Atm beträgt die *spezifische Wärme des Gases* bei konstantem Druck

bei $t [°C] =$ -40 -20 0 20 40 60 80

$c_p \left[\dfrac{\text{kcal}}{\text{kg} °C}\right] = 0{,}325$ $\quad 0{,}35 \quad 0{,}375 \quad 0{,}395 \quad 0{,}415 \quad 0{,}44 \quad 0{,}46$.

Der Exponent der Adiabate wird $\varkappa = c_p/c_v = 1{,}153$.

EDMISTER[4] gibt etwas kleinere Werte an, die er durch die lineare Gleichung $c_p = 0{,}360 + 0{,}00098\, t$ darstellt (t in $°$ C).

In dem Sammelwerk des Bureau of Standards[5] findet man folgende Werte

bei $t [°C] =$ 0 $\quad 25 \quad 100 \quad 200$

$c_p \left[\dfrac{\text{kcal}}{\text{kg} °C}\right] = 0{,}3702 \quad 0{,}3985 \quad 0{,}4821 \quad 0{,}5870$.

---

[1] Vgl. Z. ges. Kälteind. Bd. 49 (1942) S. 104.
[2] REAMER, H. H., B. H. SAGE u. W. N. LACEY: Industr. Engng. Chem. Bd. 41 (1949) S. 482.
[3] KEMP, I. D., u. D. J. EGAN: J. Amer. chem. Soc. Bd. 60 (1938) S. 1521.
* Nach H. H. REAMER, B. H. SAGE u. E. N. LACEY: Industr. Engng. Chem. Bd. 41 (1949) S. 482 ist $\gamma_k = 0{,}220$; nach J. A. BEATTIE, N. POFFENBERGER u. C. MADLOCK: J. Chem. Phys. Bd. 3 (1935) S. 96 ist $\gamma_k = 0{,}226$.
[4] EDMISTER, W. E.: Industr. Engng. Chem. Bd. 30 (1938) S. 352.
[5] Selected Values of properties of hydrocarbons, Circular Nat. Bur. of Stand. C. 461, Washington, Nov. 1947.

SAGE, WEBSTER und LACEY[1] fanden für c_p bei 1 Atm eine lineare Zunahme mit der Temperatur von $c_p = 0{,}4044$ bei 21° C bis $c_p = 0{,}508$ bei 171° C.

Für die *spezifische Wärme der Flüssigkeit* erhält man[2]

bei $\quad t\,[°C] = \quad -100 \quad -80 \quad -60 \quad -40 \quad -20 \quad 0 \quad 20$

$c_{fl}\left[\dfrac{\text{kcal}}{\text{kg °C}}\right] = \quad 0{,}488 \quad 0{,}503 \quad 0{,}518 \quad 0{,}537 \quad 0{,}56 \quad 0{,}58 \quad 0{,}60$.

Latente Wärme. STEARNS und GEORGE haben die Meßwerte der *Verdampfungswärme* von KEMP und EGAN[2], DANA und Mitarbeitern, SAGE, SCHAAFSMA und LACEY sowie SAGE, EVANS und LACEY[3] über der Temperatur aufgetragen und durch die so erhaltenen Punkte eine glatte Kurve gezogen, die auch die Werte von BURGOYNE im Rahmen der Meßgenauigkeit gut wiedergibt. Die Werte in der Dampftabelle 17 auf S. 471 erscheinen daher genügend gesichert.

Die *Schmelzwärme* beträgt nach KEMP und EGAN 19,1 kcal/kg.

Werte der *Enthalpie* und *Entropie* lassen sich nunmehr auf thermodynamischem Wege für die Flüssigkeit und den Dampf berechnen, wenn man von den Werten der spezifischen Wärmen und den p-v-T-Werten Gebrauch macht. Die Dampftabelle 17 enthält so berechnete Werte, die jedoch keinen hohen Grad von Genauigkeit besitzen.

Ein T, s-Diagramm in englischen Einheiten von etwa 20° C bis zum kritischen Punkt haben schon SAGE, SCHAAFSMA und LACEY (1934) entwickelt. Eine Dampftabelle und ein T, s-Diagramm von etwa $-42°$ C bis über den kritischen Punkt lieferte BURGOYNE (a. a. O. 1940). Sein Diagramm 15 und die erwähnte Dampftabelle[4] wurden trotz mancher Vorbehalte in die „Kältemaschinen-Regeln" aufgenommen und erscheinen auch hier auf S. 472 bzw. in der Tasche.

Ein MOLLIER-i, $\lg p$-Diagramm in metrischen Einheiten und in sehr großem Maßstab wurde auf Veranlassung des Internationalen Kälteinstituts im KAMERLINGH-ONNES-Laboratorium in Leiden ausgearbeitet (1941).

Ein T, s-Diagramm in englischen Einheiten von $-56°$ C bis zum kritischen Punkt und ein skizzenhaftes i, p-Diagramm findet man auch im Artikel von STEARNS und GEORGE.

Ein i, s-Diagramm und ein pv, p-Diagramm von -80 bis $+70°$ C wurden im Kältetechnischen Institut der Technischen Hochschule Stockholm entworfen (1949)[5].

IV. Physikalische Eigenschaften.

Viskosität. Für die Viskosität von *gasförmigem* Propan bei 1 Atm gelten folgende Werte:

$t\,[°C] = \quad 0 \quad 20 \quad 50 \quad 100 \quad 150 \quad 200$

$\eta\,[\mu P] = \quad 75 \quad 81 \quad 88 \quad 101 \quad 113 \quad 125$.

SAGE und LACEY[6] haben die Viskosität von *gasförmigem* und *flüssigem* Propan zwischen 40 und 104° C und bei Drücken von 1 bis 70 Atm gemessen. Einige Werte folgen hier, Tab. 102.

---

[1] SAGE, B. H., D. C. WEBSTER u. W. N. LACEY: Industr. Engng. Chem. Bd. 29 (1937) S. 1309. — [2] KEMP, J. D., u. C. J. EGAN: J. Amer. chem. Soc. Bd. 60 (1938) S. 1521.
[3] SAGE, B. H., H. D. EVANS u. W. N. LACEY: Industr. Engng. Chem. Bd. 31 (1939) S. 763. — [4] Auch erschienen in der Z. ges. Kälteind. Bd. 49 (1942) S. 104.
[5] Värme, Ventilat. Sanitetsteknik, Nov. 1949, S. 216.
[6] SAGE, B. H., u. W. H. LACEY: Industr. Engng. Chem. Bd. 30 (1938) S. 829.

Propan (C_3H_8).

Tabelle 102. *Viskosität von gasförmigem und flüssigem Propan in* μP.

Temperatur °C	37,8	54,5	71,2	87,8	104,4
η'' für trock. ges. Dampf	—	142	164	206	—
η' für sied. Flüssigkeit	871	712	573	440	—
Druck = 1,033 ata	80,7	87,7	93,2	98,2	102
3,52 ,,	81,4	89,1	94,2	99,6	103
7,03 ,,	87,7	92,7	97,4	102	106
10,55 ,,	105	102	103	106	110
14,06 ,,	872	115	110	111	115
17,58 ,,	—	130	119	117	120
21,09 ,,	885	—	131	123	126
24,61 ,,	—	—	147	131	133
28,12 ,,	897	732	576	140	142
35,2 ,,	—	—	599	177	159
42,2 ,,	922	762	619	468	172

Die Viskosität der *Flüssigkeit*[1] ist bei $p = 1$ Atm

bei $t\,[°C] = -80 \quad -70 \quad -60 \quad -50 \quad -42$

$\eta\,[cP] = 0{,}327 \quad 0{,}288 \quad 0{,}256 \quad 0{,}228 \quad 0{,}205$.

Wärmeleitzahl. Für Propan ist die Wärmeleitzahl nur im *gasförmigen* Zustand bekannt, und auch dafür nur bei zwei Temperaturen: Bei 0° C ist $\lambda = 0{,}0130$ und bei 20° C $\lambda = 0{,}0149$ kcal/m h°C.

Oberflächenspannung. KATZ und SALTMAN[2] haben folgende Werte gemessen

bei $t\,[°C] \quad = 1{,}0 \quad 3{,}1 \quad 16{,}0 \quad 24{,}0 \quad 31{,}0 \quad 39{,}5$

$\sigma\,[\text{dyn/cm}] = 9{,}31 \quad 9{,}05 \quad 7{,}68 \quad 7{,}22 \quad 6{,}15 \quad 5{,}84$.

V. Kältetechnische Eigenschaften.

Der Gütegrad des üblichen Vergleichsprozesses gegenüber dem CARNOT-Prozeß ist für Propan bei „normalen" Bedingungen nicht nennenswert verschieden von dem Wert für NH_3 oder F 12. Das Druckverhältnis ist dabei $p/p_0 = 3{,}75$ und die volumetrische Kälteleistung 462 kcal/m³. Bei $t_0 = -60°$ C und bei $-30°$ C vor dem Regelventil sinkt sie herab auf 97,7 kcal/m³.

VI. VII. Chemische und physiologische Eigenschaften.

Propan hydrolysiert nicht und bleibt auch zusammen mit Wasser neutral. Infolgedessen werden auch die metallischen Baustoffe, außer durch direkten Angriff des Wassers, nicht korrodiert. Elastomere können in Propankältemaschinen kaum verwendet werden, da sie fast alle gelöst werden oder doch stark quellen. Meist werden, schon mit Rücksicht auf die hohen Betriebsdrücke, metallische Dichtungen, in einzelnen Fällen auch Asbest, verwendet.

Mit Mineralölen ist Propan in jedem Verhältnis mischbar; beim Abkühlen fallen aus den Mischungen Paraffin und Hartasphalt aus. In den Raffinerien wird Propan als Lösungsmittel zum Entparaffinieren verwendet, da es im Öl zu einer starken Löslichkeitsverminderung für hochschmelzende Paraffine führt. Aus diesem Grunde sind für Propankältemaschinen weitgehend entparaffinierte und gut ausraffinierte Öle nach DIN 51503, Gruppe C, zu verwenden. Die Viskosität der Öle wird durch das in ihnen gelöste Propan stark herabgesetzt, die Kältefließfähigkeit stets genügend erhöht.

---

[1] U.S. Bur. Stand. Circ. C 461 (1947).
[2] KATZ, D. L., u. W. SALTMAN: Industr. Engng. Chem. Bd. 31 (1939) S. 91.

CALCOTT und KEHOE[1] geben die Explosionsgrenzen für Propan in Luft mit 2,4 und 8,4 Vol.-% an. HAGUE und WHEELER[2] fanden, daß Propan sich erst bei 460° C bei Abwesenheit von Sauerstoff zu zersetzen beginnt; bei höheren Temperaturen entstehen dabei H_2, CH_4, C_2H_4, C_2H_6 und C_3H_6. Nach Versuchen von EBREY und INGELDER[3] sind bei 660° bereits 43% des C_3H_8 zersetzt, bei 830° C ist der Zerfall vollständig.

Wegen der großen Brand- und Explosionsgefahr werden dem Propan zur Feststellung von Undichtheiten in den USA als Riechstoff 2 bis 4% Äthylmerkaptan zugesetzt[4]. CAULIER[5] und EDWARDS[6] schlagen als Warnmittel 1 bis 2% Ammoniak sowie auch Amylacetat und Naphthalin vor.

Physiologisch ist Propan harmlos. Nach SMITH[7] bewirken 6,3 Vol.-% Propan in der Atemluft bei weißen Mäusen innerhalb 1 Stunde Schläfrigkeit. 37,5 bis 51,7 Vol.-% verursachen Muskelmüdigkeit und eine leichte anästhetische Wirkung. 5 Vol.-% sind nach den Underwriters Laboratories[8] auch während zweistündiger Expositionszeit nicht schädlich. Propan wird von den Underwriters Laboratories zwischen die Gefahrenklassen 5 und 6 eingeordnet.

2. Fluorchlorderivate des Propans[9].

Fluorchlorderivate des Propans wurden erst in neuerer Zeit in größeren Mengen hergestellt[10]. Unsere Kenntnis ihrer Eigenschaften ist noch recht lückenhaft. Ihre Zahl ist außerordentlich groß. Es gibt nach Gl. (182) $k = \frac{9 \cdot 10}{2} = 45$ Grundverbindungen, von denen aber nur das Propan selbst und die vollkommen halogenierten Verbindungen C_3F_8 und C_3Cl_8 keine Isomeren besitzen. Die Zahl der Isomeren kann bis auf 18 anwachsen und die Gesamtzahl der möglichen Verbindungen beträgt hier bereits 332. In 30 Verbindungen sind sämtliche H-Atome durch F- und Cl-Atome ersetzt[9].

Die *Herstellung* der fluorierten Derivate bietet manche Schwierigkeiten; sie ist nicht als eine einfache Ausweitung der Arbeiten über Methan- und Äthanderivate aufzufassen, weil das Propanmolekül ($CH_3-CH_2-CH_3$) durch seine mittelständige CH_2-Gruppe und durch den größeren Abstand seiner CH_3-Endgruppen den Gang der Fluorierung beeinflußt.

Als Ausgangsprodukte der Fluorierung dienen wie bei CH_4 und C_2H_6 die Chlorderivate, und zwar Oktachlorpropan C_3Cl_8 sowie das symmetrische bzw. unsymmetrische Heptachlorpropan, $CCl_3-CHCl-CCl_3$ bzw. $CHCl_2-CCl_2-CCl_3$. Diese werden durch Einwirkung von Chloroform auf Tetrachloräthylen oder von Tetrachlorkohlenstoff auf Trichloräthan in Gegenwart von Aluminiumchlorid gewonnen; das asymmetrische Heptachlorpropan liefert bei Behandlung mit alkoholischer Lösung von KOH Hexachlorpropylen und dieses verbindet sich mit Chlor im Sonnenlicht zu C_3Cl_8. Die Fluorierung dieser Chloride erfolgte durch SbF_2Cl_3 oder durch SbF_3 mit Zusatz von $SbCl_5$. Difluoride mit einer CF_2-Gruppe

---

[1] CALCOTT, W. S., u. R. A. KEHOE: Tests to show Toxic, Irritant and Fire Characteristics of certain well known Refrigerants; Deep Water Point, Okt. 1931.
[2] HAGUE, E. M., u. R. V. WHEELER: Fuel Soc. Practice Bd. 8 (1929) S. 512 u. 560.
[3] EBREY, G. O., u. C. I. INGELDER: Industr. Engng. Chem. Bd. 23 (1931) S. 1033.
[4] PLANK, R.: Amerikanische Kältetechnik, 3. Bericht. Düsseldorf: VDI-Verlag 1950.
[5] CAULIER, A.: Rev. gén. Froid Bd. 25 (1948) S. 625.
[6] EDWARDS, H. D.: Refrig. Engng. Bd. 11 (1924) S. 95.
[7] SMITH, E. E.: Report on the Hazards and Safeguards of Mechanical Refrigeration 1931.
[8] *Underwriters Laboratories Inc.*: Miscellaneous Hazard Nr. 2375 vom 13. Nov. 1933.
[9] PLANK, R.: Die Fluorchlorderivate gesättigter Kohlenwasserstoffe und ihre technische Verwendbarkeit. Beihefte zur Z. Ver. dtsch. Chem. Nr. 44. Berlin: Verlag Chemie 1942.
[10] HENNE, A. L., u. Mitarbeiter: J. Amer. chem. Soc. Bd. 59 (1937) S. 2434; Bd. 60 (1938) S. 2491; Bd. 61 (1939) S. 938, 2489 u. 2962; Bd. 62 (1940) S. 2051 u. 3340.

in der Mitte erhält man aus Verbindungen mit einer mittelständigen CCl_2-Gruppe. Diese Fluoride sind deswegen besonders beachtenswert, weil sie praktisch geruchlos sind und keine merklichen physiologischen Wirkungen ausüben. Auf dem beschriebenen Wege ist man bisher bis zu Tetrafluoriden gekommen.

Die weitere Fluorierung bis C_3F_8 gelingt durch direkte Einwirkung von Fluor auf Kohle (z. B. Aktivkohle Norit oder fein zerpulverte Zuckerkohle); hierbei besteht jedoch die Gefahr heftiger Explosionen, deren Vermeidung durch Beimengung von 1% Mercuro- oder Mercurichlorid zur Kohle als Katalysator in einem bis zu schwacher Rotglut erhitzten kupfernen Reaktionsrohr gelungen ist[1].

Als Kältemittel können natürlich nur solche Derivate verwendet werden, deren normaler Siedepunkt unter etwa 50° C liegt, weil sonst der Saugdruck im Kompressor zu tief liegt. Dieser Bedingung genügen vollhalogenierte Propane nur bei sechs oder mehr Fluoratomen und Derivate mit einem H-Atom nur, wenn sie fünf oder mehr Fluoratome enthalten. So findet man[2]

	bei $C_3F_5Cl_3$	$C_3F_6Cl_2$	C_3F_7Cl	C_3F_8
Bezeichnung:	F 215	F 216	F 217	F 218
t_s [° C]	73	35	−2	−38
t_k [° C]	232	176	122	70
p_k [ata]	30,4	28,9	27,4	25,6
v_k [l/kg]	1,645	1,655	1,665	1,675

Es sind hier auch noch die geschätzten Werte der kritischen Daten beigefügt.

Bei diesen hochhalogenierten Derivaten unterscheiden sich die Siedepunkte isomerer Verbindungen nur sehr wenig voneinander, dagegen bestehen recht erhebliche Unterschiede in den Erstarrungspunkten; diese liegen um so tiefer, je symmetrischer das Molekül aufgebaut ist und je mehr Fluoratome in der Mittelgruppe enthalten sind. Von den niedrig halogenierten Propanderivaten wurde unseres Wissens bisher nur Isopropylchlorid (C_3H_7Cl) als Kältemittel vorgeschlagen[3], doch scheint es noch keine praktische Verwendung gefunden zu haben. Es ist ein Niederdruckkältemittel, bei dem auch im Kondensator Unterdruck herrschen würde.

Thermische Eigenschaften der Propanderivate müssen vorerst infolge mangelnder Messungen mit Hilfe von Extrapolationsregeln aus den Eigenschaften der reinen Kohlenwasserstoffe sowie der Derivate des Methans und Äthans gewonnen werden.

3. Hexafluordichlorpropan F 216 ($C_3F_6Cl_2$).

BADYLKES[4] hat auf der Suche nach geeigneten Kältemitteln für Turbokompressoren mit relativ geringer Kälteleistung und niedriger Stufenzahl unter anderen Stoffen auch F 216 vorgeschlagen. Da es dafür keinerlei gemessene thermische Daten gibt, außer dem normalen Siedepunkt, der mit $t_s = 35°$ C ungefähr festliegt, so ist man auf Schätzungen angewiesen, die nur durch praktisch bewährte Regeln und Analogien gestützt sind. BADYLKES unternimmt es, auf diesem Wege bis zu einer vorläufigen Dampftabelle vorzudringen, die wir auf S. 471 unter Vorbehalt wiedergeben (Tabelle 18)[5].

---

[1] SIMONS u. BLOCK: J. Amer. chem. Soc. Bd. 61 (1939) S. 2962.
[2] Vgl. Fußnote 9 auf S. 414.
[3] CHURCHILL, J. B.: U.S. Pat. 1996538.
[4] BADYLKES, I. S.: Arbeitsstoffe von Kältemaschinen, Moskau: Pischtschepromisdat 1952. — [5] Diese Tafel findet man auch in Kältetechnik Bd. 6 (1954) S. 227.

Molekulargewicht $\qquad \mu = 221$,

Gaskonstante $\qquad R = 3{,}84$ [mkg/kg °C],

Zustandsgleichung $\qquad v = \dfrac{3{,}84\, T}{P} - \dfrac{100}{(T/100)^{8{,}45}}$ [m³/kg],

Verdampfungswärme $\qquad r = 5{,}47\,(T_k - T)^{1/3}$ [kcal/kg],

wobei $T_k = 450$ °K ist.

Spezifische Wärme der Flüssigkeit $c_{fl} = 0{,}235 + 0{,}000364\,t$
und *des Dampfes* $\qquad c_{p_0} = 0{,}142 + 0{,}000125\,T$.

Der Exponent der Adiabate wird $\varkappa_0 = c_{p_0}/c_{v_0} = 1{,}05$.

Die Dampfdrücke von F216 liegen bei gleichen Temperaturen zwischen denjenigen von F11 und F113.

BADYLKES glaubt, daß man Turbokompressoren mit F216 für Kälteleistungen ab 200000 kcal/h bauen kann und daß man bei dem hohen Molekulargewicht für $t_0 = -15°$ und $t = 30°$ C mit einer Stufe auskommen kann. Die Zahl der notwendigen Stufen hängt bei gegebenem Kältemittel und gegebenen Arbeitsbedingungen von der zulässigen Umfangsgeschwindigkeit der Laufräder ab. Man war dabei bisher bestrebt, die Schallgeschwindigkeit nicht zu überschreiten. Beim Vergleich von F11 mit F216 ist daher zu beachten, daß die Schallgeschwindigkeit von F11 bei 132 m/sek liegt, bei F216 aber nur bei 101 m/sek. Gegenwärtig besteht die Tendenz, Turbokompressoren mit Überschallgeschwindigkeit zu bauen; dann kann man aber auch bei F11 und F113 mit einer Stufe auskommen[1].

L. Butan und Butanderivate.

1. Isobutan (C_4H_{10}).

Von den beiden Isomeren des Butans wurde das n-Butan (CH_3–CH_2-CH_2-CH_3) mit einem normalen Siedepunkt $t_s = -0{,}5°$ C bisher nicht als Kältemittel verwendet. Dagegen wurde *Isobutan* [($CH_3)_3CH$] in Amerika[2] eine Zeitlang mit Erfolg in Kleinkältemaschinen gebraucht. Der normale Siedepunkt $t_s = -11{,}7$ °C liegt sehr nahe bei dem von SO_2.

Isobutan wird aus Naturgas durch Kondensation und nachfolgende fraktionierte Destillation gewonnen. Seine Reindarstellung ist recht schwierig[3]. Es ist wie alle Kohlenwasserstoffe leicht entzündbar. Dabei liegt die untere Explosionsgrenze schon bei 1,6 bis 1,8 Vol.-% in Gemischen mit Luft, die obere Grenze bei 8,45 Vol.-%. Um sein Entweichen durch undichte Stellen bemerkbar zu machen und dadurch Explosionen und Brände zu verhüten, wird dem geruchlosen Isobutan nach einem Vorschlag von EDWARDS[4] ein Zusatz von Amylacetat oder Naphthalin als Riechstoff beigegeben.

Die thermischen und kalorischen Eigenschaften von Isobutan sind ziemlich genau untersucht. Da dieses Kältemittel nicht mehr im Vordergrund des Interesses steht, so sollen seine Eigenschaften nur summarisch angegeben werden. Die grundlegende Arbeit stammt von SAGE und LACEY[5]. Dort findet man auch das ganze ältere Schrifttum angegeben. Leider wurde diese Untersuchung nicht für die Zwecke der Kälteindustrie durchgeführt, sie umfaßt daher auch nur den Temperaturbereich von +20 bis 115° C. Man muß sich daher noch auf die älteren

---

[1] Soo, S. L.: Refrig. Engng. Bd. 63 (1955) Nr. 11, S. 43.
[2] Von der Firma Copeland Products Inc.; Isobutan führte auch den Handelsnamen „Freezol". U.S. Pat. 1497615.
[3] HÜCKEL, W., u. W. RASSMANNN: J. prakt. Chem. Bd. 136 (1932) S. 30.
[4] EDWARDS, H. D.: Refrig. Engng. Bd. 11 (Sept. 1924) S. 95.
[5] SAGE, B. H., u. W. N. LACEY: Industr. Engng. Chem. Bd. 30 (1938) S. 673.

Isobutan (C_4H_{10}).

Messungen von DANA und Mitarbeitern stützen[1], die verschiedene Eigenschaften im Bereich von −18 bis +55° C gemessen haben. Zwischen den Werten der einzelnen Beobachter besteht nicht immer befriedigende Übereinstimmung.

SAGE und LACEY haben die Ergebnisse ihrer Messungen und Berechnungen in Gestalt von Dampftabellen in englischen Einheiten für das Sättigungs- und Überhitzungsgebiet und in einem T, s-Diagramm wiedergegeben, in welchem die rechte Grenzkurve wie in Abb. 12 verläuft.

Eine andere Dampftabelle, die sich im wesentlichen auf die Ergebnisse von DANA und Mitarbeitern stützt, findet man im „Data Book" der ASRE, 8. Aufl. 1953/1954 auf S. 33—80. Die Werte in den beiden Dampftabellen weichen nicht unerheblich voneinander ab.

Einige Daten mögen hier folgen[2]:

Molekulargewicht $\mu = 58{,}12$

Dampfdruck [ata] bei

−44,4° C	0,244
−31,0	0,465
−22,7	0,668
−10,4	1,085
+30	4,075
50	6,92
75	12,32

normaler Siedepunkt [°C] $\quad t_s = -10{,}2$ bis $-11{,}7^*$,
Erstarrungspunkt [°C] $\quad t_f = -159{,}6^*$,
spezifisches Gewicht der Flüssigkeit am normalen Siedepunkt [kg/l] $\quad \gamma'_s = 0{,}595$,
bei 30° C $\quad \gamma' = 0{,}549$,
Verdampfungswärme am normalen Siedepunkt [kcal/kg] $\quad r_s = 87{,}6^*$,
Erstarrungswärme [kcal/kg] $\quad r_f = 18{,}7$,
kritische Temperatur [°C] $\quad t_k = 133{,}7$,
kritischer Druck [ata] $\quad p_k = 37{,}7$,
spezifische Wärme der Flüssigkeit bei 0°C (nach DANA) [kcal/kg °C] $\quad c_{fl} = 0{,}55$,
spezifische Wärme des Gases [kcal/kg °C]

bei 0° C $\quad c_{p_0} = 0{,}3864^*$
25° C $\quad = 0{,}3981^*$
100° C $\quad = 0{,}4831^*$
200° C $\quad = 0{,}5872^*$.

Eine wesentlich geringere Zunahme von c_p bei 1 Atm mit der Temperatur wurde von SAGE, WEBSTER und LACEY[3] gemessen; sie fanden eine lineare Zunahme von $c_p = 0{,}3888$ bei 21° C bis $c_p = 0{,}503$ bei 171° C.

Isobutan bildet mit Wasser keine korrodierenden Substanzen und ist auch im feuchten Zustand ohne Einfluß auf metallische Baustoffe. Mit Mineralölen ist Isobutan in jedem Verhältnis mischbar und setzt deren Viskosität herab.

Paraffin wird aus den Ölen beim Abkühlen im Gemisch mit Isobutan ausgefällt, so daß weitgehend entparaffinierte Öle nach DIN 51503, Gruppe C, verwendet werden müssen.

Isobutan ist bis 260° C thermisch stabil. Physiologisch ist es ziemlich harmlos und dürfte in eine Klasse mit Äthan und Propan einzureihen sein (s. S. 192).

---

[1] DANA, JENKINS, BURDICK u. TIMM: Refrig. Engng. Bd. 12 (1926) S. 387.
[2] Nach F. HENNING: Wärmetechnische Richtwerte, S. 20, Berlin: VDI-Verlag 1938, und nach Bur. Stand., Circ. C 461 (Selected values of properties of Hydrocarbons), Washington 1947. Diese letzten Werte sind mit * versehen.
[3] Siehe Fußnote 1 auf S. 412.

2. Fluorchlorderivate des Butans.

Die Zahl der Fluorchlorderivate ist beim Butan naturgemäß noch viel größer als beim Propan (S. 414), nicht nur weil die Zahl der Kombinationen bei 10 H-Atomen größer ist, sondern weil das Butan selbst zwei Isomere besitzt. Allein an vollhalogenierten (also wasserstofffreien) Produkten gibt es mit den Isomeren 78 Verbindungen des n-Butans und 40 Verbindungen des Isobutans[1].

Die vollständige Fluorierung des Butans, also die Herstellung des Dekafluorbutans (oder Perfluorbutans C_4F_{10}) gelingt wie beim Propan durch direkte Einwirkung von Fluor auf Kohle nach dem Verfahren von SIMONS und BLOCK. Man hat es jedoch bisher nur in kleinen Mengen als Gemisch der beiden Isomeren herstellen können, deren Trennung schwierig ist.

3. Perfluorbutan (C_4F_{10}).

BADYLKES[2] hat neben Hexafluordichlorpropan (S. 415) auch C_4F_{10} als Kältemittel für Turbokompressoren vorgeschlagen, in der Erwartung, diese einstufig bauen zu können. Er findet, daß Turbokompressoren mit diesem Kältemittel für Leistungen von 500000 kcal/h und darüber gebaut werden können.

Das *Molekulargewicht* ist $\mu = 238{,}04$; *Gaskonstante* $R = 3{,}560$ [mkg/kg °C].

Die thermischen Eigenschaften und einige weitere physikalische Eigenschaften von C_4F_{10} (Perfluor-n-Butan) wurden von FOWLER und Mitarbeitern gemessen[3]. Der *normale Siedepunkt* liegt bei $-1{,}7 \pm 0{,}2°$ C. Die *Dampfdruckkurve* wurde zwischen -28 und $+90°$ C gemessen, wobei sich folgende Werte ergaben:

t [°C]	$-28{,}3$	$-20{,}0$	$0{,}0$	$10{,}1$	$20{,}0$	$29{,}9$	$40{,}3$	$50{,}0$
p [ata]	$0{,}360$	$0{,}516$	$1{,}147$	$1{,}67$	$2{,}37$	$3{,}24$	$4{,}35$	$5{,}78$

Die *kritischen Daten* sind $T_k = 386{,}5°$ K ($t_k = 113{,}3°$ C); $p_k = 24{,}75$ ata; $v_k = 1{,}59\ l/\text{kg}$; $\gamma_k = 0{,}63\ \text{kg}/l$; $\sigma = \dfrac{RT_k}{p_k v_k} = 3{,}50$.

Die orthobaren spezifischen Gewichte auf den Grenzkurven sind

bei t [°C] =	45	55	65	75	85
γ' [kg/l] =	1,41	1,36	1,32	1,26	1,19
γ'' [kg/l] =	0,053	0,063	0,084	0,110	0,147

BADYLKES hat Werte von v' bzw. γ' bei tieferen Temperaturen (bis $-40°$ C) berechnet; die Werte sind in der Dampftabelle 19 auf S. 472 zu finden.

Für die Zustandsgleichung findet BADYLKES

$$v = \frac{3{,}56\,T}{P} - \frac{0{,}08}{(T/100)^{2{,}8}}\ [\text{m}^3/\text{kg}] \tag{272}$$

und berechnet danach auch v''-Werte bei Temperaturen von -40 bzw. $+30°$ C.

Die *Verdampfungswärme* wurde nach Gl. (11) berechnet (s. Dampftabelle 19). Beim normalen Siedepunkt wird $r = 23{,}45$ kcal/kg, woraus man für die TROUTON-Konstante den Wert 20,6 erhält. BADYLKES empfiehlt die Gleichung

$$r = 78{,}0\left(1 - \frac{T}{T_k}\right)^{0{,}29} \tag{273}$$

mit $T_k = 386{,}5°$ K.

Mit Hilfe empirischer Regeln findet er ferner für die *spezifische Wärme der Flüssigkeit*

$$c_{fl} = 0{,}254 + 0{,}0005\,t \tag{274}$$

---

[1] PLANK, R.: Beihefte zur Z. Ver. dtsch. Chem. Nr. 44. Verlag Chemie 1942.
[2] Siehe Fußnote 4 auf S. 415.
[3] FOWLER, R. D., mit fünf Mitarb.: Industr. Engng. Chem. Bd. 39 (1947) S. 375.

und für die spezifische Wärme des Dampfes

$$c_{p_0} = 0{,}208 + 0{,}00036\, t. \tag{275}$$

BADYLKES hat auf diesen Grundlagen, die nur als angenähert gelten dürfen, eine Dampftabelle zwischen -40 und $+30°$ C berechnet, die auf S. 472 (Dampftabelle 19) wiedergegeben ist[1]. Er hat auch ein T, s-Diagramm in kleinem Maßstab entworfen, in dem der Verlauf der Grenzkurven der Abb. 12 entspricht.

M. Äthylen und Äthylenderivate.

1. Äthylen (C_2H_4).

I. II. Gewinnung und Verwendung.

In der Paraffinreihe (C_mH_{2m+2}) erwiesen sich Äthan (C_2H_6), Propan (C_3H_8) und Isobutan (C_4H_{10}) als brauchbare Kältemittel. Unter den wasserstoffärmeren Olefinen (C_mH_{2m}) ist zunächst nicht selten Äthylen (C_2H_4) für diesen Zweck verwendet worden. Seine Strukturformel ist $H_2C = CH_2$, es liegt also eine Doppelbindung des Kohlenstoffes vor.

Äthylen ist ein Hochdruckkältemittel mit einem normalen Siedepunkt $t_s = -103{,}7°$C, das für die Erzeugung von Temperaturen von $-100°$C und darunter geeignet ist. Es ist in verschiedenen technischen Gasgemischen enthalten, z. B. in den Entgasungsprodukten der Kohle (Stadtgas) und in den beim Crackprozeß der Schmieröle entstehenden Gemischen, aus denen es durch Destillation und Rektifikation gewonnen werden kann. Amerikanische Erdölgase enthalten bis 20% Äthylen. Erzeugt wird es durch Entzug von Wasser aus Äthylalkohol, indem man diesen über erhitzten Bauxit leitet oder indem man ihn mit konzentrierter Schwefel- oder Phosphorsäure erhitzt.

Schon seit den ersten Anfängen einer Kältephysik und Kältetechnik hat Äthylen eine bedeutende Rolle gespielt. CAILLETET hat schon im Jahre 1883 in seinen klassischen Arbeiten über Gasverflüssigung die Aufmerksamkeit auf diese Substanz gelenkt und sie für die Erzeugung von Temperaturen von -100 bis $-150°$C empfohlen, wodurch die kritische Temperatur des Sauerstoffes unterschritten wurde. WROBLEWSKI, OLSZEWSKI und KAMERLINGH ONNES haben in ihren Kaskaden davon Gebrauch gemacht[2]. Äthylen spielt auch eine Rolle als Füllstoff in Dampfdruckthermometern.

Äthylen wird in der Technik vorwiegend für Sonderzwecke als Kältemittel verwendet. So findet man eine Großkälteanlage bei der East Ohio Gas Company in Cleveland, die zur Verflüssigung von Naturgas mit hohem Methangehalt dient[3]. Das Naturgas muß zu diesem Zweck auf $-87°$C bei einem Druck von 43 ata abgekühlt werden. Für die Kälteerzeugung wird eine Kaskadenschaltung verwendet mit C_2H_4 in der unteren und NH_3 in der oberen Temperaturstufe. Äthylen verdampft bei $-98°$C beim Druck von rd. 1,35 ata und wird bei $-23°$C und einem Druck von rd. 23 ata nach mehrstufiger Verdichtung durch Ammoniak verflüssigt, welches seinerseits bei $-29°$C verdampft. Neuerdings wurden zwei große Äthylenturbokompressoren im Äthylenwerk Montecatini in Ferrara aufgestellt, die bei einer Verdampfungstemperatur von rund $-100°$C betrieben werden.

Besonders angebracht erscheint die Verwendung von Äthylen als Kältemittel bei der Herstellung des Kunststoffes Oppanol durch Tieftemperaturpolymerisation

---
[1] Diese Tabelle findet man auch in Kältetechnik Bd. 6 (1954) S. 227.
[2] Dieses Handbuch Bd. I, S. 12 u. 14.
[3] EDWARDS, H. D.: Refrig. Engng. Bd. 48 (1944) S. 117.

von Isobutylen[1]. Das Molekulargewicht des Polymerisates wird dabei um so größer und seine Eigenschaften werden um so besser, je tiefer die Polymerisationstemperatur liegt. Man verwendet Temperaturen von rd. —100°C, wobei Äthylen unter normalem Druck verdampft. Das flüssige Äthylen kann dem Isobutylen direkt beigemischt werden, da es weder mit diesem noch mit den verwendeten Katalysatoren chemisch reagiert.

III. Thermische und kalorische Eigenschaften.

Molekulargewicht $\mu = 28{,}05$,

Gaskonstante $R = 30{,}2 \left[\dfrac{\text{mkg}}{\text{kg °C}}\right]$

Zustandsgleichung. Die ältesten Messungen von Isothermen (bei 0°, 20° und 70°C) stammen von AMAGAT[2], sie reichen bis 1000 Atm. MATHIAS, CROMMELIN und GARFIT WATTS haben 4 Isothermen zwischen —1,36 und 20,18°C bei Drücken von 22 bis 38 Atm gemessen[3]. Die Ergebnisse passen sich denjenigen von AMAGAT gut an. In sehr weiten Bereichen, von 0 bis 150° und für Drücke von 0 bis 2500 Atm, haben dann MICHELS, GELDERMANS und de GROOT[4] Messungen durchgeführt und daraus die thermodynamischen Eigenschaften des Äthylens berechnet. Die Ergebnisse aller dieser Messungen wurden in der Regel in der Weise dargestellt, daß man in Tabellen (pv)-Werte (in Amagat-Einheiten) als Funktion von p und t dargestellt hat[5].

In neuerer Zeit wird Äthylen in großem Umfang in der chemischen Industrie bei Drücken bis 10000 Atm und Temperaturen bis 400°C verwendet. Das hat dazu geführt, daß Zustandsdiagramme für sehr weite Gebiete aufgestellt wurden[6]. Sie enthalten auch das Sättigungsgebiet.

Die Ergebnisse sind bisher im kältetechnischen Bereich nicht durch eine Zustandsgleichung $f(P, v, T) = 0$ dargestellt worden.

Dampfdruckkurve. HENNING und STOCK[7] haben den Dampfdruck zwischen —150 und —103°C gemessen, also im Druckbereich bis zu 1 Atm. Bei höheren Drücken liegen Messungen von CROMMELIN und GARFIT WATTS[8] vor, und zwar für Temperaturen von —69 bis +8°C. Es ergaben sich folgende Werte:

t [°C]	—130	—120	—110	—103,7	—69,27	—60,90	—52,09	—41,01
p [ata]	0,159	0,354	0,705	1,033	5,44	7,45	10,10	14,38

t [°C]	—30,53	—20,01	—10,01	—7,54	0,00	7,90
p [ata]	17,4	25,7	33,0	35,0	41,6	48,2

---

[1] GÜTERBOCK, H.: Die BASF (Hauszeitschrift der Badischen Anilin- u. Sodafabrik A.G.) Bd. 4, Heft 3 (Juni 1954) S. 116.
[2] AMAGAT, E. H.: Ann. Chim. Phys. (6) Bd. 29 (1893) S. 68, 505 u. 576.
[3] MATHIAS, E., C. A. CROMMELIN u. H. GARFIT WATTS: Ber. 5. Intern. Kältekongreß Rom Bd. 2 (1928) S. 66. — Comm. Leiden Nr. 189c.
[4] MICHELS, A., u. M. GELDERMANS: Physica Bd. 9 (1942) S. 967. — A. MICHELS, M. GELDERMANS u. S. R. DE GROOT: Physica Bd. 12 (1946) S. 105. — A. MICHELS, S. R. DE GROOT u. M. GELDERMANS: Appl. Scient. Res. Bd. A1 Nr. 1 (1947) S. 55.
[5] Eine solche Tabelle findet man auch in J. D'ANS u. E. LAX: Taschenbuch für Chemiker und Physiker, S. 834. Berlin: Springer 1943.
[6] BENZLER, H., u. A. v. KOCH: Chemie-Ing.-Technik Bd. 27 (1955) S. 71. — F. CRAMER: Chem. Technik (Berlin-Ost) Bd. 6 (1954) S. 320 u. 450 (große pv, p-Diagramme).
[7] HENNING, F., u. A. STOCK: Z. Phys. Bd. 4 (1921) S. 226. Weitere Messungen in diesem Druckbereich liegen vor von C. J. EGAN u. J. D. KEMP: J. Amer. chem. Soc. Bd. 59 (1937) S. 1264 sowie von A. B. LAMB u. E. ROPEZ: J. Amer. chem. Soc. Bd. 62 (1940) S. 806.
[8] CROMMELIN, C. A., u. H. GARFIT WATTS: Commun. phys. Lab. Univ. Leiden, Nr. 189b, 1927. — Proc. Kon. Akad. Amsterdam Bd. 30 (1927) S. 1057.

Äthylen (C_2H_4).

Alle diese Werte lassen sich durch die Gleichung

$$\lg p = 8{,}7083545 - \frac{995{,}30018}{T} - 2{,}5907196 \cdot 10^{-2}\,T + 0{,}6380597 \cdot 10^{-4}\,T^2 - 0{,}5603635 \cdot 10^{-6}\,T^3 \qquad (276)$$

darstellen[1], wobei p in Atm erhalten wird.

Neuere Dampfdruckmessungen liegen von MICHELS und WASSENAAR zwischen -125 und $+8°$C vor[2]. Sie wurden durch die Formel

$$\lg p = 30{,}470741 - \frac{1243{,}766}{T} - 11{,}213927\lg T + 0{,}01102331\,T \qquad (276\mathrm{a})$$

ausgedrückt (p in Atm) und stimmen mit den älteren Messungen gut überein.

Der normale Siedepunkt wird zwischen $-103{,}5$ und $-103{,}9°$C angegeben. Der Erstarrungspunkt liegt bei $t_f = -169{,}5°$C.

Kritische Daten: $T_k = 282{,}7°$ K ($t_k = 9{,}5°$ C); $p_k = 51{,}6$ ata; $v_k = 4{,}62\,l/\text{kg}$; $\gamma_k = 0{,}216$ kg/l; $\sigma = \dfrac{RT_k}{p_k v_k} = 3{,}58$.

Spezifisches Volum und spezifisches Gewicht. Die orthobaren Dichten wurden im Bereich von -145 bis $+8°$C von MATHIAS, CROMMELIN und GARFIT WATTS gemessen[3]. Es wurden die in Tab. 103 angegebenen Werte erhalten.

Danach lautet die Gl. (43) der geraden Mittellinie

$$\frac{\gamma' + \gamma''}{2} = 0{,}22179 - 0{,}00061277\,t, \qquad (277)$$

und das kritische spezifische Gewicht bei $t_k = 9{,}5°$C wird $\gamma_k = 0{,}216$ kg/l.

Tabelle 103. *Spezifische Gewichte von Flüssigkeit und Dampf an den Grenzkurven* (nach MATHIAS, CROMMELIN und GARFIT WATTS).

Temperatur °C	Spezifisches Gewicht kg/l	
	γ'	γ''
$-145{,}07$	0,62465	0,00009363*)
$-129{,}90$	0,60449	0,00037586*)
$-114{,}69$	0,58380	0,0011127*)
$-103{,}01$	0,56740	0,0021928*)
$-63{,}41$	0,50588	0,012584
$-48{,}15$	0,47822	0,020407
$-37{,}13$	0,45610	0,029465
$-24{,}13$	0,42655	0,041854
$-19{,}20$	0,41313	0,051138
$-14{,}18$	0,39855	0,059942
$-10{,}93$	0,38818	0,067215
$-7{,}70$	0,37721	0,076050
$+5{,}84$	0,30840	0,13266
$6{,}50$	0,30342	0,13766
$7{,}98$	0,28726	0,15268

*) Berechnete Werte.

Spezifische Wärme. Die spezifische Wärme c_{p_0} *des Gases* wurde von EUCKEN und PARTS im Bereich von -95 bis $+190°$C gemessen[4]. Es wurden folgende Werte für c_{p_0}, für die Zunahme Δc_p je Atm Drucksteigerung und für $\varkappa_0 = c_{p_0}/c_{v_0}$ gefunden:

t [°C] =	-95	-50	0	25	100	200
$c_{p_0}\left[\dfrac{\text{kcal}}{\text{kg °C}}\right] =$	0,295	0,316	0,352	0,373	0,439	0,523
$\Delta c_p\left[\dfrac{\text{kcal}}{\text{kg °C Atm}}\right] =$	—	0,0071	0,0042	0,0030	0,0015	0,00075
$\varkappa_0 =$	—	1,288	1,251	1,234	1,192	1,157

Etwas kleinere Werte geben MICHELS, DE GROOT und GELDERMANS für c_p und auch für c_v an, Tab. 104.

---

[1] MATHIAS, E., C. A. CROMMELIN u. H. GARFIT WATTS: Ann. Phys. (10) Bd. 11 (1929) S. 348. — Physica Bd. 9 (1929) S. 385. — Commun. phys. Lab. Univ. Leiden, Suppl. Nr. 67.
[2] MICHELS, A., u. T. WASSENAAR: Physica Bd. 16 (1950) S. 221.
[3] MATHIAS, E., C. A. CROMMELIN u. GARFIT WATTS: Ber. 5. Intern. Kältekongr. Rom Bd. 2 (1928) S. 66. — Commun. phys. Lab. Univ. Leiden, Nr. 186a.
[4] EUCKEN, A., u. A. PARTS: Z. phys. Chem. Abt. B Bd. 20 (1933) S. 184. — Vgl. auch E. JUSTI: Spez. Wärme, Enthalpie, Entropie und Dissoziation technischer Gase und Dämpfe. Berlin: Springer 1938.

Tabelle 104.
Werte von c_p und c_v für gasförmiges Äthylen (nach MICHELS, DE GROOT und GELDERMANS).

p Atm	$t = 25°$ C		$t = 50°$ C		$t = 75°$ C		$t = 100°$ C		$t = 125°$ C		$t = 150°$ C	
	c_p	c_v	c_p	c_v	c_p	c_v	c_p	c_v	c_p	c_v	c_p	c_v
0	0,369	0,298	0,388	0,318	0,408	0,337	0,428	0,357	0,448	0,377	0,470	0,398
50	0,772	0,344	0,594	0,350	0,533	0,362	0,519	0,376	0,515	0,390	0,522	0,406
100			1,079	0,382	0,858	0,390	0,665	0,391	0,612	0,400	0,594	0,412

Die spezifische Wärme der *Flüssigkeit* kann aus den Enthalpiewerten i' der siedenden Flüssigkeit berechnet werden. Man erhält auf diese Weise eigentlich Werte von c'_s, die sich aber in genügender Entfernung vom kritischen Punkt nur wenig von c_{fl} unterscheiden. Die folgenden Werte sind aus der Dampftabelle für C_2H_4 im Data Book der ASRE, 8. Aufl. 1953/54, S. 33—39 entnommen[1]:

$$t\,[°\mathrm{C}] = -110 \quad -100 \quad -90 \quad -80 \quad -70 \quad -60 \quad -50 \quad -40 \quad -30$$

$$c_{fl}\left[\frac{\mathrm{kcal}}{\mathrm{kg}\,°\mathrm{C}}\right] = 0{,}500 \quad 0{,}520 \quad 0{,}543 \quad 0{,}570 \quad 0{,}603 \quad 0{,}640 \quad 0{,}680 \quad 0{,}725 \quad 0{,}785\,.$$

Diese Werte sind aber nicht sehr zuverlässig. Höhere Werte wurden für sehr tiefe Temperaturen von ROSSINI und KNOWLTON bekanntgegeben[2]:

$$t\,[°\mathrm{C}] = -121{,}28 \quad -114{,}61 \quad -108{,}93 \quad -104{,}45$$

$$c_{fl}\left[\frac{\mathrm{kcal}}{\mathrm{kg}\,°\mathrm{C}}\right] = 0{,}5736 \quad 0{,}5719 \quad 0{,}5722 \quad 0{,}5740\,.$$

Latente Wärmen. MATHIAS, CROMMELIN und GARFIT WATTS haben die *Verdampfungswärme* zwischen —145 und +8° C aus der Dampfdruckkurve nach Gl. (276) und den orthobaren Volumen nach der Gl. (11) von CLAUSIUS-CLAPEYRON berechnet und folgende Werte gefunden[3]:

$$t\,[°\mathrm{C}] = -145{,}07 \quad -129{,}90 \quad -114{,}69 \quad -103{,}01 \quad -63{,}41 \quad -37{,}13$$

$$r\left[\frac{\mathrm{kcal}}{\mathrm{kg}}\right] = 129{,}52 \quad 123{,}62 \quad 118{,}01 \quad 114{,}36 \quad 95{,}937 \quad 82{,}975$$

$$t\,[°\mathrm{C}] = -19{,}20 \quad -14{,}18 \quad -10{,}93 \quad -7{,}70 \quad +5{,}84 \quad +7{,}98$$

$$r\left[\frac{\mathrm{kcal}}{\mathrm{kg}}\right] = 68{,}612 \quad 63{,}387 \quad 58{,}973 \quad 53{,}850 \quad 28{,}841 \quad 21{,}590\,.$$

Die *Schmelzwärme* bei —169,3° C beträgt 24,9 kcal/kg.

Enthalpie, Entropie und thermodynamische Diagramme. Werte für die Enthalpie und Entropie von siedender Flüssigkeit und trocken gesättigtem Dampf im Rahmen einer vollständigen Dampftabelle von —116° C bis zum kritischen Punkt findet man in englischen Einheiten im Data Book der ASRE, 8. Aufl., 1953/54, S. 33—39. Dort ist auch ein MOLLIER-i, lg p-Diagramm wiedergegeben, das noch weit über den kältetechnisch wichtigen Bereich hinausreicht[4]. Erstmalig wurden ein MOLLIER-i, s-Diagramm und ein t, s-Diagramm von KEESOM und HOUTHOFF entworfen[5]. Obwohl diese Diagramme das kältetechnische Gebiet voll umfassen,

---
[1] Vgl. auch Trans. Amer. Inst. Chem. Engrs. Bd. 40 Nr. 2 vom 25. April 1944 und I. S. BADYLKES: Arbeitsstoffe von Kältemaschinen. Moskau 1952 S. 63 (russisch).
[2] ROSSINI, F. D., u. J. W. KNOWLTON: J. Res. Nat. Bur. Stand. Bd. 19 (1937) S. 249.
[3] Vgl. Fußnoten 1 und 3 auf S. 421.
[4] Entnommen aus Trans. Amer. Inst. Chem. Engrs. Bd. 40 Nr. 2 April 1944.
[5] KEESOM, W. H., u. D. J. HOUTHOFF: Bull. mens. Inst. Intern. Froid Nr. 1, Juli 1926. Annexes (2. Serie). — Commun. phys. Lab. Univ. Leiden, Suppl. Nr. 65 b.

haben KEESOM, BIJL und MONTÉ in einer späteren Arbeit[1] den Bereich erweitert und durch neuere Messungen ergänzt. Man findet dort auch zahlreiche Literaturangaben.

IV. Physikalische Eigenschaften.

Viskosität. Für *gasförmiges* Äthylen gelten folgende Werte[2] beim Druck von 1 Atm:

bei $t\,[°C] =$ -80 -60 -40 -20 0 20 50 100 150 200

$\eta\,[\mu P] =$ $66{,}5$ $73{,}5$ $80{,}5$ $87{,}5$ $94{,}0$ $100{,}5$ 110 126 140 154.

Wärmeleitzahl. Im *Gaszustand* bei 1 Atm ist[2,3],

bei $t\,[°C] =$ -75 -50 -25 0 $72{,}2$ $152{,}5$

$\lambda \cdot 10^3 \left[\dfrac{\text{kcal}}{\text{m h °C}}\right] =$ $9{,}2$ $11{,}0$ $12{,}9$ $15{,}0$ $22{,}9$ $33{,}6$.

Der Einfluß des Druckes auf die Wärmeleitzahl des Gases ergibt sich bei 72,2°C aus folgenden Zahlen[3]

bei $p\,[\text{Atm}] =$ 0 $10{,}4$ $15{,}5$

$\lambda \cdot 10^3 \left[\dfrac{\text{kcal}}{\text{m h °C}}\right] = 22{,}9$ $23{,}5$ $24{,}2$.

Im *flüssigen* Zustand fanden BOROWIK, MATWEJEW und PANINA[4]

bei $t\,[°C] =$ $-160{,}5$ $-129{,}0$ $-100{,}4$ $-74{,}0$ $-28{,}8$ $+0{,}3$

$\lambda \left[\dfrac{\text{kcal}}{\text{m h °C}}\right] =$ $0{,}218$ $0{,}191$ $0{,}158$ $0{,}133$ $0{,}108$ $0{,}068$.

V. Kältetechnische Eigenschaften.

Da die kritische Temperatur von Äthylen sehr niedrig ist (9,5°C) kommt seine Verwendung als Kältemittel nur in den Tieftemperaturstufen von Kaskaden in Frage. Bei $-80°$C Verdampfung und $-40°$ Kondensation ist das Druckverhältnis $p/p_0 = 4{,}26$. Die volumetrische Kälteleistung ist dabei $q_{0th} = 537$ kcal/m³, also wesentlich höher als bei anderen Tieftemperaturkältemitteln (vgl. Tab. 100 auf S. 389).

VI. VII. Chemische und physiologische Eigenschaften.

Äthylen neigt, wie alle Olefine, zu Additions- und Polymerisationsreaktionen; so läßt es sich durch Hydrierung in Äthan umwandeln, und diese Reaktion verläuft in Gegenwart von Katalysatoren schon bei 100°C ziemlich rasch. Sehr leicht können auch Halogene an Äthylen angelagert werden, wobei Verbindungen entstehen, die man auch als Kältemittel verwenden kann.

Äthylen ist ein farbloses und fast geruchloses Gas, das mit leuchtender Flamme brennt. Mit Luft bildet es explosive Gemische; die Zündgrenzen liegen zwischen 3 und 33 Vol.-%.

2. Halogenderivate des Äthylens.

Fluorderivate des Äthylens sind bisher als Kältemittel nicht benutzt und auch nicht erprobt worden. Einige von ihnen werden aber schon von der chemischen Industrie hergestellt (S. 429 und 430). Dagegen liegen Vorschläge vor, Chlor-

---

[1] KEESOM, W. H., A. BIJL u. L. A. J. MONTÉ: Appl. Sci. Res. A 3 (1952) S. 261. — Commun. phys. Lab. Univ. Leiden, Suppl. Nr. 108b.
[2] HENNING, F.: Wärmetechn. Richtwerte. Berlin: VDI-Verlag 1938.
[3] KEYES, F. G.: Trans. Amer. Soc. mech. Engrs. Bd. 76 (1954) S. 809.
[4] BOROWIK, E., A. MATWEJEW u. E. PANINA: J. techn. Phys. Bd. 10 (1940) S. 988 (russisch).

und Bromderivate zu verwenden. Ein bleibender Erfolg konnte dabei bisher nicht verzeichnet werden, was in erster Linie daran liegen dürfte, daß diese ungesättigten Verbindungen chemisch nicht so stabil sind wie die entsprechenden Derivate aliphatischer Kohlenwasserstoffe. Die Eigenschaften einiger Chlor- und Bromderivate des Äthylens sollen daher nur kurz gestreift werden; sie sind für diese Stoffe auch nur unvollkommen bekannt.

Halogenderivate des Äthylens, z. B. Vinylchlorid (C_2H_3Cl), Vinylbromid (C_2H_3Br), Dichloräthylen ($C_2H_2Cl_2$) und Trichloräthylen (C_2HCl_3) wurden wegen ihres höheren Molekulargewichts zur Verwendung in *Turbokompressoren* vorgeschlagen[1]. Die Neigung der Monohalogenderivate zur Zersetzung und Polymerisation, besonders bei höheren Temperaturen, soll durch einen Zusatz von Jod und durch Verhütung von Lichteinwirkung wesentlich herabgesetzt werden[2].

3. Vinylchlorid (C_2H_3Cl).

Vinylchlorid[3] ($\mu = 62{,}48$, $t_s = -15°$ C), ein farbloses Gas, bietet wohl nur geringes Interesse, da sein Molekulargewicht noch nicht hoch genug ist. Seine thermischen Eigenschaften sind aber durch eine Untersuchung von DANA, BURDICK und JENKINS in großen Zügen bekanntgeworden[4]. Es wird in großtechnischem Maßstab aus Acetylen und Salzsäure bei Gegenwart von Quecksilbersalzen hergestellt und dient als Ausgangsstoff für zahlreiche Polyvinylprodukte (Igelit, Mipolam, Vinylit u. a.).

4. Vinylbromid (C_2H_3Br).

Interessanter ist *Vinylbromid* ($\mu = 106{,}9$, $t_s = 15{,}6°$C), für das zuerst MEHL einige thermische Eigenschaften zwischen -30 und $+40°$C gemessen und berechnet hat[5]. Er konnte die *Dampfdruckkurve* durch die Gleichung

$$\lg p = 7{,}4985 - \frac{1368{,}1}{T} + 0{,}0004211\, T \tag{278}$$

darstellen, in der p in Torr ausgedrückt ist.

Es ist ein ausgesprochenes Niederdruckkältemittel, wie aus den folgenden Dampfdruckwerten hervorgeht:

$t\,[°C] =$	$-43{,}0$	$-29{,}5$	$-21{,}0$	$-10{,}5$	$0{,}0$	$5{,}2$	$7{,}8$	$11{,}9$
$p\,[\text{Torr}] =$	$45{,}0$	$96{,}5$	$149{,}8$	$250{,}7$	$401{,}8$	$501{,}0$	$558{,}1$	$657{,}5$

Durch Extrapolation der Gl. (278) erhält man

bei $t\,[°C] =$	10	20	30	40
$p\,[\text{ata}] =$	$0{,}829$	$1{,}22$	$1{,}76$	$2{,}48$

Für das *spezifische Gewicht der Flüssigkeit* kann gesetzt werden

$$\gamma' = 1{,}572 - 0{,}0039\, t\ [\text{kg}/l].$$

Für die *Zustandsgleichung* wählte MEHL durch Vergleich mit anderen Stoffen auf Grund des Gesetzes der korrespondierenden Zustände den einfachen Ansatz

$$v = \frac{7{,}930\, T}{P} - 0{,}0050, \tag{279}$$

---

[1] Schweizer Pat. Nr. 158341 vom 16. Jan. 1933 (vgl. auch DRP 590577), angemeldet von Escher Wyss, Zürich.
[2] KUTSCHEROFF: Ber. dtsch. chem. Ges. Bd. 14 (1881) S. 1533.
[3] U.S. Pat. 1765211 (Davidson, I. G.).
[4] DANA, L. I., J. N. BURDICK u. A. C. JENKINS: J. Amer. chem. Soc. Bd. 49 (1927) S. 2801.
[5] MEHL, W.: Z. phys. Chem. Abt. A Bd. 169 (1934) S. 312.

wobei P in kg/m² einzusetzen ist und v in m³/kg erhalten wird. Damit sind alle Unterlagen geschaffen, um nach Gl. (11) die *Verdampfungswärme* zu berechnen. Die erhaltenen Werte konnten im engen Bereich durch die Gleichung

$$r = 59{,}8 - 0{,}12\,t \left[\frac{\text{kcal}}{\text{kg}}\right] \tag{280}$$

dargestellt werden. Daraus erhält man beim normalen Siedepunkt $r_s = 57{,}9$ kcal/kg und für die TROUTON-Konstante den Wert 21,5.

MEHL fand weiter für die *spezifische Wärme* der *Flüssigkeit* bei 15°C den Meßwert $c_{fl} = 0{,}24$ kcal/kg °C. Aus einem Meßwert von CAPSTICK[1] für das Verhältnis $\varkappa = c_p/c_v = 1{,}20$ berechnet er ferner die spezifische Wärme des Gases bei Zimmertemperatur zu $c_{p_0} = 0{,}11$ kcal/kg °C. Schließlich wird noch der Erstarrungspunkt des Vinylbromids mit $-140°$C angegeben.

MEHL konnte die Beobachtung von KUTSCHEROFF bestätigen, daß die Zersetzung von Vinylbromid in diffusem Licht durch Jodzusatz aufgehalten wird. Bei einem Jodzusatz von 0,02 Gew.-% trat nach 60 Stunden, bei 0,1 Gew.-% nach 180 Stunden und bei 1% auch nach monatelanger Belichtung keine chemische Veränderung auf. Bei Erwärmung über 100°C beginnt aber eine thermische Zersetzung.

5. Dichloräthylen ($C_2H_2Cl_2$).

Dichloräthylen ($C_2H_2Cl_2$) wurde ursprünglich von CARRIER in seinen ersten Turbokompressoren als Kältemittel verwendet[2]. Es läßt sich relativ billig herstellen, ist beständig gegen Säuren, Alkalien und Metalle und praktisch unlöslich in Wasser; gegen Trockenmittel verhält es sich neutral. Dichloräthylen ist brennbar, die Explosionsgrenzen im Gemisch mit Luft sind 5,6 und 11,4 Vol.-%. Es wird in der chemischen Technik ausgiebig als Lösungs- und Extraktionsmittel verwendet[3]. Als Ausgangsstoff für die Herstellung von Dichloräthylen dient das symmetrische Tetrachloräthan ($CHCl_2 - CHCl_2$), das durch Einwirkung von Acetylen auf Chlor in Gegenwart von $SbCl_5$ oder von suspendiertem Pyrit als Katalysator entsteht. Die Überführung von Tetrachloräthan in Dichloräthylen erfolgt durch Kochen mit Wasser und elektrolytisch erzeugtem Zink, welches fortlaufend regeneriert wird[3].

Dichloräthylen löst Öle, Fette und Elastomere. Mit Mineralölen mischt es sich in jedem Verhältnis[4]; dies war jedoch bei seiner Verwendung ohne Belang, da in Turbokompressoren das Kältemittel mit dem Schmieröl nicht in Berührung kommt. Dichtungsstoffe sollten erst nach genauer Prüfung ihres Verhaltens ausgewählt werden.

Dichloräthylen hat einen an Chloroform erinnernden schwachen Geruch. Sein Warnungsvermögen ist deutlich und seine toxischen Wirkungen sind nicht zu unterschätzen; die Underwriters Laboratories reihen es in die Klasse 4 ein, zusammen mit CH_3Cl und C_2H_5Br (S. 192).

Es tritt in zwei stereoisomeren Formen auf:

Cis-Form	Trans-Form
H—C—Cl	H—C—Cl
‖	‖
H—C—Cl	Cl—C—H

---

[1] CAPSTICK: Proc. roy. Soc. Bd. 57 (1895) S. 322.
[2] CARRIER, W. H., u. R. W. WATERFIL: Refrig. Engng., Juni 1924. — Ber. IV. Intern. Kältekongr. London 1924 Bd. I S. 634. — W. H. CARRIER: Refrig. Engng. Bd. 12 (1926) S. 253. — U.S. Pat. 1530542, 1642942, 1642943.
[3] ASKENASY, P., u. C. VOGELSOHN: Z. Elektrochem. Bd. 15 (1909) S. 773.
[4] POOLE, I. W.: Industr. Engng. Chem. Bd. 23 (1931) S. 170.

Das handelsübliche Dichloräthylen ist ein Gemisch der beiden Stereoisomeren; es enthält beide in ungefähr gleichen Mengen.

Die ältesten Angaben über den Dampfdruck und das spezifische Gewicht der Flüssigkeit stammen von RATHMANN[1]. AWBERY und GRIFFITHS bestimmten den Dampfdruck beider reinen Isomeren zwischen $-40°$ C und dem normalen Siedepunkt[2]. Eine zusammenfassende Untersuchung mit eigenen Messungen hat HSIA durchgeführt und die Ergebnisse in zwei gekürzten Dampftabellen dargestellt[3].

Für die *Dampfdruckkurven* fand er folgende Gleichungen:
für die Cis-Form:

$$\lg p = 11{,}23645 - \frac{1702{,}5468}{T} - 1{,}25137 \lg T + 0{,}00023807\, T \qquad (281)$$

und für die Trans-Form

$$\lg p = 11{,}4651 - \frac{1711{,}9275}{T} - 1{,}4394 \lg T + 0{,}000569\, T. \qquad (281a)$$

Dabei wird p in Torr erhalten.

Die Übereinstimmung mit RATHMANN ist befriedigend, dagegen ergaben sich besonders bei der Cis-Form und bei tiefen Temperaturen erheblich kleinere Werte als bei AWBERY und GRIFFITHS.

Dichloräthylen hat so niedrige Dampfdrücke, daß der ganze Kältemaschinenprozeß im Vakuum verläuft. Der Druck im Kondensator beträgt bei $+30°$ C für die Cis-Form nur $p = 0{,}524$ ata und für die Trans-Form sogar nur $p = 0{,}355$ ata. Im Verdampfer erhält man bei $-15°$ C $p_0 = 0{,}0656$ bzw. $0{,}0437$ ata. Für das handelsübliche Gemisch[4] sind dabei $p = 0{,}485$ ata und $p_0 = 0{,}0577$ ata. Die normalen Siedepunkte liegen: für Cis-Dichloräthylen bei 48,5, für Trans-Dichloräthylen bei 59,7, für das technische Gemisch bei 50,0° C. Die Erstarrungspunkte liegen: für Cis-Dichloräthylen bei $-50°$ und für Trans-Dichloräthylen bei $-80°$ C.

Tabelle 105.
Dampftabelle für Cis-Dichloräthylen (nach A. W. HSIA).

Temperatur	Druck	Spezifisches Volum		Verdampfungswärme
		Flüssigkeit	Dampf	
° C	ata	l/kg	m³/kg	kcal/kg
-30	0,0275	0,746	7,7445	74,75
-25	0,0371	0,750	5,8422	74,65
-20	0,0496	0,755	4,4594	74,55
-15	0,0656	0,760	3,4429	74,44
-10	0,0857	0,765	2,6863	74,34
-5	0,111	0,770	2,1167	74,23
0	0,142	0,775	1,6836	74,13
$+5$	0,180	0,780	1,3511	74,02
10	0,226	0,785	1,0935	73,92
15	0,282	0,790	0,8920	73,81
20	0,350	0,795	0,7331	73,70
25	0,430	0,801	0,6069	73,59
30	0,524	0,806	0,5058	73,48
35	0,635	0,811	0,4245	73,37
40	0,765	0,816	0,3580	73,24
45	0,916	0,822	0,3038	73,11
50	1,090	0,828	0,2593	72,97

[1] RATHMANN, W.: Diss. Breslau 1913.
[2] AWBERY u. GRIFFITHS: Ber. V. Intern. Kältekongr. Rom 1928, Bd. II S. 434.
[3] HSIA, W.: Beiheft zur Z. ges. Kälteind., Reihe 1 Heft 2. Berlin 1931.
[4] Die thermischen Eigenschaften des Gemisches sind zusammengestellt im Circular Nr. 9, S. 50, der Amer. Soc. Refrig. Engng., New York 1926. Vgl. Tab. 107.

Mit Rücksicht auf die sehr niedrigen Drücke kann das spezifische Volum des Dampfes nach der Gleichung für ideale Gase mit $\mu = 96{,}93$ berechnet werden.

Das spezifische Gewicht der Flüssigkeit beträgt nach RATHMANN in kg/l

für Cis-Dichloräthylen $\gamma' = 1{,}2968 - 0{,}00168\, t$,

für Trans-Dichloräthylen $\gamma' = 1{,}3144 - 0{,}001605\, t$.

Aus den vorstehenden Angaben kann die Verdampfungswärme der beiden Isomeren bei verschiedenen Temperaturen berechnet werden. Die Werte sind in den Tab. 105 und 106 enthalten. Beim normalen Siedepunkt wird

Tabelle 106. *Dampftabelle für Trans-Dichloräthylen* (nach A. W. HSIA).

Temperatur °C	Druck ata	Spezifisches Volum		Verdampfungswärme kcal/kg
		Flüssigkeit l/kg	Dampf m³/kg	
−30	0,0182	0,734	11,6848	75,16
−25	0,0247	0,738	8,7869	75,08
−20	0,0331	0,743	6,6892	75,01
−15	0,0437	0,747	5,1667	74,93
−10	0,0572	0,752	4,0238	74,85
−5	0,0742	0,756	3,1608	74,77
0	0,0951	0,761	2,5122	74,69
+5	0,121	0,765	2,0122	74,61
10	0,152	0,770	1,6250	74,54
15	0,191	0,775	1,3230	74,46
20	0,236	0,780	1,0851	74,38
25	0,291	0,785	0,8971	74,30
30	0,355	0,790	0,7458	74,21
35	0,432	0,795	0,6243	74,12
40	0,521	0,800	0,5259	74,03
45	0,625	0,805	0,4455	73,94
50	0,745	0,810	0,3795	73,85

für die Cis-Form $r_s = 73{,}01$ kcal/kg; TROUTON-Konst. $= 22{,}00$,

für die Trans-Form $r_s = 73{,}65$ kcal/kg; TROUTON-Konst. $= 21{,}46$.

AWBERY und GRIFFITHS haben vorläufige t, s-Diagramme für beide Isomeren in kleinem Maßstab entworfen und auch gekürzte Dampftabellen berechnet. Die darin enthaltenen Werte sind jedoch mit großen Unsicherheiten behaftet.

Für das technische Gemisch beider Isomeren erhält man die in Tab. 107 enthaltenen Werte.

Tabelle 107. *Thermische Eigenschaften von technischem Dichloräthylen* (bei 0° C ist $i'_0 = 100$ kcal/kg und $s'_0 = 1{,}0000$ kcal/kg °K gesetzt).

	$t = 30$ °C	$t_0 = -15$ °C
Druck ata	0,485	0,0577
Spez. Volum der Flüssigkeit l/kg	—	0,790
Spez. Volum des Dampfes m³/kg	0,531	3,933
Spez. Wärme der Flüssigkeit $\frac{\text{kcal}}{\text{kg °C}}$	0,27	0,27
Enthalpie der Flüssigkeit i' kcal/kg	108,10	95,95
Verdampfungswärme r kcal/kg	73,80	75,55
Enthalpie des Dampfes i'' $\frac{\text{kcal}}{\text{kg}}$	181,90	171,50
Entropie der Flüssigkeit s' $\frac{\text{kcal}}{\text{kg °K}}$	1,0281	0,9847
Entropie des Dampfes s'' $\frac{\text{kcal}}{\text{kg °K}}$	1,2716	1,2777

Äthylen und Äthylenderivate.

Es sind ferner:

die kritische Temperatur $t_k = 243°\text{C}$,
der kritische Druck $p_k = 56$ ata,
der Erstarrungspunkt $t_f = -56{,}6°\text{C}$,
die spezifische Wärme des Dampfes bei 15°C $c_{p_0} = 0{,}162 \left[\dfrac{\text{kcal}}{\text{kg °C}}\right]$,
der Exponent der Adiabate bei 15° $\varkappa = 1{,}14$.

6. Trichloräthylen (C_2HCl_3).

Trichloräthylen ($\mu = 131{,}40$) ist eine farblose, angenehm riechende Flüssigkeit mit einem *normalen Siedepunkt* von 86,8°C. Bei so hoher Lage des Siedepunktes kommt es als Kältemittel selbst in Turbokompressoren trotz des hohen Molekulargewichtes kaum in Frage[1]. Dagegen wurde es als besonders geeignet für Strahlkältemaschinen bezeichnet[2]. Technisch wird es vorwiegend als Lösungs-, Entfettungs- und Extraktionsmittel verwendet. In Kältemaschinenwerkstätten macht man davon als Entfettungsmittel Gebrauch. Mit Wasser ist es nicht mischbar. Hervorzuheben ist, daß es weder brennbar noch explosiv ist, ja sogar als Feuerlöschmittel verwendet werden kann. Physiologisch ist es zwar nicht unwirksam, hinterläßt aber auch keine bleibenden Gesundheitsschädigungen; seine Wirkung ist etwa die gleiche wie die von Dichloräthylen, schwächer als die von Chloroform und stärker als die von Tetrachlorkohlenstoff (CCl_4).

Hergestellt wird Trichloräthylen in theoretischer Ausbeute durch Kochen von symmetrischem Tetrachloräthan mit Kalk und Wasser nach der Reaktionsgleichung[3]

$$2\,C_2H_2Cl_4 + Ca(OH)_2 = 2\,C_2HCl_3 + CaCl_2 + 2\,H_2O\,.$$

Wenn auch Trichloräthylen als primäres Kältemittel nicht verwendet wird, so hat man davon doch als Kälteübertragungsmittel dort Gebrauch gemacht, wo sehr tiefe Temperaturen benötigt werden, z. B. in Höhenprüfständen für die Luftfahrt. Der *Erstarrungspunkt* von C_2HCl_3 liegt erst bei $-88°\text{C}$. Smith[4] beschreibt eine solche Anlage, in der Trockeneis (festes CO_2) als Kältemittel und C_2HCl_3 als Kälteübertragungsmittel verwendet wurde, weil die Aufstellung einer mehrstufigen Kältemaschine bei dem intermittierenden Betrieb zu kostspielig erschien und weil die Anlage transportabel sein sollte.

Die thermischen und sonstigen physikalischen Eigenschaften des Trichloräthylens sollen hier nur kurz gestreift werden[5]:

Der *Dampfdruck* beträgt:

bei t [°C] =	$-10{,}8$	0	20	31,9	40	50	60	70	80	86,8
p [Torr] =	10	22	56	100	146	210	320	450	630	760

Das *spezifische Gewicht der Flüssigkeit* ist

bei t [°C] =	0	15	30	45	59,5
γ' [kg/l] =	1,4996	1,4762	1,4514	1,4262	1,3997

Die *Verdampfungswärme* bei 15°C beträgt 56,5 kcal/kg. Die *spezifische Wärme* ist $c_{fl} = 0{,}23$ kcal/kg °C bei 18°C.

---
[1] Siehe jedoch das französische Pat. 513475.
[2] Kalustian, P.: Refrig. Engng. Bd. 28 (1934) S. 188.
[3] DRP 171900.
[4] Smith, E.: Refrig. Engng. Bd. 62 (1954) Nr. 5 S. 43.
[5] Churchill, J. B.: Refrig. Engng. Bd. 26 (1933) S. 85.

AWBERY und GRIFFITHS[1] haben eine gekürzte Dampftabelle und ein vorläufiges t, s-Diagramm für Trichloräthylen in kleinem Maßstab entworfen; die Werte dürften jedoch mit erheblichen Fehlern behaftet sein.

Die *Viskosität* beträgt

bei t [°C] = 25   50   75
η [cP] = 0,550 0,446 0,371.

Die *Wärmeleitzahl* ist bei 18°C $\lambda = 0{,}100$ und bei 30°C $\lambda = 0{,}107$ kcal/m h °C. In 1 kg Trichloräthylen lösen sich bei 10°C 170 und bei 28°C 350 mg Wasser.

Nach Angaben der Roessler and Hasslacher Chemical Co.[2] ist C_2HCl_3 bei den in der Industrie üblichen Bedingungen stabil und gegen Wasser und die meisten Metalle indifferent. Selbst Wasserüberschuß soll keine Hydrolyse hervorrufen. Die Erfahrungen von SMITH lehren aber, daß eine chemische Indifferenz nur nach Zusatz eines Stabilisators erreicht wurde.

7. Difluoräthylen ($C_2H_2F_2$).

Auf Veranlassung der Allied Chemical and Dye Corporation haben MEARS und Mitarbeiter[3] die thermischen Eigenschaften dieser Verbindung untersucht, die unter dem Handelsnamen Genetron 150 vertrieben wird. Die guten thermischen Eigenschaften des Äthylens als Kältemittel für Temperaturen von $-100°C$ und darunter werden durch seine Neigung zu Additions- und Polymerisationsreaktionen und durch seine leichte Entzündbarkeit beeinträchtigt. Es kann angenommen werden, daß bei fluorierten Äthylenen diese Nachteile schwächer in Erscheinung treten.

Der normale Siedepunkt von $CH_2 = CF_2$ liegt bei $-85{,}7°C$, also in der Nähe desjenigen von Äthan; man würde also auch dieses Kältemittel für die Erzeugung von Temperaturen bis $-100°C$ verwenden können.

Molekulargewicht $\mu = 64{,}04$.

Gaskonstante $R = 13{,}26 \left[\dfrac{\text{mkg}}{\text{kg °C}}\right]$.

Zustandsgleichung. Es wurden Isochoren von 0,17 bis 0,65 l/mol aufgenommen, die sich durch die Zustandsgleichung (8) mit $\varepsilon = 0$ und den Konstanten

$$A_0 = 9{,}661; \quad a = 0{,}05639; \quad B_0 = 0{,}1976; \quad b = 0{,}04839$$

darstellen ließen. Für den Bereich sehr hoher Dichten (0,09 bis 0,13 l/mol) wurden die Isochoren im Flüssigkeitsgebiet gemessen; es gelten dann andere Konstanten, und zwar:

$$A_0 = 3{,}619; \quad a = -0{,}07062; \quad B_0 = -0{,}0265; \quad b = 0{,}7453.$$

Dabei sind v in l/mol, T in °K und P in Atm einzusetzen.

Dampfdruckkurve. Von $-40°$ bis zum kritischen Punkt ließen sich die Meßwerte durch die einfache Gl. (9) mit $a = 5{,}4630$ und $b = 805$ darstellen (p in lb/sq. in. abs., T in °K). Der normale Siedepunkt wurde bei $t_s = -85{,}7°$ gefunden, während HENNE und RUH[4] $-84°C$ angegeben hatten.

Kritische Daten: $t_k = 30{,}1°$ C; $p_k = 45{,}15$ ata; $v_k = 2{,}40$ l/kg; $\gamma_k = 0{,}417$ kg/l, $\sigma = \dfrac{R T_k}{P_k v_k} = 3{,}71$.

---

[1] AWBERY, J. H., u. E. GRIFFITHS: Ber. V. Intern. Kältekongr. Rom 1928, Bd. 2 S. 434.
[2] Trichlorethylene, its properties and uses. New York 1931.
[3] MEARS, W. H., u. Mitarbeiter: Industr. Engng. Chem. Bd. 47 (1955) S. 1449.
[4] HENNE, A. L., u. R. P. RUH: J. Amer. chem. Soc. Bd. 70 (1948) S. 1025.

Spezifisches Gewicht der Flüssigkeit

bei t [°C] =	−45,35	−31,79	−17,15	−4,89	3,76	15,0	23,6	27,5 ±1,5
γ' [kg/l] =	1,001	0,954	0,901	0,842	0,795	0,721	0,617	0,489

Für die gerade Mittellinie nach Gl. (43) erhält man

$$\frac{\gamma' + \gamma''}{2} = 0{,}455 - 1{,}26 \cdot 10^{-3}\, t$$

mit t in °C, γ in kg/l.

Latente Wärme. Nach Gl. (11) erhält man folgende Werte der Verdampfungswärme

bei t [°C] =	−40	−20	−10	0	10	20	25
r [kcal/kg] =	49,25	43,45	39,8	35,65	30,15	22,35	15,35

Enthalpie. Die Enthalpie des Dampfes wurde aus der Zustandsgleichung unter Zuhilfenahme spektroskopischer Daten berechnet. Für die Flüssigkeit wurde dann $i' = i'' - r$ gesetzt. Mit $i'_0 = 100{,}00$ bei 0°C ergeben sich folgende Werte

bei t [°C] =	−40	−20	−10	0	10	20	25
i' [kcal/kg] =	88,75	94,85	97,66	100,00	102,05	103,90	104,75
i'' [kcal/kg] =	138,00	138,30	137,46	135,65	132,20	126,25	120,10

Dieser Verlauf der i'-Werte gibt Anlaß, an deren Richtigkeit zu zweifeln, da sich daraus ein unwahrscheinlicher Verlauf der spezifischen Wärme c_{fl} als Funktion der Temperatur ergibt.

8. Difluormonochloräthylen [C_2HF_2Cl].

Es wird Bezug genommen auf die Vorbemerkungen zum vorangehenden Unterabschn. 7. Der hier behandelte Stoff führt den Handelsnamen Genetron 160. Der normale Siedepunkt von $CHCl = CF_2$ liegt bei $t_s = -18{,}6$°C, es ist also ein Mitteldruckkältemittel. Auch für diesen Stoff stammen die Meßwerte von MEARS und Mitarbeitern[1].

Molekulargewicht $\mu = 98{,}49$.

Gaskonstante $R = 8{,}61 \left[\dfrac{\text{mkg}}{\text{kg °C}}\right]$.

Zustandsgleichung. Es wurden Isochoren von 0,5 bis 3,1 l/mol aufgenommen, die sich durch die Zustandsgleichung (8) mit $\varepsilon = 0$ und den Konstanten

$$A_0 = 17{,}76; \quad a = -0{,}024; \quad B_0 = 0{,}286; \quad b = -0{,}126$$

darstellen ließen. Dabei sind v in l/mol, T in °K und P in Atm einzusetzen.

Dampfdruckkurve. Von −35°C bis zum kritischen Punkt ließen sich die Meßwerte durch die Gleichung

$$\lg p = 5{,}2577 - \frac{873{,}31}{T} - \frac{42{,}780}{T^2}$$

darstellen (p in lb/sq. in. abs., T in °K). Dabei erhält man den normalen Siedepunkt bei $t_s = -18{,}6°$, während HENNE und RUH[2] −17,7°C gefunden hatten.

Kritische Daten. $t_k = 127{,}4$°C; $p_k = 45{,}5$ ata; $v_k = 2{,}00\, l$/kg;
$\gamma_k = 0{,}499$ kg/l; $\sigma = \dfrac{R T_k}{P_k v_k} = 3{,}78$.

---
[1] Vgl. Fußnote 3 auf S. 429.
[2] HENNE, A. L., u. R. P. RUH: J. Amer. chem. Soc. Bd. 70 (1948) S. 1025.

Spezifisches Gewicht der Flüssigkeit

bei t [°C] =	−47,94	−30,96	−16,00	+1,28	20,49	35,88	51,61	67,81
γ' [kg/l] =	1,416	1,372	1,332	1,285	1,230	1,182	1,129	1,071

Für die gerade Mittellinie nach Gl. (43) erhält man

$$\frac{\gamma' + \gamma''}{2} = 0,655 - 1,22 \cdot 10^{-3} t$$

mit t in °C, γ in kg/l.

Latente Wärme. Nach Gl. (11) erhält man folgende Werte der Verdampfungswärme

bei t [°C] =	−40	−20	0	20	40	60	80
r [kcal/kg] =	57,1	54,8	52,05	48,8	44,9	40,4	34,3

Enthalpie. Die Enthalpien i' und i'' wurden wie im vorangehenden Unterabschnitt berechnet. Man erhält

bei t [°C] =	−40	−20	0	20	40	60	80
i' [kcal/kg] =	89,25	94,47	100,00	106,00	112,50	119,15	126,90
i'' [kcal/kg] =	146,35	149,27	152,05	154,80	157,40	159,55	161,20

N. Propylen (C_3H_6).

Neben Äthylen wird auch *Propylen* als Kältemittel genannt[1], seine Strukturformel ist $H_2C=CH-CH_3$. Seine thermischen Eigenschaften sollen kurz zusammengefaßt werden.

Molekulargewicht	$\mu = 42,08$		
Normaler Siedepunkt	$t_s = -47,7°C$		
Erstarrungspunkt	$t_f = -185°C$		
Dampfdruck[2, 3] bei	−77,58°C	0,210 ata	
	−65,76	0,422	
	−52,93	0,814	
	−37,73	1,582	
	+29,0	13,22	
	36,0	15,70	
	44,0	18,80	
Spezifisches Gewicht im Siedezustand[4] in kg/l		γ'	γ''
	bei 0°C	0,590	0,0123
	25°C	0,537	0,0246
	50°C	0,478	0,0458
Kritische Temperatur	$t_k = 91,4°C$		
Kritischer Druck	$p_k = 46,9$ ata		
Kritisches spez. Gewicht	$\gamma_k = 0,233$ kg/l		
Spezifische Wärme der Flüssigkeit[5] bei	−78,50°C	$c_{fl} = 0,504$ kcal/kg °C	
	−49,76°C	0,520 „	
Verdampfungswärme am normalen Siedepunkt[5]	$r_s = 104,69 \frac{\text{kcal}}{\text{kg}}$		
Erstarrungswärme	$r_f = 17,06 \frac{\text{kcal}}{\text{kg}}$		

---

[1] DRP 359049 und 362386, U.S. Pat. 1396024, Brit. Pat. 148875 und 148877.
[2] POWELL, T. M., u. W. F. GIAUQUE: J. Amer. chem. Soc. Bd. 61 (1939) S. 2366.
[3] FRANCIS, A. W., u. G. W. ROBBINS: J. Amer. chem. Soc. Bd. 55 (1933) S. 4339.
[4] VAUGHAN, W. E., u. N. R. GRAVES: Industr. Engng. Chem. Bd. 32 (1940) S. 1252.
[5] POWELL, T. M., u. W. F. GIAUQUE: J. Amer. chem. Soc. Bd. 61 (1939) S. 2366.

Ein MOLLIER-Diagramm für Propylen findet man im Data Book der ASRE, 8. Aufl., 1953/54, S. 33—89.

Von den *Halogenderivaten* des Propylens wurden als Kältemittel in Erwägung gezogen Propylenchlorid und Propylenbromid[1]. Ihre thermischen Eigenschaften sind noch nicht untersucht.

O. Cyclische Kohlenwasserstoffe und deren Halogenide.

Von den cyclischen (ringförmigen) Kohlenwasserstoffen finden sich nur unter den Naphthenen (Cycloparaffinen) oder deren Halogeniden Stoffe, die als Kältemittel in Betracht kommen. Die Naphthene haben die gleiche Bruttoformel C_nH_{2n} wie die Olefine, jedoch eine andere Struktur.

1. Cyclopropan.

Cyclopropan (Trimethylen C_3H_6) hat die Struktur $\begin{array}{c}H_2C\\|\diagdown\\H_2C\end{array}\!\!\!\!>\!\!CH_2$. Es wurde als Kältemittel von WRIGHT[2] vorgeschlagen, und zwar in erster Linie für Absorptionsmaschinen, aber ausdrücklich auch für Kompressionsmaschinen. Sein Molekulargewicht ist 42,05. Der normale Siedepunkt[3] liegt bei $-32{,}86°C$. Dampfdrücke bei höheren Temperaturen sind unbekannt, doch heißt es in der Patentschrift, daß sich Cyclopropan bei Zimmertemperatur unter einem Druck von 6 bis 7 ata verflüssigen läßt. Der Erstarrungspunkt liegt bei $-127{,}6°C$. Das spezifische Gewicht der Flüssigkeit beträgt bei $-79°C$ $\gamma' = 0{,}720$ kg/l.

Die spezifische Wärme der Flüssigkeit beim normalen Siedepunkt ist $c_{fl} = 0{,}460$ kcal/kg °C, die Verdampfungswärme $r_s = 113{,}9$ und die Schmelzwärme $r_f = 30{,}9$ kcal/kg.

Die Viskosität des Dampfes wurde von TOSHIZÔ TITANI gemessen[4]. In der Patentschrift wird behauptet, daß Cyclopropan bis zur Rotglut thermisch stabil sei und die Metalle nicht angreife. Dagegen muß betont werden, daß der Cyclopropanring durch verschiedene Eingriffe leicht gesprengt werden kann; beim Strömen durch glühende Rohre verwandelt sich Cyclopropan in Propylen; in Anwesenheit von Katalysatoren (Eisenspäne, Platin) verläuft diese Reaktion schon bei viel tieferen Temperaturen. Ferner behauptet die Patentschrift, Cyclopropan habe zwar einen ausgesprochen unangenehmen Geruch, doch sei es nicht gesundheitsschädlich. Dagegen erklären HENDERSON und LUCAS, daß es eine stark narkotische Wirkung ausübe[5], und es wird auch in der Tat zu Narkosezwecken gebraucht.

2. Cyclobutan (C_4H_8) und Oktafluorcyclobutan (C_4F_8).

Cyclobutan hat die Strukturformel $\begin{array}{c}CH_2-CH_2\\||\\CH_2-CH_2\end{array}$.

Ersetzt man darin alle Wasserstoffatome durch Fluoratome, dann erhält man das

---

[1] Schweizer Pat. Nr. 158341 vom 16. Jan. 1933 (vgl. auch DRP 590577), angemeldet von Escher Wyss, Zürich.

[2] WRIGHT, L. K.: U.S. Pat. 1855659 (April 1932).

[3] Die hier angegebenen thermischen Eigenschaften stammen von R. A. RUERWEIN u. T. M. POWELL: J. Amer. chem. Soc. Bd. 68 (1946) S. 1063. Weitere hiervon zum Teil abweichende Werte lieferten LADENBURG u. KRÜGEL: Ber. dtsch. Chem. Ges. Bd. 33 (1900) S. 638 und PRANTZ u. WINKLER: J. prakt. Chem. Bd. 104 (1922) S. 37.

[4] TOSHIZÔ TITANI: Bull. Inst. phys. chem. Res. [Abstracts], Tokio, Bd. 2 (1929) S. 49 u. Bull. Chem. Soc. Japan, Bd. 5 (1930) S. 98.

[5] HENDERSON u. LUCAS: Arch. Int. Pharmacodyn. Therapie, Bd. 37 (1930) S. 155. — HENDERSON: Daselbst Bd. 38 (1930) S. 150.

Oktafluorcyclobutan oder Perfluorcyclobutan mit der Bruttoformel C_4F_8. Bei den cyclischen Verbindungen wird nach der Nomenklatur der Kinetic Chemicals Inc. ein C vor die Nummer gesetzt. C_4F_8 bezeichnet man daher als FC318. Es hat sehr beachtliche Eigenschaften, die es als Kältemittel oder Kälteübertragungsmittel sehr geeignet erscheinen lassen. Es hat einen *normalen Siedepunkt* von rd. $-6°$C und zeichnet sich auch bei höheren Temperaturen durch seine thermische Stabilität aus (C—F-Bindung, vgl. S. 320). Es käme daher für die Verwendung in Wärmepumpen durchaus in Frage. Es reagiert auch im PHILIPP-Test mit Ölen bei 250° C nicht und führt weder zu Korrosionen an Metallen noch zur Kupferplattierung. Mit Mineralölen ist es nicht mischbar und auch nur in sehr geringem Maße in ihnen löslich[1].

Hergestellt wird FC318 durch Pyrolyse von Polytetrafluoräthylen[2] oder durch zyklische Dimerisation von Tetrafluoräthylen[3] ($CF_2 = CF_2$); dieses siedet bei $-76°$C (1 Atm) und polymerisiert leicht zu chemisch inerten plastischen Stoffen, die den Handelsnamen „Teflon" führen (s. S. 146).

Die Kinetic Chemicals Inc. hat folgende Werte von Eigenschaften des Freons C 318 bekanntgegeben[4]:

Molekulargewicht	$\mu = 200{,}04$.	
Normaler Siedepunkt	$t_s = -6{,}1°$C.	
Erstarrungspunkt	$t_s = -40{,}5°$C.	
Kritische Temperatur	$t_k = 115°$C.	
Kritischer Druck	$p_k = 27{,}6$ ata.	
Kritisches Volum	$v_k = 1{,}635$ l/kg.	
Spezifisches Gewicht der Flüssigkeit bei 30°C	$\gamma' = 1{,}485$ kg/l.	
Spezifisches Gewicht des Dampfes bei t_s	$\gamma'' = 9{,}30$ kg/m³.	
Spezifische Wärme der Flüssigkeit bei 30°C	$c_{fl} = 0{,}28$ kcal/kg °C.	
Spezifische Wärme des Dampfes bei 30°C, 1 Atm	$c_p = 0{,}195$ kcal/kg °C.	
Verdampfungswärme bei t_s	$r_s = 28$ kcal/kg.	
TROUTON-Konstante	21,0.	
Viskosität der Flüssigkeit bei 30°C	0,409 cP.	
Viskosität des Dampfes bei 30°C, 1 Atm	0,0119 cP.	
Oberflächenspannung (berechnet aus dem Parachor) bei	$-40°$C	15,00 dyn/cm
	$-20°$C	12,71 „
	0°C	10,57 „
	20°C	8,41 „
	40°C	6,30 „

FURUKAWA, MCCOSKEY und REILLY[5] haben einige genaue Messungen an sehr reinem FC318 durchgeführt. Sie bestimmten den Verlauf der Dampfdruckkurve von -96 bis $+1°$C und fanden den normalen Siedepunkt bei $-5{,}99°$C und den Erstarrungspunkt (Tripelpunkt) bei $-40{,}20°$C und einem Druck von 0,194 ata. Oberhalb des Tripelpunkts lautet die Dampfdruckgleichung

$$\lg p = 6{,}70267 - \frac{1315{,}906}{T} + 8 \cdot 778482 \cdot 10^{-3}\, T - 1{,}739691 \cdot 10^{-5}\, T^2.$$

---

[1] BAMBACH, G.: Kältetechnik Bd. 8 (1956) erscheint demnächst.
[2] U.S. Pat. 2384821 und 2394581. — [3] U.S. Pat. 2404374.
[4] Über P-v-T-Werte s. a. EISEMAN jr.: Refrig. Engng. Bd. 60 (1952) S. 496 und Industr. Engng. Chem. Bd. 44 (1952) S. 1665.
[5] FURUKAWA, G. T., R. E. MCCOSKEY u. L. REILLY: J. Res. Nat. Bur. Stand. Bd. 52 Nr. 1 (1954) S. 11 (Res. Pap. 2466).

Die spezifische Wärme des flüssigen FC 318 beträgt

bei $t\,[°\mathrm{C}] = -39{,}00 \quad -32{,}16 \quad -19{,}81 \quad -4{,}62$

$c_{fl}\left[\dfrac{\mathrm{kcal}}{\mathrm{kg\,°C}}\right] = \quad 0{,}238 \quad\;\; 0{,}240 \quad\;\; 0{,}2445 \quad\;\; 2{,}505$.

Im festen Zustand am Erstarrungspunkt ist $c_f = 0{,}231$ kcal/kg °C. Bei $-56{,}17°$C findet die erste Phasenumwandlung fest-fest statt, die durch ein scharfes Maximum von c_f gekennzeichnet ist. Bei tieferen Temperaturen wurden noch drei weitere Umwandlungen beobachtet. Die Verdampfungswärme bei $-11{,}91°$C (0,805 ata) beträgt 28,35 kcal/kg. Die Erstarrungswärme hat beim Tripelpunkt den Wert $r_f = 3{,}31$ kcal/kg.

Das cyclische C_4F_8 wird neuerdings auch von den Farbwerken Hoechst im großtechnischen Maßstab hergestellt. BAMBACH hat im Kältetechnischen Institut in Karlsruhe an sorgfältig gereinigtem und spektroskopisch auf Verunreinigungen überprüftem C_4F_8, das die Farbwerke Hoechst zur Verfügung stellten, umfangreiche Messungen der Stoffeigenschaften durchgeführt[1], die hier kurz zusammengefaßt werden sollen.

Zustandsgleichung

$$v = \frac{4{,}2384 \cdot 10^{-4}\,T}{p} - \frac{0{,}13443}{(T/100)^3} - \frac{0{,}046288}{(T/100)^8} \cdot p^2,$$

wobei v in m³/kg und p in kg/cm² einzusetzen sind. Diese Zustandsgleichung umfaßt den überhitzten Bereich einschließlich der rechten Grenzkurve bis 80° C. Von den darüber hinaus durch Extrapolation gewonnenen Werten von BAMBACH machen wir hier keinen Gebrauch, da sie jenseits des kältetechnischen Interesses liegen.

Dampfdruckkurve. Die gemessenen Werte ließen sich im ganzen Bereich vom Erstarrungspunkt bis zum kritischen Punkt mit einer Genauigkeit von 0,4% durch die Interpolationsformel

$$\ln p = 17{,}2042 - \frac{3151{,}8}{T} - 0{,}9567 \ln T - 1{,}0103 \cdot 10^{-17} \cdot T^6$$

darstellen, wobei p in kg/cm² erhalten wird. Unterhalb 30° C gilt mit einer Genauigkeit von 0,1% die Formel

$$\ln p = 10{,}8706 - \frac{2890{,}5}{T}.$$

Danach liegt der normale Siedepunkt bei $t_s = -6{,}42°$ C und der Erstarrungspunkt bei $t_f = -40{,}2°$ C und $p_f = 0{,}2150$ kg/cm².

Spezifisches Gewicht. Für die siedende Flüssigkeit wird in kg/l

$$\gamma' = 0{,}6315 + 0{,}1253\,(115{,}39 - t)^{0{,}475} - 2{,}3576 \cdot 10^{-3}\,(115{,}39 - t) + \\ + 4{,}5832 \cdot 10^{-6}\,(115{,}39 - t)^2.$$

Mit den Meßwerten γ'' von gesättigtem Dampf erhält man für die gerade Mittellinie die Gleichung

$$\frac{\gamma' + \gamma''}{2} = 0{,}6315 + 1{,}5828 \cdot 10^{-3}\,(115{,}39 - t).$$

Kritische Werte. $t_k = 115{,}39°$ C, $p_k = 28{,}60$ kg/cm², $v_k = 1{,}5835$ l/kg.

Verdampfungswärme. Messungen wurden nicht durchgeführt. Nach Gl. (11) erhält man aber durch Rechnung die in der Dampftabelle 20 auf S. 472 enthaltenen Werte.

---

[1] BAMBACH, G.: Kältetechnik, Bd. 8 (1956), erscheint demnächst.

Spezifische Wärme. Aus spektroskopischen Daten findet BAMBACH für die spezifische Wärme c_{p_0} im idealen Gaszustand Werte, die sich zwischen -40 und $+100°$ C durch die Gleichung

$$c_{p_0} = 0,03096 + 6,832 \cdot 10^{-4}\, T - 4,986 \cdot 10^{-7}\, T^2$$

darstellen lassen.

Enthalpie und Entropie. Aus seiner oben angegebenen Zustandsgleichung leitet BAMBACH auf rein thermodynamischem Wege mit Hilfe der Gleichungen (80) und (90) Ausdrücke für die Enthalpie und Entropie des Dampfes ab. Die so berechneten Werte von i'' und s'' sind in die Dampftabelle 20 aufgenommen. Daraus ergeben sich mit der Verdampfungswärme r auch die Werte von i' und s'.

Ein MOLLIER-i, lg p-Diagramm 16 für C_4F_8 ist in der Tasche beigefügt. Eine Tabelle der volumetrischen Kälteleistung hat BAMBACH berechnet[1].

Oberflächenspannung. Da Meßwerte nicht vorliegen, muß die Oberflächenspannung σ aus dem Parachor nach Gl. (27) berechnet werden. Aus den Atomparachoren für C und F nach S. 78 findet man für C_4F_8 den Wert $[P] = 224,8$. Daraus erhält man folgende Werte für σ:

bei t [°C] =	-40	-20	0	20	40
σ (dyn/cm) =	15,00	12,71	10,57	8,41	6,3

Chemische Eigenschaften. Wie alle perfluorierten organischen Verbindungen, so ist auch C_4F_8 chemisch außerordentlich stabil. Weder an üblichen Kältemaschinenölen noch solchen mit 0,1 bis 2,1% Ölharzgehalt ließ sich im Philipp-Test nach 1000 Stunden eine Veränderung erkennen, auch trat im Druckrohr nach 42 Tagen keine Kupferplattierung ein. BAMBACH hat auch die Korrosion von Kupfer und Eisen durch flüssiges C_4F_8 und dessen Gemische mit Öl mit und ohne Zusatz von Wasser im Druckrohrtest untersucht, wobei die Druckrohre 14 Tage lang auf 100° C erhitzt wurden. Bei Kupfer trat in keinem Fall Korrosion ein, bei Eisen war sie ohne Wasser vernachlässigbar und erreichte mit Wasser Werte von 120 bis 140 mg/m² und Tag, was auch noch innerhalb der zulässigen Grenzen liegen dürfte. C_4F_8 ist nicht brennbar und nicht explosiv.

Die Löslichkeit von C_4F_8 in Mineralölen ist sehr gering. Bei einem Druck von 1,34 kg/cm² und bei Temperaturen von 0 bis 30° C lösen sich im Öl 0,03 bis 0,07 Gew.-% C_4F_8. Bei 3,79 kg/cm² und 30 bis 50° C wurden Konzentrationen von 2,0 bis 2,6 Gew.-% erreicht. Da die Viskosität der Schmieröle durch die geringe C_4F_8-Löslichkeit kaum erniedrigt wird, müssen verhältnismäßig niederviskose Öle verwendet werden, die auch im Verdampfer noch ausreichende Kältefließfähigkeit haben; auch ist ein Ölabscheider hinter dem Kompressor vorzusehen.

Physiologische Eigenschaften. C_4F_8 dürfte mit F12 in die niedrigste Gefahrenklasse einzureihen sein (s. S. 192).

P. Äther.

Die Äther sind Verbindungen von zwei einwertigen Alkylgruppen (CH_3, C_2H_5 usw.) mit einem Sauerstoffatom. Man kann sie entweder als Alkyloxyde betrachten oder als Wasser, in welchem die beiden Wasserstoffatome durch zwei Alkylgruppen ersetzt sind.

---

[1] Vgl. Fußnote 1 auf S. 434.

Man unterscheidet einfache und gemischte Äther. Bei den einfachen Äthern kommen zwei gleiche Alkylreste vor, z. B.

$$CH_3-O-CH_3 \quad \text{oder} \quad C_2H_5-O-C_2H_5.$$
$$\text{Dimethyläther} \qquad \qquad \text{Diäthyläther}$$

Ein Beispiel für einen gemischten Äther ist

$$CH_3-O-C_2H_5$$
$$\text{Methyl-Äthyläther.}$$

Diese niederen Äther entstehen bei der Einwirkung von Schwefelsäure auf Alkohol, z. B.

$$2\,CH_3OH + H_2SO_4 \rightarrow (CH_3)_2O + H_2O + H_2SO_4.$$

Die Äther haben einen charakteristischen („ätherischen") Geruch. Sie sind in Wasser wenig, in organischen Lösungsmitteln dagegen leicht löslich. Im Gegensatz zu Wasser und Alkoholen, die stark assoziiert sind, befinden sich die Äther in monomolekularem Zustand, was durch die normalen Werte der TROUTON-Konstante und des kritischen Koeffizienten ($RT_k/P_k v_k$) bestätigt wird.

Die Äther sind beständiger als die Alkohole. Mit Luft bilden sie entzündbare Gemische.

1. Dimethyläther (C_2H_6O).

Dimethyläther wurde als Kältemittel erstmalig 1864 von TELLIER[1] vorgeschlagen. Neben Methyläther empfahl er auch Ammoniak, gab aber ersterem den Vorzug; es sollte den viel feuergefährlicheren Äthyläther ersetzen, erforderte aber gleichzeitig die Überwindung viel höherer Drücke im Kompressor. Auch LINDE machte in seiner ersten Kältemaschine (1875) von Methyläther Gebrauch. Später wurde Methyläther nur noch in hermetisch gekapselten Kleinkältemaschinen verwendet[2].

Mit Mineralölen ist Methyläther gut mischbar. Als Kältemittel hat es thermisch eine große Ähnlichkeit mit Methylchlorid, es ist aber leichter entzündbar und bildet mit Luft in den Grenzen von 3,5 bis 12,5 Vol.-% explosive Gemische. Dafür ist es weniger giftig als Methylchlorid und geruchlich deutlich wahrnehmbar[3]. Es übt selbst in Gegenwart von Wasser keine korrodierende Wirkung aus. Bei Erwärmung tritt bis 400°C keine Zersetzung auf; bei höherer Temperatur zerfällt es in CH_4, CO_2 und H_2.

III. IV. Thermische und physikalische Eigenschaften.

Molekulargewicht $\mu = 46{,}07$.

Gaskonstante $R = 18{,}407 \left[\dfrac{\text{m kg}}{\text{kg °C}}\right]$.

Zustandsgleichung. Aus dem Vergleich mit gemessenen Volumwerten von Äthyläther stellte FÜNER nach dem Gesetz der korrespondierenden Zustände die Gleichung auf[4]

$$v = \frac{18{,}407\,T}{P} - \frac{0{,}566518 + 4{,}82745 \cdot 10^{-6}\,P}{(T/100)^4}, \tag{282}$$

wobei P in kg/m² einzusetzen ist und v in m³/kg erhalten wird. Die damit berechneten Werte von v'' geben die Meßwerte von BURDICK[3] zwischen -29 und $+49$°C gut wieder.

---

[1] CHARLES TELLIER: Brit. Pat. Nr. 387 (1864). Vgl. Bd. I, S. 56, dieses Handbuches.
[2] In der „Autofrigor"-Kältemaschine von Escher-Wyss, Zürich u. Lindau.
[3] BURDICK, C. L.: Refrig. Engng. Bd. 23 (1932) S. 102.
[4] FÜNER, V.: Mitt. Kältetechn. Inst. Karlsruhe Nr. 3. Karlsruhe, C. F. Müller 1948.

Dimethyläther (C_2H_6O). 437

Dampfdruckkurve. FÜNER fand, daß die Gleichung

$$\lg p = 54{,}7323 - \frac{2445{,}74}{T} - 20{,}2387 \lg T + 1{,}4503 \cdot 10^{-2}\, T \qquad (283)$$

(p in ata) die verfügbaren Meßwerte durchschnittlich befriedigend wiedergibt. Genauere Messungen liegen nur unterhalb 1 Atm vor[1]. Darüber hinaus sind die Angaben einander ziemlich widersprechend[2]. Der normale Siedepunkt liegt bei $t_s = -24{,}8°C$, der Erstarrungspunkt bei $t_f = -138°C$. Die Dampfdruckkurve des Methyläthers unterscheidet sich nicht wesentlich von derjenigen des Methylchlorids.

Kritische Daten. $t_k = 126{,}9°C$; $p_k = 55$ ata.

Der Wert von γ_k wird sehr verschieden angegeben: KOBE und LYNN[3] geben in ihrer Sammlung der kritischen Daten als wahrscheinlichsten Wert an $\gamma_k = 0{,}242$ kg/l. Damit erhält man aber $\sigma = \dfrac{R\,T_k}{P_k\,v_k} = 3{,}27$, also einen viel zu kleinen Wert. LANGE's Handbook of Chemistry[4] enthält eine Tabelle der orthobaren spezifischen Gewichte γ' und γ'' von $-23{,}7°C$ bis zur kritischen Temperatur ($126{,}9°C$); man findet dort den Wert $\gamma_k = 0{,}2714$ kg/l, der den viel wahrscheinlicheren Wert $\sigma = 3{,}66$ ergibt. (Aus den kritischen Daten nach KOBE und LYNN ergibt sich für *Diäthyl*äther $\sigma = 3{,}83$ und für *Methyläthyl*äther $\sigma = 3{,}75$.)

Für das *spezifische Volum der Flüssigkeit* faßt FÜNER die vorhandenen Meßwerte zwischen $-40°$ und $+50°C$ in die Gleichung zusammen

$$v' = 1{,}448 + 0{,}0030\, t + 0{,}0000149\, t^2. \qquad (284)$$

Für die Verdampfungswärme liegen keine sehr gut gesicherten Meßwerte vor. Gl. (283) ist nicht genau genug, um daraus den Differentialquotienten dP/dT ableiten zu dürfen und dann die Verdampfungswärme nach Gl. (11) zu berechnen. FÜNER berechnete daher zuerst die Enthalpien i' und i'' und setzte dann $r = i'' - i'$. Damit sind natürlich auch große Unsicherheiten verbunden. Die ermittelten Werte drückte er durch die empirische Formel (68) aus

$$r = 13{,}883\,(T_k - T)^{0{,}415}. \qquad (285)$$

Er fand nachträglich eine befriedigende Übereinstimmung mit den aus dem Gesetz der korrespondierenden Zustände (mit Äthyläther als Bezugstoff) berechneten Werten. Beim normalen Siedepunkt wird $r_s = 111{,}6$ kcal/kg und die TROUTON-Konstante $20{,}7$.

Für die *spezifische Wärme der Flüssigkeit* setzt FÜNER

$$c_{fl} = 0{,}572 + 0{,}000667\, t. \qquad (286)$$

BURDICK hat bei $-20°C$ $c_{fl} = 0{,}560$ kcal/kg°C gemessen.

Für die spezifische Wärme des Dampfes bei $p \to 0$ liegen zwischen -1 und $+97°C$ genaue Meßwerte von KISTIAKOWSKY und RICE vor[5], die sich durch die Gleichung

$$c_{p_0} = 0{,}3224 + 0{,}000693\, t \qquad (286)$$

sehr gut wiedergeben lassen. Bei Zimmertemperatur wird $\varkappa_0 = c_{p_0}/c_{v_0} = 1{,}155$.

---

[1] KENNEDY, SAGENKAHN, ASTON: J. Amer. chem. Soc. Bd. 63 (1941) S. 2267. — O. MAASS u. O. BOOMER: J. Amer. chem. Soc. Bd. 44 (1922) S. 1713.
[2] Am zuverlässigsten erscheinen die Werte im Handbook of Chemistry and Physics, 28. Aufl. New York 1944.
[3] KOBE, K. A., u. R. E. LYNN jr.: Chem. Reviews Bd. 52, Nr. 1 (Febr. 1953) S. 117.
[4] Sandusky, Ohio: Verlag Handbook Publishers, Inc., 1941 S. 1292.
[5] KISTIAKOWSKY, G. B., u. W. W. RICE: J. Chem. Phys. Bd. 8 (1940) S. 618.

Mit Hilfe der Zustandsgleichung (282) und der genannten Werte von c_{fl} und c_{p_0} hat FÜNER folgende Gleichungen für die *Enthalpien* i' und i'' und für die *Entropien* s' und s'' aufgestellt:

$$i' = 100 + 0{,}572\,t + 0{,}000334\,t^2 + A\,v'_m(P_t - P_0), \qquad (287)$$

wobei P_t bzw. P_0 die Dampfdrücke in kg/m² bei $t°$ bzw. 0° bedeuten und v'_m das mittlere spezifische Volum der Flüssigkeit in diesem Intervall ist;

$$i'' = 207{,}22 + 0{,}3224\,t + 0{,}000347\,t^2 - \frac{66{,}3370\,p}{(T/100)^4}\,(1 + 0{,}042606\,p) \qquad (288)$$

mit p in ata. Daraus folgt $r = i'' - i'$.

Ferner wird

$$s'' = 0{,}496652 + 0{,}306474\,\lg T + 0{,}000693\,T - 0{,}099259\,\lg p -$$
$$- \frac{53{,}0696}{T\,(T/100)^4}\,(1 + 0{,}042606\,p) \qquad (289)$$

und $s' = s'' - r/T$.

Alle so berechneten Werte sind in die Dampftabelle 21 auf S. 473 eingetragen.

Die Gln. (288) und (289) gelten auch für überhitzte Dämpfe. FÜNER hat ein vorläufiges MOLLIER-i, $\lg p$-Diagramm für Methyläther entworfen, das in der Tasche enthalten ist (Diagramm 17).

Die *Viskosität* des Gases bei 1 Atm beträgt

bei t [°C] =   20   100   120
$\eta\,[\mu\mathrm{P}]$ =   91   117   123.

2. Diäthyläther ($C_4H_{10}O$).

Diäthyläther ist die Substanz, die unter der Bezeichnung „Schwefeläther" als erstes Kältemittel in Kaltdampfmaschinen verwendet wurde. JAKOB PERKINS hat sie 1834 erstmalig vorgeschlagen und ALEXANDER TWINNING (1856) sowie JAMES HARRISON (1856/57) haben daran festgehalten[1]. Die Verwendung von Äthyläther hat die Entwicklung der Kaltdampfmaschinen stark aufgehalten. Da der Druck im ganzen System unterhalb 1 Atm liegt, kann leicht Luft in das Innere eindringen, die mit Äthyläther hoch explosive Gemische bildet. Die Zündgrenzen liegen zwischen 1,6 und 26 Vol.-%. Es sind wiederholt Unglücksfälle mit solchen Maschinen vorgekommen, wodurch sich die Benutzer veranlaßt sahen, von den weniger wirtschaftlichen Kaltluftmaschinen Gebrauch zu machen. Erst in den 60er Jahren des vorigen Jahrhunderts ist man vom Gebrauch von Äthyläther endgültig abgekommen. Es genügt daher, wenn wir hier seine thermischen Eigenschaften nur kurz streifen:

Molekulargewicht $\mu = 74{,}12$.

Gaskonstante $R = 11{,}44 \left[\dfrac{\mathrm{m\,kg}}{\mathrm{kg\,°C}}\right]$.

Spezifisches Gewicht der Flüssigkeit bei 20°C $\gamma' = 0{,}714$ kg/l.
Normaler Siedepunkt $t_s = 34{,}48$° C.
Dampfdruck bei 20°C $p = 0{,}601$ ata.
Erstarrungspunkt $t_f = -116{,}3$° C.
Kritische Temperatur $t_k = 194$° C.
Kritischer Druck $p_k = 37{,}2$ ata.
Kritisches spezifisches Gewicht $\gamma_k = 0{,}265$ kg/l.

---
[1] Vgl. Bd. I, S. 52—56, dieses Handbuches.

Spezifische Wärme der Flüssigkeit bei $-100°$ $c_{fl} = 0{,}483$ kcal/kg $°$C
bei $0°$ $0{,}542$ kcal/kg $°$C
bei $20°$ $0{,}556$ kcal/kg $°$C.

Spezifische Wärme des Dampfes bei $34{,}5°$C, $c_p = 0{,}3725$ kcal/kg $°$C;
$\varkappa = c_p/c_v = 1{,}08$.

Verdampfungswärme bei $34{,}5°$C $\quad r_s = 86{,}0$ kcal/kg.

Schmelzwärme bei $-116{,}3°$C $\quad r_f = 24{,}2$ kcal/kg.

Viskosität der Flüssigkeit bei $-20°$C $\quad \eta_{fl} = 0{,}364$ cP,
bei $0°$C $0{,}296$
bei $20°$C $0{,}243$
bei $40°$C $0{,}199$.

Viskosität des Gases (1 Atm) bei $0°$C $\quad \eta = 69\ \mu$P.
$50°$C 82
$100°$C 94

Wärmeleitzahl der Flüssigkeit bei $20°$C $\lambda = 0{,}112\ \dfrac{\text{kcal}}{\text{m h }°\text{C}}$.

Oberflächenspannung bei $20°$C $\quad \sigma = 16{,}5$ dyn/cm.

100 Teile Wasser lösen bei $16°$C $7{,}5$ Gewichtsteile Äther, andererseits nimmt Äther 1 bis $1{,}5\%$ Wasser auf.

Äthyläther verdunstet rasch bei Zimmertemperatur und kühlt sich dabei stark ab. Durch Mischen von Äthyläther mit festem CO_2 (Trockeneis) können Flüssigkeitsbäder von $-80°$C und darunter hergestellt werden.

Medizinisch wird Äther zu Narkosezwecken benutzt.

Q. Aliphatische Amine.

Die aliphatischen Amine sind Derivate des Ammoniaks (NH_3). Sie entstehen durch den Ersatz der Wasserstoffatome durch Alkylgruppen (CH_3, C_2H_5 usw.). Wird nur ein H-Atom ersetzt, dann erhält man das gewöhnliche *Methylamin* CH_3NH_2 oder *Äthylamin* $C_2H_5NH_2$ (auch Monomethylamin und Monoäthylamin genannt). Beim Ersatz von zwei oder drei H-Atomen entstehen *Dimethylamin* $(CH_3)_2NH$ oder *Trimethylamin* $(CH_3)_3N$ bzw. die entsprechenden höheren Äthylamine.

Aliphatische Amine wurden erstmalig von dem Pionier der Kältetechnik CHARLES TELLIER als Kältemittel vorgeschlagen[1]. Später hat TAYLOR[2] an die Verwendung aliphatischer Amine als Kältemittel in Absorptionsmaschinen gedacht[3]. Eine praktische Bedeutung haben diese Stoffe aber bisher in keinem Kältemaschinensystem erlangt. Es soll hier daher nur kurz auf ihre Eigenschaften eingegangen werden.

Die primären und höheren Amine erhält man, wenn man Alkylhalogenide (oder andere Alkylierungsmittel) auf wässerige oder alkoholische Ammoniaklösungen einwirken läßt. Das Reaktionsschema ist z. B.

$$CH_3Cl + NH_3 \rightarrow CH_3NH_2 + HCl$$

oder

$$C_2H_5Cl + NH_3 \rightarrow C_2H_5NH_2 + HCl.$$

Industriell wird Methylamin auch aus NH_3 und Methylalkohol auf katalytischem Wege billig hergestellt[4].

---

[1] Vgl. Bd. I, S. 67, dieses Handbuches.
[2] TAYLOR, R. S.: Refrig. Engng. Bd. 17 (1929) S. 136.
[3] Es wird darauf im Band VII dieses Handbuches ausführlicher eingegangen.
[4] U.S. Pat. 1 799 722 vom 7. April 1931.

1. Methylamin (CH_3NH_2).

Methylamin ist ein ammoniakalisch riechendes Gas, welches unter Atmosphärendruck bei $-6{,}7°$ C als farblose Flüssigkeit kondensiert.

Molekulargewicht $\mu = 31{,}06$.

Gaskonstante $R = 27{,}30 \left[\dfrac{\text{m kg}}{\text{kg °C}}\right]$.

Eine Zusammenstellung der thermischen und kalorischen Daten auf Grund von Beobachtungen verschiedener Forscher sowie eigenen Messungen und Berechnungen lieferte MEHL[1]. Es fanden sich folgende Ergebnisse:

Zustandsgleichung
$$v = \frac{27{,}30\,T}{P} - \frac{2{,}800}{(T/100)^5} \tag{290}$$

mit P in kg/m² und v in m³/kg.

Dampfdruckkurve, gültig vom Erstarrungspunkt bis zum kritischen Punkt:

$$\lg p = -75{,}7030015 - \frac{138{,}60647}{T} + 38{,}730167 \lg T - 6{,}600156 \cdot 10^{-2}\, T +$$
$$+ 0{,}3870056 \cdot 10^{-4}\, T^2. \tag{291}$$

Diese von FELSING und THOMAS[2] aufgestellte Gleichung gibt auch die älteren Meßwerte von BERTHOUD[3] genügend genau wieder.

Der Erstarrungspunkt liegt bei $t_f = -92{,}5°$ C.

Kritische Daten. $t_k = 156{,}9°$ C; $p_k = 76{,}0$ ata.

Spezifisches Gewicht der Flüssigkeit in kg/l, gültig von -80 bis $+20°$ C

$$\gamma' = 0{,}93249 - 6{,}09221 \cdot 10^{-4}\, T - 1{,}06443 \cdot 10^{-8}\, T^2. \tag{292}$$

Spezifisches Gewicht des festen Methylamins bei $-92{,}5°$ C:

$$\gamma_f = 0{,}823 \text{ kg}/l.$$

Spezifische Wärme der Flüssigkeit. $c_{fl} = 0{,}77$ kcal/kg °C bei 15° C.
Spezifische Wärme des Dampfes. $c_{p_0} = 0{,}419$ kcal/kg °C bei 15° C.
Exponent der Adiabate. $\varkappa_0 = c_{p_0}/c_{v_0} = 1{,}18 \pm 0{,}01$ bei Zimmertemperatur.

Die Verdampfungswärme berechnete MEHL nach Gl. (11) unter Benutzung der Gln. (290), (291) und (292). Die so errechneten Werte sind in die Dampftabelle 22 auf S. 473 eingetragen. Beim normalen Siedepunkt wird $r_s = 199{,}9$ kcal/kg, so daß man für die TROUTON-Konstante den Wert 23,3 erhält.

Aus Gl. (290) und dem Wert von c_{p_0} erhält man für die *Enthalpie des Dampfes*

$$i = 300{,}73 - 0{,}419\, t - \frac{393{,}5\, p}{(T/100)^5} \tag{293}$$

und für die *Entropie des Dampfes*

$$s = -0{,}5974 + 0{,}9650 \lg T - 0{,}1472 \lg p - \frac{327{,}9\, p}{T\,(T/100)^5}. \tag{294}$$

In die beiden letzten Gleichungen ist p in ata einzusetzen. Die so berechneten Werte von i'' und s'' und die daraus folgenden Werte von i' und s' sind in die Dampftabelle 22 eingetragen.

MEHL hat auch ein MOLLIER-i, $\lg p$-Diagramm für Methylamin entworfen. Eine gekürzte Dampftabelle in englischen Einheiten findet man im Data Book der ASRE, 8. Aufl. (1953/54), S. 33—93.

---
[1] MEHL, W.: Beihefte zur Z. ges. Kälteind., Reihe 1, Heft 3. Berlin 1933.
[2] FELSING, W. A., u. A. THOMAS: Industr. Engng. Chem. Bd. 21 (1929) S. 1269.
[3] BERTHOUD, A.: J. Chim. Phys. Bd. 15 (1917) S. 3.

2. Dimethylamin [$(CH_3)_2NH$].

Dimethylamin hat neben Monomethylamin das Interesse als Kältemittel beansprucht[1]. Es ist eine in Wasser gut lösliche, stark ammoniakalisch riechende Flüssigkeit.

Molekulargewicht 45,08.
Gaskonstante 18,81 mkg/kg °C.

MEHL[2] hat die vorhandenen Werte der thermisch-physikalischen Eigenschaften zusammengestellt:

Zustandsgleichung: $v = \dfrac{18{,}81\,T}{P} - 0{,}017$, darin P in kg/m², v in m³/kg.

Normaler Siedepunkt $t_s = 7{,}0°$ C.
Erstarrungspunkt $t_f = -93{,}0$ bis $-96{,}0°$ C.
Kritische Temperatur $t_k = 164{,}6°$ C.
Kritischer Druck $p_k = 55{,}8$ ata.
TROUTON-Konstante 22,5.
Spezifische Wärme der Flüssigkeit $c_{fl} = $ rd. 0,62 kcal/kg °C.
Spezifische Wärme des Dampfes (20°, 1 Atm) $c_p = 0{,}36$ kcal/kg °C.
Exponent der Adiabate (20°, 1 Atm) $\varkappa = 1{,}15$.

Die wichtigsten Eigenschaften sind in der vorläufigen Dampftabelle 108 enthalten.

Tabelle 108. *Vorläufige Dampftabelle für Dimethylamin.*

Temperatur °C	Druck ata	Spezifisches Volum		Verdampfungswärme kcal/kg	Enthalpie	
		Flüssigkeit l/kg	Dampf m³/kg		Flüssigkeit kcal/kg	Dampf kcal/kg
−30	0,16	1,410	2,841	149,8	84,9	234,7
−20	0,28	1,431	1,683	147,2	89,6	236,8
−10	0,48	1,452	1,014	144,6	94,6	239,2
0	0,77	1,473	0,640	142,0	100,0	242,0
10	1,20	1,495	0,427	139,4	105,7	245,1
20	1,76	1,516	0,296	136,7	111,9	248,6
30	2,49	1,538	0,212	134,0	118,5	252,5
40	3,54	1,560	0,149	131,2	125,4	256,6

3. Äthylamin ($C_2H_5NH_2$).

Die thermischen Daten hat MEHL[3] zusammengestellt und durch eigene Messungen ergänzt.

Molekulargewicht $\mu = 45{,}08$.

Gaskonstante $R = 18{,}81 \left[\dfrac{\text{m kg}}{\text{kg °C}}\right]$.

Zustandsgleichung $v = \dfrac{18{,}81\,T}{P} - \dfrac{70{,}01}{(T/100)^{7{,}7}}$ (295)

(P in kg/m², v in m³/kg).

Dampfdruckkurve

$$\lg p = 21{,}5535 - \dfrac{2093{,}686}{T} - 4{,}61703 \lg T - 2{,}74 \cdot 10^{-4}\,T$$

(p in Torr).

---

[1] TAYLOR, R. S.: Refrig. Engng. Bd. 17 (1929) S. 136. — W. A. FELSING u. F. W. JESSEN: J. Amer. chem. Soc. Bd. 55 (1933) S. 4418. — U.S. Pat. 1325667. — Brit. Pat. 380446.
[2] MEHL, W.: Z. ges. Kälteind. Bd. 41 (1934) S. 86.
[3] MEHL, W.: Beihefte zur Z. ges. Kälteind. Reihe 1, Heft 3. Berlin 1933.

Der *normale Siedepunkt* liegt bei $t_s = 16{,}5°$ C, der *Erstarrungspunkt* bei $t_f = -81°$ C.

Kritische Temperatur $t_k = 183°$ C.
Kritischer Druck $p_k = 57{,}3$ ata.
Kritisches spezifisches Gewicht $\gamma_k = 0{,}248$ kg/l.

Für das *spezifische Gewicht* der Flüssigkeit fand MEHL

$$\gamma' = 0{,}9763 - 0{,}8478 \cdot 10^{-3} T - 0{,}518 \cdot 10^{-6} T^2 \; [\text{kg}/l].$$

Die gerade Mittellinie nach Gl. (43) wird

$$\frac{\gamma' + \gamma''}{2} = 0{,}3535 - 0{,}0005736\, t.$$

Das spezifische Gewicht des festen Äthylamins bei $-90°$ C ist $\gamma_f = 0{,}898$ kg/l.

Werte der Verdampfungswärme, die MEHL nach Gl. (11) berechnete, findet man in der Dampftabelle 23 auf S. 474. Beim normalen Siedepunkt ist $r_s = 145$ kcal/kg und die TROUTON-Konstante 22,55.

Die *spezifische Wärme* der Flüssigkeit bei $20°$ C ist $c_{fl} = 0{,}691$, die des Dampfes $c_{p_0} = 0{,}383$ kcal/kg °C.

Aus der Zustandsgleichung (295) berechnete MEHL auf thermodynamischem Wege die Werte der Enthalpie i und der Entropie s des Dampfes. Er fand:

$$i = 253{,}23 + 0{,}3832\, t - \frac{14260\, p}{(T/100)^{7,7}}, \tag{296}$$

$$s = -0{,}6208 + 0{,}8823 \lg T - 0{,}1015 \lg p - \frac{12624\, p}{T(T/100)^{7,7}}, \tag{297}$$

wobei p in ata einzusetzen ist. Die so berechneten Werte von i'' und s'' und die daraus folgenden Werte von i' und s' sind in die Dampftabelle 23 auf S. 474 eingetragen. MEHL hat auch ein MOLLIER-i, $\lg p$-Diagramm für Äthylamin entworfen.

Eine gekürzte Dampftabelle in englischen Einheiten findet man im Data Book der ASRE, 8. Aufl. (1953/54), S. 33—93.

R. Methylformiat ($H \cdot COOCH_3$).

I. II. Verwendung und Herstellung[1].

Methylformiat (Ameisensäure-Methylester) ist ein ausgesprochenes Niederdruckkältemittel. Der ganze Prozeß der Kältemaschine verläuft hier in der Regel im Vakuum. Seine Verwendung kommt daher vorwiegend in Rotationskompressoren der hermetisch gekapselten Bauart in Frage. Die General Electric Co. hat davon in Haushaltkältemaschinen Gebrauch gemacht (1933), es aber später wieder aufgegeben[2].

Flüssiges Methylformiat hat bei $0°$ C fast genau die Dichte von Wasser, ist also schwerer als Mineralöle und mit diesen kaum mischbar. Das Schmieröl wird also durch das Kältemittel nicht verdünnt.

Methylformiat wird technisch durch Katalyse aus Methylalkohol und Kohlenmonoxyd hergestellt:

$$CH_3OH + CO = H \cdot COOCH_3.$$

Ein anderer Weg besteht in der Sättigung eines Gemisches von Methylalkohol und Ameisensäure mit Salzsäure.

---

[1] THOMPSON, R. I.: Refrig. Engng. Bd. 44 (1942) S. 311.
[2] Vgl. die U.S. Pat. 1732371; 1825629; 1828559; 1854984; 1920845.

III. Thermische und kalorische Eigenschaften[1].

Molekulargewicht $\mu = 60{,}03$.

Gaskonstante $R = 14{,}125 \left[\dfrac{\text{mkg}}{\text{kg}\,°\text{C}}\right]$.

Zustandsgleichung. Als Zustandsgleichung wurde vorgeschlagen[2]

$$v = \frac{RT}{P} - \frac{111{,}9}{(T/100)^{8{,}34}}. \tag{298}$$

Der Exponent 8,34 hängt mit dem geschätzten Wert von $\varkappa = c_p/c_v$ zusammen (vgl. Fußnote 1 auf S. 13).

Dampfdruck. Meßwerte liegen vor von YOUNG und THOMAS[3] sowie von NELSON[4]. Es ist

bei t [°C] =	−20	−10	0	10	20	30	40	50
p [ata] =	0,0918	0,1605	0,266	0,420	0,648	0,963	1,400	1,975

Diese Werte lassen sich durch die Gleichung

$$\lg P = 18{,}78 - \frac{1966{,}49}{T} - 3{,}348 \lg T \tag{299}$$

darstellen, mit P in kg/m². Es folgt daraus

$$\frac{dP}{dT} = \frac{P}{T^2}(4527{,}95 - 3{,}348\, T). \tag{300}$$

Der normale Siedepunkt ist $t_s = 31{,}2°$ C, der Erstarrungspunkt $t_f = -100{,}4°$C.
Kritische Daten. $t_k = 214°$ C; $p_k = 61{,}2$ ata.

Für das kritische Volum wurde $v_k = 2{,}865\, l/\text{kg}$ gemessen. Nach dem additiven Verfahren von RIEDEL (s. S. 32) wird $v_k = 3{,}015\, l/\text{kg}$. Mit diesem Wert wird $\sigma = \dfrac{RT_k}{P_k v_k} = 3{,}74$.

Spezifisches Volum und spezifisches Gewicht. Bei Drücken unterhalb 1 Atm kann angenähert mit der Zustandsgleichung idealer Gase gerechnet werden.

Für trocken *gesättigten Dampf* findet man

bei t [°C] =	−30	−20	−10	0	10	20	30	40
v'' [m³/kg] =	6,75	3,87	2,29	1,44	0,930	0,635	0,428	0,309

Das spezifische Volum der *Flüssigkeit* ist

bei t [°C] =	0	10	20	30	40	50
v' [l/kg] =	0,997	1,011	1,027	1,043	1,059	1,076

Spezifische Wärme. Für die spezifische Wärme des *Dampfes* liegen keine Meßwerte vor. Nimmt man für das achtatomige Methylformiat den Wert $\varkappa_0 = c_{p_0}/c_{v_0} = 1{,}12$ an, so wird $c_{p_0} = \dfrac{\varkappa_0}{\varkappa_0 - 1} \cdot AR = 0{,}309$ kcal/kg °C.

Für die *Flüssigkeit* findet man im Taschenbuch von D'ANS und LAX[5] (1943) auf S. 714 einen Wert $c_{fl} = 0{,}483$ kcal/kg °C bei 15° C.

Die Temperaturabhängigkeit von c_{p_0} und c_{fl} ist nicht bekannt.

Latente Wärme. Bei D'ANS und LAX (S. 714) findet man einen Wert der *Verdampfungswärme* $r = 117{,}3$ kcal/kg bei 17,1° C. Berechnet man r nach Gl. (11)

---

[1] PLANK, R.: Z. ges. Kälteind. Bd. 39 (1932) S. 154.
[2] LIEBL, G. H.: Diplomarbeit T. H. Karlsruhe 1933 (nicht veröffentlicht).
[3] YOUNG u. THOMAS: J. chem. Soc. Bd. 63 (1893) S. 1191.
[4] NELSON, O. A.: Industr. Engng. Chem. Bd. 20 (1928) S. 1382.
[5] Der Stoff wird dort als Ameisensäuremethylester bezeichnet.

mit dP/dT nach Gl. (300) und v'' nach Gl. (298), so erhält man $r = 116{,}8$. Aus der guten Übereinstimmung beider Werte läßt sich schließen, daß r in gleicher Weise auch für andere Temperaturen berechnet werden kann. Die so gewonnenen Werte sind in die Dampftabelle 24 auf S. 474 eingetragen.

Aus der gleichen Quelle entnehmen wir für die Schmelzwärme den Wert $r_f = 30$ kcal/kg.

Enthalpie, Entropie, MOLLIER-*Diagramm.* Aus der Zustandsgleichung (298) und Gl. (80) mit $c_{p_0} = 0{,}309$ erhält man für die Enthalpie den Ausdruck

$$i = 0{,}309\, t - \frac{24\,415\, p}{(T/100)^{8,34}} + \text{konst.} \qquad (301)$$

Setzt man für $t = 0°$C wieder $i_0' = 100{,}00$ kcal/kg, so wird $i_0'' = i_0' + r_0 = 100{,}00 + 120{,}0 = 220{,}0$, und zwar für $t = 0°$ und $p = 0{,}266$ ata. Daraus erhält man für die Konstante in Gl. (301) den Wert 221,5.

Berechnet man nun die Werte von $i' = i'' - r$, so findet man $i'_{20°} = 109{,}25$ und $i'_{10°} = 104{,}52$. Daher wird bei $15°$ C

$$c_{fl} = \frac{\Delta i'}{\Delta t} = 0{,}473,$$

was mit dem gemessenen Wert (0,483) genügend übereinstimmt.

Analog erhält man mit Gl. (90) für die Entropie des Dampfes den Ausdruck

$$s = 0{,}712 \lg T - 0{,}0763 \lg p - \frac{218{,}10\, p}{(T/100)^{9,34}} - 0{,}3335 \qquad (302)$$

und daraus für die siedende Flüssigkeit

$$s' = s'' - r/T.$$

Die Werte von i', i'', s' und s'' sind in die vorläufige Dampftabelle 24 auf S. 474 eingetragen. LIEBL hat auch ein MOLLIER-i, $\lg p$-Diagramm entworfen.

IV. Physikalische Eigenschaften.

Viskosität. Für die Viskosität von flüssigem Methylformiat gelten folgende Werte:

bei t [°C] =	0	10	20	30
η_{fl} [cP] =	0,43	0,38	0,345	0,315

Für die *Wärmeleitzahl* von gasförmigem und flüssigem Methylformiat konnten in der Literatur keine Werte gefunden werden.

Die *Oberflächenspannung* gegen den eigenen Dampf beträgt bei $20°$ C 24,62 dyn/cm.

V. Kältetechnische Eigenschaften.

Die thermodynamischen Eigenschaften von Methylformiat haben seine Verwendung als Kältemittel durchaus nahegelegt. Da es sich aber in Gegenwart von Feuchtigkeit unter Bildung von Ameisensäure leicht zersetzt, mußte schließlich von seiner Verwendung abgesehen werden.

VI. VII. Chemische und physiologische Eigenschaften.

Einfluß von Wasser. In trockenem Zustand führt Methylformiat nicht zu Korrosionen der üblichen Baustoffe. In Gegenwart von Feuchtigkeit spaltet es sich aber in Methylalkohol und Ameisensäure:

$$H \cdot COOCH_3 + H_2O = CH_3OH + H \cdot COOH.$$

Die gebildete Ameisensäure greift die Metalle an. Durch Zusatz von 5 bis 10% wasserfreien Methyl- oder Äthylalkohols kann diese Hydrolyse weitgehend aufgehalten werden[1].

THOMPSON stellt fest[2], daß Methylformiat und Mineralöle praktisch nicht ineinander löslich sind, so daß auch keine Beeinflussung der Viskosität und der Kältefließfähigkeit stattfindet. Methylformiat ist schwerer als Mineralöle.

Methylformiat ist brennbar und in den Grenzen von 5 bis 28 Vol.-% im Gemisch mit Luft explosiv. Auch ist es giftig und deshalb nicht ungefährlich. 2 bis 2,5 Vol.-% wirken in 30 bis 60 Minuten Einwirkungszeit tödlich; die starke Reiz- und Warnwirkung vermindert aber die Gefahr. Von den Underwriters Laboratories[3] wird es in die Gefahrenklasse 3 zusammen mit Methylchlorid eingestuft.

Die Maschinen für den Betrieb mit $H \cdot COOCH_3$ müssen ebenso sorgfältig getrocknet werden wie für andere wasserempfindliche Kältemittel.

S. Verschiedene anorganische Stoffe.

1. Stickoxydul (N_2O).

Stickoxydul wurde 1911 von PLANK für die Erzeugung sehr tiefer Temperaturen in Vorschlag gebracht[4]. Die erste große Kälteanlage mit Stickoxydul baute die Gesellschaft für LINDES Eismaschinen im Jahre 1912. Es folgten lange Zeit keine weiteren Anlagen, da die Ansicht verbreitet war, daß Stickoxydul giftig und leicht zersetzbar sei. Diese Befürchtungen erwiesen sich jedoch als stark übertrieben. Gegen Ende des zweiten Weltkrieges wurde in Oakridge, Tennessee, eine kriegswichtige Tiefkühlanlage mit einer Kälteleistung von 3 Millionen kcal/h errichtet, in der N_2O bei $-78°$ C verdampfte und bei $-42°$ C durch verdampfendes $F12$ kondensiert wurde, welches seinerseits durch zweistufige Verdichtung zur Verflüssigung gebracht wurde[5, 6]. In Deutschland hat man 1943 versucht, Lebensmittel durch Eintauchen in flüssiges N_2O bei Atmosphärendruck schnell zu gefrieren[5, 7].

N_2O ist nicht giftig, übt aber eine schwach anästhesierende Wirkung aus. Eine Zersetzung tritt erst bei Temperaturen auf, die weit oberhalb des kältetechnischen Bereiches liegen. Es ist nicht brennbar, doch unterhält es die Verbrennung etwa in gleicher Weise wie Luft. Trockenes N_2O greift die Metalle, insbesondere Gußeisen, nicht an. Ob es in Gegenwart von Feuchtigkeit Korrosion hervorruft, ist noch ungeklärt. Feuchtigkeit muß aber in N_2O-Kälteanlagen, ebenso wie bei den fluorierten Kohlenwasserstoffen, vermieden werden, weil sonst Verstopfungen in Regelorganen durch Ausfrieren des Wassers eintreten.

Die Schmierung von N_2O-Kompressoren stellt ein wichtiges Problem dar, weil N_2O ein wirksames Oxydationsmittel ist und auf Mineralöle oxydierend einwirkt. Man ist diesen Schwierigkeiten dadurch aus dem Wege gegangen, daß man die Kolbenringe und Stopfbüchsen aus Graphit fertigte und auf eine Schmierung ganz verzichtete.

N_2O ist ein Hochdruckkältemittel, dessen Dampfdruckkurve in einem größeren Temperaturintervall ähnlich verläuft wie die von CO_2. Beide Stoffe haben fast

---

[1] U.S. Pat. 1854984.
[2] THOMPSON, R. I.: Refrig. Engng. Bd. 44 (1942) S. 311.
[3] *Underwriters Laboratories Inc.:* Miscellaneous Hazard Nr. 2375 vom 13. Nov. 1933.
[4] PLANK, R.: Z. ges. Kälteind. Bd. 18 (1911) S. 181 u. 201.
[5] PLANK, R.: Amerikanische Kältetechnik, 3. Bericht, S. 8, Düsseldorf: Dtsch. Ing.-Verlag 1950.
[6] MCFARLAN, A. I.: Power, Bd. 89 (1945) S. 365 u. Bd. 90 (1946) S. 249. — Refrig. Engng. Bd. 52 (1946) S. 235.
[7] MACKINNEY, G.: Food Industries, Mai 1946, S. 81.

genau das gleiche Molekulargewicht, vgl. Tab. 109. Ein wesentlicher Unterschied besteht jedoch in der Lage des Erstarrungspunktes, der bei N_2O, wie üblich, unterhalb des normalen Siedepunktes liegt (wenn auch nur um 2,3° C darunter),

Tabelle 109. *Vergleich von N_2O mit CO_2.*

	N_2O	CO_2
Molekulargewicht	44,02	44,01
Normaler Siedepunkt (1 Atm) °C	− 88,5	− 78,48 (fest)
Erstarrungspunkt (Tripelpunkt) °C	− 90,8	− 56,6
Dampfdruck am Tripelpunkt ata	0,90	5,28
Kritische Temperatur °C	36,5	31,0
Kritischer Druck ata	74,1	75,2
Kritisches spezifisches Gewicht kg/l	0,457	0,468

während er bei CO_2 wesentlich darüber liegt, so daß flüssiges CO_2 bei Atmosphärendruck nicht existenzfähig ist.

Die im Schrifttum zerstreuten Angaben über die thermischen Eigenschaften von N_2O sind recht widersprechend. Die erste vorläufige Dampftabelle hat PLANK (1911) aufgestellt[1], sie basierte auf den damals bekannten Meßwerten und dürfte heute als überholt gelten. Mit Vorsicht ist auch die Dampftabelle zu benutzen, die WARNING (1946) veröffentlicht hat[2], da sie manche Druckfehler enthält und von bedenklichen Extrapolationen im Bereich tiefer Temperaturen Gebrauch macht.

Tabelle 110.
Dampfdrücke und Verdampfungswärmen von N_2O (nach H. T. HOGE).

Temperatur °C	Dampfdruck ata	Verdampfungswärme kcal/kg
− 90,809 (Tripelpunkt)	0,895	90,4
− 88,465 (norm. Siedepunkt)	1,033	89,8
− 88,43	1,310	88,8
− 78,88	1,780	87,3
− 73,33	2,370	85,7
− 67,78	3,108	84,0
− 62,22	4,000	82,25
− 56,67	5,075	80,45
− 51,11	6,360	78,50
− 45,56	7,855	76,45
− 40,00	9,610	74,25
− 34,44	11,62	72,00
− 28,89	14,01	69,47
− 23,33	16,67	66,86
− 17,78	19,70	64,07
− 12,22	23,10	61,06
− 6,67	26,90	57,80
− 1,11	31,18	54,24
+ 4,44	35,82	50,37
10,00	41,05	45,95
15,56	46,75	40,97
21,11	53,10	35,15
26,67	60,05	27,98
32,22	66,70	18,12
36,55 (krit. Punkt)	74,25	0

---

[1] Vgl. Fußnote 4, S. 445.
[2] WARNING, A.: Danske Teknisk Tidskrift Bd. 70 (Juli—Aug. 1946) S. 154.

Zuverlässiger erscheinen die Meßwerte für die *Dampfdrücke* und *Verdampfungswärmen* von HOGE[1], die in Tab. 110 wiedergegeben sind (umgerechnet in metrische Einheiten).

Für die Verdampfungswärme liegen neue Meßwerte nur vom Tripelpunkt bis $-35°$ C vor, die HOGE durch die Gleichung

$$r = 8{,}526\,(T_k - T)^{0{,}57} - 0{,}3506\,(T_k - T)$$

also in der Form der Gl. (69) dargestellt hat, wobei r in kcal/kg erhalten wird. Da diese Gleichung im kritischen Punkt die thermodynamischen Bedingungen $[r_k = 0$ und $(dr/dT)_k = -\infty]$ erfüllt, so erscheint es nicht allzu gewagt, sie bis zum kritischen Punkt zu extrapolieren. Die so gewonnenen angenäherten Werte sind in Tab. 110 eingetragen. Die *Schmelzwärme* beträgt $r_f = 35{,}5$ kcal/kg.

Die *spezifische Wärme* des N_2O-*Gases* bei $p \to 0$ beträgt

bei	$t\,[°C] =$	0	25	100	200
	$c_{p_0}\left[\dfrac{\text{kcal}}{\text{kg °C}}\right] =$	0,213	0,218	0,228	0,245
	$\varkappa_0 = c_{p_0}/c_{v_0} =$	1,285	1,274	1,246	1,226
Δc_p je Atm Druckerhöhung =		0,0022	0,0017	0,0009	0,0004.

Die spezifische Wärme der *Flüssigkeit* bei $0°$C ist $c_{fl} = 0{,}563$ kcal/kg °C.
Die *Viskosität* des *Gases* bei 1 Atm beträgt

bei $t\,[°C] =$	-70	0	20	50	100	150	200
$\eta\,[\mu P] =$	108	137	146	160	183	204	225.

Die Viskosität der *Flüssigkeit*, geschätzt nach dem Verfahren von FRITZ und HENNENHÖFER[2], beträgt bei $-70°$C $\eta_{fl} = 0{,}248$ cP.

Die *Wärmeleitzahl des Gases* ist bei 1 Atm

bei	$t\,[°C] =$	-75	-50	-25	0	50
	$\lambda \cdot 10^3 \left[\dfrac{\text{kcal}}{\text{m h °C}}\right] =$	9,8	10,9	12,0	13,0	16,4.

Der Einfluß des Druckes auf die Wärmeleitzahl des Gases wird bei $50°$ C durch folgende Werte veranschaulicht[3]:

$p\,[\text{Atm}] =$	0	8,3	15,8	28,2	40,5	52,7
$\lambda \cdot 10^3 \left[\dfrac{\text{kcal}}{\text{m h °C}}\right] =$	16,4	16,7	17,4	18,6	20,2	22,0.

Die Wärmeleitzahl der *Flüssigkeit*, geschätzt nach dem Verfahren von FRITZ und HENNENHÖFER[2], beträgt bei $-70°$ C $\lambda_{fl} = 0{,}126$ kcal/m h °C.

McFARLAN hat ein vorläufiges MOLLIER-i, $\lg p$-Diagramm für N_2O in englischen Einheiten im Druckbereich von 1 bis 42 ata entworfen, das den Ansprüchen der Praxis genügen dürfte. Es ist in der Tasche als Diagramm 18 enthalten. Dabei ist zu beachten, daß die Entropie der siedenden Flüssigkeit bei $32°$ F ($0°$ C) gleich 1,00 Btu/lb °F und die Enthalpie des trocken gesättigten Dampfes beim Druck von 14,7 lb/sq. in. (1 Atm) gleich 63,8 Btu/lb gesetzt wurde[4].

---

[1] HOGE, H. T.: J. Res. Nat. Bur. Stand. Bd. 34 (März 1945) S. 281 u. Res. Pap. 1644.
[2] FRITZ, W., u. J. HENNENHÖFER: Z. ges. Kälteind. Bd. 49 (1942) S. 41.
[3] KEYES, F. G.: Trans. Amer. Soc. mech. Engrs. Bd. 76 (1954) S. 809.
[4] Man findet dieses Diagramm in kleinerem Maßstab bei R. PLANK; Amerikanische Kältetechnik, 3. Bericht, S. 11, Düsseldorf: Dtsch. Ing.-Verlag 1950.

2. Schwefelfluoride.

Neben Schwefeldioxyd (SO_2, s. S. 273), in dem der Schwefel vierwertig auftritt und dessen Hydrat die schweflige Säure (H_2SO_3) ist, kennt man noch die höhere Oxydationsstufe, Schwefeltrioxyd (SO_3), das mit Wasser die Schwefelsäure (H_2SO_4) bildet. Sowohl in SO_2 wie in SO_3 kann ein Teil oder der ganze Sauerstoff durch Halogene ersetzt werden. Wir wollen uns hier auf den Ersatz durch Fluor beschränken, weil dabei Verbindungen entstehen, die als Kältemittel vorgeschlagen wurden.

a) Der Ersatz eines Sauerstoffatoms in SO_2 durch zwei Fluoratome ergibt SOF_2, das als *Thionylfluorid* bezeichnet wird. Es hat einen normalen Siedepunkt von $-31°$ C und wurde von DAUDT und COLE als Kältemittel in Erwägung gezogen[1], obwohl es chemisch nicht sehr stabil ist.

b) Eine viel größere Stabilität soll *Sulfurylfluorid* (SO_2F_2) besitzen, das von den gleichen Erfindern als Kältemittel empfohlen wurde[2]. Es ist ein Hochdruckkältemittel mit einem normalen Siedepunkt von $-52°$ C, das praktisch inert und nicht entzündbar ist. Auch soll es nur sehr schwach toxisch sein. Der Erstarrungspunkt[3] liegt bei $-120°$ C. Von seiner praktischen Verwendung ist bisher nichts bekannt geworden.

c) Aussichtsreicher als Kältemittel erscheint *Schwefelhexafluorid* (SF_6), bei dem der Sauerstoff des Schwefeltrioxyds vollständig durch Fluor ersetzt ist[4]. Es entsteht durch Verbrennung von Schwefel in Fluor[5] und ist ein geruchloses, farbloses, sehr träges Gas. Seine chemische Inaktivität ist fast mit derjenigen von Stickstoff vergleichbar. Es verträgt sich daher mit allen Materialien und ist vollkommen ungiftig. Es gehört neben CO_2 zu den wenigen Stoffen, deren Erstarrungspunkt höher liegt als der normale Siedepunkt. Es erstarrt bei $-50,8°$ C unter einem Druck von 2,31 ata zu einer weißen, kristallinen Masse. Der Dampfdruck über der festen Phase erreicht erst bei $-63,8°$ C den Wert von 1 Atm.

Die Dampfdruckkurve hat folgenden Verlauf:

bei t [°C] =	-70	-64	-60	-56	-52	$-50,8$	-48	-46
p [ata]	0,688	1,018	1,312	1,695	2,14	2,31	2,57	2,84

Vor CO_2 hat SF_6 den Vorteil, daß seine kritische Temperatur höher liegt, und zwar bei etwa $45,5°$C. Das Molekulargewicht ($\mu = 146,0$) ist sehr hoch und dementsprechend ist das Gas 5,1 mal schwerer als Luft. Im flüssigen Zustand ist es fast doppelt so schwer wie Wasser ($\gamma' = 1,91$ kg/l). Praktisch ist es als Kältemittel noch nicht verwendet worden. Neuerdings wurde es als Gas zur Isolierung und Kühlung von Transformatoren vorgeschlagen[6].

3. Bortrichlorid (BCl_3).

Bortrichlorid wurde als Niederdruckkältemittel zur Verwendung in Turbokompressoren vorgeschlagen[7]. Es hat ein hohes Molekulargewicht von $\mu = 117,19$ und einen normalen Siedepunkt von $t_s = 12,5°$ C. Es ist nicht brennbar, im kältetechnischen Temperaturbereich stabil und wird in der Patentschrift[7] als

---

[1] DAUDT, H. W., u. J. E. COLE: U. S. Pat. 1933 166 vom 31. Okt. 1933.
[2] DAUDT, H. W., u. J. E. COLE: U.S. Pat. 1933 166 vom 31. Okt. 1933.
[3] RUFF, O.: Z. angew. Chem. Bd. 46 (1933) S. 741.
[4] MANNHART, H.: U.S. Pat. 1778033 vom 14. Okt. 1930.
[5] MOISSAN u. LEBEAU: C. R. Bd. 130 (1900) S. 865. — Ann. Chim. Phys. [7] Bd. 26 (1902) S. 147.
[6] CAMILLI, G.: Gen. Electr. Rev. Bd. 59 (1956) Nr. 3/4, S. 41. Darin sind folgende Eigenschaften von gasförmigem SF_6 angegeben: bei $21,1°$ C: $\eta = 0,018$ cP; bei $70°$C: $\lambda = 0,0117$ kcal/m h °C und $c_p = 0,175$ kcal/kg °C.
[7] ESCHER WYSS, A.G. Zürich, DRP 574562 (1932), Schweizer Priorität vom 21. April 1932; Franz. Pat. 574562.

praktisch nicht giftig bezeichnet. In reinem Zustand greift es Metalle nicht an, muß aber gegen Wasser (Luftfeuchtigkeit) sorgfältig abgeschlossen werden, da es mit ihm unter Bildung von Salz- und Borsäure reagiert. Die im Falle von Undichtigkeiten in der feuchten Atmosphäre entstehenden Säurenebel zeigen zwar vorhandene undichte Stellen sofort an, sind aber gesundheitsschädlich und greifen Metalle an. BCl_3 könnte daher nur in hermetisch gekapselten Maschinen verwendet werden. Es reagiert auch mit Ölen und Fetten, doch kommt es in Turbokompressoren mit diesen nicht in Berührung.

Die thermischen Eigenschaften von BCl_3 sind nur unvollständig bekannt. Ältere Meßwerte des *Dampfdruckes* scheiden aus, da sie offenbar mit verunreinigter Substanz durchgeführt wurden. Zuverlässig sind dagegen die Werte von STOCK und PRIESS[1] unterhalb 1 Atm, die auch extrapolationsfähig erscheinen, da sie im $\lg p, 1/T$-Diagramm auf einer geraden Linie liegen. Sie liefern $t_s = 12{,}5°$ und den *Erstarrungspunkt* $t_f = -107°$ C. Die *kritischen Daten* sind $t_k = 178{,}8°$ C und $p_k = 39{,}4$ ata.

Das *spezifische Gewicht des flüssigen* BCl_3 wurde wiederholt gemessen. BRISCOE, ROBINSON und SMITH[2] drückten es in kg/l durch die Gleichung aus

$$\gamma' = 1{,}368 - 0{,}0017\,t.$$

Das spezifische Gewicht bzw. Volum des Dampfes kann bei den niedrigen Drücken auch im Zustand der Sättigung nach der Zustandsgleichung idealer Gase mit $R = 7{,}23 \left[\dfrac{\text{mkg}}{\text{kg °C}}\right]$ berechnet werden.

Für die *Verdampfungswärme* liegt nur ein älterer Meßwert von BERTHELOT vor, $r = 38{,}3$ kcal/kg bei 10° C, der sicher viel zu niedrig ist, da er für die TROUTON-Konstante nur die Größe 15,8 liefert. Berechnet man dagegen r nach Gl. (11) aus der Dampfdruckkurve, dann erhält man bei 12,5° C $r_s = 48{,}6$ kcal/kg und damit für die TROUTON-Konstante den Wert 20. Bei anderen Temperaturen kann man angenähert setzen

$$r = 51{,}1 - 0{,}2\,t.$$

Messungen der spezifischen Wärme scheinen weder für das Gas noch für die Flüssigkeit vorzuliegen.

Die hier gesammelten Werte sind in Tab. 111 zusammengetragen.

Tabelle 111. *Thermische Eigenschaften von* BCl_3.

Temperatur t °C	Druck p ata	Spezifisches Gewicht der Flüssigkeit γ' kg/l	Spezifisches Volum des Dampfes v'' m³/kg	Verdampfungswärme r kcal/kg
−30	0,158	1,419	1,115	57,1
−20	0,268	1,402	0,685	55,1
−10	0,426	1,384	0,448	53,1
0	0,650	1,368	0,305	51,1
10	0,945	1,351	0,217	49,1
20	1,40	1,334	0,152	47,1
30	1,88	1,317	0,117	—
40	2,65	1,300	0,086	—

T. Kältemittelgemische.

Es ist mehrfach vorgeschlagen worden, an Stelle eines einheitlichen Stoffes ein Gemisch aus zwei oder mehr Stoffen als Kältemittel zu verwenden. Dabei kann es sich um geringe Zusätze zu einem Grundstoff handeln, um dessen Eigen-

---

[1] STOCK, A., u. PRIESS: Ber. dtsch. chem. Ges. Bd. 47 (1914) S. 3111.
[2] BRISCOE, ROBINSON u. SMITH: J. chem. Soc. Bd. 130 (1927) S. 282.

schaften zu verbessern, z. B. seine Brennbarkeit herabzusetzen; es wurden aber auch regelrechte Gemische vorgeschlagen, in denen die Komponenten in größeren Teilmengen vertreten sind. Die thermischen und sonstigen Eigenschaften solcher Gemische können sich dann sehr wesentlich von den Eigenschaften der Bestandteile unterscheiden.

1. Gemische mit veränderlicher Verdampfungstemperatur.

Historisch betrachtet wurde wohl zuerst ein Gemisch aus *Kohlendioxyd* und *Schwefeldioxyd* von PICTET[1] (1885) vorgeschlagen. Es setzte sich zusammen aus 1 Mol SO_2 und 1 Mol CO_2; später wählte er ein Gemisch aus 3 Gew.-% CO_2 und 97 Gew.-% SO_2, dessen normaler Siedepunkt bei $-19°$ C liegt. PICTET vermutete bei diesem Gemisch besonders günstige thermische Eigenschaften, deren Vorhandensein jedoch nicht bestätigt werden konnte[2]. Die Firma *Quiri* u. Co. in Straßburg hat sich später Gemische schützen lassen, die aus 90% SO_2 und 10% verschiedener Kohlenwasserstoffe (C_3H_6, C_4H_8, C_4H_{10} und C_5H_{12}) bestanden, doch auch diese blieben praktisch bedeutungslos[3].

Für die Verwendung in Haushaltkühlschränken mit zwei Temperaturstufen hat die *Norge Corp.* ein Gemisch von F 12 mit SO_2 benutzt[4], während DAVENPORT ein Gemisch von CH_2Cl_2 mit C_2H_5Cl empfohlen hat, dessen Gesamtdruck bei Zimmertemperatur noch unter dem Atmosphärendruck liegt[5].

Bei der Verdampfung solcher Gemische verdampft zuerst vorwiegend der leichter siedende Bestandteil (fraktionierte Verdampfung); dabei steigt in der Flüssigkeit der Gehalt an dem schwerer siedenden Bestandteil und die Verdampfungstemperatur wird bei konstantem Druck ansteigen. Man kann daher in einem Kältemaschinenverdampfer bei konstantem Saugdruck Zonen von verschiedener Temperatur erhalten.

2. Azeotrope Gemische.

Neben Gemischen, die dieses einfache Verhalten zeigen, und bei denen die Verdampfungstemperatur diejenige des leichter siedenden Bestandteils nicht unterschreiten kann, gibt es aber auch noch Gemische, welche Extremwerte des Druckes und der Temperatur bei bestimmten Zusammensetzungen aufweisen, die man als *azeotrop* bezeichnet[6]. Ein solches Gemisch hat im Dampf dauernd die gleiche Zusammensetzung wie in der Flüssigkeit; bei konstantem Druck bleibt daher, wie bei einem einheitlichen Stoff, auch die Temperatur während des ganzen Verdampfungsvorganges unverändert. Die dem azeotropen Zustand entsprechende Zusammensetzung des Gemisches verändert sich aber in gewissen Grenzen, wenn der Verdampfungsdruck oder die Verdampfungstemperatur geändert werden.

In den USA sieht man sich häufig vor die Aufgabe gestellt, eine F 12-Kältemaschine, die mit Drehstrom von 60 Perioden angetrieben wird, auch in einem Drehstromnetz von 50 Perioden einzusetzen. Da dabei die Drehzahl im gleichen Verhältnis sinkt wie die Periodenzahl, so wird auch die Kälteleistung entsprechend absinken. Um diesen Abfall zu vermeiden, hat man nach einem Kältemittel von höherer volumetrischer Kälteleistung als derjenigen von F 12 gesucht. Ein solches einheitliches Kältemittel mit gleich guten Eigenschaften konnte bis-

---

[1] DRP 33733, Brit. Pat. 12514 (1899), vgl. auch Bd. I, S. 64 und Bd. II, S. 317, dieses Handbuchs.
[2] STRADELLI, A.: Industria Bd. 47 (1933) Nr. 2.
[3] U.S. Pat. 1325666.
[4] Air Cond. Refr. News vom 22. März 1939 S. 16.
[5] U.S. Pat. 1986959 (Pneumatic Tools Co., New York).
[6] Über das Verhalten solcher Gemische vgl. Bd. II, S. 318, dieses Handbuches.

her nicht gefunden werden, und man hatte auch den Wunsch, F12 im wesentlichen beizubehalten.

PENNINGTON und REED[1] haben gefunden, daß Gemische von F12 mit dem unsymmetrischen *Difluoräthan* (CH_3-CHF_2, F 152, vgl. S. 408) bei der Zusammensetzung von 74,2 Gew.-% F12 mit 25,8 Gew.-% F152 einen azeotropen

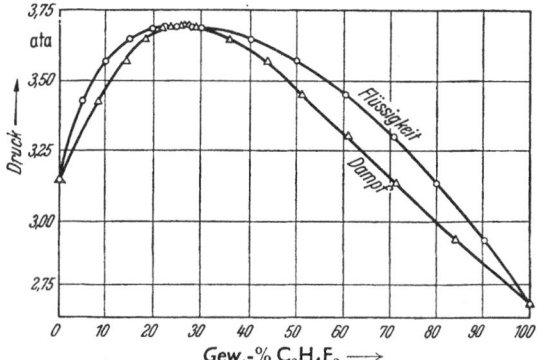

Abb. 143. Druck-Zusammensetzungs-Diagramm des Gemisches von F12 mit F152 bei 0° C.

Punkt haben, wobei das Gemisch unter einem Druck von 3,71 ata bei der konstanten Temperatur von 0° C siedet.

In Abb. 143 ist der Verlauf der Flüssigkeits- und Dampfkurve für dieses Gemisch bei der konstanten Temperatur von 0° eingetragen[2]; es führt den Handelsnamen *Carrene-7*. Wie man sieht, ist die Zusammensetzung der beiden Phasen bei gegebenem Druck im all-

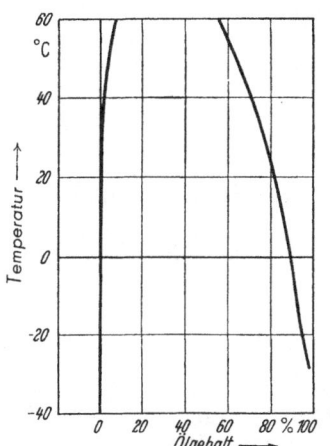

Abb. 144. Temperaturlöslichkeitsbild von Difluoräthan m. Mineralöl C (nach Tab. 97).

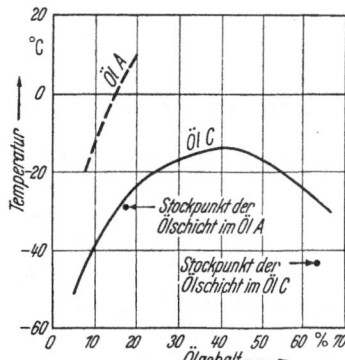

Abb. 145. Temperaturlöslichkeitsbild von Carrene-7 mit Mineralölen.

gemeinen verschieden, nur beim höchsten Druck, der dem azeotropen Punkt entspricht, haben Flüssigkeit und Dampf die gleiche Zusammensetzung. Bei 0° C hat reines F12 den Druck 3,15 ata und reines F152 den Druck 2,68 ata; das azeotrope Gemisch hat aber den höheren Druck von 3,71 ata. Der normale Siedepunkt von F12 ist —29,8° C, von F152 —25° C und vom azeotropen Gemisch —33,5° C.

---

[1] PENNINGTON, W. A., u. W. H. REED: U.S. Pat. 2479259. — Vortrag bei der Sitzung des Amer. Inst. Chem. Engineers am 1. März 1950. — Refrig. Engng. Bd. 58 (1950) S. 381. — Mod. Refrig. Bd. 53 (1950) S. 123, 154 und 184. — W. A. PENNINGTON: Refrig. Engng. Bd. 58 (1950) S. 261. — Analyt. Chem. Bd. 21 (1949) S. 766. — Industr. Engng. Chem. Bd. 44 (1952) S. 2397.

[2] ASHLEY, C. M.: Refrig. Engng. Bd. 58 (1950) S. 553.

ASHLEY[1] gibt für die Dampfdruckkurve von Carrene-7 folgende Werte an:

t [°C] =	−28,9	−23,3	−17,8	−12,2	−6,7	−1,1	+4,4
p [ata] =	1,25	1,575	1,96	2,42	2,95	3,57	4,28
t [°C] =	10,0	15,6	21,1	26,7	32,2	37,8	43,3
p [ata] =	5,09	6,02	7,06	8,24	9,55	11,05	12,64

Eine vollständige Dampftabelle von Carrene-7 in englischen Einheiten, bearbeitet von W. A. PENNINGTON, findet man im „Data Book" der ASRE, 8. Aufl. 1953/54 auf S. 33—28.

Während Difluoräthan mit seinem hohen Wasserstoffgehalt entzündbar ist, unterhält das Gemisch Carrene-7 die Verbrennung nicht, selbst wenn es auf 150° C vorgewärmt wird[2]. In bezug auf Giftigkeit ist es mit F 11 und F 12 vergleichbar. PENNINGTON und REED haben die chemische Stabilität bei 65° C in Gegenwart von Stahl, Kupfer, Messing und Aluminium nach der Rückflußmethode im Stahlzylinder untersucht; dabei wurde keine Zunahme der nichtkondensierbaren Gase und keine Korrosion festgestellt. Auch wurden diese Metalle bei 94° C weder durch den Dampf noch durch die Flüssigkeit angegriffen.

Mit Mineralölen hat sowohl Difluoräthan wie auch Carrene-7 eine breite Mischungslücke. Abb. 144 zeigt die Temperaturlöslichkeitskurve von Difluoräthan mit dem naphthenbasischen Öl C nach Tab. 97; die kritische Löslichkeitstemperatur liegt hier über 60° C. Abb. 145 zeigt[3] die Temperaturlöslichkeitskurve von Carrene-7 mit dem gleichen naphthenbasischen Öl C und einem anderen Öl A nach Tab. 97; dabei liegt die kritische Löslichkeitstemperatur bei −13,3° C. F 12 ist bekanntlich mit den Mineralölen vollkommen mischbar.

Häufig wird auch von Gemischen von F 12 mit F 22 Gebrauch gemacht. Der normale Siedepunkt von F 12 liegt bei −29,8° C, derjenige von F 22 bei −40,8° C. Beim Zusatz von F 12 zu F 22 nimmt der Siedepunkt von F 22 zunächst um etwa einen Grad ab, durchschreitet bei weiterem Zusatz ein flaches Minimum und steigt dann erst bis zum Siedepunkt von reinem F 12 an.

U. Einige weitere Kältemittel aus der Patentliteratur.

Als Kältemittel wurden in der Patentliteratur noch folgende Stoffe vorgeschlagen:

Butylen (C_4H_8): DRP 359049 und 362386; U.S. Pat. 1,396,024; Brit. Pat. 148875 und 148877; Franz. Pat. 518863 und 519080.
Chlorbenzol: (C_6H_5Cl): DRP 80953.
Methylalkohol: (CH_3OH) DRP 441752 und 477037; U.S. Pat. 1,460,352; 1,570,080; 1,647,208. Brit. Pat. 246814 und 266683; Franz. Pat. 609132.
Methylfluorid: (CH_3F) : Brit. Pat. 717 (1912); Franz. Pat. 438727.
Pentachloräthan (C_2HCl_5): DRP 364584.
Pentan (C_5H_{12}): DRP 244541.
Schwefelkohlenstoff (CS_2): DRP 11036, 14798, 23112, 80953; U.S. Pat. 522812; Brit. Pat. 13194 (1894).
Tetrachloräthan ($C_2H_2Cl_4$): DRP 364584.
Tetrachlorkohlenstoff (CCl_4): DRP 480867; U.S. Pat. 1619194; Brit. Pat. 21272 (1904).
Trimethylamin [$(CH_3)_3N$]: U.S. Pat. 1,325,667.
Trifluoraceton (CH_3—CO—CF_3): Brit. Pat. 416653.

---
[1] Siehe Fußnote 2, S. 451.
[2] DUFOUR, R. E.: Underwriters Laboratories, Inc. Report MH 4773 (Juli 1950).
[3] Nach C. M. BOSWORTH: Refrig. Engng. Bd. 60 (1952) S. 619.

Dampftabellen.

Dampftabelle 1. Ammoniak (NH₃).

Temperatur t °C	Absoluter Druck p kg/cm²	Spez. Volum Flüssigkeit v' l/kg	Spez. Volum Dampf v'' m³/kg	Spez. Gewicht Flüssigkeit γ' kg/l	Spez. Gewicht Dampf γ'' kg/m³	Enthalpie Flüssigkeit i' kcal/kg	Enthalpie Dampf i'' kcal/kg	Verdampfungswärme r kcal/kg	Entropie Flüssigkeit s' kcal/kg °K	Entropie Dampf s'' kcal/kg °K
− 75	0,0765	1,368	12,89	0,7310	0,0775	20,9	373,5	352,6	0,6633	2,4431
− 70	0,1114	1,3788	9,009	0,7253	0,1110	25,9	375,7	349,8	0,6878	2,4101
− 68	0,1287	1,3832	7,870	0,7230	0,1271	27,9	376,6	348,7	0.6975	2,3976
− 66	0,1485	1,3876	6,882	0,7207	0,1453	29,9	377,4	347,5	0,7074	2,3853
− 64	0,1706	1,3920	6,044	0,7184	0,1655	32,0	378,3	346,3	0,7173	2,3734
− 62	0,1954	1.3965	5,324	0,7161	0,1878	34,0	379,1	345,1	0,7270	2,3618
− 60	0,2233	1,4010	4,699	0,7138	0,2128	36,0	380,0	344,0	0,7366	2,3507
− 58	0,2543	1,4056	4,161	0,7114	0,2403	38,1	380,8	342,7	0,7461	2,3393
− 56	0,2889	1,4103	3,693	0,7091	0,2708	40,2	381,7	341,5	0,7555	2,3285
− 54	0,3272	1,4150	3,288	0,7067	0,3041	42,2	382,5	340,3	0,7648	2,3180
− 52	0,3697	1,4197	2,933	0,7044	0,3409	44,2	383,3	339,1	0,7741	2,3078
− 50	0,4168	1,4245	2,623	0,7020	0,3812	46,3	384,1	337,8	0,7882	2,2978
− 48	0,4686	1,4293	2,351	0,6996	0,425	48,4	384,9	336,6	0,7931	2,2808
− 46	0,5256	1,4342	2,112	0,6972	0,473	50,4	385,7	335,3	0,8021	2,2785
− 44	0,5882	1,4392	1,901	0,6948	0,526	52,5	386,5	334,0	0,8112	2,2692
− 42	0,6568	1,4442	1,715	0,6924	0,583	54,6	387,3	332,7	0,8203	2,2600
− 40	0,7318	1,4493	1,550	0,6900	0,645	56,8	388,1	331,3	0,8295	2,2510
− 39	0,7719	1,4519	1,4752	0,6888	0,678	57,82	388,49	330,67	0,8340	2,2465
− 38	0,8137	1,4545	1,4045	0,6875	0,712	58,88	388,88	329,99	0,8385	2,2421
− 37	0,8573	1,4571	1,3377	0,6863	0,748	59,94	389,27	329,31	0,8430	2,2378
− 36	0,9028	1,4597	1,2746	0,6851	0,785	61,01	389,65	328,63	0,8475	2,2336
− 35	0,9503	1,4623	1,2151	0,6839	0,823	62,08	390,03	327,95	0,8520	2,2294
− 34	0,9999	1,4649	1,1589	0,6826	0,863	63,15	390,41	327,26	0,8565	2,2252
− 33	1,0515	1,4676	1,1058	0,6814	0,905	64,21	390,79	326,57	0,8610	2,2211
− 32	1,1052	1,4703	1,0555	0,6801	0,948	65,28	391,17	325,88	0,8654	2,2170
− 31	1,1610	1,4730	1,0080	0,6789	0,992	66,35	391,54	325,19	0,8698	2,2130
− 30	1,2190	1,4757	0,9630	0,6777	1,038	67,42	391,91	324,49	0,8742	2,2090
− 29	1,279	1,4784	0,9204	0,6764	1,086	68,49	392,28	323,79	0,8786	2,2050
− 28	1,342	1,4811	0,8801	0,6752	1,136	69,56	392,64	323,08	0,8880	2,2011
− 27	1,407	1,4839	0,8418	0,6739	1,188	70,63	393,00	322,37	0,8874	2,1972
− 26	1,475	1,4867	0,8056	0,6726	1,242	71,71	393,36	321,66	0,8917	2,1934
− 25	1,546	1,4895	0,7712	0,6714	1,297	72,78	393,72	320,94	0,8960	2,1896
− 24	1,619	1,4923	0,7386	0,6701	1,354	73,86	394,07	320,22	0,9003	2,1858
− 23	1,695	1,4951	0,7076	0,6688	1,413	74,93	394,42	319,49	0,9046	2,1821
− 22	1,774	1,4980	0,6782	0,6676	1,474	76,01	394,77	318,76	0,9089	2,1784
− 21	1,856	1,5008	0,6502	0,6663	1,538	77,09	395,12	318,03	0,9132	2,1747
− 20	1,940	1,5037	0,6236	0,6650	1,604	78,17	395,46	317,29	0,9175	2,1710
− 19	2,027	1,5066	0,5983	0,6637	1,672	79,25	395,80	316,55	0,9217	2,1674
− 18	2,117	1,5096	0,5742	0,6624	1,742	80,33	396,13	315,80	0,9259	2,1638
− 17	2,211	1,5125	0,5513	0,6611	1,814	81,41	396,46	315,05	0,9301	2,1602
− 16	2,309	1,5155	0,5295	0,6598	1,889	82,50	396,79	314,29	0,9343	2,1567
− 15	2,410	1,5185	0,5087	0,6585	1,966	83,59	397,12	313,53	0,9385	2,1532
− 14	2,514	1,5215	0,4889	0,6572	2,046	84,68	397,44	312,76	0,9427	2,1498
− 13	2,621	1,5245	0,4700	0,6559	2,128	85,76	397,75	311,99	0,9469	2,1464
− 12	2,732	1,5276	0,4520	0,6546	2,213	86,85	398,06	311,21	0,9511	2,1430
− 11	2,847	1,5307	0,4348	0,6533	2,300	87,94	398,37	310,43	0,9552	2,1396
− 10	2,966	1,5338	0,4184	0,6520	2,390	89,03	398,67	309,64	0,9593	2,1362

Dampftabellen.
Dampftabelle 1 (Fortsetzung).

Temperatur t °C	Absoluter Druck p kg/cm²	Spez. Volum Flüssigkeit v' l/kg	Spez. Volum Dampf v'' m³/kg	Spez. Gewicht Flüssigkeit γ' kg/l	Spez. Gewicht Dampf γ'' kg/m³	Enthalpie Flüssigkeit i' kcal/kg	Enthalpie Dampf i'' kcal/kg	Verdampfungswärme r kcal/kg	Entropie Flüssigkeit s' kcal/kg °K	Entropie Dampf s'' kcal/kg °K
− 9	3,089	1,5369	0,4028	0,6507	2,483	90,12	398,97	308,85	0,9634	2,1329
− 8	3,216	1,5400	0,3878	0,6493	2,579	91,21	399,27	308,06	0,9675	2,1296
− 7	3,347	1,5432	0,3735	0,6480	2,678	92,30	399,56	307,25	0,9716	2,1263
− 6	3,481	1,5464	0,3599	0,6467	2,779	93,40	399,85	306,45	0,9757	2,1231
− 5	3,619	1,5496	0,3469	0,6453	2,883	94,50	400,14	305,64	0,9798	2,1199
− 4	3,761	1,5528	0,3344	0,6440	2,991	95,59	400,42	304,83	0,9839	2,1167
− 3	3,908	1,5561	0,3225	0,6426	3,102	96,69	400,70	304,01	0,9880	2,1135
− 2	4,060	1,5594	0,3111	0,6413	3,216	97,79	400,98	303,19	0,9920	2,1103
− 1	4,217	1,5627	0,3002	0,6399	3,332	98,89	401,25	302,36	0,9960	2,1072
0	4,379	1,5660	0,2897	0,6386	3,452	**100,00**	401,52	301,52	**1,0000**	2,1041
+ 1	4,545	1,5694	0,2797	0,6372	3,576	101,10	401,78	300,68	1,0040	2,1010
+ 2	4,716	1,5727	0,2700	0,6358	3,703	102,21	402,04	299,84	1,0080	2,0979
+ 3	4,892	1,5761	0,2608	0,6345	3,834	103,32	402,30	298,99	1,0120	2,0949
+ 4	5,073	1,5796	0,2520	0,6331	3,969	104,43	402,55	298,13	1,0160	2,0919
+ 5	5,259	1,5831	0,2435	0,6317	4,108	105,54	402,80	297,26	1,0200	2,0889
+ 6	5,450	1,5866	0,2353	0,6303	4,250	106,65	403,04	296,39	1,0240	2,0859
+ 7	5,647	1,5901	0,2275	0,6289	4,396	107,76	403,27	295,51	1,0280	2,0829
+ 8	5,849	1,5936	0,2200	0,6275	4,546	108,87	403,50	294,63	1,0319	2,0799
+ 9	6,057	1,5972	0,2128	0,6261	4,700	109,99	403,73	293,74	1,0358	2,0770
+ 10	6,271	1,6008	0,2058	0,6247	4,859	111,11	403,95	292,84	1,0397	2,0741
+ 11	6,490	1,6045	0,1992	0,6233	5,022	112,23	404,17	291,94	1,0436	2,0712
+ 12	6,715	1,6081	0,1927	0,6218	5,189	113,35	404,38	291,03	1,0475	2,0683
+ 13	6,946	1,6118	0,1866	0,6204	5,361	114,47	404,59	290,12	1,0514	2,0654
+ 14	7,183	1,6156	0,1806	0,6190	5,537	115,59	404,79	289,20	1,0553	2,0626
+ 15	7,427	1,6193	0,1749	0,6175	5,718	116,72	404,99	288,27	1,0592	2,0598
+ 16	7,677	1,6231	0,1694	0,6161	5,904	117,85	405,19	287,34	1,0631	2,0570
+ 17	7,933	1,6270	0,1642	0,6146	6,094	118,98	405,38	286,40	1,0670	2,0542
+ 18	8,196	1,6308	0,1591	0,6132	6,289	120,11	405,57	285,46	1,0709	2,0514
+ 19	8,465	1,6347	0,1542	0,6117	6,489	121,24	405,75	284,51	1,0747	2,0486
+ 20	8,741	1,6386	0,1494	0,6103	6,694	122,38	405,93	283,55	1,0785	2,0459
+ 21	9,024	1,6426	0,1449	0,6080	6,904	123,52	406,10	282,58	1,0824	2,0432
+ 22	9,314	1,6466	0,1405	0,6073	7,119	124,66	406,27	281,61	1,0862	2,0405
+ 23	9,611	1,6507	0,1363	0,6058	7,339	125,80	406,43	280,63	1,0900	2,0378
+ 24	9,915	1,6546	0,1322	0,6043	7,564	126,94	406,59	279,65	1,0938	2,0351
+ 25	10,225	1,6588	0,1283	0,6028	7,795	128,09	406,75	278,66	1,0976	2,0324
+ 26	10,544	1,6630	0,1245	0,6013	8,031	129,24	406,89	277,66	1,1014	2,0297
+ 27	10,870	1,6672	0,1209	0,5998	8,273	130,39	407,03	276,65	1,1052	2,0270
+ 28	11,204	1,6714	0,1174	0,5983	8,521	131,54	407,17	275,64	1,1090	2,0243
+ 29	11,546	1,6757	0,1140	0,5968	8,775	132,69	407,30	274,62	1,1128	2,0217
+ 30	11,895	1,6800	0,1107	0,5952	9,034	133,84	407,43	273,59	1,1165	2,0191
+ 31	12,252	1,6844	0,1075	0,5937	9,300	135,00	407,55	272,55	1,1203	2,0165
+ 32	12,617	1,6888	0,1045	0,5921	9,573	136,16	407,67	271,50	1,1241	2,0139
+ 33	12,991	1,6932	0,1015	0,5906	9,852	137,32	407,78	270,45	1,1278	2,0113
+ 34	13,374	1,6977	0,0986	0,5890	10,138	138,48	407,88	269,39	1,1315	2,0087
+ 35	13,765	1,7023	0,0959	0,5875	10,431	139,65	407,97	268,32	1,1352	2,0061
+ 36	14,165	1,7069	0,0932	0,5859	10,731	140,82	408,06	267,24	1,1390	2,0035
+ 37	14,573	1,7115	0,0906	0,5843	11,038	141,99	408,15	266,15	1,1427	2,0009
+ 38	14,990	1,7162	0,0881	0,5827	11,353	143,16	408,23	265,06	1,1464	1,9984
+ 39	15,415	1,7209	0,0857	0,5811	11,675	144,34	408,30	263,96	1,1501	1,9958
+ 40	15,850	1,7257	0,0833	0,5795	12,005	145,52	408,37	262,85	1,1538	1,9933

Dampftabelle 1 (Fortsetzung).

Temperatur t °C	Absoluter Druck p kg/cm²	Spez. Volum		Spez. Gewicht		Enthalpie		Verdampfungswärme r kcal/kg	Entropie	
		Flüssigkeit v' l/kg	Dampf v'' m³/kg	Flüssigkeit γ' kg/l	Dampf γ'' kg/m³	Flüssigkeit i' kcal/kg	Dampf i'' kcal/kg		Flüssigkeit s' kcal/kg °K	Dampf s'' kcal/kg °K
+ 41	16,294	1,7305	0,0810	0,5779	12,34	146,70	408,43	261,73	1,1575	1,9908
+ 42	16,747	1,7354	0,0788	0,5762	12,69	147,88	408,49	260,60	1,1612	1,9882
+ 43	17,210	1,7404	0,0767	0,5746	13,04	149,06	408,54	259,47	1,1649	1,9857
+ 44	17,682	1,7454	0,0746	0,5729	13,40	150,24	408,58	258,33	1,1686	1,9832
+ 45	18,165	1,7504	0,0726	0,5713	13,77	151,43	408,61	257,18	1,1722	1,9807
+ 46	18,658	1,7555	0,0707	0,5696	14,15	152,62	408,64	256,02	1,1759	1,9781
+ 47	19,161	1,7607	0,0688	0,5680	14,54	153,81	408,66	254,85	1,1796	1,9756
+ 48	19,673	1,7659	0,0670	0,5663	14,94	155,00	408,68	253,67	1,1832	1,9731
+ 49	20,195	1,7712	0,0652	0,5646	15,34	156,20	408,70	252,48	1,1868	1,9706
+ 50	20,727	1,7775	0,0635	0,5628	15,75	157,38	408,72	251,34	1,1905	1,9683
+ 52	21,83	1,788	0,0602	0,5591	16,59	159,8	408,7	248,9	1,1982	1,9638
+ 54	22,97	1,800	0,0572	0,5554	17,47	162,2	408,8	246,6	1,2056	1,9590
+ 56	24,15	1,812	0,0543	0,5516	18,39	164,6	408,8	244,2	1,2130	1,9542
+ 58	25,37	1,825	0,0515	0,5478	19,35	167,1	408,7	241,6	1,2205	1,9494
+ 60	26,66	1,838	0,0489	0,5440	20,35	169,6	408,6	238,0	1,2280	1,9445
+ 62	27,98	1,851	0,0464	0,5402	21,41	172,2	408,5	236,3	1,2354	1,9396
+ 64	29,36	1,864	0,0441	0,5364	22,53	174,8	408,3	233,5	1,2428	1,9347
+ 66	30,77	1,877	0,0420	0,5326	23,73	177,4	408,0	230,6	1,2502	1,9297
+ 68	32,25	1,891	0,0399	0,5288	25,01	180,0	407,7	227,7	1,2576	1,9247
+ 70	33,77	1,905	0,0379	0,5248	26,36	182,7	407,3	224,6	1,2650	1,9196

Dampftabelle 1a. Ammoniak (NH₃).

(Gebiet hoher Temperaturen.)

Temperatur t °C	Absoluter Druck p kg/cm²	Spez. Volum		Spez. Gewicht		Enthalpie		Verdampfungswärme r kcal/kg	Entropie	
		Flüssigkeit v' l/kg	Dampf v'' l/kg	Flüssigkeit γ' kg/m³	Dampf γ'' kg/m³	Flüssigkeit i' kcal/kg	Dampf i'' kcal/kg		Flüssigkeit s' kcal/kg °K	Dampf s'' kcal/kg °K
50	20,73	1,7775	63,544	562,03	15,75	157,38	408,71	251,33	1,1905	1,9683
55	23,55	1,8079	55,708	553,13	17,95	163,57	408,76	245,19	1,2094	1,9566
60	26,66	1,8384	48,937	543,96	20,43	169,85	408,55	238,70	1,2280	1,9445
65	30,06	1,8708	43,061	534,53	23,22	176,22	408,08	231,86	1,2465	1,9322
70	33,77	1,9056	37,939	524,78	26,36	182,70	407,33	224,63	1,2650	1,9196
75	37,84	1,9430	33,436	514,68	29,90	189,32	406,29	216,97	1,2836	1,9068
80	42,26	1,9835	29,493	504,16	33,91	196,11	404,96	208,85	1,3024	1,8938
85	47,05	2,0277	26,023	493,16	38,43	203,08	403,31	200,23	1,3215	1,8806
90	52,24	2,0764	22,956	481,61	43,55	210,23	401,30	191,07	1,3407	1,8668
95	57,84	2,1305	20,239	469,38	49,41	217,43	398,76	181,33	1,3600	1,8525
100	63,87	2,1915	17,826	456,30	56,09	224,94	395,87	170,93	1,3794	1,8375
105	70,36	2,2616	15,674	442,17	63,82	232,82	392,63	159,81	1,3992	1,8218
110	77,32	2,3442	13,753	426,59	72,73	241,17	389,04	147,87	1,4199	1,8058
115	84,79	2,4447	11,945	409,04	83,72	250,12	383,73	133,71	1,4419	1,7864
120	92,79	2,5747	10,223	388,40	97,82	259,98	376,68	116,70	1,4661	1,7629
125	101,33	2,7654	8,469	361,60	118,08	271,66	366,04	94,38	1,4931	1,7301
130	110,47	3,1584	6,389	316,61	156,53	287,44	345,10	57,70	1,5320	1,6751
132,4	115,21	4,2553	4,255	235,0	235,0	313,79	313,79	0,00	1,5958	1,5958

Dampftabelle 2. Kohlendioxyd (CO_2), flüssig — dampfförmig.

Temperatur t °C	Absoluter Druck p kg/cm²	Spez. Volum Flüssigkeit v' l/kg	Spez. Volum Dampf v'' l/kg	Spez. Gewicht Flüssigkeit γ' kg/l	Spez. Gewicht Dampf γ'' kg/m³	Enthalpie Flüssigkeit i' kcal/kg	Enthalpie Dampf i'' kcal/kg	Verdampfungswärme r kcal/kg	Entropie Flüssigkeit s' kcal/kg °K	Entropie Dampf s'' kcal/kg °K
− 56,6	5,28	0,849	72,220	1,1779	13,8	71,97	155,09	83,12	0,8885	1,2724
− 50	6,97	0,867	55,407	1,1535	18,1	75,01	155,57	80,56	0,9020	1,2631
− 47,5	7,67	0,873	50,250	1,1444	19,9	76,18	155,73	79,55	0,9070	1,2598
− 45	8,49	0,881	45,809	1,1345	21,8	77,30	155,89	78,59	0,9120	1,2565
− 42,5	9,33	0,889	41,780	1,1250	23,9	78,42	156,03	77,61	0,9170	1,2534
− 40	10,25	0,897	38,164	1,1150	26,2	79,59	156,17	76,58	0,9218	1,2503
− 37,5	11,20	0,905	34,900	1,1050	28,7	80,72	156,28	75,56	0,9266	1,2473
− 35	12,26	0,913	32,008	1,0949	31,2	81,80	156,39	74,51	0,9314	1,2443
− 32,5	13,35	0,922	29,480	1,0845	33,9	83,01	156,48	73,47	0,9362	1,2414
− 30	14,55	0,931	27,001	1,0742	37,0	84,19	156,56	72,37	0,9408	1,2385
− 27,5	15,76	0,940	24,850	1,0636	40,2	85,35	156,62	71,27	0,9460	1,2355
− 25	17,14	0,950	22,885	1,0526	43,8	86,53	156,67	70,14	0,9501	1,2328
− 22,5	18,68	0,960	21,070	1,0417	47,5	87,73	156,70	68,97	0,9550	1,2298
− 20	20,06	0,971	19,466	1,0299	51,4	88,93	156,78	67,79	0,9594	1,2272
− 17,5	21,71	0,982	17,950	1,0185	55,7	90,18	156,72	66,54	0,9644	1,2243
− 15	23,34	0,994	16,609	1,0061	60,2	91,44	156,70	65,26	0,9690	1,2218
− 12,5	25,10	1,006	15,320	0,9938	65,3	92,75	156,65	63,90	0,9740	1,2188
− 10	26,99	1,019	14,194	0,9808	70,5	94,09	156,60	62,51	0,9787	1,2163
− 7,5	29,00	1,033	13,120	0,9680	76,2	95,48	156,51	61,03	0,9835	1,2135
− 5	31,05	1,048	12,141	0,9538	82,4	96,91	156,41	59,50	0,9890	1,2109
− 2,5	33,21	1,063	11,230	0,9400	89,0	98,38	156,27	57,89	0,9942	1,2082
0	35,54	1,081	10,383	0,9248	96,3	**100,00**	156,13	56,13	**1,0000**	1,2055
+ 2,5	37,95	1,100	9,584	0,9100	104,3	101,84	155,82	53,98	1,0050	1,2022
+ 5	40,50	1,120	8,850	0,8931	113,0	103,10	155,45	52,35	1,0103	1,1985
+ 7,5	43,20	1,142	8,175	0,8760	122,3	104,78	155,08	50,30	1,0155	1,1952
+ 10	45,95	1,166	7,519	0,8580	133,0	106,50	154,59	48,09	1,0218	1,1917
+ 12,5	48,83	1,193	6,910	0,8385	144,7	108,20	153,95	45,75	1,0274	1,1875
+ 15	51,93	1,223	6,323	0,8179	158,0	110,10	153,17	43,07	1,0340	1,1835
+ 17,5	55,10	1,253	5,774	0,7955	173,2	111,90	152,27	40,37	1,0400	1,1790
+ 20	58,46	1,297	5,269	0,7711	189,8	114,00	151,10	37,10	1,0468	1,1734
+ 22,5	61,85	1,346	4,753	0,7429	210,4	116,20	149,50	33,30	1,0543	1,1666
+ 25	65,59	1,409	4,232	0,7095	236,3	118,80	147,33	28,53	1,0628	1,1585
+ 27,5	69,35	1,501	3,679	0,6664	271,8	122,00	144,55	22,55	1,0730	1,1487
+ 30	73,34	1,680	2,979	0,5951	335,7	125,90	140,95	15,05	1,0854	1,1351
+ 31 (krit.)	74,96	2,156	2,156	0,4639	463,9	133,50	133,50	0,00	1,1098	1,1098

Dampftabelle 2a. Kohlendioxyd (CO_2), fest — dampfförmig.

Temperatur t °C	Absoluter Druck p kg/cm²	Spez. Volum fest v_f l/kg	Spez. Volum Dampf v'' l/kg	Spez. Gewicht fest γ_f kg/m³	Spez. Gewicht Dampf γ'' kg/m³	Enthalpie fest i_f kcal/kg	Enthalpie Dampf i'' kcal/kg	Subl.-Wärme r_f kcal/kg	Entropie fest s_f kcal/kg °K	Entropie Dampf s'' kcal/kg °K
− 56,6	5,28	0,661	72,22	1512,4	13,84	25,21	155,09	129,88	0,6725	1,2724
− 60	4,18	0,657	91,15	1521,9	10,97	23,71	155,06	131,35	0,6655	1,2819
− 65	2,93	0,652	129,26	1534,6	7,74	21,49	154,87	133,38	0,6551	1,2960
− 70	2,02	0,647	185,39	1546,1	5,39	19,59	154,52	134,93	0,6459	1,3103
− 75	1,37	0,643	269,45	1556,5	3,71	17,93	154,06	136,13	0,6376	1,3248
− 78,9	1,00	0,639	365,12	1564,0	2,74	16,73	153,62	136,89	0,6314	1,3363
− 80	0,914	0,639	397,85	1566,1	2,51	16,41	153,49	137,08	0,6299	1,3398
− 85	0,596	0,635	598,13	1574,8	1,672	14,98	152,86	137,88	0,6224	1,3554
− 90	0,379	0,632	920,06	1582,2	1,087	13,59	152,16	138,57	0,6150	1,3718
− 95	0,236	0,629	1442,4	1588,8	0,693	12,23	151,42	139,19	0,6074	1,3889
− 100	0,142	0,627	2336,1	1595,2	0,428	10,88	150,65	139,77	0,5996	1,4070

Dampftabelle 3. Schwefeldioxyd (SO_2).

Temperatur t °C	Absoluter Druck p kg/cm²	Spez. Volum Flüssigkeit v' l/kg	Spez. Volum Dampf v'' m³/kg	Spez. Gewicht Flüssigkeit γ' kg/l	Spez. Gewicht Dampf γ'' kg/m³	Enthalpie Flüssigkeit i' kcal/kg	Enthalpie Dampf i'' kcal/kg	Verdampfungswärme r kcal/kg	Entropie Flüssigkeit s' kcal/kg °K	Entropie Dampf s'' kcal/kg °K
— 50	0,118	0,6423	2,4907	1,557	0,4015	83,69	184,91	101,22	0,9341	1,3877
— 47,5	0,139	0,6448	2,1359	1,551	0,4682	84,51	185,24	100,73	0,9378	1,3842
— 45	0,163	0,6472	1,8436	1,545	0,5424	85,34	185,56	100,22	0,9412	1,3808
— 42,5	0,190	0,6498	1,5950	1,539	0,6270	86,13	185,89	99,76	0,9449	1,3774
— 40	0,220	0,6523	1,3872	1,533	0,7209	87,00	186,21	99,21	0,9485	1,3740
— 37,5	0,256	0,6549	1,2085	1,527	0,8275	87,76	186,53	98,77	0,9519	1,3710
— 35	0,294	0,6575	1,0586	1,521	0,9446	88,64	186,85	98,21	0,9556	1,3680
— 32,5	0,339	0,6601	0,9284	1,515	1,0771	89,39	187,16	97,77	0,9588	1,3651
— 30	0,388	0,6627	0,8183	1,509	1,2220	90,27	187,47	97,20	0,9624	1,3621
— 27,5	0,443	0,6653	0,7224	1,503	1,3843	91,02	187,78	96,75	0,9655	1,3594
— 25	0,504	0,6680	0,6406	1,497	1,5610	91,90	188,09	96,19	0,9691	1,3567
— 22,5	0,573	0,6710	0,5689	1,490	1,7578	92,65	188,40	95,75	0,9720	1,3540
— 20	0,648	0,6739	0,5071	1,484	1,9720	93,53	188,70	95,17	0,9755	1,3514
— 17,5	0,732	0,6769	0,4528	1,477	2,2085	94,29	189,00	94,71	0,9786	1,3490
— 15	0,823	0,6798	0,4058	1,471	2,4643	95,15	189,30	94,15	0,9819	1,3466
— 12,5	0,924	0,6829	0,3641	1,464	2,7465	95,92	189,59	93,67	0,9848	1,3442
— 10	1,034	0,6859	0,3280	1,458	3,0488	96,76	189,89	93,13	0,9879	1,3418
— 7,5	1,155	0,6888	0,2956	1,452	3,3829	97,55	190,17	92,62	0,9910	1,3396
— 5	1,286	0,6916	0,2675	1,446	3,7383	98,39	190,46	92,07	0,9942	1,3375
— 2,5	1,430	0,6945	0,2421	1,440	4,1305	99,18	190,74	91,56	0,9970	1,3353
0	1,585	0,6974	0,2200	1,434	4,5455	**100,00**	191,02	91,02	**1,0000**	1,3332
+ 2,5	1,755	0,7005	0,2000	1,428	5,000	100,81	191,29	90,48	1,0030	1,3312
+ 5	1,936	0,7035	0,1824	1,422	5,482	101,63	191,57	89,94	1,0060	1,3293
+ 7,5	2,135	0,7066	0,1664	1,415	6,010	102,43	191,83	89,40	1,0088	1,3273
+ 10	2,347	0,7097	0,1523	1,409	6,566	103,23	192,09	88,86	1,0115	1,3253
+ 12,5	2,577	0,7130	0,1395	1,403	7,168	104,05	192,35	88,30	1,0144	1,3235
+ 15	2,823	0,7163	0,1280	1,396	7,812	104,85	192,61	87,76	1,0173	1,3218
+ 17,5	3,088	0,7197	0,1177	1,389	8,496	105,67	192,85	87,19	1,0200	1,3200
+ 20	3,370	0,7231	0,1084	1,383	9,225	106,45	193,10	86,65	1,0227	1,3183
+ 22,5	3,674	0,7266	0,0999	1,376	10,01	107,24	193,31	86,07	1,0255	1,3166
+ 25	3,997	0,7301	0,0923	1,370	10,83	107,99	193,52	85,53	1,0282	1,3150
+ 27,5	4,343	0,7338	0,0853	1,363	11,72	108,84	193,78	84,94	1,0308	1,3133
+ 30	4,710	0,7375	0,0790	1,356	12,66	109,65	194,04	84,39	1,0333	1,3117
+ 32,5	5,103	0,7414	0,0732	1,349	13,66	110,47	194,27	83,80	1,0360	1,3102
+ 35	5,518	0,7453	0,0680	1,342	14,70	111,26	194,49	83,23	1,0386	1,3087
+ 37,5	5,960	0,7495	0,0632	1,334	15,82	112,06	194,70	82,65	1,0412	1,3072
+ 40	6,427	0,7536	0,0588	1,327	17,01	112,83	194,92	82,09	1,0434	1,3057
+ 42,5	6,923	0,7578	0,0547	1,319	18,28	113,62	195,12	81,50	1,0461	1,3043
+ 45	7,447	0,7622	0,0511	1,311	19,57	114,41	195,32	80,91	1,0486	1,3029
+ 47,5	8,001	0,7666	0,0477	1,303	20,96	115,21	195,52	80,31	1,0511	1,3015
+ 50	8,583	0,7712	0,0446	1,295	22,42	116,01	195,72	79,71	1,0534	1,3001
+ 52,5	9,199	0,7759	0,0418	1,289	23,92	116,77	195,90	79,13	1,0558	1,2978
+ 55	9,848	0,7808	0,0391	1,281	25,58	117,64	196,09	78,45	1,0584	1,2974
+ 57,5	10,53	0,7857	0,0367	1,273	27,24	118,43	196,27	77,84	1,0607	1,2961
+ 60	11,25	0,7909	0,0344	1,264	29,07	119,23	196,44	77,21	1,0631	1,2949

Dampftafel 4. Methylchlorid (CH_3Cl).

Temperatur t °C	Absoluter Druck p kg/cm²	Spez. Volum Flüssigkeit v' l/kg	Spez. Volum Dampf v'' m³/kg	Spez. Gewicht Flüssigkeit γ' kg/l	Spez. Gewicht Dampf γ'' kg/m³	Enthalpie Flüssigkeit i' kcal/kg	Enthalpie Dampf i'' kcal/kg	Verdampfungswärme r kcal/kg	Entropie Flüssigkeit s' kcal/kg °K	Entropie Dampf s'' kcal/kg °K
− 60	0,159	0,936	2,235	1,068	0,448	78,47	188,46	109,99	0,9110	1,4271
− 55	0,216	0,944	1,680	1,059	0,595	80,17	189,21	109,04	0,9191	1,4189
− 50	0,286	0,953	1,295	1,050	0,772	81,94	189,95	108,01	0,9270	1,4111
− 45	0,375	0,961	1,008	1,041	0,992	83,69	190,67	106,98	0,9349	1,4037
− 40	0,484	0,970	0,794	1,031	1,259	85,45	191,41	105,96	0,9425	1,3969
− 37,5	0,548	0,974	0,707	1,027	1,414	86,34	191,77	105,43	0,9463	1,3936
− 35	0,619	0,978	0,632	1,023	1,583	87,23	192,12	104,89	0,9500	1,3904
− 32,5	0,697	0,982	0,566	1,018	1,768	88,13	192,47	104,34	0,9538	1,3873
− 30	0,783	0,986	0,508	1,014	1,969	89,03	192,83	103,80	0,9575	1,3843
− 27,5	0,877	0,991	0,457	1,010	2,188	89,92	193,17	103,25	0,9611	1,3814
− 25	0,979	0,995	0,412	1,005	2,425	90,81	193,51	102,70	0,9648	1,3786
− 22,5	1,090	0,999	0,373	1,001	2,682	91,72	193,86	102,14	0,9684	1,3759
− 20	1,212	1,003	0,338	0,997	2,959	92,64	194,21	101,57	0,9720	1,3732
− 17,5	1,344	1,008	0,307	0,992	3,260	93,55	194,55	101,00	0,9756	1,3707
− 15	1,487	1,013	0,279	0,988	3,582	94,96	194,89	100,43	0,9792	1,3682
− 12,5	1,641	1,017	0,255	0,983	3,927	95,37	195,22	99,85	0,9827	1,3657
− 10	1,808	1,022	0,233	0,979	4,299	96,29	195,54	99,25	0,9862	1,3633
− 7,5	1,988	1,027	0,213	0,974	4,698	97,22	195,85	98,63	0,9897	1,3609
− 5	2,180	1,032	0,195	0,970	5,125	98,14	196,15	98,01	0,9931	1,3586
− 2,5	2,387	1,037	0,179	0,965	5,582	99,07	196,45	97,38	0,9966	1,3564
0	2,609	1,042	0,1648	0,960	6,066	**100,00**	196,75	96,75	**1,0000**	1,3542
+ 2,5	2,846	1,047	0,1519	0,955	6,584	100,94	197,04	96,10	1,0034	1,3520
+ 5	3,099	1,053	0,1402	0,950	7,134	101,88	197,32	95,44	1,0068	1,3499
+ 7,5	3,368	1,058	0,1296	0,945	7,719	102,82	197,60	94,78	1,0102	1,3479
+ 10	3,655	1,064	0,1198	0,940	8,342	103,75	197,87	94,12	1,0135	1,3459
+ 12,5	3,961	1,069	0,1111	0,935	9,004	104,69	198,13	93,44	1,0168	1,3439
+ 15	4,284	1,075	0,1031	0,930	9,704	105,63	198,39	92,76	1,0201	1,3420
+ 17,5	4,628	1,081	0,0958	0,925	10,44	106,58	198,65	92,07	1,0234	1,3401
+ 20	4,993	1,086	0,0891	0,921	11,22	107,54	198,90	91,36	1,0267	1,3383
+ 22,5	5,378	1,092	0,0829	0,916	12,06	108,50	199,14	90,64	1,0299	1,3365
+ 25	5,783	1,098	0,0774	0,911	12,93	109,46	199,38	89,92	1,0331	1,3347
+ 27,5	6,209	1,104	0,0722	0,906	13,85	110,42	199,60	89,18	1,0363	1,3329
+ 30	6,658	1,110	0,0675	0,901	14,82	111,38	199,82	88,44	1,0395	1,3312
+ 32,5	7,130	1,116	0,0631	0,896	15,85	112,35	200,03	87,68	1,0427	1,3295
+ 35	7,625	1,123	0,0591	0,891	16,92	113,32	200,23	86,91	1,0459	1,3278
+ 37,5	8,146	1,129	0,0554	0,886	18,05	114,29	200,43	86,14	1,0490	1,3262
+ 40	8,690	1,135	0,0520	0,881	19,22	115,27	200,63	85,36	1,0521	1,3247
+ 42,5	9,262	1,142	0,0489	0,876	20,45	116,25	200,82	84,57	1,0552	1,3231
+ 45	9,861	1,149	0,0460	0,870	21,75	117,23	201,00	83,77	1,0583	1,3215
+ 47,5	10,48	1,156	0,0433	0,865	23,11	118,21	201,17	82,96	1,0614	1,3201
+ 50	11,14	1,164	0,0408	0,859	24,51	119,20	201,34	82,14	1,0645	1,3187
+ 52,5	11,82	1,172	0,0385	0,853	26,00	120,18	201,49	81,31	1,0676	1,3173
+ 55	12,53	1,180	0,0363	0,848	27,55	121,17	201,64	80,47	1,0706	1,3158
+ 57,5	13,26	1,188	0,0343	0,842	29,18	122,17	201,19	79,02	1,0736	1,3144
+ 60	14,03	1,196	0,0324	0,837	30,87	123,17	201,93	78,76	1,0766	1,3130

Dampftabellen.

Dampftabelle 5. Methylenchlorid (Dichlormethan) (CH_2Cl_2).

Temperatur t °C	Absoluter Druck p kg/cm²	Spez. Volum Flüssigkeit v' l/kg	Spez. Volum Dampf v'' m³/kg	Spez. Gewicht Flüssigkeit γ' kg/l	Spez. Gewicht Dampf γ'' kg/m³	Enthalpie Flüssigkeit i' kcal/kg	Enthalpie Dampf i'' kcal/kg	Verdampfungswärme r kcal/kg	Entropie Flüssigkeit s' kcal/kg °K	Entropie Dampf s'' kcal/kg °K
− 20	0,0653	0,716	3,849	1,397	0,260	94,62	181,19	86,57	0,9795	1,3217
− 19	0,0692	0,717	3,645	1,395	0,274	94,89	181,36	86,47	0,9806	1,3210
− 18	0,0733	0,718	3,455	1,393	0,289	95,16	181,53	86,37	0,9817	1,3203
− 17	0,0776	0,719	3,275	1,392	0,305	95,43	181,70	86,27	0,9827	1,3197
− 16	0,0820	0,719	3,107	1,391	0,322	95,69	181,87	86,18	0,9838	1,3191
− 15	0,0867	0,720	2,949	1,389	0,339	95,96	182,04	86,08	0,9848	1,3184
− 14	0,0917	0,721	2,710	1,387	0,357	96,23	182,21	85,98	0,9859	1,3178
− 13	0,0969	0,722	2,659	1,385	0,376	96,50	182,38	85,88	0,9869	1,3171
− 12	0,102	0,723	2,527	1,383	0,396	96,77	182,55	85,78	0,9880	1,3165
− 11	0,108	0,724	2,402	1,381	0,417	97,04	182,71	85,67	0,9890	1,3159
− 10	0,114	0,725	2,285	1,379	0,438	97,31	182,88	85,57	0,9900	1,3153
− 9	0,120	0,726	2,174	1,377	0,450	97,58	183,04	85,46	0,9910	1,3147
− 8	0,127	0,727	2,070	1,375	0,483	97,85	183,21	85,36	0,9921	1,3141
− 7	0,133	0,728	1,971	1,373	0,507	98,12	183,37	85,25	0,9931	1,3135
− 6	0,141	0,729	1,878	1,372	0,532	98,39	183,52	85,14	0,9941	1,3129
− 5	0,148	0,730	1,790	1,370	0,558	98,65	183,68	85,03	0,9951	1,3123
− 4	0,156	0,731	1,707	1,368	0,585	98,92	183,84	84,92	0,9961	1,3117
− 3	0,164	0,732	1,628	1,366	0,613	99,19	184,00	84,81	0,9971	1,3111
− 2	0,172	0,733	1,553	1,364	0,643	99,46	184,16	84,70	0,9981	1,3105
− 1	0,181	0,734	1,483	1,362	0,674	99,73	184,32	84,59	0,9991	1,3099
0	0,190	0,735	1,416	1,361	0,706	**100,00**	184,47	84,47	**1,0000**	1,3094
+ 1	0,199	0,736	1,353	1,359	0,739	100,27	184,62	84,35	1,0010	1,3088
+ 2	0,209	0,737	1,293	1,357	0,773	100,52	184,77	84,23	1,0020	1,3082
+ 3	0,219	0,738	1,236	1,355	0,808	100,81	184,91	84,10	1,0030	1,3076
+ 4	0,230	0,739	1,183	1,353	0,845	101,08	185,07	83,99	1,0040	1,3071
+ 5	0,241	0,740	1,131	1,351	0,883	101,35	185,23	83,88	1,0049	1,3066
+ 6	0,253	0,741	1,083	1,350	0,923	101,62	185,37	83,75	1,0058	1,3060
+ 7	0,265	0,742	1,037	1,348	0,964	101,88	185,52	83,64	1,0068	1,3054
+ 8	0,278	0,743	0,993	1,346	1,007	102,15	185,66	83,51	1,0078	1,3049
+ 9	0,291	0,744	0,952	1,344	1,051	102,42	185,81	83,39	1,0087	1,3044
+ 10	0,304	0,745	0,912	1,343	1,096	102,69	185,95	83,26	1,0096	1,3039
+ 11	0,318	0,746	0,8744	1,341	1,143	102,96	186,10	83,14	1,0106	1,3034
+ 12	0,333	0,747	0,8386	1,341	1,192	103,23	186,25	83,02	1,0116	1,3028
+ 13	0,348	0,748	0,8046	1,339	1,243	103,50	186,38	82,88	1,0125	1,3023
+ 14	0,363	0,749	0,7722	1,335	1,295	103,77	186,51	82,74	1,0134	1,3018
+ 15	0,380	0,750	0,7414	1,333	1,349	104,04	186,65	82,61	1,0144	1,3012
+ 16	0,397	0,751	0,7120	1,332	1,405	104,31	186,79	82,48	1,0153	1,3007
+ 17	0,414	0,752	0,6840	1,330	1,462	104,58	186,93	82,35	1,0162	1,3002
+ 18	0,432	0,753	0,6573	1,328	1,521	104,85	187,07	82,23	1,0171	1,2997
+ 19	0,451	0,754	0,6319	1,326	1,582	105,12	187,20	82,08	1,0180	1,2992
+ 20	0,470	0,755	0,6076	1,325	1,645	105,39	187,32	81,94	1,0190	1,2987
+ 21	0,490	0,756	0,5844	1,323	1,711	105,65	187,45	81,80	1,0199	1,2981
+ 22	0,511	0,757	0,5623	1,321	1,778	105,92	187,58	81,66	1,0208	1,2976
+ 23	0,532	0,758	0,5412	1,319	1,847	106,19	187,72	81,53	1,0217	1,2971
+ 24	0,554	0,759	0,5210	1,317	1,919	106,46	187,84	81,38	1,0227	1,2966
+ 25	0,577	0,760	0,5017	1,316	1,993	106,73	187,96	81,23	1,0236	1,2961
+ 26	0,601	0,761	0,4833	1,314	2,069	107,00	188,09	81,09	1,0245	1,2956
+ 27	0,625	0,762	0,4657	1,312	2,147	107,27	188,21	80,94	1,0254	1,2951
+ 28	0,650	0,763	0,4488	1,311	2,228	107,54	188,33	80,79	1,0263	1,2946
+ 29	0,676	0,765	0,4327	1,308	2,311	107,81	188,46	80,65	1,0271	1,2941
+ 30	0,703	0,766	0,4173	1,306	2,396	108,08	188,58	80,50	1,0280	1,2937

Dampftabelle 5 (Fortsetzung).

Temperatur t °C	Absoluter Druck p kg/cm²	Spez. Volum Flüssigkeit v' l/kg	Spez. Volum Dampf v'' m³/kg	Spez. Gewicht Flüssigkeit γ' kg/l	Spez. Gewicht Dampf γ'' kg/m³	Enthalpie Flüssigkeit i' kcal/kg	Enthalpie Dampf i'' kcal/kg	Verdampfungswärme r kcal/kg	Entropie Flüssigkeit s' kcal/kg °K	Entropie Dampf s'' kcal/kg °K
+ 31	0,730	0,767	0,4025	1,304	2,484	108,35	188,69	80,34	1,0289	1,2932
+ 32	0,759	0,768	0,3884	1,302	2,574	108,62	188,82	80,20	1,0298	1,2927
+ 33	0,788	0,769	0,3748	1,300	2,668	108,89	188,94	80,05	1,0307	1,2923
+ 34	0,818	0,770	0,3618	1,299	2,764	109,16	189,05	79,89	1,0316	1,2918
+ 35	0,850	0,771	0,3494	1,297	2,862	109,43	189,16	79,73	1,0324	1,2913
+ 36	0,882	0,772	0,3375	1,295	2,963	109,70	189,28	79,58	1,0333	1,2908
+ 37	0,915	0,773	0,3261	1,293	3,067	109,97	189,39	79,43	1,0342	1,2904
+ 38	0,949	0,774	0,3151	1,292	3,174	110,24	189,50	79,27	1,0350	1,2900
+ 39	0,984	0,775	0,3046	1,290	3,283	110,51	189,61	79,11	1,0359	1,2894
+ 40	1,020	0,776	0,2945	1,288	3,395	110,78	189,70	78,93	1,0368	1,2889

Dampftabelle 6. F 11, Monofluortrichlormethan ($CFCl_3$).

Temperatur t °C	Absoluter Druck p kg/cm²	Spez. Volum Flüssigkeit v' l/kg	Spez. Volum Dampf v'' m³/kg	Enthalpie Flüssigkeit i' kcal/kg	Enthalpie Dampf i'' kcal/kg	Verdampfungswärme r kcal/kg	Entropie Flüssigkeit s'' kcal/kg °K	Entropie Dampf s'' kcal/kg °K
− 40	0,052	0,6167	2,760	92,07	140,67	48,60	0,9686	1,1770
− 38	0,059	0,6184	2,415	92,46	140,91	48,45	0,9702	1,1762
− 36	0,066	0,6201	2,124	92,86	141,15	48,29	0,9719	1,1756
− 34	0,075	0,6217	1,888	93,25	141,38	48,13	0,9735	1,1748
− 32	0,084	0,6234	1,698	93,64	141,62	47,98	0,9751	1,1741
− 30	0,094	0,6250	1,533	94,03	141,86	47,83	0,9767	1,1734
− 28	0,105	0,6267	1,389	94,42	142,09	47.67	0,9784	1,1729
− 26	0,117	0,6284	1,264	94,82	142,33	47,51	0,9800	1,1723
− 24	0,130	0,6300	1,156	95,22	142,58	47,36	0,9816	1,1717
− 22	0,144	0,6318	1,057	95,61	142,81	47,20	0,9832	1,1712
− 20	0,160	0,6335	0,963	96,01	143,06	47,05	0,9848	1,1707
− 18	0,177	0,6352	0,879	96,41	143,31	46,90	0,9863	1,1701
− 16	0,195	0,6370	0,806	96,81	143,55	46,74	0,9878	1,1696
− 14	0,216	0,6388	0,737	97,20	143,78	46,58	0,9894	1,1692
− 12	0,238	0,6406	0,673	97,60	144,03	46,43	0,9809	1,1687
− 10	0,261	0,6425	0,616	98,00	144,27	46,27	0,9924	1,1682
− 8	0,2875	0,6443	0,564	98,40	144,52	46,12	0,9940	1,1679
− 6	0,3145	0,6461	0,517	98,80	144,76	45,96	0,9955	1,1675
− 4	0,3430	0,6480	0,475	99,20	145,00	45,80	0,9970	1,1671
− 2	0,3750	0,6499	0,439	99,60	145,24	45,64	0,9985	1,1668
0	0,4100	0,6519	0,405	**100,00**	145,48	45,48	**1,0000**	1,1665
+ 2	0,4460	0,6538	0,374	100,41	145,73	45,32	1,0014	1,1661
+ 4	0,4855	0,6558	0,346	100,81	145,97	45,16	1,0029	1,1659
+ 6	0,5270	0,6578	0,321	101,21	146,20	44,99	1,0043	1,1655
+ 8	0,5715	0,6598	0,298	101,62	146,45	44,83	1,0058	1,1653
+ 10	0,6175	0,6619	0,277	102,02	146,69	44,67	1,0072	1,1650
+ 12	0,6675	0,6639	0,257	102,43	146,93	44,50	1,0087	1,1648
+ 14	0,7210	0,6660	0,239	102,83	147,16	44,33	1,0101	1,1646
+ 16	0,7790	0,6680	0,223	103,24	147,41	44,17	1,0115	1,1643
+ 18	0,8400	0,6701	0,208	103,66	147,66	44,00	1,0129	1,1641
+ 20	0,9040	0,6722	0,194	104,07	147,90	43,83	1,0143	1,1638

Dampftabellen.

Dampftabelle 6 (Fortsetzung).

Temperatur t °C	Absoluter Druck p kg/cm²	Spez. Volum Flüssigkeit v' l/kg	Spez. Volum Dampf v'' m³/kg	Enthalpie Flüssigkeit i' kcal/kg	Enthalpie Dampf i'' kcal/kg	Verdampfungswärme r kcal/kg	Entropie Flüssigkeit s' kcal/kg °K	Entropie Dampf s'' kcal/kg °K
+ 22	0,9720	0,6743	0,181	104,48	148,14	43,66	1,0157	1,1636
+ 24	1,0445	0,6765	0,170	104,90	148,38	43,48	1,0171	1,1634
+ 26	1,1205	0,6787	0,159	105,31	148,61	43,30	1,0185	1,1632
+ 28	1,2000	0,6809	0,149	105,73	148,86	43,13	1,0199	1,1631
+ 30	1,2855	0,6833	0,140	106,14	149,09	42,95	1,0213	1,1630
+ 32	1,374	0,6856	0,132	106,56	149,33	42,77	1,0226	1,1628
+ 34	1,466	0,6879	0,124	106,98	149,56	42,58	1,0240	1,1627
+ 36	1,565	0,6903	0,116	107,40	149,80	42,40	1,0254	1,1626
+ 38	1,671	0,6927	0,109	107,82	150,03	42,21	1,0268	1,1625
+ 40	1,782	0,6950	0,103	108,24	150,27	42,03	1,0281	1,1623
+ 42	1,899	0,6975	0,098	108,66	150,50	41,84	1,0295	1,1622
+ 44	2,022	0,7000	0,092	109,09	150,74	41,65	1,0308	1,1621
+ 46	2,148	0,7025	0,087	109,52	150,97	41,45	1,0322	1,1621
+ 48	2,275	0,7050	0,082	109,95	151,20	41,25	1,0335	1,1620
+ 50	2,403	0,7075	0,077	110,38	151,43	41,05	1,0349	1,1619

Dampftabelle 7. F12, Difluordichlormethan (CF_2Cl_2).

Temperatur t °C	Absoluter Druck p kg/cm²	Spez. Volum Flüssigkeit v' l/kg	Spez. Volum Dampf v'' m³/kg	Spez. Gewicht Flüssigkeit γ' kg/l	Spez. Gewicht Dampf γ'' kg/m³	Enthalpie Flüssigkeit i' kcal/kg	Enthalpie Dampf i'' kcal/kg	Verdampfungswärme r kcal/kg	Entropie Flüssigkeit s' kcal/kg °K	Entropie Dampf s'' kcal/kg °K
− 70	0,1258	0,6234	1,1259	1,604	0,888	85,84	128,88	42,99	0,94050	1,15219
− 69	0,1341	0,6246	1,0605	1,601	0,943	86,02	128,95	42,93	0,94139	1,15173
− 68	0,1429	0,6258	0,9998	1,598	1,000	86,20	129,06	42,86	0,94230	1,15130
− 67	0,1521	0,6270	0,9437	1,595	1,060	86,39	129,19	42,80	0,94322	1,15087
− 66	0,1618	0,6281	0,8911	1,592	1,122	86,57	129,30	42,73	0,94411	1,15044
− 65	0,1721	0,6289	0,8413	1,590	1,189	86,75	129,41	42,66	0,94500	1,15001
− 64	0,1829	0,6301	0,7954	1,587	1,257	86,94	129,54	42,60	0,94589	1,14961
− 63	0,1941	0,6313	0,7528	1,584	1,328	87,12	129,65	42,53	0,94678	1,14920
− 62	0,2059	0,6325	0,7125	1,581	1,403	87,31	129,77	42,46	0,94769	1,14883
− 61	0,2183	0,6337	0,6749	1,578	1,482	87,50	129,89	42,39	0,94858	1,14844
− 60	0,2315	0,6349	0,6394	1,575	1,564	87,68	130,00	42,32	0,94946	1,14806
− 59	0,2451	0,6361	0,6064	1,572	1,649	87,87	130,12	42,25	0,95034	1,14769
− 58	0,2595	0,6373	0,5752	1,569	1,738	88,06	130,24	42,18	0,95122	1,14731
− 57	0,2744	0,6386	0,5461	1,566	1,831	88,25	130,36	42,11	0,95212	1,14698
− 56	0,2900	0,6394	0,5188	1,564	1,927	88,44	130,48	42,04	0,95300	1,14663
− 55	0,3065	0,6406	0,4930	1,561	2,028	88,63	130,59	41,96	0,95387	1,14627
− 54	0,3236	0,6418	0,4687	1,558	2,134	88,82	130,71	41,89	0,95474	1,14595
− 53	0,3414	0,6431	0,4461	1,555	2,242	89,01	130,83	41,82	0,95561	1,14562
− 52	0,3602	0,6443	0,4246	1,552	2,355	89,20	130,95	41,75	0,95650	1,14531
− 51	0,3797	0,6456	0,4043	1,549	2,473	89,39	131,06	41,67	0,95737	1,14500
− 50	0,3999	0,6468	0,3854	1,546	2,595	89,59	131,18	41,59	0,95824	1,14468
− 49	0,4212	0,6481	0,3673	1,543	2,723	89,78	131,30	41,52	0,95910	1,14438
− 48	0,4432	0,6493	0,3504	1,540	2,854	89,97	131,42	41,45	0,95997	1,14410
− 47	0,4662	0,6502	0,3344	1,538	2,990	90,17	131,54	41,37	0,96084	1,14381
− 46	0,4900	0,6515	0,3193	1,535	3,132	90,36	131,65	41,29	0,96170	1,14352
− 45	0,5150	0,6527	0,3050	1,532	3,279	90,56	131,77	41,21	0,96256	1,14324
− 44	0,5409	0,6540	0,2914	1,529	3,432	90,76	131,89	41,13	0,96342	1,14297
− 43	0,5678	0,6553	0,2787	1,526	3,588	90,95	132,01	41,06	0,96428	1,14271
− 42	0,5958	0,6566	0,2665	1,523	3,752	91,15	132,13	40,98	0,96515	1,14247
− 41	0,6247	0,6579	0,2551	1,520	3,920	91,35	132,24	40,89	0,96600	1,14220
− 40	0,6551	0,6592	0,2441	1,517	4,097	91,55	132,36	40,81	0,96685	1,14193

Dampftabelle 7 (Fortsetzung).

Temperatur t °C	Absoluter Druck p kg/cm²	Spez. Volum Flüssigkeit v' l/kg	Spez. Volum Dampf v'' m³/kg	Spez. Gewicht Flüssigkeit γ' kg/l	Spez. Gewicht Dampf γ'' kg/m³	Enthalpie Flüssigkeit i' kcal/kg	Enthalpie Dampf i'' kcal/kg	Verdampfungswärme r kcal/kg	Entropie Flüssigkeit s' kcal/kg °K	Entropie Dampf s'' kcal/kg °K
−39	0,6865	0,6605	0,2337	1,514	4,279	91,75	132,48	40,73	0,96770	1,14170
−38	0,7189	0,6618	0,2239	1,511	4,466	91,95	132,60	40,65	0,96855	1,14146
−37	0,7523	0,6631	0,2146	1,508	4,660	92,15	132,72	40,57	0,96941	1,14124
−36	0,7875	0,6645	0,2057	1,505	4,862	92,35	132,83	40,48	0,97026	1,14101
−35	0,8238	0,6658	0,1973	1,502	5,069	92,55	132,95	40,40	0,97110	1,14078
−34	0,8610	0,6671	0,1894	1,499	5,280	92,76	133,07	40,31	0,97194	1,14055
−33	0,9000	0,6684	0,1818	1,496	5,501	92,96	133,19	40,23	0,97278	1,14034
−32	0,9400	0,6698	0,1747	1,493	5,724	93,16	133,30	40,14	0,97364	1,14014
−31	0,9818	0,6711	0,1678	1,490	5,960	93,37	133,43	40,06	0,97448	1,13993
−30	1,0245	0,6725	0,1613	1,487	6,200	93,57	133,54	39,97	0,97532	1,13975
−29	1,0688	0,6739	0,1551	1,484	6,447	93,78	133,66	39,88	0,97616	1,13954
−28	1,1149	0,6752	0,1492	1,481	6,702	93,98	133,77	39,79	0,97699	1,13934
−27	1,1622	0,6766	0,1436	1,478	6,964	94,19	133,90	39,71	0,97783	1,13917
−26	1,2109	0,6780	0,1382	1,475	6,236	94,40	134,01	39,61	0,97867	1,13899
−25	1,2616	0,6793	0,1331	1,472	7,513	94,61	134,13	39,52	0,97950	1,13879
−24	1,3140	0,6807	0,1282	1,469	7,800	94,81	134,24	39,43	0,98033	1,13862
−23	1,3678	0,6821	0,1235	1,466	8,097	95,02	134,36	39,34	0,98116	1,13845
−22	1,4227	0,6835	0,1190	1,463	8,403	95,23	134,47	39,24	0,98200	1,13829
−21	1,4805	0,6854	0,1147	1,459	8,718	95,44	134,59	39,15	0,98283	1,13814
−20	1,5396	0,6868	0,1107	1,456	9,034	95,65	134,71	39,06	0,98365	1,13798
−19	1,6005	0,6882	0,1067	1,453	9,372	95,87	134,83	38,96	0,98448	1,13783
−18	1,6627	0,6897	0,1030	1,450	9,709	96,08	134,95	38,87	0,98531	1,13768
−17	1,7275	0,6911	0,09938	1,447	10,06	96,29	135,06	38,77	0,98614	1,13753
−16	1,7940	0,6925	0,09597	1,444	10,42	96,50	135,17	38,67	0,98696	1,13738
−15	1,8622	0,6940	0,09268	1,441	10,79	96,72	135,29	38,57	0,98778	1,13723
−14	1,9321	0,6954	0,08952	1,438	11,17	96,93	135,40	38,47	0,98860	1,13709
−13	2,0050	0,6973	0,08650	1,434	11,56	97,15	135,52	38,37	0,98942	1,13695
−12	2,0793	0,6988	0,08361	1,431	11,96	97,36	135,63	38,27	0,99025	1,13682
−11	2,1555	0,7003	0,08082	1,428	12,37	97,58	135,75	38,17	0,99107	1,13668
−10	2,2342	0,7018	0,07813	1,425	12,80	97,80	135,87	38,07	0,99188	1,13657
−9	2,3148	0,7032	0,07558	1,422	13,23	98,02	135,98	37,96	0,99270	1,13644
−8	2,3984	0,7047	0,07313	1,419	13,68	98,23	136,09	37,86	0,99351	1,13633
−7	2,4833	0,7062	0,07078	1,416	14,13	98,45	136,20	37,75	0,99432	1,13620
−6	2,5712	0,7077	0,06852	1,413	14,60	98,67	136,32	37,65	0,99514	1,13609
−5	2,6602	0,7092	0,06635	1,410	15,08	98,89	136,43	37,54	0,99595	1,13598
−4	2,7531	0,7107	0,06427	1,407	15,57	99,11	136,54	37,43	0,99676	1,13586
−3	2,8479	0,7127	0,06226	1,403	16,07	99,33	136,65	37,32	0,99757	1,13575
−2	2,9439	0,7143	0,06028	1,400	16,59	99,56	136,77	37,21	0,99839	1,13566
−1	3,0446	0,7158	0,05844	1,397	17,11	99,78	136,88	37,10	0,99919	1,13555
0	3,1465	0,7173	0,05667	1,394	17,65	**100,00**	136,99	36,99	**1,00000**	1,13546
+1	3,2511	0,7189	0,05496	1,391	18,20	100,22	137,10	36,88	1,00081	1,13535
+2	3,3583	0,7205	0,05330	1,388	18,76	100,45	137,21	36,76	1,00161	1,13524
+3	3,4676	0,7220	0,05168	1,385	19,35	100,67	137,32	36,65	1,00242	1,13515
+4	3,5804	0,7241	0,05012	1,381	19,95	100,90	137,43	36,53	1,00322	1,13506
+5	3,6959	0,7257	0,04863	1,378	20,56	101,12	137,54	36,42	1,00402	1,13497
+6	3,8135	0,7273	0,04721	1,375	21,18	101,35	137,65	36,30	1,00483	1,13488
+7	3,9348	0,7289	0,04583	1,372	21,82	101,58	137,76	36,18	1,00563	1,13480
+8	4,0582	0,7310	0,04450	1,368	22,47	101,80	137,86	36,06	1,00643	1,13471
+9	4,1853	0,7326	0,04323	1,365	23,13	102,03	137,97	35,94	1,00723	1,13462
+10	4,3135	0,7342	0,04204	1,362	23,79	102,26	138,08	35,82	1,00803	1,13455

Dampftabelle 7 (Fortsetzung).

Temperatur t °C	Absoluter Druck p kg/cm²	Spez. Volum Flüssigkeit v' l/kg	Spez. Volum Dampf v'' m³/kg	Spez. Gewicht Flüssigkeit γ' kg/l	Spez. Gewicht Dampf γ'' kg/m³	Enthalpie Flüssigkeit i' kcal/kg	Enthalpie Dampf i'' kcal/kg	Verdampfungswärme r kcal/kg	Entropie Flüssigkeit s' kcal/kg °K	Entropie Dampf s'' kcal/kg °K
+ 11	4,4466	0,7358	0,04086	1,359	24,48	102,49	138,18	35,69	1,00883	1,13446
+ 12	4,5828	0,7380	0,03970	1,355	25,19	102,72	138,29	35,57	1,00963	1,13439
+ 13	4,7209	0,7396	0,03858	1,352	25,92	102,95	138,39	35,44	1,01042	1,13430
+ 14	4,8621	0,7413	0,03751	1,349	26,66	103,18	138,49	35,31	1,01122	1,13422
+ 15	5,0076	0,7435	0,03648	1,345	27,41	103,42	138,61	35,19	1,01201	1,13414
+ 16	5,1550	0,7452	0,03547	1,342	28,19	103,65	138,70	35,05	1,01281	1,13407
+ 17	5,3067	0,7468	0,03449	1,339	28,99	103,88	138,81	34,93	1,01361	1,13400
+ 18	5,4605	0,7491	0,03354	1,335	29,87	104,12	138,91	34,79	1,01440	1,13392
+ 19	5,6172	0,7507	0,03263	1,332	30,65	104,35	139,01	34,66	1,01519	1,13385
+ 20	5,7786	0,7524	0,03175	1,329	31,50	104,59	139,12	34,53	1,01598	1,13378
+ 21	5,9432	0,7547	0,03089	1,325	32,38	104,82	139,21	34,39	1,01678	1,13372
+ 22	6,1112	0,7570	0,03005	1,321	33,28	105,06	139,31	34,25	1,01757	1,13364
+ 23	6,2825	0,7587	0,02925	1,318	34,19	105,29	139,40	34,11	1,01835	1,13356
+ 24	6,4584	0,7605	0,02848	1,315	35,11	105,53	139,50	33,97	1,01914	1,13350
+ 25	6,6363	0,7628	0,02773	1,311	36,07	105,77	139,61	33,84	1,01993	1,13344
+ 26	6,8175	0,7649	0,02700	1,308	37,04	106,01	139,70	33,69	1,02072	1,13337
+ 27	7,0020	0,7669	0,02629	1,304	38,04	106,25	139,79	33,54	1,02151	1,13329
+ 28	7,1933	0,7692	0,02560	1,300	39,06	106,49	139,89	33,40	1,02229	1,13322
+ 29	7,3863	0,7710	0,02494	1,297	40,10	106,73	139,98	33,25	1,02307	1,13315
+ 30	7,5810	0,7734	0,02433	1,293	41,11	106,97	140,08	33,11	1,02387	1,13310
+ 31	7,7826	0,7758	0,02371	1,289	42,18	107,21	140,16	32,95	1,02465	1,13301
+ 32	7,9897	0,7782	0,02309	1,285	43,31	107,45	140,25	32,80	1,02543	1,13294
+ 33	8,2003	0,7800	0,02250	1,282	44,45	107,69	140,34	32,65	1,02620	1,13286
+ 34	8,4087	0,7825	0,02192	1,278	45,62	107,94	140,43	32,49	1,02699	1,13280
+ 35	8,6264	0,7849	0,02136	1,274	46,81	108,18	140,51	32,33	1,02778	1,13273
+ 36	8,8475	0,7874	0,02083	1,270	48,01	108,43	140,61	32,18	1,02856	1,13266
+ 37	9,0726	0,7893	0,02030	1,267	49,25	108,67	140,69	32,02	1,02934	1,13258
+ 38	9,2989	0,7918	0,01980	1,263	50,51	108,92	140,77	31,85	1,03011	1,13250
+ 39	9,5351	0,7943	0,01931	1,259	51,79	109,16	140,85	31,69	1,03089	1,13243
+ 40	9,7707	0,7968	0,01882	1,255	53,13	109,41	140,94	31,53	1,03167	1,13236
+ 41	10,014	0,7994	0,01835	1,251	54,49	109,66	141,02	31,36	1,03246	1,13229
+ 42	10,257	0,8019	0,01789	1,247	55,90	109,91	141,10	31,19	1,03324	1,13222
+ 43	10,511	0,8045	0,01744	1,243	57,34	110,16	141,18	31,02	1,03400	1,13212
+ 44	10,763	0,8071	0,01700	1,239	58,83	110,41	141,25	30,84	1,03478	1,13204
+ 45	11,023	0,8104	0,01656	1,234	60,38	110,66	141,33	30,67	1,03556	1,13197
+ 46	11,283	0,8130	0,01614	1,230	61,95	110,91	141,40	30,49	1,03634	1,13188
+ 47	11,553	0,8157	0,01573	1,226	63,57	111,16	141,47	30,31	1,03712	1,13180
+ 48	11,828	0,8190	0,01533	1,221	65,24	111,41	141,54	30,13	1,03788	1,13170
+ 49	12,108	0,8217	0,01494	1,217	66,94	111,66	141,60	29,94	1,03865	1,13161
+ 50	12,386	0,8244	0,01459	1,213	68,56	111,91	141,66	29,75	1,03943	1,13151
+ 55	13,868	0,8410	0,01316	1,189	75,98	113,25	142,13	28,88	1,04346	1,13148
+ 60	15,481	0,8568	0,01167	1,167	85,69	114,57	142,49	27,92	1,04736	1,13177
+ 65	17,216	0,8741	0,01036	1,114	96,52	115,92	142,82	26,90	1,05126	1,13082
+ 70	19,096	0,8936	0,00919	1,119	108,81	117,29	143,09	25,80	1,05519	1,13038
+ 75	21,125	0,9149	0,00814	1,093	122,85	118,69	143,31	24,62	1,05912	1,12984
+ 80	23,290	0,9398	0,00723	1,064	138,31	120,13	143,46	23,33	1,06310	1,12917
+ 85	25,620	0,9680	0,00639	1,033	156,49	121,61	143,51	21,90	1,06708	1,12823
+ 90	28,107	1,0009	0,00564	0,999	177,30	123,12	143,41	20,29	1,07115	1,12702
+ 95	30,771	1,0416	0,00497	0,960	201,20	124,69	143,11	18,42	1,07529	1,12533
+ 100	33,614	1,0952	0,00437	0,913	228,83	126,36	142,51	16,15	1,07955	1,12282
+ 105	36,654	1,1736	0,00359	0,852	278,48	128,13	141,51	13,38	1,08407	1,11945
+ 110	39,874	1,3513	0,00266	0,742	374,93	131,44	138,89	7,45	1,09168	1,11112

Dampftabelle 8. F13, Trifluormonochlormethan (CF$_3$Cl).

Temperatur t °C	Absoluter Druck p kg/cm²	Spez. Volum Flüssigkeit v' l/kg	Spez. Volum Dampf v'' m³/kg	Enthalpie Flüssigkeit i' kcal/kg	Enthalpie Dampf i'' kcal/kg	Verdampfungswärme r kcal/kg	Entropie Flüssigkeit s' kcal/kg °K	Entropie Dampf s'' kcal/kg °K
−140	0,0087	0,576	12,378	68,46	109,90	41,44	0,8441	1,1553
−135	0,0157	0,581	7,112	69,33	110,37	41,04	0,8505	1,1475
−130	0,0271	0,587	4,273	70,24	110,86	40,62	0,8570	1,1407
−125	0,0448	0,593	2,673	71,15	111,34	40,19	0,8632	1,1345
−120	0,0714	0,599	1,732	72,09	111,84	39,75	0,8694	1,1290
−115	0,1100	0,605	1,158	73,04	112,34	39,30	0,8755	1,1240
−110	0,1643	0,612	0,798	74,01	112,84	38,83	0,8816	1,1196
−105	0,2391	0,619	0,563	74,99	113,34	38,35	0,8876	1,1156
−100	0,3392	0,626	0,4070	76,00	113,85	37,85	0,8935	1,1120
−95	0,4705	0,634	0,3005	77,03	114,36	37,33	0,8992	1,1087
−90	0,640	0,642	0,2259	78,08	114,86	36,78	0,9050	1,1058
−85	0,854	0,649	0,1728	79,13	115,36	36,23	0,9107	1,1032
−80	1,120	0,658	0,1342	80,21	115,86	35,65	0,9163	1,1009
−75	1,446	0,666	0,1057	81,30	116,35	35,05	0,9216	1,0987
−70	1,841	0,675	0,0844	82,40	116,84	34,44	0,9271	1,0968
−65	2,313	0,685	0,0681	83,52	117,32	33,80	0,9327	1,0951
−60	2,873	0,695	0,05542	84,67	117,78	33,11	0,9382	1,0935
−55	3,528	0,706	0,04555	85,84	118,23	32,39	0,9435	1,0920
−50	4,287	0,717	0,03774	87,03	118,66	31,63	0,9489	1,0906
−45	5,164	0,728	0,03148	88,25	119,08	30,83	0,9542	1,0893
−40	6,17	0,741	0,02642	89,49	119,48	29,99	0,9595	1,0881
−35	7,31	0,754	0,02230	90,74	119,85	29,11	0,9647	1,0869
−30	8,59	0,769	0,01889	92,01	120,19	28,18	0,9699	1,0858
−25	10,04	0,785	0,01608	93,30	120,50	27,20	0,9751	1,0847
−20	11,66	0,802	0,01373	94,61	120,77	26,16	0,9802	1,0835
−15	13,46	0,821	0,01175	95,94	121,02	25,08	0,9853	1,0824
−10	15,45	0,842	0,01010	97,27	121,22	23,95	0,9902	1,0812
−5	17,66	0,866	0,00868	98,61	121,37	22,76	0,9950	1,0799
0	20,09	0,894	0,00747	**100,00**	121,48	21,48	**1,0000**	1,0786
+5	22,76	0,923	0,00642	101,44	121,51	20,07	1,0050	1,0772
+10	25,69	0,962	0,00549	102,99	121,42	18,43	1,0103	1,0754
+15	28,91	1,011	0,00463	104,74	121,16	16,42	1,0162	1,0732
+20	32,41	1,079	0,003829	106,75	120,59	13,84	1,0228	1,0700
+25	36,24	1,193	0,002990	109,29	119,33	10,04	1,0310	1,0647
+28,8	39,36	1,721	0,001721	113,94	113,94	0,00	1,0462	1,0462

Dampftabellen.

Dampftabelle 9. F21, Monofluordichlormethan (CHFCl$_2$).

Temperatur t °C	Absoluter Druck p kg/cm²	Spez. Volum Flüssigkeit v' l/kg	Spez. Volum Dampf v'' m³/kg	Spez. Gewicht Flüssigkeit γ' kg/l	Spez. Gewicht Dampf γ'' kg/m³	Enthalpie Flüssigkeit i' kcal/kg	Enthalpie Dampf i'' kcal/kg	Verdampfungswärme r kcal/kg	Entropie Flüssigkeit s' kcal/kg °K	Entropie Dampf s'' kcal/kg °K
− 40	0,0957	0,6604	2,004	1,5141	0,4989	90,26	154,06	63,80	0,9608	1,2344
− 37,5	0,1113	0,6627	1,741	1,5058	0,5744	90,86	154,32	63,46	0,9634	1,2328
− 35	0,1289	0,6651	1,518	1,5035	0,6586	91,46	154,64	63,18	0,9660	1,2313
− 32,5	0,1486	0,6675	1,330	1,4981	0,7521	92,06	154,93	62,87	0,9686	1,2298
− 30	0,1709	0,6699	1,168	1,4927	0,8563	92,67	155,28	62,61	0,9712	1,2287
− 27,5	0,1958	0,6723	1,029	1,4873	0,9719	93,27	155,58	62,31	0,9736	1,2274
− 25	0,2237	0,6748	0,9091	1,4819	1,100	93,87	155,90	62,09	0,9761	1,2262
− 22,5	0,2547	0,6773	0,8058	1,4764	1,241	94,48	156,20	61,66	0,9786	1,2246
− 20	0,2891	0,6798	0,7169	1,4709	1,395	95,09	156,50	61,31	0,9810	1,2232
− 17,5	0,3272	0,6824	0,6378	1,4653	1,568	95,70	156,79	61,09	0,9835	1,2224
− 15	0,3692	0,6850	0,5705	1,4598	1,753	96,31	157,11	60,84	0,9859	1,2216
− 12,5	0,4156	0,6877	0,5107	1,4541	1,958	96,92	157,41	60,51	0,9883	1,2204
− 10	0,4666	0,6903	0,4587	1,4485	2,180	97,54	157,72	60,20	0,9906	1,2193
− 7,5	0,5223	0,6930	0,4129	1,4428	2,422	98,16	158,02	59,89	0,9930	1,2184
− 5	0,5833	0,6958	0,3724	1,4371	2,685	98,76	158,30	59,54	0,9954	1,2174
− 2,5	0,6498	0,6986	0,3368	1,4314	2,969	99,38	158,61	59,23	0,9977	1,2165
± 0	0,7226	0,7014	0,3053	1,4256	3,276	100,00	158,93	58,93	1,0000	1,2157
+ 2,5	0,8013	0,7043	0,2772	1,4198	3,607	100,62	159,24	58,62	1,0023	1,2149
+ 5	0,8867	0,7072	0,2523	1,4139	3,963	101,24	159,56	58,32	1,0046	1,2143
+ 7,5	0,9797	0,7101	0,2302	1,4081	4,345	101,86	159,91	58,05	1,0068	1,2136
+ 10	1,0797	0,7131	0,2103	1,4022	4,756	102,50	160,23	57,73	1,0091	1,2130
+ 12,5	1,187	0,7162	0,1926	1,3962	5,193	103,12	160,55	57,43	1,0113	1,2123
+ 15	1,303	0,7192	0,1764	1,3903	5,668	103,75	160,85	57,10	1,0135	1,2116
+ 17,5	1,438	0,7223	0,1610	1,3843	6,213	104,36	161,16	56,80	1,0157	1,2111
+ 20	1,562	0,7255	0,1491	1,3782	6,708	104,99	161,44	56,45	1,0179	1,2105
+ 22,5	1,706	0,7287	0,1372	1,3722	7,285	105,63	161,74	56,11	1,0200	1,2099
+ 25	1,860	0,7320	0,1266	1,3661	7,896	106,26	162,08	55,82	1,0223	1,2095
+ 27,5	2,023	0,7352	0,1171	1,3600	8,537	106,89	162,42	55,53	1,0243	1,2090
+ 30	2,198	0,7386	0,1084	1,3538	9,229	107,52	162,67	55,15	1,0265	1,2084
+ 32,5	2,383	0,7420	0,1004	1,3476	9,955	108,17	163,00	54,83	1,0286	1,2080
+ 35	2,583	0,7454	0,0931	1,3414	10,74	108,80	163,29	54,49	1,0306	1,2074
+ 37,5	2,794	0,7490	0,0865	1,3351	11,56	109,44	163,61	54,17	1,0328	1,2070
+ 40	3,017	0,7525	0,0804	1,3288	12,43	110,08	163,86	53,78	1,0349	1,2066
+ 42,5	3,253	0,7561	0,0748	1,3225	13,36	110,72	164,10	53,36	1,0369	1,2059
+ 45	3,504	0,7598	0,0697	1,3161	14,34	111,36	164,34	52,98	1,0389	1,2054
+ 47,5	3,770	0,7635	0,0650	1,3097	15,39	112,01	164,58	52,52	1,0410	1,2048
+ 50	4,048	0,7672	0,0607	1,3033	16,48	112,66	164,77	52,11	1,0430	1,2042

Dampftabelle 10. F 22, Difluormonochlormethan (CHF_2Cl).

Temperatur t °C	Absoluter Druck p kg/cm²	Spez. Volum Flüssigkeit v' l/kg	Spez. Volum Dampf v'' m³/kg	Spez. Gewicht Flüssigkeit γ' kg/l	Spez. Gewicht Dampf γ'' kg/m³	Enthalpie Flüssigkeit i' kcal/kg	Enthalpie Dampf i'' kcal/kg	Verdampfungswärme r kcal/kg	Entropie Flüssigkeit s' kcal/kg °K	Entropie Dampf s'' kcal/kg °K
−100	0,0210	0,6409	8,340	1,560	0,1199	74,12	137,92	63,80	0,8828	1,2512
−98	0,0243	0,6429	6,980	1,555	0,1433	74,63	138,16	63,53	0,8858	1,2485
−96	0,0292	0,6450	5,890	1,550	0,1868	75,14	138,40	63,26	0,8886	1,2457
−94	0,0348	0,6470	4,985	1,545	0,2006	75,63	138,62	62,99	0,8914	1,2430
−92	0,0410	0,6490	4,250	1,540	0,2353	76,12	138,84	62,72	0,8942	1,2404
−90	0,0489	0,6510	3,634	1,536	0,2752	76,64	139,10	62,46	0,8970	1,2380
−88	0,0575	0,6530	3,117	1,531	0,3208	77,14	139,34	62,20	0,8997	1,2356
−86	0,0670	0,6550	2,709	1,526	0,3691	77,65	139,58	61,93	0,9024	1,2333
−84	0,0781	0,6570	2,330	1,522	0,4292	78,15	139,81	61,66	0,9051	1,2311
−82	0,0910	0,6592	2,030	1,517	0,4926	78,65	140,05	61,40	0,9078	1,2290
−80	0,1050	0,6612	1,775	1,512	0,5634	79,14	140,29	61,15	0,9104	1,2270
−78	0,1213	0,6632	1,547	1,507	0,6464	79,65	140,54	60,89	0,9130	1,2250
−76	0,1400	0,6653	1,363	1,503	0,7337	80,14	140,77	60,63	0,9155	1,2230
−74	0,1605	0,6675	1,206	1,498	0,8292	80,64	141,01	60,37	0,9180	1,2211
−72	0,1832	0,6693	1,060	1,494	0,9434	81,15	141,26	60,11	0,9206	1,2194
−70	0,2088	0,6714	0,940	1,489	1,064	81,64	141,49	59,85	0,9230	1,2176
−68	0,2370	0,6735	0,885	1,484	1,130	82,15	141,74	59,59	0,9254	1,2159
−66	0,267	0,6756	0,746	1,480	1,341	82,64	141,96	59,32	0,9278	1,2141
−64	0,303	0,6778	0,661	1,475	1,513	83,15	142,21	59,06	0,9302	1,2126
−62	0,341	0,6801	0,592	1,470	1,689	83,65	142,44	58,79	0,9325	1,2109
−60	0,382	0,6824	0,535	1,465	1,869	84,15	142,68	58,53	0,9348	1,2094
−58	0,428	0,6849	0,481	1,460	2,079	84,65	142,91	58,26	0,9372	1,2080
−56	0,479	0,6874	0,434	1,455	2,304	85,16	143,16	58,00	0,9396	1,2067
−54	0,534	0,6897	0,393	1,450	2,545	85,67	143,40	57,73	0,9419	1,2053
−52	0,593	0,6923	0,355	1,444	2,817	86,18	143,65	57,47	0,9442	1,2041
−50	0,660	0,6950	0,323	1,439	3,096	86,70	143,90	57,20	0,9465	1,2028
−48	0,730	0,6977	0,293	1,433	3,413	87,21	144,15	56,94	0,9488	1,2017
−46	0,807	0,7005	0,267	1,427	3,745	87,72	144,39	56,67	0,9512	1,2007
−44	0,891	0,7030	0,244	1,422	4,098	88,25	144,63	56,38	0,9534	1,1994
−42	0,979	0,7058	0,223	1,416	4,484	88,75	144,85	56,10	0,9557	1,1984
−40	1,076	0,7086	0,205	1,411	4,878	89,27	145,12	55,85	0,9579	1,1974
−38	1,182	0,7113	0,188	1,405	5,319	89,77	145,29	55,52	0,9602	1,1963
−36	1,295	0,7142	0,173	1,400	5,780	90,32	145,56	55,24	0,9624	1,1953
−34	1,414	0,7173	0,158	1,394	6,329	90,85	145,79	54,94	0,9646	1,1943
−32	1,542	0,7205	0,146	1,388	6,849	91,37	146,02	54,65	0,9668	1,1934
−30	1,679	0,7235	0,135	1,382	7,407	91,90	146,25	54,35	0,9690	1,1925
−28	1,824	0,7270	0,125	1,375	8,000	92,45	146,48	54,03	0,9712	1,1916
−26	1,978	0,7304	0,116	1,369	8,621	93,00	146,71	53,71	0,9733	1,1906
−24	2,14	0,7337	0,108	1,363	9,259	93,51	146,91	53,40	0,9754	1,1897
−22	2,32	0,7370	0,100	1,356	10,00	94,04	147,12	53,08	0,9775	1,1888
−20	2,51	0,7405	0,0929	1,350	10,76	94,58	147,35	52,77	0,9796	1,1880
−18	2,70	0,7437	0,0864	1,344	11,57	95,12	147,58	52,46	0,9817	1,1873
−16	2,92	0,7472	0,0805	1,338	12,42	95,65	147,80	52,15	0,9837	1,1865
−14	3,14	0,7508	0,0751	1,331	13,32	96,18	148,02	51,84	0,9857	1,1857
−12	3,37	0,7545	0,0700	1,325	14,289	96,70	148,23	51,53	0,9878	1,1851
−10	3,63	0,7582	0,0654	1,318	15,29	97,25	148,45	51,20	0,9898	1,1844
−8	3,89	0,7620	0,0611	1,312	16,367	97,78	148,63	50,85	0,9918	1,1836
−6	4,17	0,7658	0,0572	1,305	17,48	98,31	148,83	50,52	0,9938	1,1829
−4	4,46	0,7697	0,0536	1,299	18,656	98,87	149,03	50,16	0,9959	1,1823
−2	4,77	0,7739	0,0502	1,292	19,92	99,43	149,23	49,80	0,9979	1,1816
0	5,10	0,7785	0,0471	1,285	21,23	**100,00**	149,43	49,43	**1,0000**	1,1810

Dampftabellen.

Dampftabelle 10 (Fortsetzung).

Temperatur t °C	Absoluter Druck p kg/cm²	Spez. Volum Flüssigkeit v' l/kg	Spez. Volum Dampf v'' m³/kg	Spez. Gewicht Flüssigkeit γ' kg/l	Spez. Gewicht Dampf γ'' kg/m³	Enthalpie Flüssigkeit i' kcal/kg	Enthalpie Dampf i'' kcal/kg	Verdampfungswärme r kcal/kg	Entropie Flüssigkeit s' kcal/kg °K	Entropie Dampf s'' kcal/kg °K
+ 2	5,44	0,7823	0,0443	1,278	22,57	100,58	149,63	49,05	1,0022	1,1805
+ 4	5,82	0,7867	0,0416	1,271	24,04	101,16	149,81	48,65	1,0043	1,1798
+ 6	6,18	0,7912	0,0390	1,264	25,64	101,77	150,01	48,24	1,0064	1,1792
+ 8	6,57	0,7957	0,0367	1,257	27,25	102,40	150,20	47,80	1,0086	1,1786
+ 10	6,99	0,8004	0,0346	1,249	28,90	103,00	150,36	47,36	1,0107	1,1780
+ 12	7,42	0,8050	0,0326	1,242	30,67	103,60	150,52	46,92	1,0128	1,1773
+ 14	7,87	0,8096	0,0307	1,235	32,57	104,25	150,72	46,47	1,0150	1,1768
+ 16	8,34	0,8145	0,0289	1,228	34,60	104,87	150,87	46,00	1,0172	1,1763
+ 18	8,83	0,8194	0,0273	1,220	36,63	105,50	151,00	45,50	1,0193	1,1756
+ 20	9,35	0,8244	0,0258	1,213	38,76	106,13	151,13	45,00	1,0214	1,1749
+ 22	9,89	0,8294	0,0243	1,206	41,15	106,78	151,27	44,49	1,0236	1,1743
+ 24	10,45	0,8345	0,0230	1,198	43,48	107,42	151,38	43,96	1,0258	1,1737
+ 26	11,03	0,8398	0,0217	1,190	46,08	108,10	151,54	43,44	1,0280	1,1732
+ 28	11,63	0,8455	0,0206	1,183	48,54	108,75	151,65	42,90	1,0302	1,1726
+ 30	12,26	0,8501	0,0194	1,176	51,55	109,44	151,78	42,34	1,0323	1,1720
+ 32	12,92	0,8570	0,0184	1,167	54,34	110,10	151,87	41,77	1,0344	1,1713
+ 34	13,60	0,8632	0,0174	1,158	57,47	110,77	151,97	41,20	1,0365	1,1706
+ 36	14,30	0,8695	0,0165	1,150	60,61	111,43	152,03	40,60	1,0386	1,1699
+ 38	15,02	0,8760	0,0156	1,141	64,10	112,10	152,07	39,97	1,0408	1,1693
+ 40	15,79	0,8830	0,0148	1,132	67,57	112,77	152,12	39,35	1,0429	1,1686
+ 42	16,58	0,8900	0,0140	1,123	71,43	113,45	152,19	38,74	1,0451	1,1680
+ 44	17,39	0,8972	0,0133	1,114	75,19	114,13	152,23	38,10	1,0472	1,1673
+ 46	18,23	0,9049	0,0126	1,105	79,37	114,82	152,26	37,44	1,0493	1,1666
+ 48	19,10	0,9132	0,0120	1,095	83,33	115,51	152,29	36,78	1,0514	1,1659
+ 50	20,03	0,9225	0,0113	1,084	88,50	116,23	152,33	36,10	1,0535	1,1652

Dampftabelle 11. Äthan (C_2H_6).

Temperatur t °C	Absoluter Druck p kg/cm²	Spez. Volum Flüssigkeit v' l/kg	Spez. Volum Dampf v'' l/kg	Spez. Gewicht Flüssigkeit γ' kg/l	Spez. Gewicht Dampf γ'' kg/m³	Enthalpie Flüssigkeit i' kcal/kg	Enthalpie Dampf i'' kcal/kg	Verdampfungswärme r kcal/kg	Entropie Flüssigkeit s' kcal/kg °K	Entropie Dampf s'' kcal/kg °K
− 100	0,5354	1,789	888,8	0,5589	1,125	35,52	155,07	119,55	0,7145	1,4049
− 95	0,7229	1,808	673,1	0,5531	1,486	38,42	156,39	117,97	0,7310	1,3932
− 90	0,9596	1,825	517,7	0,5479	1,932	41,37	157,69	116,32	0,7472	1,3823
− 85	1,251	1,844	404,8	0,5422	2,470	44,33	158,96	114,63	0,7632	1,3724
− 80	1,606	1,863	320,9	0,5367	3,116	47,25	160,19	112,94	0,7785	1,3632
− 75	2,037	1,884	257,0	0,5309	3,819	50,21	161,39	111,18	0,7934	1,3545
− 70	2,549	1,905	208,4	0,5250	4,798	53,17	162,56	109,39	0,8081	1,3466
− 65	3,154	1,927	170,6	0,5190	5,862	56,12	163,68	107,56	0,8223	1,3390
− 60	3,861	1,951	140,9	0,5125	7,097	59,11	164,76	105,65	0,8364	1,3320
− 55	4,682	1,976	117,3	0,5060	8,525	62,12	165,79	103,67	0,8500	1,3253
− 50	5,626	2,003	98,32	0,4993	10,17	65,08	166,76	101,68	0,8634	1,3190
− 45	6,704	2,032	83,01	0,4921	12,05	68,15	167,69	99,54	0,8767	1,3130
− 40	7,929	2,062	70,46	0,4850	14,19	71,30	168,54	97,24	0,8901	1,3072
− 35	9,309	2,093	60,13	0,4778	16,63	74,56	169,33	94,77	0,9037	1,3016
− 30	10,86	2,128	51,53	0,4700	19,41	77,93	170,05	92,12	0,9173	1,2962

Dampftabelle 11. (Fortsetzung).

Temperatur t °C	Absoluter Druck p kg/cm²	Spez. Volum Flüssigkeit v' l/kg	Spez. Volum Dampf v'' l/kg	Spez. Gewicht Flüssigkeit γ' kg/l	Spez. Gewicht Dampf γ'' kg/m³	Enthalpie Flüssigkeit i' kcal/kg	Enthalpie Dampf i'' kcal/kg	Verdampfungswärme r kcal/kg	Entropie Flüssigkeit s' kcal/kg °K	Entropie Dampf s'' kcal/kg °K
−25	12,58	2,167	44,36	0,4615	22,54	81,32	170,69	89,37	0,9313	1,2914
−20	14,51	2,209	38,30	0,4526	26,11	84,88	171,24	86,36	0,9446	1,2857
−15	16,63	2,255	33,16	0,4435	30,16	88,59	171,70	83,11	0,9586	1,2805
−10	18,96	2,305	28,79	0,4339	34,73	92,27	172,06	79,79	0,9723	1,2755
−5	21,52	2,364	25,02	0,4230	39,97	96,07	172,31	76,24	0,9861	1,2704
0	24,32	2,429	21,75	0,4117	45,98	**100,00**	172,44	72,44	**1,0000**	1,2652
+5	27,39	2,503	18,80	0,3995	53,19	104,09	172,17	68,08	1,0142	1,2590
+10	30,75	2,587	16,13	0,3865	62,00	108,45	171,55	63,10	1,0290	1,2519
+15	34,43	2,706	13,66	0,3695	73,21	113,11	170,20	57,09	1,0445	1,2426
+20	38,49	2,856	11,43	0,3502	87,49	118,20	168,41	50,21	1,0610	1,2323
+25	42,98	3,07	9,37	0,3260	106,7	123,85	165,64	41,79	1,0791	1,2193
+30	48,0	3,49	7,06	0,286	142	132,09	159,71	27,01	1,1052	1,1943
+31	49,1	3,69	6,43	0,271	156	135,00	157,30	21,39	1,1145	1,1848
+32,1 (krit.)	50,3	4,70	4,70	0,213	213	145,75	145,75	0	1,1494	1,1494

Dampftabelle 12. Äthylchlorid (C_2H_5Cl).

Temperatur t °C	Absoluter Druck kg/cm²	Spez. Volum Flüssigkeit v' l/kg	Spez. Volum Dampf v'' m³/kg	Enthalpie Flüssigkeit i' kcal/kg	Enthalpie Dampf i'' kcal/kg	Verdampfungswärme r kcal/kg	Entropie Flüssigkeit s' kcal/kg °K	Entropie Dampf s'' kcal/kg °K
−30	0,143	1,035	1,960	−10,87	87,98	98,85	−0,0423	0,3644
−25	0,191	1,042	1,555	−9,14	88,90	98,04	−0,0351	0,3601
−20	0,248	1,050	1,235	−7,35	89,90	97,25	−0,0280	0,3562
−15	0,318	1,058	1,010	−5,53	90,88	96,41	−0,0207	0,3527
−10	0,403	1,066	0,830	−3,69	91,85	95,54	−0,0138	0,3494
−5	0,505	1,074	0,680	−1,84	92,88	94,72	−0,0068	0,3463
0	0,627	1,083	0,555	**0,00**	93,86	93,86	**0,0000**	0,3436
5	0,772	1,092	0,460	1,93	94,89	92,96	0,0070	0,3410
10	0,943	1,100	0,375	3,82	95,79	91,97	0,0137	0,3383
15	1,135	1,110	0,310	5,76	96,74	90,98	0,0206	0,3361
20	1,360	1,119	0,255	7,71	97,64	89,93	0,0272	0,3340
25	1,623	1,129	0,220	9,67	98,59	88,92	0,0340	0,3319
30	1,923	1,139	0,190	11,64	99,49	87,85	0,0404	0,3301
35	2,253	1,149	0,175	13,66	100,39	86,73	0,0472	0,3285
40	2,627	1,159	0,165	15,72	101,33	85,61	0,0536	0,3271

Dampftabelle 13. F113, Trifluortrichloräthan ($C_2F_3Cl_3$).

Temperatur t °C	Absoluter Druck p kg/cm²	Spez. Volum Flüssigkeit v' l/kg	Spez. Volum Dampf v'' m³/kg	Enthalpie Flüssigkeit i' kcal/kg	Enthalpie Dampf i'' kcal/kg	Verdampfungswärme r kcal/kg	Entropie Flüssigkeit s' kcal/kg °K	Entropie Dampf s'' kcal/kg °K
−30	0,0289	0,5925	3,798	93,61	133,47	39,86	0,9753	1,1392
−25	0,0394	0,5964	2,838	94,66	134,20	39,54	0,9795	1,1388
−20	0,0530	0,6004	2,149	95,71	134,93	39,22	0,9837	1,1386
−15	0,0704	0,6044	1,649	96,77	135,67	38,90	0,9879	1,1386
−10	0,0923	0,6085	1,281	97,84	136,41	38,57	0,9920	1,1386
−5	0,1195	0,6127	1,006	98,92	137,16	38,24	0,9960	1,1386
0	0,1530	0,6169	0,7993	**100,00**	137,90	37,90	**1,0000**	1,1387

Dampftabellen.

Dampftabelle 13. F 113, Trifluortrichloräthan ($C_2F_3Cl_3$) (Fortsetzung).

Temperatur t °C	Absoluter Druck p kg/cm²	Spez. Volum Flüssigkeit v' l/kg	Spez. Volum Dampf v'' m³/kg	Enthalpie Flüssigkeit i' kcal/kg	Enthalpie Dampf i'' kcal/kg	Verdampfungswärme r kcal/kg	Entropie Flüssigkeit s' kcal/kg °K	Entropie Dampf s'' kcal/kg °K
+ 5	0,1939	0,6212	0,6409	101,09	138,65	37,56	1,0039	1,1389
+ 10	0,2434	0,6257	0,5186	102,19	139,41	37,22	1,0078	1,1392
+ 15	0,3026	0,6302	0,4234	103,30	140,17	36,87	1,0117	1,1396
+ 20	0,3729	0,6348	0,3485	104,41	140,93	36,52	1,0155	1,1401
+ 25	0,4557	0,6395	0,2892	105,54	141,71	36,17	1,0193	1,1406
+ 30	0,5527	0,6443	0,2416	106,67	142,48	35,81	1,0231	1,1412
+ 35	0,6654	0,6493	0,2032	107,82	143,27	35,45	1,0269	1,1419
+ 40	0,7956	0,6543	0,1720	108,97	144,06	35,09	1,0306	1,1427
+ 45	0,9451	0,6596	0,1465	110,13	144,85	34,72	1,0343	1,1434
+ 50	1,1158	0,6649	0,1255	111,31	145,66	34,35	1,0379	1,1442
+ 55	1,310	0,6704	0,1080	112,50	146,48	33,98	1,0416	1,1451
+ 60	1,529	0,6761	0,0934	113,69	147,29	33,60	1,0452	1,1461
+ 65	1,775	0,6819	0,0812	114,90	148,12	33,22	1,0488	1,1470
+ 70	2,052	0,6878	0,0708	116,13	148,96	32,83	1,0523	1,1480
+ 75	2,360	0,6939	0,0621	117,36	149,80	32,44	1,0568	1,1490
+ 80	2,703	0,7002	0,0546	118,61	150,66	32,05	1,0593	1,1501
Vergleichswerte nach BENNING und MCHARNESS								
− 30	0,0281	0,5944	3,910	93,93	134,05	40,12	0,9765	1,1415
0	0,1508	0,6169	0,8135	**100,00**	138,34	38,34	**1,0000**	1,1404
+ 30	0,5523	0,6437	0,2431	106,36	142,73	36,37	1,0221	1,1421
+ 60	1,542	0,6762	0,0931	113,09	147,15	34,06	1,0432	1,1455

Dampftabelle 14. F 114, Tetrafluordichloräthan ($C_2F_4Cl_2$).

Temperatur t °C	Absoluter Druck p kg/cm²	Spez. Volum Flüssigkeit v' l/kg	Spez. Volum Dampf v'' m³/kg	Enthalpie Flüssigkeit i' kcal/kg	Enthalpie Dampf i'' kcal/kg	Verdampfungswärme r kcal/kg	Entropie Flüssigkeit s' kcal/kg °K	Entropie Dampf s'' kcal/kg °K
− 40	0,134	0,6060	0,8468	92,09	127,14	35,05	0,9700	1,1203
− 35	0,178	0,6111	0,6554	93,00	127,85	34,85	0,9738	1,1201
− 30	0,230	0,6162	0,5142	93,92	128,56	34,64	0,9775	1,1200
− 25	0,297	0,6213	0,4069	94,87	129,28	34,41	0,9812	1,1199
− 20	0,378	0,6266	0,3250	95,85	130,00	34,15	0,9849	1,1198
− 15	0,475	0,6321	0,2627	96,86	130,74	33,88	0,9888	1,1200
− 10	0,592	0,6376	0,2139	97,87	131,46	33,59	0,9925	1,1201
− 5	0,732	0,6434	0,1754	98,92	132,20	33,28	0,9963	1,1204
0	0,897	0,6494	0,1450	**100,00**	132,95	32,95	**1,0000**	1,1206
5	1,090	0,6554	0,1207	101,09	133,69	32,60	1,0037	1,1209
10	1,314	0,6617	0,1013	102,23	134,45	32,22	1,0075	1,1213
15	1,574	0,6681	0,0854	103,38	135,21	31,83	0,0112	1,1217
20	1,872	0,6749	0,0725	104,57	135,97	31,40	1,0150	1,1221
25	2,212	0,6818	0,0619	105,77	136,73	30,96	1,0188	1,1226
30	2,598	0,6888	0,0531	107,01	137,51	30,50	1,0225	1,1231
35	3,033	0,6961	0,0458	108,29	138,29	30,00	1,0263	1,1237
40	3,521	0,7040	0,0397	109,57	139,07	29,50	1,0301	1,1243
45	4,066	0,7119	0,0345	110,88	139,85	28,97	1,0338	1,1249
50	4,673	0,7203	0,0302	112,23	140,65	28,42	1,0375	1,1255
55	5,342	0,7288	0,0265	113,58	141,44	27,86	1,0412	1,1261
60	6,080	0,7381	0,0233	114,95	142,25	27,30	1,0440	1,1268

Dampftabelle 15. F133, Trifluormonochloräthan ($CH_2Cl \cdot CF_3$).

Temperatur t °C	Absoluter Druck p kg/cm²	Spez. Volum des Dampfes v'' m³/kg	Enthalpie Flüssigkeit i' kcal/kg	Enthalpie Dampf i'' kcal/kg	Verdampfungswärme r kcal/kg	Entropie Flüssigkeit s' kcal/kg °K	Entropie Dampf s'' kcal/kg °K
−50	0,614	2,592	86,41	137,18	50,77	0,9452	1,1727
−45	0,827	1,963	87,69	138,38	50,69	0,9509	1,1731
−40	0,110	1,506	88,99	139,62	50,63	0,9565	1,1737
−35	0,145	1,169	90,30	140,86	50,56	0,9621	1,1744
−30	0,188	0,915	91,64	142,10	50,46	0,9676	1,1751
−25	0,242	0,725	92,98	143,34	50,36	0,9731	1,1760
−20	0,309	0,579	94,35	144,58	50,23	0,9785	1,1769
−15	0,390	0,467	97,74	145,83	50,09	0,9840	1,1780
−10	0,487	0,379	97,14	147,08	49,94	0,9893	1,1791
−5	0,6045	0,310	98,56	148,30	49,74	0,9947	1,1802
0	0,744	0,256	**100,00**	149,54	49,54	**1,0000**	1,1814
+5	0,909	0,2125	101,46	150,76	49,30	1,0053	1,1826
10	1,103	0,1775	102,93	152,00	49,07	1,0105	1,1838
15	1,328	0,149	104,42	153,23	48,81	1,0157	1,1851
20	1,590	0,126	105,93	154,44	48,51	1,0209	1,1864
25	1,893	0,107	107,46	155,64	48,18	1,0260	1,1876
30	2,240	0,0915	109,01	156,80	47,79	1,0312	1,1889
35	2,636	0,0785	110,58	157,98	47,40	1,0363	1,1902
40	3,086	0,068	112,16	159,13	46,97	1,0414	1,1914
45	3,595	0,0585	113,76	160,29	46,53	1,0464	1,1927
50	4,168	0,051	115,38	161,42	46,04	1,0514	1,1939

Das spezifische Volum der Flüssigkeit beträgt bei 6° C $v' = 0{,}723 \, l/kg$.

Dampftabelle 16. F142, Difluormonochloräthan ($CH_3 \cdot CF_2Cl$).

Temperatur t °C	Absoluter Druck p kg/cm²	Spez. Volum Flüssigkeit v' l/kg	Spez. Volum Dampf v'' m³/kg	Enthalpie Flüssigkeit i' kcal/kg	Enthalpie Dampf i'' kcal/kg	Verdampfungswärme r kcal/kg	Entropie Flüssigkeit s' kcal/kg °K	Entropie Dampf s'' kcal/kg °K
−60	0,074	0,769	2,414	82,83	141,96	59,13	0,9293	1,2067
−55	0,102	0,775	1,787	84,23	142,86	58,63	0,9357	1,2044
−50	0,139	0,781	1,343	85,62	143,74	58,12	0,9420	1,2024
−45	0,186	0,788	1,024	87,02	144,61	57,59	0,9482	1,2006
−40	0,245	0,794	0,791	88,42	145,47	57,05	0,9543	1,1990
−35	0,319	0,801	0,620	89,83	146,32	56,49	0,9603	1,1975
−30	0,409	0,808	0,491	91,25	147,16	55,91	0,9662	1,1961
−25	0,520	0,815	0,3926	92,68	147,99	55,31	0,9720	1,1949
−20	0,653	0,822	0,3174	94,12	148,81	54,69	0,9777	1,1937
−15	0,812	0,830	0,2589	95,57	149,63	54,06	0,9834	1,1928
−10	1,001	0,838	0,2130	97,04	150,45	53,41	0,9890	1,1920
−5	1,222	0,846	0,1767	98,51	151,25	52,74	0,9945	1,1912
0	1,479	0,854	0,1477	100,00	152,05	52,05	1,0000	1,1905
5	1,777	0,863	0,1243	101,50	152,85	51,35	1,0054	1,1900
10	2,119	0,872	0,1053	103,01	153,64	50,63	1,0108	1,1896
15	2,510	0,881	0,0897	104,54	154,43	49,89	1,0162	1,1893
20	2,952	0,890	0,0769	106,10	155,23	49,13	1,0214	1,1890
25	3,452	0,900	0,0662	107,66	156,02	48,36	1,0267	1,1889
30	4,013	0,911	0,0573	109,24	156,81	47,57	1,0319	1,1888
40	5,286			112,29	158,17	45,88		
50	6,888			115,4	159,62	44,22		
60	8,822			118,6	161,05	42,45		
70	11,122			121,84	162,44	48,69		
80	13,788			125,12	163,81	38,69		

Dampftabelle 17. Propan (C_3H_8).

Temperatur t °C	Absoluter Druck p kg/cm²	Spez. Volum Flüssigkeit v' l/kg	Spez. Volum Dampf v'' m³/kg	Enthalpie Flüssigkeit i' kcal/kg	Enthalpie Dampf i'' kcal/kg	Verdampfungswärme r kcal/kg	Entropie Flüssigkeit s' kcal/kg °K	Entropie Dampf s'' kcal/kg °K
— 80	0,134	1,603	2,724	— 20,93	87,77	108,70	— 0,1000	0,4632
— 75	0,184	1,616	2,012	— 17,90	89,97	107,87	— 0,0852	0,4598
— 70	0,249	1,630	1,544	— 15,05	92,00	107,05	— 0,0704	0,4564
— 65	0,332	1,644	1,173	— 12,21	93,85	106,06	— 0,0568	0,4525
— 60	0,435	1,659	0,911	— 9,40	95,63	105,03	— 0,0436	0,4493
— 55	0,563	1,674	0,720	— 6,67	97,37	104,04	— 0,0311	0,4458
— 50	0,721	1,690	0,580	— 4,02	99,05	103,07	— 0,0186	0,4433
— 45	0,908	1,707	0,467	— 1,43	100,71	102,14	— 0,0067	0,4409
— 40	1,137	1,725	0,380	+ 1,24	102,30	101,06	+ 0,0049	0,4382
— 35	1,406	1,743	0,318	+ 3,97	103,94	99,97	+ 0,0164	0,4361
— 30	1,705	1,761	0,260	+ 6,68	105,50	98,82	+ 0,0278	0,4341
— 25	2,057	1,780	0,215	+ 9,40	106,98	97,58	+ 0,0393	0,4325
— 20	2,471	1,799	0,182	+ 12,10	108,45	96,35	+ 0,0505	0,4310
— 15	2,946	1,820	0,1556	+ 14,80	109,85	95,05	+ 0,0611	0,4291
— 10	3,472	1,842	0,1318	+ 17,55	111,25	93,70	+ 0,0717	0,4277
— 5	4,094	1,864	0,1133	+ 20,35	112,45	92,10	+ 0,0822	0,4257
0	4,776	1,887	0,0974	+ 23,26	113,70	90,44	+ 0,0927	0,4238
+ 5	5,561	1,911	0,0846	+ 26,18	114,88	88,70	+ 0,1029	0,4223
+ 10	6,464	1,935	0,0731	+ 29,05	116,03	86,98	+ 0,1131	0,4203
+ 15	7,442	1,963	0,0639	+ 32,00	117,18	85,18	+ 0,1233	0,4190
+ 20	8,498	1,992	0,0561	+ 34,95	118,20	83,25	+ 0,1335	0,4175
+ 25	9,676	2,023	0,0495	+ 37,98	119,20	81,22	+ 0,1438	0,4162
+ 30	11,02	2,055	0,0435	+ 41,10	120,14	79,04	+ 0,1541	0,4148
+ 35	12,46	2,095	0,0385	+ 44,39	121,05	76,66	+ 0,1643	0,4137
+ 40	14,01	2,135	0,0339	+ 47,67	121,88	74,21	+ 0,1744	0,4114
+ 45	15,76	2,178	0,0302	+ 51,14	123,17	72,03	+ 0,1847	0,4101
+ 50	17,61	2,222	0,0268	+ 54,50	123,62	69,12	+ 0,1950	0,4088

Dampftabelle 18. F216, Hexafluordichlorpropan ($C_3F_6Cl_2$).

Temperatur t °C	Absoluter Druck p kg/cm²	Spez. Volum Flüssigkeit v' l/kg	Spez. Volum Dampf v'' m³/kg	Enthalpie Flüssigkeit i' kcal/kg	Enthalpie Dampf i'' kcal/kg	Verdampfungswärme r kcal/kg	Entropie Flüssigkeit s' kcal/kg °K	Entropie Dampf s'' kcal/kg °K
— 20	0,090	0,5984	1,080	95,38	127,19	31,81	0,9830	1,1086
— 15	0,120	0,6010	0,795	96,52	128,07	31,55	0,9871	1,1094
— 10	0,155	0,6056	0,620	97,67	128,96	31,29	0,9912	1,1104
— 5	0,200	0,6105	0,490	98,83	129,83	31,00	0,9958	1,1115
0	0,250	0,6153	0,410	**100,00**	130,70	30,70	**1,0000**	1,1127
+ 5	0,315	0,6203	0,320	101,19	131,59	30,40	1,0041	1,1139
+ 10	0,395	0,6254	0,260	102,38	132,48	30,10	1,0081	1,1152
+ 15	0,485	0,6305	0,214	103,57	133,37	29,80	1,0132	1,1165
+ 20	0,592	0,6357	0,180	104,78	134,28	29,50	1,0169	1,1178
+ 25	0,715	0,6412	0,151	106,00	135,20	29,20	1,0210	1,1191
+ 30	0,855	0,6472	0,128	107,22	136,12	28,90	1,0251	1,1205
+ 35	1,025	0,6532	0,108	108,46	137,06	28,60	1,0297	1,1221
+ 40	1,235	0,6596	0,090	109,70	137,96	28,26	1,0339	1,1242

Dampftabelle 19. Perfluorbutan (n-C_4F_{10}).

Temperatur t °C	Absoluter Druck p kg/cm²	Spez. Volum Flüssigkeit v' l/kg	Spez. Volum Dampf v'' m³/kg	Enthalpie Flüssigkeit i' kcal/kg	Enthalpie Dampf i'' kcal/kg	Verdampfungswärme r kcal/kg	Entropie Flüssigkeit s' kcal/kg °K	Entropie Dampf s'' kcal/kg °K
−40	0,168	0,5814	0,495	90,24	115,46	25,22	0,9612	1,0694
−35	0,220	0,5866	0,395	91,42	116,40	24,98	0,9662	1,0711
−30	0,288	0,5917	0,295	92,61	117,33	24,72	0,9712	1,0729
−25	0,372	0,5978	0,241	93,81	118,28	24,47	0,9760	1,0747
−20	0,470	0,6039	0,186	95,02	119,23	24,21	0,9809	1,0765
−15	0,607	0,6100	0,150	96,25	120,33	24,08	0,9851	1,0784
−10	0,745	0,6161	0,121	97,42	121,16	23,74	0,9904	1,0803
−5	0,904	0,6224	0,102	98,71	122,13	23,42	0,9952	1,0825
0	1,100	0,6288	0,0837	**100,00**	123,11	23,11	**1,0000**	1,0844
+5	1,350	0,6360	0,0709	101,28	124,08	22,80	1,0045	1,0865
+10	1,617	0,6431	0,0581	102,56	125,05	22,49	1,0090	1,0884
+15	1,935	0,6516	0,0496	103,87	126,08	22,21	1,0140	1,0907
+20	2,325	0,6602	0,0410	105,18	127,11	21,93	1,0181	1,0929
+25	2,725	0,6687	0,0358	106,51	128,04	21,53	1,0226	1,0948
+30	3,150	0,6772	0,0307	107,84	128,97	21,13	1,0270	1,0967

Dampftabelle 20. FC 318, Oktafluorcyclobutan (C_4F_8).

Temperatur t °C	Absoluter Druck p kg/cm²	Spez. Volum Flüssigkeit v' l/kg	Spez. Volum Dampf v'' m³/kg	Enthalpie Flüssigkeit i' kcal/kg	Enthalpie Dampf i'' kcal/kg	Verdampfungswärme r kcal/kg	Entropie Flüssigkeit s' kcal/kg °K	Entropie Dampf s'' kcal/kg °K
−40	0,2173	0,5706	0,4442	91,87	119,99	28,12	0,96806	1,08866
−35	0,2819	0,5759	0,3481	92,85	120,77	27,92	0,97220	1,08943
−30	0,3618	0,5815	0,2755	93,84	121,56	27,72	0,97626	1,09026
−25	0,4597	0,5873	0,2200	94,84	122,35	27,51	0,98029	1,09115
−20	0,5786	0,5932	0,1772	95,85	123,14	27,29	0,98429	1,09209
−15	0,7219	0,5992	0,1437	96,87	123,93	27,06	0,98825	1,09307
−10	0,8930	0,6056	0,1175	97,90	124,72	26,82	0,99217	1,09409
−5	1,0959	0,6121	0,09672	98,94	125,50	26,56	0,99610	1,09515
0	1,3350	0,6189	0,08010	100,00	126,29	26,29	1,00000	1,09624
+5	1,6146	0,6260	0,06670	101,08	127,08	26,00	1,00388	1,09735
+10	1,9398	0,6334	0,05592	102,18	127,87	25,69	1,00776	1,09849
+15	2,3157	0,6411	0,04706	103,30	128,65	25,35	1,01173	1,09965
+20	2,7478	0,6492	0,03987	104,45	129,43	24,98	1,01563	1,10084
+25	3,2395	0,6578	0,03392	105,63	130,21	24,48	1,01960	1,10204
+30	3,7924	0,6668	0,02896	106,85	130,99	24,14	1,02363	1,10326
+35	4,4159	0,6764	0,02488	108,11	131,76	23,65	1,02775	1,10450
+40	5,1156	0,6867	0,02143	109,41	132,53	23,12	1,03193	1,10575
+45	5,8962	0,6976	0,01855	110,76	133,29	22,53	1,03619	1,10700
+50	6,7639	0,7094	0,01606	112,16	134,05	21,89	1,04052	1,10826
+55	7,7253	0,7222	0,01399	113,62	134,81	21,19	1,04495	1,10952
+60	8,7846	0,7361	0,01219	115,14	135,55	20,41	1,04951	1,11077
+65	9,9483	0,7514	0,01066	116,72	136,28	19,56	1,05418	1,11202
+70	11,220	0,7685	0,009333	118,37	137,00	18,63	1,05897	1,11326
+75	12,606	0,7876	0,008177	120,10	137,72	17,62	1,06388	1,11449
+80	14,113	0,8093	0,007173	121,93	138,44	16,51	1,06897	1,11572

Dampftabellen.

Dampftabelle 21. Dimethyläther (CH_3-O-CH_3).

Temperatur t °C	Absoluter Druck p kg/cm²	Spez. Volum Flüssigkeit v' l/kg	Spez. Volum Dampf v'' m³/kg	Spez. Gewicht Flüssigkeit γ' kg/l	Spez. Gewicht Dampf γ'' kg/m³	Enthalpie Flüssigkeit i' kcal/kg	Enthalpie Dampf i'' kcal/kg	Verdampfungswärme r kcal/kg	Entropie Flüssigkeit s' kcal/kg °K	Entropie Dampf s'' kcal/kg °K
— 40	0,5080	1,326	0,8248	0,754	1,212	77,58	193,71	116,13	0,9109	1,4090
— 35	0,6495	1,337	0,6564	0,748	1,523	80,32	194,99	114,67	0,9225	1,4040
— 30	0,820	1,349	0,5235	0,741	1,892	83,08	196,25	113,17	0,9342	1,3996
— 25	1,023	1,361	0,4303	0,755	2,324	85,86	197,51	111,65	0,9456	1,3955
— 20	1,264	1,374	0,3534	0,728	2,829	88,64	198,76	110,12	0,9568	1,3918
— 15	1,547	1,388	0,2927	0,721	3,416	91,46	200,00	108,54	0,9679	1,3883
— 10	1,875	1,402	0,2446	0,713	4,088	94,23	201,23	106,95	0,9787	1,3851
— 5	2,258	1,417	0,2055	0,706	4,866	97,14	202,44	105,30	0,9894	1,3821
0	2,696	1,433	0,1740	0,698	5,747	100,00	203,64	103,64	1,0000	1,3794
+ 5	3,199	1,449	0,1480	0,690	6,756	102,89	204,81	101,92	1,0104	1,3768
+ 10	3,767	1,466	0,1267	0,682	7,892	105,79	205,96	100,17	1,0206	1,3744
+ 15	4,412	1,483	0,1089	0,674	9,182	108,72	207,10	98,38	1,0308	1,3722
+ 20	5,137	1,501	0,0940	0,666	10,638	111,75	208,19	96,44	1,0410	1,3700
+ 25	5,948	1,520	0,0815	0,658	12,269	114,62	209,24	94,62	1,0507	1,3680
+ 30	6,855	1,539	0,0708	0,650	14,124	117,60	210,24	92,64	1,0604	1,3660
+ 35	7,861	1,559	0,0617	0,641	16,207	120,61	211,21	90,60	1,0700	1,3640
+ 40	8,983	1,579	0,0538	0,633	18,587	123,63	212,11	88,48	1,0795	1,3620

Dampftabelle 22. Methylamin ($CH_3 \cdot NH_2$).

Temperatur t °C	Absoluter Druck p kg/cm²	Spez. Volum Flüssigkeit v' l/kg	Spez. Volum Dampf v'' m³/kg	Enthalpie Flüssigkeit i' kcal/kg	Enthalpie Dampf i'' kcal/kg	Verdampfungswärme r kcal/kg	Entropie Flüssigkeit s' kcal/kg °K	Entropie Dampf s'' kcal/kg °K
— 30	0,320	1,386	2,0323	77,94	286,66	208,72	0,9140	1,7723
— 25	0,422	1,397	1,5759	81,52	288,48	206,96	0,9286	1,7626
— 20	0,547	1,408	1,2390	85,14	290,27	205,13	0,9432	1,7535
— 15	0,705	1,420	0,97662	88,80	292,03	203,23	0,9577	1,7449
— 10	0,891	1,432	0,78435	92,50	293,76	201,26	0,9720	1,7367
— 5	1,124	1,444	0,63139	96,23	295,46	199,23	0,9861	1,7289
+ 0	1,394	1,456	0,51693	100,00	297,13	197,13	1,0000	1,7215
+ 5	1,722	1,469	0,42423	103,80	298,76	194,96	1,0138	1,7146
+ 10	2,100	1,482	0,35293	107,63	300,38	192,75	1,0275	1,7081
+ 15	2,550	1,496	0,29454	111,50	301,98	190,48	1,0410	1,7019
+ 20	3,060	1,510	0,24882	115,42	303,56	188,14	1,0544	1,6961
+ 25	3,660	1,524	0,21064	119,39	305,12	185,73	1,0677	1,6906
+ 30	4,326	1,538	0,18495	123,41	306,66	183,25	1,0809	1,6854
+ 35	5,105	1,563	0,15449	127,49	308,19	180,70	1,0942	1,6806
+ 40	5,960	1,569	0,13418	131,62	309,71	178,09	1,1074	1,6761
+ 45	6,944	1,585	0,11656	135,82	311,23	175,41	1,1206	1,6719
+ 50	8,016	1,602	0,10218	140,09	312,75	172,66	1,1339	1,6681

Dampftabelle 23. Äthylamin ($C_2H_5 \cdot NH_2$).

Temperatur t °C	Absoluter Druck p kg/cm²	Spez. Volum Flüssigkeit v' l/kg	Spez. Volum Dampf v'' m³/kg	Enthalpie Flüssigkeit i' kcal/kg	Enthalpie Dampf i'' kcal/kg	Verdampfungswärme r kcal/kg	Entropie Flüssigkeit s' kcal/kg °K	Entropie Dampf s'' kcal/kg °K
− 30	0,099	1,352	4,5490	81,29	240,23	158,94	0,9278	1,5813
− 25	0,134	1,362	3,4271	84,36	241,91	157,55	0,9401	1,5749
− 20	0,179	1,372	2,6043	87,45	243,58	156,13	0,9523	1,5689
− 15	0,235	1,383	2,0189	90,56	245,24	154,68	0,9644	1,5634
− 10	0,309	1,394	1,5614	93,69	246,88	153,19	0,9763	1,5583
− 5	0,393	1,405	1,2492	96,84	248,51	151,67	0,9882	1,5537
+ 0	0,500	1,416	0,99718	100,00	250,12	150,12	1,0000	1,5495
+ 5	0,630	1,427	0,80480	103,20	251,72	148,52	1,0116	1,5455
+ 10	0,785	1,439	0,65561	106,45	253,34	146,89	1,0232	1,5419
+ 15	0,970	1,451	0,53879	109,75	254,97	145,22	1,0347	1,5386
+ 20	1,188	1,463	0,44673	113,10	256,61	143,51	1,0462	1,5357
+ 25	1,443	1,476	0,37329	116,50	258,26	141,76	1,0576	1,5330
+ 30	1,738	1,489	0,31454	119,94	259,92	139,98	1,0689	1,5306
+ 35	2,081	1,502	0,26662	123,42	261,58	138,16	1,0802	1,5285
+ 40	2,472	1,515	0,22774	126,94	263,24	136,30	1,0914	1,5266
+ 45	2,917	1,528	0,19580	130,51	264,91	134,40	1,1024	1,5248
+ 50	3,422	1,542	0,16926	134,12	266,58	132,46	1,1134	1,5231

Dampftabelle 24. Methylformiat ($HCOOCH_3$).

Temperatur t °C	Absoluter Druck p kg/cm²	Spez. Volum Flüssigkeit v' l/kg	Spez. Volum Dampf v'' m³/kg	Enthalpie Flüssigkeit i' kcal/kg	Enthalpie Dampf i'' kcal/kg	Verdampfungswärme r kcal/kg	Entropie Flüssigkeit s' kcal/kg °K	Entropie Dampf s'' kcal/kg °K
− 40	0,0257	0,945	12,713	85,49	208,59	123,1	0,9439	1,4718
− 35	0,0366	0,950	9,119	87,34	210,04	122,7	0,9481	1,4636
− 30	0,0505	0,957	6,732	89,19	211,49	122,3	0,9565	1,4606
− 25	0,0686	0,965	5,058	91,02	212,92	121,9	0,9661	1,4573
− 20	0,0918	0,970	3,844	92,84	214,34	121,5	0,9733	1,4534
− 15	0,1319	0,976	2,729	94,65	215,75	121,1	0,9801	1,4484
− 10	0,1605	0,984	2,282	96,37	217,17	120,8	0,9870	1,4449
− 5	0,2059	0,991	1,811	98,19	218,59	120,4	0,9932	1,4420
± 0	0,266	0,997	1,443	100,00	220,00	120,0	1,0000	1,4395
+ 5	0,336	1,004	1,170	101,91	221,41	119,5	1,0088	1,4383
+ 10	0,424	1,011	0,925	104,02	222,82	118,8	1,0159	1,4343
+ 15	0,525	1,019	0,758	106,34	224,24	117,9	1,0266	1,4331
+ 20	0,649	1,027	0,634	108,75	225,65	116,9	1,0337	1,4315
+ 25	0,794	1,035	0,518	111,27	227,07	115,8	1,0424	1,4294
+ 30	0,972	1,043	0,430	113,79	228,49	114,7	1,0501	1,4278
+ 35	1,163	1,051	0,364	116,52	229,92	113,4	1,0605	1,4255
+ 40	1,397	1,059	0,309	119,34	231,34	112,0	1,0691	1,4250
+ 45	1,659	1,068	0,264	122,27	232,77	110,5	1,0765	1,4243
+ 50	1,975	1,076	0,224	125,30	234,20	108,9	1,0868	1,4230
+ 55	2,308	1,085	0,195	128,44	235,64	107,2	1,0938	1,4217
+ 60	2,705	1,095	0,165	131,78	237,08	105,3	1,1047	1,4210

Namenverzeichnis.

Abel, D. M., H. G. Brandt u. W. A. Grant 359.
Albright, L. F., u. J. J. Martin 360, 361, 362.
Amagat, E. H. 265, 420.
Amer. Soc. Refrig. Eng. 109, 132, 188—190, 201, 205, 262, 305, 332, 333, 346, 352, 361, 362, 370, 388, 397—399, 401, 410, 417, 422, 432, 440, 452.
Amer. Soc. Test. Mat. 81, 132, 152—156, 161, 162, 165, 169, 185.
Ammel, T. J. 353.
D'Ans, J. 223, 226.
— u. E. Lax 29, 37, 41, 58, 64, 70, 72, 78, 79, 107, 223, 226, 242, 256, 267, 296, 313, 420, 443.
— s. Smith 255.
Ansul Chemical Co, 102, 120, 121, 126, 129, 158, 300, 344, 348.
Ashley, C. M. 451, 452.
Askenasy, P., u. C. Vogelsohn 425.
Aston, J. G., u. G. H. Messerly 331.
— s. Fritz, J. J. 359.
— s. Kennedy 437.
Auerbach, E. B. 263.
Awano, S. 241.
Awbery, J. H. 390.
— u. E. Griffiths 334, 426, 427, 429.
— s. Griffiths, E. 385.

Baader, A. 157.
Babcock 253.
Bach, K. 369.
Bad. Anilin & Sodafabr., 146, 147, 261, 283, 289, 390.
Badylkes, I. S. 19, 33, 94, 95, 404, 406, 415, 416, 418, 419, 422.
Bäckström, M. 88.
Baedeker, K. 82, 83.
Baehr, H. D. 20.
Baker, H. M. 303.
Bambach, G. 21, 24, 66, 67, 182, 433, 434, 435, Diagramm 16 (i. d. Tasche).
Bancel, B. P. 244.

Bannawitz, E. 72.
Barnes, 44.
— s. Maass 52, 266, 268.
Bauer, H. s. Seel, F. 277.
Baukloh, W., u. I. Valea 283, 284.
Baumgarten, P. 281.
Beacham, E. A., u. R. T. Divers 80, 86.
Beattie, J. A. 54, 328, 369, 396, 399.
— u. O. C. Bridgman 14.
—, C. Hadlock u. N. Poffenberger 385.
Beattie, W. C. Kay u. J. Kaminsky 410.
—, N. Poffenberger u. C. Madlock 411.
Benning, A. F. 60, 335, 371, 396, 397.
—, A. A. Ebert u. C. F. Irving 219.
— u. W. H. Markwood jr. 61, 296, 326, 329, 334, 366, 372, 397.
— u. R. C. McHarness 323, 324, 325, 365, 369, 370, 395, 396, 399, 400.
— u. R. C. McHarness, W. H. Markwood jr., J. u. W. J. Smith 365, 370.
— s. Markwood jr., W. H. 366, 367.
— s. Park, J. D. 320.
— s. Tanner, H. G. 293, 295, Diagramm 7 (i. d. Tasche).
Benzler, H., u. A. v. Koch 420.
Berger, L. B. s. Sayers, R. R. 187, 311.
—, W. s. Eucken, A. 292.
Berl 223, 226.
Berthelot, D. 287, 314.
Berthoud, A. 391, 440.
Bichowsky, F. R., u. W. K. Gilkey 329.
Bigelow, L. A. s. Calfee, J. D. 359.
Bijl, A. s. Keesom, W. H. 292, 423.
Bingham, E. C. 57, 65.
Biot 71.
Bird, R. B. s. Brock, J. R. 78.
— s. Hirschfelder, J. D. 61.

Bishop s. Chase 344.
Bixby, E. M. s. Booth, H. S. 364.
Bixler, M. E. s. Gilkey, W. K. 329.
Blair, A. H., u. I. N. Calhoun 104.
— u. R. E. Holmes 119, 176, 338.
Block, L. P. 418.
— s. Simons, J. H. 322, 359, 415.
Bockemüller, W. 317.
Börnstein 313, 401.
Boester, C. F. 395.
Bollinger, I. 279, 283, 284.
Boltzmann, L. 61, 72.
Bond, R. L. s. Simons, J. H. 359.
Boomer, O. s. Maass, O. 437.
Booth, H. S., u. E. M. Bixby 364.
Bopp, J. D. 108, 109, 127, 128, 171, 215, 290, 291, 298, 300, 346, 358, 377, 380.
Borowik, E., A. Matwejew u. E. Panina 423.
Bosworth, C. M. 144, 182, 185, 186, 258, 326, 363, 373, 377, 402, 452.
Boyd, C. A. s. Curtiss, C. F., u. Palmer, H. B. 47.
Brandon, A. O. B. 105, 108, 109, 280, 298, 346.
— s. Shaw, A. H. 170, 172, 175, 210, 232, 376.
Brandt, H. G. s. Abel, D. M. 359.
Braune, H. 296.
— u. R. Linke 295.
Brevoort, M. J. 387.
Brewer, A. F. 81, 154.
Bridgeman, O. C. s. Beattie, J. A. 14.
Bridgman, P. W. 51, 54, 73, 74, 328, 335, 369, 396, 399.
Brinkmann 294.
Briscoe, Robinson u. Smith 449.
Brizzolara, R. T. 258, 259, 260, 263.
Brock, J. R., u. R. B. Bird 78.
Brode, W. s. Locke, E. 396.

Bromley, L. A. 61, 63.
— u. C. R. Wilke 61.
Brouquet, I. P. 263.
Brown, G. G. 272, 411.
— s. Deschner, W. W. 410.
Brown, Boveri & Co. 312, 315, 390, 393.
Brownlee s. Keyes, F. G. 250.
Bürgel s. Eurich 66.
Buff, H. 287.
Buffington, R. M. 331, 332.
— u. H. M. Fellows 344, 353.
— u. I. Fleischer 330.
— u. W. K. Gilkey 50, 328, 329.
Bureau of Standards 37, 38, 250, 251, 253, 266, 411.
Burdick, C. L. 436.
—, J. W. s. Dana, L. I. 410, 417, 424.
Burg, A. B. s. Thornton, N. V. 363, 400, 401.
Burgoyne, J. H. 410, 412.
Burnett, E. S. 268.

Cady, G. H. s. Grosse, A. V. 319.
Cailletet, L. 32, 294, 419.
— u. E. Mathias 34.
Calcott, W. S., u. R. A. Kehoe 192, 193, 258, 287, 302, 353, 413.
Calder 290.
Calfee, J. D., N. Fukuhara, W. S. Young u. L. A. Bigelow 359.
Calhoun, I. N. s. Blair, A. H. 104.
Callendar 47, 48.
Camilli, G. 448.
Capstick, J. W. 307, 425.
Carlisle, P. I., u. A. A. Levine 307, 316.
Carman, E. H. s. Kannuluik, W. G. 73.
Carmichael, L. T., u. B. H. Sage 254.
Carnot 87, 89, 90, 92, 93, 248, 392, 413.
Carrier, W. H., u. R. W. Waterfil 90, 425.
Carter, F. Y. 104, 341.
Caulier, A. 302, 303, 392, 414.
Caverly, W. R. s. Flemmer, A. L. 210, 213.
Centnerszwer, M. 294.
— u. K. Drucker 278.
Chang 14.
Chase u. Bishop 344.
Chinworth, H. E., u. D. L. Katz 105.
Churchill, J. B. 315, 415, 428.
Chwolson, O. D. 74, 82, 84.
Chynowell, A. s. Schneider, W. G. 47.

Clapeyron s. auch Clausius.
Clark, F. M. 81, 155, 183, 240.
Clausius, R. 16, 35, 51, 82, 83, 85, 325, 332.
Clausius-Mossotti 82, 83, 84, 85.
Coates, s. Sakiadis.
Codling, E. P. s. Packer, L. C. 131, 137, 206, 207.
Cole, J. E. s. Daudt, H. W. 448.
Comings, E. W., u. R. S. Egly 63.
Conradson 155.
Coward, Jones, Dunkle u. Hess 188.
Cragoe, S. C. 253.
— u. D. R. Harper 252.
— C. H. Meyers u. C. S. Taylor 251.
— s. Osborne, N. S. 252.
Craig, J. W. 369.
Cramer, F. 420.
—, H. s. Seger, G. 276, Diagramm 6 (i. d. Tasche).
Crommelin, C. A., u. H. Garfit Watts 420.
— s. Mathias, E. 420, 421, 422.
v. Cube, H. L., u. J. Sauerbrunn 369.
Curtiss, C. F., C. A. Boyd u. H. B. Palmer 47.

Dalton 105, 106.
Dana, L. I. 411.
—, J. N. Burdick u. A. C. Jenkins 424.
—, A. C. Jenkins, J. N. Burdick u. R. C. Timm 410, 417, 424.
Danilowa, G. I. 326, 335.
D'Ans, J., u. E. Lax 29, 37, 41, 58, 64, 70, 72, 78, 79, 107, 223, 226, 242, 255, 256, 267, 296, 313, 420, 443.
Data Book ASRE s. Amer. Soc. Refrig. Eng.
Daudt, H. W., u. J. E. Cole 448.
Davenport, R. W. 206, 450.
Debye, P. 44, 83.
Deiss 392.
Deschner, W. W. 411.
— u. G. G. Brown 410.
Deutsche Shell AG 350.
van Deventer, A. M. 187, 355.
Dewar 73, 253.
Dewey, D. H. 261.
Dickins, B. G. s. Mann, W. B. 388.
Diesel 92.
Dieterici, C. 41, 51.

Divers, R. T. s. Beacham, E. A. 80, 84, 86.
Dodge, B. F., u. A. K. Dunbar 240.
Donath s. Eucken 52.
Donny 21.
Downing, F. B. s. Park, J. D. 320.
Drews, K. 255, 256, 257, 271, 272.
Dronte u. Ferguson 281.
Drucker, K. s. Centnerszwer, M. 278
Duclaux, M. J. 42.
Dufour, R. E. 452.
Dühring 18.
Dulong u. Petit 44.
Dunbar, A. K. s. Dodge, B. F. 240.
Duncan, T. W. 221.
Dunkle s. Coward, Jones u. Hess 188.
van Dusen, M. S. 253.
— s. Meyers, C. H. 265.
— s. Osborne, N. S. 50, 252.

Ebert, A. A. s. Benning, A. F. 219.
Ebrey, G. O., u. C. I. Ingelder 414.
Edgell, W. F. s. Glockner, G. 295, 308, 314, 325, 366, 371, 382.
Edmister, W. E. 411.
Edwards, H. D. 192, 302, 313, 392, 414, 416, 419.
Egan, C. J. 307, 308, 309.
— u. J. D. Kemp 306, 420.
— s. Kemp, J. D. 411, 412.
Egly, R. S. s. Connings, E. W. 63.
Ehms, H. 9.
Eifflaender, K. 138, 146, 147, 148.
Einecke, E. 317.
Einstein, A. 66.
Eiseman jr., B. J. 98, 99, 134, 138, 139, 141, 142, 143, 148, 319, 322, 323, 330, 331, 332, 333, 373, 383, 433.
—, J. J. Martin u. R. C. McHarness 328, 329.
Elsey, H. M. 213, 234, 339, 340, 358.
— u. L. C. Flowers 106, 338, 373.
—, — u. J. B. Kelley 168, 169, 170, 175, 233, 301.
Engler 58, 158, 159.
Englert, H. s. Eucken, A. 269.
Ericson s. Lowry 34.
Erk, S. 59, 60, 64.
Erlenmeyer 215, 230.
Escher Wyss AG. 448.

Eucken, A. 72, 268.
— u. W. Berger 292,
— u. Donath 52.
— u. H. Englert 269.
— u. P. Hauck 40, 241.
— u. A. Parts 421.
Eurich, Bürgel u. Margaretha 66.
Eustis, A. H. 193, 273, 287, 288.
Evans, H. D. s. Sage, B. H. 412.
—, U. 282.
Evers, F. 160, 184.

Fairs, G. L. 289.
Farbwerke Hoechst 6, 96, 102, 103, 105, 147, 297 bis 299, 301, 302, 304, 317, 333, 335, 337, 358, 434.
Faxén, H. 248.
Fellows, H. M. s. Buffington, R. M. 344, 353.
Felsing, W. A., u. F. W. Jessen 441.
— u. A. Thomas 440.
Ferguson s. Dronte 281.
Fischer, K. 156, 209, 212, 213, 214, 215, 217, 281, 298.
— u. G. Leopoldi 172, 232.
Fiske, D. L. 362, 363, 364.
Fitz-Simon 162.
Fleischer, I. 331.
— s. Buffington, R. M. 329.
Flemmer, A. L., u. W. R. Caverly 210, 213.
Flowers, L. C. 177.
— s. Elsey, H. M. 106, 168, 170, 175, 233, 301, 338, 373.
Flury u. Zernick 260, 288.
Forbes, E. L. 256, 257, 258, 260, 261, 287, 304.
de Forcrand u. Villard 105, 297.
Ford, S. G. s. McIntire, H. J. 163, 299, 302.
Fourier 71.
Fox 290.
Fowler, R. D. 418.
Francis, A. W., u. G. W. Robbins 409, 431.
Franklin, I. L., E. L. Gunn u. R. L. Martin 305.
Fresenius 317.
Friedmann, J. R. 258.
Friese, R. M. 81.
Fritz, J. J., A. G. Aston u. L. F. Schultz 359.
—, W., u. J. Hennenhöfer 447.
Fuchs, R. 325, 366, 371, Diagramme 8, 11, 12 (i. d. Tasche).
Füner, V. 399, 400, 401, 436, 437, 438, Diagramme 14 u. 17 (i. d. Tasche).

Fukuhara, N. s. Calfee, J. D. 359.
Funk, H. 250, 251, 252, 253.
Furukawa, G. T., R. E. Mc Coskey u. L. Reilly 433.

Garfit Watts, H. s. Crommelin, C. A. 420.
— s. Mathias, E. 420, 421, 422.
Geier, K. s. Reschke, C. 346.
Geiger, F. s. Hovorka, F. 396.
Geitner, C. 279, 280.
Geldermans, M. s. Michels, A. 420, 421, 422.
George, E. J. 410, 411, 412.
— s. Stearns, W. V. 409.
Gerard, F. W. s. Gilkey, W. K. 329.
Gerlach 21.
Gerry, H. T. s. Smith, L. B. 245.
Giauque, W. F., u. C. C. Stephenson 276.
— s. Powell, T. M. 431.
Gibling, J. W. 78.
Gilkey, W. K. 332.
—, F. W. Gerard u. M. E. Bixler 329.
— s. Bichowsky, F. R. 329.
— s. Buffington, R. M. 50, 328, 330.
Gilmans 317.
Glaser, H. 363.
Glasstone 14.
Glockner, G., u. W. F. Edgell 295, 308, 314, 325, 366, 371, 382.
Goddard, M. D. 104, 280, 338, 341, 343.
Golding, D. R. V. s. Russel, H. 406, 407.
Goodenough, G. A., u. W. E. Mosher 250.
Graham, D. P. 370.
— u. R. C. McHarness 369.
Graneff, J. M., u. J. C. Jungers 294, 313.
Grant, W. A. s. Abel, D. M. 359.
Graves, N. R. s. Vaughan, W. E. 431.
Griest, W. P. 213.
Griffiths, E. 390.
— u. J. H. Awbery 385.
— s. Awbery, J. H. 334, 426, 427, 429.
de Groot, S. R. s. Michels, A. 420, 421, 422.
Grosse, A. V., u. G. H. Cady 319.
Grote, W. 225.
— u. H. Krekeler 165, 222, 223.

Grunberg, L., u. A. H. Nissan 66.
Güterbock, H. 420.
Gunn, E. L. s. Franklin, I. L. 305.
Guth, O., Hold u. R. Simha 66.

Haas, E. 137.
Haber-Bosch 249.
Hadlock, C. s. Beattie, J. A. 385.
Hague, E. M., u. R. V. Wheeler 413.
Haidlen, E. 21.
Haley, A. W. s. McCloy, G. S. 113, 225.
Hamilton 312.
Hansen, O. 262.
Harand 313.
Harper, D. R. s. Cragoe, C. S. 252.
Harrison, J. 438.
Hauck, P. s. Eucken, A. 40, 241.
Haun jr., B. O. 206.
Hausen, H. 239, 240, 241, Diagramme 1 u. 2 (i. d. Tasche).
Hecht, H. 283.
Heertjes, P. M., u. I. P. W. Hontmann 119.
Heidrich, A. 21.
Henant-Roland s. Timmermanns 314.
Henderson 432.
— u. Lucas 432.
Hendricks, J. O. 320.
Hendrickson, H. M. 400.
Henne, A. L. 317, 380, 381, 382, 414.
— u. R. P. Ruh 429, 430.
— s. Locke, E. 396.
Henne, A. L. s. Midgley, Th. 317, 331, 354.
Hennenhöfer, J. s. Fritz, W. 447.
Henning, F. 246, 247, 313, 334, 389, 417, 423.
— u. A. Stock 420.
Henry 105.
Hertz, J. s. Lange, A. 256.
Herzog, R. 28, 31.
Hess s. Coward 188.
Heydweiler s. Kohlrausch, F. 85.
Hirsch, M. 45.
Hirschfelder, J. D., R. B. Bird u. E. L. Spotz 61.
Hoge 447.
Hold s. Guth, O., u. Simha, R. 66.
Holde 159.
Holmes, R. E. s. Blair, H. A. 119, 176, 338.

Holst, G. 250, 293.
Holyday, K. M. 260.
Hontman, I. P. W. s. Heertjes, P. M. 119.
Hou, Y. C. s. Martin, J. J. 328.
Houthoff, D. J. s. Keesom, W. H. 292, 422.
Hovorka, F., u. F. Geiger 396.
Hsia, A. W. 306, 307, 310, 311, 426, 427.
Hubbard, K. H. s. Wiebe, R. 387.
Hückel, W., u. W. Rassmann 415.
Hughes, T. R. 257, 259.
Hutchinson, F. W. s. Macintire, H. J. 262.

I. G. Farbenindustrie AG. 123, 124, 125, 349, 404, 409.
Ingelder, C. I. s. Ebrey, G. O. 414.
Irvin, C. F. s. Benning, A. F. 219.
Iwashita 340.

Jäger, G. 63.
Jakob, M. 240, 241.
— u. W. Linke 77.
Jander, G. 279.
— u. K. Wickert 278.
Jenkin, C. F. 105, 266.
— u. Pye 268.
— u. D. N. Shorthose 268, 390, 391.
Jenkins, A. C. s. Dana, L. I. 410, 417, 424.
Jessen, F. W. s. Felsing, W. A. 441.
John, J. s. Torrens, R. 163, 327.
Johns, F. J. s. Packer, L. C. 131, 137, 206, 207.
Johnston 280.
Jones, C. L. s. Quinn, E. L. 268.
—, G. W. 187, 188.
— s. Coward 188.
Jonkers, C. O. s. Köhler, J. W. L. 89, 237, 363.
Jordan, J. G. 91.
Joule 88, 92, 239, 240, 387.
Jungers, J. C. 313.
— s. Graneff, J. M. 294.
Jungfleisch, E. 287.
Justi, E. 37, 53, 252, 332, 387, 421.
— u. F. Langer 314, 325, 330, 331, 361.

Kältetechn. Inst. Karlsruhe 404, 411, Diagramme 15 u. 17 (i. d. Tasche).

Kältetechn. Inst. Stockholm 254, 362, 371, 412.
Kalustian, P. 91, 428.
Kambeitz, J. s. Plank, R. 385, 386, 388, Diagramm 13 (i. d. Tasche).
Kamerlingh-Onnes 250, 293, 388, 412, 419.
Kaminsky, J. s. Beattie, J. A. 410.
Kangas, L. R. s. Mitchell jr., J. 213.
Kannuluik, W. G., u. E. H. Carman 73.
Kardos, A. 74.
Karr, A. D. 244.
Katz, D. L., u. W. Saltman 389, 413.
— s. Chinworth, H. E. 105.
Kay, W. C. 410.
Kaye, J. s. Keenan, J. H. 238.
Keenan, J. H. 14.
— u. J. Kaye 238.
— u. F. G. Keyes 48, 247.
Keesom, W. H., A. Bijl u. L. A. J. Monté 292, 423.
— u. D. J. Houthoff 292, 422.
Kegal, A. H., W. D. McNally u. A. S. Pope 302.
Kehoe, R. A. s. Calcott, W. S. 192, 193, 258, 287, 302, 353, 414.
Keim, R. s. Ruff, O. 359, 363.
Kelley, J. B. s. Elsey, H. M. 168, 170, 175, 233, 301.
Kemp, J. D. 307, 308, 309.
— s. Egan, C. J. 306, 411, 412, 420.
Kennedy, Sagenkahn u. Aston 437.
Keyes, F. G. 247, 248, 251, 254, 265, 275, 335, 423, 447.
— u. Brownlee 250.
— u. D. J. Sandell 248.
— s. Keenan, J. H. 48, 247.
— s. Smith, L. B. 245.
Kiemstedt, H. 183.
Kiesskalt, S. 65.
Kinetic Chemicals Inc. 6, 23, 49, 102, 103, 108, 129, 163, 177, 224, 317, 319, 321, 322, 327, 333, 335, 337, 344, 346, 355, 362, 364, 366, 368, 371, 383, 397, 399, 401, 402, 403, 407, 433.
King, C. W. 9.
Kirschbaum, E. 384.
Kistiakowsky, G. B., u. W. W. Rice 437.
Klemenc, A. 101.
Klosa, J. 220.

Knowlton, J. W. s. Rossini, F. D. 422.
Kobe, K. A., u. R. E. Lynn jr. 28, 437.
— u. H. E. Rosenberg 386, 410.
v. Koch, A. s. Benzler, H. 420.
Koch, W. 245, 246, 247.
—, We. 42.
Köhler, J. W. L., u. C. O. Jonkers 89, 237, 363.
Koglin 83.
Kohlrausch, F., u. Heydweiler 85.
Krebs 21.
Krekeler, H. 225.
— s. Grote, W. 165, 222, 223, 281.
Krügel 432.
Kuenen 240, 294.
Kuhn, W. 66.
Kuprianoff, J. 9, 35, 113, 250, 252, 253, 266, 268, Diagramm 4 (i. d. Tasche)
— s. Plank, R. 79, 122, 263, 264, 265, 301, 390, Diagramm 5 (i. d. Tasche).
Kurtenacker, A., u. R. Wollak 222, 224.
Kutscheroff 424, 425.

van Laar, J. J. 34, 306, 307.
Lacey, W. N. 417.
— s. Reamer, H. H. 411.
— s. Sage, B. H. 386, 387, 388, 410, 412, 416.
Ladenburg 432.
Lainé, P. 77, 78, 335.
— u. R. Mock 298.
Lamb, A. B., u. E. Ropez 420.
Lancins, J. F. s. Park, J. D. 320.
Landolt-Börnstein 51, 79, 313, 401.
Landsberg, R., u. S. Seibald 49, 370, 371.
Lange, A. 282, 437.
— u. J. Hertz 256.
Langer, F. 332.
— s. Justi, E. 314, 325, 330, 331, 361.
Lawrence, Chr. K. 251.
—, H. L. 145.
Lax, E. s. D'Ans, J.
Lebeau s. Moissan 448.
Leegard, C. W. 176.
Leopoldi, G. s. Fischer, K. 172, 232.
Levine, A. A. s. Carlisle, P. I. 302, 316.
Lewin, I. I. 95, 333.
—, A. G. Tkatschew u. L. M. Rosenfeld 94.

Lewis, D. T. 28, 77.
— u. Randall 52.
—, G. 279.
Liebl, G. H. 443.
Ligett, W. B. s. McBee, E. T. 320.
Linde 209, 224, 239, 281.
Lindgren, V. V. s. McBee, E. T. 320.
Linge, K. 91.
Linke, R. 295, 296, 315.
— s. Braune, H. 295.
—, W. s. Jakob, M. 77.
Little, J. L. 163, 228, 374, 375, 376, 378.
Locke, E., W. Brode u. A. Henne 396.
Loomis, A. G., u. J. E. Walters 386.
Lorenz 88.
Lowry u. Ericson 34.
Lucas s. Henderson 432.
Lunge 223, 226.
Lynn, R. E. s. Kobe, K. A. 28, 437.

Maass, O. 44.
— u. Barnes 52, 266, 268.
— u. O. Boomer 437.
Mackey, C. O. 247.
Macleod 77.
Madlock, C. s. Beattie, J. A. 411.
Mann, W. B., u. B. G. Dickins 388.
Mannhart, H. 448.
Margaretha s. Eurich u. Bürgel 66.
Markwood jr., W. H. 60, 335.
— u. A. F. Benning 366, 367.
— s. Benning, A. F. 61, 296, 325, 326, 334, 365, 366, 370, 372, 396.
Marcusson 153.
Martin, J. J. 331, 332.
— u. Y. C. Hou 14, 328.
— s. Albright, L. F. 360, 361, 362.
— s. Eiseman jr., B. J. 328, 329.
—, R. G., u. C. N. Thompson 183.
—, R. L. s. Franklin, I. L. 305.
Martynowskij, W. 91, 92.
Marvel, C. S. s. McIntire, H. J. 163, 299, 302.
Masi, J. F. 330.
Mason, E. W. 131.
Mathewson, W. F. s. Tanner, H. G. 293, 294, 295, Diagramm 7 (i. d. Tasche).
Mathias, E. 32, 50, 294.
—, C. A. Crommelin u. H. Garfit Watts 420, 421, 422.

Mathias, C. A., s. Cailletet, L. 34.
Matwejew, A. s. Borowik, E. 423.
Mayer, J. J. 162, 187.
Maxwell, J. C. 58, 72.
McArthur, R. E. s. Simons, J. H. 359.
McBee, E. T. 395.
—, V. V. Lindgreen u. W. B. Ligelt, 320.
— u. D. R. Pierce 359.
McCloy, G. S., u. A. W. Haley 113, 225.
McCoskey, R. E. s. Furukawa, G. T. 433.
McFarlan, A. I. 445, 447, Diagramm 18 (i. d. Tasche).
McGovern, E. W. 23, 81, 108, 115, 116, 127, 132, 172, 173, 175, 280, 292, 297, 304, 344.
McHarness, R. C. 331, 332, 370.
— s. Benning, A. F. 323, 324, 325, 365, 369, 370, 396, 399, 400.
— s. Eiseman jr., B. J. 328, 329.
— s. Graham, D. P. 369.
— s. Park, J. D. 320.
McIntire, H. J., u. F. W. Hutchinson 262.
—, C. S. Marvel u. S. G. Ford 163, 299, 302.
MacKinney, G. 445.
McNally, W. D. 302.
Mears, W. H. 403, 405, 406, 407, 408, 429, 430.
— s. Willard, J. R. 131.
Mehl, W. 276, 424, 440, 441, 442.
Meissner, H. P. 29, 31.
— u. E. M. Redding, 28, 31, 32.
Menzel u. Mohry 363.
Messerly, G. H. s. Aston, J. G. 331.
Meyers, C. H., u. van Dusen 265.
— s. Cragoe, C. S. 251.
Michels, A., u. M. Geldermans 420.
—, M. Geldermans u. S. R. de Groot 420.
—, S. R. de Groot u. M. Geldermans 420, 422.
— u. J. Strijland 46.
—, T. Wassenar 421.
—, —, Th. Zwietering u. P. Smits 265.
Midgley, Th., u. A. L. Henne 317, 331, 354.
Miller, W. T. 322.

Mills, J. E. 51.
Mitchell jr., J., L. R. Kangas u. W. Seaman 213.
Mock, R. 77, 78.
— s. Lainé, L. 298.
Mohr 141, 235, 236.
Mohry s. Menzel 363.
Moissan u. Lebeau 448.
Mollier, R. 13, 47, 48, Diagramme 2, 3, 4, 5, 6, 7, 8, 9, 10, 11, 12, 13, 14, 15, 16, 17, 18 (i. d. Tasche).
Monté, L. A. J. s. Keesom; W. H. 292, 423.
Moore, R. T. 201.
Mosher, W. E. s. Goodenough, G. A. 250.
Mossotti s. auch Clausius 82, 83, 85.
Muller, J. 317.
Müller 164.
Mumford, S. A., u. J. W. C. Phillips 28, 78.
Musgrave, F. 173, 174, 176.
Musset, E. 79.

Nadejdine 313.
Nelson, O. A. 443.
Nernst 44.
Nesselmann, K. 87.
Newcum, K. M. 119, 126, 302.
Newton 56.
Niebergall, W. 87, 92.
Nissan, A. H. s. Grunberg, L. 66.
Noak 164.
Nuckols, A. H. 222.
Nusselt 70, 77.

Ölschläger, E. 80.
Olszewski 419.
Orsat 227.
Osborne, N. S. 253.
— u. M. S. van Dusen 50.
—, H. F. Stimson, T. S. Sligh jr. u. C. S. Cragoe 252.
Otto 92.

Packer, L. C., F. J. Johnsu, E. P. Codling 131, 137, 206, 207.
Palmer, H. B. s. Curtiss, C. F., u. Boyd, C. A. 47.
Panina, E. s. Borowik, E. 423.
Park, J. D., A. F. Benning, F. B. Downing, J. F. Lancins u. R. S. McHarness 320.
Parmelee, H. M. 226, 342, 373.
Parts, A. s. Eucken, A. 421.
Paschsky 74.

Patterson, C. A. 208.
—, G. D. 291.
Pawlowa, I. A. 325.
Péclet 70.
Pennington, W. A. 122, 203, 213, 326, 338, 343, 357, 358, 451, 452.
— u. W. H. Reed 451.
Perkins, J. 438.
Perlick, A. 23, 161, 162, 314, 400, 401, 405, 407.
Perry, J. H. 312, 313.
Petit s. Dulong.
Pfaff, P. 35, 330.
Philipp, L. A. 160, 167, 168, 169, 171, 176, 231, 376, 433.
— u. B. E. Tiffany 21, 137, 166, 230, 285, 286, 187.
Philipps, P. 64.
Phillips, J. W. C. s. Mumford, S. A. 28, 63, 78.
Pictet, R. 273, 450.
Pickering, S. F. 251.
Pierce, D. R. s. McBee, E. T. 359.
Plank, R. 14, 19, 50, 63, 64, 69, 87, 88, 90, 91, 266, 268, 270, 272, 303, 317, 324, 329, 330, 333, 363, 364, 381, 383, 395, 403, 409, 414, 418, 443, 445, 447, Diagramme 3 u. 15 (i. d. Tasche).
— u. J. Kambeitz 385, 386, 388, Diagramm 13 (i. d. Tasche).
— u. J. Kuprianoff 79, 122, 265, 301, 390, Diagramm 5 (i. d. Tasche).
— u. L. Riedel 19.
— u. G. Seger 328, 330, 331.
Poffenberger, N. s. Beattie, J. A. 385, 411.
Pollitzer 209, 226, 256, 271.
Poole, I. W. 425.
Pope, A. S. s. Kegal, A. H. 302.
Porter, F. 386.
Powell, T. M. u. W. F. Giauque 431.
— s. Ruerwein, R. A. 432.
Praetz, I. G. s. Wostrel, I. F. 301.
Prahl, K. 10.
Prandtl 70, 75, 76, 337.
Prantz 432.
Priess, s. Stock, A. 449.
Pye s. Jenkin 268.

Quinn, E. L. u. C. L. Jones 268.

Ramsay u. Young 18.
Randall s. Lewis 52.
Rank n, M. B. 122, 270, 298.

Raoult 182.
Rassmann, W. s. Hückel, W. 416.
Rathmann, W. 426, 427.
Reamer, H. H., B. H. Sage u. W. N. Lacey 411.
Redding, E. M. 32.
— s. Meissner, H. P. 28, 31.
Redecker, P. B. 119, 122, 363.
Reed, F. T. 216, 217.
—, P. 299.
—, W. H. 452.
— s. Pennington, W. A. 451.
Regnault 393.
Reilly, L. s. Furukawa, G. T. 433.
Reschke, C., u. K. Geier 346.
Rex, A. 315, 393.
Rhenania-Ossag Mineralölwerke 80.
Rhodes, W. W. 219, 337.
Rice, W. W. s. Kistiakowsky, G. B. 437.
Richter, E. 201.
— Friis, H. 304.
Riedel, L., 19, 29, 31, 32, 33, 34, 35, 42, 73, 74, 97, 98, 275, 276, 307, 313, 314, 315, 324, 331, 335, 359, 360, 361, 362, 382, 391, 396, 397, 405, 406, 443, Diagramme 6 u. 10 (i. d. Tasche).
— s. Plank, R. 19.
Rinelli, W. R. 118.
— s. Walker, W. O. 108, 125, 136, 157, 158, 206, 229, 283, 298, 302, 341.
Robbins, G. W. s. Francis, A. W. 409, 431.
Robinson s. Briscoe 449.
Rodger, J. W. s. Thorpe, T. E. 65.
Roland, M. 393.
Ropez, E. s. Lamb, A. B. 420.
v. Rosenberg, H. E. s. Kobe, K. A. 386, 410.
Rosenfeld, L. M. s. Lewin, I. I. u. Tkatschew, A. G. 94.
Rosenthal s. Voge 294.
Ross, E. S. 154, 155, 173, 174, 176.
Rossini, F. D., u. J. W. Knowlton 422.
Rühl, G. 275.
— s. Terres, E. 279.
Ruerwein, R. A. u. T. M. Powell 432.
Ruff, O. 317, 381, 382, 448.
— u. R. Keim 359, 363.
Ruh, R. P. s. Henne, A. L. 429, 430.
Russel, H., D. R. V. Golding u. D. M. Yost 406, 407.

Rutledge, O. C. 23.
Ruttentorfer, W., u. A. Schafler 170.
Sage, B. H. 417.
—, H. D. Evans u. W. N. Lacey 410, 412, 415.
—, J. G. Schaafsma u. W. N. Lacey 410.
—, D. C. Webster u. W. N. Lacey 386, 387, 388, 412.
— s. Carmichael, L. T. 254.
— s. Reamer, H. H. 411.
Sagenkahn s. Kennedy 437.
Sakiadis, B. C. u. I. Coates 73.
Saltman, W. s. Katz, D. L. 389, 413.
Sandell, D. J. s. Keyes, F. G. 248.
Sauerbrunn, J. s. v. Cube, H. L. 368.
Sayers, R. R. 288.
—, W. P. Yant, G. B. H. Thomas u. L. B. Berger 187, 311, 392.
Schaafsma, J. G. 412.
— s. Sage, B. H. 410.
Schäfer, K. 44.
Schafler, A. s. Ruttenstorfer, W. 170.
Schiemann, G. 317, 321.
Schlegel, E. 241.
Schlenker, E. 149, 150.
Schlesinger, H. I. s. Thornton, N. V. 363, 400, 401.
Schlumbohm, P. 409.
Schmidt, Th. E. 190, 201, 409.
Schneider, W. G., u. A. Chynowell 47.
Schnell, H. 273.
Schrenk, H. H. 304.
Schröder 9.
Schultz, L. F. s. Fritz, J. J. 359.
Schulz, G. 147.
Schwarze, W. 72.
Scribner, A. K. 117.
Seaman, W. s. Mitchell jr., J. 213.
Seel, F., u. H. Bauer 277.
Seemann, W. 173, 175.
— s. Steinle, H. 137, 144, 165, 172, 176, 232, 351, 368, 376.
Seger, G. 322, 330, 381, 382.
— u. H. Cramer 276, Diagramm 6 (i. d. Tasche).
— s. Plank, R. 328, 330, 331.
Seibald, S. s. Landsberg, R. 49, 370, 371.
Sellerio, U. 95, 96.
Shaw, A. H., u. A. B. Brandon 170, 172, 175, 210, 232, 376.
—, J. H. 312.

Namenverzeichnis.

Sherwood 279.
Shorthose, D. N. 294.
— s. Jenkin, C. F. 268, 390, 391.
Simha, R. s. Guth, O. 66.
Simons, J. H. 418.
— u. L. P. Block 322, 359, 415.
—, R. L. Bond u. R. E. McArthur 359.
Sligh jr., T. S. s. Osborne, N. S. 252.
Smith, E. 414, 428.
— J. u. W. J. s. Benning, A. F. 365.
— L. B., F. G. Keyes u. H. T. Gerry 245.
— W. J. s. Benning, A. F. 370.
— u. D'Ans 255.
— s. Briscoe 449.
Smits, P. s. Michels, A. 265.
Soo, S. L. 365, 416.
Souci, S. W. 289.
Soumerai, H. s. Wolf, H. 208.
Speierer, H. 64.
Spencer u. Wallace 300.
Speyerer, H. 247.
Spotz, E. L. s. Hirschfelder, J. D. 61.
Stacey, M. 320.
Stäger, H. 345.
Stakelbeck, H. 285, 334.
Stearns, W. V. 410, 411, 412.
— u. E. J. George 409.
Steinbach, A. 149, 160, 270.
Steinle, H. 119, 125, 132, 133, 134, 135, 136, 137, 138, 143, 145, 150, 152, 155, 156, 157, 158, 159, 160, 161, 164, 165, 166, 167, 170, 171, 172, 174, 175, 176, 178, 179, 183, 207, 209, 210, 211, 212, 223, 224, 226, 227, 228, 230, 233, 234, 235, 257, 271, 278, 281, 283, 286, 323, 344, 351, 352, 368, 376, 378.
— u. W. Seemann 137, 144, 165, 172, 176, 177, 199, 232, 351, 368, 376.
Stephenson, C. C. s. Giauque, W. F. 276.
Sterk, B. I. 344.
Stern, G. 80, 343.
Stimson, H. F. s. Osborne, N. S. 252.
Stirling 88.
Stock, A., u. Priess 449.
— s. Henning, F. 420.
Stradelli, A. 450.
Strijland, J. s. Michels, A. 46.
Su 14.
Sudgen, S. 28.

Sugawara, S. 312, 313, 315.
Sutherland, W. 58, 59, 254, 276, 309, 334.
Swarts, F. 317, 407.

Tammann, G. 51.
Tangl 84.
Tanner, H. G. 294.
—, A. F. Benning u. W. F. Mathewson 293, 295, Diagramm 7 (i. d. Tasche).
Taylor, C. S. 14, 439, 441.
— s. Cragoe, C. S. 251.
Tellier, Ch. 436, 439.
Terres, E. 275.
— u. G. Rühl 279, 280.
Texas Co. 67, 127, 157.
Thiesen, M. 50, 241, 267, 387.
Thomas, A. s. Felsing, W. A. 440.
— s. Young 443.
— G. B. H. s. Sayers, R. R. 187, 311.
— L. H. 29.
Thompson, C. N. s. Martin, R. G. 183.
— R. I. 107, 129, 175, 188, 193, 198, 256, 279, 317, 326, 341, 343, 344, 345, 349, 367, 369, 373, 374, 397, 399, 402, 442, 445.
Thomson 239, 240, 387.
Thornton, W. M. 79.
— N. V. 401.
—, A. B. Burg u. H. I. Schlesinger 363, 400.
Thorpe, T. E. u. J. W. Rodger 65.
Tiffany, B. E. 167.
— s. Philipp, L. A. 21, 137, 166, 230, 285, 286, 287.
Timm, R. C. s. Dana, L. I. 410, 417.
Timmermanns u. Henant-Roland 314.
Tkatschew, A. G. s. Lewin, I. I. u. Rosenfeld, L. M. 94.
Torrens, R., u. J. John 163, 327.
Toshizô Titani 432.
Trautz, M. 59.
Trouton 16, 17, 18, 50, 94, 95, 97, 98, 276, 309, 332, 382, 387, 406, 418, 425, 427, 436, 437, 440, 441, 442, 449.
Tschernejewa, L. 326, 334, 335.
Twinning, A. 438.

Ubbelohde, L. 65, 162.
Umstätter, H. 65.

Underwriters Laboratories Inc. 187, 188, 191—193, 258, 272, 287, 288, 302, 317, 327, 346, 354, 355, 368, 379, 390, 392, 398, 402, 404, 407, 414, 445.
Uyeshara, O. A., u. K. M. Watson 63.

Valea, I. s. Baukloh, W. 283, 284.
Vaughan, B. I. 161, 166, 167.
— W. E., u. N. R. Graves 431.
Vaziri, M. 328, 332, 333.
Veltman, P. L., u. C. E. Waring 129, 132, 280, 338, 344.
Verain 82.
Vigneron, H. 80.
Villard 105, 297, 392.
— s. de Forcrand 105, 297.
Vincent 292.
Voge u. Rosenthal 294.
Vogelsohn, C. s. Askenasy, P. 425.
Vold, R. D. 294.

van der Waals 13, 46, 48.
Wagner, O. 302.
Walden, P. 277, 278.
Walker, W. O. 9, 118, 176, 206, 280, 299, 346.
— u. W. R. Rinelli 108, 125, 136, 157, 158, 206, 229, 283, 298, 302, 341.
— u. K. S. Wilson 132, 282, 283.
—, K. S. Wilson u. W. R. Rinelli 298.
Wallace s. Spencer 300.
Walters, J. E. s. Loomis, A. G. 386.
Walther 65.
Waring, C. E. s. Veltman, P. L. 129, 132, 280, 338, 344.
Warning, A. 446.
Wassenaar, T. s. Michels, A. 265, 421.
Waterfil, R. W. 313.
— s. Carrier, W. H. 90, 425.
Watermann, H. 383.
Watson, K. M. 29.
— s. Uyeshara, O. A. 63.
Weaver, E. R. 216, 217.
Weber, R. 215.
Webling, J. K. L. 161.
Webster, D. C. 417.
— s. Sage, B. H. 386, 387. 388, 412.
Wheeler, R. V. s. Hague, E. M. 414.
White, J. 188.
Whitney, L. F. 91.

Wickert, K. 279.
— s. Jander, G. 278.
Wiebe, R., K. H. Hubbard u. M. J. Brevoort 387.
Wiley, J. 317.
Wilke, C. R. s. Bromley, L. A. 61.
Willard, J. R., u. R. B. Mears 131.
Williams, R. L. 380.
Wilson, K. S. s. Walker, W. O. 132, 282, 283, 298, 299.
Winkler s. Prantz 432.
Wörner, Th. 80.

Wohl, A. 386, 410.
Wolf, H., u. H. Soumerai 208.
Wollak, R. s. Kurtenacker, A. 222, 224.
Wostrel, I. F., u. I. G. Praetz 301.
Wright 432.
Wroblewski 419.
Wurzschmitt 224.

Yant, W. P. 304.
— u. Sayers 392.
— s. Sayers, R. R. 187, 311.

Yost, D. M. s. Russel, H. 406, 407.
Young, S. 34, 51.
— u. Thomas 443.
—, W. S. s. Calfee, J. D. 359.
— s. Ramsay 18.

Zahn 83.
Zellhoefer, G. F. 364.
Zerbe, C. 143, 156, 159, 160, 162, 244.
Zernick s. Flury 288.
Zmaczynski, M. A. 393.
Zwietering, Th. s. Michels, A. 265.

Sachverzeichnis.

Absorptionsflüssigkeiten für Kältemittel 226.
Absorptionskältemaschinen 15, 92.
Acethylzellulose 148.
Acrolein 126.
Acrylnitril 149.
Adiabate, Exponent der 36, 44.
Äthan 5, 384.
—, Dampfdruckkurve 386.
—, Eigenschaften, chemische 389.
—, —, kältetechnische 389.
—, —, physiologische 389.
—, Enthalpie 387.
—, Entropie 387.
—, Explosionsgrenzen 390.
—, Herstellung 384.
—, kritische Daten 386.
—, latente Wärmen 387.
—, Oberflächenspannung 389.
—, spez. Gewicht 386.
—, spez. Volum 386.
—, spez. Wärme 386.
—, Viskosität 388.
—, Wärmeleitzahl 388.
—, Zustandsgleichung 384.
Äthanderivate 393.
Äther 435.
Äthyläther 1.
Äthylalkohol 126.
Äthylbromid 393.
Äthylchlorid 390.
Äthylen 10, 419.
—, Brennbarkeit 423.
—, Dampfdruckkurve 420.
—, Enthalpie 422.
—, Entropie 422.
—, Gewinnung 419.
—, Halogenderivate 423.
—, kältetechn. Eigenschaften 423.
—, kritische Daten 421.
—, spez. Gewicht 421.
—, spez. Volum 421.
—, spez. Wärme 421.
—, Viskosität 423.
—, Wärmeleitzahl 423.
—, Zustandsgleichung 420.
Aktive Tonerde 121.
Aktivieren 125.
Algofrene 317.

Alkoholate 125, 127.
Alterung von Ölen 165.
Aluminium 126, 130.
— und Methylchlorid 299.
Amine 439.
Ammoniak 5, 78, 248.
—, Brennbarkeit 258.
—, Dampfdruckkurve 251.
—, Einwirkung auf Kühlgut 261.
—, Enthalpie 253.
—, Entropie 253.
—, Explosionsgrenzen 258.
—, Giftigkeit 260.
—, Herstellung 249.
—, kältetechn. Eigenschaften 255.
—, kritische Daten 251.
—, latente Wärmen 252.
—, Nachweis von Undichtigkeiten 262.
—, Oberflächenspannung 255.
—, Prüfdrücke 262.
—, Reinigung 262.
—, spez. Gewicht 251.
—, spez. Wärmen 38, 252.
—, Verhalten gegen Schmiermittel 257.
—, — — Trockenmittel 256.
—, — — Werkstoffe 256.
—, Verunreinigungen 255.
—, Viskosität 254.
—, Wärmeleitzahl 254.
—, Warnwirkung 260.
—, Zersetzung 258, 263.
—, Zustandsgleichung 249.
Andrite 121.
Anforderungen an Kältemittel 1, 113.
— — Kältemaschinenöle 184.
Anilinpunkt 143, 165, 175.
Anticuivre 178.
Arcton 6, 317.
Aromatengehalt von Ölen 165.
Aschegehalt von Ölen 155.
Atomwärme 44.
Ausdehnungskoeffizient, thermischer 11.
Ausscheidungen 105, 134, 229.

Ausscheidungstemperatur 229.
Azeotrope Gemische 181, 450.

Bariumoxyd 115.
Betriebsverhalten der Kältemittel 199.
Betriebstemperatur 109, 154, 168, 200, 205.
Blaugel 123.
Blei 131.
Bortrichlorid 448.
Boyle-Kurve 239.
Brennbarkeit, Ammoniak 258.
—, F 11 327.
—, F 12 354.
—, F 22 379.
—, F 113 398.
—, F 114 402.
—, Kältemittel 2, 186.
—, Methylchlorid 302.
—, Schwefeldioxyd 287.
Bronze 131.
Buna 142, 145, 149.
Butan 416.
—, Fluor-Chlor-Derivate des 418.
Butylen 452.

Carnot-Prozeß 87, 89, 92.
„Carrene 7" 181, 451.
CF-Electro 317.
Chemische Eigenschaften der Kältemittel 2, 100.
— Reaktionen zwischen Kältemitteln und Ölen 230.
Chlor 10.
Chlorbenzol 452.
Chlorbestimmung 224.
Clausius-Clapeyronsche Gleichung 16, 35, 49.
— Mossottisches Gesetz 82, 85.
Cyclische Kohlenwasserstoffe 432.
Cyclobutan 432.
Cyclopropan 432.

Dampf, gesättigter 33.
Dampfdruck von Lösungen 21.
Dampfdruckerniedrigung 22, 91, 163, 182.

31*

Dampfdruckgleichung 10, 15.
Dampfdruckkurve 2, 15, 16, 18, Diagramm 19.
—, Äthan 386.
—, Äthylen 420.
—, Ammoniak 251.
—, F 11 324.
—, F 12 329.
—, F 22 370.
—, F 113 396.
—, F 114 sym. 400.
—, F 114 unsym. 403.
—, Kohlendioxyd 265.
—, Methylchlorid 294.
—, Oktafluorcyclobutan 434.
—, Propan 411.
—, Schwefeldioxyd 275.
—, Wasser 245.
Dampfstrahlkältemaschine 15, 91.
Dead-Stop-Gerät 215.
Diäthyläther 1, 438.
Dichloräthylen 425.
Dichlormethan 78, 312.
Dichtigkeitsprüfung, siehe Undichtigkeiten.
Dichtungsstoffe 135.
Dielektrizitätskonstante 81.
— Flüssigkeiten 84.
—, Gase 82.
Difluoräthan siehe F 152.
Difluoräthylen 429.
Difluordichlormethan siehe F 12.
Difluormonochloräthan siehe F 142.
Difluormonochloräthylen 430.
Difluormonochlormethan s. F 22.
Dimethyläther 436.
Dimethylamin 441.
Dithizon-Methode 172.
Dopes 160, 169.
Drierite 119.
Druckbehälter 6.
—, Reinigung 9.
Druckgasverordnung 7.
Druckproben 7.
Druckprüfung 201.
Druckrohrtest 137, 138, 168, 170, 171, 176, 233, 236.
Druckverhältnis 88, 89, 97, 99, 206.
Durchbruchsbeladung 123.
Durchschlagsfestigkeit von Flüssigkeiten 80.
—, Gase 79, 81.
—, Öle 80, 156.
Duroplaste 146.
Dynagen 147.

Einfluß auf Kühlgut 4, 199.
Einwirkung auf Kühlgut, Ammoniak 261.

Einwirkung auf Kühlgut, F 12 356.
— —, Kohlendioxyd 272.
— —, Methylchlorid 304.
— —, Schwefeldioxyd 289.
Eisverstopfungen 105.
Elastomere 138, 145, 148, 171.
Elektrische Eigenschaften 79.
— Leitzahl 85.
— — flüssiger Kältemittel 85.
Elektrischer Widerstand 3, 85.
Elektrolytische Methode der Wassergehaltbestimmung 216.
Endtemperaturen, adiabatische 97, 154, 200, 205.
Energie, innere 11, 54.
Engler-Grade 58.
Entfernen des Rückstandes 204.
Entgasen von Kältemitteln 204.
—, Öle 183.
Enthalpie 11, 52.
—, Äthan 387.
—, Äthylen 422.
—, Ammoniak 253.
—, F 11 325.
—, F 12 332.
—, F 113 397.
—, F 114 sym. 401.
—, F 114 unsym. 403.
—, Kohlendioxyd 268.
—, Methylchlorid 295.
—, Oktafluorcyclobutan 435.
—, Propan 412.
—, Schwefeldioxyd 276.
—, Wasser 247.
Entlüften von Kältemaschinen 205.
Entropie 11, 55.
—, Äthan 387.
—, Äthylen 422.
—, Ammoniak 253.
—, F 11 325.
—, F 12 332.
—, F 113 397.
—, F 114 sym. 401.
—, Kohlendioxyd 268.
—, Methylchlorid 295.
—, Oktafluorcyclobutan 435.
—, Propan 412.
—, Schwefeldioxyd 276.
—, Wasser 247.
Entsäuern von Kältemitteln 204.
Erstarren 25.
Erstarrungstemperatur 2, 15, 25, 96.
Explosionseigenschaften 188.
Explosionsgefahr 2, 186.

Explosionsgrenzen, Äthan 390.
—, Äthylen 423.
—, Ammoniak 258.
—, Methylchlorid 302.
—, Propan 414.
Exponent der Adiabate 2, 36, 44, 48, 89, 205.
Extraktbestimmung 235.
Extrakte 134.
Extraktgehalt von Isolier- und Dichtungsstoffen 135, 139.

F 11 323.
—, Brennbarkeit 327.
—, Dampfdruckkurve 324.
—, Enthalpie 325.
—, Entropie 325.
—, Giftigkeit 327.
—, kältetechn. Eigenschaften 326.
—, kritische Daten 324.
—, latente Wärmen 325.
—, Oberflächenspannung 326.
—, spez. Gewicht 324.
—, spez. Volum 324.
—, spez. Wärme 325.
—, Verhalten gegen Schmiermittel 326.
—, — — Trockenmittel 326.
—, Verunreinigungen 326.
—, Viskosität 325.
—, Wärmeleitzahl 326.
—, Zustandsgleichung 323.
F 12 327.
—, Beständigkeit 167.
—, Brennbarkeit 354.
—, Dampfdruckkurve 329.
—, Einwirkung auf Kühlgut 356.
—, Enthalpie 332.
—, Entropie 332.
—, Explosionsgrenzen 354.
—, Giftigkeit 355.
—, Herstellung 327.
—, kältetechn. Eigenschaften 335.
—, kritische Daten 329.
—, latente Wärmen 331.
—, Nachweis von Undichtigkeiten 358.
—, Oberflächenspannung 335.
—, Panikierheit 356.
—, Prüfdrücke 357.
—, Reinigen 357.
—, spez. Gewicht 329.
—, spez. Volum 329.
—, spez. Wärme 330.
—, Stoffwerttafeln 335.
—, Überhitzung 358.

Sachverzeichnis.

F 12 Unlösliches 157, 158, 229.
—, Verhalten gegen Schmiermittel 349.
—, — — Trockenmittel 342.
—, — — Werkstoffe 344.
—, Verunreinigungen 336.
—, Viskosität 334.
—, Wärmeleitzahl 334.
—, Warnfähigkeit 356.
—, Wassergehalt 338.
—, Zersetzung 353, 358.
—, Zustandsgleichung 328.
F 13 359.
F 13 B 1 319, 382.
F 14 363.
F 21 364.
F 22 368.
—, Brennbarkeit 379.
—, Dampfdruckkurve 370.
—, Giftigkeit 379.
—, Herstellung 368.
—, kältetechn. Eigenschaften 372.
—, kritische Daten 370.
—, latente Wärmen 371.
—, Mischungslücke mit Mineralölen 376.
—, Nachweis von Undichtigkeiten 380.
—, Oberflächenspannung 372.
—, Prüfdrücke 380.
—, spez. Gewicht 370.
—, spez. Volum 370.
—, spez. Wärme 370.
—, Verhalten gegen Schmiermittel 373.
—, — — Trockenmittel 373.
—, — — Werkstoffe 373.
—, Verunreinigungen 372.
—, Viskosität 372.
—, Wärmeleitzahl 372.
—, Zersetzung 379.
—, Zustandsgleichung 369.
F 23 380.
F 113 395.
—, Brennbarkeit 398.
—, Dampfdruckkurve 396.
—, Enthalpie 397.
—, Entropie 397.
—, Giftigkeit 398.
—, Herstellung 395.
—, kältetechn. Eigenschaften 397.
—, kritische Daten 396.
—, latente Wärmen 397.
—, Oberflächenspannung 397.
—, spez. Gewicht 396.
—, spez. Volum 396.
—, spez. Wärme 396.

F 113 Verhalten gegen Schmiermittel 398.
—, Verunreinigungen 397.
—, Viskosität 397.
—, Wärmeleitzahl 397.
—, Zersetzung 398.
—, Zustandsgleichung 395.
F 114, symmetrisches Isomer 399.
F 114 sym., Brennbarkeit 402.
—, —, Dampfdruckkurve 400.
—, —, Enthalpie 401.
—, —, Entropie 401.
—, —, Giftigkeit 402.
—, —, Herstellung 399.
—, —, kältetechn. Eigenschaften 402.
—, —, kritische Daten 400.
—, —, latente Wärme 401.
—, —, Mischungslücke 402.
—, —, Oberflächenspannung 402.
—, —, spez. Gewicht 400.
—, —, spez. Volum 400.
—, —, spez. Wärme 400.
—, —, Verhalten gegen Schmiermittel 402.
—, —, — — Werkstoffe 402.
—, —, Verunreinigungen 402.
—, —, Viskosität 401.
—, —, Wärmeleitzahl 401.
—, —, Zustandsgleichung 399.
F 114, unsymmetrisches Isomer 402.
F 115 403.
F 133 404.
F 142 404.
F 143 407.
F 152 408, 451.
F 216 415.
Faktis 139.
Farbänderung von Ölen 168.
Farbe von Ölen 152.
Farbskala für Öle 152.
Fester Zustand 34.
Filter-Absorption von Säuren 223.
Fischer-Lösung 213.
Fischer-Methode 213.
Flammpunkt von Ölen 153, 166.
Fließpunkt von Ölen 160.
Flockeffekt 157.
Flocktemperatur 158.

Flocktest 136, 158, 229.
Flüssigkeitszustand 34.
Fluidität 57, 64.
Fluon 146.
Fluorhaltige Methanderivate 317.
— —, Herstellung 321.
— —, Numerierung 318.
Fluoroform, siehe F 23
Flurion 318.
Fremdgas 112.
Fremdgasbestimmung 225.
—, Ammoniak 226.
—, Fluorhaltige Kohlenwasserstoffe 227.
—, Kohlendioxyd 226.
—, Methylchlorid 227.
—, Schwefeldioxyd 226.
—, nach Pollitzer 226.
Freon 6, 317, siehe unter F-
Frigedohn 318.
Frigen 6, 317, siehe unter F-
Gase, reale 13.
—, verflüssigte 9.
Gasgesetz, ideales 12, 16.
Gaskonstante 12.
Gefahrenklassen der Kältemittel 191, 192.
Gemische, azeotrope 450.
Genetron 318.
„Genetron 100" 408.
„Genetron 101" 404.
„Genetron 200" 407.
Gerade Mittellinie 32, 34, 99.
Geruch 3.
Gesamtharz 164.
Gesetz der korrespondierenden Zustände 97.
Giftigkeit 3, 191.
—, Äthan 390.
—, Ammoniak 260.
—, F 11 327.
—, F 12 355.
—, F 22 379.
—, F 113 398.
—, F 114 sym. 402.
—, Kohlendioxyd 272.
—, Methylchlorid 302.
—, Oktafluorcyclobutan 435.
—, Propan 287.
—, Schwefeldioxyd 287.
Gleichgewicht, fest-dampfförmig 24.
—, fest-flüssig 24.
—, flüssig-dampfförmig 15.
Gleichgewichtsbeladung 123.
Gleitringdichtung 200.
Glykol 149.
Glyzerin-Wassergemische 69, 70, 149, 150.
Grenzkonzentrationen 192, 194.
Grenzkurven, Verlauf der 37.
Grignard-Reagenz 385.

Gütegrad 87, 90.
—, Einfluß der Überhitzung 90.
—, — — Unterkühlung 90.
Haber-Bosch-Verfahren 249.
Hartasphalt 165.
Haushaltkühlschränke 4.
Haveg 146.
Herstellung 5.
Hexafluordichlorpropan s. F 216.
Höchsttemperaturen in Kältemaschinen 205.
Hochdruckkältemittel 201.
Hostaflon 138, 147, 397.
Hubvolum, theoretisches 97, 99.
Hydrate 105.
—, Äthylchlorid 392.
—, „F 12" 338.
—, Methylchlorid 297.
Ice-x 126.
Idealkurve 239.
Inaktivität der Kältemittel 2.
Infrarot-Spektrophotometer 219.
Innere Energie 11.
Inversionskurve 239.
Isceon 318.
Isobutan 5, 416.
Isolierstoffe 133, 135, 171.
Isomeren 31, 321, 393, 395, 399, 402, 414.
Isopren 139, 142.
Isotron 318.
Joule-Prozeß der Kaltluftmaschine 88.

Kälteextraktionsgerät nach Steinle 135, 235.
Kältefließfähigkeit der Öle 160.
Kältebeständigkeit von Ölen 166, 230.
— — Stoffen 133.
Kältemittelgemische 449.
Kältemittelmengen, umlaufende 97, 99.
Kältemittelnormen 113, 209.
Kältemittelwechsel 200.
Kältetechn. Eigenschaften 87.
— —, Äthan 389.
— —, Äthylen 423.
— —, Ammoniak 255.
— —, F 11 326.
— —, F 12 335.
— —, F 22 372.
— —, F 113 397.
— —, F 114 sym. 402.
— —, Kohlendioxyd 269.
— —, Methylchlorid 297.
— —, Propan 413.
— —, Schwefeldioxyd 277.
— —, Wasser 248.

Kalorische Zustandsgleichung 12.
Kaltdampfmaschine 89, 93.
Kaltluftmaschine 88, 92.
Kalziumchlorid 118.
Kalziumoxyd 116.
Kalziumsulfat 119.
Kel-F 147, 397.
Kesselwagen 6.
Kieselgel 122.
Kinetische Gastheorie 72.
Klimaanlagen 4.
Kohlendioxyd 263.
—, Dampfdruckkurve 265.
—, Einwirkung auf Kühlgut 272.
—, Enthalpie 268.
—, Entropie 268.
—, Giftigkeit 272.
—, Herstellung 263.
—, kältetechn. Eigenschaften 269.
—, kritische Daten 266.
—, latente Wärmen 267.
—, Nachweis von Undichtigkeiten 273.
—, Oberflächenspannung 269.
—, Paniksicherheit 272.
—, Prüfdrücke 273.
—, Reinigen 273.
—, spez. Gewicht 266.
—, spez. Wärme 267.
—, Verhalten gegen Schmiermittel 271.
—, — — Trockenmittel 271.
—, — — Werkstoffe 271.
—, Verunreinigungen 270.
—, Viskosität 268.
—, Wärmeleitzahl 268.
—, Warnfähigkeit 272.
—, Zersetzung 272.
—, Zustandsgleichung 264.
Kompressibilitätskoeffizient 11.
Korrespondierende Zustände 97.
Korrosion 107.
— durch Öle 170.
—, interkristalline 129, 132.
Kovolum 13, 14.
Kreisprozeß 87.
Kritische Daten 26, 27 (Tabelle), 98.
— —, Äthan 386.
— —, Äthylen 421.
— —, Ammoniak 251.
— —, F 11 324.
— —, F 12 329.
— —, F 22 370.
— —, F 113 396.
— —, F 114 sym. 400.
— —, Kohlendioxyd 266.
— —, Methylchlorid 294.

Kritische Daten, Oktafluorcyclobutan 434.
— —, Propan 411.
— —, Schwefeldioxyd 275.
— —, Wasser 246.
Kritischer Druck 31, 96.
Kritisches Gebiet, Zustandsgleichung 14.
Kritischer Koeffizient 32, 97.
Kritische Lösungstemperatur 181.
Kritischer Punkt 15.
Kritische Temperatur 2, 28, 78, 96.
Kritisches Volum 32.
Kühlguteinwirkung 4, 199.
Kulene 319, 383.
Kunststoffe 145.
Kupfer 132.
Kupferplattierung 164, 165, 171, 175.
—, Kältemitteleinfluß 175.
—, Maschinenversuche 178.
—, Öleinfluß 173.
—, Prüfung 137, 232.
—, Reaktionsablauf 179.
—, Temperatureinfluß 176.
—, Verunreinigungen 176.
—, Zusätze gegen 177.
Kurzprüfungen 208.

Lagertemperatur 8.
Lagerung von Kältemitteln 6.
Latente Wärme 11, 49.
—, Wärmen, Äthan 387.
— —, Äthylen 422.
— —, Ammoniak 252.
— —, F 11 325.
— —, F 12 331.
— —, F 22 371.
— —, F 113 397.
— —, F 114 sym. 401.
— —, F 114 unsym. 403.
— —, Kohlendioxyd 267.
— —, Methylchlorid 295.
— —, Propan 412.
— —, Schwefeldioxyd 276.
— —, Wasser 246.
Leistungsziffer 87.
Leitfähigkeit (Leitzahl), elektrische 85.
Liefergrad von Kompressoren 96.
Linde-Methode z. Bestimmung von Mineralsäuren 224.
Löslichkeit von Kältemitteln in Wasser 107.
—, Extraktstoffe 134.
—, Wasser in Kältemitteln 104.
—, — — Ölen 155.

Lösungswärme 21, 24, 52.
—, integrale 24, 43.
Logarithmische Ableitung der Dampfdruckkurve 19, 97.
Lorenz-Prozeß 88.
Lote 132.
Luft 237.
—, chem. Eigenschaften 242.
—, Dampfdruck 239.
—, kritische Daten 240.
—, physik. Eigenschaften 242.
—, spez. Gewicht 240.
—, spez. Wärme 240.
—, Verdampfungswärme 241.
—, Zusammensetzung 238.
—, Zustandsgleichung 238.
Lupolen 146.

Magnesium 132.
Magnesiumperchlorat 120.
Methan 291.
Methanderivate, fluorfreie 291.
—, fluorhaltige 317.
Methylalkohol 126, 452.
Methylamin 440.
Methylbromid 306.
Methylchlorid 292.
—, Brennbarkeit 302.
—, Dampfdruckkurve 294.
—, Einwirkung auf Kühlgut 304.
—, elektrische Eigenschaften 297.
—, Enthalpie 295.
—, Entropie 295.
—, Explosionsgrenzen 302.
—, Giftigkeit 302.
—, Herstellung 292.
—, kältetechn. Eigenschaften 297.
—, kritische Daten 294.
—, latente Wärmen 295.
—, Nachweis von Undichtigkeiten 305.
—, Oberflächenspannung 296.
—, Paniksicherheit 304.
—, Reinigen 304.
—, spez. Gewicht 294.
—, spez. Volum 294.
—, spez. Wärme 294.
—, Verhalten gegen Schmiermittel 301.
—, — — Trockenmittel 299.
—, — — Werkstoffe 299.
—, Verunreinigungen 297.
—, Viskosität 295.
—, Wärmeleitzahl 296.
—, Warnwirkung 302.
—, Zersetzung 302.
—, Zustandsgleichung 293.
Methylenchlorid 312.
Methylfluorid 452.

Methylformiat 442.
Mineralöle 150.
Mineralsäuren 109,
—, Bestimmung 222.
Mischbarkeit von Kältemitteln und Ölen 3, 151, 181.
Mischungslücke 21, 151, 181.
—, F 22 376.
—, F 114 sym. 402.
Mittellinie, gerade 32, 34, 99.
Molekulargewichte 96.
Molrefraktion 29.
Monofluordichlormethan siehe F 21.
Monofluortrichlormethan siehe F 11.

Naturgummi 139, 142, 145.
Neopren 138, 139, 141, 142, 145, 148.
Nernstsches Wärmetheorem 44.
Neutralisationszahl von Ölen 154.
Niederdruckkältemittel 94, 201.
Normen für Kältemaschinenöle 184.
— — Kältemittel 113, 209.
Nußeltsche Kennzahl 70, 77.
Nylon 146.

Oberflächenspannung 3, 28, 76, 166.
—, Äthan 389.
—, Ammoniak 255.
—, binäre Gemische 78.
—, F 11 326.
—, F 12 335.
—, F 22 372.
—, F 113 397.
—, F 114 sym. 401.
—, Kohlendioxyd 269.
—, Methylchlorid 296.
—, Oktafluorcyclobutan 435.
—, Propan 413.
—, Schwefeldioxyd 277.
—, Wasser 248.
Öle 149, 152, s. auch Schmiermittel.
—, Alterung 155, 165.
—, Anforderungen 184.
—, Anilinpunkt 143, 165, 175.
—, Aromatengehalt 165.
—, Aschegehalt 155.
—, Ausscheidungen 229.
—, Aussehen 152.
—, chemisches Verhalten 165.
—, Durchschlagsfestigkeit 156.
—, Einfluß auf Isolierstoffe 143.
—, elektrische Eigenschaften 156.

Öle, Entgasen 183.
—, F 12-Unlösliches (Paraffin) 157.
—, Farbe 152.
—, Flammpunkt 153.
—, Fließpunkt 160.
—, gemischtbasische 150.
—, Hartasphalt 165.
—, Kältefließfähigkeit 160.
—, Kältemittelbeständigkeit 166.
—, Korrosionswirkung 170.
—, Löslichkeitsbestimmung 228.
—, Luftkompressoren 243.
—, naphthenbasische 144, 150, 182.
—, Neutralisationszahl 154.
—, paraffinbasische 144, 150, 182.
—, Prüfung 228.
—, Sauerstoffbeständigkeit 169.
—, spez. Gewicht 153.
—, Spritzpunkt (Splash-Point) 161.
—, Stockpunkt 160.
—, Trocknen 183.
—, Trübungspunkt 157, 162.
—, Verdampfbarkeit 153.
—, Verkokung 155.
—, Verseifungszahl 154.
—, Verteerungszahl 170.
—, Viskosität 162.
—, Wassergehalt 155.
Ölharz 164, 167, 175.
Öllöslichkeit von Kältemitteln 3, 181.
Oktafluorcyclobutan 432.
—, Dampfdruckkurve 434.
—, Enthalpie 435.
—, Entropie 435.
—, Giftigkeit 435.
—, Herstellung 433.
—, kritische Daten 434.
—, Oberflächenspannung 435.
—, spez. Gewicht 434.
—, spez. Wärme 435.
—, Verdampfungswärme 434.
—, Verhalten gegen Schmiermittel 435.
—, — — Werkstoffe 435.
—, Zustandsgleichung 434.
Oppanol 147.
Optische Methode der Wassergehaltsbestimmung 219.
Orsat-Apparat 227.

Pale oil 151, 174.
Paniksicherheit 4, 191, 196.
—, F 12 356.
—, Kohlendioxyd 372.

Paniksicherheit, Methylchlorid 304.
—, Schwefeldioxyd 289.
Parachor 28, 31, 32, 78.
Paraffin 157.
Paraffingehalt, Bestimmung nach Engler-Holde 159.
Paraffin-Dopes 160.
Paraflow 159.
Pécletsche Kennzahl 70.
Pentachloräthan 452.
Pentafluormonochloräthan siehe F 115.
Pentan 452.
Perbunan 139, 141, 142, 145, 149.
Perfluorbutan 418.
PF-Kunststoff 147.
Philipp-Test 137, 160, 166, 167, 169, 176, 230.
Phosphorpentoxyd als Trockenmittel 117.
—, Methode 210.
Physikalische Eigenschaften der Kältemittel 2, 55.
Physiologische Eigenschaften der Kältemittel 3, 190.
— —, Ammoniak 260.
— —, F 12 355.
— —, F 21 368.
— —, F 22 379.
— —, F 113 398.
— —, F 114 402.
— —, Kohlendioxyd 272.
— —, Methylchlorid 302.
— —, Schwefeldioxyd 287.
Plexiglas, Plexigum 147.
Poise 56.
Polyäthylen 146.
Polyamid 146.
Polybutylen 149.
Polyfluoräthylene 146.
Polyfluorchloräthylen 138, 147.
Polyisobutylen 147.
Polykieselsäureester 149.
Polymetacrylsäureester 147.
Polystyrol 147.
Polytrifluoräthylen 146.
Polyurethan 148.
Polyvinylalkohol 142.
Polyvinylchlorid 148.
Prandtlsche Kennzahl 70, 75.
Preis 4.
Propan 5, 409.
—, Dampfdruckkurve 411.
—, Enthalpie 412.
—, Entropie 412.
—, Explosionsgrenzen 414.
—, Fluor-Chlor-Derivate 414.
—, Giftigkeit 414.
—, Herstellung 409.
—, kältetechn. Eigenschaften 413.

Propan, kritische Daten 411.
—, latente Wärmen 412.
—, Nachweis von Undichtigkeiten 414.
—, Oberflächenspannung 413.
—, spez. Wärme 411.
—, Verhalten gegen Schmiermittel 413.
—, Viskosität 412.
—, Wärmeleitzahl 413.
—, Zustandsgleichung 410.
Propylen 431.
Prüfdrücke 7, 201.
Prüfmethoden 5.
Prüfverfahren, Kältemittel 209.

Quellung von Elastomeren 137, 138, 139, 142, 144.

Raffinationsgrad von Ölen 164.
Raoultsches Gesetz 22.
Reaktion von Extraktstoffen 134.
Reaktionsgeschwindigkeit 209.
Redwood-Sekunden 58.
Reduzierte Dampfdruckkurve 99.
Reduzierter Druck 96.
Reduzierte Gaskonstante 97.
— Temperatur 99.
Reduziertes Volum 97.
Reduzierte Werte (p, v, T) 12, 97.
Regenerieren 121, 125.
Reinheit, Reinheitsgrade 5.
Reinigen, Ammoniak 262.
—, F 12 357.
—, Kältemittel 202.
—, Kohlendioxyd 273.
—, Methylchlorid 304.
—, Schwefeldioxyd 289.
Reizwirkung 192, 196.
Restwasser in Maschinen 103.
Rückstand 110.
Rückstand-Bestimmung 225.
Rückstand-Entfernung 204.

Säurebildung 108.
Salzsäurebestimmung 224.
Sauerstoff, flüssiger 9, 10.
Sauerstoffbeständigkeit 166, 169.
Saybolt-Sekunden 58, 162.
Schallgeschwindigkeit und Wärmeleitzahl 74.
Schaumbildung von Ölen 163.
Schlammbildung 206.
Schmelzen 25.
Schmelzsicherungen 8.
Schmelztemperatur 25.
Schmelzwärme 51.

Schmiermittel 149, siehe auch Öle.
—, Löslichkeitsbestimmung 228.
—, Prüfung 228.
— und Äthan 389.
— — F 11 326.
— — F 12 349.
— — F 22 373.
— — F 113 398.
— — F 114 sym. 402.
— — Kohlendioxyd 271.
— — Methylchlorid 301.
— — Oktafluorcyclobutan 435.
— — Propan 413.
— — Schwefeldioxyd 285.
Schwefeldioxyd 273.
—, Beständigkeit 1, 66.
—, Brennbarkeit 287.
—, Dampfdruckkurve 275.
—, Einwirkung auf Kühlgut 289.
—, Enthalpie 276.
—, Entropie 276.
—, Giftigkeit 287.
—, Herstellung 273.
—, kältetechn. Eigenschaften 277.
—, kritische Daten 275.
—, latente Wärmen 276.
—, Nachweis von Undichtigkeiten 291.
—, Oberflächenspannung 277.
—, Paniksicherheit 289.
—, Prüfdrücke 289.
—, Reinheit 5.
—, Reinigen 289.
—, spez. Gewicht 275.
—, spez. Volum 275.
—, spez. Wärme 275.
—, Überhitzung 291.
—, Verhalten gegen Schmiermittel 285.
—, — — Trockenmittel 282.
—, — — Werkstoffe 282.
—, Verunreinigungen 277.
—, Viskosität 276.
—, Wärmeleitzahl 277.
—, Warnfähigkeit 289.
—, Zersetzung 287, 291.
—, Zustandsgleichung 275.
Schwefelfluoride 448.
Schwefelgehalt von Ölen 164, 175.
Schwefelhexafluorid 448.
Schwefelkohlenstoff 452.
Schwefelsäure-Bestimmung 222.
Schwefeltrioxyd-Bestimmung 222.
Setting-Point 161.
Sicherheitsvorschriften 189, 191, 201.

Siedebereich, Bestimmung 210.
Siedepunkt 17, 110, 210.
—, normaler 17, 96, 98.
Siedeverzug 20, 199.
Silicagel 122.
Silikone 138, 139, 145, 149.
Sligh-Oxydations-Test 169, 173.
Sludge-Test 169.
Soxhlet-Apparat 135.
Spaltprodukte 193, 195, 207.
—, Giftigkeit 197.
Spannungskoeffizient 11.
Spannungskorrosion 129, 132.
Spez. elektrischer Widerstand 85.
Spez. Gewicht 33.
— —, Äthan 386.
— —, Äthylen 421.
— —, Ammoniak 251.
— —, F 11 324.
— —, F 12 329.
— —, F 22 370.
— —, F 113 396.
— —, F 114 sym. 400.
— —, F 114 unsym. 403.
— —, Kohlendioxyd 266.
— —, Methylchlorid 294.
— —, Ölen 153.
— —, Oktafluorcyclobutan 434.
— —, Schwefeldioxyd 275.
— —, Wasser 246.
Spez. Kälteleistung 4, 87, 91, 97, 99.
Spez. Kohäsion 76.
Spez. Volum 33.
— —, Äthan 386.
— —, Äthylen 421.
— —, Dämpfen 97.
— —, F 11 324.
— —, F 12 329.
— —, F 22 370.
— —, F 113 396.
— —, F 114 sym. 400.
— —, Methylchlorid 294.
— —, Schwefeldioxyd 275.
Spez. Wärme 2, 11, 36.
— — auf Grenzkurven 37.
— —, Äthan 386.
— —, Äthylen 421.
— —, Ammoniak 252.
— —, F 11 325.
— —, F 12 330.
— —, F 22 370.
— —, F 113 396.
— —, F 114 sym. 400.
— —, festen Körpern 43.
— —, Flüssigkeiten 40.
— —, Gasen 36.
— —, Lösungen 43.
— —, Kohlendioxyd 267.
— —, Methylchlorid 294.

Spez. Wärme, Oktafluorcyclobutan 435.
— —, Propan 411.
— —, Schwefeldioxyd 275.
— —, Wasser 246.
Spritzpunkt 161.
Stabilität der Kältemittel 2.
Stahl 132.
Stahlflaschen 6, 8, 9.
—, Vorschriften 7.
Standtank 9, 10.
Stickoxydul 445.
Stirlingprozeß in der Kaltluftmaschine 93.
Stirlingscher Kreisprozeß 88.
Stockpunkt 157, 160, 166.
Stockpunktserniedriger 160.
Stok 57.
Strahlkältemaschinen 15, 91.
Sublimation 25.
Sublimationswärme 51.
Sulfurylfluorid 448.
Sutherland-Formel 58.

Teflon 138, 146.
Temperatur-Entropie-Diagramm 38.
Temperaturleitzahl 70, 75.
Tetrachloräthan 452.
Tetrachlorkohlenstoff 452.
Tetrafluordichloräthan siehe F 114.
Tetrafluormethan siehe F 14.
Thermischer Ausdehnungskoeffizient 11.
Thermische Eigenschaften 10, 96.
Thermische Zustandsgleichung 12.
Thermoplaste 146.
Thiesensche Formel 50.
Thiokol 139, 141, 142, 145, 149.
Thionylfluorid 448.
Tierversuche 193.
Transport 6.
Transporttank 10.
Trifluoräthan siehe F 143.
Trichloräthylen 428.
Trifluoraceton 452.
Trifluormethan siehe F 23.
Trifluormonobrommethan 319, 382.
Trifluormonochloräthan s. F 133.
Trifluormonochlormethan s. F 13.
Trifluortrichloräthan siehe F 113.
Trimethylamin 452.
Tripelpunkt 28.
Trockeneis 9, 35, 44.
Trockenmittel 113.
—, adsorptive 120, 127.
— und Ammoniak 256.
—, Anforderungen 114.

Trockenmittel, Arbeitstemperatur 121.
—, chemische 115.
— und F 11 326.
— und F 12 342.
— und F 22 373.
— und Kohlendioxyd 271.
—, Kristallwasserverbindung 118.
— und Methylchlorid 299.
—, Reaktionsbindung 115.
— und Schwefeldioxyd 282.
Trocknen von Kältemitteln 202, 203.
— — Ölen 183.
Trockner 105, 113, 207.
Trolen 146.
Troutonsche Konstante 16, 17, 18, 94, 97.
— Regel 16.
Trübungspunkt 157, 162.
Turbokompressor 93, 200.

Ubbelohde-Viskosimeter 162.
Überhitzung 91, 205, 291, 358.
Ultramid 146.
Umfüllen von Kältemitteln 9.
Undichtigkeiten, Nachweis von Ammoniak 262.
—, — — F 12 358.
—, — — F 22 380.
—, — — Kohlendoxyd 273.
—, — — Methylchlorid 305.
—, — — Propan 414.
—, — — Schwefeldioxyd 291.
Unterkühlung 90.
Untersuchungsmethoden 208.
U-Rohr-Methode für Öle 160.

Ventil für Stahlflaschen 6.
Verdampfbarkeit von Ölen 153.
Verdampfer, trocken und überflutet 151.
Verdampfungswärme 2, 11, 49, 51.
—, Äthan 387.
—, Äthylen 422.
—, Ammoniak 252.
—, F 11 325.
—, F 12 331.
—, F 22 371.
—, F 113 397.
—, F 114 sym. 401.
—, F 114 unsym. 403.
—, Kohlendioxyd 267.
—, Methylchlorid 295.
—, Oktafluorcyclobutan 434.
—, Propan 412.
—, Schwefeldioxyd 276.
—, Wasser 246.
Verfügbarkeit 4.
Vergleich von thermischen Eigenschaften der Kältemittel 96.

Vergleichsprozeß der Kaltdampfmaschine 89, 93.
—, praktischer 87, 91, 99.
Verkokung von Ölen 155.
Verseifungszahl von Ölen 154.
Verstopfungen 105.
Verteerungszahl von Ölen 169.
Verunreinigungen, Ammoniak 255.
—, F 11 326.
—, F 12 336.
—, F 22 372.
—, F 113 397.
—, F 114 sym. 402.
—, in Kältemitteln 100.
—, von Kohlendioxyd 270.
—, von Methylchlorid 297.
—, von Schwefeldioxyd 177.
Vinylbromid 424.
Vinylchlorid 424.
Viskosität 2, 56.
—, Äthan 388.
—, Äthylen 423.
—, Äthylenglykol mit Wasser 69.
—, Ammoniak 254.
—, Druckabhängigkeit 58, 65.
—, dynamische 2, 56, 60, 72.
—, F 11 325.
—, F 12 334.
—, F 22 372.
—, F 113 397.
—, F 114 sym. 401.
—, Flüssigkeiten 64.
—, Gase 58, 60.
—, Glyzerin-Wassergemische 69.
—, Grenzen 163.
—, Kältemittel 64.
—, Kältemittel-Schmieröl-Gemische 66, 162, 163.
—, kinematische 57, 60, 65, 162.
—, Kohlendioxyd 268.
—, Lösungen 65.
—, Methylchlorid 295.
—, Öle 162.
—, Propan 412.
—, Schwefeldioxyd 276.
—, Temperaturabhängigkeit 58, 66.
—, Wasser 247.
Volumänderung bei der Mischung 24, 182.
Volumetrische Kälteleistung 4, 92, 94, 97.
Vulkanfiber 148.

Wärmeäquivalent, mechanisches 16.
Wärmebilanz 87.
Wärmeleitzahl 3, 70.

Wärmeleitzahl, Äthan 388.
—, Äthylen 423.
—, Ammoniak 254.
—, Druckabhängigkeit 73.
—, F 11 326.
—, F 12 334.
—, F 22 372.
—, F 113 397.
—, F 114 sym. 401.
—, fester Körper 75.
—, Flüssigkeiten 73.
—, Gase 71.
—, Kohlendioxyd 268.
—, Lösungen 74.
—, Methylchlorid 296.
—, Propan 413.
—, Schwefeldioxyd 277.
— und Schallgeschwindigkeit 74.
—, Temperaturabhängigkeit 73.
—, Wasser 247.
Wärmetönung 182.
Wärmeübergangszahl 4.
Wärmeübertragung 70.
Warnfähigkeit 191, 192, 196.
—, Ammoniak 260.
—, F 12 356.
—, Kohlendioxyd 272.
—, Methylchlorid 304.
—, Schwefeldioxyd 289.
Wasser 244.
—, Aufbereitung 245.
—, Dampfdruckkurve 245.
—, Enthalpie 247.
—, Entropie 247.
—, Exponent der Adiabate 48.
—, kältetechn. Eigenschaften 248.
—, kritische Daten 246.
—, latente Wärmen 246.
—, Oberflächenspannung 248.
—, spez. Gewicht 246.
—, spez. Wärme 42, 246.
—, Viskosität 247.
—, Wärmeleitzahl 247.
—, Zustandsgleichung 13, 245.
Wasserbestimmung in Kältemaschinen 221.
— in Kältemitteln 210.
— in Ölen 211.
Wassergehalt, elektrolytische Bestimmung 216.
—, von F 12 338.
—, gravimetrische Bestimmung 210.
— in Kältemitteln 101.
— von Ölen 155.
—, optische Bestimmung 219.
—, titrimetrische Bestimmung 213.

Wasserlösende Flüssigkeiten 125.
Wasserlöslichkeit in Kältemitteln 104.
— in Ölen 155.
Wasserverteilung 105.
Wechsel des Kältemittels 200.
Weichheitszahl 140, 144.
Werkstoffe 128, 233.
—, und Ammoniak 256.
— und F 12 344.
— und F 22 373.
— und F 114 sym. 402.
—, Härte 137.
— und Kohlendioxyd 271.
—, metallische 128, 233.
— und Methylchlorid 299.
—, nichtmetallische 133, 234.
— und Oktafluorcyclobutan 435.
—, Prüfung des Verhaltens gegen 233.
—, Quellung 138, 142.
— und Schwefeldioxyd 282.
—, Volumänderung 137.
Wirtschaftlichkeit 4.

Zähigkeit siehe Viskosität.
Zellon 148.
Zellulose 207.
Zellulosehydrat 148.
Zentipoise 56.
Zentistok 57.
Zersetzung 186, 205.
—, Ammoniak 258, 263.
—, F 12 353, 358.
—, F 22 379.
—, F 113 398.
—, Kohlendioxyd 272.
—, Methylchlorid 302.
—, Schwefeldioxyd 287, 291.
Zink 132.
Zink-Moor 118.
Zündtemperatur 189.
Zustandsgleichung 10, 12.
—, Äthan 385.
—, Äthylen 420.
—, Ammoniak 249.
—, F 11 323.
—, F 12 328.
—, F 22 369.
—, F 113 395.
—, F 114 sym. 399.
—, Kohlendioxyd 264.
—, Methylchlorid 293.
—, Oktafluorcyclobutan 434.
—, Propan 410.
—, Schwefeldioxyd 275.
—, Wasser 245.
Zustandsgrößen 10.
Zyklisch, siehe Cyclisch.

Gesamtvorwort

zum

Handbuch der Kältetechnik

(In zwölf Bänden.)

Herausgegeben von

Professor Dr.-Ing. Dr. phil. nat. h. c. R. Plank, Karlsruhe.

Die Kältetechnik erscheint dem Außenstehenden als ein enges Teilgebiet des Maschinenbaues, und in diesem Sinne wird sie auch meist an Technischen Hochschulen gelehrt. Oft sieht man in ihr sogar nur ein Anwendungsbeispiel der technischen Thermodynamik. Ihren vollen Umfang und ihre große wirtschaftliche Bedeutung erkennt man erst, wenn man sich nicht nur mit der Erzeugung tiefer Temperaturen befaßt, sondern auch deren zahlreiche Anwendungsmöglichkeiten betrachtet.

Ein die gesamte Kältetechnik umfassendes Handbuch, das, mit wissenschaftlicher Strenge und den Bedürfnissen der Praxis Rechnung tragend, dieses weitverzweigte Gebiet behandelt, ist bisher nicht geschrieben worden. Es läßt sich auch nicht in einen einzigen, noch so dicken Band fassen und kann nicht von *einem* Verfasser bewältigt werden.

Der Herausgeber und der Verlag wollen durch das vorliegende Werk, das zwölf Bände von je rund 400 Seiten umfassen soll, eine vorhandene Lücke in der technischen Weltliteratur schließen. In den verschiedenen Ländern sind zahlreiche Lehrbücher der Kältetechnik erschienen, von denen manche in vorzüglicher Weise einzelne Teilgebiete darstellen, wie z. B. den Kältemaschinenbau, die Klimatechnik, das Transportwesen, die Lebensmittelfrischhaltung u. a. Keines dieser Werke setzte sich aber das Ziel, den Kälteingenieur in umfassender und vertiefter Weise in die Gesamtheit seines Aufgabenbereiches einzuführen. Auch die in Frankreich unter der Schriftleitung von Dr. M. PIETTRE bisher erschienenen Bände einer „Encyclopédie du Froid" besitzen zwar jeder für sich einen beachtlichen Wert, stellen aber eher eine Sammlung von Monographien über einzelne Sondergebiete als ein in sich geschlossenes Gesamtwerk dar.

Viele Kälteingenieure beherrschen nur einen Ausschnitt ihres Faches und sind nur einseitig orientiert. Eine solche Beschränkung ist ganz besonders bedenklich, wenn sie auf einem typischen Grenzgebiet geübt wird, wie es die Kältetechnik zweifellos darstellt. In ihr begegnet sich der Ingenieur mit dem

Physiker, Chemiker, Botaniker, Mikrobiologen, Zoologen und Hygieniker, aber auch mit den Vertretern aller Berufskreise, die sich mit der Verarbeitung und Aufbewahrung schnellverderblicher Lebensmittel befassen. Es kann vom Kältetechniker nicht verlangt werden, daß er alle diese Gebiete beherrscht; aber er muß sich in ihnen soweit auskennen, wie sie in die Kältetechnik eingehen, damit er sich mit den Vertretern dieser verschiedenen Disziplinen verständigen kann. Es genügt nicht, wenn er die Leistung einer Kälteanlage richtig zu berechnen und das kältetechnische Verfahren zweckmäßig auszuwählen vermag; er muß auch die Eigenschaften der Objekte kennen, die gekühlt werden sollen, und wissen, wie sie auf die Einwirkung tiefer Temperaturen reagieren. Handelt es sich um unbelebte Materie, dann genügt die Kenntnis der physikalisch-chemischen Eigenschaften; bei Erzeugnissen tierischer oder pflanzlicher Herkunft muß aber auch das biologische Verhalten in Betracht gezogen werden.

Die Kältebehandlung einer Ware stellt aber häufig nur eine Stufe im Rahmen eines verwickelten technischen Verfahrens dar, das von der Rohware zum Halbfabrikat oder zum Fertigprodukt führt. In solchen Fällen muß sich der Kältetechniker mit dem gesamten Verfahren vertraut machen, um beurteilen zu können, ob der kältetechnische Einsatz schon bestmöglich und vollständig erfolgt, oder ob durch weitere oder andersartige Anwendung tiefer Temperaturen Verbesserungen und Weiterentwicklungen möglich sind. So sind z. B. Verfeinerungen im Kälteeinsatz auf Fischereifahrzeugen zur Verbesserung der Qualität angelandeter Fische nicht ohne genauere Kenntnis der Fangmethoden und der Bordverhältnisse möglich. Bei den zahlreichen Anwendungen der Kälte in der chemischen Technik, sei es bei der Herstellung von Kunstseide, Zellwolle oder Buna, der Glaubersalzgewinnung, der Ölraffination, der Trennung von Gasgemischen und in vielen anderen Industrien, kann die zweckmäßigste Art der Kälteanwendung nur aus der eingehenden Kenntnis des gesamten Verfahrens angegeben werden. Und eine Klimaanlage in bewohnten Räumen kann nur richtig entworfen werden, wenn man den Einfluß von Temperatur, Feuchtigkeit und Luftbewegung auf den menschlichen Körper kennt.

Beim Aufbau des *Handbuches der Kältetechnik* mußte auf alle diese Anforderungen sorgfältig geachtet werden. Neben der Bearbeitung von Bänden, die der Thermodynamik der Kältemaschinen, den Grundlagen der Wärmeübertragung, der Konstruktion von Maschinen und Apparaten und wichtigen Sondergebieten der Kälteerzeugung gewidmet sind, mußte daher auch daran gedacht werden, in weiteren Bänden die biologischen Grundlagen und die zahlreichen Anwendungen der Kälte in der Lebensmittelwirtschaft, in den chemischen Industrien, im Transportwesen, in der Klimatechnik usw. eingehend zu behandeln.

Den gegenwärtigen Stand einer Technik und ihre zukünftigen Entwicklungsmöglichkeiten kann man nur dann richtig beurteilen, wenn man ihre Entwicklungsgeschichte kennt; daher erschien es notwendig, auch der Geschichte der Kältetechnik einen Abschnitt zu widmen. Die Kältetechnik hat sich inzwischen zu einem machtvollen Wirtschaftsfaktor entwickelt, dessen Bedeutung in der Zukunft ohne Zweifel noch weiter zunehmen wird. Eine organisierte Lebensmittelwirtschaft, ein Export schnellverderblicher Waren und die Massenerzeugung zahlreicher Gebrauchswaren ist ohne Einsatz der Kältetechnik nicht denkbar. Es mußte daher auf die wirtschaftliche Bedeutung der Kältetechnik in einem besonderen Abschnitt eingegangen werden. Eine genaue statistische Erfassung der

Erzeugung von Kältemaschinen, des Verbrauchs an gekühlten oder gefrorenen Lebensmitteln, der Eiserzeugung u. a. findet man nur in wenigen Ländern. Trotzdem wurde versucht, in einem Abschnitt „Statistik" das verfügbare Material zusammenzufassen.

Es ist selbstverständlich, daß in dem vorliegendem Handbuch nicht nur die Kälteindustrie in Deutschland, sondern auch in anderen Ländern, insbesondere in den Vereinigten Staaten von Nordamerika, berücksichtigt wurde. Der heutige hohe Stand der Kältetechnik ist den vereinten Bemühungen in vielen Ländern zu verdanken; Physiker, Chemiker, Ingenieure und Wirtschaftler haben zu der Entwicklung und Ausbreitung dieses jungen Zweiges der Technik entscheidend beigetragen.

Die Auswahl der Mitarbeiter an den verschiedenen Bänden des Handbuchs war nicht einfach. Nahezu 30 Vertreter verschiedenartiger Disziplinen mußten herangezogen werden; trotzdem mußte vermieden werden, den einheitlichen Charakter des Gesamtwerkes zu gefährden. Glücklicherweise konnte sich der Herausgeber die Mitwirkung zahlreicher früherer und gegenwärtiger Mitarbeiter am Kältetechnischen Institut der Technischen Hochschule Karlsruhe und an der Bundesforschungsanstalt (früher Reichsforschungsanstalt) für Lebensmittelfrischhaltung in Karlsruhe sichern. Es sind dies: Dr.-Ing. H. D. BAEHR, Karlsruhe; Dr.-Ing. R. FUCHS, Hagnau (Bodensee); Oberingenieur E. HOFMANN, Wiesbaden; Dr.-Ing. G. KAESS, Brisbane (Australien); Professor Dr.-Ing. S. KIESSKALT, Aachen; Professor Dr.-Ing. J. KUPRIANOFF, Karlsruhe; Professor Dr.-Ing. K. LINGE, Karlsruhe; Dr.-Ing. E. LOESER, München; Privatdozent Dr.-Ing. W. NIEBERGALL, Berlin; Professor Dr. K. PAECH, Tübingen; Dr. Ing. G. RUPPEL, Karlsruhe; Privatdozent Dr.-Ing. TH. E. SCHMIDT, Karlsruhe; Professor Dr. G. STEINER, Heidelberg; Dr.-Ing. W. TAMM, München; Professor Dr.-Ing. L. VÁHL, Delft; Dr. J. E. WOLF, Karlsruhe.

Dieser Karlsruher Kreis konnte aber doch nicht alle zu behandelnden Gebiete decken, und so war es notwendig, sich nach anderen Mitarbeitern umzusehen. Der Herausgeber schätzt sich glücklich, namhafte Fachleute für die Bearbeitung wichtiger Teilgebiete gewonnen zu haben: Professor Dr. F. F. NORD von der Fordham University in New York hat gemeinsam mit seinem Mitarbeiter, Dr. M. BIER, den Abschnitt über die kolloidchemischen Grundlagen der Lebensmittelfrischhaltung bearbeitet; Professor Dr.-Ing. H. HAUSEN, Hannover, hat das umfangreiche Gebiet der Erzeugung tiefster Temperaturen, der Gasverflüssigung und der Trennung von Gasgemischen behandelt; den Abschnitt über Bau- und Isolierstoffe hat Dr.-Ing. J. S. CAMMERER, Tutzing, den über metallische Werkstoffe Professor Dr.-Ing. H. JUNGBLUTH, Karlsruhe, in Gemeinschaft mit Oberingenieur Dr.-Ing. F. HICKEL, Karlsruhe, übernommen; Professor Dr.-Ing. P. GRASSMANN, Zürich, bearbeitet den Abschnitt über Kaltluftmaschinen und Professor Dr.-Ing. U. SENGER, Stuttgart, das Gebiet der Turbokompressoren.

Für die Behandlung der verschiedenen Anwendungsgebiete der künstlichen Kälte wurden gewonnen: Professor Dr.-Ing. W. FISCHER, Weihenstephan (Brauereien), Professor Dr. E. KALLERT, Kulmbach (Fleisch), Dipl. agr. H. KESSLER, Wädenswil (Obst und Gemüse), Dipl.-Ing. W. POHLMANN, Hamburg (Kühlhäuser) und Oberingenieur W. SELL, Hildesheim (Milch).

Direktor Dipl.-Ing. O. WAGNER, Wiesbaden, bringt die wirtschaftliche Bedeutung der Kältetechnik zum Ausdruck, Dr. W. STRIGEL, München, hat das statistische Material zusammengetragen und bearbeitet, und Professor Dr. M. DIEM, Karlsruhe, hat die meteorologischen Daten gesammelt.

Allen Mitarbeitern sei dafür gedankt, daß sie der Aufforderung des Herausgebers gefolgt sind und die für das Gesamtwerk aufgestellten allgemeinen Richtlinien beachtet haben.

Besonderer Dank gebührt dem Verlag für das verständnisvolle Eingehen auf alle Wünsche der Autoren und des Herausgebers.

Wir hoffen, daß das Handbuch der Kältetechnik in der Fachwelt Anklang finden und den Benutzern ein zuverlässiger Helfer sein wird. Wir wünschen auch, daß es dazu beiträgt, Kältetechniker mit weitem Gesichtskreis und fortschrittlicher Gesinnung auszubilden.

Der Herausgeber.

Plan des Handbuches.

Außer dem vorliegenden Band erschienen bisher:

Erster Band: **Entwicklung, Wirtschaftliche Bedeutung, Werkstoffe.**
Bearbeitet von Dr.-Ing. habil. J. S. CAMMERER, Tutzing/Obb.; Professor Dr. phil. habil. M. DIEM, Karlsruhe; Ing. O. HERRMANN, Stuttgart; Dr.-Ing. F. HICKEL, Karlsruhe; Professor Dr.-Ing. habil. H. JUNGBLUTH, Karlsruhe; Professor Dr.-Ing. S. KIESSKALT, Aachen; Prof. Dr.-Ing. Dr. phil. nat. h. c. R. PLANK, Karlsruhe; Dr. rer. pol. W. STRIGEL, München; Direktor Dipl.-Ing. O. WAGNER, Wiesbaden.

Zweiter Band: **Thermodynamische Grundlagen.**
Bearbeitet von: Prof. Dr.-Ing. Dr. phil. nat. h. c. R. PLANK, Karlsruhe.

Neunter Band: **Biochemische Grundlagen der Lebensmittelfrischhaltung.**
Bearbeitet von: Dozent D. M. BIER, New York; Prof. Dr.-Ing. Dr. phil. W. DIEMAIR, Frankfurt a. M.; Professor Dr. phil. H. KÜHLWEIN, Karlsruhe; Prof. Dr. F. F. NORD, New York; Prof. Dr. phil. K. PAECH, Tübingen; Prof. Dr. G. STEINER, Heidelberg; Dr. phil. habil. J. E. WOLF, Karlsruhe.

Es befinden sich in Vorbereitung:

Dritter Band: **Verfahren zur Kälteerzeugung und Grundlagen der Wärmeübertragung.**
Bearbeitet von: Privatdozent Dr.-Ing. H. D. BAEHR, Karlsruhe; Oberingenieur E. HOFMANN, Wiesbaden; Prof. Dr.-Ing. R. PLANK, Karlsruhe.

Fünfter Band: **Kompressoren für Kältemaschinen.**
Bearbeitet von: Prof. Dr. P. GRASSMANN, Zürich; Prof. Dr.-Ing. J. KUPRIANOFF, Karlsruhe; Prof. Dr.-Ing. habil. K. LINGE, Karlsruhe; Prof. Dr. U. SENGER, Stuttgart; Prof. Dr.-Ing. L. VÁHL, Delft.

Sechster Band: **Wärmeübertragungsapparate, Zubehör, Kompressionskälteanlagen, Betrieb, Automatik.**
Bearbeitet von: Oberingenieur F. HOFMANN, Wiesbaden; Prof. Dr.-Ing. J. KUPRIANOFF, Karlsruhe; Prof. Dr.-Ing. habil. K. LINGE, Karlsruhe.

Siebenter Band: **Sorptionskältemaschinen.**
Bearbeitet von: Priv.-Doz. Dr.-Ing. W. NIEBERGALL, Berlin-Tegel.

Achter Band: **Erzeugung sehr tiefer Temperaturen, Gasverflüssigung und Zerlegung von Gasgemischen.**
Bearbeitet von: Prof. Dr.-Ing. H. HAUSEN, Hannover.

Zehnter Band: **Anwendung der Kälte in der Lebensmittelindustrie.**

Bearbeitet von: Prof. Dr.-Ing. W. Fischer †, Weihenstephan; Dipl.-Ing. J. Gutschmidt, Karlsruhe; Professor Dr.-Ing. W. Heimann, Karlsruhe; Prof. Dr. E. Kallert †, Kulmbach; Dr.-Ing. G. Kaess, Brisbane; Dipl.-Ing. agr. H. Kessler †, Wädenswil; Prof. Dr.-Ing. J. Kuprianoff, Karlsruhe; Prof. Dr.-Ing. habil. K. Linge, Karlsruhe; Dr.-Ing. E. Loeser, München; Prof. Dr.-Ing. R. Plank, Karlsruhe; Dr. W. Schlienz, Bremerhaven; Dr.-Ing. W. Sell, Hildesheim.

Elfter Band: **Lagerung und Transport.**

Bearbeitet von: Prof. Dr.-Ing. habil. K. Linge, Karlsruhe; Dr.-Ing. E. Loeser, München; Prof. Dr.-Ing. R. Plank, Karlsruhe; Dipl.-Ing. W. Pohlmann, Hamburg; Priv.-Doz. Dr.-Ing. Th. E. Schmidt, Karlsruhe.

Zwölfter Band: **Die Anwendung der Kälte in der Verfahrenstechnik.**

Bearbeitet von: Dr.-Ing. R. Fuchs, Hagnau; Oberingenieur E. Hoffmann, Wiesbaden; Prof. Dr.-Ing. J. Kuprianoff, Karlsruhe; Prof. Dr.-Ing. habil. K. Linge, Karlsruhe; Priv.-Doz. Dr.-Ing. W. Niebergall, Berlin-Tegel; Prof. Dr.-Ing. R. Plank, Karlsruhe; Dr.-Ing. G. Ruppel, Karlsruhe; Priv.-Doz. Dr.-Ing. Th. E. Schmidt, Karlsruhe; Prof. Dr.-Ing. L. Váhl, Delft.

Additional material from *Die Kältemittel,*
ISBN 978-3-642-86287-8, is available at http://extras.springer.com

The manufacturer's authorised representative in the EU is Springer Nature Customer Service Centre GmbH, Europaplatz 3, 69115 Heidelberg, Germany. If you have any concerns regarding our products, please contact ProductSafety@springernature.com

Printed and bound by CPI Group (UK) Ltd, Croydon, CR0 4YY
25/03/2026
02078211-0003